50-летию ВНИИГАЗа
посвящается

НОВЫЙ
АНГЛО-РУССКИЙ
СЛОВАРЬ
ПО НЕФТИ И ГАЗУ

NEW
ENGLISH-RUSSIAN
DICTIONARY
ON OIL AND GAS

Ye. G. Kovalenko

NEW ENGLISH-RUSSIAN DICTIONARY ON OIL AND GAS

In two volumes

About 52 000 terms

Volume I

A—M

Edited by
A. I. Gritsenko, Prof.,
Corresponding Member of the
Russian Academy of Sciences

«RUSSO»
MOSCOW
1998

Е. Г. Коваленко

НОВЫЙ АНГЛО-РУССКИЙ СЛОВАРЬ ПО НЕФТИ И ГАЗУ

В двух томах

Около 52 000 терминов

Том I

А—М

Под редакцией
чл.-корр. Российской академии наук,
проф. А. И. Гриценко

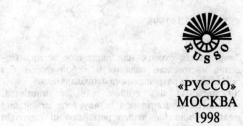

«РУССО»
МОСКВА
1998

УДК 802.0:622.276/279 (038)-00-20-82
ББК 33.36
К56

Е. Г. Коваленко

К56 Новый англо-русский словарь по нефти и газу: в 2-х т. Ок. 52 000 терминов/ Под ред. проф. А. И. Гриценко. — М.: РУССО, 1998. — ISBN 5-88721-107-5; т. I (А—М) — 696 с.
ISBN 5-88721-105-9.

Словарь содержит около 52 000 терминов, охватывающих следующие разделы: нефтегазовая геология; разведочная геофизика, в том числе сейсморазведка, каротаж, поисковое бурение; бурение скважин, буровая техника, промывка, крепление и цементирование скважин; разработка месторождений нефти и газа; эксплуатация нефтяных и газовых скважин, методы повышения добычи; технологические процессы заканчивания скважин; сбор, транспорт и хранение нефти и газа; строительство и эксплуатация трубопроводов, компрессорных станций и других объектов; эксплуатационное оборудование; нефтехимия и нефтепереработка; эксплуатация, техническое обслуживание, обеспечение надежности, ремонт, стандартизация и сертификация нефтегазового оборудования; экономика нефтегазовой отрасли; названия организаций.

В конце словаря дан список сокращений.

Словарь предназначен для специалистов нефтяной и газовой промышленности, научных работников, преподавателей, аспирантов, студентов, переводчиков, а также для широкого круга пользователей.

ISBN 5-88721-105-9 (т. I)   УДК 802.0:622.276/279 (038)-00-20-82
ISBN 5-88721-107-5   ББК 33.36

© ВНИИГАЗ, 1998

Запрещается полное или частичное воспроизведение настоящего издания в любой форме без письменного разрешения правообладателя.
No parts of this edition may be translated, reproduced or transmitted in any form or by any means without the written permission of copyright proprietor.

ПРЕДИСЛОВИЕ

В настоящее время нефтегазовый комплекс играет исключительно важную роль в экономике России и многих других государств.

В условиях перестройки экономической системы России, развития взаимосвязей с иностранными нефтяными и газовыми компаниями, прежде всего из англоязычных стран, или с компаниями, широко пользующимися документацией на английском языке, а также расширения контактов с инженерно-техническим персоналом этих компаний возникла настоятельная необходимость создать достаточно полный англо-русский словарь по нефти и газу.

Предлагаемый вниманию читателей «Новый англо-русский словарь по нефти и газу» содержит терминологию по следующим разделам: нефтегазовая геология; разведочная геофизика, в том числе гравиразведка, каротаж, магниторазведка, радиометрия, сейсморазведка, электроразведка, геолого-поисковое бурение; бурение нефтяных и газовых скважин, буровая техника и технология бурения, промывка, крепление и цементирование скважин; разработка месторождений нефти и газа; разработка и эксплуатация морских месторождений нефти и газа; эксплуатация нефтяных и газовых скважин, методы повышения добычи нефти и газа, подземный ремонт скважин, подземная гидравлика и физика пласта; технологические процессы заканчивания скважин, методы обработки призабойной зоны скважин; сбор, транспорт и хранение нефти и газа; строительство и эксплуатация трубопроводов, компрессорных станций и других нефтегазопромысловых объектов; эксплуатационное оборудование; нефтехимия и нефтепереработка; оборудование нефтеперерабатывающих заводов; эксплуатация, техническое обслуживание, обеспечение надежности, ремонт, стандартизация и сертификация нефтегазового оборудования; экологические аспекты нефтегазовой отрасли; экономика нефтегазовой отрасли; названия организаций.

В конце словаря дан список сокращений.

Словарь рассчитан на широкий круг специалистов нефтяной и газовой промышленности, научных работников, преподавателей, аспирантов и студентов, переводчиков научно-технической литературы, всех, кто читает работы по этой тематике на английском языке.

Автор выражает признательность сотрудникам ВНИИГАЗа Р. О. Самсонову, А. Ю. Зоре, А. И. Копосову, А. М. Пузакину, В. В. Соколову, Е. Л. Чижовой и руководителям МКБ "Оргбанк" С. С. Толстову и В. А. Лопатину за помощь в создании словаря.

Издательство и автор с благодарностью примут любые замечания и предложения по дальнейшему совершенствованию словаря, которые можно направлять по адресу: 117071, Москва, а/я 5, ЗАО ИГТ. Тел/факс 234-47-33. E-mail: publish@solo-online.ru.

О ПОЛЬЗОВАНИИ СЛОВАРЕМ

Ведущие термины расположены в словаре в алфавитном порядке, при этом термины, состоящие из слов, пишущихся через дефис, следует рассматривать как слитно написанные слова.

Для составных терминов принята алфавитно-гнездовая система. По этой системе термины, состоящие из определяемых слов и определений, следует искать по определяемым (ведущим) словам. Например, термин **pump beam** следует искать в гнезде **beam**.

Ведущий термин в гнезде заменяется тильдой (~). Устойчивые терминологические сочетания даются в подбор к ведущему термину и отделяются знаком ромба (◇). В русском переводе различные части речи с одинаковым семантическим содержанием разделены параллельками (‖). Например: **packer** пакер ‖ пакеровать.

Если ведущий термин по своим значениям не относится к тематике словаря, то он дается без перевода и после него ставится двоеточие. Пояснения к русским терминам набраны курсивом и заключены в круглые скобки. Например: **backwashing** обратная промывка (*фильтра*).

В переводах принята следующая система разделительных знаков: близкие значения отделены запятой, более далекие — точкой с запятой, различные значения — цифрами.

В словаре употребляются следующие пометы: *англ.* — английский термин; *амер.* — американский термин; *геол.* — геология; *лат.* — латинский язык; *разг.* — разговорный термин; *сейм.* — сейсмическая разведка; *pl* — множественное число.

АНГЛИЙСКИЙ АЛФАВИТ

Aa	Bb	Cc	Dd
Ee	Ff	Gg	Hh
Ii	Jj	Kk	Ll
Mm	Nn	Oo	Pp
Qq	Rr	Ss	Tt
Uu	Vv	Ww	Xx
	Yy	Zz	

A

A:
  single ~ марка низкосортных буровых алмазов
  triple ~ марка буровых алмазов высшего сорта
abandon оставлять, покидать; закрывать; ликвидировать ◊ **to ~ a well** ликвидировать скважину *(прекращать бурение по техническим или геологическим причинам)*
abandoned закрытый; ликвидированный; законсервированный *(о скважине)*
  temporarily ~ временно оставленный; временно законсервированный *(о скважине в процессе строительства)*
abandonment 1. закрытие; ликвидация скважины *(по техническим причинам)* 2. оставление; упразднение
  permanent ~ окончательная ликвидация *(скважины)*
  temporary ~ временное оставление *(скважины буровым судном)*; временная консервация
  well ~ ликвидация скважины
ability способность
  absorbing ~ абсорбционная способность, поглотительная способность
  adhesive ~ адгезионная способность
  antifrictional material running-in ~ податливость вдавливанию антифрикционного материала
  cutting ~ режущая способность
  demulsifying ~ деэмульгирующая способность
  diagnostic ~ диагностируемость, способность обнаруживать неисправности
  dispersion ~ дисперсность *(способность диспергироваться)*
  filter cleaning ~ очищающая способность фильтра
  foam-producing ~ способность к пенообразованию
  high dispersion ~ высокая дисперсность
  hill climbing ~ угол подъёма *(бурового станка)*
  lift cuttings ~ несущая способность *(бурового раствора)*
  load-carrying ~ способность выдерживать нагрузку
  maintenance ~ 1. ремонтопригодность, ремонтоспособность; эксплуатационная надёжность 2. вероятность восстановления работоспособности *(оборудования)*
  plastering ~ закупоривающая способность бурового раствора
  producing ~ of well продуктивность скважины
  running ~ эксплуатационные свойства
  sealing ~ герметизирующая способность; уплотняющая способность
  service ~ 1. эксплуатационная пригодность; пригодность к использованию 2. эксплуатационная надёжность; надёжность в работе 3. эксплуатационная характеристика 4. удобство обслуживания; доступность при обслуживании 5. работоспособность 6. средняя наработка на отказ
  solvent ~ растворяющая способность
  swelling ~ набухаемость
  thinning ~ разжижающая способность
  wetting ~ смачивающая способность
abnormal аномальный, ненормальный; с отклонением; нарушенный, осложнённый *(о стволе скважины)*

abnormality аномалия; отклонение от нормы; нарушение *(режима)*
  neutral ~ нарушение режима, не приводящее к аварийной ситуации
abort 1. нарушение нормального хода; аварийное прекращение *(испытаний)* 2. отказ; неисправность *(напр. в системе)*
  unsensed ~ незамеченная неисправность
abortion 1. нарушение нормального хода 2. отказ; неисправность
  complete ~ полный отказ
  partial ~ частичный отказ
aboveground надземный *(о трубопроводе)*
abradant абразив; абразивный материал; шлифовальный материал
abrade 1. шлифовать; очищать абразивным материалом 2. истирать; изнашивать
abrasion 1. абразия; смыв; смывание 2. истирание; обдирка; царапание; абразивное действие 3. шлифование 4. *геол.* абразия
  surface ~ 1. поверхностный износ 2. абразивный износ поверхности
abrasive 1. абразив; абразивный материал; шлифовальный материал ∥ абразивный; шлифовальный; шлифующий 3. *pl* твёрдые частицы, вызывающие износ
  aluminum oxide ~ глинозёмный абразив
  carborundum ~ карборундовый абразив
  metallic ~ металлический абразив
  silicon carbide ~ карборундовый абразив
  synthetic ~ синтетический абразив

absorb 1. абсорбировать, поглощать, впитывать 2. амортизировать *(ударное воздействие)*
absorbability абсорбционная способность; всасываемость; впитываемость; поглощаемость
absorbent 1. абсорбент, поглотитель 2. абсорбирующий, поглощающий 3. гигроскопическое вещество
absorber 1. абсорбер, поглотитель 2. абсорбционная колонна *(для извлечения бензина из газа)* 3. гигроскопическое вещество 4. амортизатор
  adjustable shock ~ регулируемый амортизатор
  air-oil shock ~ гидропневматический амортизатор
  air-shock ~ пневматический амортизатор
  collapsible shock ~ раздвижной амортизатор
  hydraulic shock ~ гидравлический амортизатор
  hydropneumatic shock ~ гидропневматический амортизатор
  pump shock ~ компенсатор пульсаций насоса
  turbo-gas ~ жидкостный поглотитель газа с турбинной мешалкой
absorptiometry измерение поглощающей способности
absorption 1. абсорбция, поглощение *(бурового или цементного раствора)* 2. абсорбция *(процесс преобразования части энергии сейсмической волны в тепловую при распространении её через среду)* 3. впитывание; всасывание ◊ ~ by low-velocity layer *сейсм.* поглощение за счёт низкоскоростного слоя
  elastic ~ *сейсм.* упругое поглощение
  gas ~ абсорбция газа, газопоглощение

seismic wave ~ поглощение сейсмической волны
selective ~ избирательная абсорбция
abuse 1. неправильное обращение 2. эксплуатация с нарушением установленных режимов ‖ эксплуатировать с нарушением режимов
abut 1. прилегать, примыкать, граничить; соединять впритык 2. упираться 3. торец; упор; пята
abutment 1. устой; контрфорс; пята свода; опорная стена; укосина 2. осевая нагрузка 3. примыкание
accelerate ускорять *(процессы структурообразования и твердения цементов)*; разгонять
acceleration 1. ускорение, пуск, разгон 2. приёмистость *(двигателя)*
downward ~ *сейсм.* увеличение скорости с глубиной
piston ~ ускорение хода поршня
accelerator 1. ускоритель; катализатор 2. присадка
borehole ~ скважинный ускоритель *(нейтронов)*
cement setting ~ ускоритель схватывания цемента
ignition ~ ускоритель воспламенения *(присадка к дизельному топливу)*
jar ~ гидравлический ускоритель, устанавливаемый над ясом *(для увеличения силы удара на прихваченные в стволе скважины трубы)*
accessibility удобство осмотра и обслуживания; доступность *(для осмотра или ремонта)*
in-situ ~ доступность на месте *(без разборки)*
maintenance ~ доступность для технического обслуживания

service ~ доступность для технического обслуживания
accessible удобный; доступный *(для осмотра или ремонта)* ◊ ~ for inspection удобный для осмотра; ~ for servicing удобный для технического обслуживания
accessor/y 1. вспомогательное устройство 2. *pl* вспомогательное оборудование 3. *pl* вспомогательные соединения *(обвязки противовыбросовых превенторов)*
casing ~ies оборудование обсадной колонны
pipeline ~ies трубопроводная арматура
piping ~ies трубопроводная арматура
production ~ies технологическая оснастка
safety ~ защитное устройство
storage tank ~ies оборудование резервуара
accident 1. авария; поломка; повреждение 2. несчастный случай
fatal ~ авария с человеческими жертвами; несчастный случай со смертельным исходом
human-error ~ авария, вызванная ошибкой человека
industrial ~ несчастный случай на производстве; производственная травма
in-plant ~ авария на территории предприятия
major ~ крупная авария
minor ~ лёгкая авария
nonfatal ~ несчастный случай без смертельного исхода
occupational ~ несчастный случай на производстве
on-the-job ~ несчастный случай на рабочем месте
out-of-job ~ несчастный случай вне рабочего места

severe ~ тяжёлая авария
accident-free безаварийный
accounting for quantities of reservoir fluids количественная оценка пластовых флюидов
accumulate образовывать скопление
accumulation 1. аккумуляция; скопление; накопление; залежь; месторождение *(нефти, газа)* 2. формирование залежи ◊ to control an oil ~ регулировать скопление нефти; to detect an ~ обнаруживать залежь; to discover an ~ обнаружить залежь; to find an ~ обнаруживать залежь
asphalt screened ~ экранированная асфальтом залежь
bottom deposits ~ образование донных осадков *(в резервуаре)*
bottom sediments ~ образование донных осадков *(в резервуаре)*
commercial ~ залежь, имеющая промышленное значение
condensate ~ газоконденсатная залежь
damage ~ накопление повреждений
defect ~ накопление дефектов
failure ~ накопление отказов
fluid ~ залежь нефти; залежь газа
free-oil ~ свободное скопление нефти
gas ~ 1. залежь газа 2. газонакопление; скопление газа
gas-condensate ~ конденсатногазовое скопление
gas-hydrate ~ газогидратная залежь
hydrated gas ~ газогидратная залежь
hydrocarbon ~ скопление углеводородов; залежь углеводородов
lithologically screened ~ литологически экранированная залежь

local oil-and-gas ~ локальное скопление нефти и газа
natural gas ~ залежь природного газа
oil ~ 1. залежь нефти 2. формирование нефтяной залежи 3. скопление нефти
oil-and-gas ~ скопление нефти и газа
paraffin ~ образование отложений парафина *(в трубах)*
petroleum ~ залежь нефти; скопление нефти
regional oil-and-gas ~ региональное скопление нефти и газа
salt core screened ~ приконтактная залежь, экранированная соляным штоком
screened oil ~ экранированная залежь нефти
sediment ~ скопление осадков
stratigraphically screened oil ~ стратиграфически экранированная залежь нефти
stress ~ концентрация нагрузок
synclinal ~ синклинальная залежь
tectonically screened oil ~ тектонически экранированная залежь нефти
wax ~ отложение парафина *(в трубах)*
wax ~ in oil gathering system отложение парафина в системе сбора нефти
wax ~ in tubing string отложение парафина в насосно-компрессорной колонне
wear ~ накопление износа
accumulator 1. накопитель; аккумулятор 2. собирающее устройство
bladder-type ~ аккумулятор с эластичной разделительной диафрагмой
cylindrical guided float ~ цилиндрический аккумулятор с

направляемым поплавком *(в гидросиловой установке системы управления подводным оборудованием)*
downhole ~ придонный гидравлический аккумулятор *(системы управления)*
hydraulic ~ гидравлический аккумулятор
pneumatic ~ резервуар сжатого воздуха; баллон сжатого воздуха
reflux ~ сборник орошающей фракции, приёмник орошающей фракции *(в ректификационной колонне)*
separator-type ~ аккумулятор с разделительной диафрагмой
spherical guided float ~ сферический аккумулятор с направляемым поплавком *(в гидросиловой установке системы управления подводным оборудованием)*
suction line ~ аккумулятор на всасывающем трубопроводе
suction side ~ аккумулятор на всасывающем трубопроводе
accuracy точность
~ **of log** точность каротажной диаграммы
azimuth ~ точность измерения азимута
flowmeter ~ точность дебитомера
hole ~ точность пространственного положения скважины *(при бурении)*
normal moveout ~ сейсм. точность определения нормальных приращений времени
positional ~ точность определения положения *(скважины)*
time standard ~ сейсм. точность марок времени
acid кислота ‖ кислый, кислотный
black ~ сульфонат кислого гудрона; чёрная кислота
body ~ главная порция кислоты *(в процессе очистки нефтепродукта)*
breakdown ~ кислота, применяемая для гидравлического разрыва
brown ~ нефтяной сульфонат, растворимый в нефтепродуктах
chemically retarded ~ смесь соляной кислоты с жидким органическим замедлителем
etching ~ плавиковая кислота
fatty ~ жирная кислота, кислота жирного ряда
formic ~ муравьиная кислота
fuel ~ кислота, содержащаяся в топливе; кислота, образующаяся при сгорании топлива
gelled ~ загущённая кислота
glacial acetic ~ ледяная уксусная кислота
green ~ водорастворимая сульфонафтеновая кислота
green sulfonic ~ сульфонафтеновая кислота; зелёная кислота *(смесь сульфокислот, получаемая при гидролизе нефтяных кислых гудронов)*
hard wood tar ~s кислоты буковых смол *(присадка к бензинам)*
humic ~ гуминовая кислота
hydrochloric ~ хлористоводородная кислота, соляная кислота
hydrofluoric ~ фтористоводородная кислота, плавиковая кислота
inhibited ~ ингибированная кислота *(содержащая добавки, замедляющие её действие)*
intensified ~ активированная кислота *(содержащая добавки, усиливающие или ускоряющие её действие)*
J-type ~ *фирм.* соляная кислота с добавкой поверхностно-активного вещества

acid

lignosulfonic ~ лигносульфоновая кислота
load ~ кислота, заливаемая в скважину для последующего гидравлического разрыва пласта
mahogany ~ нефтяная сульфоновая кислота, растворимая в нефтепродуктах
mud ~ 1. грязевая кислота; глинокислота 2. загрязнённая соляная кислота
mud-cut ~ кислота, загрязнённая буровым раствором
multiple service ~ многоцелевая кислота для профилактического ремонта скважин *(смесь уксусной кислоты с поверхностно-активным веществом)*
muriatic ~ хлористо-водородная кислота, соляная кислота
naphthenic ~ нафтеновая кислота
naphtholdisulfonic ~ нафтолдисульфоновая кислота, нафтолдисульфокислота
naphtholsulfonic ~ нафтолсульфоновая кислота, нафтолсульфокислота
nitric ~ азотная кислота
oil soluble ~ 1. растворимая в масле кислота 2. растворимая в нефти кислота
paraffinic ~ кислота парафинового ряда; парафиновая кислота *(продукт окисления парафина)*
petroleum ~ нефтяная кислота; нафтеновая кислота
polynaphthenic ~ полинафтеновая кислота
retained ~ медленно действующая эмульсия кислоты в керосине *(для кислотной обработки)*
retarded ~ медленно действующая эмульсия кислоты в керосине *(для кислотной обработки)*

silicate control ~ кислота, растворяющая силикаты
sludge ~ серная кислота, регенерированная из кислого гудрона
spent ~ отработавшая кислота; истощённая кислота
stabilized ~ стабилизированная кислота *(с добавкой антикоррозионного ингибитора)*
stable gelled ~ стабильная загущённая кислота
sulfuric ~ серная кислота
weak ~ 1. слабая кислота; разбавленная кислота 2. чёрная кислота *(слабая серная кислота, полученная из отходов нефтепродуктов)*

acidify окислять *(кислотой)*
acidity кислотность; степень кислотности
acidize окислять; проводить кислотную обработку *(скважины или пласта)*
acidizing кислотная обработка *(скважины или пласта)* ◊ after ~ после кислотной обработки
~ of formation кислотная обработка пласта
~ of well кислотная обработка скважины
bottomhole ~ кислотная обработка призабойной зоны
fracture ~ нагнетание кислоты под давлением в пласт до его разрыва
jet ~ of formation струйная кислотная обработка пласта
pressure ~ кислотная обработка *(пласта)* под давлением
selective formation ~ избирательная кислотная обработка пласта
well ~ кислотная обработка скважины

acid-proof кислотоупорный, кислотостойкий

acme:
  tapered ~ трапецеидальная резьба на конусном замковом соединении
Acoustic Velocity Log *фирм.* аппаратура акустического каротажа по скорости без компенсации влияния скважины
acoustilog диаграмма акустического каротажа
acquisition:
  seismic data ~ регистрация сейсмических волн
  acreage per well площадь, приходящаяся на одну скважину
Acripol *фирм.* жидкий полиакрилат натрия *(понизитель водоотдачи буровых растворов на водной основе)*
Acrotone *фирм.* щелочная вытяжка бурого угля *(понизитель водоотдачи и разжижитель буровых растворов)*
Act:
  Occupational Safety and Health ~ Закон о технике безопасности и гигиене труда *(США)*
  Outer Continental Shelf Land ~ Закон о внешнем континентальном шельфе *(США)*
action 1. действие; работа; операция; срабатывание *(устройства)* 2. воздействие, влияние; эффект ◊ **to come out of ~** выходить из строя, терять работоспособность
  abrasive ~ абразивное действие
  bacteria ~ работа бактерий
  bridging ~ закупоривающее действие
  capillary ~ капиллярность, капиллярное воздействие
  cementing ~ цементирующее действие
  chattering ~ of bit вибрация бурового долота *(на забое)*
  chipping ~ скалывающее действие
  chipping crushing ~ скалывающе-дробящее действие *(зубьев шарошек, работающих в твёрдых породах)*
  corrective ~ 1. корректирующее действие *(направленное на повышение надёжности)*; внесение исправлений 2. внесение изменений *(в конструкцию)*
  corrosive ~ коррозионное действие, коррозия
  crowding ~ глубокое внедрение алмазов при большой нагрузке *(вызывающей скопление шлама под торцом коронки)*
  crushing ~ дробящее действие
  cutting ~ режущий эффект
  disagglutinating ~ разобщающее действие; диспергирование агломерата на индивидуальные частицы
  emergency ~s действия в аварийной ситуации
  explosive ~ действие взрыва
  filtering ~ *сейсм.* фильтрующее действие
  gouging ~ выдалбливающее действие, скоблящее действие *(наружной поверхности периферийного ряда зубьев шарошек долота, способствующее сохранению диаметра ствола скважины)*
  gouging-scrapping ~ калибрующе-фрезерующее действие *(калибровка ствола скважины перед спуском обсадной колонны)*
  high-explosive ~ бризантное действие
  homing ~ of pipeline самокомпенсация трубопровода
  impact ~ ударное действие; ударное воздействие
  jarring ~ 1. выбивание *(прихваченного снаряда ударной бабой)* 2. действие яса при ловильных работах 3. вибрация; встряхивание; дрожание

action

(фундамента станка) 4. освобождение при помощи яса оставшегося в скважине инструмента
jet ~ 1. действие струи 2. струйный эффект *(долота)*
jetting ~ 1. размывающее действие струи *(бурового раствора)* 2. гидромониторное действие
kneading ~ замешивание
mudding ~ глинизирующее действие *(бурового раствора)*
percussion ~ ударное действие; ударное воздействие
percussive ~ ударное действие; ударное воздействие
plastering ~ глинизирующее действие, штукатурящее действие *(бурового раствора)*
precipitating ~ осаждающее действие
propping ~ расклинивающее действие
reliability-oriented ~ обеспечение надёжности
remedial ~ 1. устранение неисправностей 2. ремонт
repair ~ ремонт
scouring ~ скоблящее действие; эрозионное действие; разрушение *(забоя)* абразивным материалом
scraping-cutting ~ абразивно-режущее действие
scraping-twisting ~ абразивно-выдалбливающее действие
shaped-charge explosive ~ кумулятивное действие взрыва
shattering ~ 1. дробящее действие 2. бризантность, бризантное действие *(взрывчатого вещества)*
shearing ~ срезывающее действие
shock ~ ударное действие; ударное воздействие
solution ~ растворяющее действие
solvent ~ растворяющее действие
spudding ~ возвратно-поступательное движение инструмента на забое
swabbing ~ поршневой эффект *(при быстром подъёме снаряда)*
twisting ~ скручивающее действие
twisting-tearing ~ поворотно-скалывающее действие *(шарошек)*
washing ~ вымывающее действие; смывающее действие
waveguide ~ *сейсм.* волноводный эффект
wedging ~ расклинивающее действие
activate 1. активизировать; повышать *(физическую или химическую)* активность 2. активировать *(цемент)*
activation активация *(лежалого цемента)*; активирование
~ **cracking** ~ крекирующая активность *(катализатора)*
~ **epithermal** ~ активация надтепловыми нейтронами
~ **gamma** ~ активация гамма-излучением
~ **neutron** ~ активация нейтронами
~ **pulsed neutron** ~ импульсная нейтронная активация
~ **thermal-neutron** ~ активация тепловыми нейтронами
activator 1. активатор *(гидравлический диспергатор для активации лежалого цемента)* 2. возбудитель; повыситель чувствительности 3. активирующая присадка 4. ускоритель *(времени схватывания, загустевания и твердения тампонажных растворов)*
active 1. активный; энергичный; действующий 2. свежемолотый *(о цементе)*
activity активность; деятельность

corrosion ~ коррозионная агрессивность
cracking ~ крекирующая активность *(катализатора)*
drilling mud ~ активность бурового раствора
exploration ~ поиск полезных ископаемых
filtration ~ фильтрационная активность
formation water ~ активность пластовой воды
geomagnetic ~ геомагнитная активность
geophysical ~ геофизическая активность; интенсивность геофизических работ
lease ~ деятельность промысла
microseismic ~ микросейсмическая активность
mud filtrate ~ активность фильтрата бурового раствора
production ~ добыча; эксплуатация
seismic ~ 1. сейсмическая активность 2. сейсморазведочная активность
special repair ~ специализированный ремонт
tectonic ~ тектоническая активность

actuation срабатывание *(устройства)*
actuator:
   hydraulic ~ гидравлический силовой цилиндр *(стрелы бурильной установки)*
acuity угол приострения *(долота)*
adamant адамант *(1. очень твёрдый минерал 2. любое вещество очень высокой твёрдости)*
adamantine стальная буровая дробь
adapter 1. переходник; переходная деталь; переходный фитинг; переходная втулка; переходный ниппель; переходный патрон; адаптер; держатель; зажим; соединительная муфта; колодка 2. стол *(сварочной горелки или газового резака)*
   bit ~ переходник с колонковой трубы на коронку
   cage ~ переводник для клапана глубинного насоса
   case ~ направляющая насадка с раструбом *(для облегчения входа инструмента в потайную колонну)*
   casing ~ 1. направляющая насадка с раструбом *(для облегчения входа инструмента в потайную колонну)* 2. переводник для обсадных труб; воронка для обсадных труб; соединительная муфта для колонн труб разного диаметра
   cementing ~ цементировочный переводник
   choke and kill line stab ~ стыковочный переводник штуцерной линии и линии глушения скважины
   core-catcher ~ корпус кернорвателя
   core-lifter ~ корпус кернорвателя *(между колонковой трубой и коронкой при бурении прямостенной коронкой)*
   core-spring ~ корпус кернорвателя *(между колонковой трубой и коронкой при бурении прямостенной коронкой)*
   drill ~ буродержатель
   inner-tube ~ 1. направляющая гильза *(во внутренней трубе для улучшения поддержки керна)* 2. корпус кернорвателя
   landing ~ посадочный переводник *(при бурении вращением обсадной колонны)*
   logging ~ подвеска отклоняющего блока каротажного кабеля
   mandrel ~ стыковочный переводник, переводник-сердечник

reaming pilot ~ переходник с безниппельных обсадных труб на расширитель *(при бурении вращением обсадной колонны)*
rod ~ переходный ниппель
screw-to-rod ~ переходник для присоединения штанги к винтовому шпинделю
shank ~ переходная муфта хвостовика
subsea ~ подводный стыковочный переводник
wellhead ~ устьевой переходник
adding of drill pipe length наращивание бурильной колонны
addition примесь *(добавка)*; добавление присадок *(к топливам и маслам)*
rod ~ наращивание бурового става
water ~ добавка воды
additive компонент; присадка; добавка *(напр. ускорителя в тампонажный или буровой раствор)*
anticorrosive ~ антикоррозионная добавка
antidecomposition ~ стабилизирующая добавка *(к буровому раствору)*
antifoaming ~ противопенная добавка; противовспенивающая добавка; пеногаситель
antiicing ~ противообледенительная присадка *(к топливу)*
antiknock ~ антидетонационная присадка, антидетонатор
antirust ~ антикоррозионная добавка
bridging ~ добавка в буровой раствор *(для ликвидации поглощения в интервалах ствола скважины)*
bulk ~ наполнитель; сухая добавка *(напр. к цементу)*
cement ~ добавка к цементу
cement contamination ~ добавка для борьбы с загрязнением цементного раствора

cetane ~ присадка, повышающая цетановое число *(дизельного топлива)*
completion fluid ~ добавка к раствору для освоения скважины
drilling mud ~ добавка к буровому раствору
drilling mud filtration ~ понизитель фильтрации бурового раствора
fluid loss ~ добавка, снижающая водоотдачу *(бурового или цементного раствора)*
fuel ~ присадка к топливу
gasoline ~ присадка к бензину; добавка к бензину *(для улучшения антидетонационных свойств и устранения смолообразования)*
light weight ~ понизитель плотности *(цемента)*
lost circulation ~ добавка для борьбы с поглощением *(бурового раствора)*
mud ~ добавка в буровой раствор *(для изменения его характеристик или свойств)*
nitrate ~ нитратная присадка *(улучшающая самовоспламенение дизельного топлива)*
oil ~ присадка к маслам
reverse-wetting ~ добавка, изменяющая смачиваемость *(пород)*
water-reactive ~ добавка, реагирующая с водой *(для бурового раствора или цемента)*
wear-preventive ~ противоизносная присадка
wear-proof ~ противоизносная присадка
wear-resistant ~ противоизносная присадка
weighting ~ утяжелитель *(бурового раствора)*; добавка для повышения плотности *(бурового раствора)*
adhere: ◊ **to ~ to sand grains** прилипать к песчинкам *(о нефти)*

adherence соблюдение *(стандартов, правил, технических условий)* ◊ ~ **to specifications** соблюдение технических условий; ~ **to standards** соблюдение стандартов

adhesion 1. прилипание *(вследствие смачивания)* 2. адгезия; слипание *(частиц)* 3. сцепление 4. липкость; способность прилипать к поверхности

adjuster 1. уравнитель; соединитель *(для штанг и балансира при канатном бурении)* 2. приспособление для регулирования
 depth ~ регулятор глубины
 slack ~ стягивающая муфта; натяжной винт
 valve ~ приспособление для регулировки клапанов

adjustment 1. регулировка; настройка; согласование; приведение в соответствие 2. упорядочение
 belt ~ регулировка натяжения ремня
 clearance ~ регулирование зазора
 coarse ~ грубое регулирование
 mark ~ корректировка глубины по меткам
 normal moveout ~ *сейсм.* коррекция кинематических поправок
 repair ~ регулировка в процессе ремонта
 service ~ регулировка в процессе эксплуатации
 span ~ пересчёт каротажной кривой *(полученной при конкретном интервале между замерами, к кривой, соответствующей другому интервалу)*
 valve ~ регулирование клапана

Administration:
 Mining Enforcement and Safety ~ Управление по надзору в горной промышленности *(США)*

administration:
 oil import ~ управление по импорту нефти

admission 1. впуск; подвод; подача; допуск 2. наполнение; степень наполнения
 ~ **of drilling mud** подвод бурового раствора
 effective ~ эффективное наполнение
 full ~ полное наполнение *(рабочей камеры скважинного насоса)*
 full stroke ~ полное наполнение *(рабочей камеры скважинного насоса)*
 partial ~ частичное наполнение *(рабочей камеры скважинного насоса)*
 single ~ односторонний впуск

admittance *сейсм.* полная проводимость
 acoustic ~ акустическая полная проводимость
 complex ~ комплексная полная проводимость

admixture примесь; добавка; присадка; включение ◊ ~ **to cement** добавка к цементу
 argillaceous ~ глинистая примесь
 cement-dispersion ~ добавка для облегчения размола цемента
 cementing ~ тампонирующая добавка
 corrosion-inhibiting ~ добавка-ингибитор коррозии
 early-strength cement ~ ускоритель твердения цемента

Adofoam *фирм.* вспенивающий реагент для получения стабильной пены при бурении с очисткой забоя газообразными агентами

Adofoam BF-1 *фирм.* вспенивающий реагент для получения стабильной пены при бурении с очисткой забоя газообразными агентами

adsorbate адсорбат, адсорбируемое вещество
adsorbent адсорбент, адсорбирующее вещество
adsorption адсорбция, поверхностное поглощение
  preferential ~ избирательная адсорбция
  surface ~ поверхностное поглощение
  surfactant ~ поверхностно-активная адсорбция
advance 1. углубка *(скважины)* 2. глубина проходки за единицу времени; механическая скорость бурения 3. распространение *(взрыва)* 4. продвижение *(обсаживаемой колонны)*
  ~ **of edgewater** наступление краевой воды
  ~ **of tool** подача *(бурового)* инструмента
  ~ **of wave** распространение волны
  frontal ~ фронтальное вытеснение нефти; продвижение фронта *(нагнетаемого в пласт агента)*
  gas-water boundary ~ продвижение контура водоносности газовой залежи
  oil-water boundary ~ продвижение контура водоносности нефтяной залежи
  waterflood front ~ перемещение фронта заводнения
advanced углублённый *(о стадии крекинга)*
aeolotropy:
  seismic ~ сейсмическая анизотропия
aerate 1. аэрировать; проветривать, вентилировать 2. насыщать газом; газировать
aerated аэрированный
aerating 1. аэрирование, насыщение воздухом 2. очистка бурового раствора от газа *(путём пропускания через него воздуха)*
  ~ **of drilling mud** аэрирование бурового раствора
aeration 1. аэрация; проветривание, вентилирование 2. насыщение газом 3. вспенивание
  bubble ~ продувка воздухом
aerator аэратор, установка для аэрирования жидкости
aeriform газообразный
aerocrete пенобетон
aerogeology аэрогеология
aerohydrous аэрогидральный, содержащий жидкость в порах *или* пустотах
aerometer аэрометр *(прибор для определения плотности газов)*
aerometry аэрометрия *(измерение массы и плотности воздуха и газов)*
Aerosol *фирм.* эмульгатор водных буровых растворов
aerosol аэрозоль
AF-4 *фирм.* нерастворимый понизитель водоотдачи для высокоминерализованных буровых растворов
Afrox *фирм.* неионное поверхностно-активное вещество для бурения с очисткой забоя газообразными агентами
aft:
  tanker ~ кормовая часть танкера
aftercooler вторичный холодильник; концевой холодильник; выходной холодильник
aftercooling охлаждение воздуха после сжатия в компрессоре
afterdegasser повторный дегазатор
afterdischarge послеразряд *(газоанализатора)*
afterexpansion остаточное расширение
afterflow остаточная пластическая деформация
afterflush последующая промывка *(скважины)*

afterflushing of well последующая промывка скважины
afterproduct вторичный продукт; низший продукт
afterproduction дополнительная добыча *(за счёт применения вторичных методов воздействия на пласт)*; вторичная добыча
aftershock афтершок
aftertreatment последующая доработка
age 1. век, эра; эпоха; возраст *(геологический)* 2. возраст *(системы с момента создания или изготовления)* 3. продолжительность работы; продолжительность службы; срок службы *(оборудования, инструмента)* 4. окисляться *(о топливах и маслах при хранении)* 5. терять активность *(о катализаторе)* ◊ ~ at failure срок службы к моменту отказа
  basement ~ возраст фундамента *(бассейна)*
  effective ~ фактический срок службы
  gas ~ возраст газа
  geochemical ~ of oil геохимический возраст нефти
  geological ~ геологический возраст
  helium ~ возраст по гелию
  limiting ~ предельный срок службы
  mandatory replacement ~ срок службы к моменту обязательной замены
  maximum ~ максимальный срок службы
  oil ~ возраст нефти
  operating ~ срок службы
  relative ~ of bed относительный возраст породы
  relative ~ of formation относительный возраст породы
  relative geological ~ относительный геологический возраст
  replacement ~ срок службы до замены
  retirement ~ продолжительность работы *(оборудования)* к моменту списания
  rock ~ возраст породы
  supposed ~ предполагаемый срок службы
aged 1. подвергшийся старению 2. окислившийся *(о топливах и маслах)*
Agency:
  Environmental Protection ~ Управление охраны окружающей среды *(США)*
agency 1. действие; деятельность 2. организация, учреждение; агентство; служба
  contracting ~ подрядная организация
  hazard ~ опасное воздействие
  regulatory ~ регулятивный орган
  technical assistance ~ служба технической помощи
  testing ~ испытательный комплекс
agent 1. агент; среда; вещество; добавка; присадка 2. реактив; реагент 3. действующая сила; фактор
  addition ~ добавка, присадка
  alkaline ~ щелочной реагент
  anticorrosive ~ антикоррозионная добавка
  antifoam ~ пеногаситель
  antifoaming ~ пеногаситель
  antifouling ~ присадка, предохраняющая *(нефтепродукты)* от порчи
  antifreezing ~ антифриз *(присадка, понижающая температуру замерзания жидкости)*
  antiknock ~ антидетонатор
  antirust ~ противокоррозионная добавка
  binding ~ связующее вещество; цементирующее вещество; вяжущее вещество

agent

blocking ~ закупоривающий агент
blowing ~ продувочный агент
breakdown ~ жидкость разрыва *(при гидравлическом разрыве пласта)*
bridging ~ закупоривающий *(трещины в стенках ствола скважины)* агент
burning ~ стимулятор возгорания *(нефти, разлившейся на поверхности воды)*
carrying ~ несущая среда; жидкость-носитель
cementing ~ цементирующее вещество; вяжущее вещество
chelating ~ вещество, вызывающее образование хелатных соединений; комплексон
chemical ~ химическое вещество; реагент; реактив
chemical addition ~ химическая присадка *(к топливам и маслам)*
chemical plugging ~ химический закупоривающий материал
clay-free completion drilling ~ безглинистый буровой раствор для вскрытия продуктивного пласта
coagulating ~ 1. коагулятор 2. коагулянт
colloidal emulsifying ~ коллоидный эмульгатор
coloring ~ пигмент
completion drilling ~ буровой раствор для вскрытия продуктивного пласта
conditioning ~ облагораживающий реагент
contaminating ~ загрязняющее вещество
corroding ~ 1. вещество, вызывающее коррозию 2. вещество, поддающееся коррозии
corrosive ~ вещество, вызывающее коррозию
curing ~ катализатор отверждения; вулканизирующий агент

cutting ~ истирающий материал *(при роторном бурении)*
deflocculating ~ дефлокулирующий реагент, дефлокулянт
defoaming ~ пеногаситель
dehydrating ~ обезвоживающее средство
demulsifying ~ деэмульгатор; деэмульгирующий агент
deoxidizing ~ раскислитель
desulfurizing ~ обессеривающая добавка, десульфуратор
dispersing ~ диспергирующий агент, диспергатор
displacement ~ вытесняющий агент
diverting ~ добавка в буровой раствор для избирательной закупорки *(пластов или зон поглощения)*
drilling ~ буровой раствор
drilling mud cleanout ~ агент для удаления бурового раствора
drilling mud filtration control ~ понизитель фильтрации бурового раствора
drilling mud stabilizing ~ стабилизирующая добавка к буровому раствору
drilling mud treating ~ добавка к буровому раствору
emulsifying ~ эмульгатор; эмульгирующий агент
filling ~ наполнитель
filter-loss ~ реагент для регулирования фильтрации и водоотдачи *(бурового раствора)*
filtrate ~ понизитель водоотдачи; понизитель фильтрации
flocculating ~ флокулирующий агент, флокулянт; коагулятор
fluid loss reducing ~ 1. понизитель водоотдачи 2. понизитель фильтрации *(бурового или цементного раствора)*
foaming ~ вспенивающий агент; вспениватель; пенообразователь

frothing ~ вспенивающий агент; вспениватель; пенообразователь,
gelling ~ гелеобразующее вещество; гелеобразующий агент, загуститель
grouting ~ цементирующее вещество
interfacial tension reducing ~ агент, снижающий межфазное натяжение
miscible ~ смешивающийся агент (для вытеснения нефти из пласта)
modifying ~ 1. модификатор, модифицирующая присадка 2. обогащающий агент
molecular emulsifying ~ молекулярный эмульгатор
mud-cleanout ~ 1. реагент для очистки (ствола скважины) от бурового раствора 2. реагент для очистки бурового раствора
mud-flush ~ буровой раствор
multipurpose ~ полифункциональный реагент; универсальный реагент
nitrohumate ~ нитрогуматный агент
nonfermentable ~ реагент, не поддающийся ферментации
oil-dispersing ~ нефтедиспергирующий агент
oil-wetting ~ гидрофобизатор
oxidizing ~ окислитель
phenol-containing ~ фенолсодержащий реагент
plasticizing ~ пластификатор
plugging ~ закупоривающий материал (для борьбы с поглощением бурового раствора)
polymer extending ~ добавка, разжижающая полимер (применяемый в буровом растворе)
precipitating ~ осаждающее вещество
propping ~ расклинивающий агент (при гидравлическом разрыве пласта)

protective ~ ингибитор; защитное средство
quenching ~ хладагент
reducing ~ восстановитель
retarding ~ замедлитель (полимеризации, схватывания, окисления)
saponification ~ омыливающее вещество
sealing ~ закупоривающий материал
sequestering ~ связывающее соединение; комплексообразующее соединение, комплексон
squeezing ~ закупоривающий агент; закупоривающая добавка (для борьбы с поглощением бурового раствора)
sulfite-alkaline ~ сульфитно-щелочной реагент
sulfonated nitrohumate ~ сульфированный нитрогуматный реагент
surface active ~ поверхностно-активное вещество
thickening ~ загуститель
thinning ~ разжижающее вещество, разжижитель; понизитель вязкости (бурового раствора)
viscosity reducing ~ понизитель вязкости
water-adsorbing ~ водоадсорбирующий реагент
water-control ~ агент для ликвидации водопритоков (в скважине)
water-loss control ~ агент для регулирования водоотдачи
water-shutoff ~ водоизолирующий агент
water-thickening ~ водозагущающий агент
weighting ~ утяжелитель (бурового раствора)
wettability ~ агент, повышающий смачивающую способность

agent

wetting ~ 1. увлажнитель 2. смачивающий агент; смачивающая среда 3. поверхностно-активное вещество
aggregate 1. агрегат, установка; совокупность; комплект 2. накопитель; заполнитель, инертный материал *(бетона)* 3. геол. агрегат
   clustered ~s скопление агрегатов *(при гидравлическом разрыве)*
   concrete ~ заполнитель бетона
aging 1. старение, изнашивание 2. дисперсионное твердение; выдерживание *(бетона)* 3. окисление *(при хранении)*
   ~ of cement старение цемента
agitation перемешивание
   ~ of mix перемешивание смеси; перемешивание замеса *(цемента)*
   rotary ~ перемешивание вращением
   vigorous ~ энергичное перемешивание
agitator 1. перемешиватель 2. мешалка; глиномешалка; цементомешалка 3. лопасть мешалки
   anchor ~ якорная мешалка
   chance cone ~ бункерная мешалка
   drilling mud tank ~ механический перемешиватель бурового раствора в резервуаре
   mud ~ мешалка бурового раствора, глиномешалка
   mud tank ~ механический перемешиватель в резервуаре для бурового раствора
   oscillating ~ вибрационная мешалка, качающаяся мешалка
   traveling ~ передвижная мешалка
Agreement: ◊ ~ Concerning Cooperation in Measures to Deal with Pollution of the Sea by Oil Соглашение относительно сотрудничества в принятии мер по борьбе с загрязнением моря нефтью *(Копенгаген, 1971; Дания, Финляндия, Норвегия, Швеция)*; ~ for Cooperation in Dealing with Pollution on the North Sea by Oil Соглашение о сотрудничестве в борьбе с загрязнением Северного моря нефтью *(Бонн, 1969)*; ~ on Regional Cooperation in Combating Pollution of the South-East Pacific by Oil and Other Harmful Substances in Cases of Emergency Соглашение о региональном сотрудничестве в борьбе с загрязнением юго-восточной части Тихого океана нефтью и другими вредными веществами в чрезвычайных случаях *(Лима, 1981)*
   Tanker Owners Voluntary ~ Concerning Liability for Oil Pollution Добровольное соглашение владельцев танкеров об ответственности за загрязнение моря нефтью *(Лондон, 1969)*
agreement договор; соглашение
   gas purchase ~ соглашение о поставках газа
   model ~ типовое соглашение *(о поставках газа)*
   operating ~ договор об эксплуатации
   warranty ~ соглашение о гарантийных обязательствах
Agrifoam *фирм.* вспенивающий реагент на стабильной белковой основе
aid 1. средство; пособие 2. устройство; прибор; аппарат
   cellulose filter ~ целлюлозный ускоритель фильтрования *(в процессе депарафинизации масел)*
   diagnostic ~s диагностические средства, средства диагностики

fault-finding ~ устройство для поиска неисправностей
first ~ 1. аварийный ремонт **2.** грубый ремонт долота на буровой вышке
maintenance ~s ремонтные средства
overhaul ~s оборудование для капитального ремонта
safety ~ инструкция по технике безопасности
technical ~ техническая помощь
troubleshooting ~ устройство для поиска неисправностей
air воздух; атмосфера ‖ обдувать воздухом; проветривать ‖ воздушный; атмосферный
compressed ~ сжатый воздух
control ~ рабочий воздух *(пневматической системы управления)*
entrained ~ вовлечённый воздух; захваченный воздух
free ~ атмосферный воздух; свободный воздух *(при атмосферном давлении над уровнем моря и температуре 15,5 °С)*
induced ~ засосанный воздух
scavenging ~ продувочный воздух
tank ~ паровоздушная смесь в резервуаре
top tank ~ верхний слой паровоздушной смеси в резервуаре
used ~ отработавший воздух; использованный воздух
air-actuated пневматический; с воздушным приводом
air-blast воздуходувка
Airfoam AP-50 *фирм.* вспенивающий реагент для бурения с очисткой забоя газообразными агентами
Airfoam B *фирм.* вспенивающий реагент для бурения с очисткой забоя газообразными агентами

air-foam 1. пенообразующий агент; вспенивающий агент **2.** буровой раствор, аэрированный с помощью вспенивающих агентов
airhole канал в керноприёмнике
airing вспенивание *(нефтепродукта)*
airlift 1. воздушный подъёмник, эрлифт **2.** подъём жидкости при помощи сжатого воздуха; воздушный барботаж ‖ барботажный *(о системе, об аппарате)*
gas ~ газовоздушный подъёмник
air-operated пневматический, с пневмоприводом, пневматического действия
air-tight непроницаемый для воздуха, герметичный, воздухонепроницаемый
Aktaflo-E *фирм.* неионный эмульгатор нефти в воде
Aktaflo-S *фирм.* неионное поверхностно-активное вещество
Ala-Bar *фирм.* баритовый утяжелитель
Ala-Clay *фирм.* высококачественный глинопорошок
Ala-Fiber *фирм.* смесь волокнистых материалов *(нейтральный наполнитель для борьбы с поглощением бурового раствора)*
Ala-Flake *фирм.* целлофановая крошка *(нейтральный наполнитель для борьбы с поглощением бурового раствора)*
Ala-Lig *фирм.* щелочная вытяжка из бурого угля *(аналог углещелочного реагента)*
Ala-Mica *фирм.* слюдяная крошка *(нейтральный наполнитель для борьбы с поглощением бурового раствора)*
Alamo-CMC *фирм.* натриевая карбоксиметилцеллюлоза *(стабилизатор глинистых буровых растворов)*

Ala-Plug *фирм.* скорлупа грецкого ореха *(нейтральный наполнитель для борьбы с поглощением бурового раствора)*
alarm 1. сигнал тревоги; сигнал опасности 2. сигнальное устройство; сигнальный прибор; механизм автоматической сигнализации
  failure ~ 1. сигнал о неисправности 2. сигнал об аварии
  fire ~ сигнализатор пожара
  gas ~ газосигнализатор; сигнализатор утечки газа; сигнализатор взрывной концентрации газа
  high-pressure ~ сигнализатор высокого давления
  lost circulation ~ сигнализатор поглощения *(бурового раствора)*
  malfunction ~ сигнал о неисправности
  overflow ~ аварийный указатель перелива
  temperature ~ сигнализатор перегрева
  top stroke ~ сигнализатор верхнего предельного положения *(компенсатора качки)*
Ala-Shell *фирм.* скорлупа ореха пекан *(нейтральный наполнитель для борьбы с поглощением бурового раствора)*
Ala-Sol *фирм.* аттапульгитовый глинопорошок для приготовления солестойких буровых растворов
Albar *фирм.* баритовый утяжелитель
albertite альбертит *(твёрдый битум)*
alert:
  leak ~ сигнал течи *(при разрыве труб)*
Alflake *фирм.* слюдяная крошка *(нейтральный наполнитель для борьбы с поглощением бурового раствора)*

Al-Gel *фирм.* высококачественный глинопорошок из чистого натриевого монтмориллонита
algorithm алгоритм
  automatic picking ~ алгоритм автоматического выделения *(сейсмических волн)*
  autotracking ~ алгоритм автоматического прослеживания *(сейсмических волн)*
  failure ~ алгоритм обнаружения неисправностей
  failure-recognition ~ алгоритм распознавания неисправностей
  fault-detection ~ алгоритм обнаружения неисправностей
  fault-handling ~ алгоритм устранения неисправностей
  Kirchhoff summation ~ *сейсм.* алгоритм дифракционной миграции
  migration ~ *сейсм.* алгоритм миграции, алгоритм миграционного преобразования
  ray-tracing ~ *сейсм.* алгоритм построения лучей
  reliability analysis ~ алгоритм оценки надёжности
  reliability branching ~ ветвящийся алгоритм вычисления надёжности
  reliability study ~ алгоритм исследования надёжности
  residual statics ~ *сейсм.* алгоритм коррекции статических поправок
  two-failure ~ алгоритм обнаружения неисправностей двух видов
alias *сейсм.* неоднозначность частотного состава колебания, восстанавливаемого по дискретным данным
aliasing *сейсм.* появление зеркальных частот
alidade угломер с уровнем *(для забуривания наклонных скважин под заданным углом)*

align 1. выверять (*положение станка для забуривания скважины под заданными вертикальным и азимутальным углами*) 2. выравнивать (*положение станка для центровки осей бурильной колонны и обсаженного кондуктора*)

alignment of drilling bit with hole already drilled центрирование бурового долота относительно пробуренной части ствола скважины

alitizing диффузионное алитирование в твёрдой фазе

alkalinity щёлочность; щелочные свойства
  ~ **of gasoline** щёлочность бензина
  methyl orange ~ щёлочность по метилоранжу
  phenolphthalein ~ щёлочность по фенолфталеину
  water ~ щёлочность воды

alkanes алканы, парафины

alkanization алканизация (*процесс каталитического алкинирования изобутана алкенами*)

Alkatan *фирм.* экстракт коры квебрахо (*разжижитель буровых растворов на водной основе*)

alkenes алкены, непредельные углеводороды, ненасыщенные углеводороды, олефины

alkyd алкидная смола, алкид

alkylate алкилат
  aviation ~ авиационный алкилат (*компонент авиационного бензина*)

alkynes алкины, углеводороды ацетиленового ряда

Alliance:
  Tripartite ~ Тройственный союз (*соглашение по вопросам стандартизации между США, Великобританией и Канадой*)

alligator раздвижной трубный ключ

allocation 1. лимит добычи нефти с данного участка; планирование дебитов 2. разделение (*надёжности по элементам системы*)
  failure ~ распределение последствий отказа (*в системе*)
  redundancy ~ распределение резерва (*в системах с резервированием*)
  reliability ~ распределение надёжности (*по элементам системы*)
  spare ~ распределение резерва (*в системах с резервированием*)

Alloid *фирм.* желатинизированный крахмал

allotment горный отвод

allowable 1. допустимый дебит; разрешённая норма добычи из скважины, квота; допустимый отбор 2. допускаемый, допустимый ◊ ~ **but not yet available** допустимый (*или санкционированный*), но ещё не достигнутый (*дебит месторождения или скважины*)
  daily ~ суточная квота; разрешённая норма суточной добычи

allowance 1. допуск 2. расчётная разница (*между объёмом цементного раствора при замесе и его объёмом в скважине после схватывания*) 3. допустимое отклонение от нормы 4. скидка ◊ ~ **for corrosion** допуск на коррозию
  depletion ~ скидка (*с налога*) на истощение недр

alluvium аллювий

alloy сплав ‖ сплавлять; легировать (*сталь*)
  antifriction ~ антифрикционный сплав (*для подшипников*)
  bonding ~ связующий сплав (*при изготовлении матриц алмазных коронок методом порошковой металлургии*)

drilling toll facing ~ сплав, наплавляемый на рабочую поверхность бурового инструмента
facing ~ твёрдый сплав, наплавляемый на рабочую поверхность бурового инструмента
hard ~ твёрдый сплав
hard facing ~ наплавляемый твёрдый сплав
metalloceramic ~ металлокерамический сплав
superhard ~ сверхтвёрдый сплав
tungsten ~ сплав с вольфрамом; сплав с карбидом вольфрама (*в качестве основного компонента*)
tungsten-carbide ~ сплав карбида вольфрама (*обычно с кобальтом в качестве связующего компонента*)

alluvial *геол.* аллювиальный, наносный

alluvium *геол.* аллювий, аллювиальные формации; наносные образования

Al-Seal *фирм.* смесь древесных опилок и хлопкового волокна (*нейтральный наполнитель для борьбы с поглощением бурового раствора*)

Alta-Mud *фирм.* бентонитовый глинопорошок

Altan *фирм.* экстракт квебрахо (*разжижитель буровых растворов на водной основе*)

Altan Pur *фирм.* очищенный экстракт коры квебрахо (*разжижитель буровых растворов на водной основе*)

alteration 1. изменение, перемена 2. деформация 3. *геол.* изменение пород по сложению и составу; метаморфическое вытеснение
rock permeability ~ изменение проницаемости горной породы

alternation 1. чередование 2. *геол.* пропласток
~ of beds перемежаемость пластов; чередование пластов
~ of deposits чередование отложений
~ of formations чередование формаций
~ of strata чередование пластов

aluminize алитировать (*порошкообразным алюминием*)

aluminized алитированный (*порошкообразным алюминием*)

aluminizing алитирование (*порошкообразным алюминием*)

A.M.-9 *фирм.* жидкая смесь акриловых мономеров (*отвердитель для получения непроницаемой пленки на стенках скважины при бурении с очисткой забоя газообразными агентами*)

A.M.-9 Grout *фирм.* порошкообразная смесь акриловых мономеров (*отвердитель для получения непроницаемой пленки на стенках скважины при бурении с очисткой забоя газообразными агентами*)

ambrite амбрит (*битуминозный материал, встречающийся в Новой Зеландии*)

Amendments to the International Convention for the Prevention of Pollution of the Sea by Oil, 1954, Concerning the Protection on the Great Barrier Reef Поправки к Международной конвенции о предотвращении загрязнения моря нефтью от 1954 года относительно защиты Большого барьерного рифа (*Лондон, 1971*)

amine амин
fatty ~s амины жирного ряда

amines-cured отверждённый аминами

Ami-tec *фирм.* ингибитор коррозии для буровых растворов на водной основе

ammonal аммонал *(взрывчатое вещество)*

Amoco Drillaid 401 *фирм.* эмульгатор углеводородов в буровом растворе

Amoco Drillaid 402 *фирм.* неионное поверхностно-активное вещество *(разжижитель буровых растворов и диспергатор глин)*

Amoco Drillaid 403 *фирм.* поверхностно-активное вещество *(для ликвидации прихватов, возникающих под действием перепада давления)*

Amoco Drillaid 405 *фирм.* жидкость – заменитель нефти

Amoco Drillaid 407 *фирм.* селективный флокулянт *(ингибитор неустойчивых глин)*

Amoco Drillaid 412 *фирм.* ингибитор коррозии для буровых растворов

Amoco Drillaid 420 Lo Sol *фирм.* селективный флокулянт *(диспергатор бетонированных глин)*

Amoco Drillaid 425 SPA *фирм.* полиакрилат натрия *(понизитель водоотдачи буровых растворов)*

Amoco Flo-Treat *фирм.* антикоагулянт

Amoco Select-Floc *фирм.* селективный флокулянт

Amoco Vama *фирм.* сополимер винилацетата и малеинового ангидрида *(диспергатор глин)*

amount 1. количество 2. сумма, итог 3. величина; степень

~ **of inclination** 1. угол падения *(пласта)* 2. степень искривления *(ствола скважины)*

~ **of maintenance** объём технического обслуживания

~ **of pore space filled with oil** объём порового пространства, заполненного нефтью

amplification усиление
  seismograph ~ усиление сейсмического сигнала

amplifier *сейсм.* усилитель
  first arrival ~ усилитель первых вступлений
  seismic ~ сейсмический усилитель
  seismic analog ~ сейсмический аналоговый усилитель

Ampli-Foam *фирм.* вспенивающий реагент *(для получения стабильной пены при бурении с очисткой забоя газообразными агентами)*

amplitude *сейсм.* амплитуда ◊ ~ **versus offset** амплитуда как функция удаления
  head-wave ~ амплитуда головной волны
  instantaneous ~ мгновенная амплитуда
  main lobe ~ амплитуда главного максимума
  seismic wave ~ амплитуда сейсмической волны
  wave ~ амплитуда волны

analysis 1. анализ; исследование; изучение; разбор 2. химический состав
  ~ **of amplitude attributes** *сейсм.* анализ динамики
  ~ **of defects** анализ дефектов
  accident-incident ~ анализ аварий и происшествий
  amplitude ~ *сейсм.* динамический анализ
  array ~ анализ ряда сейсмических данных
  availability ~ анализ эксплуатационной готовности
  carbon group ~ структурно-групповой анализ *(углеводородов)*

analysis

component ~ of casing head gas компонентный состав газа на устье скважины
computed log ~ анализ каротажных диаграмм на ЭВМ
consequence ~ анализ последствий *(отказа)*
contingency ~ анализ последствий аварий, возможных при данном режиме работы
continuous combustible gas ~ непрерывный анализ горючих газов *(при бурении скважин на нефть и газ)*
core ~ анализ керна, изучение керна
corrective maintenance ~ анализ результатов внепланового технического обслуживания
cost-sensitivity ~ анализ изменения затрат
design reliability ~ исследование надёжности конструкции
design safety ~ исследование безопасности конструкции
downhole hydraulic ~ гидравлический анализ в скважине
drill cuttings ~ исследование бурового шлама
drilling fluid ~ исследование бурового раствора *(с целью определения его физических и химических свойств)*
dry screen ~ сухой ситовый анализ
event ~ анализ сейсмического явления
ex post ~ анализ последствий *(отказов)*
fail-safe ~ анализ работоспособности системы при отказе отдельных элементов
failure ~ анализ отказов
failure cause ~ анализ причин отказов
failure criticality ~ анализ отказов с точки зрения влияния их на работоспособность системы

failure effect ~ анализ последствий отказов
failure mode ~ анализ характера отказов
failure mode frequency ~ анализ повторяемости отказов определённого вида
fault ~ анализ дефектов; анализ неисправностей
fault-tree ~ анализ диагностического дерева отказов
field complaint ~ анализ эксплуатационных рекламаций
formation damage ~ оценка ухудшения коллекторских свойств продуктивного пласта
fractional ~ фракционный анализ
fracture-mechanics ~ анализ механики разрушения
gas ~ газовый анализ
gas ~ of drilling mud газовый анализ бурового раствора
grade ~ гранулометрический анализ
grain-size ~ гранулометрический анализ
hazard ~ анализ эксплуатационной безопасности
hazard integration ~ комплексный анализ эксплуатационной безопасности
horizon-oriented velocity ~ *сейсм.* погоризонтный анализ скоростей
lithofacies ~ литофациальный анализ
log ~ интерпретация каротажных диаграмм
magnetic ~ магнитная дефектоскопия
maintainability ~ анализ ремонтопригодности
maintenance engineering ~ анализ технического обслуживания
malfunction ~ анализ неисправностей; отыскание неисправностей

analysis

malfunction effect ~ анализ последствий неисправностей
mechanical ~ гранулометрический анализ
mesh ~ ситовый анализ
micromineralogical ~ микроминералогический анализ
microsection ~ шлифовый анализ
moveout ~ *сейсм.* анализ кинематических поправок
mud ~ исследование бурового раствора *(с целью определения его физических и химических свойств)*
near-accident ~ анализ ситуации, близкой к аварийной
noise ~ анализ волновых помех *(при регистрации одной расстановкой или серией расстановок сейсмоприёмников)*
oil-type ~ структурно-групповой анализ нефти; типовой анализ нефти
operability ~ анализ работоспособности
operating safety ~ анализ эксплуатационной безопасности
optimum repair level ~ анализ оптимального уровня ремонта
performance ~ анализ технических характеристик
performance degradation ~ анализ ухудшения рабочих характеристик
performance variation ~ анализ изменения рабочих характеристик
period ~ анализ периода эксплуатации *(с точки зрения интенсивности отказов)*
pore-size ~ определение размера пор *(в горной породе)*
porosity ~ определение пористости; анализ на пористость
post-accident ~ исследование причин и последствий аварии

pressure transient ~ метод кривых восстановления давления
real time fault ~ система анализа неисправностей в реальном масштабе времени
refraction ~ сейсм. анализ преломлённых волн
regional-residual ~ разделение региональных и остаточных эффектов
reliability ~ анализ надёжности
reliability apportionment ~ анализ разделения заданной надёжности по элементам системы
reliability-cost trade-off ~ анализ зависимости надёжности от затрат
reliability design ~ анализ надёжности конструкции
reliability figure-of-merit ~ анализ количественных показателей надёжности
reliability improvement ~ анализ возможностей повышения надёжности
reliability requirements ~ анализ требований к надёжности
reliability stress ~ анализ надёжности с учётом напряжений
reliability stress-versus-strength ~ анализ надёжности с учётом зависимости прочности от напряжений
reliability variation ~ анализ изменения надёжности
reservoir ~ 1. пластовые исследования 2. изучение залежи
retort ~ ретортный анализ *(метод определения твёрдой фазы, содержащейся в буровом растворе)*
ring ~ кольцевой анализ *(структурно-групповой анализ масел, содержащих циклические углеводороды)*
rock ~ анализ горных пород
routine ~ промысловый анализ

analysis

safety ~ анализ эксплуатационной безопасности
sample ~ анализ проб, анализ образцов
screen ~ ситовый анализ
sedimentation ~ седиментационный анализ
seismic ~ сейсмический анализ
seismic facies ~ сейсмофациальный анализ
seismic reflection amplitude ~ анализ амплитуд сейсмической записи методом отражённой волны
seismic-sequence ~ изучение сейсмического разреза
seismic stratigraphic ~ сейсмографический анализ
seismogram ~ анализ сейсмограмм
sieve ~ ситовый анализ, гранулометрический анализ, анализ гранулометрического состава
size ~ 1. фракционный анализ 2. ситовый анализ
sizing ~ 1. фракционный анализ 2. ситовый анализ
spectrographic ~ спектрографический анализ *(для определения состава газов, выделяющихся из скважины)*
stacking velocity ~ *сейсм.* анализ скоростей суммирования
statistic ~ *сейсм.* анализ статистических поправок
stratigraphic ~ стратиграфический анализ
structure ~ структурный анализ
system reliability ~ анализ надёжности системы
systems operational reliability ~ анализ технической надёжности систем
Tadema structural group ~ структурно-групповой анализ нефтяных углеводородов методом Тадема
test ~ анализ результатов испытаний
textural ~ структурный анализ
thin-section ~ шлифовый анализ
trace ~ определение времени вступления волны *(на каждой сейсмической трассе)*
trend ~ анализ тенденции изменения *(напр. надёжности)*
trouble ~ анализ неисправностей
ultrasonic ~ ультразвуковая дефектоскопия
upward trend ~ анализ тенденции возрастания *(надёжности)*
velocity ~ *сейсм.* анализ скоростей
volumetric-gas ~ of core объёмный газовый анализ керна
wave pattern ~ *сейсм.* анализ волновой картины
wavefield ~ *сейсм.* анализ волнового поля
wavelet ~ *сейсм.* анализ импульса
well log ~ анализ каротажных диаграмм
wet screen ~ мокрый ситовый анализ
worst case performance ~ анализ рабочих характеристик в наиболее неблагоприятных условиях

analyst химик-аналитик; лаборант; специалист
defect ~ специалист по анализу неисправностей
failure discipline ~ специалист, исследующий причины отказов
reliability ~ специалист по надёжности

analyzer 1. испытательное устройство; прибор для обработки результатов испытаний 2. дефектоскоп

anchor

chemical gas ~ химический газоанализатор
chromatographic gas ~ хроматографический газоанализатор
combustible gas ~ анализатор горючих веществ в продуктах сгорания газа
explosive gas ~ анализатор взрывных газов
failure ~ анализатор неисправностей; дефектоскоп
fault ~ анализатор неисправностей; дефектоскоп
gas ~ газоанализатор
glass gas ~ стеклянный газоанализатор
hot wire gas ~ газоанализатор с термоэлементом
hypersonic ~ ультразвуковой дефектоскоп
infrared gas ~ инфракрасный газоанализатор
net oil ~ анализатор количества нефти в продукции скважины
oil reservoir ~ анализатор модели нефтеносного пласта
production ~ дефектоскоп
pulse-height ~ анализатор амплитуды импульсов *(при радиокаротаже)*
recording gas ~ регистрирующий газоанализатор
ultrasonic ~ ультразвуковой дефектоскоп
vacuum cap gas ~ вакуумный газоанализатор
anchor 1. якорь ‖ ставить на якорь; становиться на якорь 2. анкер ‖ анкеровать, закреплять ‖ анкерный 3. приспособление, закрепляющее обсадные трубы в скважине 4. противовыбросовое приспособление фонтанной арматуры 5. продолжение трубы ниже рабочей камеры скважинного насоса 6. нижний якорь-труб-ка стреляющего перфоратора 7. связной болт ‖ закреплять намертво 8. якорь *(скважинного оборудования)*
cable ~ тросовый анкер
charge ~ устройство, фиксирующее взрывной заряд в скважине
dead-line ~ механизм крепления неподвижного конца *(талевого каната)*
derrick guy ~ якорь оттяжки буровой вышки
double-body gas ~ двухкорпусной газовый якорь
eight-disk ~ восьмитарельчатый якорь
four-sectional gas ~ четырёхсекционный газовый якорь
gas ~ газовый якорь; скважинный газосепаратор
gas-sand ~ газопесочный якорь
guy ~ якорь оттяжки
guy-line ~ якорь оттяжки
ground ~ грунтовой якорь
hook wall-type ~ якорь подвесного типа
hydraulic ~ гидравлический якорь
insert gas ~ вставной газовый якорь
insert oil-well pump ~ якорь вставного скважинного нефтяного насоса
light-weight ~ лёгкий якорь
line ~ устройство для крепления каната
multidisk ~ многотарельчатый якорь
multisection gas ~ многосекционный газовый якорь
offshore drill ~ якорь буровой платформы, якорь бурового основания; якорь бурового судна
pipeline ~ трубопроводный якорь, анкерная опора трубопровода; неподвижная опора трубопровода

31

anchor

replaceable guide line ~ съёмный замок направляющего каната
retrievable cable ~ съёмный замок направляющего каната
sand ~ песочный якорь
screen ~ якорь-зонт
sectional gas ~ секционный газовый якорь
single-body gas ~ однокорпусный газовый якорь
single-housing gas ~ однокорпусный газовый якорь
submersible gas ~ погружной газовый якорь
subsea pipeline ~ якорь для морского подводного трубопровода
tension tubing ~ натяжной якорь насосно-компрессорной колонны
tester ~ якорь опробователя пластов
tie ~ стяжной анкер
tubing ~ якорь насосно-компрессорной колонны
anchorage 1. анкер; анкерное устройство 2. анкерное крепление; крепление наглухо (*или намертво*); анкеровка 3. закрепление конца (*подъёмного каната*) 4. анкерная свая
leg base ~ крепление ног буровой вышки
two-section gas ~ двухсекционный газовый якорь
vibrational gas ~ вибрационный газовый якорь
wireline ~ устройство для крепления неподвижного конца талевого каната
anchoring 1. постановка на якорь 2. анкер; анкерное устройство 3. анкеровка
leg base ~ крепление ноги буровой вышки
solid whipstock ~ прочная установка отклоняющего клина (*в стволе скважины*)

ancillary буровой инструмент и оборудование (*насос, штанги, трубы всех видов, спускоподъёмное оборудование, коронки*)
angle 1. угол 2. уголок (*вид профиля*) 3. угольник
~ **of approach** *сейсм.* угол выхода (*луча*)
~ **of bedding** угол наклона пласта; угол падения, угол напластования; угол простирания
~ **of deviation** угол отклонения (*скважины*)
~ **of dip** угол падения (*пласта*)
~ **of emergence** угол выхода (*сейсмической волны*)
~ **of entry** угол входа (*в пласт*)
~ **of flange** угол отбортовки
~ **of hade** угол отклонения сбрасывателя от вертикали
~ **of incidence** 1. угол входа (*сейсмической волны*) 2. угол падения
~ **of inclination** 1. угол отклонения (*ствола скважины*) 2. угол падения (*пласта*)
~ **of lean** угол наклона (*мачты*)
~ **of pitch** 1. угол склонения 2. угол смещения (*кулачка, эксцентрика, второго ствола скважины*)
~ **of preparation** угол скоса кромки
~ **of refraction** угол преломления (*сейсмической волны*)
~ **of slip** 1. угол смещения (*в плоскости сбрасывателя*) 2. угол скольжения
~ **of unconformity** угол стратиграфического несогласия
advancing ~ наступающий угол (*смачивания*)
apex ~ внутренний угол конуса (*торца алмазного бескернового наконечника*)
back ~ тыловой угол, задний угол (*режущего инструмента*)
bit wing ~ угол заточки лезвия бура

borehole deviation ~ угол отклонения скважины *(от вертикали)*
contact ~ угол касания; краевой угол *(смачивания)*
critical ~ of incidence *сейсм.* критический угол падения
cutting ~ угол резания
deflection ~ угол отклонения от вертикали
delay ~ угол задержки воспламенения *(дизельного топлива)*
digging ~ угол резания *(породы)*
drift ~ 1. набор кривизны *(наклонной скважины)* 2. угол искривления; угол отклонения *(скважины от заданного направления)*
etch ~ видимый угол *(на пробирке инклинометра с плавиковой кислотой без поправки на мениск)*
female-to-female ~ угольник с раструбами на обоих концах
finite ~ конечный угол контакта *(смачивания)*
fleet ~ угол наклона каната по отношению к оси барабана лебёдки
high drift ~ большой угол отклонения скважины *(от заданного направления)*
hole ~ угол наклона скважины
horizontal ~ азимутальный угол
inclination ~ зенитный угол *(ствола скважины)*
interfacial ~ краевой угол смачивания
negative cutting ~ отрицательный угол резания
pitch ~ угол падения; угол наклона
point ~ угол между режущей кромкой и осью вращения *(бурового инструмента)*
postcritical ~ of incidence *сейсм.* закритический угол падения

precritical ~ of incidence *сейсм.* докритический угол падения
receding ~ отступающий угол *(смачивания)*
refraction ~ угол преломления *(сейсмической волны)*
second critical ~ второй критический угол *(обменной волны)*
starting ~ *сейсм.* угол засылки *(луча)*
taper ~ 1. угол приострения *(угол схода кромок перьев бура)*; угол скоса 2. угол конусного соединения *(съёмных головок бура со штангами)*
thread ~ угол профиля резьбы
tool ~ угол заострения резца
tool face ~ угол торца бурильного инструмента
wing ~ угол приострения лезвия *(бура)*
angola ангола *(сорт буровых алмазов из месторождений в Анголе)*
Anhib *фирм.* ингибитор коррозии *(для жидкостей для заканчивания скважин на водной основе)*
Anhydrox *фирм.* порошок, применяемый как добавка к буровому раствору *(для сохранения его качества при проходке ангидридов)*
anilol анилол *(смесь анилина и спирта, применяемая в качестве высокооктанового компонента бензина)*
anisotropy анизотропия *(изменение физических характеристик среды в зависимости от направления их измерения)*
~ **of layered medium** анизотропия слоистой среды
effective ~ эффективная анизотропия
elliptical velocity ~ эллиптическая анизотропия скорости

formation ~ анизотропия пласта
seismic ~ сейсмическая анизотропия
annuity:
mining ~ арендная плата за право разработки месторождения
annulus 1. кольцевое пространство 2. затрубное пространство; межтрубное пространство *(между бурильными трубами и стенками скважины через которое происходит циркуляция бурового раствора)* 3. низкоскоростная кольцевая зона вокруг скважины *(образующаяся в результате внедрения фильтрата бурового раствора в продуктивные породы)*
casing string-borehole ~ заколонное кольцевое пространство
core receiving ~ внутренняя полость керноприёмника
drill-collar ~ канал утяжелённой бурильной трубы
drill-pipe ~ кольцевое пространство за бурильными трубами
drill-string borehole ~ затрубное кольцевое пространство
hole ~ затрубное пространство; межтрубное пространство *(в скважине)*
tubing-casing ~ кольцевое пространство между насосно-компрессорной и обсадной колоннами
tubular ~ межтрубное пространство между наружной и внутренней трубами *(двойной колонковой трубы)*
anode 1. анод, положительный электрод 2. антикатод *(рентгеновской трубки)*
expandable ~ анод в системе катодной защиты *(от коррозии)*
sacrifice ~ анод в системе катодной защиты *(от коррозии)*
anomaly аномалия
amplitude ~ *сейсм.* динамическая аномалия
geological ~ геологическая аномалия
geophysical ~ геофизическая аномалия
local ~ локальная аномалия
log ~ аномалия на каротажной диаграмме
long wavelength ~ *сейсм.* длинноволновая аномалия
long wavelength static ~ *сейсм.* длинноволновая аномалия статических поправок
recognizable ~ распознаваемая аномалия
regional ~ региональная аномалия
residual gravity ~ остаточная аномалия силы тяжести
seismic ~ сейсмическая аномалия
seismic ray direction ~ аномалия направления сейсмических лучей
static ~ *сейсм.* аномалия статических поправок
time ~ *сейсм.* аномалия времён пробега *(волн)*
travel-time ~ *сейсм.* аномалия времён пробега *(волн)*
velocity ~ *сейсм.* скоростная аномалия
weathering ~ *сейсм.* аномалия за счёт зоны малых скоростей
anticline антиклиналь, антиклинальная складка *(куполовидная складка, крылья которой падают в противоположных направлениях)*
carinate ~ килевидная антиклиналь
composite ~ сложная антиклиналь; антиклинорий; повторённая антиклинальная складка

apparatus

cross ~ поперечная антиклиналь
elongated ~ вытянутая антиклинальная складка
gentle ~ пологая антиклиналь
plunging ~ погружающаяся антиклиналь
recumbent ~ опрокинутая антиклиналь
regional ~ геоантиклиналь, региональная антиклиналь
seismic ~ антиклиналь в сейсмическом разрезе

anticoagulant противокоагулирующее средство

antifermentative противобродильный препарат *(добавляемый в буровой раствор)*

antifoulant 1. средство, предохраняющее от биологического обрастания *(подводных сооружений)* 2. присадка, предохраняющая *(нефтепродукты)* от порчи

antifreeze антифриз

antifrother антипенная присадка

antiknock антидетонатор ‖ антидетонационный

antioxidant противоокислитель, антиоксидант, ингибитор окисления ‖ противоокислительный

antiozonant антиозонант

anvil 1. наковальня 2. сухарь; плашка *(штангодержателя, трубного ключа, щековой дробилки)*
counterpercussion ~ противоударная наковальня *(установки виброударного бурения)*

А.Р.-25 *фирм.* щелочная вытяжка танинов *(понизитель водоотдачи буровых растворов)*

А.Р.-44 *фирм.* щелочная вытяжка танинов *(диспергатор глин)*

aperture отверстие; щель; прорезь; апертура

~ of screen размер отверстия сита
migration ~ *сейсм.* база миграции

apex 1. вершина; пик 2. центральная точка *(торца алмазного бескернового наконечника)* 3. нижнее сливное отверстие гидроциклона
upper ~ of fold *геол.* вершина седла; вершина складки

apparatus 1. аппарат; прибор; приспособление; устройство; установка 2. аппаратура; оборудование ◊ ~ for gravity gradient survey прибор для съёмки гравитационного градиента
air charging ~ установка для накачивания воздуха
axial-type guide ~ направляющий аппарат осевого типа
borehole inclinometer ~ скважинный инклинометр
borehole surveying ~ геофизический скважинный прибор; скважинная геофизическая аппаратура
boring ~ буровая установка
bottomhole ~ глубинный прибор
caliper ~ кавернометр
caliper logging ~ кавернометр
calipering ~ кавернометр
casing inspection ~ аппаратура для контроля обсадных колонн
charging ~ 1. загрузочное устройство 2. зарядное устройство
constant-flow ~ прибор для испытаний *(на коррозию)* при постоянной скорости протекания жидкости
core-sampling ~ прибор для отбора керна
corrosion testing ~ установка для испытаний на коррозионную стойкость
detection ~ устройство обнаружения *(напр. неисправностей)*

distillation ~ аппарат для перегонки, дистиллятор
downhole ~ скважинный снаряд
drilling rate measuring ~ аппаратура механического каротажа; аппаратура для измерения скорости проходки
electrical well-logging ~ аппаратура электрического каротажа
electromagnetic ~ аппаратура электромагнитного каротажа
Engler-Ubbelohde ~ прибор Энглера—Уббелоде *(для разгонки бензина)*
extraction ~ прибор для определения содержания нефти в породе
field ~ полевой прибор
flash point ~ прибор для определения температуры вспышки
flaw-detecting ~ дефектоскоп
free falling ~ фрейфал *(раздвижная часть инструмента при ударном бурении)*
Gebhardt ~ прибор Гебхардта *(для измерения кривизны скважины)*
ground prospecting ~ прибор наземной разведки
hole curvature measuring ~ зонд для замера кривизны ствола скважины
inclination ~ инклинометр
inclinometer ~ инклинометр
induction logging ~ аппаратура индукционного каротажа
logging ~ каротажная аппаратура; скважинная геофизическая аппаратура
measuring ~ дозатор
microseismic detection ~ установка микросейсмического детектирования
neutron logging ~ аппаратура нейтронного каротажа
Oehman ~ прибор Оэмана *(для определения азимутального и вертикального углов отклонения буровых скважин)*

pendant drop ~ прибор для измерения поверхностного натяжения методом висячей капли
quenching ~ тушильник
radial-type guide ~ направляющий аппарат радиального типа
radioactivity logging ~ аппаратура радиоактивного каротажа
recording ~ регистрирующая аппаратура
rotary drilling ~ установка роторного бурения
sampling ~ пробоотборник
sandblast ~ пескоструйный аппарат; пескоструйная установка
sanding ~ пескоструйный аппарат; пескоструйная установка
seismic ~ сейсмический прибор
seismogram interpretation ~ аппаратура для интерпретации сейсмограмм
shaking ~ 1. аппарат для встряхивания; шейкер 2. вибратор
thermal logging ~ аппаратура для термометрии скважины
timing line numbering ~ *сейсм.* установка для нумерации линий марок времени
vapor-testing ~ прибор для обнаружения горючих газов и паров в воздухе
Vicat ~ игла Вика *(для определения времени схватывания цемента)*
welding ~ сварочный аппарат; сварочная установка
well logging ~ скважинная аппаратура

appearance 1. внешний вид; наружный вид 2. появление
~ **of anisotropy** проявление анизотропии
~ **of fracture** вид излома; характер излома
log ~ проявление на каротажной диаграмме *(пласта)*
record ~ *сейсм.* внешний вид записи

appliance приспособление; устройство; прибор; принадлежность
  casing ~s принадлежности и инструменты для спуска обсадных труб; приспособления для спуска обсадных труб
  mud mixing ~s оборудование для приготовления бурового раствора
  protective ~ защитное устройство
  safety ~ предохранительное устройство

application:
  cased-hole ~ применение метода в обсаженной скважине
  field ~ применение в промысловых условиях, применение в условиях буровой
  foam ~ ввод пены *(в нефтяной резервуар)*
  log ~ использование данных каротажа
  open-hole ~ применение метода в необсаженной скважине

apportionment пропорциональное распределение; пропорциональное разделение
  equal ~ равномерное распределение *(напр. нормы безотказности)*
  failure rate ~ разделение заданной интенсивности отказов *(по элементам системы)*
  moving ~ скользящее распределение *(напр. нормы безотказности)*
  performance ~ распределение заданных технических характеристик *(по элементам системы)*
  redundancy ~ распределение резерва *(в системе с резервированием)*
  reliability ~ распределение требований к надёжности *(между элементами системы)*

reliability growth ~ распределение требований к повышению надёжности *(элементов системы)*
  useful life ~ распределение полезного срока службы *(элементов системы)*

appraisal экспертиза; оценка
  acceptability ~ оценка пригодности *(изделия)*
  expert ~ экспертная оценка
  performance ~ оценка рабочих характеристик
  preliminary ~ предварительная оценка *(надёжности)*
  reliability ~ оценка надёжности
  technical ~ техническая экспертиза

approach 1. аппроксимация, приближение 2. подход; метод; методика; принцип
  fuel-optimal ~ приближение к оптимальному расходу топлива
  restricted ~ узкий подход
  trade-off ~ компромиссный подход *(к обеспечению надёжности)*

appropriate:
  ecologically less ~ менее приемлемый с точки зрения требований экологии *(о виде топлива)*

approval 1. одобрение; утверждение; согласование *(технической документации)* 2. аттестация *(продукции)*

approved 1. соответствующий стандарту; утверждённый; согласованный 2. соответствующий требованиям Горного бюро США *(о взрывобезопасном горнобуровом оборудовании)*

approximation *сейсм.* аппроксимация, приближение
  geometrical optic ~ лучевое приближение
  ray ~ лучевое приближение

approximation

   straight-ray ~ аппроксимация прямолинейными лучами
Aqua Magic *фирм.* несульфатный эмульгатор
Aqua Tec *фирм.* неионное поверхностно-активное вещество
Aquaflex *фирм.* аквафлекс *(источник колебаний для морской сейсмической разведки)*
Aquagel *фирм.* бентонит тонкого помола
Aquapulse *фирм.* аквапалс *(источник колебаний для морской сейсмической разведки)*
Aquaseis *фирм.* аквасейс *(источник колебаний для морской сейсмической разведки)*
aquifer 1. водоносный горизонт; водоносный пласт; водоносная формация; водоносная порода 2. законтурная зона пласта
aragotite араготит *(калифорнийский битум)*
arbor 1. вал, шпиндель, ось 2. оправка
arc дуга
   ~ **of swing** амплитуда *(маятникового инклинометра)*
   refraction ~ *сейсм.* дуговой профиль, полученный методом преломлённых волн
Arcer *фирм.* искровой источник
arch 1. антиклиналь, антиклинальная складка 2. целик 3. зависание
   flat ~ подвесная арка *(в крекинг-печах)*
arching 1. выпучивание *(грунта)* 2. образование свода *(в грунте)* 3. зависание
architecture структура *(системы)*; архитектура
   duplex ~ дублированная структура
   fault-tolerant ~ структура, обеспечивающая работоспособность *(системы)* при отказе некоторых элементов

Arcobar *фирм.* баритовый утяжелитель
Arcomul *фирм.* первичный эмульгатор для инверсных эмульсий
Arcosol *фирм.* неионный эмульгатор для водных буровых растворов
Arcotrim *фирм.* смесь поверхностно-активных веществ *(смазывающая добавка к водным буровым растворам)*
Arctic Pack *фирм.* специальный состав для заполнения кольцевого пространства между колоннами обсадных труб в интервале многолетнемёрзлых пород
arcticize приспосабливать к эксплуатации в полярных условиях
area 1. место; площадь; площадка; поверхность 2. зона, район, область, территория, участок
   ~ **of fracture** 1. поверхность излома 2. площадь поперечного сечения в месте разрушения
   ~ **of influence** площадь влияния, площадь интерференции *(скважины)*
   acquisition ~ площадь полевых работ
   closely drilled ~ площадь, разбуренная по плотной сетке
   contact ~ поверхность соприкосновения; поверхность контакта
   contaminated ~ призабойная зона, загрязнённая буровым раствором
   corroded ~ корродированный участок *(обсадной колонны)*
   corrosion ~ площадь коррозии; область коррозии
   critical ~ **of formation** призабойная зона пласта
   cross sectional ~ площадь поперечного сечения

dead ~ мёртвая зона *(в пятиточечной системе размещения скважин)*
difficult record ~ *сейсм.* район затруднённой регистрации
drainage ~ of well площадь, дренируемая скважиной
drilled ~ участок, разбуренный скважинами
exhausted ~ истощённая площадь
exploration ~ площадь разведочных работ
flooding ~ зона заводнения по площади
flow ~ 1. проходное сечение 2. зона притока *(в скважине)*
free ~ свободное сечение *(трубы, колонны)*
geologically complex ~ район сложного геологического строения
geophone base ~ контактная поверхность сейсмоприёмника
infiltration ~ площадь дренирования *(скважины)*
influence ~ of well площадь влияния скважины
initial productive ~ начальная продуктивная площадь
injection ~ площадь нагнетания
interfacial ~ поверхность раздела
interstital surface ~ суммарная поверхность пор
maintenance ~ площадка для технического обслуживания
mining ~ район горных работ, район добычи полезных ископаемых
no-reflection ~ область отсутствия отражённых волн
no-return ~ *сейсм.* область отсутствия сигналов на поверхности
oil ~ нефтеносная площадь
oil-bearing ~ нефтеперспективная область

oil-producing ~ нефтеносная площадь
open ~ of screen скважность фильтра
original cross-sectional ~ начальная площадь поперечного сечения
pattern ~ *сейсм.* область группы
payable ~ промышленная площадь *(нефтяного или газового месторождения)*
petroferous ~ нефтеносная область
plan ~ площадь поперечного сечения
poor record ~ *сейсм.* область неудовлетворительных записей
pore surface ~ площадь поверхности пор
potential ~ площадь возможной нефтеносности, разведочная площадь
problem ~ район, характеризуемый осложнёнными условиями *(напр. бурения или эксплуатации)*
producing ~ продуктивная площадь
prospective ~ разведочная область
proved ~ разведанная площадь
receipt, inspection and maintenance ~ площадка для приёмки, осмотра и технического обслуживания
reflection exploration ~ район сейсмической разведки методом отражённых волн
refraction exploration ~ район сейсмической разведки методом преломлённых волн
repair ~ площадка для ремонта
rig deck ~ площадка для размещения бурового оборудования *(на плавучем основании)*
sectional ~ площадь поперечного сечения

seismic ~ 1. сейсмичная область **2.** область воздействия землетрясения
seismic survey ~ сейсморазведочная площадь
service ~ площадка для технического обслуживания
set back ~ площадь под свечи *(бурильных труб)*; подсвечник
slip ~ 1. участок бурильной трубы, зажимаемый роторными клиньями **2.** зона оползающих пород
slot ~ суммарная площадь прорезей *(колпачка ректификационной колонны)*
soft rock ~ район, сложенный мягкими горными породами
source ~ источник сноса *(обломочных пород)*
specialized repair ~ участок специализированного ремонта
spread ~ площадь распространения
surface ~ of structure площадь контура
swept reservoir ~ отмытая часть залежи
target ~ круг допуска *(на отход от заданной точки на поверхности разбуриваемого коллектора)*
tongs ~ of pipe место захвата трубы ключом
transit ~ район транспорта *(газа)*
unproductive ~ непродуктивная площадь
vulnerable ~ уязвимый участок *(в отношении коррозии)*
watered field ~ обводнённая часть месторождения
waterflood ~ район обводнения
water-to-oil ~ переходная зона *(от водоносной к нефтеносной)*
wave generation ~ область волнообразования
wearout ~ область износа
welding ~ сварочная площадка
well-drainage ~ зона дренирования скважины
well-head ~ площадка для размещения устья скважины *(на плавучем основании)*
well-influence ~ площадь влияния скважины
well-pattern dead ~ наличие мёртвых зон между скважинами при существующей сетке размещения
wetted ~ отпотевшие участки *(на резервуаре)*
wild-cat ~ разведочная площадь, разведочный район
wire-cloth ~ рабочая площадь сита
areal of oil-and-gas accumulation ареал зон нефтегазонакопления
arenaceous 1. песчаный, песчанистый **2.** содержащий песок **3.** *геол.* рассыпчатый
arenes арены, углеводороды ароматического ряда
areometer ареометр
areometry ареометрия *(измерение плотности жидкости)*
areopycnometer ареометр-пикнометр *(прибор для определения удельной массы нефти при очень малом объёме пробы)*
argillaceous аргиллитовый, глинистый, содержащий глину
argillite аргиллит *(глинистая порода, сцементированная кремнезёмом)*
arkose аркоз, аркозовый песчаник
basal ~ базальный аркозовый песчаник
arm 1. плечо; рычаг **2.** ручка; рукоятка; коромысло; кронштейн; стрела **3.** хобот, консоль *(контактной сварочной машины)* **4.** *pl* подающий манипулятор *(трубоукладочной баржи)* **5.** ответвление **6.** косая распор-

ка **7.** кронштейн распорной колонки *(для установки перфоратора)*
balance ~ коромысло, балансир
breakaway guide ~ срезная направляющая балка *(для ориентировочного спуска по направляющим канатам инструмента к подводному устью скважины)*
caliper ~ рычаг каверномера
casing cutter ~ выдвижной резак трубореза для обсадных колонн
conductor guide ~ направляющая штанга колонны направления *(для ориентированного спуска колонны по направляющим канатам и ввода её конца в устье подводной скважины)*
counter ~ стрелка счётчика
counterbalance ~ плечо рычага противовеса
cutter ~ плашка *(фрезера)*
feed-in ~ подающий манипулятор *(трубоукладочной баржи)*
gripping ~ захватный рычаг *(буровой установки для работы с бурильными трубами во время спускоподъёмных операций)*
hook ~ рог крюка
hook mouth locking ~ предохранительная защёлка зева крючка
hydraulically maneuvered drill pipe ~ гидравлический рычаг подачи бурильных труб *(на самоходной буровой установке)*
hydraulically operated drill pipe ~ гидравлический рычаг для перемещения бурильных труб *(из кассеты к оси бурового ствола)*
jack ~ **1.** консоль для подъёма груза **2.** кронштейн для домкрата
jib ~ поперечина

jumbo ~ поперечная опора буровой каретки
lever ~ плечо рычага
lift ~ подъёмный рычаг *(погрузочного механизма)*
loading ~ погрузочный рукав *(нефтяного причала)*
locking ~ запорное устройство *(крюка)*
mixing ~ лопасть мешалки; пропеллер мешалки
rake ~s гребки *(для отгребания катализатора)*
rocker ~ шатун балансира *(насосной установки)*
stirring ~ лопасть мешалки
swivel ~ поворотный рукав
torque ~ стопорный кронштейн
transfer ~ рычаг переноса *(баржи-трубоукладчика)*
wind ~ плечо ветровой нагрузки *(на буровом судне или плавучей полупогружной платформе)*
armor:
cable ~ броня кабеля
aromaticity 1. ароматичность **2.** содержание ароматических соединений; степень ароматизации *(бензина)*
relative ~ относительная степень ароматизации
arrangement 1. размещение; расположение; расстановка **2.** классификация; группировка **3.** схема; система; устройство; прибор; установка; агрегат; приспособление
~ **of cables** расположение сейсмических кос
~ **of diamonds** расположение алмазов *(на рабочей поверхности бурового долота)*
~ **of equipment** схема оборудования *(скважины)*
~ **of pores** расположение пор *(в породе)*
~ **of shotholes** расположение взрывных скважин

arrangement

~ of tanks расположение резервуаров
~ of wells схема размещения скважин (на разведываемой площади)
availability-cost ~ распределение затрат на обеспечение эксплуатационной готовности
block-and-tackle ~ талевая система
damping ~ устройство для успокоения колебаний (напр. сейсмографа)
deck ~ of equipment расположение эксплуатационного оборудования на палубе (бурового судна, плавучего основания)
electrical square ~ последовательно-параллельная схема электрического соединения сейсмоприёмников (в группе с таким же импедансом, как у отдельного сейсмоприёмника)
end-on ~ фланговая расстановка
equipment ~ расположение оборудования
fail-safe ~ схема, сохраняющая работоспособность при отказе отдельных элементов
fan shooting ~ сейсм. веерная расстановка
fixed-transmitter ~ установка с неподвижным передатчиком
gaslift pipe ~ схема газлифта
geophone ~ расстановка сейсмоприёмников
interlocking ~ расстановка с перекрытием
linear ~ линейное расположение (скважин)
locking ~ запирающее приспособление; контрящее приспособление
logging ~ каротажная установка; каротажное устройство, каротажный зонд
mixing ~ расстановка со смешением сигналов
multichannel mixing ~ сейсм. схема многоканального смешения (сигналов)
offset ~ расстановка с выносным пунктом взрыва
pattern ~ 1. плотность сетки (скважин); система размещения скважин 2. расстановка (сейсмоприёмников) в группе
pipe ~ 1. расположение труб 2. расстановка (сейсмоприёмников) в группе; плотность сетки
piping ~ трубопроводная обвязка
probe ~ электродная установка
production equipment ~ расположение эксплуатационного оборудования
redundancy ~ схема резервирования
reflection shooting ~ расстановка для работы методом отражённых волн
refraction shooting ~ расстановка для работы методом преломлённых волн
reliability-cost ~ распределение затрат на обеспечение надёжности
reversed ~ встречная расстановка
seismic ~ 1. сейсмическая установка 2. сейсмическая группа
serial ~ последовательное расположение
shooting ~ 1. сейсмическая установка 2. сейсмическая группа
single-axle ~ одноосное расположение (центробежных насосов)
single-pipe ~ однотрубная конструкция
spread ~ система наблюдений
array 1. ряд 2. серия (оборудования) 3. расстановка (1. группа сейсмоприёмников, соединённых с одним из регистрирующих каналов, или группа

временно взрываемых зарядов 2. конфигурация группы сейсмоприёмников или взрывов на местности); схема расположения; группа 4. зонд ◊ ~ **with short-and-long-period systems** группа сейсмоприёмников для регистрации коротких и длинных периодов
~ **of seismometers** расстановка сейсмоприёмников
areal ~ *сейсм.* площадная группа
beam-forming ~ лучеобразующая группа *(сейсмоприёмников)*
charge ~ расстановка зарядов
contact ~ электроразведочная установка
contributing ~**s** дополняющие друг друга расстановки
cross ~ крестообразная расстановка
crow's foot ~ расстановка типа "птичья лапка"
detector ~ расстановка сейсмоприёмников
diamond ~ ромбическая расстановка
dip-angle ~ расстановка по падению
expanding ~ расстановка с увеличивающимися разносами
fan-like ~ веерная расстановка
filtering ~ группа с фильтрующими свойствами
geophone ~ расстановка сейсмоприёмников; группа сейсмоприёмников
herringbone ~ расстановка типа "ёлочка"
in-line ~ расстановка вдоль линии наблюдения, линейная расстановка; линейная группа
large ~ обширный сейсмический комплекс
large aperture seismic ~ группа сейсмоприёмников на большой базе

lateral ~ градиент-зонд
linear ~ линейная группа
long ~ 1. длинная расстановка; длинная группа 2. дальняя *(от пункта взрыва)* сейсмическая коса
long-period ~ длиннопериодная расстановка сейсмоприёмников; длиннопериодная группа сейсмоприёмников
medium aperture seismic ~ группа сейсмоприёмников со средней апертурой
mini ~ малая сейсмическая группа
multidimensional ~ многомерная расстановка
multiple seismometer ~ расстановка с большим числом сейсмоприёмников; группа с большим числом сейсмоприёмников
multiple shot ~ расстановка с большим числом пунктов взрыва
nonuniform ~ *сейсм.* неоднородная группа
odd arm star ~ расстановка по звезде с нечётным числом лучей
passive ~ схема расстановки; схема группы
patch ~ схема расстановки; схема группы
pattern ~ групповая расстановка, группа
perpendicular ~ поперечная группа; перпендикулярная группа
phased ~ фазированная сейсмическая группа
receiver ~ продольная группа
seismic ~ сейсмическая расстановка; группа сейсмоприёмников
seismic detector ~ группа сейсмоприёмников

array

 seismological ~ сейсмическая расстановка; группа сейсмоприёмников
 seismometer ~ группа сейсмоприёмников
 short ~ ближняя (*к пункту взрыва*) сейсмическая коса
 short-period ~ короткопериодная группа сейсмоприёмников
 shot ~ расположение взрывов (*в группе*)
 shot-point ~ расположение пунктов взрыва
 small ~ малая группа сейсмоприёмников
 source ~ групповой источник; группа источников
 surface-to-hole ~ установка для исследований поверхность-скважина
 synchronized source ~ синхронизированная группа источников,
 tandem charge ~ группа из сдвоенных зарядов
 tapered ~ неоднородная группа; неравномерная группа (*источников или сейсмоприёмников с различными весами составляющих элементов*)
 three-dimensional ~ трёхмерная расстановка
 two-dimensional ~ двухмерная расстановка
 uniform ~ эквидистантная группа
 vertical ~ 1. группа из вертикально распределённых элементов 2. группа с вертикальным главным лепестком диаграммы направленности
 weighted ~ неоднородная группа (*с весовыми коэффициентами элементов*)
 well ~ расстановка скважин
arrester 1. останов; упор; ограничитель 2. стопорное устройство; стопорный механизм

 flame ~ огнезащитная сетка
 gravel-type flame ~ огневой предохранитель гравийного типа
 motion ~ успокоитель качки
 spray ~ юбка (*устройство, предохраняющее от разбрызгивания жидкости при подъёме инструмента на буровой*)
arrival *сейсм.* вступление (*волны*); приход, появление (*волны*); проявление начала сигнала (*на сейсмограмме*)
 air-wave ~ вступление звуковой волны
 casing signal ~ вступление трубной волны
 clear ~ чёткое вступление
 coherent ~s когерентные вступления
 complex ~ одновременное вступление нескольких волн
 compressional ~ вступление продольной волны
 diffracted ~ вступление дифрагированной волны
 diffraction ~ вступление дифрагированной волны
 direct ~ вступление прямой волны
 elliptically polarized ~s вступление эллиптически поляризованных волн
 fair ~ хорошее вступление (*вид классификации*)
 first ~ первое вступление
 ghost ~ вступление волны-спутника
 head wave ~ вступление головной волны
 high-amplitude ~ высокоамплитудное вступление
 high-frequency ~ вступление высокочастотной волны
 identified ~ вступление идентифицированной волны
 interfering ~s вступления интерферирующих волн

intrabasin ~ вступление волны, распространяющейся в осадочной породе
late ~ последующее вступление
linearly polarized ~s линейно поляризованные вступления
low-amplitude ~ вступление волны с малой амплитудой
low-frequency ~ вступление низкочастотной волны
marker ~ вступление волны от опорного горизонта
mud ~ вступление волны, распространяющейся по буровому раствору
multiple ~s вступления кратной волны
polarized ~ вступление поляризованной волны
poor ~ плохое вступление (*вид классификации*)
reflected ~ вступление отражённой волны
reflection ~ вступление отражённой волны
refracted ~ вступление преломлённой волны
refraction ~ вступление преломлённой волны
second ~ второе вступление
seismic ~ вступление сейсмической волны
shear ~ вступление поперечной волны
slow ~ вступление волны, распространяющейся с малой скоростью
Stoneley ~ вступление волны Стоунли
surface break ~ вступление поверхностной волны
surface-reflected multiple ~ вступление волны, многократно отражённой от поверхности
transmitted ~ вступление проходящей волны
wave ~ вступление волны
wavefront ~ вступление волнового фронта
well-geophone ~ вступление волны на скважинном сейсмоприёмнике

Articulated Density Log *фирм.* аппаратура плотностного каротажа с коллимированным прижимным зондом и отсечкой мягкой компоненты рассеянного гамма-излучения

artifact:
migration ~s *сейсм.* шумы миграционного преобразования
multiple-related ~s *сейсм.* поле многократных волн
smile ~ *сейсм.* миграционная дуга

aryle металлическое соединение ароматического углеводорода

ascent подъём (*уровня*)

ASP-222 *фирм.* ингибитор коррозии

Aspen Fiber *фирм.* волокна древесины осины (*нейтральный наполнитель для борьбы с поглощением бурового раствора*)

asphalt 1. асфальт; асфальтовый битум ‖ асфальтировать **2.** нефтяной битум (*США*) **3.** смесь асфальтового вяжущего материала с минеральным наполнителем (*Великобритания*)
acid sludge ~ асфальт из кислого гудрона
air-blown ~ продутый битум; окислённый битум; окислённый асфальт
colar-tar ~ каменноугольный пек
cutback ~ асфальт, разбавленный нефтяным дистиллятом; дистиллятный раствор асфальта
emulsified ~ эмульгированный асфальт; асфальтовая эмульсия; битумная эмульсия
lake ~ тринидадский битум
land ~ асфальт с примесями

asphalt

mastic ~ асфальтовая мастика
medium-airing ~ жидкий дорожный битум со средней скоростью затвердевания
mineral India rubber ~ твёрдый битум
native ~ природный асфальт *(в отличие от остаточного продукта перегонки нефти)*
oil ~ нефтяной битум
oxidated ~ окислённый асфальт; окислённый битум
paving ~ дорожный асфальт; твёрдый нефтяной битум
penetration ~ пропиточный асфальт; пропиточный битум
petroleum ~ нефтяной битум; асфальт, полученный из нефти
pit ~ мальта, мягкий асфальт
poured ~ литой асфальт
pure ~ чистый асфальт *(природный битум, содержащий не более 10 % минеральных примесей)*
rapid-curing ~ быстро затвердевающий жидкий дорожный битум
residual ~ остаточный битум *(продукт перегонки до асфальта нефти смешанного или асфальтового основания)*
road ~ дорожный асфальт; дорожный битум
rock ~ природный асфальт; природный асфальтовый битум; песчаник *или* известняк, содержащий до 10 % битума
rolled ~ укатанный асфальт
roofing ~ кровельный битум, битум для пропитки кровельных материалов
sand ~ смесь битума с песком, песчаный асфальт; песчаный асфальтобетон
sheet ~ асфальтовый раствор; битумный раствор
slow-curing ~ медленно затвердевающий дорожный битум
sludge ~ асфальт из кислого гудрона; кислотный битум
stable ~ устойчивый асфальт
steam-refined ~ битум, полученный путём продувки мазута *или* гудрона паром
straight-run ~ остаточный битум
synthetic ~ битумные крекинг-остатки; нефтяной асфальт; нефтяной битум
tar ~ смесь битума с каменноугольным дёгтем
Trinidad ~ тринидадский битум
uncracked ~ асфальт из некрекинговых остатков
unfluxed ~ асфальт без добавки разжижителя
water proofing ~ водонепроницаемый битум

asphalted асфальтированный
asphaltenes асфальтены
asphaltic 1. асфальтовый; асфальтового характера; содержащий асфальт; пропитанный асфальтом 2. битумный; битуминозный
asphaltines асфальтины *(вещества, извлекаемые из крекинг-остатка пентаном)*
asphalting асфальтирование
asphaltite 1. асфальтит *(асфальтоподобный природный материал)* 2. твёрдый битум
asphaltization асфальтизация, осмоление, смолообразование *(в нефтепродуктах)*
asphaltogenic асфальтогенный; смолообразующий
assay образец, взятый для анализа; проба
  fresh-fuel ~ анализ свежего топлива
  sludge ~ анализ шлама
  spent-fuel ~ анализ отработавшего топлива
assembling монтажные работы; сборка ◊ ~ **from the top** сборка *(буровой вышки)* сверху вниз

assembly 1. сборка; монтаж 2. сборная деталь; собранный узел; блок; агрегат
ball-and-roller drilling bit bearing ~ шарико-роликовая опора бурового долота
ball-joint extension ~ удлинитель шарового соединения; переводник шарового соединения (*водоотделяющей колонны*)
beam ~ удлинитель коромысла
blasting ~ взрывное устройство
blowout preventer ram ~ плашка противовыбросового превентора в сборе
bottomhole drill stem ~ компоновка нижней части бурильной колонны
bottomhole drill string ~ компоновка нижней части бурильной колонны
brake ~ тормозная система
center drilling bit ~ вставное центральное буровое долото
complete ~ 1. полная сборка 2. комплект деталей; узел в комплекте
completion ~ снаряд для заканчивания (*нефтяной или газовой скважины*)
core handling ~ набор инструментов для работы с керном
coring ~ компоновка для бурения колонковым снарядом
crossover ~ узел перекрёстного потока (*в насосной установке для одновременно-раздельной эксплуатации двух горизонтов*)
cross-type wellhead ~ устьевое оборудование крестового типа
discharge valve ~ узел нагнетательного клапана
disk-spring ~ удлинитель тарельчатой пружины (*переводника*)
diverter ~ отводное устройство (*для отвода газированного бурового раствора в газосепаратор*)
diverter insert ~ узел вставки отводного устройства
diverter support ~ устройство для подвески отводного устройства
downhole drill stem ~ компоновка нижней части бурильной колонны
downhole drill string ~ компоновка нижней части бурильной колонны
drill ~ комплект буров
drill-collar ~ колонна утяжелённых бурильных труб
drilling ~ буровой снаряд (*бурильная колонна со скважинным буровым оборудованием и инструментом*)
drilling bit ~ опора бурового долота
drilling bit bearing ~ опора бурового долота
drilling string ~ сборка бурильной колонны
drilling tool bearing ~ опора бурового инструмента
drill-stem tester ~ комплект опробователя пласта на бурильных трубах
electrodrill stem ~ компоновка электробура
emergency casing slip ~ аварийная подвеска обсадной колонны с клиньями
explosive ~ взрывное устройство
field ~ 1. сборка в полевых условиях 2. сборка на промысле; сборка в процессе эксплуатации
flexible electrode ~ гибкий каротажный зонд
geophone ~ группа сейсмоприёмников
hard replaceable ~ конструкция с затруднённой заменой деталей

assembly

improper ~ неправильная сборка
in-place repairable ~ конструкция, допускающая замену деталей на месте эксплуатации
insert ~ узел вставки (*отводного устройства для бурового раствора*)
inside pressure-relief valve ~ узел дренажного клапана (*колонкового снаряда*)
journal drilling bit bearing ~ опора бурового долота с главным подшипником скольжения
kill line support ~ устройство для подвески линии глушения
lifting-dog ~ захват для извлечения (*съёмного керноприёмника*)
light-duty wellhead ~ устьевое оборудование облегчённого типа
light-replaceable ~ конструкция с лёгкой заменой деталей
lower riser ~ нижний блок водоотделяющей колонны
lower yoke ~ нижнее коромысло; нижняя траверса (*на компенсаторе бурильной колонны*)
lubricated drilling bit bearing ~ опора бурового долота со смазкой
male choke and kill stab ~ ниппельный и стыковочный узлы штуцерной линии и линии глушения скважины
marine riser stub ~ стыковочный узел водоотделяющей колонны
marine riser torque-down seal ~ уплотнительный узел водоотделяющей колонны, срабатывающий под действием вращающего момента
mud pump rod ~ узел штока бурового насоса
nonlubricated drilling bit bearing ~ опора бурового долота без смазки

no-torque casing ~ безмоментное уплотнительное устройство обсадной колонны
on-the-job ~ сборка на месте
on-the-site ~ сборка на месте
packed-hole ~ 1. компоновка нижней части бурильной колонны 2. комбинация расширителей с желобчатыми удлинителями (*для борьбы с искривлением скважин*)
packed-hole drill collar ~ тяжёлая нижняя часть бурильной колонны с диаметром, близким диаметру ствола скважины
packer ~ комплект пакера
packing ~ 1. пакер в сборе 2. уплотняющее устройство
packoff ~ скважинный регулятор дебита
pipe follower roller ~ рольганг для подачи труб (*на трубоукладочной барже*)
plug ~ пробковый узел (*состоит из скребковой и воротниковой пробок*)
production casing string ~ компоновка эксплуатационной обсадной колонны
quick replaceable ~ конструкция, обеспечивающая быструю замену деталей
reaming pilot ~ алмазный расширитель с конусной коронкой и направляющим устройством
reliability test ~ установка для испытаний на надёжность
repair drillhole ~ буровая установка для ремонта скважины
rigid bottomhole ~ жёсткая утяжелённая нижняя часть (*бурильной колонны*)
riser pipe locking ~ замковый узел секции водоотделяющей колонны
riser stab ~ стыковочный узел водоотделяющей колонны

riser sub ~ нижний блок водоотделяющей колонны
rotating seal ~ вращающееся уплотнительное устройство *(в отводном устройстве водоотделяющей колонны)*
safety joint ~ колонковый набор, в котором керноприёмник можно извлечь на поверхность без подъёма снаряда
sealed drilling bit bearing ~ герметизированная опора бурового долота
seismic prospecting ~ установка для сейсмической разведки
seismometer cable ~ сейсмическая коса
seisphone cable ~ сейсмическая коса
semipacked-hole ~ компоновка нижней части бурильной колонны
set ~ спусковое устройство; спусковое оборудование
single pack-off ~ унифицированное уплотнительное устройство *(для уплотнения подвесных головок различных обсадных колонн)*
single trip hanger ~ однорейсовый узел подвесной головки *(спускаемый и устанавливаемый в подводном устье за один рейс)*
skid-mounted pump ~ насосная установка на салазках
stem ~ компоновка бурильной колонны
stiff bottomhole ~ of drill string жёсткая компоновка нижней части бурильной колонны
straddle packer ~ комплект сдвоенных пакеров
string-a-lite ~ комплект сборных деталей электроарматуры и кабелей *(для освещения вышек)*
substandard ~ конструкция с отклонениями от стандарта

assessment

tapping ~ штанговый сальник-превентор *(на устье скважины алмазного бурения)*
tee-type wellhead ~ устьевое оборудование тройникового типа
torque-down seal ~ уплотнительный узел, срабатывающий при приложении крутящего момента
tubing joint ~ трубопроводное соединение
unitized ~ унифицированный агрегат
unsealed drilling bit ~ открытая опора бурового долота
upper yoke ~ верхняя траверса *(на компенсаторе бурильной колонны)*
vent valve ~ of core barrel узел дренажного клапана колонкового снаряда
washover ~ колонна промывочных труб
wear sleeve drill pipe ~ буровая труба с износоустойчивыми муфтами
wellhead ~ оборудование устья скважины, устьевое оборудование
wellhead cap ~ устьевой колпак *(для герметизации устья подводной скважины в случае временного её оставления)*
wellhead housing ~ узел устьевой головки
wireline guide ~ стабилизатор ведущей струны талевого каната; канатоукладчик
assembly-and-maintenance сборка и техническое обслуживание
assessment оценка, оценивание
~ **of chances of failure** оценка вероятностей отказа
~ **of emergency** оценка аварийной ситуации
damage ~ 1. оценка характера и степени повреждений 2. оценка ущерба

49

assessment

    fault ~ оценка последствий неисправности
    redundancy ~ оценка резервирования
    reliability ~ оценка надёжности
    reliability engineering ~ оценка организационных аспектов обеспечения надёжности
    strength ~ оценка прочности
assignment of production rate limit установление предельного дебита *(скважины, промысла)*
assimilation ассимиляция
    abyssal ~ глубинная ассимиляция
assistance помощь, поддержка
    diagnostic ~ диагностическое обслуживание
    field ~ помощь в процессе эксплуатации
    in-service ~ помощь в процессе эксплуатации
    technical ~ техническая помощь
    use ~ помощь в процессе эксплуатации
assistant:
    driller ~ помощник бурильщика
Association:
    ~ **of Desk and Derrick Clubs of North America** Ассоциация клубов нефтяников США и Канады
    ~ **of Oilwell Servicing Contractors** Ассоциация нефтепромысловых подрядчиков *(США)*
    ~ **of Petroleum Writers** Ассоциация авторов трудов по нефтегазовой промышленности
    American ~ **of Oilwell Drilling Contractors** Американская ассоциация подрядчиков по бурению нефтяных скважин
    American ~ **of Petroleum Geologists** Американская ассоциация геологов-нефтяников
    American Gas ~ Американская газовая ассоциация
    American Natural Gas ~ Американская ассоциация по природному газу
    American Oil Companies Materials ~ Американская ассоциация по снабжению нефтяных компаний
    British Engineering Standards ~ Британская ассоциация технических стандартов
    California Natural Gasoline ~ Калифорнийская ассоциация владельцев газобензиновых заводов
    Canadian ~ **of Oilwell Drilling Contractors** Канадская ассоциация буровых подрядчиков
    Canadian Diamond Drilling ~ Канадская ассоциация алмазного бурения
    Canadian Engineering Standards ~ Канадская ассоциация технических стандартов
    Canadian Gas ~ Канадская газовая ассоциация
    Canadian Petroleum ~ Канадская нефтяная ассоциация
    Diamond Core Drill Manufacturers ~ Ассоциация производителей оборудования для алмазного бурения
    European ~ **of Exploration Geophysicists** Европейская ассоциация геофизиков-разведчиков
    European Reliability Data Banking ~ Европейская ассоциация банков данных о надёжности
    Independent Natural Gas ~ **of America** Американская независимая ассоциация по природному газу
    Independent Petroleum ~ **of America** Американская ассоциация независимых нефтепромышленников

Independent Petroleum ~ of Canada Канадская ассоциация независимых нефтепромышленников
Industrial Diamond ~ of America Американская промышленная алмазная ассоциация
International ~ of Drilling Contractors Международная ассоциация буровых подрядчиков
International ~ of Independent Tanker Owners Международная ассоциация независимых владельцев танкеров
International ~ of Seismology and Physics of the Earth's Interior Международная ассоциация специалистов по сейсмологии и физике земных недр
International ~ of Testing Materials Международная ассоциация специалистов по испытаниям материалов
International Ergonomic ~ Международная эргономическая ассоциация
International Oil Scouts ~ Международная ассоциация нефтеразведчиков
International Standardization ~ Международная ассоциация по стандартизации
National ~ of Corrosion Engineers Национальная ассоциация инженеров-коррозионистов
National Petroleum ~ Национальная нефтяная ассоциация *(США)*
National Petroleum Refiners ~ Национальная ассоциация нефтепереработчиков *(США)*
Natural Gasoline ~ of America Американская ассоциация по производству газового бензина
Ocean Mining ~ Ассоциация по океанской добыче полезных ископаемых
Oil Companies Materials ~ Американская ассоциация по снабжению нефтяных компаний
Oklahoma Independent Petroleum ~ Ассоциация независимых нефтедобывающих компаний штата Оклахома *(США)*
Petroleum Equipment Suppliers ~ Ассоциация поставщиков нефтяного оборудования *(США)*
Petroleum Industry Electrical ~ Ассоциация по электрооборудованию для нефтяной промышленности
Production Engineering Research ~ Ассоциация по исследованию методов организации производства *(Великобритания)*
Synthetic Organic Chemical Manufacturers' ~ Ассоциация производителей синтетических органических веществ
Western Petroleum Refiners' ~ Объединение нефтеперерабатывающих заводов Запада *(США)*
association ассоциация, сообщество
   lithologic ~ осадочная формация
   magmatic ~ магматическая формация
assumption:
   plane wave ~ *сейсм.* аппроксимация плоскими волнами
   variable-velocity ~ *сейсм.* предположение о переменной скорости
assurance обеспечение; гарантия
   availability ~ гарантия эксплуатационной готовности
   design reliability ~ обеспечение надёжности конструкции
   diagnostic ~ диагностическое обеспечение
   maintainability ~ обеспечение ремонтопригодности

assurance
  operability ~ обеспечение работоспособности
  reliability ~ обеспечение надёжности; гарантия надёжности
  requirements ~ обеспечение технических требований
  safety ~ гарантия эксплуатационной безопасности
  system safety ~ обеспечение эксплуатационной безопасности системы
  use ~ эксплуатационная гарантия
  warranty ~ гарантийный срок службы *(изделия)*

atkinson аткинсон *(единица сопротивления трубопровода; сопротивлением в один аткинсон обладает трубопровод, через который при депрессии в 1 фунт/кв. фут протекает 1000 куб. футов воздуха в секунду)*

Atlas Bar *фирм.* баритовый утяжелитель

Atlas Corrosion Inhibitor 100 *фирм.* полярное органическое вещество *(ингибитор коррозии)*

Atlas Drilling Surfactant 100 *фирм.* анионное поверхностно-активное вещество *(эмульгатор)*

Atlas Drilling Surfactant 200 *фирм.* нефтяной сульфонат *(пеногаситель)*

Atlas Drilling Surfactant 500 *фирм.* неионное поверхностно-активное вещество

Atlas Drilling 300 *фирм.* неионное поверхностно-активное вещество

Atlas Emulso 500 *фирм.* неионное поверхностно-активное вещество *(эмульгатор)*

Atlas Fiber *фирм.* измельчённые отходы сахарного тростника *(нейтральный наполнитель для борьбы с поглощением бурового раствора)*

Atlas Floc *фирм.* смола-флокулянт *(разжижитель буровых растворов и ингибитор неустойчивых глин)*

Atlas Gel *фирм.* глинопорошок из вайомингской бентонитовой глины

Atlas Hi-Foam *фирм.* неионное поверхностно-активное вещество, применяемое для получения стабильной пены при бурении с очисткой забоя газообразными агентами

Atlas Invert YEO *фирм.* производное полиоксиэтилена, используемое для приготовления буровых растворов на базе инвертных эмульсий

Atlas Invert 400 *фирм.* производное полиоксиэтилена, используемое для приготовления буровых растворов на базе инвертных эмульсий

Atlas Mica *фирм.* отсортированная по размерам слюдяная крошка *(нейтральный наполнитель для борьбы с поглощением бурового раствора)*

Atlas Salt Gel *фирм.* аттапульгитовый глинопорошок для приготовления солестойких буровых растворов

Atlas Sol-Gel *фирм.* анионное и неионное поверхностно-активное вещество *(эмульгатор для высокоминерализованных буровых растворов)*

atoll:
  Arctic production loading ~ арктический искусственный остров для эксплуатации месторождения *(нефти или газа и погрузки добытой нефти или газа на танкеры)*

atomization:
  oil ~ распыление нефти

atomizing распыление *(нефтяного топлива)*

steam ~ распыление *(нефтяного топлива)* водяным паром
Atpet 227 *фирм.* поверхностно-активное вещество для улучшения притока жидкости в скважину
atreol атреол *(продукт обработки некоторых нефтяных дистиллятов серной кислотой)*
attachment 1. прикрепление; присоединение **2.** устройство; приспособление
Garbutt ~ шток Гарбута *(для глубинных насосов)*
external casing ~s оснастка обсадной колонны
long stroke pumping ~ удлинитель хода качалки
rathole digger ~ приспособление для забуривания шурфа под ведущую бурильную трубу
rigid ~ жёсткое закрепление; жёсткое скрепление
slip-on ~ конусное соединение *(головки бура со штангой)*
springing ~ пружинное устройство *(бурового крюка)*
stem ~ приспособление для перевозки рабочей трубы
attack 1. агрессивное воздействие; разрушающее действие **2.** коррозия; разъедание, разрушение ‖ корродировать; разъедать, разрушать
acid ~ кислотная коррозия
alkaline ~ щелочная коррозия
atmospheric ~ атмосферная коррозия
chemical ~ химическая коррозия
corrosion ~ коррозионное воздействие; коррозионное разрушение
corrosive ~ коррозионное воздействие; коррозионное разрушение
defect ~ исправление дефекта; устранение дефекта
direct ~ контактная коррозия
galvanic ~ электрохимическая коррозия
impingement ~ **1.** ударное воздействие **2.** кавитационная коррозия
intergranular ~ межкристаллитная коррозия
knifeline ~ ножевая коррозия
selective ~ избирательная коррозия
attapulgite аттапульгит, водный магнийалюмосиликат
Attapulgus 150 *фирм.* глинопорошок тонкого помола из аттапульгированной глины
attendance обслуживание; уход *(за оборудованием)*
constant ~ постоянное обслуживание
in-service ~ обслуживание в процессе эксплуатации
attention обслуживание; осмотр; уход *(за оборудованием)*
daily ~ ежедневный уход
routine ~ профилактический осмотр, предусмотренный правилами обслуживания
attenuation *сейсм.* затухание
compressional-wave ~ затухание продольных волн
multiple waves ~ подавление кратных волн
seismic wave ~ затухание сейсмических волн
shear-wave ~ затухание поперечных волн
signal ~ ослабление сигнала
time-dependent amplitude ~ убывание амплитуды со временем
attic полати, площадка *(буровой вышки)*
attitude:
~ of bed залегание пласта
structural ~ структурные элементы залегания

attribute *сейсм.* характеристика
   amplitude ~s динамическая характеристика
   instantaneous ~s мгновенная характеристика
   travel time ~s кинематическая характеристика
Audio Analyzer *фирм.* аппаратура для измерения интенсивности акустических шумов в скважине, звуколокатор
audit проверка; ревизия
   reliability ~ проверка надёжности; анализ надёжности
   safety ~ проверка эксплуатационной безопасности
auditor:
   product ~ ревизор продукции *(проверяющий изделия на пригодность к использованию и соответствие техническим условиям)*
   reliability design ~ инспектор по надёжности конструкции
auger 1. бурав; сверло; спиральный бур **2.** шнек **3.** шнековый бур; ложечный бур; долото для мягких пород *(при роторном бурении)* **4.** буро-шнековая установка; шнеко-бурильная установка **5.** змеевик, спиральный бур ◊ ~ **with valve** желонка с клапаном
   blade ~ лопастной керноотборник; ложечный бур
   bucket ~ короткий трубчатый бур со шнековым наконечником
   clean-out ~ промывочный короткий шнек в цилиндрическом корпусе *(для зачистки забоя перед отбором образцов грунта)*
   closed-spiral ~ закрытый змеевик *(изготовленный путём обёртывания стальной полосы вокруг цилиндрической оправки)*
   earth ~ шнековый бур
   feed-in ~ бур; ложечный бур; спиральный бур
   gage ~ ложечный бур
   hollow stem ~ полый шнековый бур *(для подачи на забой зарядов для взрывного бурения с последующим извлечением разрушенной породы с помощью шнека)*
   hand ~ бур ручного бурения
   Jamaica open spiral ~ бур-змеевик
   loading ~ загрузочный шнек
   pancake ~ бур-якорь для закрепления оттяжек
   pod ~ подвесной шнек для бурения рыхлых пород
   road ~ ручной бур для бурения через насыпи *(дорожного полотна)*
   screw ~ винтовой шнек; спиральный бур
   ship ~ бур-змеевик
   vertical blade ~ вертикальный лопастной шнек
   worm ~ шнековый бур
augering бурение шнековым буром
authority 1. полномочие; сфера компетенции **2.** учреждение; организация; орган
   maintenance ~ орган технического обслуживания
autocrane автокран
autofire автоматическое взрывание
autohoist автолебёдка
autolock автозатвор; муфта с автозатвором *(для соединения компонентов подводного оборудования друг с другом или с устьем подводной скважины)*
automatics:
   antijamming ~ система предупреждения заклинивания *(бурового става)*
   nonjamming ~ система предупреждения заклинивания *(бурового става)*

rod-handling ~ устройство для автоматического наращивания и разборки бурового става
authorization:
　overhaul work ~ разрешение на проведение капитального ремонта
autotracking *сейсм.* автоматическое прослеживание волн
auxiliary 1. принадлежность; запасная часть ‖ вспомогательный; дополнительный; служебный; подсобный **2.** *pl* вспомогательное буровое оборудование и инструменты *(насос, штанги, обсадные и колонковые трубы, вертлюг, долота)* **3.** *pl* вспомогательное оборудование силовой установки *(питательные водяные насосы, холодильники, конденсаторы, водогрейки)*
availability 1. эксплуатационная готовность **2.** коэффициент готовности **3.** пригодность, соответствие требованиям **4.** приспособленность *(конструкции)* к техническому обслуживанию и ремонту
　~ **of oil** потенциальная добыча нефти
　achieved ~ достигнутая эксплуатационная готовность
　alpha-percent ~ альфа-процентный коэффициент готовности
　complete ~ полная эксплуатационная готовность
　compound ~ составной коэффициент готовности
　conditional ~ условная эксплуатационная готовность
　constant ~ постоянная доступность
　designed ~ **1.** проектная эксплуатационная готовность; расчётная эксплуатационная готовность **2.** расчётный коэффициент готовности

　equipment ~ **1.** эксплуатационная готовность оборудования **2.** коэффициент готовности оборудования **3.** пригодность оборудования к техническому обслуживанию
　equivalent ~ эквивалентный коэффициент готовности
　full ~ полная эксплуатационная готовность
　inherent ~ **1.** внутренняя готовность, собственная готовность **2.** коэффициент внутренней готовности, коэффициент собственной готовности
　instantaneous ~ **1.** оперативная готовность **2.** нестационарный коэффициент готовности
　interval ~ **1.** интервальная готовность **2.** коэффициент интервальной готовности *(нестационарный коэффициент готовности, усреднённый на заданном интервале)*
　intrinsic ~ **1.** внутренняя готовность, собственная готовность **2.** коэффициент внутренней готовности, коэффициент собственной готовности
　limited ~ ограниченная готовность
　limiting ~ **1.** предельная готовность **2.** стационарный коэффициент готовности
　long-run ~ **1.** готовность к длительной эксплуатации **2.** коэффициент готовности при длительной эксплуатации
　long-term ~ **1.** готовность к длительной эксплуатации **2.** коэффициент готовности при длительной эксплуатации
　maximum ~ максимальное значение коэффициента готовности
　mechanical ~ эксплуатационная готовность механического оборудования

availability

multiple ~ составной коэффициент готовности
observed ~ наблюдаемая эксплуатационная готовность
on-the-shelf ~ коэффициент готовности при хранении
operational ~ 1. эксплуатационная готовность 2. коэффициент эксплуатационной готовности
performance ~ эксплуатационная готовность
pointwise ~ 1. мгновенная готовность 2. нестационарный коэффициент готовности
probabilistic ~ вероятностный показатель готовности
readiness ~ эксплуатационная готовность
restricted ~ ограниченная готовность
stationary ~ стационарный коэффициент готовности
steady-state ~ стационарный коэффициент эксплуатационной готовности
steady-state conditional ~ стационарный коэффициент условной эксплуатационной готовности
steady-state point ~ стационарная точечная эксплуатационная готовность
system ~ эксплуатационная готовность системы
technical ~ оперативная готовность
technological ~ технологическая готовность
test ~ готовность, подтверждённая испытаниями
time-dependent ~ коэффициент готовности, зависящий от времени
trial ~ готовность, подтверждённая испытаниями
true ~ истинный коэффициент готовности
use ~ эксплуатационная готовность

available 1. отвечающий требованиям **2.** приспособленный к техническому обслуживанию и ремонту **3.** находящийся в эксплуатационной готовности **4.** имеющийся в наличии
operationally ~ находящийся в эксплуатационной готовности

average 1. среднее значение ‖ средний **2.** типичный *(об условиях эксплуатации)* **3.** авария ◊ **to make up the** ~ составлять отчёт об аварии
decreasing failure rate ~ среднее значение убывающей интенсивности отказов
hazard ~ среднее значение интенсивности отказов
increasing failure rate ~ среднее значение возрастающей интенсивности отказов

avoidance:
bug ~ устранение дефектов
fault ~ предотвращение неисправностей

axis 1. ось **2.** осевая плоскость складки
~ **of anisotropy** ось анизотропии
~ **of folding** простирание складчатости; ось складчатости
~ **of offset** линия выноса
core ~ ось керна
borehole ~ ось ствола скважины
fold ~ ось складки
hole ~ ось скважины
mast pivot ~ ось вращения буровой вышки

axle:
drilling bit leg ~ цапфа лапы бурового долота
driving ~ ведущая ось
longitudinal ~ **of beam pumping unit** продольная ось станка-качалки

A-XMDL *фирм.* концентрат многофункционального реагента для буровых растворов на водной основе

azimuth азимут
  dip ~ азимут падения
  strick ~ азимут простирания
  trend ~ азимут простирания

B

Bachelor of Science in Mining Engineering бакалавр горных наук

back 1. трещина по простиранию пласта 2. приподнимать *(инструмент над забоем)* ◊ to ~ off 1. разъединять; развинчивать 2. приподнимать *(буровой снаряд с забоя)* 3. отодвигать, отводить *(вращатель станка для открывания устья скважины)*; to ~ the line off hoist сматывать канат с барабана лебёдки; to ~ up удерживать *(бурильную трубу при навинчивании на неё или свинчивании с неё другой трубы)*

backfill 1. ликвидационный тампонаж *(скважины)*; тампонажный материал ‖ тампонировать ‖ тампонажный 2. закладка; засыпка ‖ забутовывать; заполнять; закладывать; засыпать *(извлечённым грунтом)* ◊ to do up the ~ укладывать и засыпать *(трубопровод)*

backfiller машина для засыпки траншей *(после укладки трубопровода)*; экскаватор

backfilling 1. заполнение ствола скважины *(при подъёме бурильного инструмента, для закрытия воды или искривления скважины)* 2. засыпка *(траншеи для трубопровода)*; тампонирование
  ditch ~ засыпка траншеи трубопровода *(ранее извлечённым грунтом)*

backfitting 1. доводка; подгонка 2. модификация путём доработки; незначительная модификация

backflow обратная промывка *(скважины)*; обратное течение; противоток *(жидкости из пласта при прекращении промывки)*

background *сейсм.* фон
  low ~ слабый фон
  noise ~ акустический фон, помеха
  regional ~ региональный фон

back-guy оттяжной трос

backing 1. прокладка 2. опора 3. вкладыш *(подшипника)* 4. уплотнение *(из мягкого металла, помещаемое в гнездо вороночного кольца при ручной зачеканке алмазов)* 5. основа *(несущий слой)*
  earth ~ of ditch засыпка траншеи трубопровода *(ранее извлечённым грунтом)*
  spares ~ обеспечение запасными частями

backing-off затылование
  ~ of stuck drilling tool извлечение прихваченного бурового снаряда
  ~ of sucker rods раскрепление насосно-компрессорных штанг

backlash 1. захлёст *(каната)*; хлестающий взмах концов троса, разорванного сильным натяжением 2. давать обратный удар *(о ясе)*

backoff развинчивание *(инструмента или оставшийся в скважине оборванной колонны бурильных труб)*
  string-shot ~ развинчивание *(бурильной или насосно-компрессорной колонны выше точки прихвата)* с помощью ленточной торпеды

tubing ~ развинчивание *(по частям)* прихваченной колонны насосно-компрессорных труб

backstop:
extension ~ телескопический упор *(для предохранения стрелы от запрокидывания)*

backup 1. обкладывать *(алмаз мягким металлом при ручной зачеканке)* **2.** забутовывать; укреплять; расчаливать; подпирать
geodetic ~ геодезическое обеспечение геологоразведочных работ

backwash of subsurface filter очистка забойного фильтра промывкой

backwashing обратная промывка *(фильтра)*

bactericide антиферментатор

Bactiram *фирм.* бактерицид для водных буровых растворов

Bactron КМ-5 *фирм.* бактерицид для обработки буровых растворов на основе пресной или слабоминерализованной воды

Bactron КМ-7 *фирм.* бактерицид для высокоминерализованных буровых растворов

Bactron КМ-31 *фирм.* бактерицид с повышенной термостойкостью для высокоминерализованных буровых растворов

backup 1. резервное устройство; резервирующее устройство **2.** резервирование; дублирование ‖ резервный; дублирующий
emergency ~ аварийное резервирование
manual ~ ручной резерв *(при отказе автоматической системы)*
spares ~ обеспечение запасными частями

bad дефектный; с неудовлетворительными характеристиками; негодный

badness негодность; недоброкачественность; неполноценность

baffle 1. перегородка; перегородка в жёлобе *(для очистки бурового раствора от породы)* **2.** направляющий лоток **3.** отражательная плита; порог *(в жаровой трубе котла или в отражательной печи)* **4.** дефлектор; глушитель **5.** щит; экран, отражатель **6.** турбулизатор *(потока)*
conical ~ отражатель конической формы
ditch ~ перегородка жёлоба *(наземной циркуляционной системы для бурового раствора)*
fixed grid ~ неподвижная решётчатая лопасть *(глиномешалки)*
mud ~ **1.** отражатель, защитное кольцо *(механической части бурового насоса)* **2.** отбойный диск бурового насоса **3.** грязеуловитель
rod ~ **of mud pump** отбойный диск бурового насоса
sand ~ пескоотражатель

bag 1. мешок ‖ насыпать в мешки; упаковывать в мешки **2.** мягкий резервуар **3.** полость в породе *(заполненная водой или газом)* **4.** объём газа, внезапно выделившегося из скважины
~ **of cement** мешок цемента *(42,64 кг)*
air ~ надувная оболочка
breather ~ дыхательный баллон *(для улавливания паровоздушной смеси из резервуара)*
diverter ~ уплотнительный элемент отводного устройства
gas ~ **1.** газовый мешок **2.** газовая пробка *(в трубопроводе)*
oil ~ масляный мешок

seed ~ льняной сальник *(мешок с льняными семенами, разбухающими в скважине)*
stem ~ забойка *(мост, устанавливаемый при торпедировании скважины)*
bagasse сухие измельчённые волокна сахарного тростника *(добавка к промывочной жидкости для борьбы с поглощением)*
bail 1. скоба, серьга **2.** дужка желонки; штроп *(одноштропных устройств)* **3.** дужка *(элеватора для соединения с крюком)* **4.** черпак **5.** оттартывать *(нефть из скважины)*; откачивать; работать желонкой ◊ **to ~ down** тартать, чистить *(скважину желонкой)*; оттартывать *(полностью)*; **to ~ out** оттартывать *(нефть из скважины)*; **to ~ the well dry** оттартывать скважину досуха
bailer ~ дужка желонки
elevator ~ штроп одноштропного элеватора; подъёмный хомут с серьгой
hook ~ штроп крюка
lilting ~ подъёмная серьга; элеватор
single ~ штроп одноштропного элеватора
swivel ~ серьга вертлюга; штроп вертлюга
three-piece ~ составная серьга *(состоящая из трёх частей)*
bailer 1. желонка *(для чистки скважин)* **2.** черпак
air ~ пневматическая желонка *(для чистки песчаных пробок в скважине)*
automatic ~ автоматическая желонка
automatic one-chamber ~ однокамерная автоматическая желонка
bailing-up ~ тартальная желонка

cement dump ~ цементировочная желонка
cleanout ~ желонка для чистки пробок *(в скважине)*
dart-valve ~ желонка со сферическим клапаном *(соединённым с разрыхляющим долотообразным выступом, выходящим ниже башмака желонки)*
disk valve ~ желонка с плоским клапаном
dump ~ 1. желонка для выкачивания жидкости **2.** цементировочная желонка
guided ~ желонка с центратором
latch-jack dump ~ заливочная желонка с шарнирной пружинной защёлкой
liquid dump ~ цементировочная желонка
piston ~ поршневая желонка
sand cleaner ~ желонка для чистки от песка
sectional ~ секционная желонка
suction ~ поршневая желонка; песочный насос
valve ~ желонка с клапаном
bailing тартание *(нефти)*; откачивание; очистка скважины желонкой
~ of well sand plug чистка скважины от песчаной пробки желонкой
hand ~ ручное тартание *(желонкой)*
swivel ~ быстрое бурение; непрерывное бурение
bailing-up очистка желонкой, тартание желонкой
bake-in испытание на принудительный отказ
Bakerlock *фирм.* специальная паста, обладающая герметизирующими свойствами, для предотвращения самоотвинчивания резьбовых соединений обсадных труб

Bakerseal

Bakerseal *фирм.* специальный состав для смазывания и уплотнения резьбы труб, работающих в условиях повышенных температур

balance 1. весы 2. балансир *(станка ударно-канатного бурения)*
  analytical ~ лабораторные весы
  engine ~ противовес на маховике двигателя *(при бурении глубоких скважин ударно-канатным способом)*
  gas ~ 1. весы для определения массы газа 2. баланс газа
  oil ~ баланс нефти
  mud ~ рычажные весы *(для определения удельной массы бурового раствора)*
  vapor ~ дыхательный клапан *(резервуара)*
  weight ~ балансирное уравновешивание *(станка-качалки)*

balancer:
  vapor ~ дыхательный клапан *(резервуара)*

balancing:
  seasonal ~ выбор содержания лёгких фракций бензина в зависимости от сезона

balk деревянный брус

ball шар ◊ ~ **on drilling bit** сальник на буровом долоте
  bearing ~ шарик подшипника
  drop ~ сбрасываемый шар *(при цементировании скважины)*
  elastic ~ эластичный шар *(для трубопроводов)*
  erodible nozzle plugging ~ пластмассовый шарик с легко разрушающимся покрытием *(для избирательного закупоривания изношенных гидромониторных насадок с целью повышения давления выбрасываемой струи в оставшихся насадках)*
  microballoon ~s микросферические газоконтейнеры *(наполненные газом пластмассовые шарики, слой которых препятствует испарению нефти и нефтепродуктов в резервуарах)*
  moth ~s нафталиновые шарики *(применяемые при гидравлическом разрыве)*
  mud ~ сальник из бурового раствора
  perfrac ~ шарик для перекрытия перфорации *(при гидравлическом разрыве)*
  petroleum tar ~ нефтяной сгусток
  pipeline pig ~ шаровой скребок для чистки трубопроводов
  pipeline scraper ~ шаровой скребок для чистки трубопроводов
  sealing ~ закупоривающий шарик
  separating ~ разделительный шар *(для трубопроводов)*
  shutoff ~ запорный шарик *(для посадки пакера)*
  steel ~ стальная буровая дробь
  trip ~ сбрасываемый шар *(при цементировании скважины)*
  valve ~ шар клапана

ball-and-seat шар и седло *(части приёмного и выкидного клапанов глубинного насоса)*

ballas баллас *(сорт технических алмазов со сферической поверхностью)*

balling налипание *(разбуренной породы на трубы и долото)*; образование на долоте сальника *(из налипшего шлама)*
  bit ~ 1. скругливание долота 2. налипание породы на долото

balling-up 1. образование сальника 2. очистка скважины желонкой 3. неспособность якоря бурильной платформы удерживать её на месте *(когда дно*

моря сложено мягкими осадками) 4. большой пласт донного вещества на якоре при его подъёме
~ of bit образование сальника на долоте
~ of cuttings образование сальника из бурового шлама
balloon баллон *(газонепроницаемая оболочка)*
gas weighing ~ газовый пикнометр
tank ~ дыхательный мешок, дыхательный баллон *(для улавливания паровоздушной смеси из резервуара)*
tiny ~s микрошарики *(из пластмассы для покрытия поверхности нефтепродуктов с целью снижения потерь от испарения)*
ballooning:
pipe ~ раздувание трубы
ballstone комковатый известняк
ball-up 1. закупорка, засорение *(скважины)* 2. образование глинистого сальника *(на буровом инструменте)*
Balsam Wool *фирм.* хлопковое волокно *(нейтральный наполнитель для борьбы с поглощением бурового раствора)*
band 1. интервал; область; диапазон 2. ленточная связь; обод; бандаж 3. *геол.* пояс
~ of performance диапазон характеристик
back ~ тормозная лента *(барабана лебёдки, вала станка канатного бурения)*
belly ~ 1. предохранительная верёвка верхового рабочего 2. ремонтный хомут для устранения течи труб
clay ~ глинистый прослой
micaceous ~ слюдистый прослой
multilink ~ многозвенный захват для труб

reflection ~ сейсмограмма отражённых волн
retaining ~ стяжной хомут
sand ~ песчаный прослой
seismic frequency ~ сейсмический диапазон частот
slate ~ сланцевый прослой
standoff ~ поясок на трубе для снижения поверхности её контакта со стенкой скважины
tension ~ стяжной хомут; крепёжная лента
wave ~ диапазон волн
banding:
hard ~ наварка твёрдого сплава *(на режущие поверхности долота)*
bang сейсмический импульс
banjo буровая каретка, перфоратор
bank 1. группа; серия; ряд *(труб, однотипных агрегатов, приборов)* ‖ группировать; объединять 2. пакет; штабель; блок *(цилиндров)*; пучок *(труб)* 3. банк *(данных)*
~ of gas газовый вал *(при вытеснении нефти из пласта)*
~ of oil нефтяная зона, перемещаемая вытесняющим агентом
~ of transformers группа трансформаторов
~ of tubes пучок труб
bare tube ~ неоребрённый пучок труб
failure data ~ банк данных об отказах
failure experience data ~ банк данных об отказах
failure rate data ~ банк данных об интенсивностях отказов
fault data ~ банк данных о неисправностях
multitube ~ многотрубный пучок
oil ~ 1. нефтяной вал *(в коллекторе при заводнении)* 2. перемещающаяся нефтяная зона 3. водяная оторочка, вытесняющая нефть

bank

reliability data ~ банк данных о надёжности
reliability-maintainability data ~ банк данных о надёжности и ремонтопригодности
staggered ~ трубный пучок с шахматным расположением
tube ~ трубный пучок, пучок труб
water ~ водяной вал *(в пласте при заводнении)*

banking образование перемещающейся нефтяной зоны *(перед фронтом наступающего агента)*
drilling site ~ обвалование буровой площадки
oil ~ образование нефтяного вала *(при вытеснении)*

bar 1. бурильная штанга; бур; колонка перфоратора 2. стержень; балка; штанга 3. ламель *(пластина коллектора)*
air ~ горизонтальная пневматическая распорка *(для крепления бурильной установки или перфоратора)*
boring ~ бурильная штанга; ударная штанга
breaker ~ монтировка
chuck ~ направляющая втулка *(бурильного молотка)*
cross ~ 1. перекладина; поперечина; раскосина 2. консоль *(для крепления перфоратора)* 3. крестообразная головка *(для расхаживания колонны при бурении неглубоких скважин)*
deflecting ~ штанга для перевода ремня; отклоняющая штанга
detonating ~ грузик *(опускаемый через трубы)* для механического срабатывания детонатора перфоратора
double-jack ~ двухвинтовая распорная колонка для перфоратора

drifter ~ распорная колонка перфоратора
drill ~ горизонтальная распорная колонка
drill piston ~ шток поршня перфоратора
extraheavy ~ утолщённая штанга
feather ~ лом с долотообразным тонким концом
jack ~ брус-подкладка под домкрат
Johnson ~ ножной рычаг тормоза лебёдки
jumper ~ штанга ручного бура
kelly ~ 1. ведущая бурильная труба 2. квадратная штанга
middle ~ of roller chain link промежуточная пластина звена роликовой цепи
pin link ~ of roller chain пластина пальцевого звена роликовой цепи
mine ~ распорная колонка
mounting ~ рукоять колонки для бурильного молотка
polished rod carrier ~ подвеска устьевого сальникового штока *(станка-качалки)*
rack ~ зубчатая рейка
rail ~ стойка перил
reliability ~ фактор, препятствующий обеспечению требуемой надёжности
rifle ~ винтовая направляющая *(буровой каретки)*; геликоидальный стержень *(бурильного молотка)*
rigging ~ распорная колонка для крепления бурильной установки
roller chain link ~ пластина звена роликовой цепи
sand ~ песчаный вал *(у морских берегов)*; песчаная отмель
side ~ of roller chain link наружная пластина звена роликовой цепи

single-jack ~ распорная колонка для бурильного молотка с одиночным упором
sinker ~ **1.** ударная штанга (*в канатном бурении*) **2.** груз-оттяжка (*для утяжеления скважинных снарядов телеметрических систем*)
slick ~ боновое заграждение (*для предотвращения распространения нефтяного разлива*)
sneezing ~ коромысло станка ударно-канатного бурения
standard test ~ стандартный образец для испытаний
swivel draw ~ вращающийся тяговый стержень; вращающийся крюк
T- ~ тавровая балка
tamping ~ забойник
tension ~ тяга
test ~ образец для испытаний
tie ~ соединительный стержень; стяжка
tommy ~ ломик; вага
torque ~ квадратная штанга; многогранная штанга (*для ручного бурения*)
tow ~ ведущая тяга
twist ~ геликоидальный стержень (*в бурильном молотке*)
Barafloc *фирм.* поверхностно-активное вещество (*флокулянт для буровых растворов с низким содержанием твёрдой фазы*)
Barafos *фирм.* тетрафосфат натрия (*разжижитель, понизитель вязкости и статического напряжения сдвига буровых растворов*)
barge баржа; катер
  Arctic drill ~ арктическое буровое судно-баржа
  bulk ~ нефтеналивная баржа
  bunkering ~ нефтеналивная баржа-заправщик
  bury ~ баржа для засыпки траншей (*подводного трубопровода*)
  cargo ~ грузовая баржа
  deepwater drilling ~ баржа для глубоководного бурения
  derrick ~ крановая баржа
  derrick lay ~ трубоукладочная крановая баржа
  drilling ~ буровая баржа
  drilling derrick ~ буровая баржа, баржа с буровой установкой
  dumb ~ прицепная баржа
  floating ~ баржа для морского бурения
  floating drilling ~ плавучая буровая баржа
  fuel oil ~ нефтеналивная баржа
  gas separation ~ баржа для сепарации газа
  gasoline ~ бензиноналивная баржа
  inland water drilling ~ буровая баржа для внутренних водоёмов
  jetting ~ размывочная баржа (*для образования траншеи под подводный трубопровод размывом грунта дна моря*)
  launching ~ баржа для спуска на воду (*плавучего основания*)
  lay ~ баржа для прокладки подводных трубопроводов, баржа-трубоукладчик
  mud ~ баржа для бурового раствора
  offshore drilling ~ баржа для морского бурения
  oil ~ нефтеналивная баржа
  oil tank ~ нефтеналивная баржа
  over-the-side floating ~ баржа с буровой платформой, выдвинутой за борт
  petrol ~ бензиноналивная баржа

pipe-burying ~ баржа для заглубления труб *(подводного трубопровода)*
pipe-lay ~ баржа-трубоукладчик
pipe-lay-derrick ~ крановая баржа для укладки подводного трубопровода *(и выполнения грузовых операций)*
pipeline dredge ~ баржа для заглубления трубопровода
pipeline trenching ~ баржа для рытья траншей под подводный трубопровод
reel ~ баржа-трубоукладчик с барабаном
self-elevating work ~ самоподъёмная рабочая баржа *(для строительства морских нефтепромысловых сооружений)*
self-propelled ~ самоходная баржа
semisubmersible ~ полупогружная баржа-основание *(для разработки подводных месторождений)*
skimming ~ баржа-нефтесборщик
submersible drilling ~ погружная буровая баржа
supply ~ баржа обеспечения, баржа снабжения *(для доставки труб и других материалов)*
tank ~ 1. нефтеналивная баржа 2. баржа-нефтехранилище
underwater pipe-laying ~ баржа для прокладки подводных трубопроводов
weld-and-lay ~ трубосварочная баржа для укладки подводных труб
work ~ рабочая баржа *(для строительства буровых вышек в море)*
barging перевозка баржами
oil ~ перевозка нефтепродуктов баржами

barite барит, сернокислый барий, тяжёлый шпат *(утяжелитель бурового раствора)*
finely grained ~ мелкоразмолотый барит
bark кора
mangrove ~ кора мангрового дерева *(разжижитель бурового раствора)*
redwood ~ сосновая кора *(разжижитель бурового раствора)*
tree ~ древесная кора *(нейтральный наполнитель для борьбы с поглощением бурового раствора)*
Bark-Seal *фирм.* дроблёная древесная кора *(нейтральный наполнитель для борьбы с поглощением бурового раствора)*
Baroco *фирм.* глинопорошок для приготовления бурового раствора *(при проходке соленосных слоёв)*
Baroid *фирм.* молотый барит *(добавка для утяжеления бурового раствора)*
barometer:
reliability ~ показатель надёжности
barrel 1. баррель *(мера вместимости: в Великобритании – 163,3 л; в США – 119 л; для нефти – 159 л; для цемента – 170,5 кг)* 2. характеристика продуктивности нефтяного месторождения в баррелях суточной добычи 3. цилиндр; камера *(гидравлического домкрата, механизма гидравлической подачи)*; втулка *(насоса)*; барабан; стакан 4. цилиндр *(скважинного насоса)* 5. гильза; колонковая труба 6. барабан лебёдки ◊ **~s daily** суточная добыча в баррелях; **million ~s per day oil equivalent** (число) миллионов баррелей нефтяного эквивалента в день;

barrel

~s per calendar day объём добычи в баррелях за календарные сутки; ~s per day (число) баррелей в сутки; ~s per day of oil equivalent число баррелей в день нефтяного эквивалента; ~s per hour (число) баррелей в час; ~s per minute (число) баррелей в минуту; per ~ of oil produced на единицу объёма добытой нефти; ~s per stream day выход в баррелях за сутки работы *(установки)*; ~s per well per day (число) баррелей на скважину в сутки
~s of acid water per day (число) баррелей подкисленной воды в сутки
~s of acid water per hour (число) баррелей подкисленной воды в час
~s of acid water under load (число) баррелей подкисленной воды, закачанной в скважину под давлением
~ of cement бочка цемента *(единица массы сухого цемента, равная 0,11м³ или 170,5 кг)*
~ of fishing basket приёмная труба паука
~s of condensate (число) баррелей конденсата
~s of condensate per day (число) баррелей конденсата в сутки
~s of condensate per hour (число) баррелей конденсата в час
~s of condensate per million (число) баррелей конденсата на миллион кубических футов газа
~s of fluid (число) баррелей флюида
~s of fluid per day (число) баррелей флюида в сутки
~s of fluid per hour (число) баррелей флюида в час
~s of formation water (число) баррелей пластовой воды

~s of fracturing oil (число) баррелей нефти, используемой для гидравлического разрыва
~s of load oil (число) баррелей нефти, закачанных в скважину при гидравлическом разрыве
~s of load oil recovered (число) баррелей нефти, полученных обратно после закачивания для гидравлического разрыва
~s of load oil yet to recover баррелей нефти, закачанной для гидравлического разрыва, но ещё не поступившей на поверхность
~s of mud (число) баррелей бурового раствора
~s of new oil (число) баррелей нефти, поступивших из скважины сверх закачанной в неё при гидравлическом разрыве
~s of oil (число) баррелей нефти
~s of oil per calendar day баррелей нефти за календарный день
~s of oil per day (число) баррелей нефти в сутки
~s of oil per hour (число) баррелей нефти в час
~s of oil per producing day (число) баррелей нефти за сутки добычи
~ of oil well pump втулка глубинного насоса
~s of pipeline oil (число) баррелей нефти, поступившей в трубопровод
~s of pipeline oil per day (число) баррелей нефти, поступившей в трубопровод в сутки
~s of reservoir crude объём нефти в пластовых условиях
~s of salt water (число) баррелей солёной воды
~s of salt water per day (число) баррелей солёной воды в сутки

barrel

~s of salt water per hour (число) баррелей солёной воды в час
~ of slurry бочка цементного раствора *(42 галлона или 0,159 м³)*
~s of water (число) баррелей воды
~s of water injected per day (число) баррелей воды, нагнетаемой в сутки
~s of water load (число) баррелей воды, закачанной в скважину при гидравлическом разрыве
~s of water over load (число) баррелей воды, закачанной в скважину после гидравлического разрыва пласта
~s of water per day (число) баррелей воды в сутки
~s of water per hour (число) баррелей воды в час
~s of reservoir crude объём нефти в пластовых условиях
balanced core ~ сбалансированная колонковая труба
ball bearing core ~ двойная колонковая труба с неподвижной внутренней трубой
basket ~ 1. ловильный инструмент, паук *(для ловли мелких предметов)* 2. колонковая труба с керноотборником корзиночного типа
bottom discharge core ~ колонковая труба с выводом промывочной жидкости к режущей части коронки
cable-tool core ~ забивная двойная колонковая труба для отбора керна *(при ударно-канатном бурении)*
casing ~ нижний отрезок обсадной трубы *(на который навёртываются специальный расширитель и башмак-коронка при бурении способом вращения колонны обсадных труб)*

clay ~ тройная колонковая труба *(с вкладной керноприёмной гильзой)*
clay coring ~ тонкостенная коронка без внутренних подрезных алмазов *(для бурения с колонковыми трубами с выходом внутренней трубы ниже торца коронки)*
core ~ 1. керноотборник; колонковая труба; колонковый набор со съёмным керноотборником *(обеспечивающий наиболее полный выход керна при бурении рыхлых, неуплотнённых и сильно трещиноватых пород)* 2. цилиндр *(при алмазном бурении)* 3. боёк стреляющего керноотборника
core ~ **of double tube-rigid** двойная колонковая труба с вращающейся внутренней трубой
core ~ **of double tube-swivel** двойная колонковая труба с неподвижной внутренней трубой
core retrieving ~ керноотборник
deep-well pump ~ корпус скважинного насоса
deep-well working ~ глубинный насос
Denison core ~ керноотборник Денисона *(для отбора ненарушенных образцов мягких грунтов)*
diamond core ~ колонковый алмазный бур
double core ~ двойная колонковая труба
double core ~ **with rubber sleeve** тройная колонковая труба
double-tube core ~ двойная колонковая труба
double-tube core ~ **of bottom discharge mud** двойная колонковая труба для бурения с промывкой буровым раствором

barrel

double-tube rigid ~ двойная колонковая труба с вращающейся внутренней трубой
dry-sample ~ керноотборник для отбора сухих образцов грунта
extension core ~ составная колонковая труба *(с удлинительными секциями)*
floating-tube core ~ двойная колонковая труба с неподвижной внутренней трубой
full flow core ~ двойная колонковая труба с увеличенными каналами для промывочного агента *(бурового раствора или воздуха)*
gun ~ ствольный канал перфоратора
inner ~ 1. керноприёмник 2. внутренняя керноприёмная труба *(двойной колонковой трубы)*
large-diameter design core ~ стандартная колонковая труба алмазного бурения *(диаметром от 4 до 8 дюймов; США)*
liner ~ вставной цилиндр *(насоса)*
main drum ~ бочка главного барабана
mud ~ 1. желонка для извлечения выбуренной породы *(при ударно-канатном бурении)* 2. двойная колонковая труба *(для бурения с промывкой буровым раствором)*
oil ~ бочка для нефти; бочка для нефтепродуктов
oil well pump ~ цилиндр скважинного насоса
orienting core ~ колонковый снаряд со съёмным керноотборником
outer ~ 1. корпус керноотборника; корпус колонкового снаряда 2. наружная колонковая труба *(двойной колонковой трубы)*
outside ~ наружная труба *(двойной колонковой трубы)*
Pickard core ~ колонковая труба Пикарда *(с автоматическим перекрытием циркуляции при самозаклинивании керна)*
plain core ~ одинарная колонковая труба
poor-boy core ~ колонковая труба, изготовленная на месте из отрезка обсадной трубы
pressure core ~ керноотборник для отбора образцов при пластовом давлении
pump ~ 1. цилиндр насоса; корпус насоса 2. втулка насоса
reaming ~ стабилизирующая труба *или* штанга расширяющего снаряда
removable rectilinear core ~ съёмный керноприёмник
reservoir ~s объём нефти в пласте
retractable core ~ съёмный керноприёмник
retrievable inner ~ съёмный керноприёмник
reverse-circulation core ~ колонковая труба для бурения с обратной циркуляцией
rigid-type core ~ колонковая труба с вращающейся внутренней трубой
rigid-type double core ~ двойная колонковая труба с вращающейся внутренней трубой
rubber sleeve core ~ колонковый набор со съёмным керноотборником из резины *(для отбора керна в неуплотненных или сильно трещиноватых породах)*
sampler ~ керноприёмник
sampling ~ керноприёмник
sandblast ~ пескоструйный барабан
sawtooth ~ паук
sectional core ~ секционная колонковая труба

barrel

single-tube core ~ одинарная колонковая труба
siphon ~ труба дюкера
sleeve-type core ~ колонковая труба гильзового типа
sludge ~ шламовая труба
soil-sample ~ 1. бур для взятия образцов почвы 2. керноприёмник
split ~ разъёмная керноприёмная труба
split inner-tube core ~ двойная колонковая труба с разъёмной внутренней трубой
split-tube ~ разъёмная керноприёмная труба
starting ~ забурник (укороченная колонковая труба)
starting casing ~ забурник из отрезка обсадной трубы (для бурения башмаком-коронкой)
stationary inner-tube core ~ двойная колонковая труба с вращающейся внутренней трубой
stock tank ~s объём нефти, приведённой к нормальным условиям
subsurface liner working ~ цилиндр нефтяного насоса
subsurface pump working ~ цилиндр скважинного нефтяного насоса
swivel ~ 1. двойная колонковая труба (с неподвижной внутренней трубой) 2. неподвижная керноприёмная труба (на шарикоподшипниковой подвеске)
swivel-tube core ~ двойная колонковая труба с неподвижной внутренней трубой
swivel-type double tube core ~ двойная колонковая труба с неподвижной внутренней трубой
traveling ~ подвижной цилиндр (насоса)
triple-tube core ~ тройная колонковая труба (с вкладной керноприёмной гильзой)
valve ~ стакан клапана (скважинного нефтяного насоса)
water-cutoff core ~ колонковая труба с клапаном, перекрывающим циркуляцию (при самозаклинивании керна)
winch ~ барабан лебёдки
winding ~ 1. вал ворота 2. барабан лебёдки
wireline core ~ 1. колонковая труба со съёмным керноотборником 2. съёмный керноприёмник
working ~ цилиндр глубинного насоса

barreler продуктивная нефтяная скважина
barreling налив в бочки
barren пустой, не содержащий полезного ископаемого; безрезультатный (о скважине); нефтенепродуктивный
barrier барьер
chemical ~ химический барьер (препятствующий распространению разлившейся нефти)
corrosion ~ антикоррозионный барьер
impermeable ~ непроницаемый барьер (в толще горных пород)
permeability ~ барьер проницаемости; непроницаемая преграда (в пласте)
pneumatic ~ пневматический барьер (для создания ограждения вокруг разлившейся нефти с целью предотвращения дальнейшего её распространения)
watertight ~ водонепроницаемый барьер (в толще горных пород)

basal 1. *геол.* базальный 2. основной
Basco 50 *фирм.* специально обработанный неферментирующийся крахмал
Basco 300 *фирм.* хромлигносульфонат

Basco Ben *фирм.* загуститель и диспергатор глин

Basco Bestos *фирм.* неорганический загуститель для буровых растворов

Basco Cau-Lig *фирм.* щелочная вытяжка бурого угля *(аналог углещелочного реагента)*

Basco Cedar *фирм.* обезжиренная скорлупа кедрового ореха *(нейтральный наполнитель для борьбы с поглощением бурового раствора)*

Basco CMC *фирм.* натриевая карбоксиметилцеллюлоза

Basco Defoamer *фирм.* смесь высших спиртов *(реагент-пеногаситель)*

Basco DMC *фирм.* поверхностно-активное вещество *(ингибитор неустойчивых глин, диспергатор, разжижитель и понизитель водоотдачи буровых растворов)*

Basco Double-Wate *фирм.* специальный утяжелитель высокой плотности

Basco Double-Yield *фирм.* высокодисперсный бентонитовый глинопорошок

Basco Drilfas *фирм.* эмульгатор для буровых растворов на водной основе *(поверхностно-активное вещество)*

Basco Drilflo *фирм.* феррохромлигносульфонат

Basco Drilfloc *фирм.* флокулирующий агент для глин

Basco Drilube *фирм.* смазывающая добавка к буровым растворам *(заменитель дизельного топлива)*

Basco Drilmul *фирм.* анионно-неионное поверхностно-активное вещество

Basco Fiber *фирм.* измельчённое волокно сахарного тростника *(нейтральный наполнитель для борьбы с поглощением бурового раствора)*

Basco Filter Rate *фирм.* смесь нефтяных битумов *(смазывающая добавка и ингибитор неустойчивых глин)*

Basco Flake *фирм.* целлофановая крошка *(нейтральный наполнитель для борьбы с поглощением бурового раствора)*

Basco Gel *фирм.* бентонитовый глинопорошок

Basco Lig *фирм.* товарный бурый уголь

Basco Mica *фирм.* измельчённая слюда *(нейтральный наполнитель для борьбы с поглощением бурового раствора)*

Basco Mud *фирм.* суббентонитовый глинопорошок

Basco Pipe Free *фирм.* эмульсия дизельного топлива в воде с поверхностно-активными веществами *(для освобождения прихваченных труб)*

Basco Plug *фирм.* измельчённая скорлупа грецкого ореха *(нейтральный наполнитель для борьбы с поглощением бурового раствора)*

Basco Preservative *фирм.* реагент, предотвращающий брожение буровых растворов, обработанных крахмалом

Basco Quebracho *фирм.* экстракт коры квебрахо *(понизитель водоотдачи буровых растворов)*

Basco Salt Mud *фирм.* аттапульгитовый глинопорошок для приготовления солестойких буровых растворов

Basco Starch *фирм.* желатинизированный крахмал в гранулах

Basco Surf *фирм.* вспенивающий реагент для буровых растворов

Basco T *фирм.* вторичный эмульгатор для буровых растворов на углеводородной основе

Basco Wate *фирм.* баритовый утяжелитель
Basco Y *фирм.* добавка к буровым растворам на углеводородной основе, дающая стойкую стабильную пену
Bascoil *фирм.* концентрат для приготовления бурового раствора на углеводородной основе
base 1. фундамент вышки; рама вышки *(на которой монтируется буровой станок)* 2. провешенная линия на местности *(по которой производится ориентирование бурового станка при наклонном бурении)* 3. подошва, подстилающий слой 4. основа *(сплава, бурового раствора)* 5. основа *(несущий слой)* 6. минимальная цена, принимаемая за основу *(для определения общей стоимости буровых работ при заключении контракта; США)*
~ **of crude oil** 1. структурно-химическое основание нефти *(парафиновое, асфальтовое, нафтеновое или смешанное)* 2. характер нефти; тип нефти 3. классификационный структурно-групповой компонент нефти
~ **of drift** *сейсм.* подошва зоны малых скоростей
~ **of drilling mud** основа бурового раствора
~ **of layer** подошва слоя
~ **of low velocity layer** подошва зоны малых скоростей
~ **of weathering** 1. *геол.* подошва зоны выветривания 2. *сейсм.* подошва зоны малых скоростей
derrick ~ основание вышки
drill ~ рама для крепления бурильной установки
fixed ~ неподвижное основание
geophone ~ контактная поверхность сейсмоприёмника
gravity ~ гравитационный фундамент *(плавучего стационарного основания для обеспечения устойчивости платформы под действием силы тяжести)*
guide ~ донный кондуктор; донная направляющая платформа *(служащая в качестве устья скважины при морском бурении)*
landing ~ постоянное направляющее основание
main ~ опорная плита для бурения
mooring ~ швартовый фундамент *(в системе беспричального налива типа качающейся башни)*
nigrosine ~ нигрозин *(ингибитор смолообразования)*
oil ~ 1. структурно-химическое основание нефти *(парафиновое, асфальтовое или смешанное)* 2. характер нефти; тип нефти 3. классификационный структурно-групповой компонент нефти 4. химическая основа смазочного масла
paraffin ~ остаток от перегонки нефти, содержащей твёрдый парафин
permanent guide ~ донный кондуктор; донная направляющая платформа *(служащая в качестве устья скважины при морском бурении)*
petroleum ~ 1. структурно-химическое основание нефти *(парафиновое, асфальтовое или смешанное)* 2. характер нефти; тип нефти 3. классификационный структурно-групповой компонент нефти
petroleum nitrogen ~s азотистые основания нефти
repair ~ ремонтная база

    rig ~ основание буровой вышки
    rock ~ монолитная порода; коренная порода *(подстилающая наносы)*
    rotary ~ подроторное основание
    seafloor foundation drilling ~ установка для бурения в подстилающем слое ложа моря
    seismic ~ of weathering *сейсм.* подошва зоны малых скоростей
    sliding ~ установочные салазки
    split ~ разборное основание
    temporary guide ~ временная донная направляющая платформа *(служащая в качестве устья скважины при морском бурении)*; временный донный кондуктор
    water ~ водная основа *(бурового раствора)*

basement фундамент; геологический фундамент
    economic ~ нижняя граница области поиска углеводородов
    electrical ~ электрический фундамент
    folded ~ складчатое основание
    magnetic ~ магнитный фундамент

basin 1. бассейн; водоём; резервуар 2. синклинальная депрессия
    carbonate ~ карбонатный коллектор
    clarifying ~ отстойная яма; отстойный бак
    closed ~ замкнутый бассейн
    collecting ~ коллектор естественного скопления нефти
    drainage ~ дренирующий бассейн
    fold ~ складчатый бассейн
    gas ~ газоносный бассейн
    gas-bearing ~ газоносный бассейн
    intermount ~ синклинальный бассейн, межгорный бассейн
    intermountaine ~ синклинальный бассейн, межгорный бассейн
    lateral-heterogeneous oil-and-gas bearing ~ латерально-гетерогенный нефтегазоносный бассейн
    oil ~ нефтеносный бассейн
    oil-and-gas bearing ~ нефтегазоносный бассейн
    orogenic ~ орогенная впадина
    petroleum ~ нефтеносный бассейн
    piedmont ~ предгорный бассейн
    platform ~ платформенный бассейн
    postsedimentation oil-and-gas bearing ~ нефтегазоносный бассейн постседиментационного образования
    sedimentary ~ осадочный бассейн, седиментационный бассейн
    settling ~ 1. амбар-отстойник 2. отстойный бассейн *(нефтезаводской канализации)*
    sludge-catchment ~ шламосборник
    structural ~ структурный бассейн; структурная впадина
    superimposed ~ наложенная впадина
    synclinal ~ синклинальный бассейн; синклинальная впадина
    tectonic ~ тектоническая впадина
    vertical-heterogeneous oil-and-gas bearing ~ вертикально-гетерогенный нефтегазоносный бассейн

basining *геол.* образование впадин

basket 1. ловильный инструмент, паук *(для извлечения оставшихся в скважине небольших предметов и отбора образ-*

цов пластичных и гранулированных грунтов) 2. сетка-фильтр в головке керноприёмной трубы (*предупреждающая зашламование перепускного канала*) 3. кернователь корзиночного типа 4. сетка (*всасывающей трубы*) 5. брезентовый конус для цементирования (*устройство в виде воронки, надеваемое на трубу при цементировании скважины для предупреждения проникновения цементного раствора ниже перфорационных отверстий*)
back-flow junk ~ металлоуловитель с обратной циркуляцией
boarding ~ люлька для пересадки (*людей с судна обслуживания на плавучую буровую платформу или буровое судно*)
boot ~ ловушка для крупного шлама (*устанавливаемая над долотом*)
canvas-lined metal petal ~ цементировочная воронка с металлическими лепестками и брезентовым покрытием
casing stabbing ~ центратор обсадных труб
cement ~ заливочная манжета для цементирования (*лепестковая корзина, предотвращающая уход вниз залитого за трубы цементного раствора*)
cementing petal ~ лепестковая цементировочная корзина
core ~ кернователь корзиночного типа (*для мягких пород*)
finger ~ паук
fishing ~ ловильный паук
jet boot junk ~ забойный гидравлический металлоуловитель
junk ~ паук (*инструмент для ловли мелких предметов, оставшихся в скважине*)
magnetic fishing ~ магнитный металлоуловитель
magnetic junk ~ магнитный металлоуловитель
metal-petal ~ складывающаяся металлическая цементировочная воронка
open-end ~ ловушка для мелких предметов
pipe ~ платформа для бурильных труб (*смонтированная на автоприцепе; один из блоков передвижной буровой установки*)
poor-boy junk ~ колокол для улавливания крупного шлама
pump ~ заборный фильтр насоса; сетка насоса
red-and-yellow ~ ловильный инструмент для мелких предметов
reed ~ паук (*для ловли мелких предметов*)
reverse-circulation junk ~ ловушка для шлама при бурении с обратной циркуляцией
rod ~ 1. клетка для верхового рабочего (*на эксплуатационной вышке*) 2. приспособление для подвешивания насосных штанг (*на эксплуатационной вышке*)
side-door ~ 1. ловильный шлипс 2. ловушка для мелких предметов
bass:
cannel ~ угленосный сланец, приближающийся по характеру к нефтеносному сланцу
basset выход жилы (*на поверхность*); выход отложений; выход пластов; обнажение пород
bastard 1. неправильной формы; нестандартный (*о буровом инструменте местного изготовления*); необычного размера 2. неполноценный; низкого качества

bastardize ухудшать; портить
bat твёрдый битуминозный сланец
batch 1. партия *(при последовательном перекачивании различных нефтепродуктов по трубопроводу)* 2. набор, комплект 3. загрузка сырья
~ of propping agent порция расклинивающего агента
bad ~ партия дефектных изделий
cement slurry ~ порция цементного раствора
development ~ опытная партия
drilling mud ~ порция бурового раствора
pilot ~ опытная партия
rejected ~ забракованная партия
scrapping ~ забракованная партия
test ~ опытная партия
trial ~ опытная партия
batcher дозатор
volume ~ объёмный дозатор
weighting ~ массовый дозатор
batching 1. дозировка; 2. последовательное перекачивание *(нефтепродуктов одного производственного цикла)* 3. дозировка, дозирование; загрузка ◊ ~ by volume подбор *(рецептуры цементного или бурового раствора)* по объёму составляющих компонентов; ~ by weight подбор *(рецептуры цементного или бурового раствора)* по массе составляющих компонентов
volume ~ объёмное дозирование
weight ~ массовое дозирование
bath ванна ◊ to spot oil ~ around stuck drill pipe устанавливать нефтяную ванну в месте прихвата бурильной трубы
acid ~ кислотная ванна

oil ~ нефтяная ванна
sand ~ песчаная баня
separating ~ разделительная баня *(для разложения эмульсий нефтепродуктов)*
solder ~ ванна с расплавленным металлом *(для определения температуры самовоспламенения нефтепродуктов)*
water ~ водяная ванна
bathoclase *геол.* горизонтальная трещина
bathymetry измерение глубины *(моря)*
bathypelagic глубоководный
bathysphere:
pipeline-inspection ~ батисфера для обследования подводного трубопровода
batice *геол.* падение *(пласта)*
batt глинистый сланец; битуминозный сланец с большим количеством летучих веществ
battery 1. батарея *(перегонных кубов, отстойников)* 2. ряд крекинг-кубов; ряд отстойников *(очистной установки)*
field gate ~ промысловый нефтяной парк
gaging ~ замерная батарея
separator ~ батарея сепараторов
shell still ~ кубовая нефтеперегонная батарея
tank ~ резервуарный парк *(промысла или нефтезавода)*
bauxite боксит
high strength ~ высокопрочный боксит
bay отсек; помещение; пространство
repair ~ ремонтная мастерская; отсек для текущего ремонта
service ~ отсек для технического обслуживания
BDO *фирм.* смесь бетонита с дизельным топливом для временной изоляции поглощающих интервалов

bead кромка; буртик; борт *(выступ)*; закраина; загиб ‖ загибать кромку; делать буртик; отбортовывать
 cat ~ 1. дополнительная катушка станка алмазного бурения 2. шпилевая катушка *(для затягивания инструментов и труб в буровую вышку, подъёма хомутов и элеваторов, свинчивания и развинчивания бурильных труб)*
 well ~ наварной слой; сварной шов
beading 1. загибание кромки; забортовка; обсадка концов 2. развальцовка; чеканка труб
beam 1. балка; брус *(стальной)* 2. наибольшая ширина *(корпуса плавучей буровой платформы)* ◊ **on the** ~ индивидуальный *(о насосной скважине)*
 blowout preventer support ~ опорная балка блока противовыбросовых превенторов *(для подвески его перед спуском к подводному устью скважины)*
 corner ~ угловая балка *(основания буровой вышки)*
 crownblock ~ подкронблочная балка
 current ~ токовый пучок; токовый луч
 equalizer ~ траверса станка-качалки
 feed ~ направляющая *(для салазок машины)*
 gin-pole cross ~ поперечина наголовника буровой вышки
 load ~ спайдерная балка *(опорная балка створок буровой шахты)*
 measure-current ~ токовый пучок в пласт; токовый луч в пласт
 moon pool ~ спайдерная балка *(опорная балка створок буровой шахты)*
 oscillating ~ балансир *(установки ударно-канатного бурения)*
 pump ~ коромысло насоса
 refracted ~ преломлённый луч
 skid ~ роторный брус
 spider ~ спайдерная балка *(опорная балка створок буровой шахты)*
 spudding ~ балансирная рама *(станка ударно-канатного бурения)*
 sway ~ балансир
 T-~ тавровая балка
 tanker ~ ширина танкера
 tapered ~ балка переменного сечения
 tie ~ анкерная балка
 transverse ~ поперечная балка; поперечина
 walking ~ балансир *(насосной установки, станка-качалки или установки ударно-канатного бурения)*
 walking ~ **with extended arm** балансир станка-качалки с удлинённым плечом
 water table ~ подкронблочный брус; подкронблочная балка
 zee ~ балка Z-образного сечения
beam-forming лучеобразующий; лучеобразный
bean пробка; фонтанный штуцер ◊ **to** ~ **back** снижать производительность скважины *(путём установки штуцера или регулирования размера его отверстия)*; **to** ~ **up** увеличивать производительность скважины *(путём изменения диаметра штуцера)*
 adjustable ~ регулируемый штуцер
 adjustable-flow ~ регулируемый фонтанный штуцер
 blank flow ~ фонтанный штуцер-заглушка

bottomhole flow ~ забойный штуцер
choke ~ пробка штуцера
flow ~ фонтанный штуцер
needle-type flow ~ игольчатый штуцер
pump-out ~ штуцер для извлечения *(керна из колонковой трубы)* давлением промывочной жидкости
surface ~ устьевой штуцер
bearer:
T-~ тавровая балка
bearing 1. подшипник; вкладыш *(подшипника)* 2. простирание *(пласта или жилы)*
~ of trend направление простирания *(пласта или жилы)*
auxiliary drilling bit ~ вспомогательный подшипник бурового долота
axial ~ упорный подшипник
ball ~ шариковый подшипник
ball-and-roller drilling bit ~ шарико-роликовая опора бурового долота
base ~ коренной подшипник
big-end ~ подшипник нижней головки шатуна
block ~ опорный подшипник
casing knife ~ опора ножа трубореза
clutch release ~ отжимной подшипник
core barrel inner tube ~ опора керноприёмника
crankshaft ~ коренной подшипник *(бурового насоса)*
drilling bit ~ опора бурового долота
drilling tool ~ опора бурового инструмента
end ~ концевой подшипник
end thrust ~ упорный подшипник, подпятник
fixed ~ неподвижная опора
floating ~ плавающий подшипник *(не закреплённый в осевом положении)*

fluid lubricated ~s подшипники, смазываемые промывочной жидкостью
free ~ шарнирная опора
gas-lubricated ~ газовый подшипник
head ~ верхний подшипник
intermediate radial ~ промежуточная радиальная опора *(турбобура)*
journal ~ 1. коренной подшипник 2. опорный подшипник; радиальный подшипник 3. подшипник скольжения *(в долотах)* 4. фрикционный подшипник
journal drilling bit ~ опора бурового долота с главным подшипником скольжения
journal main bit ~ главный подшипник скольжения бурового долота
knuckle ~ шарнирная опора
lower radial ~ нижняя радиальная опора *(турбобура)*
lubricated drilling bit ~ опора бурового долота со смазкой
magnetic ~ магнитный азимут
main ~ коренной подшипник
main drilling bit ~ главный подшипник бурового долота
main thrust ~ коренной упорный подшипник
needle ~ игольчатый подшипник
nonlubricated drilling bit ~ опора бурового долота без смазки
nose drilling bit ~ вспомогательный подшипник бурового долота
oil-and-gas ~ нефтегазоносный
outboard thrust ~ выступающий из корпуса опорный подшипник
pillow-block ~ опорный подшипник
pipe cutter ~ опора ножа трубореза

bearing

pivot ~ шарнирная опора; самоустанавливающийся подшипник
pivoted ~ шарнирная опора; самоустанавливающийся подшипник
plain ~ подшипник скольжения; подшипник без вкладыша
plain journal ~ подшипник скольжения
radial-axial ~ радиально-упорный подшипник
radial-thrust ~ радиально-упорный подшипник
relative ~ 1. относительный азимут 2. кривая относительного азимута *(на диаграмме наклонометрии)*
retaining drilling bit ~ замковый подшипник бурового долота
ring-oil ~ подшипник с кольцевой смазкой
rock-bit ball ~ шариковый подшипник долота
rock-bit cone ~ подшипник шарошки долота
rock-bit roller ~ роликовый подшипник долота
roller ~ роликовый подшипник
roller step ~ роликовый упорный подшипник
saddle ~ опора балансира *(станка-качалки или установки канатного бурения)*
sealed ~ герметизированная опора *(долота)*
sealed drilling bit ~ герметизированная опора бурового долота
sleeve ~ подшипник скольжения; опора скольжения *(долота)*
sliding ~ подшипник скольжения
spherical ~ сферический подшипник
spigot ~ подшипник для центрирования *(несущий небольшую нагрузку)*
step ~ упорный подшипник
supporting ~ опорный подшипник
surface ~ опорная поверхность
swing ~ 1. шарнирная опора 2. качающаяся опора; маятниковая опора
swivel main ~ главный подшипник вертлюга
tail ~ задний подшипник
taper ~ конический подшипник
taper roller ~ конический роликовый подшипник
throw ~ шейка кривошипа
thrust ~ 1. упорный подшипник; подпятник 2. опорная часть
transverse ~ радиальный подшипник
tumbler ~ 1. шарнирная опора 2. качающаяся опора; маятниковая опора
turbodrill thrust ~ пята турбобура
unsealed drilling bit ~ открытая опора бурового долота
washer ~ промываемый подшипник
wrist-pin ~ нижняя опора шатуна станка-качалки
wrench ~ инструментальный ключ

beat 1. насосная скважина, обслуживаемая одним оператором; группа насосных скважин, обслуживаемых одним оператором 2. биение *(вала)* ‖ бить *(о вале, колонне труб)*
rock ~ противовес штангового насоса
shaft ~ биение вала

Beaver Dam *фирм.* крупномолотый гильсонит *(нейтральный наполнитель для борьбы с поглощением бурового раствора)*

beche ловильный колокол *(для извлечения из скважины отломившейся части бура)*
becky верхняя серьга *(талевого блока)*
bed 1. основание; фундамент; плита; постель *(под фундаментом)* 2. стенд 3. слой *(катализатора)* 4. *геол.* слой породы; пласт; горизонт; плоское рудное тело, залегающее параллельно напластованию вмещающих пород 5. залежь ◊ **~ impervious of oil** нефтенепроницаемый пласт
~ of precipitation *геол.* хемогенное отложение
~ of sedimentation пласт кластических осадков
~ of truck платформа грузового автомобиля
active mixed ~ рабочий фильтр смешанного действия
accidental ~ случайный слой
adjacent ~s соседние вмещающие пласты
adsorption ~ адсорбционный слой
anticlinal ~ антиклинальный пласт
anticlinally bent ~ антиклинально изогнутый пласт
barren ~ непродуктивный пласт
bent ~ изогнутый пласт
boiling ~ кипящий слой
bottom set ~ подстилающий слой
brea ~ кировое отложение
capping ~ покрывающий пласт; порода, покрывающая нефтяную залежь
carrier ~ пласт-проводник *(по которому возможно движение нефти)*
catalyst ~ слой катализатора
commercial ~ пригодный для разработки пласт
competent ~ пласт, способный выдерживать нагрузку
conductive ~ пласт низкого сопротивления
confining ~ ограничивающий слой
conjugated ~s сопряжённые пласты
consolidating ~ уплотняющий пласт
contorted ~ смятый слой; складчатый слой
datum ~ маркирующий горизонт
dense ~ плотный слой *(катализатора)*
discontinuous ~ прерывистый пласт
down-flow fixed ~ неподвижный слой катализатора с нисходящим потоком сырья
drilling mud contaminating ~ пласт, загрязняющий буровой раствор
endurance test ~ стенд для испытаний на долговечность
equalizing ~ нивелирующая подсыпка *(в траншее при укладке трубопровода)*
expanding ~ пласт с увеличивающейся мощностью
fastest ~ *сейсм.* пласт с самой высокой скоростью
filter ~ фильтрующий слой
finite thickness ~ пласт конечной мощности
fire ~ горящий слой *(топлива)*
fixed ~ неподвижный слой
flat dipping ~ пологопадающий пласт
fluidized ~ слой флюидизированного материала *(напр. катализатора)*
fossiliferous ~ пласт, содержащий окаменелости ·
foundation ~ фундаментная плита

bed

fresh water ~ пресноводный пласт
function test ~ стенд для функциональных испытаний
gas-permeable ~ пласт, проницаемый для газа
gas-source ~ газоматеринская горная порода
gently dipping ~ пологонаклонённый пласт
gently sloping ~ пологопадающий пласт
gravely ~ пласт, содержащий гравий
hanging ~ висячий пласт
high-speed ~ *сейсм.* пласт с высокой скоростью
high-velocity ~ *сейсм.* пласт с высокой скоростью
horizontal ~ горизонтальный пласт
impermeable ~ непроницаемый пласт; непроницаемый слой
impervious ~ непроницаемый слой; непроницаемый пласт
inclined ~ наклонный пласт
index datum ~ маркирующий горизонт
indicator ~ маркирующий горизонт
infinite thickness ~ пласт бесконечной мощности
intake ~ поглощающий пласт
intercalated ~ включённый пласт; промежуточный пласт
invaded ~ пласт с проникновением *(фильтрата бурового раствора)*
isotropic ~ изотропный пласт
key ~ 1. опорный горизонт; маркирующий горизонт 2. шпоночная канавка
lenticular ~ линзовидный пласт
limestone ~ пласт известняка
lower ~ подстилающий слой
low-resistivity ~ пласт низкого сопротивления

main producing oil ~ главный продуктивный нефтяной пласт
marker ~ маркирующий горизонт; опорный пласт
monoclinal ~ моноклинальный пласт
mother ~ материнская горная порода
mother ~ of oil нефтематеринская горная порода
multilayer ~ многослойный пласт
native ~ материнская горная порода
noninvaded ~ пласт без проникновения *(фильтрата бурового раствора)*
nonproducing ~ непродуктивный пласт
nonshaly ~ неглинистый пласт; чистый пласт
oil-bearing ~ нефтеносный пласт
oil-permeable ~ пласт, проницаемый для нефти
oil-source ~ нефтяной пласт-коллектор; нефтематеринская горная порода
older ~ старый пласт
outcropping ~ обнажённый пласт
overlying ~ вышележащий пласт
overturned ~ опрокинутый пласт
parent ~ материнская горная порода
pay ~ промышленный пласт
payout ~ продуктивный пласт
penetrated ~ пробуренный пласт
permeable ~ проницаемый пласт
pipeline ~ ложе трубопровода
porous ~ пористый пласт
red ~ глинистый красный песчаник; красноцветные отложения

reference ~ маркирующий горизонт
reflecting ~ *сейсм.* отражающий пласт
refracting ~ *сейсм.* преломляющий пласт
reservoir ~ пласт-коллектор
resistive ~ пласт высокого сопротивления
rock ~ пласт горных пород
rotary ~ корпус ротора
salt ~ соляной пласт
sealed ~ запечатанный пласт
sedimentary ~ пласт осадочных пород
separate ~ отдельный пласт
shale ~ пласт глинистых сланцев
shallow ~ неглубоко залегающий пласт
slightly cemented ~ слабосцементированный пласт
slightly consolidated ~ слабоуплотнённый пласт
slowest ~ *сейсм.* пласт с самой малой скоростью
solid ~ of catalyst сплошной слой катализатора
source ~ нефтематеринская порода; нефтепроизводящая свита
static ~ of catalyst неподвижный слой катализатора
steeply dipping ~ крутопадающий пласт
steeply pitching ~ крутозалегающий пласт
subjacent ~ подстилающий пласт
surface key ~ опорный горизонт из поверхностных слоёв
tank ~ корпус резервуара
terrestrial ~s континентальные отложения
test ~ испытательный стенд; стенд для установки и крепления испытываемого изделия
thick ~ мощный пласт
thin ~ тонкий пласт, маломощный пласт
thin ~ of hard rock тонкий пропласток твёрдой породы
tilted ~ наклонный пласт
underlying ~ ложе, подстилающий пласт
underlying pipeline ~ ложе трубопровода
undetectable ~ необнаруживаемый *(геофизическими средствами)* пласт
velocity ~ *сейсм.* пласт, характеризуемый определённой скоростью
water-bearing ~ водоносный пласт
water-permeable ~ водопроницаемый пласт
water-saturated ~ водонасыщенный пласт
well-penetrated ~ пласт, пересечённый скважиной
younger ~ молодой пласт
bedded 1. слоистый; пластовый *(о свите, формации)* 2. правильно залегающий *(о порядке напластования)*
bedding 1. *геол.* напластование; наслоение, слоистость; залегание *(о горных породах, пластах)* 2. слоистость *(свит, формаций)* 3. фундамент, основание 4. прокладка из мягкого металла *(при ручной чеканке алмазов)* ◊ along ~ вдоль напластования
broken ~ нарушенное залегание горных пород
centroclinal ~ центроклинальное залегание пластов
concordant ~ согласное залегание пластов
cradle ~ 1. неподвижная опора трубопровода 2. опора трубы *(в виде подушки)*
cross ~ поперечное напластование; угловое несогласие пластов; косая слоистость; косое залегание пластов

bedding

   discordant ~ несогласное напластование
   disjunctive ~ разрывное залегание пластов
   false ~ диагональное напластование, косое напластование; неправильное напластование, ложное напластование
   flat ~ прямое залегание пластов
   graded ~ сортированная слоистость; ритмическая слоистость
   irregular ~ несогласное напластование, несогласное залегание пластов
   isoclinal ~ изоклинальное напластование
   laminar ~ слоистое залегание
   monoclinal ~ моноклинальное залегание пластов
   oblique ~ наклонное наслоение, наклонная слоистость
   original ~ первичное напластование, первичное залегание пластов, первоначальное напластование
   regular ~ согласное напластование, правильное напластование; параллельное напластование, согласное залегание пластов
   unbroken ~ ненарушенное залегание пластов
   unconcordant ~ несогласное залегание пластов

bedplate фундаментальная плита, рама или станина; подушка; цоколь

bedrock *геол.* коренная порода; подстилающая порода; постель залежи
   high-velocity ~ *сейсм.* коренная порода с высокой скоростью
   underlying ~ подстилающая коренная порода, подошва

bedstead 1. стенд 2. экспериментальная установка

bed-tested прошедший стендовые испытания

Beet Pulp *фирм.* свекольная стружка *(нейтральный наполнитель для борьбы с поглощением бурового раствора)*

behavior режим *(работы)*; поведение *(системы)*; протекание *(процесса)* ◊ ~ in particular circumstances поведение в определённых условиях *(при испытаниях или эксплуатации)*; ~ in service поведение при эксплуатации
   ~ of device 1. поведение устройства 2. характеристики устройства
   ~ of fluid поведение жидкости
   ~ of platform поведение платформы; состояние платформы
   ~ of structure under tow поведение конструкции при буксировке
   ~ of wall состояние скважины
   actual ~ поведение при эксплуатации
   aging ~ характеристики старения
   cocking ~ коксуемость *(нефти)*
   component ~ 1. поведение элемента *(в системе)* 2. характеристики элемента *(системы)*
   corrosion ~ коррозионные свойства; коррозионные характеристики
   critical ~ критический режим
   degradation ~ ухудшение характеристик
   dynamic ~ 1. динамическое поведение; динамический режим 2. динамические характеристики
   equilibrium ~ установившийся режим; поведение при установившемся режиме
   error-free ~ идеальная характеристика
   fail-safe ~ отказоустойчивость

fatigue ~ усталостная характеристика
flow ~ режим потока
gas cap ~ состояние газовой шапки
initial ~ 1. начальное поведение 2. начальные характеристики
limiting ~ предельный режим
jet ~ режим струи
long-term ~ длительный режим работы; поведение при установившемся режиме
nonequilibrium ~ неустановившийся режим; поведение при неустановившемся режиме
off-design ~ нерасчётный режим работы
off-nominal ~ нерасчётный режим работы
oil-bearing ~ нефтеносный пласт
operational ~ 1. функционирование 2. рабочие характеристики
pathological ~ режим, резко отклоняющийся от нормального
phase ~ фазовое поведение
production reservoir ~ эксплуатационная характеристика коллектора
reliability ~ характеристики надёжности
reservoir ~ 1. поведение продуктивного пласта 2. поведение залежи *(в определённый момент периода эксплуатации)*
search ~ стратегия поиска *(неисправности)*
seismic ~ сейсмические характеристики
service ~ поведение при эксплуатации
single-phase ~ однофазное состояние
stationary ~ установившийся режим; поведение при установившемся режиме
steady-state ~ установившийся режим; поведение при установившемся режиме
structural ~ прочностные свойства
wear ~ характеристики износа
well ~ режим скважины
belay закреплять *(канат)*
belching переброс *(при перегонке)*
bell 1. купол, нависшая порода 2. раструб 3. воронкообразное расширение *(незакреплённого устья скважины при бурении с продувкой воздухом)* 4. ловильный колокол
~ **of pipe** раструб трубы
box ~ ловильный колокол
fishing ~ колпак кабельной головки *(для вылавливания оставшихся в скважине приборов)*
fishing tool ~ направляющая воронка ловителя
flared ~ раструбная воронка
floating ~ колокол мокрого газгольдера
fuel ~ загрузочная шахта; юбка *(газогенератора)*
fuel distillation ~ швельшахта, подвешенная внутри газогенератора
fuel feeding ~ загрузочная шахта *(газогенератора)*
gas ~ колокол газгольдера
gasholder ~ колокол газгольдера
gasholder floating ~ колокол мокрого газгольдера
personnel transfer ~ колокол для транспортировки обслуживающего персонала *(к подводному устьевому оборудованию)*

bell

screw ~ ловильный колокол
wet storage gasholder ~ колокол мокрого газгольдера
Bella-Seal *фирм.* мелко расщеплённая древесная стружка *(нейтральный наполнитель для борьбы с поглощением бурового раствора)*
bellied 1. уширенный, расширенный; имеющий раструб 2. *геол.* вспученный
bellows 1. сильфон; гармониковая мембрана, гофрированная мембрана; гофрированная трубка 2. пневматический амортизатор; пневматическая опора 3. мембранная коробка
expansion ~ сильфонный компенсатор *(для трубопровода)*
belly 1. раздутие *(пласта)*, утолщение пласта 2. расширение *(ствола скважины вследствие обрушения породы)*
possum ~ 1. отстойник перед виброситом, бак-поддон *(под виброситом для бурового раствора)* 2. приёмный чан *(в конце линии отработавшего бурового раствора)*
bellying выпуклость; выпучивание; утолщение; расширение
belt 1. ремень; приводной ремень; лента; пояс 2. *геол.* зона; пояс ◊ to take up the ~ укорачивать ремень
~ of cementation пояс цементации *(горных пород)*
~ of weathering 1. *сейсм.* зона малых скоростей 2. *геол.* пояс выветривания; зона выветривания
anticline ~ антиклинальная зона
chain ~ цепной привод; цепная передача
deformed geosynclinal ~ геосинклинальный нарушенный пояс

driving ~ приводной ремень
folded ~ пояс складок
geosynclinal ~ геосинклинальная зона
life ~ предохранительный пояс
older orogenic ~ старый орогенный пояс
orogenic ~ орогенный пояс
rubber ~ резиновый ремень
safety ~ предохранительный пояс *(для верхового рабочего)*; спасательный пояс
seismic ~ сейсмический пояс
updig wedge ~ зона выклинивания пласта вверх по восстанию
updip wedge ~ of permeability зона выклинивания проницаемого пласта вверх по восстанию
wedge ~ of permeability зона выклинивания проницаемого пласта
wedge ~ of porosity зона выклинивания пористой породы
belting ремённая передача
bench 1. слой, пачка *(пласта)* 2. *геол.* речная трасса; озёрная трасса; береговая платформа; уступ 3. испытательный стенд
control ~ проверочный стенд, стенд для контрольных операций
easy ~ скамья для отдыха рабочих *(на буровой вышке)*
inspection ~ проверочный стенд, стенд для контрольных операций
laboratory ~ лабораторный стенд; испытательный стенд
offshore ~ береговая платформа
test ~ испытательный стенд; испытательная установка
bend 1. отвод; коленчатый патрубок; колено трубопровода 2. изогнутая часть трубы, петлевой компенсатор

angle ~ угловой фитинг, колено *(трубы)*
circle ~ кольцевой трубный компенсатор
crossover ~ трубный фитинг *(для перехода одной линии труб через другую)*
double ~ двойной изгиб; U-образное колено, двойное колено
easy ~ малый изгиб *(трубы)*, треугольный изгиб, треугольный отвод
elbow ~ колено; коленчатый изгиб
expansion ~ температурный компенсатор *(на трубопроводе)*
half-normal ~ полуотвод *(трубопровода)*, колено *(с углом сгиба 135°)*
hose ~ перегиб рукава
normal ~ прямоугольный отвод *(трубопровода)*; колено *(с углом сгиба 90°)*
open return ~ двойное колено
pipe ~ отвод трубопровода; колено трубопровода
pipeline ~ отвод трубопровода; колено трубопровода
quarter ~ прямоугольный отвод *(трубопровода)*; колено *(с углом сгиба 90°)*
radial pipe ~ радиальный отвод трубы
return ~ двойной изгиб; U-образное колено, двойное колено
rock ~ складка; изгиб; флексура
saddle ~ *геол.* перегиб свода складки, флексурное седло
setoff ~ двойное колено
sharp ~ остроугольное колено, остроугольный изгиб *(трубы)*
sharp ~ of hose резкий перегиб рукава
synclinal ~ синклинальный перегиб

T-~ тройник *(на трубопроводе)*; трёхходовой фитинг; трёхходовая деталь
tee ~ тройник *(на трубопроводе)*; трёхходовой фитинг; трёхходовая деталь
T-shape ~ тройник *(на трубопроводе)*; трёхходовой фитинг; трёхходовая деталь
U-~ двойной изгиб; U-образное колено, двойное колено
upper ~ *геол.* перегиб свода, седло
U-shape ~ двойной изгиб; U-образное колено, двойное колено
V-~ V-образное колено
V-shape ~ V-образное колено
bender 1. прокладчик труб *(рабочий)* **2.** станок для сгибания труб; гибочная установка; гибочный пресс
pipe ~ трубогибочная установка
bending 1. изгиб; кривизна **2.** изгибание; сгибание; искривление
pipe ~ сгибание труб
seismic ray ~ искажение сейсмического луча
bend-over изгиб, загиб
Ben-Ex *фирм.* полиакрилат натрия *(флокулянт и диспергатор глин)*
Bengum *фирм.* смесь порошкообразного битума с дизельным топливом *(для борьбы с поглощением бурового раствора)*
benign облегчённый *(о режиме)*
bent 1. склон; откос **2.** изогнутый, кривой; гнутый; коленчатый
cold ~ изогнутый в холодном состоянии
hot ~ изогнутый в горячем состоянии
inward ~ изогнутый внутрь

Bentobloc *фирм.* отверждаемый компаунд для борьбы с поглощением бурового раствора
bentonite 1. бентонит (*высокопластичная высококоллоидная глина, состоящая в основном из монтмориллонитовых минералов; используется как добавка к глинистым буровым растворам для улучшения их коллоидальности*) 2. сорт отбеливающей глины
  beneficiated ~ модифицированный бентонитовый глинопорошок (*для приготовления буровых растворов*)
  calcium ~ кальциевый бентонит
  coarse ~ грубоизмельчённая бентонитовая глина
  high yield ~ бентонит высокой распускаемости
  prehydrated ~ предварительно гидратированный бентонит
  sodium ~ натриевый бентонит
  Wyoming ~ вайомингский бентонит
bentonitic бентонитовый
benzene бензол
  alkyl ~ алкилбензол
  heavy ~ лигроин (*нефтяная фракция, отгоняемая между бензином и керосином*)
  middle ~ бензин, кипящий в пределах от 80° до 130 °C
  one-degree ~ чистый бензол (*перегоняющийся в интервале 1°*)
  petroleum ~ 1. нефтяной бензол, пиробензол 2. петролейный эфир
benzol 1. бензол 2. сырой бензол (*смесь низших углеводородов бензольного ряда*)
  crude ~ сырой бензол (*смесь бензола, толуола и ксилола*)
  crystallizable ~ кристаллизующийся бензол высокой чистоты
  motor ~ моторный бензол, технический бензол
  nitration ~ нитрационный бензол (*сорт бензола, применяемый для получения нитробензола*)
bergmeal горная мука; инфузорная земля; трепел, диатомит
berth причал
Betsy *фирм.* бетси (*сейсмический источник*)
bevel скос; заострение; уклон, наклон; обрез, коническая фаска (*на нижнем конце башмака*) ‖ скашивать; снимать фаску
  clutch ~ конус муфты сцепления
  drilling bit shank ~ скос соединителя долота
  shoe ~ фаска упора (*долота*)
  single ~ односторонний скос кромки
beveled 1. со скошенной кромкой; со снятой фаской ‖ скошенный 2. конический, конусный
beveling скашивание кромки; разделка кромок
Vex *фирм.* полимерный безглинистый буровой раствор
B-Free *фирм.* жидкость для установки ванн с целью освобождения прихваченных труб
BHC acoustic *фирм.* акустический каротаж с компенсацией влияния скважины
BHC sonic log *фирм.* акустический каротаж с компенсацией влияния скважины
bias 1. отклонение; искажение ‖ отклонять; искажать 2. систематическая ошибка; смещение ‖ вносить систематическую ошибку; смещать
Bicarb *фирм.* бикарбонат натрия, двууглекислый натрий (*для удаления ионов кальция из бурового раствора*)

bicarbonate бикарбонат, кислая соль угольной кислоты
~ of soda бикарбонат натрия, двууглекислый натрий *(для удаления ионов кальция из бурового раствора)*
calcium ~ бикарбонат кальция, кислый углекислый кальций, двууглекислый кальций
sodium ~ бикарбонат натрия, двууглекислый натрий
biche ловильный колокол *(для извлечения из скважины сломанного бура)*
Big Bertha *фирм.* 1. цепной ключ большого размера с короткими ручками 2. перфоратор большого размера *(для простреливания отверстий в трубах)*
bight захват *(за свободный конец троса)*
~ of chain петля цепи *(на обсадной трубе)*
bill 1. счёт ‖ выставлять счёт 2. заявка; список; накладная ‖ выписывать накладную 3. спецификация; свидетельство
~ of lading транспортная накладная
mosquito ~ *разг.* труба, установленная в нижней части насоса и внутри газового якоря *(для подачи скважинного флюида в насос)*
repair ~ счёт за ремонтные работы
service ~ счёт за техническое обслуживание
billet:
hollow forged ~ прессованная полая заготовка *(для труб)*
predrilled ~ сверлёная заготовка *(для прессования труб)*
tubular ~ полая заготовка; трубная заготовка
bin 1. бункер; резервуар-накопитель 2. *сейсм.* общая глубинная площадка

cement ~ цементный бункер
feed ~ загрузочный бункер; расходный бункер; питательный бункер
bind 1. прихватывать *(снаряд в скважине)* 2. связывать, укреплять *(стенки скважины глинистым раствором)* 3. битуминозный глинистый сланец
rock ~ песчанистый сланец
binder 1. связующее вещество 2. соединительная деталь
liquid asphaltic paving ~ жидкий дорожный битум
load ~ 1. трос с замком *(для крепления труб при перевозке)* 2. увязочная проволока *(при перевозке оборудования)*
pitch ~ связующий пек
rapid curing paving ~ быстро затвердевающий жидкий дорожный битум
road ~ жидкий битум для гудронирования дорог; дорожный биндер
binding обвязка *(упрочняющая арматура)*; бандаж, обшивка ‖ связующий, цементирующий
air ~ сопротивление воздушной прослойки движению жидкости *(в трубопроводе)*; прекращение подачи жидкости *(насосом)* вследствие попадания воздуха
biocorrosion биологическая коррозия, биокоррозия
biogeotechnology биогеотехнология *(технология извлечения полезных ископаемых с помощью микроорганизмов)*
Biotrol *фирм.* жидкий бактерицид для буровых растворов на водной основе
birefringence:
shear-wave ~ *сейсм.* двоякое преломление поперечных волн

85

birth:
~ **of equipment** ввод оборудования в эксплуатацию
crack ~ зарождение трещины
bit 1. долото 2. головка бура; буровая коронка 3. долото бура; коронка для алмазного бурения 4. режущий инструмент; сверло 5. бит ◊ ~ **for underreaming** эксцентрическое долото для расширения скважины; **to break a drilling** ~ **off** отвинчивать буровое долото; **to build back a drilling** ~ восстанавливать буровое долото; **to build-up a drilling** ~ восстанавливать буровое долото; **to dress a** ~ заправлять долото; **to pick up a drilling** ~ приподнимать буровое долото; **to pull a drilling** ~ поднимать буровое долото; **to pull a drilling** ~ **green** поднимать буровое долото несработанным; **to trip a drilling** ~ поднимать и спускать буровое долото *(в процессе бурения)*
~ **of drill head** режущая кромка головки бура
abrasive jet ~ долото с гидромониторными насадками для подачи абразивного бурового раствора на забой скважины
abrasive jet coring ~ колонковое долото с гидромониторными насадками для подачи абразивного бурового раствора на забой скважины
air-drilling ~ долото для бурения с очисткой забоя воздухом
air-type ~ долотчатый бур с продувочными канавками
alloy ~ буровая коронка из легированной стали
alloy throw-away ~ буровая коронка из легированной стали, не подлежащая перезаточке
all-purpose ~ универсальное долото *(со сменной головкой)*

annular ~ коронка; долото для бурения кольцевым забоем; дерновое долото
Appleman gumbo ~ долото типа "рыбий хвост" с торцевой промывкой *(для роторного бурения)*
auger ~ 1. режущая головка шнекового *или* ложечного бура 2. сверло
balanced ~ центрированное долото
balanced drilling ~ сбалансированное буровое долото
ballaset coring ~ буровая колонка, армированная термостойкими синтетическими алмазами
ballaset synthetic diamond ~ долото, армированное синтетическими алмазами в абразивно устойчивой матрице *(для бурения плотных пород)*
balled-up drilling ~ буровое долото с образовавшимся на нём сальником
basket ~ долото с воронкой в верхней части *(для выноса образцов породы)*; зубчатая коронка-паук
bevel-wall ~ кольцевая буровая коронка с внутренней конической поверхностью *(для керноврателя)*
bi-center drilling ~ буровое долото со смещённым центром *(для бурения скважины увеличенного диаметра)*
big-stone ~ коронка, армированная алмазами величиной не менее 8 штук на карат
blade ~ одношарошечное долото
blade-diamond drilling ~ алмазное буровое долото лопастного типа
blade-drilling ~ буровое долото лопастного типа

blade-type diamond ~ алмазное долото лопастного типа
blank ~ короночное кольцо *(без матрицы с алмазами)*; долото, подготовленное к заправке алмазами
blank-casing ~ заготовка для изготовления башмака-коронки для обсадных труб
blasthole ~ бескерновый алмазный буровой наконечник для бурения шпуров
blind ~ бескерновая алмазная буровая коронка
blunt ~ тупоконечное долото
blunt drilling ~ тупоконечное буровое долото
bodiless rolling-cutter drilling ~ бескорпусное шарошечное буровое долото
bore ~ 1. долото для бурения; долото лопастного типа; коронка для бурения 2. режущая кромка бура; головка бура; буровая коронка 3. керноотборник, вводимый в грунт с вращением
boreway ~ зубчатая буровая коронка для роторного бурения
boring ~ 1. буровое долото; буровая коронка 2. режущая кромка бура, головка бура; буровой резец; наконечник керноотборника; наконечник бурового инструмента *(вводимого в породу с вращением)*
bort ~ буровая коронка, армированная алмазами сорта борт
bort-set ~ буровая коронка, армированная алмазами сорта борт
bottom cleanout ~ инструмент для чистки забоя
bottom discharge ~ алмазная буровая коронка с подачей промывочной жидкости на забой скважины *(через каналы, выходящие на торец коронки)*
bottoming-type ~ съёмная буровая коронка, ввинчиваемая в штангу
box-thread ~ коронка с внутренней резьбой
box-type ~ корпусное долото; коронка с внутренней резьбой
box-type rolling cutter drilling ~ шарошечное цельнокорпусное буровое долото
broaching ~ 1. буровой наконечник для расширения скважины; буровой расширитель 2. инструмент для разрушения *(перегородки из породы между смежными скважинами)*
broken-in ~ приработанная алмазная коронка *(проработавшая короткое время на лёгком режиме)*
bull ~ долотчатый бур
bull point drilling ~ пирамидальное буровое долото
bullnose ~ алмазный бескерновый наконечник с торцом в виде полушара, слегка вогнутого в центре *(для отбуривания по клину)*
burnt ~ пережжённая алмазная буровая коронка *(в результате прекращения подачи промывочной жидкости)*
button ~ 1. штыревое долото *(с округлыми вставками из карбида вольфрама)* 2. буровая коронка, армированная твёрдосплавными штырями
button roller ~ штыревое шарошечное долото
cable drilling ~ ударное буровое долото
cable tool ~ долото для ударно-канатного бурения
California pattern ~ двутавровое долото *(для ударно-канатного бурения)*

California-type ideal fishtail ~ нормальное двутавровое долото типа "рыбий хвост" *(для роторного бурения)*
carbide ~ буровая коронка, армированная карбидом вольфрама
carbide insert ~ штыревое долото *(с округлыми вставками из карбида вольфрама)*
carbide-type ~ 1. шарошечное долото с твёрдосплавными штырями 2. головка бура со вставками из твёрдого сплава
carboloy-set ~ алмазная коронка с матрицей из твёрдого сплава
carbon ~ 1. крупноалмазная коронка 2. коронка, армированная карбонатами
carbonado ~ 1. крупноалмазная коронка 2. коронка, армированная карбонатами
carbon-set ~ 1. крупноалмазная коронка 2. коронка, армированная карбонатами
carbon-steel ~ коронка из углеродистой стали
Carr ~ буровая головка Карра
casing ~ алмазный башмак обсадной колонны
casing shoe ~ алмазный башмак-коронка
cast ~ алмазная коронка с литой матрицей
castellated ~ 1. стальная зубчатая коронка 2. алмазная *или* твёрдосплавная коронка с зубовидными выступами по торцу, разделёнными глубокими и широкими промывочными канавками
cast-insert ~ буровая коронка с впаянными алмазосодержащими сегментами
cast-set ~ литая однослойная мелкоалмазная буровая коронка

cavitating jet-assisted mechanical ~ долото для механического разрушения породы дополнительными насадками путём кавитационного воздействия *(бурового раствора на породу в забое)*
center ~ пикообразное долото
center-hole ~ головка бура с промывочным отверстием в центре
chain ~ долото со сменной режущей частью, подаваемой на забой с помощью цепного механизма
changed ~ поднятое из скважины долото
chert drilling ~ долото для бурения кремнистых пород
chip ~ буровой наконечник, армированный низкосортными осколочными *или* пластинчатыми алмазами
chipping-type drilling ~ буровое долото скалывающего типа
chisel ~ головка долотчатого бура; плоское дробящее долото
chisel-chopping ~ плоское дробящее долото
chisel-crest insert ~ штыревое долото с заострённой вершиной зуба
chisel-drilling ~ плоское ударное буровое долото
chisel-type ~ долотчатая буровая коронка
chopping ~ 1. плоское дробящее долото *(для разбивания обломков или пеньков керна в скважине перед спуском алмазной коронки)* 2. долото ударного бурения 3. головка бура
chopping drilling ~ ударное буровое долото для раскалывания керна
churn-drill ~ долото для ударно-канатного бурения

clay ~ тонкостенная коронка без внутренних подрезных алмазов *(для бурения с колонковыми трубами с выходом внутренней трубы ниже торца коронки)*
clean-out ~ инструмент для чистки забоя
collapsible drilling ~ раздвижное буровое долото; складное буровое долото
collaring ~ 1. забурник 2. наконечник для забуривания скважин *(специальная алмазная коронка, зубчатка, долото лопастного типа для роторного или канатного бурения)*
combination pilot, drilling and reaming ~ комбинированное долото, состоящее из направляющей, бурящей и расширяющей частей
common ~ остроконечное долото
concave ~ 1. алмазный бескерновый наконечник с вогнутым торцом 2. долото с вогнутой рабочей поверхностью
concave diamond drilling ~ алмазное буровое долото с вогнутой рабочей поверхностью
concave plug ~ бескерновый алмазный наконечник вогнутого типа
cone ~ 1. шарошечное долото 2. алмазный бескерновый наконечник конической формы
cone-and-blade rock drilling ~ шарошечно-лопастное буровое долото
cone-rock ~ шарошечное долото
cone-type roller bearing rock ~ шарошечное долото для скальных пород на роликовых подшипниках
cone-type rolling cutter drilling ~ шарошечное буровое долото с коническими шарошками

conical ~ долото с коническими зубьями
convex ~ алмазный бескерновый наконечник с выпуклым торцом
core ~ 1. буровая коронка; колонковое долото, колонковый бур; колонковое буровое долото 2. наконечник колонкового долота
core-barrel ~ 1. алмазная коронка для бурения без калибрующего расширителя 2. колонковое долото лопастного типа
core-crusher diamond drilling ~ алмазное долото с устройством дробления керна
core-drilling ~ буровая коронка; бурильная головка; колонковое буровое долото
core-ejector drilling ~ колонковое буровое долото для бурения плотных трещиноватых пород
coreless ~ бескерновая коронка
coreless drilling ~ бескерновое буровое долото
coring ~ 1. буровая коронка 2. коронка для бурения кольцевым забоем 3. колонковое долото; буровая коронка для колонкового бурения
coring drilling ~ колонковое буровое долото; колонковое буровое долото
corncob ~ конусный алмазный буровой наконечник *(в виде ловильного метчика для разбуривания на следующий диаметр)*
cross ~ крестообразное долото
cross-bladed chisel ~ крестообразное долото *(для разбивания столбиков или кусков керна на забое скважины перед спуском алмазной коронки)*

cross-chopping ~ крестообразное долото *(для разбивания столбиков или кусков керна на забое скважины перед спуском алмазной коронки)*
cross-edged ~ крестообразная головка бура
cross-plug ~ крестообразный алмазный бескерновый наконечник
cross-roller ~ шарошечное долото с расположением шарошек в двух взаимно перпендикулярных направлениях
cross-roller rock ~ шарошечное долото с расположением шарошек в двух взаимно перпендикулярных направлениях
cross-section button ~ крестообразное штыревое долото
cross-section cone ~ крестообразное шарошечное долото
cross-section milled tooth core ~ колонковое долото крестообразного типа с фрезерованными зубьями
cross-section roller core ~ крестообразное шарошечное колонковое долото
crown ~ буровая коронка; корончатый бур
crowned ~ ступенчатая головка бура с выступающим центром
cruciform ~ 1. крестообразное долото 2. головка крестообразного бура
crushing rock drilling ~ буровое долото дробящего типа
cutaway wing ~ крестообразное долото
cutting-shearing drilling ~ режуще-скалывающее буровое долото
cutting-type core drilling ~ режущее шарошечное колонковое буровое долото
cutting-type drilling ~ буровое долото режущего типа
Davis cutter ~ зубчатая коронка для мягких пород
deflecting ~ буровой наконечник для отбуривания по клину; отклоняющее долото
deflecting jet drilling ~ отклоняющее буровое долото
deflection ~ буровой наконечник для отбуривания по клину; отклоняющее долото
demountable ~ разборное долото
demountable drilling ~ разборное буровое долото
detachable ~ съёмный наконечник долота
detachable tungsten carbide insert ~ съёмная головка бура с твёрдосплавными вставками из карбида вольфрама
deviation control ~ долото с регулированием направления бурения
diamond ~ 1. алмазное долото; алмазная буровая коронка 2. алмазный бескерновый наконечник 3. остроконечное долото; пикообразное долото
diamond-blade drilling ~ алмазно-лопастное буровое долото
diamond-compact ~ буровое долото, армированное синтетическими алмазами
diamond-compact coring ~ буровая коронка, армированная поликристаллическими синтетическими алмазами
diamond-core drilling ~ колонковое алмазное буровое долото
diamond-crown ~ алмазная коронка для колонкового бурения
diamond-drilling ~ алмазное буровое долото; алмазная буровая коронка,
diamond-drilling core ~ алмазное колонковое долото

diamond-impregnated ~ долото с алмазами, равномерно импрегнированными в тело матрицы
diamond-insert drilling ~ алмазно-твёрдосплавное буровое долото
diamond-particle ~ коронка, армированная осколочными алмазами *(однослойная или импрегнированная)*
diamond-plug ~ алмазное бескерновое долото
diamond-point ~ остроконечное долото; пикообразное долото; пирамидальное долото
diamond-point drilling ~ пикообразное буровое долото лопастного типа,
diamond-set ~ буровой наконечник, армированный алмазами
diamond-set hard metal alloy drilling ~ алмазно-твёрдосплавное буровое долото
differential rolling-cutter drilling ~ дифференциальное шарошечное буровое долото
digging ~ долото лопастного типа; пилообразное долото
Dimitriyev ~ буровая коронка Димитриева *(для расширения скважин)*
disk ~ дисковое долото
double-arc ~ бур с двухдолотчатой головкой
double-cone ~ двухшарошечное долото
double-cone drilling ~ двухшарошечное буровое долото
double-round nose ~ алмазная коронка с закруглённым профилем торца
double-taper ~ коронка головки бура с двойным уклоном перьев
drag ~ 1. долото режущего типа; долото лопастного типа; долото типа "рыбий хвост"

2. головка бура для бурения по мягким породам 3. головка спирального сверла
drag-chisel drilling ~ плоское ударное буровое долото
drag-drilling ~ буровое долото лопастного типа; режущее буровое долото
dress ~ оправочное долото *(для работ по исправлению обсадной колонны)*
dress drilling ~ оправочное буровое долото
drill ~ буровая коронка; буровое долото; головка бура, буровая коронка
drill-rod ~ алмазное долото для бурения без колонковой трубы
drive ~ забивное долото
drop-center ~ буровая коронка с утопленным центром
dull ~ 1. сработанное долото 2. затупленная коронка
dull drilling ~ сработанное буровое долото
dulled drilling ~ сработанное буровое долото
eccentric ~ эксцентричное долото
eccentric drilling ~ эксцентричное буровое долото *(для расширения ствола скважины)*
eccentric underreaming ~ эксцентричное долото для расширения скважины ниже башмака обсадной колонны
erosion drilling ~ насадка гидромониторного импульсного бура
even-duty ~ головка бура с равномерно нагруженными лезвиями
expandable drilling ~ складное буровое долото; раздвижное буровое долото
expansion ~ 1. универсальное долото *(с переменным диаметром)* 2. расширяющееся долото; расширяющаяся коронка

extended insert core ~ штыревое колонковое долото с увеличенным вылетом вставок
expansion drilling ~ складное буровое долото; раздвижное буровое долото
extended gage ~ удлинённое буровое долото *(для стабилизации траектории ствола скважины)*
extended nozzle ~ долото с насадкой, приближенной к забою
face-discharge ~ буровая коронка с каналами для вывода промывочной жидкости на торец
face-discharge diamond ~ алмазная колонковая коронка для двойных труб *(через которую буровой раствор подаётся непосредственно на забой, предотвращая размыв керна)*
face-ejection ~ буровая коронка с каналами для вывода промывочной жидкости на торец
factory-set ~ мелкоалмазная коронка заводского изготовления
failure ~ единица интенсивности отказов *(0,001 % отказа за 1000 ч)*
Ferrax journal ~ долото типа Ферракс *(с герметизированной опорой и главным подшипником скольжения)*
finger ~ 1. пальцевидное долото для бурения по наносам 2. пилообразное долото
finger rotary detachable ~ съёмный наконечник спирального бура
finishing ~ последний бур в комплекте
fishtail ~ долото типа "рыбий хвост"; долото лопастного типа

fishtail drag ~ долото типа "рыбий хвост"; долото лопастного типа
fishtail drilling ~ двухлопастное буровое долото
flat ~ 1. затупленная алмазная коронка 2. затупленный бур 3. долотчатый бур
flat-face ~ алмазная коронка с плоским торцом
flat-nose ~ алмазная коронка с плоским торцом
forged ~ 1. калёный бур; цельный бур 2. кованое долото лопастного типа
forged two-wing ~ кованое долото типа "рыбий хвост"
four-blade drilling ~ четырёхлопастное буровое долото
four-blade rotation ~ четырёхлопастное крестообразное долото для роторного бурения
fourble cutter core drilling ~ четырёхшарошечное колонковое буровое долото
four-cone rock drilling ~ четырёхшарошечное буровое долото
four-cutter rock drilling ~ четырёхшарошечное буровое долото
four-disk reaming ~ четырёхдисковое расширяющее долото *(для роторного бурения)*
four-point ~ 1. крестообразное долото 2. крестообразная головка бура; четырёхперая головка бура
four-roller ~ четырёхшарошечное долото
four-way ~ четырёхлопастное долото
four-way drag drilling ~ четырёхлопастное буровое долото
four-way rotation ~ четырёхлопастное крестообразное долото для роторного бурения
four-wing ~ четырёхлопастное долото

four-wing churn drilling ~ крестообразное ударное буровое долото
four-wing drag drilling ~ четырёхлопастное буровое долото
four-wing drilling ~ четырёхлопастное долото
four-wing reaming ~ четырёхлопастное расширяющее долото *(для роторного бурения)*
four-wing rotary ~ крестообразное долото для роторного бурения
four-wing rotation ~ крестообразное долото лопастного типа для роторного бурения
free-falling ~ свободнопадающий бур
fresh ~ вновь заправленное долото
freshly-sharpened ~ только что заточенная головка бура
friction bearing ~ долото с опорой скольжения
full-gage ~ полноразмерное долото
full-gage deflecting drilling ~ полноразмерное отклоняющее буровое долото
full-gage drilling ~ полноразмерное буровое долото
full-hole ~ 1. бескерновый буровой наконечник 2. долото для бурения сплошным забоем
full-hole rock drilling ~ полноразмерное шарошечное буровое долото
full-round nose ~ коронка с торцом закруглённого профиля *(радиус закругления равен половине толщины стенок коронки)*
full-size drilling ~ полноразмерное буровое долото
geophysical jetting ~ долото со струйной промывкой для бурения геофизических скважин
gimlet ~ улиткообразный бур
gouge ~ ложечный бур

gravity aspirator ~ гравитационно-аспираторная буровая головка
green ~ пережжённое *(при заправке)* долото
gumbo drilling ~ буровое долото для вязких горных пород
half-round nose ~ алмазная коронка с полузакруглённым профилем торца
hand-set ~ коронка с зачеканенными вручную алмазами
hard-alloy ~ долото, армированное твёрдым сплавом
hard-alloy button drilling ~ шарошечное буровое долото с твёрдосплавными зубьями
hard-alloy crown ~ твёрдосплавная буровая коронка
hard-alloy drilling ~ твёрдосплавное буровое долото
hard-alloy insert drilling ~ шарошечное буровое долото с твёрдосплавными зубьями
hard-faced drilling ~ буровое долото, армированное твёрдым сплавом
hard-formation ~ долото для бурения твёрдых пород
hard-formation rolling cutter core drilling ~ шарошечное колонковое долото для бурения твёрдых пород
hard-metal ~ бур, армированный твёрдосплавными вставками
hawthorn ~ шарошечное долото
heavy-set diamond core drilling ~ густоармированное алмазное колонковое буровое долото
heavy-set diamond drilling ~ густоармированное алмазное буровое долото
hexagon ~ шестигранная головка бура; шестигранный бур
high-center ~ буровая коронка с выступающей центральной частью

high-pressure ~ гидромониторное долото
high-pressure diamond ~ алмазное долото с гидромониторными насадками
high-pressure drag ~ долото режущего типа с гидромониторными насадками; долото лопастного типа с гидромониторными насадками
high-pressure roller ~ шарошечное долото с гидромониторными насадками
hollow ~ колонковый бур, колонковое долото; трубчатый бур
hollow drill ~ колонковое долото
Hughes disk ~ дисковое долото компании "Хьюз тул компани"
impact action ~ долото ударного действия
impregnated ~ импрегнированная коронка (*матрица которой равномерно насыщена алмазной крошкой ситовых размеров*)
impregnated casing ~ импрегнированная алмазная коронка для бурения путём вращения обсадной колонны
impregnated diamond drilling ~ импрегнированное алмазное буровое долото
injection drill ~ коронка для бурения с промывкой
insert ~ 1. коронка с впаянными резцами 2. твёрдосплавная коронка 3. штыревое долото
insert drilling ~ шарошечное буровое долото, армированное твёрдым сплавом; штыревое долото
insert rock ~ армированная головка бура; армированный бур

insert roller core ~ штыревое шарошечное колонковое долото
insert set ~ коронка с впаянными резцами (*твёрдосплавными или алмазосодержащими*)
insert-type ~ долото с твёрдосплавными зубьями
integral ~ 1. головка, составляющая единое целое с буром 2. цельный бур
interchangeable ~ съёмная головка бура
jack ~ съёмная головка бура
jet ~ струйное долото; гидравлическое долото; гидромониторное долото
jet assisted drag ~ долото лопастного типа с гидромониторными насадками
jet assisted roller ~ шарошечное долото с гидромониторными насадками
jet circulation ~ струйное долото
jet diamond ~ алмазное долото с гидромониторными насадками
jet drilling ~ буровое долото с боковой промывкой, струйное буровое долото; гидромониторное буровое долото
jet fishtail drilling ~ двухлопастное буровое долото со струйной промывкой
jet hard-alloy insert rolling cutter drilling ~ шарошечное буровое долото с твёрдосплавными зубьями и боковой промывкой
jet nozzled rock ~ струйное долото; гидромониторное долото
jet percussive ~ ударная буровая головка с гидромониторными насадками
jet pump pellet impact drill ~ буровая головка для метательного дробового бурения с помощью струйного насоса

jet rock drilling ~ шарошечное буровое долото с боковой промывкой

jet roller ~ шарошечное долото с насадкой для термодетонационных импульсов; шарошечное долото с гидромониторными насадками

jet rolling cutter drilling ~ шарошечное буровое долото с боковой промывкой

jet two-blade drag ~ двухлопастное долото со струйной промывкой

jet two-blade drilling ~ двухлопастное буровое долото со струйной промывкой

jet-type tricone ~ трёхшарошечное гидромониторное долото с боковой струйной промывкой

journal-bearing ~ шарошечное долото с опорой скольжения

journal-bearing insert ~ штыревое долото с подшипниками скольжения

journal-bearing milled tooth ~ долото с фрезерованными зубьями с опорой скольжения

junk ~ торцевая фреза

large-stone ~ крупноалмазная коронка

lead ~ направляющее долото; ведущее долото

lead drilling ~ направляющее буровое долото

light set ~ долото, армированное мелкими алмазами

long-inserts ~ долото с длинными твёрдосплавными зубьями

long-shank chopping ~ дробящее долото с удлинённым корпусом *(для разбивания валунов)*

long-teeth milled cutter roller core ~ колонковое шарошечное долото с длинными зубьями

low-torque drilling ~ буровое долото для работы малыми вращающими моментами

machine-set ~ механически заправленная мелкоалмазная головка бура

machine-sharpened ~ механически заправленная головка бура

masonry ~ тонкостенная алмазная коронка *(для бурения по бетону, кирпичной кладке)*

massive set diamond ~ долото, армированное крупными алмазами

mechanical-set ~ механически заправленная мелкоалмазная головка бура

medium-formation ~ долото для бурения пород средней твёрдости

medium-inserts ~ долото с твёрдосплавными зубьями средней длины

medium-round nose ~ коронка с полузакруглённым профилем торца

medium-stone ~ коронка, армированная алмазами средней величины

milled-cutter ~ долото с фрезерованными зубьями шарошек

milled-cutter core ~ колонковое долото режущего типа

milled-cutter cross section core ~ крестообразное колонковое долото с фрезерованными зубьями шарошек

milled-teeth drilling ~ шарошечное буровое долото с фрезерованными зубьями

milling ~ фрезерное долото; фрезер *(аварийный инструмент)*

Mother Hubbard ~ долото лопастного типа для ударно-канатного бурения *(с удлинённым и утолщённым стержнем для*

бурения в породах, имеющих пустоты или зашламовывающих буровой инструмент)
mud ~ долото *(режущего типа)* для бурения в глинах
multiblade drilling ~ многолопастное буровое долото
multilayer ~ многослойная алмазная коронка
multilayer diamond drilling ~ многослойное алмазное буровое долото
multisector scraping-cutting drilling ~ with hard-alloy inserts многосекторное буровое долото истирающе-режущего типа с твёрдосплавными вставками
multistone ~ мелкоалмазная буровая коронка
new ~ новое долото
noncoring ~ бескерновое алмазное долото *(для бурения сплошным забоем)*
off-balance ~ эксцентричное долото
off-balance drilling ~ эксцентричное буровое долото
offset chopping ~ эксцентричное дробящее долото
offset cone-angle rolling cutter drilling ~ шарошечное буровое долото со смещёнными осями шарошек
oil-field ~ буровая коронка для бурения нефтяных скважин
oil-field rotary ~ шарошечное долото для бурения нефтяных скважин
oil-well ~ алмазная коронка для бурения нефтяных скважин
oil-well jet ~ гидромониторное долото для бурения нефтяных скважин
oil-well jet coring ~ гидромониторный колонковый снаряд для бурения нефтяных скважин

one-cutter rock drilling ~ одношарошечное буровое долото
opening ~ оправочное долото *(для исправления труб)*
oriented diamond ~ коронка с алмазами, ориентированными по твёрдому вектору
out-of-gage ~ долото с нестандартным диаметром; коронка с нестандартным диаметром
overburden ~ коронка для бурения путём вращения колонны обсадных труб
overman ~ трубчатое долото; трамбовка *(ударно-канатного бурения)*
oversize drilling ~ буровое долото увеличенного диаметра
padded ~ коронка с впаянными алмазосодержащими сегментами
paddle reaming ~ плоское расширяющееся долото *(для роторного бурения)*
paddy ~ буровой наконечник с выдвигающимися под давлением резцами
paraffin ~ скребок для очистки труб от парафина *(в скважине)*
pellet impact ~ буровая головка для метательного дробового бурения
pencil-core ~ бескерновый алмазный наконечник с небольшим отверстием в центре
Pennsylvanian ~ плоское долото
percussion ~ 1. бур ударного перфоратора 2. долото ударного бурения
percussion-drag drilling ~ ударно-режущее буровое долото
percussion-drilling ~ ударное буровое долото
percussive coring ~ кольцевая коронка для ударного бурения
pilot ~ 1. направляющее долото 2. бескерновый алмазный

bit

наконечник; долото лопастного типа *(с выступающей средней частью торца)*
pilot blast-hole ~ наконечник пилота для бурения взрывных скважин *(с опережающим центральным выступом)*
pilot reaming ~ алмазная коронка для расширителя с выступающей направляющей частью
pineapple drilling ~ ступенчатое буровое долото лопастного типа
pipe ~ коронка с резьбой под трубную муфту *(для бурения вращением колонны труб)*
pipe shoe ~ трубный башмак-коронка
placer ~ долото лопастного типа для неуплотнённых пород *(для ударного бурения)*
plain fishtail drilling ~ двухлопастное буровое долото без наплавки
plug ~ бескерновый алмазный наконечник
plugged ~ 1. долото 2. коронка с центральным вкладышем *(для бурения сплошным забоем)* 3. коронка с заклинившимся в ней керном; коронка, забитая шламом
plugged drilling ~ буровое долото, забившееся горной породой
pod ~ ложечный бур
pointed drilling ~ пикообразное буровое долото
polycrystalline diamond cutter ~ долото с поликристаллическими алмазными вставками
powder metal ~ коронка с матрицей, изготовленной методом порошковой металлургии
precementing reamer ~ долото-расширитель для чистки стенок ствола скважины перед цементированием

processed ~ буровая коронка заводского изготовления
pyramid-set ~ коронка, каждый алмаз которой находится в пирамидальном выступе матрицы
quadricone rock drilling ~ четырёхшарошечное буровое долото
quenched ~ закалённая буровая коронка
quill ~ ложечный бур; ложечное сверло
radial diamond drilling ~ радиальное алмазное буровое долото
random set ~ коронка с неориентированными алмазами
rathole ~ 1. коронка для отбуривания по клину 2. коронка небольшого диаметра
reamer ~ буровое долото для расширения скважины; буровой расширитель
reaming ~ 1. буровое долото для расширения скважины; буровой расширитель 2. конусная коронка для разбуривания на следующий диаметр 3. проверочное долото
redrill ~ долото-расширитель *(в ударном бурении)*; долото для расширения скважин
Reed roller ~ шарошечное долото фирмы "Рид тул компани" *(с крестообразным расположением шарошек)*
removable drill ~ съёмная головка бура
replaceable ~ заменяемая съёмная головка бура
replaceable-blade ~ долото со сменными режущими элементами
replaceable-cutter head ~ долото со сменными головками
replaceable-head ~ долото со сменными головками

replacement ~ коронка, армированная повторно используемыми алмазами
rerun drilling ~ повторно спускаемое в ствол скважины буровое долото
reset ~ коронка, армированная повторно используемыми алмазами *(извлечёнными из отработавших коронок)*
restricted ~ долото с суженными промывочными каналами
retractable ~ **rock** извлекаемое шарошечное долото *(заменяемое с помощью троса без подъёма бурильной колонны)*
retracted expandable drilling ~ сложенное раздвижное буровое долото
reverse circulation drilling ~ буровое долото с обратной промывкой
reversed fishtail drilling ~ двухлопастное буровое долото с обратным загибом режущих кромок
reversed two-blade drilling ~ двухлопастное буровое долото с обратным загибом режущих кромок
ring ~ буровая коронка *(для бурения кольцевым забоем)*
ringed-out ~ коронка с кольцевой канавкой по торцу *(образовавшейся вследствие разрушения алмазов)*
ripper step ~ алмазная коронка со ступенчатым торцом
rock ~ 1. шарошечное долото; долото для твёрдых пород; головка бура для бурения по твёрдым породам 2. съёмная головка бура,
rock ~ **with lubricant bearing** трёхшарошечное долото с герметизированной опорой
rock-cutter drilling ~ шарошечное буровое долото

rock-drilling ~ 1. долото для бурения по твёрдым породам 2. головка бура для бурения по твёрдым породам 3. съёмная головка бура 4. шарошечное буровое долото
rock-roller ~ шарошечное долото
rod ~ бескерновый алмазный наконечник *(для бурения на штангах без колонковой трубы)*
roller ~ шарошечное долото
roller-cone core ~ шарошечное колонковое долото
roller-cutter core ~ шарошечное колонковое долото режущего типа
roller-cutter drilling ~ шарошечное буровое долото режущего типа
rolling cutter expandable drilling ~ шарошечное раздвижное буровое долото режущего типа
rolling-cutter rock ~ шарошечное долото режущего типа
rose ~ 1. наконечник для расфрезеровывания металлических предметов в скважине 2. шестиугольная звездчатая головка *(бура)*
rotary ~ 1. долото для роторного бурения 2. сверло
rotary core ~ колонковое долото
rotary core drilling ~ колонковое долото для роторного бурения, колонковое долото для роторного бурения
rotary disk ~ дисковое долото
rotary disk drilling ~ дисковое буровое долото
rotary rock ~ долото для роторного бурения
rotation ~ долото для роторного бурения
round-face ~ алмазная коронка с закруглённым профилем торца

round shoulder ~ алмазное долото с закруглённым режущим торцом
rugged ~ буровое долото для работы в сложных условиях
saw ~ зубчатая коронка *(для разбуривания деревянных пробок в скважинах)*
sawtooth ~ зубчатка
scraping-cutting-type drilling ~ буровое долото истирающе-режущего типа
seal ~ долото с герметизированной опорой
sealed bearing insert ~ штыревое долото с герметизированными подшипниками
sealed roller ~ долото с герметизированной роликовой опорой
sectional rolling-cutter drilling ~ бескорпусное шарошечное буровое долото
self-cleaning ~ головка бура со спиральными выступами на корпусе *(для более полного удаления буровой муки)*
self-cleaning cone rock drilling ~ буровое долото с самоочищающимися шарошками
self-cleaning cone rolling cutter drilling ~ буровое долото с самоочищающимися шарошками
self-sharpening ~ самозатачивающаяся головка бура
self-sharpening drilling ~ самозатачивающееся буровое долото
semicoring ~ алмазный бескерновый наконечник с отверстием в центре
semiround nose ~ алмазная коронка с торцом полузакруглённого профиля
semispherical ~ мелкоалмазный бескерновый наконечник с торцом полушаровидной формы

set ~ армированная коронка *(алмазами или твёрдосплавными резцами)*
sharp ~ острый бур; отточенный бур; острая буровая коронка
shoe-type washover ~ кольцевой фрезер
shot ~ дробовая коронка
shoulder ~ съёмная головка бура; съёмная буровая коронка *(навинчивающаяся на штангу)*
side-hole ~ головка бура с боковым промывочным отверстием
side-tracking ~ 1. зарезное долото 2. долото для ухода в сторону *(при забуривании бокового ствола)*
simulated insert ~ коронка с часто расположенными глубокими промывочными канавками
single-bladed ~ плоское долото
single-chisel ~ однодолотчатый бур
single-layer ~ однослойная коронка
single-layer diamond drilling ~ однослойное алмазное буровое долото
single-round nose ~ коронка с полузакруглённым профилем торца
sintered ~ алмазная коронка с порошковой матрицей, изготовленной методом спекания
sintered diamond ~ буровое долото, армированное синтетическими алмазами, впекаемыми в матрицу
sintered diamond coring ~ буровая коронка, армированная синтетическими алмазами, впекаемыми в матрицу

sintered tungsten-carbide teeth drilling ~ буровое долото с зубьями из карбида вольфрама, впекаемыми в матрицу
six-cone drilling ~ шестишарошечное буровое долото
six-cutter drilling ~ шестишарошечное буровое долото
six-roller drilling ~ шестишарошечное буровое долото
slip-on ~ съёмная головка бура *(с конусным соединением)*
slug ~ долото, армированное твёрдосплавными штырями
small-stone ~ мелкоалмазная коронка
smooth ~ затупленная коронка
soft-formation ~ долото для бурения мягких пород
soft-formation insert ~ штыревое долото для бурения мягких пород
soft-formation rolling cutter core drilling ~ шарошечное колонковое буровое долото для бурения мягких пород
soft-formation tricone ~ трёхшарошечное долото для бурения мягких пород
solid ~ алмазный бескерновый наконечник
solid concave ~ мелкоалмазный бескерновый буровой наконечник вогнутого типа
solid crown ~ алмазный бескерновый наконечник
spade ~ долотчатый бур; долотчатая головка бура
spark assisted roller drill ~ электроискровое шарошечное долото
spiral ~ спиральное долото
spiral diamond drilling ~ алмазное спиральное буровое долото
spiral drilling ~ спиральное буровое долото

spiral whipstock ~ 1. спиральное зарезное долото 2. спиральное долото для отбуривания по клину
spoon ~ ложечный бур, буровая ложка
spud ~ 1. пикообразное долото 2. плоское долото; долото без зубьев *(для бурения в мягких породах)*
spudding drilling ~ буровое долото для начального долбления
square-nose ~ коронка с плоским торцом
square-shoulder ~ долото с плоским режущим торцом
standard core ~ 1. коронка с внутренним конусом *(для рвательного кольца)* 2. стандартная коронка
star ~ 1. крестобразное долото *(для разбивания крупных камней)* 2. долото для расширения и выпрямления ствола скважины *(при ударно-канатном бурении)*
star cable ~ крестообразное долото для канатного бурения
star pattern drilling ~ крестообразное долото *(для разбивания крупных камней)*
steel ~ калёный бур; неармированный бур
steel-teeth ~ долото с фрезерованными зубьями; зубчатая буровая коронка
step ~ ступенчатое долото
step-core ~ алмазная коронка со ступенчатым торцом
step-crown ~ буровая коронка со ступенчатым профилем режущей части
step-face ~ ступенчатое долото; ступенчатая коронка
step-shaped diamond drilling ~ ступенчатое алмазное буровое долото

step-shaped drilling ~ ступенчатое долото лопастного типа
stepped-crown ~ ступенчатая коронка долота
straight ~ 1. плоское долото 2. однодолотчатый бур
straight-chopping ~ плоское дробящее долото кернорвателя
straight-hole ~ комбинированное долото для выпрямления искривлённых скважин
straight-sided core ~ прямостенная алмазная коронка *(без внутреннего конуса для рвательного кольца)*
straight-wall ~ прямостенная алмазная коронка *(без внутреннего конуса для рвательного кольца)*
streamlined waterway ~ коронка с промывочными канавками обтекаемой формы
structure ~ трубчатое долото
stuck drilling ~ прихваченное буровое долото
surface-set ~ 1. коронка с поверхностно вставленными алмазами 2. однослойная коронка
Swedish ~ двутавровое долото
taper ~ 1. конусный бескерновый алмазный наконечник 2. конусный расширитель
tapered ~ съёмная буровая коронка с конусным соединением
tapered core ~ коронка с конусным торцом *(для разбуривания на следующий диаметр)*
tapered socket ~ буровая коронка с конусным соединением
tapered step-core ~ конусная ступенчатая коронка
tapered stepped profile ~ буровое долото со ступенчатым конусообразным профилем наружной и внутренней рабочей поверхности

taper-wall ~ алмазная коронка с внутренним конусом для пружины
tear-drop set ~ коронка, торцовые алмазы которой помещены в каплеобразных выступах матрицы
T-gage ~ долото с Т-образными зубьями в калибрующем венце
thin-faced ~ тонкостенная алмазная буровая коронка
thin-kerf ~ алмазное долото с тонкостенной матрицей
thin-wall ~ тонкостенная коронка
three-blade drilling ~ трёхлопастное буровое долото
three-cone ~ трёхшарошечное долото
three-cone expandable drilling ~ трёхшарошечное раздвижное буровое долото
three-cone rock drilling ~ трёхшарошечное буровое долото
three-cutter expandable drilling ~ трёхшарошечное раздвижное буровое долото
three-point ~ трёхперая головка бура
three-point core drilling ~ трёхлопастное колонковое буровое долото
three-roller ~ трёхшарошечное долото
three-rolling cutter drilling ~ трёхшарошечное буровое долото
three-stage drilling ~ трёхступенчатое буровое долото
three-way ~ трёхлопастное долото
three-way drilling ~ трёхлопастное буровое долото
three-winged ~ трёхлопастное долото
throw-away ~ коронка разового использования; головка бура разового использования

tipped ~ армированная буровая коронка; армированная головка бура
toothed drilling ~ шарошечное буровое долото
toothed roller ~ шарошечное долото
torpedo ~ алмазный бескерновый наконечник
top hole ~ долото для верхней части ствола скважины
tricone ~ трёхшарошечное долото
tricone ~ with tungsten carbide inserts трёхшарошечное долото с твёрдосплавными штырями из карбида вольфрама
tricone drilling ~ трёхшарошечное буровое долото *(с коническими шарошками)*
tricone expandable drilling ~ трёхшарошечное раздвижное буровое долото
tricone jet rock drilling ~ трёхшарошечное буровое долото с боковой струйной промывкой
tricone rock drilling ~ трёхшарошечное буровое долото
tricone roller rock ~ трёхшарошечное колонковое долото для твёрдых пород
trigger ~ колонковое долото с кернорвателем; долото с защёлкой, долото с собачкой *(при замерах кривизны)*
true-rolling ~ шарошечное долото
tungsten-carbide boring ~ головка бура, армированная штырями из карбида вольфрама
tungsten-carbide drag ~ долото режущего типа, армированное штырями из карбида вольфрама
tungsten-carbide insert drilling ~ буровое долото, армированное штырями из карбида вольфрама

tungsten-carbide tipped ~ коронка, армированная штырями из карбида вольфрама
tungsten-insert ~ долото, армированное штырями из карбида вольфрама
twin-cone ~ двухшарошечное долото
twist ~ спиральный бур; спиральное долото
twisted ~ спиральный бур; спиральное долото
two-blade drag drilling ~ двухлопастное буровое долото
two-cone ~ двухшарошечное долото
two-cone drilling ~ двухшарошечное буровое долото с коническими шарошками
two-cone expandable drilling ~ двухшарошечное раздвижное буровое долото
two-cutter expandable drilling ~ двухшарошечное раздвижное буровое долото
two-disk ~ двухдисковое долото *(для роторного бурения)*
two-point ~ 1. долотчатый бур 2. долотчатая головка бура
two-prong rotary ~ буровое долото типа "рыбий хвост" для роторного бурения
two-roller ~ двухшарошечное долото
two-way ~ двухлопастное долото; долото типа "рыбий хвост"
two-wing drag drilling ~ двухлопастное буровое долото
unbalanced jet drilling ~ буровое долото-отклонитель с боковой промывкой
undergage ~ долото с наружным диаметром меньше стандартного
underreaming ~ долото-расширитель

bitumen

underweight ~ коронка с недостаточной насыщенностью алмазами
unfaced drilling ~ неармированное буровое долото
unstabilized drilling ~ нестабилизированное буровое долото
used ~ 1. отработанная коронка; затупленная коронка 2. отработавшее долото; затупленное долото
vibrating ~ вибродолото
wedge ~ бескерновый алмазный наконечник *(для отбуривания по клину)*
wedge-reaming ~ алмазный расширитель, применяемый при отбуривании по клину
wedge-set ~ коронка с алмазами, помещёнными в клиновидных выступах матрицы
wedging ~ бескерновый алмазный наконечник *(для отбуривания по клину)*
wheel-type drilling ~ шарошечное буровое долото
whole-stone ~ коронка, армированная цельными алмазами
winged scraping ~ долото режущего типа, долото лопастного типа
wireline ~ бросовое долото, поднимаемое на канате *(по окончании бурения)*
wireline core drilling ~ колонковое буровое долото для работы со съёмным керноотборником
wireline drilling ~ ударное буровое долото
worn ~ сработанная буровая коронка
worn-out drilling ~ сработанное буровое долото
X- крестообразная головка
X-shape ~ крестообразная головка
Z- зигзагообразная головка бура
Z-shape ~ зигзагообразная головка бура
Zublin ~ долото Зублина
Zublin differential ~ дифференциальное долото Зублина *(для проходки глинистых сланцев)*
bitch ловильный инструмент
bite 1. зажатие; захватывание ‖ зажимать; захватывать 2. травление; разъедание ‖ травить; разъедать
Bitlube *фирм.* смазывающая добавка для водных буровых растворов в условиях высоких давлений
Bitlube III *фирм.* смазывающая добавка для буровых растворов на пресноводной основе
bitumastic битумная мастика
bitumen битум, горная смола; асфальт
artificial ~ искусственный битум; дёготь
asphaltic ~ природный битум; асфальтовый битум
blown ~ продутый битум, окислённый битум
brown coal ~ буроугольный битум
cutback ~ жидкий битум
emulsifield ~ битумная эмульсия
fixed ~ связанный битум
hard ~ твёрдый битум
liquid ~ жидкий битум
native ~ природный асфальт
natural ~ природный битум
negative spot test ~ битум, не оставляющий пятен *(при испытаниях на пятнообразование)*
oily ~ масляный битум; битум, богатый маслами
paving ~ дорожный битум
petroleum ~ нефтяной битум

bitumen

positive spot test ~ битум, оставляющий пятна *(при испытаниях на пятнообразование)*
scattered ~s рассеянные битумы
semisolid ~ полутвёрдый битум
slow-setting ~ медленно застывающий битум
soluble ~ растворимый битум *(в сероуглероде, бензине, ацетоне)*
viscid ~ мальта, чёрная смолистая нефть; полужидкий битум; мягкий асфальт
viscous ~ полужидкий битум; мягкий асфальт
waterproof ~ водонепроницаемый битум
weathered ~ выветренный битум
bitumen-coated покрытый битумом; с битумной изоляцией
bitumen-treated обработанный битумом
bituminiferous содержащий битум; битуминозный; битумный
bituminization битуминизация, превращение в битум
bituminous 1. битуминозный *(о горной породе, топливе)*; битумный 2. жирный *(об угле)* 3. асфальтовый *(о лаке)*
bitusol тринидадский асфальт
black:
  gas ~ газовая сажа
Black Magic *фирм.* концентрат для приготовления буровых растворов на углеводородной основе
Black Magic Premix *фирм.* концентрат для приготовления неутяжелённых буровых растворов на углеводородной основе
Black Magic SPF *фирм.* жидкость для установки ванн с целью освобождения прихваченных бурильных труб

Black Magic Supermix *фирм.* концентрат для приготовления буровых растворов на углеводородной основе, содержащий смесь окислённого асфальта и очищенной нефти с добавкой специального пептизатора и понизителя вязкости, для высокотемпературных скважин
Black Magic Universal *фирм.* концентрат для приготовления буровых растворов на углеводородной основе в условиях буровой
blackjack чёрное минеральное смазочное масло *(антивибрационная смазка для штанг)*
blackor твёрдый сплав *(для армирования долот)*
blackout авария всей системы
bladder вкладыш гидроциклона
blade 1. лезвие 2. лопасть *(долота, насоса)* 3. крыло *(вентилятора)* 4. лопатка *(турбины)*
  bit ~ лопасть долота
  bit cutting ~ лопасть долота
  carbide inserted bit ~ лопасть долота с твёрдосплавными вставками
  centrifuge ~ скребок центрифуги *(для очистки от парафина)*
  cleaner ~ счищающая пластина *(фильтра)*
  cutting ~ режущее лезвие *(долота)*
  diamond-edged saw ~ алмазный режущий диск *(керноотборника)*
  doctor ~ скребок; ракля
  fan ~ лопасть вентилятора
  filter conveyor ~ скребок конвейера фильтра *(для очистки от парафина)*
  impeller ~ лопасти вертушки *(скважинного расходомера)*
  lead ~ направляющая лопасть *(долота)*

mill ~ лезвие фрезера
reamer ~ лезвие расширителя
retractable impeller ~ складывающиеся лопасти вертушки (скважинного расходомера)
rotor ~ лопатка ротора (турбобура)
stator ~ лопатка статора (турбобура)
turbine ~ лопатка турбины (турбобура)
underreamer ~ лопасть расширителя
blae 1. твёрдый песчаник 2. глинистый сланец
shaly ~ нефтеносный сланец
blaize твёрдый песчаник
blank: ◊ to ~ off 1. выключать часть трубопровода (вставкой глухого фланца); перекрывать заглушкой, заглушать; закрывать пробкой (канал, трубопровод) 2. обсаживать пласт сплошными трубами; to ~ the open end of pipe заглушать открытый конец трубы пробкой
bit ~ 1. короночное кольцо 2. корпус бескернового долота (без матрицы и алмазов)
bottom discharge bit ~ вороночное кольцо с каналами для вывода промывочной жидкости на забой
steel ~ короночное кольцо
blanked-off снабжённый заглушкой
blanket 1. покрытие, поверхностный слой, защитный слой 2. *геол.* отложение, пласт, слой; покров; нанос
cement ~ подушка цементного раствора (для увеличения нефтеотдачи пласта)
floating plastic ~ плавучий пластмассовый экран (нефтехранилища)
gas ~ газовая оболочка

mud ~ подушка бурового раствора (на пласте для увеличения нефтеотдачи)
oil ~ слой нефти (на поверхности акватории, в системе водоподготовки)
slightly gas-cut water ~ слабогазированная вода, закачиваемая в скважину (для увеличения противодавления на пласт)
water ~ 1. водяная подушка (на пласте для увеличения нефтеотдачи) 2. вода, закачиваемая в скважину (для увеличения противодавления на пласт)
blanking *сейсм.* обнуление
initial ~ обнуление начальной части сейсмограммы
Blanose *фирм.* натриевая карбоксиметилцеллюлоза
blast 1. взрыв 2. подрывной заряд 3. затачивать алмазную коронку пескоструйным аппаратом
delayed ~ *сейсм.* задержанный взрыв
main ~ производственный взрыв
sand ~ 1. пескоструйная очистка 2. пескоструйная заточка (алмазных коронок) 3. песчаная забойка (заряда при подрыве валунов)
blaster взрывная машинка
impulse ~ импульсная взрывная машинка
phase ~ взрывная машинка для разновременного подрыва группы зарядов
blasthole шпур; взрывная скважина
chambered ~ камерный шпур
cut ~ врубовый шпур
flat ~ горизонтальный шпур
horizontal ~ горизонтальный шпур
long ~ глубокая взрывная скважина

main ~ отбойный шпур
outer ~ отбойный шпур
snubber ~ врубовый шпур
straight ~ непростреленный шпур
vertical ~ вертикальный шпур
blasting 1. дутьё, продувка 2. пескоструйная очистка; дробеструйная обработка 3. буровзрывные работы; взрывная отбойка; паление шпуров 4. торпедирование скважины
camouflet ~ камуфлетное взрывание; подземное взрывание без нарушения грунта на поверхности
churn-drill ~ отбойка породы взрывными скважинами ударного бурения
controlled ~ контурное взрывание
deep-hole ~ буровзрывные работы методом глубоких скважин
drillhole ~ буровзрывные работы шпуровым методом
grit ~ дробеструйная обработка
oil-well ~ торпедирование нефтяной скважины
sand ~ пескоструйная очистка
shot ~ дробеструйная обработка
trim ~ контурное взрывание; метод последующего оконтуривания
blastphone сейсмоприёмник, регистрирующий момент взрыва
blastproof взрывоустойчивый; защищённый от действия взрывной волны; взрывостойкий; выдерживающий давление взрыва
bleacher резервуар для обесцвечивания *(керосина или масла)* солнечным светом
bleed 1. сливное отверстие 2. слив; отсос 3. продувать *(паровой цилиндр)* 4. спускать *(воду)*; выпускать *(воздух)* 5. опорожнять резервуар 6. выделять жидкость; выделять газ *(из пласта)* ◊ to ~ a well down 1. вытеснять нефть из скважины 2. закачивать кислоту в скважину *(для воздействия на породу)*; to ~ off 1. снижать давление в скважине *(путём открытия задвижки)* 2. выпускать конденсат *(из газопровода)* 3. выпускать *(отстоявшуюся воду или грязь из резервуара)*
bleeder 1. предохранительный клапан *(газопровода или печи, выделяющей газ)* 2. спускной кран 3. кран для спуска воды *(из газопровода)* 4. газоотводная труба; отвод для спуска конденсата на газовой линии
gas ~ газоотвод
bleeding 1. выпуск *(отстоявшейся жидкости и грязи из газопроводов и резервуаров)* 2. спуск жидкости; выпуск пара 3. выступание цементного молока *(на поверхности бетона)* 4. отбор конденсатных фракций из ректификационной колонны 5. спуск жидкого конденсата из газовой линии; спуск отстоя из резервуара 6. выделение битума на поверхности асфальтового покрытия
~ of core выделение нефти из керна
oil ~ выделение небольших количеств нефти
oil ~ from core выделение нефти из керна
tank ~ спуск воды и грязи из резервуара
bleeding-off:
pressure ~ стравливание давления *(жидкости, газа)*
bleedoff сброс давления *(в скважине)*
blend смесь ‖ смешивать, составлять смесь нефтепродуктов

alcohol-gasoline ~ спирто-бензиновая смесь
benzol ~ 1. бензольное компаундированное топливо 2. бензольно-бензиновое смешанное моторное топливо
cat ~ смесь мазутов каталитического крекинга и прямой гонки
finished ~ компаундированный бензин *(полученный путём смешивания компонентов)*
fuel ~ топливная смесь; смешанное топливо, компаундированное топливо

blender:
sand-oil ~ пескосмеситель *(при гидравлическом разрыве пласта)*

blending 1. смешивание 2. введение добавок
in-line fluid ~ смешивание флюидов в трубопроводе
in-tank fluid ~ смешивание флюидов в резервуаре
pipeline ~ смешивание *(нефтепродуктов)* при перекачивании по трубопроводу
pipeline fluid ~ смешивание флюидов внутри трубопровода
tank ~ смешивание в резервуаре *(жидких продуктов)*
tetraethyl-lead ~ of gasoline этилирование бензина
treated fluid ~ смешивание очищенных флюидов

blind 1. пробка, заглушка *(в трубопроводе)* ‖ закрывать трубопровод *(на буровой для прекращения потока флюида)* 2. слепой, не выходящий на дневную поверхность *(о жиле, пласте)* 3. потайной 4. бурить без выхода промывочной жидкости на поверхность *(при полном поглощении)*

block 1. блок, шкив; ролик; полиспаст, тали 2. *геол.* глыба; массив, сплошная масса; целик 3. пробка; препятствие *(в скважине)*; самозаклинивание керна *(в колонковой трубе или коронке)* ‖ преграждать, препятствовать, заграждать 4. *геол.* тектонический блок 5. узел; блок *(машины, прибора)* ◊ to ~ a line заглушать трубопровод; to ~ off 1. изолировать, перекрывать *(обрушающиеся, поглощающие или водоносные горизонты трубами или цементом)* 2. изолировать *(подземную горную выработку устройством перегородки)* 3. ограждать *(опасные места);* to ~ out оконтуривать *(месторождение)*
~ of failures группа отказов
~ of observations совокупность наблюдений
air ~ воздушная пробка *(в верхней части глухой трубы или в трубопроводе)*
anvil ~ 1. ударная баба 2. боёк *(перфоратора)*
backing ~ упорная колодка
barite ~ баритовая пробка
base ~ подтрубник
bearing ~ основание подшипника
blade ~ подвеска лезвий
brake ~ тормозная колодка; тормозной башмак
breakout ~ 1. устройство для навинчивания и свинчивания долота 2. стальной вкладыш для закрепления долота в роторном столе во время отвинчивания
building ~ конструктивный блок; стандартный блок
casing ~ талевый блок для операций с обсадными трубами
chain ~ тали; подъёмный цепной блок

block

column base ~ основание распорной колонки *(для бурильного молотка)*
combination traveling ~ талевый блок, соединённый с подъёмным крюком
conical impression ~ конусная печать *(для исследования повреждений в стволе скважины)*
core ~ самозаклинивание керна *(в коронке, расширителе, колонковой трубе)*
crown ~ кронблок
crown ~ of double deck двухэтажный кронблок
cylinder impression ~ торцевая печать *(для исследования повреждений в стволе скважины)*
derrick ~ подъёмный блок
distributor ~ распределительный кубик *(в трубопроводе)*
dressing ~ наковальня для заправки бурового инструмента
drill anvil ~ боёк поршня перфоратора
drilling ~ площадь, на которой предполагается бурение *(разведочной скважины)*
drive ~ забивная баба *(для аварийных работ на скважине)*
dual speed traveling ~ раздвоенный талевый блок
fault ~ блок, ограниченный сбросами
fault-tolerant ~ отказоустойчивый блок
flat impression ~ плоская печать *(для исследования повреждений в стволе скважины)*
floating ~ талевый блок
floor ~ блок для изменения направления каната *(с откидной серьгой, позволяющей завести канат в блок, не продевая его с конца)*
foot ~ подкладка *(под колонку бурильного молотка)*
footage ~ прокладка в керновом ящике *(разделяющая керн по рейсам)*
four-sheave traveling ~ четырёхроликовый талевый блок
friction ~ фрикционная колодка *(тормоза)*
gas ~ газовая пробка *(в трубопроводе)*
ground ~ устьевой направляющий шкив
gun ~ перфораторный блок
head ~ 1. кронблок 2. верхний блок *(на буровой вышке)*
hoisting ~ 1. подвижной талевый блок 2. нижний блок полиспаста
hook ~ крюкоблок
hydrate ~ гидратная пробка *(в колонне, находящейся в скважине)*
impression ~ скважинная печать *(для исследования повреждений в стволе скважины и определения положения и состояния инструмента, оставшегося в скважине, или обсадной колонны)*
in-line crown ~ одновальный кронблок
jar ~ ударная баба
junction ~ распределительный кубик *(в трубопроводе)*
knife ~ узел подачи ножей *(внутреннего трубореза)*
knock-off ~ 1. подвеска колонны насосных штанг 2. стойка расцепителя *(полевых тяг)*
lead ~ ведомый шкив
lead impression ~ свинцовая печать *(для исследования повреждений в стволе скважины)*
link ~ защёлка элеватора
marker ~ деревянная прокладка *(в керновом ящике, разделяющая керн по рейсам)*
overthrust ~ тектонический покров

premature ~ преждевременная заклинка *(керна)*
preventer ram ~ вкладыш плашки противовыбросового превентора
pulley ~ полиспаст; тали; многороликовый блок
quadruple ~ четырёхроликовая система блоков *(талевого и кронблока)*
redundant ~ резервный блок; резервный узел
roller ~ роликовый башмак
running ~ талевый блок
sandline pulley ~ таль тартального каната *(станка ударно-канатного бурения)*
setting ~ приспособление для установки коронки *(при чеканке алмазов)*
shoe ~ тормозная колодка
single ~ однороликовый блок
single-axle pulley ~ одноосный талевый блок
single-sheave traveling ~ однороликовый подвижной блок
snatch ~ 1. блок шкивов с разъёмом *(для оснастки канатов)* 2. оттяжной блок; одношкивный блок для перемещения грузов по горизонтальной поверхности 3. блок для изменения направления каната
spare ~ запасной блок
split traveling ~ раздвоенный талевый блок
spur geared chain ~ дифференциальный цепной блок
standard ~ стандартный блок
standby ~ блок, находящийся в ненагруженном резерве
swivel ~ вертлюг с полиспастом *(трубоукладчика)*
tackle ~ 1. талевый блок 2. полиспаст
tectonic ~ тектонический блок
test ~ испытательный стенд
three-fold ~ трёхшкивный блок
thrust ~ узел шарикоподшипников *(передающий давление на шпиндель в траверсе механизма гидравлической подачи)*
traveling ~ талевый блок
triple-sheave traveling ~ трёхшкивный талевый блок
tubing ~ эксплуатационный талевый блок
undertube ~ подтрубник
water ~ 1. внезапное прекращение поступления промывочной жидкости на забой *(во время бурения)* 2. снижение проницаемости пласта за счёт проникновения воды в поровое пространство
wedge ~ 1. лафетный хомут 2. узел клиньев *(секционного фрезера)*
wirerope ~ блок для стального каната
wooden base ~ деревянный подтрубник
blockage засорение; закупоривание; забивание; образование пробки *(в трубе)*
barrel ~ забивание колонковой трубы *(керном)*
pipeline ~ забивание трубопровода
porous media ~ закупоривание пористой среды
water ~ of formation tested обводнение испытанного пласта
water ~ of formation under test обводнение испытываемого пласта
blocked 1. блокированный, заблокированный; закрытый 2. заторможенный
block-hook крюкоблок
blocking 1. блокирование; блокировка; запирание; загораживание; перегораживание 2. забивание; засорение 3. система блоков, полиспаст, тали

blocking

~ of piston rings прихват поршневых колец
core ~ самозаклинивание керна *(в керноприёмнике)*
dry ~ сухая затирка керна; заклинивание керна
guard ~ блокировка-ограждение *(насосной установки)*
water ~ образование водного барьера

bloom 1. крупная заготовка; стальная болванка 2. цвет; оттенок цвета; налёт, выцвет 3. флуоресценция *(нефти и нефтепродуктов)*
oil ~ флуоресценция нефти
petroleum ~ флуоресценция нефти

blow 1. удар; толчок 2. взрыв 3. дутьё, продувка; обдувка || дуть, продувать; подавать воздух, нагнетать воздух 4. внезапный выброс; фонтан *(из скважины)* ◊ ~s per minute (число) ударов в минуту; to ~ a line down прочищать газопровод; to ~ a well clean продувать скважину, законченную бурением; to ~ down 1. продувать 2. спускать *(воду)* 3. выдувать; выпускать *(воздух)*; to ~ in фонтанировать; to ~ itself into water выброс солёной воды *(в скважине, ранее дававшей нефть)*; to ~ out выбрасывать; фонтанировать *(о скважине)*; to ~ up взрывать; to ~ wild бурно фонтанировать *(при отсутствии фонтанной арматуры на устье скважины)*
downward hammer ~ рабочий ход молота *(забивной машины)*
hole ~ 1. выброс из скважины *(воды и грязи в результате взрыва)* 2. взрыв в скважине 3. помехи на сейсмических записях, вызванные выбросом из скважины
impact ~ динамический удар
impulsive ~ динамический удар
jet ~ удар струи
pick ~ удар пики *(отбойного молотка)*
upward hammer ~ ход вверх молота *(забивной машины)*
water ~ выброс солёной воды *(в скважине, ранее дававший нефть)*

blow-by прорыв газов; просачивание газов

blower 1. вентилятор, воздуходувка; нагнетатель 2. эжектор 3. фонтанная скважина
air ~ воздуходувка
air sand ~ пескоструйный аппарат
cleansing ~ пескоструйный аппарат
drill ~ трубка для продувки шпуров при бурении
exhaust ~ всасывающий вентилятор
fan ~ центробежный вентилятор, воздуходувка
positive ~ нагнетательный вентилятор
pressure ~ компрессор; воздуходувка
rotary ~ ротационная воздуходувка
sand ~ пескоструйный аппарат
soot ~ воздуходувка для удаления сажи

blowhole пустота; пузырь *(дефект литья в корпусе или матрице коронки)*

blowing 1. фонтанирование; внезапный выброс 2. подача, нагнетание *(воздуха)* 3. утечка, просачивание *(газа, пара)* ◊ ~ in wild открытое фонтанирование *(скважины)*; ~ the drip продувка конденсатной ловушки *(газопровода)*
~ of well clean продувка ствола скважины *(после окончания строительства)*

board

hole ~ продувка ствола скважины воздухом *(при бурении)*
steam ~ of tank продувка нефтяного резервуара паром
wild ~ нерегулируемый выброс, открытый выброс *(в скважине)*
blowing-off кратковременный выпуск газа в атмосферу *(для очистки ствола скважины от гидратов и воды, влияющих на дебит скважины)*
blowing-out продувка скважины
blown окислённый продувкой воздухом *(об асфальте, битумах, нефтяных остатках)*
blowoff:
gas ~ выпуск газа
blowout 1. разрыв *(колонны, трубы, резервуара)* 2. нерегулируемый выброс, открытый выброс *(из резервуара или аппарата)* 3. внезапный выброс; фонтан *(из скважины во время бурения)*; фонтанирование *(скважины)* ‖ начинать фонтанировать *(о скважине)* ‖ 4. разрыв
a to stem the ~ подавлять выброс
annulus ~ затрубный фонтан; затрубный выброс
controlled ~ закрытый фонтан
gas ~ газовый фонтан; выброс газа *(в скважине)*
impending ~ признаки приближающегося фонтанирования скважины
incipient ~ признаки приближающегося фонтанирования скважины
oil ~ выброс нефти
open gas ~ открытый газовый фонтан
shallow ~ выброс с небольшой глубины
uncontrolled ~ открытый выброс, нерегулируемый выброс
uncontrolled gas ~ открытый газовый фонтан

underground ~ переток флюида из пласта повышенного давления в пласт пониженного давления
blow-up 1. взрыв 2. выброс
blunting притупление
~ of diamonds притупление алмазов
blade ~ притупление лопасти долота
teeth ~ притупление зубьев
BM-Nite *фирм.* хромлигнит
board 1. приборная доска; панель *(прибора)*; щит 2. правление; совет; группа; комиссия; комитет 3. борт *(судна)*
~ of inquiry комиссия по расследованию *(аварий или поломок)*
~ of inspection and survey группа технического контроля и проверок
acceptance ~ приёмочная комиссия
access ~ помост, мостки
belly ~ площадка буровой вышки *(на половине расстояния от пола до полатей верхового для работы с однотрубками)*
casing stabbing ~ стойка для направления обсадной трубы *(при наращивании обсадной колонны)*
change control ~ группа контроля за внесением изменений *(в техническую документацию)*
configuration control ~ группа контроля комплектации
contractor assessment ~ комиссия по оценке подрядчика
control ~ пульт управления
danger ~ щит с предупреждением об опасности
eighty ~ площадка буровой вышки на уровне свечи из четырёх бурильных труб
equipment review ~ комиссия по проверке оборудования

board

equipment status ~ таблица учёта состояния оборудования
failure review ~ комиссия по анализу отказов
finger ~ балкон буровой вышки с пальцами *(для расстановки труб)*
floor ~s настил *(дощатый)*
fourble ~s балкон *(буровой вышки)* для работы с четырёхтрубными свечами; площадка на уровне свечи из четырёх бурильных труб
gage ~ щит с измерительными приборами
growler ~ 1. деревянная подкладка под домкрат 2. направляющее приспособление для облегчения свинчивания труб
inspection ~ приёмочная комиссия
jack ~ 1. брус-подкладка под домкрат 2. опора для труб *(при сборке трубопровода)*
kelly ~ первая площадка буровой вышки, полати буровой вышки
lazy ~ деревянная подставка *(при спуске труб в скважину или монтаже трубопроводов)*
monkey ~ люлька верхового рабочего; полати для верхового рабочего; площадка для верхового рабочего
notice ~ табличка *или* щит с предостерегающей надписью
outside monkey ~ площадка с наружной стороны *(складывающейся буровой вышки или мачты)*
pipe racking ~ трубный подсвечник
remotely controlled finger ~ дистанционно-управляемый палец *(балкона буровой вышки)*
riffle ~ ловушка *(на трубопроводе)*

rod ~ 1. балкон для работы с насосными штангами *(вышки установки для капитального ремонта скважин)* 2. клетка для верхового рабочего *(на эксплуатационной вышке)*
run ~ площадка для обслуживания оборудования *(на промысле)*
running ~ площадка для обслуживания оборудования *(на промысле)*
safety ~ полати буровой вышки
stabbing ~ балкон *(буровой вышки)*; временные полати буровой вышки *(сооружаемые при спуске обсадной колонны)*
technical assistance ~ комитет технической помощи
test review ~ комиссия по анализу результатов испытаний
thribble ~ полати буровой вышки на уровне свечи из трёх бурильных труб
triple ~ полати буровой вышки на уровне свечи из трёх бурильных труб
tubing ~ полати вышки для операций с насосно-компрессорными трубами
tubing ~ of servicing mast площадка верхового рабочего в вышке для ремонта скважин
warning ~ табличка *или* щит с предостерегающей надписью
boarded обшитый *(досками)*
boarding деревянная обшивка
boat лодка; судно
bulk ~ нефтеналивная баржа
core ~ 1. изыскательское судно *(для отбора донных проб)* 2. судно для колонкового бурения *(в дне акватории)*
electrical prospecting ~ морская электроразведочная станция
fire ~ пожарное судно

oil-spill ~ 1. нефтесборщик *(судно)* 2. устройство бонового заграждения вокруг нефтяного разлива
shooting ~ морская сейсмическая разведочная станция
tow ~ буксир *(судно)*
tug ~ буксир *(судно)*
work ~ вспомогательное судно *(при разработке морских месторождений)*
bob 1. отвес, груз отвеса 2. балансир *(насоса или двигателя)* 3. шатун; качающаяся штанга *(штангового насоса)* 4. маятник ‖ качаться; раскачиваться
balance ~ 1. противовес, ложная качалка 2. рычаг *или* штанга с противовесом *(у штангового насоса)*
plumb ~ маятник *(в инклинометре)*
bobtail инструмент для ударно-канатного бурения *(для вскрытия пласта в скважине, пробуренной вращательным способом)*
bob-weight противовес
body 1. орган; организация 2. тело; корпус *(долота, коронки, инклинометра)*; главная часть; станина 3. кузов; остов 4. консистенция *(смазочного материала)*
~ **of rock** масса породы
bearing ~ корпус подшипника
bit ~ корпус долота
blowout preventer ~ корпус противовыбросового превентора
bullet gun ~ корпус пулевого перфоратора
bullet perforator ~ корпус пулевого перфоратора
casing hanger ~ корпус подвесной головки обсадной колонны

casing head ~ корпус головки обсадной колонны
certification ~ орган сертификации
cutter ~ корпус трубореза; корпус затрубного расширителя скважины
drilling bit ~ корпус бурового долота
elastic ~ упругое тело
elevator ~ корпус элеватора
erosion resistant matrix ~ износоустойчивая матрица долота *(коронки)*
hole opener ~ корпус расширителя
gate ~ корпус задвижки
geological ~ геологическое тело
inspection ~ контрольный орган
iron ~ стальной корпус *(задвижки, клапана)*
jar ~ корпус яса
main ~ основной корпус *(вращателя)*
mud ~ структура бурового раствора
oil-pump ~ корпус масляного насоса
pipe ~ тело трубы
piston ~ корпус поршня
plastic ~ пластичное тело
reamer ~ корпус расширителя
sand ~ песчаный горизонт
scraper ~ корпус скребка
sealing cup ~ корпус манжетного уплотнения *(глубинного насоса)*
semisolid ~ полутвёрдое тело
solid ~ твёрдое тело
state regulatory ~ регулирующий орган штата *(устанавливающий нормы добычи)*
supervisory ~ орган надзора
swivel ~ корпус вертлюга
twin pin ~ двухниппельный переводник
underreamer ~ корпус расширителя

valve ~ 1. корпус задвижки 2. корпус клапана
wellhead ~ корпус устья, корпус устьевой головки *(толстостенная втулка, закрепляемая на конце направления, кондуктора или промежуточной колонны и служащая для соединения с устьевым оборудованием, а также подвески и обвязки в ней обсадных колонн)*
bogie 1. каретка; тележка 2. стандарт предприятия
  blowout preventer ~ тележка для перевозки превенторной сборки *(на буровой)*
  four-wheel ~ двухосная тележка *(трубовоза)*
boiler:
  gas-fired ~ газовый котёл
  oil-burning ~ мазутный котёл
boil-off газификация сжиженного природного газа
bolder:
  brake-block ~ нажимной рычаг тормозного башмака
bolt болт
  adjuster ~ натяжной болт; регулирующий болт; установочный болт
  adjusting ~ натяжной болт; регулирующий болт; установочный болт
  anchor ~ анкерный болт; фундаментный болт *(в оттяжках буровой вышки)*
  assembling ~ монтажный болт
  bonnet ~ болт для крепления крышки
  cable ~ тросовый анкер
  Christmas-tree anchor ~ анкерный болт для фонтанной арматуры
  chuck ~ зажимной болт *(патрона шпиндельного станка)*
  clamping ~ стяжной болт; зажимной болт
  coupling ~ стяжной болт; соединительный болт
  fitter ~ призонный болт
  fixing ~ соединительный болт
  foundation ~ анкерный болт; фундаментный болт *(в оттяжках буровой вышки)*
  jag ~ анкерный завершённый болт
  king ~ шкворень; ось вращения; цапфа
  locking ~ резьбовая пробка, пробка на резьбе; запорный болт; индикаторный болт
  nut ~ болт с гайкой
  packer anchor ~ анкерный болт пакера
  packing ~ нажимной болт сальника
  patch ~ аварийный болт *(шинно-пневматической муфты)*; ремонтный болт
  pivot ~ шкворень
  pivoted ~ откидной болт
  pumping well anchor ~ анкерный болт эксплуатационных насосов
  rag ~ анкерный болт *(в оттяжках буровой вышки)*
  rock - with timber анкерный болт с деревянной прокладкой
  set ~ установочный болт; стопорный болт
  shear ~ срезной винт *(для постановки клина при направленном бурении)*
  strain ~ болт для деревянных насосных тяг
  stud-horse ~ болт крепления подшипников *(главного привода станка ударно-канатного бурения)*
  stuffing box ~ болт сальника
  swing ~ откидной болт, шарнирный болт
  T- ~ болт с Т-образной утоплённой шляпкой
  tack ~ соединительный болт
  template ~ призонный болт
  tension ~ стяжной болт; фундаментный болт

through ~ стяжной болт *(бурильного молотка)*; сквозной болт
thumb ~ болт с крыльчатой гайкой
tie ~ 1. распорный болт; соединительный болт 2. стяжной болт
tie-down ~ анкерный болт *(в оттяжках буровой вышки)*
tripod ~ шкворень треноги
U-~ U-образный болт; скоба
bolted сболченный
bolting:
  cable ~ тросовое укрепление *(горных пород)*
  probe drilling rock ~ установка штанговой крепи при разведочном бурении
  strata ~ анкерное крепление
bomb 1. толстостенный стальной пробоотборник для отбора проб нефти на забое 2. заряд взрывчатого вещества *(для морской сейсмической разведки)*
  bottomhole pressure ~ 1. бомба для измерения забойного давления 2. забойный герметический пробоотборник
  bottomhole temperature ~ инструмент для замера температуры на забое скважины
  calorimetric ~ калориметрическая бомба
  calorimetric oxygen ~ кислородная калориметрическая бомба
  combustion ~ бомба для *(калориметрического)* сжигания *(нефтепродуктов)*
  stink ~ баллон с одорантом *(для бытового газа)*
  temperature ~ скважинный термометр
  time ~ бомба с часовым механизмом *(для торпедирования)*
Bond Cement-Sonic Seismogram Log *фирм.* аппаратура для контроля цементирования акустическим методом; акустический цементомер

bond 1. связь; соединение; сцепление ‖ связывать; соединять; сцеплять 2. связка, связующий материал, связующее вещество; цементирующее вещество
  cable ~ соединение канатами; соединение тросами
  cement ~ сцепление цемента *(с обсадной колонной, породой)*
  formation ~ сцепление с породой
bonded:
  cobalt ~ с кобальтом в качестве связующего металла *(о матрицах алмазных коронок, изготавливаемых методом порошковой металлургии)*
bonnet 1. направляющая воронка, юбка *(ловильного инструмента)* 2. крышка *(корпуса задвижки)*
  ~ of gate valve крышка задвижки
  preventer ~ крышка противовыбросового превентора
  pump ~ крышка насоса
  valve ~ наконечник клапана; крышка вентиля
bonus:
  footage ~ премия за проходку сверх нормы
book книга; журнал
  drilling log ~ буровой журнал
  equipment reference ~ справочник по оборудованию
  field ~ книга учёта эксплуатации
  instruction ~ руководство; наставление; инструкция
  log ~ буровой журнал
  maintenance ~ журнал учёта текущего ремонта
  parts ~ каталог запасных частей
  pipe tally ~ книга регистрации использования труб

booklet of operating conditions рабочий журнал *(на буровом судне или плавучей полупогружной буровой платформе для записи условий работы за буровой цикл)*
boom 1. стрела; вылет *(крана)* 2. бон, боновое заграждение 2. стрела-манипулятор *(бурильной установки)*; поперечный брус *(для подвески цепной тали)* 3. кронштейн; поперечная рама *(для крепления буровой установки на распорной колонке)*
~ **of pipelayer** стрела трубоукладчика
crane ~ стрела крана
escape ~ спасательная стрела *(для персонала плавучего основания)*
extensible ~ выдвижная стрела, телескопическая стрела *(буровой установки)*
extensible rollover ~ телескопическая поворотная стрела-манипулятор *(буровой установки)*
extension ~ выдвижная стрела, телескопическая стрела *(буровой установки)*
folding ~ складывающаяся стрела *(буровой установки)*
hinged ~ шарнирная стрела крана
oil retention ~ нефтезадерживающий бон *(при разливе нефти)*
quadruple ~ стрела на четыре бурильных молотка *(буровой каретки)*
retractable unloading ~ убирающаяся стрела для разгрузки *(при беспричальном наливе)*
side ~ боковая стрела *(трактора-трубоукладчика)*
sweep ~ планка для сбора нефти с поверхности воды *(в нефтезаводской ловушке)*
telescoping ~ раздвижная стрела
unloading ~ стрела для разгрузки *(танкера, цистерны)*
boom-cat трактор со стрелой, трубоукладчик
Boomer *фирм.* бумер *(морской сейсмический источник)*
boomer устройство для стяжки цепей *(при транспортировке бурильных труб на грузовом автомобиле)*
boost: ◊ **to ~ the octane number** повышать октановое число *(бензина)*
cetane number ~ увеличение цетанового числа
pressure ~ увеличение давления
booster 1. дожимной компрессор *(при бурении с продувкой воздухом)*; вспомогательный компрессор 2. рычажно-храповой инструмент для натягивания крепёжных тросов *(при транспортировке оборудования)*
cetane number ~ присадка, повышающая цетановое число *(дизельного топлива)*
core ~ внутренняя труба в колонне двойных бурильных труб с гидротранспортом керна
gas ~ вспомогательная компрессорная установка *(на газопроводе)*
boosting наддув
boot 1. колонный компенсатор давления *(на входе в резервуарный парк промысла)* 2. спускной вентиль, кран *(автоцистерны)* 3. вертикальная труба *(установленная снаружи или внутри бака для поступающей из ствола скважины нефти с целью отделения газа от нефти)*
drill ~ ударная баба

split ~ колпак с прорезью
booth:
   gas distributing ~ газораспределительная будка
bootleg отказная скважина *(с невзорвавшимся зарядом)*
bootoff:
   jack ~ обрыв рабочего каната у канатного замка *(вследствие бурения при большой слабине каната)*
borate борат, соль борной кислоты,
   barium ~ борат бария, борнокислый барий
borazon боразон *(материал, приближающийся по твёрдости к алмазу)*
border:
   lithologic ~ литологическая граница
borderland геол. бордерленд *(невысокий порог, отделяющий геосинклиналь от океана)*; окраинная зона
bore 1. бур ‖ бурить *(вращательным способом)* 2. скважина; ствол скважины 3. диаметр *(цилиндра двигателя или насоса)* 4. выбуренное отверстие; расточенное отверстие; высверленное отверстие ‖ растачивать; сверлить 5. проходное отверстие; диаметр в свету ◊ to ~ a well бурить скважину; to ~ out 1. выбуривать 2. растачивать отверстие
   advance ~ опережающая скважина
   angle ~ наклонная скважина
   cased well ~ обсаженная скважина
   center ~ внутренний диаметр коронки *(по вставленным алмазам)*
   drilled well ~ пробуренная скважина
   earth ~ геологическая скважина

full ~ свободное проходное сечение *(скважины)*
liquid-filled well ~ скважина с жидким заполнителем
open well ~ необсаженная скважина
pipe ~ внутренний диаметр трубы
ram ~ отверстие плунжера
retention ~ удерживающее отверстие
rod ~ штанговый бур
rotary head spindle ~ проходное отверстие шпинделя привода-вращателя *(буровой установки)*
tapered ~ конусная расточка
valve seat ~ расточка гнезда клапана
well ~ 1. ствол скважины; буровая скважина 2. диаметр скважины
wind ~ всасывающая труба *(насоса)*
boreability буримость
Borehole Audio Tracer Survey *фирм.* аппаратура для измерения интенсивности акустических шумов в скважине, звуколокатор
Borehole Compensated Acoustilog *фирм.* аппаратура акустического каротажа с компенсацией влияния скважины
Borehole Compensated Density Log *фирм.* двухзондовая аппаратура плотностного гамма-гамма-каротажа с компенсацией влияния скважины
Borehole Compensated Sonic Log *фирм.* аппаратура акустического каротажа с компенсацией влияния скважины
Borehole Fluid Sample Tool *фирм.* пробоотборник флюидов для эксплуатационных скважин
Borehole Geometry Tool *фирм.* четырёхрычажный профилемер с инклинометром

borehole буровая скважина; ствол скважины ‖ скважинный ◊ ~ compensated влияние скважины скомпенсировано; ~ drifts downstream ствол скважины отклоняется вниз по падению пластов; ~ drifts upstructure ствол скважины отклоняется вверх по восстанию пластов; ~ is in gage диаметр ствола скважины соответствует номинальному; to become lodged in a ~ застрять в стволе скважины *(о буровом долоте)*; to case the ~ крепить ствол скважины обсадными трубами; to circulate a ~ промывать ствол скважины; to come out of a ~ поднимать бурильную колонну из ствола скважины; to curve a ~ искривлять ствол скважины; to deflect a ~ искривлять ствол скважины; to displace a ~ вытеснять буровой раствор из ствола скважины; to drill out a ~ to gage расширять ствол скважины до номинального диаметра; to go out of a ~ поднимать бурильную колонну из ствола скважины; to line the ~ крепить ствол скважины покрытиями; to locate a ~ определять координаты ствола скважины *(на определённой глубине)*; to maintain a ~ to gage поддерживать номинальный диаметр ствола скважины; to make a ~ вести проходку ствола скважины; to open a ~ разбуривать башмак последней обсадной колонны; to open up a ~ расширять ствол скважины; to put down a ~ пробурить вниз *или* наклонно буровую скважину; to spot liquid into ~ вводить жидкость в ствол скважины

access ~ скважина, пробуренная с поверхности
advance ~ направляющий ствол скважины, опережающий ствол скважины
blind ~ 1. слепая скважина 2. скважина-газогенератор *(при подземной газификации угля)*
cased ~ обсаженная скважина
cave-obstructed ~ скважина, забитая осыпью породы
caving ~ обрушивающийся ствол скважины
conductor ~ направляющая часть ствола скважины
crooked ~ искривлённый ствол скважины
deflected ~ отклонившаяся *(самопроизвольно или искусственно)* скважина
deviated ~ 1. искривлённый ствол скважины 2. наклонная скважина
dog-legged ~ резко искривлённый ствол скважины
down-pointing ~ наклонная скважина *(при подземном бурении)*
downward ~ наклонная скважина *(при подземном бурении)*
drifted ~ скважина, отклонившаяся от заданного направления
electrically conductive liquid-filled ~ скважина с проводящим жидким заполнителем
freezing ~ замораживающая скважина
gas-filled ~ заполненная газом скважина
intermediate ~ промежуточная часть ствола скважины
liquid-filled ~ скважина с жидким заполнителем
mud-filled ~ скважина с буровым раствором
multi-purpose ~ многоцелевая скважина *(комбинация вертикальных и горизонтальных скважин)*

open ~ 1. необсаженная скважина 2. необсаженная часть ствола скважины
oversized ~ ствол скважины с диаметром больше номинального
pilot ~ направляющий ствол скважины, опережающий ствол скважины
prospecting ~ поисковая скважина
salt-water-filled ~ заполненная солёной водой скважина
seismic ~ сейсмическая скважина
short ~ неглубокая скважина
shot ~ скважина дробового бурения
slant ~ наклонный ствол скважины
slim ~ ствол скважины малого диаметра
smooth ~ ровная скважина, гладкая скважина, скважина с ровными стенками
squeezed ~ скважина, забитая осыпью породы
straight ~ прямолинейный ствол скважины
surface ~ кондукторная часть ствола скважины
test ~ 1. опытная скважина; экспериментальная скважина 2. разведочная буровая скважина
tight ~ суженная часть ствола скважины
trial ~ пробная буровая скважина
uncased ~ 1. необсаженная скважина 2. необсаженная часть ствола скважины
undergage ~ ствол скважины диаметром меньше номинального
unwatering ~ водопонизительная скважина
upward ~ восстающая скважина; скважина, направленная вверх (*при подземном бурении*)
well ~ испытательная скважина, опытная скважина
borehole-to-borehole межскважинный
borer 1. бур, забурник 3. перфоратор 4. буровой станок 5. бурильщик
annular ~ трубчатый бур, кольцевой бур, коронча тый бур
earth ~ земляной бур; буровая ложка
ground ~ земляной бур
horizontal ~ 1. буровой станок для горизонтальных скважин 2. горизонтально-расточный станок
long ~ длинный бур
master ~ буровой мастер
percussion ~ 1. бурильный молоток 2. бур для ударного бурения
pitching ~ забурник
raise ~ буровой станок для проходки восстающих выработок
short ~ забурник
sounding ~ зондировочный бур
thermal ~ термический бур
thrust ~ ударный бур
vane ~ 1. турбобур 2. прибор для испытания грунта в скважине (*путём вращения рабочей части бура*)
well ~ 1. буровой станок 2. бур 3. бурильщик
boring 1. буровая скважина; шпур 2. бурение; pl буровые работы ‖ буровой, бурильный 3. сверление 4. pl образцы грунта; шлам; выбуренные частицы породы; буровая мука ◊ ~ **for gas** бурение на газ; ~ **for oil** бурение на нефть; ~ **for water** бурение на воду; ~ **with line** канатное бурение
advance ~ опережающее бурение; бурение опережающих скважин

auger ~ бурение шнековым буром
blind ~ слепое бурение, бурение слепых стволов
blind up-hole ~ проходка по тупиковым скважинам снизу вверх
calyx ~ 1. дробовое бурение 2. скважина, пробуренная дробью 3. керн, полученный при бурении дробью
check ~ контрольное бурение
core ~ 1. колонковое бурение 2. *pl* шлам; образцы породы *(полученные при бурении)*
dry ~ сухое бурение, бурение без промывки
exploratory ~ разведочное бурение; инженерно-геологическое бурение
free-fall ~ ударно-канатное бурение
hand ~ ручное бурение
housing ~ расточка корпуса
line ~ бурение скважин по одной линии
mud-flush ~ бурение с промывкой глинистым раствором
percussion hand ~ ударное ручное бурение
precautionary ~ пробное бурение
raise ~ бурение восстающей выработки
rod ~ штанговое бурение
rod system ~ штанговое бурение
roller ~ бурение шарошечными долотами
rope ~ ударно-канатное бурение
rotary ~ роторное бурение
sample ~ 1. бурение для взятия пробы 2. инженерно-геологическое бурение
shaft ~ бурение шахтного ствола
shot ~ роторное дробовое бурение

test ~ 1. пробное бурение; опытное бурение 2. разведочное бурение 3. бурение для целей инженерной геологии
thermic ~ термическое бурение
trial ~ 1. опытное бурение; разведочное бурение 2. разведочная скважина
underground ~ подземное бурение
wash ~ 1. мокрое бурение, бурение с промывкой *(путём вымывания шлама жидкостью, нагнетаемой через штанги)* 2. гидравлическое бурение *(путём размыва породы сильной струёй жидкости или пара)* 3. гидромониторное бурение
water-flush ~ бурение с промывкой водой *(путём вымывания шлама жидкостью, нагнетаемой через штанги)*
well ~ бурение скважины
wet ~ мокрое бурение, бурение с промывкой

bort борт *(мелкие технические алмазы; низкосортные алмазы, применяемые для изготовления алмазных порошков)*; чёрные алмазы *(применяемые для бурения)*; алмазные осколки
commercial ~ технический алмаз сорта борт
congo ~ алмазы конго низкого сорта *(применяемые для изготовления алмазных порошков)*
crushing ~ несортные технические алмазы, используемые в дроблёном виде
drill ~ буровые алмазы сорта борт
fragmented ~ дроблёные алмазы *(для импрегнированных коронок)*
salvaged ~ алмазы сорта борт, извлечённые из отработавших коронок

shot ~ мелкий округлённый алмаз
boss 1. бобышка, утолщение, выступ, прилив; выпуклость; лапка; упор; распорка 2. втулка колеса; ступица колеса 3. *геол.* купол, шток
farm ~ *разг.* мастер по добыче нефти
manual override ~ прилив для ручного отцепления (*дистанционно управляемой муфты в случае отказа системы управления*)
nozzle ~ прилив под промывочное сопло
bottlenecking сужение трубы (*в результате смятия*)
bottle 1. бутылка, бутыль; колба 2. газовый баллон
acid ~ пробирка с плавиковой кислотой (*для замера угла искривления скважины*)
density ~ пикнометр
gas sample ~ сосуд для отбора проб газа
gravity ~ пикнометр
fire-suppression ~ огнетушитель
hydrofluoric acid ~ пробирка для плавиковой кислоты
oil sample ~ сосуд для отбора проб нефти *или* нефтепродуктов
sample ~ колба для проб
specific gravity ~ пикнометр
bottom 1. дно, днище 2. забой (*скважины*); плоскость забоя ‖ останавливать забой 3. подошва (*пласта, интервала*); подстилающая (*нефтеносный пласт*) горная порода 4. башмак (*колонны труб в скважине*) 5. нижний клапан (*песочного насоса*) 6. опускать (*долото на забой*) 7. заканчивать (*бурение скважины*) 8. добуривать до подошвы 9. *pl* донные осадки 10. осадок, отстой; недогон (*в кубе ректификационной колонны*); остаток от разгонки (*нефти и нефтепродуктов*) ◊ off ~ не доходя до забоя, на некотором расстоянии от забоя; выше забоя; to bring ~s up поднимать буровой шлам с забоя на поверхность (*путём промывки*); to ~ out достигать проектной глубины (*при строительстве скважины*); to ~ up 1. заканчивать последнюю операцию по завершению скважины 2. *разг.* проверять глубину скважины путём замера положения бурового снаряда
~ of groove основание канавки (*резьбы*)
~ of hole забой ствола скважины
~ of oil horizon подошва нефтеносного горизонта
~ of sedimentary beds почва осадочных пластов
~ of tank днище резервуара
~ of tubing башмак насосно-компрессорных труб
alkylate ~s тяжёлый алкилат (*остаток от разгонки алкилата, кипящий выше температуры выкипания авиационного бензина*)
bailer ~ низ желонки
beaded ~ отбортованное днище
borehole ~ 1. конечная глубина 2. забой буровой скважины
bullet ~ пята бойка (*стреляющего керноотборника*)
circle-shaped ~ of hole сплошной забой ствола скважины
convex ~ выпуклое днище
crude ~ остаток от перегонки сырой нефти
drop ~ съёмное днище
elliptic ~ эллиптическое днище

false ~ прослои осыпи в наносах *(которые при бурении могут быть ошибочно приняты за коренную породу)*
fanned ~ разгруженный забой *(при снижении нагрузки на долото)*
fanning ~ снижение нагрузки на долото для выправления кривизны ствола
flanged ~ фланцевое днище
flap ~ откидное днище
flat ~ плоское днище
floating ~ 1. плавающий колокол 2. плавающее днище *(нефтяного резервуара)*
heavy still ~s тяжёлые остатки *(нефти)*; тяжёлые мазуты
hole ~ забой скважины
lead ~ свинцовая печать *(инклинометра)*
lose ~ **of well** забитая глиной скважина, в которой невозможно бурение
lower hull ~ днище нижнего корпуса *(полупогружного бурового основания)*
main ~ коренная порода
oil-cell ~ отстойник масляного бака
plugged-back total ~ глубина *(скважины)* после трамбования забоя
pressure distillate ~s остаток от перегонки крекинг-бензина; остаток от перегонки прессдистиллята
ring-shaped ~ **of hole** кольцевой забой ствола скважины
side ~s боковые фракции, отбираемые в нижней части ректификационной колонны
stillage ~s кубовые остатки
tank ~ 1. днище резервуара 2. *pl* водно-грязевой отстой на дне резервуара
thread ~ основание резьбы

tower ~s остатки со дна ректификационной колонны; гудрон
unbeaded ~ неотбортованное днище
water ~ водяная подушка *(на дне нефтяного резервуара)*
well ~ забой скважины
bottomed пробуренный до определённой глубины *(о скважине)*
bottomhole забой *(ствола скважины)* ‖ забойный ◊ **at the** ~ на забое ствола скважины; **to reach the** ~ доходить до забоя; **to set on the** ~ посадить на забой
artificial ~ искусственный забой ствола скважины
cased ~ обсаженный забой скважины
open ~ необсаженный забой скважины
bounce 1. ударно-канатное бурение за счёт пружинящего действия каната при ясах в растянутом положении 2. осевая вибрация колонны штанг *(в результате повышенного давления промывочной жидкости либо наличия на забое мелких осколков породы, гальки или посторонних предметов)*
bit ~ подскакивание долота на забое
drill string ~ резкое сотрясение бурильной колонны
shot ~ помехи от взрывной волны *(вызванные сотрясением аппаратуры сейсмической станции)*
bouncing подпрыгивание, вертикальные колебания *(долота в результате вибрации бурильных труб)*
~ **of drilling bit** продольная вибрация бурового долота
drill string ~ гармонические колебания бурильной колонны
hook ~ раскачивание крюка

bound 1. граница; предел ‖ ограничить, ограничивать 2. оценка
acceptable ~s допустимые пределы
confidence ~ доверительная граница; доверительный предел
reliability ~ предельное значение вероятности безотказной работы
sludge ~ зашламованный, забитый шламом
boundary граница; предел; линия раздела ‖ граничный, пограничный
~ **of footing** граница фундамента (*напр. резервуара*)
bed ~ граница пласта
bottom ~ нижняя граница; подошва (*пласта*)
closed ~ отсутствие притока на контуре питания (*в замкнутой залежи*)
drainage ~ контур области дренирования
energy-generating ~ *сейсм.* граница, порождающая волну
external ~ **at infinity** внешняя граница бесконечного пласта
external ~ **of reservoir** внешние границы пласта; контур питания пласта
external ~ **of well drainage area** контур зоны дренирования скважины
field ~ граница месторождения (*нефти, газа*)
formation ~ граница пласта
geological ~ геологическая граница
ghosting ~ *сейсм.* граница, порождающая волну-спутник
ghost-producing ~ *сейсм.* граница, порождающая волну-спутник
lower ~ нижняя граница; подошва (*пласта*)
oil-drainage ~ контур нефтеносности

oil-water ~ 1. граница водонефтяного контакта; граница раздела нефти и воды 2. граница раздела масла и воды
operation ~ граница области рабочих режимов
original water ~ контур первоначальной водоносности
outflow ~ 1. выходная граница (*керна*) 2. граничный эффект на выходе из образца
phase ~ граница фаз
physical ~ физический предел
pool ~ граница залежи
reflecting ~ *сейсм.* отражающая граница
reflection ~ *сейсм.* отражающая граница
refracting ~ *сейсм.* преломляющая граница
refraction ~ *сейсм.* преломляющая граница
reservoir ~ контур пласта
reverberating ~ *сейсм.* граница, порождающая реверберацию
salt-dome ~ граница соляного купола
seismic ~ сейсмическая граница
shale-permeable bed ~ граница раздела глинистого и проницаемого пластов
upper ~ верхняя граница; кровля (*пласта*)
water ~ контур водоносности
weak ~ *сейсм.* слабая граница
bowl 1. хомут клинового захвата (*для труб*) 2. направляющая воронка (*для ловильного инструмента*) 3. переходная муфта 4. конусный вкладыш
casing ~ 1. ремонтная муфта для обсадной колонны 2. шлипс с промывкой; колокол для ловли обсадных труб
casing insert ~ вкладыш ротора под клиновой захват обсадных труб

double slip casing ~ двойной тубный шлипс с промывкой
filter ~ корпус фильтра
fishing tool ~ направляющая воронка ловителя
flared ~ раструбная воронка
pump ~ цилиндр насоса
single-slip casing ~ одинарный трубный шлипс с промывкой
slip-socket ~ направляющая воронка шлипса
box 1. ящик; коробка 2. замковая муфта 3. подшипник для установки пенсильванского бурения 4. вертлюг для подъёма установки пенсильванского бурения 5. керновый ящик ‖ упаковывать керн в ящики 6. втулка; гнездо 5. закладывать скважины по четырём углам квадрата при пробуренной скважине в центре
~ **of drill pipe** раструб бурильной трубы
~ **of tool joint** муфта бурильного замка
barrier ~ защитный блок
bastard ~ нестандартная муфта
blasting ~ взрывная машинка
blind ~ аварийный инструмент *(для расфрезеровывания места обрыва при ударно-канатном бурении, если его форма не позволяет применить обычный ловильный инструмент)*
blowout prevention stuffing ~ противовыбросовый сальник
bull wheel ~ втулка концевого шипа инструментального барабана
cable terminal ~ концевая кабельная муфта
calf wheel ~ подшипник талевого колеса *(в станке ударно-канатного бурения)*
casing head stuffing ~ устьевой сальник *(при алмазном бурении)*

cleanout ~ очистной люк *(в нефтяном резервуаре)*
condenser ~ конденсационная камера; холодильная камера
core ~ ящик для керна
coupling ~ соединительная муфта
crossing ~ крестообразная муфта
dehydration ~ отстойник
discharge ~ резервуар для сброса бурового шлама
dividing ~ сепаратор-маслоотделитель
dump ~ 1. отстойник 2. разгрузочный резервуар *(для опоражнивания желонки)*
free-water knockout ~ устройство для отделения воды от газоконденсата; водосепаратор *(для газоочистки)*
impression ~ печать для определения положения инструмента, оставшегося в скважине
inserted ~ вкладыш для захвата бурильного каната в уравнительном винте
journal ~ коробка подшипника вала главного привода *(станка канатного бурения)*
knockout ~ газосепаратор; газоотделитель
measuring line stuffing ~ сальник лубрикатора для работы с приборами,
mud ~ приёмник бурового раствора *(вытекающего из скважины или из поднимаемых бурильных труб)*
mud stuffing ~ грязевой сальник *(бурового насоса)*
packing ~ 1. набивной сальник 2. корпус сальника
polished rod stuffing ~ сальник полированного штока
pulley ~ корпус подшипников кронблока

pump ~ цилиндр насоса
ratchet ~ храповая букса *(бурильного молотка)*
receiving ~ приёмный бак; приёмный чан
riser lock ~ замковая муфта водоотделяющей колонны
rod stuffing ~ штанговый сальник-превентор
rose ~ приёмная сетка-фильтр на всасывающей трубе *(трюмной магистрали)*
run-down ~ смотровой фонарь *(на нефтеперегонной установке)*
safety ~ спасательная люлька
safety joint ~ муфта колонкового снаряда
sand ~ песколовка; жёлоб с перегородками для осаждения песка *(из бурового раствора)*
screen ~ прибор с набором сит *(для сортировки алмазов)*
screw-type stuffing ~ резьбовой сальник *(бурового насоса)*
self-sealing stuffing ~ самоуплотняющийся сальник
self-tightening packing ~ самоподжимной сальник
sensor signal input ~ блок приёма сигналов датчиков
separator ~ ловушка-сепаратор *(нефтепродуктов и воды)*
settling ~ отстойный чан *(для бурового раствора)*
shooting ~ взрывная машинка
slip ~ направляющая буровой трубы *(самоходной буровой установки)*
sludge ~ отстойный ящик; шламовый ящик *(при алмазном бурении)*
splash ~ цилиндрическое устройство, устанавливаемое вокруг соединения трубы *(при развинчивании во время подъёмной операции)*

square shouldered tool joint ~ замковая муфта с квадратным вырезом под ключ
still cheese ~ вертикальный цилиндрический нефтеперегонный куб
strum ~ приёмная сетка-фильтр на всасывающей трубе *(трюмной магистрали)*
stuffing ~ 1. гидравлический сальник *(каротажного лубрикатора)* 2. набивной сальник 3. корпус сальника
stuffing ~ for back washing сальник для обратной промывки
three-speed gear ~ трёхступенчатая коробка передач
tool ~ инструментальный ящик
tool joint ~ муфта замкового соединения
wet ~ устройство, предохраняющее от разбрызгивания бурового раствора *(при подъёме бурильной колонны)*
wheel ~ коробка скоростей; коробка передач *(в буровом станке)*
worry ~ место свалки ломаного инструмента
brace 1. обвязка; оттяжка; скрепление; связь; растяжка, расчалка, распорка, укосина; подкос, крестовина; обвязка *(буровой вышки)* ‖ расчаливать; притягивать; скреплять 2. pl раскосы буровой вышки
A-frame ~ А-образная мачта
angle ~ раскос
belly ~ стяжной хомут; бандаж *(для крепления цистерн)*
cable ~ тросовое крепление; тросовая расчалка; канатная оттяжка
circle ~ упор для поддержки бурильного инструмента *(во время отвинчивания при канатном бурении)*
circle rod ~ упор для поддержки штанг

brace
  derrick ~ подкос буровой вышки
  derrick angle ~ подкос буровой вышки
  interior leg ~ внутренний раскос ноги буровой вышки
  jack-post ~ распорка стойки главного вала *(ударно-канатного бурового станка)*
  knee ~ подкос
  lateral ~ продольная распорка
  leg ~ подкос ноги *(буровой вышки)*
  rigid ~ жёсткий подкос
  sway ~ раскосная схватка *(яруса буровой вышки)*
  tail-post ~ раскос задней стойки *(тартального барабана ударно-канатного бурового станка)*
  transverse ~ распорка; поперечная связь
  wind ~ ветровой раскос
brachistochrone *сейсм.* 1. брахистохрона 2. таблица продолжительностей распространения отражённых волн
bracing система связей; связи *(жёсткости)*; раскосы, распорки
  bit ~ крепление долота
  cross ~ крестовая связь; поперечная связь
  diamond ~ ромбоидальные распорки *(буровой вышки)*
  K-~ К-образные раскосы *(буровой вышки)*
  wind ~ ветровые связи *(в буровой вышке)*
  X-~ крестообразные раскосы *(буровой вышки)*
bracket кронштейн; консоль
  bearing ~ башмак колодки
  mounting ~ монтажный кронштейн; монтажная консоль
  support ~ опорный кронштейн; лапа; скоба крепления
  supporting ~ опорный кронштейн; лапа; скоба крепления
  transverse ~ поперечная опора *(балансира)*
bradding смятие зуба шарошки; сплющивание зуба шарошки
  ~ of drilling bit teeth смятие зубьев бурового долота
brake тормоз
  air ~ пневмотормоз
  back ~ тормоз инструментального вала *(в канатном бурении)*
  band ~ ленточный тормоз
  belt ~ ленточный тормоз
  block ~ колодочный тормоз
  bull wheel ~ тормоз инструментального барабана
  differential ~ дифференциальный тормоз
  drag ~ храповой тормоз
  drawworks ~ тормоз буровой лебёдки
  drum ~ ленточный тормоз
  dynamitic ~ электродинамический тормоз
  electromagnetic ~ электромагнитный тормоз
  emergency ~ предохранительный тормоз; аварийный тормоз
  hoist ~ тормоз лебёдки
  hoisting drum ~ тормоз подъёмного барабана
  hydraulic ~ гидравлический тормоз
  hydromatic ~ гидродинамический тормоз *(для буровых установок)*
  inertia ~ инерционный тормоз
  jointed ~ ленточный тормоз с деревянными колодками
  knee ~ ленточный тормоз; коленчатый тормоз
  liquid ~ гидравлический тормоз
  load ~ тормоз *(подъёмного механизма)* с грузом

oil ~ гидравлический тормоз
sand ~ тормоз тартального барабана
sand reel ~ тормоз тартального барабана
shoe ~ 1. колодочный тормоз 2. тормозной башмак
strap ~ ленточный тормоз
water ~ гидравлический тормоз
winch ~ тормоз лебёдки
branch 1. нитка, ветвь *(трубопровода)* 2. ответвление *(скважины)* 3. патрубок; тройник 4. *геол.* бедро складки, крыло складки, сторона складки 5. *геол.* ответвление жилы
backward ~ обратная ветвь *(петли годографа)*
complete ~ полная ветвь *(дерева отказов)*
connecting ~ соединительный патрубок; штуцер
entrance ~ подводящий патрубок
exhaust ~ выпускной патрубок
exit ~ отводящий патрубок
fault ~ *геол.* ветвь разлома
flange ~ патрубок с фланцем
inlet ~ подводящий патрубок
maintenance ~ отдел технического обслуживания
outlet ~ отводящий патрубок
pipe ~ отвод трубы; отвод трубопровода; патрубок
pipeline ~ отвод трубопровода
reverse ~ обратная ветвь *(годографа)*
T-~ тройник; Т-образная труба
time ~ ветвь годографа
branching 1. отклонение; разветвление *(ствола скважины)* 2. отклонение бокового ствола, зарезка бокового ствола *(скважины)*
crack ~ ветвление трещины
pipe ~ разветвление трубопровода

brand:
cement ~ сорт цемента
brea 1. кир; минеральный дёготь; минеральная смола 2. закированная почва; закированный песок 3. выход нефтеносного слоя на поверхность
breach нарушение
~ of contract нарушение договора
~ of warranty нарушение гарантийных обязательств
breadth:
wavelet ~ *сейсм.* ширина импульса
Break *фирм.* пеногаситель *(для высокоминерализованных буровых растворов)*
break 1. разрушение; поломка; разрыв; обрыв ǁ ломать; разрушать; раздавливать; разрывать; рвать; обрывать 2. трещина 3. развинчивать *(штанги, трубы)* 4. отрывать *(керн от породы забоя)* 5. прослоек породы между двумя нефтеносными пластами; ожидаемый переход от глинистых сланцев к песчаникам *(при бурении на нефть)* 6. резкое вступление; всплеск *(волны на сейсмограмме)* ◊ ~ in grade резкое изменение уклона; ~ in sedimentation перерыв в отложениях; to ~ a joint отвинчивать, освобождать *(резьбовое соединение)*; to ~ circulation возобновлять циркуляцию бурового раствора *(после остановки)*; to ~ down 1. разрушать; разрывать; обрывать 2. выходить из строя *(об оборудовании)*; терпеть аварию 3. разбирать *(на части)* 4. развинчивать *(бурильные свечи на отдельные трубы)*; to ~ in 1. прирабатывать *(новую алмазную коронку бурением при*

break

малой нагрузке и малой скорости вращения) 2. округлять (острые углы алмаза-карбоната бурением и многократной перечеканкой) 3. прирабатываться (напр. при работе каната по ролику); to ~ it up давать полный анализ сырой нефти; to ~ off отбивать (породу взрывными скважинами); to ~ out 1. развинчивать (трубы, инструмент); откреплять 2. поднимать (буровой снаряд с развинчиванием на свечи и установкой свеч на буровой вышке) 3. отказывать (о приборе); to ~ out tool joints раскреплять бурильные замки; to ~ the gel разрушать структуру (бурового раствора); to ~ up 1. разрывать; ломать; разбивать 2. разбирать, демонтировать
~ of inspection временное прекращение осмотра (запись о необходимости устранения неисправности, замены или ремонта узла)
~ of warranty нарушение гарантийных обязательств
cable ~ вступление кабельной волны (распространяющейся по каротажному кабелю, удерживающему сейсмоприёмник в скважине)
cap ~ время взрывания
check time ~ сейсм. контрольная марка времени
distinct ~ отчётливое вступление
drilling ~ 1. pl осколки выбуренной породы 2. снижение скорости бурения скважины (при изменении состава разбуриваемых пород); ненормальность при проходке; временный перерыв в бурении
drilling mud return ~ перерыв циркуляции бурового раствора

first ~ первое вступление (волны на сейсмограмме)
fresh core ~ свежий излом керна
frost ~s сейсм. помехи от растрескивания мёрзлых пород (при взрыве)
internal time ~ сейсм. промежуточная отметка времени
mechanical ~ механическая поломка
multiple ~ разрыв одновременно в нескольких местах
primary ~ первое вступление
protracted ~ разрыв вследствие длительного напряжения
recognizable ~ распознаваемое вступление
reflection ~ вступление отражённой волны
refraction ~ вступление преломлённой волны
sharp ~ резкое вступление
shot ~ сейсм. 1. момент взрыва; отметка момента взрыва (на сейсмограмме) 2. возбуждение сейсмических волн невзрывным источником
stratigraphical ~ стратиграфический перерыв
surface-to-surface refraction ~ вступление отражённой волны
time ~ 1. отметка момента взрыва; отметка момента возбуждения (на сейсмограмме) 2. отметка времени
torsion ~ разрушение (керна) в результате скручивания (при самозаклинивании в коронке)
uphole ~ сейсм. марка вертикального времени
breakable разрушаемый
breakage 1. авария; выход из строя; отказ 2. разрушение; поломка; обрыв; разрыв 3. убыток, причинённый поломкой; компенсация или скидка за повреждённые изделия

bit ~ поломка бура
blade ~ поломка лопасти долота
drill string ~ обрыв бурильной колонны
drill string twist ~ обрыв бурильной колонны в результате скручивания
drilling bit ~ поломка бурового долота
drilling string ~ поломка бурильной колонны
overload ~ поломка от перегрузки
roller cutter ~ поломка шарошки
rolling cutter ~ поломка шарошки
skin ~ поверхностное разрушение
steel ~ поломка бура
sucker rod ~ обрыв насосных штанг
wireline ~ обрыв талевого каната

breakdown 1. авария; выход из строя; отказ 2. разрушение; поломка; разрыв; обрыв 3. разложение; распад; порча 4. разборка *(на части)* 5. гидравлический разрыв пласта 6. химический анализ нефти ◊ ~ in maintenance поломка при техническом обслуживании; ~ in process нарушение технологического процесса
~ of cement column нарушение цементного кольца
~ of emulsion разрушение эмульсии
~ of fuel выпадение осадка в топливе
~ of gasoline резкое ухудшение качества бензина *(вследствие интенсивного окисления)*
~ of oil осветление смазочного масла
~ of oil film разрушение масляной плёнки, разрыв масляной плёнки

~ of tool joint pin поломка ниппеля замкового соединения
bit teeth ~ поломка зубьев долота
blade ~ поломка лопасти долота
catastrophic ~ катастрофическое разрушение
complete ~ полный отказ
drill bit ~ авария с буровым долотом
drill string ~ обрыв бурильной колонны
element ~ отказ элемента *(системы)*
emulsion ~ разрушение эмульсии
fatigue ~ усталостное разрушение
foreseeable ~ прогнозируемая неисправность
formation ~ разрыв пласта
gradual ~ постепенный выход из строя
intermittent ~ перемежающаяся неисправность
latent ~ скрытый отказ; необнаруженная неисправность
pressure ~ падение давления
random ~ 1. случайная поломка 2. случайный выход из строя
reliability ~ распределение надёжности *(по элементам системы)*
rock ~ разрушение горных пород под действием долота
successive ~s последовательные отказы
sudden ~ неожиданная поломка
system ~ отказ системы; разрушение системы
thread ~ поломка резьбы
unscheduled ~ незапланированный отказ

breaker 1. выключатель; разъединитель; раскрепитель 2. кернорватель 3. дробилка

air drill pipe ~ пневматический раскрепитель бурильных свечей
bit ~ приспособление для отвинчивания бурового долота
circuit ~ выключатель, размыкатель
core ~ 1. кернорватель *(бурового долота)* 2. выступ для разлома керна *(у бескерновых алмазных наконечников, имеющих промывочное отверстие в центре)*
drill pipe ~ раскрепитель бурильных свечей
emulsion ~ деэмульгатор *(реагент для разложения или разрушения эмульсии)*
oil circuit ~ масляный выключатель
pneumatic ~ пневматический раскрепитель *(бурильных свечей)*
reclosing circuit ~ автомат повторного включения
sleeve ~ ключ для свинчивания и развинчивания муфт стабилизаторов *(во время спускоподъёмных операций)*
tubing ~ раскрепитель насосно-компрессорных труб
viscosity ~ крекинг-печь для понижения вязкости нефтепродуктов
break-in приработка; обкатка
breaking 1. разрыв; поломка 2. излом; трещина 3. расслоение; распадение 4. предельный; разрушающий *(о нагрузке)* ◊ ~ **at weld** разрыв сварного шва
drill string ~ разрыв бурильной колонны
drilling bit ~ приработка бурового долота
dynamic ~ поломка при динамической нагрузке; поломка от удара

emulsion ~ разрушение эмульсии
fatigue ~ усталостная поломка
formation ~ разрыв пород пласта *(закачкой жидкости под большим давлением)*
pipeline ~ разрыв трубопровода
sucker-rod string ~ разрыв насосных штанг
unobservable ~ ненаблюдаемое разрушение
viscosity ~ лёгкий крекинг для понижения вязкости нефтепродуктов
wireline ~ разрыв талевого каната
breaking-in 1. приработка; обкатка 2. ввод в эксплуатацию; пуск
breaking-off 1. разборка, демонтаж 2. разрушение; излом
breaking-out развинчивание *(бурильных замков)*
~ **of drilling bit** отвинчивание бурового долота
~ **of pipe connections** раскрепление соединений труб
~ **of tool joints** раскрепление бурильных замков
breakoff 1. поломка 2. разрыв *(бурильной трубы)*
core ~ отрыв керна *(от массива горной породы)*
diamond ~ выкрашивание кристаллов алмаза
breakout отвинчивание, развинчивание *(резьбового соединения)*
breakpoint 1. точка разрыва 2. точка излома *(годографа)*
breakthrough 1. прорыв рабочего агента *(при заводнении или закачке газа в пласт)*; подход фронта рабочего агента *(при заводнении или закачке газа в пласт)* 2. проскок *(жидкости через резервуар или фильтр)* 3. выход долота из породы *(в естественную пустоту или естественную выработку)*

~ of working medium прорыв рабочего агента *(в скважину при нагнетании)*
fluid ~ прорыв флюида
gas ~ прорыв газа *(в скважину)*
initial water ~ начало подхода фронта нагнетаемой воды *(к продуктивной скважине)*
oil-bank ~ начало подхода нефтяной зоны *(к скважине)*
water ~ прорыв воды *(в скважину)*
break-thrust *геол.* надвиг разрыва
breakup 1. разрыв; разрушение 2. разборка, демонтаж
~ of catalyst 1. гранулометрический состав катализатора 2. износ катализатора
breather дыхательный клапан *(резервуара)*
mechanical ~ механический дыхательный клапан
breathing 1. чередующееся поглощение и выделение газа *(при нефтепереработке)* 2. дыхание *(резервуара)* 3. сопение *(вентиля в трубопроводе)*
~ of earth пульсирующий выход газа из скважины
tank ~ дыхание резервуара
valve ~ дыхание вентиля
breccia *геол.* брекчия *(обломочная порода)*
salt-dome ~ брекчия соляных куполов
solution ~ брекчия растворения
brecciated брекчиевидный
brecciation брекчирование
breeching тройник *(фитинг трубопровода)*
bridge 1. мост, мостки 2. пробка, мост *(в скважине из осыпавшейся породы)*; осыпь породы *(в скважине)* ‖ поставить пробку *(в скважине)* ◊ to ~ across the face of formation осаждаться на поверхности пласта; to ~ over pores закупоривать поры;

to ~ the hole устанавливать пробку в стволе скважины
~ of bit крестовина многошарошечного долота
ice ~ ледяная перемычка *(в скважине)*
loading ~ мостовой кран
mud ~ отложение глинистой корки *(на стенках скважины)*
mud rings ~ отложение глинистой корки *(на отдельных интервалах ствола скважины)*
mud solids ~ отложение глинистой корки на стенках ствола скважины *(в зоне слабого поглощения)*
piping ~ трубопроводный мост
safety ~ забойка *(мост, устанавливаемый при торпедировании скважины)*
sand ~ песчаная перемычка; песчаная пробка *(в стволе скважины)*
scaffold ~ эстакада
bridgeover 1. обвал *(стенок ствола скважины вокруг бурильной колонны)* 2. образование пробки *(из обвалившейся породы в стволе скважины)*
bridging 1. перекрывание; закупоривание *(пор породы цементным раствором)* 2. постановка пробок в скважине *(способом, при котором интервал между пробками остаётся открытым)*; образование перемычки *(в скважине)*; тампонаж ◊ ~ in annulus образование пробок в кольцевом пространстве
~ of bottomhole zone закупоривание призабойной зоны
~ of pore space закупоривание порового пространства
~ of well образование пробки в скважине
borehole ~ закупоривание ствола скважины

bridging

    bottomhole zone ~ закупоривание придонной зоны скважины
    cement ~ цементный мост
    cross ~ образование боковых цепей *(при полимеризации или конденсации углеводородов)*
    hole ~ обвал стенок ствола скважины
    permanent cement ~ постоянный цементный мост
    pore ~ закупоривание пор
    sand-up ~ закупоривание *(скважины)* песком
    temporary cement ~ временный цементный мост
bridle приспособление для подвески насосных штанг *(к балансиру станка-качалки)*
    towing ~ устройство для буксирования *(сейсмоприёмной косы)*
briefing 1. инструктаж; постановка задачи 2. инструкция 3. инструктивное совещание
    site ~ инструктаж на рабочем месте
Brigeheat *фирм.* кальцийлигносульфонаткарбонатный комплекс для обессоливания глин
brightness прозрачность *(нефтепродукта)*
Brine Saver *фирм.* нефтерастворимый понизитель водоотдачи для высокоминерализованных буровых растворов
brine 1. рассол; соляной раствор 2. солёная вода; минерализованная вода 3. насыщенный минеральный раствор *(для бурения в солях и многолетнемёрзлых породах)*
    intake ~ рассол, нагнетаемый в скважину *(при бурении с промывкой солевым раствором в многолетнемёрзлых породах)*
    nonfreezing ~ незамерзающий солевой раствор

    oil-field ~ 1. солёные буровые воды 2. *pl* нефтепромысловые минерализованные пластовые воды
    return ~ рассол, выходящий из скважины *(при бурении с промывкой солевым раствором в многолетнемёрзлых породах)*
Brinefoam *фирм.* вспенивающий агент для бурения с очисткой забоя газообразными агентами
Brine-S *фирм.* полимерно-лигносульфонатный комплекс *(понизитель водоотдачи для безглинистых буровых растворов)*
bring: ◊ to ~ down выводить из строя; to ~ in a well 1. добуривать скважину до продуктивного пласта 2. вводить скважину в эксплуатацию; to ~ into production вводить скважину в эксплуатацию; to ~ into service вводить в эксплуатацию; to ~ the fire under control локализовать пожар; to ~ up восстанавливать; to ~ up to date изменять в соответствии с новыми данными; модернизировать
bringing: ◊ ~ into development ввод в разработку; ~ into service ввод в эксплуатацию; ~ well into production пуск скважины в эксплуатацию
bringing-in of well ввод скважины в эксплуатацию
briquette:
    petroleum ~ нефтяной брикет *(брикетированная смесь нефти, мыла, смолы и щёлочи)*
Bristex *фирм.* свиная щетина *(нейтральный наполнитель для борьбы с поглощением бурового раствора)*
Bristex Seal *фирм.* смесь свиной щетины и хлопковой корпии *(нейтральный наполнитель для борьбы с поглощением бурового раствора)*

brittleness:
  corroding ~ коррозионная хрупкость; травильная хрупкость
  hydrogen acid ~ водородная хрупкость
Brixel *фирм.* хромлигносульфонат
broach 1. расширение *(скважины, потерявшей диаметр)* 2. удалять *(перегородку из породы между двумя смежными, соприкасающимися скважинами)* 3. поперечные канавки в пресс-форме *(образующие рёбра для подрезных алмазов)*
broadside *сейсм.* система наблюдений с поперечным выносом источника *(или приёмника)*
broken разбитый; сломанный
broken-down 1. потерпевший аварию; вышедший из строя 2. сломанный; разбитый
brownout авария, охватившая часть системы
brush щётка
  scratch wire ~ скребковая проволочная щётка
  wire ~ проволочная щётка; проволочный ёрш
  wire thread ~ проволочная щётка для очистки резьбы
  wire wheel ~ круглая проволочная щётка
bubble 1. *сейсм.* газовый пузырь *(при подводном возбуждении)* 2. барботировать ‖ барботажный *(о системе, об аппарате)* ◊ **to remove ~s** удалять пузырьки *(газа или воздуха)*; **to ~ through** газировать; **to ~ up** газировать
  air ~s пузырьки воздуха
  cavitation ~s пузырьки воздуха в буровом растворе *(являющиеся причиной кавитационного воздействия на породу)*
  cellular glass ~s поры пеностекла

  gas ~ газовый пузырь; *pl* пузырьки газа
  hollow glass ~s пустотелые стеклянные шарики *(применяемые в качестве наполнителя цемента)*
bubbling барботаж; образование газовых пузырей *(при взрыве на воде)*
Bucal *фирм.* ингибитор неустойчивых глин
buck: ◊ **to ~ up** затягивать *(резьбовое соединение в бурильной колонне)*
bucket 1. ведро; бадья 2. черпак; ковш 3. стакан воздушного насоса; поршень всасывающего насоса 4. желонка 5. шламовая труба 6. лопатка, лопасть *(турбины)* 7. керноотборник
  bailing ~ резервуар для опорожнения желонки
  core washing ~ бачок для обмывания керна
  leather ~ кожаная манжета *(цементационного уплотнителя)*
  mud ~ шламовая труба *(в снаряде для дробового бурения)*
  mud saver ~ разъёмный кожух *(надеваемый на бурильные трубы при развинчивании)*
  pump ~ манжета
  rope ~ канатный замок; шлипс для ловли снаряда *(при ударно-канатном бурении)*
  rotary ~ бур-керноприёмник большого диаметра *(с шнековым откидным наконечником)*
  sample ~ бачок для промывания *(керна или проб породы)*
  sand ~ песочный насос
  sludge ~ шламовая труба
  slush ~ желонка
  tong ~ противовес, уравновешивающий подвесные ключи
bucking of tool joint навинчивание замка на бурильные трубы

buckle скоба; хомут; подвеска; стяжная муфта
buckling выпучивание бурильных штанг *или* труб *(при больших усилиях подачи)* ◊ ~ **due to own weight** продольный изгиб от собственной массы
~ **of string** продольный изгиб колонны
budget:
   energy ~ топливно-энергетической баланс
buffalo трактор-амфибия *(для прокладки трубопровода в болотистой местности)*
buffer буферный раствор
buffered содержащий буферный раствор
bug 1. повреждение; неисправность; технический дефект; конструктивный недостаток; недоделка **2.** помеха; сбой; отказ; *pl* неполадки **3.** ошибка **4.** устройство для очистки труб; устройство для очистки внутренней поверхности трубопровода **5.** овершот для извлечения съёмного керноотборника **6.** сейсмоприёмник у устья скважины *(для определения вертикального времени)*
   pipe ~ трубная тележка *(для затаскивания труб в буровую вышку)*
   welding ~ электросварочный аппарат *(для трубопроводов большого диаметра)*
buggy:
   pipe ~ тележка под нижний конец трубы *(затаскиваемой в буровую вышку)*
   push-away ~ тележка для перевозки труб
builder:
   rig ~ **1.** вышкомонтажник, специалист по монтажу вышек **2.** буровой мастер

building 1. здание **2.** строительство
   derrick ~ вышкомонтажные работы
   drill ~ бурозаправочная мастерская
   maintenance ~ здание ремонтной мастерской
building-up:
   wall ~ отложения на стенке ствола скважины
buildup 1. повышение; нарастание **2.** рост *(глинистой корки)*; увеличение *(плотности бурового раствора)* **3.** восстановление давления
~ **of drilling mud solids** повышение содержания твёрдой фазы в буровом растворе
~ **of fluid** подъём уровня жидкости
~ **of mud solids** повышение содержания твёрдой фазы в буровом растворе
~ **of water production** увеличение количества воды в добываемой из скважины жидкости
   bottomhole pressure ~ восстановление забойного давления
   drift angle ~ набор кривизны; приращение угла отклонения или искривления скважины *(на определённый отрезок ствола)*
   mud-cake ~ рост глинистой корки
   performance ~ улучшение технических характеристик
   pressure ~ **1.** повышение давления; подъём давления; наращивание давления **2.** график подъёма давления *(после остановки скважины)* **3.** восстановление пластового давления
   tolerance ~ превышение установленных допусков
   wellhead pressure ~ восстановление устьевого давления

bulge *геол.* раздув *(жилы)*
bulged-in смятый; вдавленный *(о трубах)*
bulging выпуклость; выгнутость ‖ выпучивающийся, вздувающийся; деформирующийся
bulging-up of reservoir вздымание резервуара
bulk бестарный ◊ **in ~** наливом *(о транспорте нефтепродуктов)*; насыпью; навалом
~ of reservoir rock мощность пласта; толща пласта
bulkhead распределительный блок
bulk-oil нефтеналивной
bulldog 1. штангодержатель "бульдог" 2. ловильный инструмент *(со скользящими заклинивающими плашками)*
bullet 1. пуля; снаряд *(перфоратора)* 2. боёк *(инструмент для захвата и подъёма съёмного керноотборника)* 3. скребок *(для очистки трубопровода, проталкиваемый давлением жидкости)*; ёрш *(для очистки труб)* 4. сорт технического алмаза *(небольшой блестящий алмаз шаровидной формы)* 5. груз *(сбрасываемый для подрыва заложенного в скважину нитроглицерина)*
core ~ боёк стреляющего керноотборника
cylindrical hollow ~ of gun цилиндрическая полая пуля перфоратора
hollow ~ полая пуля *(стреляющего бокового керноотборника)*
ogival ~ of gun заострённая пуля перфоратора
percussion-type ~ боёк стреляющего керноотборника
perforator ~ пуля скважинного перфоратора
sidewall sampler ~ пуля бокового пробоотборника

bullhead опорный диск *(кумулятивного перфоратора)*
bullheading закачка под давлением *(в кольцевое пространство при закрытых бурильных трубах или в бурильные трубы при закрытом противовыбросовом превенторе)*
bullnose 1. заглушка *(трубопровода)* 2. стыковочный ниппель *(для стыковки подводного трубопровода с выкидными линиями подводной фонтанной арматуры)*
bottom ~ нижняя насадка *(у перфораторов)*
bully 1. подскок *(бурильной колонны в момент отрыва керна)* 2. резкий направленный вверх удар бабой *(при выбивании труб из скважины)* 3. подсобный рабочий на буровой вышке
bump: ◊ **to ~ a well** ударять насосом по дну скважины *(при его ходе вниз в результате чрезмерно длинной колонны насосных труб)*; **to ~ down** раскрывать яс при перегрузке определённого уровня *(поднимать бурильную колонну и при достижении перегрузки на лебёдке ослабить тормоз лебёдки, сбросив бурильную колонну, в результате чего достигается ударная нагрузка)*; **to ~ off a well** отсоединять насосные тяги от центрального привода
bumper буфер; амортизатор
hydraulic ~ of hook гидравлический амортизатор крюка
jar ~ 1. ловильный инструмент для работы с ясом 2. копытное долото *(для разрыхления породы вокруг прихваченного инструмента канатного бурения)*
pipelayer front ~ передний буфер трубоукладчика

135

bumper

    sidewall sampler ~ пуля стреляющего бокового пробоотборника
    swivel rubber-covered link ~ буферное резиновое устройство вертлюга
    traveling-block ~ амортизатор талевого блока
bunch:
    geophone ~ группа сейсмоприёмников
bundle связка; пучок; пачка
    flow hose ~ связка выкидных линий *(подводной фонтанной арматуры)*
    hose ~ пучок шлангов
    jumper hose ~ соединительный многоканальный шланг
    pipe ~ пучок труб
    tube ~ пучок труб
    unarmored hose ~ неармированный многоканальный шланг *(системы управления подводным устьевым оборудованием)*
bung пробка
buoy буй
    anchor position marker ~ маркёрный буй местоположения якоря *(полупогружной буровой платформы или бурового судна)*
    bow position marker ~ передний маркёрный буй *(полупогружного основания)*
    catenary anchor leg mooring ~ причальный буй якорного типа *(для судов обслуживания плавучего бурового основания)*
    exposed location single ~ незащищённый одиночный буй *(для беспричального налива нефти в танкеры)*
    heading marker ~ основной опознавательный буй *(бурового судна или полупогружного бурового основания)*
    marker ~ маркёрный буй
    marker well ~ опознавательный буй скважины
    mooring ~ причальный буй; швартовная бочка
    pop-up ~ головной буй *(для маркировки подводного оборудования)*
    single-point mooring ~ причальный буй
    sonar ~ гидроакустический буй
    tail ~ хвостовой буй *(сейсмоприёмной косы)*
buoyancy плавучесть
    oil ~ плавучесть нефти
buoyant плавучий
burden 1. нагрузка 2. пустая порода *(покрывающая руду)* 3. глубина скважины 4. накладные расходы 5. общий показатель, выбираемый при отыскании компромиссного решения
    maintenance ~ трудоёмкость технического обслуживания
    drillhole ~ расстояние скважины от откоса уступа
Bureau:
    ~ of Mines Горное бюро *(США)*
    ~ of Standards Бюро стандартов *(США)*
    American ~ of Standards Американское бюро стандартов
    National ~ of Standards Национальное бюро стандартов *(США)*
bureau отдел; управление; бюро; комитет
    ~ of standards бюро стандартов
    complaints ~ отдел рекламаций
    state mining ~ горное бюро штата *(США)*
    technical inspection ~ бюро технического надзора
burial:
    complete ~ of geophone полное заглубление сейсмоприёмника
    partial ~ of geophone частичное заглубление сейсмоприёмника

buried 1. погружённый, утопленный **2.** заглублённый, подземный *(о трубопроводе, резервуаре-хранилище)*
  deeply ~ находящийся на большой глубине, глубоко погребённый

burlap брезент; грубая ткань *(для обмотки труб)*

burn пережигать ◊ **to ~ a bit 1.** пережигать долото *(при бурении на форсированном режиме)*; пережигать коронку *(вследствие недостаточной промывки)* **2.** перегревать долото лопастного типа *(при кузнечной заправке)*; **to ~ in 1.** прижигать *(коронку)* **2.** производить сухую затирку *(керна)*; **to ~ out 1.** извлекать алмазы из отработавшей коронки **2.** отбраковывать *(изделие)*

burned-out отбракованный *(об изделии)*

burner горелка
  clean burning oil ~ горелка для полного сжигания нефти *(при пробной эксплуатации подводной скважины)*
  collar ~ кольцевая горелка *(для подогрева швов)*
  crude ~ горелка для сжигания нефти *(при пробной эксплуатации морской скважины)*
  downhole gas ~ забойная газовая горелка
  flame jet ~ реактивная горелка *(при огнеструйном бурении)*
  gas ~ газовая горелка
  jet-piercing ~ 1. горелка для термического бурения **2.** горелка для прожигания скважины
  jumbo ~ факел для сжигания попутного газа
  pilot ~ вспомогательная горелка *(для зажигания факела)*
  volcanic ~ приспособление для нагрева жидкости у забоя скважины
  well test ~ горелка для пробной эксплуатации *(скважины)*

burn-in 1. испытания на принудительный отказ; приработочные испытания **2.** приработка; технологический прогон; тренировка
  dynamic ~ испытания на принудительный отказ в динамических условиях
  environmental ~ испытания на принудительный отказ в неблагоприятных условиях окружающей среды
  static ~ испытания на принудительный отказ в статических условиях

burning прострелка *(скважин)*
  carbon ~ выжигание кокса *(из катализатора)*
  clean fuel ~ полное сгорание топлива
  wet ~ влажное горение *(метод повышения нефтеотдачи пласта)*

burning-off выжигание *(кокса из катализатора)*

Buromin *фирм.* гексаметафосфат натрия

burr 1. треугольное долото **2.** заусенец *(при простреливании труб)* **3.** известняк **4.** коренная порода **5.** клинкер

bursting бризантное действие

burying of line заглубление трубопровода

bush втулка ‖ вставлять втулку ◊ **to ~ a bearing** вставлять втулку в подшипник
  chain ~ втулка цепи
  collar ~ втулка с заплечиком
  guide ~ направляющая втулка
  intel ~ вводная втулка
  sealing ~ уплотнительная втулка
  split ~ 1. разрезная втулка **2.** составной вкладыш

bushing

bushing 1. переводник, переводной ниппель; переводная муфта; трубный переводной фитинг 2. втулка, вкладыш 3. проходной изолятор; вводной изолятор
adjustable ~ регулируемая втулка
bearing ~ втулка подшипника
chuck ~ буровращающая втулка; втулка буродержателя
collar ~ ниппель *(глубинного насоса)*
crosshead pin ~ втулка пальца крейцкопфа
deep-well collar ~ ниппель скважинного насоса
distance ~ распорная втулка
drill chuck ~ задний патрон перфоратора
drill stem ~ малый вкладыш в стволе ротора; зажим для рабочей трубы
drive ~ вкладыш в роторном столе, закрепляющий квадратную штангу
drive-rod ~ уплотнительная вкладыш-гильза шпинделя бурового станка
driving kelly ~ вкладыш ротора под ведущую бурильную трубу
elevator ~ вкладыш элеватора
friction bearing ~ втулка подшипника скольжения
guide ~ направляющая втулка
kelly ~ 1. вкладыш под ведущую бурильную трубу 2. ротор *(уровень отсчёта глубин в скважинах)*
kelly rotary ~ вкладыш ротора под ведущую бурильную трубу
knuckle ~ 1. *разг.* трубный ключ 2. торцовый ключ для вентилей
loose ~ съёмная втулка
main rotary ~ главный вкладыш ротора
master rotary ~ главный вкладыш ротора
nonsplit ~ неразрезная втулка
nozzle ~ 1. насадка *(долота)* 2. вставное сопло
oil-well collar ~ ниппель скважинного насоса
orienting ~ ориентирующий вкладыш *(подвески насосно-компрессорной колонны)*
piston pin ~ втулка поршневого пальца
plunger ~ втулка плунжера
reducing ~ переходный ниппель для соединения штанг разного диаметра
removable ~ съёмная втулка
replaceable chuck ~ съёмная втулка зажимного патрона шпинделя
roller kelly ~ роликовый вкладыш ротора под ведущую бурильную трубу
rotary drive ~ вкладыш ротора под ведущую бурильную трубу
rotating disk driving kelly ~ вкладыш ротора под ведущую бурильную трубу
rotation sleeve ~ поворотная букса *(бурильного молотка)*
sealing ~ уплотняющая втулка
sleeve ~ распорная втулка
slip ~ съёмная втулка
spacing ~ распорная втулка
spherical ~ шаровой вкладыш
spider ~ 1. вкладыш спайдера 2. кольцо лафетного хомута
split ~ составной вкладыш; разъёмная втулка
tubing hanger orienting ~ втулка для ориентации подвесной головки насосно-компрессорной колонны
wear ~ сменный вкладыш; вкладыш, работающий на износ; защитная втулка *(для за-*

щиты рабочих поверхностей подвесной или устьевой головки обсадных колонн от износа)
wellhead body wear ~ защитная втулка корпуса устьевой головки
bushwash 1. эмульсия нефти и воды, не разрушающаяся без подогрева 2. отстой *(на дне нефтяного резервуара)*
buster 1. отбойный молоток 2. пневмоперфоратор
belly ~ 1. предохранительный пояс 2. перила *(ограждающие полати буровой вышки, треноги)* 3. предохранительная верёвка, протянутая поперек буровой вышки
boulder ~ пирамидальное дробящее долото
collar ~ 1. устройство для разрыва обсадных труб *(в скважине)* 2. вертикальный труборез
gas ~ газосепаратор *(для дегазации бурового раствора)*
butadiene бутадиен, дивинилэритрен
butane бутан
  commercial ~ товарный бутан; технический бутан *(смесь жидких бутанов, содержащая пропан)*
  excess ~ избыточный бутан
  extraneous ~ внешний бутан, посторонний бутан, добавочный бутан *(бутановая фракция, добавляемая к бензину для его кондиционирования по упругости пара)*
  field ~s жидкости, получаемые из природного газа на промысле
butt 1. стык; соединение встык ‖ стыковать *(части трубопровода)*; соединять встык 2. конец; торец; хвостовик 3. бочка *(вместимостью 490,96 л)* 4. *pl* остаток *(от перегонки)*, недогон ◊ **to ~ up** устанавливать впритык
  lap ~ соединение внахлёстку
butted стыкованный, соединённый встык
butter:
  mineral ~ вазелин
  paraffin ~ мягкий парафин
  petroleum ~ петролатум; вазелин
butterfly 1. угольник *(для полевых штанг)* 2. бабочка *(передаточное устройство, изменяющее направление движения тяг в горизонтальной плоскости)* 3. выпускной клапан; дроссельная заслонка
butting сращивание встык
butt-jointed впритык
button 1. кнопка 2. дисковый электрод малого диаметра *(каротажного микрозонда)*
  central ~ центральный дисковый электрод *(каротажного микрозонда)*
  hard-alloy ~s вставные твёрдосплавные зубья шарошки
  orifice ~ шайбовая пробка
  start ~ кнопка пуска
  start-stop ~ кнопка пуска и останова
  thrust ~ упорный диск *(опоры шарошечного бурового долота)*
  tungsten-carbide ~s вставные карбидвольфрамовые зубья шарошки
buzzer лёгкий бурильный молоток
byerlyte байерлит *(нефтяной битум, полученный по способу Байерли)*
by-pass обход; перепускное устройство; обвод; обводная труба; перепускной клапан ‖ обходить *(препятствие или аварийный снаряд путем искусственного искривления скважины)*

by-passing:
  gas ~ проскальзывание газа *(при нагнетании в пласт)*
by-product:
  gas ~ побочный продукт газовой промышленности
  nonmerchantable ~ низкосортный побочный нефтепродукт; некондиционный нефтепродукт

C

cab кабина
  logging ~ каротажная станция *(передвижная)*
  Schlumberger instrument ~ каротажная станция компании "Шлюмберже"
cabinet испытательная камера
  corrosion ~ камера для коррозионных испытаний
  environmental ~ 1. камера для климатических испытаний 2. камера для создания заданных окружающих условий *(при испытаниях)*
cable 1. кабель; многожильный провод 2. трос; канат ‖ прикреплять тросом; прикреплять канатом 3. сейсмическая коса, сейсмоприёмная коса, сейсморазведочный кабель 4. *pl* манильский буровой канат ◊ to pay out a ~ разматывать кабель; to splice a ~ сращивать кабель; ~ with oil-resistant insulation кабель с нефтестойкой изоляцией
  anchor ~ 1. якорный канат *(судна, плавучего основания)* 2. канат для раскрепления, анкерная оттяжка; канатная оттяжка
  arc-welding ~ сварочный кабель; сварочный провод
  armored ~ бронированный кабель

bay ~ донная сейсмическая коса
blasting ~ взрывной кабель
blowout preventer multitube ~ многоканальный шланг для подачи гидравлических управляющих сигналов *(с плавучей буровой платформы)* к подводному противовыбросовому превентору
boom ~ стреловой канат *(трубоукладчика)*
boom drilling ~ рабочий канат *(при ударно-канатном бурении)*
bottom ~ донная сейсмическая коса
cartridge ~ детонаторный кабель
conductor ~ электрокабель
conductor-and-support ~ кабель-канат
continuous ~ непрерывная сейсмическая коса
deep-sea ~ сейсмоприёмная коса для глубинных морских работ
detector ~ 1. кабель сейсмоприёмника 2. сейсмоприёмная коса
drag ~ сейсмоприёмная коса, буксируемая по дну
drill ~ 1. буровой канат 2. рабочий канат *(при ударно-канатном бурении)*
drilling ~ 1. буровой канат 2. рабочий канат *(при ударно-канатном бурении)*
electrical ~ кабель
electrical power ~ силовой электрический кабель
floating marine ~ плавучая морская сейсмическая коса
four-core logging ~ четырёхжильный геофизический кабель
geophone ~ 1. кабель сейсмоприёмника 2. сейсмоприёмная коса

cable

hemp ~ пеньковый канат; джутовый канат
high-resolution ~ сейсмическая коса с высокой разрешающей способностью
high-tension ~ кабель высокого напряжения
hoist ~ 1. подъёмный канат 2. каротажный кабель
hoisting ~ 1. подъёмный канат 2. каротажный кабель
left regular-lay ~ канат левой крестовой свивки
load ~ грузовой канат *(трубоукладчика)*
logging ~ геофизический кабель; каротажный кабель
marine ~ морская сейсмоприёмная коса
marine detector ~ морская сейсмоприёмная коса
marine seismic ~ морская сейсмоприёмная коса
marine streamer ~ морская шланговая сейсмоприёмная коса
multichannel ~ многоканальная сейсмическая коса
multiconductor ~ многожильный кабель
multicore logging ~ многожильный геофизический кабель
multiphone ~ сейсмическая коса, сейсмоприёмная коса
multiple-core ~ многожильный кабель
multitube ~ многоканальный шланг *(для подачи рабочей и управляющей жидкостей с бурового судна к подводному оборудованию)*
nonfloating marine ~ неплавучая сейсмоприёмная коса
nonrotating ~ нераскручивающийся подъёмный канат
nonspin ~ нераскручивающийся канат; нераскручивающийся трос
phone ~ 1. кабель сейсмоприёмника 2. сейсмоприёмная коса, сейсмическая коса, сейсморазведочный кабель
pipe ~ кабель в трубопроводе
retrieving ~ извлекающий канат *(для подъёма на буровое судно или основание спущенных к подводному устью приспособлений)*
right regular-lay ~ канат правой крестовой свивки
seismic ~ сейсмическая коса, сейсмоприёмная коса, сейсморазведочный кабель
seismometer ~ сейсмическая коса, сейсмоприёмная коса, сейсморазведочный кабель
sensor ~ сейсмоприёмная коса
seven-conductor ~ семижильный кабель
seven-core logging ~ семижильный геофизический кабель
shot-firing ~ детонаторный кабель
single-core logging ~ одножильный геофизический кабель
spinning ~ канат для свинчивания и развинчивания труб *(с помощью шпилевой катушки бурового станка)*
spliced ~ сращённый канат
spread ~ сейсмическая коса, сейсмоприёмная коса, сейсморазведочный кабель
steel ~ стальной трос, стальной канат
steel-armored ~ бронированный кабель
streamer ~ шланговая сейсмоприёмная коса
submarine power ~ подводный силовой кабель
subsea power ~ подводный силовой кабель
survey ~ каротажный кабель
three-conductor ~ трёхжильный кабель

cable

three-core logging ~ трёхжильный геофизический кабель
tow ~ буксирный трос
triple ~ трёхжильный кабель
twin-core logging ~ двухжильный геофизический кабель
two-core logging ~ двухжильный геофизический кабель
underwater ~ подводная сейсмоприёмная коса
underwater power ~ подводный силовой кабель
welding ~ сварочный кабель; сварочный провод
well-logging ~ каротажный кабель
winch ~ трос лебёдки
winding ~ подъёмный канат
wire ~ стальной трос; стальной канат
wire-line ~ трос для извлечения съёмного керноприёмника
cablebreak вступление кабельной волны
cage 1. фонарь *(пружинный стабилизатор для бурильных труб)* 2. перфорированная сфера, перфорированная оболочка *(морского сейсмического источника)* 3. клетка *(устройство над шаровым клапаном, ограничивающее движение шара)* 4. проволочная сетка *(в трубе)* 5. коробка; кожух; корпус; обойма подшипника 6. клеть
~ of slip обойма под плашки, плашкодержатель клинового захвата
~ of slotted filter труба щелевого фильтра
~ of subsurface pump valve клетка клапана скважинного насоса
ball ~ сепаратор шарикового подшипника
bird ~ 1. закрывающаяся люлька *(для подъёма персонала на плавучее основание)* 2. сплющенное место *(в бурильном тросе)*

closed ~ клетка клапана закрытого типа *(скважинного трубного насоса)*
delivery valve ~ клетка нагнетательного клапана насоса
derrick rescue ~ спасательная клеть буровой вышки
derrick safety ~ спасательная клеть буровой вышки
lightning-protection ~ of oil storage молниезащитная сетка нефтехранилища
open ~ клетка клапана открытого типа *(скважинного трубного насоса)*
pump suction-valve ~ клетка всасывающего клапана насоса
pump traveling valve ~ клетка нагнетательного клапана насоса
safety ~ подвесная клеть *(для работ в резервуарах)*
slip ~ обойма под плашки *(пакера)*
valve ~ клетка клапана *(скважинного насоса)*
caisson кессон
Boston ~ сборная обсадная труба
Gow ~ сборная обсадная труба
cake 1. затвердевший шлам 2. глинистая корка *(на стенках скважины)* 3. сальник *(из налипшего шлама на буровом инструменте и стенках скважины при бурении)* 4. сальник *(уплотнённые частицы породы, забившие промежутки между алмазами и матрицей в коронке)* 5. отжатый осадок на фильтре ◊ to build filter ~ on borehole wall образовывать глинистую корку на стенке ствола скважины; to build mud ~ on borehole wall образовывать глинистую корку на стенке ствола скважины; to wall borehole with filter ~ образовывать глинистую корку на стенке ствола скважины

calculation

artificial ~ имитатор глинистой корки
filter ~ 1. глинистая корка *(образующаяся на стенках ствола скважины в результате фильтрации бурового раствора в области пористых и проницаемых отложений)* 2. отфильтрованный материал; фильтровальная лепёшка; фильтровальный осадок, фильтрационный осадок, осадок на фильтре
loosened ~ разрыхлённая парафиновая лепёшка
low-resistivity mud ~ глинистая корка низкого удельного сопротивления
mud filter ~ глинистая корка *(образующаяся на стенках скважины в результате фильтрации промывочной жидкости в области пористых и проницаемых отложений)*
slurry ~ цементная корка *(на стенках скважины)*
wall mud ~ глинистая корка на стенках ствола скважины *(образующаяся в результате фильтрации бурового раствора в области пористых и проницаемых отложений)*
wax ~ 1. парафиновый гач, парафиновая лепёшка, парафиновый пирог 2. петролатум
Cal Perl *фирм.* гранулированный перлит *(нейтральный наполнитель для борьбы с поглощением бурового раствора)*
Cal Stop *фирм.* крошка из автомобильных покрышек *(нейтральный наполнитель для борьбы с поглощением бурового раствора)*
calc-alkali известково-щелочной
calcarenite известняк с зёрнами кальцита
calcareo-argillaceous известково-глинистый

calc-flint известково-кремнистый роговик
calciferous известковый
calcification известкование
calcination of core прокаливание керна *(нефтеносной породы)*
calculation 1. вычисление, подсчёт; расчёт 2. смета; калькуляция 3. предположение, прогноз
~ of porosity определение пористости *(пласта)*
~ of reserves расчёт запасов *(нефти, газа)*
~ of reservoir oil contents расчёт запасов нефти *(в продуктивном пласте)*
active oil ~ расчёт извлекаемых запасов нефти
construction stability ~ расчёт устойчивости конструкции
dip ~ *сейсм.* вычисление угла наклона *(отражающего горизонта)*
distillation plate ~ расчёт числа теоретических тарелок
field ~s промысловые вычисления
hydraulic ~ гидравлический расчёт
lot ~ расчёт характеристик партии *(изделий)*
low-velocity-layer ~s *сейсм.* 1. вычисление параметров зоны малых скоростей 2. расчёт поправок на зону малых скоростей
oil reservoir performance ~ расчёт поведения нефтяного пласта
plate-to-plate ~ расчёт ректификационной колонны с последовательным переходом от тарелки к тарелке
predictive ~ прогнозирующий расчёт *(надёжности)*
stability ~ расчёт остойчивости *(нефтеналивного судна)*

strength ~ расчёт прочности
weathering ~ *сейсм.* **1.** вычисление параметров зоны малых скоростей **2.** расчёт поправок на зону малых скоростей
calculator вычислительное устройство, калькулятор
failure rate ~ устройство для вычисления интенсивности отказов
pipeline fluid network ~ устройство для расчёта распределения потока в трубопроводных системах
pipeline network ~ устройство для расчёта распределения потока в трубопроводных системах
caldron *геол.* котлообразный провал, сбросовая долина без выхода; кальдера
Calgon *фирм.* препарат гексаметафосфата натрия *(поверхностно-активное вещество для обработки воды и разжижения буровых растворов на пресноводной основе)*
caliber внутренний диаметр *(трубы, цилиндра)*
calibrate: ◊ to ~ a sonic log калибровать запись акустического каротажа
calibration 1. калибровка, тарировка; градуировка **2.** поверка *(средств измерений)* **3.** эталонирование; стандартизация **4.** снятие характеристик **5.** аттестация
~ of reference fuels калибровка эталонных топлив; эталонирование топлив
~ of refracted events привязка преломляющих границ *(к скважине)*
API ~ градуировка диаграмм в единицах Американского нефтяного института
wellsite ~ калибровка на скважине; эталонирование на скважине

calibrator калибратор
above-bit ~ наддолотный калибратор
caliper скважинный профилометр; кавернометр; нутромер ‖ измерять кавернометром; измерять нутромером
casing inside ~ шаблон для проверки внутреннего диаметра обсадных труб
electrical tube ~ электрический толщиномер для труб
field ~ полевая калибровка; калибровка на скважине
geophone ~ калибровка сейсмоприёмника
hole ~ кавернометр
hydraulic hole ~ гидравлический кавернометр
independent ~s независимые кавернометры
log ~ калибровка каротажной диаграммы
microcontact ~ аппаратура микрокаротажа с кавернометром
outside ~ циркуль для наружного измерения
pad-type ~ кавернометр башмачного типа
slim-hole ~ кавернометр малого диаметра
sonar ~ акустический кавернометр
sonic ~ акустический кавернометр
sonic open hole ~ акустический кавернометр
spring ~ пружинный кавернометр
tank ~ измерение вместимости резервуара; калибровка резервуара
three-arm ~ трёхрычажный кавернометр, трёхрессорный кавернометр
three-fingered ~ кавернометр с тремя ножками

through-tubing ~ каверномер для измерения спуска через насосно-компрессорные трубы
two-arm ~ двухрычажный каверномер
ultrasonic ~ ультразвуковой каверномер
variable-inductance ~ индуктивный каверномер
variable-resistance ~ каверномер на сопротивлениях
variable-transformer ~ индуктивный каверномер
calipering:
  casing ~ шаблонирование обсадных труб
calk чеканить *(алмазы вручную)*
calking чеканка
call 1. сигнал; вызов 2. заявка; требование
  accusing ~ вызов *(представителя фирмы) для предъявления рекламации*
  emergency ~ аварийный вызов; сигнал тревоги
  field ~ заявка *(на ремонт)* в процессе эксплуатации
  service ~ 1. заявка на выполнение технического обслуживания 2. вызов технической помощи
  trouble ~ вызов технической помощи
Calnox *фирм.* ингибитор образования окалины
calodorant одорант *(природного газа)*
calorimeter калориметр
  Emerson ~ калориметр Эмерсона *(для топлива)*
  fuel ~ калориметр для топлив
  gas ~ газовый калориметр
  glow ~ газовый калориметр
  Junkers ~ газовый калориметр Джанкерса
  Nernst ~ калориметр Нернста
  Parr ~ калориметр Парра *(для испытания мазутов)*

  sigma ~ газовый сигма-калориметр
calorimetry калориметрия
  gas ~ газовая калориметрия
calorize алитировать *(жидким алюминием)*
calorized алитированный *(жидким алюминием)*
calorizing алитирование *(жидким алюминием)*
calp глинистый известняк
Calseal *фирм.* гипсоцемент
Caltrol *фирм.* хлорид кальция
calyx 1. шламовая труба; шламоприёмник *(устанавливаемый над долотом при дробовом бурении)* 2. станок дробового бурения 3. зубчатка *(труба с зубьями для бурения с отбором керна по мягким породам)*
cam кулачная шайба
  locking ~ запорная защёлка *(узла крепления стингера к трубоукладочной барже)*
camera 1. печать *(для определения положения оставшегося в скважине инструмента)* 2. фотоаппарат
  borehole ~ скважинный фотоаппарат
  seismic ~ сейсмический осциллограф
  under-water television ~ подводная телевизионная камера
camouflet каверна, образованная взрывом заряда взрывчатого вещества в скважине
camp лагерь *(разведочной партии)*
camshaft кулачковый вал, распределительный вал
can:
  film ~ of inclinometer плёночная кассета инклинометра
  spud ~ понтон опоры *(самоподъёмного основания)*
cancellation:
  ghost ~ *сейсм.* подавление волн-спутников

cancellation

multiple ~ *сейсм.* подавление кратных волн
canister фильтр
　carbon ~ угольный фильтр *(для улавливания паров бензина)*
　charcoal ~ угольный фильтр *(для улавливания паров бензина)*
　hyperbolic ignition fluid ~ тепловой воспламенитель порции химического топлива *(подаваемой буровым раствором на забой при термодетонационном бурении)*
　vapor ~ угольный фильтр *(для улавливания паров бензина)*
cank базальтовая порода; твёрдая кристаллическая порода; трапп
cannibalization 1. снятие годных деталей и агрегатов *(с неисправной или повреждённой техники для ремонта других изделий)*; замена блоков или узлов одной системы блоками или узлами другой аналогичной системы 2. повышение надёжности *(многоэлементной системы)* за счёт перераспределения исправных элементов *(между отдельными блоками)*
cannibalize for good items снимать годные детали *(для использования в других изделиях)*
cannibalized снятый с неисправной или повреждённой техники
cannon:
　high-pressure ~ гидромониторная насадка шарошечного долота
　high-pressure explosive ~ импульсный гидромонитор высокого давления
　high-pressure water ~ водяная пушка высокого давления *(для гидромониторного бурения)*

pulsed jet ~ пушка импульсного гидромониторного бурения
cantilever кронштейн; консоль; укосина; стрела ‖ складывающийся при перевозке *(о мачте, буровой вышке)*
cap 1. головка; колпак; шляпка; крышка 2. колпачок *(тарелки ректификационной колонны)* 3. трубная головка 4. закрывать пробкой; запечатывать *(скважину)* 5. толща наносных несвязанных пород 6. покрывающая порода 7. капсюль-детонатор ◊ **to develop gas** ~ образовывать газовую шапку; **to** ~ **a well** заглушать фонтанирующую скважину
　areally widespread gas ~ газовая шапка большой площади
　artificial gas ~ искусственная газовая шапка
　bell ~ полусферический колпачок *(тарелки ректификационной колонны)*
　blasting ~ капсюль-детонатор; запал; взрыватель; воспламенитель
　bubble ~ колпачок барботажной ректификационной колонны
　chock-and-kill line test ~ колпак для опрессовки штуцерной линии и линии глушения скважины
　Christmas tree ~ **of underwater well** колпак фонтанной арматуры подводной скважины
　clay ~ глинистая покрышка
　core barrel strainer ~ дренажная головка колонкового снаряда
　corrosion ~ антикоррозионный колпак *(для защиты от коррозии устья временно оставляемой подводной скважины)*
　drill-hose connection ~ крышка патрубка бурильного молотка

drive ~ головная насадка *(для забивных труб)*
driving ~ головная насадка *(для забивных труб)*
electrical blasting ~ электрический детонатор, электродетонатор *(для взрывного бурения)*
end ~ концевая пробка *(трубопровода)*; глухая муфта; пробка; заглушка
evaporite ~ эвапоритовая покрышка
filler ~ наливная пробка
gas ~ газовая шапка *(в коллекторе нефти)*
gas-and-oil resistant ~ газонефтеупорная покрышка
hydrodynamic ~ гидродинамическая покрышка
laser ignited fuse ~ лазерный капсюль-взрыватель для взрывного бурения
lifting ~ **1.** колпачок для захвата долота **2.** колпачок для предохранения резьбы *(бурового инструмента при подъёме)*
lock ~ колпак с замком
massive ~ массивная покрышка
nonretrograde gas ~ неретроградная газовая шапка
pile ~ наголовник сваи
pool ~ покрышка нефтяной залежи
productive formation ~ покрышка продуктивной свиты
protector ~ защитный колпак *(для предохранения устья скважины в случае временного оставления скважины буровым судном или платформой)*
retrograde gas ~ ретроградная газовая шапка
screw ~ колпачок с резьбой; крышка с резьбой
secondary gas ~ вторичная газовая шапка
seismic ~ сейсмический электродетонатор
spherical end ~ сферическая заглушка
tank ~ крышка заливной горловины топливного бака
temporary abandonment ~ колпак временно оставляемой плавучей буровой платформы
thermally actuated blasting ~ термический капсюль-детонатор для взрывного бурения
transit ~ переходная крышка
trap ~ кровля ловушки
tray ~ колпачок тарелки *(ректификационной колонны)*
tree ~ колпак фонтанной арматуры
tunnel-type tray ~ продолговатый колпачок тарелки *(ректификационной колонны)*
walking beam ~ головка балансира *(станка ударно-канатного бурения)*
wellhead ~ устьевой колпак *(для герметизации устья подводной скважины при временном её оставлении)*
capabilit/y **1.** способность **2.** возможность *(напр. ремонта)*
duplication ~ возможность дублирования
endurance ~ прочность; долговечность
fatigue life ~ усталостная долговечность
fault-tolerant ~ способность сохранять работоспособность при отказе некоторых элементов
full operational ~ полная работоспособность
holemaking ~ производительность *(буровой установки)* при углублении ствола скважины
operational ~ работоспособность; пригодность к эксплуатации; эксплуатационные качества

capabilit/y

output ~ 1. нагрузочная способность 2. выходная характеристика
overload ~ способность выдерживать перегрузки
performance ~ технические характеристики; рабочие характеристики
reliability ~ возможность обеспечения требуемых показателей надёжности
repair ~ ремонтоспособность
seismologic ~ies сейсмологические возможности
switchover ~ способность переключаться (*напр. с основной системы на резервную*)
system ~ технические характеристики системы
technical ~ технические характеристики (*системы*)

capable 1. способный 2. поддающийся

capacity 1. способность 2. пропускная способность 3. производственная мощность (*бурового станка*) 4. производительность (*компрессора*) 5. пропускная способность 6. грузоподъёмность ◊ ~ for oil нефтеёмкость
~ of drilling mud to hold cuttings in suspension несущая способность бурового раствора
~ of drum ёмкость барабана лебёдки (*длина каната, намотанного на барабан*)
~ of field to produce потенциальная добыча из месторождения
~ of oil reservoir приёмистость пласта-коллектора
~ of well производительность скважины
absorption ~ of oil sand продуктивность нефтеносного песка

aggregate ~ 1. полная мощность 2. мощность агрегата 3. суммарная вместимость (*нефтезаводских установок, аппаратов*)
air ~ of gasmeter пропускная способность газового счётчика по воздуху
annual total ~ суммарный годовой объём добычи (*газа*)
API safe load derrick ~ безопасная грузоподъёмность буровой вышки по стандарту Американского нефтяного института
base exchange ~ способность к катионному обмену
carrying ~ грузоподъёмность (*трубодержателя для обсадных труб*)
carrying ~ of drum канатоёмкость барабана
casualty-producing ~ возможность возникновения аварийной ситуации
cementing ~ цементирующая способность
compensation hook ~ компенсируемая нагрузка на крюке
cracking ~ производительность крекинг-установки
crude-charging ~ производительность (*нефтезавода*) в расчёте на сырую нефть
cutting-carrying ~ выносящая способность (*бурового раствора*)
daily ~ суточная производительность; суточная пропускная способность
daily crude ~ суточная пропускная способность (*нефтезаводской установки*) в расчёте на сырую нефть
damping ~ поглощающая способность
dead-load derrick ~ статическая грузоподъёмность буровой вышки

delivery ~ производительность по нагнетанию (компрессора, насоса)
derrick load ~ грузоподъёмность буровой вышки
design ~ расчётная производительность
discharge ~ производительность (насосной станции)
dischargeable ~ of gasholder полезная вместимость газгольдера
drill ~ предельная глубина бурения (при определённом диаметре)
drilling ~ предельная глубина бурения
drum ~ ёмкость барабана (общая длина каната, навиваемого на барабан)
effective derrick load ~ эффективная грузоподъёмность буровой вышки
field producing ~ производительность промысла
filter ~ пропускная способность фильтра
fluid intake ~ поглощающая способность (породы)
formation flow ~ потокоёмкость пласта
fracture flow ~ пропускная способность трещины (при гидравлическом разрыве)
free ~ свободная пропускная способность (газопровода)
free-air delivery ~ производительность компрессора, выраженная через объём свободного воздуха за единицу времени
fuel ~ 1. общая вместимость (нефтяных резервуаров или топливных цистерн) 2. полный запас топлива (на установке); общая вместимость топливных резервуаров
fuel tank ~ вместимость топливного бака

gage holding ~ of bit износостойкость долота по диаметру
gas ~ 1. газоизмещение 2. вместимость топливного бака 3. газопроизводительность (сепаратора)
gas pipeline volume ~ ёмкость газопровода
gross column ~ общая грузоподъёмность буровой вышки
guaranteed ~ гарантированная производительность
hoisting ~ грузоподъёмность подъёмника (лебёдки)
hook load ~ грузоподъёмность на крюке (буровой вышки)
hourly ~ часовая пропускная способность
injection ~ приёмистость (скважины)
installed ~ установленная мощность (буровой установки)
intake ~ приёмистость (скважины)
jacking ~ грузоподъёмность подъёмника (домкрата)
leak-off ~ пропускная способность (породы)
lift ~ производительность скважинного подъёмника
lifting ~ 1. подъёмная мощность; высота всасывания (насоса) 2. грузоподъёмность (механизма гидравлической подачи при использовании шпинделя как домкрата, лебёдки бурового станка, скважинного подъёмника)
liquid ~ наливной объём (резервуара)
load ~ 1. грузоподъёмность 2. допустимая нагрузка
load-carrying ~ 1. грузоподъёмность 2. допустимая нагрузка
load-carrying ~ of drilling bit несущая способность бурового долота

capacity

nominal ~ номинальная мощность; номинальная производительность
oil ~ нефтеёмкость
oil-bearing ~ нефтеносность
oil-refining ~ производственная мощность нефтезавода
oil-saturation ~ мощность нефтенасыщения
oil-storage tank ~ вместимость резервуарного парка
open flow ~ полная производительность *(скважины)*
overload ~ способность выдерживать перегрузки
peak daily ~ пиковая суточная производительность
pipe ~ 1. пропускная способность трубы 2. пропускная способность трубопровода
pipeline ~ пропускная способность трубопровода
pipeline transmission ~ пропускная способность трубопровода
producing ~ 1. производственная мощность; производительность *(нефтехимической установки)* 2. производительность пласта; отдача *(продуктивного пласта)*
production ~ уровень добычи
productive ~ 1. производственная мощность; производительность *(нефтехимической установки)* 2. производительность пласта; отдача *(продуктивного пласта)*
productive ~ **of reservoir** отдача пласта
productive ~ **of well** производительность скважины
pump ~ подача насоса, производительность насоса
pumping ~ подача насоса, производительность насоса
racking ~ **of derrick** ёмкость буровой вышки; вместимость буровой вышки *(по числу устанавливаемых за палец бурильных труб)*

rated ~ номинальная вместимость
rated ~ **of flowmeter** пропускная способность расходомера
rated derrick load ~ номинальная грузоподъёмность буровой вышки
reeling ~ **of drum** канатоёмкость барабана
released ~ разрешённая пропускная способность *(газопровода)*
reservoir ~ вместимость резервуара
reservoir reserve ~ резервная вместимость бака
riser tensioner system ~ грузоподъёмность системы натяжения водоотделяющей колонны
rock moisture ~ влагоёмкость горных пород
safe load derrick ~ допустимая нагрузка на буровую вышку
safe working ~ безопасная рабочая нагрузка
safe working load ~ **of derrick** безопасная рабочая нагрузка на буровую вышку
sand ~ продуктивность нефтеносного песчаника
sedimentation ~ осаждаемость
setback ~ ёмкость подсвечника *(буровой вышки)*
solids-carrying ~ удерживающая способность *(промывочной жидкости)*
sorptive ~ **of rocks** сорбционная ёмкость пород
spare ~ расход запасных частей
specific ~ **of well** удельная производительность скважины
stacking ~ **of derrick** ёмкость буровой вышки; вместимость буровой вышки *(по числу устанавливаемых за палец бурильных труб)*

storage ~ 1. вместимость резервуаров *(базисного нефтезаводского склада)* 2. вместимость *(хранилища, резервуара, бака)*
supply ~ способность обеспечить бесперебойные поставки *(газа)*
tank ~ вместимость цистерны; вместимость резервуара; вместимость бака
tensile load ~ of casing string прочность на растяжение обсадной колонны
tested ~ установленная производительность *(скважины)*
throughput ~ производительность; пропускная способность
torsional ~ способность передавать крутящий момент *(определённой величины)*
total ~ 1. общая вместимость 2. суммарная производительность 3. полная производительность *(скважины)*
total tankage ~ общая вместимость нефтебазы
ultimate ~ полная мощность
useful ~ 1. полезная мощность 2. полезная вместимость *(резервуара)*
varying ~ переменная производительность *(напр. насоса)*
volumetric ~ объёмная производительность *(компрессора)*
water ~ of cement slurry способность цементного раствора поглощать воду
water-intake ~ of well поглощающая способность скважины, приёмистость скважины
weight ~ усилие подачи *(бурового станка при бурении сверху вниз)*
weight-supporting ~ грузоподъёмность *(буровой вышки)*

well production ~ производительность скважины
wind load ~ способность *(буровой вышки)* выдерживать ветровую нагрузку
working ~ грузоподъёмность
caplastometer капиллярный вискозиметр
capper фонтанная задвижка
capping 1. перекрытие *(притока пластовой воды или газа герметизирующим устройством на устье скважины)* 2. каптаж скважины, закрытие скважины *(крышкой, пробкой)* 3. pl горные породы, покрывающие нефтяной пласт 4. закупоривание 5. наносы; покров; вскрыша
~ of well каптаж скважины *(закрытие колпаком устья законченной бурением подводной скважины при временном её оставлении)*
pipeline ~ закрытие трубопровода колпаком *(для спуска под воду и оставления на дне в случае штормовой погоды)*
caprock покрывающая порода, покров продуктивной свиты
capstan кабестан; шпилевая лебёдка
capsule кабина; отсек
explosive gaging ~ капсула взрывчатого вещества *(для увеличения диаметра ствола скважины ниже буровой головки-наконечника, от которого срабатывает детонатор)*
life saving ~ спасательная капсула
personnel transfer ~ капсула для снятия персонала *(с плавучего основания при аварии)*
prepacked cement grout ~ предварительно упакованный в капсулы цементирующий раствор

capsule

    propellant ~ порция топлива, подаваемая буровым раствором на забой *(при термодетонационном бурении)*
    service ~ капсула обслуживания *(подводного нефтепромыслового оборудования)*
    underwater instrument ~ подводный контрольно-измерительный модуль
    wellhead ~ съёмный устьевой модуль

capture:
    neutron ~ захват нейтронов *(при радиокаротаже)*

car 1. автомобиль 2. вагон
    cistern ~ вагон-цистерна
    gasoline tank ~ железнодорожная бензоцистерна
    isothermal liquefied gas tank ~ изотермическая железнодорожная цистерна для перевозки сжиженных газов
    oil ~ нефтеналивная железнодорожная цистерна
    oil tank ~ нефтеналивная железнодорожная цистерна
    petroleum ~ автоцистерна для перевозки жидкого топлива
    repair ~ передвижная ремонтная мастерская
    road tank ~ автоцистерна
    tank ~ 1. автомобильная цистерна 2. железнодорожная цистерна

carat карат *(0,2 г)*
    international metric ~ метрический карат *(0,2 г)*
    metric ~ метрический карат *(0,2 г)*

caratage общая масса алмазов *(в коронке)*

carbide карбид
    cemented ~ твёрдый сплав *(с карбидом вольфрама в качестве основного компонента)*
    clustered ~ мелкие зёрна твёрдого сплава для армирования долот
    cobalt-bonded tungsten ~ твёрдый сплав порошка карбида вольфрама с кобальтом в качестве связующего металла
    interspersed ~ карбид-вольфрамовая крошка *(для армирования долот)*
    sintered ~ твёрдый сплав на основе карбида вольфрама
    tungsten ~ карбид вольфрама

carbided обуглероженный; закоксовавшийся *(о катализаторе)*

Carbo-Free *фирм.* концентрированный материал различной плотности на углеводородной основе для установки ванн с целью освобождения прихваченных труб

Carbo-Gel *фирм.* загуститель для инвертных эмульсий

carbogenes карбогены *(легко окисляющиеся компоненты масел, образующие коксовый смолистый осадок)*

carboides карбоиды *(продукты уплотнения и полимеризации углеводородов, образующиеся при термическом разложении топлива и масел)*

carboloy карболой *(твёрдый сплав на базе карбида вольфрама)*

Carbo-Mul *фирм.* буровой раствор на углеводородной основе

Carbon Oxygen Log *фирм.* аппаратура спектрометрического импульсного нейтронного каротажа *(для определения содержания углерода и кислорода в горных породах)*

carbon 1. углерод 2. сажа 3. карбонадо *(чёрный технический алмаз)*
    fixed ~ связанный углерод
    free ~ свободный углерод
    gas ~ кокс *(в коксовых ретортах)*
    oil ~ углерод нефти

carbonado карбонадо *(чёрный технический алмаз)*
carbonate карбонат
　barium ~ карбонат бария *(для удаления ионов кальция из бурового раствора)*
　commercial ~ чёрный технический алмаз
carbonization of gas обогащение газа
carburization цементация *(стали)*
carburize закоксовывать
carburizer вещество, вызывающее закоксовывание
carburizing закоксовывание
carcass:
　drilling hose ~ каркас бурового шланга
carcassing система газовых труб *(в здании)*
card 1. карта, карточка; бланк 2. диаграмма; график 3. таблица
　corrective action ~ карточка учёта устраняемых неисправностей
　dynamometer ~ динамограмма
　failure ~ карточка учёта отказов
　field failure ~ карточка учёта эксплуатационных отказов
　field return ~ карточка учёта рекламационных возвратов
　inspection ~ ведомость приёмочного контроля
　instruction ~ техническая инструкция
　maintenance requirement ~ карточка-заявка на техническое обслуживание
　parts summary ~ ведомость спецификации деталей
　repair ~ ремонтная карточка
　repair report ~ карточка-извещение о произведённом ремонте
　spare record ~ карточка учёта запасных частей
　time ~ хронометражная карта
　trouble shooting ~ таблица поиска неисправностей
　warranty ~ гарантийный формуляр
cardan:
　universal ~ универсальный шарнир
care 1. уход; содержание 2. тщательность; осторожность
　follow-up ~ последующее наблюдение *(напр. после ремонта)*
carneo-calcareous известково-роговой
carpet:
　fold ~ надвиг складки
carriage 1. дренажная труба; канализационная труба 2. салазки *(основания буровой мачты)*
　~ **of subsurface manometer** каретка глубинного манометра
　~ **of subsurface pressure gage** каретка глубинного манометра
　drill ~ буровая каретка
　drilling pipe ~ каретка для труб
　drive-head ~ вертлюг-сальник *(буровой установки для бурения с гидротранспортом керна)*
　pipe tongs ~ каретка трубного ключа
　power-operated drilling ~ буровая каретка с механическим приводом
carrier 1. держатель 2. корпус *(перфоратора, керноотборника)* 3. кронштейн 4. поддерживающее приспособление 5. несущий элемент 6. транспортное средство
　energy ~ энергоноситель
　hose ~ 1. кронштейн для рукавов *(в автоцистерне)* 2. тележка для перевозки рукавов
　jet gun ~ корпус кумулятивного перфоратора

jet perforator ~ корпус кумулятивного перфоратора
liquefied cargo ~ танкер
liquefied gas ~ газовоз, танкер для перевозки сжиженного газа
liquefied petroleum gas ~ танкер для перевозки сжиженного нефтяного газа
liquid ~ жидкость-носитель
methane ~ метановоз
oil ~ нефтеналивное судно, танкер-нефтевоз
oil-bulk ore ~ нефтерудовоз
petrol ~ бензиновоз
pipe ~ хомут для труб
pipeline-up ~ тележка для центровки труб *(при сварке)*
pull rod ~ опора для насосных штанг
rod line ~ опора для полевых тяг
rotary table pinion shaft ~ стакан приводного вала ротора
sand ~ песконоситель *(жидкость для гидравлического разрыва пласта)*
thick-walled hollow ~ of jet gun толстостенный корпус кумулятивного перфоратора
ultralarge crude ~ танкер водоизмещением свыше 400 тыс. т
very large crude ~ танкер водоизмещением не менее 160 тыс. т
wheel ~ адаптер шарошек *(в долоте Зублина)*

carrousel карусель
  conveyor-type ~ карусель конвейерного типа *(для установки буровых труб)*
  hydraulic ~ карусель с гидроприводом *(для подачи бурильных труб к поверхностному приводу установки)*

carry 1. спуск труб *(по мере углубления скважины)* ‖ спускать трубы *(по мере углубления скважины)* 2. содержать *(нефть)* ◊ to ~ a dry hole бурить сухую скважину *(без притока воды)*; to ~ a wet hole бурить скважину, в которую не закрыт приток воды; to ~ off отводить *(жидкость, газ, теплоту)*; to ~ over перебрасывать *(при перегонке)*; уносить *(тяжёлые фракции при перегонке)*; перепускать

carryover 1. механический вынос *(частиц нефтепродуктов)* 2. вынос *(нефти газом)* 3. унос *(тяжёлых фракций при разгонке)*; переброс *(жидкости при перегонке)* 4. выброс *(из резервуара)*

cartridge 1. приборный блок; электронный блок *(скважинного прибора)* 2. бумажный патрон с цементом *(для тампонажа каверн)*
  battery ~ гильза для батареи *(при гамма-методе)*
  blasting ~ патрон для паления
  cleaning filter ~ самоочищающийся патрон фильтра *(морской воды для заводнения)*
  explosion ~ шашка взрывчатого вещества
  propellant ~ порция топлива, подаваемая буровым раствором на забой *(при термодетонационном бурении)*
  stemming ~ забоечный патрон
  tool ~ электронный блок скважинного прибора

case 1. кожух; обшивка; оболочка; чехол 2. корпус 3. цементированный слой 4. крепить *(ствол скважины)* обсадными трубами ◊ to ~ in обсаживать *(трубы)*; to ~ off 1. крепить *(ствол скважины)* обсадными трубами; 2. закрывать *(воду)* трубами; перекрывать трубами *(водоносный горизонт, зону обрушения)*; изолировать

carburized ~ цементированный слой *(металла)*
catalyst ~ каталитическая камера; контактная камера; контактный аппарат
chain drive ~ кожух цепного привода
clinometer ~ корпус инклинометра
constant-velocity ~ сейсм. разрез из слоёв с постоянной скоростью *(волн)*
container ~ корпус скважинного прибора
core-catcher ~ корпус керноврателя
core-gripper ~ корпус керноврателя
core-lifter ~ керноприёмная труба с кернорвателем в нижней части
core-spring ~ корпус кернорвателя *(приставка к керноприёмной трубе для помещения ловильного кольца)*
cracking ~ крекинг-камера; крекинг-реактор
deep carburized ~ толстый цементированный слой *(металла)*
geophone ~ корпус сейсмоприёмника
lifter ~ корпус кернорвателя *(приставка к керноприёмной трубе для помещения ловильного кольца)*
oil-pump ~ корпус масляного насоса
outer ~ наружный корпус
plunger ~ цилиндр плунжера
pump ~ кожух насоса
spring-lifter ~ корпус кернорвателя
cased обсаженный *(о стволе)*
cased-off изолированный обсадными трубами; закреплённый обсадными трубами ◊ ~ **in hole** оставленный в скважине за трубами *(об инструменте)*

casing 1. обсадные трубы, обсадная колонна ‖ крепление *(скважины)* обсадными трубами **2.** обойма; коробка; футляр; кожух, оболочка; обшивка *(наружная)* ◊ ~ **for pipeline** предохранительная обойма для трубопровода; **to land the** ~ спускать обсадную колонну; **to part the** ~ отделять в скважине верхнюю часть обсадной колонны от нижней; **to pick up the** ~ подхватывать обсадные трубы *(для спускоподъёмных операций)*; **to pull the** ~ поднимать *(обсадные)* трубы, извлекать *(обсадную)* колонну; **to pull tension on** ~ натягивать обсадные трубы, спущенные в скважину; **to reciprocate the** ~ расхаживать колонну; **to reduce the** ~ переходить на обсадную колонну меньшего диаметра; **to retrieve** ~ извлекать обсадные трубы *(из скважины)*; **to run the** ~ обсаживать трубами; спускать обсадную колонну; устанавливать обсадную колонну; **to set the** ~ устанавливать обсадные трубы; ~ **with inserted joints** обсадные трубы с раструбными соединениями *(с внутренней нарезкой с одной стороны и с внешней нарезкой с другой)*
~ **of concrete** укладка бетона
add-on ~ наращиваемая обсадная колонна
blank ~ обсадные трубы без перфораций
blank flush ~**s** обсадные трубы с фасками *(под сварку встык)*
boring ~ обсадные трубы; обсадная колонна
buttress thread ~ обсадные труба с трапециевидной резьбой
cemented ~ зацементированная колонна обсадных труб

collared joint ~ колонна обсадных труб с муфтовыми соединениями
corrosion-resistant ~ нержавеющие обсадные трубы; коррозийно-устойчивые обсадные трубы
corrugated sheet-metal ~ рифлёные сварные обсадные трубы
drifted ~ трубы, выправленные с помощью оправки
drill ~ корпус бурильного молотка
drillable metal ~ легко прорезаемые обсадные трубы *(из алюминиевых или магниевых сплавов)*
drive ~ забивные трубы
external upset ~ обсадная колонна с наружной высадкой концов
extreme line ~ безмуфтовая обсадная колонна
filter ~ корпус фильтра
flexible protective ~ гибкая обойма *(для трубопровода)*
flighted ~ колонковый шнек *(для бурения в рыхлых и сыпучих породах)*
flush-coupled ~ обсадные ниппельные трубы *(для алмазного бурения)*
flush-joint ~ обсадные трубы с безниппельными соединениями
full-hole ~ обсадная колонна, спущенная на глубину скважины
hoist ~ корпус подъёмника
inserted joint ~ безмуфтовые обсадные трубы *(один конец трубы развальцован до размеров муфты)*
inside-coupled ~ обсадные ниппельные трубы
insulated surface ~ обсадные трубы с теплоизоляционным покрытием

intermediate ~ промежуточная колонна обсадных труб
logy ~ прихватываемая обсадная колонна; туго идущая обсадная колонна *(вследствие трения о стенки ствола скважины)*
long thread ~ обсадные трубы с длинной резьбой закруглённого профиля
oil-field ~ обсадные трубы нефтяного стандарта; обсадная колонна нефтяной скважины
oil-well ~ 1. муфтовые обсадные трубы нефтяного стандарта 2. обсадная колонна нефтяной скважины
open ~ свободная обсадная колонна *(без насосно-компрессорных труб)*
outer ~ внешняя обсадная колонна
parted ~ обсадная колонна с разрывом *или* нарушением цельности
perforated ~ перфорированная обсадная колонна
pipe ~ обсадная колонна из муфтовых труб
pipeline protecting ~ предохранительный кожух трубопровода
premium ~ обсадная колонна повышенной прочности
producing ~ последняя колонна обсадных труб
production ~ эксплуатационная обсадная колонна
protection ~ промежуточная обсадная колонна
protective ~ 1. колонна-направление *(первая обсадная колонна, служащая для крепления верхних слабых слоёв донного грунта при строительстве морских скважин)* 2. техническая обсадная колонна; промежуточная обсадная колонна 3. последняя промежуточная колонна 4. защитный кожух

pump ~ корпус насоса
recovered ~ извлечённая *(из скважины)* обсадная колонна
riveted ~ клёпаные обсадные трубы
ruptured ~ нарушенная обсадная колонна
salt-water-filled ~ обсадная колонна, заполненная солёной водой
screw joint ~ винтовые обсадные трубы
seamless ~ бесшовные обсадные трубы
semiflush coupling ~ обсадная колонна с полуобтекаемыми соединениями *(концы труб всажены внутрь, муфты тонкостенные одинакового диаметра с трубой)*
shothole ~ обсадные трубы взрывной скважины
slim ~ обсадная колонна малого диаметра
slip joint ~ 1. раструбные обсадные трубы 2. ненарезные обсадные трубы, соединяемые накладными привариваемыми муфтами
Speedite ~ безмуфтовые обсадные трубы с высаженными концами и модифицированной квадратно-ступенчатой резьбой
spiral ~ спиральная обсадная колонна; спиральная обсадная колонна
spiral-weld sheet-metal ~ спирально-сварные обсадные трубы
stove pipe ~ лёгкие клёпаные обсадные трубы большого диаметра
stuck ~ прихваченная обсадная колонна
surface ~ кондуктор *(первая колонна обсадных труб)*
temporary ~ временная обсадная колонна

threaded joint ~ обсадные трубы с резьбовыми соединениями
trip ~ труболовка для обсадных труб
upset-end ~ обсадные трубы с высаженными концами
waterproof ~ 1. водонепроницаемый кожух 2. тампонажная колонна для изоляции водоносных пластов
welded connection ~ обсадная колонна со сварными соединениями
well ~ 1. обсадные трубы 2. крепление ствола скважины обсадными трубами
Casing-Kote *фирм.* способ обработки поверхности обсадных труб гранулированным материалом для улучшения качества сцепления цементного камня с обсадной колонной
casing-off закрепление скважин обсадными трубами
Caso *фирм.* стеарат калия *(пеногаситель для буровых растворов)*
cast 1. образец 2. флюоресценция *(нефти)*
casting 1. отливка; литьё 2. *pl* низкосортные буровые алмазы
broken-down ~ сплав на медной основе, применяемый для отливки матриц алмазных коронок
casualty 1. несчастный случай; катастрофа; авария 2. повреждение
equipment ~ повреждение оборудования
cat 1. гусеничный трактор-вездеход *(для подготовки площадки для буровой установки)* 2. узел из загнутых нитей троса *(для заправки в канатный замок)* 3. перемещать тяжёлое оборудование с помощью лебёдки бурового станка

bear ~ 1. скважина с трудными условиями эксплуатации 2. предохранительный пояс из брезента
boom ~ трактор-трубоукладчик со стрелой
wild ~ разведочная скважина; поисковая скважина *(на малоисследованной площади)*
cataclase:
  ring ~ круглый грабен; овальный грабен
cataclinal *геол.* катаклинальный, простирающийся в направлении падения
catalog каталог
  parts ~ каталог запасных частей
  preferred parts ~ каталог деталей, рекомендованных к применению
  qualified parts ~ каталог деталей, удовлетворяющих техническим условиям
  repair parts ~ каталог запасных частей
  standards ~ каталог стандартов
catalysis катализ
catalyst катализатор
  acid ~ кислотный катализатор
  alumina-base ~ катализатор на оксидно-алюминиевом носителе
  alumina-boria ~ алюмоборный оксидный катализатор
  ammonia-synthesis ~ катализатор синтеза аммиака
  bead ~ шариковый катализатор
  carbided ~ обуглероженный катализатор; закоксованный катализатор
  chromia-alumina ~ алюмохромовый катализатор
  clay ~ природный глинистый катализатор; каталитическая глина
  combustion ~ присадка к топливам *(для сжигания отложений, образующихся в камере)*
  compacted ~ слежавшийся катализатор
  cracking ~ катализатор крекинга, крекирующий катализатор
  dead ~ отработавший катализатор
  decomposition ~ 1. катализатор разложения 2. катализатор, полученный разложением
  dehydrating ~ дегидрирующий катализатор
  dehydration ~ дегидрирующий катализатор
  dilute-phase ~ катализатор, суспендированный в газовом потоке
  equilibrium ~ равновесный катализатор
  filtrol clay ~ *фирм.* катализатор фильтрол *(тонко измельчённая глина)*
  fixed-bed ~ неподвижный слой катализатора, стационарный слой катализатора
  fluid ~ флюидизированный катализатор, псевдоожиженный катализатор
  hollow spherical ~ гелевый катализатор в форме полых шариков
  hydrosilicate ~ гидросиликатный катализатор
  impregnated ~ катализатор, полученный пропиткой; пропитанный катализатор
  live ~ активный катализатор
  molded ~ формованный катализатор
  molybdenia-alumina ~ алюмомолибденовый катализатор
  natural silica-alumina ~ алюмосиликатный катализатор, полученный путём обработки кислотой природной монтмориллонитовой глины
  oxide cracking ~ оксидный крекирующий катализатор

platinum-oxide ~ оксидоплатиновый катализатор
precipitated ~ катализатор, осаждённый на инертный носитель; осаждённый катализатор
reforming ~ катализатор для реформинга
settled ~ катализатор, осаждённый на инертный носитель; осаждённый катализатор
silica-alumina ~ алюмосиликатный катализатор *(основной тип крекирующих катализаторов)*
silica-base ~ катализатор на силикатной основе, силикатный катализатор
silica-magnesia ~ магниевосиликатный катализатор
silica-zirconia ~ циркониевосиликатный катализатор
sintered ~ плавленый катализатор
skeleton ~ скелетный катализатор; губчатый металлический катализатор
slurried ~ катализатор, смешанный с сырьём; катализатор, суспендированный в сырье; катализированная суспензия; катализаторная пульпа
solid phosphoric acid ~ фосфорнокислотный катализатор на твёрдом носителе *(напр. кизельгуре)*
supported ~ катализатор на носителе; катализатор, осаждённый на пористом носителе
unsupported ~ катализатор без носителя; неосаждённый катализатор
cat-blend смесь мазутов каталитического крекинга и прямой перегонки нефти
catch: ◊ **to ~ a core** отбирать керн

core ~ керноуловитель *(при бурении с выносом керна через штанги действием обратной циркуляции)*
hook ~ откидная защёлка крючка
safety ~ захватное устройство *(всасывающего клапана штангового скважинного насоса)*
tubing ~ труболовка
catch-all универсальный ловильный инструмент
catcher 1. трубодержатель 2. ограничитель *(хода)* 3. улавливающее приспособление, улавливатель; ловушка; коллектор 4. устройство для захвата проводов *(при производстве взрыва в скважине)* 5. керноврыватель
casing ~ освобождающаяся труболовка
cave ~ 1. приспособление *(навинчиваемое на нижний конец колонны обсадных труб)* для прикрытия боковой каверны в скважине 2. приспособление, препятствующее попаданию обваливающейся породы в скважину
chip ~ шламосборник
combination tubing and sucker rod ~ комбинированный ловитель насосно-компрессорных труб и штанг
core ~ 1. керноуловитель *(при бурении с выносом керна через штанги действием обратной циркуляции)* 2. керноврыватель *(колонкового снаряда со съёмным керноприёмником)*
core ~ **with spring-actuated pivoted dogs** керноврыватель с подпружиненными плашками
double-slip ~ двухступенчатый ловитель
dust ~ шламоуловитель; пылеуловитель *(при бурении с продувкой воздухом)*

expandable core ~ раздвижной керноприёмник
flow ~ приспособление для отвода в сторону фонтанирующей из скважины струи *(во время работ у устья)*
full closure core ~ герметизированный съёмный керноприёмник колонкового снаряда
gas ~ газоуловитель
grit ~ песколовка; гравиеловка
magnetic ~ магнитный ловитель
plug ~ устройство для задержки пробки
plunger-type rod ~ ловитель для насосных штанг плунжерного типа
oil ~ маслоуловитель; маслоотражатель; маслоотделитель; маслосборник
sample ~ отстойник; виброустройство *(для отбора образцов шлама)*; шламоотборник
sand ~ песколовка
single-slip ~ одноступенчатый ловитель
sleeve ~ кольцевой пружинный кернорватель с направляющей трубкой *(входящей в керноприёмную трубу)*
slip ~ клиновой ловитель
slug ~ ловушка для конденсата *(в трубопроводе)*
spray ~ каплеуловитель
spring-finger core ~ лепестковый кернорватель
spring-ring core ~ кернорватель пружинного типа
spring-type hard faced core ~ съёмный керноприёмник пружинного типа для бурения в плотных породах
standing valve ~ ловитель всасывающего клапана
sucker rod ~ штанговый ловитель

tar ~ дёгтеотделитель
toggle-type core ~ кернорватель рычажного типа
tubing ~ 1. трубодержатель; держатель для установки насосно-компрессорных труб 2. лафетный хомут 3. шарнирный хомут 4. предохранительное приспособление *(удерживающее насосные трубы от падения в скважину при подъёме)*
catching:
  casing ~ зависание обсадной колонны при спуске
catchment:
  filter ~ приёмник фильтра
caving 1. образование каверн 2. *pl* осыпь *(в скважине)* 3. *pl* частицы обрушившихся горных пород
caving-in of well обвал стенок ствола скважины
catchpot сепаратор
catcracker установка каталитического крекинга
catechol пирокатехин; ортодиоксибензол *(ингибитор окисления бензинов)*
category категория; разряд; класс
  ~ **of maintenance** вид технического обслуживания
  all-tests-pass ~ категория изделий, прошедших испытания в полном объёме
  criticality ~ категория критичности *(отказа)*
  damage ~ категория повреждения
  defect ~ вид дефекта
  equipment ~ категория оборудования
  failure ~ категория отказа
  importance ~ категория важности *(отказа)*
  multiple repair ~ категория *(оборудования)*, допускающая возможность многократного ремонта

oil well ~ категория нефтяной скважины
reliability ~ класс надёжности
test ~ вид испытаний
vulnerability ~ степень уязвимости; степень защищённости
cathead шпилевая катушка *(для затягивания инструмента и труб в буровую вышку, подъёма хомутов и элеваторов, свинчивания и развинчивания бурильных труб)* ◊ **to ~ a derrick up** 1. поднимать буровую вышку с помощью шпилевой катушки станка 2. натягивать оттяжки буровой вышки шпилевой катушкой
  automatic ~ автоматическая шпилевая катушка
  breakout ~ шпилевая катушка для свинчивания бурильных труб
  friction ~ фрикционная шпилевая катушка
  makeup ~ шпилевая катушка для свинчивания бурильных труб
  spinning ~ шпилевая катушка для свинчивания бурильных труб
cathole небольшая ямка для ноги буровой треноги
catline 1. катушечный канат 2. натяжной трос *(ключа для труб)* 3. канат для работ со шпилевой катушкой 4. лёгость
catwalk 1. мостки; площадка; лестница *(на верхнем поясе резервуара)* 2. боковые мостки *(основания буровой установки)*
  tank ~ лестница на верхнем поясе резервуара
catworks вспомогательная лебёдка *(буровой установки)*
caught-on оставшийся; прихваченный *(в скважине)*
caulking чеканка; уплотнение шва

overhead ~ подчеканка кромок поясов резервуара снизу вверх
seam ~ чеканка шва
tank overhead ~ чеканка кромок резервуара
tank rim ~ чеканка кромок резервуара
cause причина
  ~ **of accident** причина аварии; причина несчастного случая
  ~ **of failure** причина отказа
  ~ **of suspicion** предполагаемая причина *(отказа)*
  ~ **of trouble** причина нарушения
  ~ **of unreliability** причина ненадёжности
  assignable ~ определимая причина; установленная причина *(отказа)*
  common ~ общая причина *(отказа)*
  competing ~**s** конкурирующие причины *(отказа)*
  defect ~ причина неисправности
  single ~ единственная причина *(отказа)*
  unassignable ~ неустановленная причина *(отказа)*
  undetermined ~ неустановленная причина *(отказа)*
caustic-treated прошедший щелочную очистку *(о бензине)*
caustobiolith каустобиолит
  ~**s of naphthene series** каустобиолиты нафтенового ряда
  ~**s of petroleum series** каустобиолиты нефтяного ряда
cave 1. обрушившаяся порода *(со стенок скважины)* 2. обрушение стенок скважины 3. каверна; карстовое образование
  oil-bearing ~ нефтеносная каверна
cave-in обрушение *(стенок скважины)* ǁ обрушаться *(о стенках скважины)*

cavern каверна *(в породе)*; карстовая пустота
  gas ~ каверна-газохранилище
  high-pressure gas ~ каверна-газохранилище высокого давления
cavernosity кавернозность
cavernous 1. кавернозный *(с большими порами)* 2. пещеристый; ячеистый; пористый
caving 1. обрушение; обвал стенок скважины 2. образование пустот; образование провалов; образование каверн 3. *pl* обрушившаяся порода *(в скважине)* 4. *pl* частицы обрушившихся горных пород
  free ~ легко обрушающийся *(о породе)*
caving-in of well обвал стенок ствола скважины
cavitation:
  wall ~ кавернообразование в стенках скважины; раздутие ствола скважины; расширение ствола скважины *(вследствие обрушения, размыва или механического разрушения вращающимся снарядом)*
cavit/y 1. полость; пустота; каверна *(в породе)*; впадина 2. пузырёк, пустота *(дефект литья в матрице алмазной коронки)*
  borehole ~ полость скважины; скважина
  contraction ~ усадочная раковина *(в металле)*
  corrosion ~ коррозионная раковина
  cylindrical ~ цилиндрическая полость *(взрыва)*
  explosion ~ полость взрыва
  gas ~ *геол.* газовый пузырь
  gate ~ полость задвижки
  gate-valve stem ~ полость шпинделя задвижки
  karst ~ карстовая котловина
  ram ~ плашечная полость *(противовыбросового превентора)*
  rock ~ каверна в породе
  shot-produced ~ полость взрыва
  shrinkage ~ усадочная раковина *(в металле)*
  solution ~ies пустоты растворения
  spherical ~ сферическая полость *(взрыва)*
  spheroidal ~ сфероидальная полость *(взрыва)*
  washout ~ies пустоты вымывания
СС-16 *фирм.* натриевая соль гуминовых кислот
Cecol *фирм.* молотые оливковые косточки *(нейтральный наполнитель для борьбы с поглощением бурового раствора)*
Cectan *фирм.* кора квебрахо особо тонкого помола *(разжижитель для буровых растворов)*
Cedar Seal *фирм.* волокно кедровой древесины *(нейтральный наполнитель для борьбы с поглощением бурового раствора)*
Cegal *фирм.* порошок сернокислого свинца *(утяжелитель буровых растворов)*
Cel Flakes *фирм.* целлофановая крошка *(нейтральный наполнитель для борьбы с поглощением бурового раствора)*
Celatex *фирм.* крошка из отработавшей резины *(нейтральный наполнитель для борьбы с поглощением бурового раствора)*
celite целит *(промежуточное вещество цементного клинкера)*
cell:
  local ~ локальный гальванический элемент *(при коррозии)*
  mud weighting load ~ датчик массы бурового раствора
  pressure ~ датчик давления

tank weighting load ~ датчик массы для взвешивания глинопорошка в бункере

cellar 1. устьевая шахта *(скважины)* **2.** подводная устьевая шахта *(под плавучим основанием скважины)*; придонная камера с атмосферным давлением *(над устьем морской скважины)*

derrick ~ шурф *(у устья скважины под полом буровой вышки)*

well ~ шахта для буровой скважины

wellhead ~ устьевая шахта

Cellex *фирм.* натриевая карбоксиметилцеллюлоза

Cellopane Flaxes *фирм.* целлофановая крошка *(нейтральный наполнитель для борьбы с поглощением бурового раствора)*

Cell-o-Phane *фирм.* целлофановая крошка *(нейтральный наполнитель для борьбы с поглощением бурового раствора)*

cellophane целлофан

shredded ~ целлофановая стружка

Cell-o-Seal *фирм.* целлофановая крошка *(нейтральный наполнитель для борьбы с поглощением бурового раствора)*

cellulose измельчённое растительное волокно *(добавка в буровой раствор при проходке поглощающих пород)*

carboxymethyl ~ карбоксиметилцеллюлоза

carboxymethylhydroxyethyl ~ карбоксиметилгидроксиэтилцеллюлоза

carboxymethyloxyethyl ~ карбоксиметилоксиэтилцеллюлоза

Cemad-1 *фирм.* понизитель водоотдачи цементных растворов

Cement Bond Log *фирм.* аппаратура для контроля цементирования акустическим методом; акустический цементомер

Cement Bond-Variable Density Log *фирм.* аппаратура для контроля цементирования акустическим методом; акустический цементомер

Cement Bond-Wave Train Log *фирм.* аппаратура для контроля цементирования акустическим методом; акустический цементомер

cement 1. цемент; цементный раствор ‖ цементировать; скреплять цементным раствором; обмазывать цементным раствором; тампонировать цементом **2.** схватываться *(о цементном растворе)* **3.** замазка ◊ **to ~ casing string in place** цементировать обсадную колонну в стволе скважины; **to cast in ~** заливать цементным раствором; **to displace ~** продавливать цемент; **to ~ in** цементировать; заливать цементным раствором; **to ~ in place** цементировать при монтаже; **to mix ~** затворять цемент

acid-soluble ~ 1. кислоторастворимый цемент **2.** известковый цемент, размягчающийся в соляной кислоте

additive ~ цемент с добавками

air-entraining ~ цемент с воздухововлекающей добавкой

alabaster ~ алебастровый цемент

alumina ~ глинозёмный цемент, бокситовый цемент, алюминатный цемент

aluminate ~ глинозёмный цемент, бокситовый цемент, алюминатный цемент

anhydrite ~ ангидритовый цемент

cement

artificial ~ цемент из искусственной смеси сырьевых материалов; портландцемент
asbestos ~ асбестовый цемент, асбоцемент
asphaltic ~ 1. асфальтовое вяжущее вещество; асфальтовый цемент 2. асфальтовая замазка; асфальтовая мастика; дорожный битум
autoclaved ~ автоклавированный цемент
bakelite ~ бакелитовый цемент
base ~ исходный цемент
bauxite ~ глинозёмный цемент, бокситовый цемент, алюминатный цемент
belite ~ белитовый цемент
belite-diatomaceous earth ~ белито-кремнезёмистый цемент
belite-tripolite ~ белито-трепельный цемент
belite-tripolite powder ~ белито-трепельный цемент
bentonite ~ гельцемент *(с добавкой бентонита)*
bituminous ~ битумная мастика
blast ~ шлаковый цемент *(цемент из доменных шлаков)*
blast-furnace ~ шлакопортландцемент
blast-furnace slag ~ шлакопортландцемент
blended ~ цемент с добавками
bulk ~ незатаренный цемент; рассыпной цемент, цемент насыпью; цемент навалом
calcareous ~ гидравлическая известь; известковое вяжущее
calcium aluminate ~ кальциево-алюминатный цемент
clay ~ глиноцементный раствор
clinker-bearing slag ~ шлакопортландцемент
coarse-ground ~ цемент крупного помола

commercial portland ~ заводской портландцемент
completely hydrated ~ полностью гидратированный цемент
construction ~ строительный цемент
corrosion-resistant oil-well ~ коррозионностойкий тампонажный цемент
diatomaceous earth ~ кремнеземистый цемент
diesel-oil ~ 1. нефтецементная смесь 2. цемент, замешанный на дизельном топливе с примесью поверхностно-активного вещества *(для горячих скважин)*
dolomite ~ доломитовый цемент
dry ~ сухой цемент
early-strength ~ быстротвердеющий цемент
excessive ~ излишек цемента, излишний цемент
expanding ~ расширяющийся цемент
fast-setting ~ быстросхватывающийся цемент
ferro-manganese slag ~ ферромарганцево-шлаковый цемент
fiber ~ волокнистый цемент
fibrous ~ волокнистый цемент
fine grounding ~ цемент тонкого помола
fly-ash ~ цемент с добавкой зольной пыли
furan-resin ~ цемент из фурановой смолы
gel ~ гель-цемент *(с добавкой бентонита)*
general purpose portland ~ заводской портландцемент
gilsonite ~ гильсонитовый цемент
glass bubble ~ цемент с пустотелыми стеклянными шариками в качестве наполнителя

green ~ несхватившийся цементный цемент, незатвердевший цементный раствор
gypsum ~ гипсовый цемент, гипсоцемент *(тампонажный материал, приготовленный из гипса)*
gypsum-alumina ~ гипсоглинозёмистый цемент
gypsum-retarded ~ цемент с гипсом в качестве замедлителя
gypsum-slag ~ гипсошлаковый цемент
heat-resistant ~ термостойкий цемент
high-alkali ~ высокощелочной цемент, цемент с большим содержанием щелочей
high-alumina ~ высокоглинозёмистый цемент
high-early ~ быстротвердеющий цемент
high-early strength ~ быстротвердеющий прочный цемент
high-grade ~ высокосортный цемент
high-speed ~ быстротвердеющий цемент
high-strength ~ высокопрочный цемент
high-sulfate-resistant ~ цемент с высокой сульфатоустойчивостью
high-temperature ~ высокотемпературный цемент
honeycombed ~ пористый цемент, ячеистый цемент, сотообразный цемент
hydrated ~ гидратированный цемент, цементный камень
hydraulic ~ гидравлический цемент *(затвердевающий в воде)*
hydrophobic ~ водоотталкивающий цемент, гидрофобный цемент
interstitial ~ цемент пор

iron-oxide ~ железистый цемент *(с повышенным содержанием оксида железа за счёт глинозёма)*
iron-portland ~ шлакопортландцемент
jelled ~ загустевший цементный раствор *(не поддающийся перекачиванию насосом)*
latex ~ латекс-цемент
lean ~ песчано-цементная смесь с низким содержанием цемента
lightened ~ облегчённый цемент
lime-puzzolan ~ известково-пуццолановый цемент
lime-sand ~ известково-песчаный цемент
lime-slag ~ известково-шлаковый цемент
low-alkali ~ низкощелочной цемент, цемент с низким содержанием щёлочи
low-early strength ~ цемент с низкой начальной прочностью
low-grade ~ низкосортный цемент, цемент низкой марки
low-heat ~ цемент с малой теплотой гидратации; низкотермичный цемент
low-limited ~ цемент с малым содержанием извести
low-slag ~ цемент с малым содержанием шлака
low-strength ~ 1. неполностью затвердевший цемент 2. быстротвердеющий цемент
low-temperature ~ низкотемпературный цемент
low-water-loss ~ цемент с малым водоотделением, цемент с низкой водоотдачей
low-water-retentive portland ~ портландцемент с малой водоудерживающей способностью
lumnite ~ глинозёмный цемент *(для буровых работ)*

magnesia ~ магнезиальный цемент
mastic ~ цементная мастерская
medium-setting ~ цемент со средним сроком схватывания
Mendeleyev ~ менделеевская замазка
metallurgical ~ шлакопортландцемент, металлургический портландцемент
mixed ~ смешанный цемент
modified ~ модифицированный цемент
modified portland ~ модифицированный портландцемент
natural ~ естественный цемент, цемент из естественного мергеля
neat ~ чистый цемент; клинкерный цемент
neat portland ~ чистый портландцемент *(без добавок и примесей)*
nepheline-sand ~ нефелиново-песчаный цемент
nonshrinking ~ безусадочный цемент
normal portland ~ обыкновенный портландцемент
normally hydrated ~ нормально гидратированный цемент
oil-field ~ промысловый цемент
oil-in-water emulsion ~ нефтеэмульсионный цемент
oil-well ~ цементная смесь для применения в нефтяной, газовой или гидрогеологической скважине, тампонажный цемент
oil-well portland ~ тампонажный портландцемент
oil-well sand ~ тампонажно-песчаный цемент
ordinary ~ цемент, используемый при отсутствии сульфатной агрессии

oxychloride ~ магнезиальный цемент
perlite ~ перлитовый цемент, перлитоцемент
perlite-gel ~ перлито-глинистый цемент
permetallurgical ~ шлаковый цемент
phenolic-resin ~ бакелитовый цемент
plain ~ чистый цемент; клинкерный цемент
polymer ~ полимер-цемент
porous ~ пористый цемент
portland ~ портландцемент
portland blast-furnace-slag ~ шлакопортландцемент, шлакосиликатный цемент
portland-puzzolan ~ пуццолановый портландцемент
portland-slag ~ шлакопортландцемент
pozmix ~ пуццолановый цемент
premixed ~ предварительно смешанный цемент
puzzolan ~ пуццолановый цемент
puzzolan portland ~ пуццолановый портландцемент
quick-hardening ~ быстросхватывающийся цемент; быстротвердеющий цемент
quick-setting ~ быстросхватывающийся цемент; быстротвердеющий цемент
radioactive ~ радиоактивный цемент *(позволяющий определять высоту подъёма цемента по затрубному пространству с помощью гамма-счётчика)*
rapid-hardening ~ быстросхватывающийся цемент; быстротвердеющий цемент
rapid-setting ~ быстросхватывающийся цемент; быстротвердеющий цемент

cement

regular ~ 1. цемент класса А *(по стандарту Американского института нефти)*. 2. цемент типа I *(по стандарту Американского общества специалистов по испытаниям материалов)*
resin ~ смесь тампонажного цемента и термореактивных смол *(применяемая при капитальном ремонте скважины)*
retarded ~ цемент с замедлителем
retarded oil-well ~ тампонажный цемент с замедлителем
rock ~ цемент горных пород
sacked ~ цемент в мешках, затаренный цемент
sand ~ песчаный цемент *(механическая смесь портландцемента с молотым песком)*
scavenger ~ цемент, очищающий ствол скважины
sedimentary rock ~ цемент осадочных пород
set ~ затвердевший цемент, схватившийся цемент; цементный камень
slag ~ бесклинкерный шлаковый цемент
slag-gypsum ~ гипсошлаковый цемент
slag-lime ~ шлакоизвестковый цемент
slag-magnesia portland ~ шлакомагнезиальный портландцемент
slag-portland ~ шлакопортландцемент
slag-sand ~ шлакопесчаный цемент
slow ~ медленносхватывающийся цемент
slow-setting ~ медленносхватывающийся цемент
sorel ~ магнезиальный цемент
sound ~ цемент, обладающий постоянством объёма; цемент, обладающий равномерностью изменения объёма
special ~ быстротвердеющий цемент; специальный цемент
special oil-well ~ специальный тампонажный цемент
standard ~ стандартный цемент; нормально схватывающийся цемент
straight ~ чистый цемент; клинкерный цемент
sulfate-resistant ~ сульфатостойкий цемент
sulfate-resistant portland ~ сульфатостойкий портландцемент
sulfo-aluminous ~ сульфоглиноземистый цемент
super ~ высокосортный портландцемент
superrapid hardening ~ очень быстро твердеющий цемент
supersulfated ~ сульфатно-шлаковый цемент
supersulfated metallurgical ~ сульфатостойкий портландцемент
surface hydrated ~ цемент, гидратированный с поверхности
sursulfate ~ сульфатно-шлаковый цемент
thixotropic ~ тиксотропный цемент *(для цементирования интервалов перфорирования в истощённых пластах)*
trass ~ трассовый цемент
unretarded ~ чистый цемент; клинкерный цемент
unset ~ несхватившийся цементный раствор, незатвердевший цементный раствор
unsound ~ цемент, не обладающий равномерностью изменения объёма
water ~ гидравлический цемент
waterproof ~ водонепроницаемый цемент
water-repellent ~ водоотталкивающий цемент, гидрофобный цемент

cement

    water-retentive portland ~ водоотталкивающий портландцемент, гидрофобный портландцемент
    weighted ~ утяжелённый цемент
cementation 1. цементирование; тампонаж цементом 2. заполнение цементом *(трещин или пустот в стенках скважины)*; нагнетание цементного раствора 3. придание устойчивости *(стенкам скважины закачкой цементного раствора или затвердевающего пластика)*
    ~ of rocks цементация горных пород
    ~ of sand grains цементация песчинок
    fissure ~ цементирование трещин
    natural ~ естественная цементация *(песков)*
    two-plug ~ цементирование скважины при помощи двух пробок
cemented 1. сцементированный *(о пласте)* 2. зацементированный
    closely ~ крепко сцементированный
    cobalt ~ с кобальтом в качестве связующего металла
cementer 1. турбулизатор *(стальное кольцо с лопатками, надеваемое на обсадную трубу и вызывающее вихревое движение цементного раствора)* 2. цементировочный пакер; цементировочная пробка 3. установка для цементирования *(нефтяных скважин)*, цементировочное устройство 4. цементировочная муфта 5. цементирующее вещество 6. фирма, производящая цементирование скважин
    multiple stage ~ муфта для ступенчатого цементирования
    removable ~ извлекаемый цементировочный пакер
    retrievable ~ съёмное цементировочное устройство
cementing 1. цементирование *(скважин)*; тампонаж цементом ∥ вяжущий; цементирующий; цементировочный 2. заполнение цементом *(трещин или пустот в стенках скважины)* 3. придание устойчивости *(стенкам скважины закачкой цементного раствора или затвердевающего пластика)* ◊ **~ at zero pressure** цементирование без давления; **~ between two moving plugs** тампонаж с двумя разделяющими пробками; **~ through** цементирование через перфорированные трубы; **~ through the production zone** цементирование скважины с подъёмом столба цемента за трубами по всей мощности продуктивного пласта; **~ under pressure** цементирование под давлением; заливка цементного раствора через отверстия в колонне; **~ with bailer** цементирование при помощи желонки; **~ with sand pretreatment of formation** цементирование с предварительным введением песка в пласт
    ~ of well by continuous lining method цементирование скважины методом сплошной заливки
    basic ~ первичное цементирование
    bottomhole ~ under pressure цементирование забоя под давлением
    casing ~ цементирование обсадной колонны
    casing liner ~ цементирование обсадной колонны-хвостовика

continuous ~ сплошное цементирование
direct ~ прямое цементирование
first ~ первичное цементирование
from-the-bottom-upward ~ цементирование с забоя
full-depth casing ~ цементирование обсадной колонны до устья
full-hole ~ манжетная заливка цемента
hydraulic ~ гидравлическое цементирование, цементирование с применением скважинного инжектора
inner string ~ цементирование межтрубного кольцевого пространства
multistage ~ многоступенчатое цементирование
oil string ~ цементирование эксплуатационной колонны
oil-well ~ цементирование нефтяной скважины
plugless ~ цементирование без применения цементировочных пробок
post-plug ~ цементирование с верхней цементировочной пробкой
pressure ~ цементирование под давлением
primary ~ первичное цементирование; цементирование после постановки обсадной колонны
production string ~ цементирование эксплуатационной колонны
remedial ~ вторичное цементирование; исправительное цементирование; цементирование для ремонта (ствола скважины)
retarded ~ замедленное цементирование
reverse ~ обратное цементирование
secondary ~ вторичное цементирование
single-stage ~ одноступенчатое цементирование
siphon-type ~ сифонное цементирование
squeeze ~ 1. цементирование под давлением 2. исправительный тампонаж
squeeze ~ with cement retainer цементирование под давлением с применением пакера
stage ~ ступенчатое цементирование (колонны)
three-stage ~ трёхступенчатое цементирование
two-plug ~ цементирование с двумя пробками
two-stage ~ двухступенчатое цементирование
well ~ цементирование скважины
cementitious цементирующий; вяжущий
Cemusol NP2 *фирм.* жидкий пеногаситель для буровых растворов на водной основе
center 1. центр; середина 2. центр, учреждение, бюро ◊ in the ~ of pool в центре залежи
~ of attack очаг коррозии
~ of borehole ось буровой скважины
~ of casing head flange центр фланца головки обсадной колонны
~ of location место нахождения (*напр. неисправности*)
~ of spread *сейсм.* центр системы наблюдений
~ of tubing flange ось фланца насосно-компрессорных труб
array ~ *сейсм.* центр расстановки
certification ~ сертификационный орган

center

   corrosion ~ центр коррозии, коррозионный очаг
   defect ~ очаг дефектов
   depot maintenance ~ пункт заводского ремонта
   drilling derrick ~ центр буровой вышки
   evaluation ~ испытательный центр
   field maintenance ~ полевой пункт технического обслуживания
   geophone group ~ центр группы сейсмоприёмников
   hemp ~ пеньковая сердцевина; джутовая сердцевина *(проволочного каната)*
   independent wire-rope ~ сердечник из стальной проволоки для тросов
   liquid petroleum gas packaging ~ станция затаривания сжиженного нефтяного газа
   log processing ~ центр обработки каротажных данных
   maintenance ~ пункт технического обслуживания
   maintenance control ~ отдел управления техническим обслуживанием
   maintenance data ~ центр сбора данных о техническом обслуживании
   parts reliability information ~ центр информации о надёжности деталей
   reliability action ~ отдел обеспечения надёжности
   reliability analysis ~ отдел анализа надёжности
   reliability data ~ центр сбора данных о надёжности
   repair ~ пункт ремонта
   repair service ~ пункт технического обслуживания и ремонта
   rod hanger ~ точка подвеса насосных штанг
   seismic processing ~ центр обработки сейсмических данных
   service ~ пункт технического обслуживания
   shotpoint group ~ *сейсм.* центр группы пунктов взрыва
   sounding ~ центр зондирования
   test ~ испытательный центр
   test-and-evaluation ~ центр испытаний и оценки
   well ~ центр скважин
centering центрирование
   casing string ~ центрирование обсадной колонны
   drill collar ~ центрирование утяжелённых бурильных труб
   drilling bit ~ центрирование бурового долота
   rotary ~ центрирование ротора
centipoise сантипуаз *(единица абсолютной вязкости)*
centistoke сантистокс *(единица кинематической вязкости)*
central:
   anchor tension ~ панель контроля натяжения якорных цепей
   drill ~ 1. панель контроля параметров бурения 2. пост бурильщика
   drilling mud ~ панель контроля свойств бурового раствора
   mud ~ панель контроля параметров бурового раствора
centralization:
   ~ of service централизация технического обслуживания
   ~ of tool центрирование прибора *(в скважине)*
centralize центрировать *(прибор или обсадную колонну в стволе скважины)*
centralizer центратор *(пружинный фонарь для центрирования колонны обсадных труб)*
   balloon-type ~ пружинный центратор

casing ~ заколонный центратор; центратор обсадной колонны; фонарь для центрирования обсадной колонны
clamp-on drilling ~ кольцевой стабилизатор на утяжелённых бурильных трубах
drilling ~ бурильный стабилизатор; бурильный центратор
fishing tool ~ центратор ловителя
fuel ~ насадка для конденсата топлива *(на всасывающем трубопроводе)*
helical casing ~ центратор обсадной колонны со спиральными пружинами
helical tubing ~ спиральный центратор насосно-компрессорной колонны
latch-on casing ~ разборный центратор обсадной колонны
liner casing ~ центратор обсадной колонны-хвостовика
positive ~ жёсткий центратор
retractable ~ центратор для бурильных труб
rigid-type casing ~ жёсткий центратор обсадной колонны
slip-on casing ~ неразборный центратор обсадной колонны
spiral ~ спиральный центратор
spiral bow spring casing ~ центратор обсадной колонны со спиральными пружинами
spring ~ рессорный центратор
straight ~ центратор с прямолинейными пружинами
straight bow spring casing ~ центратор обсадной колонны с прямолинейными пружинами
tubing ~ центратор насосно-компрессорной колонны; центратор насосно-компрессорной колонны
turbine blade ~ центратор-турбулизатор *(для обсадной колонны)*

turbogen ~ центратор-турбулизатор *(для обсадной колонны)*
turbulence generating ~ центратор-турбулизатор *(для обсадной колонны)*
centralizer-turbolizer центратор-турбулизатор *(для обсадной колонны)*
centrifugation центрифугирование
centrifuge центрифуга ‖ центрифугировать; очищать *(буровой раствор)* на центрифуге
drilling mud ~ центрифуга для бурового раствора
centrifuging:
wax ~ отделение парафина *(от масла)* центрифугированием
centrum *сейсм.* гипоцентр
Ceox *фирм.* растворимое маслянистое поверхностно-активное вещество *(эмульгатор)*
certifiable поверяемый; аттестуемый
certificate 1. сертификат; удостоверение; аттестационное свидетельство; свидетельство о поверке; аттестат; паспорт; ‖ выдавать сертификат, выдавать удостоверение; выдавать свидетельство 2. акт ◊ to carry a ~ иметь сертификат; to grant a ~ выдавать сертификат; to issue a ~ выдавать сертификат; to resume a ~ возобновлять действие сертификата
~ of compliance свидетельство о соответствии установленным требованиям
~ of conformance сертификат соответствия техническим условиям
~ of damage свидетельство о повреждении; аварийный сертификат
~ of fair wear-and-tear акт о списании *(агрегата или машины)* в результате износа

certificate

~ of fitness удостоверение о пригодности к эксплуатации
~ of proof протокол испытаний; акт о проведении испытаний
~ of service сертификат о техническом обслуживании
~ of test results протокол о результатах испытаний
~ of unserviceability акт о непригодности к эксплуатации; акт о списании *(агрегата или машины)*
acceptance ~ акт приёмки, приёмочный акт
calibration ~ поверочный сертификат, поверочное свидетельство; паспорт *(прибора)*
competency ~ свидетельство о допуске *(к техническому обслуживанию)*
equipment ~ паспорт оборудования; свидетельство об исправности оборудования
gas-free ~ свидетельство об отсутствии газов в нефтяных цистернах *(после чистки)*
government ~ государственный сертификат
inspection ~ акт приёмки, приёмочный акт; акт проверки
machinery ~ свидетельство об исправности механизмов
material ~ сертификат на материал
oil pollution prevention ~ свидетельство о мерах, принятых для предотвращения загрязнения нефтью
production ~ производственный сертификат
quality ~ аттестат качества; сертификат качества
quality accreditation ~ удостоверение о гарантии качества
release ~ паспорт предприятия-изготовителя, выпускное свидетельство

safety construction ~ свидетельство о безопасности конструкции
sanitary ~ санитарное свидетельство
test readiness ~ акт готовности к испытаниям
testing ~ протокол испытаний; акт о проведении испытаний
verification ~ свидетельство о поверке
works ~ паспорт предприятия-изготовителя, выпускное свидетельство

certification 1. аттестация *(продукции)* 2. сертификация *(качества)* 3. сертификат; аттестационное свидетельство; удостоверение; акт проверки; паспорт
~ of calibration поверочный сертификат, поверочное свидетельство; паспорт *(прибора)*
~ of consistency сертификация соответствия *(техническим условиям)*
~ of quality сертификация качества
authenticated ~ аттестация, проводимая в установленном порядке
conformance ~ сертификация соответствия *(техническим условиям)*
conformity ~ сертификация соответствия *(техническим условиям)*
equipment ~ сертификация оборудования
facultative ~ добровольная сертификация
governmental ~ государственная аттестация
metrological ~ метрологическая аттестация
obligatory ~ обязательная сертификация
product ~ сертификация изделия

production ~ сертификация продукции
state ~ государственная сертификация
supplier ~ аттестация поставщика
vendor ~ аттестация поставщика

certified проверенный; гарантированный; официально одобренный; аттестованный; сертифицированный

certifier орган сертификации

certify 1. сертифицировать; удостоверять; заверять 2. выдавать свидетельство *(о поверке)*; аттестовывать 3. утверждать; разрешать *(к продаже)* ◊ to ~ an organization выдавать свидетельство организации *(напр. на право проведения поверок)*; to ~ on a periodic scheduled basis производить периодическую аттестацию *(напр. образцовых средств измерения)*

Cert-N-Seal *фирм.* специально обработанный медленно распускающийся бентонитовый глинопорошок для борьбы с поглощением бурового раствора

ceyssatite инфузорная земля; диатомит; кизельгур

CFR-1 *фирм.* реагент, добавляемый в цементный раствор для снижения трения, понизитель трения

CFR-2 *фирм.* ускоритель схватывания цементных растворов

chain цепь
~ of events *сейсм.* последовательность проявления волн
anchor ~ якорная цепь
back-up ~ простой цепной ключ
cable ~ якорная цепь
drilling hose safety ~ предохранительная цепь бурового шланга
eight-strand ~ восьмирядная цепь
five-strand ~ пятирядная цепь
flat-link ~ плоскозвенная цепь
four-strand ~ четырёхрядная цепь
gas ~ цепочка газоснабжения
jerk ~ цепь для докрепления и раскрепления замков бурильных труб
leeward anchor ~ якорная цепь подветренного борта
link belt ~ пластинчатая приводная цепь
multiple-strand ~ многорядная цепь
octuple-strand ~ восьмирядная цепь
prestressed ~ предварительно нагруженная цепь
production ~ производственная цепочка *(газоснабжения)*
quadruple-strand ~ четырёхрядная цепь
quintuple-strand ~ пятирядная цепь
roller ~ втулочно-роликовая цепь
rotary ~ втулочно-роликовая цепь
rotary drive ~ цепь привода ротора
seismic ~ сейсморегистрирующий канал
spinning ~ 1. цепь шпилевой катушки 2. цепь для свинчивания трубных соединений
static ~ заземляющая стальная цепь *(предохраняющая цистерну от возникновения электростатического ряда)*
tail ~ прикреплённая к концу троса лебёдки короткая цепь *(оснащённая захватными крюками)*
three-strand ~ трёхрядная цепь
triple-strand ~ трёхрядная цепь
weather anchor ~ якорная цепь наветренного борта

winch ~ цепь каротажной лебёдки
winch-drum ~ цепь привода барабана лебёдки
Chalk Stabilizer *фирм.* гранулированный угольный порошок *(эмульгатор для приготовления инвертных эмульсий)*
chamber 1. испытательная камера; полость; отсек 2. камера замещения 3. цилиндр насоса 4. котёл *(после простреливания скважины)* ‖ простреливать *(скважину)*; расширять *(забой скважины)* 5. уравнительный резервуар 6. *геол.* рудное тело 6. *pl* камерное месторождение
absorption ~ абсорбционная камера; насадочная колонна
atmospheric wellhead ~ устьевая камера с атмосферным давлением *(герметичная камера, устанавливаемая на подводном устье скважины и служащая для обслуживания и ремонта устьевого оборудования)*
auxiliary sampler ~ вспомогательная камера пробоотборника
bubbling ~ барботажная камера
buffer ~ буферная камера *(штуцерного манифольда противовыбросового оборудования)*
central manifold ~ камера центрального манифольда *(обеспечивающая обслуживание подводного устьевого оборудования в сухом объёме)*
climatic test ~ камера для климатических испытаний
control ~ 1. камера для контроля 2. водолазный колокол для осмотра подводного оборудования
curing ~ камера для выдержки образцов цементного раствора; автоклав

degassing ~ камера-дегазатор
discharge surge ~ компенсатор пульсаций насоса
downhole ~ камера накопления *(в газлифте)*
environmental test ~ камера для испытаний на воздействие окружающей среды
explosion ~ взрывная камера, взрывная полость
filter ~ фильтровальная камера
filtration ~ фильтровальная камера
firing ~ пороховая камера
gas ~ газовая камера
personnel transfer ~ камера для транспортировки людей
powder ~ зарядная камера
premixing ~ камера предварительного смешивания *(химического топлива и окислителя установки огнеструйного бурения)*
pump ~ насосная камера
quenching ~ охладительная камера
sample ~ отборная камера *(опробователя пластов)*
sampler ~ камера пробоотборника
sand-and-dust ~ камера для испытаний на воздействие песка и пыли
scraper pig injecting ~ камера для запуска скребков *(трубопровода)*
scraper pig receiving ~ камера для приёма скребков *(трубопровода)*
sediment ~ отстойная камера *(в системе нефтезаводской канализации)*
settling ~ осадительная камера
soaking ~ реакционная камера
suction ~ приёмная камера; всасывающая камера *(насоса)*

suction air ~ воздушный колпак на всасывающей трубе
suction surge ~ компенсатор пульсаций на всасывающей линии
surge ~ уравнительная камера; компенсатор *(насоса)*
valve ~ клапанный фонарь
wellhead ~ устьевая камера *(скважины с придонным устьевым оборудованием)*
chambering 1. прострелка скважины; расширение буровой скважины 2. образование камеры
chamfer:
 piston ~ фаска поршня
change изменение; переход; превращение ‖ изменять; переходить; превращаться ◊ ~ in performance изменение рабочих характеристик; ~ in rate of production изменение дебита *(скважины)*; ~ in reservoir behavior изменение поведения продуктивного пласта; ~ in sand conditions изменение поведения песков; ~ in thickness of bed изменение толщины пласта
 ~ of drilling mud смена бурового раствора
 ~ of drilling rate изменение механической скорости бурения
 ~ of drilling speed изменение скорости бурения
 ~ of gas volume изменение объёма газа
 ~ of lubricating oil смена смазочного масла
 ~ of oil color игра цветов нефти
 ~ of tool смена инструмента
 abrupt ~ внезапное изменение *(разбуриваемых пород)*
 areal reservoir permeability ~ изменение проницаемости коллектора по площади
 bit ~ смена долота
 bottomhole flowing pressure ~ изменение гидродинамического забойного давления
 bottomhole pressure ~ изменение забойного давления
 curvature ~ изменение кривизны
 deviation ~ изменение кривизны
 drilling bit ~ смена бурового долота
 drilling mud ~ замена бурового раствора
 drilling tool ~ смена бурового инструмента
 facies ~ фациальное изменение
 inclination ~ изменение кривизны
 lateral reservoir permeability ~ изменение проницаемости коллектора по площади
 mud-system ~ изменение типа бурового раствора
 physical ~ изменение физических свойств
 productivity ~ изменение дебита *(скважины)*
 pump setting depth ~ изменение глубины подвески насоса
 reliability design ~ изменение конструкции с целью повышения надёжности
 reservoir ~s изменения в нефтегазоносном пласте
 seismic velocity ~ изменение скорости сейсмических волн
 specification ~ внесение изменений в технические условия
 sudden ~ внезапное изменение *(разбуриваемых пород)*
 vertical reservoir permeability ~ изменение проницаемости коллектора по вертикали
changeover:
 drilling mud ~ смена бурового раствора

    tank ~ переключение резервуаров
changer:
    carousel-type rod ~ устройство карусельного типа для автоматической замены буровых штанг
channel канал
    discharge ~ сливной жёлоб; спускной жёлоб
    effluent ~ выводящий канал
    fire ~ канал горения *(при подземной газификации угля)*
    geophone ~ сейсмический канал
    guide ~ направляющий канал
    gun barrel ~ ствольный канал перфоратора
    low-velocity ~ сейсмический волновод
    mud ~ жёлоб для бурового раствора; растворопровод
    noise seismic ~ канал сейсмической помехи
    perforation ~ канал перфорации
    pore ~ поровый канал
    seismic ~ 1. сейсмический канал 2. сейсмический волновод
    shear-wave ~ *сейсм.* волновод поперечных волн
    tapered ~ суживающийся канал
    time-break ~ *сейсм.* 1. канал марок времени 2. канал отметки начала момента взрыва
    timing reference ~ *сейсм.* канал марок времени
    uphole ~ канал сейсмоприёмника вертикального времени
    velocity-minimum ~ сейсмический волновод
    washout ~ канал размыва
channeling 1. образование каналов *(в цементном растворе за обсадными трубами)* 2. образование местных сквозных протоков *(в насадке ректификационной колонны, слое катализатора)* 3. образование протоков *(в пласте)* 4. проскальзывание, просачивание *(воды, газа)*
    ~ **of gas** образование газовых языков
    cement ~ образование каналов в цементе
character *сейсм.* динамические особенности; динамические признаки *(записи, волны)*
    ~ **of classification of ship** основной символ класса судна *(или плавучей полупогружной буровой платформы)*
    lithological ~ литологические свойства
    reflection ~ динамические признаки отражённой волны
    refraction ~ динамические признаки преломлённой волны
    rock ~ литологический характер
    sedimentation ~ седиментационные свойства
    wavy ~ *сейсм.* волновой признак
characteristic 1. характеристика; параметр 2. особенность; свойство; характерная черта
    acceleration ~ **of fuel** ускорительная характеристика топлива, разгонная характеристика топлива; приёмистость топлива
    aerodynamic ~ аэродинамическая характеристика *(бурового судна, основания)*
    afterfailure ~ послеотказовая характеристика
    amplitude ~**s** динамика сейсмической картины
    amplitude ~**s of event** *сейсм.* динамический образ
    array ~ *сейсм.* характеристика направленности группы
    availability ~ характеристика эксплуатационной готовности

chemical oil ~ химическая характеристика нефти
conditional ~ условная характеристика (*надёжности*)
corrosive ~s коррозионные свойства
crack propagation ~ характеристика распространения трещины
cracking ~ of catalyst крекирующая эффективность (*активность и стойкость*) катализатора; пригодность катализатора для процесса крекинга
detonation ~ детонационная стойкость, антидетонационная характеристика (*бензинов*)
disintegration ~ of rock характеристика разрушения горной породы (*при бурении*)
distillation ~ дистилляционная характеристика, фракционный состав (*нефтепродукта*)
drilling mud ~s параметры бурового раствора
external ~ внешняя характеристика (*двигателя, насоса*)
failure ~ of rock характеристика разрушения горной породы (*при бурении*)
feed-off ~ характеристика подачи бурильного инструмента (*в скважине*)
field ~ характеристика месторождения
filtration ~s 1. фильтрационные свойства (*бурового раствора*) 2. фильтрационная характеристика (*пласта*)
flooding ~s характеристика обводнения
flow ~s реологические свойства (*бурового раствора*)
fluid-bearing ~ of reservoir характеристика коллектора гидродинамическая

formation ~ характеристика пласта, характеристика формации
gas ~ газовая константа
geophone ~ характеристика сейсмоприёмника
hoisting ~ of drilling rig подъёмная характеристика буровой установки
geological-and-physical reservoir ~ геолого-физическая характеристика коллектора
geomorphologic ~ геоморфологическая характеристика
geophysical log ~ каротажная характеристика (*горных пород*)
hydrochemical ~ гидрохимическая характеристика
hydrogeological ~ гидрогеологическая характеристика
identifiable ~ *сейсм.* идентифицируемый динамический признак
kinetic ~ динамическая характеристика (*насосных штанг*)
lateral penetration ~ радиальная характеристика
lithofacies ~ литолого-фациальная характеристика
lithologic ~ of reservoir литологическая характеристика коллектора
lithologic-and-petrographic ~ литолого-петрографическая характеристика
load ~ нагрузочная характеристика (*двигателя*)
knock ~ of gasoline детонационная стойкость бензина
neutron-slowing-down ~ замедленная нейтронная характеристика
operating ~ эксплуатационная характеристика; *pl* рабочие параметры
operational ~ эксплуатационная характеристика; *pl* рабочие параметры

performance ~ эксплуатационная характеристика; *pl* рабочие параметры
petroleum ~ химическая характеристика нефти
petrophysical ~ петрофизическая характеристика
pore volume ~ характеристика порового пространства
priming ~s характеристика заполнения *(цилиндра насоса)*
producing ~s эксплуатационная характеристика *(пласта)*, характеристика продуктивности *(скважины)*
production ~s эксплуатационная характеристика *(пласта)*, характеристика продуктивности
pulling ~ **of drawworks** тяговая характеристика буровой лебёдки
pump priming ~ характеристика заполнения насоса
radial investigation ~ радиальная характеристика
reliability ~ характеристика надёжности
repairability ~ характеристика восстанавливаемости
reservoir ~s параметры пласта; характеристика коллектора
rheological ~ реологическая характеристика *(бурового раствора)*
rock ~ характеристика горных пород; *pl* свойства горных пород;
running ~ эксплуатационная характеристика; *pl* рабочие параметры
safety ~ характеристика безопасности
sea bottom ~ характеристика донного грунта
service ~ эксплуатационная характеристика; *pl* рабочие параметры

signal ~ динамические особенности сигнала
solidifying ~s низкотемпературные характеристики *(нефтепродукта или масла)*; поведение *(нефтепродукта или масла)* в условиях застывания
starting ~ пусковая характеристика *(насоса)*
steady-state ~ характеристика установившегося процесса
survival ~ характеристика долговечности; характеристика живучести
switching ~s характеристики переключения *(в системе с резервированием)*
technical ~s технические характеристики; технические требования
thermal ~ теплофизическая характеристика *(напр. многолетнемёрзлой толщи)*
time-to-failure ~ характеристика времени безотказной работы
torque ~ рабочая характеристика *(гидропривода)*
towing ~ буксировочная характеристика *(плавучего основания)*
travel time ~s *сейсм.* кинематика; кинематический образ
tribotechnical ~ триботехническая характеристика
trouble-free ~ характеристика безотказной работы
velocity ~ *сейсм.* скоростная характеристика
vertical response ~ характеристика разрешения по вертикали
vibration ~ вибрационная характеристика *(труб)*
wavelet ~s параметры сейсмического импульса
wear ~ характеристика износа; характеристика износостойкости

welding ~s сварочные характеристики; сварочные свойства; свариваемость
well ~ характеристика скважины
well-producing ~s эксплуатационные характеристики скважины
working ~ эксплуатационная характеристика; *pl* рабочие параметры
characterization определение характеристик; определение параметров
engineering ~ определение технических характеристик; составление спецификации
material ~ определение характеристик материала
reliability ~ определение показателей надёжности
charge 1. зарядка; загрузка 2. заряд взрывчатого вещества 3. *pl* расходы, издержки 4. обязанности, ответственность ◊ to explode a ~ взрывать заряд; to fire a ~ взрывать заряд; to seam a ~ производить забойку заряда; to tamp a ~ производить забойку заряда
~ of rupture разрушающая нагрузка
blasthole ~ шпуровой заряд
blasting ~ заряд взрывчатого вещества
borehole ~ 1. скважинный заряд 2. глубоко заложенный заряд
buried ~ заглублённый заряд
capacity ~ плата за пропускную способность *(трубопровода)*
capsule jet ~ капсюльный кумулятивный заряд
carrotless ~ перфорация, дающая незасорённый канал
combined ~ комбинированное сырьё *(смесь исходного и рециркулирующего сырья)*

commodity ~ плата *(за газ)* как за товар
confined ~ тампонированный заряд
customer ~ платежи потребителей *(за газ)*
deep-hole ~ скважинный заряд
deep-seated ~ глубоко заложенный снаряд
detonating ~ детонирующий заряд
directional ~ направленный заряд
double-ended ~ торпеда *(для торпедирования скважины)* с двумя зарядами
elongated ~ вытянутый заряд
energy ~ плата за потребление электроэнергии
exploding ~ заряд взрывчатого вещества
explosive ~ заряд взрывчатого вещества
fuel ~ заряд топлива; загрузочная доза топлива
gaging ~ взрывной заряд для расширения ствола скважины
group ~ групповой заряд
group jet ~ групповой кумулятивный заряд
heavy ~ 1. тяжёлое сырьё 2. тяжёлые остатки
high-explosive ~ заряд бризантного взрывчатого вещества
high-pressure ~ торпеда для взрывания в скважине
horizontally distributed ~s горизонтально распределённые заряды *(в группе)*
hot ~ 1. горячее сырьё; тяжёлые нефтяные остатки 2. рецикловая крекинг-флегма; рециркулирующая крекинг-флегма
initial ~ начальная нагрузка
initiating ~ инициирующий заряд

jet ~ кумулятивный заряд
jet ~ in glass capsule кумулятивный заряд в стеклянной оболочке
jet perforator ~ торпеда, снаряжённая кумулятивным зарядом *(для торпедирования скважины)*,
maintenance ~s 1. стоимость технического обслуживания 2. эксплуатационные расходы
meter ~ плата *(за газ)* по показаниям счётчика
multiple ~ групповой заряд
no-plug jet ~ кумулятивный заряд, не закупоривающий перфорационное отверстие
power ~ плата за потребление электроэнергии
priming ~ 1. детонирующий заряд; запальный заряд 2. заливная вода; заливка *(насоса)* перед спуском
refraction ~ заряд для работ методом преломлённых волн
ring ~ кольцевой заряд
ring jet ~ кольцевой кумулятивный заряд
seismic ~ сейсмический заряд
service ~s стоимость технического обслуживания
setting ~ плата за перестановку алмазов *(в новую коронку)*
shaped ~ кумулятивный заряд
shaped jet ~ капсула взрывного заряда кумулятивного действия
shothole ~ скважинный заряд
single ~ единичный заряд *(в отличие от группового)*
slow-burning ~ медленногорящее взрывчатое вещество
standby ~s затраты на содержание неиспользуемого оборудования
standing ~ постоянный тариф *(за газ)*
suspended ~ погружённый *(в скважину)* заряд

tamped ~ тампонированный заряд
unexploded ~ невзорвавшийся заряд
vertically distributed ~s вертикально распределённые заряды *(в группе)*
warranty ~s платежи по гарантийным обязательствам
working ~s эксплуатационные расходы
chargeman запальщик; взрывник
charging 1. заряжание скважин; заряжание шпуров 2. зарядка
~ of perforator заряжание перфоратора
hole ~ заряжание шпуров
pipeline ~ трубопроводная загрузка
chart 1. диаграмма; схема; таблица; расчётная номограмма; план; график; чертёж 2. контрольная карта
action-demand ~ карта зависимости между величиной отклонения *(от нормы или стандарта)* и степенью требуемого вмешательства
automated control ~ карта для автоматического контроля
bathtub ~ *сейсм.* палетка для построения отражающей поверхности *(способом эллипсов)*
calibration ~ замерная таблица *(резервуара)*
capillarity-correction ~ таблица расчётных поправок на мениск *(для инклинометров с плавиковой кислотой)*
casing design ~ график для выбора наиболее экономичных и безопасных марок обсадных труб
cause-consequence ~ карта причин и последствий *(отказов)*
control ~ контрольная карта

chart

correction ~ поправочная таблица *(для вычисления поправки на мениск при замерах искривления скважины прибором с плавиковой кислотой)*
correction ~ for mud cake палетка поправок на влияние глинистой корки
cumulative production ~ карта суммарных дебитов
direct-dip-reading ~ шкала на прозрачной бумаге, дающая истинное значение угла наклона скважины *(при наложении на пробирку прибора с плавиковой кислотой)*
direct-reading capillarity ~ шкала на прозрачной бумаге, дающая истинное значение угла наклона скважины *(при наложении на пробирку прибора с плавиковой кислотой)*
empirical ~ палетка
equipment status ~ карточка учёта состояния оборудования
failure ~ карточка учёта отказов
flow ~ карта дебитомера *(скважины)*
follower ~ чертёж конструкции скважины
gas-oil ratio ~ карта газового фактора
induction log correction ~ палетка поправок индукционного каротажа
initial production ~ карта начальных дебитов
invaded-zone correction ~ палетка поправок на влияние зоны проникновения
isochron ~ карта изохрон
layout ~ *сейсм.* схема профилей
life cycle ~ график цикла долговечности
log correction ~ каротажная палетка поправок

maintenance ~ карточка технического обслуживания
maintenance allocation ~ карта распределения работ по техническому обслуживанию
maintenance dependency ~ график последовательности операций технического обслуживания
MAPI ~ график замены оборудования, разработанный Институтом станков и вспомогательного оборудования *(Вашингтон, США)*
outage control ~ график контроля простоев *(оборудования)*
overlay ~ прозрачная палетка *(для наложения на полевые кривые)*
prediction ~ номограмма для предсказания октанового числа бензина
process flow ~ технологическая схема нефтехимического процесса; схема движения материалов в нефтехимическом процессе
progress ~ график хода работ
refinery calculation ~ номограмма для расчёта нефтезаводской аппаратуры
reliability level ~ график уровня надёжности
reliability organization ~ организационная схема обеспечения надёжности
reliability sequential ~ схема последовательности мероприятий по обеспечению надёжности
salty mud ~ палетка для солёного бурового раствора
sequential test ~ схема последовательности проверок
service ~ карточка технического обслуживания
shoulder-bed ~ палетка поправок на влияние вмещающих пород

stacking ~ *сейсм.* схема суммирования
tank volume ~ номограмма для расчёта ёмкости резервуара
temperature-distillation ~ кривая разгонки
test correction ~ таблица поправок на мениск *(при измерении наклона скважины прибором с плавиковой кислотой)*
test flow ~ схема последовательности работ при проведении испытаний
test performance ~ карточка проведения испытаний
time-depth ~ *сейсм.* вертикальный годограф
trouble ~ таблица неисправностей; таблица неполадок *(при эксплуатации)*
trouble-shooting ~ схема с указанием мест возможных повреждений
tube-life ~ диаграмма продолжительности службы труб *(крекинг-печи)*
viscosity-gravity ~ график зависимости вязкости от удельной массы *(для нефти)*
wavefront ~ *сейсм.* диаграмма волновых фронтов
weathering ~ *сейсм.* карта зоны малых скоростей
well spacing ~ план с нанесённой сеткой размещения скважин

chase: ◊ to ~ the pipe очищать трубу от грязи *(приподнимая и опуская её в скважине)*; to ~ the threads очищать резьбу труб от грязи *(до свинчивания)*
chaser продувочная жидкость
chasing 1. нарезание резьбы 2. *геол.* прослеживание жилы по простиранию
chatter:
drill bit ~ вибрация бурового долота *(на забое)*

drilling ~ вибрация при бурении
nipple ~ *разг.* снабженец у бурового подрядчика
chattering вибрация в бурильных трубах *(вследствие подпрыгивания долота)*
bit ~ вибрация бурового долота *(на забое)*
drill pipe ~ вибрация бурильной трубы
cheater отрезок трубы, надетый на ручку ключа *(для увеличения момента)*
check 1. проверка; выверка; контроль 2. контрольное приспособление 3. препятствие *(при миграции нефти)* 4. трещина 5. *геол.* сброс; бок жилы
accuracy ~ проверка точности
borehole ~ контроль *(данных интерпретации)* бурением
destructive ~ разрушающий контроль, контроль с разрушением образца
field ~ проверка в процессе эксплуатации
functional ~ 1. функциональная проверка; функциональный контроль 2. проверка работоспособности
go-no-go ~ проверка годности
hair ~ волосная трещина
hazard ~ проверка эксплуатационной опасности
leak ~ проверка герметичности
maintenance ~ проверка технического состояния
maintenance operational ~ регламентная проверка в процессе технического обслуживания
marginal ~ 1. профилактический контроль; профилактика 2. проверка на дефектность
nondestructive ~ неразрушающий контроль, контроль без разрушения образца

operating ~ проверка в процессе работы; технический осмотр во время эксплуатации
operational ~ регламентная проверка
performance ~ проверка работоспособности; проверка рабочих характеристик; проверка качества работы
point ~ проверка в определённых точках (указанных в инструкции по техническому обслуживанию)
reliability ~ проверка надёжности; проверка безотказности
visual ~ 1. визуальный контроль; визуальная проверка 2. наружный осмотр
checkerboarding of wells расположение скважин в шахматном порядке (способ раздела разбуриваемой площади между двумя собственниками)
checking 1. контроль; проверка; сличение ‖ контрольный; проверочный 2. образование (сетки) трещин; растрескивание
~ of cement контроль подъёма цемента
~ of fracturing operation контроль гидравлического разрыва пласта
checklist 1. контрольная таблица; таблица контрольных проверок 2. контрольный перечень, контрольный список
inspection ~ формуляр технического осмотра
maintainability ~ контрольный перечень показателей ремонтопригодности
reliability ~ контрольный перечень мероприятий по обеспечению надёжности
checkout 1. наладка; отладка 2. проверка; выверка; контроль
acceptance ~ приёмочные испытания

detailed ~ сплошной контроль
equipment ~ наладка аппаратуры
postrepair ~ проверка после ремонта
suitability ~ контроль годности
checkover осмотр
cheese of paraffin парафиновый гач; парафин, насыщенный масляным дистиллятом
Chek Loss фирм. крошка неопреновой резины (нейтральный наполнитель для борьбы с поглощением бурового раствора)
Chemcide фирм. смесь плёнкообразующих аминов (ингибитор коррозии)
Chemco Floc Out фирм. селективный флокулянт бентонитовых глин
Chemco Gel фирм. глинопорошок из вайомингского бентонита
Chemco No Foam фирм. жидкий пеногаситель
Chemco No Sluff фирм. сульфированный битум (понизитель водоотдачи буровых растворов на водной основе)
Chemco NPL-40 фирм. термостойкая смазывающая добавка
Chemco Salt Gel фирм. аттапульгитовый глинопорошок для приготовления солестойкого глинистого бурового раствора
Chemco Surf-ten фирм. пенообразующий агент для бурового раствора на водной основе.
Chemical V фирм. незагустевающая органическая жидкость для увеличения притока нефти (применяется также как структурообразователь буровых растворов на углеводородной основе)
Chemical W фирм. незагустевающая органическая жидкость (разжижитель буровых растворов на углеводородной основе)

chemical реагент
  treating ~ реагент для обработки *(бурового раствора)*
  water-shutoff ~ реагент для закрытия водопритоков в скважине
chemisorbed хемосорбированный *(на поверхности катализатора)*
chemisorption хемосорбция; химическая адсорбция
  drilling mud ~ 1. химическая обработка бурового раствора **2.** химические добавки для бурового раствора **3.** химический состав бурового раствора
  petroleum ~ химия нефти
Chemmist *фирм.* пенообразующий агент для буровых растворов на водной основе
chemogenic хемогенный *(о горных породах)*
chemosorption хемосорбция
chert кремнистый сланец, роговиковая горная порода
chest:
  air ~ коробка воздухораспределительного устройства; воздухораспределительная коробка *(бурильного молотка)*
  drill valve ~ воздухораспределительный механизм; золотниковая коробка
  sea ~ кингстонная коробка *(на всасывающем трубопроводе)*
  steam ~ паросборник
chief:
  ~ of reliability руководитель службы надёжности; лицо, ответственное за обеспечение надёжности
  crew ~ бригадир *(бригады по ремонту скважин)*
  party ~ начальник геофизической партии
chiksan струйный перемешиватель *(в резервуаре для бурового раствора)*

chill замораживать; вымораживать
chiller аппарат с охлаждением *(для вымораживания парафина из масла)*
chilling:
  controlled ~ регулируемое охлаждение *(парафинового дистиллята перед фильтрованием)*
chime:
  tank bottom ~ утор днища резервуара
chip 1. небольшой осколок алмаза пластинчатой формы **2.** *pl* буровой шлам *(при бурении с продувкой воздухом)*
  diamond ~s осколки кристаллов алмазов
  drilling ~s выбуренная горная порода
chippage:
  bit teeth ~ скол зубьев долота
chipped обломанный по плоскостям спайности *(характер износа алмазов)*
chipping 1. вырубка *(дефектного шва)*; скалывание **2.** *pl* мелкий щебень, осколки породы; буровой шлам **3.** вставка колотых алмазов в коронку вручную
  ~ of faulty weld вырубка дефектного шва
  drilling ~s осколки выбуренной горной породы
Chip-Seal *фирм.* смесь опилок кедровой древесины и хлопкового волокна *(нейтральный наполнитель для борьбы с поглощением бурового раствора)*
chipway промывочная канавка *(в буровой коронке)*
chirp вибросейсмический сигнал
chisel зубило; долото; резец
  chopping ~ желонка для ударно-канатного бурения

flat ~ 1. простое долото 2. плоское долото
percussive ~ долото для ударного бурения
T-~ Т-образное долото
X-~ крестообразное долото
chisel-like долотообразный; остроконечный
chisel-shaped долотообразный; остроконечный
chloride:
   polyvinyl ~ поливинилхлорид
chlorination хлорирование
   water ~ хлорирование воды
chlorinilog каротаж для определения относительного количества хлора
chlorlignin хлорлигнин
choice:
   customer ~ выбор (*источника газоснабжения*) потребителем
choke 1. штуцер; фонтанный штуцер 2. дроссельная катушка 3. воздушная заслонка; дроссель; заглушка ‖ глушить; запирать; дросселировать ◊ to run on ~ ограничивать дебит скважины фонтанным штуцером
   adjustable ~ регулируемый штуцер
   adjustable wellhead ~ регулируемый устьевой штуцер
   automatic wellhead ~ автоматический устьевой штуцер
   bottom ~ забойный штуцер
   bottomhole ~ забойный штуцер
   fast-change ~ быстросменный штуцер
   fixed ~ нерегулируемый штуцер
   flow bean ~ фонтанный штуцер
   hydrocyclone ~ выходной штуцер гидроциклона
   multiple-stage ~ многоступенчатый штуцер
   needle adjustable surface ~ приводной игольчатый наземный штуцер
   nonremovable positive bottomhole ~ нерегулируемый стационарный забойный штуцер
   orifice ~ диафрагменный штуцер
   plug ~ пробковый штуцер
   pneumatic ~ штуцер с пневматическим управлением
   positive ~ нерегулируемый штуцер
   positive bottomhole ~ нерегулируемый забойный штуцер
   positive manual ~ штуцер с механическим ручным управлением
   quick-change ~ быстросменный штуцер
   removable ~ съёмный штуцер
   removable positive bottomhole ~ съёмный нерегулируемый забойный штуцер
   retrievable ~ съёмный штуцер; сменный штуцер
   rubber ~ резиновый штуцер
   side-door ~ штуцер с боковым входом
   storm ~ забойный отсекатель скважины
   surface ~ 1. устьевой штуцер 2. наземный штуцер
   top ~ 1. устьевой штуцер 2. наземный штуцер 3. верхний штуцер
   tubing ~ штуцер насосно-компрессорной колонны
   wellhead ~ устьевой штуцер
choking:
   pipe ~ засорение труб
chop: ◊ to ~ ahead разбивать валуны (*дробящим долотом ниже башмака колонны забивных труб*)
chopper резак
   blind rope ~ канаторуб (*аварийный инструмент*)
   rope ~ инструмент для обрубки каната (*в скважине*)

wire rope ~ канаторез для стальных канатов
chord:
circular ~ стойка трубчатого сечения (*элемент опорной колонны самоподъёмного основания*)
leg ~ рейка опорной колонны; стойка опорной колонны (*самоподъёмного основания*)
tube-type top ~ трубчатая верхняя обвязка
chromate:
sodium ~ хромат натрия
chromatograph хроматограф
gas ~ газовый хроматограф
partition gas ~ газовый хроматограф
chromatography хроматография
gas ~ газовая хроматография
Chrome Leather *фирм.* мелкорубленые отходы кожевенной промышленности (*нейтральный наполнитель для борьбы с поглощением бурового раствора*)
chromometer колориметр; хромометр
Saybolt ~ колориметр Сейболта (*для определения цвета светлых нефтепродуктов*)
chuck 1. зажимное устройство; зажимной патрон (*шпинделя бурового станка*) 2. зажим в головке перфоратора ◊ to ~ up *разг.* подготовиться к бурению
actuated ~ механический ключ буровой установки (*для спускоподъёмных операций*)
automatic ~ 1. гидравлический патрон шпинделя бурового станка 2. механический зажимной патрон пневматической бурильной установки
clamping ~ механический ключ (*для свинчивания и развинчивания бурильных и обсадных труб на буровой установке*)

drill ~ 1. букса перфоратора 2. патрон перфоратора; зажимной патрон шпиндельного станка
drive ~ зажимной патрон шпинделя бурового станка
hydraulic ~ гидравлический зажимной патрон (*шпинделя бурового станка*)
hydraulic-operated drill rod ~ патрон с гидроприводом для бурильных штанг (*при бурении с отбором керна*)
reset ~ перехват шпинделя (*перекрепление патрона и подъём шпинделя в конце его хода*)
rotation ~ зажимной патрон; зажим вращающего механизма
screw ~ зажимной патрон (*шпинделя бурового станка*)
self-centering ~ самоцентрирующийся зажимной патрон (*шпинделя бурового станка*)
sleeve ~ зажим в головке перфоратора
spinning ~ патрон устройства для свинчивания труб
three-jaw ~ трёхкулачковый патрон; патрон с тремя плашками
two-jaw ~ двухкулачковый патрон (*шпинделя бурового станка*)
churn бурить ударным способом
churner длинный ручной бур
chute 1. лоток; жёлоб (*наземной циркуляционной системы*) 2. жёлоб (*в стенке ствола скважины*)
distributing ~ распределительный жёлоб
feeding ~ загрузочный жёлоб
telescoping ~ выдвижной жёлоб; раздвижной жёлоб
CIB *фирм.* плёнкообразующий амин (*ингибитор коррозии*)

Ciment Fondu *фирм.* алюмокальциевый цемент *(Канада)*
cinder окалина
circle:
  dip ~ стрелочный инклинометр
  freezing ~ диаметр окружности замораживающих скважин
  wrench ~ полукруглая зубчатая рейка
Circotex *фирм.* гранулированный угольный порошок *(адсорбент свободной жидкости в буровом растворе)*
Circotex Max *фирм.* гранулированный угольный порошок *(адсорбент свободной жидкости в буровом растворе)*
circuit 1. цепь; контур; схема 2. цикл операций *(за один рейс бурового снаряда)*
  alarm ~ схема аварийной сигнализации
  built-in test ~ встроенная схема контроля
  cementing ~ схема цементирования *(трубопроводов)*
  charging ~ зарядная цепь
  compensation ~ компенсатор поляризации
  detonator ~ цепь взрывателя
  filtering ~ фильтрующий контур
  firing ~ запальная цепь
  flare gas ~ газопровод системы сжигания
  flow ~ маршрут перекачивания *(нефти)*
  fuse ~ запальная цепь
  input ~ входной контур *(при радиокаротаже)*
  protection ~ схема защиты
  safety ~ блокировка; схема обеспечения безопасности
  squelch ~ схема, обеспечивающая запись сигнала сейсмоприёмника вертикального времени до момента первых поступлений волны
  supervising ~ цепь защитной сигнализации
  time-break ~ *сейсм.* цепь марок времени
  timing ~ 1. *сейсм.* цепь марок времени 2. схема измерения времени
circuitry:
  downhole electrical ~ электрическая схема скважинного прибора
  spontaneous potential measuring ~ измерительная схема каротажа потенциалов самопроизвольной поляризации
circulate 1. промывать скважину *(раствором)* 2. прокачивать *(буровой раствор)* по замкнутой системе 3. циркулировать; иметь круговое движение ◊ to ~ out выкачивать; to ~ the hole промывать ствол скважины; to ~ through tubing циркулировать через насосно-компрессорные трубы
circulation 1. циркуляция *(промывочной жидкости или газа в скважине)* 2. круговорот; круговое движение ◊ to break ~ восстанавливать циркуляцию *(бурового раствора после остановки)*; to regain drilling mud ~ восстанавливать циркуляцию бурового раствора; to restore ~ восстанавливать циркуляцию *(бурового раствора путём закрытия трещин в стенках скважины)*
  ~ **of drilling mud with conditioning** промывка ствола скважины с одновременной обработкой бурового раствора
  airlift ~ обратно-всасывающая циркуляция *(при бурении с гидротранспортом керна)*
  annular ~ затрубная циркуляция

circulation

assisted ~ принудительная циркуляция
bottom ~ нижняя промывка, промывка через нижние циркуляционные отверстия
bottomhole ~ призабойная циркуляция
break ~ возобновлять циркуляцию бурового раствора (*после остановки*)
clean ~ циркуляция дистиллятного продукта (*в крекинг-системе*)
counter-current ~ обратная циркуляция
crossover ~ обратная промывка (*скважины*)
deep-ocean ~ глубинная циркуляция
deep-water ~ глубинная циркуляция
disastrous lost ~ катастрофическое поглощение (*бурового раствора*)
drilling mud ~ циркуляция бурового раствора
fluid ~ жидкостная циркуляция
forced ~ принудительная циркуляция
free ~ свободная циркуляция (*без препятствий в бурильной колонне или кольцевом пространстве*)
gravity ~ циркуляция самотёком; естественная циркуляция
induced ~ принудительная циркуляция; насосная циркуляция
local bottomhole ~ местная призабойная циркуляция
lost ~ потеря циркуляции; уход (*бурового раствора*); поглощение (*бурового раствора*)
minor lost ~ слабое поглощение бурового раствора
mud ~ циркуляция бурового раствора

natural ~ 1. естественная циркуляция 2. прямая циркуляция (*промывочного раствора при бурении*)
normal drilling mud ~ нормальная циркуляция бурового раствора
return ~ восходящий поток промывочной жидкости (*от долота до устья скважины*)
reverse ~ 1. обратная циркуляция 2. обратная промывка (*ствола скважины*)
reverse drilling mud ~ обратная циркуляция бурового раствора
sludge ~ циркуляция бурового раствора
straight ~ прямая циркуляция
water ~ циркуляция воды
Circulite *фирм.* вспученный перлит (*нейтральный наполнитель для борьбы с поглощением бурового раствора*)
circumference:
developed ~ развёрнутая поверхность (*трубы*)
tank ~ длина окружности резервуара
cistern цистерна
citrate:
lithium ~ лимоннокислый натрий
clack 1. плоский шарнирный клапан, клапан насоса 2. откидывающаяся часть плоского шарнирного клапана 3. храповый клапан (*на забирающем конце всасывающего шланга*) 4. запорный клапан (*трубопровода*)
ball ~ шариковый клапан
claim:
patented ~ отвод; зарегистрированная заявка (*на участок*)
clamp 1. зажим; хомут (*для ремонта труб*) 2. стыковый хомут (*для соединения труб в конструкции трубчатой буровой вышки*)

clamp

alignment ~ 1. центрирующий зажим 2. визирный прибор для ориентированного спуска бурильных труб
anchor ~ якорный хомут
belt ~ планка с болтами *(для соединения приводных ремней)*
bull wheel shaft ~ хомут вала инструментального барабана
bulldog ~ штангодержатель "бульдог"
cable ~ 1. зажим для троса; канатный зажим 2. хомут кабеля; кабельный зажим
casing ~ хомут для спуска и подъёма обсадных труб
collar ~ разъёмный хомут *(состоящий из двух частей)*
column ~ зажим колонки бурильного молотка
drill-hose ~ хомут бурового шланга
drilling ~ канатный зажим *(в станке ударно-канатного бурения)*
drive ~ забивной хомут
finger board ~ стопорный хомут для пальца
floor ~ штангодержатель
foot ~ штангодержатель
half-shell split ~ разъёмный хомут
hose ~ зажим шланга; хомут для крепления бурового шланга к патрубку
leak ~ аварийный хомут *(для устранения течи в трубопроводе)*
light-duty safety ~ лёгкий штангодержатель
liner ~ прижимной стакан *(цилиндровой втулки бурового насоса)*
line-up ~ зажим для центровки труб *(при сварке)*
packing ~ уплотняющий хомут

pipe ~ 1. трубный двухшарнирный ключ 2. хомут для труб; скоба для труб; трубный зажим, поддерживающая скоба *(при опускании трубопровода в траншею)*
pipe-centering ~ хомут для центровки труб *(при сварке)*
pipeline ~ опорный хомут для трубопровода; подвесной крюк для трубопровода; скоба для опускания трубопровода в траншею
pipeline-up ~ центратор труб *(соединяемых сваркой)*
pipe-repair ~ хомут для предотвращения утечки нефти
polished rod ~ серьга полированного штока *(глубинного насоса)*
pull rod ~ зажим для насосной тяги
pulling rope ~ зажим тягового каната
repair ~ ремонтный хомут
river ~ балластный хомут *(для удержания трубопровода на дне реки)*
rod ~ 1. штангодержатель 2. зажим для насосных тяг 3. приспособление для поддержки сальника полированной штанги *(во время смены сальниковой набивки)*
rope ~ зажим для каната; канатный замок; канатный наконечник
saddle repair ~ седлообразный ремонтный хомут *(для устранения течи трубопровода)*
safety ~ предохранительный хомут *(для утяжелённых бурильных труб)*
screw ~ винтовой зажим
spacing ~ хомут, применяемый при регулировке рабочей длины колонны насосно-компрессорных труб

split ~ разрезной хомут; разъёмный хомут
swivel ~ шарнирное соединение
temper-screw ~ зажим для троса механизма уравнительного винта
traveling pipe ~ перемещающийся трубный зажим *(установки для бурения дна моря)*
tube ~ 1. трубный хомут; трубный зажим; опорный хомут для трубопровода; подвесной крюк для трубопровода 2. подъёмный хомут с зажимными плашками
tubing ~ хомут для насосно-компрессорных труб
universal ~ универсальный зажим *(для штанг)*
universal safety ~ универсальный спайдер
weight ~ балластный хомут *(подводного трубопровода)*
wireline ~ зажим для каната на уравнительном винте *(станка ударно-канатного бурения)*
wirerope ~ зажим для каната на уравнительном винте *(станка ударно-канатного бурения)*
clapper желоночный клапан с разрыхляющим языком
clarification осветление
class 1. класс; категория; вид; тип 2. сорт; качество
~ of defect вид дефекта
~ of failure категория отказа
~ of fault категория неисправности
API cement ~ класс цемента по классификации Американского нефтяного института
cement ~ сорт цемента
emergency ~ класс аварийности
fault equivalence ~ категория эквивалентных неисправностей
maintenance ~ категория обслуживания

Classification:
International Standard Industrial ~ Международная классификация промышленных стандартов
Standard International Trade ~ стандартная международная торговая классификация
classification 1. классификация; группировка; систематизация 2. сортировка
~ of defects классификация дефектов; классификация неисправностей
~ of faults классификация неисправностей
~ of natural gases классификация природных газов
~ of oil-and-gas fields классификация нефтяных и газовых месторождений
~ of rocks классификация горных пород
API service oil ~ эксплуатационная характеристика масла по классификации Американского нефтяного института
chemical oil ~ химическая классификация нефти
failure ~ классификация отказов
genetic oil ~ генетическая классификация нефти
geochemical oil ~ геохимическая классификация нефти
oil ~ классификация нефти
oil-and-gas basins ~ классификация нефтегазоносных бассейнов
petroleum ~ классификация нефти
reserves ~ классификация запасов
seriousness ~ классификация *(неисправностей)* по степени важности
standard industrial ~ стандартная промышленная классификация

statistical ~ статистическая классификация
test ~ классификация испытаний
test results ~ систематизация результатов испытаний
type ~ классификация *(отказов)* по типу
clastate разламывать; долбить *(породу)*
clastation:
  rock ~ разрушение горной породы под атмосферным влиянием
clastic *геол.* обломочный, кластический
clastogene *геол.* кластогенный
clastomorphic *геол.* кластоморфный
clause пункт *(договора)*; условие
claw:
  hydraulic ~ гидрозахват
Clay Stabilizer L42 *фирм.* раствор соли циркония, предохраняющий выбуренные частицы от диспергирования
clay глина ‖ покрывать глиной
  activated ~ активированная глина
  attapulgite ~ аттапульгитовая глина
  autochthonous ~ автохтонная глина
  bauxitic ~ расположенная в пластах боксита глина *(пригодная для приготовления бурового раствора)*
  bentonitic ~ бентонитовая глина
  blue ~ голубая глина
  bond ~ цементирующая глина
  boulder ~ валунная глина
  broken ~ перемятая глина
  caving-in ~ обваливающаяся глина
  consolidated ~ уплотнённая глина
  dark-grey ~ тёмно-серая глина

drilling ~ глина, пригодная для приготовления бурового раствора
fine-dispersed ~ тонкодисперсная глина
green ~ зелёная глина
gumbo ~ гумбо *(тёмная вязкопластичная глина)*
high plasticity ~ высокопластичная глина
high yield ~ глина высокой распускаемости
highly colloidal ~ высококоллоидная глина
hydratable ~ гидрофильная глина
fine-dispersed ~ тонкодисперсная глина
impervious ~ непроницаемая глина
low yield ~ глина низкой распускаемости
mottled ~ пёстрая глина
mud-making ~ растворообразующая глина *(в скважине)*
native ~ природная глина *(без искусственных примесей)*
natural ~ природная глина *(без искусственных примесей)*
organophilic ~ органофильная глина
plastic ~ пластичная глина; суглинок; жирная глина
red ~ красная глина
salt-water-dispersible ~ глина, диспергируемая в солёной воде
sandy ~ песчаная глина; тощая глина
sedimentary ~ 1. осадочная глина 2. осаждённая глина; отмученная глина
shaly ~ сланцеватая глина
soft ~ мягкая глина
speckled ~ пёстрая глина
sticky ~ вязкопластичная глина
swelling ~ разбухающая глина

time setting ~ отверждаемый глинистый раствор
tough ~ вязкопластичная глина
water sensitive ~ гидрофильная глина
claying глинизация
bed ~ глинизация пласта
Claymaster *фирм.* двухступенчатый гидроциклон *(для удаления жидкости и коллоидных частиц из утяжелённых буровых растворов)*
clean 1. пустой 2. очищать *(скважину от осыпи или постороннего материала)* ‖ чистый; очищенный; свободный от примесей 3. дистиллятный, относящийся к дистиллятным светлым нефтепродуктам 4. неглинистый *(о пласте)*
cleaned очищенный
cleaned-out to total depth очищенный до конечной глубины *(о скважине)*
cleaner 1. очиститель 2. ложечка *(для чистки шпуров)*
air ~ воздухоочиститель
bottomhole vacuum ~ сухой пылеуловитель для борьбы с пылью при бурении скважин
centrifugal gas ~ центробежный газоочиститель
dry gas ~ сухой газоочиститель
electrical gas ~ электростатический газоочиститель
gas ~ скруббер; газоочиститель
mud ~ вибросито-гидроциклонная установка *(для тонкой очистки бурового раствора)*
oil-bath air ~ масляный воздухоочиститель
pipeline ~ приспособление для очистки трубопровода
roto-wall ~ вращающийся скребок для чистки стенок труб

sucker-rod ~ сальник для насосной штанги
wall ~ скребок для чистки стенок ствола скважины
wet-gas ~ мокрый газоочиститель
cleaning очистка ◊ ~ by solvent очистка растворителем; ~ to pits очистка со сбросом выбуренной породы в отстойные амбары
~ of drilling bit cones by interfitting взаимоочищение шарошек бурового долота
~ of hole from cuttings очистка ствола скважины от бурового шлама
~ of well with scrapers очистка скважины скребками
air ~ of bottomhole очистка забоя воздухом
biological ~ биологическая очистка
blast ~ пескоструйная очистка
borehole ~ очистка ствола скважины
bottomhole ~ очистка забоя
chemical ~ химическая очистка
design integrated ~ очистка, заложенная в конструкцию *(оборудования для очистки и промывки труб морских нефтепромыслов)*
fine gas ~ тонкая очистка газа
gas ~ газоочистка
hot-oil well ~ очистка скважины *(от парафина)* горячей нефтью
in-place pipe ~ 1. чистка труб без демонтажа *(трубопровода)* 2. чистка труб без извлечения *(из скважины)*
mechanical ~ of well механическая очистка скважины
primary gas ~ первичная очистка газа
sandblast ~ пескоструйная очистка

clearance

shot blast ~ дробеструйная очистка
steam ~ очистка паром
tank ~ **1.** очистка резервуара **2.** *pl* донные остатки в резервуаре
thermochemical bottomhole ~ термохимическая очистка забоя
two-stage ~ двухступенчатая очистка
well ~ чистка скважины
cleaning-out чистка *(скважины)*
Cleanmaster *фирм.* гидроциклон для очистки воды и нефти
cleanout 1. прочистное отверстие **2.** очистка *(скважины от песка)*
~ of well чистка скважины
borehole ~ чистка ствола скважины
refinery ~ очистка *(крекинг-печей и другой нефтезаводской аппаратуры)* от кокса
tank ~ зачистка ёмкости
cleanup 1. уборка *(помещения буровой вышки)* **2.** откачивание скважины до получения чистой нефти *(поршневым тартанием)*
aerial oil spill ~ борьба с разливами нефти с воздуха
hot-oil well ~ очистка скважины *(от парафина)* горячей нефтью
well ~ очистка скважины
Clear S20 *фирм.* поверхностно-активное вещество, применяемое для вызова притока нефти из пластов, экранированных фильтром бурового раствора
clear 1. чистый алмаз *(с минимальным числом видимых трещин, пятен и включений)* **2.** чистый; светлый; прозрачный; без добавки, неэтилированный *(о бензине)*

clearance 1. зазор, просвет *(между двумя колоннами обсадных труб)* **2.** клиренс; просвет *(расстояние по вертикали от статического уровня дна моря до нижней кромки корпуса плавучей буровой платформы)* ◊ ~ in the derrick клиренс буровой вышки *(расстояние от пола буровой площадки до кронблочной площадки)*; рабочая высота буровой вышки
bit ~ **1.** разница между наружными диаметрами коронки и расширителя *(по вставленным алмазам)* **2.** разница между диаметрами режущей части коронки и корпуса коронки **3.** зазор между стенками скважины и поверхностью коронки **4.** *разг.* величина выступа алмазов из матрицы
bottom ~ донный просвет *(расстояние от днища плавучего бурового основания до дна моря)*
casing ~ зазор между колонной обсадных труб и стенками скважины
drilling marine platform ~ просвет плавучего бурового основания
hole ~ зазор между колонной обсадных труб и стенками скважины
hole-drill collar ~ зазор между утяжелёнными бурильными трубами и стенкой ствола скважины
hook ~ of swivel высота серьги вертлюга для крюка
jointing ~ кливаж трещиноватости
inside ~ **1.** внутренний зазор *(между керном и керноприёмной трубой)* **2.** кольцевое пространство между внутренней и наружной трубами *(двойной колонковой трубы)*

clearance
   mast net working ~ рабочее пространство буровой вышки
   platform ~ at drilling draft зазор плавучего основания при буровой осадке
   operating ~ эксплуатационный просвет *(расстояние от днища плавучего бурового основания до уровня невозмущённой поверхности воды)*
   outside ~ наружный зазор, внешний зазор *(половина разности диаметров скважины и колонковой трубы)*
   platform ~ at drilling draft просвет плавучего бурового основания при буровой осадке
   radial ~ кольцевой зазор; радиальный зазор
   rod ~ зазор между штангами и стенками скважины
   rotary beam ~ просвет между роторными балками *(подвышечного портала плавучей буровой установки)*
   safe ~ 1. опускаемый габарит 2. допускаемый зазор
   shell ~ разница между диаметрами коронки и расширителя *(по вставленным алмазам)*
   tip ~ 1. зазор между головками зубьев 2. зазор между вершинами витков резьбы
   valve ~ зазор клапана
   wall ~ зазор между буровым инструментом и стенками скважины
   working ~ эксплуатационный просвет *(расстояние между днищем плавучего бурового основания и уровнем невозмущённой поверхности воды)*
Cleartron 7 *фирм.* селективный флокулянт глин
clearer раскрепитель бурильных свечей
clearing устранение *(дефекта или повреждения)*

cleavage 1. кливаж 2. *pl* пластинки кристаллических алмазов, расколотых по плоскости октаэдра 3. спайность; плоскости спайности
   diamond ~ плоскости спайности алмаза
cleave раскалывать по плоскости спайности *(об алмазе)*
cleaving раскалывание по плоскости спайности
   diamond ~ раскалывание алмазов по плоскости спайности
clevis серьга
   lifting ~ подъёмная серьга
   traveling block ~ серьга талевого блока
   tripod ~ серьга *(для подвески блока к шкворню треноги)*
cliff of displacement обрыв сброса
climate:
   production ~ условия разработки месторождения
clingage количество нефти, остающейся на стенках мерника после её выпуска
clinker клинкер
   cement ~ цементный клинкер
   portland cement ~ портландцементный клинкер *(твёрдая гранулированная конкреция, состоящая из гидросиликата кальция с небольшим содержанием алюмината кальция и железа)*
clinograph клинограф *(прибор, регистрирующий углы наклона ствола скважины)*
   directional ~ инклинометр для полного измерения направления скважины *(зенитного и азимутального углов)*
   magnetic directional ~ инклинометр с магнитной стрелкой
   Totco double-recording ~ двухзамерный одноточечный инклинометр Тотко *(с маятником и часовым механизмом)*

clinometer 1. инклинометр *(прибор для замера угла наклона скважины)* **2.** прибор для измерения угла падения пластов
  line ~ линейный инклинометр *(устанавливаемый в любом месте бурильной колонны)*
  plain ~ концевой инклинометр *(устанавливаемый на нижний конец бурильной колонны)*
  Thompson ~ инклинометр Томсона
clinophone:
  Briggs ~ клинофон Бриггса *(прибор для измерения углов наклона буровых скважин)*
clinoscope клиноскоп *(прибор для измерения искривления горизонтальных скважин)*
Clinton Flakes *фирм.* целлофановая крошка *(нейтральный наполнитель для борьбы с поглощением бурового раствора)*
clip 1. зажим для каната **2.** пружинный зажим **3.** серьга **4.** защёлка **5.** скоба для подвешивания труб
  binding ~ зажимная скоба, зажимной хомут
  brack ~ тормозной зажим
  cable ~s зажим для троса; канатный зажим
  hose supporting ~ скоба для подвешивания наливного шланга
  pipe ~ скоба для подвешивания трубы
  pipeline ~ скоба для подвешивания трубопровода
  rope ~ зажим для каната
  saddle ~ хомут для прикрепления труб; трубный зажим
  screw ~ хомут с винтовой нарезкой
  tubing ~ скоба крепления трубопроводов
  wirerope ~ зажим для проволочного каната

clivers серьга для подвески бурильных труб
clockwork of bottomhole pressure gage часовой механизм глубинного манометра
clog: ◊ **to ~ pores in borehole wall** закупоривать поры в стенке ствола скважины
clogged-up заглинизированный, закупоренный глиной
clogging 1. закупорка *(труб или пор в пласте)* **2.** загрязнение; засорение; забивание *(фильтра)*
  ~ of pore space закупоривание порового пространства
  filter ~ забивание фильтра
  line ~ засорение трубопровода; закупоривание трубопровода
  pipe ~ засорение труб
  pore ~ of bottomhole zone закупоривание пор призабойной зоны
close: ◊ **to ~ a well in** закрывать скважину; **to ~ in 1.** утеплять *(лёгкую буровую вышку)* **2.** перекрывать *(выход воды, нефти или газа из скважины)*; **to ~ off** герметизировать *(съёмный керноприёмник)*
closed замкнутый *(о залежи)*
closing:
  ~ of elevator зарядка элеватора
  ~ of fractures смыкание трещин *(при гидравлическом разрыве пласта)*
  blowout preventer ~ закрытие противовыбросового превентора
closing-in остановка; закрытие *(скважины)*
closure 1. купол **2.** линейная величина отклонения скважины в сторону от заданного направления
  ~ of beds замыкание слоёв
  ~ of fold замыкание складки

~ of gate valve перекрытие задвижки
centroclinal ~ of beds центроклинальное замыкание слоёв
fault ~ замыкание ловушки
periclinal ~ of beds периклинальное замыкание слоёв
valve ~ закрытие клапана
cloth:
  filter ~ фильтрующая ткань на фильтр-прессах
  screen ~ полотно сетки *(вибросита)*
  varnished ~ лакоткань *(обмотки шланга)*
clothing:
  protective ~ защитная одежда
cloud мутный *(об алмазе)*
club клуб
  desk-and-derrick ~ клуб работников нефтепромысловой отрасли
cluster группа; набор
  ~ of seismometers группа сейсмоприёмников
  coupled ~ двухствольная скважина
  dual-bore ~ двухствольная скважина
  pipe well ~ свайный куст скважин
  seismic sensor ~ группа сейсмоприёмников
  well ~ куст скважин
clutch 1. муфта *(соединительный механизм)*; муфта сцепления, фрикционная муфта 2. включение муфты ∥ сцеплять; соединять
  air ~ шинопневматическая муфта
  bayonet ~ муфта с защёлкой
  bevel ~ конусное сцепление; коническая муфта
  beveled claw ~ соединительная муфта с наклонными зубцами
  claw ~ кулачковая муфта; сцепная муфта

cone ~ коническая фрикционная муфта
coupling ~ кулачковая муфта
disk ~ дисковое сцепление
dog ~ кулачковая муфта; сцепная муфта
drum ~ муфта включения барабанного вала *(буровой лебёдки)*
fluid ~ гидравлическая муфта
free-wheeling ~ обгонная муфта
friction ~ фрикционная муфта, фрикцион; конический тормоз
hydraulic ~ гидравлическая муфта *(для ремонта подводного трубопровода)*
hydromatic jaw ~ кулачковое сцепление с гидравлическим включением
jaw ~ кулачковая муфта
magnetic ~ электромагнитная муфта сцепления
master ~ 1. главная фрикционная муфта 2. муфта включения
master drive ~ сцепление главного привода
overcenter ~ муфта сцепления, расположенная не по оси двигателя
overrunning ~ муфта свободного хода, обгонная муфта
plate ~ дисковое сцепление
power ~ фрикционная муфта привода качалки *(при глубинно-насосной эксплуатации)*
power pinion ~ приводная фрикционная муфта *(для станка-качалки)*
release ~ муфта выключения; муфта расцепления
reverse ~ фрикцион с обратным ходом; реверсивный фрикцион
reverse gear ~ реверсивная зубчатая муфта

safety ~ предохранительная муфта
single-disk ~ однодисковая муфта
single-plate ~ однодисковая муфта
winch ~ зубчатое колесо каротажной лебедки
winch directional ~ муфта направления намотки троса лебёдки

clutter *сейсм.* когерентная помеха
coagulant коагулянт ‖ коагулирующий; свёртывающий
coagulation коагуляция (*свёртывание и осаждение взвешенного в жидкости коллоидного вещества*); коагулирование, свёртывание
coagulator 1. коагулятор 2. коагулянт
coal:
   sapropelic ~ сапропелит
coalescence соединение (*нефтяных капелек эмульсии при действии реагента*)
coarse:
   oil travel ~ путь миграции нефти
Coast:
   Gulf ~ северная часть побережья Мексиканского залива
coat обшивка (*наружная*)
   anticorrosive ~ противокоррозионное покрытие
   antirust ~ противокоррозионное покрытие
   corrosion-resistant ~ противокоррозионное покрытие
   primary ~ грунтовочный слой покрытия
   protective ~ защитный слой
   seal ~ защитный слой
Coat-C1815 *фирм.* плёнкообразующий амин (*ингибитор коррозии*)
Coat-415 *фирм.* плёнкообразующий амин (*ингибитор коррозии*)

coated обшитый (*досками*)
coating 1. покрытие 2. обшивка (*наружная*)
   anodic oxide ~ анодно-оксидное покрытие
   anticorrosive ~ противокоррозионное покрытие
   antioxidizing ~ противоокислительное покрытие
   antirust ~ антикоррозионное покрытие
   bitumastic enamel pipeline ~ покрытие трубопровода битумным лаком
   bitumen ~ 1. битумная изоляция (*трубопровода*) 2. покрытие битумом
   cathodic ~ катодное покрытие
   chemical conversion ~ химическое покрытие
   clay ~ глинистая корка
   concrete weight ~ грузовая бетонная рубашка (*морского трубопровода для удержания его на дне моря*)
   corrosion-resistant ~ противокоррозионное покрытие
   fireproof ~ огнестойкое покрытие
   gasoline-resistant ~ бензостойкое покрытие
   hot-dip ~ горячее покрытие (*методом окунания*)
   insulating ~ изолирующее покрытие
   multilayer ~ многослойное покрытие
   over-the-ditch ~ нанесение покрытия (*на трубопровод*) непосредственно перед спуском в траншею
   paraffin ~ of cores покрытие кернов парафином
   pipe ~ защитное покрытие трубы
   polyethylene ~ полиэтиленовое покрытие
   polyvinylchloride ~ полихлорвиниловое покрытие

coating

    protecting ~ защитное покрытие
    protective ~ защитное покрытие
    protective metal ~ металлическое защитное покрытие
    unbonded ~s многослойная изоляция *(трубопровода)*, состоящая из не связанных между собой слоёв
    waterproof ~ водонепроницаемое покрытие
    wear-resistant ~ износоупорное покрытие
    weight ~ утяжеляющее покрытие *(морских трубопроводов)*

cocatalyst совместный катализатор, совместно действующий катализатор

cock кран; задвижка; вентиль
    air ~ воздуховыпускной клапан *(в насосах, трубопроводах, гидравлических механизмах)*
    air escape ~ воздуховыпускной клапан
    ball ~ шаровой кран; рычажный клапан *(регулировки уровня жидкости в резервуаре, приводимый в действие полым шаром, находящимся на конце рычага и плавающим на жидкости)*
    blow-off ~ спускной кран
    corporation ~ вентиль отводной ветки *(устанавливаемый вблизи сетевого трубопровода газоснабжения)*
    discharge ~ выпускной кран; сливной кран, спускной кран
    distributing ~ распределительный кран
    distribution ~ распределительный кран
    drain ~ выпускной кран; сливной кран, спускной кран
    gage ~ пробоотборный кран *(резервуара)*
    horse ~ 1. оправка *(для расширения или расправления вмятин в трубах или сужений в стволе скважины)* 2. буровое долото 3. нагнетательный шланг
    kelly ~ задвижка над ведущей бурильной трубой; клапан ведущей бурильной трубы
    kelly stop ~ задвижка над ведущей бурильной трубой; клапан ведущей бурильной трубы
    lifting ~ кран с подъёмной поворотной пробкой
    oil-drain ~ кран для спуска масла
    outlet ~ сливной кран
    pet ~ сливной кран
    regulating ~ регулировочный кран
    sampling ~ пробоотборный кран *(резервуара)*
    self-propelled ~ самоходный кран
    spring-loaded ~ кран с пружинным затвором
    stop ~ запорный кран
    surface ~ кран для регулирования уровня жидкости в резервуаре
    three-way ~ трёхходовой кран
    try ~ пробный кран
    two-way ~ двухходовой кран
    valve ~ клапанный кран
    water ~ водоспускной кран

cockpit карст

code 1. код, шифр 2. свод требований; правила; нормы; стандарты
    criticality classification ~ код классификации неисправностей по степени важности
    failure classification ~ код классификации неисправностей; код классификации отказов
    maintenance ~ код операций технического обслуживания

maintenance essentiality ~ код степени важности технического обслуживания
malfunction ~ код классификации неисправностей
performance test ~ правила проведения испытаний для определения рабочих характеристик
reliability ~ свод требований к надёжности
safety ~ правила техники безопасности
search ~ правила поиска (*неисправности*)
standard ~ кодовое обозначение стандарта
test ~ инструкция по испытаниям
coefficient коэффициент; множитель; показатель
~ **of coherence** *сейсм.* коэффициент когерентности
~ **of corrosion** показатель коррозии
~ **of hardness** коэффициент твёрдости
~ **of loss** коэффициент потерь
~ **of monthly production rate change** коэффициент месячного изменения дебита (*нефтяной скважины*)
~ **of production rate change** коэффициент изменения дебита (*нефтяной скважины*)
~ **of substitutability** коэффициент заменяемости
~ **of utilization** коэффициент использования; коэффициент загрузки (*оборудования*)
~ **of viscosity** коэффициент вязкости
~ **of wear** коэффициент износа; степень износа
abuse ~ показатель неправильной эксплуатации
assurance ~ коэффициент безопасности; запас прочности
compaction-correction ~ поправка на уплотнение (*вводимая в значение пористости по акустическому каротажу*)
constriction ~ коэффициент сжатия
corrosion ~ показатель коррозии
discharge ~ коэффициент расхода при истечении
drag ~ коэффициент лобового сопротивления
formation activity ~ коэффициент пластовой активности
head-wave ~ *сейсм.* коэффициент образования головной волны
Lorentz ~ **of heterogeneity** коэффициент неоднородности (*пласта*) Лоренца
oil bed permeability ~ коэффициент проницаемости нефтяного пласта
orifice ~ коэффициент расхода (*жидкости при истечении её из отверстия*)
pore saturation ~ коэффициент насыщенности пор
quality ~ характеристика качества (*нефтепродуктов*)
reliability ~ показатель надёжности; вероятность безотказной работы
restoring ~ коэффициент восстановления
saturation ~ коэффициент насыщения
sonde ~ коэффициент зонда
spreading ~ коэффициент растекания (*при испытании цементной смеси*)
unsaturated ~ коэффициент насыщенности (*бензина*)
usage ~ коэффициент использования; коэффициент загрузки (*оборудования*)
viscosity ~ коэффициент вязкости

coefficient

    well imperfection ~ коэффициент несовершенства скважины
    well imperfection ~ with regard to reservoir penetration degree коэффициент несовершенства скважины по степени вскрытия продуктивного пласта
    well imperfection ~ with regard to well completion technique коэффициент несовершенства скважины по способу заканчивания
    well perfection ~ коэффициент совершенства скважины

coffer кессон для подводных работ

coherence *сейсм.* когерентность
    seismic signal ~ когерентность сейсмических сигналов
    trace-to-trace ~ когерентность по записям

coherent сцементированный

coil поглотитель-змеевик
    active ~s рабочее число витков *(пружины)*
    exciter ~ генераторная катушка *(скважинного толщиномера)*
    heat ~ нагревательный змеевик
    moving ~ подвижная катушка *(сейсмоприёмника)*
    refluxing ~ змеевик горячего орошения *(наверху ректификационной колонны)*
    unclamped seismometer ~ неподключённая катушка сейсмоприёмника

coke 1. углеродистые отложения; нагар *(в крекинг-установке, на катализаторе, в двигателе)* 2. осадок из кислого масла *(коагулят кислого гудрона)* 3. кокс; отложение кокса; осадок из кислого масла ‖ коксовать ‖ коксовый
    acid ~ твёрдый асфальт из кислого гудрона *(коксовый остаточный продукт)*
    gas ~ кокс, образующийся в газовых ретортах; газовый кокс
    oil ~ нефтяной кокс
    petroleum ~ нефтяной кокс
    refinery ~ нефтяной кокс; ретортный кокс
    still ~ кубовый кокс; ретортный кокс *(остающийся в кубе при перегонке нефти)*

coked 1. закоксованный; превращённый в кокс *(о нефтепродукте)* 2. покрытый коксом *(о катализаторе)*

coking 1. коксование *(нефти или нефтяных остатков)* 2. крекирование до кокса 3. закоксовывание *(нефтяного оборудования)* ‖ коксующийся; коксовый

cold:
    gas expansion ~ холод расширения газа

collapse 1. обвал; разрушение; осадка ‖ разрушаться; обваливаться; оседать 2. поломка; авария; выход из строя 3. продольный изгиб 4. смятие *(бурильных или обсадных труб)* 5. разрушение *(вышки или треноги в результате перегрузки)* 6. обрушение *(стенок скважины)*
    ~ of casing смятие обсадной колонны
    ~ of trench side walls обрушение стенок траншеи
    borehole wall ~ обрушение стенок ствола скважины
    complete ~ полное разрушение
    diffraction ~ *сейсм.* свёртка дифрагированной волны *(наружным давлением)*
    hose ~ разрыв шланга
    local ~ of casing дефект от местного смятия обсадной трубы
    oil-and-gas pool ~ разрушение залежей нефти и газа

collar

trap ~ разрушение ловушек
collar 1. хомут; бурт; кольцо; обойма; переходная муфта; фланец **2.** втулка; подшипник **3.** сальник **4.** наплыв *(вокруг термитного шва)* **5.** устье *(скважины)* **6.** труба тяжёлого низа **7.** закреплять устье скважины *(обсадной трубой)* ◊ to ~ a hole **1.** забуривать скважину **2.** закреплять устье скважины обсадной трубой; устанавливать в скважине кондуктор; to ~ pipes компактно укладывать трубы в штабель с расположением муфт в шахматном порядке
airlift drill ~ муфта бурильных труб для бурения с обратной продувкой
baffle ~ муфта обсадной колонны *(с перегородкой для задержки пробки при цементировании);* упорное кольцо *(при цементировании);* посадочная муфта *(для цементировочной пробки)*
bottom drill ~ наддолотник; нижняя утяжелённая бурильная труба
bypass ~ устройство для перепуска жидкости
casing ~ соединительная муфта обсадной трубы
casing float ~ муфта обсадной колонны с обратным клапаном
cement baffle ~ установленное упорное кольцо в муфте обсадных труб *(для задержки пробок при цементировании скважины)*
cementing ~ **1.** цементировочная муфта *(обсадной колонны)* **2.** упорное кольцо *(в муфте обсадной колонны для задержки пробок при цементировании скважины)*
cementing float ~ цементировочная муфта *(обсадной колонны)* с обратным клапаном

combination ~ переходная муфта; переходник
combination tap-and-die ~ метчик-колокол
crude oil ~ нефтесборник *(трубопровод)*
die ~ ловильный колокол
die ~ **with centering chamfer** ловильный колокол с центрирующей фаской
differential fill-up ~ муфта, применяемая при постановке колонны обсадных труб
differential valve packer ~ кольцевой пакер с дифференциальным клапаном *(для цементирования)*
double box ~ удлинитель с замковыми муфтами на обоих концах
drill ~ **1.** воротник бура **2.** утяжелённая штанга; утяжелённая бурильная труба **3.** удлинитель *(при роторном бурении)* **4.** прилегающая к устью часть буровой скважины
drill ~ **with stress-relief grooves** утяжелённая бурильная труба с разгрузочными канавками
drive ~ **1.** забивная муфта **2.** забивная головка; отрезок толстостенной трубы, заменяющий забивную головку **3.** ведущий фланец **4.** *разг.* забивной башмак; забивная баба
extraheavy drill ~ сверхутяжелённая бурильная труба
float ~ **1.** обратный клапан **2.** муфта обсадной трубы с обратным клапаном
fluted drill ~ утяжелённая бурильная труба *(со спиральной канавкой на поверхности для снижения возможности прилипания к стенкам ствола скважины)*

collar

full-hole drill ~ утяжелённая бурильная труба, диаметр которой близок к диаметру скважины
gage die ~ ловильный колокол-калибр
gate valve baffle ~ муфта задвижки с перегородками
grooved drill ~ ребристая утяжелённая бурильная труба
guard ~ предохранительное кольцо
horse ~ подвесной хомут *(для гладких труб тяжёлого низа, не имеющих прорезей для захвата)*
hydraulic-actuated cement ~ цементировочная муфта гидравлического действия
hydraulic drill ~ гидравлическая утяжелённая бурильная труба
jar ~ выбивная муфта *(используемая при аварийных работах на скважине)*
landing ~ 1. муфта для подвешивания *(колонны труб в скважине)* 2. муфта с упором *(для задерживания цементировочной пробки)*
latch-in ~ муфта с фиксатором; муфта с упором
left-hand thread die ~ левый ловильный колокол
liner ~ бурт цилиндровой втулки
loose ~ 1. установочное кольцо 2. зажимное кольцо 3. ниппель под развальцовку *(для соединения трубопроводов)*
milling die ~ ловильный колокол-фрезер
monel ~ утяжелённая бурильная труба из монель-металла
mud drill ~ утяжелённая бурильная труба с перепускными клапанами для бурового раствора

mushroom-shaped ~ **of swivel stem** грибовидный фланец ствола вертлюга
nonmagnetic drill ~ немагнитный удлинитель; немагнитная утяжелённая бурильная труба *(для исследования скважины приборами с магнитной стрелкой)*
no-wall-stick drill ~ утяжелённая бурильная труба со спиральной канавкой
oversize drill ~ утяжелённая бурильная труба увеличенного диаметра
pin ~ заплечик ниппеля
pipe ~ трубная соединительная муфта
port ~ муфта с отверстиями
retaining ~ удерживающий заплечик *(бура)*
ribbed ~ ребристая утяжелённая бурильная труба
right-hand thread die ~ правый ловильный колокол
rotary die ~ ловильный колокол
rubber ~ резиновая манжета
rugged nonmagnetic ~ немагнитная утяжелённая бурильная труба *(для бурения в сложных условиях)*
set ~ 1. установочное кольцо 2. зажимное кольцо
shale ~ глинистый сальник
shock-resistant vibration-suppressing drill ~ ударостойкая утяжелённая бурильная труба, способная поглощать вибрации
slip and elevator recess drill ~ утяжелённая бурильная труба с прорезями для элеватора плашечного типа
slotted drill ~ ребристая утяжелённая бурильная труба
spiral-drill ~ утяжелённая бурильная труба со спиральными рёбрами

spiral-groover drill ~ утяжелённая бурильная труба со спиральной канавкой
square drill ~ утяжелённая бурильная труба квадратного сечения
stage-cementing ~ заливочная муфта обсадной колонны *(для многоступенчатого цементирования)*
stop ~ стопорная муфта *(центратора обсадной колонны)*
sucker-rod die ~ ловильный колокол для захвата насосных штанг
thrust ~ упорное кольцо, упорный заплечик
travel ~ скользящая муфта
tubing head landing ~ муфта для подвешивания головки насосно-компрессорной колонны
umbrella ~ зонтичный паросборник, зонтообразный паросборник
valve ~ клапанная тарелка
wear-resistant porous drill ~ износостойкая пористая утяжелённая бурильная труба
collaring забуривание скважины *(при подземном бурении)*
collateral параллельный *(о пласте)*
collection 1. сбор *(данных)* 2. совокупность; система; множество
gas ~ сбор газа
maintenance data ~ сбор данных о техническом обслуживании
seismic data ~ сбор сейсмических данных, сбор сейсмической информации
collector коллектор
air ~ воздухосборник, воздушный резервуар
crude oil ~ нефтесборник *(трубопровод)*
dust ~ 1. шламоуловитель 2. пылеуловитель *(при бурении с продувкой воздухом)*
gas ~ газоуловитель, газосборник; газовый коллектор
oil ~ нефтесборник *(трубопровод)*
sand ~ отстойник для песка
steam ~ паросборник
water header ~ водосборник
wet dust ~ масляный пылеуловитель
collet:
casing hanger ~ цанговый патрон для обсадной трубы
colloidal коллоидальный *(о бентонитовом растворе)*
colloidity коллоидальность
Colmacel *фирм.* волокно целлюлозы *(нейтральный наполнитель для борьбы с поглощением бурового раствора)*
color 1. цвет, окраска 2. колометрическая характеристика, колометрический цвет; цветовая марка *(нефтепродукта)*
crude oil ~s цвета сырой нефти
initial ~ первоначальный цвет *(нефтепродукта)*; цвет свежего нефтепродукта
iridescent ~s радужные цвета *(нефтяной плёнки)*
kerosene standard ~s стандартные цветовые марки керосина *(принятые в нефтяной колометрии)*
oil ~ цвет нефти
optical density ~ истинный цвет нефтепродукта, определяемый оптической плотностью
petroleum ~ цвет нефти
standard ~s стандартные цветовые марки колориметрических шкал *(для нефтепродуктов)*
colorimeter колориметр
Saybolt ~ колориметр Сейболта *(для определения цвета светлых нефтепродуктов)*

colorimeter

Tag-Robinson ~ колориметр Тага–Робинсона *(для определения цвета нефтепродуктов)*
Union ~ стандартный колориметр "Юнион" *(для определения цвета нефтепродуктов)*
column 1. колонна труб 2. колонна; стойка *(в резервуаре)* 3. столб *(жидкости в скважине)* 4. длинный отрезок керна 5. ректификационная колонна 6. химический реактор колонного типа
~ **of cement** цементная колонна
~ **of explosives** сейсм. колонна взрывных зарядов
~ **of gas** столб газа *(в скважине)*
~ **of mud** столб бурового раствора *(в скважине)*
~ **of oil basin** разрез нефтегазоносного бассейна
~ **of water** столб воды
adiabatic ~ ректификационная колонна, работающая в адиабатических условиях; ректификационная колонна с тепловой изоляцией; адиабатная колонна
cascade-tray fractionating ~ ректификационная колонна с тарелками каскадного типа
casing ~ колонна обсадных труб
cement ~ цементный стакан *(в кольцевом пространстве)*
combined casing ~ 1. комбинированная обсадная колонна *(составленная из двух или большего числа секций с разной толщиной стенок)* 2. обсадная колонна, служащая одновременно водозакрывающей и эксплуатационной
compensating jacket ~ ректификационная колонна с рубашкой, компенсирующей тепловые потери

concentric tube ~ ректификационная колонна, состоящая из концентрических трубок
corner ~ угловая стойка *(подвышечного основания)*
depropanizing ~ пропаноотгонная колонна
depth ~ колонка глубин *(на каротажной диаграмме)*
distillate propanizer-deethanizer ~ дистиллятный пропанизатор-деэтанизатор *(вариант аппаратурно-технологического оформления процесса стабилизации бензина, обеспечивающий требуемую степень улавливания пропана и бутанов)*
distillation ~ ректификационная колонна
double drill ~ двойная распорная колонна *(для крепления бурильной установки при подземном бурении)*
drainage ~ дренируемый столб
drill ~ компоновка бурильной колонны
drilling mud ~ столб бурового раствора
eduction ~ эдуктор; подъёмная колонна *(газлифта)*; подъёмник
flow ~ колонна насосно-компрессорных труб
fluid ~ столб флюида *(в скважине)*
fluidized ~ столб флюидизированного материала
fractional ~ фракционирующая ректификационная колонна
fuel-filling ~ заправочная колонка
gas ~ столб газа; этаж газоносности
geological ~ сводный геологический разрез; геологическая колонка

jack ~ 1. распорная колонка 2. домкратная стойка 3. телескопическая стойка
jumbo ~ стрела буровой каретки
liquid ~ столб жидкости (*в скважине*)
lithostratigraphic ~ литостратиграфическая колонка (*по данным буровой скважины*)
logy drill ~ снаряд с сальником из вязкой глины (*затрудняющим бурение*)
manifold-and-control ~ распределительная и управляющая колонна
mounting ~ распорная колонка (*бурильного молотка*)
mud ~ столб бурового раствора (*в скважине*)
oil ~ 1. нефтяная часть залежи 2. столб нефти (*в скважине*)
outrigger-type stability ~ стабилизирующая колонна выносного типа
packed ~ 1. искусственный керн 2. ректификационная колонна насадочного типа; насадочная колонна
perforated plate ~ колонна с перфорированными тарелками
pneumatic-feed ~ колонка перфоратора с пневматическим устройством подачи
rectification ~ ректификационная колонна
rectifying ~ ректификационная колонна
rock-drill ~ распорная колонка перфоратора
rotating-band distilling ~ ректификационная колонна с вращающейся лентой
rotating-concentric tube distilling ~ ректификационная колонна с вращающимися концентрическими трубками
rotating-cone distilling ~ ректификационная колонна с вращающимся конусом
side-stripping ~ боковая отпарная колонна; выносная отпарная колонна; выводная отпарная колонна
spiral-screen ~ ректификационная колонна со спиральной сеткой
stabilizing ~ стабилизирующая колонна; колонна остойчивости
standing ~ столб жидкости в скважине (*после извлечения бурового снаряда*)
steam-stripping ~ отпарная колонна; выносная отпарная секция
stratigraphic ~ стратиграфическая колонка; стратиграфический разрез
stripping ~ отпарная колонна; отгоночная колонна
wetted surface ~ ректификационная колонна со смоченной поверхностью; поверхностно-контактная колонна
Widmer ~ ректификационная колонна Видмера
combination 1. соединение; смешение 2. комбинация
~ of zones сообщение пластов (*в результате нарушения тампонажа*)
jackhammer-pusher leg ~ бурильный молоток на пневмоподдержке; бурильный молоток на пневматической стойке с автоматической подачей
liner packer ~ хвостовик, устанавливаемый на пакере; хвостовик с пакером
overlapping ~ комбинированное группирование (*сейсмографов*)
plug ~ комбинированная цементировочная пробка

porosity ~ комбинация диаграмм пористости
shotpoint-geophone ~ комбинация пунктов взрыва и сейсмоприёмников
combustibility возгораемость
combustible горючее ‖ горючий
combustion горение
   direct-flow in-situ ~ прямоточное внутрипластовое горение *(нефти)*
   fluid ~ сжигание жидкого топлива; сжигание псевдосжиженного топлива
   fractional ~ дробное сжигание; сжигание одного из компонентов газовой смеси
   fuel bed ~ сжигание топлива в слое
   in-situ ~ создание фронта горения в пласте путем частичного сжигания нефти; внутрипластовое горение *(метод увеличения нефтеотдачи)*
   opposite-flow in-situ ~ противоточное внутрипластовое горение *(нефти)*
come: ◊ ~ **on water** полное обводнение *(скважины)*; **to** ~ **down** обрушать; обрушаться; **to** ~ **on water** переходить на воду *(о полностью обводнённой скважине)*; **to** ~ **out** поднимать, извлекать *(трубы или инструмент из скважины)*; **to** ~ **out of a hole** поднимать бурильную колонну из скважины; **to** ~ **out of a well** потерять диаметр скважины настолько, что дальнейшее бурение невозможно
come-along ключ простой конструкции *(для натяжки тросов, вытягивания штанг)*
coming-out of hole подъём *(бурового инструмента)* из ствола скважины
commence: ◊ **to** ~ **drilling** забуривать ствол скважины

commingler смеситель
commingling 1. извлечение *(нефти или газа)* из двух продуктивных интервалов через одну скважину 2. смешивание нефти из разных скважин
   ~ **of fluids** смешение флюидов *(из разных пластов)*
Commission:
   Economic ~ **for Europe** Экономическая комиссия ООН для стран Европы
   Federal Regulatory ~ Федеральная регулятивная комиссия *(США)*
   Interstate Commerce ~ Межгосударственная коммерческая комиссия, координирующая вопросы транспорта нефти *(США)*
   Interstate Oil Compact ~ Междуштатная нефтяная координирующая комиссия *(США)*
   Oil and Natural Gas ~ Комиссия по нефти и природному газу *(Индия)*
   Oil Industry ~ Комиссия по делам нефтяной промышленности *(США)*
commission 1. комиссия; комитет 2. сдача в эксплуатацию; введение в строй ◊ ~ **for marine geology** комиссия по морской геологии; **in** ~ в исправности; в готовности; **out of** ~ в неисправном состоянии; вышедший из строя; непригодный к эксплуатации; **out of** ~ **for maintenance** непригодный к эксплуатации из-за проведения технического обслуживания; **out of** ~ **for parts** непригодный к эксплуатации из-за отсутствия запасных частей; **to get out of** ~ выходить из строя; **to place into** ~ вводить в эксплуатацию; **to place out of** ~ выводить из эксплуатации; **to put into** ~ вводить в эксплуатацию

commitment:
export ~s обязательства по экспорту *(газа)*

Committee: ◊ ~ **on Disposal of Refinery Wastes** Комитет по ликвидационной переработке нефтезаводских отходов
Advisory ~ **on Fundamental Research on the Composition and Properties of Petroleum** Технический совет по фундаментальным исследованиям в области изучения состава и свойств нефти *(США)*
Advisory ~ **on Marine Resources Research** Консультативный комитет по исследованию морских ресурсов *(Продовольственная и сельскохозяйственная организация ООН)*
American Engineering Standards ~ Американский комитет технических стандартов
American Petroleum Industries ~ Американской комитет нефтяной промышленности
American Petroleum Institute ~ Комитет Американского нефтяного института
Certification Management ~ Руководящий комитет по сертификации *(в Международной электротехнической комиссии)*
Cooperative Fuel Research ~ Объединённый комитет по изучению моторных топлив
Coordinating Equipment Research ~ Координационный исследовательский комитет по оборудованию
European ~ **on Standardization** Европейский комитет по стандартизации
Inspectorate Coordinating ~ Координационный комитет по надзору *(в Международной электротехнической комиссии)*
International ~ **for Nondestructive Testing** Международный комитет по неразрушающим испытаниям
National Standards Policy Advisory ~ Национальный консультативный комитет по политике в области стандартизации *(США)*
Offshore Operators ~ Комитет подрядчиков по бурению скважин в море
Oil Policy ~ Комитет по нефтяной политике *(США)*
Pan American Standards ~ Панамериканский комитет по стандартам
Technical ~ **on Reliability and Quality Control** технический комитет по надёжности и контролю качества *(в Международной ассоциации «Наука и техника для развития»)*

committee комитет; комиссия; рабочая группа
~ **of supervision** орган надзора
certification ~ 1. комиссия по сертификации 2. аттестационная комиссия
corporate reliability ~ внутрифирменная комиссия по надёжности
maintenance advisory ~ консультативный комитет по техническому обслуживанию
oil information ~ комитет по информации в области нефтяной промышленности
reliability ~ комиссия по надёжности
reliability improvement ~ комиссия по вопросам повышения надёжности
reliability policy ~ комитет по технической политике в области надёжности
safety ~ комиссия по технике безопасности

system safety ~ группа обеспечения эксплуатационной безопасности системы
test ~ группа организации и проведения испытаний
test planning ~ группа планирования испытаний
trouble report ~ группа анализа данных о неисправностях
communicating by sound звуковая связь *(на трубопроводной линии)*
communications коммуникации *(подъездные пути)* ◊ ~ between wells связь между скважинами *(гидродинамическая)*
fluid ~ 1. движение флюидов 2. канал для движения флюидов
intrareservoir ~ перетоки между пластами
pipeline ~ служба связи на трубопроводе
compact 1. вставка в штыревое долото *(напр. из карбида вольфрама)* 2. плотный *(однородного строения)*
hard-alloy ~s вставные твёрдосплавные зубья шарошки
protecting ~ защитная вставка
tungsten carbide ~s вставные карбидвольфрамовые зубья шарошки
compaction уплотнение
clay rock ~ уплотнение глин
rock ~ уплотнение горных пород
vacuum ~ of concrete вакуумирование бетона
compactness of grain arrangement плотность расположения зёрен *(в породе)*
Company:
British Petroleum ~ Британская нефтяная компания
National Iranian Gas ~ Иранская национальная газовая компания

Ocean Drilling and Exploration ~ Компания по бурению и разведке морских месторождений *(США)*
Standard Oil ~ of California филиал компании "Стандард ойл" в штате Калифорния *(США)*
Standard Oil ~ of New York филиал компании "Стандард ойл" в штате Нью-Йорк *(США)*
Standard Oil ~ of Ohio филиал компании "Стандард ойл" в штате Огайо *(США)*
company компания; фирма
distribution ~ газораспределительная компания
fully integrated oil ~ фирма, осуществляющая весь цикл работ с нефтью *(от её добычи до продажи готовых продуктов)*
gas producing ~ газодобывающая фирма
independent oil ~ независимая нефтяная компания
integrated oil ~ многоотраслевая нефтяная компания *(ведущая добычу, переработку и транспортировку нефти)*
local distribution ~ местная газораспределительная компания
major oil ~ крупная нефтяная компания
mud ~ фирма, поставляющая подрядчикам реагенты для приготовления буровых растворов
oil producing ~ нефтедобывающая компания
service ~ специализированная обслуживающая фирма *(напр. по каротажу, ремонту скважин, цементированию)*
transmission ~ компания, осуществляющая транспорт газа

well surveying ~ компания по каротажу и исследованию скважин

comparison:
  time ~ *сейсм.* временное компарирование; сравнение времён пробега
  trace ~ *сейсм.* сопоставление дорожек

compartment:
  main control ~ главный щит управления *(бурового судна)*
  pumping ~ насосное отделение
  ram ~ плашечная полость *(противовыбросового превентора)*

compass буссоль
  Brunton ~ инклинометр Брунтона
  Carlson ~ компас Карлсона *(инклинометр с магнитной стрелкой на компасной подвеске, фиксируемой застыванием расплавленного желатина)*
  dip ~ горная буссоль *(с горизонтальной осью стрелки)*
  dipping ~ инклинометр
  Maass ~ инклинометр Мааса *(комбинация пробирки с плавиковой кислотой и компаса, плавающего в растопленном желатине)*
  miner's ~ горный компас
  radiolite ~ фотоинклинометр с радиоактивной краской *(для фиксации показаний компаса и индикаторов наклона)*

compatibility совместимость
  ~ of formation and flood waters совместимость пластовых и закачиваемых вод
  ~ of formation and injected waters совместимость пластовых и закачиваемых вод

Compensated Acoustic Velocity Log *фирм.* аппаратура акустического каротажа с компенсацией влияния скважины

Compensated Densilog *фирм.* двухзондовая аппаратура плотностного гамма-гамма-каротажа с компенсацией влияния скважины

Compensated Density Log *фирм.* двухзондовая аппаратура плотностного гамма-гамма-каротажа с компенсацией влияния скважины

Compensated Dual-Spacing Neutron *фирм.* двухзондовый прибор нейтрон-нейтронного каротажа с компенсацией влияния скважины

Compensated Formation Density Log *фирм.* двухзондовая аппаратура плотностного гамма-гамма-каротажа с компенсацией влияния скважины

Compensated Neutron Log *фирм.* комплексный прибор компенсированного нейтронного каротажа и компенсированного плотностного каротажа

Compensated Neutron Tool *фирм.* двухзондовый прибор нейтрон-нейтронного каротажа для скважин малого диаметра

compensator компенсатор
  counterweight heave ~ компенсатор вертикальной качки *(для плавучих морских оснований)*
  crown block ~ кронблочный компенсатор *(бурильной колонны, встроенный между кронблоком и вышкой; компенсирует перемещение бурового судна или плавучей полупогружной буровой платформы относительно подводного устья скважины)*
  crown mounted heave ~ кронблочный компенсатор вертикальной качки
  deadline heave ~ компенсатор вертикальной качки

compensator

downhole heave ~ скважинный компенсатор вертикальной качки
drill string ~ компенсатор вертикальной качки (*плавучего основания*) для бурильной колонны
drilling heave ~ компенсатор вертикальной качки (*плавучего основания*) для бурильной колонны
dual cylinder motion ~ компенсатор перемещения с двумя цилиндрами, компенсатор бурильной колонны с двумя цилиндрами
electrical downhole motor spindle ~ компенсатор шпинделя электробура
hydraulic heave ~ гидравлический компенсатор вертикальной качки (*для плавучих морских оснований*)
in-line heave ~ компенсатор вертикальной качки, установленный в линию с талевым блоком и крюком
single-cylinder ~ одноцилиндровый компенсатор
competition конкуренция
gas-to-gas ~ конкуренция между различными поставщиками газа
interfuel ~ конкуренция между различными видами топлива (*напр. углем и нефтью*)
complete заканчивать (*скважину бурением*) ◊ to ~ a well заканчивать скважину; to ~ a well for commercial production заканчивать скважину для промышленной эксплуатации; to ~ a well in desired target area заканчивать скважину с заданным расположением конечного забоя; to ~ dually заканчивать скважину в двух горизонтах

completion 1. завершение, окончание 2. пополнение; расширение 3. заканчивание скважины (*крепление эксплуатационной части скважины, освоение её и оснащение эксплуатационным оборудованием*); вскрытие (*нефтяного пласта*) 4. оснащённая скважина, оборудованная скважина; скважина, законченная бурением 5. процесс бурения с момента входа в пласт
bare foot ~ законченная бурением скважина с необсаженным стволом у забоя
bare foot well ~ заканчивание скважины без спуска обсадной колонны в продуктивную зону, заканчивание скважины с необсаженным забоем
bottom supported marine well ~ придонное заканчивание морской скважины
cased hole well ~ заканчивание скважины с обсаженным забоем
casingless ~ заканчивание морской скважины с опорой на дно
conventional ~ заканчивание скважины, при котором в неё опускается колонна обсадных труб диаметром не менее 4,5 дюйма
drainhole well ~ заканчивание разветвлённой скважины, многозабойное заканчивание скважины
dry subsea ~ 1. заканчивание скважины с закрытым подводным устьем 2. законченная скважина с подводным устьем (*с фонтанной арматурой, изолированной от морской воды*)
dual ~ 1. заканчивание скважины в двух горизонтах 2. двухпластовая скважина

completion

dual well ~ 1. заканчивание скважины в двух горизонтах 2. скважина, законченная в двух пластах; двухпластовая скважина

dual zone well ~ заканчивание скважины в двух горизонтах

liner ~ законченная скважина с эксплуатационной колонной-хвостовиком

marine ~ морское заканчивание *(нефтяной или газовой скважины)*; установка фонтанной арматуры на дне или на основании

multiple zone ~ 1. многопластовое заканчивание скважины *(для одновременной эксплуатации нескольких продуктивных горизонтов)* 2. скважина, законченная в нескольких пластах

one string pumpdown well ~ заканчивание скважины для одноколонного газлифта

open hole ~ 1. заканчивание скважины с необсаженным забоем 2. скважина с необсаженным забоем

perforated casing well ~ заканчивание скважины с перфорируемой эксплуатационной колонной

permanent well ~ заканчивание скважины при стационарном оборудовании; заканчивание скважины после спуска насосно-компрессорных труб

pumpdown well ~ заканчивание скважины с насосным подъёмником

quadruple ~ 1. заканчивание *(скважины)* для одновременной эксплуатации четырёх продуктивных горизонтов 2. скважина, законченная в четырёх пластах

screened open hole well ~ заканчивание скважины с необсаженным забоем и фильтром

screened perforated liner well ~ заканчивание скважины с перфорированным хвостовиком и фильтром

screened well ~ заканчивание скважины с использованием фильтра

selective well ~ избирательное заканчивание *(нефтяной или газовой скважины)*

set-through well ~ заканчивание скважины со спуском эксплуатационной колонны в продуктивный горизонт

single ~ скважина, законченная в одном пласте

single zone well ~ однопластовое заканчивание скважины

small diameter multiple ~ скважина *(пробуренная для одновременной и раздельной эксплуатации нескольких продуктивных горизонтов)*, в которую спущены две или большее число эксплуатационных колонн малого диаметра

subsea ~ скважина, законченная с подводным устьевым оборудованием

subsea well ~ заканчивание скважины с подводным устьевым оборудованием

surface ~ скважина, законченная с надводным устьевым оборудованием

surface marine well ~ надводное заканчивание морской скважины

surface well ~ заканчивание скважины с надводным устьевым оборудованием

triple ~ скважина, законченная в трёх пластах

completion

triple well ~ заканчивание скважины с целью одновременной разработки трёх продуктивных пластов

triple zone well ~ заканчивание скважины в трёх горизонтах

tubingless well ~ заканчивание скважины без применения насосно-компрессорных колонн

unique ~ скважина, стоящая особняком; отдельно стоящая скважина

well ~ 1. заканчивание скважины; освоение скважины 2. завершение скважины *(бурение от кровли продуктивного горизонта до конечной глубины, кислотная обработка, гидравлический разрыв, оборудование скважины для эксплуатации)*

wet subsea ~ скважина, законченная с открытым подводным устьевым оборудованием *(не изолированным от морской воды)*

wet subsea well ~ заканчивание скважины с открытым подводным устьевым оборудованием

complex комплекс

basement ~ комплекс пород фундамента *(подстилающего нефтеносные осадочные отложения)*

low-velocity ~ *сейсм.* 1. комплекс отложений с малыми скоростями 2. комплекс пород зоны малых скоростей

sedimentary ~ комплекс осадочных пород; группа осадочных пластов; свита осадочных пород

weathering ~ *сейсм.* комплекс пород зоны малых скоростей

complexity сложность; степень сложности

maintenance ~ степень сложности технического обслуживания

operation ~ сложность эксплуатации

compliance соответствие *(техническим условиям)* ◊ to examine for ~ проверять на соответствие *(техническим условиям)*

certification ~ соответствие сертификату

lot ~ соответствие партии изделий техническим условиям

requirements ~ соответствие техническим условиям

standards ~ соблюдение стандартов

technical ~ соответствие техническим условиям

voluntary ~ добровольное соблюдение *(требований стандартов)*

complication of fishing operations осложнение в процессе ловильных работ

component 1. элемент, составная часть *(системы)* 2. компонент; деталь; звено; схема; узел; блок

~ of pattern *сейсм.* элемент группы

~ of wave train *сейсм.* компонент волнового пакета

accessible ~ элемент, легкодоступный для осмотра и обслуживания

antiknock ~ антидетонирующая присадка, антидетонатор

approved ~ элемент, разрешённый к применению

asphaltic-resinous ~ асфальтово-смолистый компонент

bad ~ неисправный элемент

base oil ~ основной компонент нефти

completely failed ~ полностью отказавший элемент

conforming ~ элемент, удовлетворяющий техническим условиям

condition

critical ~ 1. элемент с ограниченным ресурсом 2. наиболее важный элемент, ответственный элемент *(отказ которого нарушает работу всей системы)* 3. элемент, работающий в наиболее неблагоприятных условиях
damaged ~ повреждённый элемент
condensate-gaseous конденсатно-газовый
condenser конденсатор, холодильник
gas ~ газоохладитель
overhead ~ конденсатор наверху ректификационной колонны
condition 1. условие 2. состояние; положение 3. *pl* режим *(работы)* 4. прорабатывать ствол скважины *(перед спуском обсадной колонны)* ◊ **at surface ~s** при условиях, приведённых к устьевым; **in good** ~ в хорошем состоянии; **in working** ~ в исправном состоянии; готовый к работе; **out of** ~ в плохом состоянии; **to ~ the hole** 1. готовить *(скважину к обсадке обработкой расширителем)* 2. промывать скважину *(перед спуском алмазной коронки на забой)*; **to determine reservoir ~s** определять пластовые условия *(в продуктивном пласте)*; **to keep in good** ~ содержать в хорошем состоянии; **to restore to serviceable** ~ возвращать в работоспособное состояние; **under downhole ~s** в условиях скважины; **under field ~s** в промысловых условиях; **under reservoir ~s** в пластовых условиях; **under service ~s** в условиях эксплуатации; **~s of sedimentation** условия осадконакопления

abnormal operating ~s ненормальные условия эксплуатации
acid ~ кислотная среда
actual operating ~s реальные условия эксплуатации; реальные полевые условия
alkaline ~ щелочная среда
anisotropic velocity ~s *сейсм.* анизотропное распределение скоростей
arduous ~s трудные условия *(эксплуатации)*
artificial ~s искусственное воздействие *(на пласт)*
available ~ состояние эксплуатационной готовности
average operating ~s типичные условия эксплуатации
borehole ~ 1. состояние ствола скважины 2. скважинные условия
bottomhole ~s забойные условия
catastrophic ~ аварийное состояние
cement hardening ~s условия затвердевания цемента
completion ~s условия заканчивания *(скважины)*
crack arrest ~s условия остановки трещины
crack extension ~s условия распространения трещины
crack propagation ~s условия распространения трещины
corrosion ~s коррозионные условия
crooked hole ~s условия интенсивного искривления ствола скважины
crossflowing ~s условия перетока *(флюидов из одного пласта в другой)*
cutoff flow ~s условия прекращения фонтанирования
dangerous ~s опасные условия *(эксплуатации)*

defective ~ неисправное состояние
deposition ~ условие отложения
difficult drilling ~s сложные условия бурения
displacement ~s режим вытеснения
downhole ~s условия на забое скважины, скважинные условия
drilling ~s условия бурения
drilling-in ~s условия вскрытия пласта
emergency ~ аварийное состояние
environmental ~s условия окружающей среды
erosion ~s условия выветривания
extreme ~s предельные условия
facies ~s of oil occurrence фациальные условия образования скоплений нефти
failure ~ 1. состояние отказа, отказовое состояние 2. неисправное состояние
faulty ~ неисправное состояние
favorable ~s благоприятные условия (эксплуатации)
field ~s 1. полевые условия; условия эксплуатации; промысловые условия 2. реальные геологические условия (в отличие от модельных)
filtration ~s условия фильтрации
fissuring ~s условия образования трещин
flow ~s условия движения (нефти, газа)
fluid-flow ~s условия течения флюидов (в действующей скважине)
forced operation ~s of well форсированный режим эксплуатации скважины

formation ~s пластовые условия
geological ~s геологические условия
geological-and-technical ~s геолого-технические условия
geotechnical ~s геолого-технические условия
ghosting ~s *сейсм.* условия образования волн-спутников
good ~ исправное состояние
hazardous ~s опасные условия (эксплуатации)
hydrological ~s гидрологические условия
injecting ~s условия закачивания (флюидов в скважину)
in-place ~s пластовые условия
in-situ ~s пластовые условия
in-use ~s условия эксплуатации
isotropic velocity ~s *сейсм.* изотропное распределение скоростей
layering ~s характеристика слоистости
limiting wave ~ ограничение по волнению моря (*предельные параметры волнения, на которые рассчитано плавучее буровое основание*)
maintenance ~s режим технического обслуживания
medium ~s 1. умеренные условия (эксплуатации) 2. типичные условия (эксплуатации)
moderate ~s умеренные условия (эксплуатации)
near-shore ~s прибрежные условия
near-shot ~s *сейсм.* условия в окрестности точки взрыва
no-flow ~ отсутствие потока
normal pumping ~s нормальный режим откачивания
oil-accumulation ~s условия образования скоплений нефти
oil-pool ~s условия в нефтяной залежи

condition

oil-reservoir ~s условия в нефтяной залежи
oil-wet ~ смоченность *(горной породы)* нефтью
operable ~ работоспособное состояние
operating ~s условия эксплуатации *(оборудования)*
operation ~s режим эксплуатации
original reservoir ~s естественные пластовые условия
petrophysical ~s нефтефизические условия *(в коллекторе)*
preferentially oil-wet ~s гидрофобные условия смачивания
preferentially water-wet ~s гидрофильные условия смачивания
producing ~s условия разработки, условия в действующей скважине
production ~ of well режим эксплуатации скважины
pumping ~s режим откачивания
regular service ~s нормальные условия эксплуатации
reservoir ~ состояние продуктивного пласта; режим залежи; пластовые условия
residual oil ~ форма существования остаточной нефти *(в пласте)*
running ~s условия эксплуатации
sampling ~s условия отбора проб
seismic ~s условия сейсмической разведки
seismic noise ~s условия сейсмических помех, сейсмические помехи
semisubmerged ~ полупогружённое состояние *(рабочее положение полупогружной буровой платформы)*
service ~s условия эксплуатации

serviceable ~ работоспособное состояние; состояние эксплуатационной готовности; исправное состояние
severe severity ~s жёсткие условия *(эксплуатации)*
shothole ~s условия во взрывной скважине
specified ~s заданные условия эксплуатации
standard ~s нормальные условия (1. 0 °C, 1013,25 гПа 2. в соответствии с рекомендациями Американской газовой ассоциации: $15^5/_9$ °C, 1015,916 гПа 3. в соответствии с рекомендациями Института сжатого газа: 20 °C, 1013,25 гПа)
standard borehole ~s стандартные скважинные условия
structural ~s структурные условия
subsurface ~s *сейсм.* глубинные условия
surface ~ поверхностная проводимость *(керна)*
technical ~s технические условия
tectonic ~s тектонические условия
test ~s режим испытаний
top ~ хорошее состояние
transit ~ транспортное положение *(при переброске на большое расстояние)*
typical ~s типичные условия *(эксплуатации)*
unballasted ~ дебалластированное состояние *(плавучего полупогружного бурового основания)*
uncracked ~ состояние без трещин
underground ~ подземные условия
usable ~ работоспособное состояние; состояние эксплуатационной готовности; исправное состояние

condition

utmost permissible ~s предельные условия *(эксплуатации)*
velocity ~s *сейсм.* распределение скоростей; характеристика по скорости
wave ~s волновой режим
weathering ~s условия выветривания
welding ~s режим сварки
well ~ режим скважины; состояние скважины
well production ~s условия эксплуатации скважины
workable ~ работоспособное состояние
working ~s рабочие условия; производственные условия

conditioner кондиционирующая присадка
drilling mud ~ добавка к буровому раствору
oil mud ~ кондиционер бурового раствора на углеводородной основе
wax ~ кондиционирующая присадка к парафину, облегчающая её обезмасливание

conditioning 1. доведение до требуемых параметров 2. прорабатывание *(ствола)* 3. заправка *(буров)*
~ of rock texture определение структуры горной породы
~ of sea water for waterflooding очистка морской воды для заводнения
~ of subsurface water for waterflooding очистка подземных вод для заводнения
~ of surface water for waterflooding очистка поверхностных вод для заводнения
drilling mud ~ обработка бурового раствора *(с восстановлением необходимых свойств)*
gas ~ 1. подготовка природного газа 2. обработка газа *(с целью очистки)* 3. кондиционирование природного газа
hole ~ промывка ствола скважины *(для нормализации условий в нём)*
mud ~ регулирование свойств бурового раствора, кондиционирование бурового раствора
produced water ~ очистка сточных вод
water ~ водоподготовка
well ~ подготовка скважины *(к опробованию)*

conductivity 1. удельная проводимость 2. проницаемость
~ of annulus удельная проводимость окаймляющей зоны
~ of bed проводимость пласта
~ of formation water удельная проводимость пластовой воды
~ of mud удельная проводимость бурового раствора
~ of rock проводимость пласта
apparent ~ кажущаяся проводимость *(горных пород)*
deep induction log ~ удельная проводимость по индукционному зонду с большим радиусом исследования
fluid ~ удельная проводимость флюида
fluid ~ of well 1. проницаемость призабойной зоны 2. интенсивность притока флюида к забою скважины
induction log ~ удельная проводимость по диаграмме индукционного каротажа
log ~ удельная проводимость по каротажной диаграмме
medium induction log ~ удельная проводимость по индукционному зонду со средним радиусом исследования
oil electrical ~ электропроводность нефти
petroleum electrical ~ электропроводность нефти
rock electrical ~ электропроводность горных пород

thermal ~ теплопроводность
conductor 1. кондуктор; направление *(первая колонна обсадных труб)*; направляющая колонна *(спускаемая вместо кондуктора)* 2. геол. направляющая жила 3. проводник *(тепла, тока)*
bailer ~ желонка для углубления скважины
marine ~ водоотделяющая колонна; морской стояк; морское направление
outer ~ наружное направление *(первая колонна направления)*
subsea ~ подводное направление *(скважины с подводным устьем)*
survey ~ жила каротажного кабеля
conduit 1. трубопровод; труба; канал; ход 2. патрубок 3. забивная труба; обсадная труба *(в скважине)* 4. водовод; напорный трубопровод 5. кабелепровод; изоляционная труба
branching ~ разветвлённый трубопровод
delivery ~ напорный трубопровод; нагнетательный трубопровод
flexible ~ гибкая труба
gas ~ газопровод
steam ~ паропровод
submarine-type ~ трубопровод, уложенный по морскому дну; дюкер
thin-walled ~ тонкостенный трубопровод
cone 1. конус 2. воронка 3. шарошка *(долото)* 4. колокол 5. коническое сопло; коническая насадка ◊ drilling bit ~s are on verge of locking шарошки бурового долота находятся на грани заклинивания

~ of depression воронка депрессии *(образующаяся в водоносном пласте в результате интенсивного откачивания воды)*
~ of inner pipe cutter конус внутреннего трубореза
agitation ~ воронка для перемешивания
alluvial ~ аллювиальный конус
blister ~ геол. экструзивный купол
chance ~ конусный бункер *(гидромешалки для бурового раствора)*
clutch ~ конус муфты сцепления
detrital ~ конус выноса
drainage ~ конус дренажа
drilling bit rolling ~ коническая шарошка бурового долота
gage ~ of cutter калибрующий конус шарошки
gas ~ газовый конус *(у скважины в коллекторе)*
grout flow ~ конус для испытания цементного раствора на растекаемость
mixer ~ бункер струйной глиномешалки
mud ~ конус, образованный грязевым вулканом
mud volcano ~ конус, образованный грязевым вулканом
receiver ~ приёмная воронка; загрузочный конус
re-entry ~ воронка для повторного ввода *(спускаемого инструмента в устье подводной скважины)*
roller ~ 1. коническая шарошка 2. шарошка долота
roller bearing ~ внутреннее коническое кольцо обоймы роликового подшипника
roller cutter ~ конус шарошки
rolling ~ коническая шарошка
sandproof ~ противопесочный конус

cone

   self-cleaning rolling ~ самоочищающаяся коническая шарошка *(бурового долота)*
   settling ~ фильтр-воронка
   shank ~ конус хвостовика
   valve ~ 1. гнездо клапана; седло клапана 2. конус клапана
   water ~ конус обводнения *(у
скважины в коллекторе)*
Conference:
   International ~ on Nondestructive Testing Международная
конференция по неразрушающим испытаниям
configuration 1. конфигурация,
форма 2. установка 3. каротажный зонд
   array ~ *сейсм.* конфигурация
расстановки
   cable ~ конфигурация сейсмической косы
   electrical log ~ электрический
каротажный зонд
   electrode ~ зонд электрического каротажа
   field ~ полевая установка
   hole-to-hole ~ установка для
межскважинных исследований
   hole-to-surface ~ установка для
исследований между скважиной и поверхностью
   in-line electromagnetic ~ установка электромагнитного метода разведки с передатчиком и приёмником, расположенными вдоль линии про-
филя
   lateral electrode ~ каротажный
градиент-зонд
   long-period array ~ *сейсм.* конфигурация расстановки, чув-
ствительная к длиннопериод-
ным колебаниям
   minable ~ пригодная для разработки форма месторожде-
ния
   normal electrode ~ каротажный
потенциал-зонд

   pendular ~ каплеобразование
*(на стенках капилляра при
движении смачивающей фазы)*
   probe tip ~ форма головки зонда
   refractor ~ *сейсм.* форма преломляющего горизонта
   reservoir ~ форма нефтяной
залежи
   shooting ~ *сейсм.* геометрия
наблюдений
   shot-period array ~ *сейсм.* конфигурация расстановки, чув-
ствительная к короткопериод-
ным колебаниям
   sounding ~ установка для зондирования
   source-receiver ~ геометрия
наблюдений
   spread ~ *сейсм.* геометрия расстановки
   trap ~ форма ловушки *(нефти
или газа)*
   velocity ~ *сейсм.* скоростной
разрез
   wavefront ~ *сейсм.* конфигурация фронта волны
   wellbore ~ конфигурация ствола скважины
confine: ◊ to ~ explosive осуществлять забойку взрывчатого
вещества
confined приуроченный *(о коллекторе)*
confinement of gas предотвращение утечки газа *(путём установки необходимого оборудования на скважине)*
confirmation подтверждение
   failure ~ подтверждение наличия неисправности
conformability 1. согласие 2. *геол.*
согласное залегание; согласное напластование
conformable *геол.* согласный, согласно напластованный
conformance 1. соответствие *(техническим условиям)* 2. охват
(площади заводнением) ◊ ~

to specification соответствие техническим условиям; ~ to reliability соответствие *(заданным показателям)* надёжности
vertical ~ коэффициент охвата пород вытесняющей фазой по мощности пласта *(напр. при заводнении)*
conformity 1. согласие; соответствие 2. согласное залегание горных пород; согласное напластование ◊ ~ with standard соответствие требованиям стандарта
geophone ~ подключение сейсмоприёмника
pad ~ with wall соответствие формы башмака и стенки скважины
congelation:
   oil ~ замерзание нефти
congeston of bottomhole zone закупоривание призабойной зоны
congo конго *(сорт алмазов)*
Congress:
   World Gas ~ Всемирный газовый конгресс
   World Petroleum ~ Всемирный нефтяной конгресс
coning 1. образование в скважине водяного конуса *(с отжатием нефти от забоя)*; образование конуса обводнения 2. придание конической формы ◊ ~ into well подход конуса обводнения к скважине; прорыв конуса обводнения в скважину
downward ~ of gas образование нисходящего конуса газа *(в коллекторе)*
gas ~ прорыв газа *(в скважину)*
lateral ~ язык обводнения
vertical ~ конус обводнения
water ~ образование конуса обводнения
connect: ◊ to ~ fixedly соединять жёстко

connection 1. соединение 2. соединительная муфта; соединительная деталь; соединитальный патрубок; штуцер 3. *pl* обвязка *(трубопроводами)* ◊ to make a ~ наращивать *(бурильную колонну)*; навинчивать свечу на бурильную колонну; to make up ~s свинчивать *(бурильные трубы на роторном стволе)*
bastard ~ нестандартное соединение *(труб)*
bias cut hydrocouple ~ муфтовое соединение с косыми фланцами *(для ремонта подводных трубопроводов)*
bolted ~ болтовое соединение
buttress ~ соединение бурильных труб, имеющих трапециевидную резьбу
casing ~ соединение обсадных труб
clamp ~ хомутное соединение *(элементов подводного оборудования)*
discharge ~ выпускной штуцер
drain ~ сливной патрубок
drill-pipe ~ наращивание колонны бурильных труб
filling ~ соединительная муфта наливного рукава *(с приёмным нефтепроводом)*
flanged ~ фланцевое соединение
fourway ~ крестовидная муфта
gas ~s потребители, подсоединённые к газораспределительной сети
gastight ~ газонепроницаемое соединение
gimbal ~ шарнирная универсальная подвеска
hose ~ 1. соединительная муфта для шлангов; соединительный хомут для рукавов 2. соединение шлангов; шланговый ниппель; переходная муфта 3. патрубок для рукава

connection

hydrant ~ патрубок для рукава
inlet-pipe ~ впускной патрубок
internal flush ~ гладкопроходное соединение *(бурильных труб)*
jumper ~ штепсельный соединитель *(шланга кабеля управления подводным оборудованием к пульту управления)*
jumpover ~ переключение *(трубопроводных линий)* при помощи задвижек и клапанов
link ~ шарнирное соединение
long thread and coupling ~ муфтовое соединение *(обсадных труб)* с длинной резьбой
marine riser ~ соединительная муфта водоотделяющей колонны
outlet ~ выпускной патрубок, выпускной штуцер
outlet-pipe ~ выпускной патрубок, выпускной штуцер
pigtail ~ провод для соединения сейсмоприёмника с косой
pipe ~ **1.** соединение труб **2.** соединительная муфта; трубный штуцер
releasable ~ разъёмное соединение
riser lock ~ замковое соединение водоотделяющей колонны
screwed ~ болтовое скрепление
short thread and coupling ~ муфтовое соединение *(обсадных труб)* с короткой резьбой
Siamese ~ угловое соединение *(труб)*
suction ~ всасывающий патрубок
surface ~ наземная арматура
tank ~s трубопроводная обвязка резервуара; манифольд резервуара
tank hoop ~ стяжка для обручей резервуара
tapered ~ конусное соединение *(головки бура со штангой или штанг между собой)*

threaded ~ резьбовое соединение
threaded hose ~ шланговый ниппель
tight ~ плотное соединение
underwater wellhead ~ обвязка подводного устья скважины
wellhead ~s обвязка устья скважины
wye ~ угловое соединение *(труб)*
Y-~ угловое соединение *(труб)*
connector 1. соединитель; соединительное устройство; соединительная муфта **2.** соединительная вставка *(фитинг трубопровода)*
bell-shaped ~ колоколообразный соединитель *(предназначен для соединения каната с цепью)*
blowout preventer stack ~ муфта блока противовыбросовых превенторов для соединения с устьем скважины
blowout preventer wellhead ~ муфта блока противовыбросовых превенторов для соединения с устьем скважины
box ~ муфта замка *(секции водоотделяющей колонны для стыковки с другой секцией)*
collet ~ **1.** цанговый соединитель *(водоотделяющей колонны с придонным блоком противовыбросовых превенторов)* **2.** цанговая муфта *(для соединения компонентов подводного оборудования друг с другом или с устьем подводной скважины)*
control pod ~ замок коллектора управления *(для соединения коллектора со своим гнездом, установленным на узле шарового шарнира водоотделяющей колонны или блоке противовыбросовых превенторов)*

double ~ соединительная вставка с заглушкой *(деталь газопровода)*
double fluid ~ двухходовой гидравлический соединитель *(гидравлического коллектора управления многоштырьковой конструкции)*
flexible ~ гибкая муфта *(соединительная деталь трубопровода или вентиляционного канала, снижающая вибрацию)*
flow line ~ соединитель выкидной линии *(подводной фонтанной арматуры)*
geophone ~ разъём сейсмоприёмника
hydraulic ~ гидравлическая соединительная муфта
interpanel ~ межпанельное соединительное устройство *(каротажной станции)*
marine riser ~ устройство соединения с водоотделяющей колонной; соединительная муфта водоотделяющей колонны *(для стыковки секций водоотделяющей колонны)*
marine riser pin ~ ниппель соединения водоотделяющей колонны
multiple geophone ~ соединительный провод группы сейсмоприёмников
pin ~ ниппельная часть соединения
pipe ~ сгонная муфта *(фитинг трубопровода)*
pneumatic multiple-tees ~ пневматическая многоотводная колодка *(для трубопроводов)*
quick lock ~ быстросоединяемый замок *(для соединения обсадных труб большого диаметра)*
quick lock casing ~ быстросоединяемая муфта обсадной колонны

remote guide line ~ дистанционно управляемый замок направляющего каната
riser ~ соединение водоотделяющей колонны; муфта водоотделяющей колонны *(для стыковки секций водоотделяющей колонны)*
riser collet ~ цанговая муфта водоотделяющей колонны
riser pipe with integral choke and kill lines box ~ муфта замка секции водоотделяющей колонны с секциями штуцерной линии и глушения скважины, выполненными заодно с этой секцией
riser pipe with integral choke and kill lines pin ~ ниппель замка секции водоотделяющей колонны с секциями штуцерной линии и линии глушения скважины, выполненными заодно с этой секцией
running and tie-back ~ соединитель для спуска и наращивания *(обсадной колонны-хвостовика)*
snap-latch ~ замок с пружинными защёлками *(для соединения труб большого диаметра)*
swivel ~ поворотное трубопроводное соединение
threaded ~ резьбовое соединительное устройство
waterproof ~ водонепроницаемый разъём; водонепроницаемая муфта; водонепроницаемое соединение
wellhead ~ устьевая муфта; муфта для соединения подводного устьевого оборудования с устьем подводной части скважины
wellhead collet ~ устьевая цанговая муфта *(на блоке противовыбросовых превенторов или водоотделяющей колонне для стыковки с устьевой головкой подводной скважины)*

consequence 1. последовательность 2. следствие; результат 3. вывод, заключение
  failure ~ последовательность отказов
  immediate ~ непосредственное следствие *(напр. отказа)*
  indirect ~ косвенное следствие *(напр. отказа)*
conservation 1. ограничение добычи; охрана недр 2. консервация
  ~ **of mineral resources** охрана недр
  ~ **of natural resources** охрана природных богатств
  ~ **of pool** консервация залежи
  ~ **of reservoir** консервация залежи
  ~ **of resources** 1. охрана недр 2. сохранение запасов *(нефти или газа)*
  ~ **of well** консервация скважины
  gas ~ 1. сохранение газа в пласте 2. охрана запасов газа
  oil ~ сохранение нефтяных ресурсов
consistency 1. постоянство; стабильность; устойчивость 2. согласованность; совместимость; непротиворечивость
  ~ **of concrete** плотность бетонной смеси
  engineering ~ техническая совместимость *(стандартов)*
consistometer консистометр
console пульт управления
  drill-central control ~ пульт управления бурильщика
  driller's control ~ пульт управления бурильщика
  floorman's ~ 1. пульт бурового мастера *(на плавучей буровой)* 2. пульт оператора на буровой площадке
  pump control ~ пульт управления насосом
  running control ~ пульт управления спуском *(подводного оборудования)*
consolidated сцементированный
consolidation:
  producing sand ~ крепление призабойной зоны *(в песчаниках)*
  rock ~ затвердевание горной породы
  wall ~ закрепление стенки *(ствола скважины)*
constant 1. константа, постоянная 2. коэффициент
  corrosion ~ коррозионная постоянная, константа коррозии
  gas ~ газовая постоянная
  gravitational ~ гравитационная постоянная
  linear velocity ~ *сейсм.* постоянная в линейном уравнении зависимости скорости от глубины
  parabolic velocity ~ *сейсм.* постоянная в параболическом уравнении зависимости скорости от глубины
  permeability ~ постоянная проницаемости
  propagation ~ постоянная распространения волны
  rock dielectrical ~ диэлектрическая проницаемость горной породы
  textural ~ структурная постоянная пласта
  universal gas ~ универсальная газовая постоянная
  velocity ~ *сейсм.* постоянная в уравнении зависимости скорости от глубины
  water influx ~ константа заводнения
constituent составная часть
  allogenic ~ аллогенная составная часть
  allothigenic ~ аллогенная составная часть

authigenic ~ аутигенная составная часть
authigenous ~ аутигенная составная часть
fixed ~ устойчивый компонент
construct: ◊ to ~ a gas pipeline строить газопровод
construction 1. конструкция; сооружение; строительство *(трубопроводов, морских сооружений, промыслов, скважин)* 2. конструирование; проектирование ◊ to be under ~ находиться в стадии строительства
~ of oil field обустройство нефтяного промысла
~ of surface field facilities обустройство промысла
fail-safe ~ конструкция, сохраняющая работоспособность при отказе отдельных элементов
fault-tree ~ построение дерева отказов
field facility ~ строительство промыслового объекта
gas-field ~ обустройство газового промысла
geometrical ~ *сейсм.* геометрическое построение
graphical ~ *сейсм.* графическое построение
main pipeline ~ строительство магистрального трубопровода
oil-field ~ обустройство нефтяного промысла
one-piece ~ цельная конструкция; неразъёмная конструкция
pipeline ~ сооружение трубопровода; укладка трубопровода на трассе
storage ~ строительство хранилища
truss ~ конструкция, составленная из ферм
tubular ~ трубчатая конструкция

unitized ~ 1. унифицированная конструкция 2. блочная конструкция *(буровой установки)*
wavefront ~ *сейсм.* построение фронта волны
welded ~ сварная конструкция
well ~ строительство скважины
consultant консультант
safety ~ консультант по технике безопасности
consumer потребитель
gas ~ потребитель газа
consumption:
auxiliary power ~ потребление энергии на собственные нужды
bit ~ расход долот
cement ~ расход цемента
coagulant ~ расход коагулятора
coagulator ~ расход коагулятора
corrosion inhibitor ~ расход ингибитора коррозии
demulsifier ~ расход деэмульгатора *(при подготовке нефти)*
demulsifying agent ~ расход деэмульгатора *(при подготовке нефти)*
drilling bit ~ расход буровых долот
fuel ~ расход горючего; потребление горючего
gas ~ расход газа; потребление газа
hourly ~ часовой расход
oil ~ потребление нефти
rated ~ номинальное потребление; номинальный расход *(топлива, смазки)*
specific ~ удельный расход *(топлива, смазки)*
steam flow ~ расход пара
contamination загрязнение; механические примеси *(в нефтепродуктах)*

contact контакт (*воды и нефти, нефти и газа*) ◊ ~ **between stratigraphic series** контакт между стратиграфическими комплексами
bottom ~ нижний электрод (*в скважине*)
current oil water ~ текущий контур нефтеносности
fluid ~ контакт флюидов, межфлюидный контакт
fluid-fluid ~ контакт флюидов, межфлюидный контакт
fluid-gas ~ контакт жидкость–газ
gas-oil ~ газонефтяной контакт
gas-water ~ газоводяной контакт
initial oil-water ~ первоначальный контур нефтеносности
inner oil-water ~ внутренний контур нефтеносности
liquid-gas ~ контакт жидкость–газ
liquid-liquid ~ контакт жидкостей
liquid-solid ~ контакт жидкость–твёрдое тело
natural oil-water ~ естественный контур нефтеносности
oil-pool outline oil-water ~ контур нефтеносности
oil-rock ~ контакт нефть–порода
oil-water ~ водонефтяной контакт
original oil-water ~ первоначальный водонефтяной контакт
outer oil-water ~ внешний контур нефтеносности
plug ~ разъёмное соединение; штепсельное соединение
tectonic ~ тектонический контакт
tilted fluid ~ наклонный контакт (*воды и нефти*)
top ~ верхний электрод в скважине
water-oil ~ водонефтяной контакт
container резервуар (*для хранения*); бак; сосуд; контейнер; тара
cementing plug ~ контейнер для цементировочных пробок
cementing plug dropping head plug ~ головка для сбрасывания (*цементировочных*) пробок
collapsible ~ мягкий резервуар со складывающимся каркасом
earthen ~ земляной резервуар, амбар (*для тяжёлых нефтепродуктов*)
oil ~ тара для нефтепродукта; масляный резервуар; сосуд для отбора проб нефтепродукта
pillow ~ резинотканевый резервуар
plug ~ контейнер с материалом для пробки (*устанавливаемой в стволе скважины*); головка для сбрасывания (*цементировочных*) пробок
sampler ~ 1. камера пробоотборника 2. контейнер для хранения образцов (*нефтепродуктов*)
standard sampling ~ стандартный пробоотборник
stationary collapsible ~ стационарный мягкий резервуар (*с жёстким складывающимся каркасом*)
contaminant загрязняющее вещество; примесь
contamination загрязнение; механические примеси (*в нефтепродуктах*); заражение
cement ~ **of drilling mud** загрязнение бурового раствора цементом
drilling mud ~ загрязнение бурового раствора
formation ~ загрязнение пласта
formation ~ **by drilling mud** загрязнение пласта буровым раствором

gas ~ загазованность *(загрязнение газом)*
pay zone ~ загрязнение продуктивной зоны горизонта
salt ~ of drilling mud загрязнение бурового раствора солью, минерализация бурового раствора
sand ~ of drilling mud загрязнение бурового раствора песком

content содержание
   actual volumetric gas ~ истинное объёмное газосодержание
   apparent oil-and-gas reservoir ~ кажущееся нефтегазосодержание пласта
   asphalt ~ содержание битума *(в нефтепродукте)*
   carbon ~ содержание углерода
   colloidal ~ содержание коллоидных фракций
   commercial oil-and-gas ~ промышленная нефтегазоносность
   consumption gas ~ расходное газосодержание
   drilling mud ~ загрязнение бурового раствора
   drilling mud sand ~ содержание песка в буровом растворе
   fines ~ содержание мелочи; содержание тонкой фракции
   fossil ~ содержание окаменелостей *(в породе)*
   fractional oil ~ фракционный состав нефти
   gas ~ 1. газоносность *(пласта)* 2. загазованность *(содержание газа)*
   gasoline ~ содержание бензиновых углеводородов *(в промысловом газе)*
   hydrocarbon type ~ групповой состав углеводородов *(нефти, нефтепродукта)*
   initial ~s of reservoir начальное содержание коллектора
   low solids ~ малое содержание твёрдой фазы *(в буровом растворе)*
   oil ~ содержание нефти; нефтеносность; количество нефти в пласте
   oil ~ in rock содержание нефти в породе
   oil-and-gas ~ нефтегазосодержание; нефтегазоносность
   oil-and-gas ~ of world water area нефтегазоносность акватории мира
   organic ~ of sediments органическое содержание осадков
   original reservoir oil ~ первоначальное содержание нефти в пласте
   paraffin ~ содержание парафиновых углеводородов *(в нефтепродуктах)*
   petrol ~ содержание бензиновых фракций *(в нефти)*
   real oil ~ истинное нефтесодержание
   residual fluid ~ остаточная насыщенность *(пласта)*
   residual oil ~ остаточная нефтенасыщенность
   residual oil-and-gas reservoir ~ остаточное нефтегазосодержание пласта
   sand ~ содержание песка *(в буровом растворе)*
   solids ~ содержание твёрдой фазы *(в буровом растворе)*
   stock gas ~ массовое газосодержание
   suspended solids ~ содержание взвешенных твёрдых частиц *(в морской воде, применяемой при заводнении)*
   void ~ объём пор
   volumetric gas ~ объёмное газосодержание
   volumetric oil ~ объёмное нефтесодержание

content

water ~ 1. водосодержание 2. водоносность *(пласта)*
continuity 1. постоянство пласта *(в структурном отношении)* 2. *сейсм.* прослеживаемость
~ of service бесперебойность газоснабжения
bed ~ постоянство пласта *(структурное)*
refractor ~ *сейсм.* непрерывность преломляющего горизонта
trace-to-trace ~ *сейсм.* непрерывная прослеживаемость от трассы к трассе
Continuous Directional Inclinometer *фирм.* комбинированный прибор индукционного и акустического каротажа
Continuous Directional Survey *фирм.* инклинометр с непрерывным измерением угла и азимута
Continuous Flowmeter *фирм.* скважинный расходомер с большой вертушкой
Continuous Velocity Log *фирм.* аппаратура акустического каротажа по скорости без компенсации влияния скважины
contour профиль
~ of belt профиль ремня
~ of oil sand структурная карта нефтеносного пласта
~ of semblance *сейсм.* изолиния функции подобия *(по результатам анализа скоростей)*
~ of sheave groove профиль ручья шкива
bit ~ профиль торца долота
ditch ~ профиль жёлоба *(наземной системы циркуляции)*
contouring оконтуривание
contract 1. подряд, контракт, договор; соглашение 2. уплотнять; сжимать; стягивать *(объём цемента)*
gas purchase ~ соглашение о закупке газа

gas sales ~ соглашение о продаже газа
public utility ~ договор о коммунальном обслуживании
reliability incentive ~ договор с поощрительным вознаграждением за обеспечение надёжности
service ~ договор на техническое обслуживание
contracting: ◊ ~ for reliability включение в соглашение требований к надёжности
contraction 1. сжатие; сокращение; уплотнение; стягивание 2. усадка
after ~ дополнительная усадка; послеусадочные явления
hindered ~ замедленная усадка
jet ~ сужение струи
packer ~ усадка пакера
solidification ~ усадка в процессе затвердевания
contractor подрядчик; буровой подрядчик
boring ~ подрядчик-бурильщик
cement ~ компания, выполняющая работы по цементированию скважин на договорных условиях *(США)*
drilling ~ буровой подрядчик, подрядчик по строительству скважин
teaming ~ подрядчик по обустройству промыслов
towing ~ транспортный подрядчик *(при строительстве морских сооружений)*
contrast:
large velocity ~ *сейсм.* жёсткая *(очень контрастная по скорости пород)* граница
contribution:
dry hole ~ увеличение числа сухих скважин
Control Bar *фирм.* баритовый утяжелитель

Control Cal *фирм.* кальциевый лигносульфонат
Control Emulsion Oil *фирм.* неионогенное поверхностно-активное вещество
Control Fiber *фирм.* волокнистый материал из коры *(нейтральный наполнитель для борьбы с поглощением бурового раствора)*
Control Flow *фирм.* поверхностно-активное вещество, хорошо растворимое в маслах и нефти
Control Foam *фирм.* реагент-пеногаситель
Control Invert *фирм.* концентрат для приготовления инвертной эмульсии
Control MD *фирм.* вспенивающий реагент для буровых растворов
Control Sol *фирм.* неионогенное поверхностно-активное вещество
Control Tan *фирм.* товарный бурый уголь
Control Wool *фирм.* кислоторастворимый волокнистый материал из асбеста *(нейтральный наполнитель для борьбы с поглощением бурового раствора в продуктивных пластах)*
control 1. контроль; проверка 2. управление; регулирование 3. орган управления *(ручка, рычаг, рукоятка)*; управляющее устройство 4. борьба *(напр. с проявлениями в скважине)* 5. направлять *(скважину по заданному направлению при помощи клиньев)* ◊ ~ **over encountered subsurface pressures** контроль давления во вскрытых пластах; **to get out of** ~ фонтанировать *(о скважине)*; **to** ~ **outburst** предупреждать выброс

~ **of borehole deviation** контроль за искривлением ствола скважины
~ **of formation pressure** борьба с проявлениями пластового давления при бурении; сдерживание пластового давления
~ **of gas oil ratio** регулирование газового фактора
~ **of high pressure well** контроль скважины высокого давления; сдерживание давления в высоконапорных скважинах
automatic drilling ~ автоматическое управление бурением
automatic process ~ автоматическое регулирование нефтехимического процесса
automatic winch ~ автоматическое управление якорной лебёдкой *(полупогружной буровой платформы)*
blowout ~ борьба с выбросом из скважины; предотвращение выброса из скважины
blowout preventer ~ управление противовыбросовыми превенторами
casing string cementing quality ~ определение качества цементирования обсадной колонны
cementing quality ~ проверка качества цементирования
centralized ~ централизованное управление
choke ~ управление фонтанным штуцером
circulation-loss ~ борьба с поглощениями бурового раствора
clay ~ стабилизация глин *(в процессе проходки)*
complete ~ сплошной контроль; полный контроль
computerized production ~ автоматизированная нефтепромысловая система

corrosion ~ 1. защита от коррозии 2. борьба с коррозией
counterweight swing ~ управление вылетом стрелы контргруза
damage ~ предупреждение и устранение отказов; защита от повреждений
depth ~ контроль глубин
direct supporting feed ~ регулятор подачи долота прямого действия
drill ~ регулирование скорости подачи долота в процессе бурения
driller's ~ пульт бурильщика
drilling ~ 1. регулирование скорости подачи долота в процессе бурения 2. прибор для автоматического регулирования подачи долота (*трубоукладчика*) 3. механизм управления процессом бурения
drilling mud properties ~ регулирование свойств бурового раствора
drilling mud rheological properties ~ регулирование реологических свойств
drilling process ~ контроль процесса бурения
elastic ~ упругий режим пласта
facies ~ of oil occurrence фациальные условия образования скопления нефти
fail-safe ~ обеспечение работоспособности (*системы*) при отказе отдельных элементов
failure ~ предупреждение отказов
failure recurrence ~ предупреждение повторных отказов
feed ~ 1. регулирование подачи (*долота на забой*) 2. регулятор (*подачи долота на забой*)
feed ~ of direct supporting type регулятор подачи долота прямого действия

field development ~ контроль процесса разработки месторождения
fire ~ борьба с пожаром, тушение пожара
flow ~ 1. регулирование дебита (*скважины*) 2. регулирование расхода (*жидкости или газа*)
flow-ratio ~ регулирование расхода соотношений многофазной среды
formation pressure ~ борьба с проявлениями высокого давления пласта (*при бурении*)
gas-hydration ~ борьба с гидратообразованием
gas-oil level ~ регулирование уровня газ–нефть
gas-production ~ контроль добычи газа
ground ~ 1. контроль за породами (*для прогнозирования горных ударов*) 2. управление горным давлением
hole deviation ~ контроль искривления ствола скважины
hydraulic ~ гидравлическое управление
hydraulic ~ of disk clutch гидравлическое управление механизмом дискового сцепления
hydraulic drilling ~ гидравлический регулятор подачи (*долота при бурении*)
inspection ~ приёмочный контроль
interface level ~ регулирование межфазного уровня
level ~ регулирование уровня (*в резервуаре*)
lever ~ рычажное управление, управление при помощи рычага
liquid level ~ регулятор уровня жидкости
loss ~ борьба с потерями (*при хранении нефтепродуктов*)

lost circulation ~ борьба с поглощением
maintainability ~ контроль ремонтопригодности
maintenance ~ 1. технический осмотр 2. профилактический осмотр
manufacturing reliability ~ контроль надёжности в процессе производства
mud ~ 1. кондиционирование бурового раствора; 2. контроль качества бурового раствора
nuclear powered blowout presenter ~s ядерная система управления противовыбросовым оборудованием
oil-losses ~ борьба с потерями нефти
oil-production ~ контроль добычи нефти
oil-spill ~ борьба с нефтяными разливами
oil-stock loss ~ борьба с потерями нефтепродуктов при хранении
paraffin ~ борьба с отложением парафина
pipeline ~ контроль работы трубопровода
pipeline dispatch ~ диспетчерское управление трубопроводом
pollution ~ борьба с загрязнением
pressure ~ регулирование давления; контроль давления
preventive ~ профилактический осмотр; профилактическая проверка; предупредительный контроль
producing well ~ контроль работы добывающей скважины
production ~ 1. контроль добычи 2. ограничение добычи
reliability ~ 1. проверка надёжности 2. обеспечение надёжности

reliability data ~ контроль данных о надёжности
refinery ~ 1. управление нефтеперерабатывающим заводом 2. контроль нефтезаводского производства
remote ~ дистанционное управление
reverse ~ контроль по встречным годографам
safety ~ 1. обеспечение эксплуатационной безопасности 2. устройство защиты
sand ~ борьба с поступлением песка *(в скважину)*
sand pressure ~ регулирование пластового давления
scale ~ контроль за образованием отложений *(в трубопроводах)*
serviceability ~ проверка надёжности в процессе эксплуатации
solids ~ контроль содержания твёрдой фазы *(в буровом растворе)*
stepless speed ~ плавное управление скоростью вращения *(вращателя буровой установки с гидроприводом)*
teletype ~ дистанционное управление
temperature ~ 1. регулирование температуры 2. регулятор температуры
throttle ~ дроссельное регулирование *(привода буровых установок)*
tie-bottom ~ система ориентации *(бурового судна)*, связанная с дном моря
tong-torque ~ указатель крутящего момента *(при свинчивании труб)*
total drilling ~ комплекс для контроля всех параметров бурения
total mechanical solids ~ замкнутая система механической очистки бурового раствора

control

traffic ~ диспетчеризация
valve ~ клапанное распределение
water ~ борьба с водопроявлениями *(в скважине)*
weight ~ регулирование нагрузки *(на долото)*
weight-on-bit ~ регулирование нагрузки на буровое долото
well ~ управление скважиной
well boring ~ проверка бурением
well production ~ регулирование работы скважины
well velocity ~ контроль скоростей по данным измерений в скважинах
withdrawal rate ~ регулирование темпа отбора *(нефти, газа)*
Controlfoam *фирм.* пеногаситель
Controlgel *фирм.* бентонитовый глинопорошок
Controlite *фирм.* гранулированный перлит *(нейтральный наполнитель для борьбы с поглощением бурового раствора)*
controller устройство управления; контроллер; регулятор
automatic brake ~ автоматический регулятор ленточного тормоза лебёдки
automatic drilling toolfeed ~ автоматический регулятор подачи бурового инструмента
automatic oil-flow ~ автоматический регулятор расхода нефти
automatic temperature recording ~ автоматический регистрирующий терморегулятор
automatic viscosity ~ автоматический регулятор вязкости *(для цементного раствора)*
automatic weight ~ автоматический регулятор нагрузки на долото
depth ~ регулятор глубины *(погружения морской сейсмической косы)*
differential fill-up ~ дифференциальный регулятор наполнения
differential pressure ~ дифференциальный регулятор давления
electrical fluid level ~ электрический регулятор уровня жидкости
electrical liquid level ~ электрический регулятор уровня жидкости
float level ~ поплавковый автоматический регулятор уровня жидкости
float liquid level ~ поплавковый регулятор уровня жидкости
floatless liquid level ~ указатель уровня стационарного типа
flow ~ регулятор потока, регулятор расхода
flow indicating ratio ~ регулятор, показывающий соотношение расхода
flow recorder ~ регистрирующий расходомер
fluid-flow ~ регулятор расхода жидкости
fluid-level ~ регулятор уровня жидкости
gate fluid level ~ шиберный регулятор уровня жидкости
gate liquid level ~ шиберный регулятор уровня жидкости
interface ~ of oil and water регулятор уровня раздела фаз нефть–вода
liquid level ~ регулятор уровня жидкости; устройство контроля уровня жидкости
low suction pressure ~ регулятор минимального давления на всасывании
main pressure ~ регулятор давления в газосборнике
maximum pressure ~ регулятор максимального давления

minimum pressure ~ регулятор минимального давления
pressure ~ регулятор давления
ratio flow ~ регулятор состава потока
remote pressure ~ регулятор давления с дистанционным управлением
terminal pressure ~ концевой регулятор давления
time-cycle ~ регулятор подачи газа *(в периодическом газлифте)*
volume-and-flow ~ регулятор подачи и расхода жидкости
weight ~ регулятор нагрузки *(на буровое долото)*

Controloid *фирм.* желатинизированный крахмал

Convention: ◊ ~ for the Protection and Development of the Marine Environment of the Wider Caribbean Region Конвенция о защите и развитии морской окружающей среды Карибского региона *(Картахена, 1983)*; ~ for the Protection of the Marine Environment and Coastal Area of the South-East Pacific Конвенция по защите морской среды и прибрежных районов юго-восточной части Тихого океана *(Лима, 1981)*; ~ for the Protection of the Mediterranean Sea against Pollution Конвенция об охране Средиземного моря от загрязнения *(Барселона, 1976)*; ~ on Civil Liability for Oil Pollution Damage Resulting from Exploration for and Exploration of Seabed Minerals Resources Конвенция о гражданской ответственности за ущерб от загрязнения нефтью в результате разведки и разработки минеральных ресурсов морского дна *(Лондон, 1977)*; ~ on the Continental Shelf Конвенция о континентальном шельфе *(Женева, 1958)*
International ~ for the Prevention of Pollution of the Sea by Oil Международная конвенция по предотвращению загрязнения моря нефтью *(Лондон, 1954)*
International ~ on Civil Liability for Oil Pollution Damage Международная конвенция о гражданской ответственности за ущерб от загрязнения нефтью *(Брюссель, 1969)*
International ~ on the Establishment of an International Fund for Compensation for Oil Pollution Damage Международная конвенция о создании международного фонда для компенсации ущерба от загрязнения нефтью *(Лондон, 1971)*
International ~ Relating to Intervention on the High Seas in Cases of Oil Pollution Casualties Международная конвенция относительно вмешательства в открытом море в случаях аварий, приводящих к загрязнению нефтью *(Брюссель, 1969)*
Kuwait Regional ~ for Cooperation on Protection of the Marine Environment from Pollution Кувейтская региональная конвенция о сотрудничестве в защите морской среды от загрязнения *(Кувейт, 1978)*

convergence 1. схождение *(между опорным горизонтом и нефтяным пластом)* 2. схождение пластов
~ of beds схождение пластов
~ of flow сходимость потока
~ of reserves 1. стягивание резервов *(пластовой нефти)* 2. распределение запасов *(нефти, газа)*

areal ~ of reserves распределение запасов *(нефти)* по площади
roof ~ оседание кровли
top ~ оседание кровли
conversion 1. переработка 2. химическое превращение, реакция; конверсия
catalytic ~ каталитическая конверсия
constant-level ~ процесс с постоянной глубиной превращения; процесс с постоянной степенью конверсии
depth ~ *сейсм.* глубинное преобразование
hydrocarbon ~ конверсия углеводородов
hydrocarbon steam ~ конверсия углеводородов с помощью водяного пара; конверсия углеводородов в присутствии водяного пара
liquefied petroleum gas ~ перевод *(бензиновых двигателей)* на сжиженные нефтяные газы
mode ~ *сейсм.* образование обменной волны
mode ~ upon reflection преобразование типа волны при отражении
once-through ~ степень превращения, глубина превращения
single-pass ~ выход *(целого продукта)* за один проход сырья; выход за один цикл; глубина реакции за цикл
thermochemical ~ термохимическое превращение
time-to-depth ~ преобразование временного разреза в глубинный
convert: ◊ to ~ the geophysical data to reservoir parameters определять коллекторские свойства по геофизическим данным
converter преобразователь
built-in hydraulic torque ~ встроенный гидротрансформатор
hydraulic torque ~ 1. турботрансформатор 2. гидротрансформатор
multistage hydraulic torque ~ многоступенчатый гидротрансформатор
torque ~ 1. гидротрансформатор 2. преобразователь крутящего момента
two-stage hydraulic torque ~ двухступенчатый гидротрансформатор
convertible поддающийся превращению *(об углеводородах)*
conveyor конвейер; транспортёр
cable ~ канатный конвейер со скребками
chain ~ скребковый конвейер, цепной конвейер
discharge screw ~ разгрузочный шнек
screw ~ шнековый механизм
two-start screw ~ двухходовой шнек
coolant холодильный агент, хладагент
gaseous ~ газообразный хладагент
cooler 1. охлаждающий аппарат 2. холодильник
air ~ 1. воздухоохладитель, холодильник 2. газовый холодильник
gas ~ установка охлаждения газа, газоохладитель
pipe ~ трубчатый холодильник
spray ~ форсуночный холодильник
submerged coil ~ холодильник с погружным змеевиком
trumpet ~ трубчатый холодильник
tubular ~ трубчатый холодильник
cooling охлаждение
air ~ воздушное охлаждение

air-water ~ воздушно-водяное охлаждение *(на газобензиновом заводе)*
artificial ~ искусственное охлаждение
brine ~ охлаждение рассолом
drilling bit ~ охлаждение бурового долота
external ~ внешнее охлаждение
forced ~ принудительное охлаждение
intermediate ~ промежуточное охлаждение
jacket ~ охлаждение при помощи водяной рубашки
natural ~ естественное охлаждение
oil injection ~ система масляного охлаждения момента
positive ~ дополнительное охлаждение *(в градирнях с принудительной циркуляцией на газобензиновых заводах)*
water ~ водяное охлаждение
coordination координирование, координация; согласование
reliability activity ~ координация работ по обеспечению надёжности
reliability information ~ согласование информации по вопросам надёжности
safety ~ согласование мер по технике безопасности
coordinator:
product standards ~ организация, координирующая деятельность в области промышленных стандартов
reliability ~ организация, координирующая мероприятия по обеспечению надёжности
coping защитный козырёк; отражательный козырёк *(на противопожарном валу вокруг нефтяного резервуара)*
copolymer:
ethylene-petroleum oil ~s синтетические масла, полученные сополимеризацией этилена с малоценными нефтяными фракциями
coquina ракушечный известняк
Corban *фирм.* органический ингибитор коррозии
Cord *фирм.* крошка из отработавших автомобильных покрышек *(нейтральный наполнитель для борьбы с поглощением бурового раствора)*
cord шнур; трос
detonating ~ детонационный шнур
explosive ~ детонационный шнур
reverse ~ трос для реверсирования
telegraph ~ трос для дистанционного управления *(двигателями на буровых)*
cordage буровой канат *(стальной или манильский)*
core 1. керн ‖ отбирать керн; бурить с отбором керна 2. центральная пробка *(в пресс-форме для изготовления мелкоалмазных коронок)* 3. конус породы, остающийся на забое при бурении 4. пеньковый сердечник стального каната 5. ядро ◊ по ~ без отбора керна, с нулевым отбором керна; to contaminate a ~ загрязнять керн; to cut a ~ выбуривать керн; to extract a ~ извлекать керн *(из керноприёмника)*; to foul a ~ загрязнять керн; to retain a ~ отбирать керн; to take a ~ поднимать керн; получать керн; to withdraw a ~ извлекать керн
~ of anticline ядро антиклинали
~ of fold ядро складки
~ of syncline ядро синклинали

arch ~ ядро свода
basket ~ образец грунта, взятый при помощи паука
bit ~ центральная часть *(алмазного бескернового наконечника)*
bleeding ~ кран, пропитанный нефтью
broken ~ нарушенный керн
cable ~ сердцевина каната
cable-tool ~ керн, отобранный при ударно-канатном бурении
calyx ~ керн, отобранный при дробовом бурении
corkscrew ~ спиралеобразный керн
crumbled ~ раскрошившийся керн
deflecting ~ керн из искусственно отклонённой скважины
diamond-drill ~ керн, полученный при алмазном бурении
diapir ~ ядро диапировой складки
drill ~ 1. буровой керн 2. образец породы *(взятый при канатном бурении)* 3. геологическая колонка; разрез *(пересечённых скважиной пород)*
dropped ~ керн, оставшийся в скважине
fiable ~ ломкий керн, хрупкий керн
fiber ~ сердечник троса из волокна
fiber wirerope ~ органический сердечник проволочного каната
fluted ~ керн, имеющий продольные или спиральные борозды на боковой поверхности
free fall ~ бросовый керноотборник
full-hole ~ керн, полученный при колонковом бурении
grout ~ керн трещиноватой породы, скреплённой цементированием

guide ~ пробка, вставляемая в кернорвательное кольцо *(для облегчения захода керна)*
hemp wire-rope ~ пеньковый сердечник проволочного каната
hoist drum ~ сердечник барабана лебёдки
hydrophilic ~ гидрофильный керн
jute wirerope ~ джутовый сердечник проволочного каната
lost ~ керн, оставшийся в скважине; керн, потерянный при подъёме
manila wirerope ~ пеньковый сердечник проволочного каната
native-state ~ керн в естественном состоянии
offset ~ неправильно выбуренный керн; деформированный керн
oil-base ~ керн, насыщенный нефтью
oil-wetted ~ 1. керн, смачиваемый нефтью 2. гидрофобный керн
optimum-size ~ керн оптимального диаметра
oriented ~ ориентированный керн *(положение которого в стволе скважины относительно частей света известно)*
oversize ~ керн увеличенного диаметра *(при тонкостенной коронке)*
percussion ~ керн, полученный при ударном бурении
piston ~ плунжерный керноотборник
punch ~ керн, взятый керноотборником ударного бурения *(или боковым керноотборником стреляющего типа)*
representative ~ типичный керн; характерный керн; представительный образец керна

restored-state ~ керн в восстановленном состоянии
rope ~ сердечник каната
saturated ~ керн, пропитанный нефтью
shattered ~ нарушенный керн
side wall ~ керн, отбираемый из стенки ствола скважины
spiral ~ керн с поперечными бороздками на боковой поверхности
synclinal ~ ядро синклинали
synthetic ~ искусственный керн
target ~ искусственный керн
test ~ 1. керн продуктивной зоны *(нефтяной скважины)* 2. образец бетона *(выбуренный алмазной коронкой)*
through ~ внутренняя часть мульды
unbroken ~ ненарушенный керн
uncontaminated ~ керн, не загрязнённый фильтратом *(бурового раствора)*
undersize ~ керн с диаметром меньше стандартного
washed ~ размытый керн
water wet ~ гидрофильный керн
weeping ~ керн, пропитанный нефтью; керн, покрытый капельками жидкости при извлечении на поверхность *(признак малопродуктивного пласта)*
wire ~ проволочный сердечник проволочного каната
coregraph керновая диаграмма *(диаграмма физических свойств горных пород по керну)*
corer 1. пробоотборник; керноотборник; кернователь 2. устройство для подъёма керна на поверхность *(при дробовом бурении)*
box ~ пробоотборник для получения брусковых проб

controlled release ~ керноотборник с дистанционным управлением
free ~ подвижный гравитационный пробоотборник
gravity ~ гравитационный пробоотборник
coring 1. отбор керна, взятие керновой пробы; выбуривание керна; получение колонки породы 2. колонковое бурение; бурение с отбором керна ◊ ~ **at time of drilling** отбор керна в процессе бурения
bottom ~ отбор керна в процессе бурения
chop ~ отбор образцов породы при канатном бурении
continuous ~ непрерывный отбор керна *(колонковое бурение с обратной промывкой и доставкой кернов давлением бурового раствора через бурильную колонку)*
conventional ~ 1. колонковое бурение общепринятыми методами 2. бурение с отбором керна буровым наконечником
deep ocean sediment ~ бурение с отбором керна из глубоких океанических залежей
diamond ~ алмазное бурение с отбором керна
downhole motor ~ турбинное колонковое бурение
electrical ~ получение керна электробуром
lateral ~ отбор керна боковым керноприёмником
mechanical ~ механическое колонковое бурение
retrievable ~ колонковое бурение со съёмным керноприёмником
reverse-circulation ~ колонковое бурение с обратной промывкой и доставкой кернов давлением бурового раствора через бурильную колонку

coring

    side-wall ~ отбор кернов боковым керноотборником
    wireline ~ отбор керна съёмным керноприёмником
corkscrew 1. ловильный штопор 2. придавать винтообразный изгиб *(колонне труб в результате падения на забой или бурения с большой нагрузкой)* 3. спиральный *(об искривлённой скважине и керне)*
    double ~ двойной штопор *(для ловли троса)*
corner:
    derrick ~ угол буровой вышки
    booll-weevil ~ рабочее место помощника бурильщика
cornice карниз
    derrick ~ карниз буровой вышки
correction 1. сейсм. поправка 2. исправление; коррекция ◊ ~ for borehole area поправка на влияние скважины; ~ for borehole effect поправка на влияние скважины; ~ for casing поправка на влияние обсадной колонны; ~ for charge weight поправка на массу заряда; ~ for excavation effect поправка на экскавационный эффект; ~ for hole depth поправка на глубину скважины; ~ for hole-size variations поправка на изменение диаметра скважины; ~ for low-velocity layer поправка на зону малых скоростей; ~ for mud weight поправка на массу бурового раствора; ~ for near-surface layer поправка на зону малых скоростей; ~ for normal moveout поправка на нормальное приращение времени, кинематическая поправка; ~ for shot depth поправка на глубину взрыва; ~ for spherical divergence поправка на сферическое расхождение *(волн)*; ~ for spherical spreading поправка на сферическое расхождение *(волн)*; ~ for stand-off поправка на отклонение прибора; ~ for statics статическая поправка; ~ for thick-bed area поправка на влияние мощности пласта; ~ for variable velocity поправка на меняющуюся скорость; ~ for weathering variations поправка на зону малых скоростей
    amplitude ~ амплитудная поправка
    angularity ~ поправка на различную крутизну вступлений
    anisotropic ~ поправка на анизотропию
    attenuation ~ поправка на затухание *(амплитуды волны)*
    borehole ~ поправка на влияние скважины
    borehole diameter ~ поправка на диаметр скважины
    capillarity ~ поправка на мениск *(для инклинометров с плавиковой кислотой)*
    compaction ~ поправка на уплотнение породы
    defect ~ устранение дефекта
    dip-dependent movement ~ поправка, зависящая от угла падения пласта *(в морской сейсмической разведке)*
    double-layer weathering ~ поправка на двухслойную зону малых скоростей
    dynamic ~ поправка на нормальное приращение времени
    excavation effect ~ поправка на экскавационный эффект
    failure ~ устранение неисправностей; корректировка отказа
    filter ~ поправка на временную задержку фильтра
    geometrical spreading ~ поправка на геометрическое расхождение

low-velocity-layer ~ поправка на зону малых скоростей
near-surface ~ поправка на зону малых скоростей
normal moveout ~ поправка на нормальное приращение *(времени)*; кинематическая поправка
offset ~ поправка на удаление от пункта взрыва
onset ~ поправка на крутизну вступлений
phase ~ 1. поправка на фазу 2. коррекция фазовых искажений
regional ~ поправка на влияние мощности пласта
seismic ~ сейсмическая поправка
shot-depth ~ поправка на глубину взрыва
shot-static ~ статическая поправка на пункт взрыва
signal ~ поправка на время пробега отраженных волн *(при повторных взрывах в скважине)*
signature ~ коррекция формы записи
spherical divergence ~ поправка на сферическое расхождение
spread ~ поправка на нормальное приращение времени, кинематическая поправка; поправка на длину установки *(сейсмографов)*
static ~ статическая поправка
surface-consistent ~ поправка на поверхностные условия
surface-consistent source amplitude ~ амплитудная поправка на условия возбуждения *(колебаний)*
time ~ поправка времени
topographic ~ топографическая поправка
weathering ~ поправка на зону малых скоростей

corrector:
sequential normal moveout ~ *сейсм.* устройство для последовательного ввода поправок на нормальное приращение времени
correlation 1. *сейсм.* корреляция 2. параллелизация *(пластов)*
◊ **~ on character ground** корреляция по динамическим признакам
~ of borehole profiles корреляция разрезов стволов скважин
~ of events корреляция вступлений
character ~ корреляция по динамическим признакам
depth ~ корреляция глубин
dipmeter ~ корреляция данных наклонометрии
dynamic ~ скоростной анализ
graded ~ раздельная корреляция
interval ~ групповая корреляция *(для прослеживания волновых пакетов с профиля на профиль)*
peak-to-peak ~ 1. позиционная корреляция 2. корреляция по максимуму
phase ~ фазовая корреляция
record-to-record ~ корреляция между записями
regional ~ региональная корреляция
stratigraphic ~ стратиграфическая корреляция
Vibroseis ~ вибросейсмическая корреляция
weighted Vibroseis ~ взвешенная вибросейсмическая корреляция
correlogram *сейсм.* коррелограмма
sectional ~ запись автокоррелограмм соседних трасс в виде сейсмического разреза
correspondence соответствие

univocal ~ однозначное соответствие
Correxit Corrosion Inhibitors *фирм.* органический ингибитор коррозии
Correxit Surfractants *фирм.* неионогенное анионное и катионное поверхностно-активное вещество
Correxit 7671 *фирм.* концентрированный раствор трихлорфенолята *(бактерицид)*
corrode подвергать действию коррозии; разъедать; ржаветь
corroded 1. корродированный 2. вытравленный *(о поверхности алмаза)*
corrodibility способность подвергаться коррозии, разъедаемость
corrodible поддающийся коррозии
corrosion 1. коррозия; разъедание 2. размыв 3. химическое растворение; химическая денудация; вымывание *(пород)* ◊ ~ at friction коррозия при трении; ~ at initial boiling point корродирующее действие нефтепродукта *(на медную пластинку)* при его начальной температуре кипения; ~ at waterline коррозия по ватерлинии; ~ by drilling mud коррозия под действием бурового раствора; ~ by gases газовая коррозия; ~ during distillation корродирующее действие нефтепродукта *(на медную пластинку)* в условиях его разгонки; ~ in marine environment морская коррозия
~ of cement коррозия цемента
acid ~ кислотная коррозия
active ~ активная коррозия
aeration ~ воздушная коррозия
aerobic ~ аэробная коррозия *(коррозия при свободном доступе кислорода)*
alkaline ~ разъедание щёлочью, щелочная коррозия, коррозия под действием щелочей
anaerobic ~ анаэробная коррозия *(коррозия без доступа кислорода воздуха)*
anodic ~ анодная коррозия; разрушение анода
aqueous ~ коррозия в воде, водная коррозия; коррозия в водных растворах
ash ~ коррозия в среде твёрдых продуктов сгорания *(топлива)*
atmospheric ~ атмосферная коррозия
bacterial ~ биологическая коррозия, биокоррозия
bimetallic ~ контактная коррозия
biological ~ биокоррозия
blanket ~ поверхностная коррозия
brine ~ коррозия рассолом, коррозия солевым раствором
burned gas ~ коррозия отработавшими газами; коррозия выхлопными газами
cathodic ~ катодная коррозия; разрушение катода
caustic ~ щелочная коррозия
cavitation ~ кавитационная коррозия
chaffing ~ фреттинг-коррозия
channeling ~ нитевидная коррозия, коррозия с образованием язв в виде каналов
chemical ~ химическая коррозия
chlorine ~ коррозия под воздействием хлора
concentration cell ~ концентрационная коррозия; коррозия под воздействием концентрационных гальванических пар
condensate ~ ручьистая коррозия *(при воздействии конденсатов)*

contact ~ контактная коррозия
continuous ~ сплошная коррозия *(по всей поверхности металла)*
couple ~ коррозия, обусловленная образованием гальванической пары
crevice ~ щелевая коррозия
current-stray ~ коррозия блуждающим током
damp atmospheric ~ влажная атмосферная коррозия
deep ~ коррозия при полном погружении *(металла в жидкую коррозионную среду)*
deposition ~ коррозия вследствие отложений
differential ~ дифференциальная коррозия, неравномерная коррозия
differential aeration ~ коррозия, обусловленная дифференциальной аэрацией
downhole ~ скважинная коррозия
down-the-hole ~ скважинная коррозия
drop ~ капельная коррозия, коррозия под каплями
dry atmospheric ~ сухая атмосферная коррозия
edge ~ кромочная коррозия, коррозия по краю образца
electrochemical ~ электрохимическая коррозия
electrolytic ~ электролитическая коррозия
end ~ кромочная коррозия, коррозия по краю образца
equal-rate ~ равномерная коррозия *(коррозия, протекающая с одинаковой скоростью по всей поверхности металла)*
erosion ~ эрозионная коррозия
exfoliation ~ коррозионное шелушение, коррозионное расслаивание
external ~ наружная коррозия
extractive ~ избирательная коррозия
fatigue ~ усталостная коррозия
filiform ~ 1. нитевидная коррозия 2. местная коррозия
fireside ~ коррозия со стороны нагрева
fluid ~ жидкостная коррозия, коррозия в жидкой среде
fretting ~ фреттинг-коррозия, коррозия при трении
fuel ~ топливная коррозия
full immersion ~ коррозия при полном погружении
full immersion honeycomb ~ коррозия с образованием глубоких язв
galvanic ~ электрохимическая коррозия
gaseous ~ газовая коррозия
gas-phase ~ газовая коррозия, коррозия в газовой фазе
gas-side ~ коррозия со стороны нагрева
general ~ общая коррозия
grain-boundary ~ коррозия по границам зёрен; межкристаллическая коррозия
heavy local pitting ~ оспенная коррозия
high-temperature ~ высокотемпературная коррозия
hot ~ высокотемпературная коррозия
hot-salt ~ горячая солевая коррозия
hot-spot ~ очаговая коррозия
hydrogen ~ водородная коррозия
hydrogen-evolution ~ коррозия с выделением водорода, коррозия с водородной деполяризацией
hydrogen-sulfide ~ сероводородная коррозия
impingement ~ ударная коррозия *(коррозия под воздействием турбулентного потока жидкости)*

indoor ~ коррозия в закрытых помещениях
intercrystalline ~ межкристаллитная коррозия
intergranular ~ межкристаллитная коррозия
internal ~ внутренняя коррозия
intragranular ~ внутрикристаллитная коррозия
isolated ~ местная коррозия
knife-line ~ ножевая коррозия
layer ~ расслаивающаяся коррозия
leakage-current ~ коррозия блуждающими токами
line ~ линейная коррозия *(вдоль царапин или повреждений)*
local ~ местная коррозия
localized ~ местная коррозия
location-action ~ местная коррозия
marine ~ коррозия морской водой, коррозия в морской воде, морская коррозия
massive ~ сплошная коррозия
meeting ~ контактная коррозия
microbiological ~ микробиологическая коррозия
nonequal-rate ~ неравномерная коррозия *(сплошная коррозия, протекающая с разной скоростью)*
nonuninform ~ неравномерная коррозия
oil ~ коррозия, обусловленная кислотными компонентами масла
organogenic ~ органогенная коррозия
outdoor ~ атмосферная коррозия
oxygen-adsorption ~ коррозия с кислородной поляризацией
partial impression ~ коррозия при неполном погружении
patchy ~ коррозия пятнами
penetration ~ сквозная коррозия
pit ~ язвенная коррозия, точечная коррозия
pitch ~ язвенная коррозия, точечная коррозия
pitting ~ язвенная коррозия, точечная коррозия
pointed ~ пятнистая коррозия
poultice ~ коррозия под покрытием
radiolytic ~ радиолитическая коррозия
regional ~ местная коррозия
sacrificial ~ защитная коррозия
seawater ~ морская коррозия
selective ~ селективная коррозия, избирательная коррозия
service ~ коррозия в рабочих условиях; коррозия в условиях эксплуатации
self-sustaining ~ самоподдерживающаяся коррозия
slag ~ шлаковая коррозия
soil ~ почвенная коррозия *(зарытых в землю трубопроводов и резервуаров)*
sour crude ~ коррозия сернистой нефтью
sour oil ~ коррозия сернистой нефтью
spongious ~ губчатая коррозия, шпангиоз
spot ~ коррозия пятнами
stray-current ~ коррозия блуждающим током
stress ~ коррозия под напряжением
stress-free ~ коррозия в ненапряжённом состоянии
stressless ~ коррозия в ненапряжённом состоянии
structural ~ структурная коррозия
sulfide ~ сероводородная коррозия
sulfur ~ сернистая коррозия

surface ~ поверхностная коррозия

sweet ~ коррозия пресной водой

thermogalvanic ~ термогальваническая коррозия

through ~ сквозная коррозия

total surface ~ сплошная коррозия

transgranular ~ транскристаллитная коррозия

trenching ~ коррозия бороздками

tubercular ~ оспенная коррозия, точечная коррозия

underground ~ почвенная коррозия *(зарытых в землю трубопроводов и резервуаров)*

undermining ~ подповерхностная коррозия

undersurface ~ подповерхностная коррозия

underwater ~ подводная коррозия

uniform ~ равномерная коррозия

vapor-phase ~ коррозия в паровой фазе, парофазная коррозия

variable immersion ~ коррозия при переменном погружении

wet ~ влажная коррозия; коррозия в условиях конденсации; коррозия в растворах

corrosion-proof коррозионностойкий; коррозионноустойчивый

corrosion-resistant коррозионностойкий; коррозионноустойчивый

corrosive 1. разъедающий; едкий; коррозионный 2. вещество, вызывающее коррозию

corrosiveness коррозионная активность

corrosivity коррозионная активность

Cortron R-174 *фирм.* органический ингибитор коррозии

Cortron RDF-18 *фирм.* ингибитор коррозии для всех типов буровых растворов

Cortron RDF-21 *фирм.* плёнкообразующий амин *(ингибитор коррозии)*

Cortron RU-126 *фирм.* ингибитор коррозии *(нейтрализатор кислорода)*

Cortron RU-135 *фирм.* аэрированный ингибитор коррозии

Cortron RU-137 *фирм.* ингибитор коррозии для буровых растворов с низким содержанием твёрдой фазы

Cortron 2207 *фирм.* органический ингибитор коррозии для буровых растворов на водной основе

coseism косейсмическая линия *(линия равных времён прихода сейсмических волн)*

coseismal косейсмический

coseismic косейсмический

cost 1. стоимость; цена 2. *pl* издержки; затраты; расходы ◊ ~ per gallon стоимость одного галлона; ~ per meter стоимость метра проходки; ~ per well стоимость пробуренной скважины; ~ per well drilled стоимость пробуренной скважины ~ of billing стоимость выписывания счетов *(за газ)*
~s of breakdown издержки вследствие поломки
~ of development 1. стоимость разработки *(месторождения)* 2. стоимость буровых работ
~ of drilling стоимость бурения; стоимость буровых работ
~ of looking for trouble стоимость поиска неисправности
~ of metering стоимость измерения потребления *(газа)*
~ of prevention стоимость предупреждения *(отказов)*; стоимость профилактики

cost

~ of production себестоимость добычи *(нефти или газа)*
~s of reliability затраты на обеспечение надёжности
~ of remedy стоимость ремонта
~ of search стоимость поиска *(неисправностей)*
~s of service затраты на газоснабжение
~ of testing стоимость испытаний
~s of unreliability экономические последствия ненадёжности; издержки вследствие ненадёжности; цена ненадёжности
~s of unserviceability издержки вследствие эксплуатационной ненадёжности
~ of well drilled стоимость пробуренной скважины
~ of well equipment стоимость оборудования скважины
accident ~s издержки вследствие аварии
bit ~ стоимость эксплуатации бурового наконечника *(на погонный метр бурения)*
capacity ~s затраты на обеспечение пропускной способности *(газопровода)*
customer ~s затраты на обслуживание потребителей *(газа)*
defect ~ стоимость неисправности; *pl* издержки вследствие неисправности
demand ~s затраты на удовлетворение спроса *(на газ)*
drilling rig operating ~ стоимость эксплуатации буровой установки
failure ~ стоимость отказа; *pl* издержки вследствие отказа
failure correction ~s стоимость устранения неисправностей
fault-finding ~ стоимость отыскания неисправностей

footage ~ стоимость единицы глубины бурения
footage-depending ~s затраты, зависящие от объёма проходки
gas production ~ себестоимость добычи газа
intangible drilling ~s незапланированные затраты на бурение
life cycle ~ стоимость срока службы *(стоимость изделия с учётом срока службы и трудозатрат на обслуживание и ремонт)*
life repair ~ стоимость ремонта в течение полного срока эксплуатации
lifting ~s эксплуатационные расходы *(на промысле)*
maintenance ~s стоимость содержания; стоимость технического обслуживания; эксплуатационные расходы
maintenance-and-running ~ стоимость технического обслуживания и эксплуатации
oil production ~ себестоимость добычи нефти
operating ~s стоимость эксплуатации; затраты на эксплуатацию; эксплуатационные расходы
operation ~ стоимость эксплуатации; затраты на эксплуатацию; эксплуатационные расходы
overall drilling rig ~ общая стоимость эксплуатации буровой установки
overhaul ~ стоимость капитального ремонта
rebuild ~ стоимость переоборудования
reliability-testing ~ стоимость проверки надёжности
repair ~ стоимость ремонта; стоимость поддержания изделия в работоспособном состоянии

replacement ~ стоимость замены *(устаревшего оборудования)*
rig repair ~ расходы на ремонт буровой установки
running ~s эксплуатационные расходы; текущие расходы
setup ~ стоимость наладки
total drilling ~ общая стоимость бурения
total life cycle ~ полная стоимость срока службы
troubleshooting ~s затраты на поиск неисправностей
welding ~ стоимость сварочных работ
well ~ стоимость пробуренной скважины
well operating ~ стоимость эксплуатации скважины
Coto Fiber *фирм.* отходы хлопка-сырца *(нейтральный наполнитель для борьбы с поглощением бурового раствора)*
cotter клин; чека; шплинт ‖ устанавливать шплинт
splint ~ разводной шплинт
Cotton-Seed Hulls *фирм.* кожура хлопковых семян, хлопковые коробочки и хлопковый жмых *(нейтральный наполнитель для борьбы с поглощением бурового раствора)*
Council:
  ~ **of British Manufacturers of Petroleum Equipment** Совет британских производителей оборудования для нефтяной промышленности
  Canadian ~ **for Nondestructive Technology** Канадский совет по методам неразрушающих испытаний
  National ~ **for Quality and Reliability** Национальный совет по качеству и надёжности *(Великобритания)*
  National Petroleum ~ Национальный совет по нефти *(США)*
  Standards ~ **of Canada** Канадский совет по стандартам
count 1. счёт, подсчёт 2. количество; число
accumulative rotary ~ частота вращения роторного стола *(буровой параметр)*
bit ~ число алмазов в коронке
carat ~ число на карат *(размерная характеристика алмазов)*
diamond ~ число алмазов в буровом наконечнике
first break ~ *сейсм.* отсчёт времени первого вступления
first trough ~ *сейсм.* отсчёт времени первого минимума
increased insert ~ увеличенное число резцов *(на единицу площади торца буровой коронки)*
salvage ~ число алмазов, пригодных для повторного использования *(из числа извлечённых из отработавшей коронки)*
sand ~ эффективная нефтенасыщенная мощность
stone ~ число алмазов в коронке
timing line ~ *сейсм.* счёт марок времени
counter счётчик излучения *(при радиокаротаже)*
  pump stroke ~ счётчик числа ходов поршня бурового насоса
counterbalance противовес *(балансира станка-качалки)*;
  ~ **of pumping unit** противовес балансира станка-качалки
  air ~ пневматическое уравновешивание *(станка-качалки)*
  crank ~ противовес, закреплённый на кривошипе станка-качалки *(при насосной эксплуатации)*
counterbalancing уравновешивание *(станка-качалки)*

counterbalancing
  adjustable rocker ~ регулируемое роторное уравновешивание станка-качалки
  combination ~ комбинированное уравновешивание станка-качалки
  pneumatic ~ пневматическое уравновешивание станка-качалки
  rotary ~ роторное уравновешивание станка-качалки

counterbore of tool joint раззенкованная часть замка бурильной трубы

counterflush обратная циркуляция

countershaft промежуточный вал
  drum ~ промежуточный вал барабана лебёдки
  high speed drum ~ промежуточный вал барабана лебёдки высокой скорости
  low speed drum ~ промежуточный вал барабана лебёдки малой скорости

countersink нарезать бороздки на конце трубы *(для более надёжного захвата её хомутом)*

counterweight противовес
  polished rod head ~ противовес головки полированного штока *(глубинного насоса)*

country 1. страна 2. боковые породы; толща, пересекаемая жилой
  crooked hole ~ район с характером залегания и свойствами пород, приводящими к искривлению ствола скважины
  gas ~ страна, добывающая газ
  gas-chain transit ~ страна с сетью транзитных газопроводов
  gas-consuming ~ газопотребляющая страна *(в отличие от газодобывающей)*
  hard rock ~ район с крепкими породами
  oil-exporting ~ страна-экспортёр нефти
  oil-importing ~ страна-импортёр нефти
  oil-producing ~ нефтедобывающая страна
  transit ~ страна с транзитными газопроводами

coupler соединительная муфта

couplet свеча из двух бурильных труб *(или штанг)*

coupling 1. соединение; сопряжение; сцепление, сочленение 2. соединительный фланец; ниппель; муфта; соединительная втулка 3. фитинг для механического соединения двух концов троса 4. кулачковая муфта 5. свинчивание *(штанг, труб)* 6. *сейсм.* проникновение *(из одной среды в другую)* ◊ ~ with plain ends гладкостенная ненарезная муфта
  ~ of geophone to ground согласование сейсмоприёмника с грунтом
  ~ of pipeline сборка трубопровода
  ~ of pipeline sections сборка трубопровода участками
  adapter ~ переходная муфта
  annular ~ кольцевое соединение
  articulated ~ шарнирная муфта
  bevel ~ коническая муфта
  box ~ втулочная муфта
  brake ~ тормозная муфта
  casing ~ 1. муфта обсадной трубы 2. трубный ниппель *(при алмазном бурении)*
  casing string ~ муфта обсадной колонны
  chain ~ цепная муфта
  choke and kill line ~ муфта штуцерной линии и линии глушения скважины
  claw ~ кулачковая муфта
  closed ~ глухая муфта

clutch ~ 1. муфтовое соединение 2. кулачковая муфта
die ~ ловильный колокол
disk ~ дисковое соединение
dog ~ кулачковая муфта
dresser ~ гладкая соединительная муфта
drill pipe ~ муфта свечи бурильных труб
drilling ~ переводник для бурильной трубы
drum disconnect ~ кулачковая муфта барабана *(лебёдки)*
eddy current ~ электромагнитная муфта сцепления
elastic ~ упругая муфта
extension ~ удлинительный ниппель с направляющим кольцом
external flush-jointed ~ внешне необтекаемые замки, имеющие наружный диаметр, одинаковый с диаметром бурильных труб
fast ~ быстросоединяющаяся муфта
flange ~ 1. фланцевое соединение 2. фланцевая муфта
flexible ~ 1. упругая соединительная муфта 2. подвижная муфта 3. гибкое соединение; шарнирное соединение
float ~ муфта обсадной трубы с обратным клапаном; гидравлическая муфта *(для ремонта подводного трубопровода)*
floating ~ шарнирное соединение
fluid ~ гидравлическая муфта; гидравлическое сцепление
fluid drive ~ гидравлическая муфта
flush ~ замок диаметра, одинакового с диаметром труб
fluted ~ ниппель-стабилизатор
friction ~ фрикционная муфта, фрикционное сцепление
friction cone ~ фрикционная конусная муфта

gage die ~ колокол-калибр
geophone-ground ~ контакт сейсмоприёмника с грунтом
guide ~ направляющий стержень *(при расширении скважины на следующий диаметр)*
guide ring ~ удлинённый ниппель с направляющим кольцом *(между нижним концом бурильной колонны и колонковой трубой)*
hardened ~ закалённая муфта
hose ~ 1. шланговое соединение; соединительная муфта шланга 2. муфта для соединения рукавов *(шлангов)*
hydraulic ~ гидравлическая муфта, гидромуфта
internal flush-jointed ~ 1. равнопроходной замок 2. замок с широким проходным отверстием
jar ~ выбивной яс
jaw ~ кулачковая муфта
joint ~ соединительная муфта
jointed ~ суставчатая муфта
left-hand thread die ~ левый ловильный колокол
liner ~ муфта хвостовика
long ~ длинномуфтовое соединение для обсадных труб
loose ~ свободное соединение
make-and-break ~ быстроразъёмное соединение
milling die ~ колокол-фрезер
orienting ~ ориентирующая муфта *(клина Томпсона)*
pipe ~ 1. трубная соединительная муфта; муфта трубопровода 2. стык трубопровода
pipe thread ~ муфта с трубной конусной резьбой
pill-to-pin ~ соединительный замок с наружной резьбой на обоих концах
pull rod ~ муфта насосной тяги
quick-release ~ быстроразъёмное соединение для труб

245

coupling

reducing ~ переходная муфта; переходник *(в буровом снаряде)*, переходной ниппель
rigid ~ 1. переходник с винтового шпинделя на штанги *(при бурении без зажимного патрона)* 2. глухая муфта, жёсткая муфта; жёсткое соединение
right-hand thread die ~ правый ловильный колокол
rod ~ штанговый ниппель
rod reducing ~ переходный ниппель для соединения штанг разного диаметра
roller chain flexible ~ упругая цепная муфта
rope ~ муфта для соединения канатов; канатная муфта
safety ~ предохранительная муфта
scoop controlled fluid ~ гидравлическая муфта с регулируемым наполнением
screw ~ винтовая стяжка
seismic ~ сейсмическое взаимодействие
shear pin ~ муфта со срезной шпилькой
sleeve ~ патронная муфта; втулочная муфта
sliding ~ скользящая муфта
solid ~ глухая муфта; жёсткая муфта
stabilized ~ стабилизирующий ниппель *(с наваренными ребрами по диаметру соответствующего расширителя)*
sucker-rod ~ муфта насосных штанг
sucker-rod die ~ ловильный колокол для захвата насосных штанг
swelled ~ ниппель с увеличенным наружным диаметром корпуса *(ненарезной части)*
swivel ~ вертлюжное соединение
tapered ~ конусное соединение *(головки бура со штангой или штанг между собой)*

threadless ~ безрезьбовая муфта
threadless riser ~ безрезьбовая муфта водоотделяющей колонны
tube ~ 1. муфта трубопровода 2. стык трубопровода
tubing ~ муфта для насосно-компрессорных труб
tubing string ~ муфта насосно-компрессорной колонны
turned-down ~ муфта со скошенными фасками
universal ~ универсальный шарнир
vernier ~ гибкая соединительная муфта
wireline drill-rod ~ ниппель к специальным штангам для бурения со съёмным керноприёмником
working barrel ~ муфта цилиндра *(глубинного насоса)*
coupon 1. отрезок сварной трубы для испытаний на прочность 2. контрольная пластинка *(для определения коррозионного эффекта)*
course 1. простирание *(залежи, пласта)* 2. направление *(скважины)* 3. ряд листов резервуара 4. обечайка
~ of bed простирание пласта
~ of hole трасса ствола скважины, направление ствола скважины; профиль скважины
~ of outcrop простирание обнажения
~ of pool простирание залежи
binder ~ промежуточный слой *(асфальтового дорожного покрытия)*
fluid stream ~ направление движения флюидов *(в пласте)*
jet-type water ~ промывочный канал в долотах гидромониторного типа

pipe ~ обечайка трубы *(большого диаметра)*
surface ~ верхний слой *(асфальтового дорожного покрытия)*
tank ~ обечайка корпуса резервуара
water ~ 1. промывочная канавка *(алмазной коронки)* 2. сток 3. внутренний водный путь *(в породе)* 4. промывочное отверстие; канал для выхода бурового раствора *(в долоте)*
wearing ~ слой износа *(асфальтового дорожного покрытия)*
well ~ траектория ствола буровой скважины

cover 1. сетка *(разведочных скважин)* 2. откос *(вышки)* 3. кровля *(ловушки)* ◊ to ~ the hole закрыть устье скважины
~ of oil-bearing strata покрышка нефтесодержащих пород
area ~ площадь, покрытая сеткой скважин *(для выяснения гидрогеологических условий будущего рудника)*
bed ~ покров пласта
channel ~ крышка циркуляционного жёлоба
diamond-drill ~ скважины алмазного бурения, пробуренные для изучения гидрогеологических условий
hardly permeable ~ труднопроницаемый покров
hole ~ 1. покрытие разведочной площади сеткой скважин 2. крышка на устье скважины *(предохраняющая от выброса бурового раствора или падения посторонних предметов в скважину)*
hydrodynamical ~ гидродинамическая покрышка
impermeable ~ труднопроницаемый покров
permeable ~ проницаемый покров

pilot-hole ~ куст скважин, опережающих подземную горную выработку *(для исследования гидрогеологических условий)*
pod ~ кожух подводного коллектора
pump ~ крышка насоса
removable ~ съёмная крышка
sedimentary ~ осадочный чехол
snow ~ снеговой покров
soil ~ почвенный покров
trap ~ кровля ловушки
upper ~ of swivel верхняя крышка вертлюга

coverage 1. охват; область действия; область наблюдения 2. вероятность восстановления работоспособности при появлении отказа *(в системе с резервированием)* 3. степень компенсации *(влияния неисправностей)* 4. *сейсм.* перекрытие
◊ ~ by combustion zone охват зоной горения; ~ by water flood площадь, охваченная заводнением
bottomhole ~ 1. площадь контакта долота с забоем 2. перекрытие забоя; поражение забоя ствола скважины *(вооружением долота)*
complete ~ полная компенсация *(влияния неисправностей)*
continuous single-fold ~ *сейсм.* непрерывное однократное профилирование
dropped ~ неотстрелянная часть профиля
fault ~ степень компенсации влияния неисправностей
fault-detection ~ область обнаружения неисправностей
hole ~ поражение забоя *(шарошками долота)*
imperfect ~ неполная компенсация *(влияния неисправностей)*

multifold ~ *сейсм.* многократное профилирование
perfect ~ полная компенсация *(влияния неисправностей)*
reconnaissance ~ рекогносцировочное профилирование
reflection ~ профилирование методом отражённых волн
refraction ~ профилирование методом преломлённых волн
refractor ~ *сейсм.* область прослеживания преломляющей границы
reservoir ~ охват пласта вытесняющим агентом
single-fold ~ однократное профилирование
vertical ~ by combustion zone вертикальный охват зоной горения

covering обшивка *(наружная)*
anticorrosion ~ противокоррозионное покрытие
cork pipe ~ пробковая скорлупа для изоляции труб
corrosion-resistant ~ коррозионностойкое покрытие
pipe ~ теплоизоляция трубопровода
protective ~ защитное покрытие

crack 1. растрескиваться, трескаться; давать трещины; расщепляться, разрушаться **2.** трещина; щель; расселина; раскол **3.** крекировать
branched ~ разветвлённая трещина
branching ~ ветвящаяся трещина
cooling ~ трещина, возникающая при охлаждении; холодная трещина
corrosion ~ коррозионная трещина
corrosion-fatigue ~ коррозионно-усталостная трещина
cross ~ поперечная трещина
endurance ~ усталостная трещина
external ~ наружная трещина
fatigue ~ усталостная трещина
flake ~ волосовина, волосная трещина
hair ~ волосовина, волосная трещина
hairline ~ волосовина, волосная трещина
heat-treatment ~ трещина, образовавшаяся в результате термообработки
horizontal ~ горизонтальная трещина
hot-short ~ горячая трещина
incipient ~ зарождающаяся трещина
internal ~ внутренняя трещина
longitudinal ~ продольная трещина
low-temperature ~ низкотемпературная трещина, холодная трещина
natural ~ естественная трещина
nonbranched ~ неразветвлённая трещина
nonextending ~ нераспространяющаяся трещина
nonpropagating ~ нераспространяющаяся трещина
root ~ трещина в корне шва
service ~ трещина, возникшая в процессе эксплуатации
shear ~ трещина скалывания
shrinkage ~ усадочная трещина
strain ~ деформационная трещина
through ~ сквозная трещина
vertical ~ вертикальная трещина
weld ~ трещина в сварном шве, трещина в металле шва

crackability крекируемость

Crackchek-97 *фирм.* ингибитор сероводородной коррозии

cracked крекированный; крекинговый

cracker 1. крекинг-установка; крекинг-аппарат; крекинг-печь 2. компоновка гибкого низа бурильной колонны *(для набора угла искривления ствола скважины)* 3. отрезок пенькового каната *(устанавливаемый между снарядом ударно-канатного бурения и стальным тросом для большей эластичности)*
  airlift catalytic ~ установка каталитического крекинга с пневмоподъёмником катализатора
  boulder ~ пирамидальное дробящее долото
  cat ~ каталитическая крекинг-установка
  kitten ~ масштабная установка для каталитического крекинга
  rope ~ отрезок манильского каната, помещаемый между ударной штангой и проволочным тросом *(для увеличения эластичности)*

cracking 1. крекинг *(нефти)* ‖ крекинговый 2. образование трещин, растрескивание ◊ ~ **in liquid phase** крекинг в жидкой фазе, жидкофазный крекинг; ~ **in a medium** крекинг в инертной среде; ~ **in vapor phase** крекинг в паровой фазе, парофазный крекинг; ~ **per pass** крекинг за один пропуск сырья; выход крекинг-бензина за один цикл
  base-metal ~ образование трещин в основном металле
  clean circulation ~ крекинг дистиллятного сырья
  cold-short ~ образование холодных трещин
  corrosion ~ коррозионное растрескивание
  corrosion-fatigue ~ коррозионно-усталостное растрескивание
  deeper ~ глубокий крекинг; крекинг при относительно высокой температуре
  edge ~ образование трещин на кромке
  equal ~ крекинг равной глубины; равномерно глубокий крекинг
  extraneous ~ крекинг добавочных лёгких углеводородов
  formation ~ разрыв пород пласта *(при закачке жидкости под большим давлением)*
  hair ~ образование волосных трещин
  high-destructing thermal ~ глубокодеструктивный термический крекинг
  high-temperature ~ образование горячих трещин
  hot-short ~ образование горячих трещин
  hydrogen ~ гидрокрекинг; крекинг под давлением водорода, деструктивная гидрогенизация; гидрогенолиз
  intercrystalline ~ образование межкристаллических трещин
  intergranular ~ образование межкристаллических трещин
  liquid-phase ~ жидкофазный крекинг
  low-level ~ лёгкий крекинг, крекинг с заданной глубиной реакции
  mild ~ мягкий крекинг, умеренный крекинг
  mixed-phase ~ крекинг в смешанной *(жидкой и паровой)* фазе
  moving-bed recycle catalytic ~ рециркуляционный крекинг с подвижным катализатором

cracking

noncocking thermal ~ термический крекинг до остатка, крекинг с получением крекинг-остатка
no-residuum ~ безостаточный крекинг, крекинг до кокса
partial oxidation ~ крекинг с частичным окислением
primary ~ лёгкий крекинг *(для понижения вязкости нефтепродуктов)*
riser ~ крекинг в восходящем потоке; крекинг в реакторе с восходящим потоком и уплотнённым слоем катализатора
secondary ~ вторичный крекинг, дополнительный крекинг
selective ~ избирательный крекинг, раздельный крекинг
selective mixed-phase ~ раздельный смешанно-фазный крекинг
self-contained ~ термический крекинг, осуществляемый на собственном рециркуляционном сырье
seasoned ~ сезонное коррозионное растрескивание
shrinkage ~ образование усадочных трещин
skin ~ крекинг на поверхности *(стенок перегонного аппарата)*; крекинг, обусловленный местным нагревом
static catalytic ~ каталитический крекинг с неподвижным катализатором
stress-corrosion ~ коррозионное растрескивание; появление трещин *(в бурильных и обсадных трубах)* вследствие коррозионного воздействия
sun ~ растрескивание под действием солнечного тепла
thermal ~ термическое растрескивание
thermal residuum ~ термический крекинг до остатка

two-coil ~ двухпечный крекинг
vapor-phase ~ парофазный крекинг
weld ~ образование трещин в сварном шве, образование трещин в металле шва

cradle 1. рама фундамента *(для машины)* 2. подвесная платформа *(для ремонтных работ)*; люлька 3. лотковая опора *(трубопровода)* 4. салазки *(для крепления перфоратора на распорной колонке)*
~ of pump рама фундамента насоса
erection ~ монтажная платформа
pipeline ~ люлька для спуска трубопровода *(в траншею)*
rolling ~ жёлоб с роликовыми катками *(для поддержки штанг при наклонном бурении)*
safety ~ спасательная люлька
stationary ~ стационарная люлька
suspended ~ подвесная люлька
traveling ~ передвижная люлька

cradling поддержка труб при укладке трубопровода

crag 1. *геол.* песчанистый мергель 2. обломок породы

cramp скоба ‖ скреплять скобой

crane 1. подъёмный кран ‖ поднимать подъёмным краном 2. кран-балка небольшой грузоподъёмности
beam ~ кран-балка
bit dressing ~ кран для заправки долот
blowout preventer traveling ~ кран для перемещения блока противовыбросовых превенторов *(на плавучей буровой платформе)*
bridge ~ мостовой кран
derrick ~ кран с подвесной стрелой *(на вышке ударно-канатного бурения)*

erecting ~ монтажный кран
floating ~ плавучий кран
floating derrick ~ плавучий деррик-кран
full revolving ~ полноповоротный кран *(для выполнения грузовых операций на плавучем буровом основании)*
hoisting ~ подъёмный кран
jib ~ кран-укосина
pedestal ~ пьедестальный кран
pipelayer ~ кран-трубоукладчик
pipelaying ~ кран-трубоукладчик
pontoon ~ плавучий кран
traveling ~ мостовой кран
truck-mounted ~ автокран
wall bracket ~ консольный кран на буровой
whirley ~ полноповоротный кран *(на буровых судах, морских основаниях)*
crank 1. коленчатый рычаг 2. рукоятка
  brake ~ ручка тормоза
  clutch ~ поводок муфты
crankcase картер
  mud pump ~ картер бурового насоса
crankpin шатунная шейка коленчатого вала, палец кривошипа
crash авария; разрушение; полный выход из строя; поломка
crashworthness аварийность
crater 1. кратер 2. выходить из строя *(об оборудовании на нефтепромысле)*
  wellhead ~ приустьевой кратер
crawler:
  ball-and-chain ~ шаровой скребок для очистки трубопроводов
  internal X-ray ~ установка для внутренней рентгеновской дефектоскопии
  rock drilling ~ самоходная буровая каретка на гусеничном ходу

craze волосная трещина, волосовина ‖ трескаться; покрываться волосными трещинами
crazing образование сетки волосных трещин
creams буровые алмазы сорта экстра
creep 1. ползучесть 2. медленное равномерное проскальзывание *(лебёдки станка при слабом тормозе)* ◊ ~ in fracture оползание породы в трещине
  ~ of concrete ползучесть бетона
  depth ~ глубинная ползучесть
  initial ~ начальная ползучесть
  rock ~ ползучесть горной породы
  torque ~ скольжение при передаче крутящего момента
creepage of coupling сползание муфты *(обсадной или насосно-компрессорной колонны)*
cress обжимать; сужать *(конец трубы)*
crest перегиб свода; антиклинальный перегиб
  ~ of fold сводовая часть складки; гребень свода
  ~ of structure свод структуры
  sharp ~ резкий перегиб свода
  tooth ~ фаска при вершине зуба
crevasse расщелина; трещина
crevice of formation каверна в пласте
crew бригада; группа; звено; партия *(рабочих)*; отряд
  alert ~ аварийная бригада
  blasting ~ бригада взрывников
  bobtail ~ сейсмическая партия, работающая по разовому контракту
  cementing ~ цементировочная бригада
  cleanout ~ бригада по чистке эксплуатационных скважин *(от грязи, песка, парафина при помощи лёгкого станка)*

crash ~ аварийная бригада
diamond-drill ~ бригада алмазного бурения
dress-up ~ бригада по восстановлению окружающей среды (*на строительстве трубопровода*)
drill ~ буровая бригада
drilling ~ буровая бригада
electrical ~ электроразведочная партия
emergency ~ аварийная бригада
erection ~ монтажная бригада
exploration ~ разведочная партия
face ~ забойная бригада
field ~ полевая партия
gravity ~ гравиразведочная партия
land seismic ~ наземная сейсмическая партия
line-up ~ бригада по центровке труб под сварку (*при строительстве трубопровода*)
logging ~ каротажная партия
magnetic ~ магниторазведочная партия
maintenance ~ бригада технического обслуживания
marine seismic ~ морская сейсмическая партия
oil-well service ~ бригада текущего ремонта (*скважин*)
operating ~ рабочая бригада
perforation ~ перфораторная партия
production ~ производственная партия; бригада по эксплуатации скважин
recording ~ измерительная бригада; отряд регистрирующей системы
reflection ~ сейсмическая партия, работающая методом отражённых волн
relief ~ сменная бригада (*технического обслуживания*)
repair ~ ремонтная бригада
rig ~ буровая бригада
rig-building ~ вышкомонтажная бригада
roustabout ~ бригада неквалифицированных рабочих (*на нефтепромысле*)
seismic ~ сейсмическая партия
seismic prospecting ~ сейсморазведочная партия
shooting ~ бригада взрывников
shothole ~ бригада взрывников
trouble ~ аварийная бригада
vibrator seismic ~ вибросейсмическая партия
Vibroseis ~ вибросейсмическая партия
well maintenance ~ бригада профилактического ремонта скважин
well stimulation ~ бригада освоения скважин
working ~ рабочая бригада
workover ~ бригада капитального ремонта (*скважин*)
crewman:
rig ~ помощник бурильщика
cricondentherm крикондентерм
crimp изгиб; деформация (*трубы*)
criterion критерий; признак ◊ ~ **for reliability demonstration** критерий подтверждения надёжности; ~ **for test classification** критерий классификации результатов испытаний
~ **of failure 1.** критерий отказа; признак отказа **2.** критерий разрушения
~ **of service** критерий качества технического обслуживания
damage ~ признак повреждения
demonstration ~ критерий подтверждения (*надёжности*)
equipment serviceability ~ критерий эксплуатационной надёжности

equireliability ~ критерий равной надёжности
failure analysis ~ критерий, используемый при анализе отказов
hazard rate ~ критерий интенсивности отказов
inspection ~ критерий приёмочного контроля
maintainability specification ~ критерий обеспечения ремонтопригодности
maintenance ~ критерий качества технического обслуживания
mean life ~ критерий средней долговечности
partial ~ частный критерий *(надёжности)*
redundancy ~ критерий резервирования
reliability ~ критерий надёжности; критерий безотказности
reliability screening ~ критерий сплошного контроля надёжности
repairability ~ критерий восстанавливаемости
safety ~ критерий обеспечения безопасности
trace-to-trace coherence ~ *сейсм.* критерий когерентности записей

criticality 1. критическое состояние 2. серьёзность *(дефектов)*
failure ~ серьёзность отказа
malfunction ~ степень опасности вследствие неправильного срабатывания

Cronox *фирм.* плёнкообразующий амин *(ингибитор коррозии)*
Cronox 211 *фирм.* ингибитор коррозии для буровых растворов на пресноводной основе
Cronox 609 *фирм.* ингибитор коррозии для буровых растворов на основе минерализованной воды

crookedness интенсивность искривления *(ствола скважины как естественный процесс)*
 borehole ~ искривление ствола скважины
crooking изменение направления ствола скважины
 borehole ~ естественное искривление ствола скважины
crop выход *(пласта)* на поверхность ◊ to ~ out выходить на поверхность *(о пласте)*
cropline граница выхода *(пласта)* на поверхность
cropout выход *(пласта)* на поверхность
cross 1. пересечение 2. крестовина *(патрубок с двумя отводами)*.
 pipe ~ трубная крестовина, крест *(фитинг трубопровода)*
 reduce-type ~ переходная крестовина с резьбами разного диаметра
crossarm 1. поперечная балка *(верхней рамы буровой вышки, на которой подвешивается блок)* 2. рама *(соединяющая две колонки)*, на которой крепится перфоратор
crossbedded *геол.* косослоистый
crossbedding косая слоистость
cross-borehole межскважинный
cross-equalization взаимное выравнивание *(сейсмических сигналов)*
cross-feed взаимное влияние *(сейсмических каналов)*; межпластовый переток
cross-flooding изменение направления течения при заводнении
cross-flow переток ◊ ~ between beds межпластовый переток, переток между пластами; ~ between layers межпластовый переток, переток между пластами

gas ~ between beds переток газа из пласта в пласт
oil ~ between two zones переток нефти из зоны в зону
crosshead 1. ползун; крейцкопф 2. крестовина
crosshole межскважинный
crossing 1. пересечение реки *(при прокладке трубопровода)* 2. прокладка трубопроводов через реку *(или другое препятствие)*
aerial ~ воздушный переход *(трубопровода через препятствие)*
dual ~ пересечение трубопроводами *(рек, оврагов, дорог)* путём прокладки двух линий
one-stage ~ одноступенчатый переход *(трубопровода)*
open ~ открытый переход *(трубопровода)*
pierced ~ переход *(трубопровода)* проколом
railway bed ~ переход *(трубопровода)* под железнодорожным полотном
river ~ пересечение реки *(при прокладке трубопровода)*
road ~ пересечение дорог *(при прокладке трубопроводов)*
submerged ~ погружной переход *(трубопровода)*
two-stage ~ двухступенчатый переход *(трубопровода)*
wear ~ кривая износа; кривая зависимости износа от наработки
cross-member траверса
crossover 1. П-образное колено *(трубопровода)* 2. *сейсм.* точка одновременного прихода прямой и преломлённых волн
road ~ переход *(трубопровода)* над дорогой
crosspiece траверса
swivelhead ~ траверса вращателя

cross-point крестообразный *(о долоте)*
cross-section разрез *(сейсмический, геологический)*
annular ~ кольцевое поперечное сечение
balanced ~ выровненный разрез
geological ~ геологический профиль; геологический разрез
seismic ~ сейсмический разрез
vector ~ векторный сейсмический разрез
crosstalk взаимное влияние *(сейсмических каналов)*
cross-threading of pipes свинчивание труб через нитку
cross-track перпендикуляр к сейсмическому профилю
crosswell межскважинный
crow хомут *(для врезки в трубопровод)*
crowd 1. перегружать *(алмазную коронку)* 2. бурить на слишком быстрой подаче 3. густо размещать алмазы по режущей поверхности коронки
crowding the line бурение скважин вдоль границы участка *(чтобы получить нефть за счёт соседа)*
crowfoot 1. ловильный крюк *(для извлечения обломившейся буровой штанги)* 2. упорная крестовина *(штангового клапана)*
crown 1. буровая коронка; бурильная головка; головка бура 2. алмазосодержащее кольцо коронки *(США)* 3. фонарь; верхняя рама *(буровой вышки)* 4. верхняя часть *(буровой треноги)* 5. *геол.* перегиб; лоб *(складки, свода)* ◊ ~ **for chilled shot** коронка для дробового бурения; дробовая коронка
~ **of weld** верхушка сварочного шва
bit ~ алмазосодержащее кольцо коронки

burnt ~ пережжённая алмазная буровая коронка *(в результате прекращения подачи промывочной жидкости)*
concave ~ алмазный бескерновый наконечник с вогнутым торцом; долото с вогнутой рабочей поверхностью
coring ~ алмазосодержащее кольцо коронки
derrick ~ 1. верхняя площадка 2. наголовник буровой вышки, фонарь буровой вышки
diamond ~ алмазная коронка
diamond rock drill ~ алмазная коронка для твёрдых пород
drill ~ 1. режущая часть коронки 2. буровая коронка
flat-bottom ~ алмазная коронка с плоским торцом
fold ~ фронт складки
full-radius ~ коронка с торцом закруглённого профиля *(радиус закругления равен половине толщины стенок коронки)*
piston ~ днище поршня
saw-tooth ~ зубчатая буровая коронка
scatter sheave ~ пятироликовый кронблок
torpedo ~ алмазный бескерновый наконечник
crownblock кронблок ◊ to install a ~ устанавливать кронблок
~ of three-sheave design кронблок трёхшкивной конструкции
bailer ~ шкив над кронблоком для тартального каната
double deck ~ двухэтажный кронблок
fourble ~ стопорный кронблок четырёхшкивной конструкции
four-sheave ~ стопорный кронблок четырёхшкивной конструкции
motion compensated ~ кронблок с компенсацией качки

multiaxis ~ многоосный кронблок
single-axis ~ одноосный кронблок
sliding ~ перемещающийся кронблок
straight rotary ~ одноэтажный кронблок
three-sheave ~ кронблок трёхшкивной конструкции
crown-o-matic *фирм.* противозатаскиватель талевого блока под кронблок
crude 1. неочищенный; необработанный; сырой 2. нефть; непереработанная нефть, сырая нефть 3. дистиллят нефти 4. первичные продукты переработки дёгтя ◊ ~ in bulk нефть наливом; to top the ~ отбензинивать нефть; отгонять из нефти светлые фракции; to thin out the ~ снижать вязкость нефти
base ~ неочищенная нефть
degassed ~ дегазированная нефть
extremely high gravity ~ очень лёгкая нефть
gelled ~ желатинизированная нефть, загущённая нефть
heavy ~ тяжёлая нефть
high pour-point ~ нефть с высокой температурой застывания
highly paraffinic ~ высокопарафинистая нефть
hybrid-base ~ нефть смешанного основания
intermediate base ~ нефть смешанного основания
lease ~ нефть местного происхождения *(добытая на данном участке)*
light ~ нефть парафинового основания; лёгкая нефть
live ~ газированная нефть
mid-continent ~ нефть, добываемая в среднеконтинентальной части США, среднеконтинентальная нефть *(смешанного основания)*

mixed asphaltic base ~ нефть смешанного асфальтового основания
mixed-base ~ нефть смешанного основания
naphthene-base ~ нефть нафтенового основания, нафтеновая нефть; нефть асфальтового основания, асфальтовая нефть
naphthenic ~ нефть нафтенового основания, нафтеновая нефть
naphtheno-aromatic ~ нафтено-ароматическая нефть
naphtheno-intermediate ~ нефть нафтенопромежуточного основания
naphtheno-paraffin base ~ нафтенометановая нефть
naphthenoid ~ нефть нафтенового основания, нафтеновая нефть
nonrefinable ~ тяжёлая нефть с незначительным содержанием светлых фракций
paraffin-asphalt ~ парафиноасфальтовая нефть
paraffin-base ~ нефть парафинового основания
paraffin-intermediate ~ нефть парафинопромежуточного основания
paraffin-naphthene base ~ парафинонафтеновая нефть
paraffin-resin ~ парафиносмолистая нефть
Pennsylvania ~ пенсильванская нефть *(парафинового основания)*
polybase ~ нефть смешанного основания
raw ~ неочищенная нефть
reduced ~ 1. слабо крекированная нефть 2. отбензиненная нефть 3. мазут
refinable ~ нефть, пригодная для переработки
selective ~ отборное нефтяное сырьё
sour ~ высокосернистая нефть, нефть с высоким содержанием серы
sulfur-bearing ~ сернистая нефть
sweet ~ малосернистая нефть; бессернистая нефть
synthetic ~ синтетическое нефтяное сырьё; смешанное крекинг-сырьё; смесь исходного и вторичного сырья
tar ~ основные продукты перегонки дёгтя; первичные продукты перегонки дёгтя
topped ~ отбензиненная нефть
uncracked ~ некрекированное сырьё; некрекинговое сырьё
unstripped ~ неотбензиненная нефть
watery ~ загрязнённый водой нефтепродукт
wax-oil ~ парафиномасляное сырьё
whole ~ неотбензиненная нефть
crumb очищать *(отстойник или жёлоб от грязи)*
crumbling трещиноватый *(о породе)*
crush: ◊ to ~ rock дробить горную породу
crusher 1. дробилка 2. приспособление, сминающее конец газовой трубы и дающее плотное закрытие *(в экстренных случаях)*
electrohydraulic rock ~ электрогидравлический бур
crushing дробление; смятие
~ of rock дробление горной породы
slip ~ смятие трубы клиньями
wall rock ~ смятие стенок ствола скважины
crust корка
oil ~ нагар из затвердевшего масла
solid ~ твёрдая корка
cryptocrystalline скрытокристаллический *(о горной породе)*

crystal 1. кристалл 2. прозрачный алмаз без трещин
cup манжета; уплотнительное кольцо
~ **of mud pump piston** манжета поршня бурового насоса
bearing ~ наружное кольцо подшипника
downhole pump ~ манжета глубинного насоса
drain ~ сливная воронка
grease ~ тавотница
mud ~ 1. плотномер для бурового раствора 2. сосуд для измерения удельного сопротивления бурового раствора
oil ~ 1. маслёнка *(для жидкой смазки)*; лубрикатор; резервуар для масла 2. маслосборник; маслоуловитель 3. чашка для нефтепродукта *(в приборе Тага)*
packer ~ манжета пакера
piston ~ манжета поршня
pouring ~ наливная воронка
pump ~ манжета насоса
roller bearing ~ наружное кольцо роликового подшипника
rubber ~ резиновая манжета
scraper ~ ребро скребка *(для чистки трубопровода)*
seating ~ манжета для уплотнения крепления *(в глубинном насосе)*
sediment ~ отстойник
valve ~ манжета клапана глубинного насоса
water bath ~ водяная баня *(вискозиметра)*
cupola купол *(резервуара)*
trough ~ купол депрессии
cupping 1. жёлобообразный износ зуба *(шарошки)* 2. расклёпывание хвостовика бура
~ **of drilling bit teeth crests** жёлобообразный износ зубьев бурового долота
cure приводить в порядок; устранять неисправности

curf 1. кольцевой забой 2. ширина режущего кольца алмазной коронки 3. профиль торца коронки
currency:
petroleum ~ нефтяные деньги
current течение; поток
gas ~ поток газа; струя газа
ground-loop ~s круговые токи в горных породах
measure ~ ток центрального электрода; ток зонда
measuring ~ ток центрального электрода; ток зонда
microlog ~ ток микрозонда
rising ~ восходящий поток *(промывочной жидкости)*
survey ~ ток зонда
curtailment of drilling ограничение объёма буровых работ
curtain отражатель
grout ~ цементный барьер *(образованный закачкой цемента в ряд скважин)*
joiner ~ кольцеобразный герметизирующий затвор *(плавающей крыши резервуара)*
rig ~ обшивка буровой вышки
seal ~ герметизирующее уплотнение *(плавающей крыши резервуара)*
vaporproof ~ паронепроницаемая тканевая перегородка *(в резервуаре)*
curvature кривизна
~ **of coherent lineup** *сейсм.* кривизна оси синфазности
hole ~ кривизна скважины, отклонение скважины
ray-path ~ *сейсм.* кривизна луча
reflection ~ *сейсм.* кривизна годографа отражённых волн
curve 1. кривая ‖ строить кривую 2. характеристическая кривая, характеристика 3. график
~ **of arrival time versus distance** *сейсм.* годограф

curve

~ of borehole искривление буровой скважины
~ of fold замок складки
~ of maximum convexity *сейсм.* годограф дифрагированной волны
acoustic ~ кривая акустического каротажа
actual time-distance ~ *сейсм.* действительный годограф
air-brine capillary pressure ~ кривая соотношения солёного раствора и воздуха в пористой среде в зависимости от капиллярного давления
aplanatic ~ *сейсм.* апланатная кривая
appraisal ~ оценочная кривая *(среднего дебита скважины, построенная на основе данных о прежней добыче)*
array response ~ *сейсм.* диаграмма направленности группы
arrival-time ~ *сейсм.* график времён вступлений; годограф
availability ~ кривая эксплуатационной готовности
averaged T-X ~ *сейсм.* усреднённый годограф
bathtub ~ U-образная кривая *(интенсивности отказов)*
borderline knock ~ кривая затухания детонации *(бензина)*
borehole correction ~ кривая поправок на влияние скважины
brine-into-oil ~ кривая вытеснения нефти водой
calibrated gamma-ray ~ тарировочная кривая для гамма-метода
caliper ~ кавернометрическая кривая, кавернограмма
caliper log ~ кавернометрическая кривая, кавернограмма
catching-up time-distance ~ *сейсм.* нагоняющий годограф

cement-bond-log ~ кривая акустического контроля цементирования скважины
common-midpoint time-distance ~ *сейсм.* годограф общей глубинной точки
common-receiver time-distance ~ *сейсм.* годограф общего пункта приёма
common-shot time-distance ~ *сейсм.* годограф общей точки взрыва
composite decline ~ средняя кривая истощения
composite time-distance ~ *сейсм.* составной годограф, сводный годограф
continuous T-X ~ *сейсм.* непрерывный годограф
cost-reliability ~ кривая затрат на обеспечение надёжности
cumulative production ~ кривая суммарной добычи
cumulative property ~s кривые средних свойств *(дистиллята или остатка)*
damage ~ кривая повреждений
decline ~ кривая падения *(добычи)*; кривая истощения *(пласта)*
deep laterolog ~ кривая бокового каротажа, зарегистрированная зондом с большим радиусом исследования
departure ~ поправочная кривая *(учитывающая влияние температуры, диаметра скважины)*
depression ~ кривая депрессии
diffraction travel time ~ *сейсм.* годограф дифрагированной волны
displaced-depth ~ кривая, смещённая по глубине
distillate yield ~ кривая зависимости между температурой вспышки дистиллята и процентом отгона

drainage relative permeability ~ кривая относительной проницаемости в зависимости от изменения насыщенности в результате дренирования
drawdown ~ 1. кривая отбора *(нефти из пласта)* 2. кривая падения давления
drawdown bottom pressure ~ кривая забойного давления в период откачивания
drill time ~ кривая скорости проходки
end-point yield ~ кривая выходов *(из нефти)* фракций с заданным концом кипения
failure ~ кривая числа отказов
failure rate ~ кривая интенсивности отказов
family ~ усреднённая кривая дебита нескольких скважин
first-arrival ~ *сейсм.* годограф первых вступлений
flash point yield ~ кривая зависимости между температурой вспышки дистиллята и процентом отгона
flowmeter ~ дебитограмма
fluid composition history ~ кривая изменения состава флюида
formation resistivity factor ~ кривая относительного сопротивления пород
gamma-ray ~ кривая гамма-каротажа
gas ~ кривая проницаемости для газа
gradual ~ постепенное выполаживание *(при бурении скважины)*
gravity drainage ~ кривая гравитационного режима
head-capacity ~ кривая зависимости подачи *(насоса)* от напора
head-flow ~ кривая напора и производительности *(насоса)*

head-wave arrival-time ~ *сейсм.* годограф вертикальной волны
high-resolution microresistivity ~ кривая микрокаротажа с высокой дифференциацией
hodograph ~ годограф
hyperbolic time-distance ~ *сейсм.* гиперболический годограф
induction ~ кривая индукционного каротажа
induction conductivity ~ кривая относительной проводимости индукционного каротажа
induction-derived resistivity ~ кривая сопротивления индукционного каротажа
infiltration ~ кривая инфильтрации
inhibition relative permeability ~ кривая относительной проницаемости, характеризующая изменение насыщенности в результате вытеснения; кривая относительной проницаемости при всасывании
interval transit-time ~ каротажная кривая интервального времени
interval velocity ~ *сейсм.* график интервальных скоростей
isotime ~ *сейсм.* изохрона
lateral ~ кривая градиент-зонда
lateral logging departure ~ палетка теоретических кривых бокового зондирования
laterolog ~ кривая бокового каротажа
layer velocity ~ *сейсм.* график пластовых скоростей
life ~ кривая долговечности; кривая надёжности
load ~ кривая нагрузки
log ~ каротажная кривая
longitudinal travel time ~ *сейсм.* годограф продольных волн
long-spaced ~ кривая, зарегистрированная длинным зондом

magnetotelluric ~ кривая магнитотеллурического зондирования
maximum departure ~ палетка максимальных кривых зондирования
microinverse ~ кривая градиент-микрозонда
microlog ~ кривая микрокаротажа
micronormal resistivity ~ кривая сопротивления потенциал-микрозонда
microresistivity ~ кривая микрокаротажа сопротивлений
mortality ~ кривая выхода из строя *(деталей или узлов в зависимости от наработки или срока службы)*; кривая интенсивности отказов
neutron ~ кривая нейтронного каротажа
neutron porosity ~ кривая пористости по нейтронному каротажу
normal ~ кривая потенциал-зонда
normal device ~ кривая потенциал-зонда
normal moveout ~ *сейсм.* кривая кинематических поправок
normal time-distance ~ *сейсм.* нормальный годограф
normal travel time ~ нормальный годограф преломлённой волны
observed time-distance ~ *сейсм.* наблюдённый годограф
percentage decline ~ кривая относительного снижения производительности *(скважин)*
percentage production decline ~ кривая относительного падения производительности
performance ~ 1. рабочая характеристика 2. кривая коэффициента полезного действия
permeability of gas ~ кривая проницаемости для газа

permeability-ratio ~ кривая отношения проницаемости
permeability-saturation ~ кривая зависимости относительной проницаемости от насыщенности
phase permeability ~ кривая фазовых проницаемостей
phase-velocity ~ *сейсм.* кривая фазовых скоростей
placed depth ~ кривая, смещённая по глубине
porosity ~ кривая пористости
potential decline ~ вероятная кривая производительности *(скважины)*
pressure ~ кривая давления
pressure-build-up ~ кривая восстановления пластового давления
production ~ кривая производительности
production-decline ~ кривая падения дебита
radioactivity ~ кривая радиоактивного каротажа
reciprocated induction ~ обращённая кривая индукционного каротажа
redox potential ~ кривая окислительно-восстановительных потенциалов
reduced time-distance ~ *сейсм.* исправленный годограф
reduced travel-time ~ *сейсм.* исправленный годограф
reflection time-distance ~ годограф отражённой волны
refraction time-distance ~ годограф преломлённой волны
refraction travel time ~ годограф преломлённой волны
relative permeability ~ кривая относительной проницаемости
reliability ~ кривая вероятностей безотказной работы; кривая надёжности

reliability-cost ~ кривая затрат на обеспечение надёжности
reliability-growth ~ кривая роста надёжности
residual time ~ *сейсм.* разностный годограф
reversed time-distance ~s *сейсм.* встречный годограф
saturation ~ кривая насыщенности
seismic detector response ~ частотная характеристика сейсмоприёмника
shallow laterolog ~ кривая бокового каротажа, зарегистрированная зондом с малым радиусом исследования
short normal ~ кривая короткого потенциал-зонда
single-receiver travel-time ~ кривая интервального времени, зарегистрированная акустическим зондом с одним приёмником
sonic ~ кривая акустического каротажа
sonic amplitude ~ кривая акустического каротажа по затуханию
sonic interval transit-time ~ кривая акустического каротажа по скорости
standardized reliability ~ нормированная кривая вероятностей безотказной работы; нормированная кривая надёжности
stress-failure-rate ~ кривая зависимости интенсивности отказов от механического напряжения
stress-strain ~ кривая зависимости деформации от напряжения
surface-wave dispersion ~ *сейсм.* кривая дисперсии поверхностных волн
survival ~ кривая вероятностей безотказной работы

temperature-pressure ~ кривая зависимости давления от температуры
test ~ график результатов испытаний
theoretical travel-time ~ *сейсм.* теоретический годограф
three-arm caliper ~ кавернограмма, зарегистрированная трёхрессорным каверномером
three-dimensional ~ пространственная кривая
time ~ годограф *(кривая времени пробега сейсмических волн)*
time-anomaly ~ *сейсм.* кривая аномальных времён пробега *(волн)*
time-depth ~ *сейсм.* вертикальный годограф
time-distance ~ *сейсм.* годограф
transverse travel-time ~ *сейсм.* годограф поперечных волн
travel-time ~ годограф
travel-time-distance ~ *сейсм.* горизонтальный годограф
true exponential decay ~ истинная экспоненциальная кривая спада
vertical travel-time ~ *сейсм.* вертикальный годограф
water-into-oil ~ кривая вытеснения нефти водой
wavefront ~ *сейсм.* кривая фронта волны
yield ~ кривая добычи
curving of borehole искривление ствола скважины *(процесс)*
cushion подушка
  air ~ воздушная подушка
  cement-sand ~ цементно-песчаная подготовка
  gas ~ газовая подушка
  water ~ 1. водяная подушка *(при опробовании испытателем пласта на бурильных трубах)* 2. столб воды, закачанной в скважину *(для увеличения противодавления на пласт)*

cusping языкообразование
customer заказчик; потребитель
   business ~ промышленный потребитель *(газа)*
   captive ~ потребитель, привязанный к определённому соединительному газопроводу
   commercial ~ коммерческий потребитель *(газа)*
   firm ~ постоянный потребитель *(газа)*
   houshold ~ бытовой потребитель *(газа)*
   industrial ~ промышленный потребитель *(газа)*
   international ~ зарубежный потребитель *(газа)*
   interruptible ~ потребитель, поставка газа которому может быть прекращена *(в случае неплатежей)*
   nonpaying ~ потребитель, не производящий платежи *(за поставленный газ)*
   residential ~ бытовой потребитель *(газа)*
   unsubscribed ~ неабонированный потребитель *(газа)*
   would-be ~ потенциальный потребитель *(газа)*
customization 1. изготовление заказных изделий; обеспечение соответствия требованиям заказчика 2. применение заказных изделий
cut 1. разрез 2. фракция; погон ‖ разделять на фракции, фракционировать 3. содержание воды и грязи в нефти 4. разжижение промывочной жидкости *(при прорыве в скважину пластовой воды или газа)* ◊ **to ~ ditch** 1. бурить наиболее быстрым способом 2. очищать отстойные желоба; **to ~ down a derrick** демонтировать деревянную вышку; **to ~ rock** бурить в твёрдой породе; **to trap out the ~ from tower** отводить фракцию из колонны; **to ~ with** разбавлять посторонними флюидами
   cold ~ продукт холодного смешения; продукт холодного разбавления
   end ~ концевая фракция, хвостовая фракция
   fluid ~ размыв *(керна или матрицы алмазной коронки)*
   gapped ~s погоны с разрывами между их пределами выкипания
   heavy ~ тяжёлая фракция, тяжёлый погон
   last ~ последняя фракция, последний погон
   line ~ прорезание тросом искривлённой обсадной колонны *(при канатном бурении)*
   mud ~ загрязнённый буровым раствором
   narrow ~ узкая фракция
   petroleum ~ нефтяная фракция, нефтяной погон
   tar ~ погон дёгтя, фракция дёгтя
   water ~ 1. содержание воды *(в пластовой жидкости)*; обводнённость 2. объём воды, извлекаемой из буровой скважины
   well oil ~s содержание примесей в добываемой нефти
   wide boiling ~ ширококипящая фракция
cutback 1. уменьшение, сокращение 2. разбавленный нефтепродукт ◊ ~ **in daily production rate** ограничение суточного дебита
   asphalt ~ разжиженный асфальт; асфальт, разбавленный нефтяным дистиллятом *(лигроином, керосином)*
   bitumen ~ битум, растворённый в нефтяном дистилляте; асфальтовый лак

medium-curing ~ битум, растворённый в дистиллятах типа керосина; среднесохнущий асфальтовый лак
rapid-curing ~ быстро загустевающий жидкий дорожный битум
cutoff 1. предельная проходка алмазным наконечником в данной породе 2. отсечка; отрезка *(талевого каната)* 3. граница пропускания фильтра
chemical ~ резка *(стальной трубы в стволе скважины)* с помощью струи коррозионной жидкости высокого давления
gas ~ отсечка газа *(на устье скважины)*
jet ~ резка *(прихваченных труб)* с помощью зарядов
cutout 1. извлечение *(алмазов из отработанной коронки)* 2. рекуперированные алмазы
~ **of reflection** *сейсм.* отсутствие отражений
emergency ~ аварийное выключение
cutter 1. шарошка 2. режущий инструмент; резак, нож; труборез 3. резец; режущий элемент; фреза; выдвигающийся резец трубореза 4. бур, коронатый бур ◊ **drilling bit rolling ~s are locked** шарошки бурового долота заклинены; **drilling bit rolling ~s are skidded** шарошки бурового долота заклинены
abrasion pipe ~ пескоструйный труборез
arc ~ дуговой отклонитель *(снаряд с шарнирными соединениями, позволяющий вести ствол скважины по плавной дуге)*
ballaset-type ~ синтетический алмаз, армированный в абразивно устойчивой матрице *(бурового долота)*

bar ~ станок для резки арматуры
biscuit ~ короткий пробоотборник *(для отбора керна при канатном бурении)*
bit ~s обломки породы, откалываемые долотом
boring ~ 1. резец для рассверливания; растачивающий резец 2. долото
bottomhole jet ~ кумулятивная торпеда
casing ~ труборез для обсадных труб
cement ~ цементорез
claw ~ лапаобразное долото
clay ~ бур для мягких пород
conical ~ коническая шарошка
conical rolling ~ коническая шарошка
core-forming rolling ~ кернообразующая шарошка *(бурового долота)*
cross ~s крестообразно расположенные шарошки *(бурового долота)*
cross rolling ~s крестообразно расположенные шарошки *(бурового долота)*
cross-section ~s крестообразно расположенные шарошки *(бурового долота)*
demountable rolling ~ съёмная шарошка
diamond ~ алмазный резец; резец *(затрубного расширителя)*, армированный алмазами
diamond compact ~ самозатачивающийся поликристаллический синтетический алмаз
diamond tool fly ~ подвижный алмазный резец
disk ~ дисковая шарошка
disk rolling ~ дисковая шарошка
disk-type roller ~ шарошечное долото дискового типа

cutter

double-cone rolling ~ двухконусная шарошка
drill pipe ~ труборез для бурильных труб
drilling bit rolling ~s шарошки бурового долота
drilling line ~ резак для талевого каната
expanding ~ 1. расширяющийся труборез 2. затрубный расширитель 3. буровой наконечник с выдвигающимися резцами 4. универсальное долото
expansion ~ 1. расширяющийся труборез 2. затрубный расширитель 3. буровой наконечник с выдвигающимися резцами 4. универсальное долото
explosive ~ взрывной труборез *(для резки повреждённой части подземного трубопровода)*
external pipe ~ наружный труборез *(для резки прихваченных труб в стволе скважины)*
filter tube ~ труборез для вскрытия фильтров
gage ~ калибрующая шарошка *(бурового долота)*
gage rolling ~ калибрующая шарошка *(бурового долота)*
guide line ~ резак для направляющего каната
hole-forming rolling ~ стволообразующая шарошка *(бурового долота)*
hydraulic pipe ~ гидравлический труборез
insert-type rolling ~ шарошка со вставными зубьями
inside pipe ~ внутренний труборез
internal pipe ~ внутренний труборез
jet ~ кумулятивная торпеда
jet casing ~ взрывной труборез
jet pipe ~ кумулятивный труборез

marine casing ~ труборез для резки морской обсадной колонны
milling ~ 1. фреза 2. шарошка
multicone rolling ~ многоконусная шарошка
multidisk rolling ~ многодисковая шарошка
natural cube diamond ~ природный алмаз кубической формы *(для формирования бурового режущего инструмента)*
outside ~ труборез для резки прихваченных труб
outside circular pipe ~ наружный круговой труборез *(для резки трубчатых опор стационарных морских сооружений взрывом)*
outside pipe ~ наружный труборез; наружный фрезер
pipe ~ труборез
pipe piling ~ резак для трубных свай
rectangular shaped ~ алмаз угловатой формы *(для армирования буровых коронок и шарошек)*
retracting milling ~ фрезер со складными резцами
roller ~ шарошка
rolling ~ шарошка
sample ~ 1. пробоотборник; кернорватель 2. отсекатель проб
sand-jet pipe ~ пескоструйный труборез
self-cleaning rolling ~ самоочищающаяся шарошка долота
side ~ боковая шарошка *(долота)*, периферийная шарошка
single-cone rolling ~ одноконусная шарошка
single-disk alloy steel ~ однодисковый резец из легированной стали
studded ~ твердосплавный резец

thermally stable synthetic ~s термостойкие синтетические алмазы *(для армирования буровых работ)*
Thompson arc ~ снаряд Томпсона для бурения по дуге
thread ~ 1. алмаз октаэдрической формы 2. клуп; плашка для нарезки резьбы
tooth-rolling ~ шарошка с фрезерованными зубьями
toothed-rolling ~ шарошка с фрезерованными зубьями
toothed-shoe ~ зубчатый трубный башмак
tube ~ труборез
tubing ~ 1. скважинный труборез; труборез для насосно-компрессорных труб 2. труборез *(взрывное устройство на корабле)*
tungsten carbide insert rolling ~ шарошка со вставными зубьями из карбида вольфрама
underreamer ~ выдвигающийся резец затрубного расширителя
wire ~ кусачки
wireline ~ резак для талевого каната
wireline cable ~ резак для отрезания направляющего каната *(в случае его обрыва)*
wireline knife ~ ловильный канаторез
wirerope ~ приспособление для резки каната
cutter-pulverizer:
  centrifugal ~ фрезерно-метательная мельница *(для комовых глин)*
  jet ~ фрезерно-струйная мельница
cutting 1. резка; прорезание **2.** разбавление **3.** *pl* буровой шлам, обломки выбуренной породы ◊ **to carry up ~s to surface** выносить буровой шлам

на поверхность; **to hold ~s in suspension** удерживать буровой шлам во взвешенном состоянии
~ **of fuel oils** разбавление мазутов *(с целью получения смешанного котельного топлива)*
~ **of mud by gas** газирование бурового раствора
bit ~s обломки породы, откалываемые долотом; буровой шлам
cable-tool ~s обломки породы, образующиеся при канатном бурении
clean ~s 1. частицы породы, не налипающие на стенки скважины **2.** чистый шлам *(не смешанный с осыпью породы вышележащих горизонтов и не загрязнённый промывочным раствором)*
drill ~s 1. буровой шлам; обломки выбуренной породы **2.** сверлильная стружка
drilling ~s 1. буровой шлам, обломки выбуренной породы **2.** сверлильная стружка
drilling mud gas ~ газирование бурового раствора
formation ~s обломки выбуренной горной породы
gas ~ газовая резка
gas ~ of fluid газирование жидкости
hoisting and drilling load ~s нагрузка при спускоподъёмных операциях
lodged ~s оставшаяся на забое выбуренная горная порода
moistened ~s увлажнённая выбуренная горная порода
mud gas ~ газирование бурового раствора *(в скважине)*
rock ~s частицы разбуренной горной породы
rod ~ истирание внутренней поверхности насосных труб штангами

cutting

rotary ~ роторное бурение
rotary-drill ~s шлам, полученный при роторном бурении
water ~s **of well production** обводнённость продукции скважины
windows ~ прорезание окон (*в обсадных трубах*)
cutting-in:
branch ~ врезка ответвления
cutting-off отключение
cycle цикл; период, интервал времени
~ **of well construction** цикл строительства скважины
availability ~ цикл эксплуатационной готовности
breakdown–repair ~ цикл поломка–ремонт (*интервал от момента поломки до момента восстановления*)
catalyst ~ катализаторный цикл (*путь, проходимый катализатором в химическом процессе от приготовления до регенерации и повторного применения*)
chilling ~ холодильный цикл
control ~ интервал между проверками
cooling ~ холодильный цикл
corrective action ~ этап устранения неисправностей
design-to-life ~ расчётный срок службы
drilling ~ цикл бурения
failure ~ интервал между отказами
filling ~ цикл заполнения (*подземного хранилища*)
gaslift ~ газлифтный цикл
geotectonic ~ тектонический цикл
hoisting-and-drilling load ~ цикл нагрузок при спускоподъёмных операциях и бурении
hydrogeological ~ гидрогеологический цикл

injection ~ цикл закачки (*газа в хранилище*)
inspection ~ интервал между проверками
interrepair ~ межремонтный цикл
life ~ 1. цикл долговечности 2. срок службы до первого капитального ремонта 3. срок службы между капитальными ремонтами
maintenance ~ цикл технического обслуживания
maintenance proof ~ цикл профилактической проверки в процессе обслуживания
mean ~s **between failures** среднее число циклов между отказами
mean ~s **to failure** среднее число циклов до отказа
monitoring ~ цикл контрольных испытаний
oil-and-gas accumulating ~ цикл нефтегазонакопления
operation ~ рабочий цикл (*процесса, установки*)
overhaul ~ цикл капитального ремонта
pumping ~ насосный цикл
reactivation ~ регенерационный цикл, цикл регенерации катализатора
refrigeration ~ холодильный цикл
reliability proof ~ цикл проверок надёжности
repair ~ ремонтный цикл
replacement ~ цикл замены (*оборудования*)
sedimentation ~ осадочный цикл
service ~ цикл технического обслуживания
service proof ~ цикл проверки эксплуатационных качеств
time ~ продолжительность цикла
withdrawal ~ цикл отбора (*газа из хранилища*)

cycles-to-failure число циклов *(напряжения или нагрузки)* до отказа
cycling 1. циклическое изменение; периодическое изменение ‖ циклический; периодический 2. добыча нефти при помощи рециркуляции газообразного агента 3. отбензинивание газоконденсата с последующей закачкой сухого газа в пласт
  batch-gas ~ прерывистая рециркуляция газа *(в пласт)*
  gas ~ 1. циркуляция газа, круговая закачка газа 2. рециркуляция газа *(при добыче газоконденсата или закачивании части добытого газа обратно в пласт)*
  continuous gas ~ непрерывная циркуляция газа
cyclohexane циклогексан
cyclone 1. циклон *(устройство для отделения твёрдых частиц от газа)* 2. гидроциклон *(устройство для очистки жидкости от твёрдых частиц)*
  desanding ~ гидроциклонный пескоотделитель
  hydraulic ~ гидроциклон
cyclonite циклонит *(мощное взрывчатое вещество, применяемое для перфорирования труб)*
cyclopentane циклопентан
cyclotrimethylene-trinitramine циклонит *(взрывчатое вещество, применяемое для перфорирования труб)*
Cyfloc *фирм.* синтетический флокулянт
Cyfloc 326 *фирм.* синтетический флокулянт *(ингибитор неустойчивых глин)*
cylinder 1. цилиндр 2. баллон; резервуар
  breakout and makeup ~ цилиндр для свинчивания и развинчивания бурильных труб
  compressor ~ цилиндр компрессора
  drill ~ цилиндр перфоратора; ствол перфоратора
  feed ~ цилиндр механизма гидравлической подачи
  flanged ~ ребристый цилиндр
  fluid ~ цилиндр гидравлической части насоса
  fluid pump ~ цилиндр гидравлической части насоса
  gas ~ баллон для сжатого газа
  high-pressure ~ баллон высокого давления
  hydraulic ~ гидроцилиндр
  hydraulic tower raising ~ гидроцилиндр подъёма направляющих башенного типа
  piston valve ~ распределительный цилиндр
  ratchet ~ барабан с храповиком
  recording ~ картограммный барабан
  round-ended ~ горизонтальный резервуар со сферическим днищем
  tension-control ~ гидравлический цилиндр регулировки подачи долота *(при роторном бурении)*
  tower stabilizer ~ гидроцилиндр стабилизации установки направляющих башенного типа *(для привода-вращателя бурильной установки)*
cymogene цимоген *(почти чистый жидкий бутан)*

D

dag графитовая пыль
  oil ~ графитовая смазка
dagger рукоятка бура
dam:
  overflow ~ затвор сливного отверстия *(на тарелке ректификационной колонны)*

spoil ~ 1. запруда 2. земляная насыпь (*окружающая яму для возвратной промывочной жидкости*)
damage 1. авария; повреждение; порча; разрушение; ущерб, потери ‖ повреждать, наносить повреждения; портить; разрушать; наносить ущерб 2. дефект (*результат повреждения*) 3. ущерб, убыток ‖ наносить ущерб ◊ ~ beyond repair повреждение, не устраняемое при ремонте; to absorb the ~ сохранять работоспособность при повреждении; to patch the ~ устранять повреждение; to withstand without ~ выдерживать без повреждений (*напр. нагрузку*)
cavitation ~ кавитационная эрозия
abrasive ~ абразивный износ
accumulative ~ накопленное повреждение
admissible ~ допустимое повреждение
assembly ~ повреждение при сборке
casing integrity ~ нарушение целостности обсадной колонны
catastrophic ~ разрушение
compensatory ~ компенсируемое повреждение
concealed ~ скрытое повреждение
corrosion ~ коррозионное повреждение; коррозионное разрушение; коррозионное поражение
corrosion fatigue ~ повреждение от коррозионной усталости, коррозионное усталостное повреждение
corrosive ~ коррозионное повреждение
critical ~ опасное повреждение; разрушение при критических нагрузках
cumulative ~ накопленное повреждение
cumulative fatigue ~ накопленное усталостное повреждение
cyclic ~ периодическое повреждение
ecological ~ экологический ущерб
equipment ~ повреждение оборудования
erosion ~ эрозионное разрушение
fatigue ~ усталостное повреждение; усталостное разрушение
foreign object ~ повреждение, вызванное попаданием инородных тел
formation ~ повреждение продуктивного пласта, ухудшение коллекторских свойств продуктивного пласта; нарушение эксплуатационных качеств продуктивного пласта
fractional ~ частичное повреждение
fretting ~ фреттинг-коррозия, повреждение от коррозии трением
frozen-in ~ необратимое повреждение
impact ~ повреждение при ударной нагрузке; разрушение при ударе
inadmissible ~ недопустимое повреждение
incipient ~ образующееся разрушение, зарождающееся повреждение
internal ~ 1. внутреннее разрушение 2. внутренний дефект
intrinsic ~ 1. внутреннее разрушение 2. внутренний дефект
irrepairable ~ невосстанавливаемое разрушение
irrepairable producing formation ~ неисправимое повреждение продуктивного пласта

local ~ локальное повреждение
long-term ~ долговременный дефект
maintenance ~ повреждение при техническом обслуживании
mechanical ~ механическое повреждение
permanent ~ 1. устойчивое повреждение; неустраняемое повреждение 2. стойкий дефект
pipeline ~ повреждение трубопровода
progressive ~ развивающееся повреждение; прогрессирующее разрушение
punitive ~ разрушающее повреждение
radiation ~ 1. радиационное разрушение; радиационное повреждение 2. радиационный дефект
serious ~ серьёзное повреждение
severe ~ серьёзное повреждение
shock ~ 1. повреждение при ударной нагрузке 2. повреждение в результате сотрясения
short-term ~ кратковременный дефект
structural ~ повреждение конструкции; разрушение конструкции
superficial ~ несущественное повреждение, легкоустранимое повреждение
surface ~ поверхностное повреждение; разрушение поверхности (напр. от коррозии)
thermal ~ тепловое повреждение
tool ~ повреждение инструмента; поломка инструмента
uncontrolled ~ неустранимое повреждение
volume ~ объёмный дефект
wear ~ повреждение, вызванное износом
wellbore ~ закупорка пор призабойной зоны
zonal formation ~ зональное ухудшение коллекторских свойств пласта
zero ~s on delivery отсутствие повреждений при доставке
damageability повреждаемость
damageable легкоповреждаемый; легкопортящийся
damageproof бездефектный
damaging of producing formation повреждение продуктивного пласта
damper амортизатор
   drill string vibration ~ амортизатор бурильной колонны
   oil pressure ~ гидравлический амортизатор
   pulsation ~ гаситель пульсаций; компенсатор пульсаций (на выходе насоса)
   pump pulsation ~ гаситель пульсаций насоса
   suction pulsation ~ компенсатор пульсаций давления на всасывающей линии
   vibration ~ 1. виброгаситель 2. ударный переводник (между долотом и утяжелёнными бурильными трубами)
   wirerope ~ успокоитель каната
damping:
   geophone ~ демпфирование сейсмоприёмника; затухание сейсмоприёмника
danger опасность
   ~ of ignition опасность воспламенения
   ~ of packer dropping опасность падения пакера
dart долотообразный выступ желоночного клапана (для разрыхления породы)

bailer ~ клапан в нижней части желонки *(с разрыхляющим языком)*
spring ~ инструмент для извлечения обсадных труб *(из скважины)*
unlocking ~ отсоединяющий наконечник *(для снятия защитного колпака с устья подводной скважины)*

darcy дарси *(единица проницаемости пористой среды)*

data 1. данные; информация; сведения 2. характеристика; характеристики; измеренные величины; показания приборов 3. результаты; материалы *(испытаний)* ◊ ~ **from crossed lines** данные наблюдения по крестам *(в геофоне)*
air-gun ~ *сейсм.* данные, полученные с пневматическим источником
analog waveform ~ *сейсм.* аналоговые данные об исходных сигналах
arrival-time ~ *сейсм.* данные о временах вступления
borehole ~ скважинные данные
caliper ~ данные кавернометрии *(скважины)*
common-depth point ~ *сейсм.* данные, полученные методом общей глубинной точки
comprehensive seismic-noise ~ всеобъемлющие данные о сейсмическом шуме
compressional-wave ~ *сейсм.* данные, полученные методом продольных волн
constant angle ~ *сейсм.* данные, полученные с источником плоских волн
core ~ данные кернового анализа
cross-borehole ~ межскважинные данные
crosshole ~ межскважинные данные
crosswell ~ межскважинные данные
crude oil ~ характеристика неочищенной нефти
debugging ~ отладочная информация
defect ~ данные о дефектах
defective ~ данные о дефектных изделиях
demultiplexed ~ *сейсм.* демультиплексированные данные
design ~ конструктивные параметры
diagnostic ~ диагностические данные
discrepancy ~ данные о расхождениях в технической документации
duty-cycle ~ данные о нагрузках при эксплуатации
engineering ~ 1. технические данные; техническая документация 2. конструктивные характеристики
external ~ данные *(напр. о надёжности)* от внешнего источника
failure ~ статистические данные об отказах
failure-analysis ~ результаты анализа отказов
failure-and-success ~ данные об отказах и безотказной работе
failure-experience ~ данные о последствиях отказов
failure rate ~ данные об интенсивностях отказов
fatigue ~ 1. результаты испытаний на выносливость 2. характеристика усталостной прочности
fault ~ данные о неисправностях
field ~ 1. данные об эксплуатации *(изделия)* 2. промысловые данные

data

field-collected ~ данные, собранные в условиях эксплуатации
field-development ~ характеристики разрабатываемого месторождения
field-failure ~ данные об отказах при эксплуатации
field-performance ~ эксплуатационная характеристика
field-test ~ данные об испытаниях в условиях эксплуатации
geodetic ~ геодезические данные
geological-and-engineering ~ геотехническая информация
geophysical logging ~ данные геофизических исследований в скважинах
go-no-go ~ 1. данные о годности изделий 2. данные типа "годен – не годен"
high-density ~ *сейсм.* данные с низкой кратностью наблюдений
high-fold seismic ~ *сейсм.* данные с высокой кратностью наблюдений
inspection ~ данные приёмочного контроля; данные, полученные в результате проверки
life-test ~ результаты испытаний на долговечность
liquid-gas ratio ~ данные, характеризующие соотношение жидкости и газа
log ~ каротажные данные
logging ~ каротажные данные
long-life operating ~ результаты длительной эксплуатации; данные о сроке службы при длительной работе
long-period ~ *сейсм.* длиннопериодные данные
lot acceptance ~ результаты приёмочных испытаний партии *(изделий)*

magnetotelluric ~ магнитотеллурические данные
maintainability ~ характеристики ремонтопригодности
maintenance ~ характеристики технического обслуживания
marine seismic ~ данные морской сейсмической разведки
mean life ~ данные о средней долговечности
mechanical ~ механические характеристики
migrated near-offset ~ мигрированный разрез ближних трасс
multicoveraged ~ *сейсм.* данные многократных наблюдений
multifold ~ *сейсм.* данные многократных наблюдений
network ~ данные сейсмической сети
noise ~ данные о сейсмическом шуме
operating life ~ данные об эксплуатационной долговечности; данные о сроке службы
operational ~ эксплуатационная характеристика, рабочая характеристика
overburden ~ данные о перекрывающихся отложениях
performance ~ 1. эксплуатационная характеристика, рабочая характеристика 2. техническая характеристика
performance test ~ результаты испытаний для определения рабочих характеристик
point-source ~ *сейсм.* данные, полученные с точечным источником
postcritical ~ *сейсм.* данные в закритической области
precritical ~ *сейсм.* данные в докритической области
preliminary test ~ результаты предварительных испытаний
pretest ~ данные, полученные до начала испытаний

data

production ~ промысловые данные; данные о добыче
reflection ~ данные сейсмической разведки методом отражённых волн
refraction ~ *сейсм.* данные сейсмической разведки методом преломленных волн
reliability ~ данные о надёжности
reliability test ~ результаты испытаний на надёжность
removal ~ сведения о замене *(деталей, узлов или агрегатов)*
reservoir engineering ~ данные исследования коллектора
resistivity-sounding ~ данные зондирования методом сопротивлений
search ~ результаты поиска *(напр. неисправности)*
seismic ~ сейсмические данные; сейсмологические данные
seismological ~ сейсмические данные; сейсмологические данные
seismomagnetic ~ сейсмомагнитная запись
service ~ эксплуатационная характеристика, рабочая характеристика
shear-wave ~ *сейсм.* данные, полученные методом поперечных волн
shooting ~ сейсморазведочные данные
short-period ~ короткопериодные данные *(полученные с помощью короткопериодных сейсмографов)*
single-coverage ~ *сейсм.* данные однократных наблюдений
soil boring ~ данные бурения грунта *(дна моря)*
sonic-log ~ данные акустического каротажа
sounding ~ данные зондирования

state-of-health ~ данные о состоянии *(изделия)*; данные об исправности
stress rupture ~ результаты испытаний на длительную прочность
test ~ результаты испытаний
time-depth ~ данные вертикального годографа
time-distance ~ данные годографа
time-to-failure ~ статистические данные о наработках на отказ
travel time ~ *сейсм.* данные о временах пробега волн; кинематические данные
trouble-shooting ~ данные для поиска неисправностей
uphole-survey ~ данные микросейсмокаротажа
uphole-time ~ *сейсм.* данные о вертикальных временах
usage ~ эксплуатационная характеристика, рабочая характеристика
velocity-survey ~ данные о скоростях сейсмических волн
vibrator ~ вибросейсмические данные
Vibroseis ~ вибросейсмические данные
warranty ~ сведения о работе изделия в период действия гарантийных обязательств
welding ~ данные об условиях выполнения сварки; данные о режиме сварки
well ~ данные о скважине; характеристика скважины
well-log ~ каротажные данные
well-logging ~ каротажные данные
well-velocity ~ данные сейсмического каротажа
working ~ эксплуатационная характеристика, рабочая характеристика

zero-offset ~ *сейсм.* данные, полученные способом центрального луча
Databank:
  Worldwide Offshore Accident ~ Всемирный банк данных об авариях на буровых судах и платформах
date дата; срок; период *(времени)*; продолжительность
  ~ **of availability** срок эксплуатационной готовности
  ~ **of location** дата заложения скважины
  ~ **of the first production** дата начала добычи
  delivery ~ срок поставки
  depletion ~ **of water flood** время прекращения нагнетания воды вследствие истощения пласта
  equipment ready ~ срок эксплуатационной готовности оборудования
  operational availability ~ срок готовности к эксплуатации
  operational capability ~ срок эксплуатационной готовности
  operational readiness ~ срок эксплуатационной готовности
  required availability ~ требуемый срок обеспечения эксплуатационной готовности
dating определение абсолютного возраста *(горных пород)*
datum уровень приведения; уровенная поверхность
day: ◊ ~**s since spudded** время в сутках с момента забуривания скважины
  net drilling ~**s** время, затраченное на бурение скважины *(в сутках)*
D-D *фирм.* вспенивающий агент для буровых растворов *(детергент)*
deactivating отключение; приведение в неработоспособное состояние

deactivator дезактиватор
  metal ~ антиокислительная присадка к нефтепродуктам
dead 1. негодный, непригодный; потерявший основное свойство 2. вышедший из употребления 3. недействующий
deadeye коуш *(кольцо с желобком, заделанное в канат)*
deadline 1. оборудование, ожидающее ремонта *или* технического обслуживания ‖ сдавать в ремонт 2. неподвижный конец талевого каната
deadlock 1. критическая ситуация 2. полное прекращение работы
  derrick guy ~ якорь оттяжки буровой вышки
deadman анкерный столб *(якорь, к которому крепится оттяжка буровой вышки)*
deadtrue 1. точно выровненный 2. центрированный; допускающий бурение на высоких скоростях без вибрации *(о буровом снаряде)*
deadwood объём, занимаемый конструкциями, расположенными внутри резервуара
deaerate удалять воздух *(из бурового раствора)*
deaeration деаэрация
  vacuum ~ вакуумная деаэрация *(морской воды с целью избежать окислительной коррозии при нагнетании)*
deaerator воздухоотделитель
deasphalt деасфальтировать
deasphalting деасфальтизация
  acid ~ сернокислотная деасфальтизация
  contact ~ контактная деасфальтизация, контактно-земельная деасфальтизация
  percolation ~ перколяционная деасфальтизация

death 1. авария; выход из строя; отказ 2. разрушение; поломка
~ **of equipment** 1. изъятие оборудования из эксплуатации 2. поломка оборудования
sudden ~ неожиданный выход из строя
deballasting дебалластировка *(плавучего основания)*
deblooming обесцвечивание; уничтожение флуоресценции нефтепродуктов
debris 1. пустая порода; вскрыша 2. взорванная порода 3. обломки породы; осыпь *(в скважине)*
rock ~ обломки горных пород при обвале
debug 1. дорабатывать; отрабатывать; устранять конструктивные недостатки 2. налаживать; отлаживать; устранять неполадки; устранять неисправности; устранять ошибки
debugged 1. доработанный; отрегулированный 2. налаженный; отлаженный
debugging 1. доработка; доводка; приработка; отработка; устранение конструктивных недостатков 2. наладка; отладка; устранение неполадок; устранение неисправностей; устранение ошибок 3. испытания на принудительный отказ
design ~ доработка конструкции
early ~ приработка; устранение неисправностей в начальный период эксплуатации
debutanization дебутанизация, отгонка бутана *(от бензина)*
debutanizer дебутанизатор; бутаноотгонная колонна; колонна для отгона бутановой фракции из бензина
decal клеймо; бирка; ярлык
calibration ~ клеймо поверочной организации

decalcification декальцинация
decantation декантация; отмучивание *(при механическом анализе пород)*; фильтрование
decarbonization декарбонизация
decarbonize 1. декарбонизовать; обезуглероживать 2. удалять кокс *(из реактора, с катализатора)* 3. регенерировать *(катализатор)*
decay 1. затухание 2. разложение
formation ~ спад нейтронов в пласте
initial rapid ~ начальный быстрый спад *(нейтронов)*
offset-dependent amplitude ~ *сейсм.* убывание амплитуды с удалением от источника
rock ~ разложение пород
thermal-neutron ~ спад тепловых нейтронов
Decay-Time Temperature Survey *фирм.* прибор импульсного нейтронного каротажа с термометром
decelerometer децелерометр *(прибор для измерения замедления)*
decentralize децентрировать; децентрализовать; прижимать *(каротажный прибор)* к стенке скважины
decision 1. решение 2. принятие решений; выбор решения
~ **of acceptance** решение о приёмке *(изделий)*
accept-reject ~ принятие решения о приёмке или браковке *(изделий)*
go ~ решение о годности *(изделия)*
go-no-go ~ решение о годности или негодности *(изделия)*
no-go ~ решение о негодности *(изделия)*
pass-fail ~ решение о годности *(изделия)*

reliability ~ принятие решения относительно надёжности *(изделия)*
repair-discard ~ решение о ремонте забракованных изделий
repair-level ~ решение о характере ремонта
termination ~ решение о прекращении испытаний
test ~ решение о проведении испытаний

deck 1. крышка *(резервуара)* 2. настил; площадка; палуба 3. дека *(грохота, вибросита)*
anchoring ~ палуба для якорных устройств *(на полупогружной платформе)*
bubble ~ тарелка барботажной колонны
cellar ~ нижняя палуба *(двухпалубного полупогружного бурового основания)*
main ~ 1. платформа *(бурового станка)* 2. основная палуба, рабочая палуба *(плавучего основания)*
manifold ~ палуба манифольда *(противовыбросового оборудования)*
spider ~ монтажная площадка *(на буровом судне для монтажа и испытания подводного оборудования перед спуском к подводному устью)*
subcellar ~ третья палуба *(плавучего основания)*
tank ~ крыша резервуара
Texas ~ ступенчатая основная палуба *(плавучего основания)*
vibrating screen ~ вибрационное сито для очистки бурового раствора
working ~ основная палуба, рабочая палуба *(плавучего основания)*

decking палубный настил *(плавучего основания)*

Declaration: ◊ ~ **on the Continental Shelf in the Baltic Sea** Декларация о континентальном шельфе в Балтийском море *(Москва, 1968; ГДР, ПНР, СССР)*
~ **of Principles Governing the Seabed and the Ocean Floor, and the Subsoil thereof beyond the Limits of National Jurisdiction** Декларация принципов, регулирующих режим дна морей и океанов и их недр за пределами действия национальной юрисдикции *(Нью-Йорк, 1970)*

declination угловое отклонение скважины *(в результате применения техники направленного бурения)*

declinator деклинатор

decline падение; снижение; понижение ‖ падать, снижаться *(об активности катализатора)* ◊ ~ **in output** снижение добычи
~ **of production** снижение добычи *(или дебита)*
~ **of underground water level** депрессия подземных вод
~ **of well** истощение скважины
gas pressure ~ понижение давления газа
pressure ~ понижение давления
production ~ падение добычи; снижение дебита
production rate ~ падение дебита *(скважины)*
reservoir pressure ~ естественное снижение давления в пласте

decollement складчатость срыва
decolorization обесцвечивание
contact ~ контактное обесцвечивание; обесцвечивание *(нефтепродуктов)* отбеливающими глинами

decolorization

    electrolytic ~ электролитическое обесцвечивание
decolorize осветлять *(жидкие нефтепродукты)*
decolorizing 1. обесцвечивание 2. осветление *(жидких нефтепродуктов)*
decomposition разложение; расщепление
    acid ~ кислотное расщепление
    aerobic ~ аэробное разложение
    anaerobic ~ анаэробное разложение
    bacterial ~ бактериальное разложение, разложение под действием бактерий
    catalytic ~ каталитическое разложение
    chemical ~ химическое разложение
    electrochemical ~ электрохимическое разложение
    gas hydrate ~ разложение гидратов газа *(в колонне или трубопроводе)*
    heterolytic ~ гетеролитическое расщепление, гидролиз
    oil ~ разложение масла; окисление масла; старение масла
    oxidation ~ окислительная деструкция
    pyrolytic ~ пиролитическое разложение, пиролиз
    thermal ~ 1. термическое разложение; термическая деструкция; термический распад 2. крекинг; пиролиз
decontaminant добавка *(в цементный раствор)* для уменьшения влияния загрязнителей
decontaminate удалять примеси
decontamination магнитная очистка *(катализатора)*
deconvolution сейсм. деконволюция
    deterministic ~ детерминистическая деконволюция
    homomorphic ~ гомоморфная деконволюция
    maximum-entropy ~ максимально энтропийная деконволюция
    minimum-entropy ~ минимально энтропийная деконволюция
    minimum-phase ~ минимально-фазовая деконволюция
    poststack ~ деконволюция по разрезу, деконволюция после суммирования
    predictive ~ *сейсм.* предсказывающая обратная фильтрация; прогнозирующая деконволюция
    prestack ~ деконволюция до суммирования
    spiking ~ *сейсм.* обратная фильтрация сжатия
    stratigraphic ~ стратиграфическая деконволюция
    time-variable ~ переменная по времени деконволюция
    whitening ~ деконволюция сжатия
    zero-phase ~ нуль-фазовая деконволюция
decoupling декаплинг *(искусственное ослабление сейсмического сигнала)*
decrease убывание; уменьшение, снижение ◊ ~ **in dip** уменьшение угла падения *(пласта)*
    ~ **of drilling speed** понижение скорости бурения
    formation pressure ~ падение пластового давления
    pressure ~ падение давления; перепад давления
    pressure ~ **at leak** падение давления в месте утечки
    production rate ~ падение дебита *(скважины)*
    reservoir pressure ~ снижение давления в пласте *(вызванное извлечением флюидов)*

well production rate ~ снижение дебита скважины
decree:
 emergency ~ правила техники безопасности
decrement уменьшение; убывание
 hazard ~ уменьшение опасности *(отказа)*
deepen углублять *(ствол скважины)*
deepening углубление, проходка *(ствола)*
 borehole ~ углубление скважины
 well ~ углубление скважины
deep-laying глубокозалегающий
deep-sea глубоководный
deep-seated 1. глубокозалегающий; глубинный 2. глубоко посаженный
default 1. несоблюдение *(правил)* 2. недосмотр 3. устранять неисправности
defect 1. дефект; недостаток; порок; изъян; несовершенство ‖ дефектный 2. неисправность; повреждение ‖ неисправный; повреждённый 3. недостаток, нехватка ◊ free from ~ бездефектный; no ~ found дефектов не обнаружено *(запись при осмотре)*; ~s per hundred units число дефектов на сто изделий; ~s per unit число дефектов на изделие; to correct ~s устранять дефекты; to overcome ~s устранять дефекты; to rectify ~s устранять дефекты
 accepted ~ пропущенный при приёмке дефект
 allowable ~s допустимое число дефектных изделий *(в выборке)*
 assembling ~ дефект, внесённый при сборке; неправильная сборка
 assembly ~ дефект, внесённый при сборке; неправильная сборка
 birth ~ 1. дефект изготовления 2. первичный дефект
 casting ~ дефект отливки, дефект литья
 chronic ~ неисправимый дефект
 condemnable ~ дефект, приводящий к браковке *(изделия)*
 controllable ~ исправимый дефект
 crack-like ~ дефект, подобный трещине
 critical ~ 1. критический дефект; опасный дефект 2. критическая неисправность
 debugged ~ устранённый дефект
 deep-level ~ дефект на глубоком уровне
 design ~ 1. конструктивный недостаток; конструктивная недоработка 2. ошибка, допущенная при проектировании; проектная недоработка
 deterioration ~ дефект, вызванный старением
 dimensional ~ отклонение размеров
 discovered ~ выявленный дефект
 dynamic ~ динамический дефект
 eliminable ~ устранимый дефект
 embryonic ~ зарождающийся дефект
 equivalent ~s эквивалентные дефекты
 external ~ наружный дефект
 fabrication ~ дефект изготовления
 fatal ~ критический дефект; опасный дефект
 fault ~ 1. неисправность, нарушающая работоспособность 2. дефект, приводящий к ошибке
 fundamental ~ 1. основной дефект 2. серьёзная неисправность, существенная неисправность

defect

gross ~ 1. основной дефект 2. серьёзная неисправность, существенная неисправность
hidden ~ скрытый дефект
identifiable ~ выявляемый дефект
inadvertent ~ непреднамеренно внесённый дефект
incidental ~ 1. второстепенный дефект 2. случайный дефект 3. незначительная неисправность, несущественная неисправность
incipient ~ зарождающийся дефект
independent ~s независимые неисправности
indistinguishable ~s неразличимые дефекты
induced ~ наведённый дефект
inherent ~ первичный дефект
inherited ~ первичный дефект
in-process ~ дефект, возникший в процессе производства
in-service ~ эксплуатационный дефект
internal ~ внутренний дефект
intrinsic ~ собственный дефект
invisible ~ скрытый дефект
killing ~ катастрофический дефект
latent ~ скрытый дефект
leading ~ 1. крупный дефект 2. основной дефект 3. серьёзная неисправность, существенная неисправность
local ~ местный дефект
macroscopic ~ крупный дефект
major ~ 1. основной дефект 2. серьёзная неисправность, существенная неисправность
man-made ~ внесённый дефект; субъективный дефект
manufacturing ~ производственный дефект
material ~ дефект материала, порок материала

mechanical ~ механический дефект
minor ~ 1. второстепенный дефект 2. незначительная неисправность, несущественная неисправность
multiple ~s группа дефектов, скопление дефектов
natural ~ естественный дефект
nonfunctional ~ дефект, не влияющий на функционирование (изделия)
noninspectable ~ дефект, не обнаруживаемый при проверке
nonmeasurable ~ дефект, не поддающийся количественной оценке
nonoperational ~ дефект, не влияющий на эксплуатацию (изделия)
nonrepairable ~ неисправимый дефект
nonsignificant ~ 1. второстепенный дефект 2. незначительная неисправность, несущественная неисправность
observed ~ наблюдаемый дефект
obvious ~ очевидный дефект
open ~ открытый дефект
operational ~ эксплуатационный дефект
operator controllable ~ дефект, исправляемый оператором
physical ~ физический дефект
point ~ точечный дефект
potential ~ потенциальный дефект
pouring ~ литейный дефект
primary ~ первичный дефект
process-induced ~ дефект обработки; дефект, вызванный обработкой
processing ~ дефект обработки; дефект, вызванный обработкой
proven ~ установленный дефект

deficiency

random ~ случайный дефект
reliability ~ дефект, влияющий на надёжность
removable ~ 1. исправимый дефект 2. устранимая неисправность
repairable ~ 1. исправимый дефект 2. устранимая неисправность
revealed ~ выявленный дефект
rolling ~ дефект прокатки
secondary ~ вторичный дефект
serious ~ серьёзный дефект
service ~ эксплуатационный дефект
shape ~ искажение формы
shrinkage ~ дефект, вызванный усадкой *(материала)*
significant ~ значительный дефект
simulated ~ имитированный дефект
source ~ исходный дефект
special ~ особый дефект
sporadic ~ единичный дефект
spot ~ 1. локализованный дефект 2. точечный дефект
spurious ~ ложный дефект
stratified ~ расслоённый дефект
structural ~ 1. дефект конструкции 2. структурный дефект
surface ~ дефект поверхности
technological ~ технологический дефект
tolerance limit ~ предельно допустимый дефект
true ~ истинный дефект
typical ~ типичный дефект
unrepairable ~ неустранимый дефект
visible ~ визуально наблюдаемый дефект
visual ~ визуально наблюдаемый дефект
volume ~ объёмный дефект
welding ~ дефект сварного соединения; дефект сварки
weldment ~ дефект сварного соединения; дефект сварки
workmanship ~ дефект вследствие некачественной работы
zero ~s бездефектность; программа бездефектных поставок

defect-free бездефектный, не имеющий дефектов

defective 1. дефектное изделие ‖ дефектный; бракованный, повреждённый 2. неисправный; повреждённый
accepted ~ принятое дефектное изделие
completely ~ полностью неисправное изделие
zero ~ бездефектность; программа бездефектного производства

defectiveness 1. дефектность 2. неисправность

defectless бездефектный

defectogram дефектограмма

defectoscope дефектоскоп

defectoscopy дефектоскопия
acoustic ~ акустическая дефектоскопия
industrial ~ промышленная дефектоскопия
radiation ~ радиационная дефектоскопия
ultrasonic ~ ультразвуковая дефектоскопия

deficiency 1. дефицит; нехватка; отсутствие 2. недостаток; неполноценность 3. некомплект
design ~ конструктивный недостаток; недоработка конструкции
engineering ~ технический недостаток
functional ~ функциональный дефект
maintenance ~ неудовлетворительная организация технического обслуживания

operation ~ неудовлетворительная эксплуатация
recovery ~ неудовлетворительная организация ремонта
repair ~ неудовлетворительная организация ремонта
specification ~ неудовлетворительная проработка технических условий
deficient несовершенный; неполноценный; дефектный
deficit дефицит
saturation ~ дефицит насыщения
definition 1. определение; оценка 2. построение *(напр. модели)*
~ of probable reserves оценка вероятных запасов
~ of reserves оценка запасов
design ~ технические требования
fault ~ оценка неисправности
favorable areas ~ определение благоприятных площадей *(с возможной нефтегазоносностью)*
reliability model ~ построение модели надёжности
deflation 1. выпуск; опорожнение; спуск 2. *геол.* выветривание, дефляция, выдувание, рассеивание; ветровая эрозия
deflect искусственно отклонять, искусственно искривлять *(скважину)* ◊ to ~ the drilling bit отклонять буровое долото
deflection отклонение
~ of bit отклонение долота *(от оси скважины)*
~ of borehole отклонение ствола скважины
~ of pipeline стрела прогиба *(трубопровода)*; стрела провеса *(висящего трубопровода)*
drilling bit ~ отклонение бурового долота
gamma-ray ~ отклонение кривой гамма-каротажа

self-potential ~ отклонение кривой потенциалов самопроизвольной поляризации; амплитуда кривой самопроизвольной поляризации
static spontaneous potential ~ амплитуда статического потенциала самопроизвольной поляризации
torsional ~ деформация при скручивании
trace ~s *сейсм.* запись способом отклонений
deflector отклонитель ◊ ~ for turbodrilling отклонитель для турбинного бурения
hinged ~ шарнирный отклонитель
traveling block ~ отклонитель талевого блока
deflocculation дефлокуляция
Defoam N23 *фирм.* пеногаситель для буровых растворов
Defoamer *фирм.* пеногаситель на базе высших спиртов
defoamer пеногаситель
silicone ~ кремнийорганический пеногаситель
defoaming пеноудаление, уничтожение пены ǁ пеноудаляющий; пеноуничтожающий; пеногасящий
deformation деформация; искажение; искривление; коробление
elastic ~ упругая деформация
permanent ~ остаточная деформация
persistent ~ остаточная деформация
remnant ~ остаточная деформация
residual ~ остаточная деформация
reversible ~ обратимая деформация
rock ~ деформация горных пород

degradation

rupturing ~ разрывная деформация
volumetric rock ~ объёмная деформация горных пород
deformed деформированный
degas дегазировать
degasser устройство для дегазирования бурового раствора, дегазатор
   drilling mud ~ дегазатор бурового раствора
   float ~ поплавковый дегазатор
   hydrocyclone ~ гидроциклонный дегазатор
   mud ~ дегазатор бурового раствора
   vacuum suction ~ вакуумный всасывающий дегазатор
degassing дегазирование
   ~ **of crude** дегазирование нефти
   ~ **of drilling mud** дегазирование бурового раствора
   ~ **of oil** дегазирование нефти
   ~ **of tank** дегазирование резервуара
   thermal vacuum ~ термовакуумное дегазирование
   vacuum ~ вакуумное дегазирование
degellant реагент, вызывающий разрушение геля
degradation 1. деградация 2. ухудшение характеристик 3. постепенное ухудшение свойств *(изделия)*; ухудшение качества 4. снижение эффективности *(функционирования системы)*
   ~ **of structure** 1. постепенное снижение прочности и жёсткости конструкции 2. деградация структуры
   ~ **of surfactants in reservoir** разложение поверхностно-активных веществ в пласте
   bacterial ~ бактериальное разложение
   cement strength ~ уменьшение прочности цемента
   environmental ~ экологическая деградация, ухудшение качества окружающей среды
   fault-induced ~ ухудшение характеристик вследствие появления неисправности
   graceful ~ постепенное сокращение возможностей системы *(при отказе отдельных элементов)*; постепенный вывод из работы *(отдельных устройств)*; ухудшение характеристик без нарушения работоспособности
   initial ~ ухудшение свойств в начальный период эксплуатации
   linear ~ линейное ухудшение характеристик
   mechanical ~ ухудшение механических свойств
   nonlinear ~ нелинейное ухудшение характеристик
   normal ~ естественное ухудшение свойств
   off-line ~ ухудшение характеристик резервного элемента *(в системе с ненагруженным резервом)*
   parameter ~ уход параметра
   part ~ ухудшение характеристик детали
   partial ~ частичное уменьшение возможностей *(системы при отказе отдельных элементов)*
   performance ~ ухудшение рабочих характеристик
   reliability ~ снижение надёжности
   storage ~ ухудшение свойств при хранении
   strain-induced ~ ухудшение свойств, вызванное напряжением
   surface ~ разрушение поверхности

uniform ~ равномерное ухудшение характеристик
degreasing расконсервация *(оборудования)*
degree степень
~ of branching степень разветвления *(углеродной цепи углеводорода)*
~ of breakdown 1. степень разрушения 2. степень повреждения
~ of cementation степень цементации *(горных пород)*
~ of consolidation степень уплотнения *(горных пород)*
~ of crookedness интенсивность искривления *(ствола скважины; результат процесса))*
~ of deflection степень искривления *(ствола скважины)*
~ of depletion степень истощения
~ of dip угол падения *(пласта)*
~ of drowning степень обводнённости *(пласта, скважины)*
~ of firmness степень прочности
~ of fracture closing степень смыкания трещин
~ of fracturing степень трещиноватости
~ of hole deviation from vertical степень отклонения ствола скважины от вертикали
~ of imperfection характер неисправности
~ of inclination угол падения *(пласта)*; наклон *(пласта)*
~ of maintenance уровень технического обслуживания
~ of oil saturation величина нефтенасыщения
~ of packing плотность набивки
~ of readiness степень эксплуатационной готовности
~ of redundancy кратность резервирования

~ of reliability 1. уровень надёжности, степень надёжности 2. уровень безотказности, степень надёжности
~ of removal степень отделения *(конденсата от газа)*
~ of rounding of grains степень окатанности зёрен
~; of safety коэффициент безопасности; запас прочности; степень безопасности
~ of saturation степень насыщения
~ of security коэффициент безопасности; запас прочности; степень безопасности
~ of seriousness категория серьёзности *(отказа)*
~ of success вероятность исправного состояния
~ of water степень износа
~ of well interference степень взаимодействия скважин
Baume ~ градус Боме
dewaxing ~ степень депарафинизации *(нефти)*
dispersion ~ степень дисперсности
formation exposure ~ степень вскрытия пласта
reasonable ~ of accuracy приемлемая степень точности
sand removal ~ степень сепарации песка
dehumidification сушка; обезвоживание; удаление гидратов *(из нефтяных газов)*
dehumidifier осушитель газов
dehydration дегидратация; обезвоживание; сушка
~ of clay minerals дегидратация глинистых минералов
~ of crude oil 1. деэмульгирование сырой нефти 2. обезвоживание сырой нефти
~ of oil обезвоживание нефти
absorption natural gas ~ абсорбционная осушка природного газа

delineation

adsorption natural gas ~ with bauxites адсорбционная осушка природного газа бокситами
calcium chloride brine ~ осушка *(природного газа)* раствором хлористого кальция
dry desiccant ~ осушка *(воздуха, природного газа)* твёрдым поглотителем
electrostatic ~ of oil электростатическое обезвоживание *(нефти с разрушением нефтяной эмульсии)*
freeze-out ~ осушка *(природного газа)* вымораживанием
glycol injection ~ осушка *(природного газа)* впрыскиванием гликоля
glycolamine ~ осушка *(природного газа)* гликольамином
irreversible ~ необратимая дегидратация
liquid desiccant ~ осушка *(природного газа)* жидким поглотителем
low temperature ~ of natural gas низкотемпературная осушка природного газа
natural gas ~ with cooling осушка природного газа охлаждением
natural gas ~ with expansion refrigeration units осушка природного газа охлаждением за счёт расширения
natural gas ~ with freeze-out technique осушка природного газа методом вымораживания
natural gas ~ with mechanical refrigeration units осушка природного газа охлаждением в механических холодильных установках
natural gas ~ with refrigeration осушка природного газа охлаждением

natural gas refrigeration ~ with ammonia absorption units осушка природного газа охлаждением в аммиачных абсорбционных установках
oil ~ 1. обезвоживание нефти; обезвоживание нефтяной эмульсии 2. обезвоживание масла; обезвоживание масляной эмульсии
petroleum ~ дегидратация нефти
solid bed calcium chloride ~ осушка *(природного газа)* твёрдым хлористым кальцием
thermochemical ~ of oil термохимическое обезвоживание нефти гликольамином
dehydrator 1. аппарат для разрушения эмульсии; водоотделитель; дегидратор 2. обезвоживающее средство
Cottrell ~ аппарат Коттрелла для электрообезвоживания нефти
electrical oil ~ электрообезвоживающая установка
glycol ~ for gas гликолевый водоотделитель для газа
natural gas ~ водоотделитель для природного газа
oil ~ установка для отделения воды от нефти
oil field ~ нефтепромысловый водоотделитель
delimitation 1. граница *(отвода)* 2. оконтуривание; разграничение, размежевание, установка межевых знаков; постановка вех; закрепление опорных точек
delineate оконтуривать; очерчивать; определять *(очертания)*
delineation очерчивание, оконтуривание
~ of oil fields оконтурирование нефтяных месторождений

delineation

refractor ~ оконтуривание преломляющего горизонта
reservoir ~ выявление коллекторов
deliverability фильтрующие свойства, пропускная способность *(перфорационных каналов)*
~ of gas выдача газа
well ~ продуктивность скважины
delivery 1. выпуск *(продукции)* 2. поставка; доставка; снабжение
~ of oil product by batches последовательное перекачивание нефтепродуктов
~ of pump производительность насоса
air ~ подача воздуха, впуск воздуха
closed-connection gasoline ~ перекачивание бензина закрытой струей
continuous gas ~ бесперебойное газоснабжение
drilling fluid ~ подача бурового агента
drilling mud ~ подача бурового раствора
fluid ~ 1. расход жидкости 2. подача промывочного раствора *(при бурении)*
free air ~ подача атмосферного воздуха *(при атмосферном давлении)*
gas ~ выделение газа
offshore oil ~ перекачивание нефтепродуктов *(с судна на берег или с берега на судно)* по подводному трубопроводу; транспорт нефти с морских промыслов
oil ~ перекачивание нефти; транспорт нефти, доставка нефти
pump ~ производительность насоса; подача насоса; высота нагнетания

series ~ of oil products последовательное перекачивание нефтепродуктов
terminal ~ пропускная способность перевалочной нефтебазы
water ~ подача воды
deltageosyncline *геол.* дельта-геосинклиналь
demand:
maximum hourly ~ часовая пиковая нагрузка
oil ~ потребность в нефти; спрос на нефть
demethanize деметанизировать; удалять метан *(из газового бензина)*
demethanizer деметанизатор, метаноотгонная колонна
demineralizing деминерализация
demonstration 1. доказательство, демонстрация *(на примере);* подтверждение 2. проявление *(напр. симптомов отказа)*
~ of operational capability демонстрация эксплуатационных возможностей
contractual reliability ~ подтверждение надёжности, оговорённой в договоре
experimental ~ экспериментальное подтверждение *(характеристик изделия)*
functional ~ подтверждение работоспособности
guarantee ~ подтверждение гарантии
maintainability ~ 1. подтверждение ремонтопригодности *(напр. при испытаниях)* 2. испытания на ремонтопригодность
operational ~ подтверждение работоспособности
preproduction ~ подтверждение технических характеристик изделия до начала производства

readiness ~ подтверждение готовности
reliability ~ подтверждение надёжности; подтверждение безотказности *(напр. при испытаниях)*
technical ~ подтверждение технических характеристик
technical acceptance ~ подтверждение технических характеристик при приёмке
technical approval ~ демонстрация *(изделия)* с целью одобрения технических решений
demulsibility деэмульгируемость *(масла, нефти)*; способность *(нефти, масла)* выделяться из эмульсии; способность к деэмульгированию
demulsifiable поддающийся деэмульгированию
demulsification деэмульсация; деэмульгирование; разрушение нефтяной эмульсии
~ of oil деэмульсация нефти
downhole ~ внутрискважинная деэмульсация
pipeline ~ трубная деэмульсация
subsurface ~ внутрискважинная деэмульсация
demulsificator деэмульгатор, деэмульсатор; деэмульсационная установка
electrical ~ электродеэмульсационная установка
demulsifier деэмульгатор, деэмульсатор; деэмульсационная установка
oil-soluble ~ нефтерастворимый деэмульгатор
water-soluble ~ водорастворимый деэмульгатор
demulsify деэмульгировать, разрушать эмульсию
demultiplexing *сейсм.* демультиплексирование
dense плотный *(однородного строения)*

densening of well pattern сгущение сетки скважин
densifier 1. загуститель **2.** утяжелитель; добавка, увеличивающая удельная масса *(цементного раствора)*
densilog диаграмма плотностного гамма-гамма каротажа
Densimeter *фирм.* аппаратура для измерения плотности флюидов в скважинах; скважинный денситометр, скважинный плотномер
densitometer денсиметр, денситометр; ареометр; плотномер
belows-type fluid ~ сильфонный плотномер жидкости
downhole ~ скважинный плотномер
electrical ~ электрический плотномер
gamma ~ гамма-плотномер
pneumatic ~ пневматический плотномер
radioactive fluid ~ радиоактивный плотномер жидкости
radioactive gamma ~ радиоактивный гамма-плотномер
densitometry денситометрия
density 1. плотность **2.** интенсивность *(отказов)* ◊ **to build up drilling mud ~** увеличивать плотность бурового раствора
~ of beds плотность пластов
~ of mixture плотность смеси
~ of weighting material плотность утяжелителя
angular ~ of raypaths *сейсм.* угловая плотность лучей
compacted ~ of catalyst объёмная масса катализатора в слежавшемся состоянии
condensate ~ плотность конденсата
conditional failure ~ условная интенсивность отказов
crack ~ плотность трещин

defect ~ концентрация дефектов; плотность дефектов
down-time ~ плотность распределения времени простоя
drill ~ число бурильных машин на единицу площади забоя
drilling mud ~ плотность бурового раствора
drilling mud ~ **in** плотность бурового раствора на входе в скважину
drilling mud ~ **out** плотность бурового раствора на выходе из скважины
effective ~ эффективная плотность
equivalent circulating ~ эквивалентная плотность циркулирующего бурового раствора *(параметр)*
failure ~ 1. плотность отказов 2. параметр потока отказов; интенсивность отказов 3. плотность распределения отказов 4. плотность распределения времени безотказной работы
fault ~ концентрация дефектов; плотность дефектов
filling ~ наливная масса сжиженных газов *(по которому рассчитывается вместимость резервуара)*
filter cake ~ плотность глинистой корки *(на стенках ствола скважины)*
fluid ~ плотность флюида
formation ~ плотность породы пласта
formation water ~ плотность пластовых вод
freely settled ~ **of catalyst** объёмная масса катализатора в условиях свободного осаждения
gas ~ плотность газа
gas-condensate mixture ~ плотность газоконденсатной смеси

helium ~ **of catalyst** плотность катализатора по гелию, истинная плотность катализатора
hole ~ частота расположения скважин
in-situ ~ плотность *(породы)* в естественном залегании
in-situ hydrocarbon ~ плотность углеводородов в пластовых условиях
light cutter ~ малая плотность алмазов *(в матрице буровой коронки шарошки)*
liquid ~ плотность жидкости
log-derived ~ плотность по данным каротажа
measured core ~ плотность породы по керну
medium cutter ~ средняя плотность алмазов *(в матрице буровой коронки шарошки)*
mercury ~ **of catalyst** плотность катализатора по ртути
mud ~ плотность бурового раствора
mud-cake ~ плотность глинистой корки
natural ~ плотность *(породы)* в естественном залегании
needle ~ плотность *(битума)*, измеряемая иглой
oil ~ плотность нефти
oil ~ **at surface** плотность нефти на поверхности
oil ~ **in situ** плотность нефти в пластовых условиях
optical oil ~ оптическая плотность нефти
perforation ~ плотность перфорирования
real ~ **of catalyst** истинная плотность катализатора
reflected energy ~ плотность отражённого потока энергии
relative ~ относительная плотность

relative gas-condensate mixture ~ at bottomhole относительная плотность газоконденсатной смеси на забое
relative gas-condensate mixture ~ at wellhead относительная плотность газоконденсатной смеси на устье скважины
renewal ~ плотность восстановления; плотность замен
reservoir ~ of oil плотность нефти в пластовых условиях
rock ~ плотность горной породы
shot ~ 1. плотность перфорации **2.** *сейсм.* густота пунктов взрыва
sludge ~ 1. плотность бурового раствора **2.** консистенция шлама
specific ~ удельная плотность
surface ~ поверхностная плотность
uncompensated ~ нескомпенсированная плотность, нескорректированная плотность
vapor ~ плотность пара
variable cutter ~ неравномерная плотность армирования алмазов (*в матрице буровой коронки шарошки*)
volume ~ объёмная плотность (*при переходе от пластовых условий к атмосферным*)
well spacing ~ плотность размещения скважин
denudation денудация
deoiling 1. обезмасливание; обезжиривание ‖ обезмасливающий; обезжиривающий **2.** удаление нефти и масел (*из отходов*)
department 1. отдел; отделение **2.** цех; мастерская; участок
drilling ~ 1. управление буровых работ **2.** отдел бурения
exploration ~ отдел разведочных работ
gas production ~ газопромысловое управление
inspection ~ отдел технического контроля
maintenance ~ 1. отдел технического обслуживания; участок технического обслуживания **2.** ремонтный цех
oil-and-gas production ~ нефтегазодобывающее управление
production ~ отдел добычи
production control ~ отдел технического контроля
receiving inspection ~ отдел приёмочного контроля
reclamation ~ участок исправления брака
regional drilling ~ районное управление буровых работ
regional geological ~ территориально-геологическое управление
reliability ~ отдел надёжности (*на предприятии*)
reliability control ~ отдел контроля надёжности
repair ~ участок ремонта
rig-building ~ вышкомонтажный цех
rig-up ~ вышкомонтажный цех
safety ~ отдел техники безопасности
service ~ отдел технического обслуживания
special construction ~ специализированное монтажное управление
standards ~ отдел стандартов
test ~ отдел испытаний
departure отклонение (*от заданной величины*); уход (*параметра от заданного значения*)
horizontal ~ отклонение скважины по горизонтали (*в плане*)
permissible ~ допустимое отклонение, допуск

dependability 1. гарантоспособность 2. общая надёжность 3. коэффициент готовности без учёта профилактического обслуживания
 equipment ~ надёжность оборудования
 proven ~ проверенная надёжность
 round-the-clock ~ надёжность при круглосуточной работе
 system ~ 1. гарантоспособность системы 2. надёжность системы 3. коэффициент готовности системы без учёта профилактического обслуживания
 weighted ~ взвешенный коэфициент готовности без учёта профилактического обслуживания
dependable надёжный, заслуживающий доверия
depentanize депентанизировать, удалять пентан
depentanizer депентанизатор, пентаноотгонная колонна
dephlegmator дефлегматор, колонна для частичной конденсации
depinker антидетонатор
deplete 1. истощать; исчерпывать (запасы) 2. хищнически эксплуатировать ◊ to ~ by solution gas drive разрабатывать в режиме расширения
depleted истощённый, обеднённый; исчерпанный (о запасах нефти или газа)
depletion 1. истощение (запасов месторождения), обеднение; исчерпание (запасов нефти или газа) 2. погашение стоимости (участка или месторождения) по мере выработки
 ~ **of formation** истощение пласта
 additive ~ истощение присадки, срабатывание присадки
 differential ~ истощение отдельных участков пласта
 gravity ~ гравитационный режим (пласта)
 optimized ~ оптимальная эксплуатация (месторождения)
 primary ~ первичная добыча; первичная разработка
 quick ~ быстрые темпы разработки (месторождения)
 reserve ~ истощение запасов (месторождения)
 reservoir ~ истощение коллектора
 reservoir pressure ~ истощение пластового давления
 volumetric ~ **of reservoir pressure** волюметрическое истощение пластового давления
deposit залежь; месторождение; отложение ◊ to detect a ~ обнаруживать залежь; to discover a ~ обнаруживать залежь; to find a ~ обнаруживать залежь
 abyssal ~ абиссальное отложение, глубинное отложение
 aeoline ~ эоловое отложение
 alluvial ~ аллювиальное месторождение; россыпь
 anticline oil ~ антиклинальное месторождение нефти
 argillaceous ~ глинистое отложение
 asymmetric anticline ~ асимметричная антиклинальная залежь
 bathyal ~ батиальное отложение
 bedded ~ пластовая залежь; пластовое месторождение
 biogenic ~ биогенное отложение
 blanket ~ пластовая залежь, пластовое месторождение
 blind ~ слепое месторождение; скрытое месторождение
 boggy ~ болотное отложение
 bottom ~s донные осадки

deposit

brachianticlinal oil ~ брахиантиклинальное месторождение нефти
carbon ~ отложение кокса *(на катализаторе)*
carbonate ~ карбонатное отложение
cemented ~ сцементированное отложение
chalk ~ меловое отложение
channel ~ рукавообразная залежь *(нефти)*
chemical ~ хемогенное отложение
coarse ~ грубообломочное отложение
commercial ~ месторождение промышленного значения
conglomerate ~ конгломератное отложение
continental ~ континентальное отложение
deep lead sea ~ морское глубинное отложение
deep-water ~ глубоководное отложение
deltaic ~ дельтовое отложение
detrital ~ обломочное месторождение
dislocated ~ месторождение с нарушенной структурой
dome-shaped oil ~ куполовидное месторождение нефти
eluvial ~ элювиальное отложение
flat ~ пологая залежь
faulted ~ месторождение с нарушенной структурой
folded ~ складчатое отложение
fragmental ~ обломочное отложение
gravity controlled oil ~ месторождение нефти с гравитационным режимом
hanging oil ~ висячая залежь нефти
hydrate ~ гидратная пробка
lagoonal ~ лагунное отложение
large-scale ~ крупное месторождение
lenticular ~ линзообразное месторождение
littoral ~ береговое отложение
loose ~ рыхлое отложение
major ~ основная залежь
marine ~ морское отложение
minable ~ промышленное месторождение
mineral ~ месторождение полезных ископаемых
monoclinal ~ моноклинальная залежь
monoclinal oil ~ моноклинальное месторождение нефти
multilayer ~ многослойное отложение
near-shore ~ прибрежное отложение
offshore ~ прибрежное отложение
oil ~ залежь нефти; месторождение нефти; нефтеносное отложение
oil-and-gas bearing ~ нефтегазоносное отложение
oil-bearing ~ нефтеносное отложение
oil-shale ~ залежь горючих сланцев
overlying ~s вышележащие отложения
paraffin ~ парафиновое отложение *(в скважине)*
periclinal ~ периклинальная залежь
petroleum ~ залежь нефти; нефтяное месторождение
pyroclastic ~ пирокластическое отложение
recent ~ молодое отложение
residual ~ остаточное отложение
roof ~ сводовая залежь
sand ~ песчаное образование
sapropel ~ сапропелевое отложение

deposit

screened oil ~ козырьковая экранированная залежь
sea ~ морское отложение
sedimentary ~ осадочное отложение
sediment-hosted ~ месторождение, залегающее в осадочных породах
shallow-water ~ мелководное отложение
sheet ~ пластообразное месторождение; пластовая залежь
shore ~ отложение береговой зоны, береговое отложение
siliceous ~ кремнистое отложение
small ~ мелкое месторождение
stratified ~ пластовое месторождение
syngenetic ~ сингенетическое отложение
tabular ~ пластообразная залежь
terrigenous ~ терригенное отложение
unconsolidated ~ рыхлое отложение
water-bearing ~ водоносное отложение
wind ~ эоловое отложение
workable ~ месторождение промышленного значения
deposited: ◊ **to be ~ along seashore** залегать вдоль побережья
deposition отложение; осаждение
~ of sediment отложение осадков
~ of wall mud cake отложение глинистой корки на стенке ствола скважины
chemical ~ of solids in formation химическое осаждение твёрдой фазы в пласте
paraffin ~ образование отложений парафина *(в трубах)*
wax ~ выпадение парафина
depot склад, складское помещение

bulk plant petroleum ~ нефтебаза
distribution oil ~ распределительная нефтебаза
fuel ~ склад топлива, склад горючего
loading ~ погрузочный пункт; пункт налива, наливной пункт
maintenance ~ база технического обслуживания
petroleum storage ~ нефтебаза
reclamation ~ склад с ремонтно-восстановительными мастерскими
repair ~ ремонтная база; ремонтная мастерская
repair supply ~ склад снабжения запасными частями для ремонта
servicing ~ станция обслуживания
depreciation 1. амортизация; износ 2. физический износ 3. моральный износ 4. техническое устаревание; конструктивное устаревание
daily rig ~ суточная амортизация буровой установки
performance ~ ухудшение характеристик
depressant депрессор; подавитель *(флотационный реагент)*
freezing point ~ понизитель точки замерзания *(цементного раствора)*
oil congelation temperature ~ понизитель температуры застывания нефти
depression впадина
electroosmotic water ~ электроосмотическое водопонижение
interfold ~ межскладчатая впадина
oil-and-gas-bearing ~ нефтегазоносная впадина
peripheral ~ компенсационная синклиналь
platform ~ платформенная впадина

depth

ring ~ компенсационная синклиналь
tectonic ~ тектоническая впадина
water table ~ понижение уровня грунтовых вод
depth 1. глубина 2. высота борта *(судна)* 3. геол. мощность, толщина *(пласта)* ◊ **from spud in to total** ~ от устья до конечной глубины; ~ **in** глубина, на которую было опущено новое долото; ~ **out** глубина ствола скважины, до которой проработало долото *(до извлечения)*; **to determine** ~ измерять глубину; **to measure** ~ измерять глубину
~ **of burial** глубина залегания
~ **of case** толщина сцементированного слоя
~ **of cement case** толщина цементной корки
~ **of cover** толщина покрывающих пород
~ **of diamond-bearing layer** высота алмазосодержащего слоя
~ **of invasion** глубина проникновения *(фильтрата бурового раствора)*
~ **of investigation** глубина исследования *(в скважине)*
~ **of penetration** глубина проникновения
~ **of pile setting** глубина заделки сваи
~ **of pipeline** глубина заложения трубопровода
~ **of plunger** глубина подвески насоса
actual drilling ~ фактическая глубина бурения
actual filling ~ фактическая высота наполнения
authorized ~ разрешённая глубина *(санкционированная федеральными органами, властями штата или землевладельцем)*

average ~ средняя глубина
average well ~ средняя глубина скважины
basement ~ глубина залегания фундамента
bottomhole ~ глубина забоя скважины
budgeted ~ проектная глубина *(в контракте на бурение с пометровой оплатой)*
cable ~ глубина погружения сейсмической косы
case ~ глубина цементированного слоя; глубина цементации
casing ~ глубина установки *(башмака обсадной колонны)*
casing cemented ~ глубина, на которой зацементирована обсадная колонна
casing liner hanger setting ~ глубина подвески обсадной колонны-хвостовика
casing setting ~ глубина спуска обсадной колонны
contract ~ глубина скважины по контракту
corrected ~ уточнённая глубина *(скважины)*
crack ~ глубина трещины, длина трещины
design water ~ расчётная глубина воды
designed ~ расчётная глубина
drawworks brake drum flange ~ высота фланцев тормозных шкивов буровой лебёдки
drilled-out ~ окончательная глубина бурения
drillhole ~ глубина буровой скважины
drilling ~ глубина бурения
drilling total ~ конечная глубина бурения
estimated ~ оценённая глубина
filling ~ высота наполнения *(резервуара)*

depth

filtrate ingress ~ глубина проникновения фильтрата
fishing ~ глубина, на которой производятся ловильные работы *(в стволе скважины)*
foundation ~ глубина заложения фундамента
geophone ~ глубина установки сейсмоприёмника
hole ~ глубина скважины
immersion ~ глубина погружения *(в воду)*
insert ~ глубина заделки твёрдосплавной вставки
invasion ~ глубина проникновения
kerf ~ глубина канавки на забое скважины
landing ~ глубина спуска *(обсадной колонны труб)*
log total ~ конечная глубина каротажа
logging ~ глубина исследования *(в скважине)*
maximum ~ of seismic rays максимальная глубина исследования при сейсмической разведке
maximum drilling ~ предельная глубина бурения *(для буровой установки)*
measured ~ измеренная глубина *(проходки)*
measured drilling ~ измеренная глубина проходки
measured total ~ измеренная конечная глубина скважины
migrated ~ *сейсм.* глубина с учётом сноса
new total ~ новая конечная глубина
occurrence ~ глубина залегания
oil plug-back ~ глубина *(скважины)* до установки цементного моста *(с целью эксплуатации вышележащего горизонта)*
old total ~ конечная глубина *(до углубления)*

operating water ~ рабочая глубина воды *(в месте расположения подводного устья скважины при морском бурении)*
overall ~ полная высота *(борта судна)*
overburden ~ мощность перекрывающих отложений
packer setting ~ глубина посадки пакера
penetration ~ глубина зондирования; глубина проникновения; эффективная глубина исследования
pipeline laying ~ глубина заложения трубопровода
pipeline trench ~ глубина траншеи под трубопровод
pit ~ глубина язв при точечной коррозии
planned drilling ~ проектная глубина бурения
platform ~ высота борта буровой платформы
plugged back ~ глубина установки моста
plugged back total ~ глубина скважины после установки моста
pool ~ высота залежи
predetermined well ~ проектная глубина скважины
predicted ~ прогнозная глубина
preestablished ~ заранее установленная глубина
producing ~ глубина залегания продуктивного горизонта
project drilling ~ проектная глубина бурения
proposed ~ предполагаемая глубина
pulling ~ of drill pipe высота подъёма труб *(в скважине)*
pump running ~ глубина спуска насоса
pump setting ~ глубина спуска насоса

depthometer

rated ~ расчётная глубина
reflection ~ глубина точки отражения
reflector ~ глубина отражающего горизонта
refraction ~ глубина точки преломления
refractor ~ глубина преломляющего горизонта
reservoir ~ глубина продуктивного пласта; глубина залегания коллектора
running ~ глубина спуска
sampling ~ глубина отбора проб
seismic-deducted ~ глубина по данным сейсмической разведки
seismometer ~ глубина расположения сейсмоприёмника
selected ~ заданная глубина
setting ~ глубина погружения *(сваи, погружного насоса)*
shot ~ глубина взрыва *(расстояние от устья скважины до верхней точки заряда взрывчатого вещества)*
shothole ~ глубина взрывной скважины
shot-point ~ глубина расположения пункта взрыва
sidetracked total ~ конечная глубина бокового ствола
source ~ глубина расположения источника
stratigraphic ~ стратиграфическая глубина
streamer ~ *сейсм.* глубина погружения морской косы
tanker ~ глубина осадки танкера
target well ~ проектная глубина скважины
test ~ глубина исследования *(в скважине)*
time ~ вертикальный годограф
tooth ~ высота зуба
total ~ 1. общая глубина; проектная глубина 2. конечная глубина *(скважины)*

true ~ 1. фактическая глубина *(скважины)* 2. глубина по вертикали
true vertical well ~ фактическая глубина скважины по вертикали
tubing ~ глубина спуска насосно-компрессорных труб
tubing running ~ глубина спуска насосно-компрессорных труб
tubing setting ~ глубина спуска насосно-компрессорных труб
ultimate pump running ~ предельная глубина спуска насоса
ultimate pump setting ~ предельная глубина спуска насоса
unmigrated ~ *сейсм.* глубина без учёта сноса
weathering ~ *сейсм.* мощность зоны малых скоростей; толщина зоны малых скоростей; глубина зоны малых скоростей
well ~ глубина скважины
well contract ~ глубина скважины по контракту
well total ~ конечная глубина скважины
well total vertical ~ конечная глубина скважины по вертикали
whipstock ~ глубина установки отклонителя
wireline total ~ конечная глубина, измеренная зондом на тросе
working ~ рабочая глубина

depthometer глубиномер *(для измерения глубины ствола скважины)*
indicator ~ индикаторный глубиномер
micrometer ~ микрометрический глубиномер

derangement приведение в неисправное состояние, нарушение нормальной работы *(машины)*

derated 1. со сниженными номинальными рабочими характеристиками; эксплуатируемый на пониженном режиме **2.** с ухудшенными характеристиками; с отклонением от нормы **3.** реконструированный; видоизменённый

derating 1. ограничение допустимых условий эксплуатации; эксплуатация на пониженных режимах *(с целью увеличения срока службы)*; снижение номинальных рабочих характеристик **2.** ухудшение характеристик; отклонение от нормы

component ~ 1. ухудшение характеристик элемента **2.** использование элементов, рассчитанных на более высокие номинальные значения

stress ~ ухудшение характеристик под действием напряжения

deresination деасфальтизация, очистка *(масел)* от смол

deresined обессмоленный, деасфальтированный *(о масляной фракции)*

dereverberation *сейсм.* подавление реверберации

deringing *сейсм.* дереверберационная фильтрация; подавление периодически появляющейся помехи; подавление реверберации

derivation:

porosity ~ вычисление пористости; определение пористости

derrick 1. буровая вышка; буровая установка; копёр **2.** деррик, деррик-кран **3.** подъёмный кран **4.** грузовая стрела *(на судне)* ◊ **to dismantle a ~** демонтировать буровую вышку; **to erect a ~** устанавливать буровую вышку в рабочее положение; **to guy a ~** расчаливать буровую вышку; **to pull into a ~** затаскивать *(трубы)* в буровую вышку; **to rig a ~** монтировать оборудование на буровой вышке; **to run a ~** монтировать буровую вышку; **to sight a ~** строить буровую вышку; **to skid a ~** передвигать буровую вышку без демонтажа; **to tail into a ~** затаскивать в буровую вышку

~ of bolted construction буровая вышка, собираемая на болтах

A-frame ~ деррик с А-образной рамой

abandoned ~ оставленная буровая вышка

angle ~ буровая вышка из профильного проката

bald-headed ~ буровая вышка без балкона

barge ~ плавучий деррик

basket pole ~ мачтовый деррик

beam leg ~ буровая вышка с ногами в виде ферм

beam leg bolted ~ буровая вышка из трубчатых конструкций

boarded ~ обшитая буровая вышка

bolted ~ буровая вышка, собираемая на болтах

boom ~ мачтовый подъёмник со стрелой

bulge ~ буровая вышка с боковыми карманами *(для размещения труб)*

bull-wheel ~ деррик с поворотным кругом

cable ~ буровая вышка для канатного бурения

California ~ буровая вышка с большим ограждённым балконом вокруг средних полатей

cantilever ~ складывающаяся *(при перевозке)* буровая вышка, консольная буровая вышка

derrick

creeper ~ деррик на гусеничном ходу
drill ~ буровая вышка; копёр
drilling ~ буровая вышка; копёр
duplex design tubular ~ вышка из двойных *(телескопически вставленных одна в другую)* труб
dynamic beam leg ~ вышка из трубчатых конструкций *(для буровых судов и полупогружных буровых оснований)*
floating ~ плавучий кран
four panel tower ~ четырёхгранная башенная вышка
ginnywink ~ деррик с А-образной рамой
gin-pole ~ мачтовый деррик
guy ~ вантовый деррик
guyed ~ вантовый деррик
guyless ~ нерасчаленная буровая вышка; буровая вышка с оттяжками
hand-slewing ~ деррик с ручным приводом
heavy-lift ~ тяжеловесная грузовая стрела
high tensile steel ~ буровая вышка большой грузоподъёмности
jackknife ~ складывающаяся буровая вышка
mast ~ мачтовая буровая вышка
metal ~ металлическая буровая вышка
multiple-well ~ вышка для многоствольного бурения; вышка для кустового бурения
oil ~ нефтяная вышка
oil-well ~ вышка для бурения на нефть
open-front ~ 1. буровая вышка, открытая спереди 2. буровая вышка с увеличенным передним проёмом *(для облегчения затаскивания труб в буровую вышку)*

operating ~ эксплуатационная буровая вышка
pipe ~ трубная вышка
pole ~ мачтовый деррик
power-raised ~ мачта с механическим подъёмным устройством
power-swung ~ деррик с механическим приводом
production ~ эксплуатационная буровая вышка
pumping ~ эксплуатационная буровая вышка
Scotch ~ жёсткогий деррик
sectional ~ разборная буровая вышка; секционная буровая вышка
self-slewing ~ деррик с механическим приводом
shear legs ~ двуногий деррик
shears ~ двуногий деррик
single-section ~ односекционная буровая вышка
skid ~ деррик на полозьях
spiked wooden ~ буровая вышка из деревянных конструкций с шиповым соединением
spike-joint ~ буровая вышка с шиповым соединением
stacked ~ складывающаяся буровая вышка в транспортном положении
standing ~ мачтовый деррик
steel ~ металлическая буровая вышка
stiff-leg ~ жёсткогий деррик
structural steel ~ буровая вышка из конструкционной стали
sway braced ~ буровая вышка с двойными раскосами
telescopic ~ телескопическая мачта
three-legged ~ трёхногий деррик
three-pole ~ трёхногий деррик
three-well ~ вышка для трёхствольного бурения
timber ~ деревянная буровая вышка

totally sheeted ~ полностью обшитая буровая вышка *(для работы в арктических условиях)*
tower ~ башенная вышка
triplex design tubular ~ буровая вышка из тройных телескопических труб
tubular ~ буровая вышка из стальных труб
two-well ~ вышка для двухствольного бурения
unboarded ~ необшитая буровая вышка
unguyed ~ свободностоящая буровая вышка
wood ~ деревянная буровая вышка
wreck ~ аварийный деррик
yard ~ разгрузочный деррик
derrickman 1. оператор деррика, оператор деррик-крана **2.** верховой рабочий *(буровой бригады)*
deruster состав для удаления ржавчины
desalting обессоливание; деминерализация
electrical ~ обессоливание *(нефти)* с использованием электрического поля промышленной частоты
electrostatic ~ электростатическое обессоливание *(нефти)*
oil ~ обессоливание нефти
thermochemical ~ термохимическое обессоливание *(нефти)*
desander пескоотделитель *(устройство для очистки бурового раствора от песка)*
drilling mud ~ аппарат-пескоотделитель раствора
hydrocyclone ~ гидроциклонный пескоотделитель
mud ~ **1.** устройство для очистки бурового раствора от песка **2.** вибрационное сито

desanding удаление песка; очистка *(бурового раствора)* от песка
desaturation 1. осушение; вытеснение **2.** уменьшение насыщенности *(керна)*
descale удалять окалину
descaling удаление окалины
descent:
~ **of piston** ход поршня вниз
gravity ~ спуск *(каротажного прибора)* под действием собственной массы
Desco *фирм.* органический разжижитель буровых растворов
description 1. описание **2.** вид; род
core ~ описание керна
defect ~ описание дефекта
drill cuttings ~ описание бурового шлама
failure ~ описание неисправности; характер отказа
lithologic ~ литологическое описание *(керна)*
overhaul work ~ описание ремонтных работ
three-dimensional reservoir ~ трёхмерное описание коллектора
two-dimensional reservoir ~ двумерное описание коллектора
desiccator эксикатор; сушильный шкаф
vacuum ~ вакуум-эксикатор *(пневмосистемы буровой установки)*
design 1. проектирование; конструирование; разработка; расчёт ‖ проектировать; конструировать; разрабатывать; рассчитывать **2.** модель; конструкция; образец ◊ ~ **for reliability** проектирование с учётом требований к надёжности; надёжностное проектирование; ~ **for repairability** проектирование с учётом ремонтопригодности; ~ **for safety** проектирование с учётом безопасности

design

array ~ *сейсм.* схема расстановки; схема группы
bottomhole ~ конструкция забоя; конструкция придонной части *(скважины)*
casing string mechanical ~ расчёт обсадной колонны
coat-and-wrap pipeline ~ конструкция трубопровода с покрытием и изоляцией
completion ~ конструктивная схема оснащения скважины *(для её эксплуатации)*
defective ~ дефектная конструкция
dependable ~ надёжная конструкция
derrick ~ конструкция буровой вышки
drilling string mechanical ~ расчёт бурильной колонны
environmental ~ природоохранное проектирование, проектирование с учётом экологических требований
fail-active ~ конструкция с сигнализацией о появлении неисправности
fail-passive ~ конструкция без сигнализации о появлении неисправности
fail-safe ~ 1. проектирование отказоустойчивых систем *или* устройств 2. отказоустойчивая конструкция *(сохраняющая работоспособность при отказе отдельных элементов)*
fault-tolerant ~ отказоустойчивая конструкция
field-tested ~ конструкция, испытанная в условиях эксплуатации
foolproof ~ конструкция, сохраняющая работоспособность при неумелом *или* неосторожном обращении; конструкция, защищённая от неумелого *или* неосторожного обращения
foolsafe ~ конструкция, сохраняющая работоспособность при неумелом *или* неосторожном обращении; конструкция, защищённая от неумелого *или* неосторожного обращения
gun perforator ~ конструкция перфоратора
high-performance ~ конструкция с высокими рабочими характеристиками
idiotproof ~ конструкция, сохраняющая работоспособность при неумелом *или* неосторожном обращении; конструкция, защищённая от неумелого *или* неосторожного обращения
imperfect ~ несовершенная конструкция
maintainability ~ конструкция, обеспечивающая удобство технического обслуживания
mast ~ конструкция буровой вышки
modular ~ блочная конструкция *(морских сооружений)*
multiphase flow ~ расчёт многофазного потока
nominal ~ расчёт номинальных режимов
nonredundant ~ нерезервированная конструкция
offshore drilling platform ~ конструкция плавучего бурового основания
oil-field gathering system ~ расчёт промысловой системы сбора нефти
operational ~ план эксплуатации
percussion bit ~ конструкция долота для ударного бурения
perforating ~ проект перфорации *(скважины)*
process ~ проектирование *(нефтехимического)* процесса
reliability control ~ программа контроля надёжности

design

    reliability proven ~ конструкция, проверенная с точки зрения надёжности
    reliable ~ надёжная конструкция
    rock-drill ~ конструкция бурильного молотка; конструкция перфоратора
    standard ~ стандартная конструкция
    structural ~ расчёт прочности
    syndrome-testable ~ конструкция, обеспечивающая проверку причин неисправностей
    tank ~ конструкция резервуара
    unit ~ 1. блочная конструкция 2. модульное конструирование
    unitized ~ унифицированная конструкция
    vulnerable ~ недостаточно надёжная конструкция
    wear-resistant ~ износостойкая конструкция
    well ~ конструкция скважины

desilter ситогидроциклонный илоотделитель *(для тонкой очистки бурового раствора)*

desilting илоотделитель *(для тонкой очистки бурового раствора)*

desk палуба
    anchoring ~ якорная палуба *(полупогружного основания)*
    cellar ~ вторая палуба *(плавучего основания)*
    choke manifold ~ палуба штуцерного манифольда
    main ~ основная палуба *(плавучего основания)*
    manifold ~ палуба манифольда *(плавучего основания)*
    shale shaker ~ палуба вибрационного сита
    spider ~ спайдерная палуба
    upper ~ верхняя палуба
    working ~ рабочая палуба

deslag удалять шлак
deslime очищать от шлама
desludging очистка от шлама
desorber десорбер
desorption десорбция
destinker 1. дезодоратор, установка для удаления запаха 2. дегидратор-дезодоратор *(для обезвоживания и дезодорации парафина)*
destroyable разрушимый, поддающийся разрушению; непрочный
destruct разрушать; уничтожать
destructible разрушимый, поддающийся разрушению, непрочный
destruction разрушение; уничтожение
    ~ of core разрушение керна
    ~ of rock разрушение горной породы
    ~ of surface разрушение поверхности
    abrasion-erosion ~ of rock абразивно-эрозионное разрушение горной породы
    inadvertent ~ разрушение вследствие неосторожного обращения
    physical ~ физическое разрушение
    safe ~ безопасное разрушение
    sequential ~ последовательное разрушение
    volumetric rock ~ объёмное разрушение горной породы

destructive 1. разрушительный, причиняющий разрушения 2. разрушающий *(о контроле)*

destructiveness 1. степень разрушения *(изделия при испытаниях)* 2. разрушающее действие

desulfovibrio бактерии десульфовибрио *(окисляющие углеводороды)*

desulfurization десульфурация, обессеривание; сероочистка *(нефтепродуктов)* ‖ десульфурационный *(о процессе)*
  dry ~ сухая очистка от сернистых соединений
  fine ~ of natural gas глубокое обессеривание природного газа
  fused-soda ~ десульфурация жидкой содой; десульфурация расплавленной содой
  gas ~ очистка газа от сероводорода
  natural gas ~ обессеривание природного газа
  oil ~ обессеривание нефти
  sodium-hydroxide ~ десульфурация каустической содой
  vacuum ~ десульфурация в вакууме
  wet ~ мокрая очистка от сернистых соединений
desulfurization-hydrogenation гидрогенизационная сероочистка *(нефтепродуктов)*
desulfurize десульфурировать, обессеривать
desulfurizer десульфуратор
  gas-oil hydraulic ~ гидравлический газонефтяной десульфуратор
  naphtha ~ нефтяной десульфуратор
detacher:
  jumper ~ приспособление для снятия коронок с буровых штанг *(при конусных соединениях)*
detailing сплошной контроль
  bad lots ~ сплошной контроль партий с забракованными изделиями
detectability способность к обнаружению, обнаруживаемость, выявляемость *(дефектов)*
detectable обнаруживаемый *(о дефекте)*; очевидный, явный *(об отказе)*

detection обнаружение, выявление ◊ **to elude ~** не обнаруживаться *(о неисправности)*
  ~ of distant event обнаружение отдалённого сейсмического явления
  ~ of sand production обнаружение выноса песка *(в скважине)*
  ~ of seismic signal обнаружение сейсмического сигнала
  arrival ~ *сейсм.* определение вступления сигнала
  automatic fault ~ автоматическое обнаружение неисправностей
  continuous gas ~ by mud logging непрерывный газовый каротаж
  crack ~ дефектоскопия трещин; обнаружение трещин
  defect ~ дефектоскопия
  direct ~ прямое обнаружение *(углеводородов)*
  discrepancy ~ обнаружение отклонений от нормальных условий
  early ~ заблаговременное обнаружение *(неисправностей)*
  electromagnetic ~ обнаружение с помощью электромагнитных методов *(разведки)*
  emergency ~ обнаружение аварийной ситуации
  event ~ обнаружение сейсмического явления
  failure ~ обнаружение отказов; обнаружение неисправностей
  false ~ ложное обнаружение *(отказа)*
  fatigue stress ~ обнаружение усталостных напряжений
  fault ~ обнаружение повреждений; обнаружение неисправностей; обнаружение отказов
  fire ~ обнаружение пожара
  flaw ~ дефектоскопия
  fluorescence flaw ~ флуоресцентная дефектоскопия

detection

gamma-ray flaw ~ гамма-дефектоскопия
hydrocarbon gas ~ газокаротаж
hydrocarbon gas ~ in cores керновый газокаротаж
immediate ~ немедленное обнаружение *(неисправности)*
krypton flow ~ дефектоскопия с помощью криптона, криптонная дефектоскопия
leak ~ течеискание; обнаружение течи
luminescence flaw ~ люминесцентная дефектоскопия
magnetic ~ обнаружение с помощью магнитных методов разведки
magnetic crack ~ магнитная дефектоскопия
magnetic flaw ~ магнитная дефектоскопия
magnetic particle flaw ~ дефектоскопия магнитным порошком, магнитопорошковая дефектоскопия
malfunction ~ обнаружение сбоя
mass-spectrometric leak ~ течеискание масс-спектрометрическим методом
microwave defect ~ сверхвысокочастотная дефектоскопия
multipathing ~ *сейсм.* многоканальное обнаружение
neutron flaw ~ нейтронная дефектоскопия
off-limit ~ обнаружение отклонения от заданного уровня
off-line ~ автономное обнаружение *(отказов)*
oil ~ обнаружение нефти
on-line ~ оперативное обнаружение *(отказов)*
penetrant flaw ~ дефектоскопия методом проникающей жидкости
radiation flaw ~ радиационная дефектоскопия
radiographic flaw ~ гамма-дефектоскопия
radiographic slit ~ рентгенографическое определение трещин
radioscopic flaw ~ рентгеновская дефектоскопия, рентгеноскопия
rotogenerative ~ of corrosion метод ротогенеративного обнаружения коррозии
scheduled ~ плановое обнаружение *(отказов)*
seismic ~ сейсмическое обнаружение; обнаружение сейсмическими средствами
short-period ~ короткопериодное обнаружение; обнаружение с помощью короткопериодных записей
spot ~ of gaseous hydrocarbons эпизодический газовый каротаж
trouble ~ обнаружение неисправностей; обнаружение повреждений
ultrasonic flaw ~ ультразвуковая дефектоскопия
ultrasonic pulse-echo ~ ультразвуковая дефектоскопия импульсным эхо-методом
weld crack ~ дефектоскопия сварных швов
X-ray flaw ~ рентгеновская дефектоскопия, рентгеноскопия

detector 1. чувствительный элемент; датчик 2. устройство обнаружения; детектор 3. сейсмоприёмник; сейсмограф 4. дефектоскоп 5. указатель; индикатор
~ of seismic waves сейсмоприёмник
acceleration ~ сейсмоприёмник-акселерометр; сейсмоприёмник, измеряющий ускорение
adjacent ~s соседние сейсмоприёмники

detector

arrival ~ сейсмоприёмник первых вступлений
casing leak ~ устройство для обнаружения утечек в обсадных колоннах
combustible-gas ~ детектор горючих газов *(для обнаружения их наличия в воздухе)*
crack ~ дефектоскоп для обнаружения трещин
defect ~ дефектоскоп
differential leak ~ дифференциальный течеискатель
downhole casing defect ~ скважинный индикатор дефектов
drip ~ детектор утечки жидкости
eddy-current ~ электроиндуктивный дефектоскоп
electrodynamic ~ электродинамический сейсмоприёмник
electromagnetic ~ электромагнитный сейсмоприёмник
electromagnetic flaw ~ электромагнитный дефектоскоп
electromagnetic pellet ~ электромагнитный детектор дроби *(для изучения движения дроби внутри вторичного сопла буровой головки для метательного дробового бурения)*
electronic flaw ~ электронный дефектоскоп
failure ~ искатель неисправностей; указатель неисправностей; дефектоскоп
fast neutron ~ детектор быстрых нейтронов
fault ~ искатель неисправностей; указатель неисправностей; указатель повреждений; прибор для определения повреждений; дефектоскоп
ferromagnetic ~ ферромагнитный дефектоскоп
flaw ~ дефектоскоп
floating vessel tilt ~ индикатор угла наклона плавучего основания
freon leak ~ фреоновый течеискатель
gamma-flaw ~ гамма-дефектоскоп
gamma-ray ~ детектор гамма-излучений
gas ~ 1. газовый детектор, детектор присутствия газа; прибор, сигнализирующий о присутствии газа, газоопределитель; прибор для определения взрывоопасности *(паровоздушной смеси)* 2. газоанализатор
halogen-sensitive leak ~ галоидный течеискатель
helium leak ~ гелевый течеискатель
holiday ~ электрический детектор пропусков *(в защитном покрытии трубопровода)*
horizontal ~ горизонтальный сейсмоприёмник
horizontal motion ~ сейсмоприёмник горизонтальных движений
infrared ~ детектор инфракрасного излучения
ionization ~ ионизированный детектор
kick ~ указатель выброса; индикатор проявления *(скважины)*
leak ~ течеискатель, прибор для обнаружения утечки
lost-circulation ~ локатор зоны поглощения; локатор потери циркуляции
luminescence flaw ~ люминесцентный дефектоскоп
magnetic ~ магнитный дефектоскоп
magnetic crack ~ магнитный дефектоскоп
magnetic flaw ~ магнитный дефектоскоп
manometric leak ~ манометрический течеискатель
marine ~ морской сейсмоприёмник

detector

mass-spectrometer leak ~ манометрический течеискатель
miniature ~ миниатюрный сейсмоприёмник
moving-coil ~ электродинамический индукционный сейсмоприёмник
neutron ~ детектор нейтронов
neutron logging ~ детектор прибора нейтронного каротажа
photoelectrical defect ~ фотоэлектрический дефектоскоп
piezoelectrical ~ пьезоэлектрический сейсмоприёмник
piezoelectrical crystal-type ~ пьезоэлектрический сейсмоприёмник; сейсмоприёмник на пьезокристалле
pressure-sensitive ~ сейсмоприёмник давления
proximity ~ датчик для каротажа
radiation ~ детектор радиоактивного излучения
radioactivity logging ~ каротажный детектор радиоактивного излучения
scintillation ~ сцинтилляционный детектор
seismic ~ сейсмический детектор, сейсмоприёмник; сейсмограф
short-spacing ~ ближний детектор
single ~ отдельный сейсмоприёмник
single-coil ~ индукционный сейсмоприёмник с одной катушкой
slow neutron ~ детектор медленных нейтронов
sonic interface ~ акустический детектор раздела фаз (*в трубопроводе, транспортирующем разные флюиды*)
stereogammaradiographic ~ стереогаммарадиографический дефектоскоп
streamer-type ~ шланговая сейсмоприёмная коса
stuck-up point ~ прихватоопределитель, детектор точки прихвата
supersonic flaw ~ ультразвуковой дефектоскоп
thermal leak ~ термический течеискатель
thermal neutron ~ детектор тепловых нейтронов
tool breakage ~ устройство обнаружения поломки инструмента
ultrasonic ~ 1. ультразвуковой сейсмоприёмник 2. ультразвуковой дефектоскоп
ultrasonic corrosion ~ ультразвуковой детектор коррозии
ultrasonic crack ~ ультразвуковой дефектоскоп для обнаружения трещин
ultrasonic flaw ~ ультразвуковой дефектоскоп
ultrasonic flaw pulse ~ ультразвуковой импульсный дефектоскоп
ultrasonic flaw resonance ~ ультразвуковой резонансный дефектоскоп
ultrasonic pulse-echo flaw ~ ультразвуковой эхо-импульсный дефектоскоп
ultrasonoscope flaw ~ ультразвуковой дефектоскоп
universal crack ~ универсальный дефектоскоп для обнаружения трещин
uphole ~ сейсмоприёмник вертикального времени
vacuum leak ~ вакуумный течеискатель
variable reluctance ~ электромагнитный сейсмоприёмник; электромагнитный сейсмограф
vertical ~ вертикальный сейсмоприёмник

determination

vertical motion ~ сейсмоприёмник вертикальных движений
vibration ~ 1. сейсмоприёмник 2. вибродатчик
wave ~ сейсмоприёмник
wear ~ детектор износа
well ~ 1. скважинный детектор 2. скважинный сейсмоприёмник
worn tool ~ устройство контроля износа инструмента
X-ray flaw ~ рентгеновский дефектоскоп
detergent детергент, вспенивающий агент *(для буровых растворов)*
drilling ~ буровой детергент *(поверхностно-активное вещество)*
deteriorate 1. ухудшаться *(о качестве)* 2. срабатываться; изнашиваться; портиться
deterioration 1. порча; ухудшение *(качества)*; окисление *(крекинг-бензина)*; старение *(масла)* 2. срабатывание; износ, изнашивание; истирание ◊ ~ in reliability снижение надёжности; ~ in storage ухудшение характеристик *(изделия)* при хранении
~ of properties ухудшение свойств
component ~ износ элемента; старение элемента
environmental ~ ухудшение качества окружающей среды
equipment ~ ухудшение характеристик оборудования
performance ~ ухудшение рабочих характеристик
physico-chemical ~ ухудшение физико-химических свойств
surface ~ износ поверхности; повреждение поверхности
tool ~ износ инструмента
determination 1. определение; установление 2. измерение 3. выбор *(режима)*

~ of age определение наработки
~ of bottom sludge content in oil определение содержания механических примесей в нефти
~ of chloride ion concentration определение концентрации ионов хлора *(в фильтрате бурового раствора)*
~ of free water content in oil определение содержания свободной воды в нефти
~ of oil-bearing structure by geophysical methods определение нефтеносной структуры геофизическими методами
~ of oil content определение нефтесодержания *(в выбуренной породе)*
~ of oil-in-place определение запасов нефти
~ of porosity определение пористости
~ of reservoir fluid saturation определение насыщенности пласта флюидами
~ of reservoir pressure определение пластового давления
~ of salt content in oil определение концентрации солей в нефти
~ of water content in oil определение содержания воды в нефти
bed thickness ~ определение мощности пласта
bubble-point pressure ~ определение давления насыщения нефти
calcium concentration ~ определение концентрации кальция *(в буровом растворе)*
core-permeability ~ определение проницаемости керна
core-saturation ~ определение насыщенности керна
drilling-mud density ~ определение плотности бурового раствора

gas-permeability ~ определение газопроницаемости
gel strength ~ определение предельного статического напряжения сдвига
oil-pour point ~ определение температуры застывания нефти
oil-saturation ~ определение нефтенасыщенности
oil-water boundary ~ определение водонефтяного контакта
point ~ **of depth** определение глубины в точке
position ~ определение местоположения (*напр. неисправности*)
relative permeability ~ определение относительной проницаемости
repair ~ дефектация, определение потребного ремонта
rock permeability ~ определение проницаемости горных пород
sedimentary velocity ~ определение скорости в осадочной толще
seismic depth ~ сейсмическое определение глубины
statics ~ *сейсм.* определение статических поправок
velocity ~ *сейсм.* определение скорости
weathering ~ *сейсм.* определение параметров зоны малых скоростей
well velocity ~ *сейсм.* определение скорости по измерениям в скважине

detonate 1. детонировать (*о бензине*) 2. взрываться от детонации

detonation 1. детонация (*бензина*) 2. взрыв; детонация
~ **of explosive** *сейсм.* взрывной метод возбуждения
gaseous ~ детонация в газовых смесях
spinning ~ детонация со спиральным распространением фронта пламени
successive ~ *сейсм.* последовательное взрывание
underground ~ подземный взрыв

detonator детонатор; капсюль-детонатор; взрыватель ◊ **to prime charge with** ~ устанавливать детонатор в заряд
delay-action ~ детонатор замедленного действия
electrical ~ электродетонатор
fuse-type ~ электродетонатор
instantaneous ~ детонатор мгновенного действия
long-delay electrical ~ электродетонатор для взрывания с большим интервалом замедления
nonelectrical ~ детонатор неэлектрического действия
short-delay ~ детонатор короткозамедленного действия

detrital *геол.* наносный; детритовый; обломочный, кластический

detrition истирание, изнашивание от трения, фрикционный износ

detritus шлам

detubing удаление труб вырезкой

develop 1. подготавливать месторождение к эксплуатации 2. совершенствовать

developer:
drilling rig ~ конструктор буровых установок

developing of keyseat образование жёлоба (*на стенке скважины*)

development 1. вскрытие; подготовка (*месторождения*); ведение подготовительных работ 2. разработка (*месторождения*); разбуривание 3. развитие; усовершенствование; улучшение; доводка ◊ **to be under** ~ находиться в состоянии разработки; **to bring into** ~ вводить в разработку

development

~ of failure 1. развитие повреждения 2. проявление отказа
~ of aggregation образование агрегатов
~ of gas 1. газовыделение 2. газообразование
~ of low productivity fields разработка низкопродуктивных месторождений
~ of multizone oil reservoir разработка многопластовой залежи нефти
~ of multizone oil reservoir from bottom upward разработка многопластовой залежи нефти снизу вверх
~ of multizone oil reservoir from top downward разработка многопластовой залежи нефти сверху вниз
~ of oil field разработка нефтяного месторождения
branched-well ~ of field разработка месторождения разветвлёнными скважинами
cavern ~ развитие каверны
cluster field ~ кустовая разработка месторождения
cluster-well ~ кустовая разработка *(месторождения)*
crack ~ развитие трещины
crestal field ~ разработка месторождения от центра к периферии
delayed ~ замедленное разбуривание месторождения *(с одновременной эксплуатацией)*
early ~ 1. первоначальная разработка 2. первый период разработки *(месторождения)*
field ~ разработка месторождения
field ~ with pressure maintenance разработка месторождения с поддержанием пластового давления

gas-drive ~ разработка залежи нефти методом закачивания газа в пласт
gas-field ~ разработка месторождения газа
high injection-pressure field ~ разработка месторождения при повышенном давлении нагнетания
improved field ~ рациональная разработка месторождения
marginal ~ разработка месторождения от периферии к центру
marginal field ~ разработка небольшого месторождения *(нефти)*
mine ~ of oil field шахтная разработка месторождения нефти
offshore oil-field ~ разработка морского месторождения нефти
oil-field ~ разработка нефтяного месторождения
oil-pool ~ разработка залежи нефти
operational system ~ доводка системы в процессе эксплуатации
outstep field ~ разработка месторождения по ползущей сетке
reserve ~ разработка месторождения
simultaneous field ~ одновременная *(с купола и с крыльев)* разработка месторождения
single-well ~ разработка *(месторождения)* одиночными скважинами
stage ~ раздельная эксплуатация горизонтов
top-down ~ нисходящая разработка, разработка сверху вниз
unit ~ of oil fields объединённая разработка нефтяных месторождений

development

waterflood oil pool ~ разработка залежи нефти с применением заводнения
well ~ освоение скважины *(на воду)*
deverberation подавление ревербераций
deviate отклонять *(скважину)* ◊ **to ~ from vertical** отклоняться от вертикали
deviating отклонение *(ствола скважины, искусственное или произвольное)*
deviation 1. отклонение 2. искривление *(ствола скважины)* 3. линейная величина отклонения скважины *(в проекции на горизонтальную плоскость)* ◊ **~ from specification** отклонение от технических условий
allowable borehole ~ допустимое искривление ствола скважины
azimuthal borehole ~ азимутальное искривление ствола скважины
borehole ~ 1. отклонение оси скважины; угол наклона скважины 2. искривление ствола скважины *(процесс)*
directional ~ искусственное искривление ствола скважины в планируемом направлении
hole ~ отклонение скважины *(от вертикали)*; искривление скважины
lateral ~ величина горизонтального отклонения скважины *(в проекции на горизонтальную плоскость)*
plumb-line ~ отклонение от вертикали
reliability ~ отклонение показателя надёжности *(от заданного уровня)*
spiral ~ искривление *(скважины)* по спирали
streamer ~ снос морской сейсмической косы *(в процессе буксировки)*
vertical ~ отклонение от вертикали
zenith borehole ~ зенитное искривление ствола скважины
device 1. устройство; приспособление; аппарат; прибор; механизм 2. план, схема; проект
alarm ~ устройство аварийной сигнализации
ancillary sighting ~ диоптрическое устройство *(инклинометра)*
anticrash ~ противоаварийное устройство
automatic retraction ~ приспособление для автоматического приподнимания бурового инструмента *(при сужении скважины)*
automatic safety ~ автоматическое защитное устройство
backup ~ резервное устройство; устройство в состоянии нагруженного резерва
bending ~ гибочное приспособление *(для труб)*
bit rotation ~ механизм вращения долота
blocking ~ блокирующее устройство, блокировочное устройство
borehole deviation ~ скважинный инклинометр
bottom unloading ~ устройство нижнего слива *(в резервуаре)*
bottomhole rotation ~ вращающий забойный механизм
breakout ~ приспособление для развинчивания бурильных труб
built-in diagnostic ~ встроенное средство технического диагностирования
casing-rotating ~ устройство, вращающее обсадную трубу

device

catching ~ захватывающее устройство(*ключа*); закрепляющее устройство
cavitating jet kerfing ~ буровой инструмент, использующий эффект опережающих канавок на забое, получаемых за счёт струй бурового раствора с кавитационным действием
changeover ~ переключающее устройство (*перфоратора*)
clean sweep ~ мусоросборщик (*на плавучей буровой платформе*)
constant hydrostatic head ~ гидростатический регулятор для поддержания постоянного уровня
constant tension ~ устройство постоянного натяжения (*водоотделяющей колонны или направляющих канатов*)
contact ~ прижимной зонд
control ~ 1. устройство для регулирования дебета 2. фонтанная задвижка
controlling ~ регулирующее устройство
core interpreting ~ прибор для ориентирования керна
core receiver locking ~ фиксатор съёмного керноприёмника
damaged ~ повреждённое устройство
defective ~ дефектное устройство, неисправное устройство
density ~ зонд плотностного каротажа
depth-measuring ~ глубиномер
derrick raising ~ механизм подъёма буровой вышки
desanding ~ пескоотделитель (*устройство для очистки бурового раствора от песка*)
deviation ~ инклинометр
diagnostic ~ 1. диагностическое устройство; средство диагностирования 2. устройство обнаружения неисправностей
disengaging ~ отсоединяющий механизм (*в ловильном инструменте*)
diverting ~ 1. отводное устройство 2. отражатель (*в эрлифтной установке*)
downhole ~ скважинное устройство; скважинный прибор; каротажный зонд
downhole surveying ~ скважинный зонд
drill string compensating ~ компенсирующее устройство бурильной колонны, компенсатор бурильной колонны
drilling ~ бурильная установка
drilling bit feed ~ механизм подачи бурового долота
drilling mud ~ противоразбрызгиватель для бурового раствора
drilling mud agitating ~ перемешивающее устройство для бурового раствора
drilling mud flow measuring ~ расходомер для бурового раствора
drilling pipe racking ~ свечеприёмное устройство
drive-type split-tube soil-sampling ~ забивной керноотборник с разъёмной трубой
electrical logging ~ электрокаротажный прибор
electrical resistivity logging ~ каротажный зонд сопротивления
electrical survey ~ электрический каротажный зонд; зонд сопротивления
electromagnetic logging ~ электромагнитный каротажный зонд, индукционный каротажный зонд
epithermal neutron ~ зонд нейтронного каротажа по надтепловым нейтронам

device

external diagnostic ~ внешнее средство технического диагностирования
fail-active ~ устройство, самостоятельно восстанавливающее работоспособность после отказа
fail-passive ~ устройство, восстанавливающее работоспособность после отказа только после вмешательства человека
failure-detection ~ устройство обнаружения отказов
failure-indicating ~ устройство индикации отказов
failure-sensing ~ устройство обнаружения отказов
fault-isolation ~ устройство для определения места повреждения
fault-locating ~ устройство для определения места повреждения
fixed stand-off ~ каротажный зонд с отклонителем
flaw-detecting ~ дефектоскоп
flow-control ~ устройство для регулирования дебита; фонтанная задвижка
flow-diverting ~ отражатель (*в эрлифте*)
focused logging ~ каротажный фокусированный зонд
four-arm ~ четырёхрычажное прижимное устройство; четырёхрычажный каверномер
gamma-gamma logging ~ зонд гамма-гамма-каротажа
gamma-ray counting ~ зонд гамма-каротажа
gas-partitioning ~ устройство для газоразделения
go-no-go ~ устройство для проверки годности изделий
gripping ~ зажимное приспособление (*устанавливаемое на роторе для захвата круглой ведущей бурильной трубы*)

guard ~ трёхэлектродный боковой каротажный зонд
hoisting ~ подъёмное устройство
hydraulic releasing ~ гидравлический отсоединяющий механизм (*в ловильном инструменте*)
hydraulic retaining ~ трубодержатель с гидравлическим приводом (*для работы с обсадными трубами*)
hydraulically actuated retaining ~ трубодержатель с гидравлическим приводом (*для работы с обсадными трубами*)
induction logging ~ индукционный каротажный зонд
interlocking ~ замковое приспособление
jarring ~ яс (*ударный освобождающий инструмент*)
kerfing ~ дополнительный источник выработки канавок на забое скважины
lateral ~ боковой каротажный зонд
laterolog ~ боковой каротажный зонд
laterologging ~ боковой каротажный зонд
leveling ~ 1. выравнивающее приспособление 2. ориентирующее приспособление (*для ориентирования прибора в скважине*)
lifting ~ подъёмное приспособление
limiting ~ ограничитель (*хода, подъёма, отклонения*)
load safety ~ устройство для предохранения от перегрузки (*крана*)
locating ~ 1. установочное приспособление 2. приспособление для определения местоположения (*напр. течи в трубах*)

locking ~ 1. замковое устройство 2. запорное приспособление (*ствола скважины*) 3. запорное устройство (*крюка*)
logging ~ каротажный зонд; скважинный прибор
long lateral ~ большой градиент-зонд
long normal ~ большой потенциал-зонд
magnetic testing ~ магнитный дефектоскоп
make-and-break ~ механизм для свинчивания и развинчивания (*труб*)
marine loading ~ устройство для налива танкеров
microfocused ~ фокусированный микрозонд
microlaterolog ~ боковой каротажный микрозонд
microlog ~ каротажный микрозонд
microresistivity ~ каротажный микрозонд
microspacing ~ микрозонд
microspherically focused logging ~ каротажный микрозонд со сферической фокусировкой
multiple-measurement ~ комплексный каротажный прибор
neutron ~ зонд нейтронного каротажа
neutron-gamma ~ зонд нейтронного гамма-гамма каротажа
nondeteriorating ~ устройство, сохраняющее рабочие характеристики в процессе эксплуатации
normal ~ потенциал-зонд
normal logging ~ потенциал-зонд
normal resistivity ~ каротажный потенциал-зонд
nuclear logging ~ радиоактивный каротажный зонд
nuclear magnetic resonance ~ зонд ядерно-магнитного каротажа

open-hole ~ каротажный прибор для необсаженных скважин
overload-protection ~ устройство защиты от перегрузки
pad ~ прижимной каротажный зонд; башмак
pad-mounted ~ каротажный микрозонд
personal protective ~ личное защитное устройство (*для бурового персонала*)
pipe collapsing ~ приспособление для сплющивания труб (*при замене труб без опорожнения трубопровода*)
pipe hoisting ~ механизм подъёма труб
pipe makeup and breakout automatic ~ автомат для свинчивания и развинчивания труб
pipe stabber ~ устройство для направления труб (*при спуско-подъёмных операциях*)
pipeline tension ~ устройство для натяжения трубопровода (*на барже-трубоукладчике*)
pit level ~ устройство для измерения уровня (*в резервуаре для бурового раствора*)
plugging ~ отключающая заглушка
porosity-estimating ~ прибор для измерения пористости
porosity-sensitive ~ прибор для измерения пористости
pressure-sensing ~ сейсмоприёмник давления
pressure-sensitive ~ сейсмоприёмник давления
production control ~ прибор регулирования дебита
protecting ~ предохранитель
protective ~ защитное устройство
proximity log ~ каротажный микрозонд для исследования ближней зоны

device

ratcheting ~ храповое устройство
rathole kelly guiding ~ автозатаскиватель ведущей бурильной трубы в шурф
ready-not-ready ~ устройство сигнализации о готовности *(к работе)*
redundancy ~ 1. устройство, обеспечивающее резервирование 2. устройство с резервированием
redundant ~ резервированное устройство
releasing ~ 1. отсоединяющий механизм *(в ловильном инструменте)* 2. освобождающее устройство *(пакера)*
repairable ~ восстанавливаемое устройство; ремонтируемое устройство
resistivity ~ электрокаротажный зонд
resistivity logging ~ каротажный зонд метода сопротивления
resistivity measuring ~ зонд для измерения сопротивления
retaining ~ 1. стопорное устройство; приспособление для закрепления *(стопор, замок, фиксатор, арретир)* 2. приспособление для автоматического приподнимания бурового инструмента *(при сужении скважины)* 3. трубодержатель *(установки для бурения с гидротранспортом керна)*
rod-handling ~ устройство управления буровыми штангами
rotary power-torque ~ устройство для свинчивания труб с автоматическим измерением крутящего усилия
safety ~ предохранительное устройство; предохранитель
safety alarm ~ предохранительный сигнальный прибор

sample-splitting ~ делитель для сокращения проб
sampling ~ пробоотборник
screw derrick raising ~ винтовой механизм подъёма буровой вышки
screw locking ~ приспособление против развинчивания
scrolling ~ смоточное устройство
seafloor rocket coring ~ морской ракетный керноотборник
seismic detection ~ прибор для обнаружения сейсмических явлений
selective chargeover ~ селективно-переключающее устройство *(перфоратора)*
self-healing ~ самовосстанавливающееся устройство
self-repair ~ самовосстанавливающееся устройство
sensing ~ устройство обнаружения неисправностей
sensing-switching ~ переключающее устройство *(в системах с резервированием)*
short lateral ~ малый градиент-зонд
short normal ~ малый потенциал-зонд
shutdown ~ отключающее устройство *(срабатывающее при появлении неисправности)*
sidewall ~ прижимной каротажный зонд
sidewall coring ~ вращающийся боковой керноотборник
single receiver acoustic logging ~ двухэлементный акустический каротажный зонд
skid ~ прижимной каротажный зонд
skimming ~ устройство для сбора нефти с поверхности воды *(в нефтезаводской ловушке)*
sound emitting ~ акустический излучатель

sound receiving ~ акустический приёмник
sounding ~ эхолот *(для исследования морского дна)*
spherically focused logging ~ каротажный зонд со сферической фокусировкой
spooling ~ устройство для намотки каната
stand racking ~ механизм расстановки свечей
stirring ~ мешалка
stop ~ выключающее устройство; стопорное устройство
subsurface ~ глубинный прибор
sucker-rod hanging ~ люстра для подвески штанг
surface-readout ~ панель регистрации показаний датчиков, установленных на забое скважины
tensioner ~ натяжное устройство *(цепной передачи)*
tensioning ~ натяжное устройство *(цепной передачи)*
testing ~ испытательное устройство
tripping ~ 1. расцепляющее приспособление; выключающий механизм 2. опрокидыватель
trouble-location ~ устройство для обнаружения неисправностей
trouble-shooting ~ устройство для обнаружения неисправностей
tubing suspension ~ приспособление для подвешивания насосно-компрессорных труб
two-electrode ~ потенциал-зонд
underwater scour prevention ~ устройство для предотвращения загрязнения подводной среды
vacuum-hydraulic mixing ~ смесительное вакуум-гидравлическое устройство *(для бурового раствора)*
water locating ~ 1. устройство, указывающее границу нефти и воды 2. устройство, указывающее место притока воды *(в скважине)*
well-head pressure reducing automatic ~ автомат для понижения устьевого давления
well-logging ~ каротажный зонд; каротажный прибор
withdrawing ~ съёмник; выталкиватель; извлекатель
dewatering обезвоживание
gas ~ осушка газа; дегидратация газа
sludge ~ обезвоживание отстоя *(в резервуаре)*
dewaxing удаление парафина, депарафинизация ◊ ~ with filter aids депарафинизация с применением ускорителей фильтрования
~ of well депарафинизация скважины
chemical ~ of well химическая депарафинизация скважины
electrical ~ электродепарафинизация
gravity ~ гравитационная депарафинизация
mechanical ~ of well механическая депарафинизация скважины
thermic ~ of well термическая депарафинизация скважины
thermochemical ~ of well термохимическая депарафинизация скважины
dextrane декстран
Dextrid *фирм.* органический полимер *(селективный флокулянт неустойчивых глин)*
DG-55 *фирм.* загуститель для буровых растворов на углеводородной основе
Diacel A *фирм.* ускоритель схватывания цементного раствора

Diacel LWL *фирм.* понизитель водоотдачи и замедлитель схватывания цементного раствора

diagnose ставить диагноз, диагностировать; осуществлять диагностический контроль; обнаруживать неисправности

diagnosing диагностирование; обнаружение неисправностей

diagnosis 1. диагноз 2. диагностика; диагностирование; обнаружение неисправностей 3. определение причин неисправностей; установление характера отказов
 acoustic ~ акустическая диагностика
 adaptive ~ адаптивная диагностика
 automatic ~ автоматическое диагностирование
 complete ~ полный диагноз
 componentwise ~ поэлементное диагностирование
 computer ~ диагностирование с помощью ЭВМ
 continuous ~ непрерывное диагностирование
 cross ~ перекрёстная диагностика
 damage ~ диагностика повреждений
 differential ~ дифференциальная диагностика
 electrofluctuational ~ электрофлуктуационная диагностика
 emergency ~ диагностика в аварийной ситуации
 functional ~ функциональное диагностирование
 grouped ~ групповое диагностирование
 internal ~ внутренняя диагностика
 maintenance ~ обнаружение неисправностей в процессе технического обслуживания
 malfunction ~ диагностика сбоев; обнаружение неправильного функционирования; обнаружение нарушения работоспособности
 on-line ~ оперативная диагностика
 remote ~ дистанционная диагностика
 series ~ последовательное диагностирование
 series-parallel ~ последовательно-параллельное диагностирование
 symptom ~ обнаружение признаков неисправностей
 technical ~ техническая диагностика; техническое диагностирование

diagnostician специалист по диагностике; контролёр; наблюдатель *(при диагностировании)*

diagnostics 1. диагностика; диагностирование; обнаружение неисправностей 2. диагностические средства
 ~ **of source rock** диагностика нефтематеринских свит
 adaptive ~ адаптивная диагностика
 built-in ~ встроенная диагностика
 dynamic ~ динамическая диагностика
 engineering ~ техническая диагностика
 failure ~ диагностика отказов; обнаружение неисправностей
 fault ~ диагностика отказов; обнаружение неисправностей
 field ~ диагностика в условиях эксплуатации
 hardware ~ аппаратное диагностирование
 preventive ~ профилактическая диагностика
 reliability ~ диагностирование надёжности

warning ~ предупредительная диагностика
diagnozability диагностируемость; способность обнаружения неисправностей ◊ ~ **with repair** возможность обнаружения неисправностей и проведения ремонта
diagram диаграмма; схема; график
~ **of well spacing pattern** план-диаграмма расположения скважин
fatigue-life ~ график зависимости усталости от продолжительности эксплуатации
fault tree ~ схема дерева неисправностей
fence ~ пространственный монтаж сейсмических разрезов по сети профилей
gas-gathering ~ схема газосбора
grain-size ~ диаграмма гранулометрического состава
granulometric composition ~ диаграмма гранулометрического состава
gravity ~ гравитационная диаграмма
indicator ~ **of pump** индикаторная диаграмма насоса
inspection ~ график приёмочного контроля
load ~ кривая нагрузки (на долото)
maintenance ~ ремонтная схема
oil-gas gathering ~ схема нефтегазосбора
petrofabric ~ петротектоническая диаграмма
phase ~ фазовая диаграмма
piping ~ 1. схема транспортировки по трубопроводам 2. схема расположения трубопроводов 3. схема трубопроводной обвязки (промышленного объекта)

process flow ~ схема (нефтехимического) процесса
static spontaneous potential ~ диаграмма статистического потенциала самопроизвольной поляризации
stress-cycle ~ кривая усталости (зависимость числа циклов до разрушения от напряжения)
transition ~ 1. схема переходов (в системе с несколькими состояниями) 2. схема отключения неисправных элементов (в системе с резервированием)
wavefront ~ сейсм. диаграмма волновых фронтов
diamantine алмазная крошка
diameter диаметр
~ **of core bit** диаметр колонкового бурового долота
average turbine blade ~ средний диаметр лопаток турбины
boom drift ~ проходной диаметр
bore ~ внутренний диаметр, диаметр в свету
borehole ~ диаметр скважины
bottom ~ **of hole** конечный диаметр ствола скважины
bottom thread ~ внутренний диаметр резьбы
coiling ~ диаметр окружности наматывания (каната на барабан подъёмного устройства)
collar ~ диаметр шейки ударной штанги
cone ~ диаметр шарошки
core ~ 1. диаметр керна 2. внутренний диаметр (резьбы, трубы)
core bit ~ диаметр колонкового бурового долота
drift ~ **of string** колонный проходной диаметр
drilling-bit ~ диаметр бурового долота
drilling-tool ~ диаметр бурового инструмента

effective thread ~ средний диаметр резьбы
full ~ наружный диаметр *(резьбы, трубы)*
full thread ~ наружный диаметр резьбы
gage ~ 1. стандартный диаметр 2. замеренный диаметр
gage tip ~ of cone калибрующий диаметр шарошки
hole ~ диаметр ствола скважины
hydraulically equivalent annulus ~ эквивалентный гидравлический диаметр кольцевого пространства
increased ~ of drilling bit увеличенный диаметр бурового долота
inner ~ внутренний диаметр
inside ~ внутренний диаметр
inside ~ of casing внутренний диаметр обсадной трубы
inside ~ of core bit внутренний диаметр колонкового бурового долота,
inside ~ of drilling tool внутренний диаметр бурового инструмента
inside pipe ~ внутренний диаметр трубы
internal ~ внутренний диаметр
invaded zone ~ диаметр зоны проникновения
invasion ~ диаметр зоны проникновения *(бурового раствора в пласт)*
jet ~ диаметр струи
major ~ наружный диаметр *(резьбы, трубы)*
major thread ~ наружный диаметр резьбы
mean turbine blade ~ средний диаметр лопаток турбины
microlog continuous ~ микрокаротажный пластовый инклинометр непрерывного действия

minor ~ внутренний диаметр *(резьбы, трубы)*
mouth ~ диаметр устья скважины
nominal ~ номинальный диаметр; наружный диаметр резьбы
nominal coiling ~ расчётный диаметр навивки *(каната)*
nominal spooling ~ расчётный диаметр навивки *(каната)*
nominal well ~ номинальный диаметр ствола скважины
outer ~ наружный диаметр *(резьбы, трубы)*
outside ~ наружный диаметр *(резьбы, трубы)*
outside ~ of casing наружный диаметр обсадной трубы
outside ~ of drilling tool наружный диаметр бурового инструмента
outside pipe ~ наружный диаметр трубы
oversize ~ of drilling bit увеличенный диаметр бурового долота
passage ~ условный диаметр *(бурильной трубы)*
piston ~ диаметр поршня
pore ~ диаметр пор
pump ~ диаметр насоса
rated ~ номинальный диаметр
rated hole ~ номинальный диаметр ствола скважины
reduced ~ of drilling bit уменьшенный диаметр бурового долота
set ~ диаметр коронки по вставленным алмазам
set inside ~ внутренний диаметр коронки по вставленным алмазам
set outside ~ наружный диаметр коронки по вставленным алмазам
sonde ~ диаметр зонда
spudding ~ диаметр забуривания

diamond

starting ~ 1. начальный диаметр *(скважины)* 2. диаметр забурника
sucker rod ~ диаметр насосной штанги
tap ~ диаметр метчика
thread ~ диаметр резьбы
top ~ начальный диаметр *(скважины)*
top ~ of hole начальный диаметр ствола скважины
uniform internal ~ постоянный внутренний диаметр
wellhead ~ диаметр устья скважины
diamond 1. алмаз 2. алмазный конус, алмазная пирамида 3. ромб, ромбовидная расстановка *(группы сейсмоприёмников, пунктов взрыва)* ◊ ~s per carat число алмазов на карат *(характеристика крупности буровых алмазов)*
alluvial ~ алмаз из аллювиального месторождения
artificial ~ искусственный алмаз
black ~ чёрный технический алмаз карбонадо
carbonado ~ чёрный технический алмаз карбонадо
chip ~ дробовое бурение *(стальной дробью)*
clear ~ чистый алмаз *(с минимальным числом видимых трещин, пятен и включений)*
commercial ~ технический алмаз
commercial bort ~ технический алмаз борт
commercial carbonate ~ чёрный технический алмаз карбонадо
congo ~ алмаз конго
drill quality ~ буровой алмаз *(пригодный для армирования коронок)*
drilling ~ буровой алмаз
excellent ~ алмаз высшего сорта

flush-set ~s алмазы, заделанные в матрицу вровень с её поверхностью
gage ~ подрезной алмаз; калибрующий алмаз *(на боковой поверхности коронки)*
gem grade ~ буровой алмаз высшего качества
high ~ алмаз высшего сорта
industrial ~ технический алмаз
loose ~s оптовые партии алмазов
man-made ~ искусственный алмаз; синтетический алмаз
natural ~ натуральный алмаз; необработанный алмаз
new ~ новый алмаз
nonwetted ~ алмаз, непрочно закреплённый в коронке вследствие отсутствия смачивающих свойств у металла матрицы
ordinary synthetic ~ обычный синтетический алмаз
oriented ~ ориентированный алмаз *(в коронке)*
out-of-gage manmade ~ искусственный алмаз, синтетический алмаз
plane-face ~ плоскогранный алмаз
polished ~ заполированный алмаз
polycrystalline ~ поликристаллический алмаз
poor ~s низкосортные алмазы
reaming ~ подрезной алмаз *(на наружной поверхности коронки)*
recovered ~ рекуперированный алмаз
regular ~ алмаз среднего качества
rough ~ естественный алмаз; необработанный алмаз
rounded ~ овализованный алмаз
scrap ~ алмаз, извлечённый из отработавшей коронки *(и непригодный для дальнейшей переставки)*

diamond

spark ~ мелкий алмаз
strong synthetic ~ прочный синтетический алмаз
synthetic ~ синтетический алмаз; искусственный алмаз
table ~ плоскогранный алмаз
thermally stable polycrystalline synthetic ~ термостойкий поликристаллический синтетический алмаз *(для армирования буровых долот)*
track ~s ведущие алмазы *(расположенные у ведущего края промывочной канавки)*
tumbled ~ искусственно округлённый алмаз
uncut ~ необработанный алмаз; необколотый алмаз
usable ~ алмаз, годный для повторной переставки *(после извлечения из отработавшей коронки)*
used ~ алмаз, бывший в употреблении *(но ещё пригодный для бурении)*
virgin ~ новый алмаз *(вставляемый в коронку впервые)*
whole ~ цельный алмаз; неколотый алмаз; необработанный алмаз
diamond-bearing алмазосодержащий
diamond-drill алмазно-буровой
diamondiferous алмазосодержащий, алмазоносный
diamond-impregnated импрегнированный алмазами *(о коронках с равномерным насыщением всей массы матрицы алмазной крошкой)*
diamond-set армированный алмазами
diaphragm:
breathing ~ дышащая диафрагма *(резервуара)*
calibrated safety ~ предохранительная тарированная пластина

cementing plug ~ мембрана цементировочной пробки
rolling ~ сильфон
valve ~ мембрана клапана
Diaseal M *фирм.* смесь реагентов, способствующих ускорению отделения свободной жидкости из бурового раствора
diasphaltenes диасфальтены *(компоненты битумов, растворимые в эфире и сероуглероде и не растворимые в смеси спирта и эфира)*
diastrophism тектоническое воздействие
diatomite диатомит; кизельгур, инфузорная земля
dibenzyl-para-aminophenol дибензилпарааминофенол *(ингибитор смолообразования в бензинах)*
dice нефтеносный сланец
Dick's Mud Seal *фирм.* мелко нарезанная бумага *(нейтральный наполнитель для борьбы с поглощением бурового раствора)*
die 1. плашка *(резьбонарезная, ключа, клиньев)*; сухарь; матрица *(в устройстве для заправки буров)*; оправка **2.** инструмент для нарезки внешней винтовой резьбы **3.** ловильный колокол **4.** пресс-форма *(для изготовления коронок)* **5.** заглохнуть, прекратить фонтанирование *(о скважине)* ◊ to ~ out выклиниваться; исчезать, затухать *(о складках)*
~ of releasing socket плашка освобождающегося колокола
bit ~ пресс-форма для изготовления мелкоалмазных коронок
crown ~ пресс-форма для производства мелкоалмазных коронок

fishing ~ ловильная плашка
hard metal-faced ~ сухарь с твёрдосплавными вставками
hard metal-tipped ~ сухарь с твёрдосплавными вставками
knurled ~ плашка с накаткой
pipe-cutting ~ трубонарезная плашка, плашка для нарезания резьбы на трубах
pipe-thread cutting ~ трубонарезная плашка, плашка для нарезания резьбы на трубах
pipe tongs ~ плашка для трубного ключа
serrated ~ зубчатая плашка
slip ~ плашка клиньев
thread-cutting ~ плашка для нарезания резьбы, резьбонарезная плашка
threading ~ плашка для нарезания резьбы, резьбонарезная плашка
thread-rolling ~ плашка для накатки резьбы
tong ~ плашка трубного ключа
difference разница, различие; отличие
~ of elevation разность уровней
elevation ~ of pipeline ends разность уровней концов трубопровода
lithological rock ~s литологические различия пород
log mean temperature ~ разность средних температур, определённая при температурном каротаже
offset ~ *сейсм.* различие в дистанциях выноса
regional permeability ~s региональные различия в проницаемости
temperature ~ перепад температур
time ~ *сейсм.* разность времён
transit-time ~ разность времён пробега *(сейсмических волн)*
travel-time ~ разность времён пробега *(сейсмических волн)*
differential перепад
driving pressure ~ перепад давления, обусловливающий приток жидкости *(в скважину)*
pressure ~ перепад давления
pressure ~ across tube ends перепад давления в трубе
differentiation дифференциация
~ of beds дифференциация горных пород
~ of rock дифференциация горных пород
magmatic ~ магматическая дифференциация
metamorphic ~ метаморфическая дифференциация
sedimentary ~ осадочная дифференциация
diffraction *сейсм.* дифракция; дифрагированная волна
identified ~ идентифицированная дифрагированная волна
low-velocity ~ дифрагированная волна с малой скоростью
ray ~ дифракция лучей
diffractor *сейсм.* дифрагирующий объект
point ~ точечный дифрагирующий объект
diffuser диффузор *(трубы)*
diffusion:
gas ~ диффузия газов
diffusivity:
thermal ~ температуропроводность *(горных пород)*
dig 1. рыть, копать 2. бурить вручную ◊ **to ~ in** врезаться в породу *(о долоте)*
digger:
hole ~ 1. бур 2. бурильщик на ручном бурении
post-hole ~ ручной бур
trench ~ канавокопатель
well ~ бурильщик

digging:
   tough ~ бурение в твёрдых породах
digiphone цифровой сейсмоприёмник
digitizing преобразование в цифровую форму
   well log ~ преобразование каротажных данных в цифровую форму
dike: ◊ ~ **for reservoir** обвалование резервуара
   fire ~ обвалование резервуара; противопожарная насыпь (*вокруг резервуара*)
dilatation 1. разрежение (*сейсмических волн*) **2.** расширение; распространение; растяжение; увеличение объёма
dilution with water разбавление (*бурового раствора*) водой
dimension размер
   fold ~ размер складки
   overall ~ полный размер
   spread ~ размер расстановки (*системы наблюдений*)
   thread ~ размер резьбы
Dinoseis *фирм.* источник сейсмических сигналов, использующий взрыв газовой смеси
dioxide диоксид
   carbon ~ диоксид углерода, углекислый газ
   silicon ~ диоксид кремния
   sulfur ~ диоксид серы, сернистый ангидрид
Dip Log *фирм.* наклономер
dip 1. падение; линия падения (*пласта*) **2.** наклон (*скважины*)
◊ ~ **at high angle** крутое падение (*пласта*); ~ **at low angle** пологое падение (*пласта*); **down the** ~ параллельно падению (*пласта*)
   abnormal ~ аномальное падение
   apparent ~ кажущийся угол (*наклона скважины*)
   bed ~ наклон пласта, падение пласта
   changing ~ непостоянный угол наклона буровой скважины
   drag ~ изгиб пласта по падению (*при сбросе*)
   event ~ *сейсм.* наклон оси синфазности
   fault ~ падение плоскости сброса
   fault plane ~ падение плоскости сброса
   formation ~ наклон пласта, падение пласта
   gentle ~ пологое падение
   heavy ~ крутое падение
   high ~ крутое падение (*пласта*)
   local ~ **of bed** местное падение (*пласта*)
   low ~ пологое падение (*пласта*)
   moderate ~ пологое падение
   monoclinal ~ моноклинальное падение
   normal ~ нормальное падение (*пласта*)
   original ~ естественный откос
   reflector ~ наклон отражающей границы
   refractor ~ наклон преломляющей границы
   regional ~ региональное падение (*пласта*)
   reversal ~ обратное падение (*пласта*)
   reversed ~ обратное падение (*пласта*)
   steep ~ крутое падение
   stratigraphic ~ стратиграфическое падение
   stratum ~ падение пласта
   true ~ **1.** истинный угол наклона (*буровой скважины*) **2.** истинный угол падения
dip-circle стрелочный инклинатор, инклинометр
dipmeter 1. измеритель угла наклона (*буровой скважины*) **2.** пластовый наклономер, измеритель угла наклона пласта

3. прибор для определения угла падения пласта *(методом трёхэлектродного электрокаротажа с расположением электродов в горизонтальной плоскости)*
acid-etch ~ кислотный наклономер
borehole ~ измеритель наклона скважины
caliper ~ пластовый наклономер с каверномером
continuous ~ наклономер непрерывного действия
continuously recording ~ наклономер с непрерывной записью
focused ~ пластовый наклономер с фокусированными микрозондами
four-arm ~ четырёхрычажный наклономер
high-resolution ~ пластовый наклономер с высокой разрешающей способностью
microlog continuous ~ многокаротажный пластовый наклономер непрерывного действия
resistivity ~ пластовый наклономер, основанный на измерении сопротивления
wireline ~ пластовый наклономер
dipmeter-inclinometer пластовый наклономер
dipmetering наклонометрия скважины
dipper ложка *(буровая)*
dipping:
  gently ~ залегающий почти горизонтально
direction:
  ~ **of borehole deviation** направление наклона скважины; азимут скважины
  ~ **of chain travel** направление движения цепи
  ~ **of deflection** направление отклонения *(скважины)*
~ **of drilling** направление бурения; азимут буровой скважины
~ **of strata** простирание пластов
~ **of strike** направление простирания
base ~ начальное направление, направление базиса
common-depth-point ~ *сейсм.* направление суммирования по общей глубинной точке
common-geophone ~ *сейсм.* направление суммирования по общей точке приёма
common-offset ~ *сейсм.* направление суммирования по одинаковому расстоянию от взрыва до прибора
common-shot ~ *сейсм.* направление суммирования по общей точке взрыва
drift ~ направление наклона скважины; азимут скважины
formation ~ азимут падения пласта
fracture ~ направление трещины
initial ~ начальное направление, направление базиса
offset ~ *сейсм.* направление выноса
ray path ~ направление сейсмического луча
reference ~ основное направление; направление профиля
reflector dip ~ *сейсм.* направление падения отражающей границы
reversed ~ **of shooting** *сейсм.* встречное направление профилирования
rift ~ направление трещиноватости
seismic ray ~ направление сейсмического луча
shooting ~ *сейсм.* направление профилирования

shot ~ *сейсм.* направление на пункт взрыва
transverse ~ поперечное направление
traverse ~ направление профиля
Directional Survey *фирм.* комбинированный прибор индукционного и акустического каротажа
directive директива, указание
 operations ~ инструкция по эксплуатации
 reliability technical ~ техническая директива по вопросам надёжности
 repair-and-modification ~ директива по вопросам ремонта и модификации
 technical ~ техническая инструкция
directivity *сейсм.* направленность
 array ~ направленность группы сейсмоприёмников
 detector array ~ направленность группы сейсмоприёмников
 pattern ~ направленность группы сейсмоприёмников
 seismic ~ направленность группы сейсмоприёмников
 source ~ направленность источника
director 1. кондуктор 2. руководитель; начальник ◊ ~ **for maintenance** руководитель работ по техническому обслуживанию
 ~ **of exploration-and-production** начальник отдела разведки и эксплуатации
 ~ **of maintenance-and-repair** руководитель отдела эксплуатации и ремонта
 ~ **of maintenance engineering** руководитель отдела обеспечения технического обслуживания
 drill ~ буровой кондуктор

hole ~ кондуктор для забуривания скважин (*по заданному направлению*)
reliability ~ руководитель службы надёжности
safety ~ руководитель службы техники безопасности
wedge ~ кондуктор для забуривания шпуров клинового вруба
dirt грязь; загрязнение
 paraffin ~ парафиновая грязь (*в осадках*)
disability 1. выход из строя, неработоспособное состояние; аварийное состояние 2. дисперсность (*способность диспергироваться*)
disabled вышедший из строя, неисправный, не работающий; потерпевший аварию
disablement 1. выведение из строя, приведение в негодность 2. состояние негодности
disassemble демонтировать
disassembling демонтажные работы (*на буровой*)
disassembly демонтаж
disaster повреждение; авария
 major ~ крупная авария
discard 1. брак 2. браковка ‖ браковать; выбраковывать
 depot ~ браковка в ремонтной мастерской
 field ~ браковка в условиях эксплуатации
discarding 1. браковка 2. списание (*за негодностью*)
discharge 1. подача; нагнетание ‖ подавать; нагнетать (*жидкость или газ*) 2. производительность (*насосной станции, компрессора*) 3. объёмный расход 4. слив; сброс; выпуск ‖ сливать; сбрасывать; выпускать 5. дебит ◊ **to ~ backoff shot** взрывать шнурковую торпеду

discontinuity

~ of pump подача насоса; выкид насоса; производительность насоса
air ~ выпуск воздуха
air volume ~ расход воздуха
ashore ~ сброс на берег *(стоков с берега)*
bottom ~ опорожнение снизу, слив снизу *(автоцистерны)*
constant ~ равномерная производительность *(насоса)*; равномерный расход
fluid ~ выкид жидкости
free ~ свободное истечение
furnace ~ выходящий из крекинг-печи горячий нефтепродукт
gas ~ 1. выход газа; расход газа 2. приток газа
gravity ~ опорожнение самотёком
hermetic ~ герметичный слив
initial water ~ начальный расход воды
line ~ разгрузка трубопровода
mud pump ~ выкид бурового насоса
oil ~ слив нефти
oily ~ сброс воды, загрязнённой нефтью *или* маслом
pump ~ 1. выкид насоса; нагнетательное отверстие насоса 2. нагнетательный шланг; нагнетательный трубопровод 3. производительность насоса
sediment ~ мощность наносов
semihermetic ~ полугерметичный слив
specific gas ~ удельный расход газа
standard air volume ~ расход воздуха, приведённый к нормальным условиям
volumetric gas ~ объёмный расход газа
volumetric water ~ объёмный расход воды

water ~ 1. расход воды; дебит воды 2. спуск воды *(из резервуара)*
disclosure незамкнутая ловушка для нефти
disconnect: ◊ to ~ pipes отсоединять трубы
disconnection разъединение; расцепление; выключение; отключение
~ of drilling pipes разъединение бурильных труб
casing string ~ разъединение обсадной колонны
emergency marine riser ~ аварийное отсоединение водоотделяющей колонны
full ~ of drilling pipes полное разъединение бурильных труб
partial ~ of drilling pipes частичное разъединение бурильных труб
riser ~ отсоединение водоотделяющей колонны
tubing string ~ разъединение насосно-компрессорной колонны
disconnector разъединитель
dog-type string ~ кулачковый колонный разъединитель
emergency marine riser ~ аварийный отсоединитель водоотделяющей колонны
safety-lock string ~ замковый колонный разъединитель
screw string ~ резьбовой колонный разъединитель
shear-pin string ~ колонный разъединитель со срезаемыми шпильками
string ~ колонный разъединитель
discontinuation of inspection прекращение проверки
discontinue прекращать *(проверку)*
discontinuity *сейсм.* граница; разрыв непрерывности ◊ ~ in elastic properties граница, связанная с изменением упругих свойств

discontinuity

abrupt ~ граница разрывного изменения *(напр. скорости сейсмических волн)*
acoustic ~ граница по акустическим свойствам
elastic ~ граница по упругим свойствам
large velocity ~ резкая скоростная граница
seismic ~ сейсмическая граница *(разрыв непрерывности упругих свойств или плотности, при котором резко изменяется сейсмическая скорость или акустический импеданс)*
seismic velocity ~ сейсмическая скоростная граница
sharp ~ жёсткая *(очень контрастная по скорости пород)* граница
velocity ~ скоростная граница
discordance несогласное залегание горных пород
discordant несогласный *(о характере залегания)*
discovery обнаружение, открытие *(месторождение)*
~ of commercial pool открытие промышленного месторождения *(нефтяного или газового)*
~ of deposit открытие месторождения
~ of trouble обнаружение неисправности
first oil ~ обнаружение первой нефти *(в скважине)*
gas-field ~ открытие газового месторождения
new pool ~ открытие нового месторождения
oil-field ~ открытие нефтяного месторождения
oil-pool ~ обнаружение залежи нефти
wildcat field ~ открытие месторождения скважиной, пробуренной без детальной предварительной разведки

discrepancy 1. несоответствие; отступление; отклонение **2.** расхождение; разногласие; различие **3.** нарушение работоспособности **4.** неточность; рассогласование
depth ~ расхождение по глубинам
documentation ~ отступление от технической документации
hardware ~ отклонение характеристик оборудования *(от технических условий)*
maintenance ~ отклонение от правил технического обслуживания
discrepant не удовлетворяющий техническим условиям
discretion: ◊ **at driller's ~** по усмотрению бурильщика *(о расположении скважин)*
discriminant:
seismic ~ критерий распознавания сейсмического явления
discrimination 1. различение; установление различия **2.** разрешающая способность *(диагноза)* **3.** сейсм. селекция
failure ~ различение неисправностей
filter ~ фильтрующая способность *(водного фильтра)*
seismic event ~ распознавание сейсмического явления
seismological ~ распознавание сейсмического явления
short-period seismological ~ идентификация по записям короткопериодных сейсмографов
wavelength ~ *сейсм.* селекция по длинам волн
disease неисправность
disengagement освобождение; выделение *(продукции реакции)*
catalyst-oil ~ отделение катализатора от нефтепродукта; отпарка нефтепродукта от катализатора

disengager:
  catalyst ~ разгрузочный подъёмник катализатора
disfunction аварийная ситуация; работа с перебоями
dish тарелка
  tin ~ лоток для отмывки шламовых проб
  transfer ~ плоский сосуд-кристаллизатор *(для образцов битума)*
disintegration разрушение; расслоение
  ~ of core разрушение керна; дробление керна *(при отборе колонковым долотом)*
  ~ of rock 1. разрушение горной породы 2. естественный распад горной породы
  concrete ~ расслоение бетона
  hydrous ~ of rock разрушение горной породы под действием воды
disk диск
  brake ~ тормозной шкив; тормозной диск
  driven ~ ведомый диск
  driving ~ ведущий диск
  friction ~ фрикционный диск
  marcel ~ диск долота с волнообразной режущей кромкой
  pump ~ манжета насоса
  valve ~ тарелка клапана
dislensing:
  reservoir ~ разлинзовывание коллектора
dislocated дислоцированный; нарушенный *(о месторождении)*
dislocation перемещение пластов; дислокация ◊ **~ by landslide** оползневая дислокация; **~ by rock-slide** оползневая дислокация; **~ by salt plugs** соляная дислокация
  cryogenic ~ криогенная дислокация
  deep-seated ~ глубинный сдвиг; глубинная дислокация

glacial ~ ледниковая дислокация
horizontal ~ тангенциальная дислокация
plicated ~ пликативная дислокация
radial ~ радиальная дислокация
volcanic ~ вулканическая дислокация
dislodger отстойный резервуар
dismantle демонтировать
dismantling демонтаж ◊ **to move without ~** транспортировать без демонтажа
  ~ of derrick разборка буровой вышки
dismount демонтировать
dismounting демонтаж
  derrick ~ демонтаж буровой вышки
disorder разладка; нарушение нормальной работы
  functional ~ функциональное нарушение; сбой функционирования
dispatcher диспетчер
dispatching диспетчеризация; управление распределением *(газа)*
dispense перекачивать *(нефтепродукты)*
dispenser заправочная колонна; бензоперекачивающая установка
  oil ~ маслораспределительное устройство, маслораздаточный механизм
dispersant диспергатор *(среда)*
disperse диспергировать
dispersed диспергированный
dispersing дисперсионный
dispersion диспергирование; дисперсия; дисперсность *(глинистых частиц в растворе)*
  colloid-chemical ~ коллоидно-химическая дисперсия
  fine ~ тонкая дисперсия

velocity ~ *сейсм.* дисперсия скоростей

displace: ◊ to ~ mud 1. откачивать буровой раствор 2. вытеснять буровой раствор (*напр. цементным раствором*)

displacement 1. замещение (*вытеснением*) 2. дислокация (*вдоль разломов*) 3. сейсмический снос ◊ ~ at drilling draft водоизмещение (*плавучей полупогружной буровой установки*) в процессе бурения; ~ by fault перемещение при сбросе; ~ in transit condition водоизмещение (*плавучей полупогружной буровой установки*) в транспортном положении
~ of beds перемещение пластов
~ of pump подача насоса; объёмная производительность насоса
~ of formation fluids вытеснение пластовых флюидов
air ~ of oil вытеснение нефти воздухом
artificial oil ~ искусственное вытеснение нефти
bottom ~ смещение забоя, уход забоя
compressional ~ *сейсм.* смещение при распространении продольных волн (*в цикле сжатия*)
continuous oil ~ by steam вытеснение нефти непрерывно нагнетаемым паром
cyclic oil ~ by carbon dioxide вытеснение нефти при циклическом закачивании углекислого газа
depth-wise ~ смещение по глубине (*каротажных кривых*)
drilling ~ водоизмещение (*плавучей полупогружной буровой установки, погружённой с целью уменьшения волновых воздействий*) при бурении
drill-pipe ~ водоизмещение колонны бурильных труб
elastic ~ *сейсм.* упругое смещение
field tow ~ водоизмещение при буксировке в районе эксплуатации
fluid ~ вытеснение жидкости; продвижение контура (*при заводнении*)
gas ~ of oil вытеснение нефти газом
horizontal ~ of bottomhole горизонтальное смещение забоя скважины
horizontal ~ of hole горизонтальное смещение ствола скважины
injected country-rock ~ перемещение вмещающей горной породы
lateral ~ of hole горизонтальное смещение ствола скважины
light ~ водоизмещение (*плавучего бурового основания*) с установленным оборудованием (*без топлива, балласта, предметов снабжения, бурильных труб, бригады*)
miscible ~ of reservoir oil вытеснение нефти нагнетанием жидкостей, смешивающихся с нефтью
natural oil ~ естественное вытеснение нефти
ocean tow ~ водоизмещение при буксировке по океану
oil ~ вытеснение нефти (*из пласта*)
oil ~ by emulsion вытеснение нефти эмульсией
oil ~ by flooding вытеснение нефти при заводнении
oil ~ by foam вытеснение нефти пеной
oil ~ by gas plug pushed by water вытеснение нефти оторочкой газа проталкиваемой водой

oil ~ by liquid gas plug вытеснение нефти оторочкой сжиженного газа
oil ~ by miscible phase вытеснение нефти смешивающимися с ней агентами
oil ~ by steam вытеснение нефти паром
oil ~ by sulfuric acid plug вытеснение нефти оторочкой серной кислоты
operating ~ рабочее водоизмещение (*полупогружного основания*)
plunger ~ рабочий объём плунжера
pump ~ 1. подача насоса 2. объёмная производительность насоса
radial oil ~ радиальное вытеснение нефти
relative ~ относительное смещение
seismic ~ сейсмическое смещение, смещение при распространении сейсмических волн
shear ~ смещение при распространении поперечных волн
stratum ~ дислокация слоёв
survival ~ водоизмещение в режиме выживания
tanker ~ водоизмещение танкера
towing ~ водоизмещение при буксировке; водоизмещение в транспортном положении
vertical ~ вертикальное перемещение (*горных пород*)
water ~ вытеснение (*нефти или газа*) водой
water-oil ~ вытеснение нефти водой
display *сейсм.* 1. дисплей 2. визуальное представление данных
~ of seismic information 1. сейсмический дисплей 2. визуальное представление сейсмических данных

amplitude ~ динамическое изображение
count-rate ~ каротажная кривая скорости счёта
migrated ~ мигрированное изображение
record-section ~ представление данных в виде временных разрезов
seismic ~ сейсмическое изображение
seismic data ~ 1. сейсмический дисплей 2. визуализация сейсмических данных
seismic depth ~ визуализация глубинных разрезов
seismic record ~ визуализация сейсмограмм
seismic time ~ визуализация временных разрезов
sonic variable density ~ каротажная фазокорреляционная акустическая диаграмма
two-way travel-time ~ визуализация временных разрезов
disposal сброс, отведение (*сточных вод*)
brine ~ удаление минерализованных сточных вод
field sewage ~ канализация сточных вод промысла
mud ~ утилизация (*отработавшего*) бурового раствора
sea ~ сброс в море
sewage ~ сброс сточных вод
disposition расположение, размещение
detector ~ расположение сейсмоприёмников
disproportionation of hydrogen диспропорционирование водорода (*в процессе крекинга*)
disqualification браковка
disqualify браковать
disrepair неисправное состояние, неисправность
disruption of operation нарушение нормального хода работы

dissolution

dissolution растворение
   electrolytic ~ электролитическое растворение *(матрицы коронки для извлечения алмазов)*
distance 1. расстояние; дистанция 2. интервал; отрезок ◊ ~
   beyond critical *сейсм.* закритическое расстояние
   annular ~ кольцевой зазор; межтрубное пространство *(в концентрических трубах)*
   broadside ~ *сейсм.* дистанция до смещённого от профиля выносного источника
   cable ~ *сейсм.* база приёма *(длина расстановки сейсмоприёмников)*
   coincident ~ *сейсм.* дистанция до точки одновременного вступления волн
   critical ~ *сейсм.* критическое расстояние
   critical reflection ~ *сейсм.* дистанция до точки прихода волны, отражённой под критическим углом
   critical refraction ~ *сейсм.* дистанция до точки одновременного прихода отражённой и преломлённой волн
   crossover ~ *сейсм.* дистанция до точки одновременного вступления отражённой и преломлённой волн
   face-to-face ~ расстояние между параллельными плоскостями
   free ~ зазор; просвет
   geophone ~ расстояние между сейсмоприёмниками
   geophone-to-geophone ~ расстояние между соседними сейсмоприёмниками
   glide ~ *сейсм.* расстояние, пройденное волной вдоль преломляющей границы
   interwell ~ расстояние между скважинами
   leg center ~ межцентровое расстояние опор *(у плавучих оснований самоподъёмного типа)*
   mounting ~ монтажное расстояние
   offset ~ *сейсм.* дистанция выноса
   prediction ~ *сейсм.* интервал предсказания
   propagated ~ *сейсм.* расстояние, пройденное волной
   propagation ~ 1. *сейсм.* расстояние, пройденное волной 2. глубина сейсмических исследований
   radial ~ **from hole axis** радиальное расстояние от оси скважины
   ray-path ~ *сейсм.* расстояние по лучу
   shell-to-shell ~ расстояние между корпусами резервуаров
   shot-point ~ расстояние до пункта взрыва
   shot-point-to-geophone ~ расстояние от пункта взрыва до сейсмоприёмника
   shot-seismometer ~ расстояние от пункта взрыва до сейсмоприёмника
   shot-to-detector ~ расстояние от пункта взрыва до сейсмоприёмника
   shot-to-geophone ~ расстояние от пункта взрыва до сейсмоприёмника
   shot-to-receiver ~ расстояние от пункта взрыва до сейсмоприёмника
   shot-to-spread ~ *сейсм.* расстояние от пункта взрыва до расстановки
   source-to-receiver offset ~ *сейсм.* база приёма *(длина расстановки сейсмоприёмников)*
   teleseismic ~ телесейсмическое расстояние
   trace-to-trace ~ *сейсм.* расстояние между трассами

traveled ~ *сейсм.* пройденное волной расстояние
traversed ~ *сейсм.* пройденное волной расстояние
distillate дистиллят, погон; продукт предварительной грубой разгонки нефти; ширококипящая неочищенная и неотректифицированная фракция ‖ дистиллятный (*о топливе*); предназначенный для дистиллятных (*чистых и светлых*) нефтепродуктов (*о резервуарах, трубопроводах, насосах*)
gas ~ 1. природный газ, богатый бензиновой фракцией 2. газоконденсат
oil ~ 1. нефтяной дистиллят 2. масляный дистиллят
paraffin ~ 1. парафиновый дистиллят (*дающий твёрдый парафин и парафиновое масло*) 2. керосиновый дистиллят
paraffin pressed ~ парафиновый дистиллят, отпрессованный от парафина
power ~ неочищенный тракторный керосин; фракция между керосиновым и газойлевым дистиллятами
pressed ~ отпрессованный на фильтр-прессе масляный дистиллят; парафиновый дистиллят, отпрессованный от парафина
pressure still ~ пресс-дистиллят; сырой крекинг-дистиллят; неочищенный крекинг-бензин
side-cut ~ боковой погон; боковая фракция; погон, отбираемый с промежуточной тарелки ректификационной колонны
stove ~ неочищенный дистиллят печного топлива; дистиллятное топливо для коммунально-бытовых целей

straw ~ соляровый дистиллят
sweetened ~ дистиллят, очищенный от активных сернистых соединений; обессеренный дистиллят
tar ~ дистиллятный продукт перегонки гудрона; парафиновый дистиллят; дистиллят каменноугольной смолы; дистиллят дёгтя
wax ~ парафиновый дистиллят; дистиллят нейтрального масла, не очищенный от парафина
distilling дистилляция, перегонка ‖ дистилляционный, перегонный
distillation дистилляция, перегонка; разгонка ‖ дистилляционный, перегонный ◊ ~ **from zinc dust** перегонка с цинковой пылью; ~ **to coke** перегонка до кокса; ~ **with steam** перегонка с водяным паром
air ~ перегонка при атмосферном давлении
air equilibrium ~ равновесная разгонка в присутствии воздуха
analytical ~ аналитическая разгонка; лабораторная фракционированная перегонка
atmospheric vacuum ~ атмосферно-вакуумная перегонка
azeotropic ~ азеотропная перегонка
batch ~ периодическая перегонка (*нефти*); перегонка в кубах периодического действия
component ~ разгонка смеси с помощью третьего компонента; азеотропная перегонка
contact ~ контактная перегонка, перегонка над адсорбентом; перегонка смазочных масел над отбеливающей глиной

distillation

continuous ~ непрерывная перегонка; непрерывная разгонка
destructive ~ деструктивная перегонка; сухая перегонка
differential ~ дифференциальная перегонка; дробная перегонка, фракционная перегонка
dry ~ сухая перегонка
dry vacuum ~ сухая вакуумная перегонка
Engler ~ лабораторная разгонка нефтепродукта по Энглеру
equilibrium ~ перегонка в равновесных условиях, однократная перегонка
equilibrium air ~ 1. равновесная перегонка бензина с воздухом 2. испытания бензина на испаряемость в эксплуатационных условиях по методу Сляя
extractive ~ экстрактная перегонка
film ~ перегонка в тонком слое; плёночная перегонка; перегонка в аппарате со стекающей плёнкой жидкости
fire ~ перегонка с нагревом открытым пламенем
flash ~ 1. однократное испарение 2. однократная равновесная перегонка 3. испарение *(нагретого нефтепродукта)* путём внезапного понижения давления
fluidized ~ перегонка в псевдоожиженном слое
fractional ~ фракционная перегонка, дробная перегонка
gasoline ~ 1. разгонка бензина 2. фракционный состав бензина
Hempel ~ разгонка по Гемпелю
high-temperature ~ перегонка при повышенной температуре; высокотемпературная перегонка

hot-oil ~ вторичная перегонка бензиновых фракций с нагревом их горячим дистиллятом другого нефтепродукта
low-temperature ~ низкотемпературная сухая перегонка, швелевание, полукоксование
molecular ~ молекулярная дистилляция, молекулярная перегонка
multicomponent ~ перегонка многокомпонентной смеси
naphtha ~ разгонка бензино-лигроиновых фракций
nonfractionating ~ разгонка без ректификации
oil ~ нефтеперегонка
oil-shale ~ сухая перегонка горючего сланца
preliminary ~ первичная перегонка *(нефти)*
pyrogenic ~ деструктивная перегонка; сухая перегонка
selective azeotropic ~ азеотропная перегонка с селективным растворителем
short-path ~ молекулярная перегонка
simple ~ простая перегонка *(без ректификации)*
simulated ~ имитированная дистилляция *(нефтепродуктов)*
solar ~ солнечное опреснение
steady-state ~ стабилизированная разгонка
steam ~ перегонка с *(водяным)* паром
steam-atmospheric ~ перегонка с паром при атмосферном давлении
straight-run ~ прямая перегонка
suitability ~ перегонка с целью выяснения пригодности нефтепродукта
superheated steam ~ перегонка с перегретым водяным паром

distribution

thermal ~ термическая перегонка
true-boiling-point ~ разгонка для определения истинных точек кипения *(компонентов смеси)*
vacuum ~ вакуумная перегонка
wet ~ атмосферная перегонка *(нефти)* с паром
wet vacuum ~ вакуумная перегонка *(нефти)* с паром
wood ~ сухая перегонка древесины
zinc dust ~ перегонка с цинковой пылью
distillatory дистилляционный
distilled-to-dryness подвергшийся перегонке до сухого остатка
distiller аппарат для перегонки, перегонный аппарат; дистиллятор
distillery перегонная установка, перегонный завод
distilling перегонка, разгонка ‖ перегонный, дистилляционный
distinguishability различимость; возможность различения
  fault ~ возможность различения неисправностей
distinguishable различимый
  electrically ~ различимый методами электроразведки *(о слое)*
  seismically ~ различимый методами сейсмической разведки *(о слое)*
distorted искажённый *(о профиле)*
distress 1. аварийная ситуация 2. поломка; авария; повреждение
distribution распределение
  ~ **of gas, oil and water** распределение газа, нефти и воды *(в коллекторе)*
  ~ **of number of failures** распределение числа отказов
  ~ **of pipes** размещение труб; развозка труб *(вдоль трассы трубопровода)*
  ~ **of rocks** распределение горных пород
  ~ **of stresses** распределение напряжений
  approximate reservoir pressure ~ приближённое распределение пластового давления
  approximate velocity ~ *сейсм.* приближённое распределение скоростей; приближённый спектр скоростей
  calendar time ~ **of well drilling** баланс календарного времени бурения скважины
  carbon ~ распределение углерода *(в углеводородах)*
  cavity shape ~ распределение пустот по форме
  cavity width ~ распределение пустот по ширине
  continuous velocity ~ *сейсм.* непрерывное распределение скоростей; непрерывный спектр скоростей
  damage ~ распределение повреждений
  differential oil pool ~ дифференциальное распределение залежей нефти
  failure ~ 1. распределение частоты отказов 2. распределение вероятностей отказов 3. распределение наработки до отказа
  failure-age ~ распределение наработки до отказа
  failure-governing stress ~ распределение воздействия, вызывающего отказ; распределение отказоопасного усилия
  funicular phase ~ подвижное распределение фазы
  gas ~ газораспределение

distribution

gas-water-oil ~ распределение газа, нефти и воды *(в коллекторе)*
geographic ~ географическое распределение *(нефти)*
geological ~ геологическое распределение *(нефти)*
grain-size ~ гранулометрический состав
gravitational oil and water ~ гравитационное распределение нефти и воды *(в ловушке)*
hazard ~ распределение интенсивности отказов
initial temperature ~ начальное распределение температуры
insular phase ~ островное распределение фазы
life-length ~ распределение наработки; распределение продолжительности срока службы
lifetime ~ распределение наработки; распределение продолжительности срока службы
limiting age ~ распределение продолжительности предельного срока службы
liquid ~ распределение жидкости
mortality ~ распределение интенсивностей отказов
oil-and-gas field ~ размещение месторождений нефти и газа
particle-size ~ гранулометрический состав
pendular phase ~ связанное распределение фазы
phase ~ распределение фазы
pore size ~ распределение пор по размерам *(в породе)*
product ~ распределение продуктов; состав суммарного продукта *(нефтехимического процесса)*
production rate ~ распределение дебитов
regional gas ~ региональное газораспределение
regional oil ~ региональное распределение нефти
reservoir pressure ~ распределение пластового давления
residual life ~ распределение остаточного срока службы
saturation ~ in reservoir распределение насыщенности по продуктивному пласту
size ~ распределение по крупности зерна
stratigraphical ~ of oil fields стратиграфическое распределение месторождений нефти
stress-to-failure ~ распределение соотношения между напряжением и числом отказов
temperature ~ распределение температуры *(в пластах)*
time-to-failure ~ распределение наработки до отказа; распределение времени безотказной работы
true reservoir pressure ~ истинное распределение пластового давления
velocity ~ *сейсм.* распределение скоростей; спектр скоростей
vertical velocity ~ *сейсм.* распределение скоростей по вертикали
wide particle-size ~ широкий гранулометрический состав
working agent ~ распределение рабочего агента по скважинам
yield-mass ~ распределение выхода по массе
distributor газораспределительная компания
disturbance 1. возмущение 2. помеха; помехи ◊ ~ **in oil occurrence** нарушение залегания нефти; ~ **in petroleum occurrence** нарушение залегания нефти
~ **of sand** смещение песка
compressional ~ *сейсм.* возмущение, порождающее продольные волны

local ~ локальная аномалия
regional ~ региональная аномалия
rotational ~ *сейсм.* ротационное возмущение *(порождающее поперечные волны)*
seismic ~ сейсмическое возмущение *(импульс, волна)*
shothole ~ проявляющееся на поверхности действие взрыва в скважине
spherical ~ *сейсм.* сферическое возмущение
disturbed:
highly ~ сильно нарушенный *(о породе, структуре)*
ditch 1. жёлоб *(для бурового раствора)* 2. канава; траншея; котлован
bailing ~ канавка *(для отвода жидкости, вычерпанной желонкой)*
cable ~ траншея для кабеля
canal ~ жёлоб *(для отвода бурового раствора к отстойникам)*
cutting ~ жёлоб для шлама, шламопровод
drill cuttings ~ жёлоб для бурового раствора
drilling mud ~ жёлоб для бурового раствора
drilling mud circulation ~ выкидной жёлоб для бурового раствора
drilling mud flow ~ жёлоб для бурового раствора
mud ~ амбар для хранения бурового раствора
pipeline ~ траншея для трубопровода
ditcher траншейный экскаватор, траншеекопатель; канавокопатель
ditching устройство траншей; устройство канав
pipe ~ прокладывание траншеи *(для трубопровода)*

divergence of bed отклонение пласта
diversification of gas supplies диверсификация источников газоснабжения
divertor:
telescoping joint ~ отводное устройство телескопической секции *(водоотделяющей колонны)*
divider разделитель *(порций продукции в трубопроводе)*
ball hollow ~ шаровой пустотелый разделитель
cup-type ~ манжетный разделитель
disk ~ дисковый разделитель
reflux ~ приспособление для отбора проб флегмы *(в ректификационной колонне)*
rubber ~ резиновый разделитель
toroidal hollow ~ торовый пустотелый разделитель
dividing разделение; разрезание
~ of pool by injection well rows разрезание залежи рядами нагнетательных скважин
~ of reservoir by injection well rows разрезание месторождений рядами нагнетательных скважин
diving:
oil-field ~ нефтепромысловое водолазное дело
Division:
Oil and Gas ~ отдел нефти и газа *(в министерстве внутренних дел США)*
division 1. отдел; отделение 2. участок *(напр. трубопровода)*
complaints ~ отдел рекламаций
drilling ~ отдел бурения
geological ~ геологическое разделение *(вскрытого скважиной разреза)*
inspection ~ отдел технического контроля

maintenance ~ отдел технического обслуживания
production ~ отдел добычи
reliability ~ отдел надёжности *(на предприятии)*
repair ~ отдел ремонта
technical control ~ отдел технического контроля
technical documentation ~ отдел технической документации
test ~ отдел испытаний
test-and-evaluation ~ отдел испытаний и оценки
test-data ~ отдел обработки результатов испытаний

DMS *фирм.* жидкое поверхностно-активное вещество для буровых растворов

dock эстакада
loading ~ наливная эстакада *(для нефтепродуктов)*

docking 1. постановка на ремонт **2.** ремонт
heavy ~ крупный ремонт
light ~ мелкий ремонт
normal scheduled ~ плановый ремонт

doctor 1. устройство устранения дефектов **2.** устранять неполадки; ремонтировать; налаживать *(механизм или машину)* **3.** обессеривающий раствор ‖ производить дезодорирующую сероочистку, производить демеркаптанизацию *(бензина плюмбитом натрия)*
drill ~ мастер по ремонту бурильных молотков

doctor-sweet дающий отрицательную докторскую пробу; не содержащий меркаптанов *(о бензине)*

document документ
acceptance ~ акт приёмки *(изделия)*
inspection ~ акт приёмочного контроля

nonconformance ~ акт о несоответствии *(изделия)* техническим условиям
repair ~ ремонтная ведомость; акт о выполнении ремонта
test acceptance ~ акт приёмки *(изделия)* после испытаний
test requirements ~ ведомость требований к испытаниям

documentation документация
diagnostic ~ диагностическая документация
engineering ~ техническая документация
maintenance ~ эксплуатационная документация

dodecahedron 1. додекаэдр **2.** алмаз додекаэдрической формы, бразильский алмаз

dog 1. хомутик; поводок **2.** палец; замыкающий зуб **3.** кулак; кулачок **4.** крючок; скоба **5.** защёлка; зажимные клещи; зажим; захват ‖ зажимать; захватывать **6.** башмак
casing ~ 1. подвесной лафетный хомут **2.** труболовка для обсадных труб
hand ~ ключ для свинчивания и развинчивания буровых штанг
holding ~ клиновой штангодержатель
latch ~ захватывающее приспособление с защёлкой
lifting ~ 1. захватывающее приспособление *(для подъёма штанг)* **2.** клещи захвата *(для извлечения съёмного керноприёмника через штанги)* **3.** подъёмная серьга *(спайдера)*
locking ~ замковая защёлка, запорная собачка
pipe ~ трубный ключ
rolling ~ роликовый штангодержатель
side ~ лом-вилка с загнутым концом

slip ~s щёки плашек *(в роторном столе для бурильных труб)*
timber ~ крепёжная скоба
doghouse 1. будка для переодевания рабочей вахты *(на буровой)* 2. будка бурового мастера 3. откос небольшой вышки 4. кабина оператора сейсмической станции; помещение с сейсмической регистрирующей аппаратурой
dogleg 1. резкое искривление ствола скважины 2. резкий перегиб проволочного каната 3. внезапное изменение направления, излом *(профиля)*
dolly 1. опорная трубная тележка 2. круглая обжимка; оправка *(в машине для заправки буров)*
blowout preventer ~ тележка для перевозки превенторной сборки *(по буровой площадке)*
launching ~ плавающая каретка для спуска *(трубопровода)* на воду
pipe ~ тележка для перевозки бурильных труб
pneumatic pipe ~ пневматическая тележка для монтажа трубопровода
traveling block guide ~ направляющая каретка талевого блока *(для перемещения талевого блока по вертикальным направляющим с целью предотвращения его раскачивания при качке бурового судна или плавучей полупогружной буровой платформы)*
dolomite доломит
   cherty ~ кремнистый доломит
   dense ~ плотный доломит
   limy ~ известковый доломит
   sandy ~ песчанистый доломит
dolomitic доломитовый
dolomitization доломитизация
   contemporaneous ~ сингенетическая доломитизация

dolomitized доломитизированный
domain *сейсм.* представление
moveout-time ~ представление приращений по времени
velocity ~ скоростное представление
dome 1. купол *(резервуара)* 2. куполовидное поднятие 3. колпак *(железнодорожной цистерны)* 4. шлем *(перегонного куба)*
~ of tank куполообразная крыша резервуара
air ~ воздушный колокол, компенсатор *(поршневого насоса)*
anticlinal ~ антиклинальный купол
deep-seated ~ глубоко залегающий соляной купол
interior ~s внутренняя группа соляных куполов
piercement salt ~ соляной купол протыкающего типа
pressure ~ воздушный колпак *(насоса)*
producing ~ продуктивный купол
salt ~ соляной купол
shallow ~ мелкозалегающий купол
still ~ 1. шлем перегонного куба 2. сухопарник выпарного аппарата
dome-shaped куполообразный
domestic 1. коммунального назначения 2. добываемый в пределах страны; местный; внутренний; отечественный
doming куполовидное поднятие
surface ~ куполовидное поднятие
donut приспособление для подвески кондуктора
doodlebug *разг.* 1. станок для бурения сейсмических скважин 2. сейсмоприёмник 3. вести поиски нефти

door дверца; створка
  cellar ~ створка буровой шахты
  cleanout ~ отверстие с пробкой в нижней части резервуара для очистки его от осадков
  elevator side ~ створка элеватора
  pump open sliding side ~ шибер боковых отверстий, открываемый давлением
  sliding cellar ~ раздвижная створка буровой шахты
  sliding side ~ раздвижная боковая дверца *(в скважинном оборудовании для опробования)*
  smoke-box ~ дымовая заслонка

dope 1. облагораживающая присадка *(к топливам или маслам)* 2. антидетонационная присадка 3. противокоррозионное покрытие; смазка *(жидкая)* 4. асфальтовое покрытие *(для трубопроводов)*
  antiknock ~ for diesel fuel присадка к дизельному топливу, повышающая его цетановое число; антидетонационная присадка
  casing thread ~ смазка для герметизации резьбового соединения обсадных труб
  fuel ~ присадка к топливу
  gasoline ~ облагораживающая присадка к бензину
  ignition ~ ускоритель воспламенения *(присадка к дизельному топливу)*
  knock-sedative ~ антидетонационная присадка
  oil ~ присадка к маслу
  pipe ~ густая трубная смазка
  rod ~ антивибрационная смазка для штанг
  thread ~ смазка для герметизации резьбового соединения; смазочный материал для резьбы
  wax ~ присадка к парафину, понижающая его температуру застывания

dormancy 1. состояние бездействия; невключённое состояние 2. состояние ненагруженного резерва

dormant 1. бездействующий, невключённый *(об элементе)* 2. находящийся в состоянии ненагруженного резерва

DOS-3 *фирм.* рафинированная маслянистая жидкость *(нефлюоресцирующая и нетоксичная смазывающая добавка, понизитель трения буровых растворов)*

dosimeter дозиметр; дозатор, дозирующее устройство; мерник

double двухтрубная свеча *(бурильных труб)*, двухтрубка

doublers дополнительные брусья *(для усиления ног вышки)*

doubling:
  pipeline ~ сооружение параллельной нитки газопровода

doughnut кольцевой выступ *(для закрепления колонны труб в подвешенном состоянии)*

Dow Corning *фирм.* кремнийорганическое соединение *(пеногаситель)*

Dowcide G *фирм.* бактерицид

downcomer переточная трубка; сливной стакан *(в тарелке ректификационной колонны)*; сливная вертикальная труба; спускная вертикальная труба; стояк

down-dip по падению *(пласта)*

downfaulted сброшенный *(о части пласта)*

downhill расположенный на спускающемся склоне возвышенности *(о трубопроводе, насосной установке)*

downhole скважинный *(размещаемый в скважине)*

down-off фитинг для отвода продукта сбоку *или* из нижней части ректификационной колонны
downpipe сливная труба, отводная труба; сливная трубка, переточная трубка, сливной стакан *(в ректификационной колонне)*
down-pump погружной насос
 low ~ погружной насос для небольших глубин
downspout сливная труба, отводная труба; сливная трубка, переточная трубка, сливной стакан *(в ректификационной колонне)*
 tray ~ переливная трубка, переточная трубка *(ректификационной колонны)*
downstream нисходящий поток; нагнетательный поток
downstroke ход вниз *(напр. плунжера скважинного насоса)*
down-structure по падению *(пласта)*
downsweeping *сейсм.* возбуждение свип-сигнала с разверткой вниз
down-the-hole с погружным пневмоударником *(о бурении)*
downtime 1. время работы *(бурового, каротажного и другого инструмента на забое)* 2. время вынужденного простоя; потерянное время *(вследствие ремонта, аварии, цементирования, транспортировки из-за неисправности)*
 active maintenance ~ простой от обнаружения до устранения неисправности
 corrective maintenance ~ простой вследствие внепланового технического обслуживания
 emergency ~ аварийный простой
 maintenance ~ простой вследствие технического обслуживания

 nonactive maintenance ~ простой от появления до устранения неисправности
 preventive maintenance ~ простой вследствие профилактического технического обслуживания
 repair ~ простой вследствие ремонта
 routine ~ время, отведённое на ремонт оборудования
downwarping *геол.* прогибание
draft осадка *(судна)*
 ~ of floating rig осадка плавучего бурового основания
 ~ of platform in drilling position осадка платформы при бурении
 ~ of semisubmersible unit in drilling condition осадка полупогружного основания при бурении
 design ~ 1. проектная осадка 2. конструктивная осадка
 designed load ~ грузовая осадка *(плавучего бурового основания)*
 drilling semisubmersible ~ осадка полупогружного бурового основания при бурении
 loaded tanker ~ осадка нагруженного танкера
 operating ~ эксплуатационная осадка *(полупогружного бурового основания)* при бурении
 survival ~ осадка *(плавучего бурового основания)* в режиме выживания
 tanker ~ осадка танкера
 tanker loaded ~ осадка нагруженного танкера
 towing ~ осадка *(полупогружного бурового основания)* при буксировке
 transit ~ осадка *(полупогружного бурового основания)* при транспортировке

drag 1. сопротивление *(среды)* 2. гидродинамическое сопротивление ◊ ~ **on drill pipe** затяжка бурильной колонны; ~ **on drill string** затяжка бурильной колонны
coil ~ 1. ловильный инструмент для извлечения из скважины отломившегося бура 2. ловильный штопор 3. инструмент для подъёма крупной гальки и обломков металла с забоя скважины
drill pipe ~ затяжка бурильной колонны
drill string ~ трение при продольном перемещении бурильных труб; затяжка бурильной колонны *(в стволе скважины)*
drilling bit cone ~ задевание шарошек бурового долота
friction ~ 1. сопротивление трения 2. замедление движения вследствие проскальзывания фрикционного сцепления
rod ~ трение штанг о стенки скважины *(при бурении)*
rotary bushing ~ трение вследствие соприкосновения замков со стенками скважины при вращении снаряда
wall ~ трение снаряда о стенки скважины

drain 1. спускное отверстие; спускной патрубок 2. сброс жидкости; слив ◊ **to** ~ **off** спускать; выпускать; сливать
field waste-water ~ канализация сточных вод промысла
floating roof ~ дренажная система резервуара с плавающей крышей
floor ~ спускное отверстие в полу
oil ~ отверстие для слива масла
plug ~ спускное отверстие с пробкой
roof ~ дренажная система в резервуаре с плавающей крышей

surface water ~ труба для отвода воды; дренажная труба
tank ~ 1. отверстие для спуска остатков *(из резервуара)* 2. дренажная смесь воды и нефтепродукта
water ~ спуск воды *(из резервуара)*
drainage отбор пластового флюида; дренирование пласта ◊ ~ **by compressed air** дренирование сжатым воздухом
~ **of reservoir** отбор пластового флюида из коллектора
bilateral ~ двустороннее питание *(залежи)*
condensate ~ удаление конденсата
cylinder ~ удаление конденсационной воды из цилиндра
field ~ площадная миграция *(нефти или газа)*
gas ~ дренирование газа
gravity ~ гравитационный режим пласта
natural ~ естественное дренирование
net ~ эффективный отбор пластового флюида *(из коллектора)*
rainwater ~ ливнесброс
tank ~ сток нефтяного резервуара
unilateral ~ одностороннее питание *(залежи)*
well ~ площадь дренирования скважины
drastic глубокий *(о процессах крекинга, деасфальтизации)*
draw 1. отбирать, извлекать 2. чеканить *(алмазы в коронку вручную)* 3. погон, фракция ◊ **to** ~ **a blank** пробурить безрезультатную скважину; **to** ~ **a well** *разг.* извлекать трубы-фильтры из ликвидируемой скважины; **to** ~ **out** вытягивать, поднимать *(инструмент из скважины)*

bottom ~ самый тяжёлый остаток

drawdown депрессия; перепад давления (*создаваемый по мере отбора жидкости из пласта или движения жидкости к скважине*); снижение давления в пласте

~ **of well** понижение уровня нефти в скважине

differential pressure ~ депрессия на пласт

pressure ~ депрессия (*в скважине*)

production ~ снижение темпа отбора

drawer устройство для вытаскивания; устройство для выдёргивания

packing ~ крючок для извлечения набивки из сальника

drawhook тяговый крюк

drawoff 1. спускное устройство; спуск, отвод 2. выпускать; выгребать; отводить; откачивать

drawworks буровая лебёдка

double drum ~ двухбарабанная буровая лебёдка

rotary ~ лебёдка роторного бурового агрегата

single drum ~ однобарабанная буровая лебёдка

skid-mounted ~ буровая лебёдка на раме

three-shaft ~ трёхвальная буровая лебёдка

two-speed ~ двухскоростная буровая лебёдка

dredge драга, землечерпалка, экскаватор; землесосный снаряд

dreg отстой; осадок; отбросы

dress 1. заправлять инструмент (*бур, лопастное долото*) 2. подчеканивать алмазную коронку вручную 3. ремонтировать шарошечное долото наваркой твёрдого сплава на изношенные зубья ◊ **to** ~ **a bit** заправлять долото, заправлять коронку (*бура*)

dressed:

hand ~ заправленный вручную (*о буре*)

dresser 1. рабочий по заправке долот 2. устройство для заправки буров, бурозаправочный станок 3. бурозаправщик 4. вышкомонтажник

bit ~ 1. устройство для заправки долот 2. член бригады, отвечающий за заправку долот; рабочий по заправке долот 3. молот (*для заправки долот*)

drilling-bit ~ молот для заправки буровых долот

tool ~ 1. заправщик бурового инструмента, заправщик долот 2. алмазный инструмент для правки шлифовальных кругов 3. помощник бурового мастера (*при канатном бурении*)

dressing 1. заправка инструмента 2. армирование твёрдым сплавом 3. выпрямление; правка; заточка (*буров*)

bit ~ 1. заправка бура; заправка буровой головки 2. заправка буровых долот

drilling bit ~ заточка бурового долота

edge ~ зачистка кромки

external ~ наружная смазка (*каната*)

tool ~ заправка бурового инструмента

top ~ *разг.* подливка нефти в непродуктивную скважину с целью выдать её за перспективную

drier 1. сушилка, сушильная камера 2. влагоотделитель

absorbent ~ абсорбирующий влагоотделитель

absorption gas ~ абсорбционная установка для осушки газа
bauxite gas ~ установка для осушки газа бокситами
calcium chloride gas ~ установка для осушки газа хлористым кальцием
condensing ~ конденсирующий влагоотделитель
gas ~ установка для осушки газа
glycol gas ~ установка для осушки газа гликолем
liquid desiccant ~ влагоотделитель для газа с жидким осушителем
liquid phase ~ влагоотделитель жидкой фазы
lithium bromide gas ~ установка для осушки газа бромистым литием
pellet ~ сушилка для гранулированного катализатора
solid desiccant ~ влагоотделитель для газа с твёрдым осушителем

Drift Log *фирм.* инклинометр
drift 1. дорн; выколотка **2.** оправка *(для выправления вмятин в трубах)* **3.** отклонение скважины *(от заданного направления)* **4.** наклонный ствол *(скважины)*
~ of spontaneous potential curve *сейсм.* смещение кривой самопроизвольной поляризации
downdip ~ of drilling bit отклонение бурового долота по падению пласта
drill ~ буровой штрек *(из которого производится бурение глубоких скважин)*
drilling bit ~ отклонение бурового долота
lateral ~ of hole приращение азимутального угла ствола скважины
updip ~ of drilling bit отклонение бурового долота по восстанию пласта

vertical ~ угол наклона
drifter 1. колонковый перфоратор; колонковый бурильный молоток **2.** бур средней длины *(в комплекте)* **3.** бурильщик, работающий на перфораторе
air ~ пневматический колонковый перфоратор
air-feed ~ колонковый перфоратор с пневматической подачей
autofeed ~ колонковый бурильный перфоратор с автоматической подачей
bar-rigged ~ колонковый перфоратор
boom-mounted ~ перфоратор, смонтированный на колонке буровой каретки
cradle ~ колонковый бурильный молоток с податчиком на салазках
drill rig ~ колонковый перфоратор на каретке
heavy ~ тяжёлый колонковый перфоратор
wet ~ колонковый перфоратор для мокрого бурения
drifting 1. отклонение *(скважины)* **2.** выправление; внутренняя калибровка *(труб при помощи оправки)*
driftmeter дрифтметр *(инструмент для измерения отклонения скважины от вертикали)*
Dri-Job *фирм.* низкосортный баритовый утяжелитель
Drill Pipe-Electric Log *фирм.* прибор каротажа сопротивления малого диаметра для исследования скважин через буровой инструмент; аппаратура индукционного каротажа с зондом большого радиуса исследования
drill 1. бур; перфоратор; бурильный молоток; бурильная машина; буровой станок ‖ бурить **2.** забойный двигатель **3.** дрель;

drill

сверло; бурав ◊ ~ and fire проходка выработки буровзрывным способом; to ~ ahead 1. бурить ниже башмака обсадной колонны *(на значительную глубину)* 2. продолжать бурение; добуривать, возобновлять бурение *(из-под башмака обсадной колонны)*; to ~ ahead the length of kelly бурить на длину ведущей бурильной трубы; to ~ around обуривать; бурить мимо оставшегося в скважине инструмента; отклонять ствол скважины *(с целью обойти находящееся в скважине препятствие)*; to ~ by обуривать; бурить мимо оставшегося в скважине инструмента; to ~ down проходить скважину на длину ведущей бурильной трубы; to feed ~ бурить при полном поглощении бурового раствора; ~ for underground станок для бурения из подземных выработок; to ~ in 1. войти скважиной в продуктивный пласт; вскрывать продуктивный пласт *(после установки обсадной колонны и цементирования верхней части продуктивной зоны)* 2. бурить вращением колонны обсадных труб; to ~ off 1. зашламовывать скважину 2. обуривать *(забой)* 3. вращать буровое долото без подачи 4. бурить ряд скважин; to ~ out 1. бурить долотом до его полного износа 2. выбуривать цемент *(после постановки обсадной колонны)* 3. разбуривать пробку *(или другое препятствие в скважине)* 4. заканчивать скважину *(или группу скважин)* 5. оконтуривать *(месторождение сеткой скважин)* 6. пробуривать максимально допустимое число скважин *(на данной площади)* 7. разбуривать, выбуривать; рассверливать; высверливать; to ~ over 1. обуривать *(оставшийся в скважине инструмент или керн)* 2. разбуривать *(напр. цементную пробку)* 3. разбуривать *(площадь)*; to ~ to predetermined point бурить до заданной глубины; to ~ the pay бурить в продуктивном пласте; to ~ the plug разбуривать пробку; to ~ the well бурить скважину; to ~ through casing shoe разбуривать башмак обсадной колонны; to ~ up закончить бурение *(на данной площади)*; to ~ upward 1. бурить восстающую скважину 2. расширять ствол скважины снизу вверх; ~ under pressure бурение с использованием вращающегося противовыбросового превентора

abrasive jet ~ установка для бурения долотом с гидромониторными насадками и абразивным буровым раствором

adamantine ~ 1. алмазный бур 2. станок для дробового бурения

air ~ 1. лёгкий станок алмазного бурения с пневматическим двигателем 2. пневматический бурильный молоток 3. буровая установка с устройством для продувки ствола скважины 4. бурильная машина с пневматическим двигателем *(для алмазного бурения скважин из подземных выработок)* 5. пневматический перфоратор

air-drifter ~ пневматический колонковый перфоратор

air-driven hammer ~ пневматический молотковый бур

air-feed ~ бурильная машина с пневматической подачей

drill

air-feed leg ~ бурильная машина с пневмоподставкой
air-hammer ~ пневматический бурильный молоток, пневматический ударный перфоратор
air-leg rock ~ колонковый перфоратор, установленный на пневматической подставке
air-operated ~ 1. бурильная машина с пневматическим двигателем 2. пневматический отбойный молоток
air-operated downhole ~ пневматический забойный двигатель
air-operated downhole percussion ~ пневматический ударный забойный двигатель
anvil-type percussion ~ ударный бур, перфоратор
arc ~ электродуговой бур
attack ~ вращательный бур
auger ~ 1. ложечный бур; шнековый бур; шнековая буровая установка 2. сверлильный вращательный перфоратор *(со змеевиком или шнековым буром)* 3. комплект ручного бурения
automatic feed ~ бурильный молоток, снабжённый автоподатчиком
automatically rotated stopper ~ телескопный бурильный молоток с автоматическим вращением
bar ~ 1. бурильная машина 2. перфоратор, смонтированный на распорной колонке
blasthole ~ буровой механизм *(бурильная машина, перфоратор, бурильный молоток, буровой станок, предназначенные для бурения шпуров)*
blunt ~ затупленный бур
breast ~ ручной бур; дрель; коловорот
cable ~ станок ударно-канатного бурения

cable-system ~ станок ударно-канатного бурения
cable-tool ~ станок ударно-канатного бурения
Calyx ~ 1. станок дробового бурения 2. цилиндрический бур с зубчатой коронкой
carbide-tipped ~ сверло с твёрдосплавной режущей пластиной
cavitating jet ~ буровой инструмент струйного типа с кавитационным эффектом *(позволяющий производить бурение скважин при пониженном давлении бурового раствора)*
chemical ~ химический бур
chilled-shot ~ станок дробового бурения
churn ~ станок ударно-канатного бурения
column ~ колонковый бур; колонковый перфоратор
columnal ~ 1. колонковый бурильный молоток 2. вертикально-сверлильный станок на колонне
combination ~ станок для комбинированного бурения *(роторного и ударно-канатного)*
combination electrical arc-scraper ~ установка с электродуговым и лопастным разрушением породы на забое
combination mechanical-spark ~ комбинированный электромеханический бур
compressed-air ~ пневматическая бурильная машина
continuous chain ~ снаряд со сменой режущей части с помощью цепной подачи
controlled gradient spark ~ электроискровой бур с соосной установкой изолированных друг от друга электродов
core ~ 1. колонковый бур 2. станок для колонкового бурения

cross-edged ~ крестообразное долото
crawler ~ буровой станок на гусеничном ходу
crawler-mounted rotary blasthole ~ станок шарошечного бурения на гусеничном ходу для бурения взрывных скважин
crown ~ 1. бур со съёмной головкой 2. корончатый бур
deep-hole ~ станок для глубокого бурения
diamond ~ 1. алмазный бур 2. станок алмазного бурения 3. алмазная коронка для отбора керна
double core barrel ~ двойная колонковая труба для отбора керна *(в слабосцементированных породах)*
double-turbine ~ двухтурбинный бур
downhole ~ буровой станок с погружным пневмоударником
downhole hammer ~ забойный бурильный молоток
downhole hydraulic hammer ~ гидроударный забойный бурильный молоток
down-the-hole ~ погружная бурильная машина, буровой станок с погружным пневмоударником
drifter ~ 1. колонковый бурильный молоток 2. колонковый перфоратор
dryductor ~ бурильный молоток с сухим отсосом пыли *(Великобритания)*
earth ~ земляной бур
electrical ~ электробур
electrical-air ~ перфоратор, работающий от электрического пульсатора; электропневматический перфоратор
electrical-arc ~ электродуговой бур

electrical-disintegration ~ электродезинтеграционный бур
electrical-heater ~ электротермический бур
electrojet ~ импульсный гидромонитор
electronic beam ~ электронно-лучевой бур
erosion ~ эрозионный бур
explosive ~ взрывной бур
explosive capsule ~ взрывокапсульный бур
exposed electrode spark ~ электроискровой бур с открытыми электродами
face ~ забойный буровой агрегат
feedleg ~ бурильная машина на поддержке
flame jet ~ установка огнеструйного бурения, огневой бур
flexible ~ долото для бурения на гибком шланге, гибкий бур
forced flame ~ установка огнеструйного бурения, огневой бур
frame-and-skid mounted ~ буровой станок, смонтированный на раме с салазками
free-fall ~ станок ударно-канатного бурения
fusion-piercing ~ установка для термического бурения
gasoline rock ~ бурильный молоток с бензиновым двигателем
gravel spoon ~ бур-керноотборник с боковым отбором проб
hammer ~ 1. колонковый бурильный молоток 2. колонковый перфоратор 3. инструмент для роторно-ударного пневматического бурения
hammer hand ~ ручной бурильный молоток
hand ~ ручной бур

drill

hand-churn ~ ручной ударно-канатный буровой станок
hand-diamond ~ станок для алмазного бурения с ручным приводом
hand-held ~ ручной бур; ручной бурильный молоток
hand-held hammer ~ молотковый перфоратор
hand-held rock ~ ручной бурильный молоток
hand-held self-rotating air-hammer ~ ручной пневматический перфоратор
hard rock ~ машина для бурения в твёрдой породе
heavy hand-held rock ~ ручной бурильный молоток тяжёлого типа
helical ~ спиральный бур
high-frequency ~ высокочастотный бур; вибробур
high-frequency electrical ~ высокочастотный электрический бур
high-pressure drifter ~ станок для бурения шпуров ударными буровыми головками с гидромониторными насадками
high-pressure jet ~ установка огнеструйного бурения
high-speed ~ высокоскоростной буровой станок *(для бурения мелкоалмазными коронками)*
high-thrust ~ бурильная машина с большим усилием подачи
hydraulic ~ 1. гидравлическая бурильная машина; гидробур 2. гидравлический буровой станок
hydraulic crawler ~ гидравлическая гусеничная каретка для бурения уступов
impact ~ ударный бур
implosion ~ снаряд взрывного бурения; имплозионный бур

induction ~ индукционный бур
injection ~ станок для бурения нагнетательных скважин
intermediate ~ промежуточный бур
in-the-hole ~ погружная бурильная машина
jackhammer ~ 1. молотковый перфоратор 2. пневматический молоток 3. ручной бурильный молоток
jackleg ~ бурильный молоток на пневмоподдержке
jet-assisted mechanical ~ механическое долото с гидромониторными насадками
jet-assisted rocket exhaust ~ ракетный бур с гидромониторными насадками
jet-pierce ~ установка для огнеструйного бурения
jet-piercing ~ установка для огнеструйного бурения
jet-pump pellet impact ~ импульсный шариковый бур
jetting ~ гидравлический бур
jumper ~ ручной бур
Kapelyushnikov ~ турбобур Капелюшникова
large ~ тяжёлый бурильный молоток
laser ~ снаряд лазерного бурения; лазерный бур
laser-assisted rock ~ шарошечное долото с лазерной головкой
laser-oil-well ~ лазерный снаряд для бурения нефтяных скважин
laser-sonic ~ снаряд лазерно-акустического бурения
lateral ~ горизонтальный бур
light hammer ~ лёгкий бурильный молоток
light wagon ~ лёгкий передвижной буровой станок

drill

liquid explosive ~ установка взрывного бурения, использующая жидкие взрывчатые вещества *(для производства взрыва на забое)*
long-hole ~ бурильная машина для проходки глубоких скважин
long-piston rock ~ бурильный молоток с удлинённым поршнем
long-sash ~ колонковый бурильный молоток с большой длиной подачи
machine ~ 1. станок механического бурения *(в отличие от ручного)* 2. перфоратор
magnetostrictive ~ магнитострикционный бур
mechanically driven ~ самоходная буровая установка
mobile ~ самоходный станок
mobile mine ~ самоходный буровой агрегат *(для подземного бурения)*
motor ~ бурильный молоток с приводом
mounted ~ перфоратор, установленный на колонке; колонковый бурильный молоток
nondiamond core ~ станок для бурения с отбором керна любым наконечником, кроме алмазного
nuclear ~ ядерный бур
oil-well cavitation ~ компоновка с долотом, имеющим насадки для бурового раствора с кавитационным воздействием на породу
oil-well laser ~ лазерный снаряд для бурения нефтяных скважин
oil-well laser perforating ~ лазерный перфоратор для бурения нефтяных скважин
oil-well pulsed jet ~ нефтепромысловая установка импульсного гидромониторного бурения

oil-well spark ~ электроискровой бур для бурения нефтяных скважин
ordinary rock ~ перфоратор
pack-sack piercing ~ установка для термического бурения
parting ~ буровой станок для пород междупластья
pellet-impact ~ импульсный шариковый бур
percussion ~ 1. бурильный молоток 2. станок ударно-канатного бурения 3. ударный забойный двигатель 4. ударный перфоратор
piercing ~ установка для термического бурения
pipe ~ бурильная труба
piston ~ 1. поршневой бурильный молоток 2. поршневой перфоратор
piston-air ~ поршневой пневматический бурильный молоток
piston-reciprocating rock ~ поршневой перфоратор
piston-type ~ поршневой перфоратор
plasma ~ установка плазменного бурения
plasma arc ~ установка плазменно-дугового бурения
plate-shaped ~ тарельчатый бур
plugger ~ ручной пневматический молоток; пневматический перфоратор
pneumatic ~ бурильная машина с пневматическим приводом; пневматический перфоратор
pneumatic rock ~ пневматический перфоратор
pocket ~ портативный щуповой бур
pole ~ станок ударно-штангового бурения
pop-holing ~ лёгкий бурильный молоток *(для бурения неглубоких скважин)*

343

portable ~ 1. переносной буровой станок 2. передвижной буровой станок *(на колёсном или гусеничном ходу)*
post ~ колонковый перфоратор
posting mounted ~ колонковый перфоратор
post-mounted ~ колонковый бурильный молоток
power ~ 1. бурильная машина 2. механический перфоратор
prospecting ~ буровой станок для поисково-разведочных работ
push-feed ~ 1. бурильный молоток с автоподатчиком 2. бурильный молоток с пневмоподдержкой
radial ~ машина для подземного бурения по радиусам *(под любым углом к горизонту)*
radial spark ~ электроразрядный тангенциальный бур
rammer ~ установка ударно-забивного бурения
ratchet ~ ручной перфоратор; перфоратор с трещоткой
reciprocating ~ ударный перфоратор; поршневой перфоратор
reciprocating rock ~ ударный перфоратор; поршневой перфоратор
reconnaissance ~ лёгкий буровой станок для поисковых работ *(глубина бурения 15—20 м)*
rig-mounted ~ бурильная машина, смонтированная на тележке; перфоратор, смонтированный на тележке
rock ~ 1. бурильная машина; перфоратор 2. долото ударного бурения по твёрдым породам 3. станок для бурения по твёрдым породам 4. шарошечное долото
rock hammer ~ перфоратор молоткового типа
rocket ~ ракетный бур
rocket exhaust ~ ракетный бур
roller bit implosion ~ шарошечный снаряд для взрывного бурения
roof ~ буровой станок для постановки анкерной крепи
rope ~ канатный бур; станок ударно-канатного бурения
rope-system ~ станок ударно-канатного бурения
rotary ~ 1. вращательный бур 2. роторный буровой станок; бурильная машина вращательного действия
rotary bucket ~ станок роторного типа для бурения в мягких грунтах *(при помощи бура-керноприёмника большого диаметра)*
rotary-percussion ~ ударно-вращательный забойный двигатель
rotary-shot ~ 1. станок роторного бурения для проходки взрывных скважин 2. станок для бурения сейсмических скважин
rotating rocket exhaust ~ вращающийся ракетный бур
rubber-tired ~ бурильная машина на пневматических шинах
screw-feed diamond ~ станок алмазного бурения с винтовой подачей
seafloor spark ~ морской электроискровой бур
seismic ~ станок для бурения сейсмических скважин
seismograph ~ роторный станок для бурения сейсмических скважин
self-contained ~ разведочный бурильный молоток с индивидуальным двигателем
self-hauling ~ буровой станок с приспособлением для перемещения *(с помощью своего двигателя и лебёдки)*

self-propelled ~ самоходная буровая установка
shock-absorber ~ бурильная машина с амортизатором
shock-wave ~ ударно-волновой бур
short-hole ~ станок для бурения мелких скважин
shot ~ 1. дробовой бур 2. станок дробового бурения
shot-boring ~ станок дробового бурения
shothole ~ 1. станок для бурения взрывных скважин 2. станок для бурения сейсмических скважин 3. станок дробового бурения
sinker ~ углубочный бурильный молоток
skid-mounted ~ станок, смонтированный на раме с салазками
small ~ лёгкий ручной бурильный молоток
sonic ~ 1. установка для вибробурения 2. звуковой бур, акустический бур
spark ~ электроискровой бур
spark-percussion ~ разрядно-ударный бур
spear-pointed ~ остроконечный бур
spindle ~ шпиндельный буровой станок
spiral ~ спиральный бур
splayed ~ пирамидальный бур
spud ~ станок ударно-канатного бурения
star ~ звёздчатое долото
steam ~ бурильная установка с паровым приводом
steam-motivated diamond ~ станок алмазного бурения с паросиловым приводом
steam-operated ~ буровой станок с паровым двигателем
stopper ~ телескопный перфоратор; телескопный бурильный молоток

supersonic plasma arc oil well ~ плазменно-дуговая буровая установка со сверхзвуковой подачей раскалённой керосиновой смеси для разрушения породы
surface ~ станок для бурения с поверхности
surface-mounted percussive ~ станок ударного бурения с поверхности
tangential spark ~ электроразрядный тангенциальный бур
tap ~ сверло для просверливания отверстия в оставшемся в скважине инструменте *(для последующего захвата ловильным метчиком)*
telescopic ~ телескопический бурильный молоток
telescopic feed hammer ~ телескопный молотковый перфоратор
thermal-mechanical ~ термомеханическое бурение
thermal-shocking rocket ~ ракетный бур с механизмом вибрации
thermic ~ термический бур
thermocorer ~ термоэлектрический колонковый бур
top hammer ~ буровой станок с выносным перфоратором
traction ~ 1. буровой станок, перемещаемый при помощи тягача 2. буровой станок на колёсном ходу
tripod ~ 1. бурильная машина на треноге 2. бурильный молоток на треноге
tri-point rock ~ 1. бурильная машина на треноге 2. бурильный молоток на треноге
truck-mounted ~ 1. перфоратор, смонтированный на буровой тележке 2. станок алмазного бурения, смонтированный на грузовом автомобиле

drill

truck-mounted blasthole ~ бурильная машина на гусеничном ходу
tubing ~ буровая желонка
tubular ~ кольцевой бур
tunnel ~ колонковый бурильный молоток
turbine cavitation ~ трубобур с кавитационным воздействием на породу
turbine powered cavitation ~ турбобур с кавитационным воздействием на породу
turbine spark ~ электроискровой турбобур
twist ~ 1. аварийное сверло *(для сверления отверстий в оставшемся в скважине инструменте для последующего захвата)* 2. спиральное сверло 3. спиральный бур
ultrasonic ~ ультразвуковой бур
underground ~ станок для бурения из подземных горных выработок
unmounted ~ ручной бурильный молоток *(не устанавливаемый на колонке)*
V-~ остроконечный бур
vented ~ бурильный молоток с отверстиями *(для частичного выхлопа в передней головке)*
vertical ~ вертикальный бур
vibration ~ вибробур
vibratory ~ вибробур
wagon ~ 1. передвижной станок ударно-роторного бурения 2. передвижной станок перфораторного бурения 3. буровой станок на колёсном ходу 4. буровая тележка 5. бур, установленный на тележке
wash-boring ~ 1. бурильный молоток для бурения с промывкой 2. гидравлический бур, гидробур 3. установка для гидромониторного бурения
water ~ перфоратор для бурения с промывкой водой
water-fed ~ бурильный молоток для мокрого бурения
water-injection ~ 1. бурильная машина с промывкой водой; буровой станок с промывкой водой 2. бурильный молоток с промывкой водой
water-jet assisted rocket ~ ракетный бур с гидромониторными насадками
water-jet pole-hole boring ~ гидромониторная буровая установка для бурения
water-well ~ станок для бурения на воду
well ~ 1. буровой станок 2. буровая установка
wet sinker ~ углубочный бурильный молоток с промывкой

drillability 1. буримость *(породы)* 2. хорошие условия бурения *(по данной породе)*
drillable поддающийся разбуриванию
drillcat самоходный буровой агрегат *(на гусеничном ходу с индивидуальным компрессором)*
drilled 1. буровой; пробуренный; пройденный бурением 2. разбуренный ◊ ~ **dry** пробуренный всухую
extensively ~ густо разбуренный; с большим количеством буровых скважин
drilled-in пробуренный *(о скважине)*
drilled-off забитый шламом *(о скважине канатного бурения)*
driller 1. бурильщик 2. буровой мастер
apprentice ~ ученик бурильщика
assistant ~ 1. помощник бурильщика 2. помощник бурового мастера

drilling

automatic ~ автоматический бурильщик *(устройство, регулирующее нагрузку на долото без постоянного контроля со стороны бурильщика)*
cable-tool ~ буровой мастер ударно-канатного бурения
churn ~ буровой мастер ударно-канатного бурения
diamond ~ буровой мастер алмазного бурения
downhole ~ молоток для бурения наклонных скважин; углубочный бурильный молоток
foreman ~ мастер; бригадир бурильщиков
machine ~ бурильщик на бурильном молотке; бурильщик на перфораторе
Paramanco ~ буровой станок Параманко *(для бурения горизонтальных скважин в карьерах)*
rotary ~ бурильщик роторного бурения
side-wall ~ станок для бурения горизонтальных скважин в карьерах
stud ~ старший буровой мастер
undersea ~ подводный бурильный инструмент; подводная бурильная машина
wireline core ~ колонковое бурение со съёмным керноприёмником

Drilling Bar *фирм.* баритовый утяжелитель

Drilling Milk *фирм.* поверхностно-активное вещество *(эмульгатор)*

drilling 1. бурение; сверление; высверливание ‖ буровой; бурильный **2.** *pl* выбуренная порода **3.** *pl* буровой шлам, буровая мука; буровая мелочь **4.** *pl* скважины **5.** *pl* алмазы величиной от 4 до 23 штук на карат ◊ ~ **afloat** бурение наплаву; ~ **ahead 1.** бурение ниже башмака обсадной колонны *(на значительную глубину)* **2.** бурение, опережающее проходку горной выработки; ~ **by flame 1.** термическое бурение **2.** прожигание скважин; ~ **by jetting method 1.** бурение гидравлическим способом **2.** гидромониторное бурение; ~ **deeper** углубка скважины; ~ **for gas** бурение на газ; ~ **for oil** бурение на нефть; ~ **for structure** картировочное бурение; ~ **for water** бурение на воду; ~ **free** вращение долота на забое без углубки *(при подвешенном снаряде или вследствие самозаклинивания керна)*; ~ **from floating vessel** бурение с плавучего основания; ~ **in cramped quarter** бурение глубоких скважин из выработки малого сечения; ~ **into abnormal pressure zone** бурение в зоне высокого давления; **not** ~ простаивающий *(о скважине в процессе бурения)*; ~ **off the whipstock** бурение со стационарного отклонителя; ~ **on the bottom** чистое бурение; ~ **out of cement plug** разбуривание цементной пробки; ~ **suspended indefinitely** бурение прекращено на неопределённое время; ~ **the pay** разбуривание продуктивного пласта; ~ **to completion** бурение до проектной глубины; ~ **to predetermined depth** бурение до проектной глубины; ~ **to projected depth** бурение до проектной глубины; ~ **with aerated fluid** бурение с промывкой аэрированной жидкостью; ~ **with aerated formation water** бурение с промывкой аэрированными пластовыми водами; ~ **with air** бурение с очисткой забоя воздухом; ~ **with coun-**

terflow бурение с обратной промывкой; ~ with explosives взрывное бурение; ~ with localized mud circulation бурение с местной промывкой; ~ with mud бурение с промывкой буровым раствором; ~ with oil бурение с промывкой раствором на углеводородной основе; ~ with salt water бурение с промывкой солёной водой; ~ with sound vibration вибробурение со звуковыми частотами; ~ without drill pipe беструбное бурение; ~ without returns бурение с полным поглощением бурового раствора в стволе скважины
~ of underwater wells бурение подводных скважин; бурение скважин с подводным устьем
~ of submarine wells бурение подводных скважин; бурение скважин с подводным устьем
abrasive jet ~ бурение долотом с гидромониторными насадками и абразивным буровым раствором
aerated-fluid ~ бурение с промывкой аэрированным буровым раствором
aerated-mud ~ бурение с промывкой аэрированным буровым раствором
aeration ~ бурение с промывкой аэрированным буровым раствором
air ~ бурение с очисткой забоя воздухом
air-and-gas ~ бурение с продувкой воздухом *или* газом
air-and-stable-foam ~ бурение с продувкой воздухом и применением устойчивой пены
air-flush ~ бурение с продувкой сжатым воздухом

air-hammer ~ пневмоударное бурение, пневматическое роторно-ударное бурение
air-hammer rotary ~ роторно-пневмоударное бурение
air-motor ~ бурение пневматической бурильной машиной
air-percussion ~ пневмоударное бурение
air-reverse-circulation ~ бурение с продувкой забоя воздухом и обратной циркуляцией
angled ~ бурение наклонных скважин
angular ~ бурение наклонных скважин
anomaly ~ поисковое бурение в районе аномалии (*радиоактивной, геохимической, магнитной, гравитационной*)
appraisal ~ пробное бурение, бурение оценочных скважин
arc ~ электродуговой метод бурения
auger ~ шнековое бурение, бурение шнековым буром
balanced ~ равновесное бурение; бурение при сбалансированном изменении гидродинамического давления (*в скважине*); бурение с нулевым дифференциальным давлением (*в системе скважина-пласт*)
barge ~ бурение с баржи
bench ~ 1. бурение на уступе 2. бурение с бермы, бурение по трассе
blasthole ~ бурение взрывных скважин; бурение шпуров
blind ~ бурение с потерей циркуляции (*без выхода бурового раствора на поверхность*)
borehole ~ бурение скважины
bottom supported marine ~ бурение скважин с опорой на дно (*со стационарной свайной платформы*)

drilling

bottomhole circulation ~ бурение с призабойной циркуляцией
bottom-supported offshore ~ морское бурение с опорой на дно
branched-hole ~ многозабойное бурение, разветвлённое бурение
cable ~ ударно-канатное бурение
cable-churn ~ ударно-канатное бурение
cable-Pennsylvanian ~ ударно-канатное бурение
cable-rotary ~ канатно-роторное бурение
cable-tool ~ ударно-канатное бурение
calibration ~ бурение скважины номинального диаметра
Calyx ~ бурение буром Каликса, дробовое бурение
Canadian ~ ударно-штанговое бурение
carbide percussion ~ ударное пневматическое бурение бурами, армированными твёрдым сплавом
chain bit ~ бурение долотами со сменной режущей частью *(подаваемой на забой с помощью цепного механизма)*
checkerboard ~ бурение скважин в шахматном порядке
chemical ~ химическое бурение
chilled-shot ~ дробовое бурение *(стальной дробью)*
churn ~ ударно-канатное бурение
churn flame ~ ударно-огневое бурение
city-lot ~ бурение скважин на городских участках
clean ~ бурение с нормальным буровым раствором *(в отличие от раствора на нефтяной основе)*

close ~ 1. бурение близко расположенных скважин 2. разведочная густая буровая сетка
close-spaced surface ~ бурение на поверхности по густой сетке
close-spaced underground ~ бурение под землёй по густой сетке
cluster ~ кустовое бурение
cluster directional ~ **of slant** кустовое наклонно направленное бурение
combination ~ комбинированное бурение *(роторное и ударно-канатное)*
compressed air ~ бурение с продувкой воздухом
continuous penetration ~ пенетрационное бурение
contract ~ бурение подрядным способом
control angle ~ бурение под заданным углом, направленное бурение
controlled ~ 1. направленное бурение 2. бурение под заданным углом
controlled-angle ~ 1. направленное бурение 2. бурение под заданным углом
core ~ колонковое бурение; структурное бурение
counterflush ~ бурение с обратной промывкой
counterflush core ~ бурение с гидротранспортом керна
cover ~ охранное бурение *(бурение скважин для образования защитной цементационной завесы)*
Craelius method ~ крелиусное бурение
deep ~ глубокое бурение, бурение на большие глубины
deep-hole ~ глубокое бурение
deep-water ~ глубоководное бурение, бурение при большой глубине воды

deep-well ~ бурение глубоких скважин
definition ~ бурение для определения границ месторождения
dense ~ бурение по уплотнённой сетке
development ~ эксплуатационное бурение
diamond ~ бурение алмазным инструментом, алмазное бурение
diamond core ~ алмазное колонковое бурение
direct-air-circulation ~ бурение с продувкой воздухом с прямой циркуляцией
direct-circulation ~ бурение с прямой циркуляцией промывочного флюида
directed ~ 1. наклонное бурение; бурение наклонной скважины 2. направленное бурение; наклонно-направленное бурение
directional ~ направленное бурение; наклонно-направленное бурение
directional ~ **of slant holes** наклонно-направленное бурение
double-barreled ~ двухствольное бурение
double-directional ~ двухствольное бурение
double-hand ~ двухручное бурение шпуров
double-inclinated ~ двухствольное бурение
double-simultaneous ~ двухствольное бурение
double-tube ~ бурение с помощью бурильной колонны, составленной из двойных труб *(с обратной циркуляцией по внутренней трубе)*
downhole ~ бурение с погружным пневмоударником
downhole electrical motor ~ бурение погружным электробуром
downhole hammer ~ бурение с погружным пневмоударником
downhole percussion ~ ударное бурение с погружным пневмоударником
downhole turbine motor ~ турбинное бурение
down-the-hole ~ бурение с погружным пневмоударником
drainhole ~ бурение дренажных скважин
drive-pipe ~ 1. бурение способом забивки труб 2. бурение ручным трубчатым буром
dry ~ сухое бурение, бурение без промывки
dry-hole ~ сухое бурение, бурение без промывки
dry percussive ~ сухое ударное бурение
dual-bore cluster ~ двухствольное кустовое бурение
dual-hole simultaneous ~ двухствольное бурение
dust-free ~ беспылевое бурение
dustless ~ беспылевое бурение
easy ~ бурение в легко разбуриваемых породах
electrical ~ *разг.* электрическое зондирование
electrical arc ~ электродуговое бурение
electrical bottomhole ~ электробурение
electrohydraulic ~ электрогидравлическое бурение
electrojet ~ импульсное гидромониторное бурение
electron beam ~ бурение электронным лучом
erosion ~ гидроэрозионное бурение
erosion jet ~ эрозионное бурение
exhaust gas ~ бурение с продувкой выхлопными газами
exploration ~ 1. разведочное бурение 2. колонковое бурение

exploratory ~ 1. разведочное бурение 2. колонковое бурение
explosion ~ взрывное бурение
extended reach ~ бурение с увеличенным отклонением от оси скважины
failure-free ~ безаварийное ведение буровых работ
fan ~ бурение с веерообразным расположением скважин
flame ~ термическое бурение
flame-jet ~ огнеструйное бурение
floating ~ бурение с плавучего основания, бурение наплаву
fluid circulating ~ бурение с промывкой
fluid core ~ колонковое бурение с промывкой ствола скважины
flush ~ бурение с промывкой
foam ~ бурение с промывкой пенообразным материалом
formation ~ структурное бурение; опорное бурение
full-diameter ~ бурение сплошным забоем; бескерновое бурение
full-hole ~ 1. бурение сплошным забоем; бескерновое бурение 2. бурение скважин большого диаметра требуемым долотом *(без разбуривания)*
gas ~ бурение с продувкой забоя природным газом высокого давления; бурение с очисткой забоя газом
gas-well ~ бурение газовых скважин
geological ~ структурное бурение
group ~ кустовое бурение
grout-hole ~ бурение цементировочных скважин
guided ~ направленное бурение

hand ~ ручное бурение
hand churn ~ ручное ударно-канатное бурение
hand hammer ~ ручное ударное бурение
hard-rock ~ бурение в твёрдых породах *(требующих применения алмазов)*
heavy weight ~ бурение с промывкой утяжелённым буровым раствором
high-frequency ~ вибрационное бурение
high-frequency percussion ~ высокочастотное ударное бурение
high-velocity jet ~ бурение с помощью высоконапорных струй жидкости
hooded dry ~ сухое бурение с отсосом пыли *(через прижимной колпак у устья скважины или шпура)*
horizontal ~ горизонтальное бурение
horizontal branched-hole ~ разветвлённо-горизонтальное бурение
horizontal-drainhole ~ разветвлённо-горизонтальное бурение
horizontal-radial diamond ~ алмазное бурение горизонтальных веерных скважин
horizontal-ring ~ 1. бурение кольца горизонтальных скважин 2. бурение из одной точки куста горизонтальных скважин
hydraulical ~ гидравлическое бурение
hydraulical percussion ~ ударное бурение с промывкой
hydraulical rotary ~ бурение роторным способом с промывкой *(буровым)* раствором; роторное бурение
hydrodynamical ~ гидродинамическое бурение
hydropercussion ~ гидроударное бурение

drilling

hydropercussion rotary ~ роторно-гидроударное бурение
hydroturbine downhole motor ~ гидротурбинное бурение
implosion ~ взрывное бурение (*кумулятивного действия*)
inclination ~ направленное бурение
induction ~ индукционное бурение
infill ~ бурение с целью уплотнения сетки скважин
injection ~ **1.** бурение с промывкой **2.** бурение нагнетательных скважин
instrumental ~ бурение с использованием контрольно-измерительных приборов
intermediate hole ~ бурение промежуточной части ствола скважины
inverted oil emulsion ~ бурение с промывкой обращённой эмульсией
jet ~ **1.** гидромониторное бурение **2.** огнеструйное бурение **3.** эрозионное бурение
jet-bit ~ бурение со струйной промывкой под давлением; гидромониторное бурение
jet-erosion ~ гидромониторное бурение
jet-piercer ~ огнеструйное бурение
jet-piercing ~ огнеструйное бурение
jetted-particle ~ пневмоэрозионное бурение
jetting ~ **1.** гидромониторное бурение, гидравлическое бурение **2.** термическое бурение **3.** прожигание струёй
jump ~ **1.** ручное бурение **2.** ударное бурение **3.** *разг.* ударно-канатное бурение
key well ~ бурение опорно-технологических скважин

large-hole ~ бурение скважины большого диаметра
laser ~ лазерное бурение
lateral ~ бурение горизонтальных скважин
line ~ бурение скважин по одной линии
line-hole ~ бурение близко расположенных скважин по контуру выработки
line-well ~ бурение вдоль границ участков
long-hole ~ бурение глубоких взрывных скважин
machine ~ механическое бурение
magnetostriction ~ магнитострикционное бурение
magnetostriction rotary ~ роторное магнитострикционное бурение
marine ~ бурение на море, морское бурение, бурение морских скважин
mechanical ~ механическое бурение
mechanized ~ машинное бурение
Mesabi structural ~ комбинированный способ ударного и роторного бурения с обратной промывкой (*США*)
microbit ~ бурение долотом сверхмалого диаметра
mist ~ бурение с продувкой увлажнённым воздухом
moderate ~ бурение пород средней твёрдости
mud-circulating ~ бурение с промывкой буровым раствором
mud-powered hammer ~ гидроударное бурение
multidirectional ~ многозабойное бурение
multihole ~ многозабойное бурение
multiple ~ кустовое бурение

drilling

multiple-plan ~ бурение многоразовым проходом, бурение несколькими штангами
noncore ~ бурение сплошным забоем; бескерновое бурение
nonpressure ~ бурение без принудительной подачи с поверхности
offset ~ бурение в условиях близкого соседства отдельных скважин *(принадлежащих конкурирующим фирмам)*
offshore ~ 1. морское бурение, бурение в открытом море 2. бурение на некотором расстоянии от берега
oil-emulsion ~ бурение с промывкой эмульсионным раствором на углеводородной основе
oil-mud ~ бурение с промывкой раствором на углеводородной основе
oil-well ~ бурение нефтяной скважины
old-well deeper ~ углубление старой нефтяной скважины
one-man ~ 1. бурение ручным бурильным молотком 2. бурение машиной, обслуживаемой одним рабочим
on-land ~ наземное бурение
optimized ~ оптимизированное бурение *(с поддержанием заданных оптимальных параметров)*
oriented ~ направленное бурение
original ~ первоначальное бурение
outstep ~ ползущая сетка разработки
overbalanced ~ бурение с положительным дифференциальным давлением *(в системе скважина–пласт)*
overburden ~ бурение по наносам

overhead ~ бурение восстающих скважин
parallel hole ~ бурение при параллельном расположении скважин
pay ~ разбуривание продуктивного пласта; бурение в продуктивном пласте
pellet impact ~ дробовое импульсное бурение
Pennsylvanian ~ ударно-канатного бурение
percussion ~ 1. ударное бурение 2. вибрационно-роторное бурение
percussion-air ~ ударно-пневматическое бурение
percussion-rod ~ ударно-штанговое бурение
percussion-rotation ~ ударно-роторное бурение
percussive ~ ударное бурение
percussive-machine ~ ударное механическое бурение
percussive-rotary ~ ударно-роторное бурение
performance ~ бурение прямолинейных скважин
permafrost ~ бурение в многолетнемёрзлых породах
petroleum ~ бурение на нефть
pier ~ эстакадное бурение, бурение с пирса *(в море)*
pillar extraction ~ разбуривание целиков
pilot ~ бурение опережающих скважин
pipe-driving ~ забивное бурение
pipeless ~ беструбное бурение
pipeless downhole electrical motor ~ бурение беструбным электробуром
placer ~ бурение в неуплотнённых аллювиальных отложениях
plasma ~ плазменное бурение
plug ~ разбуривание пробки; бурение по обрушенной породе

drilling

pneumatical ~ пневматическое бурение
preliminary ~ поисковое бурение
pressure ~ бурение с принудительной подачей *(инструмента)* с поверхности; шпиндельное бурение
probe ~ 1. пробное бурение 2. разведочное бурение
production ~ 1. эксплуатационное бурение 2. бурение на очистных работах
prospect ~ поисковое бурение; поисково-разведочное бурение
pulsed jet ~ импульсное гидромониторное бурение
push-button ~ бурение установленными на буровой каретке молотками, снабжёнными кнопочным управлением
push-feed ~ 1. бурение с автоподатчиком 2. бурение с пневмоподдержкой
quick-blow ~ быстроударное бурение *(частыми ударами с небольшим ходом долота)*
radial ~ бурение скважины по радиусам *(в одной вертикальной плоскости)*
random ~ бурение скважин без предварительной геофизической разведки
rapid-blow ~ ударное бурение с большой частотой ударов
reduced-pressure ~ бурение при пониженном гидростатическом давлении *(напр. при промывке аэрированными растворами)*
remote automated ~ автоматизированное бурение с дистанционным управлением
reverse-circulation core ~ колонковое бурение с обратной промывкой
ring ~ бурение из одной точки нескольких расходящихся скважин *(расположенных в одной плоскости)*

rock ~ бурение по коренным породам
rocket ~ огнеструйное бурение с помощью ракетного бура
rod ~ штанговое бурение
rod-tool ~ ударно-штанговое бурение
roller-bit ~ шарошечное бурение
rope ~ ударно-канатное бурение
rotary ~ роторное бурение
rotary-percussion ~ ударно-роторное бурение *(погружным гидроперфоратором)*
rotary-turbine ~ роторно-турбинное бурение
rotation ~ роторное бурение
rotation-vibropercussion ~ виброударное роторное бурение
rough ~ 1. бурение в твёрдых породах 2. бурение с большой нагрузкой на долото
run-to-waste ~ 1. бурение без отбора шлама *(для опробования)* 2. бурение с промывкой проточной водой *(без рециркуляции промывочной жидкости)*
safe ~ бурение с соблюдением техники безопасности
salt-dome ~ разбуривание соляного купола
sample ~ бурение для отбора кернов
scattered ~ беспорядочное бурение *(не по сетке)*
seam ~ контурное бурение
secondary ~ 1. вторичное бурение 2. бурение для вторичного взрывания
sectional steel ~ 1. штанговое бурение 2. бурение составными бурами
self-cleaning ~ бурение с очисткой забоя; бурение с выносом шлама *(пластовой жидкостью или газом)*

drilling

shaft ~ бурение шахтных стволов

shallow ~ 1. бурение на малой глубине *(в море)* 2. бурение неглубоких скважин, неглубокое бурение

shaped charge ~ метод бурения кумулятивными зарядами

shelf ~ бурение на мелководье; бурение на шельфе; морское бурение

ship-side ~ бурение с буровой площадки, вынесенной за борт судна

shock-wave ~ бурение на принципе электрогидравлического эффекта

shot ~ дробовое бурение, дробеструйное бурение

shot core ~ дробовое колонковое бурение

shothole ~ бурение взрывных скважин

simultaneous ~ двуствольное бурение; многоствольное бурение

single-hand ~ одноручное бурение

single-pass ~ бурение на глубине одной штанги

single-row ~ однорядное бурение

slant-hole ~ бурение наклонных скважин

slim-hole ~ малогабаритное бурение; бурение скважин малого диаметра

sonic combination ~ комбинированное бурение

spark ~ электроискровое бурение

spindle feed ~ шпиндельное бурение

spring-pole ~ ручное ударное бурение

steel-shot ~ бурение стальной дробью

straight-ahead ~ продолжительное бурение без осложнений

straight-hole ~ бурение прямолинейной скважины, бурение вертикальной скважины

straight-hole directional ~ вертикально направленное бурение

stratigraphic test ~ бурение опорно-геологических скважин

structure ~ структурно-поисковое бурение; картировочное бурение

subgrade ~ перебур

submarine ~ бурение на море *(со специальных оснований, платформ или барж)*

subsurface ~ подземное бурение

superdeep ~ сверхглубокое бурение

surface ~ бурение с поверхности *(в отличие от подземного)*

surface blasthole ~ бурение взрывных скважин на открытых горных разработках

surface hole ~ бурение кондукторной части ствола скважины, бурение под кондуктор

tension ~ бурение при разгруженной бурильной колонне *(при помощи троса или механизма гидравлической подачи)*

test ~ 1. пробное бурение 2. разведочное бурение 3. структурно-поисковое бурение; бурение опорных скважин; картировочное бурение

test-hole ~ разведочное бурение

test-well ~ бурение опорно-технологических скважин

thermal ~ термическое бурение

top hammer ~ бурение с верхним ударником

top hole ~ проходка верхнего интервала скважины

tough ~ бурение в твёрдых породах
town-lot ~ бурение скважин на небольшом городском участке
triple-hole simultaneous ~ трёхствольное бурение
trouble-free ~ безаварийное ведение буровых работ
tungsten-carbide ~ бурение долотом, армированным твёрдыми сплавами
turbine motor ~ бурение турбобуром
ultradeep ~ сверхглубокое бурение *(на глубину свыше 7 000 м)*
ultrasonic ~ ультразвуковое бурение
underbalanced ~ бурение при пониженном гидростатическом давлении в стволе скважины
underground ~ подземное бурение, бурение из подземных горных выработок
underwater ~ подводное бурение *(бурение скважин с подводным расположением устья)*
up-hole ~ бурение восстающих скважин
upper-hole ~ бурение верхней части ствола скважины
vacuum ~ бурение с вакуумной очисткой; бурение с отсосом выбуренного шлама через штанги
vertical ~ вертикальное бурение
vertical ring ~ бурение радиальных скважин в одной вертикальной плоскости *(при подземном бурении)*
vibration ~ вибрационное бурение, вибробурение
vibratory ~ вибрационное бурение, вибробурение
vibratory-percussion ~ виброударное бурение
vibratory-rotary ~ вибрационно-роторное бурение

vibropercussion ~ виброударное бурение
vibropercussion rotary ~ виброударное роторное бурение
wash ~ бурение с промывкой, мокрое бурение
water ~ бурение с промывкой водой
water-assisted ~ гидромеханическое бурение
water-flush ~ бурение с промывкой водой
water-jet ~ гидромониторное бурение *(способом размыва породы сильной струёй жидкости высокого давления)*
water-well ~ бурение на воду; бурение артезианских скважин
well ~ бурение скважины
wet ~ 1. бурение в условиях обильных водопроявлений 2. бурение с промывкой *(в отличие от бурения всухую)*
wild-cat ~ поисковое бурение
wireline ~ колонковое бурение со съёмным керноприёмником
drilling-and-blasting буровзрывные работы
drilling-in 1. вскрытие пласта 2. добуривание
drilling-out выбуривание, разбуривание
drillman 1. бурильщик 2. рабочий буровой бригады
drillmaster 1. разведочный станок 2. буровой мастер
drillmobile самоходная буровая каретка
drilloff вращение долота на забое без углубки *(при подвешенном снаряде или вследствие самозаклинивания керна)*
drillometer дриллометр *(указатель нагрузки и скорости углубки)*
drillship буровое судно

dynamic positioning ~ буровое судно с динамическим позиционированием
turret-moored ~ буровое судно с турельной якорной системой *(позволяющей судну вращаться вокруг вертикальной оси)*
drillsmith бурозаправщик
Drillstem Sonde *фирм.* прибор каротажа сопротивления малого диаметра для исследования скважин через буровой инструмент
drillstem бурильная колонна
 flexible ~ гибкая бурильная колонна
Drilltex *фирм.* трепел, кизельгур, инфузорная земля *(наполнитель для низкоминерализованных буровых растворов)*
Drillube *фирм.* смазывающая добавка *(поверхностно-активное вещество)*
drillwell:
 drillship ~ буровая шахта на буровом судне
Driloil *фирм.* структурообразователь для буровых растворов на углеводородной основе
Driltreat *фирм.* стабилизатор буровых растворов на углеводородной основе
drip 1. капля ‖ капать ‖ капельный 2. отстойник *(для спуска жидкости из газопровода)*; конденсатная ловушка *(в газопроводе)*; конденсатопровод 3. сепаратор *(для отделения жидкости от природного газа)* 4. *pl* конденсат, собирающийся в пониженных местах газопровода 5. небольшой стёк с фильтр-пресса
 gas well ~ водоотделитель для газовой скважины
 press ~ небольшой стёк с фильтр-пресса
dripolene дриполен *(лёгкий нефтепродукт)*

dripper скважина с малым дебитом
Driscose *фирм.* натриевая карбоксиметилцеллюлоза
Drispac *фирм.* полианионная целлюлоза *(понизитель водоотдачи)*
Drispac Supreflo *фирм.* специально обработанная легкорастворимая полианионная целлюлоза *(понизитель водоотдачи)*
drive 1. привод, передача 2. передача 3. вытеснение *(нефти из коллектора газом, водой)* 4. режим *(в коллекторе нефти)*; пластовый режим 5. забивать *(трубы ударной бабой при проходке наносов)* 6. проходить *(горизонтальную выработку)* ◊ to ~ a borehole бурить скважину; to ~ a well проходить скважину
 adjustable ~ регулируемый привод *(глубинного насоса)*
 air ~ 1. пневматический привод; пневматический двигатель 2. нагнетание воздуха в пласты 3. воздушная репрессия, вытеснение воздухом
 air oil ~ вытеснение нефти воздухом
 artificial ~ искусственное вытеснение *(нефти)*
 ball joint ~ шарнирная передача
 belt ~ ремённый привод, ремённая передача
 bottom ~ 1. привод от забойного двигателя 2. напор в пласте
 bottom-water ~ 1. режим вытеснения подошвенной водой *(нефти в коллекторе)* 2. напор подошвенных вод *('в пласте)*
 cam ~ кулачковый привод
 carbonated water ~ вытеснение *(нефти)* водой, насыщенной углекислым газом
 chain ~ цепной привод; цепная передача

drive

chain-and-sprocket ~ цепная передача
combination ~ смешанный режим *(пласта)*
combination gas-and-water ~ смешанный газонапорный и водонапорный режим *(пласта)*
combustion ~ вытеснение *(нефти из пласта)* продуктами сгорания
compressed-air ~ пневматический привод
condensation gas ~ 1. газонапорный режим с конденсацией, вытеснение нефти обогащённым газом *(при котором компоненты газа растворяются в вытесняемой нефти)* 2. перевод нефти в конденсатное состояние
continuous steam ~ вытеснение *(нефти)* непрерывно нагнетаемым паром
cyclic carbon dioxide ~ вытеснение *(нефти)* циклически закачиваемым углекислым газом
depletion ~ режим растворённого газа *(в коллекторе нефти)*
dissolved gas ~ режим растворённого газа *(в коллекторе нефти)*
drum ~ привод барабана *(лебёдки)*
dual ~ двойной привод
eccentric ~ 1. эксцентриковый привод 2. групповой привод *(для нескольких насосных скважин)*
edge water ~ режим вытеснения краевой водой *(в коллекторе нефти)*
elastic ~ упругий режим пласта
elastic water ~ упруговодонапорный режим *(в коллекторе нефти)*

elastic water gravity ~ гравитационно-упруговодонапорный режим *(в коллекторе нефти)*
electrical ~ электрический привод, электропривод
emergency ~ аварийный привод
enriched gas ~ вытеснение *(нефти)* обогащённым газом
exhaust gas ~ вытеснение *(нефти)* выхлопными газами
flexible ~ привод с гибким валом
flexible shaft ~ привод с гибким валом
fluid ~ гидравлический двигатель; гидропривод
flywheel ~ привод от маховика
foam ~ вытеснение *(нефти)* пеной
friction ~ фрикционная передача, фрикционный привод
frontal ~ 1. поршневое вытеснение нефти 2. режим фронтального вытеснения нефти
frontal water ~ вытеснение *(нефти)* водой с линейным перемещением фронта воды
gas ~ 1. вытеснение *(нефти)* газом; газонапорный режим пласта; метод эксплуатации с закачкой газа в пласт 2. привод от двигателя внутреннего сгорания
gas cap ~ газонапорный режим *(пласта)*, режим газовой шапки *(в коллекторе нефти)*
gear ~ зубчатая передача
gravity ~ гравитационный режим *(в коллекторе нефти)*
half-wrap ~ привод канатом с обхватом половины окружности шкива
high pressure gas ~ вытеснение газом высокого давления *(при вытеснении в условиях смешиваемости)*; газовый режим с испарением

drive

Hild differential ~ дифференциальное устройство системы Хилда *(для автоматической подачи долота при бурении)*
hot water ~ вытеснение *(нефти)* горячей водой
hydraulic ~ гидравлический привод; гидравлическая передача
hydraulic pump ~ гидропривод насоса
inert gas ~ вытеснение *(нефти)* инертным газом
internal gas ~ режим растворённого газа *(вытеснение нефти из пласта за счёт расширения пузырьков окклюдированного газа)*
kelly ~ 1. вкладыш для вращения ведущей бурильной трубы 2. передача вращения буровому снаряду при помощи ведущей бурильной трубы
line ~ перемещение линейного контура *(при заводнении)*
linear ~ линейное вытеснение *(нефти)*, вытеснение *(нефти)* сплошным фронтом воды
magnetic ~ регулируемый привод с электромагнитной муфтой
main motor ~ главный двигатель
miscible ~ вытеснение *(нефти)* в условиях смешиваемости фаз; вытеснение *(нефти)* смешивающейся фазой
motor ~ привод от двигателя
multiple V-belt ~ клиноремённая передача
natural ~ естественное вытеснение *(нефти)*
natural reservoir ~ естественный режим пласта; естественный режим залежи
natural water ~ естественный водонапорный режим
oil-electrical ~ дизель-электрический привод
partial water ~ частично водонапорный режим
pattern ~ 1. контур расположения скважин 2. площадное вытеснение *(нефти)* водой
pinion ~ шестерённая передача
pneumatical ~ пневматический привод
positive ~ привод с непосредственной передачей от двигателя к рабочему валу *(без фрикционной муфты)*
probable ~ вероятный режим залежи
pump ~ привод насоса
quadruple chain ~ четырёхструйная цепная передача
rack-and-gear ~ реечная передача
radial ~ радиальное вытеснение *(нефти)*
ram ~ поршневой привод *(противовыбросового превентора)*
rope ~ канатный привод; канатная передача
segregation ~ режим газовой шапки
short center belt ~ ремённая передача с коротким расстоянием между шкивами
solution gas ~ режим растворённого газа *(в коллекторе нефти)*
solution-gas gas-cap ~ смешанный пластовый режим растворённого газа и газовой шапки
solution-gas, gas-cap and water ~ смешанный пластовый режим — растворённого газа, газовой шапки и водонапорный
speed fluid ~ гидропреобразователь для бесступенчатого изменения скоростей
sprocket ~ цепная передача; цепной привод
steam ~ вытеснение *(нефти)* паром

drive
　subsurface pump ~ привод глубинного насоса
　telescopic screw ~ винтовой телескопический привод
　texrope ~ клиноремённая передача
　thermal ~ термическое воздействие на пласт
　traction ~ передача с желобчатым ведущим шкивом
　turbine ~ турбопривод
　twin ~ двойной привод
　two-speed ~ двухскоростной привод
　unit ~ индивидуальный привод
　variable speed fluid ~ гидротрансформатор для бесступенчатого изменения скорости
　V-belt ~ клиноремённая передача
　water ~ вытеснение нефти нагнетаемой водой, водонапорный режим *(в коллекторе нефти)*
　water-gravity ~ гравитационно-водонапорный режим *(в коллекторе нефти)*
　wedge ~ передача с желобчатым ведущим шкивом
driveability:
　predictive pile ~ прогнозная заглубляемость сваи
drivehead наголовник для забивки обсадных труб *или* свай
driven:
　belt ~ с ремённым приводом, от ремённого привода
driver:
　pile ~ свайный молот
　underwater pile ~ подводный свайный молот
driving вытеснение *(нефти из пласта)* ◊ ~ in stone проходка по твёрдым породам *(с дроблением)*
　pipe ~ бестраншейная прокладка трубопровода *(под препятствием)*; продавка трубопровода *(через насыпь)*

drop 1. спускать *(буровой инструмент в скважину)* 2. потеря *(инструмента в скважине)* 3. осторожное опускание 4. сближение нарезных концов труб перед свинчиванием 5. сбрасывание груза на землю *(для возбуждения сейсмических волн)* ◊ to ~ a weight *сейсм.* возбуждать колебания методом падающего груза; to ~ out of the tubing выходить из насосно-компрессорных труб *(о каротажном приборе)*
　annular pressure ~ снижение давления в затрубном пространстве *(при скважине, закрытой противовыбросовым превентором)*
　bit pressure ~ перепад давления на долоте *(параметр)*
　pressure ~ падение давления; потеря давления
　pressure ~ across core падение давления вдоль керна
　successive weight ~ *сейсм.* последовательное возбуждение колебаний падающим грузом
　weight ~ *сейсм.* падающий груз *(как источник колебаний)*
drop-along возбуждение сейсмических волн падающим грузом
droplet:
　oil ~ капелька нефти *(в газе)*
dropout:
　stone ~ 1. потеря алмазов в скважине 2. выкатывание алмазов из матрицы *(вследствие их чрезмерного обнажения)*
dropper:
　taper-type ~ конусное приспособление для спуска открытого клина в скважину
　weight ~ *сейсм.* падающий груз *(как источник колебаний)*
dropping падение
　~ of tool падение инструмента

drum

weight ~ *сейсм.* возбуждение колебаний падающим грузом
drop-point пункт возбуждения сейсмических волн падающим грузом
drowned 1. обводнённый 2. несхватившийся (*о слишком разжиженном цементном растворе*)
drowning обводнение пласта; обводнение скважины
drown-out истощённый (*о скважине*)
drum 1. барабан; цилиндр 2. металлическая бочка (*для перевозки нефтепродуктов и реагентов*)
  air ~ воздушный резервуар, воздухосборник
  auxiliary ~ вспомогательный барабан
  bailing ~ тартальный барабан; барабан желоночной лебёдки
  boom hoist ~ лебёдка изменения вылета стрелы (*подъёмного крана*)
  brake ~ тормозной барабан
  cable ~ кабельный барабан
  coke ~ коксовый барабан (*при крекинг-установке*)
  collapsible ~ бочка из прорезиненной ткани; складная бочка; мягкая тара
  double ~ лебёдка с двумя барабанами (*вращающимися в противоположных направлениях*)
  drawworks ~ барабан буровой лебёдки
  driving ~ приводной вал; ведущий вал
  full aperture ~ бочка со съёмным днищем
  heavy steel ~ бочка из толстолистовой стали
  hoist ~ подъёмный барабан лебёдки
  hoisting ~ подъёмный барабан лебёдки
  load ~ подъёмный барабан лебёдки
  long ~ широкий барабан
  knockout ~ 1. барабанный сепаратор 2. газоотделитель
  main hoisting ~ главный барабан буровой лебёдки
  main line hoist ~ лебёдка главного подъёма (*крана бурового судна*)
  oil ~ бочка для нефтепродуктов
  overhead ~ барабан парциального конденсатора, находящегося наверху ректификационной колонны
  reflux ~ сборник орошающей фракции, из которой флегма подаётся в колонну
  roller hoop ~ гофрированная бочка
  rope ~ барабан для навивки каната
  rubber fabric ~ бочка из прорезиненной ткани; мягкая тара
  run-down ~ приёмник дистиллята
  sandline ~ тартальный барабан, желоночный барабан
  sandline drawworks ~ тартальный барабан буровой лебёдки (*станка ударно-канатного бурения*)
  tool ~ барабан подъёмника
  wax filter ~ барабан парафинового ротационного вакуум-фильтра
  winch ~ барабан каротажной лебёдки
  winding ~ наматывающий барабан (*лебёдки*)
  winding hoist ~ наматывающий барабан буровой лебёдки
  wireline ~ лебёдка для подъёма съёмного керноприёмника
  wirerope supply ~ барабан для транспортировки талевого каната

drummed затаренный в бочки; выпускаемый в продажу в бочках (*о маслах и других нефтепродуктах*)
dry: ◊ **running ~** бурение всухую; **to ~ out samples** высушивать образцы шлама; **to ~ up a well** откачивать жидкость из скважины; **to run ~** бурить всухую
dryductor бурильный молоток с сухим отсосом пыли (*Великобритания*)
D-Tron S-18 *фирм.* вспенивающий реагент для буровых растворов на водной основе
Dual Caliper *фирм.* четырёхрессорный профилометр
Dual Induction Laterolog *фирм.* комбинированный прибор для измерения кажущегося сопротивления зондами индукционного каротажа с большим и средним радиусом исследования и зондом бокового каротажа с малым радиусом исследования
Dual Laterolog *фирм.* двухзондовый прибор бокового каротажа
Dual Laterolog Log *фирм.* комплексный двухзондовый прибор бокового каротажа и бокового микрокаротажа со сферической фокусировкой
Dual Space Neutron Lifetime Log *фирм.* двухзондовый прибор импульсного нейтронного каротажа, двухзондовый импульсный генератор нейтронов
Dual-Spacing Thermal Decay Time Log *фирм.* двухзондовый прибор импульсного нейтронного каротажа, двухзондовый импульсный генератор нейтронов
dual: ◊ **to ~ a well 1.** эксплуатировать одновременно два горизонта в скважине **2.** использовать силовую установку одной скважины для эксплуатации другой

ducon шламоотделитель (*при бурении с продувкой воздухом*)
duct труба, трубопровод
 air ~ 1. воздухопровод **2.** воздушный патрубок, воздушный канал
 hot-oil ~ трубопровод для горячего нефтепродукта
 oil ~ маслопроводная трубка; смазочный канал
 pipe ~ трубопровод
ducting 1. система каналов **2.** система труб; трубопровод
Dulin Rotarex *фирм.* центрифуга для определения содержания нефти в образце породы
dull тупой; изношенный (*о буре, долоте, коронке*)
dulling затупление (*бура*)
dummy 1. резиновая пробка (*расширяющая ловильное пружинное кольцо керноврателя для облегчения входа керна*) **2.** противовес на коромысле качалки
dump 1. единовременно подаваемая порция материала (*напр. порционная загрузка кислоты при ступенчатой очистке нефтепродуктов*) **2.** разгружать; опоражнивать (*буровую желонку*)
 bailer ~ желоночный замок
 cement ~ желонка для заливки цементного раствора (*в скважину*)
dumping:
 oil ~ сброс; утечка нефти (*при танкерных перевозках*)
 returns ~ сброс промывочной жидкости с выбуренной породой (*на дно моря*)
dust пыль
 bug ~ пылевидный шлам (*при бурении с продувкой воздухом*)
 diamond ~ алмазная крошка ситовых размеров
 drilling ~ буровая пыль

duster непродуктивная скважина; безрезультатная скважина
dutchman *разг.* торчащий в муфте испорченный кусок трубы
duplication 1. дублирование; однократное резервирование 2. повторение, точное воспроизведение ◊ ~ **with recovery** дублирование с восстановлением; ~ **with renewal** дублирование с восстановлением; ~ **with repair** дублирование с восстановлением; ~ **without recovery** дублирование без восстановления; ~ **without renewal** дублирование без восстановления; ~ **without repair** дублирование без восстановления
   failure ~ воспроизведение отказов
   functional ~ функциональное дублирование
   partial ~ частичное дублирование
durability 1. долговечность; срок службы 2. стойкость; длительная прочность; выносливость; износостойкость
   chemical ~ химическая стойкость
   service ~ эксплуатационная стойкость; срок службы
duration длительность, продолжительность
   expected test ~ ожидаемая продолжительность испытания
   failure ~ продолжительность существования отказа
   forced outage ~ продолжительность аварийного отключения
   life ~ срок службы
   test ~ продолжительность испытания
   wavelet ~ *сейсм.* длительность импульса
Duratone *фирм.* регулятор водоотдачи и стабилизатор эмульсионных буровых растворов
duster непродуктивная скважина; безрезультатная скважина

duty 1. режим работы; рабочий цикл 2. нагрузка 3. вахта; дежурство
   arduous ~ тяжёлый режим
   constant ~ 1. постоянный режим 2. постоянная нагрузка
   continuous ~ непрерывный режим; длительная работа
   critical ~ критический режим
   cyclic ~ циклический режим
   extra ~ 1. дополнительная производительность 2. перегрузка
   extra-heavy ~ исключительно тяжёлый режим
   heavy ~ тяжёлый режим
   high ~ тяжёлый режим
   light ~ лёгкий режим
   low ~ лёгкий режим
   medium heavy ~ умеренный режим
   moderate ~ умеренный режим
   normal ~ нормальный режим
   operating ~ рабочий режим
   pump ~ производительность насоса; подача насоса
   reflux ~ расход тепла на образование орошения
   safe ~ безопасный режим
   sea ~ работа в море; работа на морской буровой
   severe ~ тяжёлый режим
   standard ~ нормальный режим
   test ~ режим испытаний
   uninterrupted ~ бесперебойный режим
   varying ~ переменный режим работы; работа с переменной нагрузкой
DV-22 *фирм.* реагент для регулирования фильтрационной способности буровых растворов на углеводородной основе
DV-33 *фирм.* понизитель поверхностного натяжения для обработки буровых растворов нефтью и приготовления инвертных эмульсий

dye краситель; сигнальная цветная присадка к бензину ‖ красить, подкрашивать
   azin ~ азиновый краситель *(ингибитор смолообразования крекинг-бензина)*
Dynamic Well Control *фирм.* скважинный лубрикатор *(с гидравлической системой герметизации скважины)*
dynamics динамика
   annular flow ~ динамика затрубного пространства
dynamite динамит ‖ подрывать динамитом ‖ динамитный
   cartridge ~ динамитный патрон
   free-flowing ~ порошкообразный динамит
   gelatin ~ желатинообразный динамит
   high-velocity ~ динамит с высокой скоростью детонации
   permissible ~ предохранительный динамит
   uncongealable ~ морозостойкий динамит
dynamograph регистрирующий динамометр
dynamometer динамометр
   brake ~ тормозной динамометр
   hydraulic ~ гидравлический динамометр
Dynasource *фирм.* дайнасорс *(сейсмический источник)*

E

eagle:
   faucet ~ ушко для крепления трубы
earth почва; земля
   active ~ активная земля *(осветлитель жидких нефтепродуктов)*
   anisotropic ~ анизотропная среда
   clayey ~ глинистая почва
   completely homogeneous ~ идеально однородная среда
   completely isotropic ~ идеально изотропная среда
   diatomaceous ~ диатомовая земля, инфузорная земля, кизельгур
   horizontal-bedding ~ горизонтально-слоистая среда
   horizontally inhomogeneous ~ горизонтально-неоднородная среда
   horizontally layered ~ горизонтально-слоистая среда
   infuzorial ~ диатомит, инфузорная земля, кизельгур
   inhomogeneous ~ неоднородная среда
   isotropic ~ изотропная формация
   lossless ~ непоглощающая среда
   lossy ~ поглощающая среда
   many-layered ~ многослойная среда
   multilayered ~ многослойная среда
   near-surface ~ приповерхностная среда
   nonuniform ~ неоднородная среда
ease: ◊ **to ~ off** ослаблять натяжение *(каната, цепи)*
easer вспомогательный шпур; вспомогательная скважина; разгрузочная скважина *(разбуриваемая при открытом фонтанировании основной скважины)*
ebullition образование пузырей
Economagic *фирм.* эмульгатор сырой нефти в растворах с низким содержанием твёрдой фазы и регулятор тиксотропных свойств буровых растворов на углеводородной основе
Economaster *фирм.* гидроциклонный илоотделитель со сменным вкладышем и алюминиевым корпусом

econometer:
  absorbing ~ абсорбционный газоанализатор
edge 1. гребень; ребро; край; кромка, грань, фаска 2. остриё ‖ заострять 3. ребро *(кристалла алмаза)*
  ~ **of platform** платформенный борт
  back ~ **of tool** задняя грань резца, тыльная грань резца
  bit ~ лезвие бура; лезвие долота
  bit blade ~ режущая кромка лопастного бурового долота
  chisel ~ режущее ребро; лезвие долота; лезвие долотчатого бура
  cutting ~ 1. режущее ребро *(алмаза, долота, забивного башмака обсадных труб)* 2. лезвие *(лопастного долота, бура)* 3. режущая часть коронки
  deposit ~ борт отложений
  downstream nozzle ~ кромка на выходе из насадки
  drilling head ~ лезвие кернового бурового долота
  gage ~ калибрующая кромка *(лопастного бурового долота)*
  knife ~ 1. лезвие 2. призматическая опора
  leading ~ 1. режущая кромка; режущая фаска 2. передний край; ведущий край
  linear cutting ~ суммарная длина режущей кромки
  reaming ~ 1. расширяющая кромка *(бура)* 2. рабочая грань *(проверочного долота или расширителя)* 3. подрезная кромка *(коронки)*
  sharp-cutting ~ острая режущая кромка
  terrace ~ борт террасы
  tipped ~ армированное лезвие; армированная режущая кромка *(долота)*
  trailing ~ 1. задняя кромка 2. сторона сбегания
edgewater краевая вода
editing редактирование
  well log ~ редактирование данных каротажа
eductor эдуктор, подъёмная колонна *(газлифта)*; подъёмник
eel гибкая морская коса, шланг
effect влияние; действие; воздействие; эффект
  ~ **of dragging** эффект волочения *(у ориентированных алмазов)*
  ~ **of drilling mud variables on drilling rate** влияние свойств бурового раствора на скорость бурения
  ~ **of drilling string weight** влияние массы бурильной колонны
  ~ **of strength reduction** эффект понижения прочности
  adjacent formation ~ влияние вмещающих пород
  adsorption ~ эффект адсорбции
  anisotropic ~ влияние анизотропии
  areal sweep ~ площадной эффект вытеснения
  array ~ *сейсм.* эффект группирования
  bed thickness ~ влияние мощности пласта
  birefringence ~ *сейсм.* эффект двоякого преломления *(поперечных волн)*
  borehole ~ влияние диаметра скважины *(и её гидродинамического совершенства)* на данные каротажа
  bubble ~ *сейсм.* эффект пульсации газового пузыря
  buoyancy ~ эффект плавучести
  buried-focus ~ влияние глубинной фокусировки
  chemical ~ химическое воздействие

effect

critical ~ критические последствия *(отказа)*
cutting ~ режущий эффект
degrading ~ эффект ухудшения рабочих характеристик
destructive ~ разрушающее действие
disruptive ~ разрушающее действие
drilling mud ~ влияние бурового раствора
drilling mud plastering ~ штукатурящий эффект бурового раствора
electroseismic ~ электросейсмический эффект, обратный сейсмоэлектрический эффект
end ~ in core концевой эффект *(наблюдаемый при лабораторных экспериментах с кернами)*
explosion ~ *сейсм.* 1. эффект взрыва 2. влияние параметров взрыва
failure ~s последствия отказа
filtration ~ фильтрационный эффект
ghosting ~ *сейсм.* 1. эффект образования волн-спутников 2. влияние волн-спутников
hazard ~ опасное последствие
hole-blow ~ *сейсм.* эффект выброса продуктов взрыва из скважины
hydrocarbon ~ влияние углеводородов
impact ~ ударный эффект, ударное действие
interference ~ эффект взаимодействия *(скважин)*
invasion ~ влияние проникновения *(фильтрата бурового раствора)*
lateral ~ боковой эффект
layering ~ эффект слоистого разреза
mechanical ~ механическое воздействие
mud cake ~ влияние глинистой корки
mud column ~ влияние столба бурового раствора
near-surface layer ~ влияние приповерхностного слоя
pendulum ~ эффект маятника при бурении в условиях искривления ствола *(закон Вудса—Лубинского)*
plastering ~ штукатурящее действие
pollution ~ влияние загрязнения *(на окружающую среду)*
porosity ~ влияние пористости
pressure ~ результат давления; результат сжатия
ray-focusing ~ *сейсм.* эффект фокусировки лучей
ray-refraction ~ *сейсм.* эффект преломления лучей
reflectivity ~ *сейсм.* влияние коэффициента отражения
reverberation ~ *сейсм.* явление реверберации
rise-time ~ *сейсм.* поправка на фазу
seismic ~ сейсмический эффект
seismic-amplification ~ эффект сейсмического усиления
seismoelectrical ~ сейсмоэлектрический эффект *(возникновение электрического напряжения между двумя электродами, установленными в земле, при прохождении сейсмической волны между ними)*
seismological ~ сейсмологический эффект
seismomagnetic ~ сейсмомагнитный эффект
seismotectonic ~ сейсмотектонический эффект
shock ~ ударное действие
short-circulating ~ шунтирующее действие *(бурового раствора)*

shoulder-bed ~ влияние прилегающих слоёв *(на каротажные измерения)*
skin ~ поверхностный эффект; скин-эффект *(явление пониженной проницаемости в призабойной зоне скважины)*
spherical divergence ~ *сейсм.* эффект сферического расхождения
suction ~ поршневой эффект; всасывающий эффект
surface pipe ~ влияние кондуктора на кривую потенциала *(при катодной защите обсадных труб)*
surge ~ резкое возрастание давления *(на забое скважины при быстром спуске бурильной колонны или внезапном включении насоса)*
swabbing ~ поршневой эффект *(при подъёме бурильной колонны, создаваемый прилипанием бурового раствора к колонне)*
time lag ~ *сейсм.* поправка на фазу
topographic ~ влияние рельефа
tuning ~ *сейсм.* резонансный эффект
vertical sweep ~ вертикальный эффект вытеснения
waveguide ~ *сейсм.* волноводный эффект
wear-out ~ влияние износа
weathering ~ *сейсм.* 1. влияние зоны малых скоростей 2. поправка на зону малых скоростей
effectiveness эффективность
operational ~ эксплуатационная эффективность
prospecting ~ эффективность поисковых работ
effervescence вскипание; шипение *(при выделении газов)*; бурное выделение газов

efficiency эффективность
~ **of pump** коэффициент наполнения насоса
areal sweep ~ эффективность вытеснения по площади
charge ~ *сейсм.* эффективность взрыва
core flow ~ гидравлическая эффективность в керне
cracking ~ эффективность процесса крекинга; эффективность крекирующего катализатора
cracking cycle ~ продолжительность непрерывного рабочего цикла крекинг-установки
displacement ~ эффективность вытеснения; коэффициент вытеснения *(при заводнении)*
drilling ~ эффективность бурения; производительность труда в бурении
drilling bit cleaning ~ очистная способность бурового долота
explosion ~ *сейсм.* эффективность взрыва
flushing ~ коэффициент полноты вытеснения *(при заводнении)*
fractioning ~ чёткость погоноотделения, эффективность ректификации
horizontal sweep ~ коэффициент охвата по площади *(коллектора при вытеснении нефти)*
joint ~ прочность соединения *(труб)*
lifting ~ коэффициент полезного действия насоса; эффективность газлифта; коэффициент полезного действия газлифта
microscopic oil displacement ~ коэффициент микроскопического вытеснения нефти
oil recovery ~ коэффициент нефтеотдачи

operating ~ of pump коэффициент наполнения насоса
overall plate ~ общий коэффициент полезного действия ректификационной колонны (*отношение числа тарелок, развиваемых колонной, к числу тарелок, требующихся для данного разделения*)
pattern ~ 1. эффективность размещения скважин 2. эффективность заводнения
pattern sweep ~ эффективность вытеснения при данном расположении скважин
piercing ~ производительность термического бурения
plate ~ коэффициент полезного действия тарелки (*ректификационной колонны*)
poor ~ низкая производительность
preventive maintenance ~ эффективность профилактики
purification ~ эффективность очистки; степень очистки (*нефтяного газа*)
repair ~ эффективность ремонта
seismic ~ сейсмическая эффективность (*взрыва*)
shot ~ *сейсм.* эффективность взрыва
surface ~ коэффициент охвата (*коллектора при вытеснении нефти*)
sweep ~ эффективность вытеснения (*нефти водой при заводнении*); коэффициент охвата (*коллектора при вытеснении нефти*)
thermal ~ тепловой коэффициент полезного действия
total ~ общий коэффициент полезного действия
unit displacement ~ удельная эффективность вытеснения; коэффициент полноты вытеснения

useful ~ 1. эффективная мощность 2. используемая мощность
vertical sweep ~ коэффициент охвата по объёму (*коллектора при вытеснении нефти*)
volumetric ~ 1. объёмный коэффициент полезного действия 2. коэффициент наполнения цилиндра 3. коэффициент охвата (*при заводнении*)
volumetric ~ of pump объёмный коэффициент полезного действия насоса; коэффициент наполнения насоса
volumetric sweep ~ коэффициент охвата по объёму (*коллектора при вытеснении нефти*)
waterflood displacement ~ коэффициент вытеснения при заводнении

effluent сточные воды
~ of surface water загрязнённый поверхностный слой (*нефтезаводских сточных вод*)
oily water ~ нефтеводяные стоки
refinery ~ нефтезаводские сточные воды, нефтезаводские стоки
well ~s жидкость и газ, притекающие к скважине

efflux:
heat ~ вынос тепла (*нефтью или газом*)

Effort:
Voluntary Oil Industry Communications ~ Информационная программа нефтяной промышленности (*готовится для средств массовой информации Американским нефтяным институтом*)

effort программа работ; объём работ
braking ~ тормозящее усилие
cutting ~ режущее усилие
maintenance ~ работы по техническому обслуживанию

maximum maintenance ~ максимальный объём технического обслуживания
reliability ~ мероприятия по обеспечению надёжности
tractive ~ тяговое усилие
twisting ~ скручивающее усилие
effusion:
  gas ~ эффузия газа
egg 1. чугунный контейнер *(для ввода серной кислоты под давлением)* **2.** скважинный заряд динамита
ejaculation of flame выброс пламени
ejection выброс; выбрасывание, выталкивание
  face ~ подача *(промывочной жидкости на забой скважины)* через отверстия в торце алмазной коронки
ejector 1. эжектор; отражатель; выталкиватель **2.** воздушный насос для эрлифта
  high-pressure ~ высоконапорный эжектор
  steam jet ~ паровой эжектор
elaeometer ареометр для нефтепродуктов
elasticity упругость
  ~ **of compression** упругость при сжатии
  dissolved gas ~ упругость растворённого *(в нефти)* газа
  perfect ~ предельная упругость
  torsional ~ упругость при скручивании
  volume ~ объёмная упругость; сопротивление сжатию
elbow колено; коленчатая труба; коленчатый патрубок *(трубопровода)*
  base ~ колено трубы с фланцем; колено трубы с ушками
  equal ~ колено трубы для одинакового сечения
  female ~ навёртываемое колено, охватывающее колено
  inlet ~ входной патрубок
  male ~ ввертное колено, входящее колено
  reducing ~ прямоугольный переходный патрубок
  reducing taper ~ переводник *(для соединения двух труб разного диаметра без переводной муфты)*
  siphon ~ колено дюкера
  sweep ~ плавно закруглённое колено, колено большого радиуса кривизны
  twin ~ двойное колено
  valve ~ колено с задвижкой
Elcord фирм. элкорд *(взрывчатое вещество)*
electrode электрод
  arc-welding ~ электрод для дуговой сварки
  axial spherical ~ сферический электрод на оси *(скважины)*
  bucking ~ экранный электрод бокового каротажа
  center ~ центральный электрод *(установки Ли, бокового каротажного зонда)*
  current ~ **of electrical logging sonde** токовый электрод электрического каротажного зонда
  ground ~ поверхностный электрод
  grounded ~ заземлённый электрод
  logging ~ каротажный электрод
  monitoring ~ контрольный электрод *(бокового каротажного зонда)*
  nonpair ~ **of electrical logging sonde** непарный электрод электрического каротажного зонда
  off-axis ~ электрод, смещённый относительно оси *(скважины)*
  pickup ~ измерительный электрод *(электрического каротажного зонда)*

electrode

reversible ~s обратимые электроды

shield ~ экранный электрод (*электрического каротажного зонда*)

towed ~ электрод, буксируемый за судном (*при электроразведке в море*)

trailing ~ выносной электрод

electrodrill электробур

active-reactive ~ активно-реактивный электробур

electrodrilling бурение электровращательным забойным двигателем

electrolinking 1. создание электропроводящих каналов (*в пласте*) 2. электросбойка (*между скважинами при подземной газификации угля*)

Electrolog *фирм.* аппаратура электрического каротажа для измерения кажущегося сопротивления горных пород потенциал-зондом

electrolog диаграмма электрического каротажа

induction ~ диаграмма индукционного каротажа

standard ~ диаграмма электрического стандартного каротажа

electrologging электрокаротаж; электрометрия (*скважин*)

Electromagnetic Casing Inspection Log *фирм.* аппаратура для электромагнитного контроля обсадных колонн

Electromagnetic Propagation Log *фирм.* аппаратура высокочастотного электромагнитного каротажа с прижимным зондом (*для определения диэлектрической проницаемости горных пород*)

Electromagnetic Thickness Log *фирм.* аппаратура для измерения толщины стенки обсадной колонны (*электромагнитным методом*)

Electronic Casing Caliper Logging Tool *фирм.* аппаратура для измерения внутреннего диаметра обсадной колонны электромагнитным методом

electronics:

geoscience ~ электронная аппаратура для геофизических исследований

electroswivel вертлюг с электроприводом

element 1. элемент, часть (*системы*) 2. звено; схема; компонент; деталь; узел; блок ◊ ~ in repair ремонтируемый элемент (*системы*)

~ of pattern *сейсм.* элемент группы

back-up ~ 1. резервный элемент 2. дублирующий элемент

conical packing ~ конический уплотнительный элемент

conical sealing ~ конический уплотнительный элемент

contact ~s соприкасающиеся элементы (*глубинного насоса*)

cylinder packing ~ цилиндрический уплотнительный элемент

cylinder sealing ~ цилиндрический уплотнительный элемент

degassing ~ дегазационный элемент

depth sensing ~ датчик глубин

expandable packing ~ расширяющийся уплотнительный элемент

expandable sealing ~ расширяющийся уплотнительный элемент

geophone ~ 1. элемент сейсмоприёмника 2. сейсмоприёмник как элемент группы

high-reliability ~ высоконадёжный элемент

hydraulic packing ~ гидравлический уплотнительный элемент

hydraulical sealing ~ гидравлический уплотнительный элемент
largest ~ максимальный элемент *(выборки)*
limited-life ~ элемент с ограниченной долговечностью
maintenance ~ техническое обслуживание *(как элемент производства)*
nonrepairable ~ невосстанавливаемый элемент
packing ~ уплотнительный элемент
pressure sensitive ~ датчик давления
primary ~ основной элемент *(в системе с резервированием)*
receiving array ~ сейсм. элемент расстановки; элемент группы сейсмоприёмников
repairable ~ ремонтопригодный элемент; восстанавливаемый элемент
replaceable ~ заменяемый элемент
rock cutting ~ породоразрушающий элемент
safety ~ элемент системы аварийной защиты
sealing ~ уплотнительный элемент
shot ~ сейсм. высота взрыва *(над плоскостью приведения)*
spare ~ 1. запасный элемент 2. резервный элемент
tectonic ~ тектонический элемент
textile ~ тканевый элемент *(фильтра для обработки морской воды при заводнении)*
wedge wire ~ проволочный элемент фильтра с клиновидными отверстиями *(для фильтрования морской воды при заводнении)*

elephant:
  blue ~ устьевой вертикальный насос

elevation 1. высота 2. подъём *(уровня)* ◊ **to determine the** ~ **of wellhead** определять высоту устья скважины
~ **of derrick floor** высота пола буровой вышки *(над уровнем моря)*
~ **of fold** повышение складки
~ **of oil-water interface** конус обводнения
~ **of well** высота устья скважины *(над уровнем моря)*
derrick floor ~ высота пола буровой *(над уровнем земли)*
kelly drive bushing ~ высота расположения верхнего торца вкладыша под ведущую бурильную трубу
shothole ~ высота устья взрывной скважины
wellhead ~ высота устья скважины *(над уровнем моря)*

elevator 1. подъёмник 2. элеватор ◊ **to latch** ~ **around pipe** надевать элеватор на трубу
automatic ~ автоматический элеватор
casing ~ трубный элеватор; элеватор для спуска-подъёма обсадных труб
center-latch ~ элеватор с центральным затвором
center-latch slip-type ~ элеватор с центральным затвором и клиньями
double gate ~ двухшарнирный элеватор
drill-pipe ~ элеватор для бурильных труб
dual-link ~ двухштропный элеватор
dual-string ~ двухколонный элеватор
hydraulic ~ гидроэлеватор
latch-type ~ элеватор замкового типа
pipe ~ элеватор для труб, трубный элеватор

polished rod ~ элеватор для полированного штока
rod ~ элеватор для насосных штанг
rod transfer ~ вспомогательный элеватор для глубинно-насосных штанг
side-door ~ 1. элеватор с боковой дверцей 2. хомут для спускоподъёмных операций *(на буровой установке)*
slip-type ~ элеватор плашечного типа, элеватор клинового типа
sucker-rod ~ элеватор для насосной штанги
tubing ~ элеватор для насосно-компрессорных труб
unclamped ~ открытый элеватор
universal tubing ~ универсальный элеватор для насосно-компрессорных труб
unlatched ~ открытый элеватор
elevator-spider элеватор-спайдер
eligible for repair поддающийся ремонту
eliminate: ◊ **to ~ gas** удалять газ *(из нефти перед нефтяными счётчиками)*
elimination устранение; ликвидация; удаление; подавление
~ **of ghost arrivals** *сейсм.* подавление волн-спутников
~ **of pulsations** снятие пульсаций *(в трубопроводах)*
accident ~ ликвидация аварий *(напр. в скважинах)*
borehole bridge ~ ликвидация пробки в стволе скважины
breakdown ~ ликвидация аварии
bug ~ устранение конструктивных недостатков
defect ~ устранение дефектов
fault ~ устранение неисправности
ghost ~ *сейсм.* подавление волны-спутника

hydrate ~ ликвидация гидратов
leakage ~ ликвидация утечек *(напр. в трубопроводе)*
multiple ~ *сейсм.* подавление кратных волн
redundancy ~ устранение избыточности
salt ~ обессоливание
ell 1. колено *(трубопровода)* 2. угольник; фитинг
~ **of manifold** угольник манифольда
female ~ навёртываемое колено, охватывающее колено; отвод с внутренней резьбой
male ~ ввертное колено, входящее колено; отвод с наружной резьбой
weld ~ приварное колено
elongation 1. удлинение; направление удлинения, протяжение 2. относительное удлинение; коэффициент удлинения
Elseal *фирм.* дроблёная скорлупа грецкого ореха *(нейтральный наполнитель для борьбы с поглощением бурового раствора)*
eltranslog электроразведка методом становления поля
elutriator отстойник
elutriometer прибор для определения содержания песка *(в буровом растворе)*
eluvium элювий
embed залегать среди пластов
embeddability податливость вдавливанию
embedded залегающий среди пластов
embedment of reinforcement заделка арматуры *(в бетон)*
embrittlement:
caustic ~ щелочное растрескивание
corrosion ~ коррозионная хрупкость

hydrogen ~ водородная хрупкость
emergency авария; аварийная ситуация; выход из строя; критическое положение ‖ аварийный; экстренный
  critical ~ критическая аварийная ситуация
  short-term ~ кратковременный аварийный режим
  standby ~ аварийный резерв
emergent *сейсм.* плавно вступающий *(о волне)*
emerging *сейсм.* восходящий
emersio *сейсм.* плавное вступление *(волны)*
emission:
  gas ~ газовыделение
emitter излучатель
  gamma ~ гамма-излучатель
empty выгружать; опорожнять; сливать, выкачивать; выпускать *(жидкость, газ)* ‖ пустой ◊ **to ~ a tank** освобождать цистерну
emptying опорожнение
  forced ~ принудительное опорожнение *(резервуара)*
  hydraulic ~ of pipeline гидравлическое опорожнение трубопровода
  pipeline ~ опорожнение трубопровода
  tank ~ опорожнение резервуара
Emulfior ER *фирм.* порошкообразный эмульгатор *(понизитель водоотдачи инвертных эмульсий)*
Emulfior GE *фирм.* порошкообразная гелеобразующая добавка для инвертных эмульсий
Emulfior SA *фирм.* порошкообразный регулятор реологических свойств инвертных эмульсий
Emulfior ST *фирм.* жидкая стабилизирующая добавка для инвертных эмульсий

Emulgo *фирм.* поверхностно-активный мел *(наполнитель для инвертных эмульсий)*
emulsification образование эмульсии, эмульгирование; приготовление эмульсии
  chemical ~ of asphalt эмульгирование битума нагретой разбавленной щёлочью
  steam ~ эмульгирование *(смазочных масел)* водяным паром
  steam-test ~ испытание *(смазочных масел)* на способность к эмульгированию паром
Emulsifier E *фирм.* неионогенное поверхностно-активное вещество *(эмульгатор)*
Emulsifier S *фирм.* анионоактивное поверхностно-активное вещество *(эмульгатор)*
Emulsifier SMB *фирм.* неорганический эмульгатор для пресноводных буровых растворов
emulsifier 1. эмульгатор *(вещество, способствующее эмульгированию, эмульгирующий агент)* 2. эмульсификатор *(аппарат для эмульгирования)*
  drilling mud ~ эмульгатор бурового раствора
  natural ~ природный эмульгатор
emulsify эмульгировать; приготавливать эмульсию; превращать в эмульсию ◊ **to ~ into the system** вводить в систему путём эмульгирования *(бурового раствора)*
Emulsiod *фирм.* поглощающие воду коллоидные частицы
emulsion эмульсия
  acid-kerosene ~ керосинокислотная эмульсия
  acid-oil ~ нефтекислотная эмульсия
  asphalt ~ асфальтовая эмульсия
  asphalt clay ~ эмульсия битума в водной суспензии глины

emulsion

crude oil ~ промысловая нефтяная эмульсия
defoaming ~ пеногасящая эмульсия
doctor black-trap ~ слой чёрной эмульсии, образующийся при очистке нефтепродуктов докторским раствором
hydrophobic ~ гидрофобная эмульсия
hydrophobic water-oil ~ гидрофобная водонефтяная эмульсия
inverted ~ эмульсия типа "вода в масле", водомасляная эмульсия; эмульсия типа "вода в нефти", водонефтяная эмульсия; обращённая эмульсия
oil ~ нефтяная эмульсия; масляная эмульсия
oil-field ~ промысловая нефтяная эмульсия
oil-in-water ~ эмульсия типа "нефть в воде"; эмульсия типа "масло в воде"
quick-breaking ~ быстрораспадающаяся эмульсия
quick-setting ~ быстрораспадающаяся эмульсия
sea-water ~ эмульсия (напр. мазута) в морской воде
slow-breaking ~ медленно распадающаяся эмульсия; устойчивая эмульсия
soap ~ эмульсия со щелочным эмульгатором
stable ~ устойчивая эмульсия
starch-oil ~ крахмалонефтяная эмульсия
three-phase ~ трёхфазная эмульсия
true ~ устойчивая эмульсия
viscous ~ вязкая эмульсия
waste-water ~ нефтезаводская водомасляная эмульсия
water-acid ~ водокислотная эмульсия
water-in-oil ~ эмульсия типа "масло в воде", водомасляная эмульсия; эмульсия типа "вода в нефти", водонефтяная эмульсия

Emulsite *фирм.* щелочная вытяжка бурого угля *(аналог углещелочного реагента)*
emulsor эмульгирующий аппарат, эмульгатор
  centrifugal ~ центробежный эмульгатор
enamel:
  bitumastic ~ асфальтовый лак
enclosure 1. камера **2.** оболочка; корпус
  manned work ~ обитаемая рабочая камера *(на подводном устье скважины для размещения обслуживающего персонала)*
  personnel work ~ обитаемая рабочая камера *(на подводном устье скважины для размещения обслуживающего персонала)*
encountering:
  crude ~ обнаружение нефти
  oil ~ обнаружение нефти
  petroleum ~ обнаружение нефти
encroach 1. *геол.* захватывать; вторгаться **2.** обводнять; затоплять *(о краевой воде)*
encroachment 1. *геол.* захват **2.** наступление *(фронта воды)*, обводнение ◊ to determine the sources of water ~ определять источники обводнения
  ~ of edge water наступление краевой воды, вторжение краевой воды
  cumulative gas ~ суммарный приток газа *(из пласта)*
  cumulative water ~ суммарное количество вторгшейся воды
  edge-water ~ наступление краевой воды, обводнение законтурной водой

influx ~ приток пластовых флюидов *(в скважине)*
total water ~ of bed полное обводнение пласта
water ~ приток воды *(в скважину)*; наступление воды; продвижение контурных вод; обводнение
water ~ of bed обводнение пласта
water ~ of pay horizon обводнение продуктивного горизонта
end 1. конец; торец, торцевая поверхность **2.** дно, днище **3.** фракция, погон нефти; крайняя фракция *(начальная или конечная)*
bell ~ открытый конец колокола; открытый конец раструба; открытый конец воронки
bit ~ нижний конец алмазного расширителя
box pipe ~ муфтовый конец трубы
collar ~ муфтовый конец *(трубы)*
conical ~ коническое днище
connector ~ присоединительный конец; головка *(кабельного наконечника)*
convex ~ выпуклое днище
coupling ~ муфтовый конец *(труб)*
dead ~ 1. глухой конец *(трубы)*; тупиковый конец, тупиковое ответвление *(трубопровода)*; тупик *(участок трубы от заглушки до первого ответвления)* **2.** закреплённый конец *(каната)*
delivery ~ подающая сторона, сторона подачи *(насоса, компрессора)*
discharge ~ напорная сторона, нагнетательная сторона *(насоса)*
dished ~ днище *(цистерны)*
downhole ~ скважинный конец *(каротажного кабеля)*
drilling ~ буровой наконечник *(долота для ударного бурения)*
driving ~ приводной конец
egg ~ полусферическое днище *(газгольдера)*
engaging ~ of lift line нижняя часть катализаторного подъёмника
externally-threaded pipe ~ конец трубы с наружной резьбой
externally-upset ~ высаженный наружу конец *(трубы)*
fast line ~ ходовой конец талевого каната *(наматываемый на барабан)*
female ~ раструбный конец *(трубы)*
female ~ of pipe 1. раструбный конец трубы; раструб трубы **2.** конец трубы с внутренней резьбой; конец трубы с навёрнутой муфтой; навёртываемый конец трубы; охватывающий конец трубы
field ~ резьбовый конец, ниппельный конец *(трубы)*
flared ~ раструбный конец, раструб *(трубы)*
fluid ~ напорная часть, нагнетательная часть *(насоса)*
forked ~ раздвоенный конец
free ~ 1. подвижная опора **2.** свободный конец *(каната)*
geophone ~ of trajectory конец луча у сейсмоприёмника
heavy ~s тяжёлые фракции, концевые фракции, хвостовые фракции; тяжёлые погоны; высококипящая часть *(фракции)*
inner ~ внутренняя грань *(зуба шарошки долота)*
internal upset ~s высаженные внутрь концы труб
internally-threaded pipe ~ конец трубы с внутренней резьбой
internally-upset ~ высаженный внутрь конец трубы

joint ~ соединительная муфта

lean ~ of column конец колонны с низкой концентрацией газа и жидкости

light ~ лёгкая фракция *(нефти)*; головной погон *(нефти)*; фракция

little ~ поршневой конец *(шатуна)*

live ~ ходовой конец, барабанный конец *(талевого каната)*

male ~ of pipe ввертной конец трубы, входящий конец трубы

mill wrapped plain ~ гладкий конец *(трубы)* с заводской обмоткой

mud ~ гидравлическая часть *(насоса)*

nonupset ~ невысаженный конец *(трубы)*

open ~ of pipe открытый конец трубы

open ~ of tubing верхний конец обсадной колонны *(без муфты или без фланцевого соединения)*

outer ~ of cone тыльная часть шарошки

outer ~ of tooth наружная грань зуба шарошки

pin ~ конец *(трубы или штанги)* с наружной резьбой; ниппельный конец

pin-and-box ~s нарезанные концы *(труб для безмуфтового соединения)*

pin-pipe ~ ниппельный конец трубы

pipe ~ конец трубы

plain ~ гладкий конец, ненарезанный конец *(трубы)*

power ~ приводная часть *(насоса)*

pump power ~ механическая часть насоса

running ~ ходовой конец *(каната, цепи)*

shot ~ of trajectory начало луча у пункта взрыва

spigot ~ раструбный конец, раструб *(трубы)*

steam ~ of slush pump паровая часть бурового насоса

stub ~ обрубленный конец; обрезанный конец *(трубы)*

swaged ~ of pipe обжатый конец трубы

taper ~ коническое днище

tooth ~ торец зуба

top ~ 1. верхний конец 2. верхняя часть *(пульсатора)*

underside ~ нижний конец *(цилиндра гидравлической подачи)*

upset ~ высаженный конец *(трубы)*

upstream ~ входной патрубок *(насоса)*

water ~ холодная часть парового насоса

welding ~ свариваемый край

wireline running ~ ходовой конец каната

yoke ~ развилка рычага

end-on фланговая сейсмическая расстановка ǁ фланговый

end-to-end впритык

endurance 1. стойкость; усталостная прочность; выносливость 2. срок службы; долговечность; продолжительность существования 3. износостойкость, износоустойчивость

fatigue ~ 1. усталостная прочность 2. усталостная долговечность

fatigue strength ~ предел усталостной прочности

impact ~ ударная выносливость

limit ~ предел выносливости

vibration ~ вибрационная выносливость

energy энергия

bit ~ энергия, подведённая к долоту

blow ~ энергия удара

bubble ~ *сейсм.* энергия газового пузыря
coherent ~ *сейсм.* энергия когерентных волн
diffracted ~ *сейсм.* энергия дифрагированной волны
direct ~ *сейсм.* энергия прямой волны
direct reflected ~ *сейсм.* энергия первого вступления
drop ~ кинетическая энергия (*молота для забивки сваи в дно моря*)
first-arrival ~ *сейсм.* энергия первого вступления
ghost ~ *сейсм.* энергия волны-спутника
high-amplitude ~ *сейсм.* энергия динамически выраженных волн
high-frequency ~ *сейсм.* энергия волн в высокочастотном диапазоне
horizontal-traveling ~ *сейсм.* энергия горизонтально распространяющейся волны
longitudinal ~ *сейсм.* энергия продольной волны
low-frequency ~ *сейсм.* энергия волн в низкочастотном диапазоне
multiple ~ *сейсм.* энергия кратных волн
multiply-reflected ~ *сейсм.* энергия многократно отражённых волн
noncoherent ~ *сейсм.* энергия некогерентных волн
producing ~ энергия пласта
P-wave ~ *сейсм.* энергия продольной волны
reflected ~ *сейсм.* энергия отражённой воды
reflection ~ *сейсм.* энергия отражённой волны
refracted ~ *сейсм.* энергия преломлённой волны
refraction ~ *сейсм.* энергия преломлённой волны
reservoir ~ 1. пластовая энергия 2. энергия коллектора (*нефти или газа*)
seismic ~ сейсмическая энергия, энергия сейсмических волн
specific kerfing ~ энергия, необходимая для выработки единицы площади канавки на забое скважины
S-wave ~ *сейсм.* энергия поперечной волны
totally reflected ~ *сейсм.* энергия закритически отражённой волны
transmitted ~ *сейсм.* энергия пришедшей волны
vertically traveling ~ *сейсм.* энергия вертикально распространяющейся волны
very-low frequency ~ *сейсм.* энергия волн в инфракрасном диапазоне
water-fransmitted ~ *сейсм.* энергия волн в водном слое
wave ~ энергия волны
Enerjet *фирм.* кумулятивный разрушающийся перфоратор с пластинчатым каркасом
engage захватывать (*головку остановленного каротажного прибора*)
engagement with fish захват инструмента, оставшегося в скважине
engine двигатель; мотор
Armstrong-Whitworth variable compression knock testing ~ двигатель Армстронга–Уитворта с переменной степенью сжатия для определения детонационной стойкости бензина
crude ~ нефтяной двигатель
drilling ~ буровой двигатель, двигатель буровой установки
dual fuel ~ двигатель, работающий на двух видах топлива (*жидком и газообразном*)

engine

gas ~ газовый двигатель
gas blowing ~ воздуходувка, соединённая с газовым двигателем
hoist ~ двигатель лебёдки
hoisting ~ двигатель лебёдки
Horning ~ стандартный испытательный двигатель Хорнинга *(для определения октанового числа бензинов)*
monkey ~ копровая лебёдка
mud ~ погружной гидроперфоратор
multifuel ~ двигатель, работающий на нескольких видах топлива
oil ~ нефтяной двигатель
oil-electrical ~ дизель-генератор
piston ~ поршневой двигатель
prime ~ первичный двигатель
rear ~ двигатель привода бурового насоса
Ricardo variable compression testing ~ двигатель Рикардо с переменной степенью сжатия *(для определения детонационной стойкости бензина)*
rotary drive ~ двигатель привода ротора
trifuel ~ двигатель, работающий на топливе трёх видов
turbo charged diesel ~ дизель с турбонаддувом для привода бурильного станка
twin cylinder drilling ~ паровая двухцилиндровая буровая установка

engineer инженер; конструктор; *pl* инженерно-технические работники
availability ~ специалист по обеспечению готовности *(систем)*
cementing ~ инженер по цементированию *(скважин)*
certified reliability ~ дипломированный инженер – специалист по надёжности
chemical ~ инженер-химик
chief reliability ~ руководитель службы надёжности
corrosion ~ инженер – специалист по борьбе с коррозией
defect analysis ~ инженер – специалист по анализу дефектов
directional ~ инженер по направленному бурению
drilling ~ инженер-буровик
drilling mud ~ инженер по буровым растворам
electrical ~ инженер-электрик
failure analysis ~ специалист по анализу отказов
field ~ 1. промысловый инженер 2. инженер по эксплуатации
field service ~ инженер по техническому обслуживанию в процессе эксплуатации
gas ~ инженер-газовик
geological ~ инженер-геолог
health-and-safety ~ инженер по технике безопасности и охране труда
hydraulic ~ инженер-гидравлик
inspecting ~ инженер службы технического контроля
logging ~ 1. инженер-каротажник 2. каротажный оператор
maintainability ~ инженер-специалист по обеспечению ремонтопригодности
maintenance ~ 1. инженер по эксплуатации, инженер-эксплуатационник 2. инженер по техническому обслуживанию и ремонту оборудования 3. обслуживающий персонал
maintenance-mechanical ~ инженер ремонтной службы
mechanical ~ инженер-механик
mining ~ горный инженер
mud ~ инженер по буровым растворам
oil ~ инженер-нефтяник

engineering

operating ~ инженер по эксплуатации
operation ~ инженер по эксплуатации
petroleum ~ инженер-нефтяник
piping mechanical ~ инженер-механик по оборудованию *(на нефтепромысле)*
principal project ~ главный инженер проекта *(буровых работ)*
product assurance ~ инженер по обеспечению качества продукции
refinery ~ 1. инженер-нефтяник 2. инженер-технолог нефтеперегонного завода
reliability ~ инженер по надёжности
reliability group ~ инженер группы надёжности
reliability methods ~ инженер – разработчик методов обеспечения надёжности
reliability testing ~ инженер по испытаниям на надёжность
reservoir ~ инженер-промысловик; инженер-эксплуатационник; инженер-разработчик *(специалист по разработке нефтяных и газовых месторождений)*
safety ~ инженер по технике безопасности
service ~ инженер по эксплуатации
superintendent ~ инженер по эксплуатации
testing ~ инженер-испытатель
engineering 1. инженерное дело; техника ‖ инженерный; технический 2. машиностроение 3. конструирование; разработка; проектирование
availability ~ обеспечение готовности *(систем)*
control ~ организация технического контроля
diagnostic ~ техническая диагностика
earthquake ~ инженерная сейсмология
fire ~ пожарная техника
fuel ~ технология топлива
geological ~ инженерная геология
geotechnical ~ инженерная геология
hazard ~ техника безопасности
maintainability ~ обеспечение эксплуатационной надёжности; обеспечение ремонтопригодности
maintenance ~ организация технического обслуживания
mining ~ 1. горное дело 2. горная техника
municipal ~ коммунальное хозяйство
oil reservoir ~ технология разработки нефтяного пласта; организация добычи нефти
petroleum ~ 1. нефтепромысловое дело 2. технология добычи нефти
petroleum reservoir ~ технология разработки нефтяного пласта
preventive ~ организация профилактического технического обслуживания
reliability ~ технические средства и методы обеспечения надёжности; техническое обеспечение надёжности *или* безотказности
repair ~ организация ремонта
reservoir ~ 1. разработка нефтяных месторождений; разработка газовых месторождений 2. технология исследований и разработки коллекторов *(нефти или газа)* 3. техника пластовых исследований
safety ~ техника безопасности
service ~ организация технического обслуживания

engineering

standards ~ разработка стандартов
system safety ~ техническое обеспечение безопасности системы
engysseismology сейсмология зоны, близкой к очагу
enhancement 1. улучшение; повышение; усиление 2. модернизация; совершенствование; расширение возможностей
  availability ~ повышение эксплуатационной готовности
  maintainability ~ повышение ремонтопригодности
  reliability ~ повышение надёжности
  seismic signal ~ усиление сейсмических сигналов
enlargement расширение; увеличение ◊ ~ **in section** расширение сечения *(труб)*
  abrupt ~ резкое расширение *(трубопровода)*
  borehole ~ расширение ствола скважины *(за счёт обрушения стенок ствола скважины)*
  hole ~ 1. увеличение диаметра скважины, уширение ствола скважины 2. кавернообразование в стволе скважины *(в процессе бурения)*
  wellbore ~ расширение ствола скважины *(за счёт действия бурового агента)*
enrichment 1. расширение; увеличение 2. обогащение; насыщение; повышение калорийности *(коммунального газа путём примешивания бутана)*
  flame ~ обогащение факела *(кислородом)*
  gas ~ обогащение газа *(лёгкими углеводородами)*
  secondary ~ вторичное обогащение
  vapor ~ обогащение паров *(лёгкими погонами)*; концентрация *(лёгких погонов)* в парах

ensemble:
  ~ **of traces** *сейсм.* набор записей
  standard ~ **of logs** стандартный набор каротажных диаграмм
enterprise предприятие
  drilling ~ буровое предприятие
  gas ~ газовое предприятие
  gas producing ~ газодобывающее предприятие
  gas production ~ газодобывающее предприятие
  oil-and-gas production ~ нефтегазодобывающее предприятие
  oil-production ~ нефтедобывающее предприятие
entrainment
  ~ **of gas with liquid** увлечение газа жидкостью
  ~ **of liquid droplets with gas flow** увлечение капель жидкости потоком газа
  air ~ засасывание воздуха, вовлечение воздуха *(в цементном растворе)*
entrance:
  bell-mouthed ~ раструбная входная часть *(трубопровода)*
entrap улавливатель ‖ улавливать; задерживать *(нефть, воду)*; захватывать
entry поступление; ввод ◊ **to shut off water** ~ перекрывать поступление воды *(в ствол скважины)*
  fluid ~ приток пластовых флюидов *(в скважине)*
  formation sand ~ поступление песка из пласта *(в скважину)*
  loop ~ петлеобразный ввод *(в подводную скважину)*
  market ~ выход на рынок *(газа)*
  unobstructed core ~ свободный вход керна в керноприёмник
  water ~ водопроявление; приток воды *(в скважину)*
envelope *сейсм.* огибающая

~ **of oscillations** огибающая колебаний
~ **of wavetrain** огибающая волнового пакета
common ~ **of wavefronts** огибающая волновых фронтов
environment 1. окружение; обстановка; окружающая среда; внешние условия **2.** режим *(работы)* **3.** условия эксплуатации
actual-use ~ реальные условия эксплуатации
borehole ~ **1.** скважинные условия **2.** околоскважинное пространство; окружающая скважину среда
competitive ~ условия конкуренции *(на рынке энергоресурсов)*
corrosive ~ коррозионная среда, агрессивная среда
depositional ~ **1.** условия отложения пород **2.** условия осадконакопления
hostile wellbore ~ аномальные скважинные условия
logging ~ условия проведения каротажа
maintenance ~ условия окружающей среды при техническом обслуживании
marine ~ морская среда
oil accumulation ~ среда скопления нефти
shot ~ *сейсм.* условия в пункте взрыва
shothole ~ *сейсм.* условия взрыва в скважине
shotpoint ~ *сейсм.* условия в пункте взрыва
operating ~ условия эксплуатации
operational ~ условия эксплуатации
regional metamorphic ~ область регионального метаморфизма
rugged ~ жёсткие условия эксплуатации
service ~ условия эксплуатации
severe ~ жёсткие условия эксплуатации
shot ~ *сейсм.* условия возбуждения *(колебаний)*; условия в пункте взрыва
shothole ~ условия взрыва в скважине
standard ~ обычные условия эксплуатации
unsafe ~ опасные условия эксплуатации
use ~ условия эксплуатации; условия применения
wellbore ~ окружающая скважину среда
environment-proof защищённый от воздействия окружающей среды; защищённый от внешних воздействий
Environmul *фирм.* раствор на основе минеральных масел
EP Mudlube *фирм.* противозадирная смазывающая добавка для буровых растворов на водной основе
epigeosynclinal эпигеосинклинальный
epimetamorphism эпиметаморфизм
Epithermal Neutron Log *фирм.* прибор нейтрон-нейтронного каротажа по надтепловым нейтронам
Epomagic *фирм.* реагент для закрепления водонасыщенных песков
equalization *сейсм.* компенсация; коррекция ◊ ~ **for frequency discrimination in playback** коррекция частотной характеристики при воспроизведении; ~ **for frequency discrimination in recording** коррекция частотной характеристики при записи; ~ **for geophone response** коррекция частотной характеристики сейсмоприёмника

equalization
   amplitude ~ компенсация амплитудной неидентичности
   spectral ~ компенсация спектральной неидентичности
   trace ~ выравнивание сигналов соседних трасс; выравнивание амплитуд сейсмических сигналов по трассам
equalizer балансир; коромысло; стабилизатор
   brake ~ балансир тормоза
   pressure ~ уравнитель давления
   suction flow ~ устройство, выравнивающее подачу на всасывании
equation уравнение; равенство; формула
   ~ **of oil in place** уравнение для оценки запасов нефти в пласте
   continuity ~ уравнение неразрывности
   eikonal ~ *сейсм.* уравнение эйконала
   Fanning's ~ формула Фаннинга
   Faust's ~ уравнение Фауста *(связывающее скорость сейсмических волн, геологический возраст породы, её истинное удельное сопротивление и глубину залегания)*
   flow ~ уравнение течения
   fluid flow ~ уравнение потока жидкости
   fractional flow ~ уравнение изменения доли фазы в многофазном потоке
   gas influx ~ уравнение притока газа *(к забою скважины)*
   Gassmann ~ уравнение Гассмана *(связывающее скорость сейсмических волн с модулем Юнга, коэффициентом Пуассона и глубиной залегания зернистой породы)*
   Hagen-Poiseuille ~ формула Хагена–Пуазёйля

   instantaneous gas-oil ratio ~ уравнение для текущего значения газового фактора
   kerfing ~ формула расчёта канавки на забое скважины
   Lame ~ формула Ламе
   longitudinal wave ~ *сейсм.* уравнение продольной волны
   maintainability ~ формула для определения ремонтопригодности
   normal moveout ~ уравнение нормального приращения *(годографа отражённой сейсмической волны)*
   perfect gas ~ уравнение состояния идеального газа
   Prandtl-Colebrook ~ формула Прандтля–Колбрука
   ray ~ *сейсм.* уравнение луча
   Rayleigh-wave ~ уравнение волны Рэлея
   reflection time-distance ~ уравнение годографа отражённой волны
   refraction ~ уравнение преломлённой волны
   refraction time-distance ~ уравнение годографа преломлённой волны
   reliability ~ уравнение надёжности; формула надёжности
   saturation ~ уравнение насыщенности
   Shannon's ~ формула Шеннона
   thick walled cylinder ~ формула Ламе
   time-average ~ *сейсм.* уравнение среднего времени
   Van-Deemter ~ уравнение Ван-Демтера *(для высоты колонки, эквивалентной одной теоретической тарелке)*
   Voigt wave ~ *сейсм.* волнового уравнение Фойгта
   volumetric ~ **of oil in place** объёмное уравнение запасов нефти в пласте

equilibrium равновесие
phase ~ фазовое равновесие
equipment 1. оборудование; аппаратура **2.** приспособление; установка; устройство ◊ ~ **for enhanced recovery of crude oil** оборудование для повышения нефтеотдачи; ~ **for geophysical prospecting** оборудование для геофизической разведки; ~ **for hydraulic formation fracturing** оборудование для гидравлического разрыва пласта
above-ground ~ наземное оборудование
above-surface wellhead ~ надводное устьевое оборудование
accessory ~ вспомогательное оборудование
acid-treatment ~ оборудование для кислотной обработки
acoustic log ~ аппаратура акустического каротажа
API nuclear log calibration ~ оборудование для калибровки диаграмм радиоактивного каротажа Американского нефтяного института
associated-gas handing ~ оборудование для утилизации нефтяного газа
automatic checkout-and-readiness ~ аппаратура для автоматической проверки исправности и готовности
auxiliary ~ вспомогательное оборудование
blasting ~ пескоструйная установка; дробеструйная установка
blowout ~ противовыбросовое оборудование
blowout preventer ~ противовыбросовое оборудование
blowout preventer closing ~ оборудование для закрытия противовыбросовых превенторов

blowout preventer stack handling ~ оборудование для обслуживания блока противовыбросовых превенторов
borehole ~ скважинная аппаратура
borehole compensated ~ аппаратура с компенсацией влияния скважины
borehole piercing ~ оборудование для прожигания ствола скважины
bottom ~ забойное оборудование
bottomhole ~ забойное оборудование
bulk mixing ~ оборудование для приготовления сухих смесей
cable tool well drilling ~ оборудование для ударно-канатного бурения
carbon dioxide flooding ~ оборудование для закачивания углекислого газа *(в пласт)*
casing ~ оборудование обсадной колонны
casing handling ~ оборудование для работы с обсадной колонной
casing hanger ~ оборудование для подвески обсадных колонн на устье скважины
caustic flooding ~ оборудование для закачивания щёлочи *(в пласт)*
cement ~ оборудование для цементирования скважин
cement log ~ аппаратура контроля цементирования
cementation pumping ~ цементировочное оборудование
churn-drill ~ оборудование для ударно-канатного бурения
combination drilling ~ оборудование для комбинированного *(канатного и роторного)* бурения

equipment

completion ~ оборудование для заканчивания скважин
compressor ~ компрессорное оборудование
concrete-handling ~ оборудование для бетонных работ
control ~ 1. контрольно-измерительная аппаратура 2. фонтанная арматура
cooling ~ холодильное и теплообменное оборудование *(нефтезавода)*
core ~ колонковый снаряд *(от вертлюга до коронки)*
coring ~ колонковый снаряд *(от вертлюга до коронки)*
crude-oil treating ~ оборудование для подготовки нефти
crude-oil treatment ~ оборудование для подготовки нефти
deep-drilling ~ оборудование для глубокого бурения
demonstration ~ оборудование для демонстрационных испытаний
density-log ~ аппаратура плотностного гамма-гамма каротажа
derrick ~ вышечное оборудование
detonating ~ оборудование для взрывных работ
diagnostic ~ диагностическая аппаратура
diamond-drilling ~ оборудование для алмазного бурения
directional-drilling ~ оборудование для направленного бурения
disposal ~ оборудование для ликвидации *(продуктов скважины при пробной эксплуатации с бурового судна или плавучей полупогружной буровой установки)*
distillation ~ нефтеперегонное оборудование
downhole ~ скважинное оборудование
downhole pumping ~ глубинно-насосное оборудование
down-the-hole electrical log ~ аппаратура электрического каротажа
drill stem ~ оборудование бурильной колонны
drill string ~ оборудование бурильной колонны
drilling ~ буровое оборудование
drilling-mud cleaning ~ оборудование для очистки бурового раствора
drilling-mud handling ~ оборудование для работы с буровым раствором
drilling-mud mixing ~ оборудование для приготовления бурового раствора
drilling-mud treatment ~ оборудование для обработки бурового раствора
drill-sharpening ~ бурозаправочное оборудование
dual laterolog ~ двухзондовая аппаратура бокового каротажа
electrical exploration ~ электроразведочная аппаратура
electromagnetic exploration ~ аппаратура электромагнитного метода разведки
electronic yaw ~ электронное оборудование для измерения углов отклонения *(для наклонно направленного бурения)*
emergency ~ аварийное оборудование
emergency mooring ~ оборудование для аварийной постановки на якорь
exploration ~ разведочное оборудование; разведочное снаряжение
extended casing wellhead ~ устьевое оборудование для обсадной колонны-надставки
extension drill steel ~ штанга для бурения взрывных скважин

equipment

face ~ забойное оборудование
failed ~ отказавшее оборудование; неисправное оборудование
faulty ~ отказавшее оборудование; неисправное оборудование
field ~ 1. полевое оборудование; полевое снаряжение; промысловое оборудование 2. аппаратура полевого метода; полевая аппаратура
field maintenance ~ оборудование для технического обслуживания в промысловых условиях
fire fighting ~ противопожарное оборудование
fire safety ~ противопожарное оборудование
fishing ~ ловильное оборудование, оборудование для ловильных работ *(при бурении)*
flow head ~ устьевое эксплуатационное оборудование, устьевая арматура
flow line ~ оборудование выкидной линии
formation density ~ аппаратура плотностного каротажа
formation density compensated ~ аппаратура плотностного гамма-гамма-каротажа с компенсацией влияния скважины
fracturing head ~ устьевая арматура для гидравлического разрыва пласта
fusion-piercing ~ оборудование для прожигания скважин
gamma-gamma log ~ аппаратура гамма-гамма-каротажа
gas-conditioning ~ оборудование для подготовки газа
gaslift ~ газлифтное оборудование
gaslift flow head ~ устьевое оборудование для газлифтной эксплуатации

gas-processing ~ 1. оборудование для подготовки газа к транспортированию 2. оборудование для переработки газа
gas-welding ~ оборудование для газовой сварки
geophysical ~ геофизическое оборудование; геофизическая аппаратура; геофизическое снаряжение
hand-held drilling ~ ручное буровое оборудование
handling ~ погрузочно-разгрузочное оборудование
harbor handling ~ портовое погрузочно-разгрузочное оборудование
heave-compensation ~ оборудование для компенсации вертикальной качки
high-temperature head ~ устьевая арматура для теплового воздействия на пласт
horizontal-loop ~ аппаратура для работ методом горизонтальной петли
hydraulical stabilizer mounting ~ гидравлическое устройство плотной посадки сменных стабилизаторов *(на муфты бурильных труб)*
induced-polarization logging ~ аппаратура каротажа потенциалов вызванной поляризации
induction logging ~ аппаратура индукционного каротажа
induced polarization logging ~ аппаратура для каротажа потенциалов вызванной поляризации
in-situ combustion ~ оборудование для возбуждения внутрипластового горения
installation ~ монтажное оборудование
Kobe pumping ~ оборудование компании "Кобе" для гидравлического откачивания нефти из скважины

equipment

laterolog ~ аппаратура бокового каротажа
life saving ~ спасательные средства
lifting ~ спускоподъёмный инструмент
log ~ каротажная аппаратура; каротажное оборудование
logging ~ геофизическая скважинная аппаратура; каротажная аппаратура; каротажное оборудование
magnetotelluric ~ аппаратура магнитотеллурического метода
maintainable ~ обслуживаемое оборудование
maintenance ~ оборудование для технического обслуживания
maintenance-and-support ~ оборудование для технического обслуживания и ремонта
maintenance-ground ~ наземное оборудование для технического обслуживания
manually controlled ~ аппаратура с ручным управлением
marine riser handling ~ оборудование для монтажа и демонтажа водоотделяющей колонны
microlaterolog ~ аппаратура микробокового каротажа
mining ~ горное оборудование
mud ~ оборудование циркуляционной системы
mud degassing ~ оборудование для дегазации бурового раствора
mud mixing ~ оборудование для смешивания бурового раствора
multiple completion ~ оборудование для заканчивания многорядной скважины
multistage cementing ~ оборудование для ступенчатого цементирования

nonrepairable ~ невосстанавливаемое оборудование
nuclear log ~ аппаратура ядерно-магнитного каротажа
offshore drilling ~ оборудование для бурения на море
oil ~ нефтяное оборудование
oil-and-gas production ~ нефтегазодобывающее оборудование
oil-field ~ нефтепромысловое оборудование
oil-spill cleanup ~ оборудование для очистки нефтяных пятен с водной поверхности *(на морских нефтепромыслах)*
on-board drilling ~ палубное буровое оборудование
out-of-repair ~ оборудование, не подлежащее ремонту
perforating ~ перфораторная аппаратура
personnel survival ~ средства спасения персонала *(на морской буровой)*
pipeline ~ оборудование трубопровода
pipeline-launching ~ оборудование для спуска трубопровода на воду
pipeline-laying ~ оборудование для укладки трубопровода
pipeline-scraping ~ оборудование для чистки трубопроводов
playback ~ *сейсм.* воспроизводящее оборудование
portable jacking ~ переносное подъёмное устройство
position monitoring ~ оборудование слежения за местоположением *(бурового судна)*
position mooring ~ якорное оборудование позиционирования
pressure control ~ оборудование для контроля давления *(на устье скважины)*
pressure maintenance ~ оборудование для поддержания пластового давления

equipment

processing ~ нефтехимическое оборудование; нефтехимическая аппаратура
production ~ эксплуатационное оборудование
production test ~ оборудование для пробной эксплуатации
pull-down ~ механизм принудительной подачи *(роторного станка)*
pulling-and-running ~ спуско-подъёмное оборудование
pump-and-compressor ~ насосно-компрессорное оборудование
pumping ~ насосное оборудование; оборудование для насосного откачивания нефти *(из скважины)*
radioactivity log ~ аппаратура радиоактивного каротажа
radioactivity well logging ~ аппаратура радиоактивного каротажа
radiometric ~ радиометрическая аппаратура
reconditioning ~ ремонтное оборудование
redundant ~ 1. резервированное оборудование 2. резервное оборудование
reflection ~ *сейсм.* оборудование для метода отражённых волн
refraction ~ *сейсм.* оборудование для метода преломлённых волн
rejected ~ забракованное оборудование
reliable ~ надёжное оборудование; надёжная аппаратура
remote control ~ аппаратура дистанционного управления
remote metering ~ телеизмерительная аппаратура
repair ~ ремонтное оборудование
repairable ~ восстанавливаемое оборудование; ремонтопригодное оборудование

resistivity logging ~ аппаратура каротажа сопротивлений
reusable drilling ~ буровое оборудование многократного использования
rig hoisting ~ вышкомонтажное оборудование
riser pipe ~ оборудование секции водоотделяющей колонны
rotary drilling ~ оборудование для роторного бурения
round trip ~ спускоподъёмное оборудование
running ~ 1. оборудование для спуска *(колонн, хвостовиков)* 2. оборудование для спуска подводного оборудования *(при строительстве морских скважин)*
safety ~ оборудование, обеспечивающее безопасность работ
sandblast ~ пескоструйная установка, пескоструйный аппарат
sea-floor ~ придонное оборудование
seismic ~ сейсмическая аппаратура; сейсмическое оборудование
seismic exploration ~ сейсморазведочная аппаратура; сейсморазведочное оборудование
seismograph ~ оборудование сейсмической станции
separation ~ сепарационное оборудование
series cementing ~ оборудование для последовательного цементирования
service ~ оборудование для технического обслуживания
service checkout ~ контрольно-проверочное оборудование для технического обслуживания
shallow refraction ~ *сейсм.* аппаратура для мелкоглубинного варианта метода преломлённых волн

equipment

shooting ~ 1. сейсморазведочная аппаратура; сейсморазведочное оборудование 2. взрывная аппаратура
single well completion ~ оборудование для заканчивания одиночной скважины
skid-mounted compressor ~ блочное компрессорное оборудование
snubbing ~ for pipe running оборудование для спуска и подъёма бурильных труб *(и подачи инструмента при наличии давления в скважине)*
solids control ~ оборудование для удаления твёрдой фазы *(из бурового раствора)*
sonic ~ аппаратура акустического каротажа
special support ~ специальное оборудование для текущего ремонта
standby ~ резервное оборудование
stationary compressor ~ стационарное компрессорное оборудование
steam flooding ~ оборудование для закачивания пара
submersible ~ погружное оборудование
submersible electrical ~ погружное электрооборудование
subsea ~ подводное оборудование
subsea wellhead ~ подводное устьевое оборудование
subsurface pumping ~ глубиннонасосное оборудование
support ~ опорное оборудование *(для подвески подводного трубопровода при ремонте)*
surface ~ наземное оборудование *(буровой установки)*
surface preventer ~ наземное противовыбросовое оборудование
surface shut-in ~ устьевое оборудование для закрытия скважины
surface wellhead ~ надводное устьевое оборудование
surfactant-polymer flooding ~ оборудование для закачивания поверхностно-активных веществ и полимеров
tank cleaning ~ оборудование для чистки резервуаров
telemetering ~ телеизмерительная аппаратура
temporary mooring ~ оборудование для временного якорного крепления
test ~ испытательное оборудование
test-and-maintenance ~ оборудование для испытаний и технического обслуживания
through-tubing ~ инструменты, спускаемые в насосно-компрессорные трубы на тросе *(для замеров или ремонтных работ в скважине)*
tie-back ~ оборудование надставки; оборудование хвостовиков
towing ~ буксирное оборудование
traction-type ~ прицепное оборудование
treating ~ оборудование для подготовки *(продукта скважины при пробной эксплуатации)*
underground ~ подземное оборудование
underwater ~ подводное оборудование
underwater drilling ~ подводное буровое оборудование *(для бурения морских скважин с подводным расположением устья)*
underwater wellhead ~ подводное устьевое оборудование, обвязка подводного устья скважины

unrepairable ~ невосстанавливаемое оборудование
utility ~ оборудование для вспомогательных работ
ventilating ~ вентиляционное оборудование
vibrator ~ *сейсм.* вибратор; оборудование вибратора
washover ~ оборудование для промывочных работ *(по освобождению прихваченной колонны)*
welding ~ сварочное оборудование
well-control ~ 1. фонтанная арматура 2. оборудование контроля давления на забое
wellhead ~ оборудование устья скважины; обвязка устья скважины, устьевое оборудование; устьевая арматура
wellhead control ~ оборудование для контроля давления на устье скважины
well-logging ~ геофизическая скважинная аппаратура; каротажная аппаратура; каротажное оборудование
well-production disposal ~ оборудование для ликвидации продукции скважины при пробной эксплуатации
well-service ~ оборудование для ремонта скважины
well-workover ~ оборудование для ремонта скважины
wet-type completion ~ оборудование для заканчивания скважины в водной среде
wireline ~ колонковый снаряд со съёмным керноприёмником, извлекаемым через бурильные трубы с помощью кабеля
wireline pressure-control ~ оборудование для контроля давления на устье скважины при проведении исследований на кабеле; лубрикатор

workover ~ ремонтное оборудование
equipping оснащение
   well ~ оснащение скважины
equivalent эквивалент ‖ эквивалентный, равнозначный
   aniline ~ анилиновый эквивалент *(характеристика детонационной стойкости топлива)*
   benzol ~ бензольный эквивалент
   chemical ~ химический эквивалент
   coal ~ топливный эквивалент по углю, угольный эквивалент
   fuel ~ топливный эквивалент
   gas ~ газовый эквивалент
   heat ~ тепловой эквивалент
   height ~ **of theoretical stage** высота *(насадочной ректификационной колонны)*, эквивалентная одной теоретической ступени
   thermal ~ тепловой эквивалент
   toluene ~ толуоловый эквивалент *(авиационного бензина)*
   trinitrotoluol ~ *сейсм.* тротиловый эквивалент
   water ~ водяной эквивалент
equivoluminal *сейсм.* поперечный *(о волне)*
erection установка; сборка; монтаж
   derrick ~ 1. подъём буровой вышки 2. монтаж буровой вышки
   tank ~ сборка резервуара; сооружение резервуара
erosion эрозия
   ~ **of rocks** эрозия горных пород
   chemical ~ химическая эрозия
   fluid ~ жидкостная эрозия
   fluid ~ **of matrix** размыв матрицы *(алмазной коронки)* промывочной жидкостью
   hole ~ разрушение стенок ствола скважины
   intense ~ интенсивная эрозия

long-term ~ длительная эрозия
marine ~ морская эрозия
paraffin steam ~ размыв парафина паром
rapid ~ интенсивная эрозия
sand ~ песчаная эрозия
sea ~ морская эрозия
steam ~ размыв паром *(парафина)*
surface ~ поверхностная эрозия
water ~ водяная эрозия
wind ~ ветровая эрозия
erosion-resistant эрозионно-устойчивый
error ошибка, погрешность
~ **of resources estimation method** ошибка способа оценки запасов
diode ~ погрешность электронной схемы *(прибора индукционного каротажа)*
geological ~ геологическая ошибка
normal moveout ~ *сейсм.* погрешность поправки на нормальное приращение времени
positioning ~ погрешность в определении местоположения
refraction velocity ~ *сейсм.* погрешность в определении скорости преломлённых волн
rise-time ~ *сейсм.* погрешность поправки на фазу
sonde ~ ошибка зонда
static ~ *сейсм.* погрешность статической поправки
time-break ~ *сейсм.* 1. погрешность в определении момента взрыва 2. погрешность марок времени
timing ~ 1. *сейсм.* погрешность в определении времени вступления 2. *сейсм.* погрешность марок времени
velocity ~ *сейсм.* погрешность в определении скорости; ошибка по скорости

weathering correction ~ *сейсм.* погрешность поправки на зону малых скоростей
erupt вырываться на поверхность *(о газе, воде, грязи)*
escape 1. утечка; течь; просачивание; улетучивание *(газа)* ‖ вытекать; просачиваться; улетучиваться *(о газе)* 2. выход, утечка; выделение *(газа, жидкости)* ‖ вытекать, выделяться *(о газе, жидкости)* 3. мигрировать из пласта *или* ловушки 4. выпускное отверстие; выпускной клапан
gas ~ истечение газа, выделение газа; утечка газа *(из газгольдера)*
essence бензин
Establishment:
 Mining Research and Development ~ Горный научно-исследовательский и проектно-конструкторский институт *(Великобритания)*
establishment:
 ~ **of production practices** установление режима добычи
 corrective ~ ремонтная мастерская
 repair ~ ремонтная мастерская
estimate оценка *(как результат)*
 ~ **of far-field source signature** *сейсм.* оценка формы импульса в дальней зоне
 ~ **of near-field source signature** *сейсм.* оценка формы импульса в ближней зоне
 ~ **of petroleum reserves** оценка запасов нефти
 ~ **of wavelet characteristics** *сейсм.* оценка параметров импульса
 depth ~ оценка глубины
 failure ~ оценка неисправности; оценка ненадёжности
 overall failure ~ полная оценка неисправности

overall severity ~ полная оценка степени повреждения
preliminary ~ предварительная оценка
reliability ~ оценка надёжности
service-life ~ оценка срока службы
severity ~ оценка степени повреждения
estimation оценка *(как процесс)*; оценивание; расчёт
~ **of bed dip** расчёт падения пласта
~ **of formation productivity** расчёт производительности пласта
~ **of gas in place** оценка объёма пластового газа *(в газовых залежах)*
~ **of porosity** оценка пористости *(пласта)*
~ **of reserves** подсчёт запасов *(нефти, газа)*
dip of bed ~ оценка падения пласта
engineering-geological ~ инженерно-геологическая оценка; инженерно-геологическое заключение
fault coverage ~ оценка полноты определения неисправностей
oil recovery ~ оценка нефтеотдачи
pore space ~ оценка порового пространства
estimating of crude oil оценивание запасов нефти
etching 1. травление 2. получение следа уровня кислоты на стеклянной пробирке инклинометра
ethane этан
ethanesulfonatecellulose этансульфонат целлюлозы
ethanol этанол
ethylation этилирование *(бензина)*; добавка этиловой жидкости, добавка тетраэтилсвинца *(к бензину)*

ethylene этилен
Europipe газопровод "Юэропайп" *(обеспечивающий поставки газа в Западную Европу)*
evacuation опорожнение; откачивание
forced ~ принудительное опорожнение
rough ~ предварительное откачивание
separator ~ продувка сепаратора
evaluation 1. оценка *(как процесс)*; оценивание 2. вычисление; определение; анализ *(данных)*
~ **of deposit** оценка месторождения
~ **of dulling characteristics of drilling bit** оценка износа бурового долота по вооружению
~ **of oil-and-gas properties** оценка свойств нефти и газа
~ **of oil deposit** оценка месторождения нефти
~ **of oil field** оценка месторождения нефти
~ **of oil pool** оценка месторождения нефти
~ **of porosity** определение пористости
~ **of resources** оценка запасов
above-ground ~ наземный анализ *(керна)*
acceptance ~ приёмо-сдаточная оценка *(изделия)*
cement-bond ~ оценка связи цемента с обсадной колонной
commercial ~ **of deposit** промышленная оценка месторождения
complete log ~ оценка по полному набору каротажных диаграмм
deposit ~ оценка месторождения *(полезных ископаемых)*
economical ~ **of deposit** экономическая оценка месторождения

evaluation

economic-geological ~ геолого-экономическая оценка *(площади)*
failure effects ~ оценка последствий отказов
fault tree ~ построение дерева отказов
field ~ оценка в условиях эксплуатации
log ~ оценка по каротажным диаграммам
formation ~ оценка параметров продуктивного пласта *(пористость, проницаемость, нефтенасыщенность, водонасыщенность, газонасыщенность, электрическое сопротивление)*
go-no-go ~ оценка *(надёжности)* по критерию годности
hazard ~ оценка степени опасности
interim reliability ~ промежуточная оценка надёжности
long-term ~ перспективная оценка
maintainability ~ оценка ремонтопригодности
maintenance ~ оценка объёма технического обслуживания
operational readiness ~ оценка эксплуатационной готовности
performance ~ оценка технических характеристик
perspective ~ перспективная оценка
reliability ~ оценка надёжности
reliability test ~ оценка испытаний на надёжность
reservoir ~ оценка свойств и запасов коллектора *(нефти и газа)*
safety ~ оценка безопасности
service-life ~ оценка эксплуатационной долговечности
service-use ~ оценка в условиях эксплуатации
system operational test ~ оценка результатов эксплуатационных испытаний системы
system status ~ оценка состояния системы
technical ~ оценка технических характеристик
trade-off ~ компромиссная оценка *(надёжности)*
evaluator 1. программа проверки 2. блок оценивания; регистр оценки; средства оценки
fault ~ устройство оценки неисправностей
evaporation испарение
flash ~ однократное испарение; равновесное испарение
intensive ~ интенсивное газообразование
oil ~ испарение нефти
event 1. сейсмическое явление; вступление *(сейсмической волны)* 2. волна *(на сейсмограмме)*
◊ ~ from deep refractor вступление волны от глубокого преломляющего горизонта; ~ from shallow refractor вступление волны от преломляющего горизонта в верхней части разреза
abnormal ~s колебания регулярных волн-помех, отражённые на сейсмограммах *(при использовании метода отражённых волн)*
anomalous ~ аномальное вступление
bold ~ интенсивное вступление; чёткое вступление
closely spaced ~s близкие по времени вступления
compressional ~ 1. вступление продольной волны 2. продольная волна
continuous ~ непрерывно коррелируемая волна
continuous reflection ~ непрерывно коррелируемое отражение
converted ~ 1. вступление обменной волны 2. обменная волна

correlatable ~s коррелируемые вступления
deep ~ вступление глубинной волны
detectable ~ волна, допускающая детектирование
detonation ~ 1. взрыв 2. отметка момента взрыва
diffracted ~ 1. вступление дифрагированной волны 2. дифрагированная волна
direct ~ вступление прямой волны
discrete ~ дискретное вступление
distinct ~ отчётливое вступление
early ~ раннее вступление
first ~ первое вступление
identifiable ~ идентифицируемое вступление
interfering ~s 1. интерферирующие вступления 2. интерферирующие волны
identified ~ идентифицированное вступление
later ~ позднее вступление, последующее вступление
low-frequency ~ 1. вступление низкочастотной волны 2. низкочастотная волна
low-magnitude seismic ~ сейсмическое явление малой мощности
mapped ~ закартированное событие
measured ~ измеренная волна
migrated ~ волна с учётом сноса
mixed ~s совмещённые сейсмические явления
mode-converted ~ 1. вступление обменной волны 2. обменная волна
multiple ~ многократная волна
natural seismic ~ проявление естественной сейсмичности, микросейсмы

nonreflected ~ волна, не относящаяся к типу отражённых
out-of-plane ~ боковая волна
periodic ~s 1. периодические вступления 2. повторные приходы, кратные волны
persistent ~ 1. устойчивое вступление 2. устойчивая волна
pickable ~ волна, допускающая детектирование
picked ~ 1. зарегистрированное вступление 2. выделенная волна, прослеженная волна; зарегистрированная волна
primary ~ первое вступление
prominent ~ отчётливое вступление
pulse-like ~ импульсная волна
recognizable ~ волна, допускающая детектирование
recorded ~ 1. зарегистрированное вступление 2. зарегистрированная волна
recurring ~s повторяющиеся вступления
reflected ~1. отражённая волна 2. вступление отражённой волны
reflection ~ 1. отражённая волна 2. вступление отражённой волны
refracted ~ 1. преломлённая волна 2. вступление преломлённой волны
refraction ~ 1. преломлённая волна 2. вступление преломлённой волны
repeated ~s повторные приходы, кратные волны
scattered ~ проявление рассеянных волн
secondary ~ последующее вступление
seismic ~ 1. сейсмическое явление 2. сейсмическая волна
selected ~ выделенная волна, отфильтрованная волна
separate ~ отдельное вступление

shallow ~ сейсмическое явление на небольшой глубине
shot-generated ~ волна, обусловленная взрывом
signal ~ вступление сигнала; проявление сигнала
simultaneously arriving ~s 1. одновременные вступления 2. одновременно приходящие волны.
single ~ отдельное вступление
small-size ~ сейсмическое явление малой мощности
spurious reflection ~ волна-спутник
storing ~ отчётливое вступление
successive ~s 1. последовательные вступления 2. последовательные события
teleseismic ~ сейсмическое явление на больших расстояниях *(от пункта регистрации)*
time ~ отметка момента взрыва
typical ~ типичное вступление; типичное проявление волны; типичный ход волны
undesirable ~ волна-помеха
unexplained seismic ~ вступление неидентифицированной волны
unidentified ~ нераспознанное сейсмическое явление
unmigrated ~ волна без учёта сноса
unwanted ~ волна-помеха
weak seismic ~ неотчётливое вступление
evidence 1. экспериментальные данные; сведения; факты 2. основание; свидетельство; доказательство
~ of erosion признаки эрозии
~ of faulting признаки сбросов
field ~ промысловые данные
fossil ~ наличие органических остатков; наличие окаменелостей

geologic ~ геологические данные
geophysical ~ геофизические данные
loss circulation ~ признаки поглощения промывочной жидкости
magnetic ~ магнитометрические данные
oil ~ признаки нефтеносности; признаки нефти
seismic ~ сейсмические данные
surface ~ of oil поверхностные признаки нефтеносности
evolution:
~ **of gas** выделение газа
~ **of petroleum** образование нефти
exaggerated находящийся в особо неблагоприятных условиях *(эксплуатации)*; чрезмерно тяжёлый *(напр. об условиях испытаний)*
examination осмотр; обследование; исследование; наблюдение; анализ; контроль; испытание, испытания; изучение; проверка; экспертиза
~ of equipment технический осмотр оборудования
core ~ исследования керна
defects ~ дефектоскопия
field ~ проверка в условиях эксплуатации
geological ~ геологические изыскания
general ~ of region общее обследование региона
geological ~ геологическое обследование
inspection ~ приёмочный контроль
magnaflux ~ дефектоскопия методом магнитного порошка
magnetic ~ магнитная дефектоскопия
nondestructive ~ неразрушающий контроль

rock sample ~ исследования образцов *(пород)*
technical ~ технические испытания
X-ray ~ рентгеноскопия
excavator экскаватор
bucket ~ ковшовый экскаватор
crawler-mounted ~ гусеничный экскаватор
ditch ~ траншейный экскаватор; канавокопатель
multibucket ~ многоковшовый экскаватор
rotary bucket ~ роторный экскаватор
single-bucket ~ одноковшовый экскаватор
trench ~ траншейный экскаватор
wheel ~ роторный экскаватор
excess of cement излишек цемента
exchange обмен
~ of seismological data обмен сейсмическими данными
gas ~ газообмен
gun charge ~ перезарядка перфоратора
seismic data ~ обмен сейсмическими данными
seismological data ~ обмен сейсмическими данными
exchangeability взаимозаменяемость
exchangeable взаимозаменяемый; сменный
exchanger обменник
bottoms-to-feed ~ теплообменник для нагрева сырья крекинг-остатками; мазутно-сырьевой теплообменник
double-pipe heat ~ теплообменник типа труба в трубе
reflux ~ флегмовый теплообменник, флегмовый конденсатор
scraped-surface ~ шнековый кристаллизатор-теплообменник *(для парафина)*
vapor heat ~ пародистиллятный теплообменник

excitation *сейсм.* возбуждение
impact ~ ударное возбуждение, возбуждение колебаний ударным воздействием
shock ~ ударное возбуждение, возбуждение колебаний ударным воздействием
S-wave ~ возбуждение поперечных волн
vibratory ~ вибрационный метод возбуждения
Vibroseis ~ вибрационный метод возбуждения
exciter *сейсм.* вибратор
electromagnetic vibration ~ электромагнитный вибратор
spark gap ~ электроискровой источник
vibration ~ *сейсм.* вибрационный источник, вибратор
excluded забракованный
exclusion предотвращение
gas ~ предотвращение газопритоков
sand ~ борьба с песком
sand production ~ предотвращение выноса песка *(в скважину из пласта)*
water ~ перекрытие воды; закрытие воды *(при бурении или ремонте скважин)*
excursion:
maximum ~ of wavelet *сейсм.* максимальная амплитуда импульса
Exelsior *фирм.* древесная щепа или стружка *(нейтральный наполнитель для борьбы с поглощением бурового раствора)*
exhaust: ◊ to ~ natural gas истощать запасы природного газа
air ~ выпуск воздуха
drill ~ выхлоп бурильного молотка
exhaustion:
natural ~ естественное истощение *(месторождения)*

expandability of oil расширяемость нефти
expander 1. труборасширитель 2. расстановка с увеличивающимися разносами
 tube ~ оправка для устранения вмятин труб
expansion 1. расширение; увеличение мощности пласта 2. развитие работ; увеличение мощности *(предприятия)*
 ~ of gas расширение газа
 ~ of gas into oil распространение газа в нефти
 ~ of natural gas расширение природного газа
 ~ of oil-and-gas mixture расширение смеси нефти и газа
 adiabatic ~ адиабатическое расширение
 cone ~ развальцовка *(конца трубы)* на конической оправке
 gas ~ расширение газа
 gas cap ~ расширение газовой шапки
 heat oil ~ тепловое расширение нефти
 lateral ~ поперечное расширение
 multistage natural gas ~ ступенчатое расширение природного газа
 oil ~ расширение нефти
 petroleum ~ расширение нефти
 reservoir fluid ~ упругое расширение пластового флюида
 residual ~ остаточное расширение
 rock ~ расширение горной породы
 solution-gas ~ расширение растворённого газа
 thermal oil ~ тепловое расширение нефти
 volumetric ~ объёмное расширение

Expaso Seal *фирм.* торфяной мох *(нейтральный наполнитель для борьбы с поглощением бурового раствора)*
expectancy:
 delivery ~ плановый срок поставки
 life ~ ожидаемая долговечность; ожидаемый срок службы; ожидаемый ресурс
 normal life ~ ожидаемая долговечность при нормальном распределении вероятностей отказов
 repair ~ предполагаемый объём ремонтных работ
expectation 1. ожидание 2. математическое ожидание
 ~ of life ожидаемая долговечность; ожидаемый срок службы; ожидаемый ресурс
 service-time ~ математическое ожидание времени обслуживания
expendable 1. потребляемый, расходуемый 2. невосстанавливаемый; одноразового применения
 drilling ~s расходные материалы и детали бурового оборудования
expenditure 1. расходование; расход, потребление 2. расходы; затраты; издержки
 complaint ~ издержки вследствие рекламаций
 failure ~ издержки вследствие появления отказа
expenses расходы; затраты, издержки
 ~ of unreliability стоимость компенсации ненадёжности
 lifting ~ эксплуатационные расходы *(на промысле)*
 maintenance ~ стоимость содержания; стоимость технического обслуживания; затраты на техническое обслуживание

operating ~ текущие расходы; рабочие расходы; эксплуатационные расходы
repair ~ расходы на ремонт
rework ~ затраты на переделку
running ~ эксплуатационные расходы
service ~ расходы на обслуживание
warranty ~ затраты на гарантийный ремонт
working ~ текущие расходы; рабочие расходы; эксплуатационные расходы
experience 1. опыт; опытность 2. опыт работы; практика; квалификация, мастерство ◊ ~ **on floor** опыт бурения в промысловых условиях
drilling ~ опыт бурения
failure ~ опыт обнаружения неисправностей
field ~ 1. промысловый опыт; промысловая практика; опыт полевых работ 2. опыт эксплуатации
field drilling ~ опыт бурения в промысловых условиях
operating ~ опыт эксплуатации
experiment эксперимент, экспериментальное исследование
damage ~ эксперимент с разрушением образца
destructive ~ эксперимент с разрушением образца
diagnostic ~ диагностический эксперимент
fatigue ~ испытания на усталость; испытания на выносливость
fault-detection ~ эксперимент по обнаружению неисправностей
feasibility ~ эксперимент, проводимый с целью определения выполнимости (*напр. конструктивных требований*)

field ~ промысловый эксперимент; эксперимент в промысловых условиях; полевой эксперимент
flood-pot ~ лабораторный эксперимент по заводнению
operating ~ опыт эксплуатации
operation ~ опыт эксплуатации
pattern-type field ~ промысловый эксперимент на площади, разбуренной сплошной сеткой скважин
reliability ~ эксперимент для оценки надёжности
seismic ~ сейсмический эксперимент
seismic model ~ сейсмический эксперимент на модели
seismology ~ сейсмический эксперимент
service ~ 1. промысловый опыт; эксперимент в промысловых условиях 2. опыт эксплуатации
testing ~ данные об испытаниях; результаты испытаний
ultrasonic ~ *сейсм.* эксперимент с использованием ультразвука
experimentation:
drilling ~ 1. эксперименты в области бурения 2. буровые испытания
expert специалист; эксперт
efficiency ~ специалист по вопросам эффективности
gas ~ специалист по вопросам газоснабжения
reliability ~ специалист по вопросам надёжности
expiration 1. окончание, истечение (*напр. срока службы*) 2. прекращение срока действия (*напр. гарантии*)
exploder *сейсм.* 1. детонатор 2. взрывная машинка
delay-action ~ детонатор замедленного действия

gas ~ газовая пушка; газодинамический источник
shot ~ запальная машинка
sleeve ~ установка газовой детонации в трубке
wire ~ электроискровой источник сейсмических сигналов
exploitation 1. эксплуатация *(ресурсов)* 2. разработка *(месторождения)*
 geophysical ~ детальная геофизическая разведка
 integrated coal-gas ~ совместная добыча угля и получения газа
exploration 1. поисково-разведочные работы; разведка месторождения; изыскательские работы 2. детальная разведка 3. разведка с попутной добычей 4. пробная эксплуатация с целью изучения месторождения и выявления запасов ◊ ~ **for gas** разведка на газ; ~ **for hydrocarbon reserves** разведочные работы на нефть и газ; ~ **for oil** разведка на нефть
 additional ~ дополнительная разведка, доразведка
 aeromagnetic ~ аэромагнитная разведка
 Arctic ~ разведка в арктических районах
 compressional-wave ~ *сейсм.* исследования методом продольных волн
 core-drilling ~ разведка колонковым бурением
 cross-borehole ~ межскважинные исследования
 crosshole ~ межскважинные исследования
 deep ~ глубинная разведка
 depth ~ изучение разреза
 detailed ~ детальная разведка
 direct ~ прямые поиски

 drawdown ~ определение параметров пласта-коллектора по однократному исследованию понижения уровня в скважине
 drillhole ~ разведка месторождения с помощью буровых скважин
 electrical ~ электроразведка
 electrical resistivity ~ электроразведка методом сопротивлений
 electromagnetic ~ электромагнитная разведка
 gamma-ray spectrometer ~ разведочная гамма-спектрометрия
 gas ~ поиски газа
 geochemical ~ геохимическая разведка
 geological ~ геологическая разведка *(с попутной добычей)*
 geophysical ~ геофизическая разведка
 geothermal ~ геотермическая разведка, терморазведка
 gravitational ~ гравиметрическая разведка
 gravity ~ гравиметрическая разведка
 hydrocarbon ~ разведка на нефть; разведка на газ
 hydrogasodynamic ~ гидрогазодинамическая разведка *(подземного хранилища)*
 induced-polarization ~ электроразведка методом вызванной поляризации
 lateral ~ 1. профилирование 2. картирование
 magnetic ~ магниторазведочные работы; магнитная разведка
 magnetotelluric ~ магнитотеллурическая разведка
 marine ~ морская разведка
 mineral ~ разведка полезных ископаемых

near-surface ~ разведка на малые глубины
offshore ~ морская разведка
oil ~ нефтепоисковые работы; поиски нефти; разведка на нефть
petroleum ~ нефтепоисковые работы, поиски нефти; разведка на нефть
preliminary ~ предварительная разведка
radioactivity ~ радиометрическая разведка
reconnaissance ~ рекогносцировочная разведка
reconnaissance seismic ~ рекогносцировочная сейсмическая разведка
reflection ~ сейсмическая разведка методом отражённых волн
refraction ~ сейсмическая разведка методом преломлённых волн
regional ~ региональная разведка
resistivity ~ электроразведка методом сопротивлений
satellite ~ разведка с помощью спутников
seismic ~ сейсмическая разведка
seismic ~ **for oil and gas** нефтегазопоисковая сейсмическая разведка
seismic ~ **for petroleum** нефтепоисковая сейсмическая разведка
seismoelectrical ~ сейсмоэлектрическая разведка
seismographical ~ разведка с использованием сейсмических станций
self-potential ~ электроразведка методом естественного поля
shear-wave ~ *сейсм.* исследования методом поперечных волн

supplementary ~ доразведка *(месторождения)*
telluric-current ~ электроразведка методом теллурических токов
vibropercussion rotary ~ разведочное бурение виброударной установкой
vibroseis ~ вибросейсмическая разведка
exploratory разведочный *(о скважине)*
explore вести разведочные работы; вести разведку
explored разведанный; достоверный *(о запасах нефти или газа)*
explorer 1. геологоразведчик 2. зонд
exploring разведка, изыскание
borehole ~ разведка бурением
explosimeter прибор для определения взрывоопасной концентрации *(газов в воздухе)*
explosion взрыв ◊ ~ **in borehole** взрыв в скважине; ~ **in tank** взрыв в резервуаре; ~ **in water** взрыв в водной среде
confined ~ взрыв в ограниченной полости
gas ~ взрыв газовой смеси, газовая детонация
initial ~ начальный взрыв *(при групповом взрыве)*
shot ~ сейсмический взрыв
surface ~ взрыв на поверхности, поверхностный взрыв
tamped ~ тампонированный взрыв
underground ~ 1. взрыв в скважине 2. подземный взрыв *(с целью интенсификации притока)*
underwater ~ взрыв в водной среде
weak ~ слабый взрыв
explosion-proof взрывобезопасный
explosion-protected взрывозащищённый

explosive взрывчатое вещество; заряд ‖ взрывчатый; взрывоопасный ◊ to confine an ~ забивать взрывчатое вещество, осуществлять забойку взрывчатого вещества; to fire an ~ взрывать заряд; to tamp an ~ забивать взрывчатое вещество, осуществлять забойку взрывчатого вещества
ammonia-gelatine ~ аммиачное желатинированное взрывчатое вещество
blasting ~ взрывчатое вещество
bulk-type ~ пластическое взрывчатое вещество
cap-sensitive ~ взрывчатое вещество, детонирующее от капсюля-детонатора
commercial ~ промышленное взрывчатое вещество
dangerously ~ взрывоопасный
detonating ~ детонирующее взрывчатое вещество
disruptive ~ бризантное взрывчатое вещество
encapsulated ~ капсула взрывчатого вещества *(подаваемая на забой потоком бурового раствора и детонирующая при раздавливании зубьями долота)*
fluid ~ жидкое взрывчатое вещество
gel ~ желатинированное взрывчатое вещество
gelatine ~ желатинированное взрывчатое вещество,
granular ~ зернистое взрывчатое вещество
high ~ бризантное взрывчатое вещество
high-detonation-rate ~ взрывчатое вещество с высокой скоростью детонации
industrial ~ промышленное взрывчатое вещество
intermediate ~ промежуточный заряд взрывчатого вещества
low ~ низкоэнергетическое взрывчатое вещество
low-detonation-rate ~ взрывчатое вещество с низкой скоростью детонации
low-velocity ~ взрывчатое вещество с низкой скоростью детонации
main ~ взрывчатое вещество основного заряда
nitrocarbonitrate ~ нитроглицериновое селитряное взрывчатое вещество
not-cap-sensitive ~ взрывчатое вещество, детонирующее от промежуточного заряда
offshore ~ взрывчатое вещество для работ в море
packaged ~ патронированное взрывчатое вещество
priming ~ инициирующее взрывчатое вещество
secondary high ~ вторичное бризантное взрывчатое вещество
shothole ~ взрывчатое вещество для сейсмической разведки
slurry ~ сыпучее взрывчатое вещество *(для засыпки в скважину)*
solid ~ твёрдое взрывчатое вещество
exporter экспортёр
gas ~ экспортёр газа
exposed 1. подвергающийся воздействию 2. незащищённый
exposing:
formation ~ вскрытие пласта
Exposition:
International Petroleum ~ Международная выставка нефтяного оборудования
exposure 1. внешнее воздействие 2. незащищённость; подверженность *(внешнему воздействию)* 3. обнажение, выход *(пласта, залежи)* на поверхность 4. величина выступа *(алмазов из матрицы)*

~ **of pipeline** обнажение трубопровода
artificial ~ искусственное обнажение
bed ~ выход пласта на поверхность
core ~ часть керна, подверженная размыву промывочной жидкостью *(в двойной колонковой трубе)*
diamond ~ выступ алмазов *(из матрицы буровой коронки)*
environmental ~ воздействие окружающей среды
natural ~ естественное обнажение
proud ~ большой выступ *(алмаза из матрицы буровой коронки)*
stone ~ выступ алмаза *(из матрицы буровой коронки)*
surface ~ поверхностное обнажение
weather ~ воздействие метеорологических условий
expulsion выхлоп; выпуск; удаление *(воздуха, газа)*; продувка
~ **of fluid** бурное выделение флюида
capillary ~ капиллярное выталкивание *(нефти из коллектора)*
fluid ~ вытеснение флюида
extender модифицирующий агент *(увеличивающий выход глинистого раствора)*
extension 1. удлинение *(напр. трубопровода)* 2. установочная длина *(при стыковой сварке)* 3. корректировка ранее определённых границ месторождения газа
~ **of field** размеры месторождения
~ **of pool** размеры залежи *(нефти или газа)*
~ **of reservoir** размеры залежи *(нефти или газа)*

~ **of shaft** выступающий конец вала; удлинённый конец вала
bowl ~ **of jar sub** удлинитель корпуса переводника яса
channel ~ протяжённость *(проводящих воду)* каналов *(в породе)*
crack ~ распространение трещины, рост трещины
crane boom ~ выдвижение стрелы крана
drawworks shaft ~ консольная часть вала буровой лебёдки
drive ~ удлинитель воротка *(торцового ключа)*
drive-block ~ дополнительные блоки к ударным бабам *(позволяющие собирать ударную бабу нужной массы)*
drive-hammer ~ дополнительные блоки к ударным бабам *(позволяющие собирать ударную бабу нужной массы)*
hydraulic drill tower ~ удлинитель с гидроприводом направляющих башенного типа
inner-tube ~ удлинитель внутренней трубы
wellhead housing ~ удлинитель корпуса устьевой головки
extent 1. объём; пределы 2. размер; величина; степень
~ **of damage** степень повреждения
~ **of deformation** степень деформации
~ **of exploration** разведанность, степень разведанности *(месторождения)*
~ **of fault** степень распространения неисправности
areal ~ площадное распределение; протяжённость площади *(месторождения)*
areal ~ **of reservoir** площадь коллектора
depth ~ простирание на глубину

limited ~ ограниченная протяжённость
vertical ~ простирание на глубину
extinguisher:
  fire ~ огнетушитель
extinguishing:
  fire ~ тушение пожара
  subsurface fire ~ тушение подземного пожара
  underground fire ~ тушение подземного пожара
extinguishment by agitation тушение нефтяных пожаров перемешиванием горящей жидкости
extract 1. экстракт **2.** извлекать *(нефть, газ или инструмент из скважины)*
  chestnut ~ каштановый экстракт
  fir ~ пихтовый экстракт
  hemlock ~ экстракт гемлока *(для разжижения буровых растворов)*
  hemlock bark ~ экстракт коры гемлока *(для разжижения буровых растворов)*
  tannin ~ таниновый экстракт
extraction 1. добыча; извлечение *(нефти, газа)* **2.** выделение *(сейсмического сигнала)*
  ~ of oil добыча нефти; отдача нефти
  biotechnical mineral ~ технология извлечения полезных ископаемых с помощью микроорганизмов
  core ~ извлечение керна *(из керноприёмника)*
  drilling dust ~ сухое отсасывание буровой пыли
  fractional ~ фракционная экстракция, дробная экстракция
  gas ~ отбор газа *(из подземного хранилища)*
  liquid ~ отвод жидкости *(по трубопроводу)*
  mandrel ~ извлечение оправки *(из трубы)*
  signal ~ выделение сигнала
extractor экстрактор
  automatic chuck ~ автоматический механический домкрат патронного типа для бурильных труб *(применяется в лёгкой буровой установке)*
  bubble plate ~ экстрактор с барботажными тарелками
  capstan thread ~ домкрат-кабестан для бурильных труб
  coke ~ сбрасыватель кокса
  core ~ устройство для извлечения керна из керноприёмной трубы; керноизвлекатель; керноподъёмник *(для подъёма кусков керна из скважины)*; кернорватель
  drill ~ ловильные клещи *(для извлечения оставшегося в скважине долота)*
  dust ~ устройство для отсасывания пыли; пылеуловитель
  hydraulical ~ гидравлический домкрат для бурильных труб
  hydraulical core ~ гидравлический керноотборник
  jumper ~ приспособление для извлечения застрявшего бура из скважины
  magnetic ~ магнитный ловильный инструмент
  magnetic bit ~ магнитный ловильный инструмент
  mandrel ~ извлекатель оправки из трубы
  mechanical ~ механический домкрат *(для бурильных труб)*
  mist ~ 1. влагоотделитель **2.** сепаратор для отделения газа от капелек жидкости
  pipe ~ устройство для извлечения труб; съёмник для труб

pneumatic rod ~ извлекатель буровых штанг с пневматическим приводом
tool ~ ловильный инструмент
tube ~ 1. устройство для извлечения труб 2. трубоприёмник *(для снятия трубы с оправки)*
valve ~ съёмник клапана
water-hydraulic rod ~ извлекатель буровых штанг с гидравлическим приводом от бурового насоса
extruder:
  sample ~ керноизвлекатель
extrusion:
  tube ~ горячее прессование труб
eye ушко; петля; проушина
  lifting ~ подъёмная серьга; проушина для подъёма; подъёмное ушко *(противовыбросового превентора)*
  pipe ~ наконечник с ушком для труб
  pod lifting ~ проушина для подъёма коллектора *(морской буровой скважины)*
  sliding ~ проушина с удлинённым отверстием
  swivel ~ штроп вертлюга
  towing ~ проушина для буксировочного блока
eykometer эйкометр *(прибор для измерения прочности геля и напряжения сдвига бурового раствора)*
EZ Mul *фирм.* эмульгатор хлорида кальция в буровых растворах на углеводородной основе
EZ Spot *фирм.* концентрат бурового раствора на углеводородной основе
Ezeflo *фирм.* поверхностно-активное вещество с низкой температурой застывания

F

fabric ткань
  varnished insulating ~ лакоткань *(обмотки кабеля)*
  wire ~ проволочная ткань; проволочная сетка
face 1. забой 2. фаска; торец; торцовая поверхность *(коронки)* 2. наплавлять твёрдым сплавом плоскость *(кристалла алмаза)* 3. режущая часть бура
◊ ~ **machined flat** отшлифованный торец *(керна)*; **to** ~ **off** отшлифовывать торец *(керна)*
~ **of bed** головка пласта
~ **of fault** фас сброса
~ **of fissure** плоскость трещины
~ **of hole** забой скважины
~ **of pad** поверхность башмака
~ **of skid** поверхность башмака
~ **of tooth** боковая поверхность зубца
~ **of weld** наружная поверхность шва
~ **of well** забой скважины
~ **of wellbore** поверхность призабойной зоны
abutting ~ поверхность примыкания
active ~ рабочая грань *(режущего инструмента)*
bearing ~ 1. торец *(трубы)* 2. ширина торцовой части муфты 3. опорная поверхность
bit ~ торец коронки
blade ~ **of drilling bit** передняя грань лопасти бурового долота
bottomhole ~ поверхность забоя скважины
box ~ торец конца *(штанги)* с внутренней резьбой
cone ~ коническая фаска *(на нижнем конце башмака)*
coupling ~ торец муфты

cutting ~ 1. лезвие бура 2. режущая поверхность 3. торец *(алмазной коронки)*
drum ~ длина барабана
end ~ торец, торцевая поверхность
flat ~ плоский торец
formation ~ стенка коллектора
free ~ свободная площадь забоя
hard ~ 1. слой наваренного твёрдого сплава 2. грань алмаза, близкая к направлению твёрдого вектора
hardened ~ цементированная поверхность
hole ~ плоскость забоя скважины
inflow ~ входное сечение *(керна при входе в кернорватель)*
inside ~ внутренняя окружность торца *(алмазной коронки)*
joint ~ поверхность разъёма
leading ~ ведущая грань; ведущая плоскость *(режущего инструмента)*
mine ~ забой подземной выработки
nipple ~ торец ниппеля
outflow ~ выходная поверхность; выходное сечение *(керна)*
outside ~ 1. наружная боковая режущая поверхность *(коронки)* 2. периферийный ряд зубьев шарошки *(обрабатывающий стенки скважины)*
pin shoulder ~ торец заплечика
piston ~ площадь днища поршня
reaming ~ расширяющая грань головки бура
rock ~ плоскость забоя; плоскость горной выработки
sand ~ вскрытая поверхность *(забоя и стенок скважины)* в песчаном пласте
shoulder ~ торцовая поверхность буртика
shoulder bearing ~ упорная площадь торца *(напр. замка бурой трубы)*
upper ~ верхняя поверхность
wearing ~ изнашиваемая поверхность
weld ~ внешняя сторона шва; поверхность шва
wheel ~ наружная поверхность обода колеса
working ~ 1. торец *(коронки)* 2. забой *(горной выработки)*
faced:
   hard ~ наваренный твёрдым сплавом
facies фация
   allochtonous ~ аллохтонная фация
   autochtonous ~ автохтонная фация
   contact ~ контактовая фация
   lithological ~ литологическая фация
   marginal ~ контактовая фация
   petrographical ~ петрографическая фация
   seismic ~ сейсмофация
facilit/y 1. лёгкость; удобство *(напр. обслуживания)* 2. устройство; установка 3. *pl* оборудование; аппаратура; средства ◊ **to construct field ~ies** обустраивать промысел
   ~ **of access** лёгкость доступа; доступность *(напр. для осмотра)*
   burn-in ~ установка для приработочных испытаний
   certification ~ установка для аттестации *(приборов)*
   climatic testing ~ установка для климатических испытаний
   compression ~ 1. компрессор 2. *pl* компрессорное хозяйство
   delivery ~ies транспортные средства *(автоцистерны, железнодорожные цистерны)*

facilit/y

desulfurization ~ установка для очистки *(газа)* от серы
detection ~ устройство обнаружения неисправностей
diagnostic ~ies средства диагностики
emergency ~ies аварийное оборудование
environmental testing ~ies оборудование для испытаний при заданных окружающих условиях
equipment maintenance ~ установка для технического обслуживания оборудования
fail-safe ~ отказоустойчивая установка
fault tracing ~ies средства поиска неисправностей
field ~ies оборудование и сооружения промысла
field test ~ies оборудование для эксплуатационных испытаний
floating production ~ плавающее морское промысловое оборудование
gathering gas field surface ~ объект обустройства газового промысла
handling ~ies 1. погрузочно-разгрузочные устройства 2. средства обслуживания
integrated testing ~ies оборудование для комплексных испытаний
liquefaction ~ установка для сжижения газа
maintenance ~ies оборудование для технического обслуживания
mooring ~ причальное устройство *(для танкера)*
mud-handling ~ies оборудование для транспортировки, хранения и приготовления бурового раствора
offshore oil-field ~ морской нефтепромысловый объект

oil-field ~ нефтепромысловое сооружение; нефтепромысловый объект
oil-field ~ **under construction** строящийся нефтепромысловый объект
oil-field surface ~ объект обустройства нефтяного промысла
oil-handling ~ies сливно-наливное устройство для нефти
oil-loading ~ies оборудование для налива нефтепродуктов
outdoor testing ~ установка для испытаний на открытом воздухе
processing ~ies технологическое оборудование
production ~ 1. эксплуатационный объект *(на промысле)* 2. *pl* производственное оборудование; производственные мощности 3. *pl* оборудование и сооружения для добычи *(нефти или газа)*
pumping ~ 1. насосная установка 2. насосная станция 3. *pl* насосное хозяйство
recycle ~ площадка для регламентных работ
repair ~ies ремонтное оборудование
salt-cavern based gas storage ~ хранилище газа в выработанной соляной шахте
seismic ~ies сейсмические средства
servicing ~ies оборудование для технического обслуживания
standby ~ резервное устройство
storage ~ хранилище *(газа)*
surface ~ 1. наземный объект *(обустройства нефтяного или газового промысла)* 2. *pl* обустройство нефтяного промысла
tank cleaning ~ станция мойки танков *(танкеров)*

facilit/y

tank farm ~ies оборудование и сооружения нефтебазы
tanker ~ies причальное устройство для танкеров
terminal ~ies оборудование перевалочной базы
test ~ испытательная установка
testing ~ies испытательное оборудование; испытательная аппаратура
transportation ~ies транспортные средства
treating ~ очистное сооружение
truck-loading ~ies наливное оборудование для автоцистерн
underground storage ~ подземное хранилище газа
unloading ~ies откачивающие средства *(на танкере)*
warning ~ средство предупреждения *(об отказе)*
water ~ies водоснабжение
water intake ~ водозаборное сооружение

facing 1. наварка *(инструмента)* 2. съёмный наконечник 3. обшивка *(внутренняя)*
~ of whipstock ориентирование отклонителя
hard ~ наварка твёрдым сплавом
tool ~ положение торца бурового инструмента

factor 1. фактор; составной элемент 2. показатель; коэффициент; множитель
~ of defectiveness коэффициент дефектности
~ of porosity коэффициент пористости
~ of saturation 1. коэффициент насыщения 2. коэффициент водонасыщенности; коэффициент нефтенасыщенности; коэффициент газонасыщенности
ability ~ показатель работоспособности
absorption ~ 1. коэффициент поглощения 2. поглощательная способность
acceleration ~ 1. коэффициент усиления *(интенсивности отказов)* 2. коэффициент ускорения *(испытаний)*
activity ~ коэффициент использования *(оборудования)*
anisotropic ~ коэффициент анизотропии
anisotropy ~ коэффициент анизотропии
apparent formation ~ кажущееся относительное сопротивление пласта
apparent metal ~ кажущийся коэффициент поляризуемости, кажущийся металл-фактор
array ~ коэффициент установки
atmospheric gas ~ газовый фактор, приведённый к атмосферным условиям
availability ~ коэффициент эксплуатационной готовности
availability degradation ~ показатель ухудшения эксплуатационной готовности
balance ~ коэффициент уравновешенности *(многофазной системы)*
borehole geometric ~ геометрический фактор скважины
bubble-point gas-in-oil solubility ~ коэффициент растворимости газа в нефти при давлении начала испарения
buffer ~ коэффициент аккумуляции *(газопровода)*
calculated gas ~ расчётный газовый фактор
capacity ~ коэффициент использования *(оборудования)*
catalyst carbon ~ показатель коксообразующей способности катализатора

catalyst gas ~ показатель газообразующей способности катализатора *(отношение количества газа, получаемого на стандартной испытательной установке над данным катализатором, к количеству газа, получаемого в тех же условиях при такой же конверсии газойля над стандартным катализатором)*
cement shrinkage ~ коэффициент усадки цемента
cementation ~ коэффициент сцементированности *(горной породы)*
change rate ~ показатель интенсивности замены *(элементов)*
characteristic ~s характеристические факторы *(в структурно-групповом анализе нефтяных фракций)*
characterization ~s характеристические факторы *(в структурно-групповом анализе нефтяных фракций)*
coagulation ~ показатель коагуляции
coke-permeability ~ показатель газопроницаемости кокса
compacting ~ коэффициент уплотняемости *(показатель уменьшения объёма, обусловленного слёживанием катализатора)*
compressibility ~ коэффициент сжимаемости
condensate recovery ~ коэффициент извлечения конденсата
corrosion ~ показатель коррозии
coverage ~ коэффициент запаса *(вероятность сохранения работоспособности системы с резервированием при появлении отказов)*
criticality ~ коэффициент критичности *(элемента)*

degradation ~ 1. показатель ухудшения *(характеристик или свойств)* 2. коэффициент снижения производительности *(системы)*
demand ~ коэффициент нагрузки
dependability ~ коэффициент готовности без учёта профилактического обслуживания
derating ~ показатель ухудшения *(характеристик или свойств)*
derrick efficiency ~ коэффициент использования буровой вышки *(по грузоподъёмности)*
design ~ 1. конструктивный параметр; конструктивный фактор 2. расчётный фактор
design load ~ расчётный коэффициент эксплуатационной нагрузки
detectability ~ коэффициент обнаруживаемости *(отказов)*
deterioration ~ показатель ухудшения *(характеристик или свойств)*
deviation ~ коэффициент отклонения газа от идеального при данных условиях
drainage-recovery ~ коэффициент зависимости добычи от дренирования
duty ~ коэффициент использования *(оборудования)*
effective porosity ~ коэффициент эффективности пористости
engineering ~s 1. технические параметры 2. технические условия
exposure ~ коэффициент подверженности воздействиям
failure ~ интенсивность отказов
failure rate acceleration ~ коэффициент усиления интенсивности отказов

fatigue ~ показатель усталостной прочности
fault ~ коэффициент уменьшения числа неисправностей
fault coverage ~ вероятность обнаружения неисправности
field-geological ~ геологопромысловый показатель
field-usage ~ коэффициент эксплуатации в полевых условиях
filtration ~ коэффициент фильтрации
flow resistance ~ фактор сопротивления *(при фильтрации)*
flowing gas ~ газовый фактор при фонтанировании
formation ~ 1. фактор формации, пластовый коэффициент *(отношение удельного сопротивления пористого тела, насыщенного жидкостью, к удельному сопротивлению насыщающей жидкости)* 2. влияние условий залегания
formation cementation ~ показатель цементации
formation compressibility ~ коэффициент сжимаемости породы
formation drillability ~ фактор буримости породы
formation porosity ~ параметр пористого пласта
formation pressure conductivity ~ коэффициент пьезопроводности пласта
formation resistivity ~ относительное электрическое сопротивление пласта *(отношение удельного сопротивления пород к удельному сопротивлению насыщающей жидкости)*
formation volume ~ 1. коэффициент пластового объёма *(нефти, газа, воды)* 2. объёмный коэффициент пласта *(отношение объёма флюидов при пластовых условиях к их объёму при стандартных условиях)*

freeze-proof ~ коэффициент морозостойкости *(трубопровода)*
gas ~ газовый фактор, газовый показатель *(число кубических метров газа на баррель нефти или число кубических метров добытого газа на кубический метр извлечённой нефти)*
gas-compressibility ~ коэффициент сжимаемости газа
gas-deviation ~ коэффициент сжимаемости газа
gas-formation volume ~ коэффициент пластового объёма газа
gas-in-oil solubility ~ коэффициент растворимости газа в нефти
gas-input ~ газовый фактор *(при нагнетании)*
gas-in-water solubility ~ коэффициент растворимости газа в воде
gas-producing ~ коэффициент газообразования
gas-recovery ~ коэффициент извлечения газа, коэффициент газоотдачи
gas-saturation ~ коэффициент газонасыщенности *(горной породы)*
geological ~ горно-геологические условия
geometrical divergence ~ *сейсм.* коэффициент геометрического расхождения
geometrical formation ~ геометрический коэффициент сопротивления пласта
geometrical ~ геометрический фактор
geotectonical ~ тектонический фактор
gradient correction ~ коэффициент коррекции градиента давления *(при определении забойного давления со столбом флюида в стволе скважины)*

factor

hydrogeological ~ гидрогеологический фактор
inherent reliability ~ коэффициент собственной надёжности
initial gas-in-oil solubility ~ начальный коэффициент растворимости газа в нефти
input gas ~ газовый фактор при нагнетании
instantaneous gas ~ текущее значение газового фактора
integrated pseudogeometrical ~ интегральный псевдогеометрический фактор
invariable gas ~ неизменный газовый фактор
invasion ~ коэффициент возмещения *(при каротаже)*
life ~ фактор долговечности
limit load ~ коэффициент предельной эксплуатационной нагрузки
limiting formation ~ предельное относительное сопротивление
lithological ~ литологический фактор
lithological-and-temperature ~ литолого-температурный коэффициент
load ~ коэффициент эксплуатационной мощности; коэффициент нагрузки
load ~ коэффициент нагрузки
maintainability ~ показатель ремонтопригодности
maintenance ~ коэффициент технического обслуживания
maintenance priority ~ показатель очерёдности технического обслуживания
maintenance replacement ~ коэффициент замены оборудования при техническом обслуживании
modal attenuation ~ *сейсм.* коэффициент затухания моды

Murphree efficiency ~ коэффициент эффективности Мёрфри *(коэффициент полезного действия отдельной тарелки ректификационной колонны)*
oil recovery ~ коэффициент нефтеотдачи
oil saturation ~ коэффициент нефтенасыщенности *(коллектора)*
oil shrinkage ~ коэффициент усадки нефти
oil formation volume ~ коэффициент пластового объёма нефти
oil saturation ~ коэффициент нефтенасыщенности *(горной породы)*
oil shrinkage ~ коэффициент усадки нефти
operating gas ~ рабочий газовый фактор
operational ~ 1. эксплуатационный фактор *(влияющий на надёжность)* 2. *pl* рабочие характеристики, эксплуатационные характеристики 3. коэффициент использования *(оборудования)*
output ~ коэффициент отдачи
output gas ~ газовый фактор, замеренный на устье скважины
packing ~ 1. показатель эффективности насадки *(ректификационной колонны)* 2. степень уплотнения насадки *(ректификационной колонны)*
permeability stratification ~ коэффициент послойной проницаемости
plate efficiency ~ коэффициент полезного действия тарелки
porosity stratification ~ коэффициент пористости *(горной породы)*
pressure conductivity ~ коэффициент пьезопроводности

pressure loss ~ коэффициент потери давления; коэффициент потери напора
productivity ~ коэффициент продуктивности
pseudogeometrical ~ псевдогеометрический фактор
radial geometrical ~ радиальный геометрический фактор
radial pseudogeometrical ~ радиальный псевдогеометрический фактор
readiness ~ 1. коэффициент готовности; коэффициент исправного состояния 2. коэффициент использования *(оборудования)*
real gas ~ коэффициент сверхсжимаемости газа
recovery ~ коэффициент нефтеотдачи
redundancy improvement ~ коэффициент повышения надёжности при резервировании
reflection ~ коэффициент отражения
reflectivity ~ коэффициент отражения
reliability ~ 1. показатель надёжности; коэффициент надёжности 2. фактор надёжности 3. показатель безотказности
reliability improvement ~ показатель повышения надёжности *(при резервировании)*
repair efficiency ~ показатель эффективности ремонта
repairability ~ коэффициент ремонтопригодности
replacement ~ коэффициент замены *(оборудования)*
pressure loss ~ коэффициент потери давления
reserve ~ коэффициент резервирования
reservoir ~ пластовый параметр

reservoir volume ~ объёмный коэффициент пласта, пластовый фактор
residual gas saturation ~ коэффициент остаточной газонасыщенности *(горной породы)*
residual oil saturation ~ коэффициент остаточной нефтенасыщенности *(горной породы)*
residual water saturation ~ коэффициент остаточной водонасыщенности *(горной породы)*
restorability ~ коэффициент восстанавливаемости
retardation ~ коэффициент отдачи при упругой деформации
rope safety ~ коэффициент запаса прочности каната
safe-load ~ коэффициент безопасности; запас прочности
safety ~ 1. коэффициент надёжности 2. коэффициент безопасности; запас прочности
service ~ 1. отношение средней продолжительности ремонта к средней наработке на отказ 2. коэффициент, зависящий от условий эксплуатации
severity ~ 1. показатель воздействия неблагоприятных условий 2. показатель серьёзности *(отказа)*
single-phase oil formation volume ~ однофазный коэффициент пластового объёма нефти
sliding ~ коэффициент скольжения
solubility ~ коэффициент растворимости
sonic compaction correction ~ поправочный коэффициент на уплотнение для акустического каротажа
stabilization ~ фактор стабилизации

static safety ~ статический запас прочности

steam-zone shape ~ параметр формы паронасыщенной зоны *(при паровом воздействии на коллектор нефти)*

stratigraphical ~ стратиграфический фактор

strength ~ коэффициент прочности, показатель прочности

structure ~ структурный фактор

technical replacement ~ коэффициент замены *(оборудования)* по техническим причинам

temperature ~ температурный коэффициент

testability ~ коэффициент контролепригодности

total gas ~ объёмный газовый фактор

total oil formation volume ~ суммарный коэффициент пластового объёма нефти

toughness ~ 1. показатель вязкости 2. ударная прочность 3. коэффициент сопротивления удару

two-phase oil formation volume ~ двухфазный коэффициент пластового объёма нефти

ultimate gas recovery ~ коэффициент суммарной газоотдачи

ultimate oil recovery ~ коэффициент суммарной нефтеотдачи

unification ~ коэффициент унификации

unit geometrical ~ геометрический фактор элементарного кольца

use degradation ~ показатель ухудшения условий эксплуатации

utilization ~ коэффициент использования; коэффициент загрузки *(оборудования)*

viscosity ~ коэффициент вязкости

void ~ 1. пористость 2. эффективная пористость 3. коэффициент пористости *(отношение объёма пор к общему объёму)*

warning ~ показатель предупреждения *(об ухудшении качества)*

water encroachment ~ коэффициент естественного заводнения пласта

water formation volume ~ коэффициент пластового объёма воды

water saturation ~ коэффициент водонасыщенности *(коллектора)*

wear-out ~ 1. коэффициент износа 2. фактор износа

well flow ~ коэффициент продуктивности скважины

well productivity ~ коэффициент продуктивности скважины

zero viscosity ~ показатель нулевой вязкости *(показатель зависимости вязкости от температуры)*

fading постепенное ухудшение свойств; снижение эффективности

fail 1. отказ *(в работе)*; выход из строя; повреждение; поломка; неисправность; сбой ‖ отказывать *(в работе)*; повреждаться; терять работоспособность; не срабатывать; работать с перебоями 2. разрушаться ◊ **to ~ actively** выходить из строя с нарушением работоспособности других элементов системы; **to ~ in service** выходить из строя в процессе эксплуатации; **to ~ in use** выходить из строя в процессе эксплуатации; **to ~ off chance** внезапно выходить из строя;

fail

to ~ passively выходить из строя без нарушения работоспособности других элементов системы; to ~ prematurely преждевременно выходить из строя; to ~ stochastically выходить из строя по случайному закону; to ~ to function выходить из строя

fail-active выходящий из строя с нарушением работоспособности других систем

failed 1. отказавший *(в работе)*; повреждённый; потерявший работоспособность; неисправный; работающий с перебоями **2.** разрушившийся **3.** не выдержавший испытаний **4.** не соответствующий техническим условиям

partially ~ частично потерявший работоспособность

failed-dangerous отказоопасный *(с опасными последствиями для работоспособности системы после отказа)*

failing 1. отказ *(в работе)*; выход из строя; повреждение; появление неисправности; нарушение работоспособности ‖ отказавший *(в работе)*; вышедший из строя; повреждённый; неисправный; теряющий работоспособность **2.** разрушение

fail-operational сохраняющий работоспособность при единичном отказе; многоотказный *(о системе)*

fail-operative сохраняющий работоспособность при единичном отказе; многоотказный *(о системе)*

fail-passive выходящий из строя без нарушения работоспособности других элементов системы

failproof безотказный; защищённый от отказов; защищённый от неисправностей

fail-safe 1. сохраняющий работоспособность при отказе отдельных элементов **2.** с повышенной живучестью; надёжный; бесперебойный **3.** безопасный **4.** прочный **5.** безаварийный; с блокировкой от аварий

fail-safety 1. сохранение работоспособности *(системы)* при отказе отдельных элементов **2.** надёжность; бесперебойность **3.** безопасность **4.** прочность **5.** безаварийность

fail-slow с медленным развитием неисправности

fail-soft 1. с постепенным ухудшением параметров *(при неисправностях)*; с амортизацией отказов **2.** сохраняющий надёжность при эксплуатационных ограничениях

fail-steady с фиксацией состояния отказа *(без дальнейшего его развития)*

fail-to-danger отказоопасный *(с опасными последствиями для работоспособности системы после отказа)*

failure 1. отказ *(в работе)*; выход из строя; повреждение; поломка; неисправность, несрабатывание; сбой **2.** разрушение; авария **3.** обрушение; обвал *(породы)* **4.** неудачная скважина ◊ ~ after preventive maintenance отказ после профилактического технического обслуживания; ~ before replacement отказ *(элемента или модуля)* накануне замены; ~ by bursting from internal pressure разрушение *(колонны труб)* от разрыва под действием внутреннего давления; ~ by collapse from external pressure разрушение *(колонны труб)* от разрыва под действием внешнего давления;

failure

~ **in tension** разрушение при растяжении; ~ **in use** отказ при эксплуатации, эксплуатационный отказ; ~ **requiring overhaul** поломка, требующая капитального ремонта; ~**s per million hours** (число) отказов за миллион часов работы; **to accelerate the** ~ ускорять появление отказа; **to carry** ~ **to 1.** приводить к отказу **2.** доводить до разрушения *(при испытаниях)*; **to catch a** ~ обнаруживать отказ; **to cause to** ~ **1.** приводить к отказу **2.** доводить до разрушения *(при испытаниях)*; **to discard upon** ~ браковать при появлении отказа; **to recover from** ~ устранять неисправность; **to repair a** ~ устранять неисправность; ~ **under tension** разрушение *(колонны труб)* от растяжения; ~ **with replacement** отказ с заменой *(неисправного элемента)*
~ **of casing string** разрушение обсадной колонны
~ **of hose connection** повреждение патрубка рукава
~ **of normal category** отказ обычного типа
~ **of performance** ухудшение рабочих характеристик
abnormal test ~ необычный отказ во время испытаний
abnormally early ~ необычно ранний отказ
active ~ неисправность *(элемента системы)*, нарушающая работу других элементов
actual ~ фактический отказ
additional ~ дополнительный отказ
adolescent ~ отказ в начальном периоде эксплуатации; ранний отказ
aging ~ отказ вследствие старения

allowable ~ допустимый отказ
anomalous ~ необычный отказ
anticipated ~ ожидаемый отказ
apparent ~ очевидный отказ; легко обнаруживаемая неисправность
artificial ~ искусственный отказ
assignable cause ~ отказ по определённой причине
associated ~ зависимый отказ; вторичный отказ
associative ~ зависимый отказ; вторичный отказ
assumed ~ предполагаемый отказ
avoidable ~ устранимый отказ; устранимая неисправность
basic ~ основной отказ
bench-test ~ **1.** отказ *(изделия)* при стендовых испытаниях **2.** разрушение *(изделия)* при стендовых испытаниях
bending ~ разрушение при изгибе; разрушение при загибе
bond ~ нарушение соединения
breakdown ~ разрушение
break-in ~ вносимый отказ; наведённый отказ
brittle ~ хрупкое разрушение
burn-in ~ приработочный отказ
casing ~ повреждение обсадной колонны
catastrophic ~ **1.** отказ с катастрофическими последствиями; катастрофический отказ **2.** полный отказ **3.** внезапный отказ
cause undetermined ~ отказ по неустановленной причине
chance ~ случайный отказ
combined ~ комбинированный отказ
commanded ~ инициированный отказ
common-cause ~ отказ множественного типа; *pl* множественные отказы; отказы, обусловленные общей причиной

413

failure

compensating ~ неисправность (*элемента системы*), не влияющая на работу других элементов
complete ~ полный отказ
component ~ отказ элемента; неисправность элемента (*системы*)
component-compensating ~ неисправность элемента (*системы*), не влияющая на работу других элементов
component-dependent ~ неисправность элемента (*системы*), вызванная неисправностью другого элемента
component-independent ~ неисправность элемента (*системы*), не вызванная неисправностью другого элемента
component-partial ~ неисправность элемента (*системы*), частично влияющая на работу другого элемента
compression ~ разрушение при сжатии
conditional ~ условный отказ
conditionally detectable ~ условно обнаруживаемый отказ
consequential ~ инициированный отказ
contributory ~ отказ, вызывающий выход из строя других элементов
corollary ~ отказ по известной причине
critical ~ критический отказ; отказ, угрожающий всей системе
damage ~ разрушающий отказ
degradation ~ постепенный отказ
dependent ~ зависимый отказ; вторичный отказ
depot-repair-type ~ повреждение, устраняемое в ремонтной мастерской
derrick ~ поломка буровой вышки

design-deficiency ~ отказ вследствие конструктивной недоработки
design-error ~ отказ вследствие ошибки проектирования
destruction ~ разрушение
destructive ~ разрушающий отказ
deterioration ~ 1. износовый отказ 2. постепенный отказ
disabling ~ отказ, ведущий к аварии
disastrous ~ отказ с катастрофическими последствиями; катастрофический отказ
distortion ~ отказ, вызывающий деформацию
dominant ~ основной отказ
dominating ~ доминирующая неисправность
dormant ~ непроявляющийся отказ
double ~ двойной отказ
downhole ~ авария в скважине
drill string ~ разрыв бурильной колонны
drilling-bit ~ авария с буровым долотом
dynamic ~ динамический отказ
earliest ~ наиболее ранний отказ; отказ в самом начале эксплуатации
early-life ~ отказ в начальном периоде эксплуатации; ранний отказ
embryonic ~ отказ в начальном периоде эксплуатации; ранний отказ
emergency ~ аварийный отказ
end ~ полный отказ
endurance ~ 1. усталостный отказ 2. усталостное разрушение; поломка, вызванная усталостью (*материала*)
engine ~ авария двигателя
environmental ~ отказ вследствие воздействия окружающей среды

failure

equipment ~ отказ оборудования; повреждение оборудования
essential ~ существенная неисправность
eventual ~ 1. возможный отказ 2. возможное разрушение
exogenous ~ отказ, вызванный внешними причинами
explicit ~ очевидный отказ, явный отказ
exponential ~ отказ при экспоненциальном распределении времени безотказной работы
externally-caused ~ отказ, вызванный внешними причинами
fabrication ~ отказ, вызванный дефектом изготовления
fatal ~ катастрофический отказ
fatigue ~ 1. усталостный отказ 2. усталостное разрушение; поломка, вызванная усталостью *(материала)*
fictitious ~ ложный отказ
field ~ 1. эксплуатационный отказ, отказ в процессе эксплуатации 2. разрушение в процессе эксплуатации 3. поломка в полевых условиях
field-test ~ отказ, возникший при полевых испытаниях
foolish ~ отказ вследствие неумелого обращения
forced ~ принудительный отказ
fracture ~ отказ, ведущий к разрушению
functional ~ отказ, связанный с нарушением работоспособности; нарушение функционирования
generic ~ отказ, характерный для данного изделия
gradual ~ постепенный отказ
gross ~ 1. серьёзная неисправность 2. полное разрушение
handling ~ отказ вследствие неправильного обращения
hard ~ устойчивый отказ; серьёзный отказ
hazardous ~ опасный отказ
hidden ~ скрытый отказ, неявный отказ
human-initiated ~ отказ по вине обслуживающего персонала
human-involved ~ отказ по вине обслуживающего персонала
immature ~ отказ в начальном периоде эксплуатации; ранний отказ
immediate ~ немедленный отказ
imminent ~ приближающийся отказ; близкий отказ
impact compressive ~ разрушение породы ударом-сжатием
impending ~ приближающийся отказ; близкий отказ
implicit ~ скрытый отказ, неявный отказ
inadvertent ~ отказ в результате небрежности; отказ в результате неосторожности
incipient ~ зарождающийся отказ
independent ~ 1. независимый отказ 2. первичный отказ
induced ~ наведённый отказ
infancy ~ отказ в начальном периоде эксплуатации; ранний отказ
initial ~ отказ в начальном периоде эксплуатации; ранний отказ
inoperative ~ отказ, приводящий к нарушению работоспособности; катастрофический отказ
in-service ~ отказ в процессе эксплуатации, эксплуатационный отказ
insignificant ~ несущественная неисправность
inspection ~ отказ в процессе проверки
instability ~ отказ вследствие неустойчивости характеристик

intermittent ~ перемежающийся отказ; *pl* перемежающиеся сбои
internal ~ отказ по внутренней причине
intervening ~ отказ, нарушающий работоспособность *(системы)*
in-the-field ~ отказ в процессе эксплуатации, эксплуатационный отказ
intrinsic ~ отказ, характерный для данного изделия
in-warranty ~ отказ в течение гарантийного срока
irreversible ~ необратимый отказ
last-thread ~ обрыв по последнему витку резьбы у замка
late ~ отказ в позднем периоде эксплуатации
latent ~ скрытый отказ, неявный отказ
life ~ ресурсный отказ
local ~ локальный отказ; локальная неисправность
low-limit ~ отказ вследствие выхода параметра за нижний предел
maintenance ~ неисправность, внесённая в процессе технического обслуживания
major ~ основной отказ; существенный отказ; значительная неисправность
malfunction ~ отказ вследствие нарушения нормальной работы
marginal ~ отказ вследствие выхода характеристик за пределы допусков
mechanical ~ механическая неисправность; механическое повреждение
minor ~ несущественный отказ
mishandling ~ отказ вследствие неправильного обращения

misuse ~ 1. отказ вследствие неправильной эксплуатации 2. отказ вследствие неправильного обращения
monotone ~ постепенный отказ
most remote ~ наименее вероятный отказ
multiunit ~ отказ нескольких элементов; повреждение нескольких элементов *(системы)*
near ~ состояние, близкое к отказу
nonbasic ~ неосновной отказ
noncatastrophic ~ некатастрофический отказ
noncritical ~ некритический отказ; отказ, не угрожающий работе всей системы
nondetectable ~ 1. скрытый отказ, неявный отказ 2. неисправность, не поддающаяся обнаружению; неразличимый отказ
nonfatal ~ некатастрофический отказ
nonfunctional ~ отказ, не связанный с нарушением работоспособности
nonrandom ~ неслучайный отказ; ожидаемый отказ; прогнозируемый отказ
nonreliability ~ отказ, не влияющий на надёжность
nonrepairable ~ неустранимая неисправность
observed ~ наблюдаемый отказ
obsolete parts ~ отказ вследствие износа деталей
oncoming ~ приближающийся отказ; близкий отказ
operating ~s повреждение в процессе эксплуатации
operational ~ отказ в процессе эксплуатации, эксплуатационный отказ
operative ~ отказ в процессе эксплуатации, эксплуатационный отказ

operator-induced ~ отказ, внесённый оператором
ordinary ~ обычный отказ
out-of-tolerance ~ параметрический отказ, отказ вследствие ухода параметров за допустимые пределы
overload ~ отказ вследствие перегрузки
overstress ~ отказ вследствие перегрузки
parallel ~s одновременный отказ двух *или* большего числа элементов
parametric ~ параметрический отказ, отказ вследствие ухода параметра за допустимые пределы
part ~ отказ элемента (*системы*)
partial ~ частичный отказ; частичное нарушение работоспособности
partially depreciating ~ частично обесценивающий отказ
passive ~ неисправность (*элемента системы*), не влияющая на работу других элементов
pattern ~s одинаковые отказы одного и того же элемента в одинаковых условиях эксплуатации
permanent ~ устойчивый отказ; устойчивое повреждение; устойчивая неисправность
persistent ~ устойчивый отказ; устойчивое повреждение; устойчивая неисправность
potential ~ потенциальный отказ; потенциальная неисправность
predictable ~ прогнозируемый отказ
premature ~ 1. преждевременный отказ; ранний отказ 2. преждевременное разрушение
primary ~ 1. первичный отказ; первичное повреждение 2. независимый отказ

progressive ~ 1. постепенный отказ 2. прогрессирующее разрушение 3. *pl* последовательность отказов
projected ~ прогнозируемый отказ
qualification ~ отказ, выявленный при типовых испытаниях
random ~ 1. случайный отказ; случайное повреждение 2. внезапный отказ
real ~ фактический отказ
recoverable ~ устранимый отказ; устранимая неисправность
recurrent ~s повторяющиеся отказы
redundant ~ отказ резервированного элемента
relevant ~ характерный отказ
reliability-type ~ отказ, влияющий на надёжность
repairable ~ устранимая неисправность
repeatable ~ повторяющийся отказ
repeated stress ~ усталостный излом в результате повторных нагрузок
residual ~ остаточный отказ; остаточная неисправность
revealed ~ обнаруженный отказ, обнаруженная неисправность
reversal ~ повторный отказ
reversible ~ обратимый отказ
rock ~ разрушение горной породы (*под действием долота*)
rock compression ~ разрушение горной породы при сжатии
rock plastic ~ пластическое разрушение горной породы
rogue ~ внезапный отказ
running-in ~ приработочный отказ
seal ~ нарушение герметичности

failure

secondary ~ 1. вторичный отказ; вторичное повреждение 2. зависимый отказ 3. второстепенная неисправность
self-avoiding ~ самоустраняющийся отказ; самоустраняющаяся неисправность
self-correcting ~ самоустраняющийся отказ; самоустраняющаяся неисправность
self-healing ~ самоустраняющийся отказ; самоустраняющаяся неисправность
self-induced ~ самонаведённый отказ
self-repairing ~ самоустраняющийся отказ; самоустраняющаяся неисправность
service ~ отказ в процессе эксплуатации, эксплуатационный отказ
shear ~ разрушение вследствие скалывающего усилия
single ~ одиночный отказ; единичный отказ; отказ элемента; одиночная неисправность
single-point ~ отказ *(системы)*, вызванный неисправностью одного элемента
solid ~ устойчивый отказ; устойчивая неисправность
specification deficiency ~ отказ вследствие недоработки технических условий
spontaneous ~ внезапный отказ
stable ~ устойчивый отказ; устойчивая неисправность
stage-by-stage ~ 1. постепенный отказ 2. постепенное разрушение
stochastic ~ случайный отказ
stress ~ отказ, вызванный нагрузкой
stuck-closed ~ отказ вследствие заедания
subsequent ~ последующий отказ

subsidiary ~ отказ неосновного элемента
sucker-rod string ~ разрыв насосных штанг
sudden ~ внезапный отказ
superficial ~ несущественное повреждение, легко устранимое повреждение
surface ~ разрушение поверхности *(напр. от коррозии)*
suspected ~ предполагаемый отказ; подозреваемая неисправность
sustained ~ устойчивое повреждение, стойкое повреждение
systematic ~ систематический отказ
technical ~ техническая неисправность
technological ~ технологический отказ
temporary ~ самоустраняющийся отказ
tensile ~ разрушение при растяжении; разрыв
test ~ 1. отказ во время испытаний 2. разрушение во время испытаний 3. неудачное испытание
test-induced ~ отказ, вызванный испытаниями
test-produced ~ отказ, вызванный испытаниями
thread ~ срыв резьбы, разрушение резьбы
threshold ~ пороговый отказ
time-limit ~ временный отказ; временная неисправность
time to first system ~ наработка до первого отказа системы
top ~ главный отказ *(на дереве отказов)*
torque ~ 1. скручивание *(бурильных труб)* 2. разрушение при кручении
torsion ~ разрушение при кручении
total ~ полный отказ

traceable ~ прослеживаемый отказ
transient ~ неустойчивый отказ, перемежающийся отказ
trap ~ разрушение ловушек
trap sealing ~ нарушение герметичности ловушки
triple ~ тройной отказ
true ~ фактический отказ
unannounced ~ незарегистрированный отказ
unassigned ~ отказ по невыясненной причине
unavoidable ~ неустранимый отказ; неустранимая неисправность
undetected ~ необнаруженный отказ; необнаруженная неисправность
unexpected ~ неожиданный отказ, непредвиденный отказ
unexplained ~ отказ по невыясненной причине
unpredictable ~ непрогнозируемый отказ
unrecoverable ~ неустранимый отказ; неустранимая неисправность
unrevealed ~ необнаруженный отказ; необнаруженная неисправность
unsafe ~ отказ, вызывающий опасные последствия (*для работоспособности системы*)
unstable ~ неустойчивый отказ; неустойчивая неисправность
verified ~ проверяемый отказ
volatile ~ неустойчивое повреждение
wearout ~ отказ вследствие износа, износовый отказ
failure-free безотказный
failure-proof отказоустойчивый
failure-resistant отказоустойчивый
failure-tolerant сохраняющий работоспособность при отказе отдельных элементов

fair низкосортный (*об алмазах*)
fairlead:
  winch ~ канатоукладчик лебёдки
fairway продуктивный пояс нефтяной залежи
fake 1. слюдистый сланец; песчанистый сланец 2. бухта (*каната, троса*) ‖ укладывать трос
fall 1. падение 2. обрушение 3. канат (*тали или подъёмного блока*) ◊ to ~ in обваливаться (*в скважину*)
  ~ **of drill stem** падение бурильной колонны (*в скважину*)
  ~ **of drill string** падение бурильной колонны (*в скважину*)
  ~ **of drilling tool** падение бурильного инструмента (*в скважину*)
  Canadian free ~ свободное падение долота на забой при каждом ходе коромысла (*способ глубокого бурения*)
  casing string ~ падение обсадной колонны (*в скважину*)
  face ~ обрушение забоя
  free ~ свободное падение; долбление (*при ударно-канатном бурении*)
  Galician free ~ свободное падение долота на забой при каждом ходе коромысла (*способ глубокого бурения*)
  pressure ~ падение давления
  Russian free ~ свободное падение долота на забой при каждом ходе коромысла (*способ глубокого бурения*)
fallback нейтрализация неисправности (*напр. путём изменения конфигурации системы*)
fallibility подверженность отклонениям; подверженность ошибкам
  inspection ~ несовершенство контроля

fallout

fallout:
~ of link выпадение штропа *(из проушины)*
sand ~ выпадение песка *(из жидкости разрыва, тампонажного или бурового раствора)*
family 1. семейство; серия; ряд; группа; совокупность; набор **2.** ряд *(углеводородов)*
failure ~ совокупность неисправностей
hydrocarbon ~ гомологический ряд углеводородов
lubricating oil ~ совокупность смазочных масел *(содержащихся в нефти)*
fan 1. вентилятор; лопасть **2.** *сейсм.* веерный комплект взрывных скважин ‖ располагать скважины веером ‖ веерный; клиновидный ◊ to ~ bottom снизить нагрузку на долото для выправления кривизны ствола; to ~ out a screw применять увеличенную подачу каната уравнительным винтом *(при ударно-канатном бурении)*
~ of detectors веер сейсмоприёмников; веерная расстановка сейсмоприёмников
~ of lines веер профилей; веерное расположение профилей
air ~ вентилятор
blade-type ~ вентилятор лопастного типа *(системы сжигания продуктов при пробной эксплуатации)*
farm хозяйство
distribution tank ~ распределительная нефтебаза
field tank ~ промысловый нефтяной парк
fuel-oil ~ участок хранения мазута
insect ~ отделение инсектицидов *(на нефтезаводе)*
main tank ~ основной резервуарный парк
oil tank ~ парк нефтяных резервуаров
petrol tank ~ бензиновый резервуарный парк
tank ~ нефтебаза; резервуарный парк; резервуарное хозяйство
terminal tank ~ тупиковая нефтебаза
transfer tank ~ перевалочная нефтебаза
farmout арендуемый участок
fashion:
reverse book ~ укладка керна в ящики справа налево
snake ~ зигзагообразный способ *(укладки керна в ящики)*
fastener:
Jackson belt ~ болт Джексона для сшивания ремней
fastenings крепёжные детали *(трубопроводов, резервуаров)*
fastness 1. прочность **2.** устойчивость; стойкость; способность сопротивляться износу
fatigue усталость; выносливость
~ of material усталость материала
corrosion ~ коррозионная усталость
hole ~ усталость скважины *(изменение условий среды, вызванное предыдущим взрывом в скважине)*
impact ~ усталость при ударных нагружениях
material ~ усталость материала
metal ~ усталость металла
rock ~ усталость породы
shothole ~ износ взрывной скважины
fatigueproof с высоким сопротивлением усталости; с высоким пределом выносливости; выносливый

faucet 1. вентиль **2.** раструб ‖ раструбный; надвижной (*о конце трубы*) **3.** короткая муфта (*для труб*) **4.** расширенный конец одной трубы, соединяющийся с концом другой

fault 1. недостаток; дефект; порок; изъян **2.** ошибка; погрешность **3.** выход из строя; повреждение; поломка; авария; неисправность; несрабатывание; сбой **4.** сброс; сдвиг (*породы*); разрыв, разлом, трещина ◊ ~ **dipping against bed** несогласный сброс; ~ **parallel of bed** согласный сброс; **to be at** ~ быть в неисправном состоянии; **to correct a** ~ устранять неисправность; **to isolate ~ s** устранять неполадки; устранять повреждения; **to rectify ~s** устранять неполадки; устранять повреждения

accidental ~ случайное повреждение
active ~ неисправность, нарушающая работоспособность других элементов системы
anticline ~ антиклинальный сброс
antithetic ~ антитетический сброс
automatically repaired ~ автоматически устраняемая неисправность
basement ~ разлом в фундаменте
bedding ~ сброс по залеганию, сброс по наслоению, сброс по напластованию, пластовый сброс
bedding-plane ~ сброс по залеганию, сброс по наслоению, сброс по напластованию, пластовый сброс
branch ~ второстепенный сброс
branching ~ ступенчатый сброс
cable ~ повреждение кабеля
clock ~ глыбовый сброс
coincident ~s совпадающие во времени отказы
collapsing ~ повреждение, вызывающее разрушение
complex ~ сложное повреждение
compression ~ сброс сжатия
concordant ~ согласный сброс
cross ~ поперечный сброс
decrement ~ сброс скалывания
deep ~ глубинный разлом
detachment ~ сброс скалывания
diagonal ~ диагональный сброс
dip ~ сброс по падению; поперечный сброс
discordant ~ несогласный сброс
distinguishable ~s различимые неисправности
distributive ~ ступенчатый сброс
echelon ~ ступенчатый сброс
effective ~ неисправность, оказывающая влияние на другие элементы системы
extension ~ сброс растяжения
fed-in ~ вносимая неисправность
fold ~ разлом складки
folded ~ складчатый надвиг
gap ~ зияющий сброс
hard-to-detect ~ труднообнаруживаемая неисправность
hidden ~ скрытый дефект
high-priority ~ неисправность высокого ранга
hinge ~ шарнирный сброс
horizontal ~ горизонтальный сброс
identified ~ выявленная неисправность
inclined ~ наклонный сброс
ineffective ~ неисправность, не оказывающая влияния на работоспособность (*системы*)
interdependent ~s взаимозависимые неисправности

intermittent ~ перемежающаяся неисправность
internal ~ внутренняя неисправность
irredundant ~ существенная неисправность
irresolvable ~s неразличимые неисправности
latent ~ скрытая неисправность, неявная неисправность
longitudinal ~ продольный сброс
low-angle ~ пологий сброс
manufacturing ~ производственный дефект
masked ~ скрытая неисправность, неявная неисправность
multiple ~ ступенчатый сброс
normal ~ нормальный сброс
oblique ~ диагональный сброс
open ~ открытый сброс
ordinary ~ нормальный сброс
overlap ~ надвиг
overthrust ~ пологий надвиг
parallel ~ параллельный сброс
peripheral ~ периферический сброс
pivotal ~ шарнирный сброс
possible ~ подозреваемая неисправность
predicted ~ прогнозируемая неисправность
primary ~ 1. первичный дефект 2. первичное повреждение
radial ~ радиальный сброс
regional ~ региональный сброс
removable ~ устранимый дефект
reverse ~ взброс; обратный сброс
rotary ~ шарнирный сброс
rotational ~ шарнирный сброс
sealing ~ непроводящий сброс
secondary ~ вторичное повреждение
semitransversal ~ диагональный сброс, косой сброс
shift ~ сдвиг, складка

significant ~ значительная неисправность, существенная неисправность
sole ~ сброс скалывания
step ~ ступенчатый сброс
stoppage ~ неисправность, вызывающая прекращение работы
stretch ~ надвиг растяжения
strike ~ сброс по простиранию
sustained ~ стойкое повреждение, устойчивое повреждение
synthetic ~ синтетический разлом
system ~ авария системы
testable ~ проверяемая неисправность; обнаруживаемая неисправность
thrust ~ взброс; открытый сброс; надвиг
transient ~ неустойчивая неисправность, перемежающаяся неисправность
transverse ~ поперечный сброс
vendor ~ дефект по вине поставщика
vertical ~ вертикальный сброс
worst-case ~ неисправность, проявляющаяся в самом тяжёлом режиме работы
worst-possible ~ наиболее серьёзный дефект
fault-finding обнаружение неисправности
fault-free безотказный
faulting 1. разрывное залегание горных пород 2. образование сбросов
 block ~ глыбовые дислокации
fault-intolerant чувствительный к неисправностям; не обладающий устойчивостью против неисправностей
faultless 1. не имеющий дефектов 2. безошибочный; безупречный 3. исправный; безаварийный
fault-secure отказобезопасный

fault-tolerance отказоустойчивость
  partial ~ частичная отказоустойчивость
fault-tolerant отказоустойчивый
faulty 1. дефектный; непригодный, негодный, забракованный; с пороком; с изъяном 2. неисправный; испорченный; повреждённый
Fazethin *фирм.* жидкий разжижитель для буровых растворов на углеводородной основе
feasibility 1. осуществимость, выполнимость 2. годность 3. возможность; вероятность
  engineering ~ техническая осуществимость; возможность технической реализации
  maintainability ~ возможность технического обслуживания
  operational ~ годность к эксплуатации
Feather Stop *фирм.* рубленые птичьи перья *(нейтральный наполнитель для борьбы с поглощением бурового раствора)*
feathering кулисообразное расположение сейсмоприёмников *(при сносе сейсмической косы боковым течением)*
feathers рубленые перья *(нейтральный наполнитель для борьбы с поглощением бурового раствора)*
feature 1. особенность; характерное свойство; отличительный признак 2. деталь; часть
  checking ~ возможность контроля
  diagnostic ~ диагностические возможности
  fail-safe ~ способность системы сохранять работоспособность при отказе отдельных элементов
  geological ~ геологическое строение, геологическая структура

  near-surface ~ приповерхностное образование
  predominant geological ~ главный геологический признак
  recovery ~ возможность восстановления
  reservoir ~s коллекторные свойства
  safety ~ способность обеспечить безопасность *(при эксплуатации)*
  salt ~ соляной купол
  tectonic ~ тектоническая особенность
Federation:
  European ~ **of Corrosion** Европейская федерация специалистов по борьбе с коррозией
  International Tanker Owners Pollution ~ Международная федерация по ограничению ответственности владельцев танкеров в случае загрязнения моря
  Water Pollution Control ~ Федерация организаций по борьбе с загрязнением воды *(США)*
feed 1. питание, подача *(напр. инструмента на забой)*; приток 2. сырьё 3. питающая линия ‖ питать; подводить; подавать; нагнетать; снабжать 4. длина хода бурильной колонны *(по направляющим мачты бурового станка)* 5. податчик *(бурильной установки)*; подающий механизм 6. питающий трубопровод 7. ход *(шпинделя бурового станка)* ◊
to ~ **off** 1. сматывать с барабана *(трос, кабель)* 2. подавать бурильную компоновку *(за счёт массы бурильной колонны)*
  air ~ 1. подача сжатого воздуха 2. механизм пневматической подачи *(перфоратора)*
  bit ~ 1. скорость подачи коронки 2. скорость углубки коронки

feed

chain ~ цепная принудительная подача *(ведущей штанги роторного станка)*
chain pulldown ~ цепной механизм принудительной подачи *(роторного станка)*
clean cracking ~ свежее сырьё для крекинга *(без добавки рециклового крекинг-сырья)*
closed water ~ 1. подача промывочной воды без аэрации 2. боковая подача промывочной воды
drill ~ подача бурильного инструмента
drill power ~ автоподача перфоратора
drilling bit ~ подача бурового долота *(на забой)*
drilling tool ~ подача бурового инструмента
forced ~ принудительная подача; подача под давлением
free ~ свободная подача
friction ~ фрикционная подача *(шпинделя бурового станка)*
gravity ~ 1. подача *(бурового снаряда)* под действием силы тяжести 2. подача самотёком
hot ~ горячее сырьё; горячее крекинг-сырьё; рецикловая крекинг-флегма
hydraulic ~ гидравлическая подача
hydraulic cylinder ~ гидравлический регулятор подачи
intermittent bit ~ неравномерная подача бурового долота
manual ~ ручная подача *(бурового снаряда)*
mechanical ~ винтовая подача *(шпинделя)*
oil ~ подача масла; подвод масла
penetration ~ 1. скорость углубления 2. подача бурового инструмента

pressure ~ подача под давлением
pulsating ~ пульсирующая подача
regular ~ рабочая подача *(инструмента)*
reverse ~ обратная подача, реверсивная подача *(шпинделя винтового вращателя)*
rising ~ раздвижная поддержка *(для буров)*
roller ~ роликовая подача
shell power ~ направляющие салазки автоподатчика *(перфоратора)*
shot ~ дробопитатель
telescope ~ телескопическая подача *(молоткового перфоратора)*
telescopic ~ телескопическая подача *(молоткового перфоратора)*
total ~ смешанное крекинг-сырьё *(смесь свежего и рециклового сырья)*
uniform bit ~ равномерная подача бурового долота
vibration-actuated ~ вибрационная подача *(бурильного молотка)*

feeder 1. питатель; подающий механизм 2. дозатор
aerofloat reagent ~ питатель для подачи пенообразующих агентов
air ~ всасывающий воздушный патрубок; подающий воздушный трубопровод; устройство для подачи воздуха
auger ~ шнековый погрузчик
bin ~ бункерный питатель
bolter ~ устройство для подачи буровых штанг
oil ~ лубрикатор для автоматической смазки; капельная маслёнка

feeding:
shot ~ подача дроби

feeding-off:
  wireline ~ стравливание талевого каната
feedleg поддержка для бурильного молотка
feedoff подача инструмента в скважину *(при роторном бурении)*
  automatic ~ механизм автоматического регулирования *(спуска рабочего каната при роторном бурении)*
  tool ~ подача бурового инструмента *(массой бурильной колонны)*
feel контролировать работу долота по движению каната *(при ударно-канатном бурении)* ◊ **to ~ ahead** пробурить опережающую скважину малого диаметра *(для выяснения условий бурения)*; **to ~ bottom** прощупать забой *(пробным спуском снаряда)*
feeler 1. щуп 2. чувствительный элемент 3. калибр толщины, толщиномер 4. отрезок трубы, спускаемый в скважину *(для проверки её состояния перед обсадкой труб)* 5. *pl* мерные ножки каверномера 6. рычаг *(механического локатора муфт)*
  caliper ~ рычаг каверномера
  gage ~ щуп
  junk ~ печать для ловильных работ
feet: ◊ **bit** ~ ножки буровой головки *(для поддержания определённого расстояния между буровой головкой и забоем скважины при метательном бурении)*; **cubic** ~ **per minute** (число кубических футов в минуту; **cubic** ~ **per second** (число кубических футов в минуту; **cubic** ~ **of gas** (число кубических футов газа; **cubic** ~ **of gas per day** (число кубических футов газа в сутки

cubic ~ **of gas per hour** (число кубических футов газа в час
felite фелит *(минеральная составляющая портландцемента и цементного клинкера)*
felt войлок
  technical ~ технический войлок
fence забор; изгородь
  protection ~ защитное ограждение; церила
fender:
  pile ~ отбойная свая
Fergy Seal Flakes *фирм.* хлопьевидный материал из измельчённых кукурузных початков *(нейтральный наполнитель для борьбы с поглощением бурового раствора)*
Fergy Seal Granular *фирм.* измельчённые кукурузные початки *(нейтральный наполнитель для борьбы с поглощением бурового раствора)*
fermentation ферментация
  bacterial ~ бактериальная ферментация
Fer-O-Bar *фирм.* специальный утяжелитель для буровых растворов, способный вступать в реакцию с сероводородом
ferrocement ферроцемент
ferrocrete феррокрит *(быстротвердеющий портландцемент)*
ferrule направляющее кольцо в головке колонковой трубы
  replaceable ~ сменное стабилизирующее кольцо *(в головке колонковой трубы)*
fettle 1. ремонт; исправление ‖ ремонтировать; исправлять 2. наладка *(оборудования)* ‖ налаживать
fettling 1. ремонт; исправление 2. наладка *(оборудования)*
fiber волокно

fiber

leather ~s кожаные волокна (*нейтральный наполнитель для борьбы с поглощением бурового раствора*)
wood ~ древесное волокно (*нейтральный наполнитель для борьбы с поглощением бурового раствора*)
Fibermix *фирм.* смесь волокнистых, минеральных и текстильных материалов с древесными опилками (*нейтральный наполнитель для борьбы с поглощением бурового раствора*)
Fiberseal *фирм.* волокнистый материал из льняных отходов (*нейтральный наполнитель для борьбы с поглощением бурового раствора*)
Fibertex *фирм.* измельчённые отходы сахарного тростника (*нейтральный наполнитель для борьбы с поглощением бурового раствора*)
field 1. месторождение 2. промысел ◊ ~ **authorized to commence operations** промысел, на разработку которого дано официальное разрешение; ~ **going to water** месторождение в начале обводнения; **to discover a** ~ открывать месторождение; **to explore a** ~ разведывать месторождение; **to find a** ~ открывать месторождение; ~ **under development** месторождение, находящееся в разработке
~ **of jointing** поле трещиноватости
abandoned ~ ликвидированный промысел
automated oil ~ автоматизированный нефтяной промысел
commercial ~ месторождение промышленного значения
condensate ~ газоконденсатное месторождение
depleted ~ истощённое месторождение
depletion drive oil ~ месторождение нефти с режимом растворённого газа
developed ~ вскрытое месторождение; подготовленное месторождение; разбуренное месторождение
drowned ~ обводнённое месторождение
essentially depleted oil ~ существенно истощённая залежь нефти
far ~ дальнее звуковое поле (*при акустическом каротаже*)
fissuring ~ поле трещиноватости
flooded ~ обводнённое месторождение
gas ~ 1. месторождение природного газа, газовое месторождение; газоносная площадь 2. газовый промысел
gas-and-oil ~ газонефтяное месторождение
gas-cap ~ месторождение, имеющее газовую шапку
gas-condensate ~ газоконденсатное месторождение
gas-controlled oil ~ месторождение нефти с газонапорным режимом
gas-drive ~ нефтяное месторождение, разрабатываемое с помощью газонапорного режима
high-pressure ~ месторождение с высоким пластовым давлением
impressed magnetic ~ приложенное магнитное поле; поляризующее магнитное поле (*при ядерно-магнитном каротаже*)
maiden ~ неразрабатываемое месторождение; месторождение, не вступившее в разработку

major ~ крупное месторождение *(нефти – свыше 15 млн. т, газа – свыше 15 млн. м³)*
marginal ~ месторождение с ограниченными запасами
medium size ~ среднее месторождение
microseismic ~ поле микросейсм
multihorizon ~ многопластовое месторождение
multilayered ~ многоуровневое месторождение
multiplay ~ многопластовое месторождение
multireservoir ~ многоколлекторное месторождение
natural gas ~ газовое месторождение
near ~ ближняя зона *(при акустическом каротаже)*
nonassociated gas ~ месторождение природного газа
offshore ~ морское месторождение *(нефти, газа)*
offshore oil ~ морской нефтяной промысел
oil ~ 1. месторождение нефти; нефтеносная площадь 2. нефтяной промысел
oil-and-gas ~ месторождение нефти и газа
oil-gas condensate ~ нефтегазоконденсатное месторождение
primary sound ~ звуковое поле прямых волн *(при акустическом каротаже)*
producing ~ 1. месторождение, находящееся в разработке 2. действующий промысел
proven oil ~ разведанное месторождение нефти
reflected ~ *сейсм.* поле отражённых волн
reflected displacement ~ *сейсм.* поле отражённых волн с учётом сноса

reflected stress ~ *сейсм.* поле напряжений, обусловленное отражёнными волнами
secondary sound ~ звуковое поле отражённых волн *(при акустическом каротаже)*
seismic ~ поле сейсмических волн
shallow-water ~ морское месторождение на небольших глубинах
single-horizon ~ однопластовое месторождение
single-layer ~ однопластовое месторождение
sleek ~ пятно на воде *(в результате разлива нефти)*
stratigraphic oil ~ нефтяное месторождение стратиграфического типа
tank ~ резервуарный парк
test ~ подопытный пласт
transmitted stress ~ *сейсм.* поле напряжений проходящей волны
undrilled ~ неразбуренное месторождение
virgin ~ неразрабатываемое месторождение
water controlled oil ~ месторождение нефти с гидравлическим режимом
watered ~ обводнённое месторождение
field-proven проверенный в эксплуатации
figure 1. цифра; число 2. коэффициент; показатель
~ **of merit** характеристика надёжности
depth ~ показатель глубины
margin-of-safety ~ запас прочности; коэффициент безопасности
performance ~ рабочая характеристика
reliability ~ количественная характеристика надёжности; количественная характеристика безотказности

figure

well ~s данные скважинных измерений
file 1. картотека; технический архив 2. файл 3. напильник
~ of standards фонд стандартов
clearing ~ ведомость дефектов, подлежащих устранению
fault ~ ведомость повреждений
inspection ~ ведомость осмотра
maintenance ~ картотека учёта технического обслуживания
pulser history ~ картотека учёта данных о пульсаторе
reliability ~ картотека данных о надёжности
reliability information ~ файл данных о надёжности
fill наполнение; заливка ‖ наполнять; наливать ◊ to ~ in 1. наливать (нефтепродукт в тару, нефть в танкеры) 2. заправлять топливом (транспортное средство) 3. засыпать (траншею для трубопровода); to ~ up наполнять; заполнять
cemented rock ~ закладка и цементирование выработанного пространства
sand ~ столб песка, скопившийся в скважине
filled:
clay ~ заполненный глинистым материалом
filler 1. наплавочный материал (при сварке); присадочный материал; заполняющий материал 2. загрузочное устройство 3. заливная горловина (бака); наливное отверстие; фитинг для налива (в мягкую тару) 4. наполнитель (в смазках, битумных композициях)
active ~ активный наполнитель
back ~ машина для засыпки траншеи
barrel ~ автоматическое устройство для налива (нефтепродуктов в бочки)

cavings ~ снаряд для чистки скважины от осыпи
crack ~ заполнитель трещин
fissure ~ заполнитель трещин
oil ~ маслозаправочное отверстие
pitch ~ битумный заполнитель (швов)
fillet 1. жёлоб 2. угловой шов ‖ угловой (о шве)
filling 1. налив (нефтепродуктов в тару); заправка (топливом или маслом) 2. геол. заполнение (пустот или трещин) 3. насыпка; наполнение
~ of tank cars налив железнодорожных цистерн
barrel ~ затаривание бочек
bottom ~ наполнение снизу
line ~ наполнение до определённого уровня
overshot tank ~ наполнение резервуара через верх
pipeline ~ with oil заполнение трубопровода нефтью
tank ~ наполнение резервуара
tin ~ розлив нефтепродуктов в бидоны
top ~ налив сверху, наполнение сверху
undersurface ~ налив через трубу, погружённую в жидкость
filling-in of hydraulical system заправка гидросистемы
filling-up of annulus with cement заполнение кольцевого пространства цементом
fillup 1. заполнение (скважины буровым раствором или пласта нагнетаемой водой) 2. образование угла естественного откоса (при растекании раствора)
hole ~ заполнение ствола скважины буровым раствором (во время ударно-канатного бурения)
tank ~ заполнение резервуара

filter

water ~ заполнение водой *(пласта)*
film плёнка
  interfacial ~ граничная плёнка
  iridescent ~ флуоресцирующая плёнка *(нефти на поверхности воды)*
  oil ~ нефтяная плёнка; масляная плёнка *(на поверхности воды)*
  oxide ~ оксидная плёнка
  protective ~ защитная плёнка
  seismic ~ сейсмограмма на фотоплёнке
  test ~ фотоплёнка с записями калибровочных сигналов
  variable-area ~ *сейсм.* плёнка для регистрации способом переменной плотности
filter фильтр ◊ to ~ off отфильтровывать; to ~ out отфильтровывать
  absorbent ~ абсорбционный фильтр
  absorption ~ абсорбционный фильтр
  air ~ воздушный фильтр
  aluminum oxide ~ фильтр из алюминия
  Anthrafilt ~ *фирм.* фильтр со специальной фильтрующей средой из угля
  antialias ~ заграждающий фильтр *(для подавления нежелательных спектральных составляющих перед дискретизацией сигналов)*
  bacterial ~ биологический фильтр
  butterfly ~ *сейсм.* скоростной фильтр
  capacitor ~ ёмкостный фильтр
  capron sand ~ капроновый противопесочный фильтр
  cartridge ~ патронный фильтр
  cation exchange ~ катионовый фильтр
  cationite ~ катионовый фильтр
  ceramic ~ керамический фильтр
  clogged ~ засорённый фильтр
  cloth ~ тканевый фильтр
  coalescing ~ коалесцирующий фильтр *(нефтяной ловушки)*
  coarse ~ фильтр с крупной сеткой
  coarse mesh ~ фильтр с крупной сеткой
  corrective ~ *сейсм.* корректирующий фильтр
  crystal ~ кварцевый фильтр
  deconvolution ~ *сейсм.* обратный фильтр
  diatomaceous earth ~ диатомитовый фильтр
  diatomite ~ диатомитовый фильтр
  directional ~ направленный фильтр
  disk ~ дисковый фильтр
  drainage oil ~ масляный фильтр гидравлической системы бурового станка
  drying ~ сухой газоочиститель
  dry-type gas ~ газовый фильтр сухого типа
  dual media high flux down ~ высокопроизводительный фильтр с двойным выходным отверстием *(для фильтрации морской воды при заводнении)*
  dust ~ противопылевой фильтр; пылеуловитель
  electrical ~ электрофильтр
  electrical dust ~ электростатический газоочиститель
  fabric ~ тканевый фильтр
  fan ~ веерный фильтр
  fine media ~ фильтр тонкой очистки *(морской воды, применяемой для заводнения)*
  fuel ~ топливный фильтр
  full-flow ~ полнопоточный фильтр *(через который проходит весь поток циркулирующей в системе жидкости)*
  gas ~ газовый фильтр

filter

gas ~ with liquid filtration medium газовый фильтр мокрого типа
gauze ~ сетчатый фильтр
gravel-packed ~ гравийный фильтр
gravel-sand ~ гравийно-песчаный фильтр
gravity ~ гравитационный фильтр, самотёчный фильтр; безнапорный фильтр
gravel-sand bed ~ фильтр с гравийно-кварцевой подушкой
heavy duty air suction ~ всасывающий фильтр грубой очистки воздуха, применяемый на буровых установках
high-rate down-flow ~ высокопроизводительный фильтр с нижним выходным отверстием *(для обработки воды при заводнении)*
inverse ~ *сейсм.* обратный фильтр
leaf ~ пластинчатый песочный фильтр
liner ~ фильтр-хвостовик
low-rate ~ медленнодействующий фильтр
mechanical ~ механический фильтр
membrane ~ мембранный фильтр
metalceramic ~ металлокерамический фильтр
needle ~ игольчатый фильтр
oil ~ масляный фильтр
on-line instalable ~ фильтр, допускающий смену фильтрующего элемента без разборки трубопровода
pipe ~ трубчатый фильтр
plastic sand ~ пластмассовый песочный фильтр
prepacked ~ набивной фильтр
prepacked gravel ~ набивной гравийный фильтр *(в компрессоре)*
pressure ~ фильтр-пресс; напорный фильтр

quartz ~ кварцевый фильтр
rapid sand ~ быстродействующий песочный фильтр
removable gravel ~ съёмный гравийный фильтр
retrievable gravel ~ съёмный гравийный фильтр
return oil ~ масляный фильтр гидравлической системы бурового станка
ring ~ кольцевой фильтр
rotary ~ ротационный фильтр
rotary drum ~ барабанный вращающийся фильтр
sand ~ песочный фильтр
sand-plastic ~ песчано-пластмассовый фильтр
screen ~ сетчатый фильтр
scrubbing ~ газоочиститель
secondary ~ фильтр тонкой очистки
secondary oil ~ фильтр масла тонкой очистки
seismic ~ сейсмический фильтр
seismograph ~ фильтр сейсмической станции
separating ~ разделительный фильтр
silicon-carbide ~ кремниевокарбидный фильтр
single media fine ~ фильтр тонкой очистки с однокомпонентным наполнителем *(для обработки морской воды при заводнении)*
slow ~ медленнодействующий фильтр
slow sand ~ гравитационный песочный фильтр
smoothing ~ сглаживающий фильтр
stage ~ ярусный фильтр
suction ~ всасывающий фильтр
sump ~ фильтр грязеотстойника
tail ~ фильтр-хвостовик
tubing ~ фильтр насосно-компрессорной колонны

ultrasonic ~ ультразвуковой фильтр
vacuum ~ вакуум-фильтр
water ~ водяной фильтр
wedge ~ клинообразный фильтр
well tube ~ трубный фильтр
wet ~ масляный воздухоочиститель
wet-type gas ~ газовый фильтр мокрого типа
Wiener ~ *сейсм.* винеровский фильтр
wire gage ~ фильтр из проволочной сетки
wire-wrapped ~ проволочный фильтр
filtering 1. *сейсм.* фильтрация; селекция 2. обработка *(смазочных масел)* отбеливающими глинами
  directional ~ селекция по направленности
  inverse ~ обратная фильтрация
  phase velocity ~ скоростная фильтрация
  space ~ пространственная фильтрация
  velocity ~ скоростная фильтрация
  wavelength ~ фильтрация по длинам волн
  wavenumber ~ фильтрация по волновым числам
  Wiener ~ винеровская фильтрация
filtrate фильтрат *(бурового или тампонажного раствора)*
  drilling fluid ~ фильтрат бурового раствора
  drilling mud ~ фильтрат бурового раствора
  fresh mud ~ пресный фильтрат бурового раствора
  invading mud ~ фильтрат бурового раствора
  mud ~ фильтрат бурового раствора

relaxed ~ нефтяной фильтрат бурового раствора, свободный фильтрат
filtration 1. фильтрация, фильтрование 2. водоотдача *(бурового раствора на водной основе)* 3. обработка *(смазочных масел)* отбеливающими глинами
  clarification ~ фильтрование *(нефтепродуктов)* с целью их осветления; осветление фильтрованием; очистка масел фильтрованием
  contact ~ контактная очистка смазочных масел отбеливающими глинами
  drilling mud ~ фильтрация бурового раствора
  fluid ~ фильтрация жидкости
  gas ~ фильтрация газа
  high-pressure and high-temperature ~ фильтрация при высоких давлениях и температурах
  linear ~ линейная фильтрация
  oil ~ высачивание нефти
  one-dimensional ~ одномерная фильтрация
  radial ~ радиальная фильтрация
  self-weight ~ гравитационное фильтрование
  sludge ~ фильтрация бурового раствора
  steady ~ установившаяся фильтрация
  two-phase ~ двухфазная фильтрация
  unsteady ~ неустановившаяся фильтрация
  vacuum ~ вакуумная фильтрация
fin ребро
  cementing plug wipping ~ ребро цементировочной пробки
final наконечник стойки; насадка *(шланга, бура)*

find

find обнаруженное месторождение; открытие *(нового месторождения)* ‖ находить, обнаруживать *(новое месторождение)*
finder искатель; прибор для обнаружения *(напр. неисправностей)*
 fault ~ прибор для отыскания неисправностей; индикатор неисправностей; дефектоскоп
 frac ~ каротажный прибор для определения трещиноватости
 free point ~ локатор для определения свободной части прихваченной колонны труб выше точки прихвата
 ledge ~ инструмент для бурения труднопроходимых наносов *(способом одновременного вращения бурового снаряда и обсадной колонны, снабжённой башмаком-коронкой)*
 sonic depth ~ эхолот
 trouble ~ прибор для отыскания неисправностей; индикатор неисправностей; дефектоскоп
 water ~ прибор для определения содержания воды в нефти
finding 1. отыскание; поиск; обнаружение *(напр. неисправностей)* 2. определение местонахождения
 automatic fault ~ автоматический поиск неисправностей
 defect ~ поиск дефектов
 fault ~ отыскание неисправностей, поиск неисправностей
 oil ~ поиски нефти
 oil pool ~ обнаружение залежи нефти
fine 1. *pl* мелкодисперсный материал; мелкие частицы 2. чистый, рафинированный, высококачественный ‖ очищать, рафинировать
 drill ~s буровая мелочь

 formation ~s мелкие частицы продуктивной толщи
 small fraction ~s мелкая фракция
fine-grained тонкозернистый
fineness of grinding тонкость помола *(цемента)*
finger палец, упорка *(для фиксирования верхнего конца бурильной свечи во время её присоединения или отсоединения)*
 ~ **of bit** палец долота
 ~ **of drag bit** палец долота режущего типа
 formation water ~ язык пластовой воды
 guide ~ направляющий палец
 pipe ~ трубный палец *(для фиксации труб, стоящих в буровой вышке)*
 racking ~ трубный палец *(для фиксации труб, стоящих в буровой вышке)*
 remotely controlled ~ дистанционно управляемый палец *(для расстановки свечей бурильной колонны)*
 slip upper ~ верхний палец плашки
 stabbing ~ палец для установки бурильных свечей
 water ~ язык воды
fingerboard мостки на буровой для установки свечей бурильных труб
fingering образование языков *(воды, газа, пара при использовании их для воздействия на коллектор)*
 ~ **of encroaching water** образование языков обводнения
 viscous ~ образование языков в результате разности вязкостей
 water ~ образование языков обводнения
finger-tight свинченный вручную; закреплённый вручную *(без применения ключей)*

finish: ◊ to ~ going in hole закончить спуск в скважину; to ~ going in with закончить спуск (в скважину)
~ of well завершение скважины (спуск труб и кислотная обработка)
surface ~ характер поверхности (металла, шлифа после обработки)
finisher последний бур в комплекте
finishing бурение последним буром (в комплекте)
well ~ заканчивание скважины
fire 1. зажигать; воспламенять **2.** стрелять; производить выстрел; производить взрыв (в скважине); перфорировать ◊ ~ in tank пожар в резервуаре; to ~ bullets стрелять пулями; to ~ selectively interval-by-interval стрелять селективно интервал за интервалом; to ~ selectively shot-by-shot стрелять селективно выстрел за выстрелом; to ~ shaped charges стрелять кумулятивными зарядами; to ~ the charge производить взрыв; to ~ the hole взрывать шпур
disastrous ~ катастрофический пожар
downhole ~ пожар в скважине (при бурении с очисткой забоя газообразными агентами)
oil ~ нефтяной пожар
fireflooding внутрипластовое горение (создаваемое в целях повышения нефтеотдачи пласта)
firing 1. взрывание; стрельба, выстрел; запаливание; взрыв (перфоратора, торпеды); простреливание; взрывание зарядов (в скважине) **2.** отопление ◊ ~ under fluid простреливание труб при погружённом в жидкость перфораторе

~ of oil-bearing formation искусственное зажигание нефтеносного пласта
continuous shot ~ непрерывное взрывание
dual ~ смешанное отопление (угольно-нефтяное)
gas ~ газовое отопление
multiple shot ~ множественное взрывание
remote ~ дистанционное взрывание, дистанционное управление взрывами
sequence ~ последовательное взрывание
simultaneous ~ одновременное взрывание (скважин)
Firmjel фирм. загущённый керосин, применяемый в качестве блокирующего агента при корректировке газового фактора
fish 1. оставленный в скважине предмет; часть инструмента, оставленная в скважине; бурильный инструмент, упавший в скважину ‖ производить ловильные работы, ловить (инструмент или трубы, оставленные в скважине) **2.** морской геофизический датчик ◊ to ~ up вылавливать инструмент из скважины; to recover ~ поднимать оставленный в скважине инструмент
plugged ~ закупоренное соединение (буровых труб)
stuck ~ прихваченный в скважине инструмент
fisher:
core ~ **1.** керноловка; керноподъёмник (для извлечения из скважины керна, выпавшего из колонковой трубы) **2.** кернорватель
fisherman рабочий, производящий ловильные работы

fishing ловильные работы *(в скважине)* ◊ ~ **for casing** ловля обсадных труб
  spud ~ вылавливание оборванного каната и инструмента *(из скважины при ударно-канатном бурении)*
fishtail долото типа "рыбий хвост"
  plain ~ ненаваренное долото типа "рыбий хвост"
fishtailing бурение лопастными долотами
fissile сланцеватый; расщепляющийся на пластинки *(о породе)*
fissility сланцеватость
fissure трещина; щель *(в породе)*
  blind ~ глухая трещина
  expansion ~ трещина расширения
  fault ~ сбросовая трещина, сбрасыватель
  hairline ~ волосная трещина, волосовина
  horizontal ~ горизонтальная трещина
  joint ~ тектонический разрыв
  vertical ~ вертикальная трещина
fissured трещиноватый
fissuring растрескивание *(породы)*; образование сетки мелких трещин
fit соответствие; согласие; пригодность ‖ соответствовать; согласовывать ‖ соответствующий; подходящий; годный ◊ ~ **for service** годный к эксплуатации; ~ **for use** годный к использованию
  ~ **of plunger** посадка плунжера
  heavy-force ~ глухая посадка
  loose ~ свободная посадка; подвижная посадка
  shrinkage ~ горячая посадка
  sliding ~ свободноскользящее соединение

fitter слесарь-сборщик
  assembling ~ слесарь-монтажник
  gas ~ газопроводчик
  machine ~ слесарь-сборщик
  pipe ~ 1. слесарь-газовщик; слесарь-трубопроводчик 2. трубоукладчик
fitting 1. фасонная часть трубы; фитинг; арматура; соединительная часть трубы; соединительная деталь трубопровода 2. полая деталь скважинного бурового оборудования *(кроме соединительных муфт, замков, ниппелей и клапанов)* 3. вспомогательные инструменты и детали, необходимые для бурения *(в алмазном бурении)* 4. сварка; сборка, монтаж; пригонка, приладка 5. обвязка *(трубопроводами)* 6. приспособление; устройство 7. патрубок; штуцер; ниппель
  breeching ~ тройник
  bushing ~ короткий патрубок с внутренней и наружной резьбами
  casing ~ трубный фитинг *(принадлежности и арматура к обсадным трубам, имеющие резьбу под соответствующие трубы)*
  core-drill ~s буровой инструмент для колонкового бурения *(коронки, штанги, обсадные и колонковые трубы)*
  coupling ~ соединительный фитинг
  cross-type ~s арматура крестового типа
  drill ~s детали бурового снаряда
  dual string production ~s фонтанная арматура для двухрядного подъёмника
  emptying ~ фитинг для слива *(нефтепродукта из мягкой тары)*, сливной патрубок

end ~ концевое соединение (*трубопроводов*)
female ~ фитинг с внутренней резьбой
female branch tee ~ охватывающий тройник, навёртываемый тройник
filling ~ фитинг для налива (*в мягкую тару*)
flanged ~ фланцевый фитинг
gas ~ 1. газовая арматура 2. фитинг для газопровода
high-pressure ~s арматура высокого давления
hooks ~ сборка трубопровода на резьбах
inlet ~ насадка
latch ~ замыкающее приспособление
machined ~ механически обработанный фитинг
male ~ фитинг с наружной резьбой
male branch tee ~ симметричный входящий тройник, симметричный ввертной тройник
orifice ~ крепление диафрагмы (*в газопроводе*)
pipe ~ 1. фитинг 2. трубопроводная арматура
plug ~ заглушка; пробка
senior orifice ~ вставка для крепления диафрагмы, позволяющая производить замену диафрагмы без нарушения потока газа в трубопроводе
single string production ~s фонтанная арматура для однорядного подъёмника
sleeve ~ ремонтная муфта (*для трубопроводов*)
socked-welding ~ привариваемый фитинг (*для труб*)
tee-type head ~ устьевая арматура тройникового типа
tongs ~ зарядка ключа
tube ~s трубопроводная арматура

union ~ фитинг для соединения трубопроводов без вращения труб
welded ~ приварной фитинг
wye ~ тройник (*с острым углом*)
Y-~ тройник (*с острым углом*)
fitness for use годность к эксплуатации; соответствие назначению
fix приведение в порядок; доработка ◊ in bad ~ в плохом состоянии, нуждающийся в ремонте; in good ~ в хорошем состоянии; out of ~ в плохом состоянии, нуждающийся в ремонте
engineering ~ техническая доработка
quick ~ быстрое исправление дефекта
fixer:
rig ~ специалист по монтажу вышек, вышкомонтажник
fixing определение местоположения
fixture 1. зажимное приспособление; зажим 2. арматура
core pushing ~ приставка для выдавливания керна из двойных колонковых труб
hydraulic core pushing ~ гидравлическая приставка для выдавливания керна
shock absorbing ~s удароноглощающая арматура
tool joint makeup ~ приспособление для навинчивания замковых соединений
flag 1. признак 2. сигнал 3. сигнальное устройство ◊ to ~ a logging cable ставить метки на каротажном кабеле; to ~ a rope ставить метки на канате
failure ~ сигнал о неисправности
warning ~ аварийная сигнализация

flaky чешуйчатый
flame 1. пламя 2. факел
  free ~ свободное пламя
flange 1. ободок; фланец; выступ ‖ фланцевать, загибать кромку; отбортовывать *(трубу)* 2. перигеосинклинальный борт ◊ **to ~ up** заканчивать работу *(на скважине или месторождении)*
  adapter ~ переходный фланец
  attachment ~ соединительный фланец
  bearing ~ фланец подшипника
  blank ~ глухой фланец; фланцевая заглушка
  blind ~ глухой фланец; фланцевая заглушка
  blowout preventer ~ фланец противовыбросового превентора
  Braden head ~ фланец головки Брадена *(устьевой головки с сальниковым устройством для насосно-компрессорных труб)*
  brake ~ фланец тормозной шайбы
  casing ~ фланец обсадной колонны
  casing head ~ фланец головки обсадной колонны
  collar ~ фланец с буртиком
  companion ~ соединительный фланец
  discharge ~ нагнетательный фланец *(насоса)*
  drum ~ реборда барабана *(лебёдки)*
  gate-valve ~ фланец задвижки
  hanger ~ фланец для подвески труб
  inlet ~ приёмный фланец
  insulated ~ фланец с изолирующей прокладкой
  joint ~ фланцевое соединение; соединительный фланец
  landing ~ колонный фланец
  loose ~ свободный фланец
  main ~ головной фланец
  male-threaded ~ фланец с наружной резьбой
  oil string ~ фланец эксплуатационной колонны
  outlet ~ выходной фланец
  pipe ~ фланец трубы
  reducing ~ переходный фланец
  removable ~ съёмный фланец
  rolled-on ~ вальцованный фланец
  rotary ~ вращающийся фланец
  single-studded ~ фланец с односторонними шпильками
  sleeve ~ соединительный фланец
  studded ~ фланец со шпильками
  studded adapter ~ переходный фланец со шпильками
  stuffing-box ~ фланец сальника
  threaded pipe ~ трубный фланец с резьбой
  tubing-hanger ~ фланец для подвески насосно-компрессорной колонны
  tubing-head ~ фланец головки насосно-компрессорной колонны
  union ~ фланцевое соединение; соединительный фланец
  welded ~ приваренный фланец
  welded neck ~ насаженный на трубы и приваренный фланец
  wellhead ~ устьевой фланец
flangeless бесфланцевый
flank 1. бок; край, сторона 2. крыло структуры
  anticline ~ крыло антиклинали
  domal ~ крыло купола
  front ~ сбегающая сторона, передняя сторона *(зуба шарошки)*
  leading ~ сбегающая сторона, передняя сторона *(зуба шарошки)*
  rear ~ набегающая сторона, тыльная сторона *(зуба шарошки)*

trailing ~ набегающая сторона, тыльная сторона *(зуба шарошки)*
flap 1. клапан; откидной клапан; заслонка; трубопроводный вентиль; задвижка, затвор *(трубопровода)* **2.** отрезок обсадной трубы для крепления устья скважины
flapper:
  valve ~ створка клапана
flapping биение ремня
flare 1. факел *(для сжигания неиспользуемого попутного газа на нефтепромысле)* **2.** раструб; конусность; коническое отверстие; расширение; расхождение раструбом ◊ **to burn in ~s** сжигать в факелах
  articulated ~ шарнирный факел *(сооружение с шарнирным узлом в нижней части, опирающееся на морское дно и служащее для сжигания*
  gas ~ свеча для сжигания излишка газа
  petroleum gas ~ факел нефтяного газа
  semisubmersible ~ полупогружное факельное основание *(плавучая металлоконструкция для сжигания скважинного газа)*
flaring колоколообразное расширение *(трубы)*
flash: ◊ **to ~ off** испаряться; испарять *(нагретый под давлением нефтепродукт)* путём внезапного понижения давления
flashing-off отгон лёгких фракций
flash-off оплавление *(при стыковой сварке)*
flashout выгорание *(нефтепродукта)*
flask 1. колба; бутыль; фляга; флакон **2.** баллон *(для сжатого газа)*
  bubbler ~ барботёр
  Engler distillating ~ колба Энглера *(для разгонки нефтепродуктов)*
  receiving ~ измерительная колба вискозиметра
  volumetric ~ пикнометр
flat 1. платформа; настил **2.** *pl* плоские алмазы *(обычно в форме треугольной пластинки)* **3.** *pl* фаски износа, образующиеся у алмазов при бурении **4.** горизонтально залегающий пласт; пологая залежь
  face ~ плоский торец *(мелкоалмазной буровой коронки)*
  face machined ~ отшлифованный торец *(керна)*
  wear ~ кромка износа *(инструмента)*
  wrench ~ лыска под ключ, двухсторонняя выточка под ключ *(на насосной штанге)*
flat-bottomed плоскодонный, с плоским днищем *(о горизонтальном цилиндрическом резервуаре)*
flat-ended плоскодонный, с плоским днищем *(о горизонтальном цилиндрическом резервуаре)*
flat-laying залегающий горизонтально
flatten: ◊ **to ~ out** *разг.* демонтировать буровую вышку
flattening of pipeline сплющивание трубопровода
flaw дефект; изъян; порок
  embedded ~ внутренний дефект
  harmful ~ опасный дефект
  hidden ~ скрытый дефект
  internal ~ внутренний дефект
  processing ~ производственный дефект
Flax Plug *фирм.* льняная солома *(нейтральный наполнитель для борьбы с поглощением бурового раствора)*

Flaxseal *фирм.* дроблёное льняное волокно *(нейтральный наполнитель для борьбы с поглощением бурового раствора)*
flaw щель; трещина; разрыв *(напр. в обсадной колонне)*
fleck:
  carbon ~ включения графита *(в кристалле алмаза)*
fleet парк *(напр. буровых станков)*
  tanker ~ танкерный флот
flexibility гибкость
  chain ~ гибкость цепи
  rope ~ гибкость каната
  weir-line ~ гибкость талевого каната
Flexichock *фирм.* флексишок *(морской сейсмический источник ударного действия)*
flexodrilling шлангокабельное бурение
Flexotir *фирм.* флексотир *(морской сейсмический источник взрывного действия)*
flexure 1. прогиб; изгиб; сгиб; выгиб 2. шарнир складки 3. *геол.* флексура; небольшая моноклинальная складка 4. искривление; кривизна
  one-limbed ~ **of stratum** односторонний изгиб пласта
  synclinal ~ синклинальный изгиб
flier связка сейсмоприёмников
flight лестничный марш, пролёт лестницы
  ~ **of derrick stairs** марш лестницы буровой вышки
  side ~ **of derrick stairs** боковой марш лестницы буровой вышки
float поплавок ◊ **to** ~ **in casing** спускать обсадную колонну с обратным клапаном в скважину
  ball ~ шаровой поплавковый затвор; шаровой поплавок

  casing ~ обратный трубный клапан *(устанавливаемый при спуске труб вблизи башмака колонны для увеличения её плавучести)*
  counterbalanced ~ уравновешенный поплавок
  drill-pipe ~ обратный клапан, устанавливаемый в бурильной трубе
  fire ~ противопожарный клапан *(устанавливаемый в утяжелённой бурильной трубе при бурении с продувкой воздухом для остановки циркуляции воздуха при возгорании в области бурильного долота)*
  hollow ~ пустотелый поплавок
  level switch ~ поплавковый сигнализатор уровня
  pan-type ~ корытообразный поплавок
  pivoted ~ шарнирный поплавок
  string ~ обратный клапан бурильной колонны *(для подачи бурового агента в скважину и предотвращения обратного потока)*
floatability плавучесть
float-bailer поплавок-желонка
floater 1. плавучее буровое основание *(судно, баржа, полупогружное основание)*; мелководная буровая баржа 2. плавучее нефтехранилище 3. резервуар с плавающей крышей
floating транспортирование на плаву ‖ плавучий
  ~ **of tank** транспортирование резервуара на плаву
  casing ~ спуск колонны обсадных труб *(в скважину)* на плаву
floating-up of pipeline всплытие трубопровода
flocculant флокулянт, флокулирующий агент, хлопьеобразующий агент, хлопьеобразователь

flocculate флокулировать
flocculated флокулированный
flocculation 1. флокуляция, образование хлопьев *(в буровом растворе)*; появление хлопьевидных образований 2. флокуляционная очистка
 controlled ~ управляемая флокуляция
 mud ~ флокуляция бурового раствора
 slime ~ флокуляция шлама
flocculator 1. флокулянт, флокулирующий агент, хлопьеобразующий агент, хлопьеобразователь 2. флокулятор, камера хлопьеобразования
flocculent хлопьевидный
Flocele *фирм.* хлопья целлюлозной плёнки *(нейтральный наполнитель для борьбы с поглощением бурового раствора)*
flocformation флокуляция, образование хлопьев
flocks хлопья
flood 1. заводнение ‖ заводнять 2. захлёбывание *(ректификационной колонны)*
 ~ **of suction of pump** заполнение приёма насоса
 center to edge ~ центральное заводнение, сводовое заводнение *(внутриконтурное заводнение от центра к периферии)*
 circle ~ бурение дополнительных скважин вокруг площади наступающей воды *(когда пробуренные ранее скважины расположены слишком далеко друг от друга и не обеспечивают эффективного заводнения)*
 dump ~ подача в продуктивный пласт воды из водоносного горизонта *(метод вторичной добычи нефти)*
 edge water ~ законтурное заводнение

 line ~ линейное заводнение, линейный контур заводнения
 liquid petroleum ~ закачка в пласт сжиженных бутана и пропана *(для увеличения нефтеотдачи)*
 marginal ~ приконтурное заводнение
 normal ~ прямая циркуляция *(промывочного раствора при бурении)*
 open ~ свободное фонтанирование
 perimeter ~ законтурное заводнение
 pilot ~ экспериментальное заводнение
 solution ~ закачка в пласт газа под высоким давлением с предшествующим нагнетанием жидкого пропана
 water ~ заводнение
floodability способность к заводнению
flooding 1. сообщение пласту дополнительной энергии вытесняющим агентом 2. изменение свойств пластовых флюидов с помощью рабочих агентов 3. заводнение *(пласта)*; обводнение; затопление *(скважины)*; нагнетание *(напр. воды)* в пласт 4. захлёбывание *(ректификационной колонны)*
 acid ~ нагнетание в пласт кислоты
 air ~ нагнетание в пласт сжатого воздуха
 artificial water ~ искусственное заводнение
 chemical ~ нагнетание в пласт растворов химических реагентов
 fire ~ внутрипластовое горение *(термический способ добычи нефти)*
 foam ~ нагнетание в пласт пены

flooding

fractional ~ частичное заводнение
gas ~ нагнетание в пласт газа
line ~ линейное заводнение, линейный контур заводнения
micellar-polymer ~ нагнетание в пласт микроэмульсий с полимерами
micellar-surfactant ~ нагнетание в пласт микроэмульсий с поверхностно-активными веществами
microemulsion ~ нагнетание в пласт микроэмульсий *(с промежуточным нагнетанием полимеров)*
miscible ~ нагнетание в пласт смешивающихся с нефтью жидкостей
miscible slug ~ порционное нагнетание в пласт растворителя *(нефти)*
natural water ~ естественное заводнение
pattern ~ площадное заводнение
peripheral ~ приконтурное кольцевое заводнение
petroleum sulfonate ~ нагнетание в пласт растворов сульфонатов
polymer ~ нагнетание в пласт растворов полимеров
premature ~ преждевременное обводнение
soluble-oil ~ нагнетание в пласт микроэмульсий поверхностно-активных веществ
solvent ~ вытеснение нефти растворителями
spot ~ заводнение по геометрической сетке
steam ~ нагнетание пара *(в нефтяной пласт для повышения нефтеотдачи)*
thermal ~ нагнетание в пласт горячей воды, термозаводнение

underground ~ подземное заводнение
water ~ заводнение
flooding-down of footing затопление опор *(плавучего бурового основания)*
floor 1. пол буровой вышки; настил; помост 2. поверхность, плоскость 3. площадка 4. подстилающая порода; постель; подошва *(выработки)* 5. геол. ярус, горизонт
derrick ~ 1. пол буровой вышки 2. пол буровой установки
drill ~ 1. буровая площадка 2. пол буровой установки
drilling ~ 1. буровая площадка 2. пол буровой установки
drilling rig ~ пол буровой установки
maintenance ~ площадка для обслуживания *(оборудования)*
ocean ~ дно океана
rig ~ пол буровой вышки
steel mesh derrick ~ стальной решётчатый пол буровой вышки
wood ~ деревянный настил пола
floorhand третий помощник бурильщика
flooring настил пола *(буровой вышки)*
board ~ дощатый настил
timber ~ деревянный настил
floorman рабочий на полу буровой; член буровой бригады, работающий внизу *(в отличие от верхового)*; помощник бурильщика
Flo-pak Spinner *фирм.* скважинный вертушечный расходомер
Florigel *фирм.* аттапульгитовый глинопорошок для приготовления солестойких буровых растворов
Flosal *фирм.* регулятор вязкости и напряжения сдвига буровых растворов с очень низким содержанием твёрдой фазы

flotation флотация
  differential ~ селективная флотация, избирательная флотация
  film ~ плёночная флотация
  froth ~ пенная флотация
  nonfrothing ~ беспенная флотация
  oil ~ масляная флотация
  oil-buoyancy ~ масляная флотация
  pressure ~ напорная флотация
  selective ~ селективная флотация, избирательная флотация
Flotex *фирм.* смесь лигносульфоната, углеводородов и угольного порошка *(понизитель водоотдачи буровых растворов)*
flour мелкий порошок
  cement ~ порошкообразный цемент
  fossil ~ инфузорная земля, кизельгур
flow 1. поток 2. фонтанирование ‖ фонтанировать; выдавать нефть *(о скважине)* 3. добыча ◊ **~ by heads** пульсирующее фонтанирование; **~ from a pump** подача насоса; производительность насоса; **~ in porous medium** течение в пористой среде; **to ~ by gravity** двигаться самотёком; **to ~ by heads** фонтанировать; **to ~ naturally** фонтанировать естественным путём; **to ~ off** стекать; **to ~ out** вытекать; **to ~ over** переливаться; **to ~ through** перекачивать; пропускать; протекать; **to ~ up** подниматься *(о флюиде в скважине)*
  ~ of damages поток повреждений
  ~ of defects поток дефектов
  ~ of liquid-gas mixture течение газожидкостной смеси
  ~ of non-Newtonian fluid течение неньютоновской жидкости
  ~ of phases течение фаз
  absolute open ~ максимально возможный дебит *(газовой скважины)*
  air ~ воздушный поток, течение воздуха
  all-gas ~ однофазный газовый поток
  annular ~ кольцевое течение
  annular dispersed ~ дисперсно-кольцевой режим *(двухфазного)* потока
  annular two-phase ~ кольцевой режим двухфазного потока
  artesian ~ артезианский поток
  behind-the-casing ~ заколонное проявление; заколонный переток *(пластовых флюидов)*
  break ~ расход течи в сечении разрыва *(трубопровода)*
  bubble ~ пузырьковое течение *(пластового флюида)*
  calculated absolute open ~ расчётный абсолютный дебит скважины
  calculated open ~ расчётный дебит скважины *(при фонтанной добыче)*
  capillary ~ капиллярный поток
  channel ~ раздельное движение двух фаз в поровых каналах
  churn-turbulent ~ эмульсионный режим *(двухфазного)* потока
  cocurrent catalyst ~ параллельное движение катализатора и перерабатываемого сырья
  constant ~ установившееся течение
  continuous ~ непрерывный поток
  counter-current ~ противотечение; противоток; встречный поток
  cross ~ поперечный поток; поперечное *(по отношению к трубам)* движение жидкостей; перекрёстный ток

flow

daily ~ суточный дебит
difference ~ разность объёмов *(закачиваемого в скважину и поступающего из скважины бурового раствора – буровой параметр)*
drilling mud ~ поток бурового раствора
drilling mud returning annular ~ поток бурового раствора, восходящий по кольцевому пространству
eddying ~ турбулентное течение
estimated ~ расчётный дебит *(скважины)*; оценка производительности *(скважины)*
expanding gas ~ расширяющийся поток газа
filter fluid ~ пропускная способность фильтра
fluctuating ~ пульсирующий поток
fluid ~ 1. течение жидкости 2. расход жидкости 3. движение флюидов *(в пласте)*
fluid ~ along fractures миграция жидкости по трещинам
fluid ~ through pores миграция жидкости по порам
fluid through ~ поток флюида через пласт
foamy ~ пенистый поток
fractional ~ движение отдельных фаз *(в многофазовом потоке)*
fractional through ~ количество жидкости, протекающей через прослой *(пласта)*
free ~ 1. свободное течение 2. свободная циркуляция *(без препятствий в бурильной колонне и кольцевом пространстве)*
frictional ~ вязкое течение
frictionless ~ течение идеальной жидкости
froth ~ пенный поток; пенистое течение; пенистый режим *(двухфазного)* потока
gas ~ 1. газопроявление; выделение газа; выброс газа 2. поток газа; течение газа; миграция газа 3. движение газа *(в газопроводе)*
gas-condensate ~ поток газоконденсата
gas-liquid ~ поток газожидкостной смеси, поток смеси газа и жидкости
gas-piston ~ снарядный режим *(двухфазного)* потока
gravitational ~ гравитационный поток
head ~ пульсирующий выброс
induced ~ добыча *(нефти)* при использовании вторичных методов
initial ~ начальная производительность *(скважины)*; начальный дебит
interformational ~ перетоки между пластами
intermittent ~ прерывистое фонтанирование *(добывающей скважины)*; пульсирующий выброс или излив
jet ~ струйный режим потока
laminar ~ ламинарное течение; ламинарный поток
linear ~ линейный поток, поток с линейным распределением скоростей
mass ~ массовый расход *(жидкостей и газов)*
mist ~ поток капель нефти в газовой струе; эмульсионный режим *(двухфазного)* потока
multiphase ~ многофазное течение
natural ~ фонтанирование; естественный поток
nonstationary ~ неустановившийся режим *(потока)*
nonsteady ~ неустановившийся режим *(потока)*
nonviscous ~ неламинарное течение

oil ~ течение нефти
one-phase ~ однофазный поток
open ~ свободное фонтанирование, открытое фонтанирование
operating ~ пропускная способность *(нагнетательной скважины)*
parallel ~ движение *(жидкости или газа)* параллельными потоками; прямоток *(в технологическом процессе)*
pipe ~ 1. течение в трубопроводе 2. расход трубопровода
piston ~ пробковый режим; поршневой режим *(двухфазного) потока*
plastic ~ пластическое течение
plug ~ пробковый режим; поршневой режим *(двухфазного) потока*
polyphase ~ многофазный поток
pump output ~ подача насоса
radial ~ радиальное течение *(пластового флюида)*
retarded ~ замедленное течение
salt water ~ проявление солёной воды
semiannular ~ полукольцевой режим *(двухфазного) потока*
slip ~ двухфазный поток со скольжением фаз
smooth ~ равномерный поток *(бурового раствора в процессе бурения)*
steady ~ установившийся поток; равномерный поток
streamlined ~ ламинарное течение
structural ~ течение структурированного *(бурового)* раствора
subsurface water ~ подземная миграция воды
survey-current ~ ток измерительной установки; ток зонда; ток центрального электрода

three-phase ~ трёхфазный поток
transient ~ неустановившийся поток; неустановившаяся фильтрация
trouble shooting ~ последовательность операций при поиске неисправностей
turbulent ~ турбулентное течение; турбулентный поток; вихревой поток
two-component ~ двухкомпонентный поток
two-liquid ~ двухжидкостный поток
two-phase ~ двухфазное течение
two-phase critical ~ критическое истечение двухфазной смеси; критический расход двухфазной смеси
two-phase gas-liquid ~ двухфазный газожидкостный поток
uncontrolled ~ свободное фонтанирование
undisturbed ~ невозмущённый поток
unrestricted ~ свободное течение
unstable ~ 1. неустановившееся течение; неустановившийся поток *(в трубах)* 2. неустановившаяся фильтрация *(в пласте)*
unsteady ~ 1. неустановившееся течение; неустановившийся поток *(в трубах)* 2. неустановившаяся фильтрация *(в пласте)*
upward ~ восходящий поток
variable ~ неустановившееся течение
viscous ~ вязкое течение; ламинарный поток
viscous turbulent ~ вязкотурбулентное течение
vortex ~ турбулентное течение; турбулентный поток; вихревой поток

flow

water-oil ~ водонефтяной поток
wavy ~ волновой режим двухфазного потока
well ~ проявление в скважине
well natural ~ естественное фонтанирование скважины
wide-open ~ свободное фонтанирование *(скважины)*
wispy-annular ~ клочковато-кольцевой режим *(двухфазного)* потока
flow-in расход бурового раствора *(буровой параметр)*
flowing 1. течение 2. фонтанирование 3. фонтан *(после закачивания)*; фонтанная эксплуатация ◊ ~ **by heads** прерывистое фонтанирование ‖ фонтанирующий с перерывами *(о скважине)*; ~ **on test** фонтанирующий во время испытаний *(о скважине)*; ~ **through central tubing** подъём по центральной колонне насосно-компрессорных труб; **to start oil** ~ начинать фонтанную эксплуатацию
~ **of well** 1. переливание нефти из скважины 2. фонтанирование
annulus ~ затрубный фонтан
final bottomhole pressure ~ конечное забойное давление при фонтанировании скважины
induced well ~ возбуждённое фонтанирование скважины
initial bottomhole pressure ~ динамическое начальное забойное давление при открытом устье
initial production ~ начальный дебит при открытом устье
intermittent ~ периодический фонтан
gas ~ газовый фонтан
mist ~ фонтанирование с распылением
natural ~ естественное фонтанирование

oil-well ~ нефтяной фонтан в скважине
natural well ~ естественное фонтанирование скважины
open well ~ открытое фонтанирование скважины, свободное фонтанирование скважины
periodic well ~ периодическое фонтанирование скважины
pulsating well ~ пульсирующее фонтанирование скважины
settled ~ установившееся фонтанирование
uncontrolled ~ свободное фонтанирование, открытое фонтанирование
well ~ фонтанирование скважины
wild ~ открытое фонтанирование скважины *(при отсутствии задвижки или невозможности закрыть задвижку)*
wild gas ~ открытый газовый фонтан
flowline 1. трубопровод от нефтедобывающей скважины к сепаратору 2. напорный трубопровод
mud ~ выкидная линия для бурового раствора *(от скважины к вибрационному ситу)*
flowmeter дебитомер; расходомер
acoustic ~ акустический расходомер
ball-in tube ~ шариковый расходомер
bellows ~ сильфонный расходомер
bellows-type gas ~ сильфонный расходомер
bi-directional ~ интегральный двухкоординатный расходомер
bottomhole ~ глубинный дебитомер; забойный расходомер
compensation-type ~ компенсационный скважинный дебитомер

flowmeter

continuous ~ дебитомер непрерывного действия; расходомер непрерывного действия
differential ~ дифференциальный расходомер
displacement-type ~ объёмный скважинный дебитомер
downhole ~ скважинный дебитомер, глубинный дебитомер
down-the-hole ~ скважинный расходомер, глубинный расходомер
drilling-mud ~ расходомер для бурового раствора
electrical gas ~ электрический газомер
electromagnetic ~ электромагнитный расходомер
field ~ промысловый расходомер
float-type ~ поплавковый расходомер
fluid ~ расходомер для жидкости
fluid-bed ~ расходомер с флюидизированным рабочим материалом
fullbore-spinner ~ расходомер со складной вертушкой
gas ~ газовый расходомер, газомер
high-volume through-tubing ~ расходомер большого объёма
Humble ~ расходомер Хамбла
induction ~ индукционный расходомер
liquid ~ жидкостный расходомер
mass ~ массовый дебитомер; массовый расходомер
master ~ контрольный расходомер
oil ~ расходомер нефти
oil-field ~ нефтепромысловый дебитомер
orifice ~ диафрагменный расходомер
orifice-plate ~ диафрагменный расходомер

packer ~ пакерный расходомер
portable survey ~ переносной контрольный расходомер
positive-displacement ~ расходомер вытеснительного типа
propeller ~ пропеллерный расходомер; гидрометрическая вертушка
propeller-driven ~ пропеллерный расходомер; гидрометрическая вертушка
recording ~ регистрирующий расходомер
remote bottomhole ~ дистанционный скважинный расходомер
remote dial ~ дистанционный циферблатный расходомер
remote indication downhole ~ дистанционный глубинный дебитомер
rotary positive displacement ~ расходомер роторного типа
sonic ~ звуковой расходомер
spinner downhole ~ вертушечный скважинный расходомер
subsurface ~ скважинный расходомер, глубинный расходомер
summation ~ суммирующий расходомер
surface ~ наземный расходомер
temperature compensated positive-displacement ~ объёмный расходомер с температурной компенсацией
thermoelectrical ~ термоэлектрический скважинный расходомер
tubing ~ лифтовый скважинный дебитомер; дебитомер турбинного типа
turbine ~ турбинный расходомер, турборасходомер
ultrasonic ~ ультразвуковой скважинный дебитомер; ультразвуковой расходомер
variable-area ~ расходомер с переменным сечением

445

variable-pressure drop ~ дебитомер переменного перепада давления
Venturi ~ расходомер Вентури
vibration mass ~ вибрационный массовый расходомер
volumetric ~ объёмный расходомер
vortex ~ вихревой расходомер
flowout количество раствора, поступающего из ствола скважины *(буровой параметр)*
Floxit *фирм.* флокулирующий агент для глин
fluctuation колебание
~ **of level** колебание уровня
pressure ~ колебания давления
Fludex *фирм.* полуфункциональная добавка, применяемая на водообрабатывающих установках
Fluid Density Survey *фирм.* аппаратура для измерения плотности флюидов в скважинах; скважинный денситометр, скважинный плотномер
Fluid Identification Tool *фирм.* пробоотборник флюидов для эксплуатационных скважин
Fluid Travel Log *фирм.* скважинный вертушечный расходомер
Fluid Trol *фирм.* эмульгатор нефти в буровых растворах с низкой степенью минерализации
Fluid Velocity Log *фирм.* радиоактивный скважинный расходомер *(прибор гамма-каротажа с двумя детекторами и инжектором изотопов)*
Fluid Velocity Survey *фирм.* скважинный вертушечный расходомер
fluid 1. флюид *(жидкость, газ, смесь жидкостей и газов)*; газонефтяная система 2. газ; газообразная среда ‖ газообразный 3. жидкость; текучая среда ‖ жидкий; текучий;

◊ **full of ~** заполненный флюидом; **~ in hole** флюид в скважине; **~ in place** флюид в пластовых условиях; **to circulate drilling ~** качать буровой раствор по замкнутой циркуляционной схеме; **to confine formation ~ within hole** удерживать пластовый флюид в скважине; **to flash by borehole ~s** промывать пласт скважинными флюидами; **to hold back formation ~s** удерживать пластовые флюиды *(в пласте)*; **to hold ~ within hole** удерживать пластовый флюид в скважине; **to lift the ~** поднимать флюид *(из скважины)*; **~ to surface** расстояние от уровня жидкости в скважине до дневной поверхности

~ **of drilling mud** текучесть бурового раствора
abrasive drilling ~ буровой раствор с абразивными добавками
acid-base fracturing ~ жидкость для гидравлического разрыва на кислотной основе
acid-displacement ~ кислотная буферная жидкость
acid-kerosene emulsion ~ керосино-кислотная эмульсия *(для гидравлического разрыва пласта)*
acid-spacer ~ кислотная буферная жидкость
aerated displacement ~ аэрированная буферная жидкость
aerated drilling ~ аэрированный буровой раствор
aerated spacer ~ аэрированная буферная жидкость
aggressive ~s агрессивные флюиды
alkaline displacement ~ щелочная буферная жидкость
alkaline spacer ~ щелочная буферная жидкость

fluid

behind-the-packer ~ надпакерная жидкость *(жидкость в скважине, остающаяся над пакером)*
Bingham ~ вязкопластичная жидкость
borehole ~ скважинный флюид
brackish water-base drilling ~ буровой раствор на жёсткой воде *(напр. морской)*
breakdown ~ жидкость для гидравлического разрыва *(пласта)*
bypass ~ просачивающийся флюид
casing ~ флюид в обсадной колонне
chemical washing ~ промывочная жидкость с химическими реагентами
circulating ~ промывочная жидкость; буровой раствор
circulation ~ промывочная жидкость; буровой раствор
clay-free completion drilling ~ безглинистый буровой раствор для вскрытия продуктивного пласта
clear completion ~ 1. безглинистый раствор для вскрытия продуктивного пласта 2. безглинистый раствор для заканчивания скважины
clear packer ~ светлая пакерная жидкость
completion ~ 1. раствор для вскрытия продуктивного пласта 2. раствор для заканчивания скважины
condensed ~ конденсат
coring ~ жидкость для отбора керна
control ~ флюид для управления давлением в скважине
corrosive ~ коррозионно-активная жидкость
cut annular ~ загрязнённый флюид кольцевого пространства
cuttings-laden mud ~ глинистый раствор, содержащий большое количество шлама
displaced ~ вытесняемая жидкость
displacement ~ буферная жидкость
displacing ~ вытесняющая жидкость
double-phase ~ двухфазный флюид
drill ~ буровой раствор; промывочная жидкость
drilling ~ буровой раствор; промывочная жидкость
driving ~ рабочая жидкость
emulsion displacement ~ эмульсионная буферная жидкость
emulsion spacer ~ эмульсионная буферная жидкость
endogenic ~ эндогенный флюид
erosion displacement ~ эрозионная буферная жидкость
erosion spacer ~ эрозионная буферная жидкость
ethyl ~ этиловая жидкость *(антидетонационная присадка к бензину на основе тетраэтилсвинца)*
fast drilling ~ буровой раствор, позволяющий вести проходку с высокой скоростью
flush ~ 1. промывочная жидкость 2. буферная жидкость
flushing ~ 1. промывочная жидкость 2. буферная жидкость
formation ~ пластовый флюид
forced out ~ вытесняемая жидкость
fracture ~ жидкость для гидроразрыва
fracturing ~ жидкость для гидроразрыва
free ~ свободный флюид
fresh water-base drilling ~ буровой раствор на пресной воде
gas cut ~ газированная жидкость

fluid

gaseous ~ газовый флюид
gassy ~ газированная жидкость
gypsum-treated drilling ~ гипсовый буровой раствор
high-conductivity ~ проводящий буровой раствор
high-viscosity displacement ~ высоковязкая буферная жидкость
high-viscosity spacer ~ высоковязкая буферная жидкость
hydraulic ~ рабочая жидкость для гидравлических систем
hydraulic transmission ~ жидкость для заполнения системы гидравлической передачи
hydrocarbon ~ углеводородный флюид
imbibition ~ флюид пропитывания
immiscible ~s несмешивающиеся флюиды
immobile ~ неподвижный флюид
injected ~ закачиваемый флюид
injection ~ закачиваемый флюид
interfacial ~s контактирующие жидкости *(на границе раздела)*
interstitial ~ внутрипоровый флюид
invading ~ проникающий в пласт флюид
invasion ~ проникающий в пласт флюид
kick ~ 1. жидкость, вызвавшая сброс 2. изверженная жидкость *(при выбросе)*
kill ~ флюид для глушения *(фонтанирующей скважины)*
lignin displacement ~ лигниновая буферная жидкость
lignin spacer ~ лигниновая буферная жидкость
lime drilling ~ известковый буровой раствор
lime-treated drilling ~ буровой раствор, обработанный известью
load ~ жидкость, заливаемая в скважину *(для увеличения противодавления на пласт)*
low-conductivity ~ плохо проводящий буровой раствор
low-solid drilling ~ буровой раствор с низким содержанием твёрдой фазы
low-viscosity displacement ~ низковязкая буферная жидкость
low-viscosity spacer ~ низковязкая буферная жидкость
mildly saline drilling ~ буровой раствор умеренной солёности
miscible ~s смешивающиеся жидкости
mixed ~ жидкая смесь *(специальная жидкость для гидравлической системы управления подводным оборудованием)*
mobile ~ подвижный флюид
mobile formation ~ подвижный пластовый флюид
mud ~ буровой раствор
mud-laden ~ буровой раствор
multiphase ~ многофазный флюид
Newtonian ~ истинная жидкость, ньютоновская жидкость
nonfreezable packer ~ незамерзающая пакерная жидкость
non-Newtonian ~ вязкопластичная жидкость
oil-base displacement ~ буферная жидкость на углеводородной основе
oil-base packer ~ пакерная жидкость на углеводородной основе
oil-base protective ~ защитная жидкость на нефтяной основе
oil-base spacer ~ буферная жидкость на углеводородной основе

fluid

oil-emulsion drilling ~ нефте-эмульсионный буровой раствор
one-phase ~ однофазный флюид
operating ~ рабочая жидкость
organic colloid-treated ~ буровой раствор, обработанный органическим коллоидом
overflush ~ вытесняющая жидкость
packer ~ пакерная жидкость
perforating ~ буферная жидкость для перфорационных работ
petroleum-based hydraulic ~ жидкость для гидросистем на углеводородной основе
polymer displacement ~ полимерная буферная жидкость
polymer spacer ~ полимерная буферная жидкость
pore ~ поровый флюид
preflush ~ промывочная жидкость; буровой раствор
pressure ~ рабочая жидкость; напорная жидкость
pressurized ~ жидкость под давлением, газ под давлением
processed drilling ~ химически обработанный буровой раствор
produced ~ добытый флюид
pump ~ рабочая жидкость насоса
pumped-out ~ откачиваемый флюид
refrigerating ~ охлаждающая жидкость
reservoir ~ пластовый флюид
return ~ возвратная вода, выходящая из скважины; буровой раствор, выходящей из скважины
saline displacement ~ солевая буферная жидкость
saline spacer ~ солевая буферная жидкость

saturated salt water-base drilling ~ буровой раствор на воде, насыщенной поваренной солью
sealing ~ жидкость гидравлического затвора
shear thickening drilling ~ загустевающий при сдвиге буровой раствор
shear thinning drilling ~ разжижающийся при сдвиге буровой раствор
single-phase ~ однофазный флюид
solidifying displacement ~ твердеющая буферная жидкость
solidifying spacer ~ твердеющая буферная жидкость
sour ~ высокосернистый флюид
spacer ~ буферная жидкость; разделяющая жидкость; вытеснительная жидкость
stimulation ~ жидкость для воздействия на пласт
surfactant displacement ~ буферная жидкость с добавками поверхностно-активных веществ
surfactant spacer ~ буферная жидкость с добавками поверхностно-активных веществ
synthetic drilling ~ синтетический буровой раствор
thermostable displacement ~ термическая буферная жидкость
thermostable spacer ~ термическая буферная жидкость
top ~ уровень жидкости (*в скважине*)
torque converter ~ жидкость, применяемая в гидротрансформаторе
total ~ общее количество добытой жидкости (*включая нефть, воду, эмульсию*)
treat ~ флюид для обработки пласта

fluid

treated drilling ~ обработанный буровой раствор
two-phase ~ двухфазный флюид
viscous displacement ~ вязкая буферная жидкость
viscous spacer ~ вязкая буферная жидкость
viscoelastic ~ вязкоупругая жидкость
viscoelastic displacement ~ вязкоупругая буферная жидкость
viscoelastic spacer ~ вязкоупругая буферная жидкость
viscoplastic ~ вязкопластичная жидкость
viscous ~ вязкая жидкость
viscous-plastic ~ вязкопластичная жидкость
washing ~ промывочная жидкость; буровой раствор
water-base displacement ~ буферная жидкость на водной основе
water-base drilling ~ буровой раствор на водной основе
water-base rotary drilling ~ буровой раствор на водной основе для роторного бурения
water-base spacer ~ буферная жидкость на водной основе
weighted displacement ~ утяжелённая буферная жидкость
weighted spacer ~ утяжелённая буферная жидкость
wellbore ~ скважинный флюид
well-completion ~ жидкость для заканчивания скважины
well-killing ~ жидкость для глушения скважины
working ~ рабочая жидкость
workover ~ жидкость для ремонта скважин
fluidimeter вискозиметр *(прибор для определения текучести нефти при разных температурах)*
fluidity of drilling mud подвижность бурового раствора

fluidization флюидизация; псевдоожижение
permafrost ~ псевдоожижение многолетнемёрзлых пород
fluidway промывочная канавка
fluke желонка для очистки буровой скважины
mud ~ жёлоб для бурового раствора; растворопровод
flume 1. лоток **2.** жёлоб
drilling mud ~ жёлоб для бурового раствора
mud ~ амбар для хранения бурового раствора
flunkey разнорабочий на буровой вышке
fluoresce флуоресцировать
fluorescence флуоресценция ◊ **to exhibit** ~ обладать способностью флуоресцировать
~ **of oil** флуоресценция нефти
dull ~ слабая флуоресценция
fluorhydric фтористоводородная кислота, плавиковая кислота
fluorite флюорит
fluorochlorohydrocarbons фторохлорзамещённые углеводороды; фторохлорпроизводные углеводородов
flush 1. струя жидкости **2.** промывка струёй жидкости ‖ вести промывку *(при бурении)* **3.** фонтанный **4.** бесфланцевый ◊ **to** ~ **oil out of pores** вымывать нефть из пор; **to** ~ **out** промывать струёй жидкости
air ~ продувка воздухом, очистка забоя воздухом
back ~ обратная циркуляция
mud ~ промывка буровым раствором
return ~ обратная циркуляция; обратная промывка
water ~ промывка водой *(при бурении)*

flush-coupled 1. с ниппельным соединением *(о штангах)* 2. внешнеобтекаемый *(о бурильных трубах, имеющих наружный диаметр одинаковый с диаметром замков)*
flushing 1. промывка *(при бурении)*; смывание ‖ предназначенный для операции промывки *(о трубопроводе)* 2. продувка ствола скважины *(при бурении с пневмоударником)*
~ **of bottomhole** промывка забоя ствола скважины
~ **of core** 1. размывание керна *(буровым раствором)* 2. подъём керна *(через бурильные трубы)* промывочной жидкостью *(при обратной циркуляции)*
air ~ продувка воздухом, очистка забоя воздухом
bottomhole ~ промывка ствола скважины
bottom-jet ~ струйная промывка ствола скважины
clay ~ промывка глинистым раствором
continuous ~ непрерывная промывка
conventional ~ обычная промывка
core ~ промывка керна
direct ~ прямая промывка *(при бурении)*
down-dip ~ течение по падению пласта *(о воде)*
drilling mud ~ промывка буровым раствором
formation ~ промывка пласта
gas-collector ~ орошение газосборника
indirect ~ обратная промывка
light mud ~ промывка *(ствола скважины в процессе бурения)* буровым раствором малой плотности
local ~ местная промывка *(в бурении)*

pipeline ~ промывка трубопровода
reverse pipe ~ **of borehole** обратная очистка ствола скважины
semiliquid ~ полужидкая промывка *(при бурении)*
spot ~ местная промывка *(при креплении или эксплуатации скважины)*
thick ~ промывка густым буровым раствором
up-dip ~ течение по восстанию пласта *(о воде)*
water ~ промывка водой *(при бурении)*
flushing-out промывка
~ **of core** подъём керна через бурильные трубы промывочной жидкостью *(при обратной циркуляции)*
~ **of well** промывка скважины
flute промывочный желобок *(на боковой поверхности буровой коронки или расширителя)*
fluted снабжённый шлицами; снабжённый пазами
flux 1. поток; течение 2. расход жидкости 3. гудрон; плавень; флюс; разжижитель *(твёрдых битумов)*
asphalt ~ гудрон, получаемый из нефти асфальтового основания; нефтепродукт *(нефтяной гудрон или дистиллят)*, добавляемый к битуму для его разбавления; битумный разбавитель, битумный разжижитель, битумный плавень
deoxidizing ~ раскислительный флюс для сварки
Mexican ~ высокосернистый разжижитель из мексиканской нефти
paraffin ~ парафинистый гудрон; петролатум из нефти парафинового основания
paste ~ пастообразный флюс для сварки

flux
  Pittsburg ~ питтсбургский гудрон
  roofing ~ кровельный гудрон
  semiasphaltic ~ нефтяной асфальтовый гудрон; мягкий нефтяной битум; полуасфальт
  welding ~ флюс для сварки

flyer:
  geophone ~ группа сейсмоприёмников, соединённых одним кабелем

foam пена
  fire ~ пена для тушения пожаров

Foamatron V-2 *фирм.* вспенивающий агент для пресных буровых растворов *(детергент)*

Foamatron V-12 *фирм.* вспенивающий агент для всех типов буровых растворов на водной основе *(детергент)*

Foaming Agent-2 *фирм.* вспенивающий агент для ликвидации поглощения буровых растворов *(детергент)*

foaming 1. вспенивание; пенообразование ‖ пенящийся 2. пенообразователь 3. тушение пеной *(нефтяного пожара)*

Foamite *фирм.* пенный состав для огнетушения

focus фокус
  buried ~ погребённый фокус *(расположение зоны фокусировки сейсмических лучей ниже дневной поверхности)*

Focused 3-Arm Dip Log *фирм.* трёхрессорный наклономер с фокусированными установками

focusing *сейсм.* фокусировка
  ~ of seismic energy фокусировка сейсмической энергии
  ray ~ фокусировка лучей
  spherical ~ сферическая фокусировка
  vertical ~ вертикальная фокусировка

fogger увлажнитель *(для осаждения пыли из газа)*
  oil ~ нефтяной увлажнитель газа *(для осаждения пыли)*

Fohxo-Caliper Log *фирм.* аппаратура бокового микрокаротажа с двухэлектродной микроустановкой и микрокавернометром

fold *геол.* складка
  accordion ~ угловатая складка
  angular ~ угловатая складка
  anticlinal ~ антиклиналь
  asymmetric ~ асимметричная складка
  basement ~ складка основания
  basin ~ структурная складка
  box ~ коробчатая складка
  carinate ~ килевидная складка
  chevron ~ стрельчатая складка; угловатая складка
  closed ~ закрытая складка
  composite ~ сложная складка
  compound ~ сложная складка
  concertina ~ угловатая складка
  crest-like ~ гребневидная складка
  cross ~ поперечная складка
  cylindrical ~ цилиндрическая складка
  diapiric ~ диапировая складка
  disharmonic ~ дисгармоничная складка
  echelon ~ кулисообразная складка
  fan ~ веерообразная складка
  gentle ~ пологая складка
  harmonic ~ гармоничная складка
  inclined ~ наклонная складка
  isocline ~ изоклинальная складка
  kink ~ складка излома
  knee ~ коленообразная складка
  major ~ доминирующая складка

minor ~ второстепенная складка
monoclinal ~ моноклинальная складка
overturned ~ опрокинутая складка
piercement ~ диапировая складка
prominent ~ главная складка
ptygmatic ~ птигматитовая складка
recumbent ~ опрокинутая складка; лежачая складка
reflex ~ опрокинутая антиклинальная складка
refolded ~ складка с вторичной складчатостью на крыльях
returned ~ опрокинутая складка
reversed ~ опрокинутая складка
secondary ~ складка второго порядка, второстепенная складка
sedimentary cover ~ складка покрова
sedimentary mantle ~ складка покрова
similar ~s параллельные складки
simple ~ простая складка
symmetrical ~ симметричная нормальная складка
fold-back двойная расстановка
fold-fault складка-взброс
  reversed ~ опрокинутая складка-взброс
folded складчатый
folding 1. складчатое залегание; складчатость*(о горных породах, пластах)* 2. образование складок
  aclinal ~ прямое залегание складок
  acute ~ резко выраженная складчатость
  anticlinal ~ антиклинальное залегание складок
  block ~ глыбовая складчатость
  competent ~ параллельная складчатость
  concentric ~ параллельная складчатость
  continuous bed ~ складчатое залегание пластов
  cross ~ поперечная складчатость
  cyncline ~ синклинальное залегание складок
  deep-seated ~ глубинная складчатость
  diapiric ~ диапировая складчатость
  dome ~ куполовидная складчатость
  drag ~ складчатость волочения
  flow ~ складчатость течения
  glide ~ складчатость скалывания
  gravitational ~ гравитационная складчатость
  holomorphic ~ голоморфная складчатость
  idiomorphic ~ идиоморфная складчатость
  inclined ~ косое залегание складок
  inherited ~ унаследованная складчатость
  injection ~ складчатость нагнетания
  intermediary ~ промежуточная складчатость
  intraformational ~ внутриформационная складчатость
  isoclinal ~ изоклинальное залегание складок
  local ~ локальная складчатость
  major ~ главная складчатость
  monoclinal ~ моноклинальное залегание складок
  parallel ~ параллельная складчатость
  platform ~ платформенная складчатость
  postsedimentation ~ постседиментационная складчатость

folding

secondary ~ вторичная складчатость
shear ~ складчатость скалывания
similar ~ подобная складчатость
slip ~ складчатость скалывания
superposed ~ наложенная складчатость
surface ~ поверхностная складчатость

foliated сланцеватый

foliation сланцеватость

follow: ◊ to ~ down бурить с одновременным спуском обсадной колонны вслед за долотом *(в обрушающихся породах)*

follower 1. долото меньшего диаметра *(при котором продолжается бурение после проходки под кондуктор)* 2. последующий бур *(кроме забурника в буровом комплекте)* 3. нажимная втулка сальника 4. крышка поршня
piston ~ прижимающая шайба поршня *(насоса)*

following: ◊ ~ a seismic event from record to record прослеживание сейсмической волны на многодорожечной сейсмограмме; ~ a seismic event from trace to trace прослеживание сейсмической волны на многодорожечной сейсмограмме; ~ the track постепенное бурение и взрывание шпуров вдоль забоя

follow-on 1. модификация; совершенствование 2. авторский надзор 3. доработка в процессе эксплуатации

foolproof 1. защищённый от поломки при неумелом *или* неосторожном обращении; с защитой от неправильного включения; блокированный 2. не требующий квалифицированного обслуживания 3. простой, несложный *(о конструкции)*

foolsafe обеспечивающий безопасность при неумелом *или* неосторожном обращении

fool-tolerance устойчивость при неумелом *или* неосторожном обращению

foot 1. фут *(0,3048 м)* 2. лапа 3. ножка; опора; основание; нижняя часть ◊ per ~ of hole drilling на единицу длины бурения
column ~ основание колонны
mule's ~ узел троса, заправляемый в канатный замок

footage глубина, пробуренная за единицу времени ◊ ~ drilled объём бурения *(в единицах длины)*; ~ per bit проходка на долото; проходка на коронку; ~ per run проходка за рейс; to make ~ бурить; давать проходку
bit ~ проходка на долото в единицах длины
controlled ~ максимальная глубина, которую разрешается пробурить алмазной коронкой в определённой породе *(для предупреждения потерь алмазов)*
drill ~ объём бурения *(число пробуренных единиц длины скважины)*

footboard 1. прокладка *(под колонку бурильного молотка)* 2. подкладная доска

foothold of driller рабочая площадка бурильщика

footing 1. основание; опора 2. фундамент 3. грунт *(на который ставится буровая вышка)* 4. пласт *(на который опирается башмак обсадной колонны)*
derrick ~ фундамент буровой вышки
hot ~ установка нагревателя в придонной зоне нагнетательной скважины

offshore drilling platform ~ опора плавучего бурового основания
oil ~s парафиновые отёки; отпотевшее масло
penstock ~ опора напорного трубопровода
pile ~ свайное основание
support ~ опорный башмак *(ноги основания)*
fracture 1. трещина; разлом; перелом; излом; разрыв 2. поверхность излома 3. раздроблять *(породу в процессе бурения)* 4. создавать искусственную трещиноватость *(в горной породе)* ◊ **after** ~ после гидроразрыва; **to close** ~s **by clay material** глинизировать трещины
abyssal ~ глубинный разлом
brittle ~ хрупкий излом
cleavage ~ трещина кливажа
conjugated ~s система трещин
deep ~ глубокая трещина
deeply extending ~ глубоко проникающая трещина
fatigue ~ усталостный излом
filled ~ заполненная трещина
foliated ~ пластинчатый излом
formation ~ трещина в горной породе
induced ~ искусственно образованная трещина
intrinsic ~ естественная трещина, природная трещина *(в пласте)*
lamellar ~ пластинчатый излом
low-angle ~ трещина с малым углом наклона
progressive ~ прогрессирующее разрушение *(в результате постепенного роста трещины)*
reservoir-scale ~s трещиноватость коллектора
service ~ разрушение при эксплуатации, эксплуатационное разрушение

stress corrosion ~ коррозионно-механическое разрушение; коррозионное растрескивание; разрушение в результате коррозии под напряжением
torsion ~ спиральная трещина скручивания *(в керне как результат самозаклинивания)*
fracturing 1. гидравлический разрыв пласта *(закачкой жидкости под большим давлением)* 2. трещиноватость; растрескивание, образование трещин; образование излома
~ **of rock** дробление горной породы
acid ~ **of formation** кислотный гидравлический разрыв пласта
directional hydraulic ~ **of formation** направленный гидравлический разрыв пласта
formation ~ гидравлический разрыв пласта
hydraulic ~ **of formation** гидравлический разрыв пласта
intensive ~ **of rocks** интенсивное растрескивание горных пород
interval hydraulic ~ **of formation** поинтервальный гидравлический разрыв пласта
liquefied gas ~ **of formation** гидравлический разрыв пласта сжиженным газом
liquid explosive ~ **of formation** разрыв пласта при помощи жидкого взрывчатого вещества
massive hydraulic ~ массированный гидравлический разрыв пласта
multiple ~ 1. многократное пересечение рудного тела способом многозабойного бурения 2. многократный разрыв пласта

nuclear ~ ядерный разрыв
oil ~ гидравлический разрыв нефтью *(без применения расклинивающих агентов)*
oil formation ~ обработка пласта дегазированной нефтью
reservoir ~ гидравлический разрыв пласта
reservoir-scale ~s трещиноватость коллектора
rock ~ растрескивание горных пород
sand-and-oil ~ гидравлический разрыв смесью нефти и песка
sand-hydraulic ~ of formation гидравлический разрыв пласта с расклиниванием трещин песком
selective hydraulic ~ of formation избирательный гидравлический разрыв пласта
single hydraulic ~ однократный гидравлический разрыв
staged hydraulic ~ of formation ступенчатый гидравлический разрыв пласта
standard hydraulic ~ of formation простой гидравлический разрыв пласта
well ~ гидравлический разрыв пласта

fragment:
diamond ~s низкосортные дроблёные алмазы *(для импрегнированных коронок, шлифовальных кругов)*

fragmentation раздробление, разрушение *(породы)*
rock ~ разрушение массива горных пород

fragmentizer:
shaped-charge ~ кумулятивный забойный металлоразрушитель

frame 1. станина *(напр. насоса)*; рама; корпус; остов; каркас 2. ферма; балка

~ of bit корпус долота
attachment ~ соединительная рама
blowout preventer guide ~ направляющая рама блока противовыбросовых превенторов *(для спуска его к подводному устью скважины по направляющим канатам)*
blowout preventer stack shipping ~ транспортная рама блока противовыбросовых превенторов
bogie ~ рама тележки *(тяжеловоза)*
boring ~ буровая мачта; буровая вышка; козлы для установки бура
crownblock ~ подкронблочная рама
direct-thrust A-~ А-образная мачта с распределением нагрузки по оси мачты
drawworks ~ рама буровой лебёдки
feeding ~ рама автоподатчика бурильной трубы
girder ~ раскосная ферма
guide ~ направляющая рама
jacking ~ портал подъёмника *(самоподъёмного бурового основания)*
lower blowout preventer ~ направляющая рама нижней части блока противовыбросовых превенторов
lower marine riser guide ~ направляющая рама низа водоотделяющей колонны
main ~ нижняя рама
manhole ~ воротник лаза
middle blowout preventer guide ~ средняя направляющая рама противовыбросовых превенторов
modular guide ~ сборная направляющая рама *(блока противовыбросовых превенторов)*

pod running ~ рама для спуска коллектора
positioning ~ установочная рама *(для ремонта подводного трубопровода)*
retrievable ~ извлекаемая рама
rig ~ рама буровой установки
riser connector ~ рама муфты водоотделяющей колонны
riser guide ~ направляющая рама водоотделяющей колонны
rotary support ~ опорная рама ротора
sea floor ~ донная плита
skid ~ рама бурового станка на полозьях
spud ~ рама для сваи
subsurface manipulation ~ подводная манипуляторная рама *(для ремонта подводного оборудования)*
support ~ опорная рама; несущая конструкция
supporting ~ опорная рама; несущая конструкция
telescoping guide ~ телескопическая направляющая рама *(для спуска подводной телевизионной камеры к подводному устью скважины)*
three-piece ~ трёхэлементная рама *(трубоукладчика)*
TV guide line ~ кронштейн направляющего каната телевизионной камеры *(для крепления конца направляющего каната)*
universal guide ~ универсальная направляющая балка *или* рама *(для ориентированного спуска бурового инструмента и оборудования по направляющим канатам к подводному устью)*
utility guide ~ универсальная направляющая рама *или* балка *(для ориентированного спуска бурового инструмента и оборудования по направляющим канатам к подводному устью)*

vibration screen ~ рама сетки вибросита
winch ~ рама лебёдки
framework 1. каркас; рамная конструкция; рама **2.** обвязка *(упрочняющая арматура)* **3.** структура, основа
~ **of compressor** компрессорный каркас
price ~ структура цен *(на газ)*
regulatory ~ основа регулирования *(цен на газ)*
sedimentary ~ строение осадочной толщи
tectonic ~ тектоническое строение, тектоническая схема
framing обвязка *(упрочняющая арматура)*
fraying изнашивание; истирание
excessive ~ сильное изнашивание
freedom: ◊ ~ **from accidents** отсутствие происшествий; безаварийность; ~ **from failures** отсутствие отказов; безотказность
freefall фрейфал *(раздвижная часть инструмента при ударном бурении)*
freeing удаление; освобождение
gas ~ удаление газа
~ **of stuck string** освобождение прихваченной колонны
~ **of stuck tool** освобождение прихваченного инструмента
free-moving свободно движущийся
Free-Point Indicator *фирм.* прихватоопределитель *(прибор для определения глубины прихвата бурильных труб в скважине)*
Free-Point Tool *фирм.* прихватоопределитель *(прибор для определения глубины прихвата бурильных труб в скважине)*

freeze 1. прихват; заедание ‖ допускать прихват, прихватывать; замораживать **2.** прижигать *(коронку)* **3.** преждевременное схватывание *(цемента)* **4.** беструбное бурение путём замораживания стенок скважины ‖ замораживать ◊ to ~ off замерзать *(о трубах, в которых образовался лёд)*

freezeback 1. вторичное замораживание **2.** повторное замерзание *(растеплённой вечной мерзлоты)*
 external ~ заколонное вторичное замораживание
 internal ~ межколонное вторичное замораживание

freeze-in прихват, прижог, примерзание *(снаряда при бурении в многолетнемёрзлых породах)*

freezing 1. прихват *(инструмента в скважине)* **2.** замерзание, застывание; примерзание; замораживание
 ~ **of formation** замораживание горной породы
 quick ~ **of core** быстрое замораживание керна
 surface ~ замораживание поверхностного слоя *(почвы)*

frequenc/y частота; повторяемость; периодичность
 ~ **of maintenance** периодичность технического обслуживания
 ~ **of overhaul** периодичность капитального ремонта
 aliasing ~**ies** *сейсм.* зеркальные частоты *(помехи, порождаемые при дискретизации)*
 beam oscillation ~ частота качаний балансира *(станка-качалки)*
 beginning ~ **of sweep** *сейсм.* начальная частота опорного сигнала
 breakdown ~ частота поломок
 bubble oscillation ~ *сейсм.* частота пульсации газового пузыря
 ending ~ **of sweep** *сейсм.* конечная частота опорного сигнала
 failure ~ частота появления отказов
 fault ~ частота появления отказов
 folding ~ *сейсм.* степень перекрытий
 forced outage ~ частота аварийных отключений
 inspection ~ частота технических осмотров
 oscillation ~ частота качаний *(станка-качалки)*
 reject ~ частота браковки
 repair ~ периодичность ремонта
 replacement part ~ частота замены элементов *(системы)*
 seismic ~ частота сейсмических волн
 seismometer resonant ~ собственная частота сейсмоприёмника
 singing ~ *сейсм.* частота реверберации
 sweep ~**ies** *сейсм.* полоса частот свипа
 test ~ периодичность испытаний, частота проведения испытаний
 trip ~ частота спускоподъёмных операций

fresh 1. пресный *(о воде)* **2.** свежий *(о буровом растворе)* **3.** слабоминерализованный *(о буровом растворе, пластовой воде)*

friable 1. ломкий, хрупкий **2.** растрескивающийся *(о керне, породе)*

friction 1. трение **2.** место прихвата трубы обрушенной породой
 cable ~ трение кабеля *(о стенку скважины)*

dynamic ~ трение движения
hole ~ трение в скважине
natural interrock ~ естественное межпластовое трение
pipe ~ сопротивление трению при забивке труб
rod ~ гидравлическое сопротивление *(бурильной колонны)* 2. трение бурильной колонны *(о стенки скважины)*
rolling ~ трение качения
skin ~ поверхностное трение *(между наружной поверхностью труб и окружающим грунтом)*
tool ~ трение зонда *(о стенку скважины)*
wall ~ 1. частичное прихватывание; частичное подклинивание *(труб осыпавшейся породой)* 2. гидравлическое сопротивление *(в трубах)* 3. трение о стенки; поверхностное трение

fringe 1. граница *(нефтеносной площади)*; зона выклинивания пласта; кайма; оторочка 2. *сейсм.* интерференционная полоса
~ of pay оторочка месторождения
oil ~ нефтяная оторочка
water ~ водяная оторочка

front 1. фронт 2. вспенивание *(нефти)*
burning ~ фронт сгорания *(при подземном горении нефти)*
combustion ~ фронт горения; фронт сгорания
crack ~ фронт трещины
current ~ фронт потока
diffusion ~ фронт диффузии
displacement ~ фронт вытеснения
drainage ~ фронт дренирования; граница области дренирования
fault ~ фронт сброса
flame ~ фронт горения
flood ~ фронт заводнения; фронт продвижения воды
flow ~ фронт потока
injection ~ фронт нагнетания
pressure ~ фронт нагнетания
rig ~ передняя сторона станка ударно-канатного бурения *(со стороны скважины)*
rounded ~ растянутый фронт вытеснения *(при наличии большой переходной зоны при заводнении)*
seismic wave ~ фронт сейсмической волны
sharp ~ резкий фронт вытеснения *(при заводнении)*
spherical wave ~ *сейсм.* сферический фронт волны
steam ~ фронт паронасыщения
thaw ~ фронт оттаивания
thrust ~ фронт надвига
water ~ фронт воды
wave ~ фронт сейсмической волны
weathering ~ *сейсм.* граница зоны малых скоростей

frost-up обледенение *(устьевого оборудования газовой скважины высокого давления)*
froth-over переброс *(при перегонке загрязнённых нефтепродуктов)*
frozen 1. захваченный, застрявший *(о трубах, буровом инструменте)* 2. замёрзший, застывший; замороженный
frozen-up 1. прихваченный 2. прижжённый *(о буровом инструменте в скважине)* 3. замёрзший, застывший, схватившийся 4. работающий неудовлетворительно; работающий с заеданием; работающий с перебоями
fryer 1. плита 2. сковорода
gas ~ 1. газовая плита 2. газовая сковорода
gas counter ~ газовая настольная плита

gas floor ~ газовая напольная плита

F-S Clay *фирм.* аттапульгитовый глинопорошок для приготовления солестойких буровых растворов

fuel топливо, горючее ‖ заправлять топливом ◊ **to ~ up** заправлять топливом

   acid sludge ~ топливо из кислого гудрона

   additional ~ добавочный топливный компонент

   aircraft engine ~ grade 100 авиационный бензин с октановым числом 100

   alcohol ~ 1. спиртовое топливо **2.** спирто-бензиновое моторное топливо

   alternate ~ альтернативное топливо; заменитель нефтяного топлива

   antiknock ~ недетонирующее топливо; высокооктановый бензин

   antipinking ~ высокооктановое топливо

   aromatic ~ ароматизированное топливо; ароматический компонент топлива

   ash-free ~ бензольное топливо

   ashless ~ бензольное топливо

   automotive ~ топливо для двигателей внутреннего сгорания

   aviation ~ авиационный бензин, авиационное топливо

   aviation blending ~ высокооктановый компонент авиационного бензина

   aviation mixed ~ авиационная топливная смесь

   black oil ~ остаточное нефтяное топливо; мазут; тяжёлые нефтяные остатки

   blended ~ 1. топливная смесь **2.** горючее с примесью антидетонатора

   blending ~ высокооктановый компонент топлива

   borderline motor ~ нестандартное моторное топливо, приближающееся по качеству к стандартному

   bunker ~ бункерное топливо; флотский мазут; котельное топливо для судов

   by-product ~ побочное топливо; вторичное топливо

   coal-in-oil ~ углемазутное топливо

   colloidal ~ смесь тонкоизмельчённого твёрдого и жидкого топлив

   commercial grade ~ товарное топливо; торговый сорт топлива

   competing ~s конкурирующие виды топлива

   composite ~ топливная смесь

   corrosion-inhibited ~ топливо с ингибитором коррозии

   diesel ~ дизельное топливо

   domestic ~ 1. местное топливо **2.** топливо коммунально-бытового назначения, бытовое топливо

   doped ~ 1. топливо с присадкой **2.** этилированный бензин

   dribbling diesel ~ маловязкое *(образующее капли)* дизельное топливо

   dry gas ~ сжиженное газовое топливо

   emulsified ~ эмульсированное авиационное топливо

   engine ~ моторное топливо *(бензин, керосин, дизельное топливо)*

   environmentally friendly ~ экологически приемлемое топливо

   ethanol ~ топливный этанол

   ethylized ~ этилированное топливо, этилированный бензин

fuel

finished ~ товарное компаундированное топливо с высокооктановыми компонентами
fossil ~ ископаемое топливо
gas ~ 1. горючий газ 2. газовое топливо; газообразное моторное топливо
gaseous ~ газовое топливо; газообразное моторное топливо
generative ~ генераторное топливо, топливо для газогенераторов
heavy oil ~ тяжёлое дизельное топливо
high-antiknock ~ высокооктановое топливо
high-antiknock rating base ~ высокооктановый базовый компонент *(авиационного бензина)*
high-duty ~ высокооктановое топливо
high-energy ~ высококалорийное топливо
high-flash ~ авиационное топливо с высокой температурой вспышки; безопасное авиационное топливо
high-grade ~ высокосортное топливо
high-gravity ~ топливо с высоким значением плотности *(по шкале Американского нефтяного института)*
high-speed diesel ~ лёгкое дизельное топливо; топливо для быстроходных дизелей
high-sulfur ~ высокосернистое топливо
high-volatile ~ топливо с высоким выходом летучих
household ~ топливо коммунально-бытового назначения
hydrocarbon ~ углеводородное топливо
jet aircraft ~ топливо для реактивных двигателей
knock-free ~ высокооктановое топливо
knock-resistant ~ высокооктановое топливо
lead-free ~ неэтилированный бензин
light diesel ~ лёгкое дизельное топливо; дизельное топливо для быстроходных дизелей
light volatile ~ легкоиспаряющееся топливо
liquefied ~ сжиженное топливо
liquid ~ жидкое топливо
liquid gas ~ 1. сжиженный горючий газ 2. жидкое моторное топливо
liquid hydrocarbon ~ жидкое углеводородное топливо
liquid transportation ~ жидкое моторное топливо
low-grade ~ низкосортное топливо
low-gravity ~ лёгкое топливо
low-quality ~ низкосортное топливо
low-sulfur ~ низкосернистое топливо
low-volatility ~ топливо с низкой испаряемостью; топливо с малым выходом летучих; тяжёлое топливо
mineral ~ минеральное топливо
moderately volatile ~ топливо с умеренной испаряемостью
motor ~ моторное топливо *(бензин, керосин, дизельное топливо)*
motor volatile ~ легкоиспаряющееся моторное топливо для быстрого запуска двигателей
neohexane ~ высокооктановый неогексановый компаундированный авиационный бензин
nonhydrocarbon motor ~ неуглеводородное моторное топливо *(спиртовое, эфирное)*

fuel

nonleaded ~ неэтилированный бензин
oil ~ жидкое топливо, топливная жидкость *(нефть, мазут, нефтяное топливо)*
oxygen-oil rocket ~ кислородно-углеводородное ракетное топливо
patch ~ брикетированное топливо
petroleum ~ лёгкое топливо *(бензин, керосин)*
pollution-free ~ экологически чистое топливо; бездымное топливо
poor diesel ~ низкоцетановое дизельное топливо
poor ignition quality ~ дизельное топливо с низкими воспламенительными свойствами; низкоцетановое дизельное топливо
power ~ моторное топливо
power booster ~ топливо с присадками, повышающими мощность двигателя
power-plant ~ топливо для электростанции
premium ~ высококачественное топливо
premium motor ~ бензин высшего сорта
premium-priced ~ высококачественное топливо
pressure ~ крекинг-мазут
primary ~ первичное топливо
pumpable ~ топливо, пригодное для перекачивания
railroad ~ топливо для локомотивов
raw ~ неочищенное топливо
reference ~ эталонное топливо; условное топливо
refined ~ очищенное топливо
replacement ~ альтернативное топливо, заменитель нефтяного топлива
residual ~ нефтяное топливо; мазут

safety ~ безопасное *(в пожарном отношении)* топливо; безопасный авиационный бензин *(с температурой вспышки выше 40 °C)*
secondary ~ вторичное топливо
shellspark ~ топливо с низким октановым числом *(для сельскохозяйственных машин с карбюраторными двигателями)*
solid ~ твёрдое топливо
standard ~ эталонное топливо; условное топливо
starting ~ 1. растопочное топливо 2. пусковое топливо
stove ~ печное топливо; мазут коммунально-бытового назначения
sulfur-bearing ~ сернистое топливо
sulfur-free ~ топливо, не содержащее серы; десульфурированное топливо, обессеренное топливо
superoctane ~ сверхоктановый бензин *(авиационный бензин с октановым числом выше 100)*
synthetic liquid ~ синтетическое жидкое топливо; искусственное жидкое топливо
temporary ~ альтернативное топливо, заменитель нефтяного топлива
transport ~ транспортное топливо; моторное топливо для транспортных средств
turbine ~ топливо для турбореактивных двигателей; топливо для газовых турбин
two-stroke ~ мотоциклетная топливная смесь
unleaded ~ топливо, не содержащее тетраэтилсвинца
unsafe ~ взрывоопасное топливо
vehicle ~ моторное топливо; топливо для транспортных средств

function

wide-cut diesel ~ дизельное топливо с широкими пределами кипения
fueler 1. топливозаправщик 2. танкерозаправщик
fueling заправка топливом; обеспечение топливом
fugacity летучесть; фугитивность
Fullbore Flowmeter *фирм.* скважинный расходомер с большой вертушкой
fuller:
   bit ~ гладилка для заправки буров
full-hole 1. широкопроходной *(о соединении)* 2. бескерновый *(о бурении)*
full-opening 1. полнопроходной 2. полностью открытого типа
function 1. функция 2. назначение; функция 3. действие; функционирование
   availability ~ эксплуатационная готовность *(как функция времени)*
   bathtub hazard ~ U-образная интенсивность отказов
   blowout prevention ~ исполнительная функция противовыбросового превентора
   continuous velocity ~ *сейсм.* непрерывная функция изменения скорости
   continuously differentiable velocity ~ *сейсм.* функция скорости с непрерывной производной
   deterioration ~ функция ухудшения характеристик
   diagnostic ~ диагностическая функция
   exponential velocity-depth ~ *сейсм.* экспоненциальное изменение скорости с глубиной
   failure density ~ плотность распределения отказов
   failure distribution ~ функция распределения отказов
   failure rate ~ интенсивность отказов *(как функция времени)*
   fatigue ~ функция усталости
   hazard rate ~ интенсивность отказов *(как функция времени)*
   intensity ~ интенсивность отказов *(как функция времени)*
   life ~ функция долговечности
   linear velocity-depth ~ *сейсм.* линейная функция скорости от глубины
   maintainability ~ 1. служба обеспечения ремонтопригодности 2. ремонтопригодность *(как функция времени)*
   maintenance ~s операции технического обслуживания
   mortality ~ интенсивность отказов *(как функция времени)*
   noncontinuous velocity ~ *сейсм.* разрывная функция скорости от глубины
   operability ~ функция работоспособности
   operating characteristic ~ оперативная характеристика
   parabolic velocity-depth ~ *сейсм.* параболическая функция скорости от глубины
   probability-of-survival ~ вероятность безотказной работы *(как функция времени)*
   reliability ~ 1. функция надёжности 2. вероятность безотказной работы *(как функция времени)* 3. функция распределения вероятности безотказной работы
   renewal ~ функция восстановления
   repairability ~ 1. вероятность восстановления работоспособности *(как функция времени)* 2. функция ремонтопригодности
   safety ~ функция безопасности
   seismic source ~ функция сейсмического источника

source-dimension ~ *сейсм.* функция времени источника
survival ~ функция надёжности *(необслуживаемых систем)*; функция долговечности
survivor ~ функция надёжности *(необслуживаемых систем)*; функция долговечности
tree-dimensional velocity ~ *сейсм.* трёхмерная функция распределения скорости
time-to-failure density ~ плотность распределения времени безотказной работы
unreliability ~ 1. функция ненадёжности 2. вероятность отказа *(как функция времени)*
velocity ~ *сейсм.* функция распределения скорости
velocity-depth ~ *сейсм.* функция скорости от глубины
fungibles смешиваемые *(для транспортировки по трубопроводу)* материалы
funnel заливочная воронка; воронкообразный раструб
  centering device ~ воронка центрирующего приспособления
  drilling mud mixing ~ воронка для приготовления бурового раствора
  filling ~ наливная воронка, загрузочная воронка
  Marsh ~ вискозиметр Марша
  priming ~ воронка для залива насоса
  reentry ~ воронка для повторного ввода *(спускаемого инструмента в устье подводной скважины)*
  shoe ~ башмачная воронка
  strainer ~ воронка фильтра
funnel-shaped с раструбом; воронкообразный
furnace 1. печь 2. топка, топочная камера 3. котёл
  gas ~ газовая печь
  heating ~ горн для нагрева буров; горн для нагрева долот
  jackrod ~ горн для нагрева буровых штанг
  muffle ~ муфельная печь
  oil-fired ~ печь, работающая на жидком топливе; мазутная печь
  salt-bath ~ солевая ванна *(для закалки буров)*
furnacing термообработка *(в процессе производства коронок)*
fuse 1. огнепроводный шнур, запал; бикфордов шнур; 2. детонатор ◊ **to change the** ~ ставить новую предохранительную пробку
  Bickford ~ огнепроводный шнур
  blasting ~ огнепроводный шнур
  capped ~ зажигательная трубка *(для огневого взрывания)*
  delay ~ запал с замедлением
  detonating ~ детонирующий шнур
  electrical ~ электродетонатор
  electrical delay ~ электрический детонатор замедленного действия
  igniting ~ огнепроводный шнур
  plug ~ плавкий предохранитель
  safety ~ огнепроводный шнур
  time delay ~ огнепроводный шнур
fusion плавка; плавление; сплавление; оплавление
  faulty ~ непровар *(шва)*
  incomplete ~ непровар *(шва)*
  poor ~ непровар *(шва)*
  vacuum ~ вакуумное плавление, плавление в вакууме

G

G-2 *фирм.* вспенивающий агент для буровых растворов *(детергент)*
G-7 Super Weight *фирм.* железотитановый утяжелитель для приготовления раствора для глушения скважин

gad 1. зубило 2. резец
gadder 1. буровой перфоратор 2. бурильный молоток 3. головка бура; буровая каретка
gaff кран с талями *(для перемещения нефтепродуктовых рукавов на пристани)*
gage 1. мера; масштаб; размер; калибр; шаблон 2. контрольно-измерительный прибор; контрольно-измерительный инструмент; измерительное устройство 3. калибр; диаметр *(бурового долота)* 4. манометр 5. периферийный ряд зубьев шарошки ◊ **to maintain the hole to** ~ поддерживать постоянный диаметр ствола скважины; **to wear under** ~ терять диаметр *(о буровом долоте)*
~ **of bit** диаметр головки *(бурового долота, коронки, бура)*
acceptance ~ приёмочный калибр, калибр приёмщика; калибр браковщика
air ~ воздушный манометр
air-actuated level ~ пневматический уровнемер
air-pressure ~ воздушный манометр
alarm pressure ~ сигнальный манометр
bayonet ~ щуп в резервуаре
bit ~ 1. диаметр буровой коронки *(наружный или внутренний; по подрезным алмазам)* 2. шаблон для долота; калибр для долота
bob ~ поплавковый указатель уровня *(в резервуаре)*
bottomhole pressure ~ скважинный манометр, глубинный манометр, забойный манометр
broad-base depth ~ глубиномер с широким основанием
bubble ~ пузырьковый расходомер *(для газа)*

casing ~ калибр для резьбы обсадных труб
combination downhole pressure ~ скважинный манотермограф
conductometric level ~ кондуктометрический уровнемер
cone ~ калибр для контроля конусности
consistency ~ прибор для определения консистенции
contact level ~ уровнемер дискретного действия
control ~ контрольный калибр
deflection ~ прибор для измерения угла отклонения
deformation ~ прибор для измерения деформаций
depth ~ 1. глубинный манометр 2. глубиномер *(каротажной станции)*; измеритель уровня в скважине
differential ~ дифференциальный манометр
differential pressure ~ дифференциальный манометр
discharge ~ расходомер
downhole ~ каверномер
downhole casing wall thickness ~ скважинный толщиномер для обсадных труб
drift diameter pipe ~ переходный трубный шаблон
drilling bit ~ калибр бурового долота
drilling-mud pressure ~ манометр давления бурового раствора
drill-pipe ~ калибр для проверки резьбы бурильных труб
drill-pipe pressure ~ индикатор давления в системе циркуляции бурового раствора
electrical level ~ электрический уровнемер
float level ~ поплавковый уровнемер
fluid content ~ уровнемер, показатель уровня жидкости

465

fluid level ~ уровнемер, показатель уровня жидкости
fuel quantity ~ топливомер, указатель уровня топлива
full ~ полный диаметр; нормальный диаметр *(долота, расширителя)*
gas ~ 1. газовый манометр 2. газомер
gas density ~ измеритель плотности газа
gas pressure ~ газовый манометр
gasoline ~ указатель уровня бензина
high pressure ~ манометр высокого давления
hole ~ номинальный диаметр ствола скважины
indicating liquid level ~ указатель уровня со шкалой
innage ~ мера количества нефти в резервуаре, определяемая на основе измерения уровня
inside ~ внутренний диаметр *(коронки по вставленным алмазам)*
inspection ~ приёмочный калибр
internal thread ~ метчик-калибр
level ~ указатель уровня, уровнемер
level pressure ~ манометрический уровнемер
line tension ~ индикатор натяжения каната
liquid level ~ указатель уровня жидкости
low-pressure ~ манометр низкого давления
make-up ~ проверочный шаблон *(при спуске труб)*
master ~ эталонный калибр
natural diamond ~ размер природных алмазов *(применяемых для армирования буровых коронок или шарошек)*

nondestructive ~ прибор для неразрушающего контроля
oil ~ 1. указатель уровня нефтепродукта *(в резервуаре)*; нефтяной уровнемер 2. масляный щуп 3. мерное стекло для масляного бака 4. нефтяной ареометр 5. масляный манометр
oil pressure ~ масляный манометр
outer ~ наружный диаметр *(резьбы, трубы)*
outside ~ наружный диаметр *(резьбы, трубы)*
petrol ~ указатель уровня бензина
pipe ~ трубный шаблон
pitch diameter ~ калибр для диаметра начальной окружности
Pitot ~ трубка Пито *(для измерения скорости потока жидкости или газа в трубах)*
plug ~ калибр-пробка; цилиндрический калибр
pneumatic level ~ пневматический уровнемер
precision depth pressure ~ прецизионный глубинный манометр
precision subsurface pressure ~ прецизионный глубинный манометр
pressure ~ манометр
recording bottomhole pressure ~ регистрирующий забойный манометр
remote level ~ дистанционный уровнемер
ring ~ 1. пружинный манометр 2. кольцевой калибр *(для проверки наружного диаметра коронок и долот)* 3. диск с калиброванными отверстиями *(для сортировки алмазов по величине)*
sale ~ прибор для измерения количества нефтепродукта, отпускаемого потребителю

scraper ~ шаблон-скребок
section ~ скважинный профиломер; каверномер
setting ~ калибровочное кольцо *(для проверки правильности выпуска*
slur ~ шкала для определения скольжения *(в зоне печати)*
standard ~ эталон; контрольный калибр; контрольный прибор
subsurface lift pressure ~ лифтовой глубинный манометр
subsurface pressure ~ глубинный манометр
subsurface recording pressure ~ глубинный самописец давления, глубинный самопишущий манометр
subsurface recording temperature ~ скважинный самопишущий термометр
subsurface water ~ глубинный водомер
tank ~ указатель уровня налива нефтепродукта в резервуар; указатель уровня топлива в баке
tank-level ~ уровнемер резервуара
tape depth ~ измеритель уровня в скважине
test ~ 1. проверочный манометр 2. контрольный калибр
thickness ~ кронциркуль
thread ~ 1. резьбовой калибр; резьбовой шаблон 2. прибор для контроля параметров резьбы
tong torque ~ прибор для измерения момента, приложенного к машинным ключам
torque ~ 1. указатель крутящего момента 2. торсиометр
total water ~ манометр, показывающий полное давление в единицах измерения водяного столба
tube ~ трубный калибр
tubing ~ резьбовой шаблон для насосно-компрессорных труб
tubular ~ трубный калибр
viscosity ~ вискозиметр
water ~ 1. водяной манометр 2. водомерное стекло
wear-and-tear ~ шаблон для измерения степени износа
gager замерщик *(нефти)*
above-bit ~ наддолотный калибратор
field ~ замерщик уровня нефти в промысловом резервуаре
pipeline ~ лицо, измеряющее количество и качество нефти в резервуаре *(перед её поступлением в трубопровод)*
roller ~ шарошечный калибратор
gage-thermograph манотермограф
gaging 1. измерение, замер; контроль; проверка 2. измерение уровня нефтепродукта *(в резервуаре)*
~ of oil well измерение дебита нефтяной скважины
level ~ измерение уровня *(раствора, нефти)*
oil level ~ измерение высоты налива нефти
perforation interval ~ шаблонирование интервала перфорирования
pressure ~ измерение давления
push-button tank ~ автоматическое измерение уровня нефтепродукта в резервуаре
remote tank ~ дистанционное измерение уровня нефтепродукта в резервуаре
tank ~ 1. калибровка резервуара 2. измерение уровня нефтепродукта в резервуаре
well ~ измерение дебита скважины

gain 1. прирост; увеличение **2.** паз, гнездо; вруб; углубление *(при вязке фундаментных брусьев)* ◊ ~ **in mud pit volume** увеличение объёма бурового раствора в резервуаре; ~ **in yield** увеличение выхода *(продукта)*
strength ~ **of set cement** увеличение прочности схватившегося цемента

gallery 1. галерея **2.** боковой ствол, пробуренный вдоль нефтяного пласта *(для улучшения дренажа)* **3.** подземный резервуар
service ~ площадка для обслуживания; галерея для обслуживания

galling 1. истирание *(поверхности)* **2.** заедание **3.** фрикционная коррозия; коррозионное истирание
~ **of piston rings** заедание поршневых колец
thread ~ пластическая деформация резьбы *(соединений обсадных или бурильных труб при тепловом воздействии)*

gallon галлон *(в США — 3,785 л; в Великобритании — 4,546 л)* ◊ ~**s per day** (число) галлонов в сутки; ~**s per hour** (число) галлонов в час; ~**s per mile** (число) галлонов на милю; ~**s per minute** (число) галлонов в минуту; ~**s per second** (число) галлонов в секунду
~**s of condensate per day** (число) галлонов конденсата в сутки
~**s of gelled water** (число) галлонов загущённой воды
~**s of heavy oil 1.** (число) галлонов тяжёлой нефти **2.** (число) галлонов тяжёлого дизельного топлива
~**s of mud acid** (число) галлонов глинокислоты
~**s of oil** (число) галлонов нефти
~**s of oil per day** (число) галлонов нефти в сутки
~**s of oil per hour** (число) галлонов нефти в час
~**s of salt water** (число) галлонов солёной воды
imperial ~ английский галлон, имперский галлон *(4,546 л)*

game 1. игра **2.** замысел; план
maintenance ~ план технического обслуживания

Gamma-Ray Compensated Neutron-Thermal Decay Time Log *фирм.* комплексная аппаратура гамма-каротажа, нейтронного каротажа и импульсного нейтронного каротажа

Gamma-Ray Log *фирм.* аппаратура гамма-каротажа
gammaspectrometer гамма-спектрометр
well ~ скважинный гамма-спектрометр

gang 1. бригада *(рабочих)*; артель; смена **2.** набор, комплект *(инструментов)*
breakdown ~ аварийная бригада; аварийная команда
brush ~ бригада расчистки *(трассы трубопровода)*
bull ~ бригада подсобных рабочих *(на буровой вышке или на строительстве трубопровода)*
connection ~ команда, обслуживающая трубопровод
crash ~ аварийная бригада; аварийная команда
emergency ~ аварийная бригада; аварийная команда
laying ~ бригада трубоукладчиков, бригада по прокладке трубопровода
maintenance ~ бригада технического обслуживания

pipe ~ бригада сборки труб в секции *(на строительстве трубопровода)*; бригада трубоукладчиков
pipe laying ~ бригада трубоукладчиков, бригада по прокладке трубопровода
plug ~ бригада по очистке *(труб и печей от коксовых отложений)*
repair ~ ремонтная бригада
right-of-way ~ бригада, расчищающая трассу трубопровода
tong ~ монтажная бригада *(на сборке трубопроводов с резьбовыми соединениями)*
trouble ~ аварийная бригада; аварийная команда
gang-way проход *(на буровой)*
gantry платформа, помости
gap зазор; просвет; промежуток; интервал; разрыв *(трубы)* ◊ ~ **between tanks** противопожарный разрыв между резервуарами *(на нефтебазе)*
air ~ **of drilling** просвет плавучего бурового основания *(расстояние по вертикали от уровня спокойного моря до нижней кромки верхнего корпуса полупогружной платформы во время бурения)*
barren ~ непродуктивная зона пласта; участок месторождения, не содержащий нефти
cover ~ участок разрабатываемого месторождения с неразведанной водоносностью
seismic ~ область пониженной интенсивности; область разрыва сейсмических границ *(на разрезе)*
shotpoint ~ 1. расстояние от пункта взрыва до ближайшего сейсмоприёмника 2. расстояние между двумя группами сейсмоприёмников *(расположенных по обе стороны от пункта взрыва)*

gas 1. газ, газообразное вещество ‖ выделять газ; наполнять газом, насыщать газом **2.** горючее; газолин; бензин ‖ заправлять горючим ◊ ~ **in place** запасы газа в коллекторе; ~ **in reservoir** пластовой газ; ~ **in-situ** газ в пластовых условиях; ~ **in solution** растворённый газ; **no** ~ **to surface** газ на поверхность не поступает; ~ **originally in place** первоначальные запасы газа в коллекторе; **to boost** ~ **along to its destination** повышать давление газа для доставки его к месту назначения; **to make the** ~ выделять газ; ~ **to surface** прохождение газа до поверхности *(во времени)*; **to sweeten** ~ удалять из газа соединения серы; **to take-off casing-head** ~ отбирать нефтяной газ на устье скважины; ~ **too small to measure** незначительное количество газа *(не регистрируемое газоанализатором)*
~ **of chemical origin** газ химического происхождения
~ **of radiation-chemical origin** газ радиационно-химического происхождения
~ **of stratal water** газ пластовых вод
absorbed ~ абсорбированный газ, поглощённый газ
accompanying ~ попутный газ
acid ~ кислый газ
active ~ 1. газ, вызывающий коррозию; коррадирующий газ; газ, содержащий кислотные *или* кислотообразующие компоненты 2. активный газ *(в подземном хранилище)*
actual ~ реальный газ
adsorbed ~ адсорбированный газ
aerogen ~ горючая паровоздушная смесь *(состоящая из воздуха и паров бензина)*

air ~ горючая смесь воздуха и паров бензина
air-free ~ газ без примеси воздуха
air-producer ~ воздушный генераторный газ
alky ~ спиртовое топливо; спирто-бензиновое топливо
all-weather liquefied petroleum ~ всесезонный сорт сжиженного нефтяного газа
ammonia synthesis ~ синтез-газ для производства аммиака
annular ~ затрубный газ
artificial ~ промышленный газ, заводской газ
associated ~ попутный газ *(получаемый из коллектора нефти)*
associated dissolved ~ попутный газ, растворённый в нефти
associated petroleum ~ попутный нефтяной газ
aviation ~ авиационный бензин
background ~ фоновый газ
biochemical natural ~ газ биохимического происхождения
blanket ~ пластовой газ
blowdown ~ продувочный газ
blue ~ синий водяной газ, голубой водяной газ; светильный газ
bottled ~ жидкий пропан; жидкий бутан; газ в баллонах
Braden head ~ 1. природный газ, скопившийся в скважине за закрытой головкой Брадена; попутный газ *(получаемый из коллектора нефти)* 2. газ вышележащего пласта
burned ~ отработавший газ
burning ~ горючий газ
butane-enriched water ~ водяной газ, обогащённый бутаном
butane-propane ~ бутано-пропановая смесь
by-product ~ побочный газ
cap ~ газ газовой шапки

carbon-dioxide ~ углекислый газ
carbureted ~ карбюрированный газ; газ с добавкой высококалорийного газа; коммунальный газ с добавкой бутана
carbureted hydrogen ~ углеводородный газ; карбюрированный газ
carbureted water ~ карбюрированный водяной газ; водяной газ, карбюрированный газами крекинга нефти; смесь водяного газа с бутаном
carrier ~ газ-носитель; транспортирующий газ
casing-head ~ нефтяной газ; попутный газ *(получаемый из коллектора нефти или выделяющийся из скважины)*
city ~ коммунально-бытовой газ
coercible ~ сжимаемый газ
coke oven ~ коксовый газ
combination ~ богатый газ *(нефтяной газ, обогащённый парами бензина)*
combustible ~ горючий газ
combustion ~ дымовой газ; продукты горения
commercial ~ промышленный газ
commercial rock ~ природный нефтяной газ
compressed ~ сжатый газ
compressed natural ~ сжиженный природный газ
condensed ~ сжиженный газ
condensed natural ~ сжиженный природный газ
conditioned ~ очищенный газ
consumer ~ газ, поступающий потребителям
conventional ~ природный газ
converted ~ конвертированный газ
corrosive ~ коррозионный газ, агрессивный газ

gas

crude ~ газ, поступающий на очистку
cumulative ~ injected суммарное количество закачанного газа
cushion ~ буферный газ *(общее количество газа, повышающее давление в коллекторе от нуля до уровня, необходимого для обеспечения требуемого дебита)*
cylinder ~ газ в баллонах
dehydrated petroleum ~ осушенный нефтяной газ
diluted ~ 1. разрежённый газ 2. разбавленный отопительный газ
dispersed ~ рассеянный газ, диспергированный газ
dissolved ~ растворённый *(в нефти)* газ
distillation ~ газ сухой перегонки
domestic ~ коммунально-бытовой газ
drive ~ вытесняющий газ
dry ~ 1. сухой природный газ *(свободный от жидких углеводородов)* 2. осушенный газ *(подвергнутый обработке для освобождения от любой жидкой фазы)* 3. нефтяной газ, содержащий только лёгкие углеводороды
dry petroleum ~ бедный нефтяной газ, сухой нефтяной газ
dump ~ газ низкого качества
end ~ отходящий газ; хвостовой газ
enriched ~ обогащённый газ; газ, обогащённый парами бензиновых углеводородов
entrained ~ увлечённый газ
escaping ~ выделяющийся газ; улетучивающийся газ
exhaust ~ 1. отходящий газ 2. отработавший газ; выхлопной газ

exit ~ 1. отходящий газ 2. отработавший газ; выхлопной газ
expansion ~ расширившийся газ после выхода из проходных каналов долота *(при бурении с продувкой воздухом)*
extraneous ~ посторонний газ; непластовый газ
extremely dry ~ очень сухой газ *(содержание жидкой фазы по стандарту Американского нефтяного института не более 112 мг/м³)*
fat ~ жирный газ, газ с большим содержанием паров бензина
filtered flue ~ очищенный топочный газ
fire ~ горючий газ
fixed ~ сорбированный газ
flammable ~ горючий газ
flare ~ газ, сжигаемый в факеле
flash ~ мгновенно выделяющийся газ
flue ~ топочный газ, дымовой газ
fluorocarbon ~ фторированный углеводородный газ
flush ~ неконтролируемый газ
formation ~ пластовый газ
formation water ~ газ пластовых вод
foul ~ 1. неконденсирующийся газообразный продукт перегонки 2. нефтяной газ, содержащий сероводород
free ~ 1. свободный газ *(в коллекторе)* 2. газ, выделившийся из раствора
fuel ~ 1. газообразное топливо; газ, используемый в качестве топлива; топливный газ 2. топочный газ; отопительный газ 3. остаточный газ *(газобензинового или нефтехимического процесса)*

gas

full-stream ~ жирный газ, добываемый из газовой скважины
fume-laden ~ неочищенный отходящий газ
furnace ~ 1. топочный газ; дымовой газ 2. *pl* печные газы
gaslift ~ природный газ, используемый в газлифтном подъёмнике
gas-well ~ газ из газовой скважины
green ~ газ сухой перегонки
heating ~ 1. горючий газ 2. обогревающий газ 3. отопительный газ
helium-bearing natural ~ природный газ, содержащий гелий
high ~ высококалорийный газ
high-altitude liquid petroleum ~ сжиженный нефтяной газ с повышенным содержанием бутана *(для применения в условиях пониженного атмосферного давления)*
high-BTU ~ высококалорийный газ
high-calorific ~ высококалорийный газ
high-line ~ бутан
highly corrosive ~ высококоррозионный газ
high-pressure ~ газ высокого давления, газ под высоким давлением
high-purity ~ газ высокой степени чистоты
household fuel ~ отопительный газ *(в баллонах)* для коммунально-бытового потребления
humid ~ влажный газ
hydrocarbon ~ углеводородный газ
ideal ~ идеальный газ
illuminating ~ коммунально-бытовой газ
immobile ~ неподвижный газ
imperfect ~ реальный газ
imported ~ импортный газ
inactive ~ инертный газ
included ~ 1. газ, изолированный в пустотах породы 2. газ, растворённый в нефти
incoming ~ газ, поступающий на компрессорную станцию трубопровода; газ, поступающий в установку для очистки
indifferent ~ нейтральный газ
industrial ~ промышленный газ, заводской газ
inert ~ инертный газ
inflammable ~ горючий газ
initial ~ **in reservoir** начальные запасы нефтяного газа в пласте
injected ~ газ, нагнетаемый в пласт; газ, нагнетаемый в скважину
in-place petroleum ~ нефтяной газ в пласте
ionized ~ ионизированный газ
kerosene ~ тяжёлая моторная горючая смесь; тяжёлое моторное топливо
kiln ~ 1. топочный газ; дымовой газ 2. *pl* печные газы
lean ~ 1. тощий газ, бедный газ, сухой газ *(с низким содержанием паров бензина)* 2. отработавший газ 3. нефтяной газ с низким содержанием паров бензина
lean petroleum ~ бедный нефтяной газ, сухой нефтяной газ
liberated ~ десорбированный газ
lift ~ транспортирующий газ; газ подъёмника; газ, применяемый для газлифта
lighting ~ светильный газ
liquefied ~ сжиженный газ
liquefied hydrocarbon ~ сжиженный углеводородный газ *(пропан-бутановые фракции)*
liquefied natural ~ сжиженный природный газ

liquefied petroleum ~ сжиженный нефтяной газ *(пропан-бутановые фракции)*
liquid ~ сжиженный газ
liquid natural ~ сжиженный природный газ
liquid petroleum ~ сжиженный нефтяной газ *(пропан-бутановые фракции)*
live ~ свежий газ
low-boiling ~ низкокипящий газ
low-calorific ~ низкокалорийный газ
low-pressure petroleum ~ нефтяной газ низкого давления
low-thermal-value fuel ~ низкокалорийный топливный газ
makeup ~ 1. свежий газ, смешиваемый с рецикловым *(при окислении природного газа)* 2. нагнетаемый *(в коллектор)* газ
manufactured ~ 1. коммунально-бытовой *(осветительный или отопительный)* газ 2. светильный газ 3. карбюрированный газ
manure ~ биогаз
marsh ~ метан, болотный газ
medium-energy coal-derived ~ генераторный газ средней теплоты сгорания
metamorphic natural ~ газ метаморфических пород
methane-rich ~ газ, богатый метаном
mixed ~ газовая смесь
mud ~ газ в буровом растворе
naphtha ~ карбюрированный *(лигроином)* светильный газ; светильный газ, смешанный с парами лигроина
native ~ 1. пластовый газ 2. местный газ
natural ~ природный газ
net ~ сухой газ *(состоящий в основном из метана и этана)*
noble ~ инертный газ; благородный газ

nonassociated ~ газ, добываемый без нефти
nonassociated natural ~ природный газ из коллектора
noncondensable ~ неконденсирующийся газ
noncorrosive ~ некоррозионный газ
nonhydrocarbon ~ неуглеводородный газ
nonpurified ~ неочищенный газ
nonrecoverable ~ неизвлекаемый газ
nonstripped petroleum ~ неотбензиненный нефтяной газ
noxious ~ вредный газ; ядовитый газ
occluded ~ включённый газ, окклюдированный газ *(в несообщающихся пустотах горных пород)*
off ~ отходящий газ
oil ~ нефтяной газ; попутный газ *(получаемый из коллектора нефти)*; масляный газ *(продукт искусственной газификации нефтяного сырья)*
oil-dissolved ~ газ, растворённый в нефти
oil-water ~ масляно-водяной газ; нефтеводяной газ
oil-well ~ нефтяной газ; попутный газ *(из коллектора нефти или из нефтяной скважины)*
olefiant ~ этилен
onboard-stored ~ сжиженный газ на борту танкера
oxyhydrogen ~ гремучий газ
paraffin ~ газ, состоящий из предельных углеводородов
peat ~ торфяной газ
perfect ~ идеальный газ
petroleum ~ нефтяной газ; попутный газ *(получаемый из коллектора нефти)*; сжиженный углеводородный газ *(пропан-бутановые фракции)*

gas

pipeline ~ 1. газ, подаваемый по трубопроводу 2. очень сухой газ *(содержание жидкой фазы по стандарту Американского нефтяного института не более 112 мг/м³)*
poor ~ тощий газ, бедный газ, сухой газ *(с низким содержанием паров бензина)*
power ~ генераторный газ; топливный газ
processed ~ очищенный *(от сероводорода)* нефтяной газ
produced ~ добытый газ
producer ~ генераторный газ
product ~ получаемый газ
purchased ~ покупной газ; газ, получаемый со стороны
purge ~ продувочный газ
radiogenic ~ газ радиогенного происхождения
purifield ~ очищенный газ
quenching ~ гасящий газ *(в газовом счётчике)*
radioactive ~ радиоактивный газ
radon ~ радон
raw natural ~ неочищенный природный газ; пластовый газ
reactivation ~ регенерационный газ *(для восстановления активности катализатора)*
receiver ~ 1. газ, получаемый непосредственно с нефтеперерабатывающей установки 2. ресиверный газ *(в отличие от сырьевых)*
recirculated ~ газ, закачиваемый в пласт после отбензинивания
recoverable ~ извлекаемый газ
recoverable petroleum ~ извлекаемый нефтяной газ
refinery ~ нефтезаводской газ *(в отличие от природного и попутного промыслового нефтяных газов)*

regeneration ~ регенерационный газ *(образующийся при регенерации катализатора)*
residual ~ 1. остаточный газ; отжатый газ *(остаточный газ компрессии)* 2. сухой отбросный газ *(остаточный газ крекинга)* 3. несконденсированный газ
residue ~ сухой газ, отбензиненный газ
retained ~ сорбированный газ
rich ~ богатый газ; обогащённый газ *(с высоким содержанием бензиновых углеводородов)*
rich petroleum ~ богатый нефтяной газ
rock ~ природный газ
sales ~ газ, соответствующий условиям поставки
sedimentary natural ~ газ осадочных пород
separator ~ природный газ, освобождённый от жидких углеводородов
shale ~ сланцевый газ
shallow ~ газ, поступающий с небольших глубин
shocked ~ газ, сжатый ударной волной
sludge ~ биогаз, канализационный газ
solute ~ растворяемый газ; растворённый газ
solution ~ природный газ, растворённый в нефти коллектора
sour ~ 1. сернистый нефтяной газ 2. газ, не подвергшийся сероочистке
sour petroleum ~ сернистый нефтяной газ
spent ~ отработавший газ; отходящий газ
stabilizer ~ газ из стабилизационной колонны
stack ~ топочный газ, дымовой газ

gasholder

stillage ~ 1. газ, получаемый при перегонке в кубах 2. постоянный неконденсирующийся газ, получаемый при перегонке нефти 3. нефтезаводской газ
stripped ~ 1. сухой промысловый газ *(из которого удалены бензиновые углеводороды)*; отбензиненный газ; сухой газ, не содержащий бензиновых углеводородов 2. сжиженный газ 3. очищенный газ; газ, не содержащий серы
stripped petroleum ~ отбензиненный нефтяной газ
stripper ~ газ – поглотитель кислорода из морской воды при заводнении
substitute natural ~ заменитель природного газа
sulfur dioxide ~ сернистый газ
sulfurous ~ сернистый газ
sweet ~ нейтральный газ; дезодорированный газ
synthetic ~ синтез-газ
tail ~ остаточный газ
tank ~ товарный газ
town ~ коммунальный газ, газ бытового назначения
toxic ~ токсичный газ
transborder ~ газ, транспортированный через границу страны
transcontinental ~ газ, поступающий по трансконтинентальному газопроводу
transported ~ транспортированный газ
trapped ~ 1. захваченный *(нефтью)* газ 2. уловленный газ *(в ловушке)*
treated ~ обработанный газ
trip ~ нефтяной газ, попутный газ *(поступающий в скважину в процессе подъёма и спуска бурильной колонны)*
unassociated ~ природный газ из коллектора
underground storage ~ газ из подземного хранилища
undissolved ~ нерастворённый газ
unstripped ~ сырой газ, жирный газ
vadose ~ вадозный газ
washed ~ промытый газ
waste ~ отработавший газ *(при взрыве)*; отходящий газ
water ~ водяной газ; голубой газ
water-dissolved ~ газ, растворённый в воде
well head ~ попутный газ
wet ~ жирный газ, газ с большим содержанием паров бензина
wet field ~ жирный попутный газ
wet petroleum ~ жирный нефтяной газ
zero-hydrogen-index ~ газ с нулевым водородным показателем
gas-bearing газоносный; содержащий газ
commercially ~ промышленно-газоносный
gas-containing газоносный; содержащий газ
gas-cut газированный *(о жидкости, буровом растворе)*
gaseous газообразный; газовый
gas-fired 1. работающий на газе 2. отапливаемый газом
gas-freeing of tank дегазирование резервуара
gasholder газгольдер; резервуар для газа, газохранилище
ball ~ сферический газгольдер, шаровой газгольдер
constant-volume ~ газгольдер постоянного объёма
cylindrical ~ цилиндрический газгольдер
dish ~ мокрый газгольдер, газгольдер с жидкостным затвором

dry ~ сухой газгольдер
dry seal ~ сухой газгольдер
globe ~ сферический газгольдер
high-pressure ~ газгольдер высокого давления
horizontal ~ горизонтальный газгольдер
multisphere ~ сотовый газгольдер, секционный газгольдер
relief ~ уравнительный газгольдер
screw-type ~ спиральный газгольдер
spherical ~ сферический газгольдер, шаровой газгольдер
stationary ~ сухой газгольдер
telescopic ~ мокрый телескопический газгольдер
variable-volume ~ газгольдер переменного объёма
vertical ~ вертикальный газгольдер
waterless ~ сухой газгольдер
wet ~ мокрый газгольдер
Wiggins ~ газгольдер с сухим затвором, газгольдер Виггинса
gas-hydrate газогидрат
gas-impermeable газонепроницаемый
gasification газификация
~ **of oil in place** подземная газификация нефти
arc ~ газификация в электрической дуге, плазменная газификация
biothermal ~ биотермическая газификация
cocurrent ~ газификация в спутных потоках
complete ~ полная газификация, безостаточная газификация
fluidized ~ газификация (*твёрдого топлива*) в псевдоожиженном слое
in-situ ~ подземная газификация

oil ~ газификация нефти; газификация жидких нефтепродуктов
petroleum ~ газификация нефти
underground ~ подземная газификация
gasifier газообразователь; газогенератор; газификатор
coal-dust ~ реактор для газификации угольной пыли
entrained flow ~ газогенератор с газификацией в потоке
entrainment-type ~ газогенератор с газификацией в потоке
fixed-bed ~ газогенератор с фиксированным слоем
fluidized-bed ~ газогенератор с псевдоожиженным слоем
Lurgi ~ газификатор Лурги
moving-bed ~ газогенератор с подвижным слоем
pressurized ~ газогенератор под давлением
gasify газифицировать; превращать в газ; образовывать газ
gasket уплотнительная прокладка
asbestos ~ асбестовая прокладка
coupling ~ уплотнение трубопроводного соединения
lead ~ свинцовая прокладка
octagonal ring ~ кольцевая прокладка восьмигранного сечения
oval ring ~ кольцевая прокладка овального сечения
ring ~ кольцеобразная прокладка
gaslift 1. газлифт; газовый подъёмник ‖ газлифтный 2. газлифт (*давление газа, заставляющее скважину фонтанировать*) 3. газлифтная эксплуатация 4. камера газлифтного клапана
air ~ эргазлифт

artificial ~ искусственный газлифт
chamber ~ камерный газлифт
combination ~ комбинированный газлифт
compressor ~ компрессорный газлифт, компрессорный газовый подъёмник
continuous ~ непрерывный газлифт
initial production ~ начальный дебит при газлифте
intermittent ~ периодический газлифт, перемежающийся газлифт
intrawell ~ внутрискважинный газлифт
natural ~ естественный газлифт
natural pressure ~ бескомпрессорный газлифт
noncompressor ~ бескомпрессорный газлифт
periodic ~ периодический газлифт
rotation ~ газлифт, при котором для нагнетания в скважину применяется добываемый из скважины газ
straight ~ непрерывный газлифт; бескомпрессорный газлифт, бескомпрессорный газовый подъёмник

gasmain газопровод
coke ~ газопровод коксового газа
coke-side ~ газосборник коксовой стороны
collecting ~ 1. сборный газопровод 2. газосборник
interdepartment ~ межцеховой газопровод
interplant ~ внутрицеховой газопровод
pusher-side ~ газосборник машинной стороны

gasohol бензоспирт *(бензин с добавлением спирта)*

gasol газоль *(сжиженный нефтяной газ)*

gasoline 1. бензин ‖ бензиновый 2. общее название ряда лёгких дистиллятов нефти 3. соответствующий *(по пределам выкипания)* бензиновой фракции
absorption ~ бензин, полученный абсорбционным способом
adsorption ~ бензин, полученный адсорбционным методом
aircraft motor ~ авиационный бензин
alkylation ~ алкилатный бензин *(на основе продукта алкилирования изобутана низшими алкенами)*
all-purpose ~ универсальный бензин
altitude-grade ~ авиационный бензин для высотных полётов
antiknock ~ высокооктановый бензин
aviation ~ авиационный бензин
balanced ~ бензин уравновешенного фракционного состава
base ~ базовый бензин
blended ~ 1. компаундированный бензин *(напр. смесь газового и прямогонного бензинов)* 2. этилированный бензин
blue ~ этилированный бензин
blue aviation ~ этилированный авиационный бензин *(подкрашенный в голубой цвет)*
bonus ~ бензин высшего качества
brown ~ тёмноокрашенный бензин *(до сероочистки и удаления окрашивающих примесей)*
casing-head ~ промысловый газовый бензин, природный газовый бензин
catalytic ~ каталитический бензин, бензин каталитического крекинга

gasoline

catalytically cracked ~ каталитический бензин, бензин каталитического крекинга
clear ~ 1. бензин, не содержащий добавки антидетонатора 2. неэтилированный бензин
climatic ~ сезонный бензин
combat ~ армейский сорт бензина
commercial ~ товарный бензин
compression plant ~ компрессорный бензин (*полученный компримированием жирного нефтяного газа*)
compression process ~ компрессорный бензин (*полученный компримированием жирного нефтяного газа*)
conservation ~ бензин, полученный на утилизационной установке
cracked ~ крекинг-бензин
cracked clear ~ неэтилированный крекинг-бензин
cracked leaded ~ этилированный крекинг-бензин
debutanized ~ 1. дебутанизированный бензин 2. стабилизированный бензин
desert-grade ~ бензин для пустынных районов
distilled ~ бензин прямой перегонки
drip ~ 1. бензин, получаемый сепарацией из природного газа 2. бензин, получаемый из конденсатной ловушки промыслового трубопровода; ловушечный бензин
dry cleaning ~ бензин для сухой химической чистки
dyed ~ 1. окрашенный бензин 2. этилированный бензин
end-point ~ бензин с заданным концом кипения
ethyl ~ этилированный бензин; бензин с присадкой тетраэтилсвинца

fighting grade ~ авиационный бензин для истребителей
flash ~ 1. природный бензин 2. бензиновые фракции, выделяющиеся из нефти без её нагрева
ground ~ бензин для наземных транспортных средств
highly cracked ~ глубококрекированный бензин, бензин глубокого крекинга
house-brand ~ рядовой сорт бензин
lead-free ~ бензин, не содержащий свинца
low-bracket ~ низкооктановый бензин
low-octane ~ низкооктановый бензин
low-rank ~ низкосортный бензин
low-test ~ низкосортный бензин
lubricated ~ бензин с добавкой смазочного масла
middle-bracket ~ автомобильный бензин со средним октановым числом
motor ~ автомобильный бензин
naphthenic-type ~ 1. бензин с высоким содержанием нафтенов 2. бензин из нефти нафтенового основания
natural ~ газоконденсатный бензин; газовый бензин (*получаемый в промысловом сепараторе или абсорбционной установке из нефтяного газа*)
natural gas ~ газовый бензин (*получаемый в промысловом сепараторе или абсорбционной установке из нефтяного газа*)
Navy ~ бензин, поставляемый военно-морскому флоту (*торговая категория*)
off-color ~ некондиционный по цвету бензин; пожелтевший бензин

oil-diluent ~ бензин для разжижения масла
partially stabilized ~ частично стабилизированный бензин
polymerization ~ полимерный бензин
pool ~ компаундированный бензин
premium ~ бензин с октановым числом не менее 87,2 *(по моторному методу)*
premium grade ~ бензин высшего сорта
primary training ~ авиационный бензин для учебных самолетов первой ступени обучения
Q-grade ~ бензин стандартного качества
raw natural ~ нестабилизированный газовый бензин
reference ~ эталонный бензин
reformed ~ реформированный бензин; бензин, подвергнутый процессу реформинга
regular ~ бензин с октановым числом не менее 82 *(по моторному методу)*
regular grade ~ бензин стандартного качества
regular motor ~ моторный бензин стандартного качества
resin-free ~ бензин, не содержащий смол
solidified ~ отверждённый бензин *(вазелинообразная смесь бензина с мылом стеариновой кислоты)*
sour ~ 1. неочищенный бензин *(содержащий серу)* 2. бензин, не выдержавший докторской пробы 3. бензин, обработанный кислотой *(до последующей нейтрализации его щёлочью)*
specification ~ бензин, изготовленный по техническим условиям
spring-and-fall grade ~ весенне-осенний сорт бензина
stable ~ стабильный *(к окислению)* бензин
starting ~ пусковой бензин
stove ~ бензин для отопительных приборов
straight-leaded ~ этилированный бензин прямой перегонки
straight-run clear ~ неэтилированный бензин прямой перегонки
summer ~ летний сорт бензина
supercombat ~ авиационный бензин 115/145
sweet ~ 1. бензин, не содержащий активной серы 2. дезодорированный бензин 3. бензин, выдержавший докторскую пробу
sweet-smelling ~ 1. дезодорированный бензин 2. бензин, лишённый меркаптанового запаха; бензин, очищенный от меркаптанов
ten-pounds ~ бензин с кондиционированной испаряемостью
thermal ~ бензин, полученный путём термического крекинга
thickened ~ отверждённый бензин
top-bracket ~ высокооктановый бензин
treated ~ 1. очищенный бензин 2. этилированный бензин
ultimate ~ высококачественный бензин
unbalanced ~ некондиционный *(по фракционному составу)* бензин
unblended ~ 1. некомпаундированный бензин; бензин, не содержащий присадок 2. неэтилированный бензин
undyed ~ неокрашенный бензин, неподкрашенный бензин

unleaded ~ неэтилированный бензин
untreated ~ 1. неочищенный бензин 2. неэтилированный бензин
wild natural ~ нестабилизированный газовый бензин, газовый бензин с высоким содержанием пропана и бутана
gasoline-proof 1. бензиностойкий, стойкий к бензину 2. не растворяющийся в бензине (*о консистентной смазке*) 3. не разбухающий в бензине (*об эластомерах*)
gasometer газометр; газовый счётчик; газомер
  diaphragm ~ диафрагменный газометр
  glass ~ стеклянный газометр
  impeller ~ крыльчатый газометр
  proportional ~ пропорциональный газовый счётчик
gasometry газометрия
gas-polluted загазованный
gas-producer 1. газогенератор 2. скважина, дающая газ
gas-proof газонепроницаемый, защищённый от газа; газобезопасный; газостойкий
gas-resistant газостойкий, газоупорный
gas-sand газопесчаный
gas-saturated газонасыщенный (*о породе*)
gassed газированный (*о жидкости или буровом растворе*)
gasser 1. газовая скважина 2. газовый фонтан
gassing 1. выделение газа; газообразование 2. отравление газом
gassy 1. газосодержащий; газоносный 2. насыщенный газом; наполненный газом 3. газообразный 4. газированный
gas-tight газонепроницаемый, защищённый от газа; газобезопасный; герметичный

gas-works газовый завод
  coke ~ коксогазовый завод
gatch гач (*неочищенный парафин*)
gate 1. затвор; заслонка; задвижка; шибер; вентиль; запорный элемент (*клапана*); клапан 2. подъёмный щит (*в системе ям для слива нефти*)
  automatic ~ автоматический затвор
  balanced stem ~ задвижка с уравновешенным штоком
  blow-off ~ спускная задвижка
  bottom ~ донный затвор (*бункера*)
  bulkhead ~ глубинный плоский затвор
  butterfly ~ поворотный затвор
  bypass ~ задвижка байпаса
  cellar control ~ задвижка с регулировкой величины открытия плашек (*устанавливаемая в скважине*)
  deep ~ глубинный затвор
  deflecting ~ отклоняющая заслонка
  discharge ~ 1. задвижка на выкиде насоса 2. задвижка на напорном трубопроводе
  distributing ~ распределительная задвижка
  double-wedge ~ двухдисковая клиновая задвижка
  drum ~ секторный затвор
  emergency ~ аварийный затвор
  flange end ~ задвижка с фланцами на боковых отводах
  flap ~ клапанный затвор
  fly ~ перекидной клапан; затвор
  high-pressure ~ задвижка высокого давления
  hydraulic ~ гидравлическая задвижка; гидравлический затвор
  main pipeline ~ линейная задвижка магистрального трубопровода

gathering

master ~ фонтанная задвижка
master control ~ фонтанная задвижка
nonrising stem ~ задвижка с невыдвижным шпинделем
production ~ эксплуатационная задвижка
proportioning ~ дозирующий шибер
quick-opening ~ быстродействующая задвижка
regulating ~ регулировочный шибер
Shaffer cellar control ~ противовыбросовый превентор Шаффера
shutoff ~ запорный шибер
slide ~ 1. скользящий плоский затвор 2. шибер, шиберный затвор
solid wedge ~ задвижка с цельным клином
split wedge ~ задвижка с разъёмным клином
subsea production ~ подводная эксплуатационная задвижка
tubing lubricator ~ гидравлическая задвижка насосно-компрессорной колонны
underwater ~ подводная задвижка
wedge ~ клиновая задвижка
gather монтаж сейсмических трасс; выборка записей; компоновка записей; сейсмограмма
   common-geophone ~ сейсмограмма общей глубинной площадки
   common-midpoint ~ сейсмограмма общей средней точки
   common-offset ~ компоновка записей равноудалённых сейсмоприёмников
   common-range ~ компоновка записей равноудалённых сейсмоприёмников
   common-receiver ~ сейсмограмма общей глубинной площадки
   common-shot ~ сейсмограмма общего пункта взрыва
   common-source ~ сейсмограмма общего пункта взрыва
   compressional-wave ~ сейсмограмма продольных волн
   constant angle ~ сейсмограмма плоских волн
   depth point ~ сейсмограмма общей глубинной точки
   field ~ полевая сейсмограмма
   migrated ~ мигрированная сейсмограмма
   near-trace ~ короткий корреляционный ряд (*монтаж трасс, составленный по записям каналов, ближайших к пункту взрыва*)
   shear-wave ~ сейсмограмма поперечных волн
   synthetic ~ синтетическая сейсмограмма
   trace ~ монтаж сейсмических трасс
   visualized ~ воспроизведённая сейсмограмма
gathering 1. сбор 2. *сейсм.* сортировка
   ~ **of gas** сбор газа (*на нефтепромысле*)
   ~ **of oil** сбор нефти
   areal ~ **of oil and petroleum gas** участковый сбор нефти и нефтяного газа
   centralized one-line ~ **of oil and petroleum gas** централизованный однотрубный сбор нефти и нефтяного газа
   field ~ **of oil and petroleum gas** промысловый сбор нефти и нефтяного газа
   gas ~ сбор газа
   gas-tight ~ **of oil and petroleum gas** герметизированный сбор нефти и нефтяного газа
   gravity oil ~ самотёчный сбор нефти

oil-and-gas ~ under pressure герметизированный сбор нефти и газа
oil-and-petroleum gas ~ сбор нефти и нефтяного газа
one-line ~ of oil and petroleum gas однотрубный сбор нефти и нефтяного газа
one-main ~ of oil and petroleum gas однотрубный сбор нефти и нефтяного газа
pressure-sealed ~ герметизированный сбор *(нефти и нефтяного газа)*
pressurized ~ герметизированный сбор *(нефти и нефтяного газа)*
separate ~ of oil and petroleum gas двухтрубный сбор нефти и нефтяного газа
two-line ~ of oil and petroleum gas двухтрубный сбор нефти и нефтяного газа
two-main ~ of oil and petroleum gas двухтрубный сбор нефти и нефтяного газа
well-center ~ of oil and petroleum gas централизованный однотрубный сбор нефти и нефтяного газа
well-stream ~ сбор продукции скважин
gear 1. механизм; устройство; установка **2.** оборудование; аппаратура **3.** зубчатая передача
adjusting ~ установочный механизм; регулирующий механизм
backup ~ шестерня обратной подачи *(винтового вращателя)*
belt ~ ремённая подача; приводной ремень
blasting ~ оборудование для взрывных работ
blocking chain reducing ~ блокирующий цепной редуктор *(буровой установки)*

bottomhole bit feeding ~ забойный механизм подачи долота
casing rotary ring ~ трубоподъёмное устройство, работающее на принципе расхаживания колонны труб с одновременным поворотом до 30°
checkout ~ контрольно-поверочное оборудование
chevron ~ шевронное зубчатое колесо
cone friction ~ коническая фрикционная передача
differential ~ 1. компенсатор, уравнитель **2.** дифференциальная передача
differential reversing ~ реверсивная передача коническими зубчатками
distributing reduction ~ раздаточный редуктор *(буровой установки)*
double ~ двойная зубчатая передача
drill head drive ~ ведущая шестерня вращателя
drive ~ ведущая шестерня
electrical downhole motor reduction ~ редуктор электровращательного забойного двигателя
emergency ~ аварийное оборудование
flowmeter differential ~ компенсатор расходомера
friction ~ фрикционная передача
friction bevel ~ коническое фрикционное колесо
head ~ буровой станок, буровая вышка
herringbone ~ шевронное зубчатое колесо, шевронная зубчатая передача
high-feed ~ шестерня быстрой подачи *(винтового вращателя)*
hoist ~ механизм коробки скоростей лебёдки

hoisting ~ подъёмное оборудование
hydraulic screw downhole motor reduction ~ редуктор гидровинтового забойного двигателя
hydroturbine downhole motor reduction ~ редуктор гидротурбинного забойного двигателя
induction logging ~ устройство для индукционного каротажа
lifting ~ подъёмный механизм
low-feed ~ шестерня медленной подачи винтового вращателя
miter ~ коническая шестерня
oil ~ гидравлический привод; гидравлическая передача
planetary ~ планетарная передача; планетарная шестерня; планетарный зубчатый механизм
pumping unit reducing ~ редукционная передача станка-качалки
ratchet ~ храповой механизм
reduction ~ редукционная передача
reversing ~ реверсивный механизм, механизм перемены направления движения; переходное устройство *(в трубопроводах)*
ring ~ коронная шестерня; зубчатое колесо с внутренним зацеплением
safety ~ предохранительное устройство
screw ~ винтовая передача; червячная передача
spiral ~ 1. червячная передача **2.** геликоидальная шестерня
sprocket ~ цепная передача
spur ~ 1. цилиндрическое зубчатое колесо **2.** цилиндрическая зубчатая передача
tension adjusting ~ приспособление для регулирования натяжения
test ~ испытательная аппаратура

tooth ~ зубчатая передача
V-~ шевронная шестерня
valve actuating ~ 1. клапанный привод **2.** клапанный механизм
wash-boring ~ оборудование для гидравлического бурения
winch driving ~ передаточный механизм лебёдки
worm ~ червячная передача
gearing зубчатая передача
bevel ~ коническая зубчатая передача
toothed ~ зубчатая передача
Gel Air *фирм.* анионный вспенивающий агент для бурения с очисткой забоя воздухом
Gel Con *фирм.* смесь неорганических материалов и органических полимеров для регулирования вязкости и фильтрационных свойств буровых растворов с низким содержанием твёрдой фазы
Gel Flake *фирм.* целлофановая стружка *(нейтральный наполнитель для борьбы с поглощением бурового раствора)*
Gel Foom *фирм.* гранулированный материал из пластмассы *(нейтральный наполнитель для борьбы с поглощением бурового раствора)*
gel гель; гелевая структура ◊ **~ initial** начальное статистическое напряжение сдвига бурового раствора; **to set up into a stiff ~** схватываться с образованием плотного геля
aqueous ~ водный гель
flat ~ быстро формирующаяся гелевая структура
fuel oil gas bubble sensitized water ~ водно-гелевое взрывчатое вещество с добавлением топливного масла, сенсибилизированное микропузырьками газа

gel

high ~ высокопрочная гелевая структура
hydrocarbon ~ углеводородный гель, гидрогель
silica ~ силикатный гель
strong ~ высокопрочная гелевая структура
weak ~ малопрочная гелевая структура
zero-zero ~ раствор с нулевым предельным статическим напряжением сдвига

gelatin 1. желатин 2. нитроглицериновое взрывчатое вещество
blasting ~ гремучий студень, желатин-динамит
explosive ~ гремучий студень, желатин-динамит

gelation 1. образование геля; загустевание *(превращение в гель)* 2. структурообразование *(бурового раствора)*
high-temperature ~ загустевание при высокой температуре
oil ~ загустевание нефти

gel-cement гельцемент *(с добавкой бентонита)*
weighted ~ утяжелённый гельцемент

gel-forming структурообразующий *(о компоненте бурового раствора)*

gellant огеливающий агент

gelling 1. образование геля; загустевание *(превращение в гель)* 2. структурообразование *(бурового раствора)*

Geltone *фирм.* реагент-структурообразователь для буровых растворов на углеводородной основе

generate возбуждать, генерировать *(напр. сейсмическую волну)*

generation производство, создание, образование; выработка; формирование

~ of fractures генерация трещин
~ of microfractures образование микротрещин
~ of openings генерация трещин
~ of seismic waves излучение сейсмических волн
gas ~ образование газа
gas bubble ~ образование газовых пузырьков
multiple ~ *сейсм.* образование кратных волн
putrefactive ~ of oil образование нефти гнилостным разложением
P-wave ~ *сейсм.* возбуждение продольных волн
wave ~ by explosion возбуждение сейсмических волн взрывом

generator генератор
borehole neutron ~ скважинный генератор нейтронов
foam ~ пеногенератор
gas ~ газогенератор
hypochlorite ~ генератор гипохлорита *(для хлорирования морской воды, применяемой для заводнения коллектора)*
marine seismic ~ морской источник сейсмических сигналов
producer gas ~ газогенератор
seismic ~ источник сейсмических сигналов; сейсмический генератор
seismic-wave ~ источник сейсмических волн
steam-gas ~ парогазогенератор

generatrix of tank образующая стенка резервуара

genesis генезис, происхождение
~ of sediment генезис осадочной породы
~ of oil генезис нефти, происхождение нефти

geoanticline геоантиклиналь

geochemistry геохимия
~ of deep shales геохимия глубинных сланцев
~ of oil area геохимия нефтяных месторождений
~ of oil field геохимия нефтяных месторождений
~ of sandstones геохимия песчаников
~ of stratal water геохимия газов пластовых вод
caustobiolith ~ геохимия каустобиолитов
natural gas ~ геохимия природных газов
petroleum ~ геохимия нефти
Geodip *фирм.* программа Геодип *(для обработки данных наклонометрии на ЭВМ)*
geoelectrics геофизическая электроразведка
geoexploration 1. геофизическая разведка; разведочная геофизика 2. геологическая разведка; разведочная геология
Geoflex *фирм.* геофлекс *(источник сейсмических волн в виде заглублённого детонирующего шнура)*
Geograph *фирм.* географ *(источник сейсмических волн с падающим грузом)*
Geolock *фирм.* геолок *(скважинный сейсмический зонд)*
geologist геолог
exploration ~ геолог-разведчик
field ~ полевой геолог
oil-field ~ нефтепромысловый геолог
petroleum ~ геолог-нефтяник
regional ~ районный геолог
geologize определять перспективность района *(для поисков нефти или газа)*
Geolograph *фирм.* прибор для механического каротажа *(регистрирует механическую скорость бурения и время остановок)*

geology 1. геология *(наука)* 2. геология, геологическое строение
~ of continental margins геология континентальных окраин
~ of mineral resources геология полезных ископаемых
~ of petroleum геология нефти
~ of sea морская геология
applied ~ прикладная геология
applied mining ~ горнопромышленная геология
areal ~ региональная геология
caustobiolith ~ геология каустобиолитов
engineering ~ инженерная геология
economical ~ экономическая геология
expected ~ предполагаемое геологическое строение
exploration ~ поисковая геология
local ~ локальная геология
marine ~ морская геология
oil ~ геология нефти
oil-and-gas ~ геология нефти и газа
oil-field ~ нефтепромысловая геология
petroleum ~ геология нефти
physical ~ физическая геология
practical ~ прикладная геология
regional ~ региональная геология
satellite ~ спутниковая геология
sedimentary ~ геология осадочных пород
space ~ космическая геология
structural ~ структурная геология
submarine ~ морская геология
subsurface ~ подземная геология; геологическое строение разреза
surface ~ геология поверхности

tectonic ~ структурная геология, тектоника, тектоническая геология
uniform ~ однородное геологическое строение
geomagnetic магниторазведка
  airborne ~ аэромагниторазведка
geometry геометрия; конфигурация, форма
  ~ **of drilling bit** геометрия бурового долота
  ~ **of flow** геометрия потока
  ~ **of formation** форма пласта, геометрия пласта
  ~ **of pore space** геометрия порового пространства
  ~ **of reservoir** форма *(нефтяного или газового)* месторождения
  ~ **of void space** геометрия порового пространства
  array ~ *сейсм.* геометрия расстановки
  bed ~ геометрия пласта
  bit ~ гометрия бурового долота, геометрия буровой коронки
  cone ~ геометрия шарошки
  drilling bit blade ~ геометрия лопасти бурового долота
  drilling bit tooth ~ геометрия зуба бурового долота
  field ~ геометрия месторождения
  formation ~ геометрия пласта
  hole ~ форма скважины
  irregular hole ~ неправильная форма скважины
  packing ~ структура *(размеры и форма)* элементов насадки *(ректификационной колонны)*
  pore ~ геометрия порового пространства
  ray-path ~ *сейсм.* геометрия луча
  seismic ray ~ геометрия луча сейсмической волны
  shooting ~ *сейсм.* геометрия наблюдений
  source-receiver ~ *сейсм.* геометрия наблюдений
  spread ~ *сейсм.* конфигурация системы наблюдений
  well ~ геометрия скважины
geophone сейсмоприёмник
  adjacent ~s соседние сейсмоприёмники
  auxiliary ~ вспомогательный сейсмоприёмник
  borehole ~ скважинный сейсмоприёмник
  buried ~ заглублённый сейсмоприёмник
  calibrated ~ калиброванный сейсмоприёмник
  common ~ сейсмоприёмник в области перекрытий *(при последовательных измерениях)*
  completely buried ~ полностью заглублённый сейсмоприёмник
  connected ~s соединённые *(друг с другом)* сейсмоприёмники
  damped ~ затушённый сейсмоприёмник
  dead ~ неприсоединённый *(к сейсмической косе)* сейсмоприёмник
  digital ~ цифровой сейсмоприёмник
  digital grade ~ цифровой сейсмоприёмник *(преобразующий сигнал в цифровой код)*
  digital grade long travel ~ цифровой сейсмоприёмник с усилителем *(преобразующий сигнал в цифровой код)*
  distant ~ удалённый сейсмоприёмник
  distributed ~s распределённые сейсмоприёмники
  downdip ~ сейсмоприёмник, размещённый в направлении падения
  dynamic ~ электродинамический сейсмоприёмник

geophone

electrical ~ 1. электродинамический сейсмоприёмник 2. электромагнитный сейсмоприёмник
electrodynamic ~ электродинамический сейсмоприёмник
end ~ концевой сейсмоприёмник, последний сейсмоприёмник
high-frequency ~ высокочастотный сейсмоприёмник
high-output ~ высокочувствительный сейсмоприёмник
high-resolution ~ сейсмоприёмник с высокой разрешающей способностью
horizontal ~ горизонтальный сейсмоприёмник
horizontal component ~ горизонтальный сейсмоприёмник
horizontal radial motion ~ горизонтальный сейсмоприёмник продольных волн
horizontal transverse motion ~ горизонтальный сейсмоприёмник поперечных волн
humbucking ~ сейсмоприёмник с двумя катушками (*нормальной и инверсной*)
individual ~ отдельный сейсмоприёмник
jug ~ сейсмоприёмник
land ~ наземный сейсмоприёмник; сейсмоприёмник для работ на суше
land-and-borehole ~ сейсмоприёмник для полевых и скважинных работ
live ~ действующий сейсмоприёмник
longitudinally polarized ~ сейсмоприёмник продольных волн
low-frequency ~ низкочастотный сейсмоприёмник
marsh ~ сейсмоприёмник для работ на болотах
matched ~s согласованные сейсмоприёмники
miniature ~ миниатюрный сейсмоприёмник
motion-sensitive ~ сейсмоприёмник
moving-armature ~ электромагнитный сейсмоприёмник
moving-coil ~ электродинамический сейсмоприёмник
moving-conductor ~ электродинамический сейсмоприёмник
multiple ~s группа сейсмоприёмников (*напр. на входе одного канала*)
nearest ~ ближайший к источнику сейсмоприёмник
normal-wound ~ сейсмоприёмник с обычной намоткой катушки
offset ~ смещённый от источника сейсмоприёмник
oriented ~ ориентированный сейсмоприёмник
partially buried ~ частично заглублённый сейсмоприёмник
pickup ~ сейсмоприёмник
piezoelectrical ~ пьезоэлектрический сейсмоприёмник
planted ~ система сейсмоприёмник–грунт
polarized ~ поляризованный сейсмоприёмник
pressure-sensitive ~ сейсмоприёмник давления
reference ~ эталонный сейсмоприёмник
reflection ~ сейсмоприёмник для метода отражённых волн
refraction ~ сейсмоприёмник для метода преломлённых волн
responsive ~ чувствительный сейсмоприёмник
reverse-wound ~ сейсмоприёмник с противоположно навитыми катушками (*для защиты от электромагнитных наводок*)
self-orienting ~ самоориентирующийся сейсмоприёмник

geophone

sensitive ~ чувствительный сейсмоприёмник
side-wall clamped ~ скважинный сейсмоприёмник прижимного типа
single ~ отдельный сейсмоприёмник
single-coil ~ электродинамический сейсмоприёмник с одной катушкой
spaced ~s разнесённые сейсмоприёмники
standard ~ стандартный сейсмоприёмник
stationary ~ постоянно действующий сейсмоприёмник
subminiature ~ миниатюрный сейсмоприёмник
successive ~s последовательные сейсмоприёмники *(в системе наблюдений)*
three-component ~ трёхкомпонентный сейсмоприёмник
three-directional ~ трёхкомпонентный сейсмоприёмник
three-mode ~ сейсмоприёмник, регистрирующий смещение, скорость смещения и ускорение
tie ~ сейсмоприёмник в области перекрытий *(при последовательных измерениях)*
underdumped ~ слабо затушённый сейсмоприёмник
uniformly placed ~s равномерно расставленные сейсмоприёмники
uniformly spaced ~s равномерно расставленные сейсмоприёмники
updip ~ сейсмоприёмник, установленный в направлении восстания
uphole ~ сейсмоприёмник, установленный возле устья скважины
variable-reluctance ~ сейсмоприёмник с переменным магнитным сопротивлением
velocity ~ сейсмоприёмник-велосиметр
vertical ~ вертикальный сейсмоприёмник
vertical component ~ вертикальный сейсмоприёмник
vertical motion ~ сейсмоприёмник вертикальных движений
vertically spaced ~ сейсмоприёмники, расставленные по вертикали
well ~ скважинный сейсмоприёмник
wideband ~ широкополосный сейсмоприёмник
geophysicist геофизик, инженер-геофизик
exploration ~ геофизик-разведчик
geophysics геофизика
applied ~ прикладная геофизика
borehole ~ скважинная геофизика, геофизические исследования в скважинах
crossborehole ~ межскважинная геофизика
crosshole ~ межскважинная геофизика
crosswell ~ межскважинная геофизика
development ~ промысловая геофизика
engineering ~ инженерная геофизика
exploration ~ разведочная геофизика
field ~ полевая геофизика
ground ~ наземная геофизика
integrated ~ комплексное геофизическое исследование
marine ~ морская геофизика
petroleum ~ нефтяная геофизика, нефтепромысловая геофизика
reflection ~ сейсмическая разведка методом отражённых волн

refraction ~ сейсмическая разведка методом преломлённых волн
structural ~ структурная геофизика
submarine ~ морская геофизика
geosyncline геосинклиналь
rift ~ рифтовая геосинклиналь
geotectocline геотектоклиналь
geotector сейсмоприёмник
geronimo устройство для аварийного спуска верхового рабочего с полатей
get: ◊ to ~ a ball on налипать на буровой снаряд (*о глинистом сальнике*); to ~ a bone *разг.* бурить в крепкой породе; to ~ it kellied *разг.* заканчивать работу на буровой вышке; to ~ out of control начинать выброс; фонтанировать (*о скважине*); to ~ stuck быть прихваченным в скважине (*об инструменте*); to ~ under ликвидировать
geyser скважина, выбрасывающая воду (*чистую или с небольшой примесью нефти*)
ghost *сейсм.* волна-спутник
compressional ~ продольная волна-спутник
correlation ~ корреляционный шум (*специфическая волна-помеха, возникающая при корреляционной обработке с использованием свипирования*)
surface ~ волна-спутник, обусловленная поверхностью
ghosting *сейсм.* образование волн-спутников
giant гидромонитор
hydraulic ~ гидромонитор
gilsonite гильсонит (*твёрдый углеводородный материал; блестящая хрупкая разновидность асфальтита*)

globule

girder 1. балка; брус (*стальной*); перекладина; опора 2. пояс крепления (*буровой вышки*)
beam ~ балочная ферма
box ~ коробчатая балка; пустотелая балка
lattice ~ решётчатая ферма
main ~ главная ферма
table T-~ тавровая балка
trussed ~ сквозная ферма
girt:
cross bar ~ поперечный брус
girth пояс буровой вышки; распорка; перемычка; продольная балка; прогон
gland сальник
hydraulic packing ~ гидравлический уплотнительный сальник (*лубрикатора*)
packing ~ манжета сальника; набивной сальник
sealing ~ уплотнительная набивка; сальниковая набивка
stuffing box ~ нажимная втулка сальника, крышка сальника
glass стекло
gage ~ 1. нефтемерное стекло 2. указатель уровня
glazing of diamond заполировывание алмазов (*при бурении мелкоалмазными коронками в крепких тонкозернистых породах*)
glide:
bedding ~ надвиг по напластованию
globe:
female-to-female ~ шаровой клапан с раструбами на обоих концах
globule сферическая частица, глобула, шарик
~s of oil in emulsion капельки нефти в эмульсии
insular ~s изолированные капельки (*нефти в воде*)

489

go 1. работать; действовать, функционировать **2.** быть годным ‖ годный ◊ **on the ~** в рабочем состоянии, в исправном состоянии; **to be ~** работать безотказно; **to ~ dead** прекратить фонтанирование (*о скважине*); **to ~ fishing** вести ловильные работы; **to ~ fut 1.** испортиться; сломаться **2.** выходить из строя; **to ~ in blind** намечать точку заложения скважины наугад; **to ~ into hole** спускать (*инструмент, трубы*) в скважину; **to keep on the ~** обеспечивать работоспособное состояние; **to ~ off** переставать выдавать нефть (*о скважине*); **to ~ out of gear** испортиться; быть в неисправном состоянии; **to ~ out of order** испортиться; быть в неисправном состоянии; **to ~ wild** сильно фонтанировать (*о скважине, которую не удаётся закрыть*)

goal 1. цель **2.** заданная величина; заданный показатель; требуемый уровень
  ~ of exploration разведочная задача
  availability ~ заданный показатель готовности; требуемый уровень готовности; заданная готовность
  maintainability ~ заданный показатель ремонтопригодности; требуемый уровень ремонтопригодности
  reliability ~ заданный показатель надёжности; требуемый уровень надёжности; заданная безотказность

go-devil 1. приспособление, сбрасываемое в скважину (*для разрушения диафрагмы, открытия клапана или взрыва скважинного заряда*) **2.** скребок для чистки трубопроводов
  pipe ~ скребок для чистки труб
  radioactive isotope equipped ~ трубопроводный скребок с радиоактивным элементом (*для прослеживания пути скребка в трубопроводе*)

going: ◊ **in ~** при спуске инструмента (*в скважину*); **~ in hole** спуск бурового инструмента в скважину; **~ out of hole** подъём бурового инструмента из скважины

going-in спуск (*инструмента в скважину*) ‖ спускаемый в скважину (*об инструменте*)

going-off отклонившийся (*о стволе скважины*)

goniometer гониометр

goods 1. товары; изделия **2.** груз **3.** материалы
  drill ~ буровые алмазы
  oil country tubular ~ трубы, применяемые в нефтяной промышленности; трубы нефтепромыслового сортамента
  tubular ~ 1. трубные изделия; трубная арматура **2.** трубы, применяемые в нефтяной промышленности; трубы нефтепромыслового сортамента

go-off 1. прекращение добычи (*нефти из скважины*) **2.** взрываться; выстреливать
  production ~ прекращение добычи

gooseneck S-образное колено трубы
  ascension-pipe ~ колено стояка
  riser ~ колено стояка (*в буровой вышке*)
  swivel ~ горловина бурового вертлюга

gopher вести бессистемную разведку недр; хищнически разрабатывать недра

goslin небольшой передвижной насос (*для роторного бурения*)

gouge 1. полукруглое долото ‖ долбить долотом 2. заполнение трещин *(твёрдым или мягким материалом)*
   auger ~ ложечное долото
   firmer ~ плоское долото
   fluting ~ желобчатое долото
   spoon ~ ложечное долото
governor регулятор
   overspeed ~ 1. регулятор скорости вращения 2. центробежный регулятор
   pressure ~ регулятор давления
   pump ~ регулятор насоса
grab ловильный инструмент; захват; грейфер; захватывающее приспособление; захватное устройство; ловитель инструмента ‖ захватывать
   air-operated ~ пневматический грейфер
   alligator ~ ловильные двухлапые клещи
   automatic ~ самозахватывающий грейфер
   bailer ~ желоночный шлипс; вилка с защёлкой для ловли желонки *(оставшейся в скважине)*
   cactus ~ многочелюстной грейфер
   casing ~ ловитель для обсадных труб
   collar ~ ловильный инструмент для захвата оставшегося в скважине инструмента за шейку *(при сломанной резьбе)*
   hydraulic ~ гидравлический грейфер
   kelly-guided ~ напорный грейфер на ведущей бурильной трубе
   packer rubber ~ захват для ловли резиновых прокладок пакера
   pickup ~ ловильные клещи для мелких предметов
   pipe ~ ловильный инструмент для труб; трубный захват; трубный подъёмный хомут *(для ловли оставшихся в скважине труб)*
   pneumatic ~ пневматический грейфер
   rope ~ многорогий ёрш для ловли оборванного каната *(в скважине)*
   sand pump ~ крюк для ловли желонки *(оставшейся в скважине)*
   screw ~ ловильный метчик
   three-prong rope ~ трёхрогий ёрш *(для ловли каната)*
   tool ~ ловильный инструмент
   tool joint screw ~ ловильный метчик с направляющей воронкой
   two-prong rope ~ двурогий ёрш *(для ловли каната)*
   valve cup ~ приспособление для ловли манжет насосных клапанов
   whipstock ~ захват для извлечения отклонителя
   wireline rope ~ ловильный ёрш для каната
grabber:
   core ~ 1. керноловка; керноподъёмник *(для извлечения из скважины керна, выпавшего из колонковой трубы)* 2. кернорватель
graben грабен
grabler:
   casing ~ ключ для обсадных труб
gradation of oil densities градация плотностей нефти
grade 1. качество; сорт; марка 2. уклон 3. выравнивать место *(для установки буровой вышки, резервуара)*
   ~ **of diamonds** сорт алмазов
   ~ **of oil** сорт нефти
   ~ **of steel** сорт стали; марка стали

grade
   cement ~ тип цемента
   domestic ~ сорт *(нефтепродукта)* для внутреннего рынка
   mixed ~s смесь различных сортов *(нефтепродуктов)*
   navy ~ флотский сорт *(топлива или смазки)*
   oil ~ сорт нефти
   pipe ~s сортамент труб *(по длине)*
   seasonal ~ сезонный сорт *(нефтепродукта)*
   summer ~ летний сорт *(нефтепродукта)*
   winter ~ зимний сорт *(нефтепродукта)*

gradient градиент
   Delaware ~ градиент увеличения сопротивлений *(на кривой бокового каротажа под мощным пластом высокого сопротивления)*
   drilling mud pressure ~ градиент давления бурового раствора
   equivalent fracture ~ эквивалентный градиент гидравлического разрыва пласта
   flowing pressure ~ градиент давления при движении жидкости *(в пласте или подъёмных трубах)*
   formation fracture ~ градиент разрыва пласта
   formation pressure ~ градиент пластового давления
   fracture ~ градиент давления гидравлического разрыва *(пласта)*
   gas saturation ~ градиент газонасыщенности
   heavy ~ крутой уклон
   high-resistivity ~ градиент увеличения сопротивления
   horizontal velocity ~ *сейсм.* горизонтальный градиент скорости
   lateral velocity ~ *сейсм.* боковой градиент скорости
   mud-pressure ~ градиент давления бурового раствора
   pressure ~ перепад давления; градиент давления
   regional velocity ~ *сейсм.* региональный градиент скорости
   seismic velocity ~ градиент скорости
   solution gas ~ градиент растворимости газа
   thermal ~ перепад температур; температурный градиент
   velocity-depth ~ *сейсм.* вертикальный градиент скорости
   velocity-distance ~ *сейсм.* горизонтальный градиент скорости
   vertical velocity ~ *сейсм.* вертикальный градиент скорости

grading 1. маркировка *(смазочных масел)* **2.** классификация *(сортов нефти)* **3.** профилирование; нивелирование; планировка *(буровой площадки)*
   average ~ **1.** средний фракционный состав **2.** средний отбор фракций; нормальный отбор фракций; обычный отбор фракций
   dull-bit ~ система классификации сработки долот
   oil ~ классификация нефти
   petroleum ~ классификация нефти
   sand ~ сортировка песков

gradiometer градиентометр
   borehole ~ скважинный градиентометр

Gradiomanometer *фирм.* дифференциальный скважинный манометр *(для измерения плотности скважинных флюидов)*

grahamite грэмит *(разновидность асфальта, встречающаяся в Мексике и на Кубе)*

grain: ◊ **on** ~ по мягкому вектору *(об ориентации алмаза в коронке)*

~ of sand песчинка
diamond ~s мелкие кристаллические алмазы
irregular-shaped ~s зёрна неправильной формы
granular зернистый *(о структуре породы)*
graph 1. график; диаграмма; номограмма; кривая зависимости 2. граф
diagnostic ~ диагностический граф, граф диагностирования
diffraction travel time ~ *сейсм.* годограф дифрагированной волны
failure ~ 1. график интенсивностей отказов 2. граф неисправностей
fault ~ график интенсивностей отказов
oil yield ~ план-график добычи нефти
refracted travel time ~ *сейсм.* годограф преломлённых волн
refraction distance ~ *сейсм.* годограф преломлённых волн
refraction travel time ~ *сейсм.* годограф преломлённых волн
reliability ~ 1. график надёжности; график вероятности безотказной работы 2. граф надёжности
refracted travel-time ~ *сейсм.* годограф преломлённых волн
refraction distance ~ *сейсм.* годограф преломлённых волн
refraction time ~ *сейсм.* годограф преломлённых волн
reliability-flow ~ потоковый граф надёжности
state control ~ график контроля состояния
temperature-gravity ~ график зависимости плотности *(нефтепродукта)* от температуры
time ~ *сейсм.* годограф
time-depth ~ *сейсм.* вертикальный годограф
time-distance ~ *сейсм.* годограф
travel-time ~ *сейсм.* годограф
uphole travel-time ~ *сейсм.* годограф вертикального времени
graphite графит
flaky ~ чешуйчатый графит, пластинчатый графит *(смазочная добавка к буровым растворам)*
graphitizing of diamonds графитизация алмазов *(в результате перегрева при прижоге алмазной буровой коронки)*
grapple крюк; захват, плашка ловильного инструмента; грейфер *(с тремя и более челюстями)* ‖ зацеплять, захватывать; закреплять анкерами
basket ~ корзиночный захват *(ловильного колокола)*
pipe ~ трубный захват *(ловильного колокола)*
spiral ~ спиральный захват *(ловильного колокола)*
wireline ~ ловильный захват для канатов
grasshopper инструмент для выравнивания труб перед сваркой
grating решётчатый настил
gravimeter гравиметр *(прибор для определения плотности)*
borehole ~ скважинный гравиметр
well ~ скважинный гравиметр
gravity 1. плотность 2. сила тяжести 3. серьёзность *(отказа)*
API ~ плотность *(нефтепродукта)* в градусах Американского нефтяного института
Baume ~ плотность *(нефтепродукта)* в градусах Боме
borehole ~ сила тяжести, измеренная в скважине
oil ~ плотность нефти
tank stock specific ~ удельная масса товарной нефти

graze скользить вдоль границы раздела *(о сейсмической волне)*
grazing *сейсм.* скользящее падение *(волны)*
grease тавот; смазка *(консистентная)* ◊ to pack with ~ наполнять смазкой *(подшипник)*; to stuff with ~ наполнять смазкой *(подшипник)*
 all-purpose ~ универсальная консистентная смазка
 anticorrosive ~ противокоррозионная смазка
 graphite ~ графитовая смазка
 joint ~ смазка для резьбовых соединений
 lubricant ~ консистентная смазка
 lubricating ~ консистентная смазка
 rod ~ антивибрационная смазка для штанг
 rope ~ смазка для канатов
 rust ~ противокоррозионная смазка
greasing смазывание *(консистентным смазочным материалом)*
Green Band Clay *фирм.* высокодисперсный бентонитовый глинопорошок
greyhound короткая свеча бурильных труб
grid 1. сетка *(на плане размещения скважин в шахматном порядке)* **2.** масштабная сетка, формат *(каротажной диаграммы)* **3.** сеть *(трубопроводов)* ‖ соединять в сеть **4.** змеевик; батарея
 API log ~ формат каротажных диаграмм Американского нефтяного института
 distribution ~ газораспределительная система
 gas ~ сеть газоснабжения; газораспределительная система
 log ~ масштабная сетка

 pipeline ~ система трубопроводов
 seismic ~ сетка сейсмических профилей
gridiron 1. сеть *(трубопроводов)* **2.** комплект запасных частей и ремонтных инструментов
grill решётчатый настил
grind: ◊ to ~ out определять наличие воды в нефти *(с помощью центрифуги)*
grinder станок для заточки
 bit ~ станок для заточки буров
grinding 1. измельчение, дробление **2.** истирание *(керна при самозаклинивании)*
 valve ~ притирка клапана
grip 1. захват, захватывающее приспособление; захватное устройство; зажим **2.** клещи
 adjuster ~ зажим для насосной штанги
 buffalo ~s приспособление для натягивания оттяжек
 casing ~ хомут для обсадных труб
 dick ~ зажим для насосных тяг
 dixie ~ соединение насосной штанги с коромыслом
 finder ~ скважинный ловильный инструмент
 friction ~ фрикционный зажим
 handle ~ ручка *(бурильного молотка)*
 pipe ~ **1.** шарнирный ключ **2.** трубный ключ **3.** цепной ключ
 slip ~ захват при помощи скользящих плашек
 socketed ~ соединительная муфта с внутренним зажимом
 stringing ~ вращающийся зажим *(каната)*
 wall ~ держатель пробки *(забитой в ликвидированную скважину)*

wire ~ зажим для троса
gripper захватное устройство, захват; клещи
core ~ кернорватель
gripping of pipe tongs захват трубным ключом
gritstone крепкий грубозернистый песчаник
gritty песчаный
groove выемка, желобок *(в стенке скважины)*
~ of pump plunger канавка плунжера насоса
catching ~ 1. захватывающий вырез 2. паз ловильного инструмента
clamp ~ паз для скользящего зажима *(на колонке перфоратора)*
flushing ~ промывочная канавка *(бурового долота)*
key ~ паз для шпонки; шпоночная канавка
mud ~ канавка в долоте *или* коронке *(для прохода бурового раствора)*
notch ~ засечка; паз; надрез
oil ~ смазочная канавка *(в подшипнике)*
packing ~ желобок для набивки
pulley ~ желобок блока; желобок шкива; желобок ролика
sheave ~ желобок блока; желобок шкива; желобок ролика
stress-relief ~ разгрузочная канавка *(на соединительной муфте)*
V-~ жёлоб V-образного сечения
washing ~ промывочная канавка *(бурового долота)*
water ~ промывочная канавка *(алмазной коронки)*
grooving:
spiral ~ образование поперечных бороздок *(на керне)*

ground 1. земля, почва; грунт 2. основание *(сооружения)* 3. участок; площадка ◊ below ~ 1. подземный 2. находящийся в скважине; to ~ the caving предотвращать обвал *(в стволе скважины)*
auger ~ мягкая порода *(в которой бурение производится перфораторными свёрлами)*
bad ~ порода, трудная для бурения *(мягкая, сильно трещиноватая, требующая крепления ствола трубами или цементом)*
blocky ~ глыбовая порода
blue ~ голубая глина
broken ~ 1. разрушенная порода; сильно трещиноватая порода 2. порода, разрушенная взрывом
caving ~ обрушающаяся порода
fractured ~ трещиноватая порода *(пересечённая щелями и трещинами)*
gas-pipe ~ 1. заземление на газовую трубу 2. заземление из газовых труб
horizontally stratified ~ горизонтально-слоистый разрез
layered ~ слоистый разрез
loose ~ несвязанная порода; несцементированная порода; сыпучая порода; обрушенная порода
multilayer ~ многослойный разрез
porous ~ пористая порода
ravelly ~ обломочная порода; обрушающаяся порода
rough ~ сильно трещиноватая порода; разрушенная порода; кавернозная порода
swelling ~ вспучивающаяся порода
transversely isotropic ~ поперечно-изотропный разрез

495

grounding временное прекращение эксплуатации; временное снятие с эксплуатации
group группа, группировка; класс
~ **of strata** группа пластов
adjacent geophone ~s соседние группы сейсмоприёмников
cost estimating ~ группа финансового планирования *(буровых работ)*
customer ~ группа потребителей *(газа)*
distant geophone ~ удалённая группа сейсмоприёмников
end geophone ~ концевая группа сейсмоприёмников, последняя группа сейсмоприёмников
failure ~ категория отказа
geophone ~ группа сейсмоприёмников
linear ~ линейная группа *(сейсмоприёмников)*
maintainability ~ группа технического обслуживания
maintenance advisory ~ консультативная группа по техническому обслуживанию
maintenance-and-supply ~ группа ремонта и снабжения
maintenance assistance ~ вспомогательная группа технического обслуживания
maintenance steering ~ группа руководства техническим обслуживанием
mechanical failures prevention ~ группа предотвращения отказов механического оборудования
multiple seismometer ~ группа с большим числом сейсмоприёмников
nearest geophone ~ ближайшая *(к пункту взрыва)* группа сейсмоприёмников
parts reliability ~ группа обеспечения надёжности деталей
receiver ~ продольная группа *(сейсмоприёмников)*
reliability ~ группа обеспечения надёжности
reliability analysis ~ группа анализа надёжности
reliability control ~ группа проверки надёжности
reliability engineering ~ группа инженерного обеспечения надёжности
reliability research ~ группа исследования надёжности
reliability support ~ группа обеспечения надёжности
reliability test ~ группа контроля надёжности
reliability working ~ рабочая группа по обеспечению надёжности
repair ~ ремонтная группа
requirements advisory ~ консультативная группа по техническим требованиям
safety ~ группа обеспечения безопасности работ
seismic wave ~ группа сейсмических волн
seismometer ~ группа сейсмоприёмников
service ~ группа технического обслуживания
shot ~ *сейсм.* группа взрывов
shothole ~ группа взрывных скважин
source ~ группа источников
standards engineering ~ группа разработки стандартов
stress analysis ~ группа анализа механических напряжений
user ~ группа потребителей *(газа)*
wave ~ *сейсм.* группа волн
grouping группирование; распределение по группам; объединение в группы
~ **of wells** кустовое бурение скважин

seismometer ~ группирование сейсмоприёмников

grout жидкий цементный раствор (*закачиваемый в скважины для закрытия пор и трещин породы*); цементное тесто ‖ цементировать ◊ **to ~ in** заливать цементным раствором; **to ~ off** перекрывать приток воды в скважину цементированием; **to ~ the casing** цементировать обсадные трубы
  bituminous ~ битумный раствор (*состоящий из битума и песчаного заполнителя*)
  cement ~ цементный раствор; цементное тесто
  clay-chemical ~ глинистый раствор с добавкой химических реагентов
  colloidal ~ коллоидный цементный раствор
  concrete ~ жидкая бетонная смесь
  fluid cement ~ жидкий цементный раствор
  hand-mixed cement ~ приготовленный вручную цементный раствор
  nonshrink ~ безусадочный цементный раствор
  strong cement ~ густой цементный раствор

grouter устройство для нагнетания цементного раствора

grouting 1. цементация; нагнетание цементного раствора **2.** заливка цементным раствором
  ~ of rock foundation цементация скального основания
  advance ~ цементация пород впереди забоя
  asphalt ~ битумизация, заливка битумом, заливка асфальтом
  asphalt-emulsion ~ битумизация; заливка битумом, заливка асфальтом
  bituminous ~ битумизация; заливка битумом, заливка асфальтом
  cement ~ 1. заливка цементным раствором **2.** закрытие трещин (*в стенках скважины*) цементом **3.** закачивание под давлением жидкого цементного раствора (*для придания устойчивости стенкам скважины*) **4.** закачивание цементного раствора (*через густую сеть специальных скважин для придания монолитности скальным породам*)
  core ~ 1. заклинивание (*керна колонковой трубой путём засыпки заклиночного материала через штанги*) **2.** заклиночный материал
  long-hole ~ укрепление трещиноватой породы (*путём закачивания цемента через сеть глубоких скважин*)
  pile ~ цементирование свай
  pressure ~ 1. цементирование трещин **2.** скрепление раздробленных скальных пород (*путём закачивания цементного раствора через скважины*)
  short-hole ~ укрепление трещиноватой породы (*путём закачивания цемента через сеть мелких скважин*)

growth увеличение; рост; прирост
  anticipated reliability ~ ожидаемый рост надёжности
  mud-cake ~ рост глинистой корки
  predicted reliability ~ прогнозируемый рост надёжности
  reliability ~ рост надёжности, повышение надёжности
  viscosity ~ увеличение вязкости

grummet 1. уплотнение (*стыков трубопроводов*) **2.** уплотняющее кольцо

gryphon грифон
  mud ~ грязевой грифон
guarantee гарантия
  reliability ~ гарантия надёжности
Guard Log *фирм.* аппаратура трёхэлектродного бокового каротажа
guard 1. защита; предохранение ‖ защищать; предохранять 2. ограждение ‖ ограждать
  bearing ~ подшипниковый ограничитель отклонения
  catline ~ предохранительное приспособление для каната кабестана
  crownblock ~ кожух крон-блока
  movable ~ съёмная оградительная сетка
  rope ~ предохранительный щит *(на талевом блоке)*
  safety ~s перила
  shock ~ буровой амортизатор
  skull ~ защитная каска *(бурильщика)*
  traveling block sheave ~ кожух шкивов талевого блока
  wire ~ проволочная сетка
gudgeon 1. ось; цапфа; палец кривошипа 2. металлическая шейка *(деревянных барабанов станка канатного бурения)*
guide 1. направляющее устройство 2. руководитель 3. руководство; наставление; инструкция; справочник
  auger-sinker-bar ~ направляющий фонарь ударной штанги *(при ударно-канатном бурении)*
  bell ~ направляющая воронка; направляющий раструб *(ловильного инструмента)*
  casing ~ направляющее устройство для обсадных труб
  centering ~ направляющий фонарь; центрирующий фонарь
  choke-and-kill tubing ~ направляющая штуцерной линии и линии глушения скважины
  crosshead ~ направляющая крейцкопфа
  drill ~ 1. кондуктор для забуривания скважин 2. направляющая штанга
  drill-string ~ стабилизатор бурильной колонны
  fishing tool ~ юбка ловильного инструмента
  gate stem ~ направляющая шпинделя задвижки
  good ~ верный признак *(при поиске полезных ископаемых)*
  knuckle ~ шарнирный отклонитель; дефлектор
  maintenance-and-inspection ~ руководство по осмотру, техническому обслуживанию и ремонту
  mill spring ~ стакан пружины фрезера
  operating ~ руководство по эксплуатации
  overshot ~ направляющий колокол овершота
  piston rod ~ направляющая поршневого штока
  rathole ~ направляющая шурфа под ведущую бурильную трубу
  rod ~ 1. стабилизатор для насосных штанг 2. стабилизирующий ниппель
  rope ~ направляющее приспособление для каната
  rotary head tower ~ направляющая башенного типа для привода бурильной установки
  runner ~ направление ходового конца каната
  screw grad ~ направляющая воронка ловильного метчика
  shoe ~ башмачная направляющая насадка
  sinker bar ~ фонарь ударной штанги

straight hole ~ шахтовое направление скважины
tap ~ направляющее приспособление *(для ловильного метчика)*
traveling block ~ направляющая талевого блока *(предотвращающая раскачивание талевого блока при качке бурового судна или плавучей полупогружной буровой платформы)*
valve ~ направляющая клапана
wall-cleaning ~ скребок для очистки стенок скважины *(от глинистой корки)*
wall-hook ~ отводной крюк *(для ловильного инструмента)*
wave ~ *сейсм.* проводник
wireline ~ приспособление для направления ходового конца каната
guideline 1. руководящий принцип 2. *pl* инструкция; указания; правила; нормы
 safety ~s правила техники безопасности
guidelineless бесканатная система бурения *(скважин с подъёмным устьем)*
Gulf of Mexico Мексиканский залив
gullet *геол.* трещина напластования
gum 1. смола 2. *амер.* резина 3. *pl* смолы, содержание смол *(в светлых нефтепродуктах)* 4. осадок *(в резервуарах для бензина или смазочных масел)*
 accelerated ~s содержание смол *(в светлых нефтепродуктах)*, определённое методом ускоренного окисления
 actual ~s фактическое содержание смол *(в светлых нефтепродуктах)*
 air jet ~s содержание смол *(в светлых нефтепродуктах)*, определённое путём продувки воздушной струей
 Arabic ~ гуммиарабик, аравийская камедь *(добавка к буровым растворам)*
 copper dish ~s содержание смол *(в бензине)*, определённое путём испарения пробы в медной чашке
 dissolved ~s фактическое содержание смол *(в светлых нефтепродуктах)*
 gasoline ~s смолы, содержащиеся в бензине
 lost circulation ~ смола для борьбы с поглощением бурового раствора
 porcelain dish ~s содержание смол *(в светлых нефтепродуктах)*, определённое путём испарения пробы в фарфоровой чашке
 potential ~s потенциальное содержание смол *(в светлых нефтепродуктах)*
 preformed ~s фактическое содержание смол *(в светлых нефтепродуктах)*
 present ~s фактическое содержание смол *(в светлых нефтепродуктах)*
 soluble ~ растворимая смола; фактическая смола *(в светлых нефтепродуктах)*
 unstable ~s нестабильные смолы, легкоокисляющиеся смолы *(в светлых нефтепродуктах)*
 weighable ~s весомые следы смол *(в спецификации авиационных бензинов)*
gummed-in прихваченный *(о буровом инструменте)*
gumming смолообразование *(в бензине)*; образование смолистых отложений

gun 1. скважинный перфоратор 2. керноотборник, грунтонос *(аппарат для отбора образцов пород из стенок ствола скважины)* 3. гидромонитор ‖ перемешивать гидромонитором 4. раздаточный кран *(для топлив и масел)* 5. источник сейсмических сигналов; излучатель ◊ to ~ the pits перемешивать *(буровой раствор)* струйными мешалками в резервуарах
abrasive jet ~ пескоструйный перфоратор
air ~ пневматический источник сейсмических сигналов
breakout ~ механизм для свинчивания и развинчивания труб *(гидравлический или пневматический)*
bullet ~ пулевой перфоратор
capsule ~ бескорпусный перфоратор
capsule jet ~ бескорпусный кумулятивный перфоратор
casing ~ перфоратор обсадных труб
charged ~ заряженный перфоратор
coring ~ стреляющий боковой керноотборник
diesel-oil ~ сейсмический источник на дизельном топливе
Dinoseis gas ~ *фирм.* газодинамический источник сейсмических сигналов
drilling-mud mixing ~ струйный перемешиватель бурового раствора
expendable ~ перфоратор одноразового использования
expendable capsule jet ~ капсульный кумулятивный перфоратор одноразового использования
expendable jet ~ кумулятивный перфоратор одноразового использования
firing ~ стреляющий перфоратор
gas ~ газодинамический источник сейсмических сигналов
glass jet ~ стеклянный кумулятивный перфоратор
grease ~ тавотонагнетатель
gunite ~ цементная пушка
heavy-caliber bullet ~ крупнокалиберный пулевой перфоратор
high-powered casing ~ мощный перфоратор обсадных труб
high-pressure drilling mud ~ струйный перемешиватель высокого давления для бурового раствора
hollow carrier ~ корпусной перфоратор *(многоразового использования)*
hollow-carrier jet-type ~ корпусной кумулятивный перфоратор
hollow-carrier single action jet ~ корпусной кумулятивный перфоратор одноразового использования
in-line firing ~ перфоратор с расположенными на одной линии стволами
jet ~ 1. кумулятивный перфоратор 2. гидроэлеватор; устройство для перемещения бурового раствора *(из приёмных ёмкостей или амбаров)* 3. струйный перемешиватель *(бурового раствора в резервуаре)*
lubricating ~ шприц для подачи густой смазки
makeup ~ гидравлическое *или* пневматическое устройство *(для механизированного свинчивания и развинчивания труб)*
mechanically-oriented ~ механически ориентируемый перфоратор
mud ~ 1. гидромонитор для бурового раствора 2. струйный перемешиватель бурового раствора

mud jet ~ гидромонитор для бурового раствора
mud mixing ~ струйный перемешиватель бурового раствора *(в резервуаре)*
multibarrel ~ многоствольный перфоратор
multidirectional firing ~ перфоратор с направленными в разные стороны стволами
nonretrievable ~ перфоратор одноразового использования
oil ~ шприц для смазки под давлением; маслонагнетатель
one-shot ~ однокамерный перфоратор
perforating ~ стреляющий перфоратор, пулевой перфоратор
pressure ~ шприц для смазки под давлением; маслонагнетатель
retrievable hollow carrier ~ перфоратор многоразового использования
retrievable jet ~ корпусный перфоратор многоразового использования
retrievable mud ~ извлекаемый гидромонитор для удаления глинистой корки *(со стенок ствола скважины)*
retrievable strip jet ~ кумулятивный перфоратор с извлекаемым полосовым корпусом
rod ~ пневматический штангоизвлекатель
Scallop ~ корпусной кумулятивный перфоратор для работы в насосно-компрессорных трубах
selective ~ селективный перфоратор
semiexpendable ~ перфоратор с размещением зарядов в металлической ленте
shaped-charge ~ кумулятивный перфоратор
short-barrel ~ короткоствольный перфоратор
side-wall coring ~ боковой керноотборник ударного типа, боковой стреляющий керноотборник
side-wall sampling ~ боковой керноотборник ударного типа, боковой стреляющий керноотборник
slim-hole ~ перфоратор для колонн малого диаметра
small-diameter ~ малогабаритный перфоратор
steam ~ паровой сейсмический источник
steel retrievable ~ корпусный перфоратор многократного использования
strip ~ ленточный перфоратор
strip jet ~ кумулятивный ленточный перфоратор
swing jet ~ раскрывающийся кумулятивный перфоратор
tank washing ~ гидрант для мойки танков *(на танкере)*
three-barreled ~ трёхствольный стреляющий механизм *(бурильной установки)*
through-tubing perforating ~ скважинный перфоратор для работ в колонне насосно-компрессорных труб
tubing-type jet ~ кумулятивный перфоратор, спускаемый сквозь насосно-компрессорную колонну
uncharged ~ незаряженный перфоратор
wireline ~ спускаемый на кабеле перфоратор
gunite торкрет-бетон ‖ торкретировать; покрывать цементным раствором
gush фонтанировать
gusher фонтанирующая скважина; фонтан
  oil ~ нефтяной фонтан

gut

gut подогреваемый паропровод *(в нефтепроводе)*
guy 1. оттяжка *(мачты, буровой вышки)*; растяжка; струна; направляющий канат; расчалка ‖ расчаливать
   anchor ~ анкерная оттяжка
   back ~ оттяжной трос
   derrick ~ оттяжка буровой вышки
   mast ~ оттяжка вышки
   operation ~ рабочая оттяжка
   safety ~ страховая оттяжка
   tubular ~ трубчатая растяжка *(мачты)*
guyed закреплённый оттяжками
guying расчаливание
   derrick ~ расчаливание буровой вышки
   derrick ~ with clamps расчаливание буровой вышки хомутами
gyp минеральные осадки *(в породах пласта или на стенках труб скважины)*
Gyptron T-27 *фирм.* реагент для удаления ионов кальция из бурового раствора
Gyptron T-55 *фирм.* реагент для удаления ионов кальция из бурового раствора

H

HA-5 *фирм.* ускоритель схватывания цементного раствора
habitat место, ареал
   ~ of oil локализация нефти
   underwater dry welding ~ подводная камера для сварки в воздушной среде
hade 1. уклон; наклон; падение; угол падения **2.** склонение жилы; наклон осевой складки; угол, образуемый линией падения пласта с вертикалью; угол, образуемый поверхностью сброса с вертикалью ‖ отклоняться, составлять угол с вертикалью
   ◊ **~ against the dip** несогласное падение сброса; **to ~ against the dip** падать несогласно *(о пластах)*; **to ~ with the dip** падать согласно *(о пластах)*; **~ with the dip** согласное падение сброса
hairline волосовина, волосная трещина
Halad-9 *фирм.* понизитель водоотдачи цементных растворов
Halad-14 *фирм.* понизитель водоотдачи цементных растворов
half половина
   coupling ~ полумуфта
   female tool joint ~ муфта замкового соединения
   girth ~ полупояс *(буровой вышки)*
   tail ~ of walking beam заднее плечо балансира
half-clutch полумуфта
half-coupling муфта сцепления
half-life половина ожидаемого срока службы
half-sole трубная заплата *(для корродированного трубопровода)*
Halliburton Gel *фирм.* глинопорошок из вайомингского бентонита
hammer 1. молоток, молот **2.** пневматический молот **3.** пневматический отбойный молоток; перфоратор **4.** пневмоударник *(буровой забойный двигатель)* **5.** ударная баба ‖ забивать ударной бабой **6.** стуки в трубопроводе *(вызываемые пульсацией жидкости или резкими изменениями её температуры)* **7.** кувалда для возбуждения сейсмических волн
   ~ of pneumatic drill боёк пневмобура
   air ~ 1. пневматический молоток, отбойный молоток; пневмоударник **2.** резкие вибрирую-

щие толчки (*в промывочном насосе или трубопроводе, вызванные проникновением в них воздуха*) 3. кратковременные отрывы бурового наконечника от забоя (*в результате чрезмерно высокого давления сжатого воздуха при бурении с продувкой*)
blacking ~ геологический молоток
bore ~ бурильный молоток; перфоратор
club ~ кувалда
crosshole ~ источник для межскважинного просвечивания
crosshole shear wave ~ источник поперечных волн для межскважинного просвечивания
downhole ~ погружной пневмоударник
downhole drive ~ ударник забойного двигателя
downhole percussion ~ погружной бурильный молоток
drifter ~ ударный колонковый перфоратор; колонковый бурильный молоток
drill ~ бурильный молоток
drive ~ 1. копровая баба; копёр для забивки свай; забивная баба 2. молотковый перфоратор
drop ~ 1. молот с падающей бабой 2. копровая баба; копёр для забивки свай; забивная баба
hydraulic ~ гидроударник
hydraulic vibrating ~ гидравлическая забивная машина вибрационного действия
hydroblock ~ гидравлический свайный молот (*при строительстве морских нефтепромысловых сооружений*)
jack ~ 1. бурильный молоток 2. перфоратор
kick-atomizing pipe ~ дизель-молот для трубчатых свай

miner's ~ пневматический бурильный молоток
pile driving ~ свайный молот (*при строительстве морских нефтепромысловых сооружений*)
pile driving air ~ пневматический свайный молот (*при строительстве морских нефтепромысловых сооружений*)
rotary ~ бурильный молоток для вращательного бурения
seismic drop ~ ударный сейсмический источник
sledge ~ тяжёлый молот, кувалда
stope ~ молотковый телескопный перфоратор
underwater driving ~ подводный свайный молот (*при строительстве морских нефтепромысловых сооружений*)
water ~ 1. водяной пробойник (*для прочистки труб*) 2. бурильный молоток для бурения с промывкой 3. гидравлический удар (*ударное действие забойной компоновки при закупоривании выходного отверстия насадки для бурового раствора высокого давления*)
hammering 1. стук (*в машине, трубопроводе*) 2. ударное действие
hand 1. стрелка (*прибора*) 2. работник, исполнитель
~ **of gas meter** стрелка газового счётчика
attic ~ верховой рабочий (*на буровой вышке*)
devil's ~ 1. ловильный инструмент для мелких предметов; открытый овершот (*из 6—8 пружинящих ловильных крюков, расположенных по кругу остриями внутрь*) 2. канатные клещи
extra ~ удлинительный рычаг (*для трубных ключей*)

hand

floor ~ рабочий на буровой
old ~ бурильщик с большим стажем
handbook справочник; руководство
~ of maintenance instructions сборник инструкций по техническому обслуживанию
~ of overhaul instructions сборник инструкций по капитальному ремонту
reliability ~ справочник по надёжности
reliability design ~ справочник по проектированию с учётом надёжности
test requirement ~ руководство по определению требований к испытаниям
hand-dug пробуренный вручную
handle ручка; рукоятка; рычаг управления
adjusting ~ установочная рукоятка; регулировочная рукоятка
core tong ~ ручка трубного ключа
crank ~ пусковая рукоятка
drill throttle valve ~ ручка крана бурильного молотка
forked ~ ручка рычажного реечного домкрата
operating ~ рукоятка управления
probe ~ щуп
sandreel ~ рукоять управления тартальным барабаном *(станка ударно-канатного бурения)*
handler манипулятор
cassette-type pipe ~ манипулятор труб кассетного типа *(для монтажа бурильной установки)*
hydraulical pipe ~ гидравлический манипулятор для работы с трубами
power pipe stands ~ автомат для спуска и подъёма свечей

handling 1. обращение; техническое обслуживание; уход 2. управление; манипулирование
~ of drill спуск и подъём бурильных труб
~ of well регулирование работы скважины
abnormal ~ неправильное обращение
air ~ производство спускоподъёмных операций с помощью пневматического штангоизвлекателя
barrel ~ погрузка или разгрузка бочек
casual ~ неосторожное обращение
cement ~ подача цементного раствора
drill-pipes ~ спуск и подъём бурильных труб
drilling-mud ~ работы с буровым раствором; операции с буровым раствором
fault ~ устранение неисправностей
handsoff pipe ~ механизированная система работ с трубами
improper ~ неправильное обращение
marine platform anchor ~ постановка плавучего бурового основания на якоря
oil ~ работы по сливу, наливу и перекачиванию нефти и нефтепродуктов
oil rig anchor ~ постановка плавучего бурового основания на якоря
pipe ~ работа с трубами; операции с трубами
remote ~ of pump дистанционное управление насосом
rough ~ небрежное обращение
safe ~ соблюдение правил техники безопасности

water ~ 1. система водоснабжения 2. система водообработки
well ~ регулирование режима работы скважины
wirerope ~ обращение с проволочными канатами
handrail перила; поручни
  derrick ladder ~ перила лестницы буровой вышки
  rigid ~ жёсткие перила
handsetter чеканщик алмазов
handwheel of gate valve штурвал задвижки
hang подвешивать *(буровой снаряд, трубы)*
hanger 1. подвесной кронштейн; проушина, крюк; серьга 2. подвесное устройство ◊ ~ for core sampling керновая подвеска
  beam ~ крюк *(на конце балансира) для подвески насосных штанг*
  boll-weevil ~ крюк для спускоподъёмных операций *(на буровой)*
  cable-type sucker-rod ~ канатная подвеска насосных штанг
  casing ~ подвесной хомут для обсадной колонны
  circulating casing ~ подвеска обсадной колонны с циркуляционными пазами
  coring ~ керновая подвеска
  delayed-action liner ~ подвесное устройство хвостовика *(с герметизацией между ним и обсадными трубами)*
  delayed-action recipro-set liner ~ подвеска замедленного действия хвостовика, устанавливаемого возвратно-поступательным перемещением колонны
  dual-tubing ~ подвеска для двух параллельных насосно-компрессорных колонн
  expanding tubing ~ подвеска насосно-компрессорной колонны с раздвижными плашками
  extension ~ устройство для подвески хвостовика
  flowby casing ~ подвеска обсадной колонны с циркуляционными пазами
  geophone ~ устройство для сбора сейсмоприёмников
  hydraulic-set liner ~ подвесное устройство для хвостовика *(для глубоких и направленных скважин)*
  key-type liner ~ подвесное устройство для хвостовика *(с использованием системы промывки для установки его на любой глубине в стволе скважины)*
  liner ~ подвесное устройство хвостовика
  mandrel-type casing ~ втулкообразная подвесная головка обсадной колонны
  marine tubing ~ подвеска насосно-компрессорных труб в устье подводной скважины
  mechanical-set liner ~ механически устанавливаемая подвеска хвостовика
  mud-line casing ~ донная подвеска обсадной колонны
  mule-head ~ приспособление для подвески насосных штанг к головке балансира
  multicone liner ~ многоконусная подвеска хвостовика
  multitrip casing ~ многорейсовая подвесная головка обсадной колонны
  pipe ~ трубная подвеска, хомут для подвешивания трубы *(трубопровода)*
  piping ~ подвеска трубопровода
  plain-action liner ~ подвесное устройство для хвостовика *(без герметизации между ним и обсадными трубами)*

plain-liner ~ гладкая подвеска хвостовика
reciprocation-setting liner ~ подвеска хвостовика, устанавливаемая вращательно-поступательным перемещением колонны
regular-action liner ~ подвесное устройство для хвостовика механического типа (*в котором пакеры устанавливаются одновременно с плашками*)
rod ~ подвеска насосной штанги
rotating liner ~ вращающаяся подвеска хвостовика
roto-set liner ~ подвеска хвостовика, устанавливаемая вращением
seal ~ подвеска затвора (*плавающей крыши резервуара*)
seismic drop ~ динамический ударный источник сейсмических сигналов
single trip casing ~ однорейсовая подвесная головка обсадной колонны (*спускаемая и устанавливаемая вместе с уплотнительным устройством в подводном устье за один рейс*)
slip ~ клиновая подвеска (*для обсадных или насосно-компрессорных труб*)
slip-type ~ подвесное устройство клинового типа (*для обсадных или насосно-компрессорных труб*)
slotted casing ~ подвесная головка обсадной колонны с циркуляционными пазами (*для циркуляции бурового раствора*)
sucker rod ~ подвеска для насосных штанг; вертикальный стеллаж для насосных штанг (*извлечённых из скважины*)

tandem-cone liner ~ многоконусная подвеска хвостовика
threaded casing ~ резьбовая подвеска обсадной колонны
thrust tubing ~ упорная подвеска насосно-компрессорной колонны
triple tubing ~ подвеска для трёх параллельных насосно-компрессорных колонн
tubing ~ подвеска насосно-компрессорной колонны (*в стволе скважины*); держатель для установки насосно-компрессорной колонны
walking beam ~ крюк балансира станка-качалки
hanger-packer подвеска-пакер; подвесное устройство для обсадных труб с пакерующим устройством
hanging 1. верхнее крыло сброса **2.** висячий (*о залежи*)
casing string ~ подвешивание обсадной колонны
hanging-up:
casing ~ зависание обсадной колонны при спуске
hang-off:
emergency drill string ~ аварийное подвешивание бурильной колонны
harbor:
dead-end oil ~ нефтепорт тупикового типа
oil ~ нефтепорт
terminal oil ~ нефтепорт тупикового типа
hard 1. твёрдый **2.** жёсткий (*о воде*) **3.** тяжёлый (*о работе*) **4.** крепкий (*по буримости*) ◊ **to set** ~ затвердевать
hardened закалённый; цементированный
hardener 1. отвердитель **2.** ускоритель схватывания (*цементного раствора*)
cement ~ ускоритель схватывания цемента

hardening 1. твердение, затвердевание *(цементного раствора или бетона)* **2.** увеличение прочности; упрочнение **3.** закалка **4.** нагартовка; механическое упрочнение; наклёп
 age ~ старение; твердение *(цемента или бетона)* с возрастом
 case ~ цементация стали, поверхностная закалка; поверхностное науглероживание; упрочнение поверхности
 oil ~ закалка с охлаждением в масле
 point ~ местная закалка
hardface наплавлять твёрдым сплавом
hard-faced наплавленный твёрдым сплавом
hard-facing наплавление твёрдым сплавом
hardness 1. твёрдость **2.** число твёрдости **3.** прочность **4.** жёсткость
 ball ~ твёрдость по Бринелю
 Brinell ~ твёрдость по Бринелю
 conical indentation ~ твёрдость по Роквеллу
 diamond ~ **1.** твёрдость алмаза **2.** твёрдость по Виккерсу
 Knoop ~ твёрдость минералов по Кнупу
 medium ~ of rock средняя твёрдость горной породы
 Protodyakonov ~ твёрдость по Протодьяконову
 pyramide ~ твёрдость по Виккерсу
 rock ~ твёрдость горной породы
 Rockwell ~ твёрдость по Роквеллу
 scleroscope ~ твёрдость по Шору
 Shore ~ твёрдость по Шору
 Vickers ~ твёрдость по Виккерсу

 tip ~ твёрдость лезвия *(бура)*
 water ~ жёсткость воды
 wear ~ сопротивление износу, износостойкость, износоустойчивость
hard-service предназначенный для работы в тяжёлых условиях
hardware аппаратура; оборудование
 casing ~ оснастка обсадной колонны
 diagnostic ~ диагностическая аппаратура
 logging ~ каротажная аппаратура
 mixing ~ оборудование для приготовления бурового раствора
 poor ~ оборудование с неудовлетворительными техническими характеристиками
 redundant ~ резервированная аппаратура
 service ~ обслуживающая аппаратура
 test ~ испытательное оборудование; испытательная аппаратура
 unrepairable ~ невосстанавливаемая аппаратура
harness: ◊ to ~ a well закрывать фонтанирование
harvesting:
 oil ~ сбор нефтяного разлива
hat шлем; каска
 protective ~ защитная каска
 safety ~ защитная каска бурильщика
 tin ~ защитная металлическая каска *(промыслового персонала)*
hatch люк; замерный люк, пробоотборный люк *(в резервуаре)*
 Butterworth ~ моечный люк *(на танкере)*
 cast iron gage ~ чугунный замерный люк

hatch
  cleaning ~ моечный люк *(на танкере)*
  dip ~ замерный люк *(нефтяного резервуара)*
  explosion ~ предохранительная откидная крышка *(нефтяного резервуара)*
  folding-type ~ of tank складная крышка люка *(танкера)*
  gage ~ замерный люк; замерное отверстие *(в крышке нефтяного резервуара)*
  hand-gage ~ замерный люк *(резервуара)*
  sampling ~ пробоотборный люк *(нефтяного резервуара)*
  service ~ люк для технического обслуживания
  tank ~ люк резервуара
  thief ~ люк для отбора проб *(из нефтяного резервуара)*

haul:
  water ~ попытка при ловильных работах

hauler транспортное средство; тягач
  concrete ~ бетоновоз
  steel ~ буронос

hauling транспортировка; перевозка
  bulk oil ~ бестарный транспорт нефтепродуктов
  pipes ~ растаскивание труб *(вдоль траншей)*

hawser буксирный канат
  towing ~ буксирный канат

hayrack мостки *(на верхней площадке буровой вышки для установки свечей бурильных труб)*

hazard 1. опасность; риск; опасное положение 2. интенсивность отказов
  ~ of failure 1. опасность отказа 2. интенсивность отказов
  constant ~ постоянная интенсивность отказов
  contamination ~ опасность загрязнения
  cumulative ~ совокупная интенсивность отказов
  discrete ~ дискретная функция интенсивности отказов
  drilling ~ осложнение в процессе бурения
  dynamic ~ динамическая интенсивность отказов
  fire ~ пожарная опасность
  ignition ~ опасность воспламенения
  integrated ~ совокупная интенсивность отказов
  linearly increasing ~ линейно возрастающая интенсивность отказов
  oil ~ опасность возгорания нефтепродукта
  operational ~ опасность при эксплуатации
  random ~ случайная интенсивность отказов
  reliability ~ опасность снижения надёжности

head 1. напор; давление столба жидкости; давление газа 2. гидростатический уровень 3. пульсирующий напор; выброс *(из скважины)* ‖ пульсировать 4. конец *(трубы)*; днище *(поршня)* 5. верхняя часть; крышка *(резервуара)* 6. головка 7. руководитель; начальник 8. головной *(о сейсмической волне)* ◊ ~ on pump рабочее давление насоса; напор, преодолеваемый насосом; to flow by ~s периодически фонтанировать *(о добывающей скважине)*; to put a ~ on a stem 1. приводить ударную штангу в негодность 2. продолжать долбление после обрыва долота
  ~ of pump рабочее давление насоса; напор, преодолеваемый насосом
  ~ of sucker rod головка насосной штанги

head

~ **of tender** головная часть перекачиваемой партии нефтепродукта
antifoam still ~ насадка на перегонной колбе для предотвращения выброса вспенивающейся жидкости
auger ~ вращатель шнековой установки
auger-drill ~ вращатель шнековой установки
back ~ задняя часть, хвостовая часть *(сверла, бурильного молотка)*
ball-weevil tubing ~ трубная головка простой конструкции
barrel ~ днище бочки
beam ~ конец балансира, соединяемый со штангами
bit ~ головка бура
boom ~ оголовник стрелы *(трубоукладчика)*
boring ~ 1. режущая головка *(бурового инструмента)* 2. долото; коронка 3. буровой снаряд 4. расширитель 5. вращатель *(в станке для роторного бурения)*
brace ~ 1. деревянная ручка *(для поднимания и проворачивания буровой штанги)* 2. шарнирный хомут *(для проворачивания штанг при ударном бурении)* 3. крестовидная головка *(для обсадных труб)*
Braden ~ головка Брадена *(устьевая головка с сальниковым устройством для насосно-компрессорных труб)*
brake ~ тормозной башмак
breaking ~ отбойная головка; скалывающая головка
bumped ~ сферическое днище
burner ~ головка горелки *(для сжигания продуктов из морской скважины при пробной эксплуатации)*
cable ~ канатный замок; кабельная головка *(перфоратора)*

casing ~ 1. головка обсадной колонны; трубная головка 2. сепаратор; арматура, установленная на устье скважины
casing ~ with slip tubing hanger головка обсадной колонны с клиновой подвеской для насосно-компрессорной колонны
casing ~ with tubing hanger головка обсадной колонны с подвеской для насосно-компрессорной колонны
casing drive ~ забивная головка для обсадных труб
casing handling ~ головка для спуска обсадной колонны
cat ~ шпилевая катушка *(для затягивания инструментов и труб в буровую вышку, подъёма хомутов и элеваторов, свинчивания и развинчивания бурильных труб)*
cement ~ цементировочная головка
cementing ~ цементировочная головка
cementing plug dropping ~ головка для сбрасывания цементировочных пробок
circulating ~ промывочная головка
connection ~ подвесная головка *(перфоратора)*
control ~ устьевое оборудование *(скважины)*
control casing ~ головка с задвижкой на устье обсадной колонны
core ~ бурильная головка; головка колонкового долота
core-barrel ~ головка колонковой трубы *(включая узел шарикоподшипников)*
core-cutting ~ колонковое буровое долото, колонковая бурильная головка
core-receiver retrieving ~ головка съёмного керноприёмника

head

cutter ~ 1. бурильная головка; колонковое буровое долото 2. режущая головка (*колонкового долота*)
cutting ~ 1. бурильная головка; колонковое буровое долото 2. режущая головка (*колонкового долота*)
cylinder ~ головка цилиндра
delivery ~ высота нагнетания
derrick ~ вершина буровой вышки
detachable drill ~ съёмная бурильная головка
diamond ~ алмазная бурильная головка
diamond bit core ~ алмазная головка колонкового снаряда (*со съёмным керноприёмником*)
diamond core ~ колонковое алмазное буровое долото
discharge ~ высота нагнетания (*насоса*); напор (*на выходе насоса*)
dished ~ выпуклое днище
double-cap casing ~ двойная колонная головка; головка для двух обсадных колонн
double-gate control ~ устьевое оборудование скважины с двумя задвижками
double-plug container cementing ~ цементировочная головка с двумя пробками
drill ~ 1. вращатель шпиндельного станка 2. головка бура (*ложечного, шнекового, перфораторного*) 3. буровой наконечник
drill front ~ ствол перфоратора; головка перфоратора
drilling ~ бурильная головка
drilling mud ~ напор бурового раствора
drive ~ 1. забивная головка (*для обсадных труб*) 2. вращатель шпиндельного станка; вращатель роторного станка

drive-out ~ выбивная головка
drive-pipe ~ забивная головка (*для обсадных труб*)
driving ~ забивная головка (*для обсадных труб*)
dynamic ~ динамический уровень (*в скважине*)
fan ~ напор вентилятора
field-interchangeable longitudinal cutting ~ съёмная резцовая коронка продольного резания
fishing ~ ловильная головка
flow ~ 1. фонтанное оборудование (*устья скважины*) 2. головка для герметизации обсадных колонн у устья скважины
fluid ~ напор жидкости
fluid cylinder ~ крышка цилиндра насоса
fracturing ~ арматура устья скважины для гидравлического разрыва
front ~ 1. корпус перфоратора 2. передняя головка бурильного молотка
gas ~ газовая головка
grip ~ зажимная головка
hard formation cutting ~ режущая головка долота для твёрдых пород
high temperature ~ арматура устья скважины для паротеплового воздействия на пласт
hydraulical circulating ~ циркуляционная головка (*для канатного бурения с промывкой*)
hydraulical packing ~ гидравлическая уплотнительная головка (*каротажного лубрикатора*)
hydraulical pressure ~ гидравлический напор
hydraulical swivel ~ вращатель с гидравлической подачей
hydrostatic ~ гидростатический напор

head

inlet hydraulical ~ 1. гидравлический напор 2. вращатель шпиндельного станка с гидравлической подачей
intake ~ высота всасывания
intermediate casing ~ головка промежуточной обсадной колонны
jar ~ 1. выбивная головка 2. забивная головка 3. овершот *(приспособление для захвата и извлечения съёмного керноприёмника через штанги)*
jet ~ гидромониторная головка *(для бурения слабых грунтов дна моря)*
joist ~ конец балки
kinetic ~ скоростной напор
landing ~ головка для подвески *(колонны труб)*
landing ~ for tubing головка для подвески колонны насосно-компрессорных труб
latch bumper ~ амортизирующая головка стыковочной муфты
latch-type front ~ головка *(бурильного молотка)* с буродержателем типа защёлки
liquid ~ давление столба жидкости; напор жидкости
liquid-dividing ~ головка для отбора проб жидкости *(из ректификационной колонны)*
low ~ малый напор
lower casing ~ головка нижней обсадной колонны
lowermost casing ~ двухрядная головка обсадной колонны
main control ~ главная задвижка *(на устье скважины)*
mast ~ верхушка буровой мачты
mechanical-feed ~ вращатель с дифференциальной винтовой подачей
mechanical-firing ~ головка с механическим взрывателем *(перфоратора)*

mud pump oil stop ~ узел уплотнения надставки штока бурового насоса
mule ~ головка балансира *(станка-качалки)*
multiple string tubing ~ фонтанная арматура для многорядного подъёмника
net pressure ~ 1. полезный напор 2. требуемая высота подачи воды
nigger ~ шпилевая катушка
normal pressure ~ нормальный напор
offset tubing ~ головка на устье скважины с боковыми приспособлениями для спуска измерительных приборов
oil-stop ~ масляный сальник
overshot ~ головка овершота
packing ~ квадратный вращающийся пакер
pipe ~ приёмная сторона трубопровода
pipe drive ~ забивная головка для муфтовой трубы
pipeline ~ приёмная сторона трубопровода
piston ~ головка поршня
plug dropping ~ головка для сбрасывания цементировочных пробок
polished rod ~ головка полированного штока *(глубинного насоса)*
potential ~ потенциальный напор
pressure ~ 1. величина напора 2. высота нагнетания *(насоса)* 3. гидростатический напор; гидростатическое давление
production subsea ~ морская фонтанная арматура
pump ~ напор насоса
pump suction ~ высота всасывания насоса
pumping ~ высота подачи насоса

push ~ давильная головка *(при вдавливании колонны клёпаных труб домкратами)*
rail ~ железнодорожный перевалочный пункт *(для перегрузки нефтепродуктов на другие виды транспорта)*
remote post ~ дистанционно управляемая головка направляющей стойки
resistance ~ 1. сопротивление *(в трубопроводе, измеряемое столбом жидкости)* 2. высота напора, соответствующая сопротивлению 3. гидравлические потери
rock ~ верхний слой крепкой породы *(при бурении или проходке)*
rocket drill burner ~ реактивная горелка ракетного бура
rose ~ предохранительная сетка *(на приёме насоса)*
rotary ~ привод-вращатель *(бурильной установки)*
rotating ~ 1. вращающийся противовыбросовый превентор 2. уплотнитель ведущей штанги
rotating cementing ~ цементировочная головка вращающегося типа
rotation ~ вращатель *(бурового станка)*
sampler ~ головка керноприёмника
setting ~ посадочная головка *(напр. хвостовика)*
single-plug container cementing ~ цементировочная головка с одной цементировочной пробкой
socket ~ головка торцового ключа
soft-formation cutter ~ головка трёхпёрого колонкового долота
spear ~ пикообразная головка *(для захвата подъёмными клещами)*

spear-point ~ копьевидная вершина *(шарошки бурового долота)*
spindle-type rotary ~ вращатель шпиндельного бурового станка
spool casing ~ вращающаяся трубная головка
static ~ статический напор; гидростатическое давление *(столба жидкости на забой скважины)*
stripper ~ противовыбросовое устройство, установленное на устье скважины *(для изоляции кольцевого пространства между насосно-компрессорными трубами и обсадной колонной при ведении работ на скважине)*
stuffing-box casing ~ трубная головка с сальниковым устройством
suction ~ высота всасывания *(насоса)*
swage cementing ~ глухая цементировочная головка
swivel ~ головка с вращающейся серьгой *(для обсадных труб)*
tank ~ верхнее днище резервуара
tee-type casing ~ головка обсадной колонны тройникового типа
threaded suspension casing ~ муфтовая головка обсадной колонны
tight ~ 1. штанговый сальник 2. вращающийся противовыбросовый превентор
total ~ 1. полный напор 2. высота подачи *(воды)*
total friction ~ суммарные потери на трение
tubing string ~ головка колонны насосно-компрессорных труб; трубная головка

valve ~ клапанная тарелка
valveless distillation column ~ бесклапанный дефлегматор *(ректификационной колонны)*
vapor-dividing ~ головка для отбора проб пара *(из ректификационной колонны)*
variable ~ переменный напор
velocity ~ скоростной напор
vertical ~ гидростатическое давление *(столба жидкости)*; высота подъёма *(жидкости насосом)*
vibropercussion rotary ~ головка установки виброударного роторного бурения
washout ~ размывочная головка
water-cutoff ~ головка колонковой трубы с клапаном для перекрытия циркуляции *(при повышении давления промывочной жидкости)*
well ~ 1. устье скважины 2. оборудование устья скважины
headboard лебёдочное основание *(буровой установки)*
header 1. головная часть 2. приёмный коллектор *(объединяющий несколько труб)* 3. высадочная машина 4. манифольд
~ of gin pole горизонтальная перекладина верхних козел буровой вышки
bypass ~ перепускной коллектор
discharge ~ напорный коллектор; нагнетательный коллектор
distributing ~ раздаточный коллектор
distributing discharge ~ раздаточный нагнетательный коллектор
exhaust ~ выпускной коллектор
inlet ~ приёмный коллектор
intake ~ всасывающий коллектор
pipe ~ трубный коллектор
steam ~ паросборник
suction ~ всасывающий коллектор
tank ~ манифольд резервуара
headgate самая ближняя от насоса заслонка *(в нефтепроводе или газопроводе)*
heading 1. подъём уровня в скважине 2. заголовок
~ of seismic record заголовок сейсмограммы
log ~ заголовок каротажной диаграммы
headpiece сепаратор на устье скважины
headway проходка *(при бурении)*; выработка по пласту ◊ ~ per drill bit проходка на долото
heal подпятник
healing смыкание *(трещины)*
fracture ~ смыкание трещины *(после гидравлического разрыва)*
healing-up устранение дефектов
Heal-S *фирм.* комплексный реагент для обессоливания глин, состоящий из смеси карбоната кальция и лигносульфоната
Heal-S-Pill *фирм.* комплексный реагент для обессоливания глин, состоящий из смеси карбоната кальция и полимеров
heart: ◊ in the ~ of pool в центре залежи
heat 1. тепло; теплота 2. тепловой эффект
~ of hardening экзотермия затвердевания *(цементного раствора, бетона)*
gas specific ~ удельная теплоёмкость газа
hardening ~ теплота затвердевания *(цемента)*

oil specific ~ удельная теплоёмкость нефти
phase transition ~ теплота фазового превращения
setting ~ теплота схватывания *(цемента)*
specific ~ удельная теплоёмкость
specific ~ at constant pressure удельная теплоёмкость при постоянном давлении
specific ~ at constant strain удельная теплоёмкость при постоянном объёме
specific ~ at constant stress удельная теплоёмкость при постоянном давлении
specific ~ at constant volume удельная теплоёмкость при постоянном объёме

heater 1. нагревательное устройство; нагреватель; нагревательный прибор 2. нагревательная установка *(для борьбы с гидратообразованием в скважинах)*
air ~ воздухоподогреватель
air-gas mixture fire bottomhole ~ газовоздушный огневой забойный нагреватель
bottomhole ~ забойный подогреватель
bottomhole electrical ~ забойный электронагреватель
Butterworth ~ подогреватель системы мойки танков *(на танкере)*
downhole ~ скважинная нагревательная установка
downhole flame ~ огневое устройство для подогрева пласта
electrical ~ with straight tube elements электронагреватель с прямыми трубчатыми элементами
electrical bottomhole ~ забойный электронагреватель
fire ~ огневой нагреватель
fire bottomhole ~ огневой забойный нагреватель
fixed bottomhole electrical ~ стационарный забойный электронагреватель
flame ~ огневой нагреватель
flame bottomhole ~ огневой забойный нагреватель
flameless bottomhole ~ беспламенный забойный нагреватель
gas ~ газовый нагреватель; газовый подогреватель; газовая плита
gas-burner bottomhole ~ забойный нагреватель с газовой горелкой
gas-fired ~ газовый отопительный прибор
gas-fired unit ~ газовый отопительный прибор
line ~ подогреватель, устанавливаемый на трубопроводе
liquid fuel fire bottomhole ~ огневой забойный нагреватель на жидком топливе
oil ~ нефтеподогреватель; маслоподогреватель
oil-tank ~ подогреватель масляного бака
pipeline ~ трубопроводный подогреватель *(для транспортировки вязкой нефти)*
production testing ~ подогреватель для пробной эксплуатации *(скважины)*
steam bottomhole ~ паровой забойный нагреватель
subpump-mounted electrical ~ поднасосный электронагреватель
tank ~ подогреватель для резервуара
topping ~ аппарат для отгонки лёгких фракций; аппарат для отбензинивания
water ~ водоподогреватель
heater-treater 1. установка для термической обработки нефти 2. подогреватель-деэмульсатор

horizontal ~ горизонтальный подогреватель-деэмульсатор
vertical ~ вертикальный подогреватель-деэмульсатор
heating 1. нагрев, нагревание; обогрев; прогрев, прогревание 2. отопление
electrical bottomhole ~ электроподогрев забоя скважины
gas ~ 1. нагрев газовым пламенем, газовый нагрев 2. газовое отопление
oil ~ нагревание нефти
petroleum ~ нагревание нефти
heave вертикальная качка *(бурового судна)*
significant ~ расчётная вертикальная качка
heaver утяжелитель
drilling mud ~ утяжелитель бурового раствора
heavy-duty приспособленный для работы в тяжёлых условиях; предназначенный для тяжёлого режима *(работы)*
height высота ◊ ~ equivalent to theoretical plate эквивалентная высота теоретической тарелки *(насадочной колонны)*
~ of effective plate высота эффективной тарелки
~ of fold высота складки
~ of gin pole высота монтажной мачты вышки
~ of instrument глубина спуска прибора *(при исследовании скважин)*
~ of lift 1. толщина бетонного слоя *(укладываемого в один приём)* 2. высота подачи *(жидкости)*; высота всасывания *(насоса)* 3. высота подъёма
~ of liquid column высота столба жидкости
~ of tank полезная высота резервуара

~ of transfer unit высота насадочной ректификационной колонны, соответствующая одной единице переноса массы
annular fill-up ~ высота подъёма цементного раствора в затрубном пространстве
charge ~ *сейсм.* высота заряда *(при воздушном взрыве)*
derrick ~ высота буровой вышки
effective ~ эффективная мощность *(пласта)*
gas-cap ~ высота газовой шапки
ground-to-top ~ полная высота *(борта судна)*
hoisting ~ высота подъёма
hook lifting ~ высота подъёма крюка
lifting ~ высота подъёма
overall ~ полная высота *(борта судна)*
overall ~ of derrick общая высота буровой вышки
packed ~ высота насадки
plate ~ высота тарелки; высота, эквивалентная одной тарелке; расстояние между тарелками
rising ~ высота подъёма
standard ~ стандартная высота *(падения груза)*
trap ~ высота ловушки *(в пластовой залежи)*
ultimate derrick ~ полезная высота буровой вышки
useful ~ полезная высота *(резервуара)*
helideck вертолётная палуба *(плавучего бурового основания)*
helistop посадочная площадка для вертолётов *(на плавучем буровом основании)*
helmet защитный шлем, каска *(бурового рабочего)*
safety ~ защитная каска

welder's ~ сварочная маска
help помощь
  field ~ техническая помощь на месте эксплуатации
helper рабочий буровой бригады
  driller rotary ~ помощник бурильщика
  rig ~ помощник бурильщика
  rotary ~ помощник бурильщика
hematite гематит, красный железняк, железный блеск *(утяжелитель для буровых и цементных растворов)*
hemispheroid:
  noded ~ многокупольный каплевидный резервуар
hemisyncline гемисинклиналь
hemlock гемлок *(североамериканский вид хвойных деревьев)*
hemp пенька; пакля *(для набивки сальников)*
heptane гептан
heterogeneity неоднородность
  ~ of oil reservoir неоднородность нефтяного коллектора
  area ~ of reservoir неоднородность коллектора по площади
  cementing ~ of reservoir цементационная неоднородность коллектора
  granulometric ~ of reservoir гранулометрическая неоднородность коллектора
  lateral ~ of reservoir неоднородность коллектора по площади
  mineral ~ of reservoir минеральная неоднородность коллектора
  near-surface ~ приповерхностная неоднородность
  packing ~ of reservoir упаковочная неоднородность коллектора
  permeable ~ of reservoir неоднородность коллектора по проницаемости
  petrophysical ~ of reservoir петрофизическая неоднородность коллектора
  pore ~ of reservoir неоднородность коллектора по пористости
  porous ~ of reservoir неоднородность коллектора по пористости
  reservoir ~ степень неоднородности коллектора
  reservoir ~ of thickness неоднородность коллектора по мощности
  velocity ~ *сейсм.* скоростная неоднородность, отсутствие закономерных изменений скорости
  vertical ~ of reservoir вертикальная неоднородность коллектора
  volumetric ~ of reservoir объёмная неоднородность коллектора
Heviwater *фирм.* диспергатор глин
Hex *фирм.* гексаметафосфат натрия
hexaethyltetraphosphate гексаэтилтетрафосфат
High Yield *фирм.* высокодисперсный бентонитовый глинопорошок
high поднятие
  anticline ~ антиклинальное поднятие
  buried ~ погребённое поднятие
  structural ~ структурное поднятие
high-grade высококачественный; высокосортный; первоклассный
high-performance высокоэффективный; с хорошими эксплуатационными характеристиками; высококачественный
high-permeability высокопроницаемый

high-quality высококачественный; высокосортный
high-sulfur высокосернистый
high-test 1. прошедший строгие испытания, отвечающий высоким требованиям; высококачественный; высокосортный 2. высокопрочный
high-wearing быстро изнашивающийся
hinge 1. шарнир 2. петля
   fold ~ шарнир складки
   trap ~ замок ловушки *(в пластовой залежи)*
histogram гистограмма, столбиковая диаграмма
   failure ~ 1. гистограмма отказов 2. гистограмма разрушений
   lifetime ~ гистограмма для времени безотказной работы
   velocity ~ *сейсм.* гистограмма скоростей
   wear-out ~ гистограмма износа
history картина изменения во времени; характер протекания *(процесса)*
   ~ **of oil-and-gas reservoirs** история залежей нефти и газа
   actual production ~ фактическое поведение коллектора *(на протяжении всего периода разработки)*
   life ~ поведение *(изделия)* в процессе эксплуатации; картина изменения характеристик во времени
   load-time ~ картина изменения нагрузки во времени
   maintenance ~ данные о техническом обслуживании *(за период эксплуатации оборудования)*
   petroleum ~ история нефти
   predicted production ~ прогнозируемое поведение коллектора *(на протяжении всего периода разработки)*
   pressure ~ характеристика изменения давления
   primary-production ~ **of reservoir** история разработки коллектора первичными способами
   production ~ характеристика добычи *(с начала разработки месторождения)*
   reliability ~ картина изменения характеристик надёжности во времени
   well production ~ история эксплуатации скважины
hitch прицепное устройство ‖ прицеплять; прикреплять ◊ **to** ~ **to the beam** прикреплять *(бурильный инструмент)* к балансиру
   bottom ~ нижняя тяга *(стингера трубоукладочной баржи)*
   top ~ верхний зацеп *(для прикрепления верхней части стингера к барже)*
hodochrone *сейсм.* годограф
hodograph *сейсм.* годограф
   particle-motion ~ траектория смещения частиц *(при распространении упругой волны)*
hoe экскаватор типа "обратная лопата"
   trench ~ канавокопатель
hog:
   mud ~ дезинтегратор для пластичной глины
   sand ~ 1. ловушка для песка *(в колонне обсадных или насосно-компрессорных труб)* 2. песочный насос
hoist подъёмник; подъёмный механизм; лебёдка ‖ поднимать лебёдкой
   air ~ пневматический подъёмник
   auxiliary ~ вспомогательная лебёдка
   bell handling ~ лебёдка для работы с водолазным колоколом

hoist

cable ~ 1. канатный подъёмник 2. лебёдка
chain ~ цепные тали
derrick-erection frame ~ подъёмник для монтажа буровых вышек
double drum ~ лебёдка с двумя барабанами *(вращающимися в противоположных направлениях)*
drum ~ барабанная подъёмная машина
eight-speed ~ восьмискоростной подъёмник
Kershenbaum frame ~ подъёмник В. Я. Кершенбаума *(для монтажа буровых вышек)*
two-drum ~ двухбарабанная лебёдка
well logging truck ~ каротажный подъёмник
well perforating truck ~ перфораторный подъёмник
well servicing ~ эксплуатационный подъёмник

hoisting подъём
~ of downhole instrument подъём скважинного прибора
tool ~ подъём бурового инструмента

hold 1. трюм 2. держать; удерживать ◊ to ~ formation fluids задерживать пластовые флюиды *(в пласте)*; to take ~ захватывать *(оставшийся в скважине инструмент)*; to ~ up поддерживать; удерживать
oil ~ нефтяной трюм

holdback удержание *(бурового снаряда в стволе скважины)*

holddown:
bottom ~ якорь для забойного насоса в стволе скважины
instrument ~ механизм фиксации съёмного керноприёмника *(колонкового снаряда)*
top ~ верхнее крепление

holder 1. держатель; патрон; обойма; зажим 2. опора, кронштейн 3. ручка; рукоятка 4. контейнер 5. резервуар 6. газгольдер
air ~ 1. воздушный резервуар 2. воздухосборник
auger ~ шнекодержатель
blowout preventer ram ~ плашкодержатель противовыбросового превентора
core ~ кернодержатель
drill-steel ~ буродержатель
gas storage ~ газгольдер
high-pressure gas ~ газгольдер высокого давления
license ~ держатель лицензии *(на добычу полезных ископаемых)*
liquefied natural gas ~ газгольдер для сжиженного природного газа
liquefied petroleum gas ~ газгольдер для сжиженного нефтяного газа
liquefied petroleum gas high-pressure ~ газгольдер высокого давления для сжиженного нефтяного газа
mandrel ~ дорнодержатель
multisphere gas ~ сотовый газгольдер, секционный газгольдер
ram ~ плашкодержатель *(противовыбросового превентора)*
relief ~ уравнительный газгольдер
replacement nozzle ~ держатель сменной насадки *(в гидромониторном долоте)*
rod ~ 1. штангодержатель 2. трубодержатель бурового станка
spring-steel ~ пружинный буродержатель
steel ~ буродержатель
store ~ складской резервуар; складское хранилище

tool ~ 1. буровая штанга 2. державка; инструментодержатель 3. шпиндель сверла
valve spring ~ пружинодержатель клапана
waterless gas ~ сухой газгольдер
wet storage ~ мокрый газгольдер
holdup 1. задержка *(количество перегоняемой жидкости, остающейся в ректификационной колонне)* 2. простой *(бурового станка)*
column ~ задержка колонны, захват колонны *(количество жидкости, задерживаемое в ректификационной колонне)*
dynamic ~ динамическая задержка *(в ректификационной колонне)*
liquid ~ задержка перегоняемой жидкости *(в ректификационной колонне)*
oil ~ объёмное содержание нефти *(в движущемся по эксплуатационной скважине потоке)*
reactor catalyst ~ количество катализатора, задерживаемое в реакторе при выгрузке *или* рециркуляции; задержка катализатора в реакторе
solids ~ время пребывания твёрдой фазы *(катализатора в реакционной зоне или реакторе)*
total ~ суммарная задержка *(в ректификационной колонне)*
tower ~ задержка ректификационной колонны *(количество жидкости, задерживаемое в ректификационной колонне)*
water ~ объёмное содержание воды *(в движущемся по эксплуатационной скважине потоке)*

hole 1. скважина; буровая скважина; ствол скважины 2. шпур ‖ закладывать шпур 3. отверстие *(для впуска и выпуска газа или жидкости)* 4. выработка малого сечения 5. перфорационное отверстие ◊ ~ full of oil скважина заполнена нефтью; ~ full of salt water ствол, заполненный солёной водой; ~ full of sulfur water ствол, заполненный водой, содержащей сероводород; ~ full of water скважина заполнена водой; ~ gone to water нефтяная скважина, из которой стала поступать только вода; ~ per bit проходка на одну коронку *(в погонных единицах длины скважины)*; to carry a dry ~ бурить сухую скважину *(в которой нет притока воды)*; to carry a wet ~ бурить сухую скважину *(в которой приток воды не закрыт)*; to cut a ~ бурить скважину; to drill a ~ бурить скважину; to flush a ~ промывать ствол скважины; to ~ in забуривать скважину; to keep the ~ of gage поддерживать диаметр ствола скважины близким к номинальному; to line the ~ крепить скважину обсадной колонны; to make a ~ бурить скважину; давать проходку, вести проходку; to open a ~ разбуривать башмак обсадной колонны; to ream ~ расширять ствол скважины; to seal a ~ закрывать скважину; to wash a ~ промывать ствол скважины; went back in a ~ вновь спущенный в скважину; went in a ~ спущенный в ствол скважины
advance ~ направляющий ствол скважины

hole

air ~ 1. канал в головке керноприёмной трубы с выходом в кольцевое пространство 2. вентиляционная скважина; отверстие для введения воздуха 3. *pl* пустоты, полости, изъяны *(в металле короночного кольца или матрицы)*
angled ~ наклонная скважина, наклонный шпур
angled snubbing ~ наклонный врубовый шпур
angular ~ наклонная скважина
auger ~ скважина, пробуренная шнековым буром
bare ~ часть скважины, не обсаженная трубами
barren ~ часть скважины, не обсаженная трубами
bell ~ углубление в траншее трубопровода *(позволяющее вести сварку по всей окружности шва двух спущенных в траншею примыкающих секций)*
bench ~ буровая скважина на уступе; буровая скважина на откосе
big ~ скважина большого диаметра *(не менее 125 см)*
blank ~ часть скважины, не обсаженная трубами
blast ~ взрывной шурф; взрывная скважина
bleed ~ выпускное отверстие
blind ~ поглощающая скважина *(с нарушением циркуляции или без выхода промывочной жидкости на поверхность)*
bore ~ 1. буровая скважина *(пройденная любым вращательным способом)* 2. ствол скважины 3. скважина большого диаметра 4. высверленное отверстие
bottom ~ забой скважины
branch ~ боковой ствол скважины

bridged ~ забитая *(пробкой из породы)* скважина; перекрытая *(искусственной пробкой)* скважина; обрушившийся ствол скважины
bug ~ пустота в породе
bung ~ наливная горловина *(бочки, бидона)*; наливное отверстие; отверстие для пробки
cable-tool ~ скважина ударно-канатного бурения
cased ~ скважина с обсаженным стволом, обсаженная скважина; обсаженный ствол скважины
caved ~ ствол скважины с обвалившимися стенками
cave-obstructed ~ ствол скважины, забитый осыпью породы
casing ~ перфорационное отверстие в обсадной колонне
caving ~ неустойчивая скважина; обрушающаяся скважина *(требующая цементирования или обсадки)*
center ~ центральная скважина
charge ~ взрывная скважина
churn-drill ~ скважина, пройденная ударно-канатным способом
circulating ~ отверстие *(в долоте)* для выхода бурового раствора; циркуляционное отверстие
clean ~ скважина без осыпи постороннего материала на забое
collared ~ 1. скважина, обсаженная кондуктором 2. забуренная скважина *(при подземном бурении)*
conductor ~ скважина для спуска направляющей колонны
consolidation ~ скважина для закачки связывающих растворов *(в трещиноватые или раздроблённые скальные породы)*

core ~ структурная скважина; скважина, пробуренная для отбора керна
cover ~ разведочная скважина *(при бурении по сетке)*
crooked ~ искривлённый ствол скважины *(в разных плоскостях и направлениях)*
curtain ~ разведочная скважина *(при бурении по сетке)*
curved ~ искривлённый ствол скважины
curving ~ искривляющийся ствол скважины
cushion ~ буферная скважина, поглощающая скважина
dead-end ~ глухое отверстие
deadman ~ яма под мёртвый якорь
deep ~ глубокая скважина
definition ~ скважина-определитель *(глубины залегания)*
deviating ~ 1. наклонная скважина; наклонно направленная скважина 2. искривлённая скважина; скважина, отклоняющаяся от вертикали
deviated ~ искривлённый ствол скважины
dia ~ зумпф *(в скважине)*
diamond drilling ~ скважина алмазного бурения
dib ~ зумпф *(в скважине)*
dip ~ замерный люк *(резервуара)*
directional ~ наклонная скважина
discharge ~ разгрузочное отверстие; выпускное отверстие
discovery ~ разведочная скважина-открывательница
dog-leg ~ скважина с резко искривившимся стволом
down ~ 1. наклонная скважина *(в отличие от горизонтальных и восстающих)* 2. забой скважины
downward sloping ~ наклонная скважина

drain ~ 1. дренажная скважина 2. спускное отверстие, выпускное отверстие
drain branch ~ боковой ствол разветвлённой скважины
drill ~ буровая скважина
drilled ~ пробуренная скважина
dry ~ 1. непродуктивная скважина *(не дающая промышленного количества нефти или газа)* 2. скважина, пробуренная без промывки 3. сухая скважина *(безводная или с перекрытым притоком воды)*
dry ~ drilled deeper углублённая непродуктивная скважина
dry ~ reentered непродуктивная скважина, в которой продолжены бурильные и другие работы
easier ~ вспомогательная скважина
electron beam ~ скважина, пройденная электронно-лучевым буром
elliptical cross-section ~ буровая скважина с эллиптическим поперечным сечением
elongated cross-section ~ буровая скважина с удлинённым поперечным сечением
empty ~ взрывная скважина *(заполненная воздухом или газом)*
end ~ крайняя скважина
escape ~ выпускное отверстие
exit ~ выходное отверстие *(перфорационного канала)*
exploration drill ~ разведочная буровая скважина
exploratory ~ разведочная скважина
favorable-size ~ ствол скважины оптимального диаметра
filled ~ скважина, заполненная буровым раствором

filler ~ заправочное отверстие
filling ~ заливочное отверстие
flat ~ **1.** скважина с эллиптическим поперечным сечением *(при ударно-канатном бурении)* **2.** горизонтальная *(или близкая к горизонтали)* скважина
fluid-filled ~ скважина, заполненная буровым раствором
flushing ~ **1.** промывочное отверстие *(в головке бура)* **2.** осевой канал *(буровой стали)*
follow-up ~ нижняя часть ствола скважины, пробуренная долотом меньшего диаметра *(с расчётом на последующее разбуривание)*
freeze ~ замораживающая скважина
full-gage ~ ствол скважины номинального диаметра *(пробуренный долотом, сохранившим первоначальный диаметр, и не имеющий сужений, препятствующих спуску новой коронки до забоя)*
full-gage branch ~ боковой ствол скважины такого же диаметра, что и основной ствол
gage ~ **1.** скважина номинального диаметра *(с неразмытыми стенками)* **2.** замерное отверстие
gas-escape ~ газоотводное отверстие
gas-filled ~ скважина, заполненная газом
geophone ~ скважина для сейсмоприёмника
gone-off ~ отклонившаяся скважина
grout ~ скважина противофильтрационной завесы; цементировочная скважина *(для укрепления трещиноватоскальной породы путём закачки в неё цементного раствора)*

guide ~ опережающая скважина малого диаметра
hammer-drill ~ скважина, пробуренная молотковым перфораторам
high-angle ~ скважина с большими зенитными углами
high-pressure ~ скважина с высоким пластовым давлением
horizontal ~ горизонтальная скважина
horizontally branched ~ разветвлённо-горизонтальная скважина
inclined ~ наклонная скважина
in-gage ~ ствол скважины с диаметром, равным диаметру долота
injected ~ зацементированная скважина *(в целях закрытия пор и трещин в стенках скважины)*
inspection ~ смотровое отверстие; смотровой люк
intentionally deviated ~ наклонно направленный ствол скважины
intermediate ~ промежуточная часть ствола скважины
investigation ~ исследовательская скважина
jet ~ **1.** скважина, проходимая гидравлическим способом **2.** отверстие сопла
junked ~ скважина, засорённая металлическим ломом
kelly ~ скважина для ведущей бурильной трубы
kelly rat ~ скважина для отвинченной ведущей бурильной трубы
key ~ **1.** опорная скважина **2.** скважина для нагнетания сжатого воздуха *или* газа в пласт
key seated ~ скважина, в которой долото при подъёме было зажато породой

hole

large-size ~ скважина большого диаметра
limber ~ отверстие в ограждении плавучего бурового основания *(для свободного выхода воды наружу)*
line ~ контурная скважина
lined ~ ствол скважины с хвостовиком
liquid-filled ~ скважина, заполненная жидкостью
long ~ глубокая скважина
lost ~ 1. потерянная скважина *(не доведённая до проектной глубины вследствие аварии или других осложнений)* 2. скважина, из которой невозможно продолжать добычу нефти *или* газа
lubrication ~ смазочное отверстие
main ~ основной ствол скважины *(при многозабойном бурении)*
meteorite ~ метеоритная воронка
mining ~ буровая скважина; взрывная скважина
misdirected ~ скважина, отклонившаяся от заданного направления *(в результате неудачной операции искусственного отклонения)*
monitoring ~ контрольная скважина
mouse ~ шурф для двухтрубки
multiple shot ~s группа взрывных скважин
naked ~ 1. неизолированная скважина; открытая скважина 2. часть скважины, не обсаженная трубами
near gage ~ скважина, диаметр которой близок заданному
observation ~ наблюдательная скважина
offshore ~ морская скважина

old ~ основной ствол *(главный ствол скважины, от которого отходят боковые стволы при многозабойном бурении)*
open ~ 1. скважина *(или часть ствола скважины)*, не закреплённая обсадными трубами; необсаженный ствол скважины 2. чистая скважина *(свободная от препятствий в стволе или обрушенной породы)* 3. открытое место под башмаком колонны
open-end ~ сквозное отверстие
original ~ основной ствол скважины *(при наличии боковых стволов)*
outlet ~ выпускное отверстие
out-of-gage ~ скважина с отклонением по диаметру *(в большую или меньшую сторону)*
oval-shaped ~ скважина с овальным поперечным сечением
oversized ~ 1. скважина с увеличенным *(против номинального)* диаметром 2. скважина с расширенным стволом *(в результате вибрации штанг или эксцентричного вращения снаряда)*
parent ~ основной ствол скважины
pattern ~s группа скважин
percussion ~ скважина, пройденная ударным бурением
percussion test ~ разведочная скважина, пройденная ударным бурением
perforated ~ 1. перфорированная скважина 2. перфорация *(одно отверстие)*
pilot ~ 1. направляющая скважина небольшого диаметра *(разбуриваемая в дальнейшем до нужного диаметра)* 2. скважина, опережающая горную выработку

pin ~ 1. отверстие для шпильки 2. очень малое отверстие (*в трубе*) 3. скважина, потерявшая последний резервный диаметр (*вследствие чего дальнейшее бурение невозможно*) 4. пора; мелкий газовый пузырь 5. точечная пористость
plug ~ 1. подбурочная скважина 2. спускное отверстие с ввинченной пробкой
pointed-out ~ скважина, потерявшая диаметр (*и ее дальнейшее бурение невозможно*)
post ~ 1. мелкая скважина 2. разведочная буровая скважина 3. яма для столбов
powder ~ 1. безрезультатная скважина (*не дающая промышленного количества нефти или газа*) 2. сухая скважина
probe ~ разведочная скважина
production ~ эксплуатационная часть ствола скважины
prospecting ~ 1. поисковая скважина; разведочная скважина 2. пробный шурф
protection ~ скважина, опережающая горную выработку
province ~ структурная опорная скважина
proving ~ разведочная скважина
rat ~ 1. шурф под квадрат 2. часть скважины меньшего диаметра; опережающая скважина малого диаметра 3. боковой ствол (*при многозабойном бурении*)
record ~ структурная скважина; опорная скважина (*проходимая с отбором керна от поверхности до конечной глубины*)
relief ~ 1. дренажная скважина (*опережающая подземную горную выработку*) 2. разгрузочная скважина (*для снижения давления воды или газа в породе*) 3. дренажный канал (*кернопри`ёмной трубы*) 4. вспомогательный шпур
rifled ~ искривлённая скважина
ring ~s веерные скважины
roof ~ 1. скважина, расположенная на наивысшей структурной отметке пласта 2. верхняя скважина; скважина у кровли выработки
rough ~ скважина, форма стенок которой отличается от цилиндрической
round ~ скважина с круглым поперечным сечением
rugose ~ скважина, форма стенок которой отличается от цилиндрической
rust ~ коррозионное отверстие
scout ~ разведочная скважина; рекогносцировочная скважина; вскрышная скважина
screen ~ отверстие сита, ячейка сита
security ~ предохранительная скважина
short ~ мелкая скважина
shot ~ 1. взрывная скважина; сейсмическая скважина 2. торпедированная скважина; шпур
shot-drill ~ скважина дробового бурения
shot-open ~ перфорированный открытый необсаженный ствол скважины
shrinkage ~ усадочная раковина (*в металле*)
side ~ боковая скважина; ответвление скважины
side water ~ боковое отверстие (*в буровой коронке*) для промывки
sight ~ смотровое отверстие; смотровой люк
slab ~ вспомогательная скважина

slant ~ наклонная скважина; наклонный ствол скважины
slim ~ скважина малого диаметра; малогабаритная скважина
small ~ 1. скважина малого диаметра; малогабаритная скважина 2. открытая часть скважины *(ниже башмака обсадной колонны)*
small diameter ~ ствол скважины малого диаметра
snake ~ подошвенная скважина
spiral ~ скважина с винтообразным искривлением ствола
spudded-in ~ скважина, пройденная до коренных пород
sticky ~ прихватоопасная скважина; осложнённая скважина
straight ~ прямая вертикальная скважина; прямолинейный ствол скважины
stratigraphic ~ опорная скважина *(для изучения геологического разреза)*
sump ~ амбар для хранения бурового раствора
surface ~ 1. шурф под кондуктор; кондукторная часть ствола скважины 2. часть скважины от поверхности до подошвы верхнего водоносного горизонта
tapped ~ отверстие под резьбу
tapping ~ отверстие под резьбу
test ~ 1. пробная скважина; передовая скважина; разведочная скважина; поисковая скважина 2. скважина инженерно-геологического бурения *(при исследовании несущей способности грунтов)* 3. контрольная скважина
thief ~ 1. люк для отбора проб 2. отверстие в крыше резервуара для замеров и взятия проб

threaded ~ отверстие с резьбой
through ~ сквозное отверстие
tight ~ 1. ствол скважины с диаметром, почти равным диаметру бурового режущего инструмента 2. скважина с сужением ствола *(препятствующим обсадке)* 3. скважина с отсутствующей документацией 4. скважина, результаты которой держатся в секрете
top ~ верхняя скважина
uncased ~ необсаженная скважина; необсаженный ствол скважины
undergage ~ ствол скважины с диаметром меньше номинального
undersized ~ ствол скважины с диаметром меньше номинального диаметра бурового режущего инструмента
unfair ~ глухое отверстие
up ~ восстающая скважина *(при подземном бурении)*
upward ~ восстающая скважина, скважина, направленная вверх *(при подземном бурении)*
upward pointing ~ восстающая скважина; скважина, направленная вверх *(при подземном бурении)*
velocity-test ~ скважина для определения скорости сейсмических волн
vertical ~ вертикальная скважина
vug ~ 1. пустота в породе 2. каверна
washout ~ промывочное отверстие
water ~ 1. канал для бурового раствора *(в долоте или коронке)* 2. обводнённая скважина 3. нисходящая скважина 4. безрезультатная скважина
water-filled ~ скважина, заполненная водой

hole
~ weep ~ выпускное отверстие
~ well drill ~ 1. буровая скважина 2. взрывная скважина большого диаметра
~ wet ~ 1. обводнённая скважина 2. водоносная скважина
~ woodpecker ~ отверстие для троса в канатном замке
holed 1. пробуренный 2. перфорированный
hole-in забуривать скважину
hole-making углубление ствола скважины, проходка ствола скважины
holer бурильщик; забойщик
holiday пропуск при изоляции труб
holing 1. сверление отверстий 2. направление буровых скважин 3. бурение скважин
~ block ~ разбуривание глыб
~ long ~ бурение глубоких скважин
~ machine ~ механическое бурение
~ rat ~ 1. бурение долотом меньшего размера *(с целью образования уступа в стволе скважины для колонны труб при закрытии воды)* 2. постепенное уменьшение диаметра скважин
~ rock block ~ разбуривание блоков породы
~ snake ~ 1. бурение подошвенных скважин 2. бурение у подошвы уступа
hollow of shaft отверстие вала
hollsteel стальная мачта из труб
holography голография
~ acoustic ~ акустическая голография
~ earth ~ сейсмическая голография
~ elastic-wave ~ сейсмическая голография
homogeneity однородность
~ reservoir ~ однородность коллектора

hones нефтеносный сланец
honeycombed ячеистый; пористый; пузырчатый *(о породах)*
hood крышка; колпак, колпачок *(колонны)*
~ mud-pump frame ~ крышка бурового насоса
~ tank ~ крышка люка резервуара
hook 1. крюк 2. захват ◊ to ~ off расцеплять; отсоединять
~ autolatch ~ крюк с автоматической защёлкой
~ belt ~ крючок для сшивания ремней
~ bit ~ отводной крюк для долота *(оставшегося в скважине)*; ловильный крюк
~ block ~ крюкоблок
~ cant ~ кантовальный крюк *(для перемещения оборудования)*
~ casing ~ 1. крюк для спуска обсадных труб 2. подъёмный крюк; крюк для подъёма обсадных труб *(в буровой вышке)* 3. крюк, захватывающий штропы элеватора или хомутов
~ catline ~ канатный крюк *(для вспомогательных подъёмных работ с помощью кабестана)*
~ clawlike ~ 1. лапчатый крюк 2. когтеобразный крюк
~ crane ~ подвеска с крюком
~ disconnecting ~ расцепной крюк
~ double ~ двурогий крюк
~ drilling ~ буровой крюк
~ drilling bit fishing ~ ловильный крюк для бурового долота
~ duplex ~ двурогий крюк
~ elevator link suspension ~ крюк для подвески штропов
~ fishing ~ ловильный крюк
~ heave ~ вертлюжный подъёмный крюк
~ hoisting ~ подъёмный крюк
~ lifting ~ подъёмный крюк
~ pipe ~ скоба для подъёма труб

pipe-laying ~ трубоукладочный крюк
pulling ~ подъёмный крюк
rod ~ крюк-вертлюг с автоматической защёлкой
rotary ~ крюк для подвески элеватора
safety-latch ~ крюк с автоматической защёлкой
shackle swivel ~ вертлюжный крюк
single ~ однорогий крюк
snag ~ тяжёлый подъёмный крюк *(для вспомогательных работ и перемещения грузов)*
spring ~ пружинный крюк
spring-loaded ~ пружинный крюк
sucker rod ~ крюк для спуска и подъёма насосных штанг
swivel ~ 1. вертлюжный крюк 2. крюк с вращающейся серьгой *(для структурного бурения)*
tackle ~ талевый крюк, крюк талевого блока
thimble ~ крюк с коушем для каната
throw-off ~ разъединительный крючок
triple-suspension safety ~ трёхрогий подъёмный крюк
triplex ~ трёхрогий крюк
tubing ~ 1. скоба; костыль *(для подвески труб)* 2. крюк для спуска и подъёма насосно-компрессорных труб
wall ~ 1. крюк; скоба; костыль *(для подвески труб)* 2. отводной крюк *(для ловильного инструмента)*
wiggle-spring casing ~ подъёмный крюк со спиральной пружиной
hook-block крюкоблок
hookup 1. оборудование; устройство 2. монтажная схема; схема установки; генеральная схема *(технологической линии, подключения цепей и трубопроводов)* 3. присоединение арматуры ‖ соединять, сцеплять 4. совокупность *(аппаратов, цепей, трубопроводов и арматуры)* 5. компоновка колонны бурильных труб; поверхностное оборудование эксплуатируемой скважины; обвязка скважины *(при бурении с продувкой воздухом)* 6. соединение цепи при электровзрывании
blowout ~ схема противовыбросового оборудования устья скважины
cellar ~ оборудование шахты фонтанной арматуры
directional drilling ~ компоновка колонны бурильных труб для направленного бурения
drilling ~ монтажная схема бурового оборудования; компоновка бурильной колонны
drilling control ~ герметизирующее устьевое оборудование
pipe ~ схема обвязки
receiver ~ расположение приёмников
stiff bottomhole ~ жёсткий низ бурильной колонны
well cellar ~ оборудование шахты скважины
hopper 1. бункер; засыпная воронка 2. приёмный жёлоб 3. загрузочный ковш
batch ~ загрузочный бункер, загрузочная воронка
cement ~ цементный бункер *(на буровой)*
cement mixing ~ воронка смесителя цементного раствора
discharge ~ разгрузочная воронка
drilling mud mixing ~ воронка смесителя бурового раствора
feed ~ загрузочная воронка
jet mixing ~ гидравлическая цементомешалка

hopper
loading ~ приёмная воронка
measuring ~ дозатор; дозировочная воронка
mixing ~ смесительная воронка
mud ~ глиномешалка; смеситель бурового раствора
mud mixing ~ смесительная воронка для приготовления буровых растворов
shot ~ загрузочная воронка дробопитателя
weighting ~ массовый дозатор

horadiam 1. бурение кольца горизонтальных скважин 2. бурение из одной точки куста горизонтальных скважин

horizon горизонт ◊ to pick a seismic ~ выделять сейсмический горизонт; to track a seismic ~ прослеживать сейсмический горизонт
correlative ~ *сейсм.* коррелируемый горизонт
deep ~ глубокозалегающий горизонт
depth ~ *сейсм.* глубинный горизонт
easily correlative ~ *сейсм.* уверенно прослеживаемый горизонт
gas ~ газоносный горизонт
gas-bearing ~ газоносный горизонт
geological ~ геологический горизонт; слой, пласт
high-speed ~ *сейсм.* высокоскоростной горизонт
identified ~ идентифицированный горизонт
index ~ опорный горизонт
indicator ~ опорный горизонт; маркирующий горизонт
input ~ заводняемый горизонт
key ~ опорный горизонт
lost circulation ~ поглощающий горизонт
low-velocity ~ *сейсм.* низкоскоростной горизонт
main oil ~ главный нефтеносный горизонт
main producing ~ основной продуктивный горизонт
mapped ~ закартированный горизонт
oil ~ нефтеносный горизонт
oil-bearing ~ нефтеносный горизонт
oil-reservoir ~ горизонт нефтяного пласта
pay ~ продуктивный горизонт
phantom ~ *сейсм.* условный горизонт
picked ~ *сейсм.* выделенный горизонт
producing ~ продуктивный горизонт
production ~ продуктивный горизонт
recurrence ~ устойчивый горизонт
reflecting ~ *сейсм.* отражающий горизонт
reflection ~ *сейсм.* отражающий горизонт
refracting ~ *сейсм.* преломляющий горизонт
refraction ~ *сейсм.* преломляющий горизонт
refractor ~ *сейсм.* преломляющий горизонт
reliably correlative ~ *сейсм.* уверенно прослеживаемый горизонт
seismic ~ сейсмический горизонт
shallow ~ горизонт в верхней части разреза
stratigraphical ~ стратиграфический горизонт
time ~ *сейсм.* временной горизонт, горизонт на временном разрезе
water-bearing ~ водоносный горизонт

horns ложные аномалии высокого сопротивления *(на кривой индукционного каротажа против границ пластов высокого сопротивления)*

hornfels роговиковая горная порода
   calc-silicate ~ известково-силикатный роговик
horse-cock: ◊ **to ~ a bit 1.** заправить долото **2.** оттянуть лезвие долота
horsehead головка балансира *(станка-качалки)*
horsepower мощность
   bit hydraulical ~ гидравлическая мощность на долоте
   drawworks ~ мощность буровой лебёдки
   drilling bit ~ мощность на буровом долоте
   drilling bit mechanical ~ механическая мощность на буровом долоте
   hook ~ мощность на крюке
   hydraulical ~ expended across bit гидравлическая мощность, срабатываемая в долоте
   hydraulical ~ expended at drilling bit гидравлическая мощность на буровом долоте
   hydraulical ~ of drilling bit гидравлическая мощность на буровом долоте
   mud pump ~ мощность бурового насоса
hose 1. гибкий трубопровод **2.** шланг; рукав
   air ~ 1. воздушный шланг; шланг для сжатого воздуха **2.** воздухопровод
   air-inlet ~ впускной воздушный шланг
   all-purpose steel rotary ~ универсальный стальной шланг для роторного бурения *(с гибкими соединениями)*
   all-steel rotary ~ цельностальной нагнетательный рукав для роторного бурения *(с гибкими соединениями или на подшипниках)*
   armored ~ бронированный рукав

   base ~ донный шланг *(системы беспричального налива нефти)*
   cargo ~ грузовой шланг *(на танкере)*
   choke ~ шланг штуцерной линии *(для компенсации вертикальной качки бурового судна)*
   choke and kill ~ шланг штуцерной линии и линии глушения скважины
   connection ~ соединительный шланг
   crinkled ~ гофрированный рукав
   delivery ~ нагнетательный рукав; напорный рукав
   discharge ~ выкидной шланг буровой установки с гидротранспортом керна
   drain ~ сливной шланг
   drill ~ 1. буровой шланг *(подводящий сжатый воздух к бурильному молотку)* **2.** шланг перфоратора
   drill water ~ водоподводящий шланг бурильного молотка
   drilling ~ 1. буровой шланг *(подводящий сжатый воздух к бурильному молотку)* **2.** шланг перфоратора
   filling ~ наливной рукав
   fire ~ пожарный шланг
   flexible ~ гибкий шланг
   flexible mud ~ гибкий шланг для подачи бурового раствора
   gas ~ газовый шланг
   high-pressure ~ шланг высокого давления
   high-pressure water ~ нагнетательный водяной шланг высокого давления
   hydraulic ~ гидравлический шланг
   hydraulic pilot ~ шланг гидросистемы управления *(подводным устьевым оборудованием)*

jet ~ струйная воронка *(для приготовления бурового раствора)*
jetting ~ шланг для размыва *(дна)*
kelly ~ шланг ведущей бурильной трубы
mud ~ шланг для подачи бурового раствора
mud mixing ~ смесительная воронка для бурового раствора
mud pump ~ шланг для подачи бурового раствора
mud suction ~ приёмный шланг бурового насоса
multiple line hydraulic ~ многоканальный гидравлический шланг *(для подачи рабочей и управляющей жидкостей к подводному буровому оборудованию)*
oil ~ нефтяной рукав *(для перекачивания нефти или нефтепродуктов)*
pneumatic ~ воздушный шланг; шланг для подачи сжатого воздуха
power ~ пучок шлангов, многоканальный шланг *(для подачи рабочей или управляющей жидкостей с бурового судна или платформы к подводному оборудованию)*
pressure ~ 1. шланг высокого давления 2. нагнетательный шланг
reinforced ~ армированный шланг
rotary ~ нагнетательный шланг роторной буровой установки, соединяющий стояк с вертлюгом
rubber ~ резиновый шланг
rubber-canvas ~ дюритовый шланг
rubberized ~ прорезиненный шланг
rubberized fabric ~ резинотканевый рукав
steel ~ стальной шланг
steel drilling ~ стальной буровой шланг
suction ~ всасывающий шланг
twin ~ двойной шланг *(для подачи воды и сжатого воздуха к бурильному молотку)*
water ~ нагнетательный шланг
welding ~ сварочный шланг
wire-armored ~ бронированный шланг
wire-wound rubber ~ прорезиненный шланг с обмоткой из проволоки

hosing 1. промывание струёй из шланга 2. налив из шланга
hot рецикловый *(о нефтехимическом продукте)*
hotmill станок для горячей заправки буров
hour час ◊ **~s to failure** наработка до отказа
   available ~s продолжительность состояния эксплуатационной готовности
   idle ~s продолжительность простоя
   not-in-service ~s продолжительность простоя
   rotating ~s время чистого бурения *(в часах)*; время вращения долота на забое
   test ~s продолжительность испытаний
   unavailable ~s продолжительность состояния неготовности
   working ~s of preventive maintenance трудоёмкость профилактики
   working ~s of repair трудоёмкость устранения неисправности

house 1. помещение 2. цех; мастерская
   change ~ будка для рабочей смены на буровой

housing

compounding ~ цех компаундирования *(смазочных масел)*
core ~ кернохранилище
crude oil pumping ~ насосная станция для сырой нефти
diesel-generation ~ укрытие для дизель-генератора *(на буровой)*
dog ~ бытовка
drilling mud ~ склад материалов для приготовления бурового раствора
filter ~ фильтровальное отделение *(нефтезавода)*
floorman's ~ будка бурильщика
gas ~ газовый завод
jack ~ портал подъёмника *(самоподъёмной буровой платформы)*
monitor ~ 1. пункт слежения за технологическими процессами *(на буровом судне или полупогружном буровом основании)* 2. пункт слежения *(за положением бурового судна или основания)*
mud ~ 1. навес или сарай для приготовления бурового раствора 2. склад материалов для бурового раствора
pump ~ насосное помещение; насосное отделение; насосная станция
pumping ~ насосное помещение; насосное отделение; насосная станция
receiving ~ приёмное отделение *(нефтезавода)*
rundown ~ сгонное отделение *(нефтезавода)*
tail ~ приёмно-сортировочное отделение *(нефтезавода)*
test ~ испытательная станция
housing 1. корпус; коробка 2. охранный кожух *(скважинного прибора)* 3. хомут *(для устранения течи в трубопроводе)* 4. навес над механизмами

bearing ~ корпус подшипника; гнездо подшипника
bell ~ охранный колокол *(каротажного зонда)*
belt ~ часть откоса буровой вышки *(между двигателем и станком)*, где проходят приводные ремни
casing head ~ корпус головки обсадной колонны
conductor ~ головка колонны направления
converging core catcher ~ корпус раздвижного керноприёмника
core catcher ~ корпус керноприёмника
downhole probe ~ корпус скважинного прибора
downhole sonde ~ корпус скважинного прибора
electrical downhole motor ~ корпус электровращательного забойного двигателя
permanent ~ постоянная подвесная головка *(обсадной колонны)*
pressure-tight ~ охранный кожух *(скважинного прибора)*
pump ~ кожух насоса
temporary ~ временная головка *(после установки и цементирования спускаемой на ней обсадной колонны освобождается резкой и используется для спуска другой колонны)*
three-hanger wellhead ~ устьевая головка для трёх подвесок
wellhead ~ корпус устьевого оборудования; корпус устьевой головки *(толстостенная втулка, закрепляемая на конце направления кондуктора или промежуточной колонны и служащая для соединения с устьевым оборудованием, а также для подвески и обвязки в ней обсадных колонн)*

Howco Subs *фирм.* пенообразующее поверхностно-активное вещество
hub втулка, ступица колеса
  back ~ веха для обратного визирования *(при установке станка для бурения наклонной скважины по заданному азимутальному направлению)*
  backsight ~ веха для обратного визирования *(при установке станка для бурения наклонной скважины по заданному азимутальному направлению)*
  clamp ~ стыковочная втулка; соединительный патрубок
  connector ~ стыковочная втулка; соединительный патрубок
  flat face ~ стыковочный ниппель с плоским торцом *(для стыковки подводного оборудования)*
hulk плашкоут
  oil ~ нефтеналивная баржа
hull 1. остов; каркас; корпус 2. скорлупа
  cotton-seed ~s кожура семян хлопчатника; хлопковые коробочки и жмых *(средства борьбы с поглощением бурового раствора)*
  floating drilling vessel ~ корпус плавучего бурового основания
  jack-up drilling unit ~ корпус самоподъёмного плавучего бурового основания
  lower ~ нижний корпус *(полупогружного плавучего бурового основания)*
  self-elevating drilling unit ~ корпус самоподъёмного плавучего бурового основания
  semisubmersible drilling unit ~ корпус полупогружного бурового основания
  tanker ~ корпус танкера
  upper ~ верхний корпус *(корпус плавучего полупогружного бурового основания, на котором размещены жилые, бытовые и служебные помещения, электростанция, технологическое оборудование, инструменты и материалы)*
humidifier увлажнитель
  natural gas ~ установка для увлажнения природного газа
humidity влажность
  ~ **of rocks** влажность горных пород
  absolute ~ **of gas** абсолютная влажность газа
  critical ~ критическая влажность
  gas ~ влажность газа
  relative ~ относительная влажность
  specific ~ удельная влажность
hunting поиск, отыскание *(напр. неисправностей)*
  failure ~ поиск неисправностей
  ordered ~ упорядоченный поиск
  trouble ~ отыскание повреждений
hurdle насадка
  scrubber ~ хордовая насадка скруббера
hurt повреждение; вред, ущерб ‖ повреждать; причинять вред
husky *разг.* буровой рабочий
hustler:
  bit ~ лицо, ведающее сбором отработанных долот для отправки в ремонт *(США)*
  jug ~ размотчик сейсмической косы; установщик сейсмоприёмников на профиле
hydrate 1. гидрат 2. гидроксид
  gas ~ влага, содержащаяся в нефтяном газе
hydrauger 1. устройство для гидравлического бурения скважин 2. гидробур

hydraulic 1. гидравлический 2. затвердевающий в воде *(о цементе)*

hydraulics 1. гидравлика; гидравлическая характеристика 2. гидросистема
~ **of drilling bit** гидравлическая характеристика бурового долота
bit ~ гидравлическая характеристика долота
drilling ~ гидравлика бурения
drilling bit ~ гидравлика бурового долота
jet-bit ~ гидравлика бурового долота со струйной промывкой
jet-bit drilling ~ гидравлика бурения долотами со струйной промывкой
mud circulation system ~ характеристика циркуляционной системы *(буровой)*

hydrazine гидразин, диамид *(химический реагент, добавляемый в цементный раствор для предохранения обсадной колонны от коррозии)*

hydroball шарнир с гидроуплотнением *(для ремонта подводного трубопровода)*

hydrocap колпак с гидроуплотнением *(для подводного трубопровода)*

Hydrocarb *фирм.* органический разжижитель буровых растворов

hydrocarbon 1. углеводород *(нефть, газ)* ‖ углеводородный 2. *pl* пласт, насыщенный углеводородами ◊ ~s **in place** углеводороды в пласте; ~ **with condensed nuclei** углеводород с конденсированными ядрами; ~ **with separated nuclei** углеводород с неконденсированными ядрами
acetylenic ~ ацетиленовый углеводород
acyclic ~ ациклический углеводород
alicyclic ~ алициклический углеводород
aliphatic ~ углеводород алифатического ряда, алифатический углеводород
aromatic ~ ароматический углеводород
benzene ~ углеводород бензольного ряда, ароматический углеводород
bicyclic ~ бициклический углеводород
bypassed ~s неработающие продуктивные пласты; целики нефти *или* газа в залежи
centralized ~ углеводород, содержащий четвертичный атом углерода
chlorinated ~ хлорированный углеводород
commercially productive ~s промышленное скопление углеводородов
complex benzene ~ многоядерный ароматический углеводород с неконденсированными бензольными ядрами *(напр. дифенил)*
cyclic ~ циклический углеводород
dispersed ~s рассеянные углеводороды
ethylene ~ этиленовый углеводород
fluorinated ~ фторированный углеводород
gas ~ газообразный *(при нормальной температуре и давлении)* углеводород
halogenated ~ галогенизированный углеводород
heavy ~ тяжёлый углеводород
high-fixed ~ углеводород с большим числом углеродных атомов в молекуле

hydrocarbon

immovable ~ неподвижный углеводород
intermediate ~ промежуточный углеводород *(между истинными газами и жидкостями)*
isoparaffin ~ изопарафиновый углеводород
light ~ лёгкий углеводород
light nonmethane ~ лёгкий неметановый углеводород
liquid ~ жидкий *(при нормальной температуре и давлении)* углеводород
lower paraffin ~ низший алкан
methane ~ метановый углеводород, парафиновый углеводород
movable ~ подвижный углеводород
moved ~ подвижный углеводород
multiring ~ полициклический углеводород; многоядерный ароматический углеводород
naphthene ~ нафтеновый углеводород
naphthenic ~ нафтеновый углеводород
native ~ углеводород материнской породы
natural ~ природный углеводород
nonvolatile ~ нелетучий углеводород
olefinic ~ олефиновый углеводород
open-chain ~ углеводород с открытой цепью
paraffin ~ предельный углеводород, метановый углеводород
producible ~ извлекаемый углеводород
recoverable ~ извлекаемый углеводород
residual ~ остаточный углеводород
saturated ~ насыщенный углеводород; предельный углеводород
solid Fisher-Tropsch ~ твёрдый углеводород, полученный из оксидов углерода и водорода
spider-web ~ сильно разветвлённый углеводород
stable ~ насыщенный углеводород
tertiary ~ третичный углеводород; углеводород с третичным углеродным атомом
unsaturated ~ непредельный углеводород; ненасыщенный углеводород
vein ~ жильный углеводород
volatile ~ летучий углеводород
water-free ~ безводный углеводород

hydrocarbonaceous углеводородный; содержащий углеводород
hydrocarbonic углеводородный; содержащий углеводород
hydrocodimer гидрокодимер *(продукт гидрирования кодимера, используемый в качестве высокооктанового компонента бензина)*
hydrocouple гидравлическая муфта *(для ремонта подводного трубопровода)*
hydrocracker установка для гидрокрекинга
hydrocracking гидрокрекинг
hydrocutter гидрорезак *(для резки труб)*
hydrocyclone гидроциклон
 desanding ~ гидроциклон для пескоотделения
 desilting ~ гидроциклон для илоотделения
hydrodesulfurization гидродесульфурация
hydrodesulfurizer гидравлический десульфуратор
 gas-oil ~ гидравлический нефтяной десульфуратор
hydrodrill гидробур
 pipeless ~ беструбный гидробур

screw ~ винтовой гидробур
hydrofine очищать *(нефтепродукт)* водородом
hydrofining гидроочистка; каталитическая сероочистка в присутствии водорода
Hydroflex *фирм.* селективный флокулянт глин
hydroformate гидроформат *(продукт гидроформинга)*
hydroformer установка для гидроформинга
   fluid ~ установка для флюид-гидроформинга
hydroforming гидроформинг, ароматизационный реформинг *(под давлением водорода или водосодержащего газа)*
   fluid ~ гидроформинг в псевдоожиженном слое *(процесс реформинга под давлением водорода с флюидизированным катализатором)*
hydrofrac гидравлический разрыв пласта
hydrofracturing гидравлический разрыв пласта
   multiple ~ of formation многократный гидравлический разрыв пласта
   single ~ of formation однократный гидравлический разрыв пласта
hydrogasoline гидрированный бензин
Hydrogel *фирм.* глинопорошок из вайомингского бентонита
hydrogenate продукт гидрирования ‖ гидрировать, гидрогенизировать
hydrogenation гидрирование, гидрогенизация *(восстановление ненасыщенного соединения с присоединением атомов водорода по кратной связи)*
   catalytic ~ каталитическая гидрогенизация
   electrolytic ~ электролитическое гидрирование

   enantioface differentiating ~ энантиоселективная гидрогенизация; асимметрическая гидрогенизация
   selective ~ селективная гидрогенизация
hydrolicity способность *(цемента)* к затвердеванию
hydrometer ареометр; плотномер
   Baume ~ ареометр Боме *(для нефтепродуктов)*
   Brix ~ ареометр Брикса *(для нефтепродуктов)*
   oil ~ ареометр для нефти
   specific-gravity ~ ареометр
hydrometry ареометрия
Hydromite *фирм.* смесь гипсоцемента с порошкообразными смолами для закрытия подошвенной воды в эксплуатационных скважинах
Hydropel *фирм.* эмульгированный асфальт для приготовления бурового раствора на углеводородной основе
hydroperforator гидравлический перфоратор
hydrophone гидрофон; сейсмоприёмник давления
   bender ~ гидрофон с изгибным пьезодатчиком
   cylindrical ~ цилиндрический гидрофон
   deep-low ~ буксируемый на большую глубину гидрофон
   directional ~ гидрофон направленного действия, направленный гидрофон
   disk ~ дисковый гидрофон
   high-frequency ~ высокочастотный гидрофон
   magnetostriction ~ магнитострикционный гидрофон
   miniature-type ~ миниатюрный гидрофон
   omnidirectional ~ всенаправленный гидрофон

piezoelectrical ~ пьезоэлектрический гидрофон
pressure sensitive ~ гидрофон давления
reluctance-type ~ индукционный гидрофон
seismic ~ сейсмический гидрофон; сейсмоприёмник давления; морской сейсмоприёмник
steamer ~ морской сейсмоприёмник, гидрофон в составе морской сейсмоприёмной косы
telemetering ~ гидрофон в телеметрической системе
towed ~ буксируемый гидрофон
variable air-gap ~ ёмкостный гидрофон
water-break ~ морской сейсмоприёмник для регистрации вступления прямой волны, распространяющейся в воде
hydrorig гидрооснастка *(судна морского бурения)*
Hydrosein *фирм.* гидросейн *(морской источник сейсмических сигналов)*
hydrostud гидроштифт
Hydrotan *фирм.* щелочная вытяжка танинов *(понизитель водоотдачи буровых растворов)*
hydrotap отвод с гидроуплотнением *(используется при ремонте подводного трубопровода)*
  pipeline ~ отвод трубопровода с гидроуплотнением
hydroxide гидроксид
  barium ~ гидроксид бария
hyperbola гипербола
  reflection ~ *сейсм.* гиперболический годограф
hypothesis of oil origin гипотеза о происхождении нефти
Hy-Seal *фирм.* резаная бумага *(нейтральный наполнитель для борьбы с поглощением бурового раствора)*

Hysotex *фирм.* лигносульфонат в смеси с угольным порошком *(понизитель водоотдачи буровых растворов)*
Hytex *фирм.* смесь лигносульфоната, синтетических полимеров и угольного порошка *(ингибитор неустойчивых глин)*

I

identification 1. идентификация; опознавание; распознавание; определение; выявление **2.** обозначение; маркировка; клеймение
~ **of deep refraction** *сейсм.* идентификация глубинного преломления
~ **of emergency** выявление аварийной ситуации
~ **of event types** идентификация типов волн
~ **of failure** выявление неисправности; выявление повреждения
~ **of geological features** идентификация геологических объектов
~ **of multiples** *сейсм.* идентификация кратных отражений
~ **of primary event** *сейсм.* идентификация однократных отражений
~ **of strata** *геол.* параллелизация пластов
~ **of unconformities** идентификация несогласно залегающих границ
~ **of wave** идентификация волны
basement ~ идентификация фундамента
bug ~ выявление дефекта
critical parts ~ выявление недостаточно долговечных деталей

defect ~ выявление дефекта
fault ~ идентификация ошибки; выявление неисправности; выявление повреждения
fluid-type ~ определение типа флюида
oil pollution ~ идентификация источника нефтяного загрязнения
reflection event ~ *сейсм.* идентификация отражений, идентификация отраженных волн
refractor ~ *сейсм.* идентификация преломляющего горизонта
seismic event ~ идентификация сейсмической волны
tape ~ *сейсм.* идентификация ленты
trace ~ *сейсм.* идентификация трассы

identifying *геол.* параллелизация *(пластов)*

idiotproof 1. защищённый от поломки при неумелом *или* неосторожном обращении; с защитой от неправильного включения; блокированный **2.** не требующий квалифицированного обслуживания **3.** простой, несложный *(о конструкции)*

idle простаивать; бездействовать ‖ простаивающий; бездействующий; резервный

idler:
  cable-suspension ~ направляющий канатный шкив

ignitable возгорающийся

igniter запал
  electrical ~ электрический запал
  flame ~ пламенный запал

ignition воспламенение, возгорание; зажигание
  electrostatic ~ электростатическое срабатывание *(взрывателя для взрывного бурения)*
  hyperbolic ~ самовоспламенение *(капсюля-взрывателя для взрывного бурения)*
  laser ~ детонация взрывного заряда лучом лазера
  late ~ замедленное зажигание
  magnetic ~ магнитное срабатывание *(электровзрывателя для взрывного бурения)*
  oil-bearing formation autogenous ~ самопроизвольное зажигание нефтеносного пласта

ill-conditioned 1. имеющий параметры, не соответствующие требуемым *(о буровом растворе)* **2.** не проработанный *(о стволе)*

ilmenite ильменит *(утяжелитель цементных растворов)*

image *сейсм.* изображение
  amplitude ~ динамическое изображение
  depth ~ глубинное изображение
  migrated ~ мигрированное изображение
  seismic ~ сейсмическое изображение

imaging построение изображения
  preserving true-amplitude ~ построение изображения с сохранением истинных амплитуд
  reflector ~ построение отражающей границы
  refractor ~ построение преломляющей границы
  seismic ~ сейсморазведочное построение
  structural ~ **1.** структурное построение **2.** построение структурных карт
  travel time ~ построение кинематического изображения

imbibe пропитывать *(погружением)*

imbibition пропитывание *(погружением)*
  capillary ~ капиллярное пропитывание

Imco 2x Conc. *фирм.* загуститель для использования сырой нефти в инвертных эмульсиях

Imco Bar *фирм.* баритовый утяжелитель

Imco Best *фирм.* кальциевый силикат

Imco Brinegel *фирм.* аттапульгитовый глинопорошок для приготовления солестойких буровых растворов

Imco Cal *фирм.* кальциевый лигносульфонат

Imco Cedar Seal *фирм.* измельчённое волокно кедровой древесины (*нейтральный наполнитель для борьбы с поглощением бурового раствора*)

Imco Deform *фирм.* пеногаситель для минерализованных буровых растворов

Imco Drill-S *фирм.* смесь полимерного бактерицида с угольным порошком

Imco EP *фирм.* смазывающая добавка для условий высоких давлений в скважине

Imco Flakes *фирм.* целлофановая крошка (*нейтральный наполнитель для борьбы с поглощением бурового раствора*)

Imco Flo *фирм.* экстракт коры гемлока (*диспергатор*)

Imco Floc *фирм.* селективный флокулянт глин (*антидиспергатор*)

Imco Foamban *фирм.* жидкий пеногаситель

Imco Freepipe *фирм.* поверхностно-активное вещество, хорошо растворимое в нефти и маслах

Imco Fyber *фирм.* измельчённое древесное волокно (*нейтральный наполнитель для борьбы с поглощением бурового раствора*)

Imco Gel *фирм.* глинопорошок из вайомингского бентонита

Imco Gelex *фирм.* диспергатор бентонитовой глины

Imco Holecoat *фирм.* смесь битумов, диспергирующихся в воде

Imco Hyb *фирм.* высокодисперсный бентонитовый глинопорошок

Imco Ken-Gel *фирм.* органофильная глина для приготовления инвертных эмульсий

Imco Kenol-S *фирм.* эмульгатор для приготовления инвертных эмульсий

Imco Kenox *фирм.* гашёная известь

Imco Ken-Pak *фирм.* концентрат для эмульгирования загущённой нефти

Imco Ken-Supreme Conc. *фирм.* эмульгатор жирных кислот

Imco Ken-Thin *фирм.* смесь таллового масла и смоляного мыла

Imco Ken-X Conc. 1 *фирм.* эмульгатор для приготовления инвертных эмульсий

Imco Ken-X Conc. 2 *фирм.* утяжелённая суспензия (*стабилизатор инвертных эмульсий*)

Imco Ken-X Conc. 3 *фирм.* регулятор фильтрации буровых растворов на углеводородной основе

Imco Klay *фирм.* высокодисперсный бентонитовый порошок

Imco Kwik Seal *фирм.* смесь лёгких цементных материалов для изоляции зон поглощения бурового раствора

Imco Lig *фирм.* эмульгатор для приготовления инвертных эмульсий

Imco Loid *фирм.* желатинизированный крахмал

Imco Lubrikleen *фирм.* тугоплавкая смазывающая органическая добавка (*заменитель нефти в буровых растворах на углеводородной основе*)

Imco MD *фирм.* пенообразующий агент для буровых растворов и понизитель трения

Imco Mudiol *фирм.* диспергированный в нефти битум

Imco Myca *фирм.* слюдяная крошка (*нейтральный наполнитель для борьбы с поглощением бурового раствора*)

Imco Plug *фирм.* шелуха арахиса тонкого, среднего и крупного помола (*нейтральный наполнитель для борьбы с поглощением бурового раствора*)

Imco Poly Rx *фирм.* раствор синергического полимера (*многофункциональный реагент и понизитель водоотдачи при температурах до 250 °C*)

Imco PT-102 *фирм.* ингибитор коррозии

Imco QBT *фирм.* экстракт коры квебрахо (*разжижитель и понизитель водоотдачи буровых растворов*)

Imco RD-111 *фирм.* модифицированный лигносульфонат (*диспергатор и стабилизатор буровых растворов на водной основе при высоких температурах*)

Imco SCR *фирм.* поверхностно-активное вещество (*флокулянт глин*)

Imco Spot *фирм.* смесь порошкообразных эмульгаторов

Imco Super Gellex *фирм.* диспергатор бентонитовой глины

Imco Tan *фирм.* экстракт коры квебрахо (*разжижитель и понизитель водоотдачи бурового раствора*)

Imco VC-10 *фирм.* хромолигносульфонат (*диспергатор и понизитель водоотдачи буровых растворов*)

Imco VR *фирм.* структурообразователь для инвертных эмульсий

Imco Wate *фирм.* карбонат кальция (*утяжелитель для буровых растворов на углеводородной основе*)

Imco Wool *фирм.* волокно искусственной шерсти (*нейтральный наполнитель для борьбы с поглощением бурового раствора*)

imitation моделирование (*напр. забойных условий*)

immersion погружение (*частиц твёрдой фазы бурового раствора*)
 dynamic ~ динамическое погружение
 static ~ статическое погружение

immissible несмешивающийся (*о флюидах*)

immune устойчивый (*напр. к коррозии*)

impact удар; ударная нагрузка
 elastic ~ упругий удар
 hydraulic ~ гидравлический удар
 second ~ второй удар, второй толчок (*напр. в источнике сейсмических волн*)
 seismic ~ сейсмический толчок

impactor 1. импактор 2. ударный источник сейсмических волн
 mechanical ~ *сейсм.* ударный источник, ударно-механический источник
 water slug ~ пневматический ускоритель струи (*выбрасываемой при импульсном гидромониторном бурении*)

impairment ухудшение; повреждение; порча; ущерб
 performance ~ ухудшение рабочих характеристик
 productivity ~ ухудшение продуктивности пласта

impedance *сейсм.* импеданс
 acoustic ~ акустический импеданс

elastic ~ акустическая жёсткость *(произведение сейсмической скорости на плотность среды)*
pipeline ~ импеданс трубопровода
impeller 1. вертушка *(скважинного расходомера)* 2. лопастное колесо
axial-flow ~ аксиально-поточная мешалка
pump ~ 1. крыльчатка насоса 2. насосное колесо *(гидропривода)*
turbine ~ турбинное колесо
imperfection 1. несовершенство; недостаток; дефект; изъян 2. место дефекта
design ~ конструктивный дефект
hairline ~ волосная трещина, волосовина
hydrodynamical ~ of well гидродинамическое несовершенство скважины
maintenance ~ нарушение правил технического обслуживания
operational ~ нарушение правил эксплуатации
well ~ несовершенство скважины
well ~ due to method of completion несовершенство скважины вследствие способа заканчивания
well ~ due to partial penetration несовершенство скважины по степени вскрытия
impermeability непроницаемость *(для жидкости и газов)*
gas ~ газонепроницаемость
moisture ~ влагонепроницаемость
imperishability стойкость; неразрушаемость
Impermex *фирм.* желатинизированный крахмал *(понизитель водоотдачи бурового раствора)*

Impermex Preservative *фирм.* желатинизированный крахмал с добавкой антибродильного реагента
impetus *сейсм.* импульс, резкое вступление *(волны)*
implications of unreliability последствия ненадёжности; последствия отказа
imploder имплозивный источник
imporosity отсутствие пористости, плотное строение *(без пор)*
imporous не имеющий пор
impregnate пропитывать *(погружением)*
impregnated 1. пропитанный *(погружением)* 2. импрегнированный ◊ ~ with diamonds импрегнированный алмазами
impregnation 1. пропитывание *(погружением)* 2. импрегнирование
asphalt ~ пропитывание асфальтом
brea ~ закирование
improper 1. неисправный; негодный 2. неправильный, ошибочный
improve 1. улучшать; совершенствовать; модернизировать 2. повышать *(надёжность или качество)*
improvement 1. улучшение; совершенствование; модернизация 2. повышение *(надёжности или качества)*
maintainability ~ повышение показателей ремонтопригодности
product ~ повышение качества и надёжности изделий
reliability ~ повышение надёжности
impulse *сейсм.* импульс
~ of displacement импульс смещения
~ of velocity импульс скорости смещения

seismic ~ сейсмический импульс
impurit/y загрязняющая примесь
  gas ~ies загрязняющие примеси в газе
  mechanical ~ies механические примеси
inaction отказ в работе; бездействие
inactivation вывод из строя
inactive 1. ненагруженный (*о резерве*) 2. выведенный из строя 3. бездействующий (*о скважине*)
inappropriate не удовлетворяющий техническим условиям; несоответствующий; неподходящий
incapacitation выход из строя (*оборудования*)
incentive 1. возбудитель (*пласта*); средство для интенсификации притока 2. поощрительное вознаграждение
  formation ~ средство возбуждения пласта
  quality ~ вознаграждение за обеспечение качества
  reliability ~ вознаграждение за обеспечение надёжности
inception:
  fault ~ возникновение неисправности, зарождение неисправности
inceptive начинающийся; зарождающийся (*напр. об отказе*)
incidence:
  fault ~ появление неисправности
incipient начинающийся; зарождающийся (*напр. об отказе*)
inclination 1. угол наклона (*буровой скважины к горизонту*) 2. угол падения (*пласта*)
  borehole ~ угол наклона скважины
  hole ~ угол наклона скважины

inclinometer 1. инклинометр (*прибор для измерения отклонения оси скважины от вертикали или угла падения пластов*) 2. уклономер 3. креномер ◊ ~ with impulse sender импульсный инклинометр
  bottomhole ~ забойный инклинометр
  continuous action ~ инклинометр непрерывного действия
  electromagnetic ~ электромагнитный инклинометр
  hydrofluoric acid bottle ~ инклинометр с плавиковой кислотой
  lateral ~ креномер
  multiple shot ~ многоточечный инклинометр
  pendulum ~ 1. маятниковый уклономер 2. маятниковый креномер
  potentiometric ~ потенциометрический инклинометр
  single-shot ~ одноточечный инклинометр
  taut wire ~ of position sensing system канатный инклинометр системы ориентации
  well ~ скважинный инклинометр
inclusion 1. примесь 2. загрязнение 3. включение (*посторонних тел в кристалле алмаза*)
  fluid ~ пустота в породе, заполненная жидкостью
  gas ~ газовое включение; раковина; пора
  oil ~ включение нефти
incoherent несементированный (*о породе*)
Incor *фирм.* сульфатоустойчивый цемент
increase возрастание; увеличение || возрастать; увеличиваться ◊ ~ in strength development of set cement нарастание прочности схватившегося цемента

~ **of deformation rate** увеличение скорости деформации (*пласта*)
~ **of deviation hole angle** приращение зенитного угла ствола скважины
~ **of distortion rate** увеличение скорости деформации (*пласта*)
continuous ~ **of velocity with depth** *сейсм.* непрерывное увеличение скорости с глубиной
drilling rate ~ увеличение скорости бурения
linear ~ **of velocity with depth** *сейсм.* линейное увеличение скорости с глубиной
monotonic ~ **of velocity with depth** *сейсм.* монотонное увеличение скорости с глубиной
parabolic ~ **of velocity with depth** *сейсм.* увеличение скорости с глубиной по параболическому закону
permeability ~ увеличение проницаемости (*горных пород*)
pressure ~ повышение давления
velocity ~ *сейсм.* увеличение скорости
increaser переходник
tapered ~ расширяющийся конусный переходник (*в трубопроводе*)
increment приращение; прирост; увеличение
length ~ шаг (*буров*) по длине
load ~ увеличение нагрузки
minor ~ минимальное расстояние (*между сейсмоприёмниками*)
reliability ~ приращение показателя надёжности
incumbent вышележащий (*о пласте*)
indentation 1. углубление; вмятина 2. инденторное воздействие; вдавливание

bearing race ~ вмятина на канавке подшипника
index коэффициент; индекс; показатель
~ **of failure** признак отказа
~ **of operational availability** показатель эксплуатационной готовности
achievement ~ коэффициент готовности (*проекта буровых работ*)
aromatic adsorption ~ индекс адсорбции ароматических углеводородов
asphalt penetration ~ показатель пенетрации асфальта
bond ~ показатель связи, показатель сцепления (*цемента с обсадной колонной*)
carbonization ~ **of oil** показатель испаряемости масла
complaint ~ показатель числа рекламаций
controllability ~ показатель контролепригодности
corrected neutron porosity ~ исправленное значение коэффициента пористости по нейтронному каротажу
corrosion ~ показатель коррозии
defective ~ показатель брака; индекс дефектности
depletion drive ~ показатель режима истощения
diesel ~ дизельный индекс (*показатель, характеризующий воспламенительные свойства дизельного топлива*)
double bond ~ индекс двойной связи (*показатель содержания ароматических и непредельных соединений в нефтепродуктах*)
drillability ~ индекс буримости
driving ~ коэффициент эффективности режима
fail-safe ~ показатель надёжности при отказе отдельных элементов

failure rate ~ интенсивность отказов
fatigue performance ~ усталостная характеристика
fluid hydrogen ~ водородный индекс флюида
formation drillability ~ буримость породы
formation water hydrogen ~ водородный индекс пластовой воды
free fluid ~ индекс свободного флюида
gamma-ray ~ относительный параметр гамма-каротажа; относительная интенсивность гамма-излучения
gas cap drive ~ коэффициент нефтеотдачи при режиме газовой шапки
gas hydrogen ~ водородный индекс газа
go-no-go ~ показатель годности
grindability ~ показатель измельчения *(породы)*
hardness ~ показатель твёрдости
hazard ~ показатель опасности *(отказа)*
hourly reliability ~ почасовой показатель надёжности
hydraulic ~ гидравлический модуль *(цемента)*
hydrocarbon hydrogen ~ водородный индекс углеводородов
hydrogen ~ водородный индекс
incremental failure ~ коэффициент приращения интенсивности отказов
independent viscosity ~ независимый индекс вязкости *(относительный показатель зависимости вязкости от температуры)*
injectivity ~ коэффициент приёмистости *(скважины при нагнетании)*

limestone porosity ~ коэффициент пористости, вычисленный по каротажу для известкового скелета
liquid hydrogen ~ водородный индекс жидкости
maintainability ~ показатель ремонтопригодности
maintenance ~ показатель качества технического обслуживания
maintenance support ~ показатель трудоёмкости технического обслуживания
maximum producible oil ~ максимальный коэффициент промышленной нефтеотдачи пласта
mud-filtrate hydrogen ~ водородный индекс фильтрата бурового раствора
oil hydrogen ~ водородный индекс нефти
oil solubility ~ индекс растворимости нефти
operability ~ показатель работоспособности
operational reliability ~ показатель технической надёжности
permeability ~ коэффициент проницаемости
porosity ~ показатель пористости
producible oil ~ коэффициент нефтеотдачи *(пласта)*
production ~ of well коэффициент продуктивности скважины *(число баррелей нефти, добываемой в сутки)*
productivity ~ of well коэффициент продуктивности скважины *(число баррелей нефти, добываемой в сутки)*
rational viscosity ~ относительный индекс вязкости *(показатель зависимости вязкости от температуры)*

index

reduced injectivity ~ приведённый коэффициент приёмистости
refractive ~ показатель преломления; коэффициент преломления
relative refraction ~ относительный показатель преломления
reliability ~ показатель надёжности; коэффициент надёжности; показатель безотказности
reliability design ~ расчётный показатель надёжности
reliability matrix ~ показатель уровня надёжности
reliability maturity ~ показатель уровня надёжности
resistivity ~ коэффициент увеличения сопротивления
rock drillability ~ буримость породы
safety ~ коэффициент надёжности; коэффициент безопасности; запас прочности
secondary porosity ~ коэффициент вторичной пористости
security ~ показатель эксплуатационной безопасности
serviceability ~ показатель эксплуатационной пригодности
specific-injectivity ~ коэффициент приёмистости (скважины)
specific-productivity ~ удельный коэффициент продуктивности
viscosity ~ индекс вязкости
water-drive ~ коэффициент нефтеотдачи при водонапорном режиме
well flow ~ коэффициент продуктивности скважины

indication 1. отсчёт, показание (прибора) 2. признак 3. индикация; указание; обозначение
~ **of inspection status** представление результатов проверки (напр. принятие или отбраковка изделий)
~**s of oil** признаки нефтеносности; признаки нефти
direct oil ~**s** прямые признаки нефти
failure ~ 1. индикация неисправностей; индикация отказов 2. сигнал неисправности
fault ~ индикация неисправностей
favorable oil ~**s** благоприятные признаки нефтеносности
geophysical ~ обнаружение с помощью геофизических методов
negative oil ~**s** отрицательные признаки нефтеносности
normal ~ индикация исправного состояния
prolific oil ~**s** признаки наличия больших запасов нефти
primary oil ~**s** первичные признаки нефти
secondary oil ~**s** вторичные признаки нефти
surface ~**s** поверхностные признаки (нефтеносности)
trouble ~ индикация неисправностей

indicator 1. индикатор; контрольно-измерительный прибор; указатель 2. признак, указывающий на наличие нефти 3. показатель
anchor chain tension ~ индикатор натяжения якорной цепи (бурового судна или плавучей полупогружной буровой платформы)
anchor line tension ~ индикатор натяжения якорного каната (бурового судна или полупогружной буровой платформы)
angle-azimuth ~ датчик азимутов инклинометра
availability ~ индикатор готовности (устройства к работе)

indicator

ball joint angle ~ индикатор угла наклона шарового шарнира *(водоотделяющей колонны)*
bit pressure ~ указатель нагрузки на долото
blowout preventer ram position ~ индикатор положения плашек противовыбросового превентора
buoyancy level ~ поплавковый уровнемер
crane load moment ~ индикатор грузового момента крана *(бурового судна)*
depth ~ индикатор глубины; указатель глубины
diagnostic ~ диагностический показатель
differential-type weight ~ дифференциальный индикатор нагрузки на буровой инструмент
drift ~ инклинометр *(для определения азимутального и вертикального отклонения скважины)*
drill string compensator position ~ индикатор положения компенсатора
drilling efficiency ~ индикатор эффективности бурения
drilling-mud density ~ индикатор плотности бурового раствора
drilling-mud pit gain-loss ~ индикатор колебаний объёма бурового раствора в резервуаре
drilling-mud pit level ~ индикатор уровня бурового раствора в резервуаре
drilling-mud pit volume ~ индикатор объёма бурового раствора в резервуаре
drilling-mud pressure reading ~ показывающий манометр давления бурового раствора
drilling-mud temperature ~ индикатор температуры бурового раствора
explosive-gas ~ сигнализатор взрывоопасных газов
failure ~ индикатор неисправности
false oil ~ ложный индикатор нефти
fault ~ дефектоскоп; индикатор повреждений
float drilling mud pit level ~ поплавковый индикатор уровня бурового раствора в резервуаре
float level ~ поплавковый уровнемер
flow ~ 1. указатель дебита 2. индикатор расхода; расходомер
free point ~ индикатор глубины прихвата колонны *(бурильных или насосно-компрессорных труб)*, прихватоопределитель
freezing point ~ локатор точки прихвата
gas ~ индикатор газа
gas leak ~ течеискатель
go-no-go ~ индикатор годности
heave compensator position ~ индикатор положения компенсатора вертикальной качки
hitch load ~ индикатор нагрузки на зацеп *(стингера трубоукладочной баржи)*
hook position ~ индикатор положения крюка
hydrocarbon ~ признак наличия углеводородов
integrated reliability ~ комплексный показатель надёжности
laser direction ~ лазерный указатель направления
leakage ~ течеискатель
load ~ указатель нагрузки *(бурового каната, насосной штанги)*

marine riser angle ~ индикатор угла наклона водоотделяющей колонны
mud density and temperature ~ индикатор плотности и температуры бурового раствора
mud-flow ~ расходомер бурового раствора
mud-pit ~ индикатор объёма бурового раствора в резервуаре
mud-pressure ~ манометр бурового раствора
overflow ~ указатель перелива
performance ~ прибор для определения рабочих характеристик
piesometric level ~ пьезометрический уровнемер
pit level ~ индикатор уровня *(бурового раствора)* в резервуаре
pit volume ~ индикатор объёма *(бурового раствора)* в резервуаре
pressure ~ указатель давления, индикатор давления
pump speed ~ указатель скорости насоса
pump volume ~ указатель производительности насоса
radial cement thickness ~ центрометр *(скважинный)*
ram position ~ индикатор положения плашек *(противовыбросового превентора)*
reliability ~ показатель надёжности
riser angle ~ индикатор угла наклона водоотделяющей колонны
service ~ **1.** сигнал о необходимости технического обслуживания **2.** показатель уровня обслуживания
sonde ~ индикатор зонда
speed ~ указатель скорости *(вращения ротора)*
structure ~ маркирующий горизонт
system fault ~ индикатор неисправностей системы
tank level ~ индикатор уровня жидкости в резервуаре
template level ~ индикатор положения донной опорной плиты
tilt ~ наклономер
tongs-torque ~ индикатор крутящего момента на ключе
ton-mile ~ индикатор работы, выполненной канатом
torque ~ **1.** указатель крутящего момента **2.** торсиометр
tubing load distribution ~ индикатор распределения нагрузки на насосно-компрессорные трубы *(в двухпластовых скважинах)*
water ~ **1.** указатель притока воды **2.** водомерное стекло
weight ~ индикатор нагрузки на буровой инструмент
weight-on-the-bit ~ индикатор нагрузки на долото
Induction Electrolog *фирм.* аппаратура для измерения кажущегося сопротивления индукционным зондом и потенциал-зондом и потенциалов самопроизвольной поляризации
Induction Log *фирм.* аппаратура индукционного каротажа с зондом большого радиуса исследования
Induction Spherically Focused Log *фирм.* комбинированный прибор двухзондового индукционного каротажа и бокового микрокаротажа со сферической фокусировкой
inductolog индукционный каротаж
industry промышленность
drilling ~ буровая промышленность *(выпускающая буровое оборудование и реагенты)*

extractive ~ добывающая промышленность
gas ~ газовая промышленность; газовая отрасль; газодобывающая промышленность
gas-and-oil producing ~ нефтегазодобывающая промышленность
gas-processing ~ газоперерабатывающая промышленность
gas-production ~ газодобывающая промышленность
geophysical ~ 1. геофизические методы разведки 2. геофизическое приборостроение
hydrocarbon process ~ промышленность химической переработки углеводородов, нефтехимическая промышленность
international oil ~ мировая нефтяная промышленность
mineral resource ~ горнодобывающая промышленность
minerals ~ горнодобывающая промышленность
mining ~ горная промышленность, горнодобывающая промышленность
natural gas ~ газовая промышленность
oil ~ нефтяная промышленность; нефтедобывающая промышленность
oil-producing ~ нефтедобывающая промышленность
oil-refining ~ нефтеперерабатывающая промышленность
petrochemical ~ нефтехимическая промышленность
petroleum ~ нефтяная промышленность; нефтедобывающая промышленность
petroleum refining ~ нефтеперерабатывающая промышленность
seismic ~ 1. сейсмическая разведка 2. сейсмическое приборостроение

well-logging ~ 1. геофизические исследования в скважинах; каротаж 2. промышленность, выпускающая каротажное оборудование
infallibility 1. безотказность; надёжность 2. безошибочность
infection разъедающее влияние *(продуктов коррозии)*
infill загущать *(проектную сетку скважин)*
infiller скважина, пробуренная при уплотнении первоначальной сетки размещения скважин
infilling 1. заполнение 2. загущение *(проектной сетки скважин)*
~ **of joints** естественное заполнение трещин
infiltration 1. инфильтрация, просачивание 2. пропускание через фильтр 3. фильтрат
water ~ просачивание воды *(поверхностной и атмосферной)*
inflammability возгораемость
inflammable возгорающийся
inflammation воспламенение; возгорание
gas ~ возгорание газа
oil-bearing formation ~ самопроизвольное возгорание нефтеносного пласта
inflatable надувной *(о пакере)*
inflation:
packer ~ раздувание пакера
inflator нагнетательный насос
inflow приток; втекание; поступление *(воды, воздуха, жидкого флюида в скважину)*; впуск *(жидкости или газа)*
mud filtrate ~ проникновение фильтрата бурового раствора
oil ~ приток нефти
water ~ водопроявление; приток воды, поступление воды *(в скважину)*

influence влияние ◊ **to exercise ~ over the drilling** оказывать влияние на бурение
~ **of ambient conditions** влияние окружающих условий
~ **of borehole** влияние скважины
~ **of enclosing rock** влияние вмещающих горных пород
~ **of invaded zone** влияние зоны проникновения
governmental ~ влияние правительства *(на цену газа)*
reciprocal ~ **of deposits** взаимодействие залежей

influx приток *(воды, воздуха, нефти, газа в скважину)*
cumulative gas ~ суммарный приток газа *(из пласта)*
cumulative water ~ суммарное количество вторгшейся *(из пласта)* воды
fluid ~ приток жидкости *(в скважину)*
liquid ~ приток жидкости *(в скважину)*
water ~ обводнение; приток воды *(в пласт)*
water encroachment ~ наступление воды *(в залежь)*

information информация; сведения; данные
bedrock-depth ~ данные о глубине залегания коренных пород
borehole ~ скважинная информация
diagnostic ~ диагностическая информация
downhole ~ данные исследований в скважинах
emergency ~ информация об аварийной ситуации
failure ~ информация об отказах
geological ~ геологические данные; геологическая информация
log ~ данные каротажа
log heading ~ информация заголовка каротажной диаграммы
logging ~ каротажные данные, каротажная информация
magnetotelluric ~ магнитотеллурическая информация
near-surface velocity ~ *сейсм.* данные о скоростях в верхней части разреза
overburden velocity ~ *сейсм.* данные о скоростях в перекрывающих отложениях
porosity ~ данные о пористости
reflection ~ *сейсм.* данные, полученные методом отражённых волн
refraction ~ *сейсм.* данные, полученные методом преломлённых волн
reliability ~ информация о надёжности
secondary ~ *сейсм.* данные, полученные по последующим *(не первым)* вступлениям
seismic ~ сейсмическая информация; сейсмические данные
time ~ *сейсм.* данные о времени пробега *(волн)*
travel time ~ *сейсм.* кинематический данные
velocity ~ *сейсм.* данные о скоростях
velocity-derived ~ *сейсм.* данные скоростного анализа
well ~ скважинная информация, скважинные данные
well log ~ каротажная информация

infrastructure инфраструктура
gas ~ инфраструктура газовой отрасли
pipeline ~ инфраструктура трубопроводной сети

infringement of rules нарушение правил *(напр. технического обслуживания)*

infusion нагнетание ◊ ~ **in seam** нагнетание в пласт
   long-hole ~ нагнетание *(воды в пласт)* по глубоким скважинам

ingress 1. поступление; проникновение 2. проявление
   ~ **of gas** 1. поступление газа 2. газопроявление
   ~ **of oil** 1. поступление нефти 2. нефтепроявление
   ~ **of water** 1. поступление воды 2. водопроявление
   mud filtrate ~ проникновение фильтрата бурового раствора
   slurry ~ прорыв шлама

inhaust засасывать, всасывать *(напр. газовую смесь)*

inhibition:
   ~ **of corrosion** уменьшение действия коррозии, пассивирование
   failure ~ предотвращение отказа

inhibitor 1. ингибитор *(коррозии)*; замедлитель окисления; замедлитель коррозии, противоокислитель, антиокислитель 2. химический стабилизатор; реагент, приостанавливающий *или* замедляющий химическую реакцию; реагент, способствующий образованию защитной плёнки 3. замедлитель схватывания цемента
   acid corrosion ~ ингибитор кислотной коррозии
   alkali corrosion ~ ингибитор щелочной коррозии
   atmospheric corrosion ~ ингибитор атмосферной коррозии
   chemical corrosion ~ химический ингибитор коррозии
   combined corrosion ~ комбинированный ингибитор коррозии *(ингибитор, состоящий из веществ различной полярности)*
   corrosion ~ антикоррозионная добавка; ингибитор коррозии; замедлитель коррозии
   dianodic corrosion ~ двуханодный ингибитор коррозии
   diluted corrosion ~ разбавленный ингибитор коррозии
   emulsion ~ ингибитор образования эмульсии, антиэмульгатор
   gum ~ ингибитор смолообразования *(в светлых нефтепродуктах)*
   hydrate ~ ингибитор образования гидратов *(в газопроводе)*
   oxidation ~ 1. ингибитор окисления, антиоксидант; замедлитель окисления 2. антиокислитель, противоокислительная присадка *(масла)*
   paraffin ~ вещество *(нагнетаемое в скважину)* для предотвращения отложения парафина *(на стенках)*
   rust ~ ингибитор коррозии
   scale ~ ингибитор образования отложений *(в трубопроводах при нагнетании воды в пласт)*
   vapor corrosion ~ парообразный ингибитор коррозии; летучий ингибитор коррозии
   vapor-phase ~ парофазный ингибитор коррозии

inhomogeneity неоднородность
   ~ **of reservoir** неоднородность коллектора
   geological ~ геологическая неоднородность
   isotropic ~ изотропный слой
   local ~ локальная неоднородность
   near-surface ~ приповерхностная неоднородность

initiation зарождение, возникновение *(напр. отказа)*; образование
   ~ **of corrosion** возникновение коррозии

initiation

blast ~ инициирование взрыва
crack ~ зарождение трещины; возникновение трещины
fatigue crack ~ возникновение усталостной трещины

initiator 1. инициирующее взрывчатое вещество 2. инициатор *(внутрипластового горения)*

inject вспрыскивать; нагнетать; закачивать *(цемент в поры и трещины породы)* ◊ to ~ gas подавать газ *(при газлифте)*

injectability приёмистость *(нагнетательной скважины)*

injection впрыскивание; нагнетание; закачивание ◊ ~ into aquifer нагнетание *(воды)* в законтурную часть *(коллектора нефти)*; ~ into bed нагнетание *(воды)* в пласт; ~ into oil zone нагнетание *(воды)* в нефтяную часть залежи
~ of water without additives заводнение без добавок
acid ~ закачивание кислоты
acid sewage water ~ into bed закачивание в пласт кислых сточных вод
agent ~ закачивание реагента
air ~ нагнетание воздуха
carbon dioxide ~ нагнетание *(в пласт)* диоксида углерода *(для вытеснения нефти)*
carbon dioxide water ~ нагнетанание карбонизированной воды *(в коллектор нефти)*
carbonized water ~ нагнетание карбонизированной воды *(в коллектор нефти)*
cement ~ цементирование *(при помощи цементационного инжектора или насоса)*
cement grout ~ нагнетание цементного раствора
cement slurry ~ нагнетание цементного раствора
circulation steam ~ циркуляционное нагнетание пара *(в коллектор нефти)*
continuous inhibitor ~ непрерывная подача ингибитора
continuous steam ~ непрерывное закачивание пара
control fluid ~ контрольная закачка флюида *(в лубрикатор)*
cumulative ~ in pore volumes суммарный нагнетательный объём, выраженный в отношении к объёму пор *(пласта или керна)*
cyclic inhibitor ~ циклическая подача ингибитора
cyclic steam ~ циклическое нагнетание пара *(в коллектор нефти)*
dispersed gas ~ площадное закачивание газа
dispersed pattern-type ~ площадная система нагнетания воды
downdip gas ~ закачивание газа в нижнюю часть пласта
enriched-gas ~ нагнетание обогащённого газа *(в коллектор нефти с целью повышения нефтеотдачи)*
external gas ~ закачивание газа в газовую шапку
gas ~ нагнетание природного газа *(в коллектор нефти)*
gas ~ into gas cap закачивание газа в газовую шапку
gas ~ into upper zone of formation закачивание газа в сводную часть пласта
gravity ~ самотёчный сброс в пласт
grease ~ закачка смазки *(в лубрикатор)*
grout ~ закачка цементного раствора *(в породу)*
heat ~ подведение тепла *(в пласт)*

heat carrier ~ закачивание теплоносителя *(в коллектор нефти)*
heat transfer agent ~ закачивание теплоносителя *(в коллектор нефти)*
high pressure gas ~ нагнетание газа *(в коллектор нефти)* под большим давлением
hot-fluid ~ нагнетание горячих флюидов *(в коллектор нефти)*
hot-water ~ закачивание горячей воды *(в коллектор нефти)*
huff-and-puff ~ метод циклического нагнетания пара в ствол скважины
immiscible fluid ~ закачивание несмешивающихся жидкостей
inert gas ~ закачивание инертных газов
inhibitor ~ подача ингибитора *(в скважину, трубопровод)*
intermittent steam ~ периодическое закачивание пара
liquid solvent ~ нагнетание жидкого растворителя *(в коллектор нефти)*
marginal gas ~ приконтурное закачивание газа
matrix ~ нагнетание раствора в поры породы
oil ~ впрыск масла
pilot gas ~ пробное закачивание газа
scraper pig ~ запуск скребка *(в трубопровод)*
selective water ~ раздельное закачивание воды
sewage water ~ закачивание сточных вод
steam ~ нагнетание пара в пласт *(для повышения нефтеотдачи)*
test ~ пробное закачивание
uniform dispersed gas ~ равномерное закачивание газа по площади

water ~ закачивание воды; нагнетание воды *(в пласт)*
injectivity приёмистость *(нагнетательной скважины)*
injector 1. впрыскиватель, инжектор 2. затвор трубопровода *(для запуска скребков)* 3. струйный насос
cement ~ цементировочный инжектор-контейнер
downhole radioactive isotope ~ скважинный инжектор изотопов
explosive capsule ~ механизм подачи торпед при взрывном бурении
grout ~ 1. цементный инжектор 2. установка для цементирования скважин
pig ~ затвор для запуска скребков *(в трубопровод)*
self-priming ~ автоматически подсасывающий инжектор
injury 1. повреждение 2. травма; *pl* травматизм *(на производстве)*
inleakage приток; просачивание
air ~ просачивание воздуха *(в трубопровод)*
inlet 1. впуск 2. впускное отверстие
air ~ 1. впуск воздуха, всасывание воздуха 2. отверстие для подвода воздуха 3. клапан для впуска воздуха, воздушный клапан
air suction ~ отверстие для всасывания воздуха
suction ~ всасывающее отверстие
inline 1. линейный *(об инклинометре, установленном в середине бурильной колонны)* 2. вдоль линии наблюдения *(о расположении сейсмоприёмников)*
innage 1. заполненный нефтепродуктом объём *(в резервуаре)* 2. содержимое *(резервуара)*

shell ~ заполненная часть *(резервуара или цистерны)*
inoperability 1. неработоспособное состояние 2. непригодность к эксплуатации
complete ~ полная неработоспособность
input 1. потребляемая мощность 2. подводимая мощность 3. количество воды, закачиваемой в нагнетательную скважину
inrush 1. внезапный обвал *(породы)* 2. прорыв *(газа, воды, или плывуна)* 3. выделение *(нефти или газа)*
~ of gas выделение газа *(при бурении)*
~ of oil выделение нефти *(при бурении)*
~ of oil and gas выделение нефти и газа *(при бурении)*
gas ~ прорыв газа
water ~ прорыв воды
insert 1. вставка; вкладыш; втулка; вкладка ‖ вставлять; запрессовывать 2. твёрдосплавная пластинка *(в буровом породоразрушающем инструменте)* 3. спускать *(трубы в скважину)* ◊ to ~ the casing спускать колонну обсадных труб
bit ~ 1. пластинка; резец; штырь 2. вставка из твёрдого сплава *(в долоте или коронке)*
button-like ~s круглые алмазосодержащие штабики для расширителей
carbide ~ твёрдосплавный штырь; пластинка твёрдого сплава *(для армирования долот и коронок)*
carbide cutting ~ твёрдосплавная режущая пластина
carbide indexable ~ твёрдосплавная многогранная режущая пластина
chisel crest ~ остроконечный резец буровой коронки

coated carbide ~ твёрдосплавная режущая пластина с *(износостойким)* покрытием
conical crest ~ резец с конической вершиной *(для буровой коронки)*
conical shaped ~ резец с конической вершиной *(для буровой коронки)*
conical top ~ резец с конической вершиной *(для буровой коронки)*
cylinder head valve ~ съёмное седло клапана головки цилиндров *(дизельного двигателя)*
diamond-carbide ~ твёрдосплавная вставка, армированная алмазами
diamond-set ~ металлическая вставка, армированная алмазами
hard-alloy ~ 1. твёрдосплавный вставной зуб *(бурового долота)* 2. твёрдосплавный защитный элемент *(скважинного инструмента)*
hard-metal ~ пластинка твёрдого сплава *(в буровом наконечнике)*
large diameter chisel crest ~ остроконечный резец большого диаметра для буровой коронки
low offset ~ твёрдосплавный резец малой длины *(для буровой коронки)*
projectile shaped ~ остроконечный резец *(для буровой коронки)*
protection ~ защитная вставка *(бурового долота)*
removable ~ съёмная вставка *(отводного устройства водоотделяющей колонны или сборки противовыбросовых превенторов)*
replaceable ~s алмазосодержащие пластинки *(впаиваемые в корпус коронки или расширителя)*

replaceable cutting ~ сменная режущая пластина
rotating ~ вращающаяся вставка *(отводного устройства с вращающимся уплотнителем)*
tungsten-carbide ~ твёрдосплавный резец из карбида вольфрама; вставка из карбида вольфрама *(для головок буров и калибрующих расширителей)*
inset армированный; со вставленными алмазами
in-situ в естественном залегании
inspected подвергнутый контролю; проверенный; осмотренный; принятый ◊ **~ for failure** проверенный на наличие отказов; **~ out** отбракованный при проверке
inspection 1. осмотр; проверка; приёмочный контроль; браковка 2. обследование; ознакомление 3. дефектоскопия
acceptance ~ приёмочный контроль
acoustic ~ акустическая диагностика
complete ~ полный контроль; сплошной контроль
conformance ~ проверка соответствия *(техническим условиям)*
destructive ~ разрушающий контроль, контроль с разрушением образца
detail ~ сплошной контроль
diagnostic ~ диагностический контроль; диагностическая проверка
engineering ~ технический контроль; технический осмотр
failure-finding ~ контроль с целью поиска неисправностей
flaw ~ дефектоскопия
go-no-go ~ проверка годности
hundred percent ~ сплошной контроль

incomplete ~ неполный контроль
in-service ~ технический контроль в процессе эксплуатации
installation ~ контроль в процессе монтажа оборудования
joint ~ совместный контроль *(силами поставщика и заказчика)*
laser ~ лазерная дефектоскопия
liquid penetrant ~ капиллярная дефектоскопия
maintenance ~ 1. технический осмотр 2. профилактический осмотр
maintenance readiness ~ проверка готовности к техническому обслуживанию
microwave ~ радиочастотная дефектоскопия
nondestructive ~ контроль без разрушения образца, неразрушающий контроль
one-hundred per cent ~ сплошной контроль
operational readiness ~ проверка эксплуатационной готовности
preliminary engineering ~ предварительный технический осмотр
preservice ~ технический контроль до начала эксплуатации
preventive ~ 1. профилактический осмотр; профилактическая проверка; предупредительный контроль 2. текущий контроль
radiographic ~ рентгенодефектоскопия *(сварных швов)*
rectifying ~ контроль с разбраковкой
recycling ~ регламентная проверка
reliability ~ проверка надёжности; проверка безотказности

inspection

routine ~ текущий контроль; регулярная проверка; профилактический осмотр
safety ~ 1. инспекция по технике безопасности 2. проверка соблюдения требований техники безопасности
screening ~ сплошной контроль
standard ~ контроль по стандартной методике
suitability ~ контроль пригодности
total ~ сплошной контроль
ultrasonic ~ ультразвуковой контроль; ультразвуковая дефектоскопия
verification ~ контрольная проверка

inspector 1. контролёр; приёмщик; дефектоскопист 2. наблюдатель *(при испытаниях)* 3. инспектор
chief ~ начальник отдела технического контроля
engineering ~ технический инспектор
factory ~ контролёр на предприятии
maintenance ~ инспектор по техническому обслуживанию
reliability ~ инспектор службы обеспечения надёжности
safety ~ инспектор по технике безопасности
safety engineering ~ инспектор по технике безопасности

inspectorate отдел технического контроля; штат контролёров; орган надзора

inspectoscope дефектоскоп

inspissate сгущаться, конденсироваться; улетучиваться *(о лёгких компонентах нефти)*

inspissation процесс улетучивания *(лёгких компонентов нефти)*; сгущение, уплотнение

installation 1. установка; устройство; агрегат; система 2. оборудование; аппаратура 3. размещение, расположение 4. установка *(оборудования)*, монтаж 5. ввод в эксплуатацию; внедрение
cathodic protection ~ установка катодной защиты
compressor ~ компрессорная установка
diver-assisted ~ установка *(бурового подводного оборудования)* с помощью водолазов
diverless ~ установка *(бурового подводного оборудования)* без помощи водолазов
drilling mud reconditioning ~ установка для регенерации бурового раствора
fast pumping ~ быстроходная насосная установка
field ~ промысловая установка
fluid extinguishing ~ установка жидкостного пожаротушения
gas-cleaning ~ газоочистная установка
gas-extinguishing ~ установка газового пожаротушения
geared pumping power ~ центральный групповой привод для насосных установок
ground ~ наземное оборудование
liquid natural gas ~ установка для производства сжиженного природного газа
movable ~ передвижная установка
pipe ~ 1. прокладка труб 2. трубопровод; трубопроводная сеть
rope ~ навеска каната
scraper ~ установка скребков

instant момент
~ of explosion *сейсм.* момент взрыва
~ of shot *сейсм.* момент взрыва

Instaseal *фирм.* смесь грубоизмельчённого бентонита с перлитом *(нейтральный наполнитель для борьбы с поглощением бурового раствора)*
Institute:
~ **of Gas Technology** Институт технологии газа *(США)*
~ **of Geological Sciences** Институт геологических наук *(Великобритания)*
~ **of Petroleum** Институт нефти *(Великобритания)*
American ~ **of Chemical Engineers** Американский институт инженеров-химиков
American ~ **of Chemists** Американский институт химиков
American ~ **of Mining and Metallurgical Engineers** Американский институт инженеров горной и металлургической промышленности
American Geological ~ Американский геологический институт
American National Standards ~ Американский национальный институт стандартов
American Petroleum ~ Американский нефтяной институт
Massachusetts ~ **of Technology** Массачусетский технологический институт *(США)*
National Lubricating Grease ~ Национальный институт смазочных материалов *(США)*
National Petroleum ~ Национальный нефтяной институт *(США)*
Singapore ~ **of Standards and Industrial Research** Сингапурский институт стандартов и промышленных исследований материалов *(США)*

Institution:
~ **of Petroleum Technologists** Институт нефтяников-технологов *(Великобритания)*
British Standards ~ Британский институт стандартов
Joint Oceanographic ~ **for Deep Earth Sampling** Объединённое океанографическое общество глубокого бурения
institution:
regulatory ~ регулятивный орган
standardization ~ институт стандартизации
instruction 1. инструкция; руководство 2. инструктаж 3. команда ◊ ~ **for use** инструкция по эксплуатации; *pl* правила эксплуатации
acceptance inspection ~ инструкция по приёмочному контролю
engineering ~ 1. инструкция по техническому обслуживанию 2. *pl* правила технической эксплуатации
field operation ~ инструкция по технике безопасности
inspection-and-test ~ инструкция по проведению осмотра и испытаний
maintenance ~ инструкция по техническому обслуживанию
operating ~ инструкция по эксплуатации
overhaul ~ инструкция по капитальному ремонту
safety ~ инструкция по технике безопасности
service ~ инструкция по эксплуатации; *pl* правила эксплуатации
test ~ инструкция по проведению испытаний
working ~ инструкция по эксплуатации; *pl* правила эксплуатации

instrument

instrument 1. измерительный прибор 2. инструмент
activation logging ~s аппаратура активационного каротажа
active ~ прибор с собственным источником возбуждения
Barnaby ~ прибор Барнэби *(для радиоактивного каротажа буровых скважин)*
borehole surveying ~ 1. прибор для геофизических исследований в скважинах 2. инклинометр *(прибор для замера вертикального и азимутального направлений скважины)*
caliper logging ~ кавернометр
carbon-oxygen logging ~ прибор *(импульсного активационного)* углеродно-кислородного каротажа
downhole ~ скважинный прибор; каротажный прибор
drilling ~ измерительный прибор для бурения
earthquake ~ сейсмологический прибор
Eastman survey ~ инклинометр Истмана
electrical resistivity exploration ~ электроразведочный прибор для метода сопротивлений
free drop ~ свободно сбрасываемый прибор
gamma-ray ~s аппаратура гамма-каротажа
geophysical ~ геофизический прибор
go-devil ~ сбрасываемый *(в скважину)* прибор
induction logging ~s аппаратура индукционного каротажа
logging ~ скважинный прибор; каротажный прибор; каротажная аппаратура
long-period ~ низкочастотный сейсмоприёмник

Maas survey ~ инклинометр Мааса *(комбинация пробирки с плавиковой кислотой и компаса, плавающего в расплавленном желатине)*
magnetic ~s магнитометрическая аппаратура
measuring-while-drilling ~ прибор для измерений в процессе бурения
microprofile caliper log ~ микропрофильный нутромер
mud-loss ~ прибор для определения зоны ухода бурового раствора
multiple-photograph orientation ~ прибор для ориентировки скважин путём многократного фотографирования
multiple-shot ~ многоточечный инклинометр
neutron lifetime logging ~ прибор импульсного нейтронного каротажа по времени спада тепловых нейтронов
neutron logging ~s аппаратура нейтронного каротажа
passive ~ прибор без собственного источника возбуждения
production control ~ прибор регулирования дебита *(скважины)*
prospecting ~ разведочный прибор
pulsed neutron well logging ~ прибор импульсного нейтронного каротажа
radiation-measuring ~ приёмник излучения
radioactivity ~ прибор радиоактивного каротажа
radiolite survey ~ фотоинклинометр с радиоактивной краской *(для фиксации показаний компаса и индикаторов наклона)*
radiometric ~s радиометрическая аппаратура

recording ~s регистрирующая аппаратура
refraction ~ *сейсм.* прибор метода преломлённых волн
registering ~ регистрирующий прибор
sampling ~ прибор для отбора проб, пробоотборник
seismic ~ сейсмический прибор; *pl* сейсмическая аппаратура
seismic-prospecting ~ сейсморазведочный прибор
single-shot ~ одноточечный инклинометр
strong-motion ~ сейсмоприёмник для очаговой зоны
surface ~ наземный прибор
surveying ~ прибор для измерения искривления скважины
thermal decay-time logging ~ прибор импульсного нейтронного каротажа по времени спада тепловых нейтронов
thermal-neutron-detection ~ прибор нейтронного каротажа по тепловым нейтронам
well logging ~ скважинный прибор; каротажный прибор
well surveying ~ прибор для исследований в скважине
wireline ~ прибор, спускаемый *(в скважину)* на кабеле
instrumentation 1. контрольно-измерительные приборы; контрольно-измерительная аппаратура **2.** оснащение контрольно-измерительными приборами; оснащение контрольно-измерительной аппаратурой
diagnostic ~ диагностическая аппаратура
downhole ~ забойные датчики
failure ~ аппаратура для обнаружения неисправностей
geophysical ~ геофизическая измерительная аппаратура
induction logging ~ аппаратура индукционного каротажа
logging ~ скважинная геофизическая аппаратура; каротажная аппаратура
mud system ~ контрольно-измерительные приборы системы циркуляции бурового раствора
reflection ~ *сейсм.* аппаратура метода отражённых волн
seismic ~ сейсмическая аппаратура
strong-motion ~ *сейсм.* аппаратура для очаговой зоны
test ~ испытательная аппаратура
well logging ~ скважинная геофизическая аппаратура; каротажная аппаратура
insulation 1. изоляция **2.** изоляционный материал
multilayered ~ многослойная теплоизоляция *(обсадных труб, применяемых в условиях многолетнемёрзлых пород или при тепловом воздействии на пласт с целью повышения нефтеотдачи)*
intake 1. впуск; приём; всасывание **2.** всасываемая *(насосом или компрессором)* жидкость **3.** приёмистость; поглотительная способность *(скважины)*
~ **of hole 1.** поглощаемый скважиной цементный раствор *(при цементировании)* **2.** поглотительная способность скважины
gas ~ поступление газа *(в газлифте)*
orifice ~ впускное отверстие
pump ~ **1.** всасывающее отверстие *(насоса)* **2.** питающий резервуар *(отстойник, амбар, яма)*
integrator:
multiple ~ мультиинтегратор *(прибор для определения гравитационного действия)*

integrity: ◊ to maintain core ~ сохранять целостность керна
intensity:
~ of compression степень сжатия
acoustic ~ сейсм. интенсивность звука
back-scattered gamma-ray ~ интенсивность отражённого гамма-излучения
knock ~ интенсивность детонации
reflected ~ of wave интенсивность отражённой волны
intention to drill намерение начинать бурение
interaction:
well ~ взаимодействие скважин
interbedded переслаивающийся, залегающий между пластами
interbedding перемежающееся напластование
interburden прослоек (породы)
intercept пересечение (пласта скважины)
interceptor:
oil ~ устройство отсечки нефти
interconnection:
gas ~ соединительный газопровод
interconnector соединительный трубопровод
intercooler 1. промежуточный охладитель 2. промежуточный холодильник (компрессорной установки)
interest процент
oil payment ~ процент от продажи нефти
royalty ~ доля оплаты за право разработки недр
Interface Log-Density фирм. аппаратура для измерения плотности флюидов в скважинах; скважинный денситометр, скважинный плотномер

interface 1. поверхность раздела (двух фаз или слоёв жидкости) 2. сейсм. граница раздела двух сред; поверхность контакта
bedding ~ граница раздела слоёв
contrasting velocity ~ скоростная граница
gas-oil ~ газонефтяной контакт
iso-velocity ~ граница, при переходе через которую скорость сохраняется неизменной
mapped ~ закартированная граница раздела
oil-water ~ поверхность раздела нефть–вода
principal reflecting ~ основная отражающая граница
reflecting ~ отражающая граница
refracting ~ преломляющая граница
seismic ~ сейсмическая граница
shale-sand ~ граница раздела глина–песок
smooth ~ гладкая граница
strong ~ отчётливая граница
velocity ~ скоростная граница
water-oil ~ поверхность раздела вода–нефть
weak ~ неотчётливая граница
interference 1. сейсм. интерференция; помеха 2. контакт
~ of wells взаимодействие скважин, интерференция скважин
coherent ~ регулярная помеха
event ~ интерференция во вступлениях
gas-oil ~ газонефтяной контакт
incoherent ~ нерегулярная помеха
multiple ~ интерференция кратных волн
nonrepeatable ~ нерегулярная помеха

pellet ~ дробовая интерференция *(столкновение дробинок при чрезмерном приближении буровой головки для метательного дробового бурения к забою скважины)*
pressure ~ интерференция давления
reflection ~ интерференция отражённых волн
refraction ~ интерференция преломлённых волн
repeatable ~ регулярная помеха; периодическая помеха
interfingering взаимное проникновение; клинообразное переслаивание *(пластов)*
interformational межформационный
interlay залегать между пластами
interlayer пропласток; прослой *(породы)*
formation ~ прослой породы в пласте
interlaying залегающий между пластами
interleave 1. переслаивать 2. лежать пластами между слоями породы
interlensing линзовидное переслаивание
intermitter 1. скважина с прерывистым притоком; скважина с пульсирующим притоком 2. устройство для кратковременного открытия продуктивной скважины *(в которой нефть выходит не через штуцер)*
gaslift ~ регулятор интервалов для газлифтной эксплуатации
well ~ станция управления периодической работой скважин
interphase межфазный
interpretation расшифровка; интерпретация
~ of porosity определение пористости
~ of presence of gas определение наличия газа
~ of well cuttings and side wall cores геологическая интерпретация шлама и образцов, отобранных боковыми керноотборниками
dipmeter ~ интерпретация диаграмм наклонометрии
electrical log ~ интерпретация данных электрокаротажа
geological data ~ геологическая интерпретация данных
geometrical ~ геометрическая интерпретация
geophysical ~ геофизическая интерпретация
geophysically feasible ~ геофизически возможная интерпретация
head-wave ~ интерпретация головных волн
indirect ~ косвенная интерпретация
induction log ~ расшифровка диаграммы индукционного каротажа
log ~ расшифровка каротажной диаграммы; интерпретация данных каротажа
log data ~ расшифровка каротажной диаграммы; интерпретация данных каротажа
plane-wave ~ интерпретация плоских волн
preliminary ~ предварительная интерпретация
production log ~ интерпретация результатов геофизических исследований в действующей скважине
ray ~ интерпретация в лучевом приближении
reflection ~ интерпретация данных, полученных методом отражённых волн

refraction ~ интерпретация данных, полученных методом преломлённых волн
regional ~ региональная интерпретация
searching data ~ интерпретация данных поисковых работ
seismic ~ интерпретация данных сейсмической разведки
spontaneous potential ~ интерпретация данных каротажа самопроизвольной поляризации
stratigraphic ~ стратиграфическая интерпретация сейсмических данных
time-distance ~ интерпретация годографа
well logging ~ интерпретация каротажной диаграммы, интерпретация данных каротажа

interruption перебой *(в работе)* циркуляционной системы ◊ ~ **in deposition** перерыв в отложениях; ~ **in drilling** перерыв в бурении
staggered ~ разрежение зубьев шарошки в шахматном порядке

intersection 1. пересечение 2. место, где произошло отклонение ствола скважины
core - продуктивный горизонт, вскрытый скважиной

interstices пустоты *(в горных породах)*
~ **of rocks** пустоты в горных породах
communicating ~ сообщающиеся пустоты *(в пласте)*
sedimentary ~ пустоты в осадочных породах

interstratal межпластовый

interval 1. интервал; промежуток времени 2. интервал *(расстояние по вертикали между двумя точками ствола скважины)* a ~ **between failures** наработка на отказ; ~ **between outages** продолжительность непрерывной работы; **to case off an** ~ обсаживать интервал
array ~ *сейсм.* расстояние между группами
barefoot ~ необсаженный интервал *(в скважине)*
cable-length ~ интервал, равный длине сейсмической косы
change ~ интервал между заменами
completed ~ перфорированный интервал *(скважины)*
core ~ продуктивный горизонт, вскрытый скважиной
depth ~ интервал глубин
drilling ~ интервал бурения
firing time ~ *сейсм.* длительность взрывного процесса
geophone ~ расстояние между соседними сейсмоприёмниками в группе
geophone group ~ расстояние между группами сейсмоприёмников
group ~ 1. расстояние между группами сейсмоприёмников 2. расстояние между группами пунктов взрыва
group center ~ *сейсм.* расстояние между центрами групп
hydrocarbon-bearing ~ нефтегазоносный интервал *(скважины)*
inspection-maintenance ~ промежуток времени от проверки до технического обслуживания
in-use testing ~ интервал между проверками в процессе эксплуатации
maintenance ~ интервал между циклами технического обслуживания
nonshaly ~ неглинистый интервал, чистый интервал *(скважины)*

open ~ необсаженный интервал *(скважины)*
optimum replacement ~ оптимальный интервал между заменами
overhaul ~ интервал между капитальными ремонтами
perforated ~ перфорированный интервал; интервал перфорирования
permeable ~ проницаемый интервал *(скважины)*
preventive maintenance ~ интервал между циклами профилактического технического обслуживания
producing ~ нефтеносный интервал; продуктивный интервал
production ~ продуктивный интервал; продуктивный горизонт
productive ~ продуктивный интервал; продуктивный горизонт
replacement ~ интервал между заменами
sampling ~ период отбора проб
search ~ интервал поиска *(в котором производится корреляция кривых наклономера)*
service ~ 1. продолжительность обслуживания 2. интервал между циклами технического обслуживания
shooting ~ расстояние между взрывами
shot ~ *сейсм.* взрывной интервал, расстояние между пунктами взрыва; интервал возбуждения
shot point ~ *сейсм.* шаг между пунктами взрыва
spacing ~ расстояние *(между скважинами)*
test ~ промежуток между испытаниями
transition ~ переходная зона *(нефтеносного пласта)*
velocity ~ *сейсм.* интервал скоростей
water-bearing ~ водоносный интервал *(скважины)*
interveined *геол.* пересечённый жилами
interwell межскважинный
intolerance:
  fault ~ нарушение работоспособности при появлении неисправностей
intrafield внутрипромысловый
intraformational внутриформационный
intrastratal внутрипластовой
intrastratified внутриформационный
introduction:
  foam ~ ввод пены
intrusion внедрение
  ~ **of water** внедрение воды
  basalt ~ базальтовая интрузия
  deep-seated ~ глубинная интрузия
  extraneous water ~ приток посторонних вод
  fluid ~ приток пластовых флюидов *(в скважине)*
  horizontal ~ **of extraneous water** горизонтальный приток посторонних вод
  plutonic ~ глубинная интрузия вод
  vertical ~ **of extraneous water** вертикальный приток посторонних вод
  water ~ проникновение воды
inundation затопление *(за счёт подъёма воды)*
invasion 1. наступление *(вытесняющей среды)* 2. вторжение *(флюидов в ствол скважины)* 3. проникновение *(фильтрата бурового раствора в пласт)*
  core ~ загрязнение керна
  deep ~ глубокое проникновение
  filtrate ~ проникновение фильтрата *(бурового раствора)*

invasion

　shallow ~ неглубокое проникновение
　water ~ обводнение
inventory остаток, переходящий запас *(нефтепродуктов)* ‖ инвентаризовать
Invermul *фирм.* стабилизатор буровых растворов на углеводородной основе
Invertin *фирм.* порошкообразный эмульгатор
Invertin Wate *фирм.* кислоторастворимый материал *(утяжелитель)*
inversion:
　amplitude ~ *сейсм.* решение обратной динамической задачи
　seismic ~ обращение сейсморазведочных данных
　seismic section ~ сейсмическая инверсия
　travel time ~ *сейсм.* решение обратной кинематической задачи
investigation 1. изучение; исследование 2. проверка; контроль 3. обследование *(месторождения)*
　accident ~ расследование причин аварии
　borehole ~ скважинные исследования, исследования в скважинах
　compressional-wave ~s *сейсм.* исследования методом продольных волн
　deep ~s глубинные исследования
　exploratory ~ исследование на этапе разведки
　fault ~ исследование причин отказа
　field ~s полевые исследования
　geological ~s геологические исследования
　geophysical ~s геофизические исследования
　logging ~s геофизические исследования в скважинах; каротаж
　microseismic ~s микросейсмические исследования
　radial ~s радиальные исследования *(в скважинах)*
　reflection ~s *сейсм.* исследования методом отражённых волн
　refraction ~s *сейсм.* исследования методом преломлённых волн
　reconnaissance ~s рекогносцировочные исследования
　seismic ~s сейсмические исследования; сейсморазведочные исследования
　shallow ~s малоглубинные исследования
　shallow seismic ~ малоглубинная сейсмическая разведка
　shear-wave ~s *сейсм.* исследования методом поперечных волн
　site ~ инженерно-геологическое бурение
　soil ~ разведка грунта; исследование грунта
investment:
　gas price ~ субсидирование цен на газ
　reliability ~ затраты на обеспечение надёжности
iridescence наличие нефтяной радужной плёнки на поверхности воды
iron 1. железо 2. *pl* металлические изделия 3. паяльник
　center ~s центральный подшипник балансира, ось коромысла качалки
　cramp ~ якорь
　derrick ~s металлические детали и оборудование буровой вышки *(подвесные блоки, кронблоки, скобы, болты, поковки)*
　grab ~ ловильный инструмент *(для обсадных труб и буровых канатов)*

junk ~ металлические обломки *(на забое скважины)*
loose ~ посторонние металлические предметы *(на забое скважины)*
lowering ~ штанговый ключ *(для захвата штанг или их продольного перемещения)*
relief ~s расцепной крюк и серьга
rig ~s буровое оборудование *(для ударно-канатного бурения)*
sliding ~ штанговый ключ
tramp ~ посторонние металлические предметы в скважине
Ironite Sponge *фирм.* синтетический оксид железа для удаления сероводорода из бурового раствора
irradiation:
  neutron ~ нейтронное излучение
irregular 1. неправильный; не отвечающий стандарту, нестандартный; непринятый **2.** нерегулярный; неоднородный
irregularit/y 1. неправильность; отклонение от нормы; нестандартность **2.** нерегулярность; неоднородность **3.** нарушение нормальной работы; перебой
  ~ **of oil-and-gas spread** неравномерность распределения нефти и газа
  bedrock surface ~ неровность поверхности коренных пород
  borehole ~**ies** неровности стенок скважины
  maintenance ~ нарушение сроков технического обслуживания
  near-surface ~ приповерхностная неоднородность
irrepairable непригодный для ремонта, не поддающийся ремонту; неисправимый *(о браке)*

island остров ‖ островной
  artificial ~ искусственный остров *(для разработки морских месторождений нефти и газа)*
  cellular sheet pile ~ свайный остров с ячеистой оболочкой *(для строительства морского нефтепромыслового сооружения)*
  drilling ~ искусственный остров для бурения скважин
  gravel artificial ~ гравийный искусственный остров
  gravity ~ гравийный остров, намывной остров *(для строительства нефтепромысловых сооружений на море)*
  man-made ~ **1.** искусственный остров *(для разработки морских месторождений нефти и газа)* **2.** морское основание островного типа
  man-made spray ice ~ искусственный остров из намороженного льда *(для буровой установки)*
  production ~ искусственный остров *(для разработки морских месторождений нефти и газа)*
isolation 1. изоляция; отделение **2.** определение местоположения *(напр. неисправного элемента)*
  ~ **of beds** разобщение пластов
  automatic fault ~ автоматическое определение местоположения неисправности
  cause ~ выявление причины *(отказа)*
  failure ~ определение местоположения неисправности; обнаружение повреждения
  fault ~ определение местоположения неисправности; обнаружение повреждения
  formation ~ разобщение пластов

guided fault ~ контролируемый поиск неисправностей
malfunction ~ обнаружение повреждения
signal ~ *сейсм.* выделение сигнала
zone ~ 1. тампонирование зоны *(в стволе скважины)* 2. изоляция горизонтов
isomate изомеризованный нефтепродукт
isoperm линия равных значений проницаемости
item изделие; единица продукции
  conforming ~ изделие, удовлетворяющее техническим условиям
  dated ~ изделие с ограниченным сроком службы
  failed ~ отказавшее изделие
  decreasing failure ~ изделие, характеризуемое убывающей интенсивностью отказов
  defect-free ~ бездефектное изделие; исправное изделие
  defective ~ дефектное изделие; неисправное изделие
  discrepant ~ изделие, не удовлетворяющее техническим условиям
  high-reliability ~ высоконадёжное изделие
  increasing failure rate ~ изделие, характеризуемое возрастающей интенсивностью отказов
  known-reliability ~ изделие с известной надёжностью
  limited life ~ изделие с ограниченным сроком службы
  long-lived ~ изделие с большим сроком службы
  low-reliability ~ изделие с низкой надёжностью
  maintained ~ изделие, прошедшее техническое обслуживание
  nonconforming ~ изделие, не удовлетворяющее техническим условиям
  out-of-specification ~ изделие, не удовлетворяющее техническим условиям
  repaired ~ отремонтированное изделие
  standard ~ 1. стандартное изделие 2. стандартный элемент; стандартная деталь
  superior ~ изделие высшего качества
  surviving ~ изделие, сохранившее работоспособность к определённому сроку
  suspended ~ образец, не разрушившийся за рассматриваемый период испытаний
  trouble ~ неисправное изделие
  unreliable ~ ненадёжное изделие
  unrepairable ~ невосстанавливаемое изделие

J

join 1. соединять; присоединять 2. сращивать, наращивать; стыковать *(части трубопровода)*
joining сращивание *(каната)*
joint 1. муфта; шарнир; соединение; стык 2. замок *(трубный)* 3. однотрубка, однотрубная свеча 4. плеть *(трубопровода)* 5. *геол.* трещина отдельности ◊ **to add a new** ~ наращивать колонну труб; **to brake out a** ~ развинчивать *(напр. соединение бурильных труб)*; **to make up a tool** ~**s** крепить замковые соединения; **to screw a tool** ~ **on drill pipe** навинчивать замок на бурильную трубу; **to set up** ~**s** зачеканивать стыки *(труб)* свинцом; **to set up tool** ~ крепить замковое соединение;

joint

to tighten a tool ~ докреплять замок для бурильных труб; to torque up tool ~ докреплять бурильный замок; to weld a tool ~ on приваривать бурильный замок
~ of casing звено обсадных труб
~ of drill pipe звено бурильных труб, заканчивающееся замком
abutment ~ соединение впритык; соединение встык
articulated arm ~ шарнирное соединение
back-off ~ бурильная труба с левой резьбой на одном конце и правой резьбой на другом конце
ball ~ 1. шаровой шарнир *(водоотделяющей колонны)*; сферическое сочленение 2. штанговый замок с шаровым шарниром; трубный замок с шаровым шарниром
bayonet ~ штыковое соединение; соединение защёлкой
bell-and-spigot ~ ниппельно-муфтовое соединение; раструбное соединение
bell-butt ~ соединение враструб с развальцовкой наружной трубы
blast tubing ~ предохранительный патрубок для насосно-компрессорной колонны
box ~ муфтовое соединение
box-and-pin ~ бурильный замок
branch ~ тройниковое соединение; врезка ответвления в трубопровод
bumper safety ~ предохранительный ударный переводник *(скважинной колонны)*
butt ~ соединение встык
butt-and-strap ~ соединение труб при помощи накладной муфты и заклепок
butted-and-strapped ~ стыковое соединение труб при помощи накладной муфты и заклёпок
buttress thread tool ~ замковое соединение с трапецеидальной резьбой *(для труб большого диаметра)*
butt-welded ~ сваренное встык соединение
cable ~ замок для канатов; замок для тросов
casing ~ соединение обсадных труб
compression coupling ~ эластичная прокладка в стыке трубопроводов
conduit ~ стык трубопроводов; место соединения труб; шов трубопровода
copperplated ~ замковое соединение бурильных труб с медным покрытием
counterbore welded tool ~ обваренный замок для бурильных труб
coupling ~ соединительная муфта
cross ~ горизонтальная трещина, поперечная трещина
crossover ~ переходное соединение; переходная секция *(обсадной колонны, служащая для соединения устьевой головки с остальными трубами)*
double ~ двухтрубная плеть, плеть из двух труб
double-tilted ~ буровая труба с двойным изгибом *(для направленного бурения)*
double-universal ~ двойной универсальный шарнир
doweled ~ шпилечное соединение
drill pipe ~ бурильный замок, замок для бурильных труб
drill pipe safety ~ безопасный замок для бурильных труб

565

eccentric tool ~ эксцентричное соединение бурильных труб *(при бурении наклонных скважин)*
edge ~ торцевое соединение
elbow ~ коленчатое соединение, угловой шарнир *(трубы)*
erection ~ монтажный стык
expanded ~ раструбный стык
expansion ~ 1. телескопическое соединение 2. сильфонный компенсатор *(компенсирующий линейное удлинение или сокращение трубопровода)* 3. патрубок для компенсации расширения *(пакера)*
extension pipe ~ телескопическое соединение труб
extrahole tool ~ полугладкий внутри замок для бурильных труб
faulty welded ~ дефектный сварной стык
field ~ монтажное соединение; монтажный стык; монтажный шов
fishing string safety ~ предохранительное соединение ловильной колонны
flange butt ~ фланцевое соединение
flanged ~ фланцевое соединение
flanged-butt ~ отбортованное стыковое соединение
flash welded tool ~ замок для бурильных труб, приваренный стыковой электросваркой
flex ~ 1. шарнирное соединение 2. гибкая муфта *(между водоотделяющей колонной и подводным противовыбросовым превентором при морском бурении)*
flexible ~ гибкое сочленение; шарнирный узел
float ~ труба башмака обсадной колонны

flush ~ 1. гладкопроходное соединение, безниппельное соединение *(труб алмазного бурения)* 2. трубное соединение с внутренней муфтой 3. соединение впритык
full-hole ~ буровой замок с широким проходным отверстием
grief ~ ведущая штанга *(для роторного бурения)*
hard-banded tool ~ армированный замок для бурильных труб
hard-faced tool ~ армированный замок для бурильных труб
hexagonal kelly ~ ведущая бурильная труба шестигранного поперечного сечения
high resistance ~ стык высокого сопротивления
hinge ~ шарнирное соединение
integral ~ соединительный замок, представляющий одно целое с трубой
integral marine riser ~ составная секция водоотделяющей колонны
integral tool ~ бурильный замок, выполненный заодно с трубами
internal flush tool ~ 1. равнопроходной замок 2. замок с широким проходным отверстием
jar safety ~ предохранительный ударный переводник
joggle ~ 1. шов внахлёстку 2. шпунтовое соединение
kelly ~ 1. ведущая бурильная труба 2. квадратная штанга
key ~ шпоночное соединение
knee ~ коленчатое соединение
knock-off ~ замок для соединения насосных и ловильных штанг
knuckle ~ 1. шарнирный отклонитель; шарнирный дефлектор 2. шарнирное соединение

joint

knuckle-and-socket ~ шарнирно-шаровое сочленение
landing ~ установочный патрубок
lap ~ 1. шов внахлёстку; соединение внахлёстку 2. ступенчатый стык *(поршневого кольца)*
left-hand ~ соединение с левой нарезкой
lock ~ соединение в замок; соединение в зуб
male ~ соединение с наружной резьбой
male half of tool ~ ниппель бурильного замка
married ~ соединение *(каната)* сплетением
nipple ~ штуцерное соединение; ниппельное соединение
overlap ~ соединение внахлёстку
pin ~ шарнир
pin-connected ~ болтовое соединение; шарнирное соединение
pin-type safety ~ предохранительное соединение ниппельного типа
pipe ~ секция труб; соединение труб, стык труб
pipe expansion ~ компенсационное соединение труб
pipe safety ~ предохранительное соединение труб
pipeline ~ стык трубопровода *(магистрального)*
positive safety ~ колонковый набор, в котором при прихвате керноприёмник с керном можно извлекать на поверхность без подъёма снаряда
pressure balanced slack ~ бурильный амортизирующий переводник со сбалансированным давлением
pressure welded tool ~ приваренный под давлением замок *(для бурильных труб)*

pump rod ~ соединительная муфта насосной штанги
pup ~ 1. укороченная *(по сравнению со стандартной)* труба 2. короткий отрезок обсадной трубы; короткий переводник 3. направляющий стержень расширителя с пилотным буровым долотом
quick-disconnecting ~ быстроразборное соединение
recessed flanged ~ трубное соединение с выступом на одном фланце и выемкой на другом
reducing ~ ключ-переводник
regular tool ~ замок с нормальным проходным отверстием
riser pipe ~ трубная секция водоотделяющей колонны
riser pup ~ короткая секция водоотделяющей колонны
saddle ~ седлообразное соединение *(труб)*
safety ~ разъединительный переходник *(скважинной колонны)*
semiinternal flush tool ~ полугладкий внутри замок для бурильных труб
shear pin safety ~ освобождающееся соединение со срезной шпилькой
shoe ~ нижняя труба в колонне, на которую навёртывается башмак
shrunk-on ~ горячая посадка *(при навинчивании замков)*
single-lap ~ соединение внахлёстку
slack ~ соединение-амортизатор
sleeve ~ муфта, муфтовое соединение
slick ~ гладкое соединение *(труб с уплотнением)*
slim-hole ~ соединительный замок с внутренним проходным отверстием меньше нормального

slip ~ телескопическое соединение *(труб)*
slotted ~ шлицевое соединение
socked ~ 1. муфтовое соединение 2. шарнирное соединение
socket-and-spigot ~ соединение труб муфтами *или* раструбами
spherical ~ шаровой шарнир; шаровая цапфа
spigot-and-faucet ~ раструбное соединение труб
spigot-and-socket ~ 1. раструбное соединение 2. замковое стыковое соединение
square ~ ведущая бурильная труба, квадратная труба
square shoulder tool ~ бурильный замок с прямоугольным упорным заплечиком
starter ~ нижняя труба *(башмака обсадной колонны)*
streamlined ~ безмуфтовое соединение *(труб)*
streamlined tool ~ замок с полным проходным отверстием
sucker-rod ~ соединительный замок для насосной штанги
swing ~ 1. шарнирное соединение 2. подвижный стык *(труб)*
swivel ~ 1. шарнирное соединение 2. подвижный стык *(труб)*
T-~ 1. Т-образное соединение 2. тройниковая муфта 3. тройник
taper ~ соединение с конусной нарезкой
tapered-bore full hole tool ~ замок *(для бурильных труб)* с широким проходным отверстием с конической расточкой
tapered-bore internal flush tool ~ замок *(для бурильных труб)* с увеличенным проходным отверстием с конической расточкой

tapered shoulder tool ~ бурильный замок с коническим упорным заплечиком
telescoping ~ раздвижное соединение, телескопическое соединение; телескопическая секция *(водоотделяющей колонны, служащая для компенсации вертикальных перемещений бурового судна или плавучего полупогружного бурового основания)*
tension ~ трещина отдельности, возникшая в результате растяжения
threaded collar ~ муфта с нарезкой
threaded pipe ~ резьбовое соединение труб
tight ~ 1. плотное соединение; герметическое соединение 2. уплотняющая прокладка
tongue-and-groove ~ 1. шпунтовое соединение 2. соединение с фиксирующими выступами и пазами
tool ~ замковое соединение, бурильный замок
transverse ~ поперечная трещина отдельности
triple ~ плеть из трёх труб, трёхтрубная плеть
tubing ~ соединительная муфта для насосно-компрессорных труб
under-pump sucker rod ~ хвост колонны насосных штанг
union ~ муфтовое соединение; соединительная муфта; раструбное соединение *(труб)*
unitized ~ замок, составляющий одно целое с трубой
universal ~ универсальный шарнир
universal ball ~ универсальный шаровой узел *(в нижней части водоотделяющей колонны, позволяющий ей отклоняться*

от вертикали при горизонтальном смещении бурового судна или плавучего полупогружного бурового основания под действием внешней среды)
unprotected tool ~ неармированный бурильный замок
upset-end ~ усиленный трубный замок
wedge ~ клиновое соединение
welded ~ сварной стык; сварное соединение; сварной шов
welded butt ~ сварное соединение встык
welded tool ~ приварной бурильный замок
welded-on ~ приваренный бурильный замок
welding ~ сварной стык, сварное соединение; сварной шов
well starter ~ труба башмака обсадной колонны
wiped ~ раструбный стык
yoke ~ вилкообразное соединение
jointer составная обсадная труба
jointing 1. соединение 2. стык; шов 3. прокладка; прокладочный материал; набивка *(сальника)* 4. трещиноватость, сланцеватость
branch ~ врезка ответвления
shrink-type ~ горячая посадка замков
jointless бесфланцевый *(о соединении)*
jointy слоистый; трещиноватый
joist балка; брус
floor ~s рамные брусья *(вышки)*
jostle попеременный спуск и подъём инструмента в скважине *(для перемешивания жидкости)*
Journal:
~ **of Petroleum Technology** "Журнал технологии нефтедобычи" *(США)*

Oil and Gas ~ "Журнал по нефти и газу" *(США)*
journal 1. цапфа 2. шейка 3. шип 4. пята 5. часть вала *или* оси, опирающаяся на подшипник 6. буровой журнал; дневник
bearing ~ цапфа подшипника
bit leg ~ цапфа лапы долота
boring ~ буровой журнал
main ~ коренная шейка *(коленчатого вала)*
pivot ~ пята, цапфа
vertical ~ пята
judgment суждение; оценка ◊ ~ **by results** оценка по результатам
engineering ~ инженерная оценка
expert ~ экспертная оценка
jug сейсмоприёмник
juggie размотчик кабеля, размотчик косы
jumbo 1. буровой проходческий агрегат 2. буровая тележка; буровая каретка
drilling ~ буровая каретка
fully hydraulic ~ полностью гидрофицированная бурильная установка
high-back ~ буровая каретка с выдвижной платформой *(для оборудования высоких забоев)*
high-face ~ буровая каретка с выдвижной платформой *(для оборудования высоких забоев)*
hydraulic drill ~ гидравлическая буровая каретка
hydro-boom ~ буровая каретка с гидравлической колонкой
index ~ буровая каретка с указателем угла установки бурильных молотков
long-feed drill ~ буровая каретка с увеличенной длиной подачи
mine ~ буровая каретка для подземных работ
mobile ~ самоходная буровая каретка

jumbo

   rock-drilling multi-boom ~ многостреловая бурильная установка для бурения по породе
   roof bolting ~ каретка для анкерного крепления, каретка для постановки анкерной цепи
   shaft drill ~ буровая каретка для шахтных стволов
   single-boom ~ буровая каретка с одной стрелой
   three-boom drill ~ буровая каретка с тремя манипуляторами
   tunneling ~ проходческая буровая каретка
   twin-boom ~ буровая каретка с двумя стрелами

jumboizing увеличение вместимости танкера *(за счёт установки дополнительного блока цистерн)*

jump 1. скачок; резкое изменение; перепад 2. бурить ручным способом 3. *сейсм.* переносить *(корреляцию)* ◊ to ~ a leg переносить корреляцию на другую фазу
   pressure ~ скачок давления

jumper 1. ручной бур; забурник 2. буровая штанга; буровой наконечник *(для пневмоперфоратора)*
   ground ~ наземная перемычка
   long ~ длинный ударный бур
   percussion ~ бур для ударного бурения
   stuck ~ застрявший бур

jumping:
   leg ~ *сейсм.* перенос корреляции на другую фазу

jumpover обходное колено *(трубы)*

junction 1. соединение 2. место соединения 3. узел сопряжения 4. стык
   pipe ~ 1. соединение труб; патрубок 2. место соединения труб

   T-~ Т-образное разветвление
   tee-~ Т-образное разветвление

junk 1. металлические обломки *(на забое скважины)* 2. низкосортные буровые алмазы ◊ ~ in hole металлолом в скважине; to ~ a hole ликвидировать скважину
   bit insert ~ обломки твёрдосплавных вставок долота

jupper бур для ручного ударного бурения

jury временный *(используемый в аварийной ситуации)*; аварийный
   piling ~ буровая установка, смонтированная на подвышечном основании *(при морском бурении)*

juxtaposition of formations наложение пород

К

karst карст
katabitumen катабитум
katharometer термодуктометрический газоанализатор
keep: ◊ to ~ in order содержать в порядке; to ~ in repair содержать в исправности; to ~ up pressure поддерживать давление; to ~ wireline in tension держать канат натянутым

keeping 1. сохранение; удержание 2. позиционирование
   ~ of downhole efficiency поддержание забойной мощности
   ~ of drilling records регистрация процесса бурения
   ~ of pressure поддержание давления
   ~ of production records регистрация процесса добычи
   automatic station ~ автоматическое удержание на месте стоянки *(бурового судна или*

плавучей буровой платформы в процессе бурения и штормового отстоя); автоматическое позиционирование
dynamic station ~ динамическое позиционирование
station ~ позиционирование плавучего морского основания
keft:
   laser ~ след в породе от воздействия лазерного луча
kelly ведущая бурильная труба
   ◊ ~ **with locking groove** ведущая бурильная труба с блокирующим пояском
   composite ~ сборная ведущая бурильная труба
   double box-end ~ двухраструбная ведущая бурильная труба
   hexagonal ~ ведущая бурильная труба шестигранного сечения
   jointed ~ сборная ведущая бурильная труба
   octagon ~ ведущая бурильная труба восьмигранного сечения
   round spline ~ шлицованная ведущая бурильная труба круглого сечения
   square ~ ведущая бурильная труба квадратного сечения
kerf 1. канавка на забое скважины *(в результате действия дополнительного источника разрушения породы)* 2. толщина режущей части алмазной коронки 3. торец коронки 4. кольцевой забой *(при колонковом бурении)*
kerfing:
   electrical ~ электронагревательное бурение
   electron beam ~ электроннолучевое бурение
kerogen кероген *(органическое вещество битуминозных сланцев)*

oil-shell ~ кероген из горючего сланца
kerosene керосин
   aviation ~ авиационный керосин; керосин для воздушно-реактивных двигателей
   domestic ~ керосин коммунально-бытового назначения
   lighthouse ~ тяжёлый керосин для маяков
   power ~ 1. высокооктановый керосин *(для карбюраторных двигателей)* 2. тракторный керосин; лёгкая керосиновая фракция
   solidified ~ твёрдый керосин, отверждённый керосин
   virgin ~ керосин прямой гонки
   white ~ тяжёлый керосин; жёлтый керосин
kerotene керотен, пиробитум *(асфальтовое вещество, не растворимое в сероуглероде и дающее при перегонке углеводородные продукты)*
key 1. гаечный ключ; ключ для свинчивания штанг 2. шпонка 3. клин; шплинт ‖ крепить клином; крепить шплинтом 4. деревянная ручка *(для поднимания и проворачивания буровой штанги)* 5. ключ для свинчивания штанг 6. шарнирный хомут *(для проворачивания штанг при ударном бурении)* 7. заклинившийся обломок керна *(в керноприёмной трубе, препятствующий выемке остального керна)* ◊ **to ~ on** заклинивать
   backup ~ удерживающий ключ *(для насосных штанг)*
   box ~ шпонка втулки *(гидротурбинного забойного двигателя)*
   brace retained ~ стопорная шпонка *(вкладыша плашек в роторном столе)*

breakout ~ развинчивающий ключ *(для насосных штанг)*
lie ~ элеватор для труб малого диаметра
rotor ~ шпонка ротора *(гидротурбинного забойного двигателя)*
shaft ~ шпонка вала
tong ~s плашки трубных ключей; сухари трубных ключей
wedge ~ чека; шпонка

keyboard распределительный щит

keyed закреплённый клиньями; снабжённый ключами

keyseat 1. жёлоб *(в стенке ствола скважины, выработанный бурильной установкой)* 2. уступ *(на стенке ствола скважины)* 3. место искривления *(ствола скважины)* 4. место в скважине, где буровые трубы прижимаются к стенкам *(вследствие искривления её ствола)* ◊ to wear away a ~ вырабатывать жёлоб *(в стенке ствола скважины)*

keyseating of drill string посадка бурильной колонны в жёлоб

keyway паз для шпонки; шпоночная канавка *(гнездо)*

kick 1. выброс 2. резкое повышение давления, выброс *(в стволе скважины)* 3. вибрация бурильного каната 4. рывок *(бурового снаряда в момент отрыва керна или освобождения от захвата)* 5. небольшой уступ в скважине *(образующийся при входе долота в твёрдые породы под острым углом)* 6. поглощение бурового раствора *(пористым пластом)* 7. вступление *(сейсмической волны)* 8. начальный момент перегонки *(нефтепродукта)* 9. пусковая характеристика моторного топлива 10. бросок *(стрелки измерительного прибора)* ◊ to ~ a hole бурить скважину ударно-канатным способом с пружинящей штангой; to ~ off 1. вызывать фонтанирование *(путём ввода газа в скважину)* 2. выдавать нефть *(о скважине)*; to ~ up резко увеличивать октановое число *(бензина)*
drilling ~ резкое повышение давления во время бурения
gas ~ выброс газа *(из буровой скважины)*
gas-through-cement ~ выброс газа через цементное кольцо в стволе скважины
hose ~ перегиб рукава
water ~ выброс воды
waterflood ~ резкое повышение добычи *(после начала заводнения коллектора)*

kicker 1. подрезной алмаз 2. алмаз, вставленный вручную *(на боковой поверхности корпуса коронки)*
inside ~ внутренний подрезной алмаз

kicking-down канатное бурение с пружинящей штангой

kickoff зарезка *(ствола)*

kill: ◊ to ~ the well 1. задавливать скважину тяжёлым буровым раствором 2. заглушать скважину 3. *сейсм.* обнулять трассу

killing глушение
~ **of well** глушение скважины
blowout ~ глушение выброса

kiln печь
thermofor ~ термофор, печь с движущимся твёрдым теплоносителем

kilter: ◊ **in** ~ в исправности; в полном порядке; **out of** ~ в неисправном состоянии; в беспорядке

kimberlite кимберлит *(алмазоносная порода)*

kind характер; отличительная особенность; вид; категория
~ **of failure** вид отказа
~ **of stress** вид напряжения
kinetics кинетика
  corrosion ~ кинетика коррозии
kink 1. резкий перегиб; петля *(каната, шланга, кабеля)* **2.** скручивание *(каната, проволоки)* **3.** резкое искривление скважины **4.** неполадка; помеха
  cable ~ перегиб кабеля; резкий перегиб каната
  wireline ~ перегиб троса
kinking образование петель *(на канате, шланге, кабеле)*; скручивание *(каната, проволоки)*
  ~ **of crack** ответвление трещины
kir кир *(порода, образованная смесью загустевшей нефти или асфальта с песчанистым или глинистым материалом)*
kirn бурить вручную
kit 1. набор; комплект **2.** инструментальный ящик
  adaptation ~ набор *(инструментов)* для технического обслуживания
  conversion ~ набор средств для повышения надёжности; набор средств для модернизации *(системы)*
  drilling mud testing ~ комплект *(оборудования и химических реагентов)* для исследования бурового раствора
  gas detector ~ комплект газоанализаторов
  inspection ~ набор контрольных приборов и инструментов
  maintenance parts ~ комплект средств технического обслуживания
  mending ~ ремонтный комплект
  ready-to-install ~ ремонтный комплект легкосменных деталей

  repair ~ ремонтный комплект
  service ~ набор *(инструментов)* для технического обслуживания
  spare parts ~ комплект запасных частей
  spares ~ комплект запасных частей
  testing ~ комплект испытательной аппаратуры
  tool ~ инструментальный ящик
knee 1. колено трубы **2.** коленчатая труба **3.** изгиб кривой; кривизна
  ~ **of fold** изгиб складки
knife 1. нож **2.** резец; скребок
  ~ **of external pipecutter** нож наружного трубореза
  casing ~ труборез
  hook rope ~ инструмент для резки каната *(в скважине)*
  horseshoe trip ~ канаторез с подковообразным ножом
  inner tube shoe ~ башмачный скребок керноприёмной трубы
  paraffin ~ скребок для очистки труб от парафина *(в скважине)*
  rope ~ нож-крюк *(для резки каната в скважине)*; канаторез
  wireline ~ ловильный канаторез
  wirerope ~ нож для резки проволочных канатов *(в скважине)*
knife-dog клиновой захват для подъёма и подвески буровых штанг *(при колонковом бурении)*
knitting заделка повреждения
knob 1. ручка; рукоятка **2.** кнопка
  adjusting ~ регулировочная головка
knock удар; толчок ‖ ударять; бить ◊ **to** ~ **back** конденсировать; отбирать тяжёлые фракции; **to** ~ **bit off** удалять шпильку *(закрепляющую соединение долота с ударной штангой)*; **to** ~ **down the hole** отделять нефть от воды;

knock

to ~ down the oil отделять нефть от воды; to ~ out cylinder liner of mud pump выбивать втулку у цилиндра насоса подачи бурового раствора; to ~ up приготавливать *(буровой раствор или буровую смесь)*
 fluid ~ гидравлический толчок
 piston ~ стук поршня
knocker 1. инструмент для ловли яса 2. детонирующее взрывчатое вещество
 jar ~ 1. ловильный инструмент для работы с ясом 2. копытное долото *(для разрыхления породы вокруг прихваченного инструмента канатного бурения)*
knocking стук *(в насосе, двигателе)*
 piston ~ стук поршня *(при неисправности)*
knockoff разъединение *(напр. головки бура со штангой)*
 ~ of Christmas tree прорыв фонтанной арматуры *(при сильном давлении газа)*
knockout 1. выталкиватель 2. ловушка *(для сбора газобензинового конденсата на низких участках газовых линий)*
knot препятствие в скважине
knuckle 1. шарнир 2. поворотная цапфа
kogasin когазин *(продукт синтеза водорода и оксида углерода по способу Фишера)*
Kotten Plug *фирм.* кожура хлопковых семян, хлопковые коробочки и хлопковый жмых *(нейтральный наполнитель для борьбы с поглощением бурового раствора)*
Kotten Seal *фирм.* кожура хлопковых семян, хлопковые коробочки и хлопковый жмых *(нейтральный наполнитель для борьбы с поглощением бурового раствора)*

kukersite кукерсит *(эстонский высокобитуминозный сланец)*

L

lability of emulsion неустойчивость эмульсии; скорость распада эмульсии
labor рабочая сила
 unskilled ~ неквалифицированная рабочая сила
Laboratory:
 Mining Equipment Test ~ Лаборатория испытаний горного оборудования *(Горного бюро США)*
laboratory лаборатория
 certified ~ аттестованная лаборатория
 diagnostic ~ лаборатория технической диагностики
 electrical ~ электроразведочная лаборатория
 failure-analysis ~ лаборатория анализа причин отказов
 field ~ полевая лаборатория; промысловая лаборатория
 log processing ~ каротажная лаборатория
 logging ~ каротажная лаборатория
 maintenance ~ лаборатория технического обслуживания
 mining equipment test ~ лаборатория испытаний горного оборудования
 mud-testing ~ лаборатория контроля буровых растворов
 portable gas condensate ~ газоконденсатная передвижная лаборатория
 reliability ~ лаборатория надёжности
 reliability evaluation ~ лаборатория оценки надёжности
 standard ~ лаборатория стандартов

laminar

lace: ◊ to ~ a belt сшивать ремень
lack недостаток; отсутствие; дефицит
~ of fusion непровар *(шва)*
~ of interpenetration непровар
~ of penetration непровар *(шва по глубине)*
~ of root penetration непровар в корне шва
ladder 1. лестница; стремянка 2. висячая лестница *(для резервуаров)*
derrick ~ лестница буровой вышки
hanging ~ висячая лестница
Jacob ~ ступеньки на ноге буровой треноги
tunnel-type ~ лестница туннельного типа
lade-down осевший; выпавший *(об осадке)*
lag запаздывание
demand capacity ~ ёмкостное запаздывание на стороне потребления *(о терморегуляторах нефтехимического процесса)*
distance-velocity ~ 1. запаздывание смещения и скорости 2. запаздывание передачи 3. запаздывание регулирования *(нефтехимического процесса)*
supply-capacity ~ ёмкостное запаздывание на стороне передачи *(о терморегуляторах процессов нефтепереработки)*
valve ~ запаздывание открытия клапана
lagging 1. обшивка *(наружная)*; изоляция; обмотка *(трубы)* 2. рубашка; предохранительный кожух
~ of derrick обшивка вышки
~ of pipes термическая обмазка труб
laid-down осевший, выпавший *(осадок)*

laid-up снятый для ремонта и осмотра
Lamco Clay *фирм.* бентонитовый глинопорошок
Lamco E *фирм.* эмульгатор
Lamco Fiber *фирм.* измельчённые стебли сахарного тростника *(нейтральный наполнитель для борьбы с поглощением бурового раствора)*
Lamco Flakes *фирм.* слюдяная крошка *(нейтральный наполнитель для борьбы с поглощением бурового раствора)*
Lamco Gel *фирм.* глинопорошок из вайомингского бентонита
Lamco Hydroproof *фирм.* коллоидный раствор битума
Lamco Mica слюдяные чешуйки *(нейтральный наполнитель для борьбы с поглощением бурового раствора)*
Lamco SLS *фирм.* поверхностно-активное вещество *(эмульгатор)*
Lamco Starch *фирм.* желатинизированный крахмал
Lamco Wallnut Shells *фирм.* шелуха арахиса тонкого, среднего и грубого помола *(нейтральный наполнитель для борьбы с поглощением бурового раствора)*
Lamcobar *фирм.* баритовый утяжелитель
lamellar 1. многослойный; чешуйчатый *(о структуре горной породы)*; пластинчатый 2. многодисковый *(о муфтах сцепления)*
lamina 1. пластина 2. тонкий прослоек породы 2. плоскость излома *(породы)* 4. плоскость отслоения
laminar 1. ламинарный *(о потоке)* 2. струйчатый 3. пластинчатый 4. слоистый 5. чешуйчатый; листовой

575

laminary 1. пластинчатый 2. слоистый 3. чешуйчатый; листовой
laminated 1. пластинчатый 2. слоистый 3. чешуйчатый; листовой
lamination 1. наслоение, слоистость; слойчатость; тонкое напластование 2. расслоение *(дефект трубной заготовки)*
~ of sandstone расслоение песчаника
natural ~ естественная слоистость
lamine тонкий прослой породы
lamp лампа *(с ультрафиолетовым излучением для люминесцентного анализа керна)*
warning ~ индикаторная лампа
Lamsalgel *фирм.* аттапульгитовый глинопорошок для приготовления солестойких буровых растворов
Lancing *фирм.* лансинг *(способ возбуждения малыми зарядами в неглубоких скважинах)*
land 1. земля; почва 2. спускать колонну обсадных труб *(на определённую глубину)* ◊ to ~ the casing спускать обсадную колонну на забой
probable oil ~ участок с вероятной нефтеносностью
prospective oil ~ участок, перспективный с точки зрения нефтеносности
proved oil ~ площадь с доказанной нефтеносностью
landing 1. спуск обсадной колонны 2. место в скважине, подготовленное для башмака обсадной колонны
~ of casing string подвешивание обсадной колонны *(в продуктивном пласте)*
~ of drilling bit посадка бурового долота
~ of elevator посадка элеватора

casing ~ спуск обсадной колонны до забоя
emergency casing ~ посадка обсадной колонны при осложнении
tubing string ~ подвешивание насосно-компрессорной колонны
landman 1. служащий *(нефтедобывающей фирмы)*, ведущий дела с владельцами участка 2. геодезист
lane:
strategic ~s of communication стратегические пути сообщения *(термин, применяемый, в частности, к путям перевозки добываемой на шельфе нефти)*
lap 1. нахлёстка; перекрытие ‖ соединять внахлёстку 2. один оборот каната на барабане
liner ~ расстояние, на которое хвостовик заходит в нижнюю часть колонны обсадных труб
lapping соединение внахлёстку; нахлёстка
diamond ~ алмазная притирка; алмазная доводка
laser лазер
direction indicating ~ лазерный указатель направления
latch 1. затвор; защёлка; запор; собачка; задвижка 2. предохранительная защёлка *(подъёмного крюка или элеватора)* ◊ to ~ on захватывать трубу *(элеватором)*
anchor ~ якорь *(насосно-компрессорной колонны)*
drill pipe ~ пневматический фиксатор, удерживающий бурильные трубы *(от выпадения из кассеты при поднятой мачте)*
elevator ~ защёлка элеватора
guide line ~ замок направляющего каната

hook mouth safety ~ предохранительная защёлка зева крючка
hydraulic ~ гидравлическая соединительная муфта
jack ~ ловильный инструмент
lug ~ защёлка
marine ~ морской замок *(для соединения элементов подводного оборудования)*
pod ~ замок коллектора *(для фиксации коллектора в гнезде)*
retrieving ~ съёмный замок направляющего каната
safety ~ предохранительная защёлка
spring ~ пружинная защёлка
spring-loaded ~ of elevator подпружиненная защёлка элеватора
wireline ~ замок направляющего каната *(для подсоединения к направляющей стойке постоянного основания)*
latching 1. защёлкивание 2. автоматический затвор ‖ запирающий
~ of rotary turntable стопорение ствола ротора
lateral 1. отвод трубы; ответвление; отводящий трубопровод; подводящий трубопровод 2. каротажный градиент-зонд 3. боковой *(о выносе)*; горизонтальный, поперечный 4. побочный, вторичный
basic ~ последовательный градиент-зонд; подошвенный градиент-зонд
inverted ~ обращённый градиент-зонд; кровельный градиент-зонд
long ~ длинный градиент-зонд
pipe ~ 1. отводящий трубопровод; подводящий трубопровод 2. тройник *(фитинг)*
reciprocal ~ обращённый градиент-зонд; кровельный градиент-зонд

short ~ короткий градиент-зонд
standard ~ стандартный градиент-зонд
Laterolog *фирм.* аппаратура семиэлектродного бокового каротажа
laterolog 1. боковой электрический каротаж с фокусировкой тока 2. диаграмма бокового каротажа
deep ~ диаграмма бокового каротажа, зарегистрированная длинным зондом; диаграмма бокового каротажа, зарегистрированная глубинным зондом
dual ~ диаграмма бокового каротажа, зарегистрированная двухзондовым прибором; диаграмма двухзондового бокового каротажа
seven-electrode ~ диаграмма семиэлектродного бокового каротажа
shallow ~ диаграмма бокового каротажа, зарегистрированная коротким зондом; диаграмма бокового каротажа, зарегистрированная малоглубинным зондом
short-spacing ~ диаграмма бокового каротажа, зарегистрированная коротким зондом; диаграмма бокового каротажа, зарегистрированная малоглубинным зондом
standard ~ диаграмма стандартного бокового каротажа
three-electrode ~ диаграмма трёхэлектродного бокового каротажа
laterolog-3 диаграмма трёхэлектродного бокового каротажа
laterolog-7 диаграмма семиэлектродного бокового каротажа
laterologging боковое каротажное зондирование

lattice решётка сквозной фермы
  cross-brace ~ крестовая решётка сквозной фермы
  derrick ~ решётка фермы буровой вышки
  diagonal ~ простая раскосная решётка сквозной фермы
  double cross-brace ~ двухкрестовая решётка сквозной фермы
  quadrangular ~ ромбическая решётка сквозной фермы
  rhombic ~ ромбическая решётка сквозной фермы
  semidiagonal ~ полураскосная решётка сквозной фермы
  triangular ~ треугольная решётка сквозной фермы
launching спуск на воду
launder 1. жёлоб *(в стенке ствола скважины)* 2. лоток; корыто
  mud ~ жёлоб отстойной системы бурового раствора
  overflow ~ сливной жёлоб
  pipe ~ трубчатый жёлоб
  slush-pit ~ лоток над резервуаром *(для опорожнения желонки)* для бурового шлама
law 1. закон; правило 2. формула; теорема
  ~ **of products liability** закон об ответственности за качество выпускаемой продукции
  age-size ~ закон зависимости между возрастом и производительностью скважины
  aging ~ закон старения *(оборудования)*
  deterioration ~ закон старения *(оборудования)*
  exponential failure ~ экспоненциальный закон распределения времени безотказной работы; экспоненциальный закон наработки до отказа
  factory safety ~s заводские правила техники безопасности
  failure ~ закон распределения времени безотказной работы; закон наработки до отказа
  gamma failure ~ гамма-распределение времени безотказной работы
  gas ~ закон идеального газа
  hyperexponential ~ гиперэкспоненциальный закон *(распределения)*
  linear ~ линейный закон
  oil and gas conservation ~ закон об охране нефтяных и газовых месторождений
  paralinear rate ~ линейно-параболический закон скорости *(коррозии)*
  reliability ~ закон надёжности
  repair ~ закон распределения интервалов между ремонтами
  Rittenger's ~ правило Риттенгера
  safety ~s правила техники безопасности
  time-to-failure ~ закон распределения времени безотказной работы; закон наработки до отказа
  velocity ~ *сейсм.* закон распределения скорости
lay 1. пласт; слой 2. свивка *(бурового каната)*; крутка; направление свивки *(проволок и стренг)* 3. прокладывать *(трубопровод)* 4. раскладывать *(трубы по трассе трубопровода)* ◊ **to** ~ **down** монтировать; устанавливать; укладывать
  ~ **of strands** свивка прядей
  ~ **of wires in strand** свивка проволок в пряди
  cross-rope ~ крестовая свивка каната
  double-rope ~ двойная свивка каната
  lang rope ~ параллельная свивка каната

left ~ левая свивка *(бурового каната)*
left-hand ~ левая свивка *(бурового каната)*
left-long ~ левая односторонняя свивка *(бурового каната)*
left-regular ~ левая крестовая свивка *(бурового каната)*
long ~ односторонняя свивка *(бурового каната)*
ordinary rope ~ крестовая свивка каната
plain-laid rope ~ параллельная свивка каната
regular ~ стандартная навивка; крестовая свивка *(бурового каната)*
regular-left ~ левая крестовая свивка *(бурового каната)*
regular-right ~ правая крестовая свивка *(бурового каната)*
regular-rope ~ крестовая свивка каната
right ~ правая свивка *(бурового каната)*
right-hand ~ правая свивка *(бурового каната)*
right-long ~ правая односторонняя свивка *(бурового каната)*
rope ~ свивка каната
standard ~ крестовая свивка *(бурового каната)*
universal rope ~ параллельная свивка каната
laydown 1. развинчивание свеч бурильных труб 2. вынос бурильных труб из вышки и укладка в штабель
~ of pipes выброс бурильных труб *(на мостки)*
layer 1. пласт; слой; прослоек 2. укладчик 3. прокладка
active permafrost ~ активный слой многолетнемёрзлых пород
adsorption ~ адсорбционный слой
aerated ~ *сейсм.* зона малых скоростей
antidiffusion ~ антидиффузионный слой *(резервуара из многослойного пластика)*
cable ~ кабелеукладчик
calcareous ~ известковый слой
clay ~ глинистый прослой
depleted ~ истощённый пласт
diamond-bearing ~ алмазосодержащий слой *(бурового долота)*
diffusion ~ диффузионный слой
flow ~ слой течения
foraminiferal ~ фораминиферовый слой
frozen ~ пласт многолетнемёрзлых пород
geological ~ слой в геологическом разрезе
high-speed ~ *сейсм.* высокоскоростной слой
high-velocity ~ *сейсм.* высокоскоростной слой
inner ~ внутренний слой пласта
insulating ~ изолирующий слой
interbedded ~s перемежающиеся слои
interburden ~ порода междупластья
interfacial ~ межповерхностный слой
isotropic ~ изотропная среда
isovelocity ~ *сейсм.* слой с постоянной скоростью
laminar boundary ~ пограничный ламинарный слой
leached ~ выщелоченный горизонт
linear increase velocity ~ *сейсм.* слой с линейным увеличением скорости с глубиной
low-resistivity ~ пласт низкого сопротивления
low-velocity ~ *сейсм.* низкоскоростной слой; зона малых скоростей

major ~ of reflection *сейсм.* главный отражающий слой
near-surface ~ приповерхностный слой
nonisotropic ~ анизотропный слой
outer ~ внешний слой пласта
outer ~ of coating внешний слой покрытия
overburden ~ слой перекрывающих отложений
permeable ~ проницаемый слой
pervious ~ проницаемый слой
pipe ~ кран-трубоукладчик
protective ~ защитный слой
refracting ~ *сейсм.* преломляющий слой
sedimentary ~ слой осадочных пород
seismic ~ сейсмический горизонт
shielding ~ экранирующий пласт
single-velocity ~ *сейсм.* слой, характеризуемый пластовой скоростью
subweathering ~ *сейсм.* слой под подошвой зоны малых скоростей
surface ~ поверхностный слой
thick ~ толстый слой
transition ~ переходный слой; переходная зона
transversely isotropic ~ поперечно-изотропный слой
uppermost ~ поверхностный слой; самый верхний слой
velocity ~ *сейсм.* слой, характеризуемый скоростью
weathering ~ *сейсм.* зона малых скоростей
wireline ~ слой талевого каната
wirerope ~ тросоукладчик
layered слоистый; слойчатый
layering 1. расслоение; слоистость 2. *сейсм.* слоистый разрез

discrete velocity ~ расчленение разреза по пластовым скоростям
flat velocity ~ расчленение плоскослоистого разреза по пластовым скоростям
high-contrast ~ разрез, включающий в себя высокоскоростные слои
horizontal velocity ~ расчленение горизонтально-слоистого разреза по пластовым скоростям
parallel velocity ~ разрез из параллельных слоев с постоянной скоростью
velocity ~ скоростная дифференциация разреза
laying 1. расположение; прокладка; укладка *(кабеля, трубопровода)*; трассирование 2. слой 3. залегающий
catenary pipe ~ прокладка трубопровода по цепной линии
pipe ~ укладка труб
pipeline ~ прокладка трубопровода
step ~ of pipes ступенчатая укладка труб
laying-down:
~ of drill pipes выброс бурильных труб *(из буровой вышки на мостки)*
pipe ~ укладка труб на землю
laying-out прокладка трассы *(трубопровода)*
pipeline ~ прокладка трассы трубопровода
layout 1. расположение; схема расположения 2. разбивка; компоновка 3. схема *(процесса нефтепереработки)*
~ of geophone group расстановка сейсмоприёмников в группе
controlled blast design pattern ~ сетка расположения скважин контурного взрывания

leak

desk ~ of production equipment расположение эксплуатационного оборудования на палубе *(основания судна)*
detector ~ расстановка сейсмоприёмников
drilling rig ~ компоновка буровой установки *(трубопровода)*
equipment ~ план расположения оборудования
geophone ~ расстановка сейсмоприёмников
irregular ~ 1. неправильная расстановка 2. нестандартная расстановка
pipeline ~ 1. схема трубопровода; трассировка трубопровода 2. компоновка системы трубопроводов 3. проект трубопровода
piping ~ 1. схема трубопровода; трассировка трубопровода 2. схема трубной обвязки скважины
production equipment ~ расположение эксплуатационного оборудования
rectangular ~ перпендикулярная расстановка
regular ~ 1. правильная расстановка 2. стандартная расстановка
rig ~ план размещения оборудования *(на буровой)*
ring ~ разметка кольца веерных скважин
round blasthole ~ расположение комплекта шпуров
seismometer pattern ~ расстановка сейсмоприёмников в группе
spread ~ система наблюдений
surface ~ расстановка на поверхности
well flow line ~ расположение выкидных линий скважин

L. C. Clay *фирм.* бентонитовый глинопорошок грубого помола

LD-7 *фирм.* пеногаситель, не обладающий поверхностно-активными свойствами
leaching выщелачивание
lead 1. шаг резьбы 2. кабель; провод 3. уплотнительная смазка *(для трубных резьб)* 4. расстояние от забоя до точки, от которой коронка спускается на забой с вращением 5. свинец 6. тетраэтилсвинец ‖ этилировать, вводить тетраэтилсвинец *(в бензин)* ◊ to ~ up a gasoline этилировать бензин
clop ~ токосъёмник провода сейсмоприёмника
leaded 1. освинцованный *(об аппарате)* 2. содержащий тетраэтилсвинец, этилированный *(о бензине, топливе)*
leader водосточный жёлоб; водосточная труба
leading этилирование, добавление тетраэтилсвинца *(к бензину)*
leak 1. утечка, течь; просачивание, фильтрация ‖ просачиваться; пропускать; протекать, стекать 2. неплотное соединение ◊ ~ in the casing течь в обсадных трубах; to ~ at pipe joints протекать на стыках труб
casing ~ неплотность обсадной колонны
corrosion ~ in pipe коррозионная протечка в трубопроводе
drilling mud ~ протечка бурового раствора *(в насосе)*
gas ~ утечка газа
pin-hole ~ точечная течь
pipe ~ течь в трубе
pit ~ небольшая течь в трубе *(вследствие коррозии)*
subterranean ~ утечка в подземной части *(трубопровода или резервуара)*
water ~ утечка воды

leakage 1. утечка; течь; просачивание; фильтрация **2.** потеря *(газа или жидкости из-за неплотности соединения)*; величина утечек
  air ~ утечка воздуха
  casing ~ утечка *(бурового раствора)* через обсадные трубы
  clearance ~ утечка через зазоры
  fluid ~ утечка жидкости
  gas ~ прорыв газа; утечка газа *(из газопровода)*
  joint ~ утечка через неплотный стык
  oil ~ утечка масла
  total ~ суммарные потери от утечек
  transportation ~ потери от утечек при транспортировке
  water ~ утечка воды
leaker скважина с нарушенным тампонажем; скважина с нарушенной цементной колонной
leakiness неплотность, течь; неплотное место
leaking утечка; протечка; течь ‖ неплотный; протекающий
  drilling mud ~ протечка бурового раствора *(в насосе)*
leakless плотный; герметичный; непроницаемый
leakproof плотный; герметичный; непроницаемый
leak-tested испытанный на герметичность
leaky имеющий течь; неплотный, негерметичный; пропускающий
lean наклон; отклонение
lease 1. участок; отвод **2.** контракт на аренду нефтеносного участка ‖ арендовать, сдавать в аренду; брать в аренду **3.** арендованный нефтеносный участок
  blanket ~ контракт на сдачу в аренду большого участка для разработки

oil-and-gas ~ участок, сдаваемый в аренду для добычи нефти и газа
Leather Floc *фирм.* волокнистый материал из кожи *(нейтральный наполнитель для борьбы с поглощением бурового раствора)*
Leather Seal *фирм.* измельчённые отходы кожевенной промышленности *(нейтральный наполнитель для борьбы с поглощением бурового раствора)*
leather 1. кожаная манжета *(поршня насоса)* **2.** волокнистый материал из кожи *(для борьбы с поглощением бурового раствора)*
  pump cup ~ кожаная манжета насоса
Leath-O *фирм.* измельчённые отходы кожевенной промышленности *(нейтральный наполнитель для борьбы с поглощением бурового раствора)*
leavings остатки *(от перегонки)*
lecithin лецитин *(присадка к этилированному бензину для повышения стабильности)*
Lectro-Mix *фирм.* смесь водорастворимых солей *(ингибитор неустойчивых глин)*
ledge 1. коренная порода; рудное тело **2.** выступ; край; уступ *(в стволе скважины)* **3.** жила; залежь; пласт; отложение
left in hole оставленный в стволе скважины *(об инструменте, бурильных трубах)*
left-hand левый *(о резьбе)*
leg нога *(буровой вышки, треноги)*, стойка; ферма, опора, лапа; столб; подставка; колонка; косяк; колено; угольник
  ~ **of anticline** крыло антиклинали
  ~ **of bit** лапа долота

air ~ 1. пневмоподставка *(для лёгкой бурильной установки)* 2. пневматическая поддержка *(для лёгких бурильных молотков)*
anchor ~ якорь-опора
back ~ задняя нога, укосина
ballast ~s балластные ноги-цистерны *(плавучего основания)*
bit ~ лапа долота *(опора шарошки)*
caisson-type ~ опора *(плавучего основания)* кессонного типа
dead ~ тупик *(трубопровода)*
derrick ~ 1. нога буровой вышки 2. опора буровой вышки
derrick front ~ передняя нога буровой вышки
derrick rear ~ задняя нога буровой вышки
dog ~ 1. искривление *(ствола скважины)* 2. резкий изгиб *(трубы)*
drilling bit ~ лапа бурового долота
extending offshore platform ~ выдвижная нога плавучего основания
feed ~ пневмоподставка *(для бурильного молотка)*
front ~ передняя нога треноги
head gear ~ нога копра
hole dog ~ резкое изменение направления ствола скважины
hydraulic ~ 1. гидравлическая колонка *(для бурильного молотка)* 2. гидравлическая стойка
hydraulic double-acting lightweight ~ лёгкая гидравлическая колонка *(бурового станка)* двойной раздвижности
jacket ~ опорная ферма для буровой платформы *(в морском бурении)*
jack-up offshore platform ~ нога самоподъёмного плавучего основания

mast ~ нога мачтовой вышки
offshore platform ~ нога плавучего основания
oil derrick ~ нога нефтяной буровой вышки
pusher ~ пневмостойка *(бурильного молотка)* с автоматической подачей
raising ~ подъёмная стойка *(буровой вышки или мачты)*
running ~ рабочая нога *(буровой вышки)*
sealing ~ шлюзовой затвор *(катализаторопровода)*
sloping ~ укосная нога
spare ~ запас длины опоры *(самоподъёмного основания)*
stay ~ укосина копра
telescopic ~ телескопическая нога
truss-type ~ нога основания решётчатого типа; опорная колонна сквозного типа
legend система обозначений
legging установка стоек; установка подпорок
legislation законодательство
antipollution ~ законодательство о борьбе с загрязнением окружающей среды
environmental ~ законодательство об охране окружающей среды
mining ~ горное законодательство
lemon-pale бледно-лимонный *(стандартный цвет нефтепродукта, соответствующий номеру 3 шкалы Национальной нефтяной ассоциации США)*
length 1. длина, протяжение 2. длительность, продолжительность 3. отрезок *(трубы, трассы)* ◊ ~ along strike длина по простиранию; to pick up the drill string ~ of kelly поднимать бурильную колонну на длину ведущей бурильной трубы

length

~ of boom длина стрелы
~ of casing длина обсадной трубы
~ of core длина керна
~ of core barrel длина керноприёмника
~ of crack протяжённость трещины
~ of jib длина стрелы
~ of joint длина однотрубки
~ of kelly square section длина части ведущей бурильной трубы квадратного сечения
~ of life ресурс; долговечность; наработка
~ of line in coil длина витка каната
~ of migration длина миграции
~ of penetration глубина погружения *(сваи)*
~ of pipe длина трубы
~ of seismic record длина сейсмической записи
~ of stand длина свечи
~ of stroke 1. величина размаха *(инструмента ударного бурения)* 2. длина хода *(плунжера)*
~ of warranty срок гарантии, гарантийный срок; продолжительность гарантии
allowable ~ of pipe suspension допустимая длина подвески труб
array ~ длина расстановки
bit ~ длина долота
boom ~ длина стрелы
buckling ~ предельная длина штанги, выдерживающей продольную нагрузку без деформации
conductor ~ длина проводящей зоны
cutting ~ общая длина лезвий бура
detonated ~ длина взорванного заряда
developed ~ осевая длина *(трубопровода)*

double ~ of drill pipe длина свечи из двух бурильных труб, длина двухтрубки
double random ~ двухтрубная свеча из труб разной длины
drum ~ длина барабана
equivalent ~ of conductor длина эквивалентного трубопровода
gas pipe ~ длина газопровода
group ~ *сейсм.* длина группы
gun ~ длина перфоратора
insert ~ длина твёрдосплавной вставки
kelly ~ in the clear длина части ведущей бурильной трубы квадратного сечения
laid ~ длина свинченных труб с учётом замков; длина уложенных труб; длина трубопровода
maximum tungsten carbide insert ~ максимальная длина твёрдосплавного резца буровой коронки
net plunger stroke ~ истинная длина хода плунжера
original bit blade ~ первоначальная длина лопасти долота
overall ~ суммарная длина труб в колонне *(замеренных до свинчивания, включая длину резьбовых частей)*
plunger stroke ~ длина хода плунжера
polished rod stroke ~ длина хода полированного штока
pull ~ 1. глубина скважины, пробуренная за один рейс бурового снаряда 2. длина поднятого за рейс керна
raypath ~ *сейсм.* длина луча
sag ~ максимальная длина колонны штанг *(при которой она противостоит изгибу при определённой осевой нагрузке)*
shank ~ длина хвостовика
sonde ~ длина каротажного зонда

spread ~ 1. длина базы приёма (*сейсмоприёмников*) 2. длина расстановки (*сейсмоприёмников*); расстояние между конечными сейсмографами расстановки 3. длина годографа
string ~ длина колонны труб
sweep ~ *сейсм.* длительность свип-сигнала
thread ~ длина резьбы
three ~ of casing колонна из трёх обсадных труб
total ~ of gun полная длина перфоратора
travel ~ длина миграции
tubing string ~ длина насосно-компрессорной колонны
usable ~ of record *сейсм.* полезная длина записи
wavelet ~ *сейсм.* длительность импульса
wing ~ длина лезвия (*бура*)
lengthen: ◊ to ~ drilling line 1. подавать канат (*уравнительным винтом*) 2. спускать трос с лебёдки (*роторного станка*)
lens линзовидная залежь, линза ‖ отлагаться в виде линзовидной залежи
abnormal pressure ~ линза с аномально высоким давлением
cavernous ~ кавернозная линза
elongated ~ вытянутая линза
low-velocity ~ *сейсм.* низкоскоростная линза
oil ~ линза нефтеносного песка
porous ~ пористая линза
sand ~ песчаное линзовидное тело
velocity ~ *сейсм.* линза, характеризуемая скоростью
lensing of oil линзовидное залегание нефти
lenticle линза, линзовидный пласт
leonardite леонардит (*природный окислённый лигнит*)

letdown разрежение; разбавление; разжижение
level 1. уровень; нивелир 2. горизонтальная поверхность ‖ выравнивать; проверять горизонтальность 3. степень; интенсивность 4. высота налива (*нефтепродукта в резервуаре*) ◊ above ground ~ над уровнем земли; above the ~ выше уровня; at the ~ на уровне; to mount the ~ устанавливать уровень; to put of ~ проверять по уровню; to set production ~ устанавливать уровень добычи (*для месторождения*); to ~ up выравнивать по уровню
~ of availability уровень эксплуатационной готовности
~ of maintainability степень ремонтопригодности
~ of repair 1. уровень ремонта 2. степень ремонта; категория ремонта; характер ремонта
~ of water table уровень водного зеркала
~ of zero amplitude уровень нулевой амплитуды (*многолетнемёрзлых пород*)
acceptable defect ~ допустимое число дефектов
acceptable process ~ приемлемый уровень качества при данном процессе изготовления
acceptable reliability ~ приемлемый уровень надёжности
acceptance ~ приёмочный уровень
accept-reject ~ уровень разбраковки
acoustic ~ акустический уровнемер
angle ~ прибор с уровнем и вертикальным лимбом (*для контроля забуривания наклонных скважин под заданным углом*)

annular cement ~ высота подъёма цементного раствора в затрубном пространстве
capacity ~ ёмкостный уровнемер
clutch ~ рычаг для включения и выключения кулачковой муфты *(бурового станка)*
cracking ~ 1. глубина крекинга 2. выход крекинг-бензина
damage ~ степень повреждения
datum ~ уровень начала отсчёта; опорный уровень; уровень приведения
deep ~ глубокий горизонт
drilling ~ буровой горизонт *(при подземном бурении)*
drilling mud ~ уровень бурового раствора
failure ~ интенсивность отказов
floating ~ уровень всплывания
flowing ~ динамический уровень *(в скважине)*
floor ~ уровень пола *(буровой)*
fluid ~ уровень жидкости *(в скважине)*
gas price ~ уровень цен на газ
geomorphological ~ геоморфологический уровень
geophone ~ уровень установки сейсмоприёмника
gray ~ серый фон *(общий фон на сейсмических разрезах, выполненных способом переменной ширины и плотности)*
ground ~ уровень земли
ground-water ~ уровень грунтовых вод
hazard ~ интенсивность отказов
hydrostatic ~ гидростатический уровень
initial ~ исходный уровень
interface ~ уровень раздела фаз
life ~ уровень долговечности
liquid ~ **in casing** уровень жидкости в обсадной колонне

lowest field ~ **of maintenance** минимальный объём технического обслуживания в процессе эксплуатации
main ~ главный горизонт
maintenance ~ уровень технического обслуживания
maintenance quality ~ уровень качества технического обслуживания
mean reliability ~ средний уровень надёжности
mean sea ~ средний уровень моря
octane ~ октановое число *(бензина)*
oil ~ 1. уровень нефти *(в скважине)* 2. высота налива нефтепродукта *(в резервуаре)*
oil-water ~ уровень водонефтяного контакта
optimum ~ **of production** оптимальный уровень добычи
optimum repair ~ оптимальный характер ремонта
phone ~ уровень установки сейсмоприёмника
piezometric ~ пьезометрический уровень
planned production ~ проектный уровень добычи
production ~ уровень добычи
reliability ~ уровень надёжности; уровень безотказности
safety ~ уровень безопасности
sand ~ песчаный горизонт
sea ~ уровень моря
severity ~ степень серьёзности неисправности
sign-signal ~ *сейсм.* уровень сигнала
spirit ~ уровень с воздушным пузырьком
standardization ~ уровень стандартизации
starting fluid ~ начальный уровень флюида в скважине
static ~ статический уровень

stationary ~ постоянная глубина *(прибора в скважине)*
surveyor ~ маркшейдерский уровень
water ~ уровень воды; уровень подземных вод
working ~ динамический уровень *(в скважине)*
working floor ~ уровень пола вышки
working fluid ~ рабочий уровень жидкости
zero water ~ нулевой уровень воды
leveling 1. выравнивание; нивелировка 2. горизонтирование *(бурового станка)* 3. планировка *(напр. буровой площадки)*
  base ~ выравнивание базы трасс
  pressure ~ стабилизация давления
leveling-off:
  pressure ~ стабилизация давления
lever рычаг; вага ‖ поднимать рычагом
  brake ~ **for rope drum** тормозной рычаг канатного барабана
  clutch ~ 1. рычаг включения и выключения кулачковой муфты *(бурового станка)* 2. отжимной рычаг сцепления
  coupling ~ рычаг сцепления и расцепления муфты
  disconnecting ~ рычаг выключения
  double-arm ~ двуплечий рычаг *(тормоза лебёдки)*
  feed ~ рычаг ручной подачи
  sandreel ~ рычаг включения тартального барабана *(станка ударно-канатного бурения)*
leverage рычажная передача
liberal с запасом *(прочности)*
liberation выделение
  ~ **of oil from shale** выделение нефти из сланцев
  composite ~ смешанное выделение *(газа)*
  differential ~ дифференциальное выделение *(газа)*
  flash ~ однократное выделение, контактное выделение *(газа)*
  gas ~ выделение газа
  methane ~ выделение метана
  vapor ~ выделение паров
libollite либоллит *(разновидность асфальта)*
library:
  core ~ кернохранилище *(с систематизированной укладкой ящиков с кернами на стеллажах)*
license разрешение, лицензия, патент ‖ разрешать; давать право, давать патент
  exploration ~ разрешение на разработку месторождения
  preliminary ~ предварительное разрешение на разработку месторождения
  prospecting ~ лицензия на ведение разведочных работ
lid крышка; колпак; клин
life долговечность; наработка; ресурс; срок службы; продолжительность работы ◊ ~ **between overhauls** наработка между капитальными ремонтами, межремонтный период
  ~ **of reservoir** период разработки продуктивного пласта
  ~ **of well** срок эксплуатации скважины
  active ~ эксплуатационная долговечность; эксплуатационный срок службы; эксплуатационная наработка; эксплуатационный ресурс
  available ~ достигнутая долговечность
  average ~ средняя долговечность; средняя наработка; средний ресурс

average ~ of well средний срок эксплуатации скважины
balanced ~ соразмерная долговечность *(различных элементов одной системы)*; равнопрочность
bearing ~ срок службы опор *(долота)*
bit ~ 1. срок службы долота; долговечность долота; срок службы головки бура **2.** метраж проходки на долото
calculated ~ расчётная долговечность; расчётный ресурс; расчётная наработка
calculated average ~ средний расчётный срок службы
certifiable ~ гарантируемая долговечность
cone teeth ~ долговечность зубьев шарошки
cumulative shelf ~ суммарная долговечность при хранении; суммарный срок годности при хранении
drilling bit ~ срок службы бурового долота
drilling equipment ~ срок службы бурового оборудования
early ~ of field начальный этап разработки месторождения
economic ~ экономически выгодный период *(эксплуатации месторождения)*
economic ~ remaining in casing эксплуатационный срок службы обсадной колонны
entire ~ общая долговечность; суммарная наработка; суммарный ресурс
estimated service ~ расчётный срок службы
expected ~ ожидаемая долговечность; ожидаемый ресурс; предполагаемый срок службы
extrapolated ~ экстраполируемая наработка

fatigue ~ усталостная стойкость, выносливость
field ~ продолжительность эксплуатации
finite ~ 1. ограниченная долговечность, ограниченный ресурс **2.** полная наработка *(с учётом восстановления при ремонте)*
flowing ~ продолжительность фонтанирования скважины
full-load ~ ресурс при максимальной нагрузке
gross ~ общая долговечность; суммарный ресурс; суммарная долговечность
guarantee ~ гарантийная долговечность; гарантийная наработка
increasing mean residual ~ возрастающая средняя остаточная долговечность
initial ~ первоначальный ресурс
in-service ~ эксплуатационная долговечность; срок службы; эксплуатационная наработка; ресурс
limited ~ 1. ограниченная долговечность; ограниченный ресурс **2.** предельная долговечность; предельный ресурс
long ~ длительная долговечность; большая наработка; большой ресурс
maximum service ~ максимальный срок службы
mean ~ средняя долговечность; средняя наработка; средний ресурс
mean residual ~ средняя остаточная долговечность; средний остаточный ресурс
mean running ~ средняя эксплуатационная долговечность
minimum ~ минимальная долговечность; минимальный ресурс

life

no-failure ~ период безотказной работы
nominal ~ номинальная долговечность; номинальная наработка; номинальный ресурс
observed ~ фактическая наработка; фактический ресурс
operational ~ эксплуатационная долговечность; эксплуатационный срок службы; эксплуатационная наработка; эксплуатационный ресурс
optimal ~ оптимальная долговечность; оптимальная наработка; оптимальный ресурс
original ~ наработка до первого ремонта; ресурс до первого ремонта
overhaul ~ наработка до капитального ремонта; ресурс до капитального ремонта; межремонтный период
past producing ~ дебит скважины до остановки
prefailure ~ наработка до отказа
producing ~ of well период эксплуатации скважины
production ~ of well период эксплуатации скважины
productive ~ of well период эксплуатации скважины
rated ~ 1. номинальная долговечность; номинальная наработка; номинальный ресурс 2. расчётная долговечность; расчётный ресурс; расчётная наработка
reconditioned ~ долговечность после ремонта; ресурс после ремонта; наработка после ремонта
reliable ~ период безотказной работы
remaining ~ остаточная долговечность; остаточный ресурс
replacement ~ наработка до замены; ресурс до замены

required ~ требуемая долговечность; требуемая наработка
reservoir ~ срок эксплуатации залежи; срок эксплуатации продуктивного пласта
reservoir producing ~ период разработки коллектора
residual ~ остаточная долговечность; остаточный ресурс
restored ~ долговечность после ремонта; наработка после ремонта; ресурс после ремонта
rupture ~ наработка до разрушения; ресурс до разрушения
safe ~ безопасная наработка; безопасный ресурс
screw joint ~ долговечность резьбовых соединений
service ~ эксплуатационная долговечность; срок службы; эксплуатационная наработка; ресурс
specified ~ заданная *(в технических условиях)* долговечность; заданный ресурс
stress-corrosion ~ долговечность в условиях коррозии под напряжением
target ~ заданная *(в технических условиях)* долговечность; заданный ресурс
total ~ общая долговечность; суммарная наработка; суммарный ресурс
trouble-free ~ период безотказной работы
true mean ~ истинная средняя долговечность; истинная средняя наработка; истинный средний ресурс
ultimate ~ предельная долговечность; предельная наработка; предельный ресурс; предельный срок службы
useful ~ 1. период нормальной эксплуатации; эксплуатационная долговечность 2. срок годности; срок использования

life

useful bit ~ эксплуатационная долговечность долота
useful operating ~ технический ресурс
warrantable ~ гарантируемая долговечность
warranty ~ гарантийная долговечность; гарантийная наработка
well ~ период эксплуатации скважины
well flowing ~ период фонтанной эксплуатации скважины
well producing ~ период эксплуатации скважины
working ~ эксплуатационная долговечность; эксплуатационный срок службы; эксплуатационная наработка
lifelength долговечность; наработка; ресурс
lifespan:
technological ~ технический ресурс
lifetest проводить испытания на долговечность
lifetime долговечность; наработка; ресурс; срок службы; продолжительность работы
effective ~ действительный срок службы
warranty ~ гарантийная долговечность; гарантийная наработка
lift 1. подъёмник *(установка для добычи нефти)* ‖ добывать 2. высота подачи; высота подъёма; высота всасывания *(насоса)* 3. движение бурового инструмента вверх *(при бурении)* 4. механизированная добыча *(нефти)* 5. подъём при долблении; подъём верхнего звена яса *(за счёт эластичности вытянувшегося троса)* 6. отрыв коронки от забоя *(вследствие чрезмерной подачи бурового раствора или пульсирующего действия насоса)*

~ of pump высота подачи насоса
artificial ~ механизированная добыча, насосно-компрессорная добыча
compressor ~ компрессорный подъёмник
concentric-string ~ подъёмник с концентрическими насосно-компрессорными колоннами
delivery ~ высота напора; высота нагнетания *(насоса)*
derrickman cradle ~ люлька верхового рабочего *(на буровой вышке)*
dual-completion compressor ~ компрессорный подъёмник для одновременной эксплуатации двух продуктивных зон
flow ~ фонтанный подъёмник
gas-liquid ~ газожидкостный подъёмник
gasoline suction ~ высота всасывания по бензину
hydraulic ~ гидравлический подъёмник
hydropacker plunger ~ гидропакерный плунжерный подъёмник
initial production plunger ~ начальный дебит при добыче с помощью насосов-качалок
liquid mercury ~ подъём *(катализатора)* с помощью ртути
molten lead ~ подъём *(катализатора)* с помощью расплавленного свинца
multiple-string ~ многорядный подъёмник
oil ~ to surface подъём нефти на поверхность
parallel-string ~ подъёмник с параллельными колоннами труб, двухрядный подъёмник
pump ~ 1. высота всасывания насоса; высота подъёма нагнетаемой жидкости 2. ход поршня глубинного насоса

static suction ~ геометрическая высота всасывания
suction ~ высота всасывания (насоса)
total ~ высота всасывания (насоса) с учётом потерь на трение жидкости
vacuum gage suction ~ вакуумметрическая высота всасывания
valve ~ ход клапана; подъём клапана

lifter подъёмник; подъёмный механизм
barrel ~ бочкопогрузчик
basket core ~ кернорватель корзиночного типа
core ~ 1. керноподъёмник; керноприёмная труба *(для отрыва керна от породы и его подъёма в колонковой трубе на поверхность)* 2. рвательное кольцо *(керноватeля)*
corner ~ угловой подошвенный шпур
finger ~ кернователь корзиночного типа *(с рядом пружинящих полосок, приклёпанных за нижний конец)*
inner-tube core ~ кернователь, помещённый в специальном удлинителе внутренней трубы
pipe ~ подъёмник для труб
ring ~ пружинное кольцо *(керноватeля)*
skirt core ~ кольцевой пружинный кернователь с направляющей трубкой *(входящей в керноприёмную трубу)*
split-ring core ~ ловильное кольцо; кольцевой пружинный кернователь
spring core ~ кольцевой пружинный кернователь
wedge core ~ кернователь с клиновидными скользящими плашками

lifting 1. подъём *(лебёдкой)* 2. механизированная добыча *(нефти)*
~ of oil подъём нефти
cronblock ~ подъём кронблока
cuttings ~ вынос бурового шлама
dense-phase ~ of catalyst пневматический способ подъёма уплотнённого катализатора
earth ~ разрыв пород пласта *(закачкой жидкости под большим давлением)*
mass flow ~ подъём флюидизированного материала в уплотнённом виде

Light Ash *фирм.* безводная кальцинированная сода

light:
butane ~ бутановая зажигалка *(для поджигания отводимого газа)*
flambeau ~s факел, в котором сжигается попутный газ
flow line end pilot ~ запальник выкидной линии
out-of-command ~ аварийный фонарь *(на буровом судне)*

lighting:
fuse ~ зажигание огнепроводного шнура *(при огневом взрывании)*

lignin лигнин
modified ~ модифицированный лигнин
substituted ~ замещённый лигнин

lignite лигнит, бурый уголь
chrome ~ хромлигнит

lignosulfonate лигносульфонат
calcium ~ кальцийлигносульфонат
chrome ~ хромлигносульфонат
chrome-free ~ лигносульфонат, не содержащий хрома
ferrochrome ~ феррохромлигносульфонат
modified ~ модифицированный лигносульфонат

Lignox

Lignox *фирм.* лигносульфонат
ligroin 1. лигроин *(нефтяная фракция, отгоняемая между бензином и керосином)* 2. нефтяной дистиллят, кипящий в пределах 120–135 °C 3. петролейный эфир, выкипающий ниже 45 °C.
likelihood of failure вероятность отказа
likeness of beds подобие пластов
lily-white чисто-белый *(марка цвета нефтепродукта по шкале Национальной нефтяной ассоциации США, соответствующая номеру 1 этой шкалы)*
limb крыло *(складки)*
  ~ **of fold** крыло складки
  anticline ~ крыло антиклинали
  arch ~ крыло свода
  fault ~ крыло сброса
  pool ~ крыло залежи
  roof ~ верхнее висячее крыло *(лежащей складки)*
  syncline ~ крыло синклинали
  through ~ крыло мульды
lime известь, гидроокись кальция ◊ **to determine the ~ content** определять содержание извести
  free ~ свободная известь
  hydraulic ~ гидравлическая известь
  hydrated ~ гашёная известь *(замедлитель схватывания цемента)*
  quick ~ негашёная известь *(ускоритель схватывания портланд-цемента)*
  slaked ~ гашёная известь *(замедлитель схватывания цемента)*
limestone известняк
  arenaceous ~ песчанистый известняк
  asphaltic ~ битуминозный известняк
  bituminous ~ битуминозный известняк
  carboniferous ~ каменноугольный известняк
  caustic ~ негашёная известь
  cavernous ~ кавернозный известняк
  chert-bearing ~ известняк с включениями окремнелых пород
  cherty ~ кремнистый известняк
  clayey ~ глинистый известняк
  coarse ~ грубый известняк
  compact ~ плотный известняк
  cryptocrystalline ~ скрытокристаллический известняк
  crystalline ~ кристаллический известняк
  decomposed ~ разложившийся известняк
  dense ~ плотный известняк
  Devonian ~ девонский известняк
  dolomitic ~ доломитизированный известняк
  fine-crystalline ~ тонкокристаллический известняк
  fissured ~ трещиноватый известняк
  fractured ~ трещиноватый известняк
  fragmental ~ обломочный известняк
  granular ~ зернистый известняк
  hard ~ твёрдый известняк
  karst ~ закарстованный известняк
  laminated ~ слоистый известняк
  Lower Cretaceous ~ нижнемеловой известняк
  marine ~ морской известняк
  marlstone ~ глинистый известняк
  marly ~ мергелистый известняк

massive ~ плотный известняк
oolitic ~ оолитовый известняк
organic ~ органогенный известняк
original ~ первоначальный известняк
pelitomorphic ~ пелитоморфный известняк
poor-porous ~ низкопористый известняк
porous ~ пористый известняк
reef ~ рифовый известняк
sandy ~ песчанистый известняк
shaly ~ сланцевый известняк
shell ~ ракушечный известняк
siliceous ~ кремнистый известняк
thinly laminated ~ тонкослоистый известняк
upper Jurassic ~ верхнеюрский известняк
vugular ~ кавернозный известняк
limestone-dolomitic известково-доломитовый
liming известкование
limit 1. предел; граница 2. *pl* интервал значений
~ of drilling mud temperature stability предельная термостойкость бурового раствора
~ of elasticity предел упругости
~ of pool граница распространения залежи
~ of wear предел износа, предельный износ
age ~ предельная долговечность
areal ~s площадь распространения, контур *(нефтеносности)*
areal ~s of oil sand контур нефтеносности пласта
casing running ~s ограничения на спуск обсадной колонны
cone-type bit deviation ~s пределы отклонения скважины при бурении шарошечным долотом
corrosion endurance ~ предел коррозионной выносливости
corrosion fatigue ~ предел коррозионной усталости
down-dip ~ of pool граница распространения залежи вниз по падению
drainage region ~ граница области дренирования
drilling ~s ограничения на бурение *(напр. по погодным условиям)*
economic ~ экономический предел *(эксплуатации)*
elastic ~ предел упругости
explosivity ~s пределы взрываемости *(смесей углеводородов с воздухом или кислородом)*
fatigue ~ предел выносливости
hole deviation ~s пределы отклонения ствола скважины
load ~ предел нагрузки
fatigue ~ предел выносливости
life ~ предельная долговечность
load ~ предельная эксплуатационная нагрузка; максимально допустимая нагрузка; предел нагружения
lower ~ нижний предел
lower explosive ~ нижний предел взрываемости *(метана)*
operating ~s эксплуатационные ограничения; ограничения на условия эксплуатации
operating temperature ~ фактическая термостойкость *(бурового раствора)*
pressure ~ предельное давление, предел давления
production rate ~ предельный дебит
pumping ~ of mud предел прокачиваемости бурового раствора насосом

reject ~ предел браковки
reliability ~ предел надёжности
repair cost ~ предельная стоимость ремонта
stress ~ предельное напряжение
survival ~ предел выживания *(ограничение на буровое основание по погодным условиям)*
test ~s предельные условия испытаний
torsional endurance ~ предел усталости при кручении
tripping ~ ограничения на спускоподъёмные операции *(напр. погодные)*
up-dip ~ of pool граница распространения залежи вверх по восстанию
yield ~ условный предел текучести

limitation of oil production ограничение отбора нефти
limiter ограничитель
boom angle ~ ограничитель угла наклона стрелы *(крана полупогружной буровой платформы)*
loading level ~ ограничитель уровня налива *(нефти в резервуар)*
rotation ~ ограничитель вращения *(кабеля телеметрической системы)*

limy известковый
line 1. трубопровод; нитка трубопровода ‖ прокладывать трубопровод, тянуть нитку трубопровода 2. линия транспорта 3. талевый канат; струна талевой оснастки 4. линия, кривая 5. ряд 6. отрасль ◊ on ~ 1. выровненный, соосный *(о бурильной колонне по отношению к скважине)* 2. прямолинейный *(о скважине)*; to blank off a ~ заглушать трубопровод; to blind off a ~ заглушать трубопровод; to block a ~ заглушать трубопровод; to feed off a ~ from drum сматывать талевый канат с барабана; to flush a ~ through промывать трубопровод; to ~ in выверять положение *(буровой установки для бурения скважины под заданными вертикальным и азимутальным углами)*; to reeve a ~ натягивать канат перед подъёмом; пропускать талевый канат через кронблочный шкив *(от лебёдки)*; to spool the drilling ~ on drum наматывать талевый канат на барабан; to ~ the hole крепить скважину обсадной колонной; to turn into the ~ начинать перекачивание из промысловых резервуаров по трубопроводу; to ~ up 1. выравнивать 2. устанавливать на одной прямой; to valve off a ~ перекрывать трубопровод задвижкой; to ~ with casing крепить скважину обсадными трубами; to ~ with pipes крепить скважину трубами общего назначения

~ of bearing 1. азимутальное направление *(наклонной скважины)* 2. направление простирания пласта
~ of correlation корреляционная линия *(на разрезе)*
~ of deflection линия перегиба
~ of dip 1. направление наклона *(скважины)* 2. направление падения *(пласта)*
~ of etch отпечаток уровня кислоты на пробирке инклинометра
~ of geophone линия сейсмоприёмников
~ of least resistance линия наименьшего сопротивления
~ of pumps нормальный ряд насосов

~ of shooting сейсмический профиль
~ of tackle system струна талевой системы
~ of welding линия сварки, ось шва
admission ~ 1. линия впуска; линия всасывания 2. подводящий трубопровод
air ~ воздухопровод
anchor ~ оттяжка, растяжка; якорный канат (судна, плавучего основания)
anchoring ~ оттяжка, растяжка; якорный канат (судна, плавучего основания)
back-pressure ~ линия для создания противодавления
backup ~ резервный трубопровод
backwash ~ линия обратной промывки; обратный промывочный трубопровод
bailer ~ тартальный канат, желоночный канат
bailing ~ тартальный канат, желоночный канат
bare ~ неизолированный трубопровод
base ~ of sands базовая линия песков
bed contour ~ изогипса пласта
big-inch ~ трубопровод большого диаметра
bleed ~ выпускной трубопровод (для газа на устье скважины)
bleeder ~ спускной трубопровод; трубопровод для отвода конденсата
bleed-off ~ спускной трубопровод
blooie ~ выкидная линия (для разбуренной породы при бурении с очисткой забоя воздухом или для отвода газообразного бурового агента)
blowing ~ выкидная линия (для отвода воздуха или газа при бурении с продувкой)

booster ~ вспомогательная линия (на водоотделяющей колонне для подачи в нижнюю часть этой колонны бурового раствора с целью увеличения скорости восходящего потока раствора и лучшего выноса выбуренной породы)
borehole ~ колонна обсадных труб (в скважине)
bozo ~ устройство для подъёма квадратной штанги и спуска её в шурф (без помощи шпилевой катушки)
branch ~ ответвление трубопровода (отходящее от главного трубопровода); отводная линия
branch main ~ главный отвод трубопровода; магистральный боковой трубопровод
branched ~ разветвлённый трубопровод
buried pipe ~ подземный трубопровод
bypass ~ обводной трубопровод
cable ~ трос; канат
calf ~ талевый канат (установки канатного бурения); канат для спуска обсадных труб
casing ~ талевый канат для операций с обсадными трубами
catalyst transfer ~ трубопровод для катализатора
cathead ~ канат для работы с катушкой, катушечный канат; лёгость
cementing ~ цементировочная линия
choke ~ 1. штуцерная линия (трубопровод на блоке противовыбросовых превенторов и водоотделяющей колонне для регулирования давления в скважине) 2. дроссельная линия (для отвода из скважины газированного бурового раствора)

circular main ~ кольцевой магистральный трубопровод
circulation booster ~ вспомогательная циркуляционная линия (*дополнительный трубопровод на водоотделяющей колонне для подачи в нижнюю часть этой колонны бурового раствора с целью увеличения скорости восходящего потока в этой колонне и улучшения выноса выбуренной породы*)
coated pipe ~ изолированный трубопровод
coil choke flexible steel ~ спиральная стальная труба линии глушения скважины (*для компенсации поворотов морского стояка*)
coil kill flexible steel ~ спиральная стальная труба штуцерной линии (*для компенсации поворотов морского стояка*)
condensate ~ конденсатопровод
condensate-water ~ линия конденсат–вода
conductor ~ электрокабель
connecting ~ соединительный трубопровод
contact ~ контактная линия (*линия границы геологических формаций разных возрастов*)
coseismal ~ косейсмическая линия (*линия одновременного прихода волн землетрясения*)
cracker ~ 1. отрезок пенькового каната (*устанавливаемый между снарядом ударно-канатного бурения и стальным тросом для большей эластичности*) 2. компоновка низа бурильной колонны для набора угла искривления ствола скважины
cracking case vapor ~ шлемовая труба крекинг-реактора
crest ~ гребень антиклинали
crossover ~ перепускной трубопровод
crude oil ~ нефтепровод
dead ~ 1. неподвижный конец талевого каната 2. неиспользуемая часть трубопровода 3. неподвижно прикреплённая труба (*напр. к буровой вышке*) 4. граница между нефтью или газом и солёной водой (*у нефтяного месторождения*)
delivery ~ 1. выкидная линия 2. линия, по которой нефть поступает в резервуар 3. нагнетательный трубопровод; напорный трубопровод; питающий трубопровод; подающий трубопровод
derrick ~ оттяжка вышки
discharge ~ 1. нагнетательный трубопровод (*насоса*) 2. выкидная линия (*насоса*) 3. напорный трубопровод (*насосной станции*)
discharge ~ of compressor нагнетательная линия компрессора
disposal ~ трубопровод для сброса промысловых вод
distributing main ~ распределительная магистраль
district heating ~ трубопровод централизованного теплоснабжения
diverter ~ отводная линия (*в строительстве морских скважин*)
double ~ двухтрубная нитка трубопровода
downstream ~ напорная линия; нагнетательная линия
drain ~ сливная линия; сточный трубопровод
drawworks ~ of tackle system ходовая струна талевой системы

drill ~ 1. буровой канат *(в канатном бурении)* 2. талевый канат; струна оснастки талевого блока *(в роторном бурении)* 3. буровой снаряд *(колонкового бурения)* 4. струна оснастки талевого блока 5. рабочий канат *(в ударно-канатном бурении)*
drilling ~ 1. буровой канат *(в канатном бурении)* 2. талевый канат; струна оснастки талевого блока *(в роторном бурении)* 3. буровой снаряд *(колонкового бурения)* 4. струна оснастки талевого блока 5. рабочий канат *(в ударно-канатном бурении)*
drilling mud ~ трубопровод для бурового раствора
drilling mud flow ~ выкидная линия для бурового раствора
drilling rope fast ~ ходовой конец талевого каната
drill-water ~ трубопровод для подачи промывочной воды *(при бурении)*
drop-out ~ сливная линия; аварийная спускная линия; отводная линия *(ведущая от предохранительного клапана крекинг-установки в аварийный или спускаемый резервуар)*
edge water ~ контур краевой воды
emergency drain ~ аварийная сливная линия
encroachment ~ линия фронта наступающей воды, контур краевой воды
etch ~ след уровня кислоты *(на пробирке инклинометра)*
exhaust ~ 1. отводная линия; выкидная линия *(для газообразного бурового агента или продукции из скважины, резервуара)* 2. выхлопной трубопровод *(буровой установки)*
expansion ~ кривая изменения давления газа при расширении
fast ~ ходовой конец *(талевого каната)*
feed ~ сырьевой трубопровод; линия подачи сырья
fill ~ загрузочный трубопровод; наливная линия
filling ~ загрузочный трубопровод; наливная линия
fillup ~ линия для закачивания бурового раствора в скважину *(с целью возмещения объёма тела бурильной колонны, поднятой из скважины)*
firing ~ 1. подвижной участок фронта нефтепроводных работ 2. секционный способ монтажа резервуаров
first-break ~ *сейсм.* годограф первых вступлений
flare ~ факельная линия, линия отвода бросового газа *(для сжигания в факеле)*
flexible production ~ гибкий эксплуатационный трубопровод
floor ~ плоскость пола *(буровой)*
flow ~ 1. выкидная линия *(трубопровод, идущий от скважины к сепаратору)* 2. сборный нефтепровод 3. напорный трубопровод; нагнетательный трубопровод 4. сточный трубопровод
forked ~ трос с раздвоенным концом
fuel ~ теплопровод; бензопровод
gage ~ замерная труба; лента замерной трубы *(на резервуаре)*
gas ~ 1. газопровод 2. бензопровод
gas blowoff ~ линия сброса газа *(в атмосферу)*

gas equalizing ~ газоуравнительная линия
gas gathering ~ газосборная линия
gas inlet ~ газоприёмная линия
gas main ~ газовая магистраль
gas outlet ~ газоотводная линия
gas pipe ~ 1. газопровод 2. бензопровод
gasoline ~ бензопровод; продуктопровод
gathering ~ 1. сборная линия; линия, идущая от скважины к резервуару (*внутрипромысловой системы сбора нефти*) 2. нефтепромысловый магистральный трубопровод
geophone ~ линия сейсмоприёмников
grade ~ линия продольного профиля (*трассы трубопровода*)
gravity ~ самотёчный трубопровод
guy ~s оттяжки, ванты, расчалки
Hallburton ~ 1. особо прочная труба (*применяемая при цементировании под высоким давлением*) 2. прибор для измерения глубины скважины
heating-gas ~ трубопровод отопительного газа
high-pressure ~ трубопровод высокого давления, высоконапорный трубопровод
hoisting ~ подъёмный канат
homoseismal ~ косейсмическая линия (*линия одновременного прихода волн землетрясения*)
incoming gas ~ газоприёмная линия
injection ~ 1. нагнетательная линия (*при заводнении*) 2. линия для закачки (*инструмента в подводную скважину*)

inlet ~ подводящий трубопровод
insulated pipe ~ изолированный трубопровод
integral choke and kill ~ штуцерная линия и линия глушения скважины (*изготовленные заодно с секциями водоотделяющей колонны*)
isoseismal ~ изосейсма
jerk ~ 1. пеньковый канат (*для работы на шпилевой катушке станка роторного бурения*) 2. канат, соединённый с кривошипом главного вала (*при помощи которого ведётся бурение с оттяжкой каната при забуривании скважины*)
jetting ~ шланг для гидроструйного размыва (*грунта дна моря*)
jug ~ сейсмическая коса, соединяющая сейсмоприёмники с регистрирующей аппаратурой
kill ~ линия, подводящая раствор для глушения скважины; линия глушения (*скважины*)
lang-lay ~ канат параллельной свивки
lateral gas ~ тупиковый газопровод
lead ~ 1. приёмный трубопровод; линия от скважины до мерника 2. трубопровод от насоса к резервуару 3. трубопровод, соединяющий буровую скважину со сборным резервуаром 4. промысловый трубопровод 5. вспомогательный канат (*для второстепенных и ремонтных работ на вышке*)
life ~ спасательный трос (*для спуска верховых рабочих при пожаре*)
lift ~ стояк катализаторопровода
live ~ ходовой конец каната

line

loading ~ 1. наливная линия; загрузочная линия 2. нефтесборочная линия
long-distance pipe ~ магистральный трубопровод
long-lay ~ канат односторонней свивки; трос односторонней свивки
low-pressure pipe ~ низконапорный трубопровод
main ~ 1. магистральный трубопровод 2. коллектор в сборной системе
main trunk ~ главный магистральный трубопровод
mandrel ~ тонкий проволочный канат
manifold ~ линия манифольда
marine conductor ~ ходовая втулка водоотделяющей колонны под направляющие канаты
marine riser choke ~ штуцерная линия водоотделяющей колонны
marine riser kill ~ линия глушения скважины в водоотделяющей колонне
mast ~ оттяжка вышки
master guide ~ основной направляющий канат
mazout ~ мазутопровод
mooring ~ якорная оттяжка *(плавучего бурового основания)*
mud ~ 1. грязевая линия *(от насосов к стояку)* 2. глинопровод
mud-return ~ выкидная линия для бурового раствора
multiple ~s многострунная оснастка талевого блока
off-stream pipe ~ трубопровод, в котором не происходит движения продукта
oil ~ нефтепровод; маслопровод; дистиллятная линия
oil-drainage ~ контур нефтеносности

oil-gathering ~ нефтесборная линия
oil-pipe ~ нефтепровод
operation ~ рабочая оттяжка
original water ~ первоначальный контур воды
outgoing gas ~ газоотводная линия
outlet transfer ~ трубопровод, идущий от печи к ректификационной колонне
overflow ~ линия перелива *(резервуара)*
overhead ~ потолочный трубопровод
pilot ~ управляющая линия; управляющий канал *(в многоканальном шланге гидравлического управления подводным оборудованием)*
pilot igniting ~ запальная линия
pipe ~ трубопровод
pod ~ канат коллектора, канат распределительной коробки *(для подъёма и спуска коллектора)*
pod lock ~ канал замка коллектора *(для подачи рабочей жидкости в приводной цилиндр замка)*
pressure ~ нагнетательный трубопровод; напорная линия
priming ~ заливочный трубопровод; заправочный трубопровод
production flow ~ эксплуатационный трубопровод *(для транспортировки продукции скважины к пункту первичной обработки)*
products pipe ~ продуктопровод
pull ~ тяговая линия *(группового насосного привода)*
pump suction ~ приёмная линия насоса
pump warm-up ~ трубопровод для подогрева насоса *(при запуске)*

pumping-out ~ линия выкачивания, линия откачивания *(нефтепродукта)*
rag ~ **1.** буровой канат *(из растительных волокон)* **2.** манильский канат *(для забуривания скважин ударно-канатного бурения большого диаметра)*
reflux ~ трубопровод возврата *(флегмы)*
refraction ~ *сейсм.* профиль, полученный методом преломлённых волн
release ~ выпускной трубопровод
reserve flow ~ запасная выкидная линия
retrieving ~ направляющий трос *(для подъёма объектов со дна моря)*
reverse circulation ~ линия обратной промывки
rig ~ бурильный канат
ring main ~ кольцевая магистраль
riser choke ~ штуцерная линия водоотделяющей колонны
riser joint integral kill and choke ~ секция линии глушения скважины и штуцерной линии, выполненная заодно с секцией водоотделяющей колонны
riser kill ~ линия глушения водоотделяющей колонны
riser tensioning ~ натяжной канат водоотделяющей колонны
rod ~ насосная тяга, полевая тяга
rotary-drill ~ талевый канат
rotary-wire ~ талевый канат
run-down ~ отводная линия, приёмная линия *(от приёмного здания до заводских резервуаров)*
safety ~ страховая оттяжка

sand wire ~ тартальный канат; желоночный канат *(станка ударно-канатного бурения)*
sea ~ подводный трубопровод
seagoing pipe ~ трубопровод, проложенный по морскому дну
seismic ~ сейсмический профиль, сейсморазведочный профиль
shale base ~ опорная линия глин *(в электрокаротаже)*
shale deflection ~ линия глин
shore pipe ~ береговой трубопровод
shot ~ *сейсм.* профиль взрыва, профиль возбуждения
shot-moment ~ *сейсм.* отметка момента взрыва
shot-point ~ *сейсм.* линия пунктов взрыва
single ~ однострунная оснастка на прямом канате *(без талевого блока)*
sling ~ подъёмный строп
snake ~ тяговый трос *(при перемещении оборудования с помощью лебёдки станка)*
soft ~ тонкий шнур из двух прядей *(для обмотки концов каната)*
source ~ *сейсм.* профиль взрыва, профиль возбуждения
split ~ канат с разветвлением
spontaneous potential base ~ линия отсчёта на кривой потенциала самопроизвольной поляризации; линия глин
spur ~ тупиковый трубопровод; ответвление магистрального трубопровода
stabilizing guy ~ канатная оттяжка *(вышки, мачты)*
steam ~ паропровод
steam return ~ конденсатный трубопровод
sucker-rod ~ канатная насосная тяга *(при центральном приводе)*

suction ~ 1. всасывающая линия, приёмная линия *(насоса)* 2. всасывающий трубопровод *(бурового насоса)* 3. впускной трубопровод
supply ~ подводящий трубопровод
surface ~ of circulatiion system наземная линия циркуляционной системы
suspension ~ несущий трос *(висячего трубопровода)*
swing ~ 1. подвижная труба *(в резервуаре)* 2. поворотная труба; шарнирная труба
swinging core ~ трос для спуска и подъёма керноотборника
tag ~ отрезок троса с крюком для перемещения оборудования
takeoff ~ отводной трубопровод
tank flow ~ выкидная линия резервуара
tank heating ~ подогревающий трубопровод
tank shipping ~ выкидная линия резервуара
tapered drilling ~ проволочный канат с постепенно уменьшающимся сечением
tie ~ рабочая линия *(на диаграмме равновесия жидкость-пар при расчёте ректификационной колонны)*
time-distance ~ сейсм. годограф
tool injection ~ линия для закачивания инструмента *(в подводную скважину)*
tow ~ буксирный канат
tracer ~ параллельный трубопровод *(обогревающий или охлаждающий)*
transmission ~ транспортирующий трубопровод
triple ~ трёхтрубная нитка трубопровода
triple gas pipe ~ трёхтрубная нитка газопровода

trough ~ гребень синклинали
trunk ~ магистральный трубопровод; магистральная линия нефтепровода; магистраль
tubing ~ талевый канат для спуска и подъёма насосно-компрессорных труб
TV guide ~ направляющий канат телевизионной камеры *(для ориентированного спуска телевизионной камеры к подводному устью скважины)*
twin pipe ~ двухниточный трубопровод
uncovered ~ неизолированный трубопровод
unloading ~ сливной трубопровод; разгрузочный трубопровод
uphill ~ трубопровод, идущий в гору
upstream ~ всасывающая линия; приёмная линия
vapor ~ паропровод; трубопровод для продуктов в паровой фазе; пародистиллятный трубопровод
vent ~ 1. продувочная линия 2. вытяжная линия 3. выкидная линия *(при бурении с продувкой воздухом)* 4. вентиляционная линия *(нефтехранилища)*
vibrator ~ вибросейсмический профиль
water ~ контур водоносности
water-disposal ~ водоспускная линия
water-encroachment ~ контур краевой воды
water-flood ~ 1. линия для заводнения 2. трубопровод для заводнения
water-supply ~ водопровод
well flow ~ отводная линия скважины
wirerope measuring ~ трос для измерения глубины скважины

601

liner 1. вкладыш; сменная гильза **2.** нижняя труба обсадной колонны; хвостовик *(не доходящая до устья скважины короткая колонна труб, закрепляющая стенки скважины ниже башмака предыдущей колонны)*; потайная колонна **3.** вкладыш *(шатуна насоса)*; цилиндровая втулка; рубашка бурового насоса; цилиндровая втулка насоса; сменная гильза ◊ ~ **for polished rod** втулка для полированной штанги *(глубинного насоса)*
bearing ~ вкладыш подшипника
blank ~ **1.** обсадная труба без перфорированных отверстий **2.** сплошная часть хвостовика; неперфорированная нижняя труба обсадной колонны; неперфорированная часть хвостовика
casing ~ хвостовик обсадной колонны
casing patch ~ внутренняя гильза для ремонта обсадных труб
ceramic ~ втулка с керамическим вкладышем *(бурового насоса)*
cylinder ~ гильза цилиндра промывочного насоса
drilling ~ буровой хвостовик
flanged bearing ~ буртовый вкладыш подшипника
fluid cylinder ~ втулка цилиндра гидравлической части насоса
flush joint ~ фильтр с равнопроходным соединением
gravel-packed casing ~ хвостовик обсадной колонны с гравийным фильтром
hardened steel cylinder ~ втулка цилиндра из закалённой стали *(для бурового промывочного насоса)*

inner tube ~ гильза керноприёмника
joint ~ прокладка между фланцами; уплотнение стыка
patch ~ ремонтная обсадная колонна-хвостовик
penstock ~ облицовка внутренних стенок напорного трубопровода
perforated ~ **1.** перфорированный хвостовик **2.** перфорированная эксплуатационная колонна
perforated casing ~ перфорированный хвостовик обсадной колонны
pipe ~ обсадная труба
plain-end ~ неперфорированная нижняя труба обсадной колонны
plastic ~ пластмассовый керноприёмник
plastic inner tube ~ полиэтиленовая гильза керноприёмника
polished rod ~ втулка полированного штока *(глубинного насоса)*
porcelain ~ гильза с фарфоровым покрытием *(в цилиндре насоса)*
prepacked-gravel ~ нижняя труба эксплуатационной обсадной колонны с заранее созданным гравийным фильтром
pressure ~ втулка высокого давления *(к цилиндру насоса)*
production ~ эксплуатационная обсадная колонна
pump ~ втулка цилиндра насоса
removable ~ вкладная гильза; вставная гильза
sampler ~ вкладная гильза керноприёмника
screen ~ перфорированный хвостовик
slip ~ вкладыши плашек *(в роторном столе для бурильных труб)*

slipform concrete ~ обсадная труба из бетона со скользящей опалубкой
slotted ~ хвостовик с щелевидными продольными отверстиями
spiral ~ спиральный хвостовик (*со спиральной канавкой по всей длине поверхности для облегчения условий спуска*)
tie-back ~ надставка хвостовика
well ~ обсадной хвостовик
working barrel ~ втулка цилиндра глубинного насоса
lineshaft трансмиссионный вал лебёдки роторного бурения
lineup 1. стыковка труб; центровка труб (*под сварку*) ‖ центрировать; прокладывать линию; располагать на одной оси; выравнивать 2. ось синфазности (*на сейсмограмме*); pl синфазное выравнивание по трассам сейсмограмм 3. установка шпинделя станка по оси скважины
coherent ~ ось синфазности
high-frequency ~ ось синфазности высокочастотных волн
lining 1. прокладка 2. подкладка 3. набивка 4. внутреннее покрытие 5. вкладыш подшипника 6. выпрямление ◊ ~ **with cement** внутреннее цементное покрытие; ~ **with epoxy resin** внутреннее покрытие эпоксидной смолой
~ **of pipes** центровка труб (*под сварку*)
anticorrosive ~ антикоррозионная облицовка
bearing ~ заливка подшипника
concrete ~ бетонная облицовка (*трубопровода*)
gunite ~ защитное покрытие из торкрет-бетона
inner ~ внутренняя изоляция (*труб*)
lead ~ 1. свинцовая оболочка; свинцовое покрытие 2. свинцовая подкладка
mud ~ глиняная шкатулка
reinforced gunite ~ обкладка из армированного пневмобетона
water-impervious ~ водонепроницаемое покрытие
lining-up of pipes центрирование труб (*трубопровода*)
link 1. тяга 2. шарнир 3. серьга 4. шатун 5. штроп элеватора 6. звено цепи; связь, кольцо ‖ соединять; сцеплять; связывать
~ **of pile to jacket** крепление сваи к опорным фермам (*плавучего основания*)
acoustic communications ~ линия акустической связи (*в системе аварийного управления подводным устьевым оборудованием*)
borehole ~ закрепление буровой скважины (*обсадными трубами*)
brake ~ тканые тормозные колодки
chain ~ звено цепи
coupling ~ соединительное звено
elevator ~**s** устройство для подвески элеватора с трубным крюком
explosive ~ взрывное звено (*якорного устройства, предназначенного для аварийной отдачи якоря*)
forged-steel elevator ~ кованный стальной штроп элеватора
gas ~ соединительный газопровод
looped ~ серьга; скоба
Nordic gas ~ Северный газопровод (*в Западной Европе*)

link

    pile-to-jacket ~ крепление свай к опорной оболочке *(плавучего основания)*
    pipeline ~ трубопроводная связь
    power slips ~ звено клинового захвата
    rod-line connecting ~ штроп для полевой тяги
    safety ~ предохранительный штроп
    seamless ~ бесшовный штроп
    tubing connecting ~ штроп для насосно-компрессорных труб
    weldless ~ бесшовный штроп *(элеватора)*

linkage сбойка *(между скважинами)*

lip 1. режущая кромка; лезвие лопастного долота 2. буртик; выступ

liquation 1. сжижение *(газа)* 2. ликвация

liquefaction 1. ожижение; сжижение 2. плавление
    ~ **of gases** сжижение газов
    petroleum gas ~ сжижение нефтяного газа

liquid жидкость ◊ **in** ~ в жидкой фазе
    anticorrosive ~ антикоррозионная жидкость
    asphaltic ~s жидкие асфальты *(применяемые в дорожном строительстве)*
    bulk ~ жидкий нефтепродукт, хранимый в резервуаре
    corroding ~ жидкость, вызывающая коррозию; жидкая агрессивная среда
    foam-forming ~ пенообразующая жидкость
    gel-forming ~ гелеобразующая жидкость
    hydrocarbon ~ углеводородная жидкость
    hydrocarbonaceous ~ углеводородная жидкость
    jelly-like ~ гелеобразная жидкость
    miscible ~s смешивающиеся жидкости
    natural gas ~ газоконденсатная жидкость; природный газоконденсат; продукт сжижения природного газа *(газовый бензин, сжиженный нефтяной газ, продукт рециркуляции)*
    sealing ~ жидкость гидравлического затвора
    stationary ~ постоянная жидкость *(в пласте)*
    thick ~ вязкая жидкость
    viscoelastic ~ вязкоупругая жидкость

link штроп *(двухштропных устройств)*
    drilling ~ бурильный штроп
    elevator ~ штроп элеватора
    tubing ~ эксплуатационный штроп

list список; перечень; ведомость; реестр; таблица
    ~ **of details** спецификация деталей
    delivery ~ комплектовочная ведомость
    equipment-modification ~ перечень изменений в оборудовании
    failure ~ список неисправностей
    fault ~ список неисправностей
    field core check ~ бланк полевого описания керна
    inspection ~ формуляр технического осмотра
    maintenance parts ~ перечень деталей, используемых при техническом обслуживании
    master repair ~ основная ремонтная ведомость
    operational check ~ перечень эксплуатационных проверок
    overhaul material ~ ведомость материалов для капитального ремонта

packing ~ упаковочная ведомость
repair ~ дефектная ведомость
repair parts selection ~ выборочный перечень запасных частей
shipping ~ отгрузочная ведомость
shooting ~ *сейсм.* рапорт оператора
spare parts ~ ведомость запасных частей
standard parts ~ перечень стандартных деталей
super fault ~ расширенный список неисправностей
troubleshooting check ~ перечень контрольных проверок для поиска неисправностей
literature:
  maintenance ~ документация по техническому обслуживанию
litharge глет, моноксид свинца *(утяжелитель бурового раствора)*
lithoclase литоклаза *(трещина в породе)*
lithofacies литологическая фация
lithology литология
  matrix ~ литология вмещающих пород
lithosphere литосфера
litter:
  slip core ~ клиновой кернорватель *(со скользящими клиновидными плашками)*
live переменный *(о нагрузке)*
livered загустевший вследствие окисления *(о жидком нефтепродукте)*
load 1. нагрузка; загрузка; груз ‖ грузить; наливать *(нефть в танкеры)* 2. заряд ‖ заряжать 3. забойка *(скважинного заряда водой или буровым раствором)* 4. блок *(оборудования)* ◊ ~ at failure разрушающая нагрузка

applied ~ приложенная нагрузка
balancing ~ уравновешивающая нагрузка
beam ~ нагрузка на головку балансира
bearing ~ нагрузка на опору
bit ~ нагрузка на буровую коронку; нагрузка на долото *(при бурении)*
bottom ~ нижняя часть заряда взрывчатого вещества *(в скважине)*
breaking ~ разрушающаяся нагрузка; разрывное усилие
buckling ~ предельная допустимая нагрузка *(на штанги, трубы, вышки, мачты)*
cable ~ нагрузка на канат
calculated ~ расчётная нагрузка
casing ~ нагрузка от массы обсадной колонны
collapse ~ разрушающая нагрузка
collapsing ~ сминающая нагрузка; разрушающая нагрузка
compression ~ сжимающая нагрузка
concentrated ~ сосредоточенная нагрузка
continuous ~ постоянная нагрузка
cracking ~ разрушающая нагрузка
crashing ~ разрушающая нагрузка
cyclic ~ циклическая нагрузка
damaging ~ повреждающая нагрузка
dead ~ 1. постоянная нагрузка 2. статическая нагрузка *(на буровую вышку)*
dead ~ of derrick собственная масса буровой вышки *(без бурового оборудования,*

load

dead-line ~ натяжение неподвижного конца талевого каната
derrick collapsing ~ предельная нагрузка на буровую вышку
destructive ~ разрушающая нагрузка
dynamic ~ динамическая нагрузка
eccentric bit ~ эксцентричная нагрузка *(на долото)*
effective wind ~ эффективная ветровая нагрузка *(на буровую вышку)*
emergency ~ аварийная нагрузка
engineering service ~ объём технического обслуживания
equivalent ~ on derrick эквивалентная нагрузка на буровую вышку
explosive ~ заряд взрывчатого вещества
even ~ равномерная нагрузка; равномерно распределённая нагрузка
failure ~ 1. разрушающая нагрузка 2. нагрузка, приводящая к отказу; критическая нагрузка
fatigue ~ усталостная нагрузка
filter ~ нагрузка фильтра *(скважины)*
full ~ 1. полная нагрузка 2. полный заряд
gust ~ нагрузка *(на буровую вышку)* при порывах ветра
hoisting ~ грузоподъёмность
hole ~ заряд скважины
hook ~ нагрузка на крюк
impact ~ динамическая нагрузка; ударная нагрузка
impact allowance ~ допустимая динамическая нагрузка
imposed ~ приложенная нагрузка
impulsive ~ ударная нагрузка; динамическая нагрузка

intermittent ~ 1. периодическая нагрузка 2. прерывистая нагрузка
knife-edge ~ линейная нагрузка
light ~ неполная нагрузка
line ~ натяжение каната
linear ~ нагрузка на погонную единицу длины
live ~ 1. переменная нагрузка; динамическая нагрузка 2. полезная нагрузка
maximum ~ предельно допустимая нагрузка
maximum permissible ~ предельно допустимая нагрузка
normal ~ расчётная нагрузка; номинальная нагрузка
off-center ~ эксцентричная нагрузка
operational ~ рабочая нагрузка, эксплуатационная нагрузка
overburden ~ горное давление; давление вышележащих слоёв
permanent ~ постоянная нагрузка; длительная нагрузка
pipe setback ~ нагрузка от труб на подсвечнике
point ~ сосредоточенная нагрузка
polished rod ~ нагрузка на полированный шток
pulsating ~ быстро меняющаяся нагрузка
repeated ~ повторная нагрузка
resultant ~ результирующая нагрузка
running line end ~ натяжение ходового конца талевого каната
safe ~ 1. безопасная нагрузка; предельная нагрузка; предельное напряжение 2. допускаемая нагрузка; допускаемое напряжение
safe bearing ~ допускаемая нагрузка

loading

sedimentary ~ седиментационная нагрузка
service ~ рабочая нагрузка, эксплуатационная нагрузка
shock ~ ударная нагрузка
single-point ~ сосредоточенная нагрузка
steady ~ постоянная нагрузка
strainer ~ нагрузка фильтра (*скважины*)
sucker-rod ~ нагрузка на насосную штангу
sustained ~ длительная нагрузка
tensile ~ растягивающая нагрузка
test failure ~ разрушающая нагрузка при испытаниях
thrust ~ осевая нагрузка; осевое давление
tilting ~ опрокидывающая нагрузка
torque ~ скручивающее усилие; скручивающая нагрузка
torsional ~ скручивающая нагрузка
total ~ 1. полная нагрузка 2. общая масса
total bit ~ суммарная нагрузка на коронку
total critical ~ 1. суммарная критическая нагрузка (*при которой алмазная коронка начинает внедряться в породу*) 2. предельная нагрузка (*выше которой алмазы разрушаются*)
transient shock wave ~ импульсная нагрузка от ударной волны
ultimate ~ предельная нагрузка
unbalanced ~ неравномерная нагрузка
uncompensated ~ неуравновешенная нагрузка
uniform ~ равномерно распределённая нагрузка
uniformly distributed ~ равномерно распределённая нагрузка
unit ~ удельная нагрузка на единицу площади
unit bit ~ удельная нагрузка на буровое долото
unit wind ~ удельная ветровая нагрузка
useful ~ 1. полезная нагрузка 2. грузоподъёмность
variable ~ переменная нагрузка
varying ~ меняющаяся нагрузка
vibratory shock ~ вибрационная ударная нагрузка
wellhead landing ~ нагрузка на устье скважины при подвеске обсадной колонны
working ~ рабочая нагрузка, эксплуатационная нагрузка
yield ~ разрушающая нагрузка
loader 1. погрузочное приспособление 2. кассета (*для буровых штанг*) 3. грузчик
fork ~ вилочный погрузчик
heavy ~ утяжелитель (*добавка для повышения удельной массы бурового раствора*)
jumbo ~ 1. погрузочная машина на буровой каретке (*для совмещения операций бурения и погрузки*) 2. перфоратор-транспортёр
loading 1. погрузка; загрузка; налив (*нефтепродукта*) 2. зарядка, заряжание (*шпуров, скважин*)
~ of pipes погрузка труб
~ of tank cars налив железнодорожных цистерн
bottom ~ налив (*автоцистерн*) снизу
gravity ~ загрузка самотёком; погрузка самотёком
hermetic tanker ~ герметизированный налив танкера

overhatch tanker ~ налив танкера через люк
splash ~ налив сверху
tank ~ наполнение резервуара
tanker ~ загрузка танкера, налив танкера
undersurface ~ налив снизу

loan ссуда; кредит
gas-payment ~ ссуда, погашаемая за счёт выручки от продажи газа
oil-payment ~ ссуда, погашаемая за счёт выручки от продажи нефти

localization определение местоположения *(неисправности)*; нахождение неисправного элемента
~ **of oil** локализация нефти
breakdown ~ определение места повреждения
fault ~ определение местоположения неисправности; обнаружение повреждения
trouble ~ определение местоположения неисправности; обнаружение повреждения

locate 1. обнаруживать, устанавливать 2. определять местоположение 3. ограничивать, оконтуривать ◊ **to ~ the hole** определять координаты ствола скважины

location 1. выбор местоположения *(скважины)* 2. место заложения скважины; буровая площадка 3. определение местоположения *(неисправности)*
~ **of malfunction** определение места повреждения
~ **of oil reserves** размещение запасов нефти
~ **of perforations** определение местоположения перфорационных отверстий *(в обсадной колонне)*
~ **of seismometer sites** расположение площадок сейсмоприёмников
~ **of well** местоположение скважины; выбор места для бурения скважины; место заложения скважины
abandoned ~ ликвидированная буровая; оставленная буровая площадка
borehole ~ 1. определение местоположения скважины 2. местоположение скважины
bottomhole ~ 1. определение местонахождения забоя *(скважины)* 2. местонахождение забоя *(скважины)*
bottomhole target ~ определение местонахождения забоя *(скважины)*
cable ~ 1. определение местоположения сейсмоприёмной косы 2. местоположение сейсмоприёмной косы
casing collar ~ определение местоположения муфт обсадной колонны
cement-top ~ определение местоположения верха цементной колонны *(в затрубном пространстве)*
charge ~ 1. определение местоположения заряда 2. местоположение заряда
depth-point ~ *сейсм.* определение местоположения глубинной точки
drill site ~ определение места для размещения буровой
drilling ~ место заложения скважины
equipment ~ размещение оборудования
fault ~ определение местоположения неисправности; обнаружение повреждения
flaw ~ 1. выявление дефекта, обнаружение дефекта 2. определение местоположения дефекта

locator

gas inflow ~ определение места притока газа
geophone ~ 1. определение местоположения сейсмоприёмника 2. местоположение сейсмоприёмника
group ~ *сейсм.* 1. определение местоположения группы 2. местоположение группы
isolated ~ отдалённая точка бурения
leak ~ определение места утечки
measurement ~ координатная привязка точек измерения
offshore drilling ~ морская точка бурения
proposed bottomhole ~ предполагаемое местонахождение забоя
receiver ~ *сейсм.* местоположение пункта приёма
reflector ~ *сейсм.* определение местоположения отражающей границы
route ~ выбор трассы, трассировка *(трубопровода)*
scheduled shotpoint ~ местоположение пункта взрыва по сетевому графику
seabottom wellhead ~ придонное равномерное расположение устья скважины
seismic ~ определение местонахождения сейсмического явления
seismometer ~ 1. определение местоположения сейсмоприёмника 2. местоположение сейсмоприёмника
shot ~ *сейсм.* местоположение пункта взрыва
shothole ~ *сейсм.* 1. определение местоположения взрывной скважины 2. местоположение взрывной скважины
shotpoint ~ *сейсм.* 1. определение местоположения пункта взрыва 2. местоположение пункта взрыва

shot-to-cable ~ местоположение пункта взрыва и сейсмической косы
sounding ~ 1. определение местоположения точки зондирования 2. местоположение точки зондирования
spread ~ *сейсм.* 1. определение местоположения системы наблюдений 2. местоположение системы наблюдений
structural ~ положение *(скважины)* на структуре
underwater wellhead ~ подводное расположение устья скважины
water influx ~ определение места притока воды *(в стволе скважины)*
well ~ местоположение скважины
well site ~ привязка скважины на местности

locator локатор
~ of pipe трубоискатель
casing collar ~ 1. локатор муфтовых соединений обсадной колонны 2. скважинный прибор *(магнитного типа или скребкового действия)*
collar ~ локатор муфтовых соединений *(обсадной колонны)*, муфтовый локатор
fault ~ устройство определения местоположения неисправностей
lost circulation ~ локатор зоны поглощения
magnetic casing-collar ~ магнитный локатор обсадной колонны
magnetic collar ~ магнитный локатор муфтовых соединений
mechanical collar ~ механический локатор муфтовых соединений
multiple casing-collar ~ локатор муфт для нескольких обсадных колонн

locator

    pipe ~ прибор для обнаружения старых заглублённых трубопроводов, трубоискатель
    sonic collar ~ акустический локатор муфтовых соединений
    stuck pipe ~ прибор для определения места прихвата труб
    tool joint ~ локатор замковых соединений бурильной колонны *(для определения положения замка бурильной трубы относительно плашек подводных противовыбросовых превенторов)*

lock замок; затвор; перемычка; стопор, стопорное приспособление; зажимное приспособление
    bayonet ~ штыковой замок *(в установочном приспособлении для бурильного молотка)*
    control lever ~ фиксатор рукоятки управления *(пульта бурильщика)*
    flywheel ~ фиксатор маховика
    gas ~ газовая пробка *(в трубопроводе)*; скопление газов *(в верхних участках трубопровода)*
    inner barrel ~ замок внутренней трубы *(телескопической секции водоотделяющей колонны)*
    latch ~ замок с предохранительной защёлкой
    male riser ~ ниппель соединения водоотделяющей колонны или морского стояка; охватываемая часть соединения водоотделяющей колонны *(для стыковки секций водоотделяющей колонны друг с другом)*
    marine riser male ~ ниппель соединения водоотделяющей колонны
    nut ~ контргайка, стопорная гайка; гаечный замок

    ratchet ~ храповая защёлка
    safety ~ предохранительный замок *(в клине Томпсона)*
    spring ~ пружинный фиксатор
    vapor ~ газовая пробка
    wedge ~ клиновой фиксатор *(для фиксации положения плашек при их закрытии)*

locked засорённый, забитый *(о трубопроводе)*

locking:
    vapor ~ образование газовых пробок

locking-up поддержание зенитного угла ствола скважины

locksmith слесарь

lode продуктивный пояс месторождения

lodge 1. водосборник 2. заклиниваться *(о керне в колонковой трубе)* ◊ to become ~ in a hole оставаться в скважине

lodged заклиненный *(о керне)*

log 1. журнал *(учёта или регистрации)* 2. буровой журнал; *pl* сведения бурового журнала, записи в буровом журнале 3. буровой рапорт 4. каротажная диаграмма, диаграмма результатов геофизических исследований в скважине ‖ регистрировать каротажную диаграмму; проводить каротаж 5. кернограмма 6. геологический разрез скважины 7. *разг.* вращение снаряда без углубки ◊ to ~ a well проводить каротаж в скважине; to ~ in casing проводить каротаж в обсадной колонне; to run a ~ регистрировать каротажную диаграмму; производить каротаж; ~ with API scaling каротажная диаграмма со шкалой Американского нефтяного института
    ~ of failures журнал учёта отказов; журнал учёта неисправностей

log

~ **of hole** 1. буровая колонка 2. геологический разрез по данным бурения
acid-evaluation ~ кислотный каротаж
acoustic ~ диаграмма акустического каротажа
acoustic amplitude ~ диаграмма акустического каротажа по затуханию
acoustic character ~ диаграмма акустического каротажа с регистрацией амплитудно-временных трасс
acoustic transit-time ~ диаграмма акустического каротажа по скорости
acoustic velocity ~ диаграмма акустического каротажа по скорости
activation ~ диаграмма активационного каротажа
amplitude ~ диаграмма акустического каротажа по затуханию
analytical well ~ вычисленная каротажная диаграмма, синтетическая каротажная диаграмма
answer-format synergetic ~ *фирм.* диаграмма результатов интерпретации данных каротажа на ЭВМ; вычисленная каротажная диаграмма; синергетическая каротажная диаграмма
borehole ~ 1. диаграмма результатов геофизических исследований в скважине; каротажная диаграмма 2. геологический разрез скважины; буровой журнал
borehole compensated sonic ~ скорректированная на размер скважины диаграмма акустического каротажа
borehole televiewer ~ диаграмма акустического скважинного телевизора

boring ~ буровой журнал; буровой рапорт
caliper ~ 1. регистрация диаметра скважины с помощью каверномера 2. кавернограмма
carbonate analysis ~ диаграмма результатов интерпретации данных геофизических исследований в скважинах на ЭВМ для карбонатных пород
cased-hole ~ каротажная диаграмма, зарегистрированная в обсаженной скважине
casing-collar ~ диаграмма локатора муфт обсадной колонны
casing-inspection ~ диаграмма контроля обсадной колонны
cement ~ цементограмма; диаграмма акустического цементомера
cement-bond ~ диаграмма контроля цементирования скважины, полученная путём акустического каротажа
cemotron ~ гамма-гамма-каротаж для определения верхней границы цементного кольца (*в стволе скважины*)
character ~ диаграмма акустического волнового каротажа (*с регистрацией амплитудно-временных трасс*)
chlorine ~ диаграмма нейтронного гамма-каротажа по хлору
collar ~ диаграмма локатора муфт
combination ~ каротажная диаграмма, зарегистрированная комбинированным прибором
combined ~ каротажная диаграмма, зарегистрированная комбинированным прибором
compatibly scaled ~s каротажные диаграммы, записанные в сравнимом масштабе

compensated ~ каротажная диаграмма с компенсацией влияния скважины, диаграмма компенсированного каротажа
compensated formation density ~ диаграмма компенсированного плотностного каротажа
compensated neutron ~ диаграмма нейтронного каротажа с компенсацией влияния скважин
composite ~ сводная каротажная диаграмма
computed ~ вычисленная каротажная диаграмма
computed analysis ~ диаграмма данных геофизических исследований в скважинах, обработанных на ЭВМ; вычисленная каротажная диаграмма
computed dipmeter ~ вычисленная диаграмма наклонометрии
computer-processed ~ диаграмма данных геофизических исследований в скважинах, обработанных на ЭВМ
contact ~ каротажная диаграмма, зарегистрированная прижимным зондом; диаграмма микрозондирования
contact caliper ~ диаграмма микрокаротажа с каверномером
continuous neutron-gamma ~ диаграмма непрерывного нейтронного гамма-каротажа
continuous velocity ~ диаграмма непрерывного акустического каротажа по скорости
continuous well ~ непрерывная каротажная диаграмма
conventional resistivity ~ диаграмма каротажа сопротивления, зарегистрированная градиент-зондом *или* потенциал-зондом
core analysis ~ журнал регистрации результатов анализа кернов

core sample ~ журнал регистрации результатов анализа кернов
correlation ~ каротажная диаграмма для корреляции резервов скважины
current focusing ~ каротаж с использованием фокусировки тока
density ~ диаграмма плотностного каротажа
density formation compensated ~ диаграмма плотностного гамма-гамма-каротажа с компенсацией влияния скважины
density gamma-gamma ~ диаграмма плотностного гамма-гамма-каротажа
depth control ~ каротажная диаграмма для контроля глубины
detail ~ каротажная диаграмма в крупном масштабе; детальная каротажная диаграмма
differential ~ каротажная диаграмма градиента измеряемой физической величины
differential caliper ~ дифференциальная кавернограмма *(диаграмма разности между фактическим и номинальным диаметром скважины)*
dipmeter ~ инклинограмма, диаграмма инклинометрии *(скважины)*
directional ~ инклинограмма, диаграмма инклинометрии *(скважины)*
dot ~ точечная каротажная диаграмма
drill ~ 1. буровой журнал; буровой рапорт 2. геологический разрез 3. описание литологического разреза *(скважины)*
driller ~ буровой журнал; буровой рапорт
drilling ~ буровой журнал; буровой рапорт

log

drilling-mud ~ данные анализа бурового раствора
drilling-porosity ~ диаграмма пористости пород, вычисленная по параметрам бурения
drilling-time ~ 1. журнал регистрации скорости бурения скважины 2. диаграмма скорости проходки; диаграмма механического каротажа
drill-pipe ~ диаграмма каротажа скважины при подъёме инструмента
dual induction ~ диаграмма двухзондового индукционного каротажа
dual spacing neutron ~ диаграмма двухзондового нейтронного каротажа
electrical ~ диаграмма электрического каротажа
electrical resistivity ~ диаграмма каротажа сопротивления
electrical resistivity survey ~ диаграмма каротажа сопротивления
electromagnetic propagation ~ диаграмма высокочастотного электромагнитного каротажа; диаграмма диэлектрического каротажа
electromagnetic thickness ~ диаграмма электромагнитного контроля толщины обсадных труб; диаграмма электромагнитного индукционного каротажа
electronic ~ диаграмма гамма-каротажа
epithermal neutron ~ диаграмма нейтронного каротажа по надтепловым нейтронам
equipment failure ~ журнал учёта неисправностей оборудования
equipment performance ~ журнал учёта технического состояния оборудования

equipment status ~ журнал учёта технического состояния оборудования
field ~ полевой журнал
film ~ каротажная диаграмма на фотоплёнке
flow ~ диаграмма расходометрии *(скважины)*
fluid density ~ скважинный денситометр, скважинный плотномер
focused ~ диаграмма каротажа с фокусировкой тока
focused current electrical ~ диаграмма электрического каротажа с фокусировкой тока
focused microresistivity ~ диаграмма микрокаротажа сопротивления с фокусировкой тока
focused resistivity ~ диаграмма каротажа сопротивления с фокусировкой тока
focusing ~ диаграмма каротажа сопротивления с фокусировкой тока
focusing-electrode ~ диаграмма микрокаротажа сопротивления с фокусировкой тока; диаграмма бокового каротажа
formation-analysis ~ диаграмма формационного каротажа *(каротажная кривая кажущегося удельного сопротивления флюидов и кажущейся пористости)*
formation-density ~ диаграмма плотностного каротажа
formation-factor ~ диаграмма относительного сопротивления горных пород; диаграмма каротажа пористости горных пород
formation-tester ~ диаграмма, полученная при исследовании опробователем пластов
fracture ~ оценка трещиноватости по данным каротажа
fracture evaluation ~ каротаж с целью оценки пористости

fracture identification ~ каротажная диаграмма для выделения трещинных зон
free fluid ~ диаграмма индекса свободного флюида; диаграмма ядерно-магнитного каротажа
G-~ *фирм.* диаграмма псевдоакустического каротажа
gamma-gamma ~ диаграмма гамма-гамма-каротажа
gamma-gamma density ~ диаграмма гамма-гамма-каротажа плотности
gamma-neutron ~ диаграмма гамма-нейтронного каротажа
gamma-ray ~ диаграмма гамма-каротажа
graphic ~ описание литографического разреза скважины *(с указанием результатов испытаний на нефть и газ)*
guard electrode ~ диаграмма электрического каротажа с экранированным электродом
guarded ~ диаграмма трёхэлектродного бокового каротажа
geochemical well ~ диаграмма геохимического каротажа
hand-plotted ~ каротажная диаграмма, построенная вручную
induced gamma-ray ~ диаграмма гамма-активационного каротажа; диаграмма наведённого гамма-излучения
induced spectral gamma-ray ~ диаграмма спектрометрического гамма-активационного каротажа
induction ~ диаграмма индукционного каротажа
induction electrical ~ диаграмма индукционного каротажа
inspection ~ журнал учёта технических проверок
lateral ~ диаграмма бокового каротажного зондирования

lithological ~ 1. диаграмма литологического разреза скважины по данным каротажа 2. описание литологического разреза скважины *(по данным бурения)*
long-spaced sonic ~ диаграмма акустического каротажа, зарегистрированная длинным зондом
macroelectrical ~ диаграмма микрокаротажа с кавернометром
maintenance ~ журнал учёта ремонтных работ
metric ~ каротажная диаграмма с метрической шкалой глубины
microresistivity ~ диаграмма микрокаротажа сопротивления
microseismogram ~ диаграмма волнового акустического микрокаротажа
microspherically focused ~ диаграмма микрокаротажа со сферической фокусировкой тока
monitor ~ контрольная каротажная диаграмма
mud ~ 1. диаграмма удельного сопротивления бурового раствора 2. журнал записи результатов исследования бурового раствора *(из скважины)*
mud-analysis ~ кривая спектрографического анализа бурового раствора *(для обнаружения углеводородов)*
multiple ~ каротажная диаграмма, зарегистрированная комбинированным скважинным прибором
natural gamma-ray ~ диаграмма гамма-каротажа
neutron ~ диаграмма нейтронного каротажа
neutron-gamma ~ диаграмма нейтронного гамма-каротажа
neutron-lifetime ~ диаграмма импульсного нейтронного каротажа

log

neutron-neutron ~ диаграмма нейтрон-нейтронного каротажа

neutron-thermal neutron ~ нейтрон-нейтронный каротаж на тепловых нейтронах *(для выделения пластов по разрезу)*

noise ~ диаграмма шумового каротажа

nuclear ~ диаграмма радиоактивного каротажа

nuclear cement ~ диаграмма гамма-гамма-каротажа для контроля качества цементирования скважины

nuclear flow ~ диаграмма скорости перемещения радиоактивных изотопов по скважине, диаграмма гамма-расходометрии

nuclear-magnetic ~ диаграмма ядерно-магнитного каротажа

nuclear-magnetism ~ диаграмма ядерно-магнитного каротажа

nuclear-magnetic resonance ~ диаграмма ядерно-магнитного каротажа

nuclear-radiation ~ диаграмма радиоактивного каротажа

offset well ~s данные геофизических исследований на соседней скважине

open-hole ~ каротажная диаграмма, зарегистрированная в необсаженном стволе скважины

operation time ~ журнал учёта наработки

operator ~ журнал учёта эксплуатации *(оборудования)*

optical film ~ каротажная диаграмма на фотоплёнке

oxidation-reduction potential ~ каротажная диаграмма окислительно-восстановительных потенциалов

permeability profile ~ профиль проницаемости

photon ~ диаграмма гамма-гамма-каротажа *(с неприжимным зондом)*

pipe-analysis ~ диаграмма электромагнитного контроля обсадных труб *(в скважине)*; диаграмма электромагнитного дефектомера

porosity ~ диаграмма каротажа пористости

producibility-index ~ диаграмма коэффициента нефтеотдачи пластов, вычисленного по данным каротажа *(диаграмма эффективной пористости и относительного объёма пород, заполненного глиной)*

producing ~ регистрация дебита *(нефтяной скважины)*

production ~ 1. диаграмма результатов геофизических исследований в эксплуатационных и нагнетательных скважинах 2. регистрация дебита *(нефтяной скважины)*

profile ~ of water injection well профиль приёмистости нагнетательной скважины

proximity ~ диаграмма каротажа ближней зоны *(диаграмма бокового микрокаротажа, зарегистрированная трёхэлектродной микроустановкой с увеличенной глубиной исследования)*

pulsed neutron capture ~ диаграмма импульсного нейтронного каротажа

quick-look ~ каротажная диаграмма для оперативной оценки геологического разреза скважины

radiation ~ диаграмма радиоактивного каротажа

radioactive ~ диаграмма радиоактивного каротажа *(с использованием естественного или наведённого излучения)*

log

radioactive-tracer ~ диаграмма результатов исследования скважины радиоактивными изотопами
radioactivity ~ диаграмма радиоактивного каротажа
rate-of-penetration ~ диаграмма скорости механической проходки
redox potential ~ диаграмма окислительно-восстановительных потенциалов
reference ~ каротажная диаграмма, зарегистрированная до начала эксплуатации скважины; базовая каротажная диаграмма
repair ~ журнал учёта ремонтных работ
resistance ~ диаграмма сопротивления заземления электрода, диаграмма токового каротажа
resistivity ~ диаграмма каротажа сопротивления
running ~ журнал учёта эксплуатации
sample ~ данные анализа проб
scattered gamma-ray ~ диаграмма гамма-гамма-каротажа
section gage ~ профилограмма
side-wall ~ диаграмма бокового каротажа
side-wall neutron ~ диаграмма нейтронного каротажа с прижимным зондом
sieve residue ~ диаграмма каротажа по шламу
signature ~ каротажная диаграмма акустических волновых картин
single-point resistance ~ диаграмма сопротивления заземления электрода, диаграмма токового каротажа
section gage ~ диаграмма каротажа диаметра скважины с помощью каверномера
seismic ~ диаграмма сейсмического каротажа
shothole ~ отчёт о бурении взрывной скважины
side-wall acoustic ~ диаграмма нейтронного каротажа с прижимным зондом по надтепловым нейтронам
side-wall epithermal neutron ~ диаграмма нейтронного каротажа с прижимным зондом по надтепловым нейтронам
side-wall neutron ~ диаграмма нейтронного каротажа с прижимным зондом
sieve residue ~ диаграмма каротажа по выбуренной породе
sniffer ~ диаграмма акустического каротажа
sonic ~ диаграмма акустического каротажа
sonic cement bond ~ данные акустической цементометрии
spectral gamma-ray ~ диаграмма спектрального гамма-каротажа
spherically focused ~ диаграмма каротажа сопротивления со сферической фокусировкой тока
spontaneous polarization ~ диаграмма каротажа потенциалов самопроизвольной поляризации
spontaneous potential ~ диаграмма каротажа потенциалов самопроизвольной поляризации
standard ~ стандартная каротажная диаграмма
strip ~ описание геологического разреза скважины по шламу и керну
sulfur ~ диаграмма содержания серы по данным каротажа в горных породах
synthetic acoustic-impedance ~ диаграмма псевдоакустического каротажа

synthetic sonic ~ диаграмма псевдоакустического каротажа
temperature ~ диаграмма термометрии *(скважины)*, термограмма *(скважины)*
test data ~ журнал учёта результатов испытаний
thermal ~ термометрия *(ствола скважины)*
thermal decay time ~ каротажная диаграмма, полученная путём измерения времени термического распада
thermal neutron decay-time ~ диаграмма импульсного нейтронного каротажа по времени жизни тепловых нейтронов
three-D ~ *фирм.* диаграмма трёхмерного каротажа *(вариант акустического каротажа)*
thermal neutron decay-time ~ диаграмма импульсного нейтронного каротажа по тепловым нейтронам
tracer ~ диаграмма результатов исследований скважины радиоактивными изотопами
trouble report ~ журнал учёта отказов; журнал учёта неисправностей
true vertical depth ~ каротажная диаграмма в истинных глубинах
trumpet ~ диаграмма трёхэлектродного бокового микрокаротажа
ultralong spaced electrical ~ диаграмма бокового каротажного зондирования с использованием длинных потенциал-зондов *(25, 50, 200 и 300 м)*
usable ~ доброкачественная диаграмма *(каротажа)*
variable density ~ диаграмма волнового акустического каротажа, зарегистрированная методом переменной плотности; каротажная фазокорреляционная диаграмма

variable intensity ~ диаграмма волнового акустического каротажа, зарегистрированная методом переменной интенсивности
velocity ~ диаграмма акустического каротажа по скорости
velocity acoustic ~ диаграмма акустического каротажа по скорости
wave train ~ диаграмма волнового акустического каротажа, каротажная диаграмма акустических волновых картин
well ~ 1. буровой журнал 2. диаграмма геофизических исследований скважины, каротажная диаграмма
well test ~ метод регистрации основных параметров, контролируемых при пробной эксплуатации скважин
wiggle trace ~ диаграмма акустического каротажа с записью способом переменной амплитуды
wireline ~ каротажная диаграмма, зарегистрированная зондом, опускаемым в буровую скважину на кабеле
logger 1. каротажный прибор 2. каротажник
electronic ~ скважинный радиометр
mud ~ 1. установка для контроля состояния и свойств бурового раствора 2. лицо, ведущее учёт данных о буровом растворе
logging 1. геофизические исследования в скважинах, каротаж 2. регистрация *(напр. результатов испытаний)*
~ **of magnetic susceptibility** каротаж магнитной восприимчивости
~ **of resistivity with shielded electrode** каротаж методом сопротивления экранированного заземления

617

logging

acoustic ~ акустический каротаж
acoustic amplitude ~ акустический каротаж по затуханию
acoustic cement bond ~ акустическая цементометрия
acoustic transit-time ~ акустический каротаж по скорости
acoustic velocity ~ акустический каротаж по скорости
activation ~ активационный каротаж *(основанный на облучении нейтронами пород разреза)*
amplitude ~ акустический каротаж по затуханию
array sonic ~ многозондовый акустический каротаж
audio ~ измерение интенсивности акустических шумов в скважине; звуколокация скважины
borehole ~ каротаж скважины
borehole compensated acoustic ~ компенсированный акустический каротаж
borehole televiewer ~ исследование скважины акустическим телевизором
caliper ~ измерение диаметра скважины; снятие кавернограммы
carbon ~ спектрометрический каротаж по углероду
cased hole ~ каротаж в обсаженном стволе скважины
casing-collar ~ регистрация диаграммы локатора муфт
cement-bond ~ цементометрия; контроль качества цементирования
cement-bond sonic ~ акустический контроль качества цементирования
cement-bonding acoustic ~ акустический каротаж для контроля цементирования
cemotop ~ контроль подъёма цемента
chlorine ~ спектрометрический каротаж по хлору
combination ~ комплексный каротаж
compensated density ~ компенсированный плотностной каротаж
compensated formation density ~ компенсированный плотностной гамма-гамма-каротаж
compensated sonic ~ компенсированный акустический каротаж
compressional-wave ~ каротаж на продольных волнах
computer controlled ~ геофизические исследования в скважине при помощи программно-управляемой станции
conductivity ~ каротаж проводимости
constant current induced potential ~ каротаж относительных вызванных потенциалов
contact ~ контактный каротаж
continuous ~ непрерывный каротаж
continuous velocity ~ непрерывный акустический каротаж
correlation ~ стандартный каротаж
cuttings ~ каротаж по выбуренной породе
delayed neutron ~ замедленно-нейтронный каротаж
density ~ плотностной каротаж
density gamma-gamma ~ плотностной гамма-гамма-каротаж
density gamma-ray ~ плотностной гамма-гамма-каротаж
dielectrical ~ диэлектрический каротаж
direct digital ~ каротаж с непосредственным цифровым выходом
double spacing gamma-gamma ~ дифференциальный гамма-гамма-каротаж

logging

downhole ~ промысловые геофизические исследования
downhole receiver seismic well ~ обращённый сейсмокаротаж
drilling-fluid resistivity ~ определение удельного сопротивления бурового раствора
drilling mud ~ регистрация свойств бурового раствора
drilling-mud resistivity ~ определение удельного сопротивления бурового раствора
dual induction ~ двухзондовый индукционный каротаж
dual-receiver acoustic ~ акустический каротаж трёхэлементным зондом
dual-spacing thermal decay-time ~ двухзондовый импульсный нейтронный каротаж по времени жизни тепловых нейтронов
electrical ~ электрический каротаж, электрокаротаж; каротаж методом сопротивления
electrical monoelectrode ~ электрический одноэлектродный каротаж
electrical resistivity ~ каротаж методом сопротивления
electromagnetic well ~ электромагнитный каротаж; индукционный каротаж
electronic ~ радиометрия
electronic casing-caliper ~ измерение диаметра обсадных труб и насосно-компрессорных труб электромагнитным методом
epithermal neutron ~ нейтрон-нейтронный каротаж по надтепловым нейтронам
failure ~ регистрация отказов; регистрация повреждений
final mud ~ окончательный газовый каротаж
fluorescence ~ люминесцентный каротаж, люминесцентно-битуминологический каротаж

focalized lateral ~ боковой каротаж
focalized seven-electrode lateral ~ семиэлектродный боковой каротаж
focalized three-electrode lateral ~ псевдобоковой каротаж
focused ~ каротаж с фокусировкой тока
focused electrical ~ электрический каротаж с фокусировкой тока
focused induction ~ фокусированный индукционный каротаж
formation density gamma-gamma ~ плотностной гамма-гамма-каротаж
full-waveform ~ волновой акустический каротаж *(включает в себя запись полного акустического сигнала)*
gamma ~ гамма-каротаж
gamma-cement ~ гамма-цементометрия
gamma-gamma ~ гамма-гамма-каротаж, плотностной каротаж
gamma-ray ~ гамма-каротаж
gamma-ray depth control ~ контроль глубин по гамма-каротажу
geophysical ~ геофизические исследования в скважинах, геофизический каротаж
gravity ~ гравиметрический каротаж
guard-electrode ~ трёхэлектродный боковой каротаж
hole ~ каротаж в буровой скважине
hostile environment ~ геофизические исследования в скважинах с высокими температурой и давлением
impulse neutron-neutron ~ импульсный нейтрон-нейтронный каротаж

logging

induced potential ~ каротаж методом наведённых потенциалов, электролитический каротаж
induced spectral gamma-ray ~ спектрометрический гамма-нейтронный активационный каротаж; спектрометрия наведённого гамма-излучения
induction ~ индукционный каротаж
injection ~ определение приёмистости *(скважины)*
inverse lateral ~ дивергентный каротаж
lateral ~ боковой каротаж
long-spaced acoustic ~ акустический каротаж зондом большой длины
magnetic ~ магнитный каротаж
magnetic permeability ~ каппа-каротаж
magnetic susceptibility ~ каротаж по магнитной восприимчивости
microcaliper ~ микрокаротаж-кавернометрия
microspherically focused ~ микробоковой каротаж со сферической фокусировкой тока
monoelectrode ~ электрический одноэлектродный каротаж
monopole ~ одноэлектродный каротаж
mud ~ 1. анализ проб бурового раствора 2. геохимические и геофизические исследования в скважинах по буровому раствору и шламу; газовый каротаж
multipole ~ многоэлектродный акустический каротаж
multispaced neutron ~ нейтронный каротаж с различным расстоянием между источником нейтронов и индикатором излучения
natural gamma-ray ~ гамма-каротаж

neutron ~ нейтронный каротаж; нейтронометрия скважин
neutron activation ~ нейтронный активационный каротаж
neutron gamma ~ нейтронный гамма-каротаж
neutron gamma-ray ~ нейтронный гамма-каротаж
neutron lifetime ~ импульсный нейтронный каротаж
neutron-neutron ~ нейтрон-нейтронный каротаж
noise ~ измерение интенсивности акустических шумов в скважине, звуколокация скважины
normal ~ измерения потенциал-зондом
nuclear ~ радиоактивный каротаж
nuclear cement bond ~ радиоактивная цементометрия
nuclear magnetic resonance ~ ядерно-магнитный каротаж
nuclear well ~ радиоактивный каротаж
open-hole ~ каротаж в необсаженном стволе скважины
operating time ~ регистрация наработки
oxygen ~ спектрометрический каротаж по кислороду
physical well ~ геофизические исследования в скважинах
pipe-analysis ~ электромагнитный контроль обсадных труб *(в скважине)*
pipe-inspection ~ электромагнитный контроль обсадных труб *(в скважине)*
porosity ~ каротаж пористости
production ~ геофизические исследования в эксплуатационных скважинах, каротаж в эксплуатационных скважинах
proximity ~ каротаж ближней зоны

pulsed neutron ~ импульсный нейтронный каротаж
pulsed neutron lifetime gamma-ray ~ импульсный нейтронный гамма-каротаж
radiation ~ радиоактивный каротаж
radioactive tracer ~ каротаж методом радиоактивных изотопов
radioactive well ~ радиоактивный каротаж
radioactivity ~ радиоактивный каротаж
radiometric ~ радиометрический каротаж
redox well ~ каротаж окислительно-восстановительных потенциалов
regular sonic ~ акустический каротаж по скорости
resistivity ~ каротаж сопротивления
scattered gamma-ray ~ селективный гамма-каротаж
section gage ~ профилометрия
seismic well ~ сейсмический каротаж, сейсмокаротаж
selective gamma-gamma ~ селективный гамма-гамма-каротаж
selective gamma-ray ~ селективный гамма-каротаж
sidewall neutron-neutron porosity ~ нейтрон-нейтронный каротаж по надтепловым нейтронам
selective spectrometric gamma-gamma ~ селективный спектрометрический гамма-гамма-каротаж
shearwave ~ каротаж на поперечных волнах
shielded-electrode ~ каротаж с экранированными электродами
sidewall neutron ~ нейтронный каротаж с прижимным зондом
sieve residue ~ каротаж по выбуренной породе

single-receiver acoustic ~ акустический каротаж двухэлементным зондом
sniffer ~ измерение акустических шумов в скважине, акустический шумовой каротаж
sonic ~ акустический каротаж
sonic waveform ~ волновой акустический каротаж *(включает в себя запись полного акустического сигнала)*
spectral gamma-ray ~ спектральный гамма-каротаж
spectral radioactive well ~ спектрометрический радиоактивный каротаж
spectrometric gamma-gamma ~ спектрометрический гамма-гамма-каротаж
spherically focused ~ комбинированный каротаж со сферической фокусировкой поля
spontaneuos potential ~ каротаж потенциалов самопроизвольной поляризации
standard electrical ~ стандартный электрический каротаж
superthermic neutron-neutron ~ нейтронный каротаж по надтепловым нейтронам
surface receiver seismic well ~ прямой сейсмический каротаж
temperature ~ термокаротаж; термометрия *(ствола скважины)*
thermal decay-time ~ импульсный нейтронный каротаж по времени жизни тепловых нейтронов
thermal neutron-neutron ~ нейтрон-нейтронный каротаж по тепловым нейтронам
through-drillstem ~ геофизические исследования скважины через бурильную колонну, каротаж скважины через бурильную колонну

logging

treat evaluation ~ геофизические исследования в скважинах для оценки эффективности кислотной обработки пластов; каротаж в скважинах для оценки эффективности кислотной обработки пластов
trumpet ~ боковой микрокаротаж
ultrasonic ~ ультразвуковой каротаж
unfocused electrical ~ электрический каротаж без фокусировки тока
variable density ~ волновой акустический каротаж с регистрацией фазокорреляционных диаграмм
velocity ~ акустический каротаж
well ~ геофизические исследования в скважинах, каротаж
well caliper ~ кавернометрия скважины
well radioactivity ~ радиоактивный каротаж скважин
logging-off скопление в стволе газовой скважины жидкости, препятствующей подъёму газа на поверхность
logic 1. логика 2. логическая схема
enabling ~ логика восстановления работоспособности
failure detection ~ 1. логика обнаружения неисправностей 2. логическая схема обнаружения неисправностей
fault-isolation ~ 1. логика обнаружения неисправностей 2. логическая схема обнаружения неисправностей
longevity долговечность
equipment ~ долговечность оборудования
guaranteed ~ гарантированная долговечность
individual ~ индивидуальная долговечность
mean ~ средняя долговечность
optimal ~ оптимальная долговечность
long-life долговечность ∥ долговечный, с большим сроком службы
long-lived с большим сроком службы *(о катализаторе)*
Long-Spaced Sonic *фирм.* аппаратура акустического каротажа с длинным зондом
long-wearing износоустойчивый, износостойкий
look: to ~ for bottom определять состояние забоя *(путём осторожного спуска снаряда)*
lookup поиск
fault ~ поиск неисправностей
loop 1. обводная линия *(труб)*; обводной трубопровод; петлевой трубный компенсатор 2. замкнутый профиль; замкнутый ход 3. петля *(каната, шланга, кабеля)* 4. хомут; скобка 5. замкнутый крюк
choke-and-kill line flex ~s гибкие обводные линии штуцерной линии и линии глушения скважины
expansion ~ 1. петлевой температурный компенсатор *(в горячем трубопроводе)* 2. расширительная петля; уравнительная петля *(в трубопроводе)*
flow-line ~ подводная фонтанная арматура с петлеобразными выкидами
pick-up ~ приёмная сейсмическая коса
stinger ~ обводной трубопровод
time ~ петля годографа
underwater tree flow line ~s петлеобразные выкиды подводной фонтанной арматуры *(для вертикального ввода в скважину специального инструмента)*

unit ground ~ единичный контур циркуляции индуктированных токов в породе *(в индукционном каротаже)*

looping строительство второго трубопровода параллельно существующему

loose 1. рыхлый *(о горных породах)*; сыпучий **2.** посторонние металлические предметы на забое скважины ◊ **too ~** слишком длинный *(о рабочем канате, когда долото не отрывается от забоя при балансире, находящемся в верхнем положении)*

loosen 1. освобождать *(застрявший в скважине инструмент)* **2.** ослаблять, отпускать; откреплять; расшатывать ◊ **to ~ a connection** ослаблять затянувшуюся резьбу *(постукиванием по муфте или нагреванием)*

loosened отделившийся; разрушившийся; несвязанный; слабый *(о грунте, породе)*

loosening of rolling cutter inserts ослабление крепления вставных зубьев шарошки

loping пульсация *(при перекачивании нефтепродукта)*

lorry:
  tank **~** *англ.* автоцистерна

lose: ◊ **to ~ a hole** потерять скважину *(вследствие невозможности дальнейшего бурения)*; **to ~ angle** отклоняться от вертикали *(о стволе скважины при направленном бурении)*

loss 1. потеря, потери **2.** убыток, убытки; ущерб; урон ◊ **~ by mixture** потери от смешения *(при последовательном прокачивании различных нефтепродуктов по трубопроводу)*; **~ due to leakage** потери вследствие утечки; **~ in bends** потеря напора от трения в коленах труб; **~ in head** падение напора, потеря напора; **~ in performance** ухудшение технических характеристик; **~ in reliability** снижение надёжности; **~ through breathing** потери от испарения *(из резервуара)*; **~ through standing** потери от испарения *(при хранении нефтепродуктов)*

~ of availability снижение эксплуатационной готовности

~ of fluid into formation уход бурового раствора в трещины породы

~ of head потеря напора, падение напора

~ of life снижение долговечности; уменьшение ресурса

~ of petroleum products потери нефтепродуктов *(при хранении или транспортировке)*

~ of pump efficiency снижение коэффициента полезного действия насоса

~ of returns потеря циркуляции; уход бурового раствора *(в трещины породы)*; поглощение *(бурового раствора)*

~ of rolling cutter in hole оставление шарошки в стволе скважины

~ of rolling-cutter inserts выпадение вставных зубьев шарошки

~ of working diameter потеря рабочего диаметра *(скважины)*

annular friction ~ потери напора за счет перемещения флюида в кольцевом пространстве

atmospheric evaporation ~ потери *(нефтепродуктов)* от испарения в атмосферу

attrition ~ of catalyst потери катализатора от истирания

average filling ~ средние потери от испарения *(резервуара)*

breather ~ потери от испарения *(из резервуара)*
breathing ~ потери от испарения *(из резервуара)*
carat ~ расход алмазов в каратах *(при бурении)*
cement slurry ~ потери цементного раствора
circulation ~ 1. нарушение циркуляции *(бурового раствора)* 2. прекращение циркуляции *(вследствие ухода бурового раствора в поглощающую зону)*
condensate ~ потери конденсата
contraction ~ потери напора в результате уменьшения сечения трубы
core ~ потери керна
corrosion ~ коррозионные потери
diamond ~ расход алмазов при бурении *(в каратах)*
diamond ~ **per bit** расход алмазов на одну коронку *(разница в массе алмазов в новой и отработанной коронке)*
discharge ~ потери при выкиде
discharge pipe ~ потери в нагнетательной линии, потери в напорной линии
divergence ~ *сейсм.* затухание за счёт геометрического расхождения
drilling bit gage ~ потеря диаметра бурового долота
drilling mud ~ поглощение бурового раствора; потери бурового раствора
distribution ~ потери при распределении *(нефти, газа)*
evaporation ~ **of oil** потери *(нефтепродукта)* от испарения
filling evaporation ~ потери *(нефтепродукта)* от испарения при наливе
filter ~ водоотдача; фильтрация

filtration ~ фильтрационные потери *(воды из бурового раствора в окружающую пористую породу)*
fluid ~ 1. фильтрация; водоотдача 2. поглощение бурового раствора
frictional pressure ~ потери напора от трения в трубе
gage ~ 1. потеря диаметра *(долота, коронки, головки бура)* вследствие износа 2. потеря диаметра скважины
gage ~ **of hole** потеря диаметра скважины
gas ~ утечка газа; потери паров бензина
gas pressure ~ перепад давления газов
in-situ ~ потери в пластовых условиях
invisible ~ невидимые потери, потери от испарения
leakage ~ потери в результате утечки
low water ~ низкая водоотдача
mud ~ уход бурового раствора; поглощение бурового раствора
nipple ~ потери в ниппеле *(гидротурбинного забойного двигателя)*
oil products ~ потери нефтепродуктов
oil shrinkage ~ потери нефти при испарении
oil stock ~ потери нефтепродуктов при хранении
partial mud ~ частичное поглощение бурового раствора *(в стволе скважины)*
permeation ~ **of gasoline** потери бензина от просачивания
pipe-bend ~ потери в колене трубы
pipe-line pressure ~ потери давления в трубопроводе
plunger stroke ~ потери хода плунжера

polymerization ~ полимеризационные потери при очистке крекинг-бензинов *(вызываемые полимеризацией лёгких алкенов)*
pressure ~ потеря напора *(в трубопроводе)*; падение давления
pressure ~ **across drilling bit nozzles** потери давления в насадках бурового долота
pressure ~ **in annulus** гидравлические потери в кольцевом пространстве
pressure ~ **inside drill string** гидравлические потери в бурильной колонне
pumping ~ потери при перекачивании, потери от испарения *(при сливе и наливе топлива в резервуар)*
pumping ~ **of oil** потери при перекачивании нефтепродуктов
quality ~ ухудшение качества
refining ~ потери при переработке нефти
relaxed fluid ~ потери нефтяного фильтрата бурового раствора
retrograde condensate ~ ретроградные потери конденсата
returns ~ уход бурового раствора *(в трещины породы)*
running ~ потери в процессе эксплуатации
seepage ~ утечка бурового раствора
standing evaporation ~ потери от испарения при хранении; потери от малых испарений *(из резервуара)*
storage ~ потери *(нефтепродуктов)* при хранении *(от утечек и испарения)*
surface equipment ~ гидравлические потери в наземной части циркуляционной системы
total diamond ~ общий расход алмазов
total pressure ~ суммарная потеря давления
transport ~ потери *(газа)* при транспортировке
treatment ~ потери *(газа)* при очистке
underground petroleum ~ подземные потери нефти
vapor ~ потери от испарения *(нефтепродуктов)*
water ~ 1. фильтрация; водоотдача *(водных буровых растворов)* 2. потеря промывочной воды *(в поглощающих породах)*
wear ~ потери *(алмаза)* на износ
weathering ~ потери флюида на испарение *(в керне)*
lot партия *(изделий)*; серия; группа ◊ ~ **for inspection** контрольная партия; **to accept a** ~ принимать партию *(изделий)*
bad ~ дефектная партия; партия, содержащая дефектные изделия
conforming ~ партия изделий, удовлетворяющих техническим условиям
low-quality ~ партия изделий низкого качества
nonconforming ~ партия изделий, не удовлетворяющих техническим условиям
original ~ оптовая партия нерассортированных алмазов
refused ~ забракованная партия
regular ~ стандартная партия
rejected ~ забракованная партия
satisfactory ~ партия изделий, удовлетворяющих техническим условиям
standard ~ партия стандартных изделий

Lo-Wate *фирм.* карбонат кальция *(утяжелитель буровых растворов на углеводородной основе)*
lower: to ~ into the well спускать в скважину *(трубы, инструмент)*
lowering спуск ◊ ~ with hand brake спуск на ручном тормозе
~ of casing string спуск обсадной колонны
~ of line заглубление трубопровода
~ of mast спуск мачтовой вышки
~ of tubing string спуск насосно-компрессорной колонны
casing ~ спуск обсадных труб
liquid level ~ понижение уровня жидкости
lowering-in опускание
pipeline ~ опускание трубопровода *(в траншею)*
lowering-on надвигание *(трубопровода)* на траншею
low-lifetime с малым сроком службы
low-octane низкооктановый *(о бензине)*
low-pressure низконапорный *(о трубопроводе)*
lubeoil смазочное масло
Lubetex *фирм.* понизитель трения для буровых растворов и жидкостей для ремонта и заканчивания скважин
lubricant смазочное масло; смазка *(жидкая)*; смазочный материал
antifreezing ~ незамерзающая смазка
antisize ~ противозадирный материал
casing-thread ~ смазка для резьб обсадных труб
extreme pressure ~ противозадирная смазка
liquid ~ жидкая смазка
low temperature ~ низкотемпературная смазка
noncorrosive ~ некоррозионная смазка
oil ~ нефтяной смазочный материал
oily ~ маслянистый смазочный материал
petroleum ~ нефтяной смазочный материал
rope ~ смазка для канатов
thinned ~ разжиженный смазочный материал; смазочное масло, разжиженное бензином; масло с пониженной вязкостью
thread ~ смазочный материал для резьбы
water soluble ~ водорастворимое масло *(специальный концентрат для приготовления рабочей жидкости для системы гидравлического управления подводным устьевым оборудованием)*
lubricate смазывать ◊ to ~ by mist and splash смазывать распылением и разбрызгиванием
lubrication смазка; смазывание *(жидким смазочным материалом)*; подача смазки
atomized ~ смазывание распылением
centralized ~ централизованное смазывание
circular ~ кольцевое смазывание
circulating ~ циркуляционное смазывание
dip-feed ~ смазывание погружением
drop-feed ~ капельное смазывание
external ~ наружная смазка
forced ~ смазка под давлением; автоматическая смазка
force-feed ~ смазывание под давлением
gravity ~ самотёчное смазывание
mist ~ смазка распылением
mud ~ глушение скважины буровым раствором

machine

oil fog ~ смазывание масляным туманом
oil gun ~ смазывание шприцем
pad ~ смазывание набивкой
power ~ механическая смазка под давлением
pressure ~ принудительная смазка, смазка под давлением
protective ~ защитная смазка
ring ~ кольцевое смазывание
spit ~ смазывание разбрызгиванием
splash ~ смазывание разбрызгиванием
spray ~ смазывание распылением

lubricator лубрикатор, маслёнка; тавотница; маслораспылитель; лубрикаторная труба; смазочный прибор; смазочное устройство; установка для смазки
air-line ~ автоматическая маслёнка на трубопроводе сжатого воздуха
casing ~ установка для смазки обсадных труб
casing wireline ~ лубрикатор, спускаемый в обсадную колонну на канате
downhole ~ скважинный лубрикатор
injection ~ дозирующий лубрикатор
line ~ масляный инжектор
mechanical ~ механический лубрикатор
mud ~ лубрикатор для глушения скважины буровым раствором
needle ~ игольчатая маслёнка
oil ~ насосный лубрикатор (резервуар с шестерёночными насосами)
polished rod ~ лубрикатор полированного штока (станка-качалки)
pressure ~ пресс-маслёнка

tubing ~ установка для смазки насосно-компрессорных труб
tubing wireline ~ проволочный лубрикатор
wick ~ фитильная маслёнка
wireline ~ лубрикатор каната

lubricity смазывающая способность
~ of drilling mud смазывающие свойства бурового раствора

Lubri-Film *фирм.* смазывающая добавка

Lubri-Sal *фирм.* тугоплавкая смазывающая добавка

lug 1. выступ, лапа, прилив, утолщение, бобышка 2. кронштейн 3. шип 4. зуб *(муфты)* 5. ушко, проушина; подвеска 6. язычок 7. ручка 8. наконечник 9. зажим, хомутик 10. ребро *(ручки бура)* 11. ручка бура 12. хвостовик бура
breaker ~ выступ на доске для отвинчивания долота
self-centering die ~ выступ самоцентрирующейся плашки
supporting ~ поддерживающая консоль
underreamer ~ выдвигающийся резец затрубного расширителя

lumnite лумнит *(быстросхватывающийся цемент, применяемый для цементирования горных пород)*

M

maacle алмаз, имеющий форму треугольной пластинки
macaroni *разг.* насосно-компрессорная труба малого диаметра
machine 1. машина; станок 2. агрегат; установка
abrasion-testing ~ установка для испытаний на абразивный износ
air-leg mounted ~ бурильная установка, смонтированная на пневмоподставке

machine

airlift ~ эрлифтная флотационная установка
arc-welding ~ установка для дуговой сварки
attrition-testing ~ установка для испытаний на абразивный износ
auger ~ 1. шнековая буровая установка 2. перфоратор
automatic arc-welding ~ дуговой сварочный автомат
automatic gas-cutting ~ автоматическая газорезательная установка
automatic welding ~ автоматическая сварочная установка, сварочный автомат
backfilling ~ машина для засыпки траншей
bag filling ~ упаковочная машина *(для упаковки цемента и химических реагентов в мешки)*
bailing ~ передвижной тартальный барабан
bar-and-tube straightening ~ прутково-трубоправильная машина; машина для правки труб и круглых штанг
barrel packing ~ агрегат для налива *(нефтепродукта)* в бочки
bit-grinding ~ бурозаправочный станок
blasthole ~ буровой механизм *(бурильная установка, перфоратор, бурильный молоток, буровой станок, предназначенные для бурения шпуров)*
blasting ~ взрывная машинка, подрывная машинка
blind shaft boring ~ установка для бурения слепых стволов
blowing ~ воздуходувка
boring ~ бурильная установка *(обычно шнекового типа)*; буровой станок; перфоратор
butt-welding ~ установка для стыковой сварки

centrifugal mud ~ центробежный сепаратор для очистки бурового раствора
chilling ~ холодильная установка
cleaning ~ очистная установка
clean-out ~ станок для очистки скважины
coating ~ изоляционная установка *(для трубопроводов)*
coating-and-wrapping ~ изоляционная установка *(для трубопроводов)*
core-drilling ~ установка для колонкового бурения
core-sawing ~ станок для резки керна
coring ~ установка для колонкового бурения
corrosion-fatigue testing ~ установка для испытаний на коррозионную усталость
creep-testing ~ установка для испытаний на ползучесть
cutoff ~ отрезной станок *(для труб)*
diamond core drilling ~ установка колонкового бурения алмазным инструментом
diamond saw ~ станок для резки керна с помощью алмазного инструмента
ditching ~ канавокопатель; траншейный экскаватор, траншеекопатель
dressing ~ 1. долотозаправочная установка 2. бурозаправочный станок
drifter-type ~ колонковый перфоратор; бурильный молоток
drilling ~ 1. бурильная установка *(для подземного алмазного бурения)* 2. небольшой переносной буровой станок 3. буровая каретка 4. бурильный молоток
drill-sharpening ~ бурозаправочный станок

machine

electrical welding ~ электросварочный агрегат
external water-feed ~ бурильный молоток для бурения с боковой промывкой
failure rate appraisal ~ установка для оценки интенсивности отказов
fatigue testing ~ установка для испытаний на усталость
fault detection ~ установка для обнаружения неисправностей
gadding ~ перфоратор
gas-cutting ~ газорезательная установка
gas-tapping ~ аппарат для сверления и нарезки отверстий в действующих газопроводах
grout ~ 1. цементный инжектор 2. установка для цементирования скважин
high-speed ~ бурильная установка с высокой скоростью вращения шпинделя
highwall-drilling ~ установка для горизонтального бурения
hydraulical thrust boring ~ турбобур; гидробур
impact ~ ударный копёр
inspection ~ установка для приёмочного контроля
internal water-feed ~ бурильный молоток для бурения с осевой промывкой
jet-piercing ~ 1. установка для термического бурения 2. установка для прожигания скважин
keg-filling ~ агрегат для налива (*нефтепродукта*) в бочки
ladder-type trenching ~ многоковшовый канавокопатель; цепной траншейный экскаватор; многоковшовый цепной экскаватор
life-testing ~ установка для испытаний на долговечность
longhole ~ установка для бурения глубоких скважин

longhole percussion ~ установка для бурения глубоких скважин
multiarc welding ~ многодуговой сварочный автомат
multihead automatic arc-welding ~ многодуговой сварочный автомат
nonredundant ~ нерезервированная установка
one-head automatic arc-welding ~ однодуговой сварочный автомат
Orbitest ~ *фирм.* машина Орбитест (*для токовихревого испытания качества поверхности стальных труб в промышленных условиях*)
padding ~ установка для присыпки трубопровода
pipe-bending ~ трубогибочная установка
pipe-beveling ~ станок для снятия фасок на торцах труб
pipe-cleaning ~ установка для чистки труб
pipe-cleaning-and-insulating ~ очистно-изоляционный комбайн (*для трубопроводов*)
pipe-cropping ~ трубоотрезной станок
pipe-cutting ~ труборез; трубоотрезной станок
pipe-expanding ~ станок для развальцовки труб
pipe-facing ~ станок для обработки концов труб
pipe-laying ~ трубоукладчик
pipeline ditching ~ траншеекопатель для трубопроводов
pipe-swabbing ~ установка для очистки труб поршневой щёткой
pipe-threading ~ станок для нарезки труб
pipe-welding ~ трубосварочная установка, трубосварочный агрегат

portable drilling ~ передвижной станок канатного бурения
portable pulling ~ передвижной станок для извлечения труб *(при ликвидации скважин)*
pulling ~ подъёмник для извлечения труб *(из скважины)*
push-button drilling ~ бурильная установка с кнопочным управлением
raise-boring ~ установка для бурения восстающих выработок
repeated direct stress testing ~ установка для испытаний на усталость при осевом нагружении
repeated impact-type ~ установка для испытаний на усталость при повторном ударе
resistance welding ~ контактная электросварочная установка
resonant-type fatigue testing ~ установка резонансного типа для испытаний на усталость
reversed-bending test ~ установка для испытаний на усталость при знакопеременном изгибе
reversed-flexure and constant-tension-type ~ установка для испытаний на усталость при знакопеременном изгибе и постоянной растягивающей нагрузке
reversed-flexure and reversed-torsion-type ~ установка для испытаний на усталость при знакопеременном изгибе и кручении
reversed-torsion inertia-type ~ установка инерционного типа для испытаний на усталость при кручении
rock-boring ~ перфоратор
rock-drilling ~ бурильный молоток; перфоратор; бурильная установка; буровой станок

Rockwell hardness ~ прибор для измерения твёрдости по методу Роквелла
rope-parting ~ приспособление для резки стальных канатов
rotary ~ роторный стол с приводным механизмом
rotary rock boring ~ буровая установка роторного типа для механического разрушения горных пород
sampling ~ механический пробоотборник
self-propelled trenching ~ самоходный канавокопатель
semiautomatic arc welding ~ дугосварочный полуавтомат
shaft-out ~ центрифуга для определения содержания воды и грязи в нефти
slotting ~ долбёжный станок
stemming ~ установка для забойки *(буровых скважин)*
tappet ~ бурильный молоток с промежуточным бойком
tapping ~ установка для образования отверстий в трубопроводе *(находящемся под давлением)*
tensile-and-compression testing ~ установка для испытаний на растяжение и сжатие
tension-testing ~ установка для испытаний на растяжение
tension-torsion-testing ~ установка для испытаний на растяжение с кручением
testing ~ установка для испытаний
threading ~ трубонарезной станок
trench-burying ~ устройство для засыпки траншей
trenching ~ канавокопатель; траншейный экскаватор
tube-boring ~ трубарасточный станок
two-head automatic arc-welding ~ двухдуговой сварочный автомат

underwater drilling ~ подводная бурильная установка
vertical-boom trenching ~ канавокопатель с вертикальной рамой
wear-testing ~ установка для испытаний на износ
welding ~ сварочный агрегат
well pulling ~ установка для подземного ремонта скважин
wet-type ~ бурильная установка, работающая с промывкой
wheel-type trenching ~ фрезерный канавокопатель

machinery оборудование
  drilling ~ буровое оборудование
  drilling rig ~ оборудование буровой установки, оборудование буровой платформы
  rig ~ оборудование буровой установки, оборудование буровой платформы

macrofissure макротрещина
macropore макропора
macroporosity макропористость
macroseismic макросейсмический
macroseisms макросейсмы, землетрясения

magazine магазин; приёмник
  drill pipe ~ магазин штанг установки ударно-роторного бурения
  dynamite ~ склад динамита
  explosive ~ магазин взрывных зарядов *(установки взрывного бурения)*
  hydraulically maneuvered drill pipe ~ гидравлически управляемая кассета для труб *(самоходной буровой установки)*
  rotating drill pipe ~ гидравлически управляемая кассета для труб *(самоходной буровой установки)*

Magcobar *фирм.* баритовый утяжелитель буровых и цементных растворов

Magco-Fiber *фирм.* мелкорасщеплённая древесная стружка *(нейтральный наполнитель для борьбы с поглощением бурового раствора)*
Magcogel *фирм.* бентонитовый порошок для приготовления бурового раствора
Magcolube *фирм.* смазка для буровых растворов, вызывающая биологическое разложение
Magco-Mica *фирм.* мелкие пластинки слюды *(нейтральный наполнитель для борьбы с поглощением бурового раствора)*
Magconate *фирм.* сульфированный нефтяной эмульгатор для растворов на водной основе
Magcopolysal *фирм.* органический полимер *(понизитель водоотдачи для буровых растворов)*
Magnacide *фирм.* магнацид *(бактерицид)*
Magne-Magic *фирм.* смесь оксида магния и кальциевых солей *(регулятор pH и понизитель водоотдачи буровых растворов)*
Magne-Salt *фирм.* смесь водорастворимых солей *(ингибитор неустойчивых глин)*
Magne-Set *фирм.* отвердитель бурового раствора для борьбы с его поглощением

magnet магнитный ловильный инструмент
  bottomhole ~ магнитный металлоуловитель
  bracking ~ тормозной магнит
  deflecting ~ отклоняющий магнит
  fishing ~ магнитный ловитель
  holding ~ удерживающий магнит
  lifting ~ подъёмный магнит

magnetics магнитная разведка, магниторазведка

oil exploration ~ магнитная разведка нефтяных структур
magnetite магнетит, магнитный железняк *(утяжелитель)*
magnetometer магнитометр
  aerial ~ аэромагнитометр
  airborne ~ аэромагнитометр
  borehole ~ скважинный магнитометр
  downhole ~ скважинный магнитометр
magnitude 1. величина 2. размер 3. *сейсм.* магнитуда
  ~ **of water body** мощность водоносного горизонта
  ~ **of wear** величина износа
  event ~ магнитуда сейсмического явления
  formation dip ~ величина падения пласта
  homogeneous ~ однородная магнитуда
  local ~ магнитуда, определённая по данным расположенных вблизи сейсмических станций
  sedimentary ~ осадочный покров, осадочный чехол
  seismic ~ магнитуда сейсмического явления
  surface wave ~ магнитуда по поверхностной волне
  threshold ~ пороговая магнитуда
maiden месторождение, не введённое в разработку
main главный трубопровод; магистральный трубопровод; *pl* система трубопроводов
  air ~ воздухопровод
  branch ~ главный отвод трубопровода
  collecting ~ барельет *(на нефтепроводе)*
  condensate ~ магистральный конденсатопровод
  condensate-collecting ~ конденсатосборный коллектор
  condensate-gathering ~ конденсатосборный коллектор
  crossover gas ~ перекидной газопровод
  delivery ~ магистральный трубопровод
  distributing ~ распределительная магистраль
  filling ~ магистральный приёмный трубопровод
  foul-gas ~ газопровод прямого газа
  force ~ напорный трубопровод *(насосной станции)*
  fuel-gas ~ газопровод отопительного газа
  gas ~ магистральный газопровод; газовый коллектор; сборный коллектор; газовая магистраль
  gas-collecting ~ газовый коллектор; сборный газопровод
  gas-field gathering ~ газопромысловый коллектор; сборный газопровод
  gathering ~ сборный коллектор *(скважинной продукции)*
  heating ~ отопительная магистраль
  hydraulic ~ напорный магистральный трубопровод
  manifold ~s система трубопроводных коллекторов
  oil-field gathering ~ нефтепромысловый коллектор
  oil-gathering ~ промысловый нефтесборный коллектор
  public supply ~s распределительная сеть городских трубопроводов
  pump ~ напорная магистраль, напорный трубопровод
  pumping ~ напорная магистраль, напорный трубопровод
  radial collecting ~ лучевой промысловый коллектор
  radial gathering ~ лучевой промысловый коллектор

maintenance

ring ~ кольцевой магистральный трубопровод; кольцевая магистраль
ring collecting ~ промысловый кольцевой коллектор
ring gathering ~ промысловый кольцевой коллектор
steam ~ паропровод
suction ~ всасывающий трубопровод *(насосной станции)*
supply ~ магистральный трубопровод
tank return ~ сливной трубопровод

mainlaying прокладка трубопроводов

maintainability ремонтопригодность; ремонтная технологичность; ремонтоспособность; эксплуатационная надёжность
field ~ приспособленность к техническому обслуживанию в процессе эксплуатации
optimal ~ оптимальная ремонтопригодность
poor ~ неудовлетворительная ремонтопригодность
target ~ заданный уровень ремонтопригодности

maintenance 1. поддержание 2. техническое обслуживание и текущий ремонт; регламентные работы 3. уход за оборудованием; содержание в исправности 4. эксплуатационные расходы, стоимость содержания
~ **of circulation** поддержание циркуляции
~ **of hole at bit gage** поддержание номинального диаметра ствола скважины
~ **of mud** регулирование свойств бурового раствора
~ **of reservoir energy** поддержание энергии пласта
~ **of reservoir pressure** поддержание пластового давления
~ **of vacuum in well** поддержание вакуума в скважине
automatic ~ автоматизированное техническое обслуживание
breakdown ~ ремонт с целью устранения поломок; аварийный ремонт
calendar ~ календарное техническое обслуживание
complete ~ техническое обслуживание в полном объёме
condition-based ~ техническое обслуживание в зависимости от состояния *(оборудования)*
condition-monitored ~ техническое обслуживание по фактическому состоянию
constant ~ регулярное техническое обслуживание
continuous ~ непрерывное техническое обслуживание
contract-service ~ техническое обслуживание по договору
controlled ~ контролируемое техническое обслуживание
corrective ~ 1. внеплановое техническое обслуживание 2. восстановительное техническое обслуживание
current ~ текущий ремонт и техническое обслуживание
cyclic ~ регулярное техническое обслуживание
day-to-day ~ повседневное техническое обслуживание
delivery ~ техническое обслуживание перед пуском в эксплуатацию
depot ~ техническое обслуживание в ремонтной мастерской
diagnostic ~ диагностическое поддержание *(оборудования)*
discard-at-failure ~ техническое обслуживание с заменой отказавших элементов
disposal-at-failure ~ ремонт при обнаружении неисправности

drilling mud ~ поддержание необходимых свойств бурового раствора
electrical and mechanical ~ техническое обслуживание электрического и механического оборудования
emergency ~ аварийное техническое обслуживание; аварийный ремонт; срочный текущий ремонт
failure-only ~ техническое обслуживание при появлении отказа
field ~ 1. техническое обслуживание в процессе эксплуатации на промысле; техническое обслуживание в полевых условиях 2. техническое обслуживание в процессе эксплуатации
guaranteed ~ техническое обслуживание с гарантией
heavy ~ крупный ремонт
immediate ~ безотлагательное техническое обслуживание
in-service ~ техническое обслуживание в процессе эксплуатации
in-service corrective ~ внеплановое техническое обслуживание в процессе эксплуатации
in-service preventive ~ профилактическое техническое обслуживание в процессе эксплуатации
intermediate ~ 1. гарантийное техническое обслуживание 2. гарантийный ремонт
low ~ техническое обслуживание небольшого объёма
noninterruptive ~ техническое обслуживание в процессе эксплуатации, техническое обслуживание без перерыва в работе
occasional ~ внеплановое техническое обслуживание

off-schedule ~ внеплановое техническое обслуживание
off-site ~ техническое обслуживание с изъятием с рабочего места и проверкой в лаборатории
on-condition ~ техническое обслуживание в зависимости от состояния *(оборудования)*
on-line ~ текущее техническое обслуживание
on-site ~ техническое обслуживание в процессе эксплуатации на промысле
operating ~ техническое обслуживание в процессе эксплуатации
operational ~ техническое обслуживание в процессе эксплуатации
organizational ~ техническое обслуживание с помощью штатных средств; техническое обслуживание пользователем
periodic ~ периодическое техническое обслуживание
pipeline ~ эксплуатация трубопровода; техническое обслуживание трубопровода; текущий ремонт трубопровода
planned precautionary ~ планово-предупредительное техническое обслуживание
planned preventive ~ профилактическое техническое обслуживание, планово-предупредительное техническое обслуживание
plug-in ~ техническое обслуживание с заменой отказавших элементов
pool ~ техническое обслуживание по соглашению *(между компаниями)*
precautionary ~ планово-предупредительное техническое обслуживание, профилактическое техническое обслуживание; регламентные работы

pressure ~ поддержание пластового давления; увеличение отдачи пласта *(путем нагнетания газа, воды или другого флюида в пласт для уменьшения пластового давления)*
preventive ~ планово-предупредительное техническое обслуживание; профилактическое техническое обслуживание; регламентные работы
preventive protective ~ планово-предупредительное техническое обслуживание; профилактическое техническое обслуживание; регламентные работы
primary ~ первичное техническое обслуживание
production ~ **of well** текущий ремонт скважины
recurring ~ периодическое техническое обслуживание
remedial ~ ремонтные работы
repair-at-failure ~ техническое обслуживание при появлении отказа
repetitive ~ периодическое техническое обслуживание
reservoir pressure ~ поддержание пластового давления
routine ~ 1. текущее техническое обслуживание 2. профилактическое техническое обслуживание; регламентные работы
running ~ текущее техническое обслуживание
scheduled ~ профилактическое техническое обслуживание, планово-предупредительное техническое обслуживание
storage ~ техническое обслуживание при хранении
throwaway ~ ремонт методом замены невосстанавливаемого элемента

turnaround ~ техническое обслуживание в межремонтный период
unscheduled ~ внеплановое техническое обслуживание
maintenance-free не требующий обслуживания; необслуживаемый; не требующий текущего ремонта; обеспечивающий бесперебойную эксплуатацию
make 1. делать; изготавливать; производить 2. объём производства; добытое количество; выход ◊ to ~ **a hole** бурить скважину; to ~ **a pull** производить подъём *(снаряда)*; to ~ **a trip** производить подъём и спуск бурового снаряда в скважину; to ~ **a well** бурить скважину, дающую промышленную нефть; to ~ **down** демонтировать; to ~ **location** намечать место заложения скважины; to ~ **macaroni** допускать разрыв труб вследствие превышения предельной нагрузки; to ~ **a kelly down** углубляться на длину ведущей бурильной трубы; to ~ **the gas** выделять газ; to ~ **through** проникать *(в породу)*; to ~ **up** 1. собирать; производить; монтировать 2. свинчивать *(трубы или бурильные штанги)* 3. пополнять; доливать *(буровой раствор в скважину)*; восполнять, возмещать 4. докреплять; to ~ **up further** доворачивать *(резьбовое соединение)*
~ **of casing** 1. длина спущенных труб *(графа в буровом журнале)* 2. спуск обсадных труб
~ **of string** компоновка колонны *(бурильных, обсадных или насосно-компрессорных труб)*
day ~ суточное производство
gas ~ выход газа

makes-and-breaks операция свинчивания и развинчивания *(бурового снаряда)*
makeup 1. состав *(материала)* **2.** определение состава
~ **of string** компоновка колонны
drilling mud ~ приготовление бурового раствора
operating ~ рабочая компоновка *(колонкового снаряда со съёмным керноприёмником)*
making изготовление; производство
~ **of drilling mud program** проектирование буровых растворов
connection ~ наращивание *(бурильной колонны при спуске в скважину)*
hole ~ **1.** бурение скважины **2.** углубка; проходка; проводка скважины
making-up:
~ **of borehole geological section** составление геологического разреза *(скважины)*
~ **of joints** свинчивание труб *(во время спуска бурильной колонны)*
~ **of tool joints** докрепление бурильных замков
makle алмаз, имеющий форму треугольной пластинки
malfunction сбой; отказ; нарушение работоспособности; неправильное срабатывание; нарушение нормальной работы; работа с перебоями; неправильное функционирование; неисправность; аварийный режим
critical ~ критический отказ
detected ~ обнаруженная неисправность
engineering ~ техническая неисправность
system ~ нарушение нормальной работы системы
undetected ~ необнаруженная неисправность

maltha мальта *(полужидкий природный битум, промежуточный между нефтью и твёрдыми битумами)*
man 1. рабочий **2.** *pl* обслуживающий персонал
back-up ~ рабочий, оперирующий нижним ключом *(при развинчивании труб)*
dead ~ **1.** якорь, к которому крепится оттяжка буровой вышки **2.** анкерный столб
derrick ~ верховой рабочий *(на буровой вышке)*
drill ~ бурильщик; буровик; буровой мастер
drilling mud ~ специалист по буровым растворам
field ~ промысловик; инженер по организации буровых работ и техническому надзору
floor ~ рабочий на полу буровой вышки
jack-hammer ~ оператор ручного бурильного молотка
lead-tong ~ рабочий, оперирующий верхним ключом *(при развинчивании труб)*
maintenance ~ **1.** механик, выполняющий техническое обслуживание **2.** слесарь-ремонтник
mud ~ лицо, ответственное за поставку бурового раствора
permit ~ лицо, выдающее разрешение *(на разработку месторождения)*
pump ~ рабочий насосной станции
repair ~ слесарь-ремонтник
shift ~ **1.** бригадир смены **2.** сменный рабочий
swing ~ сменный рабочий
torpedo ~ взрывник
management 1. управление; контроль; руководство; организация работ **2.** руководящий персонал; администрация; дирекция

mandrel

capacity ~ управление пропускной способностью *(газопровода)*
energy ~ регулирование потребления энергии
fuel ~ управление расходом топлива
inspection ~ организация приёмочного контроля
maintenance ~ управление службой ремонта и технического обслуживания
mining ~ организация горных работ
nature ~ природопользование
oil pipeline ~ управление нефтепроводами
overhaul ~ руководство проведением капитального ремонта
reliability ~ руководство работами по обеспечению надёжности
resource ~ 1. рациональное использование природных ресурсов 2. управление ресурсами
safety ~ организация работ по технике безопасности
test ~ организация испытаний
manager руководитель; управляющий
maintenance ~ руководитель работ по техническому обслуживанию
party ~ администратор, ответственный за производство полевых работ
reliability ~ руководитель службы надёжности
reliability division ~ руководитель отдела надёжности
reliability program ~ руководитель программы обеспечения надёжности
rig ~ руководитель работ по строительству морских скважин
safety ~ руководитель службы техники безопасности
mandrel оправка; дорн
~ of inside pipe cutter шпиндель внутреннего трубореза
blowout preventer stack ~ стыковочная втулка блока противовыбросовых превенторов *(для стыковки противовыбросовых превенторов с водоотделяющей колонной)*
bottomhole chock ~ камера забойного штуцера
collar lock ~ установочная оправка для насосно-компрессорных труб с муфтами
drift ~ внутренний шаблон *(для обсадных и насосно-компрессорных труб)*
eccentric ~ эксцентричная оправка
friction ~ фрикционный шпиндель
gaslift ~ оправка для съёмного клапана *(устанавливаемого в подъёмных трубах при газонапорном режиме)*
gaslift valve ~ камера газлифтного клапана
jar ~ шпиндель яса
knocker ~ полый шток ударника *(яса)*
locating ~ установочный шток
locator ~ установочный шток
packer ~ ствол пакера
pipe cutter ~ шпиндель трубореза
roll ~ оправка для бесшовных труб
screw ~ винтовой шпиндель
selective locking ~ оправка для посадочного ниппеля непроходного типа *(для насосно-компрессорных труб)*
side-pocket ~ оправка для съёмного клапана *(устанавливаемого в подъёмных трубах при газонапорном режиме)*

mandrel

    slip-type ~ посадочная оправка (*насосно-компрессорных труб*)
    socket ~ оправка с воронкой
    spear ~ стержень трубoловки
    tube ~ оправка для бесшовных труб
    valve ~ камера газлифтного клапана
    wellhead ~ корпус устья; корпус устьевой головки (*толстостенная втулка, закрепляемая на конце направления, кондуктора или промежуточной колонны и служащая для соединения с устьевым оборудованием, а также подвески и обвязки в ней обсадных труб*)

manhole 1. люк 2. смотровое отверстие ◊ ~ **with removable cover** люк со съёмной крышкой
    tank roof ~ люк в крыше резервуара
    welded ~ сварной люк

man-hour:
    maintenance ~s трудозатраты на техническое обслуживание и ремонт

manifestation of failure обнаружение неисправности

manifold 1. манифольд 2. система трубопроводов, разветвлённый трубопровод 3. сборник, коллектор 4. воздухосборный коллектор (*при бурении с продувкой воздухом с помощью нескольких компрессоров*) 5. трубная обвязка бурильных насосов 6. распределитель 7. паук (*устройство для подключения нескольких пневматических бурильных молотков*) 8. труба с патрубками; патрубок 9. маточник (*в перегонном кубе*)
    air ~ 1. воздухосборный коллектор 2. обвязка компрессора
    auxiliary ~ вспомогательный манифольд (*клапанов и золотников управления подводным оборудованием*)
    ballast ~ балластный манифольд
    blowout preventer control ~ манифольд управления противовыбросовыми превенторами
    bow ~ носовой манифольд (*для приёма нефти в танкер из системы беспричального налива*)
    bypass ~ обводной коллектор
    cargo loading ~ клапанная коробка грузовой системы, распределительная коробка грузовой системы (*танкера*)
    cementing ~ цементировочный манифольд
    cementing truck ~ манифольд цементировочного агрегата
    cementing unit ~ манифольд цементировочного агрегата
    central hydraulic control ~ центральный гидравлический манифольд управления (*сервозолотниками гидросиловой установки системы управления подводным оборудованием*)
    choke ~ штуцерный манифольд (*противовыбросового оборудования*)
    choke-kill ~ штуцерный манифольд (*противовыбросового оборудования*)
    control ~ манифольд управления (*сервозолотниками гидросиловой установки системы управления подводным оборудованием*)
    discharge ~ 1. нагнетательный манифольд 2. напорный патрубок (*насоса*) 3. напорный коллектор (*насоса*)
    discharge line ~ манифольд выкидной линии
    distributing ~ распределительный манифольд

dual choke ~ двойной штуцерный манифольд
dual stand pipe ~ манифольд с двумя вертикальными трубами
eight outlet air supply ~ манифольд подачи воздуха с восемью выходами
emergency ~ аварийный манифольд
exhaust ~ выпускной сборник; выпускной коллектор
flow line choke ~ штуцерный манифольд выкидной линии
fuel vent ~ манифольд дренажа топливной системы
gas ~ газовый манифольд
gas-distribution ~ газораспределительный манифольд
high-pressure ~ манифольд высокого давления
inlet ~ приёмный манифольд
intake ~ впускной манифольд
lease hose ~ манифольд донного шланга *(беспричального налива)*
low-pressure ~ манифольд низкого давления
mud ~ манифольд буровых насосов
mud circulation ~ манифольд циркуляционной системы
mud pump ~ манифольд; трубная обвязка *(буровых насосов)*
pipe ~ 1. система трубопроводов; коллектор труб, сеть трубных соединений; распределительная гребёнка; трубопровод с ответвлениями 2. трубопроводная обвязка
pipeline-end ~ манифольд подводного трубопровода *(для погрузки танкеров в море)*
piping ~ трубопроводная обвязка
pressure ~ 1. нагнетательный манифольд 2. нагнетательное колено *(компрессора)*

pressure-relief ~ разгрузочный манифольд
production ~ эксплуатационный манифольд
pump ~ коллекторная труба насоса с несколькими патрубками; обвязка насосов
relief ~ разгрузочный манифольд
riser base ~ манифольд у основания водоотделяющей колонны
single-choke ~ одноштуцерный манифольд
skid-mounted control ~ манифольд управления, смонтированный на отдельной раме
stand pipe ~ нагнетательный манифольд
subsea ~ подводный манифольд
suction ~ 1. всасывающий коллектор *(в двигателе)* 2. всасывающий трубопровод; впускной трубопровод
tank ~ 1. манифольд резервуара 2. обвязка резервуара
underwater ~ подводный манифольд
underwater production ~ подводный манифольд для фонтанной эксплуатации; подводный эксплуатационный манифольд
wellhead fracturing ~ головка-гребенка для присоединения насосов к скважине при гидравлическом разрыве пласта
working ~ рабочий манифольд
manifolding 1. система трубопроводов 2. манифольд
manipulator манипулятор
pipe ~ свечеукладчик
unmanned ~ манипулятор с дистанционным управлением *(для обслуживания подводного оборудования)*
manometer манометр
alarm ~ сигнальный манометр

differential ~ дифференциальный манометр
pressure ~ дифференциальный манометр
man-on-foot обходчик (*трубопровода*)
mantle покров; чехол
~ of soil почвенный покров
platform ~ платформенный чехол
sedimentary ~ чехол осадочных пород
manual руководство; справочник; наставление; инструкция
corrosion prevention ~ инструкция по предотвращению коррозии
engineering ~ 1. сборник технических инструкций 2. техническое руководство; техническое наставление; технический справочник
field ~ 1. инструкция по эксплуатации 2. руководство по обслуживанию в полевых условиях
industrial security ~ руководство по технике безопасности в промышленности
inspection ~ инструкция по приёмочному контролю
maintenance ~ руководство по эксплуатации; руководство по техническому обслуживанию; инструкция по техническому обслуживанию
maintenance-and-operating ~ инструкция по обслуживанию и эксплуатации
maintenance-instruction ~ руководство по техническому обслуживанию
maintenance-planning ~ руководство по планированию технического обслуживания
maintenance-planning data ~ руководство по планированию технического обслуживания

operating ~ руководство по эксплуатации; инструкция по эксплуатации
operational technical ~ техническое руководство по эксплуатации
operations ~ руководство по эксплуатации
operations-and-maintenance ~ наставление по эксплуатации и техническому обслуживанию
operations-and-repair ~ руководство по эксплуатации и ремонту
overhaul ~ руководство по капитальному ремонту
planning ~ руководство по технологической подготовке
reliability ~ руководство по надёжности; справочник по надёжности
repair ~ руководство по ремонту
service ~ руководство по эксплуатации; руководство по техническому обслуживанию; инструкция по эксплуатации
standard ~ инструкция по применению стандарта
standardization ~ руководство по стандартизации
standards information ~ инструкция по применению стандартов
technical ~ техническое руководство; техническое описание; техническое наставление
test ~ инструкция по испытаниям
manway:
roof ~ лаз в крыше резервуара
map карта ‖ картографировать; составлять карту
~ of beds пластовая карта
~ of seams пластовая карта
areal ~ карта с оконтуренными залежами (*нефти*)

mapping

basement ~ карта фундамента
block ~ блок-диаграмма *(геологического строения)*
convergence ~ карта схождения пластов,
coverage ~ карта кратности наблюдений
deposit ~ карта месторождения
dip-arrow ~ полевая структурная карта
drill ~ 1. карта бурения 2. карта расположения разведочных буровых скважин
ecological ~ экологическая карта
facies ~ фациальная карта
facies-departure ~ карта фациальных отклонений
failure ~ карта отказов
field ~ карта месторождения
field development ~ карта разработки месторождения
geological ~ геологическая карта
geological-geophysical ~ геолого-геофизическая карта
geophysical ~ геофизическая карта
hydraulic permeability ~ карта гидропроводности *(пласта)*
isochore ~ карта изохор
isochronic ~ карта изохрон
isopachous ~ карта равных мощностей *(пласта)*
lithologic ~ литологическая карта
migrated ~ *сейсм.* карта глубин с учётом сноса
mineral ~ карта полезных ископаемых
oil-bearing formation structural ~ структурная карта нефтеносного пласта
oil-field ~ карта нефтяного месторождения
outline ~ контурная карта
permeability ~ карта проницаемости
porosity ~ карта пористости
pressure conductance ~ карта пьезопроводности
reflection time ~ *сейсм.* карта изохрон
regional ~ региональная карта
sand ~ карта нефтяного пласта
seismic ~ 1. сейсморазведочная карта 2. сейсмическая карта
seismic facies ~ сейсмофациальная карта
seismic reflection ~ карта отражений сейсмических волн
seismotectonic ~ сейсмотектоническая карта
shotpoint location ~ *сейсм.* карта размещения пунктов взрыва
structural ~ структурная карта
subsurface ~ структурная карта
subsurface-contour ~ структурно-геологическая карта
tectonic ~ тектоническая карта
underground structure contour ~ структурная карта *(опорного горизонта)*
water-oil contact ~ карта водо-нефтяного контакта
weathering ~ *сейсм.* карта параметров зоны малых скоростей
well ~ 1. геологическая карта, построенная по данным бурения 2. карта расположения скважин
well-location ~ карта расположения скважин
mapped закартированный
mapper картопостроитель, устройство картографирования, картографическое устройство
thematic ~ картопостроитель с классификацией геологических районов
mapping 1. составление карты, картографирование 2. геодезическая съёмка

basement ~ картирование фундамента
geological ~ геологическое картирование
geophysical ~ геофизическая съёмка
migration ~ построение сейсмического разреза с учётом сноса
reflectance ~ сейсм. картирование по коэффициенту отражения
reflection ~ сейсм. картирование методом отражённых волн
refraction ~ сейсм. картирование методом преломлённых волн
regional ~ региональная съёмка
seismic ~ сейсмическое картирование, картирование сейсмическим методом
seismic facies ~ картирование сейсмических фаций

marble пуля стреляющего перфоратора

margin 1. запас *(напр. прочности)* 2. припуск *(на износ)*
corrosion ~ припуск на коррозию
oil-driving water ~ водяная оторочка, вытесняющая нефть
overload ~ допустимая перегрузка
performance ~ запас по рабочим характеристикам
reliability ~ допустимый запас надёжности
safety ~ 1. запас прочности; коэффициент безопасности 2. граница безопасности; безопасный предел
trip ~ запас увеличения скорости при подъёме *(бурильной колонны из скважины)*

mark 1. знак; отметка; метка 2. штамп; клеймо; марка; маркировка 3. норма; стандарт

~ **of conformity** знак соответствия стандарту
~ **of standard conformance** знак соответствия стандарту
adequacy ~ знак соответствия стандарту
bench ~ репер; отметка высоты над уровнем моря
certification ~ знак сертификации
certification trade ~ торговый знак, свидетельствующий о соответствии продукции требованиям стандарта
chatter ~s поперечные бороздки с закруглёнными гребнями на боковой поверхности керна *(возникающие в результате вибрации или быстрой подачи)*
compliance ~ знак соответствия стандарту
conformance ~ знак соответствия стандарту
depth ~ отметка глубины
design reference ~ проектная отметка *(при рытье траншей под трубопровод)*
filling ~ черта наполнения *(резервуара, бака)*
index ~ ориентирующая отметка *(на клине или штангах при спуске в скважину)*
log ~ каротажная метка
magnetic ~ магнитная метка
minute ~ марка времени *(каротажной диаграммы)*
plot ~ разметка точек укладки алмазов в пресс-форме
quality ~ знак качества
rejection ~ клеймо отбраковки
sample ~ отметка *(на рабочей штанге)*, показывающая интервал взятия шламовых проб
slip ~ вмятина от клиньев *(на трубах)*
tongs ~ вмятина от ключа *(на трубах)*

tool ~ след резца на обработанной поверхности
marker 1. ярлык 2. *сейсм.* маркирующий горизонт; маркирующий пласт 3. репер
  bedding ~ маркирующий пласт
  core ~ керновый ярлык
  depth ~ поперечная перегородка в керновом ящике *(для порейсового разделения керна)*
  fast ~ высокоскоростной маркирующий горизонт
  geological ~ геологический маркирующий горизонт
  high-speed ~ высокоскоростной маркирующий горизонт
  high-velocity ~ высокоскоростной маркирующий горизонт
  log ~ каротажный репер
  main ~ главный маркирующий горизонт
  refraction ~ преломляющий маркирующий горизонт
  reliable ~ надёжный маркирующий горизонт
  secondary ~ второстепенный маркирующий горизонт
  shallow ~ неглубоко залегающий маркирующий горизонт
  velocity ~ маркирующий горизонт по скорости
  well ~ маркерный буй, опознавательный буй *(для обозначения устья подводной скважины в случае её временного оставления)*
market рынок
  captive ~ рынок *(газа)*, связанный с определённым поставщиком
  energy ~ рынок энергоносителей
  gas ~ рынок газа
  international gas ~ международный рынок газа
  long-term ~ долгосрочный рынок *(газа)*
  residential ~ рынок бытовых потребителей *(газа)*

marketer участник рынка *(газа или нефти)*
marl мергель; известковистая глина; глинистый известняк
  clay ~ глинистый мергель
  sandy ~ песчаный мергель
mashed in slips смятый в местах контакта с плашками захвата *(о трубах)*
mask респиратор; противогаз
  blocking ~ защитная маска
  breathing ~ респиратор
  gas ~ противогаз
  welding ~ маска для защиты лица сварщика
mass масса
  ~ **of a cubic meter of gas** масса кубического метра газа
  ~ **of casing string** масса колонны обсадных труб
  ~ **of drilling mud** масса в буровом растворе
  ~ **of stationary column of gas** масса неподвижного столба газа
  ~ **of string** масса колонны
  all-up ~ **of casing string** полная масса колонны обсадных труб
  carbonate rock ~ толща карбонатных пород
  hanging string ~ масса колонны в воздухе
  lenslike ~ линзовидное тело
  nominal ~ **of tubing** номинальная масса колонны насосно-компрессорных труб
  pipe ~ **per meter** масса погонного метра труб
  rock ~ толща горных пород
  total ~ **of casing string** полная масса колонны обсадных труб
massive плотный *(однородного строения)*
mast 1. мачта 2. подъёмная вышка самоходной буровой установки 3. мачтовая вышка *(установка для строительства или ремонта скважин)*

mast

◊ **to anchor a ~** крепить мачту анкерами; **to elevate a ~** поднимать мачтовую вышку; **to erect the ~** устанавливать мачтовую вышку в рабочее положение; **to guy up a ~** крепить мачту оттяжками *или* вантами
A-~ А-образная мачтовая вышка, двуногая мачтовая вышка; двухопорная мачтовая вышка
A-shape ~ А-образная мачтовая вышка, двуногая мачтовая вышка; двухопорная мачтовая вышка
A-view ~ А-образная мачтовая вышка, двуногая мачтовая вышка; двухопорная мачтовая вышка
angle leg cantilever ~ складывающаяся буровая мачта из уголкового железа
barge rig ~ мачта буровой установки на барже
beam leg cantilever ~ складывающаяся буровая мачта из трубчатых конструкций
beam leg floor mount cantilever ~ складывающаяся буровая мачта из уголкового железа, устанавливаемая на полу буровой
cantilever ~ консольная мачта, складывающаяся мачта
cantilever beam leg ~ складывающаяся мачта из трубчатых конструкций (*для буровых установок*)
cantilever floor mount ~ складывающаяся буровая мачта, устанавливаемая на полу буровой установки
closed ~ закрытая мачтовая вышка
collapsing ~ раздвижная мачтовая вышка, телескопическая мачтовая вышка; складывающаяся (*при перевозке*) мачта
double ~ двухопорная мачтовая вышка
double-leg ~ двухопорная мачтовая вышка
double-leg pipe ~ двухопорная трубчатая мачтовая вышка
double-leg tubular ~ двухопорная трубчатая мачтовая вышка
double-pole ~ двухопорная мачтовая вышка
double-telescoping ~ телескопическая двухсекционная мачтовая вышка
drilling ~ мачтовая буровая вышка
folding ~ складывающаяся мачтовая вышка
four-leg ~ четырёхколонная мачтовая вышка
free-standing ~ свободностоящая мачтовая вышка; мачтовая вышка, не закреплённая оттяжками
full view ~ двухконсольная мачта с наружным расположением несущих элементов нижней части; А-образная мачтовая буровая вышка
guyed ~ мачтовая вышка с оттяжками
guyless ~ свободностоящая мачтовая вышка; мачтовая вышка без оттяжек
high floor cantilever ~ складывающаяся буровая мачта, у которой пол буровой находится на высоте 1,5 м относительно основания
hollow steel ~ стальная мачта (*из труб*)
I-beam ~ двухопорная мачта
jackknife cantilever ~ складывающаяся консольная мачта
jackknife drilling ~ складывающаяся мачта (*буровой установки*)
land rig free-standing telescoping ~ телескопическая мачта без оттяжек (*для наземных буровых*)

lattice column ~ решётчатая мачтовая вышка
latticework ~ мачта из уголковых конструкций *(для буровой установки)*
mechanical telescoping ~ телескопическая мачтовая вышка с механическим приводом
offshore vertically telescoping ~ телескопическая мачта плавучей буровой установки
open face ~ мачтовая вышка с открытой передней гранью
open front ~ вышка с открытой передней гранью
pipe ~ трубчатая мачтовая вышка
pole ~ мачта буровой установки, изготовленная из трубы
portable ~ передвижная мачтовая вышка
power-raised ~ мачтовая вышка с механическим подъёмом
production ~ эксплуатационная мачтовая вышка
single-pole ~ одноопорная мачтовая вышка
single-tower ~ однобашенная мачтовая вышка
single-trailer ~ мачтовая вышка, перевозимая на одном прицепе
structural ~ мачта буровой установки из элементов уголкового металла
telescopic ~ раздвижная мачтовая вышка, телескопическая мачтовая вышка
telescoping ~ раздвижная мачтовая вышка, телескопическая мачтовая вышка
triangular telescoping ~ телескопическая трёхгранная мачтовая вышка
tripod ~ трёхногая мачтовая вышка
tubular ~ трубчатая мачтовая вышка
twin ~ А-образная мачтовая вышка; двухопорная мачтовая вышка
twin-pole ~ А-образная мачтовая вышка; двухопорная мачтовая вышка
twin-tower ~ двухбашенная мачтовая вышка
unguyed ~ свободностоящая вышка
vertically assembled ~ разборная мачта плавучей буровой установки

Master Seal *фирм.* ореховая скорлупа *(нейтральный наполнитель для борьбы с поглощением бурового раствора)*
master мастер; квалифицированный рабочий
auger ~ бурильщик роторного бурения
boring ~ буровой мастер
quarry ~ мощный перфоратор на гусеничном ходу
mastic мастика; замазка
asphaltic ~ асфальтовая мастика
bituminous ~ битумная мастика
mat сплошной фундамент; плита сплошного фундамента
bottom ~ донная подушка *(опорных колонн самоподъёмного основания, предназначенная для уменьшения удельного давления на дно моря)*
foundation ~ сплошной фундамент; плита сплошного фундамента
grid ~ опорная донная плита *(колонного стационарного плавучего основания гравитационного типа)*
ground ~ щитовая выкладка
oscillating column grid ~ опорная донная плита стационарного колонного основания
matching 1. подбор 2. согласование

matching

~ **of logs** согласование каротажных кривых; согласование каротажных диаграмм
~ **of machine and bit** подбор бурильной установки и буровых коронок

material материал ◊ **to apply hard-alloy ~ on surface** наносить твёрдосплавный материал на поверхность
annotator ~ противогнилостное вещество *(для обмотки труб)*
antiknock ~ антидетонационное вещество
asphalt ~ битумный материал
binding ~ цементирующее вещество; связующий материал
blasting ~ взрывчатое вещество
bridging ~ материал для борьбы с поглощением *(бурового раствора)*
cast-setting ~ низкосортные буровые алмазы, алмазы сорта конго
cementing ~ цементирующее вещество
clay ~ глинистая порода
cleaning ~ очищающий материал
contamination ~ загрязняющее вещество
corrosion-resistance ~ коррозионностойкий материал
corrosive ~ корродирующее вещество
density controlling ~ добавка, снижающая плотность *(бурового или цементного раствора)*
detrital ~ твёрдые частицы *(шлама в растворе)*
drill ~ буровые алмазы
drillable ~ разбуриваемый материал
drilling fluid ~ материал для приготовления твёрдого раствора
explosive ~ взрывчатое вещество
fibrous bridging ~ волокнистый материал для борьбы с поглощением *(бурового раствора)*
fibrous lost circulation ~ волокнистый материал для борьбы с поглощением *(бурового раствора)*
fill ~ заполняющий материал *(в трещинах породы)*
filler ~ наполнитель *(цементного раствора для увеличения предела текучести)*
filling ~ заполняющий материал *(в трещинах породы)*
flaky ~ хлопьевидный материал, чешуйчатый материал
flat lost circulation ~ пластинчатый материал для борьбы с поглощением *(бурового раствора)*
fluxing ~ шлакообразующее вещество; компонент флюса; флюсующее вещество
gel ~ глинопорошок
gelling ~ гелеобразующий материал, загуститель
geological ~ горная порода
granular lost circulation ~ зернистый материал для борьбы с поглощением *(бурового раствора)*
hard-alloy ~ твёрдосплавный материал
hard-facing ~ материал для повышения твёрдости поверхности *(металла)*
hard-surfacing ~ материал для твёрдосплавного покрытия
high-density weighting ~ утяжеляющая добавка *(к буровому раствору)*, имеющая высокую плотность
high-speed ~ *сейсм.* материал, характеризуемый большой скоростью
insulating ~ изоляционный материал

insulation ~ изоляционный материал
intermediate ~ 1. промежуточный продукт 2. рециркулирующая флегма; рециркулирующий крекинг-дистиллят
jointing ~ связывающий материал; цементирующий материал; материал для заполнения швов или стыков
lamelated lost circulation ~ пластинчатый материал для борьбы с поглощением *(бурового раствора)*
lignitic ~ гумат *(для обработки буровых растворов)*
lost circulation ~ 1. материал для борьбы с поглощением *(бурового раствора)* 2. экранирующий наполнитель; закупоривающая добавка *(в буровом растворе)*
low-speed ~ *сейсм.* материал с малой скоростью
low-velocity ~ *сейсм.* материал с малой скоростью
matrix solid ~ скелет породы
oil-marking ~ нефтеобразующая субстанция
one-velocity ~ *сейсм.* материал с постоянной скоростью
packing ~ уплотнительный материал
perfectly elastic ~ *сейсм.* идеально упругий материал
platy lost circulation ~ пластинчатый материал для борьбы с поглощением *(бурового раствора)*
plugging ~ 1. экранирующий материал; тампонажный материал *(для блокирования зон осложнений)* 2. вещество для закупорки интервалов ствола скважины *(при работе в других интервалах)*
propping ~ расклинивающий материал

ripped ~ разрыхлённая порода
sea floor ~ материал для донного грунта
sedimentary ~ осадочный материал
semisolid bituminous ~ полутвёрдый битумный материал
solid bituminous ~ твёрдый битумный материал
surface-active ~ поверхностно-активное вещество
tamping ~ уплотняющий материал; материал забивки скважин
wall-building ~ коркообразующий материал; материал, образующий корку *(на стенке ствола скважины)*
weathering ~ *сейсм.* материал зоны малых скоростей
weighting ~ утяжелитель *(для буровых и тампонажных растворов)*

matrix 1. материнская порода, основная масса; жильная порода 2. цементирующий материал *(в асфальтобетоне)*; цементирующая среда; вяжущее вещество 3. матрица *(алмазной коронки)* 4. таблица
bit ~ матрица мелкоалмазной буровой коронки
cast ~ литая матрица *(мелкоалмазной буровой коронки)*
cemented carbide ~ матрица из порошка карбида вольфрама, сцементированного другим металлом *(обычно кобальтом)*
copper-tungsten ~ медно-вольфрамовая матрица
defect ~ таблица дефектов
diagnostic ~ диагностическая матрица
diamond ~ матрица алмазной коронки
diamond-containing ~ алмазосодержащая матрица

matrix

    diamond-drilling-bit ~ матрица алмазного бурового долота
    failure ~ таблица неисправностей
    flow ~ система фильтрационных каналов в пласте
    hard-alloy ~ твёрдосплавная матрица
    normal ~ стандартная матрица
    powdered-metal ~ матрица, изготовленная методом порошковой металлургии
    reliability ~ таблица показателей надёжности
    sintered ~ матрица, изготовленная из металлических порошков методом спекания
    standard ~ стандартная матрица
    steel ~ стальная матрица
    syndrome ~ таблица признаков *(неисправностей)*
    test ~ 1. таблица условий проведения испытаний 2. таблица результатов испытаний
    traceability ~ таблица обнаруживаемости *(неисправностей)*
matter вещество; материал
    asphalt ~ асфальтовое вещество
    cementitious ~ вяжущее вещество
    chemical ~ химическое вещество
    gaseous ~ газообразное вещество
matting выкладки
maturing of petroleum метаморфическая эволюция нефти; созревание нефти
maximize максимизировать; доводить до максимума
maximum максимум
    first ~ *сейсм.* первый максимум
Maxipulse *фирм.* максипалс *(источник сейсмических сигналов)*

McCollum *фирм.* макколум *(источник сейсмических сигналов)*
meal тонкоизмельчённый материал
    bore ~ буровая мука
    decarbonated raw ~ декарбонизированная сырьевая смесь *(в производстве цемента)*
    drilling ~ буровая мука
mean 1. среднее значение; средняя величина 2. *pl* средство; способ
    ~s of minimizing crooked hole problems средства борьбы с искривлением ствола скважины
    emergency ~ аварийное средство
    redundancy ~ устройство, обеспечивающее резервирование
    skidding ~s for blowout preventer салазки для перемещения противовыбросовых превенторов
Meander *фирм.* меандр *(программа обработки криволинейных профилей)*
measure 1. мера; критерий; показатель; характеристика 2. мероприятие; мера 3. *pl* пласты; свита *(пластов)*; отложения *(определённой геологической формации)* 4. измерение ‖ измерять; обмерять *(резервуар)* ◊ to ~ in получать точные размеры скважины *(путём замера бурильных труб, опускаемых в скважину)*; to ~ kelly overstand измерять длину ведущей бурильной трубы над вращателем; to ~ out 1. измерять бурильные трубы при подъёме *(для определения глубины скважины)* 2. измерять глубину скважины *(путём замера длины спущенного в скважину троса с грузом)*

~ of maintainability показатель ремонтопригодности
~ of reliability показатель надёжности
~ of unreliability показатель ненадёжности; вероятность отказа
accident preventive ~s аварийно-профилактические мероприятия
anticorrosion ~s меры борьбы с коррозией
availability ~ коэффициент эксплуатационной готовности (*вероятность того, что в оборудовании не возникнет дефект в произвольно выбранный момент времени его использования или эксплуатации*)
dependability ~ коэффициент готовности без учёта профилактического технического обслуживания
emergency ~s меры по ликвидации аварийного состояния
failure ~ характеристика отказа
formation pressure maintenance ~s мероприятия по поддержанию пластового давления
oil ~s нефтяные пласты
performance capability ~ техническая характеристика
probabilistic ~ вероятностный показатель (*надёжности*)
protective ~s меры защиты
reliability-based ~ критерий, основанный на надёжности
reliability-control ~s меры контроля надёжности
reliability-performance ~ показатель эксплуатационной надёжности
safety ~s меры обеспечения безопасности; техника безопасности; мероприятия по охране труда
standard ~ стандартный показатель

unification ~ показатель унификации
measurement 1. измерение 2. размер ◊ ~ **by displacement** измерение методом вытеснения (*запасов нефти или газа*)
~s **of flow properties** измерения реологических свойств
~ **of formation pressure** измерение пластового давления
~ **of mud resistivity** измерение удельного сопротивления бурового раствора
~ **of production output** измерение дебита
~ **of production rate** измерение дебита
~ **of shear stress at zero shear rate** измерение предельного статического напряжения сдвига
~ **of stratum thickness** измерение толщины пласта
~ **of viscosity** измерение вязкости
~ **of wellhead pressure** измерение давления на устье скважины
acoustic ~s сейсмоакустические исследования
acoustic position ~ акустическое измерение местоположения
acoustic well-logging ~ акустический каротаж
anisotropy ~ измерение анизотропии
arc ~ *сейсм.* измерение на дуговых профилях
bed permeability ~ измерение проницаемости пласта
borehole ~s скважинные измерения; скважинные наблюдения; скважинные исследования
borehole electrical ~s электрометрия скважин
borehole gravity ~s скважинная гравиметрия; скважинная гравиразведка; гравиметрические измерения в скважинах

measurement

borehole logging ~ геофизические исследования в скважинах, каротаж
borehole magnetic ~s скважинная магниторазведка; магнитные измерения в скважинах
borehole temperature ~s измерения температуры в скважинах
borehole-to-borehole ~s межскважинные измерения
bottomhole flowing pressure ~ измерение гидродинамического забойного давления
caliper ~ измерение каверномером; кавернометрия
casing ~ обмер обсадной колонны
compensated density ~ измерение плотности с компенсацией влияния скважин; компенсированный плотностной каротаж
crossborehole ~s межскважинные измерения
crosshole ~s межскважинные измерения
crosshole acoustic ~s акустическое межскважинное просвечивание
crosshole transmission ~s *сейсм.* межскважинное просвечивание на проходящих волнах
crosswell ~s межскважинные измерения
depth ~ измерение глубины *(моря)*
diagnostic ~ диагностическое измерение
differential pressure ~ 1. измерение перепада давления 2. измерение депрессии *(на пласт)*
directional permeability ~ измерение проницаемости *(породы или пласта)* по различным направлениям
distant seismic ~s дистанционные сейсмические наблюдения
downhole ~s скважинные измерения
downhole pressure ~ измерение давления глубинным манометром
drill pipe ~ измерение глубины по длине бурильной колонны; измерение бурильной трубы
drillhole ~s геофизические исследования в скважинах, каротаж
electrical ~s электроразведочные измерения
failure ~ определение местонахождения неисправности
field ~s 1. эксплуатационные измерения, измерения в условиях эксплуатации 2. полевые измерения, измерения в полевых условиях
final shut-in bottomhole pressure ~ измерение конечного забойного давления в закрытой скважине
flowmeter ~ измерение дебитомером
electrical survey ~ 1. электроразведочная съёмка 2. электрический каротаж
electrical well-logging ~ электрический каротаж
first-peak ~ *сейсм.* измерение времени первых вступлений
gas production rate ~ измерение дебита газа
gas yield ~ измерение дебита газа
gel strength ~ измерение предельного статического напряжения сдвига
geophone ~ измерение с помощью сейсмоприёмника
geophysical ~s геофизические измерения
gravity ~s гравиметрические исследования; гравиразведочные исследования

measurement

high-pressure viscosity ~ измерение вязкости при высоком давлении
high-temperature viscosity ~ измерение вязкости при высокой температуре
hole-to-hole ~s межскважинные измерения
initial flowing bottomhole pressure ~ измерение начального гидродинамического забойного давления
initial shut-in bottomhole pressure ~ измерение начального забойного давления в закрытой скважине
in-situ ~s скважинные измерения
interborehole ~s межскважинные измерения
kelly bushing ~ определение длины части колонны, спущенной в скважину *(с помощью отметок на трубах у входа во вкладыш ведущей бурильной трубы)*
logging tool ~ измерение каротажным прибором; каротаж
magnetic ~s магниторазведочные работы
maintainability ~ определение ремонтопригодности
maintenance ~ нормирование технического обслуживания
multiple-hole ~s многоскважинные измерения
noise ~s *сейсм.* замеры уровня шумов
normal-moveout ~ *сейсм.* измерение нормальных приращений времени
oil ~ замер уровня нефти
oil production rate ~ измерение дебита нефти
overburden rock pressure ~ измерение горного давления
overflow ~ измерение перелива

packer-flowmeter ~ измерение дебитомером с пакерующим элементом
pressure ~ измерение давления
pressure build-up ~ измерение восстановления давления
pressure drop ~ измерение перепада давления
reflection ~s *сейсм.* измерения методом отражённых волн
refraction ~s *сейсм.* измерения методом преломлённых волн
reliability ~ измерение показателей надёжности
seismic ~s сейсмические измерения; сейсмические наблюдения; сейсморазведочные исследования
seismic noise ~ измерение сейсмических помех
seismic velocity ~s измерения сейсмических скоростей
shallow refraction ~s *сейсм.* малоглубинные измерения методом преломлённых волн
shallow resistivity ~ измерение удельного сопротивления ближней части пласта
short-period ~s *сейсм.* короткопериодные измерения
single-hole ~s измерения в отдельной скважине
spot ~ точечный замер *(температуры, кривизны ствола скважины)*
sonic log ~s акустический каротаж по скорости
stacking velocity ~s *сейсм.* определение скоростей
steel line ~ замер глубины стальной мерной лентой
stretch ~ измерение удлинения *(буровых труб)*
time-distance ~s *сейсм.* измерения по годографу
tool ~ измерение скважинным прибором

torque ~ измерение момента вращения *(буровых труб)*
ultrasonic pulse transit time ~ измерение времени прохождения ультразвукового импульса *(для определения проницаемости пород)*
uphole-time ~s *сейсм.* измерения вертикального времени
velocity ~ *сейсм.* измерение скорости
well ~s скважинные измерения
well-logging ~s геофизические исследования в скважинах; каротаж
well-production rate ~ измерение дебита скважины
wide-angle reflection ~s *сейсм.* регистрация отражённых волн в закритической области

measuring измерение; контроль; замер ◊ ~ while drilling скважинные исследования в процессе бурения, каротаж во время бурения
~ of casing wall thickness толщинометрия обсадной колонны
~ of sand content измерение содержания песка
bottomhole pressure ~ измерение забойного давления
continuous bottomhole pressure ~ непрерывное измерение забойного давления
downhole pressure ~ измерение забойного давления
wave ~ волнометрирование

mechanic 1. механик 2. техника
rig ~ механик буровой установки

mechanics механика; механизм
~ of oil expulsion механизм вытеснения нефти
fluid flow ~ гидравлика
reservoir ~ механика пласта

rock ~ механика горных пород

mechanism 1. механизм; аппарат; устройство 2. механизм *(действия)*
~ of failure механизм отказа
~ of wear механизм износа
artificial recovery ~ способ добычи нефти за счёт подводимой к коллектору энергии
automatic feed-off ~ механизм автоматического регулирования подачи *(бурильного инструмента)*
automatic tripping ~ of subsurface tools механизм автоматического отсоединения скважинного инструмента
bit expanding ~ механизм раздвигания долота
bit feeding ~ механизм подачи долота
block retractor ~ механизм для отвода талевого блока
boom kickout ~ концевой выключатель подъёма стрелы *(трубоукладчика)*
bottomhole bit feeding ~ забойный механизм подачи долота
corrosion ~ механизм коррозии
crack propagation ~ механизм развития трещины
damage ~ механизм разрушения
desludging ~ устройство для удаления осадка
destruction ~ механизм разрушения горной породы
detection ~ зондовое устройство *(каротажного прибора)*
electrode feed-off ~ механизм подачи электродов
electron beam cutting ~ механизм электронно-лучевого разрушения пород
expulsion ~ механизм вытеснения *(нефти)*
failure development ~ механизм развития неисправности

flame jet cutting ~ механизм разрушения породы в процессе огнеструйного бурения
float ~ поплавковый автоматический регулятор уровня жидкости
fracture ~ механизм разрушения
head-moving ~ *сейсм.* устройство для перемещения магнитных головок
independent rotation ~ независимый вращающий механизм *(перфоратора)*
kerf cutting ~ механизм образования канавок на забое скважины
lifting ~ подъёмный механизм
movable rotary ~ передвижной вращатель
natural recovery ~ естественный режим пласта
oil displacement ~ механизм вытеснения нефти
oil recovery ~ механизм извлечения нефти
pawl ~ **of telescopic mast** механизм, запирающий секцию телескопической мачтовой вышки
pipe handling ~ трубный манипулятор; механизм подачи и укладки труб
pipe kickoff ~ трубосбрасывающий механизм *(баржи-трубоукладчика)*
pulling-and-running ~ спуско-подъёмный механизм
recovery ~ механизм нефтеотдачи
redundancy ~ механизм резервирования
repressuring ~ вытесняющий агент; закачиваемый в пласт агент
reservoir drive ~ механизм, вызывающий истечение нефти из пласта

reservoir producing ~ режим извлечения нефти *(из пласта)*
rock failure ~ механизм разрушения горной породы
rotary ~ вращатель
rotating ~ поворотный механизм *(бурильного молотка)*
slip socket ~ шлипсовый механизм
stand catching ~ механизм захвата свечи
stand raising ~ механизм подъёма свечи
stand setting ~ механизм расстановки свечей
stand transfer ~ механизм переноса свечи
swivel catching ~ механизм захвата вертлюга
vapor balancing ~ дыхательный клапан, уравновешивающий давление *(внутри и вне резервуара)*
water hydraulic-feed ~ механизм гидравлической подачи с водой в качестве рабочей жидкости
medium среда
aeolotropic ~ анизотропная среда
aqueous flooding ~ водная вытесняющая среда *(для заводнения коллектора)*
bedded ~ слоистая среда
circulating ~ промывочная среда *(жидкость или газ)*
circulation ~ промывочная среда *(жидкость или газ)*
constant velocity ~ среда с постоянной скоростью
continuously stratified ~ непрерывно-слоистая среда
coupling ~ *сейсм.* связывающая среда
dispersing ~ дисперсионная среда
dispersion ~ дисперсионная среда

medium

driving ~ вытесняющий агент
filtering ~ фильтрующая среда
flow ~ жидкая среда *(при определении коэффициента фильтрации)*
gaseous ~ газовая среда
heterogeneous ~ неоднородная среда
high-velocity ~ *сейсм.* среда с большой скоростью
horizontal-bedding ~ горизонтально-слоистая среда
horizontally stratified ~ горизонтально-слоистая среда
imperfectly elastic ~ неидеально упругая среда
inhibited ~ ингибированная среда
isotropic ~ изотропная среда
landing ship ~ десантная баржа среднего размера *(для обслуживания морских буровых)*
laterally inhomogeneous ~ неоднородная в плане среда; латерально-неоднородная среда
layered ~ слоистая среда
low-velocity ~ *сейсм.* среда с малой скоростью
multilayered ~ многослойная среда
multiparallel-layered ~ многослойная параллельно-слоистая среда
nonisotropic ~ неизотропная среда
nonuniform ~ неоднородная среда
porous ~ пористая среда
randomly inhomogeneous ~ хаотически неоднородная среда
refracting ~ *сейсм.* преломляющая среда
repressuring ~ вытесняющий агент; закачиваемый в пласт агент
reverberating ~ *сейсм.* реверберирующая среда
stratified ~ слоистая среда
transversely isotropic ~ поперечно-изотропная среда
vertically stratified ~ вертикально-слоистая среда

melting плавление
fractional ~ фракционированное плавление; дробное плавление *(с целью депарафинизации масел)*
oil ~ плавление нефти

member:
base ~ пьедестал *(фонтанной арматуры)*
boom cross ~ перемычка стрелы *(трубоукладчика)*
bracing ~ 1. ферма вышки 2. связывающий элемент *(конструкции опорной колонны решётчатого типа)*
Christmas tree cross ~ крестовина фонтанного устьевого оборудования
H-~ Н-образный узел *(подводного устьевого эксплуатационного оборудования)*
high-velocity ~ of section *сейсм.* высокоскоростной слой разреза
fastening ~ крепёжная деталь
formation ~ пачка
leg ~ разъём ноги металлической вышки; опорная стойка
load-bearing ~ несущая опора
pinned ~ of sectional substructure секция разборного подвышечного основания
supporting ~ несущий элемент; опорное звено
unstrained ~ ненапряжённый элемент *(конструкции)*
precast offshore platform ~ блок сборного железобетонного морского основания

membrane мембрана
porous пористый фильтр; пористая мембрана *(для разделения газов)*

mender:
  hose ~ муфта для ремонта резиновых шлангов
menstruum растворитель
  oil ~ нефтяной растворитель *(газоулавливающей установки)*
mesh 1. меш *(1. единица величины зёрен дроблёных алмазов 2. число отверстий сита на линейный дюйм)* 2. зацепление *(зубчатых шестерён)*; сцепление
  diamond ~ V-образные отверстия *(в стенке трубы-фильтра)*
  wire ~ проволочная сетка
message сообщение
  diagnostic ~ диагностическое сообщение
  failure ~ сообщение о неисправности
messenger 1. несущий трос; несущий кабель; несущий канат 2. грузик *(пробоотборника)*
Mesuco-Bar *фирм.* баритовый утяжелитель
Mesuco-Sorb *фирм.* нейтрализатор сероводорода
Mesuco Super Gel *фирм.* высококачественный бентонитовый глинопорошок
Mesuco Workover-5 *фирм.* смесь высокомолекулярного полимера и карбоната кальция *(наполнитель для борьбы с поглощением бурового раствора)*
metabentonite суббентонит
metal металл
  added ~ наваренный твёрдый сплав; наплавленный твёрдый сплав *(при заправке лопастных долот)*
  bit crown ~ металл матрицы алмазной коронки
  crown ~ металл матрицы алмазной коронки
  diamond-set hard ~ славутич *(материал)*
  hard facing ~ твёрдый сплав для наварки
  sintered ~ матрица, изготовленная из металлических порошков методом спекания
metamorphism метаморфизм
meter счётчик
  bellows gas ~ газовый счётчик с измерительными мехами
  borehole resistivity ~ скважинный резистивиметр
  cable-tension ~ измеритель натяжения каната
  cycloidal gas ~ газовый счётчик с циклоидальными поршнями
  depth ~ счётчик глубины
  displacement ~ расходомер объёмного типа *(в отличие от вертушечного или пропеллерного типа)*; расходомер с принудительным наполнением
  downhole oil gravity-gas content-volume ratio ~ скважинный триометр
  downhole saturation ~ скважинный сатуриметр
  down-the-hole flow ~ глубинный расходомер; скважинный расходомер
  dry gas ~ сухой газовый счётчик
  field ~ промысловый расходомер
  float-type flow ~ поплавковый расходомер
  flow ~ 1. расходомер; объёмный счётчик *(для жидкостей и газов)*; указатель расхода 2. газомер 3. водомер
  fluid ~ счётчик жидкости; расходомер
  fluidity ~ вискозиметр
  gas ~ газовый счётчик; газомер
  gas volume ~ объёмный газовый счётчик
  gravity ~ гравиметр
  head ~ манометр-расходомер

heave ~ указатель перемещения *(для определения положения поршня компенсатора качки бурового судна)*
house service ~ общий счётчик *(газа)* в доме
indicating flow ~ показывающий расходомер
large capacity ~ расходомер с большой пропускной способностью
liquid ~ счётчик жидкости
mass flow ~ массовый расходомер
master ~ контрольный расходомер *(датчик)*
nuclear density ~ радиоактивный плотномер
oil ~ 1. масломер; маслосчётчик 2. счётчик для замера нефти; расходомер для нефтепродукта
orifice flow ~ диафрагменный расходомер
positive displacement ~ расходомер объёмного типа *(в отличие от вертушечного или пропеллерного типа)*; расходомер с принудительным наполнением
proportional gas ~ пропорциональный газовый счётчик
rate-of-flow ~ ротаметр; расходомер; измеритель расхода *(жидкости или газа)*
recording ~ регистрирующий счётчик
recording flow ~ регистрирующий расходомер
residential ~ квартирный счётчик
proportional gas ~ пропорциональный газовый счётчик
reverberation ~ реверберометр
rotary gas ~ крыльчатый газовый счётчик
tautness ~ тензометр
thermal ~ термокондуктометрический расходомер *(для газа)*
torque ~ 1. указатель крутящего момента 2. торсиометр
vane gas ~ крыльчатый газовый счётчик
velocity ~ счётчик расхода по скорости течения
velocity-type ~ стандартный расходомер *(на трубопроводе)*
Venture ~ расходомер Вентури
volume displacement ~ объёмный счётчик жидкости; объёмный расходомер
volumetric displacement ~ объёмный расходомер
watercut ~ скважинный влагомер
water-sealed gas ~ мокрый газовый счётчик, газовые часы
well production ~ измеритель дебита скважины
wet gas ~ мокрый газовый счётчик; газовые часы
wide range orifice ~ газовый диафрагменный счётчик для больших перепадов давления

meterage 1. измерение прибором 2. проходка; метраж ◊ **~ cored** метраж колоночного бурения; **~ drilled** объём бурения *(в метрах)*
oil ~ per run величина проходки за рейс
rotary ~ проходка роторным способом
total ~ общий метраж
meterman 1. наладчик счётчиков 2. контролёр счётчиков
methane метан
lean ~ непромышленный метан
occluded ~ сорбированный метан
methanization метанизация
oil ~ метанизация нефти
methanol метанол
methanometer индикатор метана

method метод; способ; приём ◊ ~ **for determination relative water wettability** метод определения относительной водосмачиваемости *(пород)*; ~ **for determination wettability** метод определения смачиваемости *(пород)*
~ **of acceptance** метод приёмочного контроля
~ **of assurance** метод обеспечения надёжности
~ **of borehole section correlation** метод корреляции разрезов скважин
~ **of calculating gas reserves** метод подсчёта запасов газа
~ **of circles** *сейсм.* метод окружностей
~ **of defining petroleum reserves** метод подсчёта запасов нефти и газа
~ **of defining reserves** метод подсчёта запасов
~ **of determining static corrections** *сейсм.* метод определения статических поправок
~ **of drilling** электровращательный метод бурения
~ **of drilling with hydraulic turbine downhole motor** турбинный метод бурения
~ **of drilling with hydraulic turbine downhole unit** реактивно-турбинный метод бурения
~ **of estimating reserves** метод подсчёта запасов
~ **of evaluating petroleum reserves** метод подсчёта запасов нефти и газа
~ **of formation** метод испытания пластов
~ **of formation damage analysis** метод оценки повреждения пласта *(при вскрытии)*
~ **of formation heterogeneity analysis** метод оценки неоднородности пласта

~ **of formation nonuniformity analysis** метод оценки неоднородности пласта
~ **of increasing oil mobility** метод повышения подвижности нефти
~ **of limiting well production rate** метод ограничения дебита скважины
~ **of liquid saturation determination** метод измерения насыщенности жидкостью *(пласта)*
~ **of maintaining reservoir pressure** метод поддержания пластового давления
~ **of maintaining reservoir pressure by air injection** метод поддержания пластового давления путём нагнетания воздуха
~ **of maintaining reservoir pressure by gas injection** метод поддержания пластового давления путём нагнетания газа
~ **of maintaining reservoir pressure by water injection** метод поддержания пластового давления путём нагнетания воды
~ **of measuring critical water saturation** метод определения критической водонасыщенности *(пласта)*
~ **of mirror** метод зеркального отображения *(скважины)*
~ **of operation** метод эксплуатации
~ **of planting** способ установки *(сейсмоприёмника)*
~ **of sample taking** метод отбора образцов породы
~ **of sampling** метод отбора проб
~ **of sharpening** метод заправки буров; метод заточки буров
~ **of stimulating production** метод интенсификации добычи

method

~ of strong formation explosions метод мощных внутрипластовых взрывов
~ of testing метод испытания *(пластов)*; метод исследования
~ of three coefficients метод трёх коэффициентов *(при прогнозировании надёжности)*
airborne magnetometer ~ метод аэромагнитной съёмки
air-hammer drilling ~ пневмоударный метод бурения
airlift well operation ~ эрлифтный метод эксплуатации скважин
alcohol-slug ~ метод применения спиртовой оторочки *(вытесняющего вала)* для улучшения нефтеотдачи пласта
arc refraction ~ *сейсм.* метод преломлённых волн с регистрацией по дуговым профилям
aromatic adsorption ~ метод адсорбции ароматических углеводородов *(для определения удельной поверхности катализатора)*
average velocity ~ *сейсм.* метод средних скоростей
average velocity approximation ~ *сейсм.* приближённый метод средних скоростей
bailer ~ **of cementing** тампонаж заливочной желонкой
band ~ метод слоёв *(при прогнозировании поведения коллектора)*
barrel per acre ~ метод определения производительности месторождения на единицу площади
Barthelmes ~ *сейсм.* метод интерпретации данных непрерывного профилирования *(в методе преломлённых волн)*
basic volume ~ **of estimating reserves** основной объёмный метод подсчёта запасов

beam pumping well operation ~ метод эксплуатации скважин балансирными насосными установками
blasthole ~ 1. метод отбойки глубокими скважинами 2. система разработки с отбойкой глубокими скважинами
bomb ~ метод испытания в бомбе *(напр. количественное определение серы в нефтепродуктах сжиганием в бомбе)*
borderline ~ метод оценки детонационной стойкости бензина *(по кривым затухания детонации)*
borehole ~ скважинный метод
borehole wall consolidation ~ метод закрепления стенок ствола скважины
bottom-packer ~ тампонаж через заливочные трубы с нижним пакером
bottom water isolation ~ метод изоляции подошвенных вод
bottom water shutoff ~ метод изоляции подошвенных вод
bottomhole pressure build-up ~ метод восстановления забойного давления
broadside refraction ~ *сейсм.* непродольное профилирование методом преломлённых волн
cable tool percussion drilling ~ ударно-канатный метод бурения
Cabot ~ метод ликвидации нефтяного разлива сжиганием
building ~ синтетический метод *(получения бензина)*
bullhead well control ~ метод глушения скважины с вытеснением пластового флюида в пласт из кольцевого пространства

capillarimetric ~ for determination wettability капиллярный метод определения смачиваемости
carbonized water injection ~ метод нагнетания карбонизированной воды
casing ~ of cementing метод цементирования скважин путём нагнетания цементного раствора по обсадным трубам
casing-pressure ~ метод управления скважиной путём регулирования затрубного давления
catenary pipe laying ~ метод укладки трубопровода по цепной линии
cementing ~ метод цементирования *(скважины)*
cetane test ~ метод определения цетанового числа *(дизельного топлива)*
charcoal ~ метод определения *(содержания бензина в природном газе)* адсорбцией активированным древесным углем
chemical ~ of borehole wall consolidation химический метод закрепления стенок ствола скважины
chemical ~ of borehole wall lining химический метод закрепления стенок ствола скважины
circulating ~ метод промывки
clean recirculation ~ метод рециркуляции крекируемого сырья без добавки свежего сырья
cold ~ of oil fractionation метод холодного фракционирования нефти *(в метан-пропановом растворе под давлением)*
combination drilling ~ комбинированный метод бурения
common-depth-point ~ *сейсм.* метод общей глубинной точки
common-midpoint ~ *сейсм.* метод общей глубинной точки
common-reflection-point ~ *сейсм.* метод общей глубинной точки
compressional-wave ~ *сейсм.* метод продольных волн
concurrent ~ параллельный метод борьбы с выбросом; глушение скважины при непрерывной промывке
concurrent ~ of well killing метод глушения скважины при непрерывной промывке
constant bottomhole pressure well control ~ метод глушения скважины при постоянном забойном давлении
constant casing pressure ~ метод борьбы с выбросом путём поддержания постоянного давления в затрубном пространстве
constant pit level ~ метод контроля *(за давлением в стволе скважины)* путём поддержания постоянного уровня бурового раствора в чанах
continuous-correlation ~ *сейсм.* метод непрерывной корреляции *(волн)*
continuous-profiling ~ *сейсм.* метод непрерывного профилирования
controlled directivity reception ~ *сейсм.* метод регулируемого направленного приёма
converted wave ~ *сейсм.* метод обменных волн
copper dish ~ метод медной чашки *(для определения содержания смол в бензинах выпариванием)*
correlation ~ of refracted waves *сейсм.* корреляционный метод преломлённых волн
correlation refraction ~ *сейсм.* корреляционный метод преломлённых волн

method

countercirculation-wash-boring ~ метод бурения с обратной промывкой
crosshole ~ межскважинное просвечивание
cube ~ метод кубика *(для определения температуры размягчения битуминозных материалов)*
curved-path ~ *сейсм.* метод лучевых диаграмм
cyclic steam-soaking secondary oil recovery ~ вторичный метод добычи нефти циклической пропиткой паром
cycloidal ray-path ~ *сейсм.* метод лучевых диаграмм-циклоид
cylinder ~ метод цементирования скважин с помощью цилиндрических контейнеров *(обычно картонных или бумажных, в которых цементный раствор спускается в скважину отдельными порциями)*
deep-hole ~ метод отбойки глубокими шпурами
deep-refraction ~ метод глубинного сейсмического зондирования
delay-and-sum ~ *сейсм.* метод обработки с вводом относительных временных задержек и суммированием
derrick assembling ~ метод монтажа буровой вышки
derrick erection ~ метод монтажа буровой вышки
desalting ~ метод обессоливания
development ~ метод освоения *(гидрогеологической скважины)*
dewatering ~ метод обезвоживания
diesel cetane ~ метод определения цетанового числа дизельного топлива

differential liberation ~ метод дифференциального дегазирования *(при исследовании проб пластового флюида)*
diffraction stack ~ *сейсм.* метод дифракционного суммирования
dipole profiling ~ метод дипольного зондирования
direct ~ **of orientation** прямой метод ориентации
directional survey ~ метод измерения положения скважины в пространстве
dispersed gas injection ~ метод площадного закачивания газа
displacement ~ **of plugging** цементирование через заливочные трубы *(без пробок, с вытеснением бурового раствора)*
distillation ~ метод аналитической разгонки, метод определения фракционного состава *(нефтепродукта)*
distillation ~ **of liquid saturation determination** дистилляционный метод измерения насыщенности жидкостью *(пласта)*
double control ~ *сейсм.* контроль встречным профилированием
downhole ~ скважинный метод
downhole sucker-rod pump well operation ~ глубинно-насосный метод эксплуатации скважин
down-the-hole induced polarization ~ метод вызванной поляризации *(для исследований окрестности скважины)*
drill steam ~ **of coke removal** метод удаления кокса просверливанием его бурильной штангой *(в различных направлениях)*
driller's ~ метод бурильщика *(метод управления скважиной при угрозе выброса)*

method

driller's well control ~ метод глушения скважины с раздельным удалением пластового флюида и сменой бурового раствора
drilling ~ метод бурения
drilling-in ~ метод вскрытия продуктивного горизонта
dual coil ratiometer ~ метод бесконечно длинного кабеля
effusion ~ эффузиометрический метод *(определения плотности газообразных и парообразных нефтепродуктов)*
electrical ~ of geophysical prospecting электрический метод геофизической разведки
electrical-audibility ~ электроакустический метод *(испытания бензина на детонацию)*
electrical-exploration ~ метод электроразведки
electrical-logging ~ метод электрического каротажа
electrical-prospecting ~ метод электроразведки
electrical-sounding ~ метод электрического зондирования
electrical-surveying ~ метод электроразведки
electrochemical ~ of borehole wall consolidation электрохимический метод закрепления стенок ствола скважины
electrochemical ~ of borehole wall lining электрохимический метод закрепления стенок ствола скважины
electromagnetic ~ of orientation электромагнитный метод ориентирования *(перфоратора)*
electromagnetic-exploration ~ электромагнитный метод разведки
electromagnetic-prospecting ~ электромагнитный метод электроразведки
electromagnetic-profiling ~ метод электромагнитного профилирования
electromagnetic-sounding ~ метод электромагнитного зондирования
electromagnetic-surveying ~ электромагнитный метод электроразведки
enhanced recovery ~ метод добычи с воздействием на пласт *(с целью повышения нефтеотдачи)*
enriched gas injection ~ метод нагнетания обогащённого газа
Eshka ~ метод Эшка *(для определения содержания серы в нефтепродуктах)*
evaporation ~ of measuring critical water saturation испарительный метод определения критической водонасыщенности *(пласта)*
exploration ~ разведочный метод
exploration prospecting survey ~ метод поиска и разведки
exploration seismic ~ метод сейсмической разведки
explosion drilling ~ взрывной метод бурения
explosion seismic ~ метод взрывной сейсмической разведки
express ~ экспресс-метод
express ~ of production calculation экспресс-метод расчёта добычи
filter-and-sum ~ *сейсм.* метод фильтрации и суммирования
fire flooding ~ третичный метод добычи нефти путём создания движущегося очага горения в пласте
firing line ~ сварка нескольких нефтепроводных труб у траншеи для спуска их секциями
first-break ~ *сейсм.* метод первых вступлений

661

first-event ~ *сейсм.* метод первых вступлений

float-and-chains ~ метод прокладки *(подводного трубопровода)* с помощью модулей плавучести и донных цепей

float-on ~ наплавной метод *(погрузки и выгрузки)*

formation evaluation ~ метод оценки продуктивности пласта

four-point control ~ метод четырёх контрольных точек *(для определения выхода из нефти бензина с заданным фракционным составом)*

fracture ~ метод разрыва

freepoint-string shot ~ метод определения границы прихвата колонны по изменениям в молекулярной структуре металла труб

freezing ~ метод замораживания

freezing point depression ~ метод понижения температуры застывания

from-bottom-upward ~ **of derrick assembling** метод монтажа буровой вышки снизу вверх

from-top-downward ~ **of derrick assembling** метод монтажа буровой вышки сверху вниз

frontal advance gas-oil displacement ~ метод фронтального вытеснения нефти газом

Galician ~ ударно-канатное бурение

gamma-ray ~ гамма-каротаж

gas blow-around ~ метод определения забойного давления в газовых скважинах со столбом флюида в стволе

gas-chromatography ~ метод определения жидкой фазы в газе

gas-drive liquid propane ~ процесс закачки в пласт газа под высоким давлением с предшествующим нагнетанием жидкого пропана

gaslift well operation ~ газлифтный метод эксплуатации скважины

gas-production test ~ метод определения дебита газовой скважины

gas-recovery ~ метод добычи газа

geological petroleum exploration ~ геологический метод поиска нефти

geological petroleum prospecting ~ геологический метод поиска нефти

geophysical petroleum exploration ~ геофизический метод поиска нефти

grasshopper pipeline coupling ~ секционный метод сборки трубопровода

gravity ~ **of geophysical prospecting** гравитационный метод геофизической разведки

gravity exploration ~ гравитационный метод разведки

heat injection secondary oil recovery ~ вторичный метод добычи нефти нагнетанием теплоносителя

hectare ~ **of estimating reserves** гектарный метод подсчёта запасов

hesitation ~ метод цементирования, при котором цементный раствор закачивается в скважину с выдержкой во времени

high-pressure dry gas injection ~ метод нагнетания сухого газа высокого давления

high-resolution ~ сейсмическая разведка высокого разрешения

hit-and-miss ~ метод нахождения неисправности путём последовательной проверки *(элементов)*

holoseismic ~ метод сейсмической голографии

method

horizontal-loop ~ метод горизонтальной петли
hot-water drive ~ метод вытеснения горячей водой
hydraulic drilling ~ гидродинамический метод бурения
hydraulic fracturing ~ метод гидравлического разрыва *(пластов)*
hydraulic hammer drilling ~ гидроударный метод бурения
hydraulic jet drilling ~ гидроэрозионный метод бурения
hydrodynamic ~ **of calculating oil production** гидродинамический метод расчёта добычи нефти
hydrodynamic drilling ~ гидродинамический метод бурения
ice-plug ~ метод ледяной пробки *(при ремонте трубопроводов)*
image ~ метод зеркального отображения *(скважины)*
indirect ~ **of orientation** обратный метод ориентации
induction logging ~ метод индукционного каротажа
infiltration ~ метод инфильтрации *(при изготовлении матриц алмазных коронок)*
injection flow ~ лёгкий крекинг путём впрыска нефтяного остатка в горячие крекинг-продукты
in-situ combustion ~ метод внутрипластового очага горения
interval change ~ метод угловых невязок *(определение изменений мощности пласта)*
isolation ~ метод изоляции *(пластов)*
isoline ~ **of reserves estimation** метод изолинии для подсчёта запасов
Kiruna ~ метод Кируны *(измерение наклона скважины прибором, действующим на принципе электролитического осаждения меди)*

knock intensity ~ метод оценки детонационной стойкости *(бензина)* по интенсивности детонации
lamp ~ ламповый метод *(для определения содержания серы в нефтепродуктах)*
lean mixture rating ~ метод оценки сортности *(авиационного бензина)* на бедной смеси
liquid solvent injection ~ метод нагнетания жидкого растворителя
logging ~ метод каротажа *(скважин)*
long-hole ~ метод взрывания буровыми скважинами
long-interval ~ *сейсм.* метод длинных интервалов
long-wire transmitter ~ метод бесконечно длинного кабеля
luminescent-bitumen ~ люминесцентно-битуминологический метод
magnesium-hydroxide ~ метод очистки крекинг-бензинов от меркаптанов гидратом окиси магния
magnetic ~ **of geophysical prospecting** магнитный метод геофизической разведки
magnetic-exploration ~ магнитометрический метод разведки
magnetic-flaw detection ~ магнитный метод дефектоскопии *(труб)*
magnetic-particle ~ магнитный метод дефектоскопии *(труб)*
magnetic-particle flaw detection ~ метод магнитно-порошковой дефектоскопии
magnetoelectrical control ~ магнитоэлектрический метод контроля
magnetometrical ~ магнитометрический метод *(поисков нефти)*

663

method

magnetotelluric ~ магнитотеллурический метод *(разведки полезных ископаемых)*
magnetotelluric-exploration ~ магнитотеллурический метод разведки
magnetotelluric-sounding ~ метод магнитотеллурического зондирования
maintenance ~ методика технического обслуживания; процедура технического обслуживания; порядок технического обслуживания
mercury injection ~ **of measuring critical water saturation** метод определения критической водонасыщенности *(пласта)* нагнетанием ртути
micrometric ~ **of rock analysis** количественно-минералогический метод анализа
microseismic ~ микросейсмический метод
migration ~ *сейсм.* метод миграции
mining ~ подземный метод *(разработки месторождения нефти)*
moving-plug ~ **of cementing** цементирование с верхней пробкой
moving-source ~ метод профилирования при совместном перемещении источника и приёмной системы
mud-balance ~ метод определения плотности бурового раствора на рычажных весах
mudcap ~ метод взрывания валунов накладным зарядом
mudflush drilling ~ метод бурения с промывкой буровым раствором
multiple detection ~ метод группирования сейсмоприёмников

nonionic surfactant water solution injection ~ метод нагнетания водного раствора неионогенного поверхностно-активного вещества
nonreplacement ~ метод определения долговечности без замены отказавших элементов
Norwegian ~ метод бурения пород осадочного чехла тонкостенной обсадной колонной с укрепленной в ней колонной бурильных труб с колонковой трубой
oil drive ~ метод вытеснения нефти
oil production ~ метод добычи нефти
oil recovery ~ метод добычи нефти
oil withdrawal ~ метод отбора нефти
one-agent borehole wall consolidation ~ однореагентный метод закрепления стенок ствола скважины
one-agent borehole wall lining ~ однореагентный метод закрепления стенок ствола скважины
one-circulation well control ~ метод глушения скважины с одновременным удалением пластового флюида и сменой бурового раствора
outage ~ метод измерения количества нефтепродукта *(в резервуаре)* по незаполненному пространству
oxygen-bomb ~ метод определения серы *(в сырой нефти и нефтяных остатках)* путём окисления в кислородной бомбе
parabolic ~ *сейсм.* метод парабол
passive ~ пассивная сейсмическая разведка *(использующая естественные источники)*

pattern ~ *сейсм.* метод расположения

pattern-type gas injection ~ метод площадного закачивания газа

penetration ~ метод пропитки (*дорожных покрытий асфальтовыми эмульсиями*)

penetrating fluid ~ метод гидравлического разрыва пласта

percussion ~ метод ударного бурения

perforation ~ метод перфорирования

Perkins ~ цементирование скважин методом Перкинса (*двумя пробками*)

phase-velocity ~ *сейсм.* метод фазовой скорости

physicochemical ~ **of borehole wall consolidation** физико-химический метод закрепления стенок ствола скважины

physicochemical ~ **of borehole wall lining** физико-химический метод закрепления стенок ствола скважины

picric acid ~ метод определения содержания ароматических соединений в бензине с помощью пикриновой кислоты

pipe-bridge ~ метод надземной прокладки трубопровода

pipe-driving ~ метод забивного бурения

pipeline-assembly ~ метод сборки трубопровода

pipeline-coupling ~ метод сборки трубопровода

placement ~ метод заряжания (*скважин*)

plane front ~ *сейсм.* метод плоского фронта

plasma drilling ~ плазменный метод бурения

polarization ~ *сейсм.* поляризационный метод

Poulter ~ *сейсм.* метод воздушных взрывов

pour point depression ~ метод понижения температуры застывания

pressure build-up ~ **of formation damage analysis** метод оценки повреждения пласта (*при вскрытии*) восстановлением давления

pressure build-up ~ **of formation heterogeneity analysis** метод оценки неоднородности пласта восстановлением давления

pressure-drop ~ **of estimating gas reserves** метод подсчёта запасов газа по падению давления

primary oil recovery ~ первичный метод добычи нефти

probe ~ зондовый метод

producing ~ метод эксплуатации

producing well testing ~ метод испытаний в эксплуатируемой скважине

production ~ метод эксплуатации

production test ~ метод определения дебита

profiling ~ метод профилирования

projected-vertical-plane ~ **of orienting** метод ориентации бурильной колонны с поверхности в вертикальной плоскости, проходящей по заданному направлению

prospecting ~ метод поиска и разведки

pump-out ~ метод откачивания (*вызов притока*)

punching ~ метод ударного бурения

radioactive ~ радиометрический метод (*разведки*)

radioactive ~ **of geophysical prospecting** радиоактивный метод геофизической разведки

method

radio-direction-finder ~ метод радиопеленгации *(определение местонахождения забоев буровых скважин, отклонившихся от заданного направления)*
ray-path ~ *сейсм.* лучевой метод
ray-stretching ~ *сейсм.* лучевой метод
ray-tracing ~ *сейсм.* лучевой метод
record presentation ~ *сейсм.* метод представления записей
recovery ~ метод добычи
rectilinear ray-path ~ *сейсм.* метод прямолинейных лучей
reflection ~ *сейсм.* метод отражённых волн
reflection interpretation ~ *сейсм.* метод интерпретации данных, полученных методом отражённых волн
refracted wave ~ *сейсм.* метод преломлённых волн
refraction ~ *сейсм.* метод преломлённых волн
refraction correlation ~ *сейсм.* корреляция методом преломлённых волн
refraction interpretation ~ *сейсм.* метод интерпретации данных, полученных методом преломлённых волн
reliability ~ метод обеспечения надёжности
reliability matrix index ~ метод контроля за обеспечением надёжности путём задания показателей надёжности
remedial cementing ~ метод исправительного цементирования
replacement ~ метод определения долговечности с заменой элементов, вышедших из строя
repressuring ~ метод восстановления давления *(в пласте)*
resistivity ~ каротаж методом сопротивления
restored-state ~ **of measuring critical water saturation** метод определения критической водонасыщенности *(пласта)* путём воспроизведения пластовых условий
retort ~ **of liquid saturation determination** реторный метод измерения насыщенности *(пласта)* жидкостью
reversed refraction ~ *сейсм.* метод преломлённых волн с использованием встречных годографов
ring-and-ball ~ метод кольца и шара *(для определения температуры размягчения битумов)*
rod tool percussion drilling ~ ударно-штанговый метод бурения
rodless pump well operation ~ метод эксплуатации скважин бесштанговыми насосами
roll-on ~ накатный метод *(приёма и снятия тяжеловесных грузов при перевозках на морских специальных судах)*
rope-and-drop pull ~ метод ударно-канатного бурения
rotary drilling ~ роторный метод бурения
rotation drilling ~ вращательный метод бурения
sampling ~ метод отбора проб
sand jet ~ гидропескоструйный метод *(для разбуривания цементных пробок)*
saturation ~ объёмный метод определения полного количества нефти *(содержащейся на месторождении)*
saturation ~ **of pore volume measurement** метод измерения пористости пласта насыщением
secondary oil recovery ~ вторичный метод добычи нефти

method

sectional ~ of pipeline assembly метод сборки трубопровода участками *(с последующим соединением собранных участков)*
sectional pipe-coupling ~ метод сборки трубопровода участками *(с последующим соединением собранных участков)*
sectorial pipe-coupling ~ метод сборки трубопровода участками *(с последующим соединением собранных участков)*
sedimentology ~ of measuring particle size distribution метод определения фракционного состава седиментометрическим методом
seismic ~ сейсмический метод
seismic ~ of geophysical prospecting сейсмический метод геофизической разведки
seismic-detection ~ сейсмический метод обнаружения
seismic-exploration ~ метод сейсмической разведки
seismic-identification ~ метод сейсмической идентификации
seismic-interpretation ~ метод интерпретации сейсморазведочных данных
seismic-reflection ~ сейсмическая разведка методом отражённых волн
seismic-refraction ~ сейсмическая разведка методом преломлённых волн
self-potential ~ метод естественного электрического поля
sequence firing ~ *сейсм.* метод последовательных взрывов
shear-wave ~ *сейсм.* метод поперечных волн
short-hole ~ метод коротких скважин *(для цементирования при углублении разведочных выработок)*

shot-drilling ~ дробовой метод бурения
shot-popping ~ метод малых зарядов
side-tracking ~ метод зарезки бокового ствола трубопровода
side-wall coring ~ метод отбора образцов боковым керноприёмником
single-core dynamic ~ динамический метод определения относительной проницаемости по отдельному образцу
single-fold continuous-coverage ~ *сейсм.* метод однократного прослеживания
slalom-line ~ метод сейсмической разведки по криволинейным профилям
small-bore deep-hole ~ метод отбойки глубокими скважинами малого диаметра
soap suds ~ мыльный метод обнаружения утечки газа
sounding ~ метод зондирования
spontaneous polarization ~ метод естественного тока, метод спонтанной поляризации *(в электроразведке)*
squeeze cementing ~ метод исправительного цементирования
squeezing ~ метод тампонирования
standardizing performance ~ метод приведения технических характеристик к стандартным условиям
standby ~ метод ненагруженного резервирования
stationary liquid ~ of relative permeability determination метод определения относительной проницаемости при неподвижности одной из фаз
statistical ~ of calculating oil production статистический метод расчёта добычи нефти

method

statistical ~ of estimating reserves статистический метод подсчёта запасов
steam oil drive ~ метод вытеснения нефти паром
stepwise ~ of McCabe and Thiele ступенчатый метод Маккейба и Тиле *(для определения числа тарелок ректификационной колонны)*
stimulation ~ метод воздействия на пласт
stove pipe ~ монтаж трубопровода путём наращивания по одной трубе
stove pipe flange ~ of rolling beams метод прокладки морского трубопровода с последовательной сваркой труб на барже
straight ray-path ~ *сейсм.* метод прямых лучей
subsurface ~ of geophysical prospecting подземный метод геофизической разведки
suction ~ of cleaning вакуумный метод очистки *(газораспределительных сетей)*
summation ~ *сейсм.* метод суммирования
surface ~ of geophysical prospecting наземный метод геофизической разведки
surface-wave ~ *сейсм.* метод поверхностных волн
swabbing ~ метод откачивания *(вызов притока)*
swinging-gage ~ метод определения высоты налива нефтепродукта по высоте паровоздушного пространства *(в резервуаре)*
tertiary oil recovery ~ третичный метод добычи нефти
testing ~ метод испытаний
thermal-acid formation treatment ~ термокислотный метод обработки пласта

thermal-recovery ~ термическое воздействие на пласт
thickened water injection ~ метод нагнетания загущённой воды
three-dimensional seismic ~ метод пространственной сейсмической разведки
thumper ~ *сейсм.* метод падающего груза
top-packer ~ тампонаж через заливочные трубки с верхним пакером
towing ~ метод буксировки
transient ~ of electrical prospecting метод электроразведки, использующий неустановившиеся электрические явления
transmitted wave ~ *сейсм.* метод проходящих волн
transposed ~ *сейсм.* транспозиционный метод профилирования
triaxial test ~ метод испытания горных пород на всестороннее сжатие
tubing ~ of cementing тампонаж через заливочные трубки
two-agent borehole wall consolidation ~ двухреагентный метод закрепления стенок ствола скважины
two-agent borehole wall lining ~ двухреагентный метод закрепления стенок ствола скважины
two-circulation well control ~ метод глушения скважины с разделением удаления пластового флюида и смены бурового раствора
ultrasonic ~ ультразвуковой метод *(контроля)*
ultrasonic flaw detection ~ ультразвуковой метод дефектоскопии
variable-area ~ метод переменной площади, метод переменной ширины

velocity-analysis ~ *сейсм.* метод анализа скоростей
vertical loop ~ метод вертикальной рамки *(в электроразведке)*
Vibroseis ~ *фирм.* вибрационный сейсмический метод
Vlugter ~ of structural group analysis структурно-групповой метод анализа *(углеводородов)* по Флюгтеру
volume ~ of estimating reserves объёмный метод оценки запасов
volume-statistical ~ of estimating reserves объёмно-статистический метод оценки запасов
volume-weight ~ of estimating reserves объёмно-массовый метод оценки запасов
volumetric ~ of estimating reserves объёмный метод оценки запасов
volumetric-genetic ~ of estimating reserves объёмно-генетический метод оценки запасов
wait-and-weight well-control ~ метод глушения скважины с одновременным удалением пластового флюида и сменой бурового раствора
Walker's ~ метод Уолкера *(при определении забойного давления в газовых скважинах с наличием столба флюида в стволе скважины)*
wash-and-drive ~ бурение с забивкой труб и удалением выбуренной породы промывкой
washing ~ метод промывки
water flooding ~ метод заводнения
water influx location ~ метод определения места притока воды *(в скважину)*
weathering computation ~ *сейсм.* метод расчёта параметров зоны малых скоростей
weight-drop ~ *сейсм.* метод падающего груза

weight-saturation ~ метод определения насыщенности керна
well-casing ~ метод крепления скважин обсадными трубами
well-completion ~ метод заканчивания скважины
well-control ~ метод регулирования давления в скважине
well-drill ~ ударно-канатный метод бурения
well-geophone ~ сейсмический каротаж, сейсмокаротаж
well-operation ~ метод эксплуатации скважин
well-shooting ~ сейсмический каротаж, сейсмокаротаж
well-testing ~ метод испытания скважин
wireline ~ бурение со съёмным керноприёмником
X-ray diffraction ~ рентгеноструктурный анализ
methodology методология; методика
  checkout ~ методика проверки
  reliability ~ методика обеспечения надёжности
  test ~ методика испытаний
Micatex *фирм.* пластинки слюды *(нейтральный наполнитель для борьбы с поглощением бурового раствора)*
Micro Laterolog *фирм.* аппаратура бокового микрокаротажа *(методом сопротивления экранированного заземления с малым разносом электродов в четырёхэлектродной установке)*
microbit долото малого диаметра
microcaliper *фирм.* микрокавернометр
microcorrosion микрокоррозия, структурная коррозия
microcrack микротрещина
microexplosion микровзрыв
microflaw волосовина; волосная трещина

microhardness твёрдость *(пород)* по шкале Кнупа
microlaterolog диаграмма бокового микрокаротажа
microlaterologging боковой микрокаротаж
microlog диаграмма микрокаротажа
micrologging микрокаротаж
Micro-Guard *фирм.* аппаратура бокового микрокаротажа с двухэлектродной микроустановкой и микрокаверномером
microlaterolog диаграмма бокового микрокаротажа
Microlog *фирм.* аппаратура микрокаротажа с каверномером
microlog диаграмма микрокаротажа
micrologging микрокаротаж
microscopy микроскопия
   scanning electron ~ сканирующая электронная микроскопия *(для анализа керна)*
microseism микросейсм
microseismic микросейсмический
Microseismogram *фирм.* аппаратура для контроля цементирования акустическим методом; акустический цементомер
microsonde микрозонд
microspheric микросферический *(о катализаторе)*
Micro-Spherically Focused Log *фирм.* комбинированный прибор двухзондового индукционного каротажа и бокового микрокаротажа со сферической фокусировкой
microspread расстановка сейсмоприёмников с малым расстоянием между центрами групп
middlings промежуточный продукт
   jigging ~ промежуточный продукт отсадки
migrate: ◊ **to** ~ **events** учитывать сейсмический снос

migration 1. миграция, движение *(нефти или газа через поры породы)* 2. перенос; перегруппировка, перемещение 3. *сейсм.* миграция ◊ ~ **before stack** миграция по исходным сейсмограммам
~ **of seismic data** сейсмическая миграция
~ **of unstacked data** миграция по исходным сейсмограммам
capillary ~ капиллярная миграция
diffraction ~ дифракционное преобразование
fluid ~ миграция флюидов
gravity ~ гравитационная миграция *(флюидов)*
hydrocarbon ~ миграция углеводов
lateral ~ *геол.* миграция в сторону обнажения
poststack ~ *сейсм.* метод миграции временных разрезов
prestack ~ миграция по исходным сейсмограммам
reverse ~ обратная миграция; явление сейсмического сноса *(наклонных отражающих границ)*
seismic ~ сейсмическая миграция
vertical ~ вертикальная миграция *(флюидов)*
Mil-Bar *фирм.* баритовый утяжелитель бурового раствора
Mil-Cedar Plug *фирм.* волокно кедровой древесины *(нейтральный наполнитель для борьбы с поглощением бурового раствора)*
Milchem MD *фирм.* поверхностно-активное вещество для буровых растворов
Mil-Fiber *фирм.* 1. отходы сахарного тростника *(нейтральный наполнитель для борьбы с поглощением бурового раствора)*

2. смесь волокнистых минеральных и текстильных материалов с древесными опилками *(нейтральный наполнитель для борьбы с поглощением бурового раствора)*

Milflake *фирм.* 1. измельчённые отходы сахарного тростника *(нейтральный наполнитель для борьбы с поглощением бурового раствора)* 2. целлофановая крошка *(нейтральный наполнитель для борьбы с поглощением бурового раствора)*

Mil-Free *фирм.* поверхностно-активное вещество, используемое в смеси с дизельным топливом для установки ванн с целью освобождения прихваченных труб

Mil-Gard *фирм.* нейтрализатор сероводорода для буровых растворов

Milgel *фирм.* вайомингский бентонит

mill фреза; шарошка ‖ расфрезеровывать *(металлический предмет в скважине)* ◊ to ~ out вырезать *(окно в трубах для отклонителя)*
basket ~ фреза-паук
bottom-hole ~ забойный фрезер
butt-weld pipe ~ стан для стыковой сварки труб
casing section ~ фрезер гидравлического действия *(для вырезания секций в трубах)*
cement ~ фрезер для разбуривания цементных пробок
continuous butt-weld ~ стан для непрерывной стыковой сварки труб
continuous seamless-tube rolling ~ стан для непрерывной прокатки бесшовных труб
drill ~ фрезер для ловли оставшегося в скважине инструмента
drill collar ~ фрезер для утяжелённых бурильных труб
drill pipe ~ фрезер для бурильных труб
edge-runner ~ бегуны
end ~ 1. концевое сверло 2. лобовая шарошка; концевая шарошка
fishing ~ ловильный фрезер
hydraulic ~ гидравлический фрезер
hydraulic casing ~ гидравлический фрезер для обсадных труб
induction weld ~ стан индукционной электросварки труб
junk ~ 1. сплошной торцевой фрезер; цилиндрический фрезер 2. фрезерное долото 3. фреза
kneading ~ мешалка
knife casing ~ ножевой фрезер для обсадных труб
outside ~ наружный фрезер
packer ~ фрезер для разбуривания пакеров
packer retriever ~ кольцевой фрезер для разбуривания пакеров
pilot ~ направляющий фрезер, фрезер с направляющим наконечником
pipe-and-tube ~ трубопрокатный стан
portable pipe ~ самоходный трубосварочный агрегат *(для формовки, сварки и укладки труб из полосовой стали)*
reamer ~ фрезер-расширитель
repiercing ~ стан-расширитель *(для труб)*
round nose ~ фрезер с закруглённым торцом
runner ~ бегуны
sampling ~ мельница для размола проб
seamless-tube rolling ~ стан для прокатки бесшовных труб

mill

section ~ секционный фрезер
skirted ~ фрезер с направляющей юбкой
starting ~ 1. фрезер для начального этапа прорезывания окон 2. отбурочная фреза *(для зарезки дополнительного ствола скважины)*
stepped ~ ступенчатый фрезер
stretch-reducing ~ редукционный стан для прокатки труб с натяжением
taper ~ коническая фреза
taper string ~ коническая фреза для резки отверстий в колонне обсадных труб
tube ~ трубопрокатный стан
tube-rolling ~ 1. трубопрокатный завод 2. трубопрокатный стан
tube-welding ~ трубосварочный стан
tubing ~ фрезер для насосно-компрессорных труб
tungsten-carbide window ~ твёрдосплавная фреза *(для резки отверстий в стенке колонны обсадных труб для бурения нового ствола скважины)*
watermelon ~ фреза шаровой формы *(для резки отверстий в колонне обсадных труб)*
window ~ фрезер для прорезывания окон *(в обсадной колонне)*

milling 1. фрезерование, фрезеровка ‖ фрезерный 2. фрезеровочные работы *(в скважине)*; расфрезеровывание *(металлических предметов в скважине)*
section ~ 1. фрезеровочные работы *(в интервале колонны обсадных труб)* 2. удаление части *(обсадной трубы)* с помощью фрезы

milling-up:
junk ~ in hole фрезерование металлического лома, попавшего в скважину

Milmica *фирм.* слюдяная крошка *(нейтральный наполнитель для борьбы с поглощением бурового раствора)*

Mil-Natan 1-2 *фирм.* экстракт коры квебрахо *(разжижитель и понизитель водоотдачи буровых растворов)*

Mil-Olox *фирм.* мыло растворимых жиров *(поверхностно-активное вещество)*

Mil-Plate 2 *фирм.* заменитель дизельного топлива *(смазывающая добавка к буровым растворам)*

Mil-Plug *фирм.* шелуха арахиса *(нейтральный наполнитель для борьбы с поглощением бурового раствора)*

Mil-Polymer 302 *фирм.* биологически разрушаемый полимерный загуститель для буровых растворов на водной основе

Mil-Temp *фирм.* сополимер сульфированного стирола с малеиновым ангидридом *(стабилизатор реологических свойств и понизитель водоотдачи буровых растворов на водной основе при высокой температуре)*

mine 1. шахта 2. рудник 3. залежь; месторождение ‖ разрабатывать месторождение
diamond ~ алмазный рудник
gassy coal ~ газовая угольная шахта
oil ~ нефтяная шахта

mineability 1. разрабатываемость месторождения 2. добываемость месторождения

mineable имеющий промышленное значение

mineral 1. минерал 2. *pl* минеральное сырьё
energy ~s энергетическое минеральное сырьё
heavy ~ 1. тяжёлая порода 2. утяжелитель *(бурового раствора)*

pitch ~ битум; асфальт
Minilog *фирм.* аппаратура микрокаротажа с каверномером
minimization минимизация, сведение к минимуму
  maintenance ~ сведение к минимуму объёма работ по техническому обслуживанию
  noise ~ минимизация помех
mining 1. разработка недр; горное дело 2. горный, шахтный, рудный 3. разработка месторождения; добыча, выемка
  deep sea ~ глубоководная морская добыча
  development ~ вскрытие месторождения; подготовка месторождения
  exploring ~ разведка путём ведения горных работ
  ocean ~ морская добыча
  offshore ~ разработка морских месторождений
  oil ~ добыча нефти шахтным способом
  seabed ~ морская добыча
  selective ~ селективная разработка
  surface borehole ~ скважинная добыча с поверхности
  surface borehole hydraulic ~ скважинная гидродобыча с поверхности
  undersea ~ добыча под морским дном
misclosure незамкнутая ловушка для нефти
miser 1. буровая ложка; ложечный бур 2. пустотелое долото
misfire отказ *(при подрыве заряда в скважине)*
misinterpretation ошибка при расшифровке *(каротажной диаграммы)*
misrun неудачный рейс *(напр. каротажного зонда в скважину)*
mist туман; нефтяная пыль
  oil ~ масляный туман

mistake ошибка; погрешность
  maintenance ~ ошибка, допущенная в процессе технического обслуживания
  repair ~ ошибка, допущенная при ремонте
mix 1. группа *(сейсмоприёмников, пунктов взрыва)* 2. *сейсм.* результат суммирования *(записей)*; результат смешения *(сигналов)*
  ground ~ распределение *(групповых взрывов или сейсмоприёмников)* на поверхности
  grout ~ цементный раствор
  motor ~ этиловая жидкость для автомобильных бензинов
  road ~ дорожная битумная смесь
mixer 1. смеситель 2. перемешивающее устройство; мешалка 3. струйная глиномешалка
  arm ~ 1. смеситель с лопастной мешалкой 2. лопастная мешалка
  bantam ~ мешалка с неопрокидывающимся барабаном
  blade ~ лопастная мешалка
  cement ~ цементомешалка; мешалка для приготовления цементного раствора
  clay ~ глиномешалка
  colloidal grout ~ мешалка для приготовления коллоидального цементного раствора
  concrete ~ бетономешалка
  cone-and-jet cement ~ струйная цементомешалка с бункером
  cone-jet ~ струйная глиномешалка с бункером; струйная цементомешалка с бункером
  double-motion paddle ~ мешалка с лопастями, вращающимися в противоположные стороны
  drum ~ смеситель барабанного типа
  grout ~ цементомешалка, мешалка для приготовления цементного раствора

horizontal ~ горизонтальная мешалка
hydraulic jet ~ гидравлический струйный смеситель
jet ~ 1. гидравлическая мешалка 2. струйная мешалка
jet vacuum ~ гидравлическая мешалка, работающая на принципе вакуума
mechanical blade ~ механическая лопастная мешалка
mud ~ мешалка для приготовления бурового раствора
mud blade ~ лопастная мешалка для приготовления бурового раствора
paddle ~ лопастная мешалка
propeller blade ~ пропеллерная мешалка
propeller mud ~ лопастная мешалка для приготовления бурового раствора
traveling paddle ~ передвижная лопастная мешалка
ribbon ~ ленточно-винтовая мешалка
tank ~ перемешиватель *(нефти)* в резервуаре
traveling paddle ~ передвижная лопастная мешалка
truck ~ мешалка, установленная на автомобиле
mixed-base 1. смешанного основания *(о нефти, нефтепродуктах)* 2. относящийся к нефти смешанного основания 3. полученный из нефти смешанного основания
Mixical *фирм.* кислоторастворимый понизитель водоотдачи и наполнитель для борьбы с поглощением бурового раствора
mixing 1. смешение, смешивание; перемешивание 2. группирование *(сейсмоприёмников, пунктов взрыва)* 3. сейсм. суммирование *(записей)*; смешение *(сигналов)*

in-tank ~ смешивание в резервуаре
paddle ~ перемешивание *(бурового раствора)* с помощью лопастной мешалки
mixture смесь
air-fuel ~ топливовоздушная смесь; рабочая смесь, горючая смесь
air-petrol ~ топливовоздушная смесь; рабочая смесь, горючая смесь
air-vapor ~ смесь паров нефтепродуктов с воздухом
buffer ~ буферная смесь; смесь, обладающая буферным действием
cementing ~ цементирующая смесь
coal-oil ~ углемазутная смесь
combustible ~ горючая смесь
detonating ~ детонирующая смесь
explosive ~ взрывчатая смесь
freezing ~ охлаждающая смесь
full lean ~ предельно бедная горючая смесь
gas ~ 1. газовая смесь 2. горючая смесь
gas-oil ~ смесь газообразных и жидких нефтепродуктов
gasoline antifreeze ~ бензиновый антифриз
gas-vapor ~ парогазовая смесь
homogeneous ~ однородная смесь
kerosene-oil ~ смесь керосина и масла; масло, разжиженное керосином
lean ~ бедная смесь; тощая смесь
methane-air ~ метановоздушная смесь
oil-clay ~ контактная смесь масла с отбеливающей глиной
oil-hydrogen ~ смесь нефтепродуктов и водорода

oil-steam ~ смесь нефтяных паров и водяного пара; масляно-паровая смесь
oil-wax ~ парафиномасляная смесь
oily ~ нефтеводяная смесь
overrich ~ переобогащённая горючая смесь
peat-oil ~ торфомазутная суспензия
petroleum coke-water ~ смесь нефтяного кокса с водой
propane-air ~ воздушно-пропановая смесь
rich ~ богатая горючая смесь
sand-cement ~ песчано-цементная смесь
saturated air ~ смесь воздуха с насыщенными парами горючего
thin ~ бедная горючая смесь; разбавленная горючая смесь

mobile передвижное плавучее буровое основание

mobility подвижность
   differential ~ разная подвижность (жидкости в пласте)
   fluid ~ подвижность флюида (в пласте)
   gas ~ подвижность газа (в пласте)
   maximum ~ максимальная подвижность
   oil ~ подвижность нефти (в пласте)
   water ~ подвижность воды (в пласте)

mode 1. метод; способ 2. режим (работы) 3. сейсм. мода
~ of deposition геол. условия осаждения; условия отложения
~ of deviation характер искривления (ствола скважины)
~ of failure 1. модальное значение наработки до отказа 2. вид повреждения; характер отказа 3. способ проявления отказа
~ of natural gas occurrence условия залегания природного газа
~ of occurrence условия залегания, форма залегания (нефти или газа)
~ of transport условия переноса (частиц при седиментации)
~ of wave propagation сейсм. мода волны
~ of working режим работы
accident ~ характер аварии
antisymmetric ~ сейсм. антисимметричная мода
bottom ~ сейсм. отражение от дна; отражение от подошвы
collapse ~ форма разрушения
defect ~ характер дефекта
degradation ~ характер ухудшения свойств
direct ~ сейсм. прямая волна
dormant ~ режим ненагруженного резерва
emergency ~ аварийный режим
failed-dangerous ~ появление опасных (для системы) последствий при возникновении отказа
failed-safe ~ сохранение работоспособности (системы) при отказе отдельных элементов
fault ~ характер проявления неисправности
fracture ~ вид разрушения; характер разрушения
ground roll ~ сейсм. поверхностная волна-помеха
malfunction ~ 1. характер проявления неисправности 2. режим неправильного функционирования
multifailure ~ появление нескольких видов отказов
multihazard ~ режим нескольких опасных воздействий
Rayleigh ~ волна Рэлея
reflected ~ отражённая волна
symmetric ~ сейсм. симметричная мода

mode

total failure ~ состояние полного отказа
water bottom ~ *сейсм.* отражение от дна
water track ~ *сейсм.* волна с траекторией в водной толще
model модель; макет; образец
~ of repair модель восстановления
availability ~ модель эксплуатационной готовности
average velocity ~ *сейсм.* модель средних скоростей
breakdown ~ модель отказов
bulk-freezing ~ модель замороженных фаз *(двухфазного потока)*
catastrophic failure ~ модель катастрофического отказа
chain ~ цепная модель *(надёжности)*
constant hazard ~ модель постоянной интенсивности отказов
constant velocity ~ *сейсм.* модель, характеризуемая постоянной скоростью
convolutional ~ *сейсм.* свёрточная модель *(трассы)*
corrosion ~ модель коррозионного воздействия
critical-failure ~ модель отказа наиболее важного элемента
depth ~ глубинная модель
development simulation ~ модель разработки
discrete ~ дискретная модель *(надёжности)*
electrical ~ электрическая модель *(пласта)*
exploding reflector ~ *сейсм.* модель со взрывающимися границами
failure ~ 1. модель отказов 2. распределение наработки до отказа
failure development ~ модель развития отказов
failure diagnosis ~ модель диагностирования отказов
failure rate ~ модель интенсивности отказов
failure tendency ~ модель развития отказов
fatigue ~ модель развития усталости *(материала)*
fatigue life ~ модель усталостной долговечности
fault ~ 1. модель неисправностей 2. модель системы с неисправностями
fault-effect ~ модель проявления неисправности
fault-handling ~ модель устранения неисправностей
fault-testing ~ модель испытаний до отказа
field ~ модель месторождения
formation ~ модель пласта
frozen state ~ модель замороженного состояния *(потока)*
gas pool ~ модель газовой залежи
gas reservoir ~ модель газовой залежи
geological ~ геологическая модель; модель геологического разреза; модель геологической структуры
geological structural ~ модель геологической структуры
hazard-rate ~ модель интенсивности отказов
homogeneous equilibrium ~ гомогенная равновесная модель *(двухфазного потока)*
layered ~ пластовая модель
life ~ модель долговечности
magnetotelluric ~ магнитотеллурическая модель
maintainability ~ модель ремонтопригодности
maintenance ~ модель технического обслуживания
network ~ ячеистая модель

676

    oil spill risk assessment ~ математическая модель оценки опасности разливов нефти
    plane ~ плоская модель *(пласта)*
    preproduction ~ прототип; опытная модель; опытный образец
    preventive ~ модель профилактики
    product performance ~ модель рабочих характеристик изделия
    proportional hazards ~ модель пропорциональных интенсивностей отказов
    reliability growth ~ модель роста надёжности
    reliability operational ~ модель эксплуатационной надёжности
    reliability prediction ~ модель прогнозирования надёжности
    reliability simulation ~ имитационная модель надёжности
    reliability structure ~ структурная модель надёжности
    relief ~ модель рельефа
    replacement ~ модель замены *(оборудования)*
    reservoir ~ модель коллектора; модель пласта
    safety ~ модель обеспечения безопасности
    salt-dome ~ модель соляного купола
    scaled ~ динамически подобная модель *(залежи)*
    seismic ~ сейсмическая модель
    service ~ модель технического обслуживания
    slip ~ модель *(двухфазного потока)* со скольжением фаз
    static reliability ~ статическая модель надёжности
    stratified ~ слоистый разрез
    stress-strength reliability ~ модель зависимости надёжности от распределений прочности и напряжения
    system reliability ~ модель надёжности системы
    two-fluid ~ двухжидкостная модель *(двухфазного потока)*
    two-layer ~ двухслойная модель *(пласта)*
    vertically stratified ~ вертикально-слоистый разрез
    vulnerability ~ модель уязвимости

modeling построение модели; моделирование
    amplitude forward ~ *сейсм.* решение прямой динамической задачи
    availability ~ построение модели эксплуатационной готовности
    failure ~ моделирование отказов
    maintainability ~ построение модели эксплуатационной технологичности; построение модели ремонтопригодности
    reliability ~ моделирование надёжности
    seismic ~ сейсмическое моделирование
    system state phase ~ поэтапное моделирование состояния системы *(метод оценки безопасности и надёжности системы)*
    travel time forward ~ *сейсм.* решение прямой кинематической задачи

moderator замедлитель *(схватывания тампонажных растворов)*; регулятор

module модуль
    drilling ~ буровой модуль *(комплект оборудования для бурения)*
    drilling-system ~ модуль бурового оборудования *(на плавучем и стационарном основаниях)*
    hydraulic ~ гидравлический модуль *(цемента, глины при подсчёте объёма выхода из тонны порошка)*

riser pipe buoyancy ~ модуль плавучести секции водоотделяющей колонны
production ~ эксплуатационный модуль, модуль эксплуатационного оборудования (*комплект оборудования для эксплуатации скважины*)

modulus модуль
~ of compressibility модуль упругости при сжатии
~ of elasticity модуль упругости
~ of rupture предел прочности при изгибе; модуль упругости при разрыве
~ of shearing модуль упругости при сдвиге
~ of torsion модуль упругости при скручивании
Young ~ модуль Юнга, модуль упругости

moil долотчатый бур

moisture 1. влага 2. влажность
residual ~ остаточная влажность

Mojave Seal *фирм.* гранулированный перлит для борьбы с поглощением бурового раствора

Mojave Super Seal *фирм.* смесь грубоизмельчённого бентонита с перлитом и древесными опилками (*нейтральный наполнитель для борьбы с поглощением бурового раствора*)

mold пресс-форма (*в производстве алмазных коронок методом литья и порошковой металлургии*)
bit ~ пресс-форма для изготовления мелкоалмазных коронок
crown ~ пресс-форма для изготовления мелкоалмазных коронок
diamond drilling bit ~ форма для изготовления алмазного бурового долота

mole локатор для определения профиля трубопровода на пересечении рек

moment момент
~ of arrival *сейсм.* момент вступления
~ of deflection изгибающий момент
~ of resistance момент сопротивления
~ of rupture разрушающий момент
~ of set момент схватывания (*цементного раствора, гипса*)
~ of setting момент схватывания (*цементного раствора, гипса*)
~ of torsion крутящий момент; вращающий момент
bending ~ изгибающий момент
shot ~ *сейсм.* момент взрыва
torsional ~ крутящий момент
twisting ~ крутящий момент

momentum of nozzle fluid кинетическая энергия жидкости, вытекающей из насадки (*долота*)

Mon-Det *фирм.* биологически разрушаемое поверхностно-активное вещество (*смазывающая добавка*)

Mon-Ex *фирм.* сополимер (*флокулянт и модификатор глин*)

money:
bottomhole ~ себестоимость нефти. на забое
oil ~ нефтевалюта

Mon-Foam *фирм.* вспенивающий агент для пресноводных и солёных растворов

Mon-Hib *фирм.* плёнкообразующий амин для предотвращения коррозии бурильных труб

monitor монитор; контрольное устройство; датчик
anchor line ~ монитор якорного каната (*следящий за натяжением, стравленной длиной, скоростью стравливания*)

bottomhole sludge-and-water ~ скважинный влагомер
　　condition ~ диагностическая система контроля технического состояния
　　crack ~ прибор для обнаружения трещин
　　drilling mud density ~ индикатор плотности бурового раствора
　　failure ~ прибор для обнаружения отказов
　　fault ~ регистратор неисправностей
　　ground movement ~ датчик сдвижения пород
　　mud density ~ прибор для измерения плотности бурового раствора
　　post-test ~ прибор для проверки изделия после испытаний
　　readiness ~ устройство контроля готовности к работе
　　reliability ~ 1. устройство контроля показателей надёжности 2. установка для испытаний на надёжность
　　remote maintenance ~ устройство контроля дистанционного технического обслуживания
　　wirerope tension ~ индикатор натяжения вспомогательного каната
monitoring текущий контроль; мониторинг
　　condition ~ диагностический контроль технического состояния
　　corrosion ~ контроль коррозии
　　cross-borehole ~ режимное межскважинное просвечивание
　　crosshole ~ режимное межскважинное просвечивание
　　crosswell ~ режимное межскважинное просвечивание
　　defective ~ контроль дефектных изделий
　　diagnostic ~ диагностический контроль
　　dry-process ~ визуальный контроль по сейсмическим записям мокрого проявления
　　equipment ~ контроль параметров оборудования
　　fault ~ контроль неисправностей
　　field ~ контроль в процессе эксплуатации
　　lifetime ~ контроль времени жизни *(скважины)*
　　maintenance ~ контроль технического обслуживания
　　malfunction ~ контроль неправильного срабатывания
　　marine riser ~ контроль положения водоотделяющей колонны
　　performance ~ контроль рабочих характеристик
　　reliability ~ контроль надёжности
　　routine condition ~ текущий контроль состояния оборудования
　　sample ~ выборочный контроль
　　seismic ~ сейсмический мониторинг
　　status ~ проверка состояния *(изделия)*
　　system ~ контроль исправности системы
　　vendor ~ контроль поставщиков
　　visual ~ визуальный контроль
monkey верховой рабочий
　　derrick ~ верховой рабочий на буровой вышке
monkey-board полати для верхового рабочего
monocable одножильный каротажный кабель
Monoil Concentrate *фирм.* концентрат для приготовления инвертных эмульсий
monopod одиночная опора *(морского стационарного основания)*

monopolist:
  natural ~ естественный монополист
monopoly:
  natural ~ естественная монополия
monstrometer прибор для проверки направления скважин при подземном бурении *(Канада)*
montmorillonite монтмориллонит *(бентонитовая глина)*
mooring швартовка *(плавучей буровой установки)*
  chain anchor leg ~ якорная швартовая система с цепью
  exposed location single buoy ~ якорное крепление с помощью открыто стоящего одиночного буя
  single tower ~ швартовка к одиночной башне
moribundity выход из строя
Mor-Rex *фирм.* природный полимер *(диспергатор для известковых растворов, ингибитор неустойчивых глин)*
mortality выход из строя
  chance ~ случайный выход из строя
  constant-hazard ~ выход из строя с постоянной интенсивностью
  environmental ~ выход из строя под воздействием факторов окружающей среды
  exponential ~ выход из строя по экспоненциальному закону
  infant ~ выход из строя в начальный период эксплуатации; ранние отказы
motion движение
  anomalous ~ *сейсм.* аномальное движение
  bubble ~ пузырьковое течение *(пластового флюида)*
  churning ~ возвратно-поступательное движение бурового снаряда при долблении
  compression ~ ход сжатия *(в компрессоре)*
  downward ~ ход вниз *(напр. плунжера скважинного насоса)*
  drilling ~ движение бурового инструмента *(при ударно-канатном бурении)*
  early ~ *сейсм.* первое вступление
  first ~ *сейсм.* первое вступление
  fluid ~ движение флюидов
  free ~ собственное движение *(маятника сейсмографа)*
  geophone ~ движение сейсмоприёмника
  hydrocratic ~ положительное движение уровня моря
  seismic-wave ~ сейсмическое волновое движение
  upward ~ ход вверх *(напр. плунжера скважинного насоса)*
motor двигатель
  air-feed ~ пневматический двигатель
  bottomhole ~ забойный двигатель
  downhole ~ забойный двигатель
  downhole mud ~ забойный гидротурбинный двигатель, турбобур
  drill ~ двигатель перфоратора
  drilling ~ двигатель буровой установки
  drive ~ приводной двигатель
  explosion-proof electrical ~ электрический двигатель во взрывобезопасном исполнении
  fluid ~ гидравлический двигатель
  mud ~ забойный турбинный двигатель
  multilobed ~ многоступенчатый турбобур
  oil ~ двигатель, работающий на жидком топливе
  piston ~ поршневой двигатель *(паровой или пневматический)*
  propelling ~ ходовой двигатель *(самоходного бурового агрегата)*

submersible electrical ~ погружной электрический двигатель
traction ~ двигатель для привода гусеничного движителя *(самоходной буровой установки)*
vane-type rotary air ~ воздушный турбодвигатель
motorman дизелист *(буровой бригады)*
mounted:
  posting ~ 1. колонковый 2. смонтированный на колонке
mounting установка *(процесс)*
  casing ~s оснастка обсадной колонны
  drill ~ 1. колонка 2. приспособление для крепления бурильного молотка
  rock-drill ~ поддержка для бурильного молотка; буровая колонка
  skid ~ монтаж на салазках
mouse: to ~ **ahead** бурить опережающую скважину малого диаметра
mousehole шурф под однотрубку *(под полом буровой вышки)*
mousetrap ловильный инструмент для извлечения *(бурильной колонны или насосно-компрессорных труб из ствола скважины)*
mousing приспособление на крюке подъёмника, предохраняющее от соскальзывания
mouth 1. устье *(скважины)*, устье выработки 2. входное отверстие; входной патрубок; штуцер 3. горловина; сужение; раструб, рупор
  ~ **of hook** зев крюка
  ~ **of pipe** входной конец трубы; отверстие трубы
  bell ~ раструб, колоколообразное расширение *(конца трубы, скважинного оборудования инструмента)*
  hole ~ устье скважины

movability:
  hydrocarbon ~ подвижность углеводородов
movables:
  drilling ~ принадлежности для бурения
move 1. транспортирование; передвижение; перебазировка; переброска *(буровой установки)* ‖ транспортировать; передвигать; перевозить 2. передвигаться *(о нефти, газе)* ◊ **to** ~ **as a unit** транспортировать без монтажа; **to** ~ **in** перевозить *(буровую установку)* к месту работ
  ~ **of rig** перебазирование буровой установки
  drilling rig ~ транспортирование буровой установки
  unitized package drilling rig ~ крупноблочное транспортирование буровой установки
movement 1. движение; продвижение 2. перемещение
  ~ **of water into reservoir** продвижение воды в пласт
  free ~ собственное движение *(маятника сейсмографа)*
  gravity ~ гравитационное движение
  play ~ зазор *(стыков)*
  seismic ~ сейсмический толчок
  tectonic ~ тектоническое движение
  upward ~ 1. восходящее движение 2. ход вверх
  vertical ~ вертикальное смещение
moveout 1. обратная транспортировка, транспортировка с места работ *(бурового агрегата)* 2. приращение времени, разность времени вступления *(отражённой волны к сейсмографам)*
  normal ~ сейсм. нормальное приращение *(годографа отражённой волны)*

moving of drilling line перемещение талевого каната; перемотка каната

moving-in доставка на буровую (*оборудования, химреагентов*) ◊ ~ **and rigging-up** доставка на буровую и монтаж

~ **of cable tools** доставка оборудования для ударного бурения (*на буровую площадку*)

~ **of completion unit** доставка установки для заканчивания (*на буровую площадку*)

~ **of double drum unit** доставка установки с двухбарабанной лебёдкой (*на буровую площадку*)

~ **of drilling rig** доставка буровой установки (*на буровую площадку*)

~ **of materials** доставка материалов (*на буровую площадку*)

~ **of pulling unit** доставка установки для капитального ремонта (*на буровую площадку*)

~ **of rig** перемещение буровой установки (*на данную точку*)

~ **of rotary tools** доставка оборудования для роторного бурения (*на буровую площадку*)

~ **of service rig** доставка установки для профилактического ремонта (*на буровую площадку*)

~ **of standard tools** доставка стандартного оборудования (*на буровую площадку*)

moving-out вывоз (*оборудования с буровой*)

~ **of cable tools** вывоз оборудования для ударного бурения (*с буровой площадки*)

~ **of completion unit** вывоз установки для заканчивания скважины (*с буровой площадки*)

~ **of rig** вывоз установки для бурения (*с буровой площадки*)

~ **of rotary tools** вывоз инструмента для роторного бурения (*с буровой площадки*)

muck 1. отстой, грязь (*в отстойнике для бурового раствора*) **2.** порода; отбитая порода; вынутый грунт ‖ убирать породу (*с забоя*)

mud 1. буровой раствор; промывочная жидкость; глинистый раствор **2.** буровая грязь (*извлекаемая желонкой или песочным насосом при ударно-канатном бурении*) ◊ **to control properties of drilling** ~ регулировать свойства бурового раствора; **to heavy up drilling** ~ утяжелять буровой раствор; **to make up drilling** ~ **into a well** доливать буровой раствор в скважину; **to** ~ **off** глинизировать стенки скважины; закупоривать проницаемый (*нефтяной или газовый*) пласт; закупоривать продуктивный горизонт; **to reclaim liquid drilling** ~ регенерировать жидкую фазу бурового раствора; **to stabilize drilling** ~ стабилизировать свойства бурового раствора; ~ **to surface** восходящий поток бурового раствора; **to** ~ **up** глинизировать; подавать буровой раствор, добавлять буровой раствор (*в скважину*); переходить на промывку скважины буровым раствором (*после бурения с продувкой воздухом*)

abrasive ~ буровой раствор с абразивными добавками

acid-cut ~ кислый буровой раствор

aerated drilling ~ аэрированный буровой раствор, газированный буровой раствор

agitated drilling ~ перемешанный буровой раствор

mud

alkaline drilling ~ щелочной буровой раствор
alkaline-lignite drilling ~ щелочной лигнитовый буровой раствор
aluminate clay drilling ~ глинистый алюминатный буровой раствор
aluminate drilling ~ алюминатный буровой раствор
aqueous base drilling ~ буровой раствор на водной основе
aqueous clay base drilling ~ глинистый буровой раствор на водной основе
aqueous drilling ~ буровой раствор на водной основе
attapulgite-salt water drilling ~ аттапульгитовый буровой раствор на солёной воде
bacteriostatic drilling ~ буровой раствор, устойчивый к действию бактерий
base ~ исходный буровой раствор, первоначальный буровой раствор; необработанный буровой раствор
base clay drilling ~ глинистый исходный буровой раствор
bentonitic drilling ~ бентонитовый буровой раствор; промывочная жидкость, приготовленная на бентонитовой глине
biopolimer drilling ~ биополимерный буровой раствор
bitumen-line drilling ~ известково-битумный буровой раствор
bore ~ буровой шлам
borehole ~ буровой раствор
boring ~ буровой шлам
brackish water drilling ~ буровой раствор на солоноватой воде
brine ~ буровой раствор на солёной воде
bulk ~ рассыпной глинопорошок, глинопорошок насыпью *(без упаковки)*
calcium-chloride drilling ~ хлоркальциевый буровой раствор
calcium-drilling ~ кальциевый буровой раствор
calcium-inert drilling ~ инертный к кальцию буровой раствор
calcium-treated drilling ~ буровой раствор, обработанный кальцием
carbonate drilling ~ буровой раствор, обогащённый диоксидом углерода; карбонатный буровой раствор
cement-cut ~ буровой раствор, загрязнённый цементом
chemically treated drilling ~ буровой раствор, обработанный химическими реагентами
chemically unstable ~ химически неустойчивый буровой раствор
chromate-treated drilling ~ хроматный буровой раствор
chrome-lignite drilling ~ хромлигнитовый буровой раствор
chrome-lignosulfonate drilling ~ хромлигносульфонатный буровой раствор
circulating drilling ~ циркулирующий буровой раствор
clay ~ глинистый буровой раствор
clay-chemical drilling ~ буровой раствор, обработанный химическими реагентами
clayless drilling ~ безглинистый буровой раствор
clean ~ очищенный буровой раствор
coagulated drilling ~ огеленный буровой раствор
colloidal drilling ~ коллоидный буровой раствор
condensate-cut ~ буровой раствор, содержащий конденсат
conditional drilling ~ кондиционный буровой раствор, обработанный буровой раствор

mud

conditioned drilling ~ кондиционный буровой раствор, обработанный буровой раствор
conductive ~ проводящий буровой раствор
contaminated drilling ~ загрязнённый буровой раствор
conventional ~ нормальный буровой раствор *(состоящий в основном из воды и глины)*
cooled drilling ~ охлаждённый буровой раствор
corrosive drilling ~ коррозионный буровой раствор
cut ~ газированный буровой раствор
cuttings-laden drilling ~ буровой раствор, насыщенный обломками выбуренной породы; зашламованный буровой раствор
degassed drilling ~ дегазированный буровой раствор
diesel-oil drilling ~ буровой раствор на основе дизельного топлива
displacement drilling ~ продувочный буровой раствор
driller's ~ буровой раствор; промывочная жидкость
drilling ~ буровой раствор; промывочная жидкость
drilling ~ immune to salt буровой раствор, невосприимчивый к действию соли
drilling ~ resistant to bacterial attack буровой раствор, устойчивый к действию бактерий
drilling ~ weighted barite буровой раствор, утяжелённый баритом
dry ~ 1. сухая глина 2. глинопорошок для приготовления бурового раствора
electrically conductive ~ проводящий буровой раствор
emulsified drilling ~ нефтеэмульсионный буровой раствор

emulsion drilling ~ эмульсионный буровой раствор; промывочная эмульсионная жидкость
extra-heavy drilling ~ сверхтяжёлый буровой раствор
fine-particle drilling ~ тонкодисперсный буровой раствор
fluffy ~ глинистый раствор, насыщенный пузырьками газа, выделяемого скважиной
fresh-drilling ~ пресный буровой раствор, слабоминерализованный буровой раствор
fresh water-base drilling ~ буровой раствор на основе пресной воды
gas-and-oil-cut ~ буровой раствор, загрязнённый нефтью и газом
gas-cut drilling ~ газированный буровой раствор
gas-saturated drilling ~ газонасыщенный буровой раствор
gassy drilling ~ газированный буровой раствор
gel ~ 1. огеленный буровой раствор 2. бентонитовый раствор на пресной воде
gelled drilling ~ огеленный буровой раствор
gel-water ~ глинистый буровой раствор на водной основе *(без химреагентов и утяжелителей)*
gyp ~ гипсовый буровой раствор
gypsum drilling ~ гипсовый буровой раствор
gypsum-treated drilling ~ гипсовый буровой раствор
harmful drilling ~ токсичный буровой раствор
heat-resistant drilling ~ термостойкий буровой раствор
heavily gas-cut ~ сильно газированный буровой раствор

mud

heavily oil-and-gas-cut ~ буровой раствор, насыщенный большим количеством нефти и газа
heavily oil-cut drilling ~ буровой раствор с высоким содержанием пластовой нефти
heavily water-cut ~ буровой раствор, сильно разбавленный водой
heavy ~ утяжелённый буровой раствор
high alkalinity drilling ~ высокощелочной буровой раствор
high lime content drilling ~ высокоизвестковый буровой раствор
high pH drilling ~ высокощелочной буровой раствор
high salinity oil ~ буровой раствор на нефтяной основе с высоким содержанием солей
high solids ~ буровой раствор с высоким содержанием твёрдой фазы
high viscosity drilling ~ высоковязкий буровой раствор
highly corrosive drilling ~ высококоррозионный буровой раствор
highly mineralized drilling ~ высокоминерализованный буровой раствор
hole ~ буровой раствор
humate-silicate drilling ~ гуматно-силикатный буровой раствор
humate-sodium chromate drilling ~ гуматно-хромонатриевый буровой раствор
hydrocarbon-base drilling ~ буровой раствор на углеводородной основе
influx-contaminated ~ буровой раствор, загрязнённый пластовым флюидом
inhibited drilling ~ ингибированный буровой раствор
inhibitor drilling ~ ингибированный буровой раствор
inverted emulsion ~ обращённый эмульсионный буровой раствор
invert-emulsion ~ буровой раствор на нефтяной основе *(содержащий мыло, лигнит, асфальтовые добавки и 10–50 % воды)*
invert-oil ~ буровой раствор на нефтяной основе *(содержащий мыло, лигнит, асфальтовые добавки и 10–50 % воды)*
junk ~ зашламованный буровой раствор
kill ~ буровой раствор для глушения фонтанирующей скважины
kill weight drilling ~ буровой раствор для глушения фонтанирующей скважины; буровой раствор, уравновешивающий пластовое давление
light-weight drilling ~ буровой раствор с малой удельной массой; лёгкий буровой раствор
lightened drilling ~ облегчённый буровой раствор
light-weight ~ лёгкий буровой раствор *(малой плотности)*
lignite drilling ~ лигнитовый буровой раствор
lignosulphonate drilling ~ лигносульфонатный буровой раствор
lime ~ известковый буровой раствор
lime-base drilling ~ известковый буровой раствор
limed drilling ~ буровой раствор, обработанный известью
lime-treated drilling ~ буровой раствор, обработанный известью
liquid ~ буровой раствор; промывочная жидкость; глинистый раствор

mud

loaded ~ утяжелённый буровой раствор
low-alkalinity drilling ~ слабощелочной буровой раствор
low-colloid ~ низкоколлоидальный буровой раствор
low-fluid loss ~ буровой раствор с низкой водоотдачей
low-lime content drilling ~ малоизвестковистый буровой раствор
low-mineralized drilling ~ слабоминерализованный буровой раствор
low-pH drilling ~ низкощелочной буровой раствор
low-solids drilling ~ буровой раствор с низким содержанием твёрдой фазы
low-viscosity drilling ~ маловязкий буровой раствор
low-water-loss drilling ~ буровой раствор с низкой водоотдачей
mature drilling ~ выдержанный буровой раствор; продиспергированный буровой раствор
medium-viscosity drilling ~ буровой раствор средней вязкости
minimum solids drilling ~ буровой раствор с низким содержанием твёрдой фазы
native ~ естественный буровой раствор, образующийся в процессе бурения
natural ~ естественный буровой раствор, образующийся в процессе бурения
nonconductive ~ непроводящий буровой раствор
nonpolluting oil drilling ~ буровой раствор на углеводородной основе, не загрязняющий окружающей среды
nonradioactive ~ нерадиоактивный буровой раствор
nonsaline drilling ~ несолёный буровой раствор
nontoxic oil drilling ~ нетоксичный буровой раствор на нефтяной основе
nonweighted ~ неутяжелённый буровой раствор
oil-and-gas-cut ~ газированный буровой раствор, загрязнённый нефтью
oil-and-sulfur water-cut ~ буровой раствор, загрязнённый нефтью и сероводородной водой
oil-base drilling ~ буровой раствор на углеводородной основе
oil-continuous ~ буровой раствор на углеводородной основе
oil-cut ~ буровой раствор, загрязнённый нефтью
oil-emulsion drilling ~ нефтеэмульсионный буровой раствор
oil-in-water emulsion drilling ~ нефтеэмульсионный буровой раствор
overloaded drilling ~ переутяжелённый буровой раствор
polymer drilling ~ полимерный буровой раствор
polyphosphate drilling ~ полифосфатный буровой раствор
poor ~ жидкий буровой раствор; некачественный буровой раствор
premium ~ улучшенный буровой раствор
ready-made ~ порошок для приготовления бурового раствора
reconditioned drilling ~ регенерированный буровой раствор
red drilling ~ 1. красный буровой раствор *(с добавлением квебрахо)* 2. щёлочно-таннатный раствор
red lime ~ красный известковый буровой раствор
relax fluid loss ~ буровой раствор с нефтяным фильтратом

mud

relaxed filtrate oil drilling ~ буровой раствор на углеводородной основе с частично фильтрующейся углеводородной фазой
return ~ возвратный поток бурового раствора; отработавший буровой раствор
returning drilling ~ буровой раствор, выходящий из ствола скважины
rotary ~ буровой раствор для роторного бурения
saline drilling ~ солёный буровой раствор
salt-base ~ солёный буровой раствор
salt-inert drilling ~ инертный к солям буровой раствор
salt-resistant drilling ~ солестойкий буровой раствор
salt-water-base drilling ~ буровой раствор на основе солёной воды
salty ~ солёный буровой раствор
sand-laden ~ буровой раствор, содержащий песок
saturated salt-water drilling ~ буровой раствор па насыщенной солью воде
saturated salt-water-starch drilling ~ насыщенный солью крахмальный буровой раствор
seawater drilling ~ буровой раствор на морской воде
shale-control ~ промывочный раствор, не вызывающий разбухания встреченных при бурении вспучивающихся сланцевых глин
shale-laden ~ буровой раствор на глинистой основе
silicate drilling ~ силикатный буровой раствор
silicate drilling ~ with sodium chloride силикатонатриевый буровой раствор

silicate-soda drilling ~ силикатосодовый буровой раствор
slightly gas-cut ~ слабогазированный буровой раствор
slightly oil-and-gas-cut ~ буровой раствор со следами нефти и газа
sludge drilling ~ загрязнённый буровой раствор
solid-free drilling ~ буровой раствор, не содержащий твёрдой фазы
spud drilling ~ буровой раствор для забуривания ствола скважины
stabilized drilling ~ стабилизированный буровой раствор
starch-lime drilling ~ известково-крахмальный буровой раствор
stiff foam aerated ~ газожидкостная смесь с крепящими свойствами *(для бурения скважин с продувкой)*
surfactant drilling ~ буровой раствор с добавкой поверхностно-активного вещества
tagged drilling ~ меченый буровой раствор
tannic-acid treated drilling ~ буровой раствор, содержащий дубильную кислоту
thermostable drilling ~ термостойкий буровой раствор
thick drilling ~ густой буровой раствор
thickened drilling ~ загущённый буровой раствор
thin ~ жидкий буровой раствор
thin clay drilling ~ малоглинистый буровой раствор,
thinned drilling ~ разжиженный буровой раствор
toxic drilling ~ токсичный буровой раствор
tracer drilling ~ меченый буровой раствор

mud

treated drilling ~ обработанный буровой раствор
untreated drilling ~ необработанный буровой раствор
very heavily oil-cut ~ буровой раствор с очень высоким содержанием пластовой нефти
very slight gas-cut ~ буровой раствор с очень слабыми признаками газа
waste ~ отработавший буровой раствор
water ~ буровой раствор на водной основе
water-base drilling ~ буровой раствор на водной основе
water-base oil-emulsion drilling ~ нефтеэмульсионный буровой раствор на водной основе
water-bentonite-base ~ бентонитовый раствор на пресной воде
water-cut ~ обводнённый буровой раствор
water starch high pH drilling ~ высокощелочной водный крахмальный буровой раствор
weighted drilling ~ утяжелённый буровой раствор
well killing drilling ~ буровой раствор для глушения скважин
Mudbac *фирм.* бактерицид, антиферментатор крахмала
Mudban *фирм.* разжижитель и диспергатор буровых растворов на углеводородной основе
mudded глинизированный
mudding глинизирование, глинизация
mudding-in спуск обсадной колонны с нижним клапаном в скважину, заполненную густым глинистым раствором
  well ~ заполнение скважины буровым раствором
mudding-off глинизация *(закупоривающая)*
  bed ~ глинизация пласта

Mud-fiber *фирм.* измельчённые отходы сахарного тростника *(нейтральный наполнитель для борьбы с поглощением бурового раствора)*
Mudflush *фирм.* реагент для удаления бурового раствора
mudguard противоразбрызгиватель для бурового раствора *(под полом буровой вышки)*
mudhole люк для очистки *(трубопровода)*
Mud-Kil *фирм.* химический реагент, добавляемый в цементный раствор *(для снижения влияния загрязнения его органическими веществами, являющимися составной частью бурового раствора)*
mud-loss поглощение бурового раствора
Mud-Mul *фирм.* неионный эмульгатор для растворов на водной основе
Mud-Seal *фирм.* волокна целлюлозы *(нейтральный наполнитель для борьбы с поглощением бурового раствора)*
mudsill прогон *(основания буровой установки)*
  derrick ~ фундаментный брус буровой вышки
mudsocket желонка для чистки скважин
Mud-Sol *фирм.* глинокислота
mudstone аргиллит
Multi Seal *фирм.* ореховая скорлупа *(нейтральный наполнитель для борьбы с поглощением бурового раствора)*
multicoating многослойное изолирующее покрытие
multifrac многократный гидравлический разрыв пласта
multiple *сейсм.* многократная волна; кратное отражение ‖ многократный; множественный

multiple *сейсм.* многократная волна; кратное отражение ‖ многократный; множественный
   compressional ~ продольная многократная волна
   peg-leg ~ многократное отражение в тонком слое
multiplicity *сейсм.* кратность
multiplunger многоплунжерный *(о насосе)*
multistring многорядная колонна
muschelkalk ракушечный известняк

muting *сейсм.* обнуление части трасс *(для удаления интенсивных вступлений поверхностных волн)*
   early recorded trace ~ обнуление трасс в начальной части записи
   front ~ обнуление трасс в начальной части записи
   tail ~ обнуление трасс в конечной части записи
My-Lo-Gel *фирм.* желатинизированный крахмал

ОБ АВТОРЕ

Автор словаря — Коваленко Евгений Григорьевич, профессиональный переводчик с английского языка научно-технической и экономической литературы и документации. Заместитель главного редактора журнала "Мир науки, техники и образования", член правления Союза переводчиков России. Автор «Англо-русского словаря по надежности и контролю качества» (М.: «Русский язык», 1975); словаря «Английские сокращения по надежности и контролю качества» (М.: ВЦП, 1989); «Англо-русского терминологического словаря по управлению проектами» (М.: «Эрика», 1993); «Англо-русского математического словаря» в двух томах (М.: «Эрика», 1994); «Англо-русского словаря банковской терминологии» (М.: «Наука и техника», 1994); «Англо-русского терминологического словаря по планированию эксперимента» (М.: «ЭТС», 1995); «Англо-русского экологического словаря» (М.: «ЭТС», 1996); «Англо-русского словаря по надежности, стандартизации и сертификации нефтегазового оборудования» (М.: «Наука и техника», 1997); словаря «Английские сокращения по нефти и газу» (М.: «ЭТС», 1997); «Англо-русского словаря: банки, биржи, финансы, учет» (М.: «Наука и техника», в печати); автор нескольких англо-русских электронных словарей; соавтор «Англо-русского экономического словаря» (М.: «Русский язык», 1978; 2-е изд., перераб. и доп., 1981); редактор «Нового словаря сокращений русского языка» (М.: «ЭТС», 1995).

О НАУЧНОМ РЕДАКТОРЕ

Научный редактор словаря — Гриценко Александр Иванович, Генеральный директор ВНИИГАЗа, доктор технических наук, профессор, член-корреспондент Российской академии наук и академик Российской академии горных наук, действительный член Российской академии естественных наук, представитель Российской Федерации и председатель консультативного совета Газового центра комитета по энергетике Экономической комиссии ООН для стран Европы, член Совета Международного газового союза, лауреат Государственной премии СССР в области науки и техники, заслуженный деятель науки и техники РСФСР, лауреат премии имени академика И. М. Губкина, автор 75 изобретений и более 26 монографий в области разработки газоконденсатных месторождений, добычи газа и газового конденсата. Является также научным редактором-консультантом "Горной энциклопедии" и ряда других изданий.

ВНИИГАЗ

Всероссийский научно-исследовательский институт природных газов и газовых технологий (ВНИИГАЗ) — головной институт РАО "Газпром".

Созданный в 1948 г. институт вырос в крупнейший научный центр России. В настоящее время он является ведущей организацией отрасли по следующим направлениям: подготовка сырьевой базы отрасли; разработка газовых, газоконденсатных и газоконденсатонефтяных месторождений на суше и в море; добыча, промысловая подготовка, переработка, транспорт и подземное хранение газа; конструктивная надежность и прочность газопроводов; использование сжатого и сжиженного газа в качестве моторного топлива; газовая безопасность и защита окружающей среды. Деятельность ВНИИГАЗа направлена на решение отраслевых проблем Западной Сибири, Оренбургского, Астраханского, Краснодарского, Коми-Пермяцкого и других газодобывающих регионов страны.

Опыт совместной работы более чем с 50 иностранными партнерами практически во всех областях нефтяной и газовой промышленности на территории большинства стран мира позволил ВНИИГАЗу стать авторитетной международной научно-исследовательской и инжиниринговой организацией.

ЗАО "Информационные и газовые технологии"

ЗАО "Информационные и газовые технологии" было создано в 1996 г. с целью развития информационного обеспечения предприятий нефтегазового профиля. Предприятие призвано обобщать опыт ведущих специалистов российской нефтяной и газовой промышленности и распространять его среди основных мировых нефтяных и газовых компаний. Данный словарь закладывает основы для использования в международных проектах унифицированных терминов и сокращений. Это окажет большую помощь специалистам разных направлений в совместной деятельности. Все ваши замечания и предложения будут с благодарностью приняты и учтены в дальнейшей работе. В 1998 г. запланирован выход ряда книг по нефтяной и газовой промышленности. Более подробную информацию вы можете найти в сети ИНТЕРНЕТ по адресу: www.solo-on-line.ru/IGT.

Издательство «Р У С С О»,
выпускающее научно-технические словари,

предлагает:

Толковый биржевой словарь
Большой англо-русский политехнический словарь в 2-х томах
Англо-русский словарь по авиационно-космической медицине, психологии и эргономике
Англо-русский словарь по машиностроению и автоматизации производства
Англо-русский словарь по парфюмерии и косметике
Англо-русский словарь по психологии
Англо-русский словарь по рекламе и маркетингу
Англо-русский сельскохозяйственный словарь
Англо-русский юридический словарь
Англо-немецко-французско-русский физический словарь
Англо-немецко-французско-итальянско-русский медицинский словарь
Англо-русский и русско-английский лесотехнический словарь
Англо-русский и русско-английский медицинский словарь
Англо-русский и русско-английский словарь по солнечной энергетике
Русско-англо-немецко-французский металлургический словарь
Русско-английский политехнический словарь
Русско-английский словарь по нефти и газу
Русско-французский и французско-русский физический словарь

Адрес: 117071, Москва, Ленинский проспект, д. 15, офис 323.
Телефоны: 237-25-02, 955-05-67; Факс: 237-25-02

Издательство «Р У С С О»,

выпускающее научно-технические словари,

предлагает:

Французско-русский математический словарь
Французско-русский технический словарь
Французско-русский юридический словарь
Немецко-русский словарь по автомобильной технике и автосервису
Немецко-русский словарь по атомной энергетике
Немецко-русский ветеринарный словарь
Немецко-русский медицинский словарь
Немецко-русский политехнический словарь
Немецко-русский словарь по психологии
Немецко-русский сельскохозяйственный словарь
Немецко-русский словарь по судостроению и судоходству
Немецко-русский экономический словарь
Немецко-русский электротехнический словарь
Немецко-русский юридический словарь
Новый немецко-русский экономический словарь
Новый русско-немецкий экономический словарь
Русско-немецкий автомобильный словарь
Русско-немецкий и немецко-русский медицинский словарь
Русско-немецкий и немецко-русский словарь по нефти и газу
Словарь сокращений испанского языка
Русско-итальянский политехнический словарь
Итальянско-русский политехнический словарь
Шведско-русский горный словарь
Стрелковое оружие. Толковый словарь.

Адрес: 117071, Москва, Ленинский проспект, д. 15, офис 323.
Телефоны: 237-25-02, 955-05-67; Факс: 237-25-02

Б. С. Воскобойников, В. Л. Митрович

АНГЛО-РУССКИЙ СЛОВАРЬ ПО МАШИНОСТРОЕНИЮ И АВТОМАТИЗАЦИИ ПРОИЗВОДСТВА

Издан впервые, 1997 г.

Словарь содержит более 100 000 терминов по различным видам металлообработки, машиностроительным материалам, металловедению, деталям машин. В словарь включена также терминология по станкам с ЧПУ и по ГАП, по металлорежущим станкам, по технологии обработки на станках, резанию металлов и режущим инструментам, автоматизированному оборудованию, робототехнике и др.

Словарь предназначен для научно-технических работников, аспирантов и преподавателей машиностроительных вузов, а также для переводчиков технической литературы.

Издательство «РУССО»
Адрес: 117071, Москва, Ленинский проспект, д. 15, офис 323
Телефоны: 237-25-02; 955-05-67; Факс: 237-25-02

ДЛЯ ЗАМЕТОК

СПРАВОЧНОЕ ИЗДАНИЕ

КОВАЛЕНКО
Евгений Григорьевич

**НОВЫЙ
АНГЛО-РУССКИЙ
СЛОВАРЬ
ПО НЕФТИ И ГАЗУ**

Том I

ISBN 5-88721-105-9 (т. I)

Лицензия ЛР № 090103
от 28. 10. 1994 г.

Подписано в печать 16.03.1998. Формат 60x90/16.
Бумага офсетная № 1. Печать офсетная. Печ. л.
43,5. Тираж 3060 экз.

«РУССО», 117071, Москва, Ленинский пр-т,
д. 15, к. 325. Телефон/факс 237-25-02.

ISBN 5-88721-107-5

Отпечатано в Московской типографии «Наука»
РАН. 121099, Москва, Шубинский пер., 6.
Заказ 3382